★ 执业兽医资格考试推荐用书 ★

2022年
执业兽医资格考试

执业兽医资格考试丛书

各科目考点试题解析与实训

孙永学　主编

化学工业出版社

·北京·

图书在版编目(CIP)数据

2022年执业兽医资格考试各科目考点试题解析与实训/孙永学主编．—北京：化学工业出版社，2022.4
（执业兽医资格考试丛书）
ISBN 978-7-122-40656-9

Ⅰ.①2… Ⅱ.①孙… Ⅲ.①兽医学-资格考试-题解 Ⅳ.①S85-44

中国版本图书馆 CIP 数据核字（2022）第 016975 号

责任编辑：邵桂林　　　　　　　　　装帧设计：韩　飞
责任校对：宋　玮

出版发行：化学工业出版社（北京市东城区青年湖南街13号　邮政编码100011）
印　　装：三河市延风印装有限公司
787mm×1092mm　1/16　印张 27¾　字数 878 千字　2022 年 5 月北京第 1 版第 1 次印刷

购书咨询：010-64518888　　　　　　售后服务：010-64518899
网　　址：http://www.cip.com.cn
凡购买本书，如有缺损质量问题，本社销售中心负责调换。

定　　价：85.00元　　　　　　　　　　　　　　　　版权所有　违者必究

本书编写人员名单

主　　编　孙永学
副 主 编　马勇江　吴玄光　张　楠
编写人员（按姓氏笔画排序）

马勇江　邓　桦　石达友　冯　军　司兴奎
朱　师　刘文华　孙永学　吴玄光　邹　明
邹本荤　张　君　张　楠　张守栋　张启迪
郝智慧　贾　坤　翁亚彪　黄　娟　韩先杰
辜银萍　曾东平　潘家强

前　言

执业兽医资格制度的实行标志着我国兽医制度的进步，对加强我国动物防疫、提高和规范兽医诊疗行为，提高畜禽与宠物等动物的临床用药水平以及保障食品安全等，均具有重要的现实意义。

我国自2009年开始已进行了13次执业兽医资格考试，其通过者分别获得"执业兽医师"与"执业助理兽医师"两类证书。考试分为四个科目，总分400分。2009年至2021年共13次全国执业兽医资格考试的合格线分别为240分、230分、212分、220分、229分、226分、215分、222分、210分、234分、231分、226分和220分。考生普遍反映题量大、涉及兽医学科多和动物种类多，基础理论、实践应用及临床操作等覆盖的知识面非常广，这无疑给考生增加了复习的难度，使其在较短时间内很难较全面地进行复习及掌握各科目大量的知识考点。

针对众多考生普遍遇到的复习无从下手的情况，有进行过多次考前辅导的多位高校教师与兽医专家一致建议可以选择一本紧扣考试要点、考点针对性强而知识面覆盖广的参考书，可在较短时间内集中精力系统性复习，并起到事半功倍的效果。

本书编写组自2004年起组织了由华南农业大学、中国农业大学、青岛农业大学、佛山科技学院等多所农业院校的具有多年丰富教学经验与兽医临床诊疗经验的教师主笔，并邀请多位长期工作在养殖场、动物防疫机构、宠物医疗等一线工作的技术专家共同参与，严格参照考试大纲等指导性文件，编写了历年执业兽医资格考试各科目考点试题解析与实训。本次编写的是《2022年执业兽医资格考试各科目考点试题解析与实训》。

本书针对性强，内容全面，各学科条目分类清晰，通过对考点的解析加深了考生对知识点的认识，提高实战水平。本书分为三章。第一章参考近年来执业兽医资格考试中经常出现的各科目考点与要点、题型形式及比例分布情况，按基础科目、预防科目、临床科目和综合科目四个科目，精心设计了系列题目，对各题答案涉及的知识点进行了全面的解析，以方便考生可以通过做题的方式全面了解各科目考点、知识面与解题的思路技巧，达到集中高效训练的目的；第二章基于各科目出现的题型与考点，精选了三套针对性模拟试题，供考前模拟训练之用；第三章收录了近几年全国执业兽医资格考试的两套真题，供考前自测作自我检验之用，让考生对考试真题有一个真实的体验。

本书附录部分新增了2021年全国执业兽医资格考试报考公告（农医考公告第27号）与2021年新修订版《中华人民共和国动物防疫法》，以便让考生及时了解执业兽医资格考试的新动态，方便查阅我国新形势下动物防疫法的法律条文和规定，从而提升执业兽医工作能力水平。

本书虽经多次反复校对，但限于水平以及书中的信息量大，仍不免存在疏漏与不足，恳请读者包涵，并提宝贵意见与建议。

本书编写组
2022年4月

目 录

第一章 2022年执业兽医资格考试各科目考点与解析 ········· 1
- 第一节 基础科目考点与解析 ········· 1
- 第二节 预防科目考点与解析 ········· 74
- 第三节 临床科目考点与解析 ········· 139
- 第四节 综合科目考点与解析 ········· 200

第二章 2022年执业兽医资格考试考点模拟测试 ········· 278
- 第一套 2022年执业兽医资格考试考点模拟测试题（一）········· 278
- 第二套 2022年执业兽医资格考试考点模拟测试题（二）········· 305
- 第三套 2022年执业兽医资格考试考点模拟测试题（三）········· 332

第三章 2022年执业兽医资格考试考前真题自测 ········· 362
- 第一套 2022年执业兽医资格考试考前真题自测（一）········· 362
- 第二套 2022年执业兽医资格考试考前真题自测（二）········· 390

附录 ········· 418
- 附录一 执业兽医资格考试简介 ········· 418
- 附录二 执业兽医资格考试题型及比例分配 ········· 419
- 附录三 执业兽医资格考试管理办法（农业部 第2537号）········· 419
- 附录四 港澳台居民参加全国执业兽医资格考试及执业管理规定（农业部 第2539号）········· 422
- 附录五 2022年全国执业兽医资格考试报考公告（农医考公告第27号）········· 423
- 附录六 《中华人民共和国动物防疫法》（2021年新修订版）········· 426

第一章 2022年执业兽医资格考试各科目考点与解析

第一节 基础科目考点与解析

一、兽医法律法规与职业道德

【A1型题】
答题说明：每一道考试题下面有A、B、C、D、E五个备选答案，请从中选择一个最佳答案，并在答题卡上将相应题号的相应字母所属的方框涂黑。

1. 新修订的《中华人民共和国动物防疫法》实施日期是（　　）
   A. 2021年1月22日　　　　B. 2021年3月1日　　　　C. 2021年5月1日
   D. 2021年10月1日　　　　E. 2021年12月31日
   【答案】 C
   【考点】 考试要点：《中华人民共和国动物防疫法》概述
   【解析】 新版《中华人民共和国动物防疫法》已由中华人民共和国第十三届全国人民代表大会常务委员会第二十五次会议于2021年1月22日修订通过，现予公布，自2021年5月1日起实施。

2. 《中华人民共和国动物防疫法》规定国家对动物疫病防治方针是（　　）
   A. 以治促防　　B. 防治并重　　C. 预防为主　　D. 治重于防　　E. 防检结合
   【答案】 C
   【考点】 考试要点：《中华人民共和国动物防疫法》概述
   【解析】 《中华人民共和国动物防疫法》第五条：国家对动物疫病实行预防为主的方针。因此选C。

3. 国家支持地方建立无规定动物疫病区，鼓励动物饲养场建设（　　）。
   A. 直接管理区　　　　　　B. 间接管理区　　　　　　C. 省管理区
   D. 市县级管理区　　　　　E. 生物安全隔离区
   【答案】 E
   【考点】 考试要点：《中华人民共和国动物防疫法》规定的动物疫病的预防
   【解析】 《中华人民共和国动物防疫法》第二十一条：国家支持地方建立无规定动物疫病区，鼓励动物饲养场建设无规定动物疫病生物安全隔离区。因此选E。

4. 发生一类动物疫病时，应当采取下列控制和扑灭措施（　　）
   A. 划定疫点、疫区、受威胁区
   B. 发布封锁令
   C. 隔离、扑杀、销毁、消毒、无害化处理、紧急免疫接种等强制性措施，迅速扑灭疫病
   D. 在封锁期间，禁止染疫、疑似染疫和易感染的动物、动物产品流出疫区
   E. 以上都是
   【答案】 E
   【考点】 考试要点：动物疫病的控制和扑灭法律规定
   【解析】 根据《中华人民共和国动物防疫法》第三十八条：发生一类动物疫病时，应当采

取下列控制措施：（一）所在地县级以上地方人民政府农业农村主管部门应当立即派人到现场，划定疫点、疫区、受威胁区，调查疫源，及时报请本级人民政府对疫区实行封锁。疫区范围涉及两个以上行政区域的，由有关行政区域共同的上一级人民政府对疫区实行封锁，或者由各有关行政区域的上一级人民政府共同对疫区实行封锁。必要时，上级人民政府可以责成下级人民政府对疫区实行封锁；（二）县级以上地方人民政府应当立即组织有关部门和单位采取封锁、隔离、扑杀、销毁、消毒、无害化处理、紧急免疫接种等强制性措施；（三）在封锁期间，禁止染疫、疑似染疫和易感染的动物、动物产品流出疫区，禁止非疫区的易感染动物进入疫区，并根据需要对出入疫区的人员、运输工具及有关物品采取消毒和其他限制性措施。因此选 E。

5. 对经强制免疫的动物未按照国务院兽医主管部门规定建立免疫档案、加施畜禽标识的，进行处罚依照的法律是（　　）
   A. 《中华人民共和国动物防疫法》　　　　B. 《动物诊疗机构管理办法》
   C. 《动物检疫管理办法》　　　　　　　　D. 《中华人民共和国畜牧法》
   E. 《重大动物疫情应急管理条例》
   【答案】　D
   【考点】　考试要点：《中华人民共和国动物防疫法》规定的法律责任
   【解析】　根据《中华人民共和国动物防疫法》第九十三条：违反本法规定，对经强制免疫的动物未按照规定建立免疫档案，或者未按照规定加施畜禽标识的，依照《中华人民共和国畜牧法》的有关规定处罚。因此选 D。

6. 参加展览、演出和比赛的动物未附有检疫证明的，由动物卫生监督机构责令改正，处（　　）以上（　　）以下罚款。
   A. 3000元；10000元　　　B. 1500元；3000元　　　C. 2000元；5000元
   D. 1000元；5000元　　　　E. 1000元；10000元
   【答案】　A
   【考点】　考试要点：《中华人民共和国动物防疫法》规定的法律责任
   【解析】　根据《中华人民共和国动物防疫法》第一百条：违反本法规定，用于科研、展示、演出和比赛等非食用性利用的动物未附有检疫证明的，由县级以上地方人民政府农业农村主管部门责令改正，处三千元以上一万元以下罚款。因此选 A。

7. 禁止屠宰、经营、运输下列动物和生产、经营、加工、贮藏、运输下列动物产品（　　）
   A. 疫区内易感染的
   B. 封锁疫区内与所发生动物疫病有关的
   C. 依法应当检疫而未经检疫或者检疫不合格的
   D. 染疫或者疑似染疫的
   E. 以上都是
   【答案】　E
   【考点】　考试要点：动物疫病的预防
   【解析】　根据《中华人民共和国动物防疫法》第二十九条：禁止屠宰、经营、运输下列动物和生产、经营、加工、贮藏、运输下列动物产品：（一）封锁疫区内与所发生动物疫病有关的；（二）疫区内易感染的；（三）依法应当检疫而未经检疫或者检疫不合格的；（四）染疫或者疑似染疫的；（五）病死或者死因不明的；（六）其他不符合国务院农业农村主管部门有关动物防疫规定的。因实施集中无害化处理需要暂存、运输动物和动物产品并按照规定采取防疫措施的，不适用前款规定。因此选 E。

8. 《动物检疫管理办法》规定参加展览、演出和比赛的动物的申报检疫的时限是（　　）
   A. 提前3天　　B. 提前5天　　C. 提前6天　　D. 提前10天　　E. 提前15天
   【答案】　E
   【考点】　考试要点：动物检疫申报时限
   【解析】　根据《动物检疫管理办法》第八条第二款：出售、运输乳用动物、种用动物及其精液、卵、胚胎、种蛋，以及参加展览、演出和比赛的动物，应当提前15天申报检疫。故选答案 E。

9. 出售的骨、角、生皮、原毛、绒等产品应符合的条件**不包括**（　　）

A. 来自非封锁区　　　B. 来自未发生相关动物疫情的饲养场（户）
   C. 按规定消毒合格　　D. 供体动物的养殖档案相关记录和畜禽标识符合农业部规定
   E. 农业部规定需要进行实验室疫病检测的，检测结果符合要求
   【答案】　D
   【考点】　考试要点：产地检疫的出证条件
   【解析】　根据《动物检疫管理办法》第十七条，出售、运输的骨、角、生皮、原毛、绒等产品，经检疫符合下列条件，由官方兽医出具《动物检疫合格证明》：（一）来自非封锁区，或者未发生相关动物疫情的饲养场（户）；（二）按有关规定消毒合格；（三）农业部规定需要进行实验室疫病检测的，检测结果符合要求。故选答案D。D为出售、运输的种用动物精液、卵、胚胎、种蛋应符合的产地检疫条件。

10. 输入到无规定动物疫病区的动物，应当在输入地省级动物卫生监督机构指定的隔离场所进行隔离检疫。小型动物的隔离期为（　　）
   A. 15天　　　B. 20天　　　C. 30天　　　D. 35天　　　E. 45天
   【答案】　C
   【考点】　考试要点：产地检疫处理—输入到无规定动物疫病区的动物隔离检疫期
   【解析】　根据《动物检疫管理办法》第三十三条：输入到无规定动物疫病区的相关易感动物，应当在输入地省、自治区、直辖市动物卫生监督机构指定的隔离场所，按照农业部规定的无规定动物疫病区有关检疫要求隔离检疫。大中型动物隔离检疫期为45天，小型动物隔离检疫期为30天。故选答案C。

11. 合法捕获野生动物的，应当在捕获后（　　）向捕获地县级动物卫生监督机构申报检疫。
   A. 2天内　　　B. 3天内　　　C. 4天内　　　D. 5天内　　　E. 6天内
   【答案】　B
   【考点】　考试要点：合法捕获的野生动物的申报时限
   【解析】　根据《动物检疫管理办法》第九条：合法捕获野生动物的，应当在捕获后3天内向捕获地县级动物卫生监督机构申报检疫。故选答案B。

12. 《执业兽医管理办法》开始施行的时间是（　　）
   A. 2011年7月1日　　　B. 2010年5月1日　　　C. 2009年1月1日
   D. 2008年11月14日　　E. 2004年11月1日
   【答案】　C
   【考点】　考试要点：《执业兽医管理办法》开始施行的时间
   【解析】　根据《执业兽医管理办法》第四十四条：本办法自2009年1月1日起施行。故选答案C。

13. 执业兽医包括（　　）
   A. 兽医师　　　B. 乡村兽医　　　C. 高级兽医师　　　D. 初级兽医师
   E. 执业兽医师和执业助理兽医师
   【答案】　E
   【考点】　考试要点：执业兽医分类
   【解析】　根据《执业兽医管理办法》第三条：本办法所称执业兽医，包括执业兽医师和执业助理兽医师。故选答案E。

14. 执业兽医师的权限**不包括**（　　）
   A. 开具处方　　　　　　　B. 填写诊断书　　　　　C. 动物疾病的预防
   D. 动物、动物产品检疫　　E. 动物疾病的诊断与治疗
   【答案】　D
   【考点】　考试要点：执业兽医师的权限
   【解析】　根据《执业兽医管理办法》第二十二条：执业兽医师可以从事动物疾病的预防、诊断、治疗和开具处方、填写诊断书、出具有关证明文件等活动。故选答案D。

15. 执业兽医向注册机关报告其上年度兽医执业活动情况的时限是每年的（　　）
   A. 1月底前　　　B. 3月底前　　　C. 6月底前　　　D. 9月底前　　　E. 11月底前
   【答案】　B

【考点】 考试要点：执业兽医执业情况报告制度
【解析】 根据《执业兽医管理办法》第三十一条：执业兽医应当于每年3月底前将上年度兽医执业活动情况向注册机关报告。故选答案B。

16. 下列**不属于**收回、注销兽医职业证书情形的是（ ）
 A. 死亡或者被宣告失踪的　　　B. 中止兽医执业活动满1年的
 C. 被吊销兽医师执业证书的　　D. 出借兽医师执业证书的
 E. 连续两年没有将兽医执业活动情况向注册机关报告，且拒不改正的
【答案】 B
【考点】 考试要点：收回、注销兽医师执业证书或者助理兽医师执业证书的情形
【解析】 根据《执业兽医管理办法》第三十四条，执业兽医有下列情形之一的，原注册机关应当收回、注销兽医师执业证书或者助理兽医师执业证书：（一）死亡或者被宣告失踪的；（二）中止兽医执业活动满2年的；（三）被吊销兽医师执业证书或者助理兽医师执业证书的；（四）连续2年没有将兽医执业活动情况向注册机关报告，且拒不改正的；（五）出让、出租、出借兽医师执业证书或者助理兽医师执业证书的。故选答案B。

17. 动物诊疗机构使用的病历档案应当保存的时限是（ ）
 A. 1年以上　B. 2年以上　C. 3年以上　D. 4年以上　E. 5年以上
【答案】 C
【考点】 考试要点：诊疗活动中病历管理制度
【解析】 根据《动物诊疗机构管理办法》第十九条：动物诊疗机构应当使用规范的病历、处方笺，病历、处方笺应当印有动物诊疗机构名称。病历档案应保存3年以上。故选答案C。

18. 动物诊疗机构连续停业（ ）年以上的，或者连续（ ）年未向发证机关报告动物诊疗活动情况，拒不改正的，由原发证机关收回、注销其动物诊疗许可证。
 A. 1、1　B. 1、2　C. 2、2　D. 2、3　E. 3、3
【答案】 C
【考点】 考试要点：收回、注销动物诊疗许可证的情形
【解析】 根据《动物诊疗机构管理办法》第三十二条：动物诊疗机构连续停业2年以上的，或者连续2年未向发证机关报告动物诊疗活动情况，拒不改正的，由原发证机关收回、注销其动物诊疗许可证。故选答案C。

19. 《重大动物疫情应急条例》规定的重大动物疫情应急工作应当坚持的工作原则**不包括**（ ）
 A. 及时发现　B. 快速反应　C. 果断处理　D. 严格处理　E. 减少损失
【答案】 C
【考点】 考试要点：重大动物疫情应急工作的工作原则
【解析】 根据《重大动物疫情应急条例》第三条：重大动物疫情应急工作应当坚持加强领导、密切配合，依靠科学、依法防治，群防群控、果断处置的方针，及时发现，快速反应，严格处理，减少损失。"加强领导、密切配合，依靠科学、依法防治，群防群控、果断处置"属于指导方针；"及时发现，快速反应，严格处理，减少损失"为工作原则。故选答案C。

20. 重大动物疫情的监测主体是（ ），认定机构是（ ）
 A. 动物防疫监督机构　　B. 动物卫生监督机构　　C. 工商行政管理机关
 D. 动物疫病预防控制机构　E. 兽医主管部门
【答案】 A、E
【考点】 考试要点：重大动物疫情的认定权限
【解析】 根据《重大动物疫情应急条例》第十五条：动物防疫监督机构负责重大动物疫情的监测，饲养、经营动物和生产、经营动物产品的单位和个人应当配合，不得拒绝和阻碍。故第一选答案为A。根据《重大动物疫情应急条例》第十九条：重大动物疫情由省、自治区、直辖市人民政府兽医主管部门认定；必要时，由国务院兽医主管部门认定。故第二选答案E。

21. 采集重大动物疫病病料的机构是（ ）
 A. 动物防疫监督机构　　B. 动物卫生监督机构　　C. 兽医主管部门
 D. 动物疫病预防控制机构　E. 人民政府

【答案】 A
【考点】 考试要点：重大动物疫病病原管理制度
【解析】 根据《重大动物疫情应急条例》第二十一条：重大动物疫病应当由动物防疫监督机构采集病料，未经国务院兽医主管部门或者省、自治区、直辖市人民政府兽医主管部门批准，其他单位和个人不得擅自采集病料。从事重大动物疫病病原分离的，应当遵守国家有关生物安全管理规定，防止病原扩散。故选答案A。

22. 我国对突发重大动物疫情的划分中，最严重的是（　　）
  A. Ⅴ级　　B. Ⅳ级　　C. Ⅲ级　　D. Ⅱ级　　E. Ⅰ级
【答案】 E
【考点】 考试要点：突发重大动物疫情分级
【解析】 根据《重大动物疫情应急条例》规定：根据突发重大动物疫情的性质、危害程度、涉及范围，将突发重大动物疫情划分为特别重大（Ⅰ级）、重大（Ⅱ级）、较大（Ⅲ级）和一般（Ⅳ级）四级。由此，可知我国将突发重大动物疫情划分为Ⅳ级，最严重的为Ⅰ级。故选答案E。

23. 下列属于《一、二、三类动物疫病病种名录》规定的一类动物疫病是（　　）
  A. 猪水泡病　　B. 狂犬病　　C. 猪乙型脑炎　　D. 黄头病　　E. 禽结核病
【答案】 A
【考点】 考试要点：一类动物疫病病种
【解析】 根据《一、二、三类动物疫病病种名录》的规定，一类动物疫病共17种，包括口蹄疫、猪水泡病、猪瘟、非洲猪瘟、高致病性猪蓝耳病、非洲马瘟、牛瘟、牛传染性胸膜肺炎、牛海绵状脑病、痒病、蓝舌病、小反刍兽疫、绵羊痘和山羊痘、高致病性禽流感、新城疫、鲤春病毒血症、白斑综合征。B、C、D都属于二类动物疫病的病种，E属于三类动物疫病的病种。故选答案A。

24. 下列禽病中**不属于**农业部发布的《一、二、三类动物疫病病种名录》规定的二类动物疫病的是（　　）
  A. 低致病性禽流感　　B. 高致病性禽流感　　C. 鸡传染性支气管炎
  D. 传染性法氏囊病　　E. 禽白血病
【答案】 B
【考点】 考试要点：二类动物疫病病种
【解析】 根据《一、二、三类动物疫病病种名录》的规定，二类动物疫病共77种。其中禽病（18种）：鸡传染性喉气管炎、鸡传染性支气管炎、传染性法氏囊病、马立克氏病、产蛋下降综合征、禽白血病、禽痘、鸭瘟、鸭病毒性肝炎、鸭浆膜炎、小鹅瘟、禽霍乱、鸡白痢、禽伤寒、鸡败血支原体感染、鸡球虫病、低致病性禽流感、禽网状内皮组织增殖症。B属于一类动物疫病的病种。故选答案B。

25. 牛病中属于农业部发布的《一、二、三类动物疫病病种名录》规定的二类动物疫病的是（　　）
  A. 毛滴虫病　　B. 牛皮蝇蛆病　　C. 日本血吸虫病
  D. 牛海绵状脑病　　E. 牛传染性胸膜肺炎
【答案】 C
【考点】 考试要点：二类动物疫病病种
【解析】 根据《一、二、三类动物疫病病种名录》的规定，二类动物疫病共77种。其中牛病8种：牛结核病、牛传染性鼻气管炎、牛恶性卡他热、牛白血病、牛出血性败血病、牛梨形虫病（牛焦虫病）、牛锥虫病、日本血吸虫病。故选答案C。

26. 下列多种动物共患病中属于《一、二、三类动物疫病病种名录》规定的三类动物疫病是（　　）
  A. 炭疽　　B. 伪狂犬病　　C. 副结核病
  D. 猪水泡病　　E. 附红细胞体病
【答案】 E
【考点】 考试要点：三类动物疫病病种

【解析】 根据《一、二、三类动物疫病病种名录》的规定，三类动物疫病共63种。其中多种动物共患病8种：大肠杆菌病、李氏杆菌病、类鼻疽、放线菌病、肝片吸虫病、丝虫病、附红细胞体病、Q热。故选答案E。

27. 《一、二、三类动物疫病病种名录》规定的二类动物疫病中**不属于**甲壳类病的是（ ）
   A. 黄头病   B. 桃拉综合征   C. 河蟹颤抖病   D. 传染性肌肉坏死病
   E. 病毒性神经坏死病
   【答案】 E
   【考点】 考试要点：二类动物疫病
   【解析】 根据《一、二、三类动物疫病病种名录》的规定，二类动物疫病共77种。其中甲壳类病6种：桃拉综合征、黄头病、罗氏沼虾白尾病、对虾杆状病毒病、传染性皮下和造血器官坏死病、传染性肌肉坏死病。E属于鱼类病。故选答案E。

28. 《一、二、三类动物疫病病种名录》规定的动物疫病的总数为（ ）
   A. 63种   B. 77种   C. 140种   D. 157种   E. 163种
   【答案】 D
   【考点】 考试要点：一、二、三类动物疫病病种名录
   【解析】 《一、二、三类动物疫病病种名录》规定了一类动物疫病17种，二类动物疫病77种，三类动物疫病63种。因此，共157种。故选答案D。

29. 《人畜共患传染病名录》中**不包括**（ ）
   A. 弓形虫病   B. 白斑综合征   C. 李氏杆菌病
   D. 肝片吸虫病   E. 猪Ⅱ型链球菌病
   【答案】 B
   【考点】 考试要点：人畜共患传染病名录
   【解析】 《人畜共患传染病名录》共列举了26种人畜共患传染病，分别为牛海绵状脑病、高致病性禽流感、狂犬病、炭疽、布鲁氏菌病、弓形虫病、棘球蚴病、钩端螺旋体病、沙门氏菌病、牛结核病、日本血吸虫病、猪乙型脑炎、猪Ⅱ型链球菌病、旋毛虫病、猪囊尾蚴病、马鼻疽、野兔热、大肠杆菌病（O157：H7）、李氏杆菌病、类鼻疽、放线菌病、肝片吸虫病、丝虫病、Q热、禽结核病、利什曼病。故选答案B。

30. 《人畜共患传染病名录》中**不属于**《一、二、三类动物疫病病种名录》规定的病种的是（ ）
   A. 狂犬病   B. 类鼻疽   C. 布鲁氏菌病   D. 沙门氏菌病
   E. 高致病性禽流感
   【答案】 D
   【考点】 考试要点：人畜共患传染病名录和一、二、三类动物疫病病种名录
   【解析】 根据《人畜共患传染病名录》和《一、二、三类动物疫病病种名录》，A、C属于二类动物疫病，B属于三类动物疫病，E属于一类动物疫病，D不属于这三类。故选答案D。

31. 下列针对病死及死因不明动物的行为**不符合**病死及死因不明动物处理办法的是（ ）
   A. 不随意出售   B. 不随意解剖
   C. 不擅自到疫区采样   D. 不擅自提供病料和资料
   E. 按规定进行采样、诊断、流行病学调查、无公害处理即可，不需相关记录、归档
   【答案】 E
   【考点】 考试要点：病死及死因不明动物处理办法
   【解析】 根据《病死及死因不明动物处置办法（试行）》第四条：任何单位和个人不得随意处置及出售、转运、加工和食用病死或死因不明动物。第十条：除发生疫情的当地县级以上动物防疫监督机构外，任何单位和个人未经省级兽医行政主管部门批准，不得到疫区采样、分离病原、进行流行病学调查。当地动物防疫监督机构或获准到疫区采样和流行病学调查的单位和个人，未经原审批的省级兽医行政主管部门批准，不得向其他单位和个人提供所采集的病料及相关样品和资料。第十五条：对病死及死因不明动物各项处理，各级动物防疫监督机构要按规定做好相关记录、归档等工作。故选答案E。

32. 兽药经营企业停止营业超过（ ），应将兽药经营许可证交回原发证机关。

A. 3个月 　　B. 6个月 　　C. 8个月 　　D. 10个月 　　E. 12个月
【答案】 B
【考点】 考试要点：兽药经营许可证的收回
【解析】 为了规范兽药经营许可证的使用行为，维护兽药经营许可证的严肃性，兽药经营企业停止经营超过6个月或者关闭的，兽药经营企业应当将兽药经营许可证交回原发证机关，并到当地工商行政管理部门办理变更或者注销手续。故选答案B。

33. 兽药经营许可证的有效期为（　　）
A. 2年 　　B. 3年 　　C. 4年 　　D. 5年 　　E. 6年
【答案】 D
【考点】 考试要点：兽药经营许可证的有效期
【解析】 根据《兽药管理条例》第十二条：兽药生产许可证应当载明生产范围、生产地点、有效期和法定代表人姓名、住址等事项。兽药生产许可证有效期为5年。有效期届满，需要继续生产兽药的，应当在许可证有效期届满前6个月到原发证机关申请换发兽药生产许可证。故选答案D。

34. 属于假兽药的是（　　）
A. 不标明有效期的 　　　　　　B. 更改产品批号的 　　　　　C. 不标明所含有效成分的
D. 所含成分含量兽药国家标准不符合的 　　　E. 所含成分种类兽药国家标准不符合的
【答案】 E
【考点】 考试要点：假兽药的判定标准
【解析】 根据《兽药管理条例》第四十七条，有下列情形之一的，为假兽药：（一）以非兽药冒充兽药或者以他种兽药冒充此种兽药的；（二）兽药所含成分的种类、名称与兽药国家标准不符合的。有下列情形之一的，按照假兽药处理：（一）国务院兽医行政管理部门规定禁止使用的；（二）依照本条例规定应当经审查批准而未经审查批准即生产、进口的，或者依照本条例规定应当经抽查检验、审查核对而未经抽查检验、审查核对即销售、进口的；（三）变质的；（四）被污染的；（五）所标明的适应证或者功能主治超出规定范围。分析选项A、B、C、D均属于劣兽药的判定标准。故选答案E。

35. 下列**不符合**陈列、储存兽药要求的是（　　）
A. 按照品种分类存放 　　　　　B. 与墙保持一定间距
C. 按照包装图示标志要求存放 　　D. 同一企业的同一批号的产品集中存放
E. 内用兽药与外用兽药集中存放在一起
【答案】 E
【考点】 考试要点：兽药陈列、储存要求
【解析】 根据《兽药管理条例》第二十一条，陈列、储存兽药应当符合下列要求：（一）按照品种、类别、用途以及温度、湿度等储存要求，分类、分区或者专库存放；（二）按照兽药外包装图示标志的要求搬运和存放；（三）与仓库地面、墙、顶等之间保持一定间距；（四）内用兽药与外用兽药分开存放，兽用处方药与非处方药分开存放；易串味兽药、危险药品等特殊兽药与其他兽药分库存放；（五）待验兽药、合格兽药、不合格兽药、退货兽药分区存放；（六）同一企业的同一批号的产品集中存放。内用兽药与外用兽药应分开存放，故选答案E。

36. 安钠咖注射液的经销单位需凭当年销售记录于（　　）向省、自治区、直辖市畜牧厅（局）申报下年度需求计划。
A. 3月底前 　　B. 6月底前 　　C. 8月底前 　　D. 9月底前 　　E. 12月底前
【答案】 D
【考点】 考试要点：特殊药物的使用
【解析】 安钠咖属于国家严格控制管理的精神药品，同时也是治疗动物疫病的兽药产品，必须加强管理，防止滥用，保护人体健康。各兽用安钠咖注射液定点经销单位须严格凭兽用安钠咖注射液经销、使用卡向本辖区兽医医疗单位供应产品，并建立相应账卡，销售记录于9月底前向省、自治区、直辖市畜牧厅（局）申报下年度需求计划。故选答案D。

37. **不**属于禁止在饲料中使用的药物为（　　）
   A. 沙丁胺醇　　B. 西巴特罗　　C. 维生素 C　　D. 苯巴比妥　　E. 匹莫林
   【答案】　C
   【考点】　考试要点：饲料中禁止使用药物的法律规定
   【解析】　《禁止在饲料和动物饮水中使用的药物品种目录》收载了 5 类 40 种禁止在饲料和动物饮用水中使用的药物品种。A、B 属于禁止品种中肾上腺素受体激动剂，D、E 属于禁止品种中精神药品。故选答案 C。

38. 二类动物病原微生物（病毒）**不**包括（　　）
   A. 牛瘟病毒　　　　　B. 猪瘟病毒　　　　　C. 狂犬病病毒
   D. 炭疽芽孢杆菌　　　E. 蓝舌病病毒
   【答案】　A
   【考点】　考试要点：二类动物病原微生物种类
   【解析】　根据《动物病原微生物分类名录》，二类动物病原微生物包括猪瘟病毒、鸡新城疫病毒、狂犬病病毒、绵羊痘/山羊痘病毒、蓝舌病病毒、兔病毒性出血症病毒、炭疽芽孢杆菌、布氏杆菌。A 属于一类动物病原微生物。故选答案 A。

39. 《病原微生物实验室生物安全管理条例》于 2004 年 11 月 5 日经国务院第 69 次常务会议通过，自（　　）起施行
   A. 2004 年 11 月 10 日　　B. 2004 年 11 月 12 日　　C. 2004 年 11 月 15 日
   D. 2004 年 11 月 20 日　　E. 2005 年 1 月 1 日
   【答案】　B
   【考点】　考试要点：《病原微生物实验室生物安全管理条例》实施时间
   【解析】　《病原微生物实验室生物安全管理条例》于 2004 年 11 月 5 日经国务院第 69 次常务会议通过，自 2004 年 11 月 12 日起施行。故选答案 B。

40. 从事高致病性病原微生物相关实验活动应当有（　　）以上的工作人员共同进行。
   A. 1 名　　B. 2 名　　C. 3 名　　D. 4 名　　E. 5 名
   【答案】　B
   【考点】　考试要点：对从事高致病性病原微生物相关实验活动的规定
   【解析】　根据《病原微生物实验室生物安全管理条例》第三十五条：从事高致病性病原微生物相关实验活动应当有 2 名以上的工作人员共同进行。进入从事高致病性病原微生物相关实验活动的实验室的工作人员或者其他有关人员，应当经实验室负责人批准。实验室应当为其提供符合防护要求的防护用品并采取其他职业防护措施。从事高致病性病原微生物相关实验活动的实验室，还应当对实验室工作人员进行健康监测，每年组织对其进行体检，并建立健康档案；必要时，应当对实验室工作人员进行预防接种。故选答案 B。

41. 盛装动物病原微生物菌种冻干样本主容器的玻璃安瓿必须采用的封口方法为（　　）
   A. 火焰封口　　B. 纱布封口　　C. 塑料封口　　D. 石蜡封口　　E. 金属封口
   【答案】　A
   【考点】　考试要点：动物病原微生物菌（毒）种或者样本运输包装规范
   【解析】　根据《高致病性动物病原微生物菌（毒）种或者样本运输包装规范》包装要求：冻干样本主容器必须是火焰封口的玻璃安瓿或者是用金属封口的胶塞玻璃瓶。故选答案 A。

42. 执业兽医职业道德的最高境界是（　　）
   A. 诚实守信　　B. 爱护动物　　C. 奉献社会　　D. 服务群众　　E. 爱岗敬业
   【答案】　C
   【考点】　考试要点：执业兽医职业道德的内容
   【解析】　执业兽医职业道德的内容包括奉献社会、爱岗敬业、诚实守信、服务群众、爱护动物等，其中奉献社会是执业兽医职业道德的最高境界，爱岗敬业、诚实守信是执业兽医执业行为的基础要素。故选答案 C。

【A2 型题】

答题说明：每一道考题是以一个小案例出现的，其下面都有 A、B、C、D、E 五个备选答案，请从中选择一个最佳答案，并在答题卡上将相应题号的相应字母所属的方框涂黑。

43. 黄某的饲养场发生了动物疫病，所称的动物疫病是指（ ）
　　A. 人畜共患病　　　　B. 内科病和外科病　　C. 传染病和中毒病
　　D. 寄生虫病和中毒病　E. 动物传染病、寄生虫病
【答案】 E
【考点】 考试要点：动物疫病的含义
【解析】 根据《中华人民共和国动物防疫法》第三条的规定，本法所称动物疫病，是指动物传染病、寄生虫病。故选答案 E。

44. 甲为一名乡村兽医，其从事动物诊疗活动只能在（ ）
　　A. 本村　　　B. 本县　　　C. 本市　　　D. 本乡镇　　　E. 无限制
【答案】 D
【考点】 考试要点：乡村兽医服务人员管理的规定
【解析】 乡村兽医是指尚未取得兽医资格，经登记在本村从事动物诊疗服务活动的人员。故选答案 D。

45. 刘某为一名执业兽医师，他在动物诊疗活动中发现动物染疫，应当立即报告给（ ）
　　A. 社区负责人　　　　　B. 当地人民政府　　　C. 当地兽医主管部门
　　D. 当地卫生主管部门　　E. 所在动物诊疗机构
【答案】 C
【考点】 考试要点：执业兽医疫情报告义务
【解析】 根据《执业兽医管理办法》第二十八条：执业兽医在动物诊疗活动中发现动物染疫或者疑似染疫的，应当按照国家规定立即向当地兽医主管部门、动物卫生监督机构或者动物疫病预防控制机构报告，并采取隔离等控制措施，防止动物疫情扩散。故选答案 C。

46. 因发生重大动物疫情，A 地区被划分疫区，则对其采取的应急措施**不合理**的是（ ）
　　A. 对易感染动物进行监测　　　　B. 禁止动物产品出入 A 地区
　　C. 扑杀并销毁染疫和疑似染疫动物　D. 在 A 地区周围设置警示标志
　　E. 对进出 A 地区的人员和车辆进行消毒
【答案】 B
【考点】 考试要点：重大动物疫情—对疫区采取的措施
【解析】 根据《重大动物疫情应急条例》第三十条，对疫区应当采取下列措施：（一）在疫区周围设置警示标志，在出入疫区的交通路口设置临时动物检疫消毒站，对出入的人员和车辆进行消毒；（二）扑杀并销毁染疫和疑似染疫动物及其同群动物，销毁染疫和疑似染疫的动物产品，对其他易感染的动物实行圈养或者在指定地点放养，役用动物限制在疫区内使役；（三）对易感染的动物进行监测，并按照国务院兽医主管部门的规定实施紧急免疫接种，必要时对易感染的动物进行扑杀；（四）关闭动物及动物产品交易市场，禁止动物进出疫区和动物产品运出疫区；（五）对动物圈舍、动物排泄物、垫料、污水和其他可能受污染的物品、场地，进行消毒或者无害化处理。禁止动物进出疫区和动物产品运出疫区，并没有禁止动物产品运入疫区。故选答案 B。

47. A 为一兽药经营企业，其必须具备与所经营的兽药（ ）
　　A. 相适应的兽药技术人员　　B. 相适应的营业场所、设备
　　C. 相适应的质量管理机构　　D. 相适应的仓库设施
　　E. 以上都是
【答案】 E
【考点】 考试要点：兽药经营法律制度—经营兽药的企业应具备的条件
【解析】 根据《兽药管理条例》第二十二条，经营兽药的企业，应当具备下列条件：（一）与所经营的兽药相适应的兽药技术人员；（二）与所经营的兽药相适应的营业场所、设备、仓库设施；（三）与所经营的兽药相适应的质量管理机构或者人员；（四）兽药经营质量管理规范规定的其他经营条件。故选答案 E。

48. 下列**不属于**劣兽药判定标准的是（ ）
　　A. 成分不符合兽药国家标准　B. 不标明有效成分　　C. 不标明有效期
　　D. 所含成分种类兽药国家标准不符　　　　　　　　E. 不标明产品批号

【答案】 D
【考点】 考试要点：劣兽药的判定标准
【解析】 根据《兽药管理条例》第四十八条，有下列情形之一的，为劣兽药：（一）成分含量不符合兽药国家标准或者不标明有效成分的；（二）不标明或者更改有效期或者超过有效期的；（三）不标明或者更改产品批号的；（四）其他不符合兽药国家标准，但不属于假兽药的。D属于假兽药的判定标准。故选答案D。

49. 某饲养场内的猪患了OIE规定的疫病，则该疫病可能是（　　）
A. 猪副伤寒　　B. 猪乙肝脑炎　　C. 猪支原体肺炎　　D. 猪流行性感冒
E. 尼帕病毒性脑病
【答案】 E
【考点】 考试要点：OIE法定报告疫病目录
【解析】 OIE规定的猪病有7种：非洲猪瘟、古典猪瘟、尼帕病毒性脑病、猪囊尾蚴病、猪繁殖与呼吸综合征、猪水泡病、传染性胃肠炎。选答案E。

50. 丁某是一名执业兽医师，其执业行为的基础要素是（　　）
A. 奉献社会　　B. 爱护动物　　C. 诊断治疗　　D. 服务群众
E. 爱岗敬业、诚实守信
【答案】 E
【考点】 考试要点：执业兽医职业道德的内容
【解析】 执业兽医职业道德的内容包括奉献社会、爱岗敬业、诚实守信、服务群众、爱护动物等，其中奉献社会是执业兽医职业道德的最高境界，爱岗敬业、诚实守信是执业兽医执业行为的基础要素。故选答案E。

【A3/A4型题】
答题说明：以下提供若干案例，每个案例下设若干个考题。请根据案例提供的信息，在每一道考试题的下面的A、B、C、D、E五个备选答案中选择一个最佳答案，并在答题卡上将相应题号的相应字母所属的方框涂黑。

（51～53题共用以下题干）
《执业兽医管理办法》自2009年1月1日起实施。

51. 《执业兽医管理办法》是经农业部第（　　）次常务会议审议通过的。
A. 5　　　B. 6　　　C. 7　　　D. 8　　　E. 9
【答案】 D
【考点】 考试要点：《执业兽医管理办法》
【解析】 根据中华人民共和国农业部令第18号《执业兽医管理办法》已经2008年11月4日农业部第8次常务会议审议通过，现予发布，自2009年1月1日起施行。故选答案D。

52. 执业兽医分为（　　）
A. 乡村兽医　　B. 兽医师　　C. 高级兽医师　　D. 初级兽医师
E. 执业兽医师和执业助理兽医师
【答案】 E
【考点】 考试要点：执业兽医的分类
【解析】 根据《执业兽医管理办法》第三条：本办法所称执业兽医，包括执业兽医师和执业助理兽医师。故选答案E。

53. 执业兽医资格证书的取得形式为（　　）
A. 审核取得　　　　　B. 考试取得　　　　　C. 考试取得和审核取得
D. 自由申报取得　　　E. 写论文取得
【答案】 C
【考点】 考试要点：执业兽医资格证书的取得
【解析】 根据执业兽医资格考试法律制度，执业兽医资格证书分两种，即执业兽医师资格证书和执业助理兽医师资格证书，由农业部颁发取得的形式分为考试取得和审核取得。故选答案C。

（54～56题共用以下题干）

刘某欲在县城开一家动物医院。
54. 该动物医院除了要有相关的场所和设施等外，必须取得（ ）
   A. 动物防疫合格证　　　B. 动物诊疗许可证　　　C. 兽药经营许可证
   D. 动物检疫合格证　　　E. 动物产品检疫合格证
   【答案】 B
   【考点】 考试要点：动物诊疗机构的诊疗许可制度
   【解析】 根据《动物诊疗机构管理办法》第四条：国家实行动物诊疗许可制度。从事动物诊疗活动的机构，应当取得动物诊疗许可证，并在规定的诊疗活动范围内开展动物诊疗活动。故选答案 B。

55. 该动物医院的名称应当先经（ ）预先审核。
   A. 动物卫生监督机构　　　B. 兽医行政主管部门　　　C. 动物疫病预防控制机构
   D. 工商行政管理机关　　　E. 人民政府
   【答案】 D
   【考点】 考试要点：设立动物诊疗机构的程序
   【解析】 根据《动物诊疗机构管理办法》第八条：动物诊疗机构应当使用规范的名称。不具备从事动物颅腔、胸腔和腹腔手术能力的，不得使用"动物医院"的名称。动物诊疗机构名称应当经工商行政管理机关预先核准。故选答案 D。

56. 刘某获得的动物诊疗许可证上应当载明（ ）
   A. 诊疗机构名称　　　B. 诊疗活动范围　　　C. 从业地点和法定代表人
   D. 以上全是　　　　　E. 以上全不是
   【答案】 D
   【考点】 考试要点：设立动物诊疗机构的程序
   【解析】 根据《动物诊疗机构管理办法》第十条：动物诊疗许可证应当载明诊疗机构名称、诊疗活动范围、从业地点和法定代表人（负责人）等事项。故选答案 D。

（57～59题共用以下题干）
   李某是出售水产苗种的货主。

57. 李某应当提前（ ）天向所在地县级动物卫生监督机构申报检疫。
   A. 5　　　B. 15　　　C. 20　　　D. 30　　　E. 45
   【答案】 C
   【考点】 考试要点：水产苗种产地检疫申报时限
   【解析】 根据《动物检疫管理办法》第二十八条：出售或者运输水生动物的亲本、稚体、幼体、受精卵、发眼卵及其他遗传育种材料等水产苗种的，货主应当提前20天向所在地县级动物卫生监督机构申报检疫；经检疫合格，并取得《动物检疫合格证明》后，方可离开产地。故选答案 C。

58. 水产苗种取得（ ）后，方可离开产地。
   A.《动物防疫条件合格证》　　　B.《动物检疫合格证明》　　　C.《动物诊疗许可证》
   D.《兽药经营许可证》　　　　　E.《动物产品检疫合格证》
   【答案】 B
   【考点】 考试要点：水产苗种产检疫处理
   【解析】 根据《动物检疫管理办法》第二十八条：出售或者运输水生动物的亲本、稚体、幼体、受精卵、发眼卵及其他遗传育种材料等水产苗种的，货主应当提前20天向所在地县级动物卫生监督机构申报检疫；经检疫合格，并取得《动物检疫合格证明》后，方可离开产地。故选答案 B。

59. 若李某跨省引进水产苗种到达目的地后，应当在（ ）内按照有关规定报告，并接受当地动物卫生监督机构的监督检查。
   A. 6h　　　B. 12h　　　C. 18h　　　D. 24h　　　E. 48h
   【答案】 D
   【考点】 考试要点：水产苗种落地制度
   【解析】 根据《动物检疫管理办法》第三十一条：跨省、自治区、直辖市引进水产苗种到达目的地后，货主或承运人应当在24h内按照有关规定报告，并接受当地动物卫生监督机构的监督检查。故选答案D。

(60~62题共用以下题干)

甲省有一实验室A，取得了国家安全四级实验室认可证书，并且具有从事高致病性动物病原微生物实验活动的能力。

60. 下列描述与实验室A **不符** 的是（　　）

　　A. 通过实验室国家认可
　　B. 从事实验活动的工作人员受过生物安全知识培训
　　C. 符合农业部颁发的《兽医实验室生物安全管理规范》
　　D. 可依法从事动物疫病的研究、检测、诊断，以及菌（毒）种保藏活动
　　E. 不安装、使用具有放射性的诊疗设备的，可不必经环境保护部门批准

【答案】　E
【考点】　考试要点：动物原微生物实验的设立条件和实验室资格审批
【解析】　根据《病原微生物实验室生物安全管理条例》第十九条的规定，新建、改建、扩建三级、四级实验室或者生产、进口移动式三级、四级实验室应当遵守下列规定：（一）符合国家生物安全实验室体系规划并依法履行有关审批手续；（二）经国务院科技主管部门审查同意；（三）符合国家生物安全实验室建筑技术规范；（四）依照《中华人民共和国环境影响评价法》的规定进行环境影响评价并经环境保护主管部门审查批准；（五）生物安全防护级别与其拟从事的实验活动相适应。同时，第二十一条：一级、二级实验室不得从事高致病性病原微生物实验活动。三级、四级实验室从事高致病性病原微生物实验活动，应当具备下列条件：（一）实验目的和拟从事的实验活动符合国务院卫生主管部门或者兽医主管部门的规定；（二）通过实验室国家认可；（三）具有与拟从事的实验活动相适应的工作人员；（四）工程质量经建筑主管部门依法检测验收合格。国务院卫生主管部门或者兽医主管部门依照各自职责对三级、四级实验室是否符合上述条件进行审查；对符合条件的，发给从事高致病性病原微生物实验活动的资格证书。A、B、C、D都符合。因为实验室A为四级实验室，应依照《中华人民共和国环境影响评价法》的规定进行环境影响评价并经环境保护主管部门审查批准，故选答案E。

61. 高致病性动物病原微生物指的是（　　）

　　A. 第三类病原微生物　　　　　　　　B. 第四类病原微生物
　　C. 第一类病原微生物、第二类病原微生物　　D. 第二类病原微生物、第三类病原微生物
　　E. 第三类病原微生物、第四类病原微生物

【答案】　C
【考点】　考试要点：动物病原微生物分类—高致病性病原微生物
【解析】　国家根据病原微生物的传染性、感染后对个体或者群体的危害程度，将病原微生物分为四类，第一类、第二类病原微生物统称为高致病性病原微生物。故选答案C。

62. 实验室A从事高致病性病原微生物相关实验活动的实验档案保存期（　　）
　　A. 3年　　B. 5年　　C. 10年　　D. 15年　　E. 20年

【答案】　E
【考点】　考试要点：从事高致病性病原微生物相关实验活动对实验记录的规定
【解析】　根据《病原微生物实验室生物安全管理条例》第三十七条：实验室应当建立实验档案，记录实验室使用情况和安全监督情况。实验室从事高致病性病原微生物相关实验活动的实验档案保存期，不得少于20年。故选答案E。

【B1型题】

答题说明：以下提供若干组考题，每组考题共用在考题前列出的A、B、C、D、E五个备选答案。请从中选择一个与问题关系最密切的答案，并在答题卡上将相应题号的相应字母所属的方框涂黑。某个备选答案可能被选择1次、多次或不被选择。

(63~65题共用下列备选答案)
　　A. 200m　　B. 500m　　C. 1000m　　D. 200m　　E. 3000m

63. 《动物防疫条件审查办法》规定动物饲养场与动物产品集贸市场之间的距离不少于（　　）
【答案】　B

64. 《动物防疫条件审查办法》规定动物饲养场与动物诊疗场所之间的距离不少于（　　）
【答案】 A
65. 《动物防疫条件审查办法》规定动物饲养场与无害化处理场所之间的距离不少于（　　）
【答案】 E
【考点】 考试要点：屠宰加工产所动物防疫条件的内容
【解析】 根据《动物防疫条件审查办法》第五条，动物饲养场、养殖小区选址应当符合下列条件：（一）距离生活饮用水源地、动物屠宰加工场所、动物和动物产品集贸市场500米以上；距离种畜禽场1000米以上；距离动物诊疗场所200米以上；动物饲养场（养殖小区）之间距离不少于500米；（二）距离动物隔离场所、无害化处理场所3000米以上；（三）距离城镇居民区、文化教育科研等人口集中区域及公路、铁路等主要交通干线500米以上。故63题选答案B，64题选答案A，65题选答案E。

（66～68题共用下列备选答案）
A. 15个工作日内　　B. 20个工作日内　　C. 20天内
D. 30个工作日内　　E. 30天内

66. 兴办动物饲养场的，县级地方人民政府兽医主管部门应当自收到申请之日起（　　）完成材料和现场审查。
【答案】 B
【考点】 考试要点：对设立动物饲养场的审核
【解析】根据《动物防疫条件审查办法》第二十八条：兴办动物饲养场、养殖小区和动物屠宰加工场所的，县级地方人民政府兽医主管部门应当自收到申请之日起20个工作日内完成材料和现场审查，审查合格的，颁发《动物防疫条件合格证》；审查不合格的，应当书面通知申请人，并说明理由。故选答案B。

67. 动物诊疗许可证的发证机关受理申请后，应当在（　　）完成对申请材料的审核和对动物诊疗场所的实地考察。
【答案】 B
【考点】 考试要点：对设立动物诊疗机构的审核
【解析】 根据《动物诊疗机构管理办法》第九条：发证机关受理申请后，应当在20个工作日内完成对申请材料的审核和对动物诊疗场所的实地考察。符合规定条件的，发证机关应当向申请人颁发动物诊疗许可证；不符合条件的，书面通知申请人，并说明理由。故选答案B。

68. 兽药经营企业变更企业名称的，应当在办理工商变更登记手续后（　　），到原发证机关申请换发兽药生产许可证。
【答案】 A
【考点】 考试要点：兽药经营许可证内容的变更
【解析】 根据《兽药管理条例》第二十四条：兽药经营企业变更经营范围、经营地点的，应当依照本条例第二十二条的规定申请换发兽药经营许可证，申请人凭换发的兽药经营许可证办理工商变更登记手续；变更企业名称、法定代表人的，应当在办理工商变更登记手续后15个工作日内，到原发证机关申请换发兽药经营许可证。故选答案A。

（69～71题共用下列备选答案）
A. 兽药外包装标签　　B. 兽药内包装标签　　C. 中兽药说明书
D. 兽药原料药标签　　E. 兽用化学药品说明书

69. 当看到兽用标识、兽药名称、适应证、含量/包装规格、批准文号、生产日期、生产批号、有效期、生产企业信息等，可判断是（　　）
【答案】 B
【考点】 考试要点：兽药标签的基本要求
【解析】 根据《兽药标签和说明书管理办法》第四条：兽药产品（原料药除外）必须同时使用内包装标签和外包装标签。第五条：内包装标签必须注明兽用标识、兽药名称、适应证（或功能与主治）、含量/包装规格、批准文号或《进口兽药登记许可证》证号、生产日期、生产批号、有效期、生产企业信息等内容。安瓿瓶、西林瓶等注射或内服产品由于包装尺寸的限制而无法注明上述全部内容，可适当减少项目，但至少须标明兽药名称、含量规格、生产批号。故选答案B。
70. 当看到兽药名称、包装规格、生产日期、生产批号、有效期、运输注意事项、储藏、批准文号、生产企业信息等，可判断是（ ）
【答案】 D
【考点】 考试要点：兽药标签的基本要求
【解析】 根据《兽药标签和说明书管理办法》第七条：兽用原料药的标签必须注明兽药名称、包装规格、生产日期、生产批号、有效期、运输注意事项或其他标记、储藏、批准文号、生产企业信息等内容。故选答案D。

71. 当看到兽用标识、兽药名称、主要成分、性状、功能与主治、用法与用量、不良反应、注意事项、有效期、规格、储藏、批准文号、生产企业信息等，可判断是（ ）
【答案】 C
【考点】 考试要点：兽药说明书的基本要求
【解析】 根据《兽药标签和说明书管理办法》第十一条，中兽药说明书必须注明以下内容：兽用标识、兽药名称、主要成分、性状、功能与主治、用法与用量、不良反应、注意事项、有效期、规格、储藏、批准文号、生产企业信息等。故选答案C。

（72～74题共用下列备选答案）
A. 炔诺醇   B. 苯巴比妥   C. 盐酸多巴胺   D. 苯丙酸诺龙   E. 戊酸雌二醇

72. 以上禁止在饲料和动物饮水中使用的药品中，属于肾上腺素受体激动剂的是（ ）
【答案】 C
【考点】 考试要点：禁止在饲料和动物饮水中使用的肾上腺素受体激动剂
【解析】 根据禁止在饲料和动物饮水中使用的药物品种目录（农业部第176号），收录了7种肾上腺素受体激动剂：盐酸克仑特罗、沙丁胺醇、硫酸沙丁胺醇、莱克多巴胺、盐酸多巴胺、西马特罗、硫酸特布他林。故选答案C。

73. 以上禁止在饲料和动物饮水中使用的药品中，属于蛋白同化激素的是（ ）
【答案】 D
【考点】 考试要点：禁止在饲料和动物饮水中使用的蛋白同化激素
【解析】 根据禁止在饲料和动物饮水中使用的药物品种目录（农业部第176号），收录了2种蛋白同化激素：碘化酪蛋白、苯丙酸诺龙及苯丙酸诺龙注射液。故选答案D。

74. 以上禁止在饲料和动物饮水中使用的药品中，属于精神药品的是（ ）
【答案】 B
【考点】 考试要点：禁止在饲料和动物饮水中使用的精神药品
【解析】 根据禁止在饲料和动物饮水中使用的药物品种目录（农业部第176号），收录了18种精神药品：（盐酸）氯丙嗪、盐酸异丙嗪、安定（地西泮）、苯巴比妥、巴比妥、苯巴比妥钠、异戊巴比妥、异戊巴比妥钠、利血平、艾司唑仑、甲丙氨酯、咪达唑仑、硝西泮、奥沙西泮、匹莫林、三唑仑、唑吡旦、其他国家管制的精神药品。故选答案B。

（75～77题共用下列备选答案）
A. 黄霉素预混剂   B. 伊维菌素预混剂   C. 环丙氨嗪预混剂
D. 甲基盐霉素预混剂   E. 盐酸林克霉素预混剂

75. 用于鸡球虫病是（ ）
【答案】 D
【考点】 考试要点：饲料药物添加使用规范—甲基盐霉素预混剂—作用与用途
【解析】 根据《饲料药物添加使用规范》，甲基盐霉素预混剂，有效成分为甲基盐霉素，适用动物为鸡，作用与用途为用于鸡球虫病。故选答案D。

76. 用于促进畜禽生长的是（ ）
【答案】 A
【考点】 考试要点：饲料药物添加使用规范—黄霉素预混剂—作用与用途
【解析】 根据《饲料药物添加使用规范》，黄霉素预混剂，有效成分为黄霉素，适用动物为牛、猪、鸡，作用与用途为用于促进畜禽生长。故选答案A。

77. 对昆虫有驱杀活性的是（ ）

【答案】 B
【考点】 考试要点：饲料药物添加使用规范—伊维菌素预混剂—作用与用途
【解析】 根据《饲料药物添加使用规范》，伊维菌素预混剂，有效成分为伊维菌素，适用动物为猪，作用与用途为对线虫、昆虫和螨均有驱杀活性，主要用于治疗猪的胃肠道线虫病和疥螨病。故选答案 B。

(78～80题共用下列备选答案)
A. 马杜霉素铵预混剂　　　B. 盐酸氯苯胍预混剂　　　C. 黄霉素预混剂
D. 盐霉素钠预混剂　　　　E. 硫酸黏杆菌素预混剂

78. 仅用于鸡的饲料药物添加剂是（　　）
【答案】 A
79. 规定休药期为 0 天的是（　　）
【答案】 C
80. 马属动物禁用的是（　　）
【答案】 D
【考点】 考试要点：《饲料药物添加剂使用规范》
【解析】 根据《饲料药物添加剂使用规范》的饲料药物添加剂附录二：马杜霉素铵预混剂[适用动物] 鸡；[注意] 蛋鸡产蛋期禁用；不得用于其他动物；在无球虫病时，含百万分之六以上马杜霉素铵盐的饲料对生长有明显抑制作用，也不改善饲料报酬；休药期 5 天。盐酸氯苯胍预混剂[适用动物] 鸡、兔；[注意] 蛋鸡产蛋期禁用。休药期鸡 5 天，兔 7 天。黄霉素预混剂[适用动物] 牛、猪、鸡；[注意] 休药期 0 天。盐霉素钠预混剂[适用动物] 牛、猪、鸡；[注意] 蛋鸡产蛋期禁用；马属动物禁用；禁止与泰妙菌素、竹桃霉素并用；休药期 5 天。硫酸黏杆菌素预混剂[适用动物] 牛、猪、鸡；[注意] 蛋鸡产蛋期禁用；休药期 7 天。综上，故 78 题选答案 A，79 题选答案 C，80 题选答案 D。

二、动物解剖学、组织学与胚胎学

【A1型题】
答题说明：每一道考试题下面有 A、B、C、D、E 五个备选答案，请从中选择一个最佳答案，并在答题卡上将相应题号的相应字母所属的方框涂黑。

1. 动物的遗传信息主要储存于（　　）
A. 细胞膜　　B. 线粒体　　C. 高尔基复合体　　D. 细胞核　　E. 细胞质
【答案】 D
【考点】 考试要点：细胞—细胞核
【解析】 细胞核是细胞的重要组成部分，遗传信息的储存场所，控制细胞的遗传和代谢活动。故答案选 D。

2. 家畜的髋骨包括（　　）
A. 髂骨、股骨、坐骨　　　B. 髂骨、坐骨、膝盖骨　　　C. 髂骨、膝盖骨、耻骨
D. 膝盖骨、耻骨、坐骨　　E. 髂骨、坐骨、耻骨
【答案】 E
【考点】 考试要点：四肢骨—后肢骨
【解析】 骨盆是指由两侧髋骨、背侧的荐骨和前 4 枚尾椎以及两侧的荐结节阔韧带共同围成的结构，呈前宽后窄的圆锥形腔。髋骨由髂骨、坐骨、耻骨结合而成。故答案选 E。

3. 髂肋肌沟内含针灸穴位，其主要由下列肌肉构成（　　）
A. 背腰最长肌和髂肋肌　　B. 背腰最长肌和夹肌　　C. 背腰最长肌和头半棘肌
D. 颈多裂肌和头半棘肌　　E. 夹肌和头半棘肌
【答案】 A
【考点】 考试要点：躯干肌肉—背腰最长肌
【解析】 背腰最长肌为全身最长肌肉，呈三棱形，位于胸、腰椎棘突与横突和肋骨椎骨端所形成的夹角内。髂肋肌由一束束斜向的肌束组成，位于背腰最长肌的腹外侧。髂肋肌与背腰最长肌之间形成髂肋肌沟，沟内有针灸穴位。故答案选 A。

4. 皮下注射是将药物注入（　　）
   A. 表皮内　　B. 真皮乳头层内　　C. 真皮网状层内　　D. 表皮与真皮之间　　E. 浅筋膜
   【答案】　E
   【考点】　考试要点：皮肤—皮下组织
   【解析】　皮下组织位于真皮深层，由疏松结缔组织构成，又称浅筋膜。皮下组织内有皮血管、皮神经和皮肌，营养好的家畜还蓄积大量的脂肪，如猪膘。马、牛、羊颈侧部的皮下组织较发达，因此是常用的皮下注射部位。故答案选 E。

5. 不属于细胞器范畴的是（　　）
   A. 中心体　　B. 微管　　C. 溶酶体　　D. 糖原　　E. 核蛋白体
   【答案】　D
   【考点】　考试要点：细胞—细胞质
   【解析】　细胞器是细胞内具有一定形态结构和执行一定功能的小器官，包括线粒体、核蛋白体、内质网、高尔基复合体、溶酶体、过氧化物酶体、中心体、微丝、微管和中间丝等。内含物为广泛存在于细胞内的营养物质和代谢产物，包括糖原、脂肪、分泌颗粒（消化酶等）和色素等，其数量和形态随细胞不同生理状态和病理情况而改变。故答案选 D。

6. 病理情况下，马逆呕时逆呕物从鼻腔流出，其原因在于（　　）
   A. 硬腭发达　　B. 软腭发达　　C. 会厌软骨发达　　D. 腭褶发达　　E. 口腔病变
   【答案】　B
   【考点】　考试要点：口腔—口腔的结构特点
   【解析】　软腭构成口腔的后壁，为一含组织和腺体的黏膜褶，在吞咽过程中起活瓣的作用。马的软腭较发达，后缘伸达会厌基部，将口咽部和鼻咽部隔开，故马不能用口呼吸，病理情况下逆呕时逆呕物从鼻腔流出。故答案选 B。

7. 牛创伤性心包炎常因吞食的尖锐物体穿通哪个胃而引起（　　）
   A. 瘤胃　　B. 网胃　　C. 瓣胃　　D. 皱胃　　E. 肌胃
   【答案】　B
   【考点】　考试要点：胃—反刍动物胃的位置
   【解析】　网胃与心包之间仅以膈相隔，当牛吞食尖锐物体停留在网胃中时，常会穿通胃壁引起创伤性网胃炎，严重时还可以穿过膈而刺破心包，引起创伤性心包炎。故答案选 B。

8. 表面活性物质由肺脏中哪种细胞分泌（　　）
   A. Ⅰ型肺泡细胞　　B. Ⅱ型肺泡细胞　　C. 尘细胞　　D. K 细胞　　E. 杯状细胞
   【答案】　B
   【考点】　考试要点：肺—肺的组织结构
   【解析】　肺泡上皮有Ⅰ型和Ⅱ型两种类型肺泡细胞。Ⅰ型肺泡细胞呈扁平状，参与气血屏障，是执行气体交换的主要部分。Ⅱ型肺泡细胞能分泌表面活性物质至肺泡上皮细胞表面。表面活性物质具有降低肺泡表面张力、稳定肺泡形态的作用。当呼气时，肺泡缩小，表面活性物质密度增加，肺泡表面张力减小，肺泡回缩力降低，从而防止肺泡过度回缩而塌陷；吸气时，肺泡扩张，表面活性物质密度减小，表面张力增大，肺泡回缩力增强，进而防止肺泡过度膨胀。故答案选 B。

9. 骨盆是指由下列哪些骨以及两侧的荐结节阔韧带共同围成的结构（　　）
   A. 髂骨、坐骨、耻骨　　B. 髂骨、荐骨、尾椎　　C. 髂骨、坐骨、耻骨、荐骨
   D. 髂骨、坐骨、荐骨、尾椎　　E. 髂骨、坐骨、耻骨、尾椎
   【答案】　B
   【考点】　考试要点：四肢骨—后肢骨
   【解析】　骨盆是指由两侧髋骨、背侧的荐骨和前 4 枚尾椎以及两侧的荐结节阔韧带共同围成的结构，呈前宽后窄的圆锥形腔。髋骨由髂骨、坐骨、耻骨结合而成。故答案选 B。

10. 家畜生殖系统中，卵巢皮质、髓质分布位置与大多数动物相反的是（　　）
    A. 猪　　B. 马　　C. 牛　　D. 羊　　E. 犬
    【答案】　B
    【考点】　考试要点：雌性生殖器官—卵巢的组织结构

【解析】 卵巢由被膜和实质组成，实质分为外周的皮质和内部的髓质，但马卵巢的皮质与髓质的位置颠倒。故答案选 B。

11. 小动物静脉注射的常用部位（ ）
    A. 颈外静脉   B. 颈内静脉   C. 头静脉   D. 大隐静脉   E. 深静脉
    【答案】 C
    【考点】 考试要点：体循环—四肢静脉
    【解析】 头静脉亦称臂皮下静脉，为前肢的浅静脉干，无动脉伴行，起于蹄静脉丛，沿前臂内侧面上行，经前臂前面入胸外侧沟向上内延伸注入颈外静脉。头静脉是小动物静脉注射的常用部位，用手指按压肘部背侧，可使该静脉怒张。故答案选 C。

12. 哺乳动物初级淋巴器官包括（ ）
    A. 胸腺、骨髓   B. 胸腺、法氏囊   C. 胸腺、脾、淋巴结
    D. 脾脏、淋巴结   E. 胸腺、骨髓、法氏囊
    【答案】 A
    【考点】 考试要点：淋巴系统组成—淋巴器官
    【解析】 淋巴器官是以淋巴组织为主构成的器官，包括淋巴结、脾、胸腺、扁桃体等。根据其功能和淋巴细胞的来源，淋巴器官分为中枢（初级）淋巴器官和周围（次级）淋巴器官，前者包括胸腺、骨髓和禽类的法氏囊（腔上囊），后者包括淋巴结、脾、扁桃体等。故答案选 A。

13. 脾脏实质中属胸腺依赖区的结构是（ ）
    A. 脾小结   B. 动脉周围淋巴鞘   C. 边缘区   D. 红髓   E. 脾索
    【答案】 B
    【考点】 考试要点：周围淋巴器官—脾脏的组织结构特点
    【解析】 动脉周围淋巴鞘是围绕中央动脉周围的厚层弥散淋巴组织，由大量 T 细胞、少量巨噬细胞、交错突细胞等构成，属胸腺依赖区（胸腺是产生 T 细胞的中枢淋巴器官），相当于淋巴结的深层皮质。故答案选 B。

14. 分布到内脏器官、平滑肌、心肌和腺体的神经称为内脏神经，其中的传出神经是（ ）
    A. 中枢神经   B. 脊神经   C. 感觉神经   D. 脑神经   E. 植物性神经
    【答案】 E
    【考点】 考试要点：植物性神经—植物性神经的概念及其特点
    【解析】 在神经系统中分布到内脏器官、血管和皮肤的平滑肌，以及心肌、腺体等的神经，称为内脏神经。其中的传出神经成为植物性神经或自主神经。故答案选 E。

15. 中耳的功能是（ ）
    A. 收集声波   B. 传导声波   C. 压缩声波
    D. 听觉感受器所在地   E. 位置感受器所在地
    【答案】 B
    【考点】 考试要点：感觉器官—耳
    【解析】 耳由外耳、中耳和内耳三部分构成。外耳收集声波，中耳传导声波，内耳是听觉感受器和位置感受器所在地。故答案选 B。

16. 哺乳动物胎膜**不包括**（ ）
    A. 卵黄囊   B. 尿囊   C. 羊膜   D. 子宫内膜   E. 绒毛膜
    【答案】 D
    【考点】 考试要点：胎盘与胎膜—胎膜
    【解析】 哺乳动物和禽类的胎膜包括4种：卵黄囊、尿囊、羊膜和浆膜或绒毛膜。胎膜与胎盘不同，但存在联系。胎盘是哺乳动物胎儿与母体进行物质交换的特殊结构，由胎盘的母体部分和胎儿部分所组成；母体部分是子宫内膜，胎儿部分则是由各种胎膜构成的。故答案选 D。

17. 能将家畜机体分成左、右两等份的切面是（ ）
    A. 颌面   B. 侧矢面   C. 横断面   D. 正中矢面   E. 水平面
    【答案】 D

【考点】 考试要点：解剖学方位术语—矢状面、额面、横断面

【解析】 矢状面是与动物体长轴并行而与地面垂直的切面。其中，通过动物体正中轴将动物体分成左、右两等份的面，称为正中矢面；其他与正中矢面平行的矢状面称为侧矢面。横断面是与动物体的长轴或某一器官的长轴垂直的切面。额面又称水平面，是与地面平行且与矢状面和横断面垂直的切面。故答案选 D。

18. 牛肩关节的特点是（　　）
　　A. 有十字韧带　　　　B. 有悬韧带　　　　C. 有侧（副）韧带
　　D. 无侧（副）韧带　　E. 无关节囊

【答案】 D

【考点】 考试要点：四肢关节—前肢关节

【解析】 肩关节由肩胛骨和肱骨头构成，为多轴单关节。关节角在后方，没有侧韧带，具有松大的关节囊，故肩关节的活动较大。故答案选 D。

19. 牛股膝关节前方具有（　　）
　　A. 3 条膝直韧带　　B. 2 条膝直韧带　　C. 1 条膝直韧带
　　D. 十字韧带　　　　E. 圆韧带

【答案】 A

【考点】 考试要点：四肢关节—后肢关节的结构特点

【解析】 股膝关节又称股髌关节，由膝盖骨和股骨远端前部滑车关节面构成。股膝关节除有内外侧副韧带外，在其前方还有 3 条强大的膝直韧带（即膝外直韧带、膝中直韧带和膝内直韧带）。股胫关节除有侧韧带外，关节中央还有一对交叉的十字韧带。圆韧带位于髋关节，又称股骨头韧带。故答案选 A。

20. 牛腹腔侧壁肌由内向外依次为（　　）
　　A. 肠肌、腹横肌、腹斜肌　　　　　B. 腹直肌、腹横肌、腹斜肌
　　C. 腹直肌、腹斜肌、腹横肌　　　　D. 腹外斜肌、腹内斜肌、腹横肌
　　E. 腹横肌、腹内斜肌、腹外斜肌

【答案】 E

【考点】 考试要点：躯干肌肉—腹壁肌

【解析】 腹壁肌构成腹侧壁和腹底壁，由 4 层纤维方向不同的板状肌构成，由浅至深分别有腹外斜肌、腹内斜肌、腹直肌、腹横肌，其表面覆盖有腹壁筋膜。腹外斜肌为腹壁肌最外层，肌纤维由上方斜向后下方，止于腹白线。腹内斜肌位于腹外斜肌深面，呈扇形向前下方扩展，止于耻前腱、腹白线及最后几个肋软骨的内侧面。腹直肌为一宽带状肌，左、右二肌并列于腹腔底的腹白线两侧，肌纤维纵行。腹横肌是腹壁的最内层肌，肌纤维横行，以腱膜止于腹白线。故答案选 E。

21. 肉蹄是指（　　）
　　A. 悬蹄　　B. 蹄表皮　　C. 蹄真皮　　D. 蹄白线　　E. 蹄皮下组织

【答案】 C

【考点】 考试要点：蹄—形态结构

【解析】 蹄是家畜四肢的着地器官，位于指（趾）端。由皮肤演变而成，其结构似皮肤，也具有表皮、真皮和少量皮下组织。表皮因角质化而称角质层，构成蹄匣，无血管和神经；真皮部含丰富的血管和神经，呈鲜红色，感觉灵敏，通常称肉蹄。故答案选 C。

22. 成对的喉软骨为（　　）
　　A. 环状软骨　　B. 甲状软骨　　C. 会厌软骨　　D. 杓状软骨　　E. 弹性软骨

【答案】 D

【考点】 考试要点：喉—喉软骨

【解析】 喉软骨有 4 种 5 块，包括环状软骨、甲状软骨、会厌软骨和成对的杓状软骨。故答案选 D。

23. 血中蛋白形成蛋白尿时，首先通过的肾结构是（　　）
　　A. 肾近端小管　　B. 肾小管细端　　C. 肾远端小管　　D. 肾集合小管　　E. 肾滤过膜

【答案】 E

【考点】 考试要点：肾—肾的位置、形态和组织结构
【解析】 血管球有孔内皮、基膜和足细胞裂隙膜合称为滤过膜或称为原尿的滤过屏障。一般情况下，肾小体滤过膜只允许分子量60000以下的物质滤过。肾小囊腔内的原尿，除不含大分子的蛋白质外，其余成分与血浆基本相似。在某些病理条件下，滤过膜损伤，其通透性增高，一些正常情况下不能滤过的大分子蛋白，甚至血细胞也能漏出，导致蛋白尿或血尿。故答案选E。

24. 肾脏原尿重吸收的主要部位是（ ）
　　A. 远端小管　　B. 近端小管　　C. 肾小管细段　　D. 集合小管　　E. 球旁复合体
【答案】 B
【考点】 考试要点：肾—肾的组织结构
【解析】 近端小管可吸收原尿中全部葡萄糖、氨基酸、蛋白质、维生素，以及60%以上的钠离子、50%的尿素和65%~70%的水分等，故肾脏原尿重吸收的主要部位是近端小管。远端小管主要重吸收水分，并吸钠排钾。故答案选B。

25. 有大小肾盏，但无肾盂的动物是（ ）
　　A. 猪　　B. 马　　C. 牛　　D. 犬　　E. 羊
【答案】 C
【考点】 考试要点：肾—肾的结构特点
【解析】 牛输尿管在肾内分为两个肾大盏，肾大盏分支形成肾小盏；肾小盏呈喇叭状，每个肾小盏包围一个肾乳头；肾乳头孔流出的尿液汇入输尿管的起始部，无明显肾盂。故答案选C。

26. 无子宫颈阴道部的动物是（ ）
　　A. 猪　　B. 马　　C. 牛　　D. 羊　　E. 犬
【答案】 A
【考点】 考试要点：雌性生殖器官—子宫的结构特点
【解析】 猪无子宫颈阴道部，与阴道无明显的界限。故答案选A。

27. 心脏的传导系统包括窦房结、房室结、房室束和（ ）
　　A. 神经纤维　　B. 神经元纤维　　C. 肌原纤维　　D. 胶原纤维　　E. 浦金野纤维
【答案】 E
【考点】 考试要点：心—心传导系统的组成
【解析】 心传导系统是由特殊的心肌纤维所构成，能自动而有节律地产生兴奋和传导兴奋，使心房和心室交替性地收缩和舒张，包括窦房结、房室结、房室束和浦金野纤维。故答案选E。

28. 猫前肢采血的静脉是（ ）
　　A. 腋静脉　　B. 头静脉　　C. 臂静脉　　D. 隐静脉　　E. 正中静脉
【答案】 B
【考点】 考试要点：体循环—四肢静脉的特点
【解析】 头静脉又称臂皮下静脉，是小动物静脉注射的常用部位，用指按压肘部背侧，可使该静脉怒张。故答案选B。

29. 不属于内分泌组织的是（ ）
　　A. 胰岛　　B. 肾小球旁复合体　　C. 黄体　　D. 垂体　　E. 卵泡
【答案】 D
【考点】 考试要点：内分泌系统—内分泌系统的概念及其组成
【解析】 内分泌系统包括独立的内分泌器官和分散存在其他器官中的内分泌组织。内分泌器官有甲状腺、甲状旁腺、垂体、肾上腺和松果腺。内分泌组织分散存在于其他器官内，共同组成混合腺的器官，如胰脏内的胰岛、肾脏内的肾小球旁复合体、卵巢中的卵泡和黄体等。故答案选D。

30. 眼球壁的三层结构是指纤维膜、血管膜和（ ）
　　A. 脉络膜　　B. 视网膜　　C. 虹膜　　D. 巩膜　　E. 角膜
【答案】 B

【考点】 考试要点：眼—眼球壁的结构
【解析】 眼球壁从外向内由纤维膜、血管膜和视网膜3层构成。纤维膜又叫白膜，位于眼球壁外层，由致密结缔组织构成，厚而坚韧，具有保护眼球内容物的作用；分为后部的巩膜和前部的角膜。血管膜是眼球壁的中层，富有血管和色素细胞，具有输送营养和吸收眼内分散光线的作用。血管膜由后向前分为脉络膜、睫状体和虹膜3部分。故答案选B。

31. 家禽的泌尿系统特殊，因为（　　）
    A. 肾脏发达　　B. 肾脏退化　　C. 两肾合并　　D. 膀胱发达　　E. 无膀胱
    【答案】 E
    【考点】 考试要点：家禽解剖学特点—泌尿系统的特点
    【解析】 禽类泌尿系统由肾和输尿管组成，没有膀胱。故答案选E。

32. 鸡患马立克氏病时机体出现站立不稳，两腿前后伸展，呈"劈叉"姿势等典型症状，提示该病的病变部位在（　　）
    A. 脑神经　　B. 迷走神经　　C. 交感神经　　D. 副交感神经　　E. 坐骨神经
    【答案】 E
    【考点】 考试要点：家禽解剖学特点—神经系统的特点
    【解析】 坐骨神经粗大，穿过髂坐孔到腿部，分布到股外、后、内侧肌群及皮肤。鸡患马立克氏病时，坐骨神经水肿、变性、颜色灰黄，导致其支配的肌肉瘫痪，出现站立不稳，两腿前后伸展，呈"劈叉"姿势等典型症状。故答案选E。

33. rRNA合成、加工与核糖体亚单位的装配场所是（　　）
    A. 核膜　　B. 核质　　C. 核仁　　D. 高尔基复合体　　E. 染色质
    【答案】 C
    【考点】 考试要点：细胞—细胞核
    【解析】 细胞核是遗传信息的储存场所，控制细胞的遗传和代谢活动。细胞核主要有核膜、核质、核仁和染色质组成。核膜是细胞核与细胞质之间的界膜，上有散在的核孔。核质是无结构的、透明、胶状物质，成分与细胞质相似，含多种酶和无机盐。核仁有1~2个，也有3~5个的，是rRNA合成、加工与核糖体亚单位的装配场所。染色质是指细胞核内能被碱性染料着色的物质，是遗传物质存在形式。高尔基复合体是一种细胞器，位于细胞核附近，主要功能与细胞的分泌、溶酶体的形成及糖类的合成有关。故答案选C。

34. 构成哺乳动物肩关节的骨骼是（　　）
    A. 肱骨和前臂骨　　　　B. 前臂骨和腕骨　　　　C. 腕骨和掌骨
    D. 掌骨和指骨　　　　　E. 肩胛骨和肱骨
    【答案】 E
    【考点】 考试要点：四肢关节—前肢关节
    【解析】 肩关节由肩胛骨和肱骨头构成，为多轴单关节。关节角在后方，没有侧韧带，具有松大的关节囊，故肩关节的活动较大。故答案选E。

35. 子宫角弯曲呈绵羊角状，子宫体较短的动物是（　　）
    A. 马　　B. 猪　　C. 牛　　D. 犬　　E. 猫
    【答案】 C
    【考点】 考试要点：雌性生殖器官—子宫的形态特点
    【解析】 牛子宫角呈卷曲的绵羊角状。犬和马子宫整体呈Y形。故答案选C。

36. 牛上唇中部与两鼻孔之间形成的特殊结构为（　　）
    A. 唇裂　　B. 鼻镜　　C. 吻突　　D. 鼻唇镜　　E. 人中
    【答案】 D
    【考点】 考试要点：口腔—唇
    【解析】 牛唇较短厚，坚实而不灵活，在上唇中部与两鼻孔之间的无毛区，称为鼻唇镜。羊唇薄而灵活，上唇正中有深沟状的"人中"，在两鼻孔间形成光滑的鼻镜。犬猫上唇与鼻端间形成鼻镜，鼻镜正中有纵沟为人中兔上唇中央有一裂缝，称唇裂。故答案选D。

37. 牛舌乳头有（　　）
    A. 2种　　B. 3种　　C. 4种　　D. 5种　　E. 6种

【答案】 C
【考点】 考试要点：口腔—舌
【解析】 舌背表面的黏膜形成的乳头状隆起称为舌乳头。根据形状可分为5种：圆锥状乳头、丝状乳头、菌状乳头、轮廓乳头和叶状乳头，后3种乳头上有味蕾。不同动物，舌乳头种类有所不同：牛、羊4种（锥状、菌状、轮廓、叶状）；猪、犬5种（锥状、丝状、菌状、轮廓、叶状）；马、兔4种（丝状、菌状、轮廓、叶状）；猫3种（丝状、菌状、轮廓）。故答案选C。

38. 马属动物咽部有一特异器官，临诊上时常成为某些化脓性炎症蓄脓的场所（　　）
    A. 咽隐窝　　B. 咽鼓管　　C. 咽鼓管囊　　D. 咽扁桃体　　E. 咽峡
【答案】 C
【考点】 考试要点：咽—马咽的特点
【解析】 咽为消化管和呼吸道的共同通道，为前宽后窄的漏斗形肌膜性管道，其内腔称咽腔。咽可分为鼻咽部、口咽部（又称咽峡）和喉咽部。鼻咽部有咽隐窝和咽鼓管咽口。马属动物的咽鼓管在鼻咽部的颅底和咽后壁之间形成一膨大的黏膜囊，称为咽鼓管囊或喉囊。咽鼓管囊时常成为某些化脓性炎症蓄脓的场所。故答案选C。

39. 肝小叶明显的动物是（　　）
    A. 猪　　B. 马　　C. 牛　　D. 犬　　E. 羊
【答案】 A
【考点】 考试要点：肝和胰—肝的组织结构
【解析】 肝表面大部分被覆一层富含弹性纤维的结缔组织被膜，被膜深入肝实质，将肝实质分隔成许多肝小叶。肝小叶是肝的基本结构和功能单位。猪、猫的肝小叶间结缔组织发达，所以肝小叶很明显。故答案选A。

40. 家畜的肺脏分为左肺和右肺，而右肺（　　）
    A. 较小　　B. 较大　　C. 较圆　　D. 较钝　　E. 较尖
【答案】 B
【考点】 考试要点：肺—肺的形态
【解析】 肺位于胸腔内，心脏两侧，分左肺和右肺，右肺较大。故答案选B。

41. 前腔静脉和后腔静脉的血液汇入（　　）
    A. 左心房　　B. 右心房　　C. 左心室　　D. 右心室　　E. 冠状窦
【答案】 B
【考点】 考试要点：体循环—大静脉；心—心的结构
【解析】 前腔静脉为收集头、颈、前肢和部分胸壁和腹壁血液回流入右心房的静脉干。后腔静脉为收集腹部、骨盆部、尾部及后肢血液入右心房的静脉干。冠状窦位于后腔静脉口下方，心大静脉和心中静脉注入冠状窦，牛左奇静脉也汇入冠状窦。故答案选B。

42. 全身最大的淋巴管是（　　）
    A. 右淋巴导管　　B. 腹腔淋巴干　　C. 内脏淋巴干　　D. 腰淋巴干　　E. 胸导管
【答案】 E
【考点】 考试要点：淋巴系统—淋巴管
【解析】 淋巴管根据管径大小分为毛细淋巴管、淋巴管、淋巴干和淋巴导管。胸导管是全身最大的淋巴管，汇集除右淋巴导管以外的全身淋巴，于胸腔入口处注入前腔静脉或左颈外静脉。故答案选E。

43. 大多数家畜淋巴结的实质分为外周的皮质和中央的髓质，但皮质和髓质位置颠倒的是（　　）
    A. 猪　　B. 马　　C. 牛　　D. 羊　　E. 犬
【答案】 A
【考点】 考试要点：周围淋巴器官—淋巴结的组织结构
【解析】 猪的淋巴结与典型淋巴结的结构不同。仔猪的淋巴结"皮质"和"髓质"的位置恰好相反。淋巴小结位于中央区域，而不甚明显的淋巴索和少量较小的淋巴窦则位于周围。在成年猪，皮质和髓质混合排列。故答案选A。

44. 分布于视网膜上的感觉神经是（　　）

A. 眼神经　　B. 视神经　　C. 外展神经　　D. 动眼神经　　E. 滑车神经

【答案】　B
【考点】　考试要点：脑神经—脑神经的分支和支配器官
【解析】　眼神经为第Ⅴ对脑神经—三叉神经（包括眼神经、上颌神经和下颌神经）中的一种，为感觉神经，支配眶、额部皮肤、泪腺、结膜。视神经为第Ⅱ对脑神经，为感觉神经，支配视网膜。动眼神经为第Ⅲ对脑神经，滑车神经为第Ⅳ对脑神经，外展神经为第Ⅵ对脑神经，三者均为运动神经，均支配眼球肌。故答案选B。

45. 动物机体内最重要的内分泌腺为（　　）
　　A. 肾上腺　　B. 甲状腺　　C. 垂体　　D. 松果腺　　E. 甲状旁腺

【答案】　C
【考点】　考试要点：内分泌系统—内分泌器官
【解析】　垂体结构复杂，分泌的激素种类很多，作用广泛，并可影响其他内分泌腺（甲状腺、肾上腺、性腺）的活动，是动物机体内最重要的内分泌腺。故答案选C。

46. 下列属于眼球辅助结构的是（　　）
　　A. 房水　　B. 晶状体　　C. 玻璃体　　D. 睫状体　　E. 泪器

【答案】　E
【考点】　考试要点：眼—眼球的辅助结构
【解析】　眼球的辅助结构主要有眼睑、眼球肌、泪器，分别具有保护眼睛、使眼球灵活运动和分泌眼泪清洗眼球的作用。故答案选E。

47. 禽病诊断的主要观察部位是（　　）
　　A. 肌胃　　B. 盲肠扁桃体　　C. 泄殖腔　　D. 气囊　　E. 输尿管

【答案】　B
【考点】　考试要点：家禽解剖学—盲肠扁桃体
【解析】　禽类盲肠基部有丰富的淋巴组织，称盲肠扁桃体。鸡的盲肠扁桃体发达，是疾病诊断的主要观察部位之一。故答案选B。

48. 在妊娠早期，胎盘分泌的哪种激素通常作为鉴别妊娠的重要指标（　　）
　　A. 孕激素　　　　　B. 雌激素　　　　　C. 胎盘促乳素
　　D. 绒毛膜促性腺激素　　E. 孕马血清促性腺激素

【答案】　D
【考点】　考试要点：胎盘与胎膜—胎盘功能
【解析】　胎盘是一个暂时性的内分泌器官，能够分泌很多激素，主要有绒毛膜促性腺激素、孕激素、雌激素和胎盘促乳素等。在妊娠早期，胎盘就能分泌绒毛膜促性腺激素，通过检测其在尿液中的含量，就可初步判断动物妊娠与否，因此常作为鉴别妊娠的重要指标。故答案选D。

49. 前肢的后面称为（　　）
　　A. 后侧　　B. 内侧　　C. 掌侧　　D. 跖侧　　E. 腹侧

【答案】　C
【考点】　考试要点：解剖学方位术语—掌侧、跖侧
【解析】　四肢的前面为背侧，前肢后面称为掌侧，后肢的后面称为跖侧。故答案选C。

50. 构成颅腔的颅骨类型有（　　）
　　A. 5种　　B. 6种　　C. 7种　　D. 8种　　E. 9种

【答案】　C
【考点】　考试要点：头骨—颅骨
【解析】　颅腔由成对的额骨、顶骨、颞骨和不成对的枕骨、顶间骨、蝶骨和筛骨7种类型的颅骨构成。故答案选C。

51. 关节中有十字韧带的是（　　）
　　A. 股膝关节　　B. 股胫关节　　C. 跗关节　　D. 荐髂关节　　E. 股髋关节

【答案】　B
【考点】　考试要点：四肢关节—后肢关节的结构特点

【解析】 股胫关节由股骨远端后部的内外侧髁与胫骨近端构成，除有侧韧带外，关节中央还有一对交叉的十字韧带。故答案选 B。

52. 主要起保护、固定肌肉位置的结构是（　　）
    A. 筋膜　　　B. 肌腱　　　C. 黏液囊　　　D. 腱鞘　　　E. 肌腹
    【答案】 A
    【考点】 考试要点：肌肉基本概念—肌肉的辅助结构
    【解析】 肌肉的辅助器官包括筋膜、黏液囊、腱鞘、滑车和籽骨，其作用是保护和辅助肌肉的工作。筋膜分为浅筋膜和深筋膜。浅筋膜位于皮下，覆盖在全身肌的表面。深筋膜由致密结缔组织构成，位于浅筋膜之下。在某些部位深筋膜形成包围肌群的筋膜鞘；或伸入肌间，附着于骨上，形成肌间隔；或提供肌肉附着面。筋膜主要起保护、固定肌肉位置的作用。黏液囊是密闭的结缔组织囊，囊壁内衬有滑膜，腔内有滑液，多位于骨的突起与肌肉、腱和皮肤之间，起减少摩擦的作用。腱鞘由黏液囊包裹于腱外而成。故答案选 A。

53. 皮肤中保护深部组织不受紫外线损伤的细胞是（　　）
    A. 基底细胞　　B. 棘细胞　　C. 梅克尔细胞　　D. 朗格汉斯细胞　　E. 黑素细胞
    【答案】 E
    【考点】 考试要点：皮肤—表皮
    【解析】 皮肤分为表皮、真皮和皮下组织 3 层。表皮位于皮肤的最表层，由角质形成细胞和非角质形成细胞组成。非角质形成细胞中的黑素细胞所产生的黑色素与皮肤颜色深浅有关，并能吸收阳光中的紫外线，从而保护深部组织不受紫外线损伤。故答案选 E。

54. 临床上进行的腹腔注射，实际上是把药物注射到（　　）
    A. 腹腔　　　B. 腹膜腔　　　C. 腹膜　　　D. 浆膜　　　E. 腹膜褶
    【答案】 B
    【考点】 考试要点：内脏基本概念—腹膜与腹膜腔
    【解析】 体腔是指身体内部的腔洞，一般包括胸腔、腹腔和骨盆腔。由胸膜或腹膜的壁层和脏层围成的腔隙分别称为胸膜腔和腹膜腔。胸膜或腹膜除具有分泌浆液的功能外，胸膜或腹膜还具有吸收作用。在治疗某些疾病或对动物进行麻醉时，必要时可以把药物注射到腹膜腔。因此，通常所说的腹腔注射，实际上是把药物注射到腹膜腔。故答案选 B。

55. 牛恒齿式为（　　）
    A. 2[0033（上）/ 4033（下）]＝32　　　B. 2[3142（上）/ 3143（下）]＝42
    C. 2[2033（上）/ 1023（下）]＝28　　　D. 2[3143（上）/ 3143（下）]＝44
    E. 2[3133（上）/ 3133（下）]＝40
    【答案】 A
    【考点】 考试要点：口腔—齿
    【解析】 实践中常根据齿出生和更换的时间次序来估算动物的年龄。牛的恒齿式为 2[0033（上）/ 4033（下）]＝32。故答案选 A。

56. 网胃位于（　　）
    A. 腰部　　　B. 脐部　　　C. 左季肋部　　　D. 右季肋部
    E. 季肋部的正中矢面上
    【答案】 E
    【考点】 考试要点：胃—反刍动物胃的位置
    【解析】 网胃位于季肋部的正中矢面上，约与第 6～8 肋骨相对应。故答案选 E。

57. 肺小叶实际为哪类支气管及其所属分支和周围的肺泡共同组成的（　　）
    A. 终末细支气管　　　B. 细支气管　　　C. 叶支气管
    D. 呼吸性细支气管　　　E. 段支气管
    【答案】 B
    【考点】 考试要点：肺—肺的组织结构
    【解析】 肺表面被覆一层浆膜，浆膜下结缔组织伸入肺内形成肺间质，将肺组织分隔成许多肺小叶。临诊上的小叶性肺炎，即指肺小叶的病变。从结构组成上看，肺小叶实质由细支气管及其所属分支和周围的肺泡共同组成。故答案选 B。

58. 睾丸中有神经、血管进入的一端是（   ）
    A. 头端   B. 尾端   C. 附睾缘   D. 游离缘
    E. 睾丸固有韧带
    【答案】 A
    【考点】 考试要点：雄性生殖器官—睾丸位置、形态
    【解析】 睾丸是产生精子和分泌雄激素的器官，位于阴囊内，左右各一，呈椭圆形或卵圆形，表面光滑，分两面、两缘和两端。有血管、神经进入的一端为睾丸头端，与其相对的一端为睾丸尾端。故答案选 A。

59. 交配时可延长阴茎在母犬阴道中的停留时间的犬阴茎结构为（   ）
    A. 阴茎骨   B. 阴茎头球   C. 阴茎体   D. 阴茎根   E. 乙状弯曲
    【答案】 B
    【考点】 考试要点：雄性生殖器官—阴茎的形态特点
    【解析】 阴茎为交配器官，分为阴茎头、阴茎体和阴茎根三部分。犬的阴茎头较长，分为前、后两部，且内含阴茎骨。前部为阴茎头长部，后部为阴茎头球。阴茎头球由尿道海绵体扩大而成，充血后呈球状，交配时可延长阴茎在母犬阴道中的停留时间。故答案选 B。

60. 下列**不属于**心传导系统的是（   ）
    A. 窦房结   B. 房室结   C. 闰盘   D. 房室束   E. 浦金野纤维
    【答案】 C
    【考点】 考试要点：心—心传导系统的组成
    【解析】 心传导系统由特殊的心肌纤维所构成，能自动而有节律地产生兴奋和传导兴奋，使心房和心室交替性地收缩和舒张，包括窦房结、房室结、房室束和浦金野纤维。闰盘是心肌纤维之间的特殊连接。故答案选 C。

61. 性成熟后，会逐渐退化的淋巴器官是（   ）
    A. 脾脏   B. 骨髓   C. 淋巴结   D. 盲肠扁桃体
    E. 胸腺、法氏囊
    【答案】 E
    【考点】 考试要点：中枢淋巴器官—胸腺、法氏囊
    【解析】 新生动物的胸腺在生后继续发育，至性成熟期体积达到最大，到一定年龄开始退化，直至消失。同样，性成熟时法氏囊达到最大体积，性成熟后开始退化。故答案选 E。

62. 脊硬膜和椎管之间的腔隙是（   ）
    A. 硬膜外腔   B. 脊髓中央管   C. 硬膜下腔   D. 蛛网膜下腔   E. 蛛网膜内腔
    【答案】 A
    【考点】 考试要点：脊髓—脊膜
    【解析】 脊髓外周包有三层结缔组织膜，由外向内依次为脊硬膜、脊蛛网膜和脊软膜。脊软膜薄而富有血管，紧贴于脊髓的表面。脊硬膜为厚而坚硬的结缔组织膜。脊硬膜和椎管之间为硬膜外腔。硬膜外麻醉即自腰荐间隙将麻醉药注入硬膜外腔。脊蛛网膜薄，位于脊硬膜与脊软膜之间。在硬膜与蛛网膜之间为硬膜下腔，向前与脑硬膜下腔相同。在脊蛛网膜与脊软膜之间为蛛网膜下腔，内含脑脊液。故答案选 A。

63. 脑干**不包括**（   ）
    A. 延髓   B. 脑桥   C. 中脑   D. 嗅脑   E. 间脑
    【答案】 D
    【考点】 考试要点：脑—脑干的结构特点
    【解析】 脑可分为大脑、小脑、间脑、中脑、脑桥和延髓 6 部分。通常将间脑、中脑、脑桥和延髓称为脑干。嗅脑为大脑半球的结构。故答案选 D。

64. 给公牛导尿带来困难的结构是（   ）
    A. 尿道峡前方的半月形黏膜襞   B. 精阜   C. 尿道突
    D. 尿道内口   E. 尿道脊
    【答案】 A
    【考点】 考试要点：尿道—雄性尿道的位置、结构特点

【解析】 雄性尿道以坐骨弓为分界，分为骨盆部和阴茎部，两者交界处变狭窄，称尿道峡。在雄性尿道起始部背侧壁黏膜形成精阜，在尿道峡之前，牛和猪的黏膜形成半月形的黏膜襞，该黏膜襞给公畜导尿带来困难。故答案选 A。

65. 鸡脾呈（　　）
　　A. 细而长的带状　　　　B. 镰刀形　　　　C. 长而扁的椭圆形
　　D. 球形　　　　　　　　E. 三角形
【答案】 D
【考点】 考试要点：家禽解剖特点—脾脏的结构特点
【解析】 鸡的脾脏呈球形，鸭脾脏呈三角形，猪脾脏呈细而长的带状，马脾脏呈镰刀形，牛脾脏呈长而扁的椭圆形，羊脾脏呈钝三角形，犬脾脏呈舌型或靴型。故答案选 D。

66. 羊子宫的特殊结构是（　　）
　　A. 子宫颈枕　　B. 子宫阜　　C. 子宫角　　D. 子宫体　　E. 子宫颈
【答案】 B
【考点】 考试要点：雌性生殖器官—子宫形态特点
【解析】 牛羊子宫角和子宫体黏膜上有 100 多个卵圆形隆起，称子宫阜。猪子宫颈黏膜形成两排半球形隆起称子宫颈枕。故答案选 B。

【B1 型题】
答题说明：以下提供若干组考题，每组考题共用在考题前列出的 A、B、C、D、E 五个备选答案。请从中选择一个与问题关系最密切的答案，并在答题卡上将相应题号的相应字母所属的方框涂黑。某个被选答案可能被选择 1 次、多次或不被选择。

（67、68 题共用下列备选答案）
　　A. 睾丸　　B. 卵巢　　C. 肾　　D. 输精管　　E. 膀胱

67. 与家畜相比，家禽缺失的泌尿器官是（　　）
【答案】 E
【考点】 考试要点：家禽解剖特点—泌尿系统的特点
【解析】 禽类泌尿系统由肾和输尿管组成，没有膀胱。故答案选 E。

68. 鸡仅左侧正常发育的生殖器官是（　　）
【答案】 B
【考点】 考试要点：家禽解剖特点—母禽生殖器官的特点
【解析】 禽类成体仅左侧的卵巢和输卵管发育正常，右侧退化。故答案选 B。

（69、70 题共用下列备选答案）
　　A. 鸣管　　B. 气囊　　C. 喉　　D. 声带　　E. 鸣泡

69. 鸡气管分叉处形成的特殊结构是（　　）
【答案】 A
【考点】 考试要点：家禽解剖学特点—鸣管
【解析】 鸣管是禽类的发音器官，由数个气管环和支气管环以及一块鸣骨组成。鸣骨呈楔形，位于鸣管腔分叉处。在鸣管的内侧、外侧壁覆以两对鸣膜。当禽呼气时，空气经过鸣膜之间的狭缝，振动鸣膜而发声。故答案选 A。

70. 鸭的发声器官是（　　）
【答案】 E
【考点】 考试要点：家禽解剖学特点—鸣管
【解析】 公鸭鸣管形成膨大的骨质鸣泡。故答案选 E。

（71、72 题共用下列备选答案）
　　A. 猪　　B. 马　　C. 牛　　D. 犬　　E. 兔

71. 胎盘为内皮绒毛膜胎盘（环状胎盘）的动物是（　　）
【答案】 D
【考点】 考试要点：胎盘与胎膜—胎盘的类型
【解析】 内皮绒毛膜胎盘（环状胎盘）特点：母体的子宫上皮和结缔组织都被溶解，只剩下母体血管的内皮与胎儿绒毛膜上皮接触。此类胎盘主要见于犬、猫等肉食动物。故答案选 D。

72. 胎盘为血绒毛膜胎盘（盘状胎盘）的动物是（ ）
【答案】 E
【考点】 考试要点：胎盘与胎膜—胎盘的类型
【解析】 血绒毛膜胎盘（盘状胎盘）特点：母体的子宫上皮、血管内皮和结缔组织都被溶解，只剩下胎儿胎盘的三层。此类胎盘主要见于兔和灵长类。故答案选 E。

（73、74题共用下列备选答案）
A. 肝圆韧带　　　　　　B. 膀胱正中韧带　　　　C. 动脉导管索
D. 膀胱圆韧带　　　　　E. 膀胱侧韧带

73. 在胎儿出生后，脐动脉闭锁转变为（ ）
【答案】 D
【考点】 考试要点：胎儿血液循环的特点—出生后心血管系统的变化
【解析】 胎儿出生后，脐动脉闭锁，形成膀胱圆韧带；动脉导管闭锁，形成动脉导管索。故答案选 D。

74. 在胎儿出生后，脐静脉闭锁转变为（ ）
【答案】 A
【考点】 考试要点：胎儿血液循环的特点—出生后心血管系统的变化
【解析】 胎儿出生后，脐静脉闭锁，形成肝圆韧带；卵圆孔闭锁形成卵圆窝；左、右心房完全分开，左心房为动脉血，右心房为静脉血。故答案选 A。

（75、76题共用下列备选答案）
A. 变移上皮　　　　　　B. 单层柱状上皮　　　　C. 复层扁平上皮
D. 假复层纤毛柱状上皮　E. 单层扁平上皮

75. 单室胃无腺部的黏膜上皮类型为（ ）
【答案】 C
【考点】 考试要点：胃—单室胃的组织结构
【解析】 单室胃根据黏膜内有无腺体而分为有腺部和无腺部。有腺部黏膜上皮为单层柱状上皮，无腺部黏膜上皮为复层扁平上皮。故答案选 C。

76. 固有鼻腔呼吸区黏膜上皮类型是（ ）
【答案】 D
【考点】 考试要点：鼻—鼻腔的结构
【解析】 鼻腔分为鼻前庭和固有鼻腔。固有鼻腔根据黏膜性质分为呼吸区和嗅区，呼吸区占据鼻腔前部大部分，黏膜为淡红色，被覆假复层纤毛柱状上皮。故答案选 D。

（77、78题共用下列备选答案）
A. 卵丘　　　B. 基膜　　　C. 透明带　　　D. 放射冠　　　E. 卵泡膜

77. 在初级卵母细胞和颗粒细胞之间存在的一层嗜酸性、折光强的膜状结构称（ ）
【答案】 C
【考点】 考试要点：雌性生殖器官—卵巢的组织结构
【解析】 透明带是由初级卵母细胞和颗粒细胞共同分泌而形成的膜状物质，位于初级卵母细胞和颗粒细胞之间，嗜酸性、折光强。故答案选 C。

78. 紧靠卵母细胞的一层颗粒细胞随卵泡发育而变为高柱状，呈放射状排列，称为（ ）
【答案】 D
【考点】 考试要点：雌性生殖器官—卵巢的组织结构
【解析】 随着次级卵泡的不断发育，卵泡腔不断扩大及卵泡液的不断增多，使得卵母细胞及其周围的颗粒细胞位于卵泡腔的一侧，并与周围的卵泡细胞一起凸入卵泡腔，形成丘状隆起，称为卵丘。卵丘中紧贴透明带外表面的一层颗粒细胞，随卵泡发育而变为高柱状，呈放射状排列，称为放射冠。故答案选 D。

（79、80题共用下列备选答案）
A. 猪　　　B. 马　　　C. 牛　　　D. 犬　　　E. 羊

79. 升结肠形成圆锥状肠袢的动物是（ ）
【答案】 A

【考点】 考试要点：肠—结肠的形态

【解析】 猪升结肠在肠系膜中盘曲成结肠圆锥，锥底朝向背侧，锥顶向下向左与腹腔底壁接触。结肠圆锥也可分为向心回和离心回。故答案选 A。

80. 升结肠形成双层马蹄铁形肠袢的动物是（　　）

【答案】 B

【考点】 考试要点：肠—结肠的形态

【解析】 马升结肠特别发达，几乎占据腹腔的下 3/4，盘曲成双层马蹄铁形。故答案选 B。

三、动物生理学

【A1 型题】

答题说明：每一道考试题下面有 A、B、C、D、E 五个备选答案，请从中选择一个最佳答案，并在答题卡上将相应题号的相应字母所属的方框涂黑。

1. 神经调节的基本方式是（　　）

　　A. 反射　　　　　　　　B. 肌紧张　　　　　　　C. 皮层活动
　　D. 突触传递　　　　　　E. 感觉的传导

【答案】 A

【考点】 考试要点：机体功能的调节—调节基本方式

【解析】 动物机体功能调节主要有三种方式，即神经调节、体液调节和自身调节。神经调节是指通过神经系统的活动对机体生理功能所发挥的调节作用。在中枢神经系统的参与下，机体对内外环境变化所产生的规律性应答称为反射。因此，反射是神经调节的基本方式。故答案选 A。

2. 颈动脉体和主动脉体化学感受器可以感受刺激（　　）

　　A. 白蛋白含量变化　　　B. 氢离子浓度变化　　　C. 钠离子浓度变化
　　D. 钙离子浓度变化　　　E. 钾离子浓度变化

【答案】 B

【考点】 考试要点：心血管活动的调节—心血管活动的化学感受性反射调节

【解析】 在颈总动脉分叉处和主动脉弓区域，存在对某些化学物质敏感的化学感受器，包括颈动脉体和主动脉体化学感受器。血液中某些化学成分的变化，如缺氧、CO_2 分压过高、H^+ 浓度过高等，可以刺激这些感受器。故答案选 B。

3. **不属于**白细胞特性的是（　　）

　　A. 趋化性　　　　　　　B. 变形运动　　　　　　C. 吞噬作用
　　D. 渗透脆性　　　　　　E. 血细胞渗出

【答案】 D

【考点】 考试要点：血细胞—白细胞生理

【解析】 除淋巴细胞外，所有白细胞都能伸出伪足做变形运动得以穿过血管壁，称为血细胞渗出。白细胞具有趋向某些化学物质游走的特性，称为趋化性。白细胞可按着这些化学物质的浓度梯度游走到这些物质的周围，把异物包围起来并吞入胞质内，称为吞噬作用。白细胞还可以分泌多种细胞因子（干扰素、白细胞介素等）通过旁分泌、自分泌途径参与炎症和免疫调节。因此，白细胞的渗出（变形运动）、趋化、吞噬和分泌等生理特性是其执行防疫功能的基础。故答案选 D。

4. 心率加快时（　　）

　　A. 心动周期持续时间不变　　　　B. 心动周期持续时间延长
　　C. 舒张期不变、收缩期缩短　　　D. 收缩期不变、舒张期缩短
　　E. 收缩期和舒张期均缩短，但后者缩短较前者明显

【答案】 E

【考点】 考试要点：心脏的泵血功能—心动周期和心率

【解析】 心脏（心房和心室）每收缩、舒张一次，构成一个机械活动周期，称为心动周期。心动周期包括信访和心室的收缩期和舒张期。每分钟内心脏搏动次数（心动周期数），称为心率。因此，心动周期的持续时间与心率有关。正常情况下，在心动周期中，不论心房还是心

室，都是舒张期长于收缩期，如果心率加快，心动周期缩短时，收缩期和舒张期均将相应缩短，但一般情况下，舒张期的缩短更为显著。故答案选 E。

5. 在气温接近或超过体温时，马属动物最有效的散热方式是（　　）
   A. 传导散热　　B. 对流散热　　C. 辐射散热　　D. 蒸发散热　　E. 热喘散热
   【答案】 D
   【考点】 考试要点：体温—散热方式
   【解析】 动物散热方式有辐射散热、对流散热、传导散热、蒸发散热和热喘散热等多种方式。皮肤是主要散热器官。当外界环境温度低于体表温度时，通过皮肤以辐射、传导、对流等方式进行散热；当环境温度接近或高于皮肤温度时，则以蒸发方式散热最为有效。故答案选 D。

6. 肾脏重吸收原尿中葡萄糖的主要部位是（　　）
   A. 集合管　　B. 近球小管　　C. 远曲小管　　D. 髓袢升支细段
   E. 髓袢降支细段
   【答案】 B
   【考点】 考试要点：肾小管与集合管的转运功能—肾小管转运功能
   【解析】 正常情况下，原尿中 100% 的葡萄糖都在近球小管被重新吸收，肾小管和集合管的其他各段都无重吸收葡萄糖的能力。故答案选 B。

7. 决定尿液浓缩和稀释的重要因素是（　　）
   A. 肾小球血流量　　B. 肾小球滤过率　　C. 囊内压
   D. 肾小球滤过分数　　E. 远曲小管和集合管对水的通透性
   【答案】 E
   【考点】 考试要点：尿的排出—尿液的浓缩与稀释
   【解析】 在正常情况下，尿液被浓缩和稀释的程度，是按照机体内水盐代谢的情况，由抗利尿激素调控远曲小管和集合管上皮细胞对水的通透性而实现。故答案选 E。

8. 属于肾上腺素能受体的是（　　）
   A. M 受体和 N 受体　　B. M 受体和 β 受体　　C. N 受体和 α 受体
   D. N 受体和 β 受体　　E. α 受体和 β 受体
   【答案】 E
   【考点】 考试要点：神经元活动的规律—肾上腺素能受体
   【解析】 凡能与儿茶酚胺（包括去甲肾上腺素和肾上腺素等）结合的受体称之为肾上腺素能受体。肾上腺素能受体分为 α 受体和 β 受体两种类型，β 受体又可分 β_1 受体和 β_2 受体两个亚型。故答案选 E。

9. 属于糖皮质激素的是（　　）
   A. 胰岛素　　B. 醛固酮　　C. 皮质醇　　D. 肾上腺素　　E. 胰高血糖素
   【答案】 C
   【考点】 考试要点：肾上腺激素—糖皮质激素
   【解析】 糖皮质激素是指肾上腺皮质合成、对糖代谢起重要作用的皮质醇和皮质酮类激素，是参与应激反应的主要激素。故答案选 C。

10. 松果腺分泌的主要激素是（　　）
    A. 松弛素　　B. 褪黑素　　C. 降钙素　　D. 抑制素　　E. 促黑色激素
    【答案】 B
    【考点】 考试要点：松果腺激素与前列腺素—松果腺激素
    【解析】 松果体细胞分泌的激素总称为松果腺激素，除促性腺激素释放激素、促肾上腺皮质激素释放激素和 8-精加压催产素等激素外，褪黑素的合成和分泌是松果腺的主要功能。故答案选 B。

11. 参与骨骼肌兴奋-收缩偶联所需的关键离子为（　　）
    A. Ca^{2+}　　B. Na^+　　C. K^+　　D. Cl^-　　E. Cu^{2+}
    【答案】 A
    【考点】 考试要点：骨骼肌的收缩功能—骨骼肌兴奋—收缩偶联

【解析】 以膜电位的变化为特征的兴奋过程与以肌丝滑行为基础的收缩活动之间，存在的能把两者联系起来的中介过程即为兴奋-收缩偶联。骨骼肌兴奋-收缩偶联至少包括 3 个主要过程：兴奋（电信号）通过横管系统传向肌细胞的深处；三联管结构处信息的传递；肌浆网（即纵管系统）对 Ca^{2+} 的释放与再聚积。骨骼肌的每次收缩，都会相继出现膜电位的波动（动作电位）、Ca^{2+} 浓度的波动（钙瞬变）和细胞的收缩和舒张。其中钙瞬变在细胞的电兴奋与机械收缩活动间起到了一个中介作用，因此，任何能影响钙瞬变幅度或变化速率的病理和药物作用都会影响到肌肉收缩能力。故答案选 A。

12. 与组织液生成无关的因素是（　　）
 A. 毛细血管血压　　　　B. 组织液静水压　　　C. 组织液胶体渗透压
 D. 血浆胶体渗透压　　　E. 血浆晶体渗透压
【答案】 E
【考点】 考试要点：血管生理—组织液的生成及其影响因素
【解析】 组织液是血浆滤过毛细血管壁而形成的。液体通过毛细血管壁的滤过和重吸收，由四个因素共同完成，即毛细血管血压、组织液静水压、组织液胶体渗透压和血浆胶体渗透压。影响组织液生成的有效滤过压=［滤过力量（毛细血管血压＋组织液胶体渗透压）］－［重吸收力量（血浆胶体渗透压＋组织液静水压）］。故答案选 E。

13. 平静呼吸时，与呼气运动无关的是（　　）
 A. 膈肌舒张　　　　　　B. 肺内容积减少　　　C. 肋间外肌舒张
 D. 腹壁肌肉收缩　　　　E. 肺内压高于大气压
【答案】 D
【考点】 考试要点：肺通气—肺通气的动力和阻力
【解析】 呼吸运动可分为平静呼吸和用力呼吸两种类型。平静呼吸由膈肌和肋间外肌的舒缩而引起，吸气是主动的，呼气是被动的。用力呼吸时，不但膈肌和肋间外肌收缩加强，其他辅助吸气肌也参加收缩，使胸廓进一步扩大，吸气量增加；发生呼气时，呼气肌收缩，使胸廓和肺容积尽量缩小，使呼气量增加。用力呼吸时，吸气和呼气都是主动的。因此，平静呼气时，呼气运动只是膈肌和肋间外肌舒张，依靠胸廓及肺本身的回缩力量而回位，增大肺内压，产生呼气。故答案选 D。

14. 瘤胃生态环境中少见的微生物是（　　）
 A. 厌氧细菌　　B. 需氧细菌　　C. 贫毛虫　　D. 全毛虫　　E. 真菌
【答案】 B
【考点】 考试要点：胃的消化功能—反刍动物前胃的消化
【解析】 在一般饲养条件下，瘤胃中的微生物主要是厌氧细菌、原虫和厌氧真菌。原虫主要是纤毛虫，纤毛虫又可分为全毛虫和贫毛虫两属。故答案选 B。

15. 寒冷环境下，参与维持动物机体体温稳定的是（　　）
 A. 冷敏神经元发放冲动频率减少　　　　B. 深部血管舒张
 C. 体表血管舒张　　　　　　　　　　　D. 甲状腺激素分泌减少
 E. 骨骼肌战栗产热
【答案】 E
【考点】 考试要点：体温—动物维持体温相对恒定的基本调节方式
【解析】 当外界温度变化时，皮肤温度感受器受到刺激，温度变化的信息沿躯体传入神经经脊髓到达下丘脑的体温调节中枢；另外，体表温度的变化通过血液引起机体深部组织温度改变，中枢温度感受器感受到体核温度的改变，也将温度变化信息传递到下丘脑；后者对信息进行整合，发出传出指令，通过交感神经系统调节皮肤血管舒缩反应和汗腺分泌；通过躯体运动神经改变骨骼肌的活动，如战栗等；通过甲状腺激素、肾上腺激素、去甲肾上腺激素等的分泌改变机体代谢率。通过上述过程保持机体体温相对恒定。故答案选 E。

16. 动物严重呕吐或腹泻时，尿量减少的主要机制是（　　）
 A. 抗利尿激素分泌增加　　B. 血浆晶体渗透压降低　　C. 血浆胶体渗透压降低
 D. 入球小动脉舒张　　　　E. 肾小囊内压升高
【答案】 A

【考点】 考试要点：尿生成的调节—抗利尿激素对尿液生成的调节功能
【解析】 动物大量出汗、严重呕吐或腹泻，使机体大量失水，导致血浆晶体渗透压升高，进一步引起抗利尿激素分泌增加，最终导致远曲小管和集合管上皮细胞对水的通透性增大，增加水的重吸收量，减少尿量，以保留机体内的水分。故答案选A。

17. 属于胆碱能受体的是（ ）
   A. M受体 N受体
   B. M受体 β受体
   C. N受体 β受体
   D. α受体 β受体
   E. α受体 N受体
【答案】 A
【考点】 考试要点：神经元活动的规律—神经递质及受体
【解析】 凡是能与乙酰胆碱结合的受体叫作胆碱能受体。胆碱能受体分为两种：毒蕈碱型受体（M受体）和烟碱型受体（N受体）。故答案选A。

18. 细胞分泌的激素进入细胞间液，通过扩散到达靶细胞发挥作用，这种信息传递的方式是（ ）
   A. 内分泌   B. 外分泌   C. 旁分泌   D. 自分泌   E. 神经内分泌
【答案】 C
【考点】 考试要点：内分泌概述—内分泌概念
【解析】 激素向相应靶细胞传递信息的方式有下列几种：细胞分泌的激素进入血液，通过血液循环到达靶器官或靶细胞发挥生理调节功能的方式称远距分泌，即经典的内分泌；细胞分泌的激素到达细胞间液，通过扩散到达相邻靶细胞起作用的，称旁分泌；有些细胞分泌的激素到达细胞间液，对自身起调节作用，称自分泌；由神经细胞分泌的激素，通过血液循环到达靶器官或靶细胞发挥调节作用，称神经内分泌。故答案选C。

19. 下丘脑大细胞神经元分泌的主要激素是（ ）
   A. 生长激素   B. 催产素   C. 促性腺激素释放激素
   D. 促黑激素释放抑制因子   E. 催乳素
【答案】 B
【考点】 考试要点：下丘脑的内分泌功能—下丘脑激素的种类
【解析】 下丘脑的大细胞神经元位于视上核、室旁核等处，细胞体积大、轴突末梢大部分终止于神经垂体。大细胞神经元分泌的激素包括血管升压素（抗利尿激素）和催产素。故答案选B。

20. 属于盐皮质激素的是（ ）
   A. 降钙素   B. 抗利尿激素   C. 醛固酮   D. 皮质醇   E. 肾上腺素
【答案】 C
【考点】 考试要点：肾上腺激素—盐皮质激素
【解析】 肾上腺皮质球状带合成分泌的盐皮质激素主要包括醛固酮、11-去氧皮质酮、11-去氧皮质醇，其中以醛固酮的生物活性最高。盐皮质激素的主要功能是对肾有保钠、保水和排钾作用，受肾素-血管紧张素-醛固酮系统的调节。故答案选C。

21. **不参与构成机体内环境的是**（ ）
   A. 血浆   B. 组织液   C. 淋巴液   D. 细胞内液   E. 脑脊液
【答案】 D
【考点】 考试要点：机体功能与环境—体液与内环境的概念
【解析】 动物体内所含液体统称为体液。以细胞膜为界，体液分为细胞内液和细胞外液。细胞外液是指存在于细胞外的液体，约占体液的1/3，包括血液中的血浆，组织细胞间隙内的细胞间液（组织液），淋巴管内的淋巴液，蛛网膜下腔、脑室以及脊髓中央管内的脑脊液等。细胞获取营养物质或排出代谢废物，都要通过细胞外液这个环境来完成。因此，内环境实质就是由细胞外液构成的机体细胞的直接生活环境。故答案选D。

22. 具有"全或无"现象的电位是（ ）
   A. 兴奋性突触后电位   B. 终板电位   C. 静息电位
   D. 抑制性突触后电位   E. 动作电位
【答案】 E

【考点】 考试要点：细胞的兴奋性和生物电现象—动作电位
【解析】 不论何种性质的刺激，只要达到一定的强度，在同一细胞所引起的动作电位的波形和变化过程都一样；并且在刺激强度超过阈刺激以后，即使再增加刺激强度，也不能是动作电位的幅度进一步加大。这种现象称为"全或无"现象。其实质是因为，产生动作电位的关键是去极化能否达到阈电位的水平，而与原刺激强度无关。故答案选 E。

23. 血浆晶体渗透压的形成主要取决于血浆中的（ ）
   A. 各种正离子   B. 各种负离子   C. Na^+ 和 Cl^- D. 白蛋白   E. 球蛋白
   【答案】 C
   【考点】 考试要点：血浆—血浆渗透压
   【解析】 血浆渗透压包括血浆晶体渗透压和血浆胶体渗透压两部分。血浆晶体渗透压约占血浆总渗透压的 99.5%，主要来自溶解于血浆中的晶体物质，有 80% 来自 Na^+ 和 Cl^-。血浆胶体渗透压是由血浆中的胶体物质（主要是白蛋白）所形成的渗透压，约占血浆总渗透压的 0.5%。故答案选 C。

24. **不能**用于抗凝或减缓凝血的物质是（ ）
   A. 柠檬酸钠   B. EDTA   C. 肝素   D. 双香豆素   E. 维生素 K
   【答案】 E
   【考点】 考试要点：血液凝固和纤维蛋白溶解—加速和减缓血液凝固的基本原理
   【解析】 钙离子是参与多步血液凝固反应的关键离子，因此去除钙离子便可抗凝。常见钙离子移除剂有柠檬酸钠、草酸钾、草酸铵、乙二胺四乙酸（EDTA）等。肝素也是非常有效的抗凝剂，可注射到体内防止血管内凝血和血栓形成，也可用于体外抗凝。此外，双香豆素能阻碍多种凝血因子在肝内合成，使血液凝固减慢，临诊上也可作为抗凝剂防止血栓形成。相反，维生素 K 参与多种凝血因子的合成，维生素 K 缺乏可导致凝血障碍，补充维生素 K 能促进凝血。故答案选 E。

25. 感觉形成过程中**不**需丘脑投射的是（ ）
   A. 视觉   B. 听觉   C. 味觉   D. 嗅觉   E. 痛觉
   【答案】 D
   【考点】 考试要点：感觉功能—丘脑在感觉形成过程中的作用
   【解析】 丘脑是多种感觉传递的接替站。来自全身各种感觉的传导通路（除嗅觉外），均在丘脑内更换神经元，然后投射到更高级中枢大脑皮层。嗅觉不需经丘脑的投射系统，鼻黏膜上皮内的嗅细胞受气味物质刺激后，神经冲动沿嗅神经传递至嗅球，信息在此初步加工后再传递至大脑皮质嗅觉区（额叶），形成嗅觉。故答案选 D。

26. 躯体运动最基本的反射中枢位于（ ）
   A. 大脑皮质   B. 延髓   C. 脑桥   D. 脊髓   E. 小脑
   【答案】 D
   【考点】 考试要点：神经系统对躯体运动的调节—脊髓反射
   【解析】 去大脑动物（脊髓动物）表明，躯体运动最基本的反射中枢位于脊髓。维持动物姿势最基本的反射是牵张反射，分为腱反射和肌紧张。故答案选 D。

27. 引起家禽抱窝现象的激素是（ ）
   A. 促性腺激素释放激素   B. 催乳素   C. 促卵泡素
   D. 催产素   E. 褪黑素
   【答案】 B
   【考点】 考试要点：垂体的内分泌功能—腺垂体激素
   【解析】 在禽类，催乳素通过抑制卵巢对促性腺激素的敏感性而引起抱窝。故答案选 B。

28. 前列腺素 E 的生理功能之一是（ ）
   A. 抑制精子成熟   B. 抑制卵子成熟   C. 松弛血管平滑肌
   D. 松弛胃肠道平滑肌   E. 促进胃酸分泌
   【答案】 C
   【考点】 考试要点：前列腺素的分类及其主要功能
   【解析】 前列腺素分为 A、B、C、D、E、F、G、H、I 等类型。不同类型前列腺素具有不同的功能,但总体来说,其生理功能包括:对生殖系统,刺激下丘脑 GnRH 和垂体 LH 的合成与释放,促进性激素的分泌和生殖细胞的成熟;通过调节子宫颈平滑肌的紧张性,影响精子在雌性生殖道中运行、受精、胚胎着床和分娩等生殖过程。前列腺素 E 和 F 能使血管平滑肌松弛,从而减少血流的外周阻力,降低血压。故答案选 C。

29. 褪黑素对生长发育期哺乳动物生殖系统的影响是(　　)
  A. 促进性腺的发育　　B. 促进副性腺的发育　　C. 促进垂体分泌促性腺激素
  D. 延长精子的寿命　　　E. 延缓性成熟
  【答案】 E
  【考点】 考试要点:松果腺分泌的激素及其主要功能
  【解析】 褪黑素主要通过抑制垂体促性腺激素影响生殖系统机能,表现为抑制性腺和副性腺的发育,延缓性成熟。故答案选 E。

30. 属于自发性排卵的动物是(　　)
  A. 猫　　　　B. 兔　　　　C. 骆驼　　　　D. 猪　　　　E. 水貂
  【答案】 D
  【考点】 考试要点:雌性生殖生理—卵巢的主要功能
  【解析】 哺乳动物的排卵分为自发排卵和诱发排卵。自发排卵是指卵泡发育成熟后,可自行破裂而排卵的过程。根据自发排卵后的黄体功能状态,又可分为两种情况:牛、马、猪、羊等大多数家畜排卵后即能形成功能性黄体;而鼠类排卵后需经交配后才能形成功能性黄体。诱发排卵是指卵泡发育成熟后,必须通过交配才能排卵,猫、兔、骆驼(包括羊驼)、水貂等动物属于此类。故答案选 D。

31. 静息状态下,膜电位外正内负的状态称为(　　)
  A. 去极化　　B. 超极化　　C. 极化　　D. 反极化　　E. 复极化
  【答案】 C
  【考点】 考试要点:细胞兴奋性和生物电现象—静息电位的概念及其产生机制
  【解析】 静息电位是指细胞未受到刺激时存在于细胞膜两侧的电位差。一般规定膜外电位为 0,膜内为负电位。静息状态下,膜电位外正内负的状态称为极化;膜内负值(绝对值)逐渐减小时称为去极化;去极化到膜外为负而膜内为正时称为反极化(超射);去极化后,膜内电位向外正内负的极化状态恢复称为复极化。故答案选 C。

32. 用盐析法可以将血浆蛋白分为(　　)
  A. 白蛋白、球蛋白、纤维蛋白　　　　B. 白蛋白、球蛋白、纤维蛋白原
  C. 白蛋白、血红蛋白、纤维蛋白原　　D. 白蛋白、血红蛋白、纤维蛋白
  E. 血红蛋白、球蛋白、纤维蛋白原
  【答案】 B
  【考点】 考试要点:血浆—血浆蛋白的功能
  【解析】 血浆蛋白是血浆中多种蛋白质的总称。用盐析法可将血浆蛋白分为白蛋白(清蛋白)、球蛋白和纤维蛋白原三类。用电泳法还可将球蛋白再区分为 α_1-、α_2-、β-、γ-球蛋白等。白蛋白、α-球蛋白、β-球蛋白和纤维蛋白原主要由肝脏合成;γ-球蛋白主要由淋巴细胞和浆细胞分泌。由于 γ-球蛋白几乎都是免疫抗体,又称之为免疫球蛋白。故答案选 B。

33. 心室肌细胞产生动作电位时,其膜内电位由 −90mV 变为 0mV 的过程称为(　　)
  A. 去极化　　B. 超极化　　C. 极化　　D. 反极化　　E. 复极化
  【答案】 A
  【考点】 考试要点:细胞的生物电现象
  【解析】 静息状态下,膜电位外正内负的状态成为极化;当膜内负值减小时称为去极化;去极化到膜外为负而膜内为正时称反极化;去极化后,膜内电位向外正内负的极化状态恢复,称为复极化;极化状态下,膜内负值进一步增大时称为超极化。故答案选 A。

34. 白细胞伸出伪足做变形运动并得以穿过血管壁的现象属于(　　)
  A. 血细胞渗出　　B. 趋化性　　C. 吞噬作用　　D. 可塑变形性　　E. 渗透胞性
  【答案】 A
  【考点】 考试要点:血细胞—白细胞

【解析】 除淋巴细胞外，其他白细胞能伸出伪足做变形运动，并得以穿过血管壁，称为血细胞渗出。红细胞在低渗溶液中抵抗破裂和溶血的特性称为红细胞渗透脆性。故答案选 A。

35. 心交感神经节后神经末梢释放的递质是（　　）
   A. 乙酰胆碱　　B. 去甲肾上腺素　　C. γ-氨基丁酸　　D. 多巴胺　　E. 肾上腺素
   【答案】 B
   【考点】 考试要点：心血管活动的调节
   【解析】 心交感神经节后神经元末梢释放的递质为去甲肾上腺素，心迷走神经节后纤维末梢释放的递质是乙酰胆碱。故答案选 B。

36. 动物肝炎、肾炎时会导致组织水肿，其主要机制是（　　）
   A. 血浆晶体渗透压降低　　B. 血浆胶体渗透压降低　　C. 血浆胶体渗透压升高
   D. 毛细血管压升高　　E. 组织液胶体渗透压降低
   【答案】 B
   【考点】 考试要点：血管生理—组织液的生成及其影响因素
   【解析】 肝脏疾病导致蛋白合成减少，肾脏疾病导致蛋白从尿中丢失，都可使血浆蛋白含量降低，使得血浆胶体渗透压降低，组织液生成的有效滤过压升高，易发生水肿。故答案选 B。

37. 引起呼吸中枢化学感受器兴奋的有效刺激是（　　）
   A. H^+　　B. HCO_3^-　　C. 一定程度的缺 O_2
   D. 一定浓度的 CO_2　　E. 严重缺 O_2
   【答案】 A
   【考点】 考试要点：呼吸运动的调节—体液调节
   【解析】 机体存在与呼吸有关的化学感受器，当血中或脑脊液中的 CO_2、H^+ 浓度升高，O_2 浓度降低时，刺激化学感受器通过调节呼吸，排出体内过多的 CO_2、H^+，摄入 O_2 以维持血液与脑脊液中 CO_2、H^+ 浓度的相对恒定。与呼吸有关的化学感受器，分为中枢化学感受器和外周化学感受器。血液中 CO_2 通过血-脑屏障进入脑脊液，与 H_2O 生成 H_2CO_3，再解离为 H^+ 和 HCO_3^-，引起中枢化学感受器兴奋，因此引起呼吸中枢化学感受器兴奋的有效刺激是 H^+。故答案选 A。

38. 胰液中**不存在**的消化酶为（　　）
   A. 胰淀粉酶　　B. 胰脂肪酶　　C. 核酸酶　　D. 胰蛋白分解酶　　E. 肠激酶
   【答案】 E
   【考点】 考试要点：小肠的消化与吸收—胰液
   【解析】 胰液是由胰腺外分泌部所分泌的无色、无臭的弱碱性液体。胰液中有丰富的消化酶，主要有胰淀粉酶、胰脂肪酶、胰蛋白分解酶（胰蛋白酶、糜蛋白酶、弹性蛋白酶等），还含有水解多肽的羧肽酶、核糖核酸酶、脱氧核糖核酸酶等。肠激酶存在于十二指肠黏膜中，是使胰蛋白酶原水解而成为活性胰蛋白酶的肽链内切酶。故答案选 E。

39. 能分泌胰岛素的细胞是（　　）
   A. A 细胞　　B. B 细胞　　C. C 细胞　　D. D 细胞　　E. F 细胞
   【答案】 B
   【考点】 考试要点：胰岛素—胰岛素的作用及分泌调节
   【解析】 胰腺的内分泌部分为胰岛。胰岛细胞依其形态、染色特点和不同功能，可分为 A、B、D、F 等细胞类型，其中 A 细胞分泌胰高血糖素；B 细胞分泌胰岛素；D 细胞分泌生长抑素；F 细胞分泌胰多肽；C 细胞为甲状腺滤泡旁细胞，分泌降钙素。故答案选 B。

40. 卵泡颗粒细胞分泌（　　）
   A. 孕激素　　B. 雌激素　　C. 松弛素　　D. 促卵泡素　　E. 雄激素
   【答案】 B
   【考点】 考试要点：雌性生殖生理—雌激素与孕激素的来源及生理功能
   【解析】 卵巢是重要的内分泌器官，其可分泌雌激素、孕激素、少量雄激素及抑制素，妊娠期间还可分泌松弛素。雌激素主要由颗粒细胞分泌，颗粒细胞还可分泌少量抑制素；孕激素和松弛素主要由黄体分泌；雄激素主要由卵泡内膜细胞分泌。故答案选 B。

【B1 型题】
答题说明：以下提供若干组考题，每组考题共用在考题前列出的 A、B、C、D、E 五个备选答案。请从中选择一个与问题关系最密切的答案，并在答题卡上将相应题号的相应字母所属的方框涂黑。某个被选答案可能被选择 1 次、多次或不被选择。

(41～43 题共用下列备选答案)
A. 气胸　　B. 呼气末　　C. 吸气末　　D. 平静呼吸　　E. 用力呼吸

41. 胸膜腔内负压最大发生在（　　）
【答案】　C
【考点】　考试要点：肺通气—胸内压
【解析】　胸内压大小约相当于肺内压（肺泡内气体压力，在呼气末与吸气末，其与大气压相等）与肺回缩力之差。在平静呼吸过程中，胸内压比大气压低，故称为胸内负压。吸气时胸廓扩大，肺被扩张，回缩力增大，胸内负压也增大；呼气时相反，胸内负压减小。故答案选 C。

42. 胸膜腔内负压最小发生在（　　）
【答案】　B
【考点】　考试要点：肺通气—胸内压
【解析】　同 41 题。故答案选 B。

43. 引起胸膜腔内负压消失的情况是（　　）
【答案】　A
【考点】　考试要点：肺通气—胸内压
【解析】　胸膜腔破裂，空气进入胸膜腔形成气胸，肺内压（大气压）等于胸内压（大气压），胸内负压消失，肺将因其本身的回缩力而塌陷。故答案选 A。

(44～46 题共用下列备选答案)
A. 铁和蛋白质　　　　B. 锌和蛋白质　　　　C. 维生素 B_{12}、丁酸和铜离子
D. 维生素 B_{12}、叶酸和铜离子　　　　E. 促红细胞生成素

44. 红细胞生成所需的原料主要是（　　）
【答案】　A
【考点】　考试要点：血细胞—红细胞生成所需的主要原料
【解析】　蛋白质和铁是红细胞生成的主要原料，若供应或摄取不足，造血将发生障碍，出现营养性贫血。故答案选 A。

45. 促进红细胞发育和成熟的物质主要是（　　）
【答案】　D
【考点】　考试要点：血细胞—红细胞生成所需的主要原料
【解析】　促进红细胞发育和成熟的物质，主要是维生素 B_{12}、叶酸和铜离子。前两者在核酸（尤其是 DNA）合成中起辅酶作用，可促进骨髓原红细胞分裂增殖；铜离子是合成血红蛋白的激动剂。叶酸缺乏会引起与维生素 B_{12} 缺乏时相似的巨幼细胞性贫血。维生素 B_{12} 是一种含钴的化合物，一旦吸收不足就可以引起贫血。故答案选 D。

46. 调节红细胞数量自稳态的物质主要是（　　）
【答案】　E
【考点】　考试要点：血细胞—红细胞生成的调节
【解析】　红细胞数量的自稳态主要受促红细胞生成素（EPO）的调节，雄激素也起一定作用。EPO 主要在肾脏产生，正常时在血浆中维持一定浓度，使红细胞数量相对稳定。在机体贫血、组织中氧分压降低时，血浆中 EPO 的浓度增加。当 EPO 增加到一定水平时，又负反馈性地抑制 EPO 的合成与释放。这种反馈调节使红细胞数量维持相对恒定，以适应机体的需要。故答案选 E。

(47～49 题共用下列备选答案)
A. 血浆晶体渗透压升高　　B. 血浆胶体渗透压升高　　C. 滤过膜通透性增加
D. 肾小管液渗透压升高　　E. 肾小球毛细血管血压降低

47. 机体缺氧或中毒时，出现尿量增多的原因是（　　）

【答案】 C

【考点】 考试要点：肾小球的滤过功能—原尿形成的主要影响因素

【解析】 在正常情况下，肾单位的滤过膜的通透性比较稳定，对肾小球滤过率的影响不大。只有在病理情况下，如机体缺氧或中毒时，滤过膜的通透性增加，原来不能滤过的蛋白质、血细胞此时也可通过，血浆胶体渗透压下降，于是有效滤过压升高，肾小球滤过率增加，尿量增多，甚至可以出现蛋白尿和血尿。故答案选 C。

48. 大量失血引起尿少的主要原因（　　）

【答案】 E

【考点】 考试要点：肾小球的滤过功能—原尿形成的主要影响因素

【解析】 生理条件下，肾血流量具有一定的自身调节能力，即使动脉血压在 10.7～24.1kPa 范围内变动，肾小球毛细血管血压仍能维持相对稳定。但在大出血时，动脉血压下降到 10.7kPa 以下，肾小球毛细血管血压将相应下降，于是有效滤过压降低，肾小球滤过率也减小。当动脉血压下降到 5.3～6.7kPa 时，肾小球滤过率将降低到零，出现无尿。故答案选 E。

49. 静脉注射 20% 葡萄糖，尿量增多的主要原因是（　　）

【答案】 D

【考点】 考试要点：肾小管与集合管的转运功能—肾小管转运功能

【解析】 生理条件下，原尿中的葡萄糖通过继发性主动转运的方式在近球小管内被 100% 重新吸收。但近球小管对葡萄糖的重吸收有一定的限度（肾糖阈），如果原尿中葡萄糖浓度超过肾糖阈，那么多出来的葡萄糖不能被重吸收，继续待在小管液中，直至随尿液一起排出体外。这样就造成肾小管液中始终处于高渗状态，组织液中的水分顺渗透压梯度进入小管液内，导致尿量增多。故答案选 D。

（50～52 题共用下列备选答案）

A. α 受体　　B. β 受体　　C. M 受体　　D. N_1 受体　　E. N_2 受体

50. 神经-骨骼肌接头后膜（终板膜）的胆碱能受体是（　　）

【答案】 E

【考点】 考试要点：神经元活动的规律—胆碱能受体

【解析】 凡是能与乙酰胆碱结合的受体叫作胆碱能受体。胆碱能受体又分为两种：毒蕈碱型受体（M 型受体）和烟碱型受体（N 受体）。N 受体又可分为神经肌肉接头型（N_2 受体）和神经节型（N_1 受体）两种亚型，分别存在于神经肌肉接头的后膜（终板膜）和交感神经、副交感神经节的突触后膜上。故答案选 E。

51. 能被箭毒阻断的受体是（　　）

【答案】 E

【考点】 考试要点：神经元活动的规律—胆碱能受体

【解析】 箭毒能与神经肌肉接头处的 N_2 受体结合而起阻断剂的作用。故答案选 E。

52. 能被心得安阻断的受体是（　　）

【答案】 B

【考点】 考试要点：神经元活动的规律—胆碱能受体

【解析】 凡能与儿茶酚胺（包括去甲肾上腺素和肾上腺素等）结合的受体称之为肾上腺素能受体。肾上腺素能受体分为 α 受体和 β 受体两种类型，β 受体又可分 $β_1$ 受体和 $β_2$ 受体两个亚型。心得安为 β 受体的阻断剂，可消除肾上腺素和异丙肾上腺素的降压效应。酚妥拉明是 α 受体的阻断剂，可消除去甲肾上腺素和肾上腺素的升压效应。故答案选 B。

四、动物生物化学

【A1 型题】

答题说明：每一道考试题下面有 A、B、C、D、E 五个备选答案，请从中选择一个最佳答案，并在答题卡上将相应题号的相应字母所属的方框涂黑。

1. 下列氨基酸中不属于必需氨基酸的是（　　）

A. 丝氨酸　　B. 蛋氨酸　　C. 赖氨酸　　D. 苯丙氨酸　　E. 缬氨酸

【答案】 A

【考点】 考试要点：蛋白质化学及其功能—蛋白质的基本结构单位—氨基酸

【解析】 氨基酸是蛋白质的基本结构单位，所有生物都以同样 20 种氨基酸作为蛋白质的结构单位。动物体内不能合成，或合成太慢，不能满足动物需要，必须由饲料供给的，被称为必需氨基酸。它们主要有赖氨酸、蛋氨酸、色氨酸、苯丙氨酸、亮氨酸、异亮氨酸、缬氨酸、苏氨酸、组氨酸和精氨酸。除了必需氨基酸外，都属于非必需氨基酸。本题选 A。

2. 下列氨基酸属于酸性氨基酸的是（　　）
   A. 精氨酸　　B. 赖氨酸　　C. 色氨酸　　D. 谷氨酸　　E. 以上都不是

【答案】 D

【考点】 考试要点：蛋白质化学及其功能—蛋白质的基本结构单位—氨基酸

【解析】 根据氨基酸分子中侧链基团（R）所带羧基和氨基的不同，氨基酸可分为不同的类型。碱性氨基酸能水解的氨基个数多于能水解的羧基个数（溶液呈碱性）的氨基酸，包括精氨酸、赖氨酸、组氨酸；酸性氨基酸能水解的—NH_2 比—COOH 数目少，包括天冬氨酸、谷氨酸。本题选 D。

3. 维持蛋白质一级结构的主要化学键是（　　）
   A. 离子键　　B. 疏水键　　C. 肽键　　D. 氢键　　E. 范德华力

【答案】 C

【考点】 考试要点：蛋白质化学及其功能—蛋白质的结构—蛋白质的一级结构

【解析】 蛋白质的一级结构是指多肽链上各种氨基酸的组成和排列顺序。蛋白质分子中氨基酸的连接方式是，前一个氨基酸分子的 α-羧基与下一个氨基酸分子的 α-氨基缩合失去一个水分子形成肽键。离子键、疏水键、氢键、范德华力属于非共价作用，维持蛋白质高级结构的化学键。本题选 C。

4. 变性蛋白质的主要特点是（　　）
   A. 一级结构改变　　　　B. 溶解度增加　　　　C. 生物功能丧失
   D. 容易被盐析出现沉淀　　E. 以上都错

【答案】 C

【考点】 考试要点：蛋白质化学及其功能—蛋白质的变性

【解析】 蛋白质变性的含义：在某些理化因素作用下，如受热、辐射、有机溶剂等，蛋白质一级结构保持不变，空间结构发生改变，由天然的折叠状态转变成伸展的状态，并引起生物功能的丧失以及理化性质、免疫学性质的改变，称为蛋白质的变性。蛋白质变性的实质是维持高级结构的非共价键被破坏，但一级结构没有发生改变。B 和 D 选项是盐溶与盐析的特点，不是变性蛋白的特点。本题选 C。

5. 蛋白质的等电点是（　　）
   A. 蛋白质溶液的 pH 值等于 7 时溶液的 pH 值
   B. 蛋白质分子呈正离子状态时溶液的 pH 值
   C. 蛋白质分子呈负离子状态时溶液的 pH 值
   D. 蛋白质的正电荷与负电荷相等时溶液的 pH 值
   E. 以上都错

【答案】 D

【考点】 考试要点：蛋白质化学及其功能-蛋白质理化性质与分析分离技术-蛋白质理化性质

【解析】 氨基酸是两性电解质，其解离状态与溶液的 pH 值有直接关系，表现不同的电泳行为。当蛋白质在溶液中所带正、负电荷数相等（即静电荷为零时），溶液的 pH 值称为该蛋白质的等电点。故本题选 D。

6. 蛋白质分子在下列哪个波长具有最大光吸收（　　）
   A. 220nm　　B. 260nm　　C. 280nm　　D. 350nm　　E. 380nm

【答案】 C

【考点】 考试要点：蛋白质化学及其功能-蛋白质理化性质与分析分离技术-蛋白质理化性质

【解析】 蛋白质分子重点芳香族氨基酸在 280nm 波长的紫外光范围内有特异的吸收光谱，

利用这一特性，可以利用紫外分光光度计测定蛋白质的浓度。因此选 C。

7. 下列关于酶特性的叙述哪个是**错误的**（　　）
   A. 催化效率高　B. 专一性强　C. 不稳定性　D. 都有辅因子参与
   E. 酶活性可以调节
   【答案】　D
   【考点】　考试要点：酶-酶的特点
   【解析】　酶的特点有极高的催化效率、高度的专一性或特异性、活性具有可调节性和不稳定性。酶有单纯酶与结合酶，并非都有辅因子。因此选 D。

8. 下列关于辅酶的叙述哪项是正确的（　　）
   A. 只决定酶的专一性，不参与化学基团的传递
   B. 具有单独的催化活性
   C. 与酶蛋白的结合比较疏松
   D. 一般不能用透析和超滤法与酶蛋白分开
   E. 以上说法都不对
   【答案】　C
   【考点】　考试要点：酶-酶的化学组成
   【解析】　酶分为单纯酶和结合酶。结合酶由酶蛋白和辅助因子组成，辅助因子包括辅酶辅基和金属离子。辅酶与酶蛋白结合疏松，可以用透析或超滤方法除去，因此 C 是正确的，D 不正确。酶蛋白与辅助因子单独存在时，都没有催化活性，因此 B 错误。辅酶和辅基的主要作用是在反应中传递电子、氢原子或一些基团，因此 A 错误。

9. 某酶有 5 种底物（S），其 K_m 值分别如下，该酶的最适底物为（　　）
   A. S1：$K_m=1\times10^{-4}$M　B. S2：$K_m=1\times10^{-5}$M　C. S3：$K_m=1\times10^{-7}$M
   D. S4：$K_m=1\times10^{-8}$M　E. S5：$K_m=1\times10^{-9}$M
   【答案】　E
   【考点】　考试要点：酶-影响酶促反应速度的因素
   【解析】　当反应速度为最大反应速度一半时，所对应的底物浓度即是米氏常数（K_m），单位是浓度。K_m 是酶的特征性常数之一，K_m 值的大小，近似地表示酶和底物的亲和力，具有最小的 K_m 的底物就是该酶的最适底物或称天然底物。因此选 E。

10. 关于酶的化学修饰叙述**错误的**是（　　）
    A. 酶以有活性（高活性）和无活性（低活性）两种形式存在
    B. 变构调节是快速调节，化学修饰不是快速调节
    C. 两种形式的转变由酶催化
    D. 两种形式的转变有共价变化
    E. 有放大效应
    【答案】　B
    【考点】　考试要点：酶-影响酶促反应速度的因素
    【解析】　化学修饰（共价修饰）是调节酶活性的一种重要方式。酶分子上的某些氨基酸基团，在另一组酶的催化下发生可逆的共价修饰，从而引起酶活性的改变。这类酶有两个特点，一是具有有活性（高活性）和无活性（低活性）两种形式，二是这种酶促反应常表现出机联放大效应。

11. 机体内糖的主要生理功能是（　　）
    A. 动物机体的主要能源物质　　B. 生物膜的组成成分
    C. 核酸的组成成分　　D. 结缔组织和细胞基质的组成成分
    E. 以上都是
    【答案】　E
    【考点】　考试要点：糖代谢-糖的生理功能
    【解析】　糖是动物机体的主要能源物质，动物所需能量的 70% 来自葡萄糖的分解代谢。糖原是动物体内糖的贮存形式。此外糖也是动物组织结构的组成成分。糖蛋白、糖脂都是生物膜的组成成分。核糖与脱氧核糖是组成核酸的成分。蛋白多糖构成结缔组织和细胞基质。糖也与

血液凝固及神经冲动的传导等功能有关。本题选 E。

12. 糖酵解是在细胞的什么部位进行的（　　）
    A. 线粒体基质　B. 内质网膜上　C. 胞液中　　D. 细胞核内　　E. 以上都不是
    【答案】　C
    【考点】　考试要点：糖代谢-葡萄糖的分解代谢-糖酵解途径及其生理意义
    【解析】　糖酵解途径是指在无氧情况下，葡萄糖生成乳酸并释放能量的过程，也称之为糖的无氧分解。糖的无氧分解在细胞质中进行，可分为两个阶段：第一阶段由葡萄分解成丙酮酸，第二阶段是丙酮酸还原成乳酸。

13. 磷酸戊糖途径的真正意义在于产生（　　）的同时产生许多中间物如核糖。
    A. $NADPH+H^+$　　　　　B. NAD^+　　　　　　C. ADP
    D. CoASH　　　　　　　　E. FADH2
    【答案】　A
    【考点】　考试要点：糖代谢-葡萄糖的分解代谢-磷酸戊糖途径及其生理意义
    【解析】　磷酸戊糖途径的生理意义：第一，磷酸戊糖途径中产生的还原辅酶 $NADPH+H^+$ 是生物合成反应的重要供氢体，为合成脂肪、胆固醇等提供氢；第二，磷酸戊糖途径生成的核糖-5-磷酸是合成核苷酸的原料。

14. 1mol 的 NADH 通过 NADH 呼吸链，最终与氧化合生成水，产生的 ATP 数量为（　　）
    A. 1mol　　B. 1.5mol　　C. 2mol　　D. 2.5mol　　E. 3mol
    【答案】　D
    【考点】　考试要点：生物氧化 ATP 的生成-氧化磷酸化
    【解析】　氧化磷酸化是指底物脱下的氢经过呼吸链的依次传递，最终与氧结合生成 H_2O，这个过程所释放的能量用于 ADP 的磷酸化反应（ADP+Pi）生成 ATP。氧化磷酸化是需氧生物产生 ATP 的主要方式。1mol NADH 通过 NADH 呼吸链最终与氧化合生成水，伴随有 2.5mol ATP 生成，而 1mol 的 FADH 伴随有 1.5mol 的 ATP 生成。

15. 1摩尔棕榈酸在体内彻底氧化分解净生成多少摩尔 ATP（　　）
    A. 108　　B. 106　　C. 98　　D. 32　　E. 30
    【答案】　B
    【考点】　考试要点：脂类代谢-脂肪的分解代谢-长链脂肪酸的β-氧化过程
    【解析】　棕榈酸的β-氧化过程的能量计算：生成了 8 乙酰 CoA，7FADH2，$7NADH+H^+$；能产生 108mol ATP。脂肪酸活化时要消耗 2 个高能键，故彻底氧化 1mol 棕榈酸净生成 106mol 的 ATP。

16. 肠道吸收的甘油三酯主要由下列哪一种血浆脂蛋白运输（　　）
    A. CM　　B. LDL　　C. VLDL　　D. HDL　　E. IDL
    【答案】　A
    【考点】　考试要点：脂类代谢-血脂-血浆脂蛋白的分类及功能
    【解析】　乳糜微粒（CM）：运输外源（肠道吸收）的甘油三酯和胆固醇到肌肉、心和脂肪等组织；极低密度脂蛋白（VLDL）：把内源性（肝脏合成的）甘油三酯、磷脂和胆固醇运到肝外组织去存储或利用；低密度脂蛋白（LDL）：由 CM 与 LDL 的代谢残余物合并而成，富含胆固醇，是向组织转运肝脏合成的胆固醇的主要形式；高密度脂蛋白（HDL）：在肝脏和小肠合成，作用与 LDL 相反，是机体胆固醇的"清扫机"，把外周胆固醇运回肝脏代谢。

17. 生物体内大多数氨基酸脱氨基的主要方式是（　　）
    A. 转氨基作用　　　　　B. 还原性脱氨基作用　　C. 联合脱氨基作用
    D. 直接脱氨基作用　　　E. 氧化脱氨基作用
    【答案】　C
    【考点】　考试要点：含氮小分子代谢-氨基酸的一般分解代谢-脱氨基作用
    【解析】　体内大多数的氨基酸脱去氨基是通过转氨基作用和氧化脱氨基作用两种方式联合起来进行的，这种作用方式称为联合脱氨基作用。联合脱氨基作用主要在肝、肾等组织中进行，全部过程是可逆的。骨骼肌和心肌中 L-谷氨酸脱氢酶的活性弱，要通过嘌呤核苷酸循环脱去氨基。

18. 哪一种物质是体内氨的储存及运输形式（ ）
    A. 天冬酰胺   B. 谷胱甘肽   C. 谷氨酰胺   D. 酪氨酸   E. 谷氨酸
    【答案】 C
    【考点】 考试要点：含氮小分子代谢-氨的代谢-氨的来源与去路
    【解析】 在谷氨酰胺合成酶的催化下，氨与谷氨酸形成无毒的谷氨酰胺。它是体内运输和储存氨的方式。

【A2 型题】
    答题说明：每一道考题是以一个小案例出现的，其下面都有 A、B、C、D、E 五个备选答案，请从中选择一个最佳答案，并在答题卡上将相应题号的相应字母所属的方框涂黑。

19. 肝中合成尿素的代谢通路，也称鸟氨酸-精氨酸循环。鸟氨酸循环中，合成尿素的第二个氨基来源于（ ）
    A. 游离氨   B. 谷氨酰胺   C. 氨基甲酰磷酸   D. 天冬氨酸   E. 天冬酰胺
    【答案】 D
    【考点】 考试要点：含氮小分子代谢-氨的代谢-尿素的合成
    【解析】 由氨及二氧化碳与鸟氨酸缩合形成瓜氨酸、精氨酸，再由精氨酸分解释出尿素和鸟氨酸。此过程中鸟氨酸起了催化尿素产生的作用。总反应式：
    $NH_3 + CO_2 + 3ATP + Asp + 2H_2O \longrightarrow$ 尿素 $+ 2ADP + 2Pi + AMP + PPi +$ 延胡索酸
    ①尿素分子中的氮，一个来自氨甲酰磷酸（或游离的 NH_3），另一个来自天冬氨酸（Asp）；故本题选 D；②每合成 1mol 尿素需消耗 3mol ATP 中的 4 个高能磷酸键；③每形成 1mol 尿素，可以清除 2mol 氨和 1mol CO_2；④循环中消耗的 Asp 可通过延胡索酸转变为草酰乙酸，再通过转氨基作用，从其他 α-氨基酸获得氨基而再生。

20. DNA 分子的一级结构是由许多脱氧核糖核苷酸以磷酸二酯键连接起来多聚核苷酸链，二级结构是由两条反向平行的多核苷酸链，围绕着同一中心轴，以右手旋转方式构成一个双螺旋结构。下列关于 DNA 结构的叙述，错误的是（ ）
    A. 碱基配对发生在嘌呤碱和嘧啶碱之间
    B. 鸟嘌呤和胞嘧啶形成 3 个氢键
    C. 双螺旋 DNA 的直径为 2nm
    D. 双螺旋 DNA 每 10 对核苷酸绕中心轴转一圈，高度为 3.4nm
    E. 腺嘌呤与胸腺嘧啶之间形成 3 个氢键
    【答案】 E
    【考点】 考试要点：核酸的功能与分析技术-核酸化学-核酸的结构
    【解析】 DNA 分子的分子结构是双螺旋结构，在 DNA 分子中，A 与 T，C 与 G 的摩尔比都接近为 1，称之为碱基当量定律。两股链以碱基之间形成的氢键稳定联系在一起，在双螺旋中，碱基总是腺嘌呤与胸腺嘧啶配对，鸟嘌呤与胞嘧啶配对。因此 A 是正确的。G 与 C 之间形成 3 个氢键，而 A 与 T 之间形成 2 个氢键，因此 B 正确，E 错误。DNA 双螺旋的直径为 2nm，每 10 对核苷酸绕中心轴转一圈，螺距为 3.4nm，因此 C、D 都正确。故本题选 E。

21. 核酸的变性是指碱基对之间的氢键断裂，双螺旋结构分开，成为两股单链的 DNA 分子。让核酸变性的因素可以是加热、加酸、加碱或者乙醇有机溶剂等。变性后的 DNA 生物学活性丧失，在 260nm 处的光吸收值升高。与变性相关的概念是 DNA 的 T_m 值，它是指（ ）
    A. 双螺旋 DNA 达到完全变性时的温度   B. 双螺旋 DNA 达到开始变性时的温度
    C. 双螺旋 DNA 结构失去 1/2 时的温度   D. 双螺旋 DNA 结构失去 1/4 时的温度
    E. 以上都不对
    【答案】 C
    【考点】 考试要点：核酸的功能与分析技术-核酸化学-核酸的主要理化性质
    【解析】 通常将 50% 的 DNA 分子发生变性时的温度称为解链温度或熔点温度（T_m）。G-C 碱基对含量越高的 DNA 分子则越不易变性，T_m 值也大。

22. 以 DNA 为模板合成 RNA 的过程称为转录。转录起始于 DNA 模板上特定的部位，该部位称为转录起始位点或启动子。原核生物识别转录起点的是（ ）

A. σ因子　　B. 核心酶　　C. ρ因子　　D. RNA聚合酶的α亚基
E. RNA聚合酶的β亚基
【答案】　A
【考点】　考试要点：核酸的功能与分析技术-RNA的转录-转录后的加工
【解析】　转录过程由RNA聚合酶催化，RNA聚合酶识别启动子并与之结合，起始并完成基因的转录。原核生物的RNA聚合酶包含有α2ββ′σ 5个亚基。σ亚基以外的部分称为核心酶。σ亚基的作用是帮助核心酶识别并结合启动子。本题选A。

23. 遗传密码是指DNA或由其转录的mRNA中的核苷酸顺序与其编码的蛋白质多肽链中氨基酸顺序之间的对应关系。下列关于氨基酸密码的描述哪一项是**错误的**（　　）
A. 密码有种属特异性，所以不同生物合成不同的蛋白质
B. 细胞内编码20种氨基酸的密码子总数为61个
C. 一种氨基酸可有一组以上的密码
D. 一组密码只代表一种氨基酸
E. 密码具有连续性
【答案】　A
【考点】　考试要点：核酸的功能与分析技术-蛋白质的翻译- mRNA与遗传密码
【解析】　密码子具有通用性，从病毒、细菌到高等动植物都共同使用一套密码子，因此A是错误的。每三个相邻碱基组成1个密码子，除了UAA、UAG、UGA不编码任何氨基酸外（称为终止密码），其余61个密码子负责编码20种氨基酸，因此B正确。同时密码子具有简并性，即多种密码子编码一种氨基酸的现象，因此C是正确的。除了起始和终止密码子外，其余密码子分别代表不同的氨基酸，因此D正确。密码子具有不重叠性，即连续性，绝大多数生物中的密码子是不重叠而连续阅读的。因此E正确。本题选A。

24. 带有互补的特定核苷酸序列的单链DNA或RNA，当它们混合在一起时，其具有互补或部分互补的碱基将会形成双联结构。如果互补的核苷酸片段来自不同的生物体，如此形成的双链分子就是杂交核酸分子。其中，用标记的单链DNA或RNA做探针，检测DNA片段中特异基因的技术称为（　　）
A. Southern-印迹　　B. Northen-印迹　　C. Western-印记
D. 原位杂交技术　　E. PCR技术
【答案】　A
【考点】　考试要点：核酸的功能与分析技术-核酸分析技术- 分子杂交技术
【解析】　Southern-印迹：将电泳凝聚中分离的DNA片段转移并结合在适当的滤膜上，变性后，通过与标记的单链DNA或RNA探针杂交，以检测DNA片段中特异基因的技术；因此选A。Northen-印迹：将RNA分子从电泳凝聚转移并结合在适当的滤膜上，通过与标记的单链DNA或RNA探针杂交，以检测RNA片段中特异基因的技术；Western-印记是用标记的探针检测特异蛋白质的技术；原位杂交是将菌落或嗜菌斑转移到硝酸纤维素膜上，使溶菌变性的DNA与滤膜原位结合，再与标记的DNA或RNA探针杂交，然后显示的与探针序列具有同源性的DNA印迹位置，与原来的平板对照，从中挑选含有插入序列的菌落或嗜菌斑。PCR技术是基因体外扩增的技术，即聚合酶链式反应技术。

【A3/A4型题】
答题说明：以下提供若干个案例，每个案例下设若干道考题。请根据案例所提供的信息，在每一道考试题下面的A、B、C、D、E五个备选答案中选择一个最佳答案，并在答题卡上将相应题号的相应字母所属的方框涂黑。

（25～28题共用以下题干）
氧气对于生命活动至关重要，动物借助红细胞中的血红蛋白来运输氧气。某鸡场冬天使用煤炉加热保温，由于通风不畅，导致CO中毒，引起大批鸡只死亡。

25. CO中毒鸡死亡的原因是（　　）
A. 细胞外缺氧　B. 细胞内缺氧　C. 热应激　　D. 冷应激　　E. 红细胞变性
【答案】　B
【考点】　考试要点：蛋白质化学及其功能-蛋白质的结构与功能的关系-蛋白质变构

【解析】 CO 中毒是由于血红蛋白与 CO 有比较高的亲和力，与 CO 结合后就无法再与 O_2 结合，从而引起机体缺氧而导致中毒。这种缺氧是因为 CO 抑制了血红蛋白内细胞色素 C 氧化酶的活性而引起的细胞内缺氧，而不是细胞外缺氧。发生本病时，红细胞并未变性。故本题选 B。

26. 血红蛋白的分子结构是（　　）
 A. 多肽　　　B. 二聚体　　　C. 三聚体　　　D. 四聚体　　　E. 八聚体
 【答案】 D
 【解析】 血红蛋白是由两个 α-亚基和两个 β-亚基构成的四聚体，每个亚基都包括一条肽链和一个血红素辅基。

27. 血红蛋白的与氧结合的数学曲线是（　　）
 A. 直线　　　B. 抛物线　　　C. S 形曲线　　　D. 双曲线　　　E. 折线
 【答案】 C
 【解析】 血红蛋白的氧合曲线呈 S 形曲线。S 形曲线说明血红蛋白分子与氧结合的过程中，其亚基之间存在变构作用。

28. CO 引起中毒是因为 CO 抑制了呼吸链中的那个部分（　　）
 A. 不需氧脱氢酶　　　B. 辅酶 Q　　　C. 铁硫中心　　　D. 细胞色素　　　E. NADH
 【答案】 D
 【考点】 考试要点：生物氧化-呼吸链-呼吸链的组成
 【解析】 不需氧脱氢酶（包括 NADH，FADH）、辅酶 Q、铁硫中心和细胞色素都是线粒体内呼吸链的组成部分，其中细胞色素是一类含有血红素的传递电子蛋白，有细胞色素 a，b，c 等十多种。细胞色素 aa，也称为细胞色素 C 氧化酶，是呼吸链的末端，容易被 CO，CN^- 抑制。

（29～31 题共用以下题干）
马的肌红蛋白尿是一种以肌红蛋白尿和肌肉变性为特点的营养代谢性疾病。某赛马由于长期闲置后突然大量运动，突发臀肌强直，后躯麻痹，尿液呈深棕色。

29. 该病产生的原因是哪种物质在体内迅速堆积（　　）
 A. 丙酮酸　　　B. 柠檬酸　　　C. 乳酸　　　D. 草酰乙酸　　　E. 草酸
 【答案】 C
 【考点】 考试要点：糖代谢-葡萄糖的分解代谢-糖酵解途径及其生理意义
 【解析】 平时饲养良好的马在闲置时，大量储备肌糖原，在突然大量运动的情况下，氧供应不足，糖的代谢以无氧酵解为主，而无氧酵解的产物是大量的乳酸。乳酸刺激肌肉变性故而引起本病。

30. 本病是由马体内的糖代谢异常引起的，发生本病时，这种异常的糖代谢的途径是（　　）
 A. 无氧酵解　　　　　B. 有氧氧化　　　　　C. 磷酸戊糖途径
 D. 葡萄糖异生　　　　E. 糖原合成
 【答案】 A
 【解析】 突然大量运动情况下，氧供应不足，在缺氧时，糖的代谢以无氧酵解为主。

31. 假如引起该病的异常糖代谢途径是有氧氧化，那么关于有氧氧化下列叙述**不正确**的是（　　）
 A. 在有氧条件下进行　　　　　B. 全部过程在线粒体内进行
 C. 最终产物是二氧化碳和水　　D. 是动物机体获得生理活动所需能量的主要来源
 E. 中间过程产生 NADH 和 FADH
 【答案】 B
 【解析】 有氧氧化是指葡萄糖在有氧条件下彻底氧化生成水和二氧化碳的过程。因此 A 和 C 正确。其主要过程分为三个阶段，第一阶段由 1mol 葡萄糖转变为 2mol 丙酮酸，在胞液中进行。第二阶段是 2mol 丙酮酸进入线粒体，生成 2mol 乙酰 COA，第三阶段是在线粒体中，乙酰 COA 通过三羧酸循环彻底氧化分解成水和二氧化碳。因此 B 错误。糖的有氧分解是动物机体获得生理活动所需能量的主要来源，三羧酸循环过程中产生 NADH 和 FADH。因此本题选 B。

(32~34题共用以下题干)
牛脂肪肝病是一种由于能量缺乏引起体脂动员,外周脂肪组织中的脂肪水解为甘油和脂肪酸进入肝脏被肝脏利用,当肝内脂肪生成的速度大于运出的速度时,脂肪在肝脏内聚积,形成肝脏的脂肪浸润。

32. 外周脂肪组织中的脂肪属于(　　)
　　A. 储存脂　　B. 组织脂　　C. 磷脂　　D. 糖脂
　　E. 胆固醇和胆固醇酯
【答案】 A
【考点】 考试要点：脂类代谢-脂类及其生理功能-脂类的分类
【解析】 根据脂类在动物体内的分布,可以将其分为储存脂和组织脂。储存脂分布在动物皮下结缔组织、大网膜、肠系膜、肾周围等外周组织中。储存脂的含量随机体营养状况变动。组织脂主要由类脂组成,分布于动物体所有的细胞中,是构成细胞的膜系统的成分,含量稳定,不受营养等条件的影响。类脂主要包括磷脂、糖脂、胆固醇及其酯。本题选A。

33. 外周脂肪组织中的脂肪水解为甘油和脂肪酸的过程称为(　　)
　　A. 脂肪动员　　B. 甘油分解　　C. β-氧化　　D. 酮体生成
　　E. 甘油三酯合成
【答案】 A
【考点】 考试要点：脂类代谢-脂类及其生理功能-脂肪的分解代谢
【解析】 在激素敏感脂肪酶作用下,储存在脂肪细胞中的脂肪被水解为游离脂肪酸和甘油三酯并释放进入血液,被其他组织氧化利用,这一过程称为脂肪动员。因此选A。

34. 肝脏内合成脂肪酸的直接原料是(　　)
　　A. 甘油　　B. 酮体　　C. 乙酰COA　　D. α-磷酸甘油　　E. FAD
【答案】 C
【考点】 考试要点：脂类代谢-脂类及其生理功能-脂肪合成
【解析】 动物体内合成脂肪的主要器官是肝脏、脂肪组织和小肠黏膜上皮。脂肪酸的合成主要在胞液中进行。合成脂肪酸的直接原料是乙酰COA,主要来自葡萄糖的分解。

(35~37题共用以下题干)
骨软症是成年动物骨内骨化完成后,由于钙磷代谢障碍,饲料中钙磷缺乏及钙磷比例不当,导致骨质的进行性脱钙,骨质疏松的一种慢性疾病,患病动物表现为骨质脆弱,骨骼弯曲,变形等。

35. 这种骨质的进行性脱钙称为(　　)
　　A. 钙化　　B. 羟化　　C. 骨溶解　　D. 骨生成　　E. 骨软化
【答案】 C
【考点】 考试要点：水-无机盐与酸碱平衡-钙磷代谢
【解析】 骨虽然是一种坚硬的固体组织,但它仍然与其他组织保持者活跃的物质交换。当骨溶解时,则发生钙、磷从骨中动员出来,使血中钙和磷浓度升高。骨软病是钙磷从骨中动员出来,本题选C。

36. 关于体液中Ca^{2+}的作用,下列说法正确的是(　　)
　　A. 参与调解神经、肌肉的兴奋性　　B. 影响毛细血管的通透性
　　C. 参与血液凝固过程　　D. 作为细胞内第二信使,介导激素的调解作用
　　E. 以上都是
【答案】 E
【解析】 体液中钙磷虽然只占其总量的极少部分,但是在机体内多方面的生理活动和生物化学过程中起着非常重要的调节作用,A、B、C、D都是Ca^{2+}的作用。

37. 下列哪种物质**不参与**骨钙和血钙平衡的调节(　　)
　　A. 甲状旁腺素　　B. 甲状腺降钙素　　C. 1,25-二羟维生素D
　　D. 甲状腺素　　E. 以上都不参与
【答案】 D
【解析】 甲状旁腺素、甲状腺降钙素、1,25-二羟维生素D都参与骨细胞的转化调节,影响骨钙和血钙的平衡,而D甲状腺素并不参与。

【B1 型题】

答题说明：以下提供若干组考题，每组考题共用在考题前列出的 A、B、C、D、E 五个备选答案，请从中选择一个与问题最密切的答案，并在答题卡上将相应题号的相应字母所属的方框涂黑。某个备选答案可能被选择 1 次、多次或不被选择。

（38～42 题共用下列备选答案）
A. 简单扩散　　B. 促进扩散　　C. 主动转运　　D. 被动转运　　E. 胞吞

38. 小分子与离子由高浓度向低浓度穿越细胞膜的自由扩散过程，转移方向依赖于它在膜两侧的浓度差。这种物质过膜运输方式是（　　）
【答案】 A
【考点】 考试要点：生物膜与物质运输-物质的过膜运输
【解析】 物质的过膜转运有不同的方式。根据被转运的对象及转运的过程是否需要载体和消耗能量，可细分为各种过膜转运方式。简单扩散指小分子与离子由高浓度向低浓度穿越细胞膜的自由扩散过程，转移方向依赖于它在膜两侧的浓度差，不需要能量，也不需要转运载体。因此只能选 A。

39. 物质由高浓度向低浓度的转运过程，转运需要膜上特异转运载体的参与。这种物质过膜运输方式是（　　）
【答案】 B
【解析】 促进扩散是物质由高浓度向低浓度的转运过程，转运需要膜上特异转运载体的参与。因此只能选 B。

40. 物质依赖于转运载体、消耗能量并能够逆浓度梯度进行的过膜转运方式。这种物质过膜运输方式是（　　）
【答案】 C
【解析】 主动转运是物质依赖于转运载体、消耗能量并能够逆浓度梯度进行的过膜转运方式。因此只能选 C。

41. 如细胞膜内外的 K 和 Na 转运的方式是（　　）
【答案】 C
【解析】 细胞内外 K 和 Na 转运依靠钠钾泵，又称 Na^+-K^+-ATP 酶，其作用是保持细胞内高 K^+ 和低 Na^+，可以逆浓度梯度进行，并消耗 ATP 酶，因此选 C。

42. 蛋白质、核酸、多糖等大分子物质进入细胞的转运方式是（　　）
【答案】 E
【解析】 蛋白质、核酸、多糖、病毒和细菌等大分子物质进出细胞是通过与细胞膜的仪器移动实现的，其方式有内吞作用，即细胞从外界摄入的大分子或颗粒，逐渐被质膜的一小部分包围，内陷，然后从质膜上脱落，形成细胞内的囊泡的过程。因此选 E。

（43～46 题共用下列备选答案）
A. 反馈控制　　　　　　B. 同工酶　　　　　　C. 变构调节
D. 共价修饰　　　　　　E. 多酶复合体

43. 由代谢途径的终产物或中间产物对催化途径起始阶段的反应过途径分支点上反应的关键酶进行的调节，这种酶的活性调节方式称为（　　）
【答案】 A
【考点】 考试要点：酶-酶的活性调节
【解析】 由代谢途径的终产物或中间产物对催化途径起始阶段的反应过途径分支点上反应的关键酶进行调节（激活或抑制），称为反馈控制。

44. 催化相同的化学反应，但酶蛋白的分子结构、理化性质和免疫学性质不同的一组酶，称为（　　）
【答案】 B
【解析】 同工酶是催化相同的化学反应，但酶蛋白的分子结构、理化性质和免疫学性质不同的一组酶。这类酶有数百种，它们通过在种别、组织之间，甚至在个体发育的不同阶段的表达差异调节机体的代谢。

45. 由多亚基组成，具有 S 形动力学特征的酶的活性调节方式称为（　　）

【答案】 C

【解析】 变构酶的分子组成一般是多亚基的。酶分子中与底物分子相结合的部位称为催化部分，与变构剂结合的部位称为调节部位。变构剂可以与酶分子的调节部位进行非共价的可逆的结合，改变酶分子的构象，进而改变酶的活性，这种调节称为变构调节。变构酶具有S形动力学特征。

46. 有些酶分子上的某些氨基酸基团，在另一组酶的催化下发生可逆的共价修饰，从而引起酶活性的改变，这种调节称为（　　）

【答案】 D

【解析】 有些酶分子上的某些氨基酸基团，在另一组酶的催化下发生可逆的共价修饰，从而引起酶活性的改变，这种调节称为共价修饰调节，这类酶称为共价修饰酶。这种酶促反应常表现出级联放大效应，是许多代谢调节信号在细胞内传递的基本方式。

（47～50题共用下列备选答案）
　　A. 胸腺嘧啶　　B. 胞嘧啶　　C. 腺嘌呤　　D. 鸟嘌呤　　E. 尿嘧啶

47. DNA分子组成中的碱基A是指（　　）
48. DNA分子组成中的碱基T是指（　　）
49. DNA分子组成中的碱基C是指（　　）
50. DNA分子组成中的碱基G是指（　　）

【答案】 答案分别是C、A、B、D

【考点】 考试要点：核酸的功能与分析技术-核酸化学-核酸的化学组成

【解析】 核酸分为脱氧核酸（DNA）和核糖核酸（RNA）两大类。DNA中含有胸腺嘧啶（T）和胞嘧啶（C）、腺嘌呤（A）和鸟嘌呤（G）。而RNA中由尿嘧啶（U）代替胸腺嘧啶（T），所含嘌呤种类与DNA一样。

（51～53题共用下列备选答案）
　　A. 复制　　B. 转录　　C. 翻译　　D. 反转录　　E. 中心法则

51. 以亲代DNA分子为模板合成两个完全相同的子代DNA分子的过程称为（　　）
52. 以DNA为模板合成RNA的过程称为（　　）
53. 以RNA为模板指导合成蛋白质的过程称为（　　）

【答案】 答案分别是A、B、C

【考点】 考试要点：核酸的功能与分析技术-DNA的复制-中心法则

【解析】 以亲代DNA分子为模板合成两个完全相同的子代DNA分子的过程称为复制。而以DNA为模板合成RNA的过程称为转录，以RNA为模板指导合成蛋白质的过程称为翻译。

遗传信息按DNA-RNA-蛋白质的方向传递，称为遗传学的中心法则。某些RNA病毒有反转录酶，能够催化RNA指导下的DNA合成，这就是反转录作用，此DNA链称为互补DNA链（cDNA）。

（54～57题共用下列备选答案）
　　A. 拓扑异构酶　　　　　B. 解旋酶　　　　　C. 单链DNA结合蛋白
　　D. 引发酶　　　　　　　E. DNA聚合酶

54. DNA复制过程中需要的酶类与蛋白因子中，解开DNA双链所需的酶是（　　）
55. DNA复制过程中需要的酶类与蛋白因子中，以稳定解开的DNA维持单链状态，防止它们重新形成双螺旋结构，同时防止其被核酸酶降解的蛋白因子是（　　）
56. DNA复制过程中需要的酶类与蛋白因子中，催化合成复制过程中所需要的小片段RNA引物的酶是（　　）
57. DNA复制过程中需要的酶类与蛋白因子中，可以DNA为模板，催化底物（dNTP）合成DNA的酶是（　　）

【答案】 答案分别是B、C、D、E

【考点】 考试要点：核酸的功能与分析技术-DNA复制-DNA复制主要的酶与蛋白因子

【解析】 DNA复制需要的酶和蛋白因子如下：①拓扑异构酶：改变DNA拓扑性质，催化DNA链的断裂和结合；②解旋酶：解开DNA双链；③单链DNA结合蛋白：稳定解开的DNA维持单链状态；④引发酶：引物酶，催化合成一种小分子RNA片段，DNA新链在合成的

RNA 引物的 3′OH 端延伸；⑤DNA 聚合酶：以 DNA 为模板，催化 dNTP 合成 DNA；⑥链接酶：催化双链 DNA 缺口处的 5′磷酸基和 3′羟基生成磷酸二酯键；⑦端粒和端粒酶：端粒防止染色体间末端链接，补偿 5′端消除 RNA 引物后的空缺。端粒酶：以自身所含的 RNA 为模板来合成 DNA 的端粒结构。

五、兽医病理学

【A1 型题】

答题说明：每一道考试题下面有 A、B、C、D、E 五个备选答案，请从中选择一个最佳答案，并在答题卡上将相应题号的相应字母所属的方框涂黑。

1. 通过研究疾病的病因、发病机理和患病机体内所呈现的代谢、机能、形态结构的变化，以阐明疾病发生、发展及其转归等基本规律的科学被称为（   ）
 A. 病理学　　　B. 病因学　　　C. 疾病学　　　D. 病变学　　　E. 病毒学
 【答案】 A
 【考点】 考试要点：动物疾病概论
 【解析】 这是动物病理学的概念。动物病理学的基本内容包括总论和各论两大部分。病理学总论又称普通病理学，研究细胞和组织损伤、损伤的修复、血液循环障碍、炎症和肿瘤等，讨论各种不同疾病的共同病变基础，阐述疾病发生的共同规律；病理学各论又称系统病理学，是在病理学总论的基础上研究和阐述各器官系统疾病的特殊规律。

2. 可发生于细胞浆内的变性包括脂肪变性、细胞肿胀和（   ）
 A. 透明变性　　B. 纤维素样变性　　C. 坏死　　D. 凋亡　　E. 淀粉样变
 【答案】 A
 【考点】 考试要点：细胞肿胀的概念、原因和发病机理、病理变化
 【解析】 变性是指细胞浆内或细胞间质内有各种异常物质蓄积或正常物质的异常增多。细胞浆内的变性表现为细胞肿胀、脂肪变性、透明变性；细胞间质的变性表现为透明变性、淀粉样变、纤维素样变等。

3. 下列关于坏死和凋亡的叙述**错误的**是（   ）
 A. 都是细胞死亡的一种形式
 B. 坏死时细胞膜保持完整，凋亡时细胞膜受破坏
 C. 坏死时细胞器肿胀、破裂，凋亡则保持完整
 D. 凋亡时有凋亡小体形成
 E. 坏死时 DNA 无规律降解，凋亡时 DNA 降解有规则
 【答案】 B
 【考点】 考试要点：细胞凋亡与细胞坏死的区别
 【解析】 凋亡是活体内单个细胞或小团细胞的死亡，凋亡细胞的质膜（细胞膜和细胞器膜）不破裂，不引发死亡细胞的自溶，也不引起急性炎症反应。而坏死时细胞膜破损。除 B 外的其余 4 个选项均为坏死和凋亡的正确表述。

4. （   ）浓度升高而引发的皮肤、黏膜、巩膜、浆膜、骨膜以及实质器官黄染，称为黄疸。
 A. 卟啉　　B. 含铁血黄素　　C. 脂褐素　　D. 胆红素　　E. 尿酸盐
 【答案】 D
 【考点】 考试要点：病理性物质沉着
 【解析】 本题所有选项均为不同的病理性物质沉着，注意区分其发生原因和机制。①卟啉又称无铁血红素，卟啉沉着的患病动物在临诊上的特征为尿液、粪便和血液呈红棕色，动物的牙齿呈淡红棕色，所以也称"红牙病"。②含铁血黄素的病理性沉着多为局部性，提示陈旧性出血。当有大量红细胞被破坏，可出现全身性含铁血黄素沉积。③脂褐素是一种不溶性的脂类色素，呈棕褐色颗粒状，常见于心肌纤维、肝细胞、神经细胞和肾上腺细胞内。④胆红素浓度升高而引发的皮肤、黏膜、巩膜、浆膜、骨膜以及实质器官黄染，称为黄疸。⑤尿酸盐沉着又称为痛风，是尿酸以钠盐的形式沉积在关节、软骨和肾脏中，引起组织异物炎性反应。

5. 左心衰竭引起淤血的主要器官是（   ）
 A. 肾　　B. 肝　　C. 肺　　D. 脾　　E. 脑

【答案】 C
【考点】 考试要点：肺淤血的原因、发生机制和病理变化
【解析】 左心衰竭和二尖瓣狭窄或关闭不全时常引起肺淤血，眼观肺体积膨大，被膜紧张，呈暗红色或紫红色，在水中呈半浮沉状态。右心衰竭引起的淤血主要发生于肝、肾等器官。

6. 槟榔肝的基本病变包括两方面，即（　　）
   A. 急性肝淤血伴随肝细胞坏死　　　　　　B. 慢性肝淤血伴随胆色素沉着
   C. 急性肝淤血伴随肝细胞颗粒变性　　　　D. 慢性肝淤血伴随肝细胞脂肪变性
   E. 慢性肝淤血伴随肝细胞透明变性
【答案】 D
【考点】 考试要点：肝淤血的原因、发生机制和病理变化
【解析】 慢性肝淤血时，肝小叶中央区淤血（暗红色），肝细胞因缺氧、受压而变性、萎缩或消失，小叶外围肝细胞出现脂肪变性（黄色），在肝切面上构成红黄相间的网络状图纹，状似槟榔切面，故名槟榔肝。

7. 血栓形成最重要和最常见的原因是（　　）
   A. 血液凝固性增高　　　B. 血流缓慢　　　C. 血流加快
   D. 心血管内膜损伤　　　E. 凝血物质减少
【答案】 D
【考点】 考试要点：血栓形成的条件
【解析】 血栓的形成与以下三方面有关：①血管内膜受损，血管内皮细胞损伤、胶原裸露是血栓形成最重要的因素。②血流状态改变，血流缓慢及不规则为凝血创造了条件。③血液性质改变，血液黏稠度增加，血液凝固性增高，促进了血栓的形成。以上三个原因和条件在血栓形成的过程中同时存在，但是在不同时期各起着不同的作用，而血管内膜受损是血栓形成最重要和最常见的原因。

8. 出血的类型包括破裂性出血和（　　）
   A. 渗出性出血　　B. 损伤性出血　　C. 内伤性出血　　D. 浸润性出血　　E. 出血性素质
【答案】 A
【考点】 考试要点：出血的概念、类型及原因
【解析】 根据出血的发生部位可分为外出血（血液流出体外）和内出血（血液流入组织间隙或体腔内）。根据出血的发生原因可分为破裂性出血和渗出性出血。破裂性出血最常见的原因是外伤。渗出性出血也称为渗漏性出血，多见于某些急性败血性传染病（如猪瘟、猪丹毒、炭疽、出血性败血病、鸡新城疫等）、中毒（有机磷、灭鼠药、砷等）引起的血管壁通透性增高，红细胞漏出血管外。

9. DIC 时常发生一种特殊类型的贫血，即（　　）
   A. 自身免疫性溶血性贫血　　B. 再生障碍性贫血　　C. 营养不良性贫血
   D. 微血管病性溶血性贫血　　E. 继发性纤溶亢进性贫血
【答案】 E
【考点】 考试要点：DIC 的发生原因、机制及对机体的影响
【解析】 DIC 的特点是微循环中发生血小板凝集及纤维蛋白沉积，形成广泛的微血栓，消耗大量凝血因子和血小板，凝血因子和血小板因消耗而减少，继发纤维蛋白原减少，纤溶过程逐渐活跃，而大量纤维蛋白降解产物具有很强的抗凝作用，因此 DIC 病程中出现继发性纤维蛋白溶解亢进性贫血，从而引起微循环障碍、血栓、溶血和出血等临床表现，往往危及生命。

10. 下列属于永久性细胞的是（　　）
    A. 黏膜上皮细胞　　　B. 乳腺上皮细胞　　　C. 肝细胞
    D. 神经元　　　　　　E. 淋巴细胞
【答案】 D
【考点】 考试要点：各种组织的再生
【解析】 回答类似题目时注意区分各种组织的不同再生能力。不稳定细胞的再生能力相当强，如被覆细胞（如表皮细胞、呼吸道和消化道黏膜、生殖器官管腔的被覆细胞）、淋巴及造血细胞、间皮细胞等。稳定细胞有较强的再生能力，包括肝、胰、汗腺、皮脂腺和肾小管的上

皮细胞等各种腺上皮细胞、结缔组织的细胞等。而神经细胞、骨骼肌细胞及心肌细胞属于永久性细胞，再生能力弱，基本上通过瘢痕修复。

11. 炎症的全身性反应主要包括白细胞计数增多和（　　）
    A. 出血　　　　B. 发热　　　　C. 应激　　　　D. 机能障碍　　　E. 渗出
    【答案】 B
    【考点】 考试要点：炎症的基本表现
    【解析】 炎症可引起机体的全身性反应和局部表现。全身性反应主要是白细胞计数增多和发热。在急性炎症，尤其是细菌感染所致急性炎症时，末梢血白细胞计数可明显升高，但是在某些病毒性疾病炎症性疾病过程中，白细胞往往不增加，有时反而减少。而急性炎症的局部临床特征是红、肿、热、痛和功能障碍。

12. 下列关于漏出液和渗出液的**错误**描述是（　　）
    A. 渗出液和炎症有关，漏出液和炎症无关　　　B. 渗出液浑浊，漏出液清亮
    C. 渗出液蛋白含量比漏出液高　　　　　　　　D. 渗出液易凝固，漏出液不易凝固
    E. 渗出液含有细胞成分比漏出液少
    【答案】 E
    【考点】 考试要点：炎症的基本病理变化，渗出液
    【解析】 ①漏出液与炎症无关，颜色淡黄清亮，稀薄透明；不能自凝；蛋白含量低，以白蛋白为主；球蛋白比例低于血浆；相对密度<1.015；细胞成分少。②渗出液与炎症相关，颜色浓厚、多混浊；能自凝；蛋白含量高，蛋白成分近似血浆；相对密度>1.018，细胞成分多。从以上区别点可分析，本题只有 E 为错误答案。

13. 恶性肿瘤的扩散方式包括直接蔓延和（　　）
    A. 种植　　　　B. 转移　　　　C. 溃疡　　　　D. 栓塞　　　　E. 浸润
    【答案】 B
    【考点】 考试要点：肿瘤的扩散
    【解析】 良性肿瘤仅在原发部位生长扩大，而具有浸润性生长的恶性肿瘤，不仅可以在原发部位继续生长、蔓延（直接蔓延），而且还可以通过各种途径扩散到身体其他部位（转移）。恶性肿瘤最本质的表现是转移，因此，转移是诊断恶性肿瘤最确切的指标。恶性肿瘤的转移方式有淋巴道转移、血道转移和种植性转移。

14. 支气管肺炎又称为（　　）
    A. 纤维素性肺炎　　　　B. 小叶性肺炎　　　　C. 慢性肺炎
    D. 肺泡性肺炎　　　　　E. 间质性肺炎
    【答案】 B
    【考点】 考试要点：小叶性肺炎（支气管肺炎）发病机制和病变特征
    【解析】 按病因累及的部位和病变范围大小，又可将肺炎分为小叶性肺炎、大叶性肺炎和间质性肺炎等。小叶性肺炎是肺炎的最基本形式。炎症首先由支气管开始，继而蔓延到细支气管和所属的肺泡组织，因而也称为支气管肺炎。由于其病变多半局限于肺小叶范围，所以又称为小叶性肺炎。其炎性渗出物以浆液和剥脱的上皮细胞为主，因而也称为卡他性肺炎或浆液性肺炎。

15. 非化脓性脑炎的病理特征是神经组织的变性坏死、血管反应以及（　　）
    A. 嗜中性粒细胞浸润　　　　B. 神经元再生　　　　C. 嗜碱性粒细胞浸润
    D. 单核巨噬细胞增生　　　　E. 胶质细胞增生
    【答案】 E
    【考点】 考试要点：脑炎的分类及病变特点
    【解析】 非化脓性脑炎的病理特征主要包括三方面：①神经组织的变性坏死，变性的神经细胞表现为肿胀和皱缩，局部坏死的神经组织形成软化灶。②血管反应，其表现是中枢神经系统出现不同程度的充血和围管性细胞浸润。③胶质细胞增生。增生的胶质细胞以小胶质细胞为主，可以呈现弥漫性和局灶性增生。增生的小胶质细胞包围变性的神经细胞，称卫星现象；增生的小胶质细胞吞噬坏死的神经细胞，称噬神经元现象。

16. 疾病的发展过程的共同规律是（　　）

A. 损伤与抗损伤的斗争过程　　B. 机体的代偿过程　　C. 机体的防御过程
D. 局部器官的病理过程　　　　E. 致病因素的损伤过程

【答案】　A

【考点】　考试要点：动物疾病的概念及特点

【解析】　疾病时，动物机体在致病因素作用下发生的损伤与抗损伤的复杂的斗争过程，在这个过程，机体内发生一系列的功能、代谢和形态结构的变化，一方面是疾病过程中造成的损害性变化，另一方面是机体对抗损害而产生的防御代偿适应性变化，并由此而产生各种症状和体征，并造成畜禽的生产能力下降及经济价值降低。在疾病过程中决定着疾病发生发展的是损伤与抗损伤的对比关系。

17. 血液循环中出现血栓、脂肪滴、空气、羊水等随血流运行并阻塞血管腔的过程称为（　　）

A. 栓子　　　B. 血栓形成　　C. 坏死　　　D. 梗死　　　E. 栓塞

【答案】　E

【考点】　考试要点：栓塞与栓子的概念

【解析】　①本题重点考察栓塞的概念，注意区分栓塞、栓子和血栓的不同含义和相互关系。血液循环中出现不溶性的异常物质，随血流运行并阻塞血管腔的过程称为栓塞，这些异常物质被称为栓子，最常见的栓子类型是血栓。此外脂肪滴、空气、羊水和细菌团块等都可成为栓子阻塞血管，引起栓塞。②在活体的心脏和血管内，血液成分形成固体质块的过程称为血栓形成，所形成的固体质块称为血栓。③因动脉血流断绝而引起局部组织或器官缺血而发生的坏死称为梗死，其主要原因为血栓形成、栓塞和小动脉持续痉挛等引起的血管阻塞，其基本病变为局限性组织坏死。

18. 动物疾病发展过程中，从疾病出现一般症状到特征症状开始暴露的时期称为（　　）

A. 隐蔽期　　B. 前驱期　　C. 临床经过期　　D. 转归期　　E. 终结期

【答案】　B

【考点】　考试要点：动物疾病概论，动物疾病经过分期及特点

【解析】　疾病的经过具有一定的阶段性，通常将疾病从发生、发展到结局的过程称为病程。病程一般可分为四个基本阶段：①潜伏期（隐蔽期），从病因入侵到该病一般症状出现。②前驱期，从一般症状到特征性症状出现。③症状明显期（临床经过期），出现该病特征性症状和表现。④转归期（终结期），疾病的发展趋向和结束阶段，可分为痊愈、不完全痊愈和死亡三种形式。

19. 细胞水肿常见于感染、中毒、缺氧等急性损伤，其机制是（　　）

A. 溶酶体增多　　　　　　B. 细胞膜溶解　　　　C. 微绒毛增多
D. 高尔基体增多　　　　　E. 线粒体损伤

【答案】　E

【考点】　考试要点：细胞肿胀的发病机理

【解析】　细胞水肿的机制是缺氧时线粒体受损伤，使ATP生成减少，细胞膜Na^+-K^+泵功能发生障碍，导致胞浆内Na^+、水潴留。

20. "虎斑心"是指心肌细胞发生（　　）

A. 水泡变性　　B. 脂肪变性　　C. 黏液变性　　D. 淀粉样变性　　E. 出血

【答案】　B

【考点】　考试要点：脂肪变性的概念、原因和发病机理、病理变化及结局

【解析】　心肌脂肪变性常累及左心室的内膜下和乳头肌，眼观见灰黄色的条纹或斑点与暗红色心肌交错排列，呈红、黄相间的虎皮状斑纹，称为"虎斑心"，常见于恶性口蹄疫。

21. 结缔组织、血管壁及细胞内的透明变性的共同特点是（　　）

A. 发病机制相似　　　　B. 肉眼观察形态相似　　C. 组织学变化相似
D. 均为蛋白质蓄积所致　　E. 呈强嗜酸性红染

【答案】　C

【考点】　考试要点：玻璃样变性的概念、原因和发病机理、病理变化

【解析】　透明变性又称玻璃样变性，泛指细胞内、纤维结缔组织间质或细动脉壁中出现均

匀同质性的玻璃样物质。虽然因病因的不同其化学性质不尽相同，发生机制各异，但该类物质具有均质性、对伊红易染性等特点，组织学变化相似，呈粉染至红染、毛玻璃样半透明状。

22. 活体局部组织、细胞的病理性死亡称（　　）
　　A. 坏死　　　　B. 变性　　　　C. 凋亡　　　　D. 梗死　　　　E. 坏疽
　　【答案】　A
　　【考点】　考试要点：坏死和细胞凋亡的概念
　　【解析】　细胞死亡包括坏死和凋亡两大类型。坏死是指活体内局部组织或细胞的病理性死亡，凋亡是指细胞在基因调控下自主而有序的死亡过程。梗死是因动脉血流断绝而引起局部组织或器官缺血而发生的坏死；坏疽是坏死组织受到外界环境影响和不同程度腐败菌感染所引起的变化。

23. 湿性坏疽常发生于（　　）
　　A. 深部创伤　　B. 肺　　　　　C. 四肢末端　　D. 皮肤　　　　E. 脾
　　【答案】　B
　　【考点】　考试要点：坏死的类型及其特点
　　【解析】　坏死组织受到外界环境影响和不同程度腐败菌感染所引起的变化，称为坏疽。干性坏疽多发生于体表皮肤（四肢、耳壳、尾根）。湿性坏疽常见于与外界相通的器官（胃、肠、肺、子宫）坏死时。气性坏疽是特殊类型的湿性坏疽，大多由深部创伤（阉割、战伤）感染厌气菌（产气荚膜杆菌、恶性水肿杆菌）引起。

24. 由肉芽组织的生长来修复伤口的过程被称为（　　）
　　A. 纤维性修复　B. 痊愈　　　　C. 再生　　　　D. 肥大　　　　E. 化生
　　【答案】　A
　　【考点】　考试要点：细胞、组织的适应与修复
　　【解析】　再生能力较强的组织损伤后，由损伤部周围的同种细胞来修复，称为再生。再生能力弱或缺乏再生能力的组织发生缺损时，不能通过原来组织再生修复，而是由肉芽组织填补，称为纤维性修复，之后形成瘢痕，故也称瘢痕修复，过去常称为不完全再生。如果考查相似的题目，例如提问纤维性修复的形成基础是什么，答案应为肉芽组织。

25. 恶性肿瘤的瘤细胞（　　）
　　A. 分化程度高，异型性大　　B. 分化程度高，异型性小　　C. 分化程度低，异型性大
　　D. 分化程度低，异型性小　　E. 分化程度不一，异型性小
　　【答案】　C
　　【考点】　考试要点：肿瘤的异型性
　　【解析】　肿瘤在细胞形态和组织结构上与其发源的正常组织的差异被称为异型性。肿瘤异型性的大小反映了肿瘤组织的成熟程度（即分化程度）。异型性小者，说明它与有关的正常细胞、组织相似，肿瘤组织成熟程度高（分化程度高）；异型性大者，表示瘤细胞、组织成熟程度低（分化程度低）。区别这种异型性的大小是诊断肿瘤、确定其良、恶性的主要组织学依据。因此，良性肿瘤分化程度高，异型性小；恶性肿瘤分化程度低，异型性大。

26. 应激时，机体处于最佳动员状态、有利于机体增强抵抗力的时期是（　　）
　　A. 警觉期　　　B. 防御期　　　C. 抵抗期　　　D. 适应期　　　E. 衰竭期
　　【答案】　A
　　【考点】　考试要点：应激的分期
　　【解析】　应激是指机体在受到各种强烈因素刺激时所出现的非特异性全身反应。应激引起的最重要的神经内分泌反应是交感-肾上腺髓质反应和下丘脑-垂体-肾上腺皮质反应。应激反应可分三期：①警觉期，警觉反应使机体处于最佳动员状态，有利于机体增强抵抗或逃避损伤的能力；②抵抗期，机体代谢率升高，炎症、免疫反应减弱；③衰竭期，持续强烈的有害刺激耗竭机体的抵抗能力，应激反应的负效应和应激相关疾病相继出现，器官功能衰退甚至休克、死亡。

27. 猝死是指当心跳或呼吸骤停时，可以无明显的濒死期而直接进入（　　）
　　A. 假死期　　　B. 潜伏期　　　C. 临床死亡期　D. 呼吸停止期
　　E. 生物学死亡期

【答案】 C

【考点】 考试要点：动物疾病概论，动物疾病经过分期及特点

【解析】 死亡是指机体作为一个整体机能永久停止。机体的死亡可分为三个阶段。①濒死期：机体各系统的机能产生严重的障碍，中枢神经系统脑干以上的部分处于深度抑制状态，表现为意识模糊或消失，反射迟钝，心跳减弱，血压降低，呼吸微弱或出现周期性呼吸。②临床死亡期：主要标志为心跳和呼吸完全停止，反射消失，但各种组织仍然进行着微弱的代谢过程，经过救治可以恢复，因而又称为假死期。③生物学死亡期：主要特征为中枢神经系统新陈代谢停止并出现不可逆的变化，即脑死亡。猝死是指当心跳或呼吸骤停时，可以无明显的濒死期而直接进入临床死亡期。

28. 肝脏发生脂肪变性时，体积肿大，有油腻感，质地松软，呈（   ）
    A. 红褐色   B. 棕黑色   C. 土黄色   D. 紫红色   E. 色彩斑驳

【答案】 C

【考点】 考试要点：脂肪变性的概念、原因和发病机理、病理变化及结局

【解析】 肝细胞是脂代谢的部位，最常发生脂肪变。显著弥漫性肝脂肪变称为脂肪肝。轻度脂变时仅见器官色彩稍显黄色。重度脂变时，器官体积肿大，边缘钝圆，表面光滑，质地松软易碎，切面微隆突，呈黄褐色或土黄色，组织结构模糊，触之有油腻感。

29. 细胞坏死的主要形态学标志出现于（   ）
    A. 细胞核   B. 细胞膜   C. 细胞质   D. 线粒体   E. 内质网

【答案】 A

【考点】 考试要点：坏死的基本病理变化

【解析】 细胞核的变化是细胞坏死的主要形态学标志，表现为核浓缩、核溶解、核碎裂。细胞浆的变化先于细胞核变化，胞浆嗜酸性增强，呈颗粒状，红染，溶解液化及嗜酸性小体形成。间质呈均质，无结构样物质。

30. 坏死组织的水分或磷脂类物质含量多，蛋白质和凝固酶含量少时，其坏死类型是（   ）
    A. 凝固性坏死   B. 液化性坏死   C. 蜡样坏死   D. 干酪样坏死   E. 湿性坏疽

【答案】 B

【考点】 考试要点：坏死的类型及其特点

【解析】 液化性坏死最常发生于富含水分和脂质，而蛋白质和蛋白凝固酶含量较少的组织，由于蛋白分解酶的作用，坏死组织迅速溶解液化，使坏死灶软化呈囊状或液状，如脑和脊髓，故脑的坏死被称为"脑软化"。凝固性坏死是指坏死组织水分减少和蛋白质凝固。干酪样坏死是彻底的凝固性坏死，是结核病的特征性病变。蜡样坏死见于动物的白肌病，坏死的肌肉组织呈灰白色，干燥混浊，状似石蜡。湿性坏疽常见于与外界相通的器官（胃、肠、肺、子宫）坏死并有腐败菌感染时。

31. 因小静脉和毛细血管扩张，使局部组织和器官中含血量增多的现象，称（   ）
    A. 淤血   B. 血肿   C. 出血   D. 充血   E. 积血

【答案】 A

【考点】 考试要点：淤血的概念和类型

【解析】 动脉性充血是指因小动脉和毛细血管扩张使局部组织和器官中血量增多的现象，又称主动性充血，简称充血。静脉性充血是指静脉回流受阻，血液淤积于小静脉和毛细血管，引起局部组织中静脉血含量增多的现象，又称被动性充血，简称淤血。血肿、积血都是出血的表现形式，血肿指组织内的局限性出血，常形成肿块压迫周围组织；积血指体腔（胸腔、腹腔、心包腔）内的出血。

32. 卡他性炎发生于（   ）
    A. 黏膜   B. 浆膜   C. 肌膜   D. 筋膜   E. 滑膜

【答案】 A

【考点】 考试要点：炎症的类型，渗出性炎

【解析】 卡他性炎是指发生于黏膜的急性渗出性炎症，以在黏膜表面有大量渗出物流出为特征，常伴有黏膜腺分泌亢进。

33. DIC 始于凝血系统的被激活，其基本病理变化是（   ）

A. 微血栓形成　　　　　B. 出现休克　　　　　C. 凝血因子增多
　　D. 凝血酶减少　　　　　E. 出血性素质
【答案】　A
【考点】　考试要点：DIC的发生原因及机制
【解析】　DIC是弥散性血管内凝血的简称。DIC始于凝血系统被激活，基本病理变化是在微小血管内形成微血栓。选项B、C和D虽然与DIC相关，但均为错误答案。休克是DIC的主要临床表现之一，而非基本病理变化。DIC出现时，凝血系统被激活，血中凝血酶量增多，导致微血栓形成，凝血因子和血小板因消耗而减少。选项E出血性素质是出血的一种病理表现，即有全身性出血倾向时，表现为全身各器官组织出血。

34. 失水后补液不当或肾功不全时造成的脱水类型为（　　）
　　A. 高渗性　　B. 低渗性　　C. 等渗性　　D. 单纯性　　E. 缺盐性
【答案】　B
【考点】　考试要点：脱水的类型、原因及特点
【解析】　注意区分不同类型脱水的原因、水和钠丢失的比例及体液渗透压的改变。①等渗性脱水又称混合性脱水，为最常见的一种脱水类型，特征是水和钠以等渗比例丢失，血浆渗透压仍在正常范围，常见病因是呕吐、腹泻等。②低渗性脱水又称缺盐性脱水，盐类丧失多于水分丧失，血浆渗透压降低，常见于失水后补液不当或肾功不全时。③高渗性脱水又称缺水性脱水或单纯性脱水，以水分丧失为主，血浆渗透压升高，见于饮水不足（无水源供应的沙漠、海洋）、不能饮水（咽部疾病、食道阻塞、牙关紧闭）以及低渗液丧失过多时。

35. 机体细胞缺损后，由其邻近健康的同种组织细胞分裂增生修复的过程，称为（　　）
　　A. 增生　　　B. 再生　　　C. 肥大　　　D. 代偿　　　E. 化生
【答案】　B
【考点】　考试要点：细胞、组织的适应与修复
【解析】　本题考查了细胞、组织的适应与修复的相关概念。选项B是再生的概念。增生是指实质细胞数量增多并常伴发组织器官体积增大的病理过程。肥大是指由于实质细胞体积增大而使组织和器官体积增大，常伴有功能增强。增生和肥大常常伴随发生，不发生增生的肥大仅见于心肌、骨骼肌。代偿是指在致病因素作用下，体内出现代谢、功能障碍或组织结构破坏时，机体通过相应器官的代谢、功能加强或形态结构变化来补偿的过程。化生是指已经分化成熟的组织在环境条件改变的情况下，在形态和功能上转变成另一种组织的过程，例如慢性支气管炎时支气管纤毛柱状上皮转变为鳞状上皮。

36. 肉芽组织的组成成分包括毛细血管、成纤维细胞和（　　）
　　A. 瘢痕组织　　B. 神经纤维　　C. 纤维性骨痂　　D. 炎性细胞　　E. 软骨组织
【答案】　D
【考点】　考试要点：肉芽组织的形态结构和功能
【解析】　肉芽组织眼观呈鲜红色，颗粒状，柔软湿润，形似鲜嫩的肉芽，故名。镜下观察基本结构为：①大量新生的毛细血管，平行排列，均与表面相垂直，并在近表面处互相吻合形成弓状突起，肉眼呈鲜红色细颗粒状。②新生的成纤维细胞散在分布于毛细血管网络之间，产生基质及胶原。③各种炎性细胞浸润于肉芽组织之中，以巨噬细胞为主，也有多少不等的中性粒细胞及淋巴细胞。正是这些组织结构决定了肉芽组织对创面的保护、对创伤的修复和组织的重建。

37. 下列呈膨胀性生长的肿瘤是（　　）
　　A. 纤维瘤　　B. 肝癌　　C. 禽白血病　　D. 鸡马立克氏病　　E. 淋巴肉瘤
【答案】　A
【考点】　考试要点：肿瘤的生长
【解析】　此类题型首先需要根据肿瘤的名称来判断其良恶性质，之后才能选择其生长方式。①膨胀性生长：为大多数良性肿瘤的生长方式。②浸润性生长：为恶性肿瘤的生长方式，浸润是恶性肿瘤的标志之一。③外生性生长：良性、恶性肿瘤都可以有这种生长方式，但良性肿瘤基底部无浸润，而恶性肿瘤则伴有基底浸润。从本题来分析，只有选项A为良性肿瘤，呈膨胀性生长。

38. 出血性急性肾小球性肾炎在肾表面可见分布均匀、大小一致的瘀点，俗称（　　）
    A. 大红肾　　B. 蚤咬肾　　C. 皱缩肾　　D. 大白肾　　E. 白斑肾
    【答案】　B
    【考点】　考试要点：肾炎的分类及病变特点
    【解析】　本题中5个选项均为不同肾炎时的病理表现。急性肾小球肾炎时，肾脏体积肿大，被膜紧张，容易剥离，肾表面及切面呈红色，称"大红肾"；出血性肾小球肾炎，在肾皮质切面上及肾表面均能见到分布均匀、大小一致的出血点（瘀点），称"蚤咬肾"；膜性肾小球肾炎，病变初期肾脏体积增大，颜色苍白，俗称"大白肾"；慢性肾小球肾炎肾脏体积缩小，质地变硬，肾表面凹凸不平，称"皱缩肾"；间质性肾炎，病变初期肾脏肿大，表面及切面皮质部散在灰白色或灰黄色针头大至米粒大的点状病灶，病灶扩大或相互融合则形成蚕豆大或更大的白斑，呈油脂样光泽，称"白斑肾"。

39. 动物死亡后，体内组织受到自身酶的作用而引起的尸体变化称为（　　）
    A. 尸冷　　B. 尸僵　　C. 尸斑　　D. 尸体自溶　　E. 尸体腐败
    【答案】　D
    【考点】　考试要点：动物死后的尸体变化
    【解析】　本题考查动物死亡后因不同原因和机制出现的尸体变化。①尸冷：动物死亡后尸体温度逐渐降低的现象。②尸僵：尸体的肌肉发生僵硬。③尸斑：动物死亡后因重力作用使尸体下部血管充盈的现象。④尸体自溶：动物死亡后体内组织受到自身酶的作用而引起的自体消化过程。⑤尸体腐败：动物死亡后，体内组织受到细菌的作用而引起的尸体变化。

40. 以下属于凝固性坏死的病变是（　　）
    A. 心肌梗死　　　　B. 化脓性炎　　　　C. 慢性猪丹毒皮肤坏死
    D. 腐败性子宫内膜炎　　E. 脂肪坏死
    【答案】　A
    【考点】　考试要点：坏死的类型及其特点
    【解析】　根据坏死组织的病变特点，坏死可分为凝固性坏死、液化性坏死和坏疽三种类型。凝固性坏死为最常见的一种坏死类型，见于心肌、肝、脾、肾等器官，如心肌梗死、肾的白色梗死。化脓性炎、脂肪坏死都属于液化性坏死。慢性猪丹毒皮肤坏死是干性坏疽的表现，腐败性子宫内膜炎的病变是湿性坏疽。

41. 梗死灶的形状取决于该器官的（　　）
    A. 静脉血管病变　　　　B. 双重血液供给　　　　C. 组织结构致密程度
    D. 动脉血管病变　　　　E. 血管分布状况
    【答案】　E
    【考点】　考试要点：梗死的类型及病理变化
    【解析】　梗死是局限性的组织坏死，梗死灶的部位、大小和形态，与受阻动脉的供血范围一致。肺、肾、脾等器官的动脉呈锥形分支，梗死灶呈锥体形，其尖端位于血管阻塞处，底部为该器官的表面，在切面上呈三角形；心冠状动脉分支不规则，梗死灶呈地图状；肠系膜动脉呈辐射状供血，故肠梗死呈节段性。

42. 形成静脉血栓尾部的常为（　　）
    A. 白色血栓　　B. 混合血栓　　C. 红色血栓　　D. 透明血栓　　E. 微血栓
    【答案】　C
    【考点】　考试要点：血栓的种类
    【解析】　根据血栓的形成过程和形态特点，血栓可分为白色血栓、混合血栓、红色血栓以及透明血栓四种类型。白色血栓形成血栓的头部，呈灰白色小结节，表面粗糙质实，与发生部位紧密粘着；混合血栓呈粗糙干燥的圆柱状，与血管壁粘连，构成延续性血栓的体部；红色血栓构成血栓的尾部，呈暗红色、湿润、有弹性、与血管壁无粘连，与死后血凝块相似。透明血栓又称为微血栓，只能在显微镜下才能见到，主要由嗜酸性同质性的纤维素构成。

43. 休克的发生机制主要是由于强烈的有害因素作用所导致的（　　）
    A. 全身微循环血液灌流不足
    B. 全身血量急剧减少，使重要生命器官血液供应不足

C. 心脏功能骤然障碍，心输出量不足
D. 中枢神经系统机能障碍
E. 重要器官功能衰竭
【答案】 A
【考点】 考试要点：休克的原因、分类及发生机制
【解析】 全身微循环血液灌流不足是休克的发生的主要机制。而全身血量急剧减少、心脏功能骤然障碍或中枢神经系统机能障碍等原因，均可造成全身微循环血液灌流不足，从而导致休克。发生休克的后果，可出现全身重要器官功能衰竭，如休克肾、休克肺。

44. 肉芽组织取代坏死组织、血凝块、血栓等病理产物的过程为（ ）
A. 机化　　　B. 钙化　　　C. 化生　　　D. 增生　　　E. 生化
【答案】 A
【考点】 考试要点：肉芽组织的形态结构和功能
【解析】 本题考查机化的概念和肉芽组织的重要功能。肉芽组织是指由毛细血管内皮细胞和成纤维细胞分裂所形成的富含毛细血管的幼稚结缔组织。肉芽组织的重要作用主要为：①机化血凝块、坏死组织及其他异物；②抗感染及保护创面；③填补伤口及其他组织缺损，使伤口愈合。

45. 纤维素心包炎常致心包壁层与脏层不同程度的粘连，这是因为发生（ ）
A. 代偿　　　B. 再生　　　C. 机化　　　D. 钙化　　　E. 增生
【答案】 C
【考点】 考试要点：心包炎的结局
【解析】 本题考查了两个方面，一为纤维素心包炎的结局，二为机化对机体的不良影响。少量的纤维素可以被中性粒细胞释放的溶蛋白酶溶解吸收。但是纤维素较多时，纤维素不能被完全溶解吸收，往往发生机化，引起浆膜增厚和粘连，甚至浆膜腔闭锁，严重影响器官功能。

46. 在细菌感染和急性炎症早期大量出现的炎症细胞主要是（ ）
A. 嗜酸性粒细胞　　　B. 嗜碱性粒细胞　　　C. 单核细胞
D. 巨噬细胞　　　　　E. 中性粒细胞
【答案】 E
【考点】 考试要点：炎症细胞的种类及其主要功能
【解析】 白细胞通过血管壁游出到血管外的过程称为白细胞渗出，渗出的白细胞也称为炎性细胞。炎症反应的最重要功能是将炎症细胞输送到炎症局部，白细胞的渗出是炎症反应最重要的特征。不同的致炎因子和炎症发展的不同阶段，游出白细胞的种类和数量均有不同，因此，白细胞总数和分类计数的检查是临床诊断的一种重要方法。①中性粒细胞：在细菌感染和急性炎症早期大量出现，并进行活跃的吞噬和分泌活动。②嗜酸性粒细胞：见于过敏反应、寄生虫感染性炎症和食盐中毒等。③嗜碱性粒细胞多见于过敏性炎。④单核细胞和巨噬细胞一般出现在炎症的后期，或病毒感染的早期。炎症晚期巨噬细胞还可转变为成纤维细胞参与组织的修补。⑤淋巴细胞主要见于病毒感染、炎症的晚期，淋巴细胞致敏后分化为浆细胞，产生抗体。因此，在多种类似题目中，考查出现的炎性细胞类型，需要联系其病因、病程等进行分析。例如猪瘟、禽流感等病毒病出现的主要炎性细胞为淋巴细胞；猪链球菌、巴氏杆菌、大肠杆菌为细菌性传染病，主要炎性细胞为中性粒细胞。故正确答案选择 E。

47. 渗出液与漏出液的最主要的区别在于（ ）
A. 出现的部位不同　　　B. 发生的机制不同　　　C. 液体含量不同
D. 液体的来源不同　　　E. 蛋白含量不同
【答案】 B
【考点】 考试要点：炎症的基本病理变化，渗出液
【解析】 渗出液和漏出液均可在组织间质聚积，造成水肿。渗出液与漏出液的最主要的区别在于发生的机制不同。渗出液和炎症有关，漏出液和炎症无关。因炎症引起的水肿，其水肿液称为渗出液。非炎性是单纯因静脉回流受阻引起的水肿，其水肿液称为漏出液。

48. 特异性增生性炎的病理特点是（ ）
A. 浆液性　　　B. 腐败性　　　C. 蜂窝织炎性　　　D. 肉芽肿性　　　E. 纤维素性

【答案】 D
【考点】 考试要点：炎症的类型，增生性炎
【解析】 特异性增生性炎又称为慢性肉芽肿性炎，以在炎症局部形成主要由巨噬细胞增生构成的境界清楚的结节状病灶（即肉芽肿）为特征。其经典的病例为结核病，此外还可见于某些真菌和寄生虫感染（如组织胞浆菌病和血吸虫病）、异物（如手术缝线、石棉和滑石粉）等。

49. 间叶组织来源的恶性肿瘤在命名时被称为（　　）
　　A. 癌　　　　　B. 肉瘤　　　　C. 瘤　　　　D. 疣　　　　E. 痈
【答案】 B
【考点】 考试要点：肿瘤的命名与分类
【解析】 ①良性肿瘤一般为肿瘤的组织起源加"瘤"，即为肿瘤的名称，如纤维瘤、脂肪瘤等。②恶性肿瘤的命名较为复杂。间叶组织来源的恶性肿瘤称为"肉瘤"，如纤维肉瘤、脂肪肉瘤等；上皮组织来源的恶性肿瘤称为"癌"，如鳞状细胞癌、移行细胞癌等；还有一些恶性肿瘤的特殊命名方法详见下一题的解析。从本题来分析，B为正确答案。如果题目是问上皮组织来源的恶性肿瘤在命名时被称为什么？则应选择 B。

50. 下列属于良性肿瘤的是（　　）
　　A. 脂肪肉瘤　　　　B. 鸡马立克氏病　　　　C. 血管瘤
　　D. 神经母细胞瘤　　E. 骨髓瘤
【答案】 C
【考点】 考试要点：肿瘤的命名与分类
【解析】 本题考查肿瘤的命名原则，注意恶性肿瘤的特殊命名方法。间叶组织来源的恶性肿瘤称为"肉瘤"，如纤维肉瘤、脂肪肉瘤等；一些来自幼稚组织及神经组织的恶性肿瘤被称为"母细胞瘤"，如神经母细胞瘤、视网膜母细胞瘤等；有些肿瘤由于成分复杂或组织来源有争论，则在前面冠以"恶性"，如恶性畸胎瘤、恶性黑色素瘤等；有些肿瘤以人名命名，如鸡马立克氏病；有些肿瘤被称为"病"，如白血病；有些低分化的恶性肿瘤被称为"瘤"，如精原细胞瘤、骨髓瘤等。本题只有血管瘤为良性肿瘤；相似题目的解答可结合参照上一题的解析。

51. 大叶性肺炎的灰色肝变期，可见（　　）
　　A. 肺泡隔充血，肺泡腔内多量浆液性渗出
　　B. 肺泡隔充血，肺泡腔内有多量纤维素性渗出
　　C. 肺泡隔充血消失，肺泡腔内有多量浆液性渗出
　　D. 肺泡隔充血消失，肺泡腔内多量纤维素溶解
　　E. 肺泡隔充血减轻，肺泡腔内多量纤维素渗出和炎性细胞浸润
【答案】 E
【考点】 考试要点：大叶性肺炎（纤维素性肺炎）发病机制和病变特征
【解析】 纤维素性肺炎是以细支气管和肺泡内填充大量纤维素性渗出物为特征的急性炎症。此型肺炎常侵犯一侧肺脏或全肺，通常又称之为大叶性肺炎。家畜的纤维素性肺炎常会在同一病变肺叶上显示出四个不同时期，故外观呈大理石样。①充血水肿期：肺泡壁毛细血管扩张充血，肺泡腔内有大量浆液性渗出物以及少量红细胞、白细胞和巨噬细胞。②红色肝变期：肺组织实变，色泽和硬度与肝脏相似，故称为"红色肝变"。肺泡壁毛细血管高度充血与扩张，浆液、纤维蛋白和细胞性渗出物填充于肺泡腔中。③灰色肝变期：肺充血减退，颜色由暗红色转变为灰白色，质地仍实变如肝，故称为"灰色肝变"。肺泡壁毛细血管因受压而充血减轻或消失，肺泡腔内见大量纤维素和中性粒细胞浸润。④消散期：肺炎的结局期，炎症消散和组织再生。本题只有答案 E 符合灰色肝变期病变特点。在回答类似题目时，注意分析肺炎发展时期的不同病变特点。

52. 死于败血症的动物可表现为（　　）
　　A. 尸僵不全，血凝不良　　B. 尸僵完全，血凝良好　　C. 尸僵不全，血凝良好
　　D. 尸僵完全，血凝不良　　E. 尸僵不全，尸体不易腐败
【答案】 A
【考点】 考试要点：败血症的病变特点

【解析】 败血症是指病原体（包括细菌、病毒、原虫等）侵入机体后突破机体的防御屏障进入血液，在体内大量生长繁殖并产生毒素，造成广泛的组织损伤和中毒反应，呈现一系列全身性病理过程。败血症的过程中常伴有菌血症、病毒血症、虫血症或毒血症。败血症全身病理变化包括以下几个方面。①尸体变化：尸僵不全，尸体易腐败。血凝不良，呈紫黑色黏稠状。②出血性素质：全身皮肤、黏膜、浆膜和实质器官多发散在瘀点、瘀斑。③免疫器官急性炎症：败血脾，脾脏极度肿胀，边缘钝圆，被膜紧张，质地柔软易碎，切面隆起，切口外翻，呈紫红色或黑红色，脾髓软化，结构不清。用刀背轻刮，可刮下多量脾糜。急性淋巴结炎，全身淋巴结肿大、充血、出血，呈急性浆液性淋巴结炎、出血性淋巴结炎。④实质器官变性坏死：肺脏淤血水肿，心、肝、肾和脑等实质器官发生颗粒变性与脂肪变性，有时可发生局灶性坏死。

53. 对反刍动物进行病理剖检时，通常采取（　　）
  A. 左侧卧位　　B. 右侧卧位　　C. 背卧位　　D. 俯卧位　　E. 悬挂立式位
  【答案】 A
  【考点】 考试要点：动物病理剖检诊断技术
  【解析】 不同动物（马属动物、反刍动物和单胃动物等）腹腔脏器的解剖结构有较大差异，因此，剖检方法有相应的不同。马的腹腔右侧为盲肠和大结肠所占据，通常采取右侧卧位。反刍动物有四个胃，占腹腔左侧的绝大部分及右侧中、下部，因此，剖检尸体应采取左侧卧位。猪的剖检一般采用背位姿势，为了使尸体保持背位，需切断四肢内侧的所有肌肉和韧带，使四肢平摊于地。

【A2型题】
  答题说明：每一道考题是以一个小案例出现的，其下面都有A、B、C、D、E五个备选答案。请从中选择一个最佳答案，并在答题卡上将相应题号的相应字母所属的方框涂黑。

54. 高温持续几天不退，一昼夜间的体温变动范围不超过1℃，其热型为（　　）
  A. 回归热　　B. 弛张热　　C. 间歇热　　D. 暂时热　　E. 稽留热
  【答案】 E
  【考点】 考试要点：发热的热型
  【解析】 在许多发热性疾病发病过程中，病畜体温升高的水平常随着时间而发生变化。将其体温变化按一定时间记录，绘制成曲线图，即所谓热型。一定的疾病具有其特殊热型，可能与致病微生物的特异性和机体反应性有关，了解这些热型，有助于疾病的鉴别诊断。①稽留热：是指高温持续几天不退，一昼夜间的体温变动范围不超过1℃。如猪瘟、犬瘟热、大叶性肺炎、传染性胸膜肺炎等。②弛张热：指体温升高后一昼夜间的波动超过1℃以上，但体温下降时仍高于正常水平。如败血症、卡他性肺炎、化脓性炎、风湿热等。③间歇热：是指发热期和无热期较有规律地相互交替，间歇时间较短，并重复出现的一种热型。如疟疾、急性肾盂肾炎、马传染性贫血等。④回归热：发热期和无热期间隔的时间较长，并且发热期与无热期的出现时间大致相等。如急慢性马传染性贫血等。⑤暂时热：为一种短时发热。体温升高1～1.5℃或以上，通常可持续到1～2h或1～2d，见于分娩后、手术等创伤后、鼻疽菌素及结核菌素反应等。

55. 炭疽、急性猪丹毒、急性副伤寒等急性败血症性传染病时常出现（　　）
  A. 急性脾炎　　　　　　B. 化脓性脾炎　　　　　　C. 慢性脾炎
  D. 坏死性脾炎　　　　　E. 萎缩性脾炎
  【答案】 A
  【考点】 考试要点：脾炎，败血脾
  【解析】 脾炎多伴发于各种传染病，也可见于血液原虫病，是脾脏最常见的一种疾病。根据病变特征可分为急性脾炎、坏死性脾炎、化脓性脾炎、慢性脾炎等类型。急性脾炎又称急性炎性脾肿、败血脾，是指伴有脾脏明显肿大的急性脾炎，多见于炭疽、急性猪丹毒、急性副伤寒等急性败血症性传染病。坏死性脾炎是指脾脏实质坏死明显而体积不肿大的急性脾炎，多见于巴氏杆菌病、猪瘟、弓形虫病、鸡传染性法氏囊病和鸡新城疫等急性传染病。因此在回答此种类型题目时，注意分析不同病因、脾脏是否显著肿大、是否以坏死病变为主。

56. 浮游试验时，如果投入水中的小块肺组织浮于水面之上，则怀疑发生了（　　）
  A. 肺炎　　B. 肺气肿　　C. 肺淤血　　D. 肺水肿　　E. 肺结核

【答案】 B
【考点】 考试要点：肺炎，肺淤血
【解析】 浮游试验常用于检查肺脏疾患。正常肺脏的小块肺组织应为一半浮于水面之上，一半在水面之下；发生肺淤血和肺水肿时，由于水肿液和红细胞的出现肺比重有所增加，因此悬浮于水中，呈半浮沉状；肺炎时，大量渗出物可使肺组织比重明显增加，因而小块肺组织沉于水底；肺气肿时，肺组织比重明显减轻，因而浮于水面之上；注意对肺结核的病理检查，不能根据浮游试验作出判断。因此本题答案为B。

57. 发生动脉性充血时，因动脉血含氧合血红蛋白多，代谢旺盛，因而充血部位呈（　　）
　　A. 暗红色　　B. 深红色　　C. 鲜红色　　D. 紫红色　　E. 发绀
【答案】 C
【考点】 考试要点：充血的类型和病理变化
【解析】 动脉血含氧合血红蛋白多，营养、养分多，代谢旺盛，因而充血部位颜色鲜红，温度升高。而淤血的组织或器官体积增大，颜色加深，呈暗红或紫红色，表面温度降低。发绀是指皮肤、可视黏膜的淤血，呈蓝紫色。

58. 心肌结构致密，侧支循环不丰富，其梗死类型为（　　）
　　A. 白色梗死　　B. 红色梗死　　C. 混合梗死　　D. 灰色梗死　　E. 黄色梗死
【答案】 A
【考点】 考试要点：梗死的类型及病理变化
【解析】 梗死可分为白色梗死和红色梗死两类。白色梗死（贫血性梗死）常见于心、肾、脾等组织结构比较致密和侧支血管细而少的器官，梗死灶呈灰白色；红色梗死（出血性梗死）常见于双重血液供应、血管吻合支丰富或结构较为疏松的肠、脾、肺等器官组织，由于梗死灶中常伴有淤血、出血，颜色呈暗红色。

59. 伴有组织破坏的出血被称为（　　）
　　A. 溢血　　B. 瘀点　　C. 积血　　D. 瘀斑　　E. 血肿
【答案】 A
【考点】 考试要点：出血的病理变化
【解析】 本题5个选项均为出血的不同病理表现。血肿是组织内的局限性出血，常形成肿块压迫周围组织；积血指体腔（胸腔、腹腔、心包腔）内的出血；瘀点、瘀斑是分布于体表、黏膜或器官内的点状、斑状出血。溢血是伴有组织破坏的出血，常与组织碎片相互混合，如脑溢血。

60. 动物发热时，临床表现为皮温降低，畏寒战栗，被毛竖立，是处于（　　）
　　A. 高热期　　B. 体温上升期　　C. 退热期　　D. 无热期　　E. 高峰期
【答案】 B
【考点】 考试要点：发热的分期及其特点
【解析】 本题考查发热的分期及其临床表现。发热可分为三期：①体温上升期（增热期）：患病动物表现兴奋不安，食欲减退，脉搏加快，皮温降低，畏寒战栗，被毛竖立等。②高温持续期（高峰期）：呼吸、脉搏加快，可视黏膜充血、潮红，皮肤温度增高，尿量减少，口唇干燥。③体温下降期（退热期）：体表血管舒张，大量出汗，皮肤潮湿，尿量增加。

61. 猪瘟时常见盲肠、结肠和回盲口处形成特征性扣状肿，其病理性质为（　　）
　　A. 浮膜性肠炎　　B. 固膜性肠炎　　C. 硬膜性肠炎　　D. 软膜性肠炎　　E. 卡他性肠炎
【答案】 B
【考点】 考试要点：肠炎的类型及其病变特点
【解析】 固膜性肠炎又称坏死性肠炎或纤维素性坏死性肠炎，是指肠黏膜及黏膜肌层发生坏死的一种炎症，有时坏死可损及整个肠壁。肠黏膜表面常伴有多量纤维蛋白渗出，纤维蛋白呈黄白或黄绿色，干硬，因与坏死组织凝固融合而不易剥离，若强行剥离，则可形成溃疡。在猪瘟时常于盲肠、结肠和回盲口处形成特征性轮层状坏死（扣状肿）；在猪副伤寒时于大肠和回肠形成弥漫性或局灶性固膜性炎。浮膜性炎也是一种纤维素性炎，但纤维素性渗出物与损伤部联系松散，容易剥离，局部膜组织结构尚完整，故称假膜性炎。如小鹅瘟时的小肠内的"腊肠状"渗出物，禽大肠杆菌病时发生的心包炎、肝包炎等。

62. 中毒、血液寄生虫等引发大量红细胞被破坏时，出现的黄疸类型为（　　）
　　A. 溶血性黄疸　　B. 实质性黄疸　　C. 肝性黄疸　　D. 阻塞性黄疸　　E. 传染性黄疸
　【答案】　A
　【考点】　考试要点：黄疸的类型
　【解析】　黄疸是指由于胆色素代谢或胆汁分泌与排泄障碍，导致血清胆红素浓度升高而引发的皮肤、黏膜、巩膜、浆膜、骨膜以及实质器官黄染的病理过程。根据引起黄疸的原因可将黄疸分为溶血性黄疸（多见于中毒、血液寄生虫病、溶血性传染病、新生仔畜溶血病）、肝性黄疸（又称实质性黄疸）、阻塞性黄疸（胆道阻塞）三种类型。因此本题答案为A。

63. 中暑和发热都可引起恒温动物体温升高，其区别的关键在于（　　）
　　A. 体温调节中枢的调定点是否上移
　　B. 产热器官功能是否异常
　　C. 外界环境温度是否升高
　　D. 可否通过物理性方法降温
　　E. 有否病原感染
　【答案】　A
　【考点】　考试要点：发热的机制
　【解析】　要正确回答本题，需要认真分析中暑和发热的概念和机制。发热属调节性体温升高，过热属非调节性体温升高。发热是在致热原的作用下，体温调节中枢的调定点上移（超过正常体温0.5℃）而引起的体温升高，同时伴发一系列的代谢和功能的变化。过热是指体温调节障碍（如体温调节中枢损伤），或散热障碍（如皮肤鱼鳞病和环境高温所致的中暑），或产热器官功能异常（如甲状腺功能亢进）等，体温调节机构不能将体温控制在与调定点相适应的水平上，而引起的体温升高。中暑即为一种过热的表现，因此不难看出，本题的正确答案为A。

64. 流感病毒、猪支原体、肺丝虫等感染常引起（　　）
　　A. 浆液性肺炎　　B. 小叶性肺炎　　C. 化脓性肺炎
　　D. 纤维素性肺炎　　E. 间质性肺炎
　【答案】　E
　【考点】　考试要点：间质性肺炎（非典型性肺炎）发病机制和病变特征
　【解析】　回答本类型题目之前，要仔细分析肺炎的原因，同时也可以采用排除法进行筛选。小叶性肺炎又称浆液性肺炎，同一题目中显然不能有两个正确选项，因此可以排除A和B。化脓性肺炎的病因应为化脓性细菌感染，与本题所述病因不符，也可排除C。引起纤维素性肺炎的病原菌较多，如链球菌、嗜血杆菌、胸膜肺炎放线杆菌、巴氏杆菌等，但是流感病毒、肺丝虫等感染引起的肺炎并不引起大量纤维素渗出，而是以肺间质结缔组织呈灶性或弥漫性增生为特征，因此可排除D，只能选择E为正确答案。

65. 宰前长途运输、饥饿、电棒驱赶或拥挤等情况可引起猪的急性应激反应，此时出现的PSE猪肉眼观病变特点是（　　）
　　A. 肌肉色泽苍白，切面多水，质度较硬
　　B. 肌肉因充血、出血而色暗
　　C. 肌肉强直，僵硬或萎缩
　　D. 肌肉呈灰白色，柔软，有液汁渗出
　　E. 肌肉颜色暗红，质地粗硬，切面干燥
　【答案】　D
　【考点】　考试要点：应激与疾病
　【解析】　本题考查以肌肉病损为主的应激综合征，不同的应激原因可造成不同的肌肉病变，注意区分PSE猪肉和DFD猪肉。①PSE猪肉，又称水猪肉，主要发生于猪宰前长途运输、饥饿、电棒驱赶或拥挤等情况下，也可发生于恶性高温综合征时。肌肉出现灰白色、柔软、液汁渗出等病变。②DFD猪肉，即黑干猪肉，多数在宰前受过较长时间的应激原刺激，但刺激强度较弱，如饲喂规律紊乱、宰前断食时间过长，或环境温度剧变、长途运输或长途驱赶等。其特征表现是肌肉颜色暗红、质地粗硬、切面干燥。

66. 当牛、羊瘤胃臌气，马胃扩张以及腹腔大量积液时，需要进行胃或腹腔穿刺治疗，但如果放气或放水速度过快可引起腹部（　　）
　　A. 侧枝性充血　　B. 反射性充血　　C. 贫血后充血　　D. 炎性充血　　E. 神经性充血
　【答案】　C
　【考点】　考试要点：充血的类型和机制

【解析】 当器官或局部组织长期受压贫血，致使器官内血管张力降低，如果压力突然解除，细动脉可能发生反射性扩张，引起充血，此时称减压性充血或贫血后充血；神经性充血是病因作用于缩血管神经使其兴奋性降低或麻痹，而舒血管神经兴奋性增强，小动脉扩张、血量增多的充血；侧枝性充血是当某一动脉内腔受阻，邻近的动脉吻合枝因条件反射而扩张，侧支循环建立，以代偿受阻血管机能。因此本题答案为 C。

67. 炎症时，血液动力学的变化一般按下列顺序发生（ ）
    A. 细动脉短暂收缩→血管扩张、血流加速→血流速度减慢→白细胞附壁
    B. 细动脉短暂收缩→血流速度减慢→血管扩张、血流加速→白细胞附壁
    C. 血流速度减慢→细动脉短暂收缩→血管扩张、血流加速→白细胞附壁
    D. 血管扩张、血流加速→血流速度减慢→细动脉短暂收缩→白细胞附壁
    E. 细动脉短暂收缩→白细胞附壁→血管扩张、血流加速→血流速度减慢
    【答案】 A
    【考点】 考试要点：炎症的血管反应
    【解析】 以血管反应为中心的渗出性病变是炎症的重要标志，在局部具有重要的防御作用。炎症时血液动力学的变化一般按下列顺序发生：损伤发生后迅即发生短暂的细动脉收缩，持续仅几秒钟，其机制是神经源性和炎症介质引起血管收缩；随后血管扩张、血流加速，局部血流量增加，此乃急性炎症早期血液动力学改变的标志，也是局部红、热的原因；微血管通透性升高，血流速度减慢，富含蛋白质的液体向血管外渗出；随血流停滞的出现，白细胞游出血管，进入组织间隙。因而本题答案为 A。

68. 猪传染性胃肠炎、仔猪大肠杆菌病等引起的肠炎类型主要为（ ）
    A. 腐败性   B. 浆液性   C. 纤维素性   D. 出血性   E. 化脓性
    【答案】 B
    【考点】 考试要点：肠炎的类型及其病变特点
    【解析】 肠炎是畜禽的一种常见病变。①卡他性肠炎为临床上最常见的一种肠炎类型，以肠黏膜被覆多量浆液和黏液性渗出物为特征，见于猪传染性胃肠炎、仔猪大肠杆菌病、鸡白痢、鸡伤寒、猪丹毒等传染性疾病。②出血性肠炎是以肠黏膜明显出血为特征的急性肠炎。常见于急性败血性传染病（如鸡霍乱、急性猪丹毒、魏氏梭菌病、犬细小病毒病、仔猪弧菌性痢疾等）、寄生虫（鸡组织滴虫病、球虫病等），以及某些化学毒物或霉菌中毒（如砷中毒、牛黑斑病甘薯中毒等）。③坏死性肠炎又称固膜性肠炎或纤维素性坏死性肠炎，是指肠黏膜及黏膜肌层发生坏死的一种炎症，有时坏死可损及整个肠壁。肠黏膜表面常伴有多量纤维蛋白渗出，纤维蛋白呈黄白或黄绿色，干硬，因与坏死组织凝固融合而不易剥离，若强行剥离，则可形成溃疡。常见于猪瘟、鸡新城疫、小鹅瘟等疾病过程中。④增生性肠炎是以肠黏膜和黏膜下层结缔组织增生及炎性细胞浸润为特征的慢性肠炎。主要是由急性肠炎发展而来，也可见于长期饲喂不当、肠内有大量寄生虫或其他慢性疾病过程，如结核、副结核、组织胞浆菌病等病。

69. 过敏性疾病和食盐中毒时出现的脑炎类型是（ ）
    A. 淋巴细胞性   B. 嗜酸性粒细胞性   C. 单核细胞性
    D. 非化脓性   E. 中性粒细胞性
    【答案】 B
    【考点】 考试要点：脑炎的分类及病变特点
    【解析】 按照引发脑炎的病因不同，其类型和病变特点各异。病毒性传染病（如猪瘟、非洲猪瘟、猪传染性水泡病、伪狂犬病、乙型脑炎、鸡新城疫等）引起的脑炎为非化脓性脑炎，或称病毒性脑炎，血管周围管套以淋巴细胞浸润为主，同时也有数量不等的浆细胞和单核细胞等。细菌性传染病（如葡萄球菌、链球菌、棒状杆菌、巴氏杆菌、李氏杆菌、大肠杆菌等）引起的脑炎为化脓性脑炎，血管周围管套以嗜中性粒细胞浸润为主。过敏性疾病和食盐中毒时，血管周围管套以嗜酸性粒细胞浸润为主，称嗜酸性粒细胞脑炎。

70. 动物因咽部疾病、食道阻塞、牙关紧闭等无法饮水时，可能导致（ ）
    A. 低渗性脱水   B. 高渗性脱水   C. 等渗性脱水   D. 水肿   E. 酸中毒
    【答案】 B
    【考点】 考试要点：脱水的类型、原因及特点

【解析】 本题考查了造成不同类型的脱水原因。由于机体水的丧失主要是细胞外液的丢失，而钠离子是细胞外液中最主要的阳离子，因此脱水常伴有钠的丧失，而导致体液渗透压的改变。动物呕吐、腹泻或大量出汗后，大量水分和电解质的同时丧失，出现等渗性脱水。如果此时仅补充水而未补充氯化钠，即可导致渗透压降低，而出现低渗性脱水，而动物因咽部疾病、食道阻塞、牙关紧闭等无法饮水时，则以水分丧失为主，血浆渗透压升高，出现高渗性脱水，又称缺水性脱水或单纯性脱水。在回答相似题目时，注意分析脱水的原因及其导致的体液渗透压升高（高渗性脱水）、渗透压降低（低渗性脱水）或基本维持正常范围（等渗性脱水）等改变。所以本题的正确答案为 B。

【A3/A4 型题】

答题说明：以下提供若干案例，每个案例下设若干个考题。请根据案例提供的信息，在每一道考试题的下面的 A、B、C、D、E 五个备选答案中选择一个最佳答案，并在答题卡上将相应题号的相应字母所属的方框涂黑。

（71～73题共用以下题干）

某养殖场数头奶牛常年患病，均表现咳嗽、发热、消瘦和贫血等临床症状。一奶牛死后剖检见肺脏出现多量大小不等的结节性病变，结节切面呈灰白色或黄白色、松软易碎、如豆腐渣样，结节外围可见结缔组织包囊。经抗酸染色显示病灶内分布大量红色杆状菌体。

71. 对该奶牛所患疾病诊断为（　　）
　　A. 牛巴氏杆菌病　　　　B. 牛结核病　　　　C. 牛放线菌病
　　D. 牛传染性鼻气管炎　　E. 牛传染性胸膜肺炎
【答案】 B
【考点】 考试要点：增生性炎
【解析】 根据题干给出的临床症状和病理变化，可以诊断为牛结核病。病原为结核分枝杆菌。分枝杆菌属的细菌细胞壁脂质含量较高，而且有大量分枝菌酸包围在肽聚糖层的外面，可影响染料的穿入，因此需要使用特殊染色方法（抗酸染色）检查，结核分枝杆菌呈红色，牛分枝杆菌比较粗短，呈杆状。

72. 病灶结节的豆腐渣样病变应为（　　）
　　A. 蜡样坏死　　B. 贫血性梗死　　C. 干酪样坏死　　D. 液化性坏死　　E. 干性坏疽
【答案】 C
【考点】 考试要点：干酪样坏死
【解析】 松软易碎、外观如干酪或豆腐渣样的无结构物质为干酪样坏死病灶，是一种彻底的凝固性坏死，是结核病的特征性病变。由于结核杆菌含多量脂类物质，抑制了组织中的酶对坏死组织的分解液化，因而坏死组织彻底崩解。

73. 进行病理组织学检查，结节状病灶表现为（　　）
　　A. 肉芽组织　　　　　　B. 寄生虫结节　　　　C. 慢性肉芽肿性炎
　　D. 非特异性增生性炎　　E. 普通增生性炎
【答案】 C
【考点】 考试要点：肉芽肿
【解析】 结核病灶病理组织学特征为特异增生性炎，在炎症局部形成主要由巨噬细胞增生构成的境界清楚的结节状病灶，即肉芽肿，所以又称为慢性肉芽肿性炎。不同的病因可以引起形态不同的肉芽肿，因此病理学可根据典型的肉芽肿形态特点作出病因诊断，如根据结核性肉芽肿（结核结节）的形态结构就能诊断结核病。

（74～77题共用以下题干）

某猪场发生急性传染病，病猪食欲减退，体温可上升到41℃以上。有的病猪排泄物中带血甚至便血。初期耳根、腹部、股内侧的皮肤常见瘀点或瘀斑。病死猪剖检见颈部、内脏淋巴结肿大，暗红色，呈大理石样变；肾脏色淡，不肿大，散在点状出血；脾脏边缘红色梗死；喉头黏膜、会厌软骨、膀胱黏膜、心外膜、肺及肠浆膜、黏膜出血等。

74. 对该猪场发生疾病可初诊为（　　）
　　A. 猪巴氏杆菌病　　B. 猪放线菌病　　C. 猪链球菌病
　　D. 猪丹毒　　　　　E. 猪瘟

【答案】 E
【考点】 考试要点：猪瘟，病理剖检诊断的依据
【解析】 根据高热稽留、出血性素质等临床表现，特别是淋巴结、肾脏、脾脏的特征性病理变化，可以诊断为急性猪瘟。

75. 该病表现的热型为（ ）
   A. 回归热　　B. 弛张热　　C. 间歇热　　D. 稽留热　　E. 暂时热
【答案】 D
【考点】 考试要点：热型
【解析】 猪瘟、犬瘟热等疾病典型的热型为稽留热，即高温持续几天不退，一昼夜间的体温变动范围不超过1℃。

76. 该病淋巴结的病变为（ ）
   A. 出血性炎　B. 浆液性炎　C. 变质性炎　D. 化脓性炎　E. 增生性炎
【答案】 A
【考点】 考试要点：淋巴结炎
【解析】 淋巴结肿大，暗红色，呈大理石样变等描述，为出血性淋巴结炎表现。轻度出血时，淋巴结被膜潮红、散在少许出血点；中度出血时，于被膜下和沿小梁出血而呈黑红色条斑，使淋巴结切面呈大理石样外观；重度出血时，淋巴结被血液充盈，似血肿状。

77. 该病脾脏的病变为（ ）
   A. 急性脾炎　B. 化脓性脾炎　C. 慢性脾炎　D. 坏死性脾炎　E. 萎缩性脾炎
【答案】 D
【考点】 考试要点：脾炎
【解析】 病理学分类上，将脾脏实质坏死明显而体积不肿大的急性脾炎称为坏死性脾炎。猪瘟脾脏边缘红色梗死为坏死性脾炎的典型病变。梗死的基本病变即为坏死，脾脏含血量丰富，坏死后伴有淤血、出血，颜色呈暗红色。

(78~81题共用以下题干)
病猪因感染巴氏杆菌死亡，病理剖检见全肺呈肺炎病变。肺颜色灰红至灰白，质地坚实；肺表面有多量黄白色丝网状渗出物，渗出物不易剥离；病灶切面干燥呈颗粒状。肺组织切块全沉于水。胸膜面粗糙，明显增厚，局部可见肺与胸膜粘连。

78. 分析病理剖检结果，可诊断该猪肺部病变为（ ）
   A. 浆液性肺炎　　　　B. 卡他性肺炎　　　　C. 支气管肺炎
   D. 间质性肺炎　　　　E. 大叶性肺炎
【答案】 E
【考点】 考试要点：肺炎
【解析】 根据肺组织切块全沉于水、肺炎侵及全肺、肺表面有多量黄白色丝网状渗出物等病理变化，可诊断该猪肺部病变为大叶性肺炎，即纤维素性肺炎。

79. 该肺炎处于（ ）
   A. 充血水肿期　B. 红色肝变期　C. 灰色肝变期　D. 消散期　E. 恢复期
【答案】 C
【考点】 考试要点：大叶性肺炎（纤维素性肺炎）的病变特征
【解析】 根据肺颜色灰红至灰白，质地坚实，病灶切面干燥呈颗粒状等病变，判断该肺炎的病程处于灰色肝变期。如果肺炎处于红色肝变期，肺颜色暗红，肺组织实变，色泽和硬度与肝脏相似，称"红色肝变"。因而本题正确答案为C。

80. 组织学检查，可见肺泡腔内充盈多量（ ）
   A. 纤维素和中性粒细胞　　B. 纤维素和巨噬细胞　　C. 浆细胞和淋巴细胞
   D. 浆液和中性粒细胞　　　E. 浆液和巨噬细胞
【答案】 A
【考点】 考试要点：大叶性肺炎（纤维素性肺炎）的病变特征
【解析】 灰色肝变期肺充血减退，颜色由暗红色转变为灰白色，肺泡腔内见大量纤维素和中性粒细胞浸润，肺泡壁毛细血管因受压而充血减轻或消失。注意，如果是考查红色肝变期，

组织学检查可见肺泡壁毛细血管高度充血扩张，肺泡腔中充盈浆液、纤维素和细胞性渗出物。

81. 肺与胸膜粘连是因为发生了（　　）
　　A. 钙化　　　B. 再生　　　C. 增生　　　D. 机化　　　E. 化生
　　【答案】　D
　　【考点】　考试要点：纤维素炎的结局
　　【解析】　因大量的纤维素渗出，机体不能吸收而以肉芽组织取代发生机化，导致肺与胸膜粘连，胸膜面粗糙，明显增厚。

（82～85题共用以下题干）
　　剖检某肉鸭场病死鸭，见营养状况良好，肝脏明显肿大，被膜紧张，边缘钝圆，颜色呈泥黄色，切面结构模糊，有油腻感，质脆如泥。

82. 该鸭肝脏的病变为（　　）
　　A. 脂肪变性　　B. 颗粒变性　　C. 淀粉样变　　D. 脂肪浸润　　E. 玻璃滴样变
　　【答案】　A
　　【考点】　考试要点：肝脏脂肪变性的病变特点
　　【解析】　细胞浆内甘油三酯（中性脂肪）的蓄积称为脂肪变性。轻度脂变时仅见器官色彩稍显黄色。重度脂变时，器官体积肿大，边缘钝圆，表面光滑，质地松软易碎，切面微隆突，呈黄褐色或土黄色，组织结构模糊，触之有油腻感。肝细胞是脂代谢的部位，最常发生脂肪变。显著弥漫性肝脂肪变称为脂肪肝。

83. 将此肝脏作石蜡切片，苏木素伊红染色后，镜下见肝细胞内有多量大小不一的圆形空泡，细胞核常被挤压至一侧，呈（　　）
　　A. 气球状　　B. 条索状　　C. 颗粒状　　D. 空泡状　　E. 戒指状
　　【答案】　E
　　【考点】　考试要点：肝脏脂肪变性的病变特点
　　【解析】　HE染色（石蜡切片）时胞浆内出现多量圆形脂肪小滴（表面张力作用），脂肪小滴常常相互融合成大的空泡（石蜡切片时，脂肪已经被溶解），细胞核常被挤压至一侧，呈月牙形，致使整个细胞呈"戒指状"。

84. 为鉴别病变，可将肝脏作冰冻切片和（　　）
　　A. PAS染色　　B. 苏丹Ⅲ染色　　C. 刚果红染色　　D. 普鲁士蓝染色　　E. 革兰氏染色
　　【答案】　B
　　【考点】　考试要点：脂肪变性的染色显示
　　【解析】　为区别脂肪变性和水泡变性，需要进行特殊染色。PAS染色法主要用来检测组织中的糖类；刚果红染色法特指纤维素的染色法；普鲁士蓝染色是显示组织内三价铁的一种敏感、传统优良的方法；革兰氏染色是细菌学中广泛使用的一种鉴别染色法。苏丹Ⅲ为脂溶性染色剂，能将脂肪染成橘红色，因此本题中正确答案为B。

85. 若做锇酸染色，肝细胞内的圆形空泡呈（　　）
　　A. 蓝色　　B. 红色　　C. 黄色　　D. 黑色　　E. 紫色
　　【答案】　D
　　【考点】　考试要点：脂肪变性的染色显示
　　【解析】　肝细胞内的脂肪滴可被苏丹Ⅲ、锇酸等脂溶性染料着染，苏丹Ⅲ将脂滴染成橘红色，锇酸将脂滴染成黑色，而水泡不着色。

【B1型题】
　　答题说明：以下提供若干组考题，每组考题共用在考题前列出的A、B、C、D、E五个备选答案。请从中选择一个与问题关系最密切的答案，并在答题卡上将相应题号的相应字母所属的方框涂黑。某个备选答案可能被选择1次、多次或不被选择。

（86～89题共用下列备选答案）
　　A. 狂犬病　　B. 湿性坏疽　　C. 纤维素性炎　　D. 变质性炎　　E. 蜂窝织炎

86. 在脑海马及小脑神经细胞中发现嗜酸性包涵体时可诊断（　　）
　　【答案】　A
　　【考点】　考试要点：玻璃样变性

【解析】 包涵体是指在某些病毒病时，出现在细胞浆或细胞核内的玻璃小体（玻璃样变性）。狂犬病时出现在脑海马、小脑神经细胞及神经节细胞内的 Negri 氏小体具有证病性意义。

87. 发生于阑尾、皮下组织、肌膜下或肌束间的化脓性炎称为（ ）
【答案】 E
【考点】 考试要点：炎症的类型，化脓性炎的病变特点
【解析】 化脓性炎症以中性粒细胞大量渗出，并伴有不同程度的组织坏死和脓液形成特征。根据化脓性炎症发生的原因和部位的不同，可将其分为脓性卡他、脓性浸润、积脓、脓肿和蜂窝织炎等。疏松组织中弥漫性化脓称为蜂窝织炎，常见于皮肤、肌肉和阑尾。

88. 绒毛心是指心包膜发生（ ）
【答案】 C
【考点】 考试要点：炎症的类型，纤维素性炎的病变特点
【解析】 在心包的纤维素性炎时，由于心脏的搏动，使心外膜上的纤维素形成多量绒毛状物，覆盖于心表面。如副猪嗜血杆菌病的纤维素性心包炎。

89. 腐败性子宫内膜炎的病变基础为（ ）
【答案】 B
【考点】 考试要点：坏死的类型，坏疽的病变特点
【解析】 湿性坏疽常见于与外界相通的器官（胃、肠、肺、子宫）坏死时。由于坏死组织含水分多，继发腐败菌感染后，引起严重的腐败分解过程，使坏死组织呈糊状，甚至完全液化。外观呈污灰色、绿色或黑色，有恶臭。湿性坏疽与正常组织往往没有明显界限，而且由于腐败与细菌毒素被机体吸收，可引起自体中毒。例如腐败性子宫炎。

（90～93题共用下列备选答案）
A. 青紫色　　　　　　B. 樱桃红色　　　　　C. 鲜红色或玫瑰红色
D. 咖啡色或酱油色　　E. 贫血，苍白色

90. 畜禽圈舍狭小拥挤而又通风不良引起的缺氧，皮肤黏膜呈（ ）
【答案】 A
【考点】 考试要点：缺氧的类型、原因及主要特点
【解析】 在高原、高空、畜禽圈舍狭小拥挤而又通风不良时的缺氧，称为低张性缺氧或大气性缺氧，因吸入气体氧分压过低，皮肤黏膜出现青紫色，称为发绀或紫绀。

91. 一氧化碳中毒引起的缺氧，皮肤黏膜呈（ ）
【答案】 B
【考点】 考试要点：缺氧的类型、原因及主要特点
【解析】 一氧化碳中毒时出现血液性缺氧。一氧化碳与血红蛋白的亲和力远大于氧，已结合氧的血红蛋白释放氧困难，血红蛋白不能与氧继续结合，皮肤黏膜呈樱桃红色。

92. 亚硝酸盐中毒导致的高铁血红蛋白血症，皮肤黏膜呈（ ）
【答案】 D
【考点】 考试要点：缺氧的类型、原因及主要特点
【解析】 亚硝酸盐中毒时也出现血液性缺氧。食入大量含硝酸盐的食物，经肠道细菌还原为亚硝酸盐，吸收后导致高铁血红蛋白血症，高铁血红蛋白失去与氧结合的能力，高铁血红蛋白中带的氧不易释放，皮肤黏膜呈咖啡色或青石板色（肠源性紫绀），末梢血呈酱油色。

93. 氰化物、砷化物中毒引起的缺氧，皮肤黏膜呈（ ）
【答案】 C
【考点】 考试要点：缺氧的类型、原因及主要特点
【解析】 氰化物、砷化物、汞化物等及某些药物可抑制细胞氧化磷酸化，导致组织性缺氧。因毛细血管内氧合血红蛋白量高于正常，故皮肤、黏膜颜色常呈现鲜红色或玫瑰红色。

（94～97题共用下列备选答案）
A. 猪瘟　　B. 猪高热病　　C. 慢性猪丹毒　　D. 猪伪狂犬病　　E. 鸡球虫病

94. 脾未见明显肿大，但脾边缘可见大小不一红色梗死病灶的疾病可能是（ ）
【答案】 A
【考点】 考试要点：脾炎

【解析】 病理学分类上，将脾脏实质坏死明显而体积不肿大的急性脾炎称为坏死性脾炎。猪瘟脾脏边缘红色梗死为坏死性脾炎的典型病变。

95. 引起出血性肠炎的病因可能是（ ）

【答案】 E

【考点】 考试要点：肠炎的类型及其病变特点

【解析】 鸡球虫病可引起以肠黏膜明显出血为特征的急性出血性肠炎。眼观肠黏膜呈斑块状或弥漫状出血，表面覆盖多量红褐色黏液，有时有暗红色血凝块。肠内容物混有血液，呈淡红色或紫红色。

96. 病猪全身皮肤发红，耳部皮肤发绀呈蓝紫色，肺充血出血和间质性肺炎的疾病可能是（ ）

【答案】 B

【考点】 考试要点：淤血，间质性肺炎的发病机制和病变特征

【解析】 病原微生物感染是间质性肺炎的主要病因，常见于病毒（流感病毒、犬瘟热、蓝耳病等）、支原体（如猪支原体肺炎）、寄生虫（猪肺丝虫病、蛔虫、弓形虫等）和一些细菌感染（布鲁氏菌、大肠杆菌、沙门氏菌、嗜热性放线菌等）。蓝耳病时可见部分病猪耳部皮肤发绀。

97. 病猪临床上出现脑脊髓炎症状，剖解可见肺、肝、脾、肾等实质脏器白色坏死灶的病可能是（ ）

【答案】 D

【考点】 考试要点：脑炎的类型，间质性肾炎

【解析】 猪伪狂犬病可引起病毒性脑炎，出现脑脊髓炎症状，同时实质器官多发性局灶性坏死。

（98～102题共用下列备选答案）

A. 大红肾　　B. 白斑肾　　C. 槟榔肝　　D. 火腿脾　　E. 虎斑心

98. 发生恶性口蹄疫时可见（ ）

【答案】 E

【考点】 考试要点：细胞和组织的损伤，脂肪变性

【解析】 猪恶性口蹄疫时，心肌脂肪变常累及左心室的内膜下和乳头肌，眼观见灰黄色的条纹或斑点与暗红色心肌交错排列，呈红、黄相间的虎皮状斑纹，称为"虎斑心"。

99. 发生猪圆环病毒病时可见（ ）

【答案】 B

【考点】 考试要点：肾炎的病变特点

【解析】 猪圆环病毒病时出现间质性肾炎，肾脏肿大，被膜紧张，容易剥离。肾表面平滑，表面及切面皮质部散在灰白色或灰黄色针头大至米粒大的点状病灶，病灶扩大或相互融合则形成蚕豆大或更大的白斑，呈油脂样光泽，称"白斑肾"。

100. 发生淀粉样变性时可见（ ）

【答案】 D

【考点】 考试要点：细胞和组织的损伤，淀粉样变性

【解析】 脾脏发生弥漫性淀粉样变时，眼观脾脏切面出现不规则的灰白色区，与残留的固有暗红色脾髓相互交织呈火腿样花纹，故称火腿脾。如果脾脏发生局灶性淀粉样变，淀粉样物质沉着于白髓部位的中央动脉壁与淋巴滤泡的网状纤维上，此时脾脏的切面出现半透明灰白色颗粒状病灶，外观如煮熟的西米，俗称西米脾。

101. 急性猪丹毒时剖检可见（ ）

【答案】 A

【考点】 考试要点：肾炎的病变特点，急性肾小球肾炎

【解析】 急性猪丹毒时，肾明显肿大，被膜紧张，容易剥离，肾表面及切面呈红色（大红肾）。

102. 发生慢性淤血和脂肪变性时可见（ ）

【答案】 C

【考点】 考试要点：细胞和组织的损伤，脂肪变性
【解析】 慢性肝淤血时，肝小叶中央区淤血，呈暗红色，肝细胞因缺氧、受压而变性、萎缩或消失，小叶外围肝细胞出现脂肪变性。呈黄色，在肝切面上构成红黄相间的网络状图纹，状似槟榔切面，故名槟榔肝。

六、兽医药理学

【A1 型题】

答题说明：每一道考试题下面有 A、B、C、D、E 五个备选答案，请从中选择一个最佳答案，并在答题卡上将相应题号的相应字母所属的方框涂黑。

1. 兽药包括 （   ）
   A. 化学药品   B. 抗生素   C. 血清制品   D. 疫苗   E. 以上均包括
   【答案】 E
   【考点】 考试要点：药物与毒物的概念
   【解析】 兽药包括血清制品、疫苗、诊断制品、微生态制剂、中药材、中成药、化学药品、抗生素、生化药品、放射性药品及外用杀虫剂、消毒剂等。因此答案为 E。

2. 关于处方药和非处方药，下列叙述**错误的**是（   ）
   A. 处方药需要兽医处方才能购买   B. 非处方药不需要兽医处方就可以购买
   C. 利于避免或减少食品中兽药残留   D. 二者可任意销售和使用，无需兽医的处方
   E. 利于保障动物用药规范
   【答案】 D
   【考点】 考试要点：处方药与非处方药
   【解析】 处方药是指凭兽医的处方才能购买和使用的兽药，未经兽医开具处方，任何人不得销售、购买和使用处方兽药；非处方药是指由国务院兽医行政管理部门公布的、不需要凭兽医处方就可以自行购买并按照说明书使用的兽药。通过兽医开具处方后购买和使用兽药，可以防止滥用兽药，避免或减少动物性食品中的兽药残留问题，达到保障动物用药规范、安全有效的目的。因此答案为 D。

3. 不同给药途径，药物吸收速率最快的是 （   ）
   A. 肌内注射   B. 皮下注射   C. 呼吸道吸入给药
   D. 皮肤给药   E. 内服给药
   【答案】 C
   【考点】 考试要点：药物的吸收
   【解析】 给药途径、剂型、药物的理化性质对药物吸收过程均有明显影响，不同给药途径下，药物吸收率由低到高的顺序为皮肤给药、内服、皮下注射、肌内注射、呼吸道吸入、静脉注射。因此答案为 C。

4. 下列药物中，具有抑制肝药酶作用的药物是 （   ）
   A. 氨基比林   B. 保泰松   C. 有机磷杀虫剂   D. 安定   E. 苯海拉明
   【答案】 C
   【考点】 考试要点：药物的生物转化
   【解析】 有些药物能兴奋 CYP450 酶系，促进其合成增加或活性增加，酶的诱导可使药物本身或其他药物的代谢速率提高，药理效应减弱。常见的药物有苯巴比妥、安定、氨基比林、保泰松、苯海拉明等。相反，有些药物可使药酶的合成减少或酶的活性降低，具有酶抑制作用的药物主要有有机磷杀虫剂、氯霉素、对氨水杨酸等。因此答案为 C。

5. 下列关于磺胺药的描述**错误**的是（   ）
   A. 在肉食及杂食动物易出现结晶尿
   B. 蛋鸡产蛋期可以使用
   C. 可能引起动物 B 族维生素、维生素 K 等的合成和吸收减少
   D. 较易产生耐药性
   E. 可与 DVD 配伍用于鸡球虫病的治疗
   【答案】 B

【考点】 考试要点：磺胺类药物
【解析】 肉食及杂食动物，尿中酸度较高，较易引起磺胺的沉淀，导致结晶尿的产生，损害肾功能；磺胺药长期使用时，可引起肠道菌群失调，造成动物B族维生素、维生素K等的合成和吸收减少；磺胺类药物较易出现耐药性，尤其对大肠杆菌和金黄色葡萄球菌；磺胺药可与DVD配伍用于禽球虫病的治疗；但磺胺药可致蛋鸡产蛋率下降、蛋破损率增加等，因此不能用于产蛋期的蛋鸡。因此答案为B。

6. 氟喹诺酮类药物的临床应用**不包括**（　　）
   A. 耐甲氧西林的金葡菌治疗　　　　　　B. 耐泰乐菌素的支原体治疗
   C. 耐庆大霉素的铜绿假单胞菌治疗　　　D. 禽球虫病治疗
   E. 猪丹毒病的治疗
【答案】 D
【考点】 考试要点：喹诺酮类药物的抗菌作用
【解析】 氟喹诺酮类药物为广谱杀菌性抗菌药，对革兰氏阳性菌、革兰氏阴性菌、支原体及某些厌氧菌均有效。对耐甲氧西林的金葡菌、耐庆大霉素的绿脓杆菌、耐泰乐菌素或泰妙菌素的支原体均有效，对球虫病无效。因此答案为D。

7. 畜禽专用的大环内酯类药物**不包括**（　　）
   A. 硫氰酸红霉素　　　B. 泰乐菌素　　　C. 替米考星
   D. 罗红霉素　　　　　E. 泰拉菌素
【答案】 D
【考点】 考试要点：大环内酯类药物
【解析】 大环内酯类药物主要用于控制革兰氏阳性菌和支原体引起的畜禽感染，其中硫氰酸红霉素、泰乐菌素、替米考星、泰拉菌素、泰万菌素等为畜禽专用，罗红霉素、阿奇霉素等为人医临床用药，禁止用于兽医临床。因此答案为D。

8. 临床使用氟苯尼考的注意事项，叙述**错误**的是（　　）
   A. 具胚胎毒性，妊娠动物禁用　　　　　B. 不能与β-内酰胺药物联合使用
   C. 不能与大环内酯类药物联合使用　　　D. 不能与林可霉素联合使用
   E. 可用于免疫接种期
【答案】 E
【考点】 考试要点：酰胺醇类抗菌药
【解析】 氟苯尼考属酰胺醇类抗菌药，具有胚胎毒性，妊娠动物禁止使用；不能与β-内酰胺类药物、大环内酯类药物或林可胺类药物联合使用，可产生颉颃作用；该药具有一定的免疫抑制作用，因此不能用于免疫接种期。因此答案为E。

9. 以下消毒剂**不可**用于皮肤、黏膜消毒的是（　　）
   A. 癸甲溴铵（百毒杀）　B. 聚维酮碘　　　C. 三氯异氰脲酸
   D. 苯扎溴铵　　　　　　E. 过氧化氢
【答案】 C
【考点】 考试要点：消毒防腐药
【解析】 常用于皮肤、黏膜的消毒防腐药主要有乙醇、苯扎溴铵、癸甲溴铵、碘酊、聚维酮碘、过氧化氢和高锰酸钾等，三氯异氰脲酸主要用于禽舍、畜栏、器具、种蛋及饮水的消毒。因此答案为C。

10. 关于伊维菌素叙述**错误**的是（　　）
    A. 对线虫有效　　　　B. 对节肢动物有效　　　C. 对吸虫、绦虫无效
    D. 对虾、鱼及水生生物安全　　　E. 本品注射剂仅限于皮下注射
【答案】 D
【考点】 考试要点：伊维菌素介绍
【解析】 伊维菌素是新型的广谱、高效、低毒大环内酯类半合成抗寄生虫药，对线虫和节肢动物有极佳疗效，但对吸虫、绦虫及原虫无效；本品注射剂仅限于皮下注射，肌内、静脉注射易引起中毒反应；对虾、鱼及水生生物有剧毒，临床用药不得污染水体。因此答案为D。

11. 下列药物中既可以用于预防鸡球虫病，又可以用于肉牛促生长的是（　　）

A. 地克珠利　　B. 托曲珠利　　C. 莫能菌素　　D. 马度米星　　E. 氯羟吡啶
【答案】　C
【考点】　考试要点：抗球虫药
【解析】　选项中各种药物均具有预防鸡球虫病的作用，但只有莫能菌素具有促生长作用。因此答案为 C。

12. 常与缩瞳药毛果芸香碱配伍用于虹膜炎治疗的药物是（　　）
　　A. 新斯的明　　B. 阿托品　　C. 东莨菪碱　　D. 碘酊　　E. 氨甲酰胆碱
【答案】　B
【考点】　考试要点：胆碱受体激动剂
【解析】　1%新斯的明溶液可用作缩瞳药；东莨菪碱主要用作胃肠平滑肌痉挛、解救有机磷中毒及麻醉前给药等；氨甲酰胆碱是胃肠、子宫平滑肌兴奋药；碘酊主要用作术前和注射前的皮肤消毒；阿托品溶液作为扩瞳药可与缩瞳药毛果芸香碱配合使用用于虹膜炎的治疗。因此答案为 B。

13. 一匹马由于破伤风感染，出现惊厥等中枢兴奋症状，此时可用硫酸镁注射液治疗。其适宜的给药途径是（　　）
　　A. 肌内注射　　B. 皮下注射　　C. 内服　　D. 静脉注射　　E. 腹腔注射
【答案】　D
【考点】　考试要点：硫酸镁注射液
【解析】　硫酸镁注射液作为抗惊厥药，用于治疗破伤风及其他痉挛性疾病时，需静脉注射给药。内服给药时其主要用途是泻药。因此答案为 D。

14. 某猪群表现有干咳、气喘的临床症状，尤其在驱赶时猪群表现较为明显。解剖发现在双侧肺的心叶、尖叶、中间叶的腹面和膈叶，呈实变外观，颜色多为灰红、半透明、鲜嫩的肉样变。可用于该病治疗的药物是（　　）
　　A. 泰拉霉素　　B. 阿莫西林　　C. 头孢噻呋　　D. 灰黄霉素　　E. 马杜霉素
【答案】　A
【考点】　考试要点：泰拉霉素
【解析】　根据临床症状和解剖变化，该病初步诊断为猪支原体感染。阿莫西林和头孢噻呋主要用于细菌性疾病的防治；灰黄霉素主要用于各种皮肤真菌病的治疗；马杜霉素主要用于预防鸡球虫病。泰拉霉素为新一代大环内酯类抗生素，对引起猪、牛呼吸系统疾病的病原，如支原体、巴氏杆菌、睡眠嗜血杆菌、胸膜肺炎放线杆菌等均有良好的疗效。因此答案为 A。

15. 药物的副反应是（　　）
　　A. 难以避免的　　　　　　　　B. 较严重的药物不良反应
　　C. 剂量过大时产生的不良反应　　D. 药物作用选择性高所致
　　E. 与药物治疗目的有关的效应
【答案】　A
【考点】　考试要点：药物的治疗作用与不良反应
【解析】　药物副作用是指用治疗量时，药物出现的与治疗目的无关的不适反应。药物作用的选择性低是其产生原因。副作用一般可以预见，往往很难避免。因此答案为 A。

16. 毛果芸香碱对眼睛的作用为（　　）
　　A. 扩瞳、调节麻痹　　　　　　B. 扩瞳、升高眼内压
　　C. 缩瞳、降低眼内压　　　　　D. 扩瞳、降低眼内压
　　E. 缩瞳、升高眼内压
【答案】　C
【考点】　考试要点：胆碱受体激动药
【解析】　毛果芸香碱为直接选择兴奋 M 胆碱受体的药物。对眼部作用明显，无论是局部点眼还是注射，都能使瞳孔缩小，这是兴奋虹膜括约肌上的 M 胆碱受体，使虹膜括约肌收缩，导致瞳孔缩小。还具有降低眼内压的作用。因此答案为 C。

17. 解热镇痛药的解热作用机制是（　　）
　　A. 抑制中枢 PG 合成　　B. 抑制外周 PG 合成　　C. 抑制中枢 PG 降解

D. 增加中枢 PG 释放　　　　E. 抑制外周 PG 降解

【答案】　A

【考点】　考试要点：解热镇痛药

【解析】　解热镇痛药在化学结构上各不相同，但都能具有抑制前列腺素（PG）合成的共同作用机理。通过抑制中枢前列腺素合成酶，减少中枢 PG 的合成，从而发挥解热作用。因此答案为 A。

18. 青霉素抗革兰阳性（G^+）菌作用的机制是（　　）
    A. 破坏细菌细胞膜结构　　　　B. 抑制细菌核酸代谢
    C. 抑制细菌叶酸代谢　　　　　D. 抑制细菌细胞壁黏肽的合成
    E. 干扰细菌蛋白质合成

【答案】　D

【考点】　考试要点：青霉素类药物

【解析】　青霉素能与细菌细胞质膜上的青霉素结合蛋白结合，引起转肽酶、内肽酶活性丢失，导致敏感菌黏肽的交叉联结受阻，细胞壁缺损，从而使细菌死亡。因此答案为 D。

19. 给药后在肺组织中的药物浓度可达到血浆药物浓度 5～7 倍的喹诺酮类药物是（　　）
    A. 恩诺沙星　　B. 环丙沙星　　C. 达氟沙星　　D. 二氟沙星　　E. 沙拉沙星

【答案】　C

【考点】　考试要点：喹诺酮类药物

【解析】　达氟沙星给药后在肺组织中的药物浓度可达到血浆药物浓度 5～7 倍，尤其对畜禽的呼吸道致病菌有良好的抗菌活性。因此答案为 C。

20. 下列关于土霉素的描述**错误**的是（　　）
    A. 可用于治疗大肠杆菌引起的下痢　　　　B. 为广谱抗生素
    C. 易产生二重感染　　　　　　　　　　　D. 内服吸收不规则、不完全
    E. 成年反刍动物最好内服给药

【答案】　E

【考点】　考试要点：土霉素

【解析】　土霉素内服吸收不规则、不完全，主要在小肠上段吸收。抗菌谱广，为广谱抗生素，可用于治疗大肠杆菌引起的下痢。成年反刍动物、草食动物内服，易引起肠道菌群紊乱，形成二重感染。因此答案为 E。

21. 下列关于糖皮质激素抗炎作用的**错误**叙述是（　　）
    A. 对抗各种原因如物理、生物等引起的炎症　　B. 能提高机体的防御功能
    C. 抗免疫作用　　D. 抗休克作用　　E. 升高血糖，促进脂肪分解

【答案】　B

【考点】　考试要点：糖皮质激素类药物

【解析】　糖皮质激素类药物具有广泛的药理作用。具有抗炎作用，抗免疫作用，抗休克作用，对代谢有影响，可升高血糖，促进脂肪分解，提高蛋白质分解代谢，抑制蛋白质合成。其免疫抑制作用可降低动物机体的防御能力，治疗感染性疾病时，应同时使用抗感染药。因此答案为 B。

22. 下列药物中，为动物专用的解热镇痛药物是（　　）
    A. 氨基比林　　B. 保泰松　　C. 氟尼新葡甲胺　　D. 阿司匹林　　E. 安乃近

【答案】　C

【考点】　考试要点：解热镇痛药

【解析】　氟尼新葡甲胺为新型动物专用的解热镇痛药物。具有解热、镇痛、抗炎和抗风湿作用，用于家畜及小动物的发热性、炎性疾病等。其他药物均不是。因此答案为 C。

23. 预防细菌性脑炎、脑部细菌感染的首选药是（　　）
    A. 磺胺甲噁唑（SMZ）　　　　B. 磺胺间甲氧嘧啶（SMM）
    C. 磺胺嘧啶（SD）　　　　　　D. 磺胺脒（SG）
    E. 磺胺二甲嘧啶（SM_2）

【答案】　C

【考点】 考试要点：磺胺类药物
【解析】 磺胺类药物吸收后分布于全身各组织和体液中，大部分与血浆蛋白结合率较高。SD与血浆蛋白的结合率较低，因而进入脑脊液中的浓度较高，故可以作为脑部细菌感染的首选药。因此答案为C。

24. 关于咖啡因，下列描述**错误的**是（   ）
   A. 兴奋中枢神经系统　　　　　　B. 使心脏的收缩力增强，心率加快
   C. 可治疗中枢性呼吸、循环抑制　　D. 大家畜心动过速或心律不齐时仍可使用
   E. 可提高细胞内环磷酸腺苷的水平
   【答案】 D
   【考点】 考试要点：中枢兴奋药
   【解析】 咖啡因为大脑兴奋药，可兴奋中枢神经系统，能直接作用于心脏和血管，使心肌收缩力增强，心率加快，还可松弛支气管平滑肌。临床上可治疗中枢性呼吸、循环抑制和麻醉药中毒的解救。作用机制是抑制细胞内磷酸二酯酶的活性，减少环磷酸腺苷受磷酸二酯酶分解，提高细胞内环磷酸腺苷的水平。但大家畜心动过速或心律不齐时禁用。因此答案为D。

25. 能产生典型分离麻醉的药物是（   ）
   A. 硫酸镁注射液　　　　B. 硫喷妥钠　　　　C. 氟烷
   D. 水合氯醛　　　　　　E. 氯胺酮
   【答案】 E
   【考点】 考试要点：全身麻醉药
   【解析】 氯胺酮是一种作用迅速的全身麻醉药，具有明显的镇痛作用，对心肺功能几乎无影响。氯胺酮在抑制丘脑新皮层的冲动传导同时又能兴奋脑干和边缘系统，产生分离麻醉。因此答案为E。

26. 能产生首过效应的给药途径是（   ）
   A. 内服给药　　B. 肌内注射　　C. 皮下注射　　D. 静脉注射　　E. 皮肤给药
   【答案】 A
   【考点】 考试要点：药物的吸收
   【解析】 首过效应，指某些药物经胃肠道给药，在尚未吸收进入血循环之前，在肠黏膜和肝脏被代谢，而使进入血循环的原形药量减少的现象。某些药物口服后通过肠黏膜及肝脏而经受灭活代谢后，进入体循环的药量减少、药效降低效应。因此答案为A。

27. 关于氨基糖苷类抗生素，下列描述**错误的**是（   ）
   A. 作用机理是抑制细菌蛋白质的合成
   B. 内服吸收良好，可用于全身感染的治疗
   C. 为窄谱抗生素
   D. 损伤第八对脑神经
   E. 药物之间可产生完全或部分的交叉耐药性
   【答案】 B
   【考点】 考试要点：氨基糖苷类
   【解析】 氨基糖苷类抗生素为窄谱抗生素，对需氧革兰氏阴性杆菌的作用强，对厌氧菌无效。作用机理是抑制细菌蛋白质的合成。主要不良反应是损伤第八对脑神经、肾脏毒性及神经肌肉的阻断作用。该类药物内服吸收很少，几乎完全从粪便排出，可作为肠道感染治疗药，口服给药不能用于全身感染的治疗。细菌易产生耐药性，本类药物之间可产生完全或部分的交叉耐药性。因此答案为B。

28. 下列药物对家畜、家禽的蠕虫病感染无效的药物是（   ）
   A. 阿苯达唑　　B. 伊维菌素　　C. 氯硝柳胺　　D. 吡喹酮　　E. 常山酮
   【答案】 E
   【考点】 考试要点：抗蠕虫药，抗原虫药
   【解析】 抗蠕虫药可分为抗线虫药、抗吸虫药、抗绦虫药和抗血吸虫药。常用的抗蠕虫药包括阿苯达唑、伊维菌素、氯硝柳胺、吡喹酮等。常山酮为抗球虫药，临床上主要用于家禽球虫病的治疗和预防，对家畜、家禽的蠕虫病感染无效。因此答案为E。

【A2 型题】

答题说明：每一道考题是以一个小案例出现的，其下面都有 A、B、C、D、E 五个备选答案，请从中选择一个最佳答案，并在答题卡上将相应题号的相应字母所属的方框涂黑。

29. 一耕牛在耕种间隙采食了大量含有皂苷类植物后，发现出现瘤胃胀气的临床症状，兽医给出的主要治疗措施之一是消沫，下列药物中可用于消沫治疗的是（　　）
　　A. 干酵母　　　B. 二甲硅油　　　C. 鞣酸蛋白　　　D. 碳酸铋　　　E. 大黄
　　【答案】　B
　　【考点】　考试要点：制酵药与消沫药
　　【解析】　反刍动物采食了含皂苷类植物后，可导致瘤胃出现泡沫性胀气，其主要治疗措施之一是消除泡沫作用。上述药物中具有消沫作用的是二甲硅油。因此答案为 B。

30. 一宠物犬，36 月龄，由于难产需进行剖宫产手术，麻醉过程中出现麻醉意外，导致母犬心脏突然停止跳动。下列药物中可用于心脏骤停紧急抢救的是（　　）
　　A. 麻黄碱　　　B. 组胺　　　C. 肾上腺素　　　D. 强心苷　　　E. 多巴胺
　　【答案】　C
　　【考点】　考试要点：肾上腺素
　　【解析】　肾上腺素属于拟肾上腺素类药物，可激动 α、β 受体，临床可用于动物心脏骤停的急救，如麻醉过度、一氧化碳中毒等。因此答案为 C。

31. 一怀孕母牛与其他奶牛争顶后，第 2 天出现轻微腹痛、起卧不安、呼吸脉搏稍微加快，经兽医诊断，有可能发生流产，此时可用于保胎的药物是（　　）
　　A. 雌二醇　　　　　　B. 黄体酮　　　　　　C. 促黄体素释放激素
　　D. 前列腺素　　　　　E. 垂体后叶素
　　【答案】　B
　　【考点】　考试要点：生殖系统药物
　　【解析】　雌二醇用于发情不明显动物催情及胎衣、死胎的排除；黄体酮可抑制子宫肌收缩，起安胎作用；促黄体释放激素用于治疗奶牛排卵迟滞、卵巢静止、持久黄体和卵巢囊肿；垂体后叶素用于催产、产后子宫出血和胎衣不下等；前列腺素用于同期发情、同期分娩，也可用于治疗持久黄体、诱导分娩和排除死胎等。因此答案为 B。

32. 某水貂群，临床突然发病，呼吸困难，部分病例口鼻出血，解剖肺出血肿大，比正常肺肿大 3~4 倍，脾肿大有出血斑。培养发现有革兰氏染色阴性，两端钝圆的短小杆菌，单在或成双排列，偶见短链。普通培养基上培养，菌落及培养基均变为绿色，菌落放射状生长，有生姜气味。兽医初步诊断是绿脓杆菌感染。下列药物中可用于该疾病治疗的是（　　）
　　A. 阿莫西林　　　B. 氯唑西林　　　C. 苯唑西林　　　D. 恩诺沙星　　　E. 氨苄西林
　　【答案】　D
　　【考点】　考试要点：β-内酰胺类药物和喹诺酮类药物
　　【解析】　β-内酰胺类药物中对绿脓杆菌有效的药物主要是羧苄西林，而阿莫西林、氯唑西林、苯唑西林和氨苄西林等对绿脓杆菌均无效，上述选项中仅恩诺沙星对绿脓杆菌有效。因此答案为 D。

33. 猪，8 月龄，出现明显的咳嗽和气喘症状，初步诊断为细菌性肺炎，口服阿莫西林 3 天后，疗效欠佳。后经实验室确诊为猪支原体肺炎，应改用的治疗药物是（　　）
　　A. 头孢氨苄　　　B. 泰乐菌素　　　C. 氨苄西林　　　D. 克霉唑　　　E. 头孢噻呋
　　【答案】　B
　　【考点】　考试要点：抗生素与抗真菌药
　　【解析】　猪支原体肺炎是猪的一种慢性呼吸道传染病。本病的主要临床症状是咳嗽和气喘，病理变化部位主要位于胸腔内。其病原体为支原体，没有细胞壁，故作用细胞壁的药物对支原体无效，如头孢氨苄、氨苄西林和头孢噻呋。克霉唑为抗真菌药，对支原体无效。泰乐菌素对支原体疗效好，主要用于鸡、猪的支原体感染。因此答案为 B。

34. 某奶牛场部分奶牛出现食欲不振，继而反刍减少，瘤胃蠕动音减弱，产乳量下降，乳汁易形成泡沫，状如初乳，有特异的醋酮气味。经兽医初步诊断为酮血症，可选用的药物

是（　　）
　　A. 地塞米松　　B. 氨基比林　　C. 阿莫西林　　D. 肾上腺素　　E. 安络血
【答案】　A
【考点】　考试要点：糖皮质激素药物
【解析】　糖皮质激素类药物具有升高血糖，增加肝糖原作用，对于牛的酮血症有显著疗效，可使血糖很快升高到正常，酮体慢慢下降，食欲恢复正常，奶产量回升。地塞米松为常用的糖皮质激素类药物。因此答案为 A。

35. 犬，12 月龄，眼睛出现疾患，经兽医诊断后，需进行眼睛局部麻醉后，手术治疗。可选用的最佳局麻药物是（　　）
　　A. 普鲁卡因　　B. 利多卡因　　C. 丁卡因　　D. 水合氯醛　　E. 氯胺酮
【答案】　C
【考点】　考试要点：局部麻醉药
【解析】　丁卡因麻醉维持时间长，可用于黏膜表面麻醉等，尤其适合眼科表面麻醉，优点是不损伤角膜上皮，不升高眼内压。因此答案为 C。

36. 某老年宠物犬右后腿骨折，需进行手术治疗。全身麻醉后，由于该犬体质比较虚弱，正常的麻醉剂量出现明显的呼吸中枢抑制，可采用何种药物进行急救（　　）
　　A. 硫酸镁注射液　　B. 士的宁　　C. 尼可刹米
　　D. 肾上腺素　　E. 阿托品
【答案】　C
【考点】　考试要点：中枢兴奋药
【解析】　尼可刹米对延髓呼吸中枢具有选择性的直接兴奋作用，使呼吸加深加快。常用于治疗各种原因引起的呼吸中枢抑制。因此答案为 C。

【A3/A4 型题】
　　答题说明：以下提供若干个案例，每个案例下设若干道考题。请根据案例所提供的信息，在每一道考试题下面的 A、B、C、D、E 五个备选答案中选择一个最佳答案，并在答题卡上将相应题号的相应字母所属的方框涂黑。

（37～39 题共用以下题干）
　　一奶牛出现难产症状，经兽医检查，发现难产原因是因胎儿胎位不正且难以人工复位，须立即进行剖宫产手术。

37. 剖宫产手术实施时可选择的全身麻醉药是（　　）
　　A. 利多卡因　　B. 地西泮　　C. 苯巴比妥　　D. 赛拉唑　　E. 甲基吗啡
【答案】　D
【考点】　考试要点：全身麻醉药及化学保定药
【解析】　临床常用的全身麻醉及保定药物主要包括诱导麻醉药（如硫喷妥钠、丙泊酚）、吸入麻醉药（如氟烷、异氟醚）、非吸入性麻醉药（如戊巴比妥、异戊巴比妥、氯胺酮）及化学保定药（如赛拉唑、赛拉嗪）等。因此答案为 D。

38. 可作为麻醉前给药的药物是（　　）
　　A. 阿托品　　B. 尼可刹米　　C. 戊四氮　　D. 利多卡因　　E. 哌替啶
【答案】　A
【考点】　考试要点：胆碱受体阻断药
【解析】　阿托品常用于麻醉前给药用于抑制腺体过多分泌及改善心脏活动。因此答案为 A。

39. 为了进一步增强麻醉效果，可配合用作局麻药的药物是（　　）
　　A. 咖啡因　　B. 丁卡因　　C. 普鲁卡因　　D. 可待因　　E. 普鲁卡因胺
【答案】　C
【考点】　考试要点：常用局麻药
【解析】　普鲁卡因为短效酯类局麻药，临床主要用于浸润麻醉、传导麻醉、硬膜外麻醉和封闭疗法；咖啡因为中枢兴奋药；丁卡因主要用作表面麻醉药；可待因用作止咳、止泻和镇痛用药；普鲁卡因胺用作抗心律失常药物。因此，正确答案为 C。

(40~42题共用以下题干)

某奶牛场，进入夏季以后，临床陆续出现以高热、贫血、黄疸、血红蛋白尿、迅速消瘦和产奶量降低为特征的病例，尤以高产牛和妊娠牛最为严重。对典型病例血样经姬姆萨染色镜检，在红细胞边缘或红细胞内可见有环形（呈戒指状）、椭圆形、梨形、逗点形的虫体，红细胞大小不等或出现异形红细胞。

40. 该病例的正确诊断为（　　）
　　A. 奶牛酮血病　B. 血吸虫　　C. 新孢子虫　　D. 弓形虫　　E. 焦虫病
【答案】　E
【考点】　考试要点：牛泰勒虫病
【解析】　焦虫病是夏季危害奶牛的一种主要血液寄生虫病，尤以生产负担较重的牛临床症状表现明显，临床可见有高热、贫血、黄疸、血红蛋白尿、迅速消瘦和产奶量降低等症状。姬姆萨染色镜检可见有典型虫体。因此答案为E。

41. 从对因治疗角度出发，为了控制病原体，可选用的药物是（　　）
　　A. 左旋咪唑　B. 三氮脒　　C. 吡喹酮　　D. 伊维菌素　　E. 氯硝柳胺
【答案】　B
【考点】　考试要点：抗寄生虫药物
【解析】　左旋咪唑和伊维菌素主要用于控制线虫用药；吡喹酮用于动物血吸虫病，绦虫病和囊尾蚴病的治疗；三氮脒用于家畜巴贝斯梨形虫病、泰勒梨形虫及锥虫病等的治疗；氯硝柳胺主要用于控制畜禽绦虫病及前后盘吸虫。因此答案为B。

42. 从增进机体造血机能，改善动物贫血状态角度出发，可配合用于治疗的药物是（　　）
　　A. 酚磺乙胺　B. 枸橼酸钠　　C. 右旋糖酐铁　D. 右旋糖酐　　E. 维生素K
【答案】　C
【考点】　考试要点：抗凝血药与促凝血药
【解析】　焦虫感染严重时，大量红细胞被破坏，从增进机体造血机能、补充造血必需物质、改善动物贫血状态出发，可配合用于治疗的药物是右旋糖酐铁。因此答案为C。

(43~45题共用以下题干)

7~8月，气温较高，某鸡场肉鸡暴发疾病，病鸡精神沉郁，羽毛蓬松，头卷缩，食欲减退，嗉囊内充满液体，鸡冠和可视黏膜贫血、苍白，逐渐消瘦，病鸡排红色胡萝卜样粪便，后变为完全的血粪，经兽医诊断为球虫病。

43. 该厂兽医对发病鸡群进行药物治疗，未发病鸡群进行预防，下列药物中**不能**预防或治疗球虫病的药物是（　　）
　　A. 地克珠利　B. 莫能菌素　　C. 氨丙啉　　D. 伊维菌素　　E. 常山酮
【答案】　D
【考点】　考试要点：抗螨虫药，抗原虫药
【解析】　临床常用的抗球虫药主要包括地克珠利、莫能菌素、氨丙啉、常山酮、盐霉素、尼卡巴嗪等，对球虫具有预防或治疗作用。伊维菌素为抗螨虫药，对线虫和节肢动物有效，但对吸虫、绦虫及原虫无效。因此答案为D。

44. 7~8月，气温较高，下列何种药物**不宜**使用（　　）
　　A. 托曲珠利　B. 盐霉素　　C. 尼卡巴嗪　　D. 那拉菌素　　E. 常山酮
【答案】　C
【考点】　考试要点：抗球虫药
【解析】　上述5种药物均为抗球虫药。尼卡巴嗪在高温季节应慎用，否则会增加热应激和鸡死亡率。因此答案为C。

45. 因肠道出血严重，为了进一步增强球虫病的治疗效果，可配合止血药进行对症治疗，可选的药物是（　　）
　　A. 维生素A　B. 维生素D　　C. 普鲁卡因　　D. 维生素K　　E. 肝素
【答案】　D
【考点】　考试要点：促凝血药
【解析】　维生素K为肝脏中合成凝血酶原的必需物质，缺乏维生素K可影响凝血过程而引起出血倾向或出血。鸡球虫病可导致肠道出血,维生素 K 可达到止血的目的。因此答案为 D。

（46～48 题共用以下题干）

病犬,12 月龄,来宠物医院就诊。症状为表现呼吸困难,不爱运动,可视黏膜发绀;体表静脉怒张,胸前,腹下,四肢末端发生水肿,听诊心脏浊音区增大。经兽医诊断为充血性心力衰竭。

46．为增强心肌收缩力,可选用的治疗充血性心力衰竭的药物是（ ）
　　A．洋地黄毒苷　B．左旋咪唑　C．硫酸亚铁　D．氯化铵　E．硫酸镁
　　【答案】　A
　　【考点】　考试要点：强心苷类药物
　　【解析】　洋地黄毒苷为强心苷类药物,该类药物是治疗充血性心力衰竭的首选药物。可用于治疗多种原因引起的心功能不全。因此答案为 A。

47．该犬胸前,腹下,四肢末端发生水肿,从对症治疗角度出发,可选用的药物是（ ）
　　A．阿托品　B．三氮脒　C．吡喹酮　D．呋塞米　E．碘化钾
　　【答案】　D
　　【考点】　考试要点：利尿药与脱水药
　　【解析】　呋塞米主要用于治疗各种原因引起的全身水肿,包括心性、肝性、肾性等各类水肿;如充血性心力衰竭、肺水肿等。因此答案为 D。

48．兽医针对该病应用了强效能利尿药,为了减轻其不良反应,应给动物补充（ ）
　　A．酚磺乙胺　B．镁离子　C．钾离子　D．锌离子　E．维生素 K
　　【答案】　C
　　【考点】　考试要点：利尿药与脱水药
　　【解析】　强效能利尿药可以消除动物的水肿,用于对症治疗。但能造成电解质平衡紊乱,诱发低血钾症。应给动物补充钾离子。因此答案为 C。

【B1 型题】
　　答题说明：以下提供若干组考题,每组考题共用在考题前列出的 A、B、C、D、E 五个备选答案。请从中选择一个与问题关系最密切的答案,并在答题卡上将相应题号的相应字母所属的方框涂黑。某个备选答案可能被选择 1 次、多次或不被选择。

（49～51 题共用下列备选答案）
　　A．副作用　B．毒性作用　C．拮抗作用　D．变态反应　E．配伍禁忌

49．静注维生素 C 药液时加入磺胺嘧啶钠（SD）注射液,可能发生的现象称为（ ）
　　【答案】　E
　　【考点】　考试要点：药物的相互作用
　　【解析】　两种以上药物配伍或混合使用时,可能出现药物中和、水解、破坏失效等理化反应,结果可能是产生浑浊、沉淀、气体或变色等外观异常的现象,称为配伍禁忌。答案为 E。

50．临床使用呋塞米做利尿剂时,当使用剂量过大可导致犬听觉丧失。这一作用属于（ ）
　　【答案】　B
　　【考点】　考试要点：呋塞米
　　【解析】　呋塞米在静脉注射时可导致犬的听觉丧失,这一毒性作用主要发生在临床使用剂量过大情况下。故答案为 B。

51．青霉素与四环素联合使用,可能出现的作用称为（ ）
　　【答案】　C
　　【考点】　考试要点：合理联合用药
　　【解析】　在四环素的作用下,细菌蛋白质合成迅速受到抑制,细菌停止生长繁殖,青霉素不能发挥抑制细胞壁合成的作用,导致药效下降出现拮抗作用。故选 C。

（52～54 题共用下列备选答案）
　　A．肝素　B．大观霉素　C．亚甲蓝　D．地克珠利　E．多黏菌素 E

52．体外可用于输血及检查血液时体外血液抗凝的药物是（ ）

【答案】 A
【考点】 考试要点：肝素
【解析】 肝素在体内外均有抗凝血作用，可用于各种急性血栓性疾病的治疗，体外可用于输血及检查血液时体外血液抗凝。答案为 A。

53. 临床常与林可霉素配伍用于防治仔猪腹泻、猪的支原体性肺炎的氨基糖苷类药物是（　　）
【答案】 B
【考点】 考试要点：大观霉素
【解析】 氨基糖苷类药物中常与林可霉素配伍用于防治仔猪腹泻、猪的支原体性肺炎和鸡毒支原体病的是大观霉素。答案为 B。

54. 可用于亚硝酸盐中毒解救的特效药物是（　　）
【答案】 C
【考点】 考试要点：解毒药
【解析】 亚甲蓝用于解救亚硝酸盐中毒；二巯丙醇主要用于解救砷、汞、金等中毒；硫代硫酸钠配合亚硝酸钠可用于氰化物中毒解救；乙酰胺用于解救氟乙酰胺等有机氟中毒；依地酸钙钠主要用于铅中毒的解救。答案为 C。

（55～57题共用下列备选答案）
A. 泰拉霉素　　B. 安普霉素　　C. 氟苯尼考　　D. 泰乐菌素　　E. 红霉素

55. 属于畜禽专用的大环内酯类抗生素是（　　）
【答案】 A
【考点】 考试要点：大环内酯类药物
【解析】 泰拉霉素为畜禽专用药物，且属于大环内酯类抗生素。答案为 A。

56. 属于畜禽专用的酰胺醇类抗生素是（　　）
【答案】 C
【考点】 考试要点：酰胺醇类药物
【解析】 酰胺醇类抗生素包括氯霉素、氟苯尼考和甲砜霉素。其中氟苯尼考是动物专用的抗生素。答案为 C。

57. 药品的水溶液遇铁、铜、铝、锡等离子，可形成络合物而减效的药物是（　　）
【答案】 D
【考点】 考试要点：大环内酯类药物
【解析】 泰乐菌素的水溶液遇铁、铜、铝、锡等离子，可形成络合物而减效。答案为 D。

（58～60题共用下列备选答案）
A. 蛋白质合成　　　　　　B. 细胞壁合成　　C. DNA 回旋酶
D. 二氢叶酸还原酶　　　　E. 二氢叶酸合成酶

58. 第三代喹诺酮类药物的抗菌机制是其抑制了细菌的（　　）
【答案】 C
【考点】 考试要点：喹诺酮类药物
【解析】 第三代喹诺酮类药物的抗菌作用机制是抑制了 DNA 回旋酶，干扰 DNA 复制产生杀菌作用。答案为 C。

59. 氨基糖苷类抗生素的抗菌机理是（　　）
【答案】 A
【考点】 考试要点：氨基糖苷类药物
【解析】 氨基糖苷类药物的作用机理是抑制细菌蛋白质的生物合成。对静止期细菌的杀灭作用较强。答案为 A。

60. 磺胺类药物的抗菌机理是（　　）
【答案】 E
【考点】 考试要点：磺胺类药物
【解析】 磺胺类药物的化学结构与 PABA 的结构相似，能与 PABA 竞争二氢叶酸合成酶，抑制二氢叶酸的合成，最终使核酸合成受阻，结果细菌生长繁殖被阻止。答案为 E。

第二节 预防科目考点与解析

一、兽医微生物与免疫学

【A1 型题】
答题说明：每一道考试题下面有 A、B、C、D、E 五个备选答案，请从中选择一个最佳答案，并在答题卡上将相应题号的相应字母所属的方框涂黑。

1. 细菌最易发生变异的时期为（　　）
   A. 迟缓期　　　B. 对数期　　　C. 稳定期　　　D. 衰亡期　　　E. 以上均可
   【答案】 B
   【考点】 考试要点：细菌群体的生长繁殖
   【解析】 DNA 复制过程中可发生基因突变。对数期是细菌旺盛生长阶段，此期细菌大量增殖，因而基因突变的概率也相应最大。故选答案 B。

2. 用普通显微镜的油镜头观察细菌的总放大倍数一般为（　　）
   A. 100 倍　　　B. 400 倍　　　C. 1000 倍　　　D. 10000 倍　　　E. 40000 倍
   【答案】 C
   【考点】 考试要点：细菌的染色方法
   【解析】 普通显微镜的油镜头放大倍数为 100 倍，目镜的放大倍数一般为 10～16 倍，所以总放大倍数为 1000～1600 倍，故选答案 C。

3. 异嗜性抗原的本质是（　　）
   A. 共同抗原　　　B. 完全抗原　　　C. 半抗原
   D. 改变的自身抗原　　　E. 同种异型抗原
   【答案】 A
   【考点】 考试要点：抗原的分类
   【解析】 异嗜性抗原是指与种属特异性无关，存在于人、动物、植物及微生物之间的共同抗原。故选答案 A。

4. 细胞免疫中，能消灭被病原体感染的细胞的是（　　）
   A. 效应 B 细胞　　　B. 效应细胞毒 T 细胞　　　C. 树突状细胞
   D. 记忆 B 细胞　　　E. 辅助 T 细胞
   【答案】 B
   【考点】 考试要点：细胞免疫—细胞毒性 T 细胞与细胞毒作用
   【解析】 在细胞免疫应答中，细胞毒性 T 细胞是发挥杀伤靶细胞的主要效应细胞；效应 B 细胞主要在体液免疫中发挥作用；树突状细胞是一类高效抗原递呈细胞；记忆 B 细胞是停留在增殖中间阶段的 B 细胞，在再次接受相同抗原刺激时会迅速复苏，转化为效应 B 细胞；辅助 T 细胞主要产生细胞因子，在调节细胞免疫和体液免疫中发挥重要作用。故选答案 B。

5. 下列哪项**不属于**细菌的生化反应（　　）
   A. 靛基质试验　　B. 动力试验　　C. 甲基红试验　　D. 糖发酵试验　　E. 硫化氢试验
   【答案】 B
   【考点】 考试要点：细菌的分解代谢与生化反应
   【解析】 细菌的生化反应是指根据细菌对营养物质分解能力的不同和代谢产物的差异而设计的特定试验，主要用于细菌的鉴定，而动力试验是检验细菌是否具有运动力。故选答案 B。

6. 革兰染色所用染液的顺序是（　　）
   A. 沙黄→碘液→乙醇→结晶紫　　　B. 结晶紫→乙醇→碘液→沙黄
   C. 结晶紫→碘液→乙醇→沙黄　　　D. 沙黄→结晶紫→乙醇→碘液
   E. 碘液→结晶紫→沙黄→乙醇
   【答案】 C
   【考点】 考试要点：细菌的染色方法—革兰染色法

【解析】 革兰染色的正确顺序为结晶紫初染，然后碘液媒染，再用95%的乙醇脱色，最后用沙黄或石炭酸复红复染。故选答案C。

7. TI抗原引起免疫应答的特点是（　　）
   A. 抗原不需经过巨噬细胞加工处理　　　　B. 抗原需经过巨噬细胞加工处理
   C. 可以产生各种类别的免疫球蛋白　　　　D. 仅产生细胞免疫效应
   E. 可以产生再次应答
   【答案】 A
   【考点】 考试要点：过敏反应型（I型）变态反应
   【解析】 TI抗原即非胸腺依赖性抗原，在活化B细胞的过程中不需要抗原递呈细胞的加工处理，也不需要T细胞的参与。由TI抗原活化的B细胞只产生IgM抗体，不形成记忆细胞，因此不能产生再次应答，也不产生细胞免疫效应。故选答案A。

8. 关于抗毒素的使用，下列哪项是**错误的**（　　）
   A. 可能发生过敏反应　　　　　　　　　　B. 治疗时要早期足量
   C. 可作为免疫增强剂给机体多次注射　　　D. 对过敏机体应采取脱敏疗法
   E. 只能进行紧急预防和治疗
   【答案】 C
   【考点】 考试要点：人工被动免疫
   【解析】 抗毒素作为人工被动免疫的物质只能用于紧急预防和治疗，并且作为治疗剂早期足量效果好，但作为一种免疫球蛋白在异体应用时可能发生过敏反应，因此对过敏机体应采取脱敏疗法。故选答案C。

9. 下列免疫反应中，一定属于体液免疫的是（　　）
   A. 皮肤的屏障作用　　　　　　　　B. 抗体与病毒结合使病毒失去感染性
   C. 吞噬细胞吞噬病原菌　　　　　　D. 溶菌酶分解侵入机体的细菌
   E. 细胞毒性T细胞裂解病毒感染靶细胞
   【答案】 B
   【考点】 考试要点：体液免疫
   【解析】 A、C、D均属于非特异性免疫，E为细胞免疫，只有B属于体液免疫。答案选B。

10. 下列叙述中，属于机体第一道防线的是（　　）
    ①胃液对病原菌的杀灭作用；②呼吸道纤毛对病原菌的排除作用；③吞噬细胞的吞噬作用；④唾液中溶菌酶对病原体的分解作用；⑤效应T细胞与靶细胞接触；⑥抗原与抗体结合；⑦皮肤的阻挡作用
    A. ②⑦　　　　B. ②③④⑤　　　　C. ①②④⑦　　　　D. ①②③⑥　　　　E. ①②③④
    【答案】 C
    【考点】 考试要点：先天性非特异性免疫
    【解析】 非特异性免疫中的第一道防线包括体表的物理屏障和化学防御。故选答案C。

11. 无胸腺裸鼠是一种无毛变异小鼠，先天性无胸腺，常作为医学生物学研究中的实验动物，下列关于无胸腺裸鼠表述中**错误的**是（　　）
    A. 体液免疫功能维持正常　　　　B. 应饲养在无菌环境中
    C. 对异体组织无排斥反应　　　　D. 癌细胞可在无胸腺裸鼠体内增殖
    E. 体内淋巴细胞的种类减少
    【答案】 A
    【考点】 考试要点：免疫系统
    【解析】 胸腺为T淋巴细胞发育成熟的场所，无胸腺则不能产生T淋巴细胞，而T淋巴细胞参与细胞免疫和体液免疫的过程，因此无胸腺裸鼠不具备正常的体液免疫功能；因其免疫力低下，故应饲养在无菌环境中；对异体组织的排斥反应和清除体内的癌细胞过程都属于细胞免疫，裸鼠无T细胞，故无排斥反应且不能清除癌细胞。故选答案A。

12. 普通菌毛是细菌的一种（　　）
    A. 空心的蛋白质管　　　　B. 运动器官　　　　C. 多糖质
    D. 可传递遗传物质的器官　　E. 基本结构

【答案】 A
【考点】 考试要点：普通菌毛
【解析】 菌毛是位于细菌表面上比鞭毛数量更多、长度更短的细丝，化学本质属于蛋白质，并非所有细菌都能产生，因而属于细菌的特殊构造，鞭毛是细菌的运动器官，菌毛不赋予细菌运动力，性菌毛可通过接合的方式传递遗传物质，普通菌毛在某些细菌的黏附过程中发挥重要作用。故选答案 A。

13. IMVC 试验常用于鉴别（　　）
　　A. 肠道杆菌　　B. 葡萄球菌　　C. 肺炎球菌　　D. 布氏杆菌　　E. 厌氧菌
【答案】 A
【考点】 考试要点：细菌的分解代谢与生化反应
【解析】 IMVC 试验分别是指吲哚试验（I）、甲基红试验（M）、V-P 试验（V）和枸橼酸盐利用试验（C），肠杆菌科细菌生化反应活泼，上述 4 个生化试验可用于肠杆菌科细菌间的鉴别。故选答案 A。

14. 影响消毒剂作用的因素包括（　　）
　　A. 消毒剂的性质和浓度　　B. 作用时间　　C. 温度和酸碱度
　　D. 细菌的种类和数量　　E. 以上都正确
【答案】 E
【考点】 考试要点：影响消毒剂作用的因素
【解析】 影响消毒剂作用的因素包括消毒剂的性质、浓度、作用时间、温度和酸碱度，细菌的种类、数量和状态，有机物的存在等。故选答案 E。

15. 分泌型 IgA 的抗原结合位点有（　　）
　　A. 1个　　B. 2个　　C. 4个　　D. 6个　　E. 10个
【答案】 C
【考点】 考试要点：抗体的基本结构
【解析】 每个单体抗体分子都有 2 个由重链和轻链可变区构成的抗原结合位点，分泌型 IgA 是以两个单体构成的二聚体，所以有 4 个抗原结合位点。故选答案 C。

16. 对病毒核酸的**错误**叙述是（　　）
　　A. 可控制病毒的遗传和变异　　B. 可以决定病毒的感染性
　　C. RNA 可以携带遗传信息　　D. 每个病毒只有一种类型核酸
　　E. 决定病毒囊膜所有成分的形成
【答案】 E
【考点】 考试要点：病毒基本特性
【解析】 有囊膜病毒的囊膜是病毒在出芽释放时来自宿主细胞的细胞膜。故选答案 E。

17. 下列哪项为内毒素特性（　　）
　　A. 强抗原性　　B. 毒性强　　C. 细菌的细胞壁裂解后才能游离出来
　　D. 经甲醛处理可脱毒为类毒素　　E. 不耐热，易变性
【答案】 C
【考点】 考试要点：细菌的毒力因子—内毒素
【解析】 内毒素是革兰阴性菌细胞壁的脂多糖成分，只有菌体细胞裂解后才能释放出来。与外毒素相比，其抗原性和毒性相对较弱，对热力、辐射较有抵抗力，不能制成类毒素。故选答案 C。

18. 激活 B 细胞必须辅助 T 细胞参与的抗原称为（　　）
　　A. TD 抗原　　B. TI 抗原　　C. 异嗜性抗原
　　D. 异种抗原　　E. 同种抗原
【答案】 A
【考点】 考试要点：抗原的分类
【解析】 异嗜性抗原是指与种属特异性无关，存在于人、动物、植物和微生物之间的共同抗原。TD 抗原即 T 细胞依赖性抗原，是指需要 T 细胞辅助和巨噬细胞参与才能激活 B 细胞产生抗体的抗原性物质。TI 抗原即 T 细胞非依赖性抗原，此类抗原刺激机体产生抗体时无需 T

细胞的辅助。异种抗原是指来源于另一物种的抗原物质。同种抗原是指同一种属内不同个体所具有的特异性抗原。故选答案 A。

19. 细菌的基本结构**不包括**（   ）
    A. 细胞壁   B. 细胞膜   C. 线粒体   D. 细胞质   E. 核糖体
    【答案】 C
    【考点】 考试要点：细菌的基本结构
    【解析】 细菌的基本结构包括细胞壁、细胞膜、细胞质、核体、核糖体等内含物，线粒体是真核细胞的基本结构。故选答案 C。

20. 细菌代谢产物中与致病性**无关的**是（   ）
    A. 外毒素   B. 内毒素   C. 侵袭性酶   D. 热原质   E. 细菌素
    【答案】 E
    【考点】 考试要点：细菌的合成代谢产物及其作用
    【解析】 细菌素是由细菌产生的有杀菌或抑菌作用的物质。主要含有具生物活性的蛋白质，对同种近缘菌株呈现狭窄的活性抑制谱，其他选项都与细菌的致病性有关。故选答案 E。

21. 激活补体的经典途径和替代途径的共同点是（   ）
    A. 参与的补体成分相同   B. 膜攻击复合体的形成及其溶解细胞效应相同
    C. 所需离子相同   D. 激活物质相同
    E. C3 转化酶的组成相同
    【答案】 B
    【考点】 考试要点：补体系统
    【解析】 补体的经典激活是从 C1 开始的激活途径，替代途径是从 C3 开始的激活途径，参与的补体成分、所需离子、激活物质以及 C3 转化酶和 C5 转化酶的组成均不相同，但两条途径最终均形成攻膜复合体，发挥溶细胞效应。故选答案 B。

22. 分枝杆菌的特性**不包括**下列哪项（   ）
    A. 抗酸染色为红色   B. 生长缓慢   C. 形成光滑型菌落
    D. 专性需氧菌   E. 有变态反应
    【答案】 C
    【考点】 考试要点：主要的动物病原菌——分枝杆菌
    【解析】 分枝杆菌细胞壁因含有特殊的糖脂，致使革兰染色不易着色，而抗酸染色为红色。分枝杆菌为专性需氧菌，对营养要求严格，生长缓慢，初代培养需 10～30 天才能看到菌落。菌落粗糙、隆起、不透明、边缘不整齐，呈颗粒、结节或花菜状。本菌有变态反应特性。故选答案 C。

23. 关于补体系统的特性**不包括**下列哪项（   ）
    A. 补体含量随机体的免疫应答而增加   B. 对热不稳定
    C. 具有酶促连锁反应性   D. 可与任何抗原抗体复合物结合
    E. 可由多种细胞合成
    【答案】 A
    【考点】 考试要点：补体系统
    【解析】 补体是存在于正常动物和人血清中的一组不耐热具有酶活性的球蛋白。可由肝细胞、巨噬细胞等多种细胞合成。补体系统含量相对稳定，与抗原刺激无关，不随机体的免疫应答而增加。故选答案 A。

24. 单核吞噬细胞的生物学功能**不包括**（   ）
    A. 吞噬杀伤病原体   B. 递呈抗原   C. 合成细胞因子
    D. 加工抗原   E. 特异性识别抗原
    【答案】 E
    【考点】 考试要点：免疫细胞的分类及功能
    【解析】 巨噬细胞在非特异性免疫和特异性免疫中均具有重要作用。可发挥吞噬杀伤病原体的非特异性免疫作用，也可发挥加工和递呈抗原、合成和分泌各种活性因子的特异性免疫功能。但对抗原的识别不具有特异性。故选答案 E。

25. 下列关于中和试验的叙述**不正确**的是（　　）
　　A. 中和试验可用于检测病毒的感染性　　B. 可以进行病毒毒价的滴定
　　C. 可以检测血清的中和效价　　D. 适用于任何病毒
　　E. 特异性强，敏感性高
　　【答案】　D
　　【考点】　考试要点：中和试验
　　【解析】　中和试验是根据抗体能否中和病毒的感染性和毒素的毒性而建立的免疫学试验，可用于病毒毒价的滴定和血清中和效价的测定，具有特异性强，敏感性高的特点。该试验是以病毒对宿主或细胞的毒力为基础的，所以并不适用于所有病毒。故选答案 D。

26. 可用于鉴别肠杆菌科细菌的培养基为（　　）
　　A. 普通琼脂培养基　　B. 伊红美蓝琼脂培养基　　C. 血清培养基
　　D. BP 培养基　　E. 巧克力培养基
　　【答案】　B
　　【考点】　考试要点：肠杆菌科
　　【解析】　大肠杆菌在伊红美蓝琼脂培养基上培养时，因分解乳糖产酸时细菌带正电荷被伊红染成红色，再与美蓝结合形成紫黑色并带有绿色金属光泽的菌落，而不分解乳糖的细菌不着色，伊红和美蓝也不结合，因而形成无色半透明菌落可用于鉴别，其他培养基不能形成具有鉴别意义的菌落特征。故选答案 B。

27. 大肠杆菌"IMVC"试验的结果是（　　）
　　A. －－＋＋　　B. －＋＋－　　C. ＋＋－－　　D. ＋－＋－　　E. ＋－－＋
　　【答案】　C
　　【考点】　考试要点：细菌的分解代谢与生化反应
　　【解析】　大肠杆菌的吲哚试验（I）和甲基红试验（M）均为阳性，V-P 试验（V）和柠檬酸盐利用试验（C）均为阴性。以此可与肠杆菌科的其他细菌相鉴别。故选答案 C。

28. 下列对朊病毒特性描述正确的是（　　）
　　A. 可形成包含体　　B. 可诱导干扰素的产生　　C. 可引起炎症反应
　　D. 构象改变以 β 折叠为主变成 α 螺旋为主　　E. 不引起宿主的免疫反应
　　【答案】　E
　　【考点】　考试要点：朊病毒
　　【解析】　朊病毒的致病性在于正常的朊病毒蛋白（PrPC）转变为致病性朊蛋白（PrP-SC），朊病毒感染后，脑组织出现空泡变性、淀粉样蛋白斑块、神经胶质细胞增生等，但不引起炎症反应，无包含体产生，不诱导干扰素，不破坏宿主 B 细胞核 T 细胞的免疫功能，不引起宿主的免疫反应。故选答案 E。

29. 杀灭细菌芽孢最有效的方法是（　　）
　　A. 煮沸　　B. 紫外线杀菌　　C. 化学消毒剂　　D. 滤过除菌
　　E. 高压蒸汽灭菌
　　【答案】　E
　　【考点】　考试要点：热力灭菌法
　　【解析】　细菌芽孢因具有多层结构和特殊的耐热物质，对外界环境具有强大的抵抗力，煮沸、紫外线照射、化学消毒剂及滤过除菌都不能杀灭芽孢，只有高压蒸汽灭菌能够保证杀灭所有细菌繁殖体及其芽孢。故选答案 E。

30. 下列关于单克隆抗体的描述**不正确**的是（　　）
　　A. 采用体外淋巴细胞杂交瘤技术制备
　　B. 可通过将杂交瘤注入小鼠腹腔收集腹水获得
　　C. 抗体分子具有高度异质性
　　D. 是针对单一抗原表位产生的抗体
　　E. 可用于肿瘤的诊断与治疗
　　【答案】　C
　　【考点】　考试要点：单克隆抗体

【解析】 单克隆抗体是指由一个B细胞分化增殖的子代细胞产生的针对单一抗原表位的抗体。这种抗体的重链、轻链及其可变区独特型的特异性、亲和力、生物学性状及分子结构均完全相同。单克隆抗体的制备是采用体外淋巴细胞杂交瘤技术，用人工的方法将产生特异性抗体的B细胞与骨髓瘤细胞融合，形成B细胞杂交瘤，将此杂交瘤注入小鼠腹腔收集腹水，或体外培养杂交瘤细胞、收集培养液，可以获得特异性单克隆抗体。故选答案C。

31. 既能形成荚膜又能产生芽孢的细菌是（　　）
    A. 肺炎球菌　　B. 破伤风杆菌　　C. 炭疽杆菌　　D. 金黄色葡萄球菌　　E. 布氏杆菌
    【答案】 C
    【考点】 考试要点：炭疽芽孢杆菌
    【解析】 肺炎球菌只能形成荚膜，不能产生芽孢；破伤风杆菌只能产生芽孢，不能形成荚膜；金黄色葡萄球菌既不形成荚膜也不产生芽孢；布氏杆菌不形成芽孢，毒力菌株能形成菲薄的微荚膜；只有炭疽杆菌既能形成荚膜又能产生芽孢。故选答案C。

32. 可直接作为mRNA翻译蛋白质的病毒核酸类型是（　　）
    A. dsDNA　　B. dsRNA　　C. ss（－）RNA　　D. ss（＋）RNA　　E. ssDNA
    【答案】 D
    【考点】 考试要点：病毒的化学组成
    【解析】 只有碱基排列顺序与mRNA完全一致的病毒核酸才能直接作为mRNA使用，而只有单链正股RNA即ss(＋)RNA才具有这样的特点。故选答案D。

33. 下列关于抗感染免疫的描述中**不正确**的是（　　）
    A. 抗胞内菌感染免疫中细胞免疫起决定作用
    B. 抗胞外菌感染免疫中体液免疫起决定作用
    C. 真菌感染常发生在不能产生有效免疫的个体，以细胞免疫为主
    D. 预防病毒再次感染主要依靠体液免疫
    E. 病毒感染性疾病的恢复主要依靠体液免疫作用
    【答案】 E
    【考点】 考试要点：抗感染免疫
    【解析】 病毒属于胞内感染，所以病毒感染性疾病的恢复主要依靠细胞免疫作用。故选答案E。

34. 对灭活疫苗叙述**有误**的是（　　）
    A. 用免疫原性强的病原体灭活制成
    B. 使用安全
    C. 注射的局部和全身反应较重
    D. 保存比活疫苗方便
    E. 能诱导细胞免疫形成和特异性抗体产生
    【答案】 E
    【考点】 考试要点：疫苗与免疫预防
    【解析】 灭活疫苗是用免疫原性强的病原体灭活制成。与弱毒苗比较，灭活疫苗的优点是使用安全和易于保存，免疫效果良好，缺点是必须逐只（头）注射，接种剂量较大，动物接种后免疫反应也较大。弱毒苗既能诱导细胞免疫也能诱导体液免疫，而灭活苗只能诱导体液免疫。故选答案E。

35. 关于细菌外毒素的说法**不正确**的是（　　）
    A. 主要成分是蛋白质　　B. 亲嗜部位具有特异性　　C. 对宿主具有致死性
    D. 对宿主具有致热性　　E. 可制备类毒素
    【答案】 D
    【考点】 考试要点：细菌的外毒素
    【解析】 外毒素是某些细菌在生长繁殖过程中产生并分泌到菌体外的毒性物质。主要成分为蛋白质，具有良好的抗原性，灭活可制备类毒素；具有较高的毒性和致死性，但对宿主不致热。故选答案D。

36. 下列试剂常用来确定病毒是否具有囊膜的是（　　）
    A. 生理盐水　　B. 双氧水　　C. 甲醛　　D. 乙醚　　E. 漂白粉
    【答案】 D

【考点】 考试要点：病毒的化学组成
【解析】 有囊膜病毒的囊膜是病毒在成熟过程中从宿主细胞获得的，因而主要成分与细胞成分同源，主要是磷脂，其次是胆固醇。用脂溶剂可去除囊膜中的脂质，使病毒失活。因此，常用乙醚、氯仿等有机溶剂处理病毒，再检测其感染活性，以确定该病毒是否具有囊膜结构。故选答案D。

37. 影响抗原免疫原性的因素包括（   ）
　　A. 分子大小与结构　　　B. 异源性　　　　C. 物理状态
　　D. 免疫剂量与途径　　　E. 以上均正确
【答案】 E
【考点】 考试要点：影响抗原免疫原性的因素
【解析】 抗原分子本身的特性是影响免疫原性的关键因素，包括异源性、分子大小、化学组成与结构、物理状态、对抗原加工和递呈的易感性等。此外，宿主生物系统和免疫剂量与免疫途径也会影响抗原的免疫应答。故选答案E。

38. 抗体的V_H-V_L部位能够（   ）
　　A. 激活补体　　B. 结合抗原　　C. 结合细胞　　D. 结合抗体　　E. 通过胎盘
【答案】 B
【考点】 考试要点：抗体的功能区
【解析】 单体抗体分子的重链和轻链从氨基端开始最初的约110个氨基酸的排列顺序及结构随抗体分子的特异性不同而有所变化，这一区域称为重链和轻链的可变区（V_H-V_L），是抗体分子结合抗原的部位。故选答案B。

39. 能形成"串珠现象"的细菌为（   ）
　　A. 结核分枝杆菌　　　B. 布氏杆菌　　　C. 枯草芽孢杆菌
　　D. 炭疽杆菌　　　　　E. 肉毒梭菌
【答案】 D
【考点】 考试要点：炭疽芽孢杆菌
【解析】 幼龄炭疽杆菌在含青霉素0.5IU/mL培养基中培养，细胞壁肽聚糖的合成被抑制形成原生质体，菌体膨胀互相连接成串，称串珠现象。其他细菌不能形成该现象。故选答案D。

40. 白僵菌的生长发育周期**不会**出现下列哪个阶段（   ）
　　A. 分生孢子　　B. 芽生孢子　　C. 孢子囊孢子　　D. 营养菌丝　　E. 气生菌丝
【答案】 C
【考点】 考试要点：真菌——白僵菌
【解析】 白僵菌的生长发育周期有分生孢子、营养菌丝、气生菌丝三个主要阶段。在营养菌丝增殖过程中又能产生大量的芽生孢子和节孢子，但不形成孢子囊孢子。故选答案C。

41. 下列何种物质不宜用滤过法除菌（   ）
　　A. 血液　　　B. 血清　　　C. 抗生素　　　D. 维生素　　　E. 细菌毒素
【答案】 A
【考点】 考试要点：滤过除菌法
【解析】 滤过除菌法是指用物理阻留的方法将液体或空气中的细菌除去，达到无菌的目的。其特点是不破坏培养基成分，主要适用于血清、抗生素糖溶液、细菌毒素等，但血液不能用此法除菌，滤过除菌法常用滤膜孔径为0.22μm和0.45μm两种规格，血细胞不能通过上述规格的滤膜。故选答案A。

42. 下列**不属于**抗原递呈细胞的是（   ）
　　A. T细胞　　B. B细胞　　C. 单核细胞　　D. 巨噬细胞　　E. 树突状细胞
【答案】 A
【考点】 考试要点：免疫细胞的分类及功能
【解析】 T细胞和B细胞是免疫应答的主要承担者，这一反应的完成需要抗原递呈细胞的协助参与，能对抗原进行捕捉、加工和处理的细胞包括单核巨噬细胞、树突状细胞和B细胞。故选答案A。

43. 能与MHC-Ⅰ类分子结合的分子是（　　）
    A. CD1　　　B. CD2　　　C. CD3　　　D. CD4　　　E. CD8
    【答案】 E
    【考点】 考试要点：内源性抗原的加工和递呈
    【解析】 内源性抗原在有核细胞内被蛋白酶体酶解成肽段，然后被蛋白加工转运体从细胞质转运到粗面内质网，与粗面内质网中新合成的MHCⅠ类分子结合，形成抗原肽-MHCⅠ类分子复合物高尔基体运送至细胞表面供CD8$^+$T细胞所识别。故选答案E。

44. 介导细菌间接合的物质是（　　）
    A. 鞭毛　　　B. 普通菌毛　　　C. 性菌毛　　　D. 间体　　　E. 核糖体
    【答案】 C
    【考点】 考试要点：性菌毛
    【解析】 鞭毛是细菌的运动器官；普通菌毛与细菌的黏附有关；间体是细菌细胞质膜内陷构成的胞质内膜折叠结构，与DNA复制和细胞分裂有关；核糖体是蛋白合成的场所，只有性菌毛在细菌的接合过程中起传递遗传物质的作用。故选答案C。

45. 对某家兔而言，下列物质哪个**不是**抗原（　　）
    A. 猪的肌肉组织　　　B. 大肠杆菌　　　C. 绵羊红细胞
    D. 该家兔的淋巴组织　　　E. 兔瘟病毒
    【答案】 D
    【考点】 考试要点：抗原分子的特性
    【解析】 对动物机体而言，必须是异源性即非自身的物质才能成为抗原。异种动物之间的组织、细胞及蛋白均是免疫原性良好的抗原。家兔的淋巴组织属自身物质，不具有抗原性，其他选项均符合异物性特点。故选答案D。

46. 与侵袭力相关的毒力因子**不包括**以下哪项（　　）
    A. 黏附或定植因子　　　B. Ⅲ型分泌系统　　　C. 鞭毛
    D. 侵袭性酶　　　E. 外毒素
    【答案】 C
    【考点】 考试要点：细菌的毒力因子
    【解析】 构成细菌毒力的菌体成分或分泌产物称为细菌的毒力因子，主要包括与细菌侵袭力相关的毒力因子和毒素。其中与侵袭力相关的毒力因子包括黏附或定植因子、侵袭性酶、Ⅲ型分泌系统以及干扰宿主的防御机制。毒素包括外毒素和内毒素。鞭毛是细菌的运动器官，与侵袭力关系不大。故选答案C。

47. 佐剂的种类**不包括**下列哪项（　　）
    A. 明矾　　　B. LPS　　　C. IL-2　　　D. 脂质体　　　E. 环磷酰胺
    【答案】 E
    【考点】 考试要点：佐剂
    【解析】 佐剂的种类很多，包括铝盐类佐剂、油乳佐剂、微生物及代谢产物佐剂、细胞因子佐剂、脂质体等，但环磷酰胺一般为免疫抑制剂。故选答案E。

48. 检测包含体对病毒有诊断价值的是下列哪种病毒（　　）
    A. 猪瘟病毒　　　B. 禽流感病毒　　　C. 乙型脑炎病毒
    D. 小反刍兽疫病毒　　　E. 狂犬病病毒
    【答案】 E
    【考点】 考试要点：病毒感染后产生的细胞病变、包含体及空斑
    【解析】 包含体是指某些病毒感染细胞产生的特征性的形态变化，可通过固定染色而后在光学显微镜下检测，不同病毒形成包含体的位置、形状、大小、染色特性等因病毒的种类而异，可作为病毒鉴定的重要依据。狂犬病病毒可在感染组织的胞浆内形成特异的嗜酸性圆形包含体，称为Negri氏体，对该病具有诊断意义。题干中的其他病毒不易形成包含体。故选答案E。

49. 应同时使用细菌学检查、血清学检查和变态反应检查三种方法进行综合诊断的病原为（　　）

A. 链球菌　　B. 布氏杆菌　　C. 李氏杆菌　　D. 炭疽杆菌　　E. 支原体
【答案】　B
【考点】　考试要点：主要的动物病原菌—布鲁氏菌属
【解析】　布氏杆菌感染常表现为慢性或隐性，其诊断和检疫主要依靠血清学检查及变态反应检查。细菌学检查一般用于流产动物。故选答案B。

50. 细胞毒性T细胞的作用特点是（　　）
A. 可通过分泌细胞毒性物质杀伤靶细胞　　B. 受MHCⅡ类分子限制
C. 可通过释放TNF杀伤靶细胞　　D. 无抗原特异性
E. 可通过ADCC作用杀伤靶细胞
【答案】　A
【考点】　考试要点：细胞免疫—细胞毒性T细胞与细胞毒作用
【解析】　在细胞免疫应答中，细胞毒性T细胞（CTL）可通过分泌穿孔素、粒酶等细胞毒性物质杀伤靶细胞。CTL在识别靶细胞抗原的同时，要识别靶细胞上的MHCⅠ类分子，它只能杀伤携带有与自身相同的MHCⅠ类分子的靶细胞。故选答案A。

51. 病毒感染的血清学诊断方法**不包括**下列哪项（　　）
A. PCR诊断技术　　B. 中和试验　　C. 血凝抑制试验
D. 免疫转印技术　　E. ELISA
【答案】　A
【考点】　考试要点：病毒感染的血清学诊断方法
【解析】　病毒感染的血清学诊断方法包括病毒中和试验、血凝抑制试验、免疫组化技术、免疫转印技术、ELISA等，PCR诊断技术属于核酸诊断方法。故选答案A。

52. 以裸露病毒和囊膜病毒两种形式存在的病原为（　　）
A. 痘病毒　　B. 传染性法氏囊炎病毒　　C. 传染性支气管炎病毒
D. 马立克氏病病毒　　E. 禽白血病病毒
【答案】　D
【考点】　考试要点：主要的动物病毒—马立克氏病病毒
【解析】　马立克氏病病毒具有致肿瘤特性，肿瘤病变中的病毒为裸露病毒，脱离细胞后即失去活力；羽毛囊上皮细胞中的病毒为有囊膜病毒，在环境中仍然具有感染力。故选答案D。

53. 单个细菌在固体培养基上生长可形成肉眼可见的（　　）
A. 菌丝　　B. 菌膜　　C. 菌苔　　D. 菌落　　E. 菌团
【答案】　D
【考点】　考试要点：细菌的群体形态
【解析】　单个细菌在固体培养基上生长，肉眼观察到的细菌繁殖形成的群体称为菌落，而菌丝是霉菌的基本结构组成单位，菌膜在细菌进行液体培养时才可能形成，菌苔是许多菌落连成片时形成的，菌团是多个细菌生长繁殖后集结在一起形成的。故选答案D。

54. 细菌耐药性的检测方法**不包括**下列哪项（　　）
A. 稀释法　　B. 平板划线法　　C. 纸片扩散法
D. 耐药基因检测法　　E. 牛津杯法
【答案】　B
【考点】　考试要点：细菌的耐药性
【解析】　细菌耐药性的检测方法可分为表型检测法和耐药基因检测法两类，其中表型检测法包括稀释法、纸片扩散法、牛津杯法等。平板划线法是细菌分离纯化的常用方法。故选答案B。

55. 培养基**不需**具备的基本条件是（　　）
A. 无菌　　B. 具有适宜的酸碱度　　C. 没有颜色
D. 含丰富的营养物质　　E. 不含杂质
【答案】　C
【考点】　考试要点：培养基的基本要求
【解析】　培养基必须含有微生物生长所必需的营养成分，并根据培养微生物的要求调节适宜的酸碱度，培养基必须保证无菌和不含有任何杂质，但加入指示剂的培养基会带有一定的颜色，所以培养基是可以带有颜色的。故选择答案C。

56. 下列有关变态反应的叙述，正确的是（　　）
    A. 机体首次接触过敏原即产生适应性免疫应答以保护自身
    B. 变态反应是免疫系统功能的正常反应
    C. 变态反应没有淋巴细胞参与
    D. 变态反应在接触过敏原后很快发生
    E. 变态反应中产生抗体细胞来源于骨髓
    【答案】　E
    【考点】　考试要点：变态反应概述
    【解析】　变态反应是再次接受相同抗原刺激时，发生的一种以机体生理功能紊乱或组织细胞损伤为主的病理性免疫应答。根据反应机理不同分为4种主要类型，其中Ⅰ、Ⅱ、Ⅲ型主要由抗体介导，发生快速，其中Ⅰ型主要由IgE介导，Ⅱ、Ⅲ型参与的抗体主要为IgG和IgM，所有产生抗体的免疫细胞均来自骨髓多能干细胞；Ⅳ型由细胞介导，发生缓慢。故选答案E。

57. 以下**不属于**细胞因子的是（　　）
    A. 干扰素　　　　　　B. 辣根过氧化物酶　　　C. 肿瘤坏死因子
    D. 集落刺激因子　　　E. 白细胞介素
    【答案】　B
    【考点】　考试要点：细胞因子的种类
    【解析】　细胞因子种类繁多，主要包括白细胞介素、干扰素、肿瘤坏死因子、集落刺激因子等。辣根过氧化物酶往往作为无色底物的催化剂，不属于细胞因子。故选答案B。

58. 下列具有单一血清型的病毒是（　　）
    A. 禽流感病毒　　　　B. 传染性支气管炎病毒　　C. 新城疫病毒
    D. 痘病毒　　　　　　E. 口蹄疫病毒
    【答案】　C
    【考点】　考试要点：主要的动物病毒
    【解析】　除新城疫病毒只有一个血清型外，其他选项病毒均具有多个血清型。故选答案C。

59. 细菌生长繁殖的基本条件**不包括**下列哪项（　　）
    A. 营养物质　　B. 酸碱度　　C. 温度　　D. 湿度　　E. 渗透压
    【答案】　D
    【考点】　考试要点：细菌的生长繁殖
    【解析】　细菌生长繁殖的基本条件包括营养物质、酸碱度、温度、气体和渗透压，对湿度没有特别的要求。故选答案D。

60. 病毒在显性或隐性感染后未完全清除，血中可持续检测出病毒，患病动物可表现轻微或无临诊症状，但常反复发作而不愈。此感染现象称为（　　）
    A. 潜伏感染　　　　　B. 迟发性临诊症状的急性感染　　C. 慢性感染
    D. 慢发病毒感染　　　E. 顿挫型感染
    【答案】　C
    【考点】　考试要点：病毒的感染
    【解析】　潜伏感染是指某些病毒在显性或隐性感染后，病毒基因存在于细胞内，有的病毒潜伏于某些组织器官内而不复制。但在一定条件下，病毒被激活又开始复制，使疾病复发；迟发性临诊症状的急性感染是指病毒的持续性复制与疾病的进程无关；慢发病毒感染是慢性发展的进行性加重的病毒感染，较为少见，但后果严重；顿挫感染是指病毒进入宿主细胞，若细胞缺乏病毒增殖所需的酶、能量及必要的成分，则病毒不能合成本身成分，或虽合成部分或全部成分，但不能装配和释放出有感染性的病毒颗粒。题干所述为慢性感染。故选答案C。

61. 下列哪项是人工主动免疫的生物制品（　　）
    A. 抗毒素　　B. 丙种球蛋白　　C. 转移因子　　D. 胸腺素　　E. 类毒素
    【答案】　E
    【考点】　考试要点：免疫防治—人工主动免疫

【解析】 抗毒素、丙种球蛋白、转移因子和胸腺素都是人工被动免疫的生物制品，只有类毒素属于人工主动免疫的生物制品。故选答案 E。

62. 下列免疫途径**不能**诱导局部黏膜免疫的是（　　）
    A. 饮水　　　　B. 皮下注射　　　C. 喷雾　　　　D. 滴鼻　　　　E. 点眼
    【答案】 B
    【考点】 考试要点：疫苗的免疫接种
    【解析】 弱毒苗通过喷雾、滴鼻、点眼和饮水均可诱导局部黏膜固有层中的浆细胞产生分泌型 IgA，在局部黏膜免疫中发挥重要作用，而皮下注射途径诱导的主要是以 IgG 为主力抗体的体液免疫。故选答案 B。

63. 抗原递呈细胞**不具备**的作用是（　　）
    A. 促进 T 细胞表达特异受体　　　B. 加工抗原　　　C. 使 MHC 分子与抗原肽结合
    D. 将 MHC 分子-肽复合物呈递给 T 细胞　　　E. 为 T 细胞活化提供第二信号
    【答案】 A
    【考点】 考试要点：免疫应答
    【解析】 抗原递呈细胞能捕获和处理抗原，并把处理后的抗原肽与 MHC 分子结合递呈到细胞表面等待 T 淋巴细胞的识别，在 T 细胞识别抗原肽活化过程中，抗原递呈细胞还提供第二信号，但不能促进 T 细胞表达特异受体。故选答案 A。

64. 下列**不属于**人畜共患病病原的是（　　）
    A. 猪瘟病毒　　　　B. 禽流感病毒　　　　C. 肠炎沙门氏菌
    D. 炭疽杆菌　　　　E. 金黄色葡萄球菌
    【答案】 A
    【考点】 考试要点：主要的动物病毒—猪瘟病毒
    【解析】 猪瘟病毒在自然条件下只感染猪和野猪，而不感染其他宿主。题干中的其他选项既可感染动物也可感染人。故选答案 A。

65. 抗体参与的超敏反应包括（　　）
    A. Ⅰ型超敏反应　　　B. Ⅰ、Ⅱ型超敏反应　　　C. Ⅰ、Ⅱ、Ⅲ型超敏反应
    D. Ⅳ型超敏反应　　　E. Ⅰ、Ⅳ型超敏反应
    【答案】 C
    【考点】 考试要点：变态反应
    【解析】 IgE 是介导Ⅰ型超敏反应的抗体，IgG 和 IgM 是介导Ⅱ型和Ⅲ型超敏反应的抗体，Ⅳ型超敏反应主要由细胞介导，没有抗体参与。故选答案 C。

66. 抗酸染色法常用于下列哪种细菌的染色（　　）
    A. 大肠杆菌　　　　B. 布氏杆菌　　　　C. 金黄色葡萄球菌
    D. 炭疽杆菌　　　　E. 分枝杆菌
    【答案】 E
    【考点】 考试要点：主要的动物病原菌—分枝杆菌
    【解析】 分枝杆菌的细胞壁不仅有肽聚糖，还含有特殊的糖脂，因为糖脂的影响，致使革兰染色不易着染，而抗酸染色为红色。选项中的其他细菌均可进行革兰染色。故选答案 E。

67. 关于细胞因子说法正确的是（　　）
    A. 细胞因子是由细胞产生的
    B. 单一细胞因子可具有多种生物学活性
    C. 细胞因子可以自分泌、旁分泌和内分泌的方式发挥作用
    D. 细胞因子的作用不是孤立存在的
    E. 以上均正确
    【答案】 E
    【考点】 考试要点：细胞因子的特性
    【解析】 细胞因子是指由免疫细胞和某些非免疫细胞合成和分泌的一类高活性多功能蛋白质多肽分子。细胞因子具有自分泌、旁分泌和内分泌的特点。一种细胞因子可由不同类型细胞产生，同时一种细胞因子也可作用于不同的靶细胞，表现不同的生物学效应。免疫细胞间可通

过所分泌的细胞因子而相互刺激，彼此约束，同时细胞因子作为免疫细胞的递质，与激素、神经肽、神经递质共同构成细胞间信号分子系统。故选答案 E。

68. 下列哪种病原体**不含**有核酸（　　）
   A. 朊病毒   B. 衣原体   C. 巴尔通体   D. 伯氏疏螺旋体   E. 蓝舌病毒
   【答案】 A
   【考点】 考试要点：朊病毒
   【解析】 朊病毒是动物与人传染性海绵状脑病的病原，本质上不是传统意义的病毒，它不含有有核酸，只有传染性的蛋白质颗粒。其他选项均含有核酸。故选答案 A。

69. 抗体**不具有**下列哪项功能（　　）
   A. 中和作用   B. ADCC 作用   C. 激活补体
   D. 器官移植排斥反应   E. 免疫调理
   【答案】 D
   【考点】 考试要点：抗体的免疫学功能
   【解析】 抗体的免疫学功能包括中和作用、免疫溶解作用、免疫调理作用、ADCC 作用等，其中抗体与相应抗原形成免疫复合物后能通过经典途径激活补体，而器官移植排斥反应属于细胞免疫范畴。故选答案 D。

70. 宿主的天然抵抗力是（　　）
   A. 经遗传而获得   B. 感染病原微生物而获得
   C. 接种疫苗而获得   D. 母体的抗体通过胎盘给胎儿而获得
   E. 给宿主转输致敏淋巴细胞而获得
   【答案】 A
   【考点】 考试要点：先天性非特异性免疫
   【解析】 宿主的天然抵抗力又称非特异性免疫，是与生俱来的。感染病原微生物而获得的免疫属于天然主动免疫，接种疫苗而获得的免疫属于人工主动免疫，通过母源抗体获得的免疫属于天然被动免疫，给宿主转输致敏淋巴细胞属于人工被动免疫。故选答案 A。

【A2 型题】
   答题说明：每道题是以一个小案例出现的，有 A、B、C、D、E 五个备选答案。请选择一个最佳答案，并在答题卡上将相应题号的字母所属的方框涂黑。

71. 某群无菌小鼠所饲喂的日粮中没有添加维生素 B 族和维生素 K，结果该群小鼠表现出明显的 B 族维生素和维生素 K 缺乏症，当将正常饲养条件下的小鼠肠道内容物转接给无菌小鼠，在没有改变日粮的情况下，小鼠 B 族维生素和维生素 K 缺乏症逐渐消失，该实验现象表明（　　）
   A. 无菌小鼠体内逐渐自行合成 B 族维生素和维生素 K
   B. 日粮中的其他营养成分转化为 B 族维生素和维生素 K
   C. 正常饲养小鼠将 B 族维生素和维生素 K 转移给无菌小鼠
   D. 正常小鼠肠道内容物中的微生物定植后合成了 B 族维生素和维生素 K 被宿主吸收
   E. 无菌小鼠利用了正常小鼠肠道内容物中的 B 族维生素和维生素 K
   【答案】 D
   【考点】 考试要点：正常菌群
   【解析】 正常菌群在宿主生命活动中能影响和参与动物体物质代谢、营养转化与合成，肠道细菌能利用非蛋白氮化合物合成蛋白质，能合成 B 族维生素和维生素 K 并被宿主吸收。故选答案 D。

72. 一群鸡出现体温升高到 43～45℃，呼吸困难，嗉囊积液，倒提病鸡有大量酸臭液体从口中流出，下痢，粪便呈黄绿色，并出现明显的神经症状。剖检见有腺胃和肌胃交界处有明显出血带，腺胃乳头出血。病料悬液经 0.22μm 滤膜过滤后接种鸡胚可致鸡胚死亡，能鉴定该病原的方法是（　　）
   A. 生化试验   B. 细菌分离培养   C. 血凝和血凝抑制试验
   D. 包涵体检查   E. 光学显微镜观察
   【答案】 C

【考点】 考试要点：主要的动物病毒—新城疫病毒

【解析】 从表述的症状、剖检病变及病料接种鸡胚可致鸡胚死亡来看，符合新城疫病毒的特征，新城疫病毒纤突糖蛋白—血凝素神经氨酸酶能凝集多种动物红细胞，因而可采用血凝和血凝抑制试验进行病原的鉴定，其他选项均不符合。故选答案C。

73. 某猪群饲养管理条件差，近期部分猪表现精神沉郁，食欲减退，体温升高，持续腹泻，排出黄色至灰色稀粪，粪便中混有黏液、血液及纤维碎片，后期粪便呈棕色、红色或黑红色，尿液发黄。并且病猪弓背吊腹，脱水消瘦。取病猪尿液在暗视野显微镜下可见蛇样运动的菌体；镀银染色镜检见S形着色菌体。该猪群最可能感染的病原是（　　）
    A. 空肠弯曲菌　　　　　B. 大肠杆菌　　　　　C. 布氏杆菌
    D. 多杀性巴氏杆菌　　　E. 猪痢短螺旋体

【答案】 E

【考点】 考试要点：主要的动物病原菌—猪痢短螺旋体

【解析】 题干所述症状是猪痢疾的典型发病特征，猪痢疾是由猪痢短螺旋体引起。故选答案E。

74. 某养牛场饲养管理和卫生较差，近来连续发生多头妊娠母牛流产和子宫炎现象，采血检测抗体，虎红平板凝集试验为阳性。对同群的其他牛进行变态反应检查，亦有阳性反应牛检出。该牛群可能感染的病原为（　　）
    A. 布鲁氏菌　　　　　　B. 牛分枝杆菌　　　　C. 产单核细胞李氏杆菌
    D. 副结核分枝杆菌　　　E. 牛支原体

【答案】 A

【考点】 考试要点：主要的动物病原菌—布鲁氏菌属

【解析】 布鲁氏菌主要侵害生殖系统，可引起妊娠母畜流产、子宫炎，公畜睾丸炎。布鲁氏菌感染常表现为慢性或隐性，其诊断和检疫主要依靠血清学检查及变态反应检查。抗体检测常用虎红平板凝集试验、乳汁环状试验、试管凝集试验等；通过注射布鲁氏菌水解素的变态反应检查对慢性病例的检出率较高。故选答案A。

75. 某猪场母猪流产，但无任何其他临床表现；新生仔猪出现神经症状，转圈运动，死亡前尖叫，口吐白沫，解剖后肝脏出现白色坏死；病料接种家兔，接种部位出现奇痒症状，引起该病的病原可能是（　　）
    A. 李氏杆菌　　　　　　B. 布氏杆菌　　　　　C. 猪细小病毒
    D. 乙型脑炎病毒　　　　E. 伪狂犬病病毒

【答案】 E

【考点】 考试要点：主要的动物病毒—伪狂犬病病毒

【解析】 从表述的症状、剖检病变及动物实验的结果来看，符合猪伪狂犬病的特征，病原为伪狂犬病病毒，其他选项均不符合。故选答案E。

76. 利用琼脂双向双扩散实验检测鸡的传染性法氏囊炎。首先进行阴阳性血清比例的确定，中央孔加法氏囊抗原，周围孔加不同稀释倍数的法氏囊阳性血清，结果有的中央孔与周围孔间出现沉淀线，有的未出现沉淀线，未出现沉淀线的原因可用下列哪项解释（　　）
    A. 酸碱度不合适　　　　　　B. 抗原抗体结合力不强
    C. 抗原抗体反应存在二阶段性　　D. 抗原抗体比例不合适　　E. 杂质影响

【答案】 D

【考点】 考试要点：免疫血清学反应的特点

【解析】 特异性抗原与抗体在适宜条件下就能发生结合反应。但对于常规血清学反应，只有在抗原与抗体呈适当比例时，才会出现凝集、沉淀等可见反应结果，在最适比例时，反应最明显。故选答案D。

77. 某猪场部分2月龄猪出现呼吸困难、关节肿胀症状，剖检可见多发性浆膜炎。采病料分别接种普通琼脂、兔血琼脂和巧克力琼脂平板，仅在巧克力平板上长出菌落；该菌落接种兔血板，再用金黄色葡萄球菌点种，呈现"卫星现象"。该猪群感染的病原可能是（　　）
    A. 巴氏杆菌　　B. 里氏杆菌　　C. 大肠杆菌　　D. 肺炎支原体　　E. 副猪嗜血杆菌

【答案】 E

【考点】 考试要点：主要的动物病原菌—副猪嗜血杆菌
【解析】 从表述的症状来看，可判定为副猪嗜血杆菌病，其病原为副猪嗜血杆菌。从病原的培养特性来看，也符合副猪嗜血杆菌的特征。故选答案 E。

78. 某患病猪群出现脑膜炎、关节炎、肺炎、心内膜炎等临床症状，将病料分别接种普通琼脂培养基和血琼脂培养基，培养 24h 观察结果，发现该菌在普通琼脂培养基上基本不生长，血琼脂培养基上长出灰白色、表面光滑、边缘整齐的小菌落，并形成 β 溶血。取菌落进行革兰染色，油镜下可见呈单个或短链状排列的革兰阳性小球菌。该病原菌可能是（ ）
   A. 葡萄球菌   B. 猪链球菌   C. 肺炎支原体   D. 巴氏杆菌   E. 副猪嗜血杆菌
【答案】 B
【考点】 考试要点：主要的动物病原菌—猪链球菌
【解析】 猪链球菌的血清型较多，临床常见猪链球菌 2 型大范围感染猪。从表述的症状及培养和染色特性来看，可判定为猪链球菌病，其病原为猪链球菌。故选答案 B。

79. 甲、乙、丙三组小鼠不同的免疫器官被破坏，其中甲组仅有体液免疫功能，乙组和丙组丧失特异性免疫功能。现给三组小鼠分别输入淋巴干细胞，发现仅有乙组恢复了细胞免疫功能，出现这些现象的原因是（ ）
   A. 甲组骨髓被破坏，乙组胸腺被破坏，丙组骨髓和胸腺均被破坏
   B. 甲组胸腺被破坏，乙组骨髓被破坏，丙组骨髓和胸腺均被破坏
   C. 乙组骨髓被破坏，丙组胸腺被破坏，甲组骨髓和胸腺均被破坏
   D. 丙组胸腺被破坏，甲组骨髓被破坏，乙组骨髓和胸腺均被破坏
   E. 丙组胸腺被破坏，乙组骨髓被破坏，甲组骨髓和胸腺均被破坏
【答案】 B
【考点】 考试要点：免疫系统
【解析】 甲组仅有体液免疫功能，输入淋巴干细胞后，其细胞免疫功能也没有恢复，说明其骨髓正常，破坏的是胸腺。乙组输入淋巴干细胞后，恢复了细胞免疫功能，说明其胸腺正常，缺少淋巴干细胞，被破坏的是骨髓。丙组输入造血干细胞后，特异性免疫功能仍没有恢复，说明其骨髓和胸腺都被破坏了。故选答案 B。

80. 某人注射破伤风抗毒素血清 10 天后，出现乏力、头痛、肌肉痛、关节痛、血尿，尿检查发现尿中渗出蛋白增加，实验室检查血中免疫球蛋白水平正常，但血清补体成分 C_4 和 C_3 下降。发生这种情况的免疫机理为（ ）
   A. Ⅰ型变态反应   B. Ⅱ型变态反应   C. Ⅲ型变态反应
   D. Ⅳ型变态反应   E. Ⅴ型变态反应
【答案】 C
【考点】 考试要点：免疫复合物型（Ⅲ型）变态反应
【解析】 注射破伤风抗毒素血清 10 天后，体内抗毒素抗体已经产生而抗毒素尚未完全排除，二者结合形成中等大小可溶性免疫复合物，沉积于局部组织，结合并激活补体，使血清补体成分 C_4 和 C_3 下降；嗜碱性粒细胞、肥大细胞、血小板激活释放血管活性物质，使毛细血管通透性增加，血管物质外渗，所以会出现血尿，尿检查发现尿中渗出蛋白增加。此现象属于Ⅲ型变态反应。故选答案 C。

【A3/A4 型题】

答题说明：以下提供若干案例，每个案例下设 3 道考题。请根据案例所提供的信息在每一考题下面的 A、B、C、D、E 五个备选答案中选择一个最佳，并在答题卡上将相应题号的字母所属的方框涂黑。

（81～83 题共用以下题干）

某绵羊群突然表现精神沉郁、厌食，有的将头偏向一侧，有的朝一个方向转圈，有的出现一侧性脸麻痹，双眼发生角膜结膜炎，严重的引起死亡。妊娠母羊出现流产，产死胎或弱胎。取发病羊血样检测发现血液中单核细胞增多。

81. 引起该病的病原可能是（ ）
   A. 布氏杆菌   B. 沙门氏菌   C. 结核杆菌
   D. 产单核细胞李氏杆菌   E. 多杀性巴氏杆菌

【答案】 D
【考点】 考试要点：主要的动物病原菌——李氏杆菌属
【解析】 题干所述是李氏杆菌病的典型发病特征。引起该病的病原是产单核细胞李氏杆菌。故选答案 D。

82. 下列哪项**不属于**该病原的特性（ ）
    A. 常呈 V 字形排列或成对排列　　B. 革兰染色为阳性　　C. 可形成芽孢
    D. 有运动性　　E. 可进行 4℃"冷增菌"
【答案】 C
【考点】 考试要点：产单核细胞李氏杆菌
【解析】 产单核细胞李氏杆菌为革兰染色阳性的短杆菌，常呈 V 字形排列或成对排列。无芽孢。在 20～25℃培养可产生周鞭毛，具有运动性。该菌在 4℃条件下可缓慢增殖。故选答案 C。

83. 关于该病致病机理及防治的叙述**不正确**的是（ ）
    A. 本菌的抗原结构与毒力无关　　B. 可进入巨噬细胞内寄生　　C. 产生溶血素
    D. 本病目前尚无有效疫苗　　E. 神经症状初期可用抗生素治疗
【答案】 E
【考点】 考试要点：产单核细胞李氏杆菌
【解析】 产单核细胞李氏杆菌的致病性与细胞内寄生有关，可进入巨噬细胞和非吞噬细胞寄生，溶血素是其毒力因子之一，但抗原结构与毒力无关。本病目前尚无有效的疫苗，当动物出现神经症状后抗生素治疗往往难以奏效。故选答案 E。

(84～86 题共用以下题干)
实验室从市场购进一批 2 月龄以上家兔，在饲养期出现发病，发病家兔开始表现为精神沉郁、饮食欲减退，大多体温高达 40℃以上；后期饮食废绝，形体消瘦，有的出现腹泻，驱赶则站立不稳，有的前肢或后肢瘫痪。从出现症状到发病死亡 3～5 天不等，多因衰竭而死。死前表现呼吸困难，拱背或头颈后仰，有的紧咬兔笼铁网，最后往往抽搐而死。剖检死亡家兔可见气管、喉头、肺脏出血，肝脏、脾脏、肾脏、胸腺肿大并伴有不同程度出血，肠系膜淋巴结明显肿大。

84. 根据以上症状，家兔最可能感染的病原是（ ）
    A. 毛样芽孢杆菌　　B. 产气荚膜梭菌　　C. 兔密螺旋体
    D. 兔出血症病毒　　E. 兔黏液瘤病毒
【答案】 D
【考点】 考试要点：主要的动物病毒——兔出血症病毒
【解析】 题干所述为兔出血性败血症（俗称"兔瘟"）的发病特征，引起该病的病原为兔出血症病毒。故选答案 D。

85. 可用于该病原增殖的方法为（ ）
    A. 接种鸡胚　　B. 接种鸡　　C. 接种家兔　　D. 接种鸽子　　E. 接种细胞
【答案】 C
【考点】 考试要点：兔出血症病毒的分子特征
【解析】 兔出血症病毒至今未找到合适的稳定的传代细胞，也不能在鸡胚和其他动物上增殖，因此，现仍然采用本动物兔来增殖病毒制备疫苗。故选答案 C。

86. 下列**不能**用来诊断该病原的方法是（ ）
    A. 血凝和血凝抑制试验　　B. 细胞病变效应　　C. ELISA
    D. RT-PCR　　E. 电镜观察
【答案】 B
【考点】 考试要点：兔出血症病毒的诊断
【解析】 从感染组织主要是肝可获得高滴度的病毒，用人红细胞做血凝试验，再以抗体做血凝抑制试验即可确诊。也可用电镜观察或 ELISA 以及 RT-PCR 方法进行诊断。由于兔出血症病毒不能在细胞上增殖，所以不能用细胞病变效应来诊断。故选答案 B。

(87～89题共用以下题干)

某地一群山羊在5月突然发病,发病羊出现高热、呼吸困难、眼、鼻排出大量分泌物、腔溃疡和坏死、肺炎和腹泻。剖检见结肠和直肠结合处有条纹状出血,病死率可达60%以上。

87. 该病病原最可能为（　　）
A. 口蹄疫病毒　　　　　　B. 山羊痘病毒　　　　　　C. 小反刍兽疫病毒
D. D型产气荚膜梭菌　　　E. 腐败梭菌

【答案】 C

【考点】 考试要点：主要的动物病毒—小反刍兽疫病毒

【解析】 题干所述是小反刍兽疫病毒感染山羊引起的典型发病表现。口蹄疫病毒引起的主要是口唇部和乳房出现特征性的水疱；山羊痘病毒是病羊皮肤和黏膜上发生特异性痘疹；D型产气荚膜梭菌和腐败梭菌虽然均可引起胃肠道症状,但一般不见结肠和直肠结合处有条纹状出血。故选答案C。

88. 该病原在抗原性上与下列哪种病毒存在高度交叉保护反应（　　）
A. 口蹄疫病毒　　　　　　B. 山羊痘病毒　　　　　　C. 犬瘟热病毒
D. 牛流行性腹泻病毒　　　E. 牛瘟病毒

【答案】 E

【考点】 考试要点：小反刍兽疫病毒的抗原特性

【解析】 小反刍兽疫病毒仅有一个血清型,与牛瘟病毒在抗原性上存在高度的交叉保护反应,因而在发生小反刍兽疫的地区,可用牛瘟组织培养苗进行免疫接种。故选答案E。

89. 下列哪项**不能**作为该病原的诊断方法（　　）
A. 中和试验　　　　　　　B. 鸡胚接种　　　　　　　C. 间接免疫荧光试验
D. ELISA　　　　　　　　E. RT-PCR

【答案】 B

【考点】 考试要点：小反刍兽疫病毒的诊断

【解析】 可采集眼结膜、鼻腔分泌物、口腔黏膜等接种合适的细胞,CPE以形成多核巨细胞为特点。血清学试验采用病毒中和试验、竞争ELISA或间接ELISA检测抗体,采用夹心ELISA或间接免疫荧光试验检测抗原。也可采用RT-PCR技术检测病毒RNA。故选答案B。

(90～92题共用以下题干)

某商品肉鸭养殖场15日龄肉鸭突然发病,临床表现为精神沉郁、蹲伏、缩颈、头颈歪斜、步态不稳和共济失调,粪便稀薄呈绿色或黄绿色。剖检可见纤维素性心包炎、肝周炎、气囊炎和脑膜炎,脾脏肿大呈斑驳样。

90. 引起该病的病原可能是（　　）
A. 鸭瘟病毒　　　　　　　B. 沙门氏菌　　　　　　　C. 鸭疫里氏杆菌
D. 多杀性巴氏杆菌　　　　E. 鸭肝炎病毒

【答案】 C

【考点】 考试要点：主要的动物病原菌—鸭疫里氏杆菌

【解析】 题干所述是鸭传染性浆膜炎的典型发病特征。引起鸭传染性浆膜炎的病原是鸭疫里氏杆菌。故选答案C。

91. 若进行病原分离,下列最合适的培养基是（　　）
A. 普通培养基　　　　　　B. 麦康凯培养基　　　　　C. 伊红美蓝培养基
D. 甘露醇培养基　　　　　E. 胰蛋白胨大豆琼脂培养基

【答案】 E

【考点】 考试要点：鸭疫里氏杆菌的培养特性

【解析】 鸭疫里氏杆菌对营养要求较高,在普通培养基和一些鉴别培养基如麦康凯培养基、伊红美蓝培养基、甘露醇培养基上不能生长。在巧克力培养基或胰蛋白胨大豆琼脂培养基,含5%～10%的CO_2条件下,37℃培养24～48h,可形成表面光滑、直径1～2mm的无色圆形菌落。故选答案E。

92. 下列哪项**不能**用于该病原的微生物学诊断（　　）
A. 巧克力培养基　　　　　B. 接种小鼠　　　　　　　C. 血清型鉴定
D. 免疫荧光试验　　　　　E. PCR鉴定

【答案】　B
【考点】　考试要点：鸭疫里氏杆菌的微生物学诊断
【解析】　取发病初期病鸭的脑及心血，用巧克力培养基容易分离到本菌。血清型鉴定、免疫荧光试验、PCR鉴定均可用于本菌的诊断。动物试验只感染鸭，不能感染小鼠。故选答案B。

(93~95题共用以下题干)

某3周龄鸡群突然发病，传播迅速，发病率很高，并有不同程度的死亡。病鸡出现严重腹泻，剖检的特征病变是腿肌出血，有的法氏囊出血肿大，有的明显萎缩，肾脏肿大并有尿酸盐沉积。

93. 引起该病的病原可能是（　　）
　　A. 禽流感病毒　　　　　　B. 大肠杆菌　　　　　　C. 传染性法氏囊病病毒
　　D. 多杀性巴氏杆菌　　　　E. 传染性支气管炎病毒
【答案】　C
【考点】　考试要点：主要的动物病毒——传染性法氏囊病病毒
【解析】　题干所述是传染性法氏囊病的典型发病特征。引起该病的病原是传染性法氏囊病病毒。故选答案C。

94. 该病原的分类地位属于（　　）
　　A. 双RNA病毒科　　　　　B. 冠状病毒科　　　　　C. 副黏病毒科
　　D. 细小病毒科　　　　　　E. 小RNA病毒科
【答案】　A
【考点】　考试要点：双RNA病毒科
【解析】　传染性法氏囊病病毒属于双RNA病毒科。故选答案A。

95. 关于该病的叙述**不正确**的是（　　）
　　A. 由于损害中枢免疫器官故可引起免疫抑制　　　B. 可进行血凝试验检测病毒
　　C. 可进行鸡胚尿囊腔接种分离病毒　　　　　　　D. 可进行疫苗接种预防该病
　　E. VP2蛋白是主要的保护性抗原
【答案】　B
【考点】　考试要点：传染性法氏囊病病毒
【解析】　传染性法氏囊病病毒不具有血凝性，因而不能用血凝试验来检测病毒，其他选项内容皆正确。故选答案B。

(96~98题共用以下题干)

某牛群突然出现多头牛体温升高，食欲废绝，明显牵缕状流涎并带有泡沫。口腔黏膜发炎，口腔、舌面及蹄部出现水疱。经过1~2天后水疱破裂，表皮剥脱，形成浅表的红色糜烂。本病多取良性经过，经1周即可痊愈。有继发病变的病程可延长。犊牛感染时水疱不明显，主要表现为出血性肠炎和心肌麻痹，死亡率高。

96. 引起该牛群发病的病原属于（　　）
　　A. 痘病毒科　　　　　　　B. 疱疹病毒科　　　　　C. 副黏病毒科
　　D. 微RNA病毒科　　　　　E. 弹状病毒科
【答案】　D
【考点】　考试要点：主要的动物病毒——口蹄疫病毒
【解析】　题干所述符合口蹄疫病毒引起的发病特征。口蹄疫病毒属于微RNA病毒科。故选答案D。

97. 假设该病原为"口蹄疫病毒"，则可用于区别感染动物和灭活疫苗免疫动物的非结构蛋白是（　　）
　　A. 前导蛋白酶　　　　　　B. 2ABC蛋白酶　　　　　C. 3ABC蛋白酶
　　D. 3D聚合酶　　　　　　　E. 两种以上蛋白的复合体
【答案】　C
【考点】　考试要点：口蹄疫病毒的分子特征
【解析】　口蹄疫病毒的非结构蛋白有前导蛋白酶、2A、2B、2C、3A、3B、3C蛋白酶和

3D聚合酶及两种以上蛋白的复合体。检测非结构蛋白3ABC可区别感染动物和灭活疫苗免疫动物。故选答案C。

98. 口蹄疫病毒血清型众多，下列血清型命名**不正确**的是（　　）
    A. 亚洲1型　　B. 南非1型　　C. A型　　D. O型　　E. D型

【答案】　E
【考点】　考试要点：口蹄疫病毒的抗原特性
【解析】　口蹄疫病毒有7个血清型，分别命名为O、A、C、SAT1、SAT2、SAT3及亚洲1型，每个型又可进一步划分亚型。各血清型之间无交叉免疫，同一血清型的亚型之间交叉免疫力也较弱。故选答案E。

（99～101题共用以下题干）
某猪群出现繁殖母猪体温升高，并在妊娠后期发生流产，分娩出弱仔、死胎或木乃伊胎，有的病猪出现耳部蓝紫色，有时可能在腹部及阴部也可见青紫色。在分娩舍内受到感染的仔猪，临床表现为食欲不振、发热和呼吸困难，皮毛粗糙，发育迟缓，耳鼻端乃至肢端发绀。

99. 引起该病的病原最可能是（　　）
    A. 猪瘟病毒
    B. 猪细小病毒
    C. 猪繁殖与呼吸综合征病毒
    D. 布氏杆菌
    E. 产单核细胞李氏杆菌

【答案】　C
【考点】　考试要点：主要的动物病原—猪繁殖与呼吸综合征病毒
【解析】　猪繁殖与呼吸综合征病毒是猪繁殖与呼吸综合征（俗称"蓝耳病"）的病原，可引起母猪繁殖障碍和不同生长阶段猪的呼吸道疾病。猪瘟病毒可致怀孕母猪流产、产死胎、木乃伊胎，感染猪组织器官的出血病灶和脾梗死是特征性病变。猪细小病毒主要引起初产母猪发生繁殖障碍和病毒血症，母猪本身和其他感染猪无明显临诊症状。布氏杆菌感染可引起睾丸炎、附睾炎、乳腺炎、子宫炎及母畜流产，并具有重要的公共卫生意义。产单核细胞李氏杆菌感染的宿主范围广泛，除引起母畜流产外，还可引起败血症、神经症状。故选答案C。

100. 下列属于该病原特性的是（　　）
    A. 无囊膜
    B. 感染猪可出现抗体与病毒共存的现象
    C. 不同毒株间存在较大的交叉反应性
    D. 感染宿主范围广
    E. 毒株间变异较小

【答案】　B
【考点】　考试要点：猪繁殖与呼吸综合征病毒的特性
【解析】　猪繁殖与呼吸综合征病毒有囊膜。同一基因型的不同毒株之间存在着较广泛的变异，不同基因型的病毒有重组现象。北美洲型和欧洲型毒株之间的差异很大，只有很少的交叉反应性。感染猪在若干星期内抗体存在的同时可出现病毒血症。目前尚未发现其他动物对本病有易感性。故选答案B。

101. 下列**不能**用于该病原的培养和诊断的是（　　）
    A. 接种猪肺泡巨噬细胞
    B. ELISA
    C. 免疫荧光抗体技术
    D. 接种猪肾细胞
    E. RT-PCR技术

【答案】　D
【考点】　考试要点：猪繁殖与呼吸综合征病毒的诊断
【解析】　猪繁殖与呼吸综合征病毒培养较困难，仅在猪肺泡巨噬细胞、非洲绿猴肾细胞系MA-104、MARC-145细胞中生长。可用免疫荧光抗体技术、ELISA等检测抗体，RT-PCR可用于检测样本中的病毒核酸。故选答案D。

（102～104题共用以下题干）
某鸡场9日龄鸡群出现群发性频频摇头、咳嗽、喷嚏，并有浆液或黏液性鼻液排出，部分鸡有呼吸道啰音，有的出现结膜炎，病鸡食欲明显下降，生长停滞。

102. 对该群鸡的诊断首先需进行的检查为（　　）
    A. 病毒分离鉴定
    B. 细菌学检查
    C. 血清学检查
    D. 免疫学检测
    E. 病理剖检

【答案】　E

【考点】 考试要点：细菌感染的诊断
【解析】 题干所述鸡群的发病症状不足以作为疾病确诊的依据，需进一步进行剖检观察其病理变化，并通过采集适宜的病料进行实验室检测来确诊。故选答案 E。

103. 若该病为细菌病，则首先应进行（　　）
　　A. 分离培养　　B. 生化试验　　C. PCR 反应　　D. 涂片镜检　　E. 药敏试验
【答案】 D
【考点】 考试要点：细菌的分离鉴定
【解析】 凡在形态和染色性上具有特征性的致病菌，样本直接涂片染色后镜检可以进行初步诊断。但很多细菌仅凭形态学不能作出确切诊断，需经细菌的分离培养、生化反应及血清学等进一步鉴定才能明确感染的细菌。故选答案 D。

104. 若该病原在普通培养基上不生长，接种于含 10% 的马血清马丁琼脂，37℃ 培养 5 天，高倍镜下可见形成"油煎荷包蛋"状小菌落，该疾病最可能的致病病原是（　　）
　　A. 多杀性巴氏杆菌　　　　　　B. 支气管败血波氏菌　　　　　　C. 鸡毒支原体
　　D. 胸膜肺炎放线杆菌　　　　　E. 沙门氏菌
【答案】 C
【考点】 考试要点：主要的动物病原菌——鸡毒支原体
【解析】 只有鸡毒支原体在固体培养基上培养可形成"油煎荷包蛋"状小菌落，其他选项中的病原均不能。故选答案 C。

（105～107 题共用以下题干）
某鸡群突然发病，闭目昏睡，头面部水肿，脚部鳞片出血。剖检见内脏广泛出血，胰腺有点状坏死，病死率达 80%。病料悬液经 0.22μm 滤膜过滤后，滤液接种鸡胚可致鸡胚死亡。

105. 引起该病的病原最可能是（　　）
　　A. NDV　　B. AIV　　C. IBV　　D. IBDV　　E. MDV
【答案】 B
【考点】 考试要点：主要的动物病毒——禽流感病毒
【解析】 题干所述是禽流感的典型发病表现。其病原为禽流感病毒（AIV）。故选答案 B。

106. 该病原的分类地位为（　　）
　　A. 疱疹病毒科　　　　　　B. 弹状病毒科　　　　　　C. 小 RNA 病毒科
　　D. 正黏病毒科　　　　　　E. 副黏病毒科
【答案】 D
【考点】 考试要点：禽流感病毒的分子特征
【解析】 禽流感病毒属于正黏病毒科，A 型流感病毒属的成员。故选答案 D。

107. 可用于该病原鉴定的方法是（　　）
　　A. 生化试验　　　　　　　B. 细菌分离培养　　　　　C. 血凝和血凝抑制试验
　　D. 包含体检查　　　　　　E. 光学显微镜观察
【答案】 C
【考点】 考试要点：禽流感病毒的诊断
【解析】 从表述的症状、剖检病变及病料接种鸡胚可致鸡胚死亡来看，符合禽流感病毒的特征，应采用血凝和血凝抑制试验进行病原的鉴定，其他选项均不符合。故选答案 C。

（108～110 题共用以下题干）
某地面平养的 4 周龄肉鸡突然出现死亡，病程稍长的可见排出黑色或混有血液的粪便。新鲜病死鸡打开腹腔即可闻到一般疾病少见的尸腐臭味。病变主要在小肠，肠管扩张充气，为正常肠管的 2～3 倍，肠壁增厚。肠腔内容物呈液状，有泡沫，呈血色或黑绿色。肠黏膜呈大小不等的麸皮样坏死，有的形成伪膜，易剥离。肝脏充血，并可见圆形坏死灶。肾肿大、褪色。

108. 引起该病的病原最可能是（　　）
　　A. 大肠杆菌　　　　　　　B. 产气荚膜梭菌　　　　　C. 肝片吸虫
　　D. 小肠艾美尔球虫　　　　E. 禽流感病毒
【答案】 B
【考点】 考试要点：主要的动物病原菌——产气荚膜梭菌

【解析】 题干所述是鸡坏死性肠炎的典型发病表现，主要是由 A 或 C 型产气荚膜梭菌在鸡肠道内生长繁殖并产生毒素而引起的一种急性传染病。故选答案 B。

109. 下列最适于该病原的分离鉴定方法是（　　）
    A. 鸡胚接种　　　　　　B. 细胞培养　　　　　　C. 肠内容直接涂片镜检
    D. 血平板分离培养　　　E. 饱和盐水漂浮法
   【答案】 D
   【考点】 考试要点：产气荚膜梭菌的培养特性
   【解析】 产气荚膜梭菌对营养条件要求不严格，普通培养基就可以很好地生长，在血平板上形成双层溶血环，内层完全溶血，外环不完全溶血。其他选项不能用于该病原的分离。故选答案 D。

110. 下列属于该病原的特征性生化特性的是（　　）
    A. 明胶液化　　　　　　　　　　　　B. 明胶中呈试管刷状生长
    C. 牛乳培养基中出现暴烈发酵现象　　D. 三糖铁斜面变黄　　　　E. 吲哚试验阳性
   【答案】 C
   【考点】 考试要点：产气荚膜梭菌的生化特性
   【解析】 产气荚膜梭菌最突出的生化特性是对牛乳培养基的"暴烈发酵"，于接种牛乳培养基 8～10h 后，由于发酵牛乳中的乳糖使牛乳酸凝，同时产生大量气体使凝块破裂成多孔海绵状。其他选项均不符合。故选答案 C。

【B1 型题】
答题说明：以下提供若干组考题，每组考题共用在考题前列出的 A、B、C、D、E 五个备选答案。请从中选择一个与问题关系最密切的答案，并在答题卡上将相应题号的相应字母所属的方框涂黑。某个备选答案可能被选择 1 次、多次或不被选择。

（111～113 题共用下列备选答案）
    A. 副猪嗜血杆菌　　　　B. 炭疽杆菌　　　　C. 布氏杆菌
    D. 多杀性巴氏杆菌　　　E. 链球菌

111. 普通培养基培养会形成边缘不整齐的卷发状大菌落的是（　　）
   【答案】 B
   【考点】 考试要点：主要的动物病原菌—炭疽芽孢杆菌
   【解析】 炭疽杆菌对营养要求不高，普通琼脂平板培养 24h，会长出灰白色、干燥、表面无光泽、不透明、边缘不整齐的粗糙型菌落。故选答案 B。

112. 生长需供给 X 因子和 V 因子的为（　　）
   【答案】 A
   【考点】 考试要点：主要的动物病原菌—副猪嗜血杆菌
   【解析】 副猪嗜血杆菌生长条件要求比较严格。初次分离培养时供给 5%～10% CO_2 可促进生长。生长需供给 X 因子和 V 因子。故选答案 A。

113. 在血琼脂平板上生长，不同菌株可形成 α、β 和 γ 三类溶血现象的是（　　）
   【答案】 E
   【考点】 考试要点：主要的动物病原菌—链球菌属
   【解析】 链球菌有 30 多种，20 个血清群。一般根据溶血现象和抗原结构对链球菌进行分类。根据链球菌在血琼脂平板上的溶血现象将其分为 α、β 和 γ 三大类。α 溶血性链球菌菌落周围有朦胧的不透明溶血环，此类链球菌为条件致病菌；β 溶血性链球菌菌落周围形成一个界限分明、完全透明的溶血环，此类链球菌致病力强；γ 链球菌菌落周围无溶血环，一般不致病。故选答案 E。

（114～116 题共用下列备选答案）
    A. T 细胞　　B. B 细胞　　C. 吞噬细胞　　D. NK 细胞　　E. 树突状细胞

114. 能非特异性杀伤肿瘤细胞的是（　　）
   【答案】 D
   【考点】 考试要点：免疫细胞的分类及功能
   【解析】 NK 细胞是一群既不依赖抗体，也不需要抗原刺激和致敏就能杀伤靶细胞的淋巴细胞。主要生物学功能为非特异性地杀伤肿瘤细胞、抵抗多种微生物感染及排斥骨髓细胞的移植，也有免疫调节作用。故选答案 D。

115. 既在体液免疫应答中发挥重要作用又具有递呈抗原能力的是（　　）
【答案】 B
【考点】 考试要点：免疫细胞的分类及功能
【解析】 前体 B 细胞在哺乳类动物的骨髓或鸟类的腔上囊分化发育为成熟的 B 细胞，参与体液免疫反应。B 细胞也是一类重要的抗原递呈细胞，特别是活化的 B 细胞，具有较强的抗原递呈能力。故选答案 B。

116. 无吞噬能力但有强大的抗原加工和递呈能力的是（　　）
【答案】 E
【考点】 考试要点：免疫细胞的分类及功能
【解析】 树突状细胞表面伸出许多树突状突起，胞内线粒体丰富，高尔基体发达，但无溶酶体及吞噬体，故无吞噬能力，但抗原加工和递呈功能强大。故选答案 E。

（117～119题共用下列备选答案）
A. 过继免疫　　　B. 人工被动免疫　　　C. 人工主动免疫
D. 天然主动免疫　　E. 天然被动免疫

117. 隐性感染后获得的免疫属于（　　）
【答案】 D
【考点】 考试要点：天然主动免疫
【解析】 天然主动免疫是指动物在感染某种病原微生物耐过后产生的对该病原体再次侵入的不感染状态。故选答案 D。

118. 胎儿从母体获得 IgG 属于（　　）
【答案】 E
【考点】 考试要点：天然被动免疫
【解析】 天然被动免疫是指通过胎盘、初乳或卵黄从母体获得某些特异性抗体，从而获得对某种病原体的免疫力。故选答案 E。

119. 为预防新城疫，给 7 日龄雏鸡进行新城疫弱毒苗的滴鼻点眼和油苗注射属于（　　）
【答案】 C
【考点】 考试要点：人工主动免疫
【解析】 人工主动免疫是指给动物接种抗原物质，刺激机体免疫系统发生应答反应，产生特异性免疫力。故选答案 C。

（120～122题共用下列备选答案）
A. 螺旋体　　B. 支原体　　C. 立克次体　　D. 细菌　　E. 朊病毒

120. 没有细胞壁的原核微生物是（　　）
【答案】 B
【考点】 考试要点：主要的动物病原菌—支原体
【解析】 支原体是一类无细胞壁的原核单细胞微生物。故选答案 B。

121. 属于构象病原的是（　　）
【答案】 E
【考点】 考试要点：朊病毒
【解析】 朊病毒的致病性在于正常的朊病毒蛋白转变为致病性朊蛋白，两者互为同源异构体，构象发生改变后，由以 α 螺旋为主变成以 β 折叠为主。致病性朊蛋白在脑组织内聚集形成神经元空斑，引起海绵状损害及丧失神经元功能。故选答案 E。

122. 适于用暗视野显微镜进行活体检测的是（　　）
【答案】 A
【考点】 考试要点：螺旋体
【解析】 螺旋体是介于细菌和原虫之间的一类微生物。由于其形态的特殊性和较强的运动性，适于进行活体检测，最常用相差或暗视野显微镜进行高倍镜检。故选答案 A。

（123～125题共用下列备选答案）
　　A. 磷壁酸　　　　B. 周浆间隙　　　　C. 脂多糖　　　　D. SPA　　　　E. 荚膜
123. 具有抗吞噬作用的是（　　）
　　【答案】　E
　　【考点】　考试要点：细菌的特殊结构——荚膜
　　【解析】　荚膜可保护细菌抵御吞噬细胞的吞噬，增加细菌的侵袭力，是构成细菌致病性的重要因素。故选答案E。

124. 属于内毒素的组成成分的是（　　）
　　【答案】　C
　　【考点】　考试要点：细菌的基本结构——革兰阴性菌细胞壁
　　【解析】　脂多糖是革兰阴性菌细胞壁外膜的组成成分，由类脂A核心多糖和特异性多糖组成。其中的类脂A是内毒素的主要毒性成分。故选答案C。

125. 属于金黄色葡萄球菌细胞壁的表面蛋白质，能与多种动物的IgG的Fc片段结合（　　）
　　【答案】　D
　　【考点】　考试要点：免疫检测新技术
　　【解析】　SPA是金黄色葡萄球菌细胞壁的表面蛋白质，由于具有能与多种动物IgG的Fc片段结合的特性，因而成为免疫检测技术中的一种极为有用的试剂。故选答案D。

（126～128题共用下列备选答案）
　　A. 抗生素　　　B. 细菌素　　　C. 维生素　　　D. 热原质　　　E. 色素
126. 只对近缘细菌有抗菌作用的蛋白质或蛋白质与脂多糖的复合物为（　　）
　　【答案】　B
　　【考点】　考试要点：细菌的合成代谢产物及其作用
　　【解析】　细菌素是由某些细菌产生的仅对近缘菌株有抗菌作用的蛋白质或蛋白质与脂多糖的复合物。故选答案B。

127. 能促进细菌扩散，增强病原菌的侵袭力的是（　　）
　　【答案】　B
　　【考点】　考试要点：细菌的合成代谢产物及其作用
　　【解析】　有些细菌能合成一些胞外酶，如透明质酸酶、卵磷脂酶、链激酶等。这些酶类通过分解相应的组织蛋白，帮助细菌蔓延扩散，从而增强细菌的侵袭力。故选答案B。

128. 对细菌的鉴别具有一定意义的是（　　）
　　【答案】　E
　　【考点】　考试要点：细菌的合成代谢产物及其作用
　　【解析】　某些细菌在代谢过程中能产生不同颜色的色素，对细菌的鉴别有一定意义。分为水溶性和脂溶性两种，前者如铜绿假单胞菌产生的水溶性绿色色素，后者如金黄色葡萄球菌合成的脂溶性金黄色色素。故选答案E。

（129～131题共用下列备选答案）
　　A. 链球菌　　　　　　　　B. 大肠杆菌　　　　　　　C. 沙门氏菌
　　D. 多杀性巴氏杆菌　　　　E. 牛分枝杆菌
129. 在麦康凯培养基上形成紫红色菌落的是（　　）
　　【答案】　B
　　【考点】　考试要点：主要的动物病原菌——大肠埃希氏菌
　　【解析】　大肠杆菌分解麦康凯培养中的乳糖产酸，酸性条件下中性红显红色，故形成紫红色菌落；而不分解乳糖的沙门氏菌在碱性条件下显示为无色菌落。链球菌、多杀性巴氏杆菌和牛分枝杆菌在此培养基上不生长。故选答案B。

130. 在麦康凯培养基上生长形成无色透明菌落的是（　　）
　　【答案】　C
　　【考点】　考试要点：主要的动物病原菌——沙门氏菌
　　【解析】　麦康凯培养基含有中性红指示剂，在酸性条件下显红色。绝大多数沙门氏菌菌株不发酵乳糖，在麦康凯培养基上生长成无色透明菌落，可与大肠杆菌的紫红色菌落相区别。

故选答案 C。

131. 在固体培养基上培养菌落形成时间缓慢且为粗糙型菌落的是（ ）
　　【答案】　E
　　【考点】　考试要点：主要的动物病原菌——牛分枝杆菌
　　【解析】　牛分枝杆菌对营养要求严格，生长缓慢，特别是初代培养，一般需 10～30 天才能看到菌落。菌落粗糙、隆起、不透明、边缘不整齐、呈颗粒、结节或花菜状。故选答案 E。

（132～134 题共用下列备选答案）
　　A. 双股 DNA　　　　　　　　　　B. 单股 DNA　　　　　　　　　　C. 双股 RNA
　　D. 分节段单负股 RNA　　　　　　E. 不分节段正股 RNA

132. 猪圆环病毒的核酸类型为（ ）
　　【答案】　B
　　【考点】　考试要点：主要的动物病毒——猪圆环病毒
　　【解析】　猪圆环病毒是目前发现的最小的动物病毒。基因组为单链环状 DNA。故选答案 B。

133. 禽流感病毒的核酸类型（ ）
　　【答案】　D
　　【考点】　考试要点：主要的动物病毒——禽流感病毒
　　【解析】　禽流感病毒的基因组为单负股 RNA，分 8 个节段，在病毒的增殖过程中很容易发生基因的重排，因此其抗原性发生变异的概率比一般 RNA 病毒大。故选答案 D。

134. 口蹄疫病毒的核酸类型（ ）
　　【答案】　E
　　【考点】　考试要点：主要的动物病毒——口蹄疫病毒
　　【解析】　口蹄疫病毒属微 RNA 病毒科口蹄疫病毒属成员，基因组为单分子正股 RNA。故选答案 E。

（135～137 题共用下列备选答案）
　　A. 禽传染性支气管炎病毒　　　　B. 新城疫病毒　　　　　　　　C. 鸡痘病毒
　　D. 传染性法氏囊病病毒　　　　　E. 禽白血病病毒

135. 可用 1 日龄雏鸡脑内接种致病指数和最小致死量致死鸡胚的平均死亡时间来衡量毒株毒力差异的是（ ）
　　【答案】　B
　　【考点】　考试要点：主要的动物病毒——新城疫病毒
　　【解析】　新城疫病毒虽然只有一个血清型，但根据不同毒株毒力的差异可分成 3 个类型：强毒型、中毒型和弱毒型。区分依据为如下致病指数：病毒对 1 日龄雏鸡脑内接种致病指数（ICPI）、42 日龄鸡静脉接种的致病指数（IVPI）、最小致死量致死鸡胚的平均死亡时间（MDT）。故选答案 B。

136. 病毒接种鸡胚能引起鸡胚卷缩矮小化的是（ ）
　　【答案】　A
　　【考点】　考试要点：主要的动物病毒——禽传染性支气管炎病毒
　　【解析】　禽传染性支气管炎病毒接种鸡胚尿囊腔，会引起绒毛尿囊膜肿胀，鸡胚卷缩并矮小化。故选答案 A。

137. 病毒感染主要侵害中枢免疫器官的是（ ）
　　【答案】　D
　　【考点】　考试要点：主要的动物病毒——传染性法氏囊病病毒
　　【解析】　传染性法氏囊病病毒主要侵害鸡的中枢免疫器官，导致免疫抑制，从而增强机体对其他疫病的易感性和降低对其他疫苗的反应性。故选答案 D。

（138～140 题共用下列备选答案）
　　A. IgG　　　　　　B. IgM　　　　　　C. IgD　　　　　　D. 分泌型 IgA　　　　E. IgE

138. 在免疫反应中最早出现，常用于传染病早期诊断的免疫球蛋白是（ ）
　　【答案】　B
　　【考点】　考试要点：各类抗体的特点及生物学功能

【解析】 在抗病原微生物感染及疫苗免疫反应中，IgM是动物机体体液免疫反应中最早产生的免疫球蛋白，在抗感染免疫的早期起着十分重要的作用，因此可通过检测IgM抗体进行疫病的血清学早期诊断。故选答案B。

139. 在介导Ⅰ型超敏反应和抗寄生虫感染中发挥重要作用的抗体是（　　）
　　【答案】 E
　　【考点】 考试要点：各类抗体的特点及生物学功能
　　【解析】 IgE在血清中含量很低，是一种亲细胞性抗体，易与肥大细胞和嗜碱性粒细胞结合，介导Ⅰ型超敏反应，同时，IgE在抗寄生虫感染中也发挥重要作用。故选答案E。

140. 在局部黏膜免疫中发挥作用最大的免疫球蛋白是（　　）
　　【答案】 D
　　【考点】 考试要点：各类抗体的特点及生物学功能
　　【解析】 分泌型IgA是机体黏膜免疫的一道屏障，对经呼吸道、消化道等黏膜途径感染的病原微生物发挥重要作用。在传染病的预防接种中，经滴鼻、点眼、喷雾等途径接种疫苗，均可产生分泌型IgA而建立相应的黏膜免疫力。故选答案D。

二、兽医传染病学

【A1型题】
　　答题说明：每一道考试题下面有A、B、C、D、E五个备选答案，请从中选择一个最佳答案，并在答题卡上将相应题号的相应字母所属的方框涂黑。

1. 下列猪传染病的传播方式中，不属于垂直传播的是（　　）
　　A. 猪瘟　　　　B. 猪伪狂犬病　　　C. 猪丹毒　　　D. 猪蓝耳病　　　E. 猪细小病毒病
　　【答案】 C
　　【考点】 考试要点：猪某些重要传染病的传播方式—垂直传播
　　【解析】 猪瘟、猪伪狂犬病、猪蓝耳病、猪细小病毒病、猪日本乙型脑炎等都可以经母猪的胎盘进行垂直传播，而猪丹毒则不能，故选答案C。

2. 一般而言，下列动物传染病的平均潜伏期最长者为（　　）
　　A. 猪瘟　　　　B. 口蹄疫　　　C. 疯牛病　　　D. 鸡新城疫　　　E. 猪流行性腹泻
　　【答案】 C
　　【考点】 考试要点：动物传染病的潜伏期
　　【解析】 猪瘟、口蹄疫、鸡新城疫和猪流行性腹泻的平均潜伏期为数天，而疯牛病的平均潜伏期为2~4年，故选答案C。

3. 将动物的粪便进行堆肥处理是何种消毒措施（　　）
　　A. 生物消毒法　　B. 物理消毒法　　　C. 化学消毒法　　D. 隔离　　　E. 机械消毒法
　　【答案】 A
　　【考点】 考试要点：消毒的方法
　　【解析】 粪便进行堆肥处理是一种利用微生物发酵、产热的消毒方法，故选答案A。

4. 下列兽医传染病哪个是农业部规定的一类动物疫病（　　）
　　A. 鸡传染性支气管炎　　　　　　B. 猪传染性胃肠炎　　　　　　C. 小反刍兽疫
　　D. 猪伪狂犬病　　　　　　　　　E. 马传染性贫血
　　【答案】 C
　　【考点】 考试要点：兽医传染病的分类。
　　【解析】 小反刍兽疫是农业部规定的一类动物疫病，其他选项都不是，故选答案C。

5. 怀疑某家禽患急性禽霍乱，若进行实验室诊断，适宜采集的病料为（　　）
　　A. 气管分泌物　　B. 粪便　　　C. 心血　　　D. 肠内容物　　　E. 脑
　　【答案】 C
　　【考点】 考试要点：禽霍乱病料采集
　　【解析】 禽霍乱是由多杀巴氏杆菌引起，在患病家禽的心血、肝脏含细菌最多，故答案C。

6. 一定时期内某动物群中某新病例出现的频率称为（　　）
　　A. 发病率　　　B. 病死率　　　C. 患病率　　　D. 感染率　　　E. 携带率

【答案】 A
【考点】 考试要点：兽医传染病发生的度量
【解析】 题干的描述的是发病率的概念，故选答案 A。

7. 下列动物传染病哪个属于自然疫源性疾病（ ）
   A. 布氏杆菌病 B. 猪瘟 C. 传染性法氏囊炎
   D. 新城疫 E. 鸭瘟
【答案】 A
【考点】 考试要点：自然疫源性疾病
【解析】 具有自然疫源性的疾病称为自然疫源性疾病，题干所列布氏杆菌病为自然疫源性疾病，其他选项均不是自然疫源性疾病，故选答案 A。

8. 下列哪种途径是狂犬病的主要传播方式（ ）
   A. 飞沫传播 B. 饲料 C. 交配 D. 咬伤 E. 尿液
【答案】 D
【考点】 考试要点：狂犬病的传播方式
【解析】 狂犬病主要经过咬伤、抓伤、舔等传染，故选答案 D。

9. 以下选项哪个**不是**肉仔鸡败血型大肠杆菌病的病理表现（ ）
   A. 小肠黏膜枣核样坏死 B. 纤维素性肝周炎 C. 气囊炎
   D. 纤维素性心包炎 E. 脾脏肿大
【答案】 A
【考点】 考试要点：鸡败血型大肠杆菌病的病理表现
【解析】 小肠黏膜枣核样坏死一般为鸡急性新城疫的病理表现，其他选项均正确，故选答案 A。

10. 以下动物对口蹄疫病毒易感性最高的是（ ）
    A. 山羊 B. 猪 C. 黄牛 D. 马 E. 犬
【答案】 C
【考点】 考试要点：不同动物对口蹄疫病毒的易感性
【解析】 在上述选项中，牛的易感性最高，马和犬不是口蹄疫的易感动物。故选答案 C。

11. 以下哪个选项是对动物副结核病的正确描述（ ）
    A. 发病缓慢 B. 主要感染牛 C. 发病率不高 D. 病死率极高 E. 以上均正确
【答案】 E
【考点】 考试要点：动物副结核病的流行特点
【解析】 以上诸选项均为动物副结核病的流行特点，故选答案 E。

12. 怀疑某鸡群为败血型支原体感染，若采用一种快速、简单的实验室方法诊断，该方法为（ ）
    A. PCR检测病原 B. 病原分离鉴定 C. ELISA检测抗体
    D. 平板凝集试验 E. 免疫电泳
【答案】 D
【考点】 考试要点：鸡败血型支原体感染的实验室诊断方法
【解析】 平板凝集试验是诊断鸡败血型支原体感染的一种快速、简单的方法，其他方法均复杂且需要一定的仪器设备。故选答案 D。

13. 下列哪种病理表现**不是**急性猪肺疫的病理表现之一（ ）
    A. 纤维素性肺炎 B. 肺水肿 C. 肝肿大
    D. 肾脏淤血 E. 间质性肺炎
【答案】 E
【考点】 考试要点：急性猪肺疫的主要病理表现
【解析】 间质性肺炎不是急性猪肺疫的病理表现之一，其他选项均是。故选答案 E。

14. 以下对牛流行性热的正确描述为（ ）
    A. 发病有周期性 B. 夏季多发 C. 发病率高、死亡率低
    D. 传染力强 E. 以上都正确

【答案】 E
【考点】 考试要点：牛流行性热的流行特点
【解析】 以上选项都是对牛流行性热流行特点的正确描述，故选答案 E。

15. 某病鸭死亡后解剖发现其食道和泄殖腔黏膜有纵向的灰黄色坏死性条纹，初步判断该病鸭死于（　）
    A. 亚急性禽霍乱　　　　B. 亚急性鸭瘟　　　　C. 亚急性鸭病毒性肝炎
    D. 鸭传染性法氏囊炎　　E. 鸭亚急性禽流感
    【答案】 B
    【考点】 考试要点：鸭的常见病理表现
    【解析】 食道和泄殖腔黏膜有纵向的灰黄色坏死性条纹是亚急性鸭瘟的病理表现，其他选项均无此症状，故选答案 B。

16. 下列病理表现哪个**不是**急性猪瘟的主要病变（　）
    A. 白斑肾　　　　　　　B. 淋巴结出血　　　　C. 脾脏梗死
    D. 雀斑肾　　　　　　　E. 皮肤小点出血
    【答案】 A
    【考点】 考试要点：急性猪瘟的主要病理表现
    【解析】 淋巴结出血、脾脏梗死、雀斑肾和皮肤小点出血都是急性猪瘟的常见病理表现，而白斑肾是猪圆环病毒2型感染的常见病变，故选答案 A。

17. 猫瘟热是由何引起（　）
    A. 冠状病毒　　B. 疱疹病毒　　C. 副黏病毒　　D. 弹状病毒　　E. 细小病毒
    【答案】 E
    【考点】 考试要点：猫瘟热的病原
    【解析】 猫瘟热是由细小病毒引起。故选答案 E。

18. 下列兽医传染病哪个**不是** OIE 规定的 A 类动物疫病（　）
    A. 疯牛病　　B. 猪瘟　　C. 牛瘟　　D. 新城疫　　E. 口蹄疫
    【答案】 A
    【考点】 考试要点：兽医传染病的分类
    【解析】 疯牛病不是 OIE 规定的 A 类动物疫病之一，其他选项都是，故选答案 A。

19. 下列哪个属于传染源（　）
    A. 隐性感染的动物　　　B. 被细菌污染的料槽　　C. 被细菌污染的水源
    D. 被病原污染的空气　　E. 被病原污染的动物活动场地
    【答案】 A
    【考点】 考试要点：传染源的概念
    【解析】 传染源是指患病动物，病原携带者和被感染的其他动物。根据概念应该选答案 A。其他选项被称为污染物。

20. 一般而言，下列动物传染病哪个**不能**通过种蛋引起传播（　）
    A. 鸡白痢　　　　　　　B. 鸡传染性贫血　　　　C. 鸡传染性法氏囊炎
    D. 鸡毒支原体感染　　　E. 鸡减蛋综合征
    【答案】 C
    【考点】 考试要点：兽医传染病的传播媒介
    【解析】 鸡传染性法氏囊炎不能经蛋垂直传播，其他选项均可，故选答案 C。

21. 在一定时期内某动物群死亡动物总数与同期该群动物平均数之比率称为（　）
    A. 发病率　　B. 病死率　　C. 死亡率　　D. 感染率　　E. 携带率
    【答案】 C
    【考点】 考试要点：兽医传染病流行特征
    【解析】 题干的描述是死亡率的概念，故选答案 C。

22. 家蚕核型多角体病**不会**出现的病症是（　）
    A. 脓蚕　　B. 体壁易破　　C. 体色乳白　　D. 行动呆滞　　E. 环节肿胀
    【答案】 D

【考点】 考试要点：家蚕核型多角体病典型的病症
【解析】 家蚕核型多角体病的典型病症为病蚕体色乳白、环节肿胀、狂躁爬行、体壁易破、流脓汁，不会出现行动呆滞，选答案 D。

23. 下列哪种家畜发生炭疽一般呈现慢性经过（　　）
    A. 猪　　　　B. 牛　　　　C. 山羊　　　　D. 马　　　　E. 骆驼
    【答案】 A
    【考点】 考试要点：猪炭疽病的临床表现
    【解析】 猪感染炭疽杆菌多表现为咽喉肿胀，呈现慢性经过，故选答案 A。

24. 以下哪个选项是对动物李氏杆菌病的正确描述（　　）
    A. 多呈散发　　　　　　　　　B. 病死率高
    C. 幼龄动物和妊娠的母畜最易感　　D. 一般无季节性　　　　E. 以上均正确
    【答案】 E
    【考点】 考试要点：动物李氏杆菌病的流行特点。
    【解析】 以上诸选项均为动物李氏杆菌病的流行特点，故选答案 E。

25. 动物发生伪狂犬病，一般**不出现**神经症状的是（　　）
    A. 牛　　　　B. 绵羊　　　　C. 家兔　　　　D. 母猪　　　　E. 犬
    【答案】 D
    【考点】 考试要点：动物伪狂犬病的临床症状
    【解析】 母猪患伪狂犬病主要表现流产等繁殖障碍，一般不出现神经症状，而牛、羊、犬和兔患伪狂犬会出现明显的神经症状，故选答案 D。

26. 某猪场发生猪瘟后应该采取哪些主要措施（　　）
    A. 上报疫情　　B. 消毒　　C. 封锁　　D. 捕杀　　E. 以上均是
    【答案】 E
    【考点】 考试要点：猪瘟的主要防控措施
    【解析】 以上选项均为猪瘟的主要防控措施，故选答案 E。

27. 某 1 岁左右的小狗发病，出现腹泻、咳嗽症状，体温呈双相热型，初步判断该病为（　　）
    A. 大肠杆菌病　　　　　　B. 沙门氏菌病　　　　　　C. 犬瘟热
    D. 细小病毒感染　　　　　D. 狂犬病
    【答案】 C
    【考点】 考试要点：犬瘟热的临床表现
    【解析】 犬瘟热有肺炎型、消化道型、皮肤型和神经型等临床表现，往往出现复合型的临床表现，但是双相热型是其临床特点之一。大肠杆菌病、沙门氏菌病和细小病毒感染均出现腹泻症状，但其热型非双相热；狂犬病的临床症状以神经症状为主。故选答案 C。

28. 猪传染性胸膜肺炎的传播途径是（　　）
    A. 消化道　　B. 空气飞沫　　C. 胎盘　　D. 啮齿类动物　　E. 粪便
    【答案】 B
    【考点】 考试要点：考查猪传染性胸膜肺炎的流行特点
    【解析】 猪传染性胸膜肺炎经过空气飞沫传播，故选答案 B。

29. 马传染性贫血的临床特征为（　　）
    A. 发热　　　　B. 贫血　　　　C. 黄疸　　　　D. 消瘦　　　　E. 以上都是
    【答案】 E
    【考点】 考试要点：马传染性贫血的临床特征
    【解析】 以上选项都是对马传染性贫血临床特征的正确描述，故选答案 E。

30. 下列家禽传染病**不能**采用 HA-HI 试验诊断的为（　　）
    A. 传染性喉气管炎　　　　B. 新城疫　　　　　　C. 鸡减蛋综合征
    D. 鸡毒支原体感染　　　　E. 禽流感
    【答案】 A
    【考点】 考试要点：兽医传染病的诊断方法

【解析】 新城疫、鸡减蛋综合征、鸡毒支原体感染、禽流感的病原均有血凝性，而传染性喉气管炎的病原则无血凝性，故选答案 A。

31. 仔猪水肿病最易发生的日龄为（　　）
 A. 10 日龄以内　　　　　　　B. 断奶后 1～2 周　　　　　　C. 3 月龄后
 D. 6 月龄后　　　　　　　　　E. 成年猪
【答案】 B
【考点】 考试要点：仔猪水肿病的发病日龄
【解析】 仔猪水肿病的常见发病日龄为断奶后 1～2 周，其他答案都不确切，故选答案 B。

32. 下列病理变化哪一个属于急性猪肺疫（　　）
 A. 间质性肺炎　　　　　　　　B. 纤维素性肺炎　　　　　　　C. 白斑肾
 D. 雀斑肾　　　　　　　　　　E. 大肠黏膜"纽扣样溃疡"
【答案】 B
【考点】 考试要点：急性猪肺疫的病理表现
【解析】 纤维素性肺炎是急性猪肺疫的病理表现，间质性肺炎是猪蓝耳病、猪圆环病毒 2 型感染等的病理变现，白斑肾是猪圆环病毒 2 型感染的病理变现，雀斑肾是急性猪瘟的病理表现，而大肠黏膜"纽扣样溃疡"是慢性猪瘟与慢性仔猪副伤寒混合感染的结果，故选答案 B。

33. 下列兽医传染病属于典型的慢病毒感染的是（　　）
 A. 猪瘟　　　　　　　　　　　B. 猪传染性胃肠炎　　　　　　C. 马传染性贫血
 D. 新城疫　　　　　　　　　　E. 犬瘟热
【答案】 C
【考点】 考试要点：慢病毒感染的概念和病例
【解析】 慢病毒感染是指潜伏期长，发病呈进行性经过，最终以死亡为转归的感染过程。动物疫病典型的慢病毒感染有疯牛病、绵羊痒病、马传染性贫血和山羊关节炎-脑炎等，故选答案 C。

34. 下列动物传染病哪个主要由媒介者引起传播（　　）
 A. 鸡传染性支气管炎　　B. 猪传染性胃肠炎　　C. 猪日本乙型脑炎
 D. 猪瘟　　　　　　　　E. 禽霍乱
【答案】 C
【考点】 考试要点：兽医传染病的传播媒介
【解析】 媒介者是指有生命的传播媒介。猪日本乙型脑炎主要由蚊子引起，故选答案 C。

35. 目前下列动物传染病哪个属于散发性（　　）
 A. 猪蓝耳病　　　　　　　　　B. 牛布氏杆菌病　　　　　　　C. 猪伪狂犬病
 D. 小鸭病毒性肝炎　　　　　　E. 破伤风
【答案】 E
【考点】 考试要点：散发性的概念和病例。
【解析】 破伤风属于散发，由于其主要经过伤口感染。其他选项目前都不是散发，故选答案 E。

36. 在一定时期内某种疫病患病动物发生死亡的比率称为（　　）
 A. 发病率　　　B. 病死率　　　C. 死亡率　　　D. 感染率　　　E. 携带率
【答案】 B
【考点】 考试要点：病死率的概念
【解析】 题干的描述的是病死率的概念，故选答案 B。

37. 牛海绵状脑病的病原是（　　）
 A. 大肠杆菌　　B. 病毒　　　　C. 朊毒体　　　D. 支原体　　　E. 脑包虫
【答案】 C
【考点】 考试要点：牛海绵状脑病的病原
【解析】 牛海绵状脑病是由朊毒体（朊粒）引起，故选答案 C。

38. 下列哪些途径是马鼻疽的传播方式（　　）
 A. 消化道　　　B. 呼吸道　　　C. 受伤的皮肤　　　D. 直接接触　　　E. 以上都是

【答案】 E
【考点】 考试要点：马鼻疽的传播方式
【解析】 马鼻疽可经过消化道、呼吸道、交媾等方式传播，故选答案 E。

39. 以下哪个选项是对口蹄疫流行特点的正确描述（　　）
   A. 传播快　　　　　　　　　B. 易感动物种类多　　　　　　C. 致病力强
   D. 潜伏期排毒　　　　　　　E. 以上均正确
   【答案】 E
   【考点】 考试要点：口蹄疫的流行特点
   【解析】 以上诸选项均为口蹄疫的流行特点，故选答案 E。

40. 仔猪红痢是由哪种病原微生物引起（　　）
   A. 产气荚膜梭菌　　　　　　B. 大肠杆菌　　　　　　　　　C. 沙门氏菌
   D. 巴氏杆菌　　　　　　　　E. 链球菌
   【答案】 A
   【考点】 考试要点：仔猪红痢的病原
   【解析】 仔猪红痢是由产气荚膜梭菌引起，故选答案 A。

41. 以下哪个选项**不是**对急性猪瘟主要病理表现的描述（　　）
   A. 皮肤小点出血　　　　　　B. "雀斑肾"　　　　　　　　　C. 脾脏梗死
   D. 坏死性纤维素性肠炎　　　E. 膀胱黏膜出血
   【答案】 D
   【考点】 考试要点：急性猪瘟的主要病理表现
   【解析】 坏死性纤维素性肠炎是慢性仔猪副伤寒的病理表现，其他选项均为急性猪瘟的病理表现，故选答案 D。

42. 以下哪个选项**不是**猪呼吸与繁殖综合征的诊断方法（　　）
   A. 免疫荧光抗体技术　　　　B. 病毒分离　　　　　　　　　C. RT-PCR
   D. 细菌分离鉴定　　　　　　E. ELISA
   【答案】 D
   【考点】 考试要点：猪呼吸与繁殖综合征的诊断方法
   【解析】 猪呼吸与繁殖综合征是由病毒引起的，不能用细菌分离鉴定的方法，故选答案 D。

43. 猪圆环病毒病主要有哪些临床表现型（　　）
   A. 仔猪先天性震颤　　　　　B. 仔猪断奶后多系统综合征　　C. 皮炎-肾炎综合征
   D. 母猪繁殖障碍　　　　　　E. 以上都正确
   【答案】 E
   【考点】 考试要点：猪圆环病毒病的临床表现
   【解析】 以上诸选项均正确，故选答案 E。

44. 以下哪种动物对蓝舌病的易感性最高（　　）
   A. 绵羊　　B. 奶牛　　C. 山羊　　D. 猪　　E. 犬
   【答案】 A
   【考点】 考试要点：蓝舌病的易感动物
   【解析】 蓝舌病主要感染反刍兽，以绵羊易感性最高，故选答案 A。

45. 某 7 日龄左右的小鸭发病，病程短，解剖死鸭发现肝脏肿胀，肝表面有点状或条纹状出血，初步判断该病鸭死于（　　）
   A. 禽霍乱　　　　　　　　　B. 鸭沙门氏菌病　　　　　　　C. 鸭瘟
   D. 鸭大肠杆菌病　　　　　　E. 鸭病毒性肝炎
   【答案】 E
   【考点】 考试要点：小鸭病毒性肝炎的常见病理表现
   【解析】 禽霍乱和鸭瘟一般发生于较大日龄的鸭；小鸭大肠杆菌病肝脏肿胀，但一般无出血病变；小鸭沙门氏菌病表现肝脏肿大、表面有小坏死点；鸭病毒性肝炎多发生于 20 日龄以内的小鸭，发病急、传播快，病变主要为肝脏肿胀，肝表面有点状或条纹状出血，故选答案 E。

46. 下列动物中对伪狂犬病毒易感性最低的是（　　）
    A. 家兔　　　　B. 牛　　　　C. 绵羊　　　　D. 犬　　　　E. 肥猪
    【答案】 E
    【考点】 考试要点：不同动物对狂犬病毒易感性的高低
    【解析】 家兔、牛、绵羊、犬对伪狂犬病毒的易感性均高于肥猪，故选答案 E。

47. 某2周龄左右的小鹅发病，发病急，病程短，解剖发现部分死鹅小肠增粗，内有凝固性的栓子，初步判断该病为（　　）
    A. 禽霍乱　　　　　　　　B. 鸭沙门氏菌病　　　　　　C. 小鹅瘟
    D. 鸭大肠杆菌病　　　　　E. 鸭病毒性肝炎
    【答案】 C
    【考点】 考试要点：小鹅瘟的常见病理表现
    【解析】 病死小鹅的小肠增粗，内有凝固性的栓子，此病变为坏死性纤维素性肠炎，是亚急性小鹅瘟的病理表现，其他选项均不会出现该病变，故选答案 C。

48. 下列兽医传染病哪个**不是**农业部规定的一类动物疫病（　　）
    A. 新城疫　　　　　　　　B. 猪伪狂犬病　　　　　　　C. 猪高致病性蓝耳病
    C. 口蹄疫　　　　　　　　E. 牛海绵状脑病
    【答案】 B
    【考点】 考试要点：兽医传染病的分类
    【解析】 猪伪狂犬病为我国农业部规定的二类动物疫病，其他选项都是一类动物疫病，故选答案 B。

49. 下列动物传染病哪个主要由空气飞沫引起传播（　　）
    A. 猪瘟　　　　　　　　　B. 仔猪副伤寒　　　　　　　C. 猪日本乙型脑炎
    D. 鸭瘟　　　　　　　　　E. 牛结核病
    【答案】 E
    【考点】 考试要点：兽医传染病的传播媒介
    【解析】 牛结核病的主要传播媒介为飞沫，故选答案 E。

50. 某种动物传染病在局部范围的一定群体中，短期内突然出现较多病例的现象称为（　　）
    A. 暴发　　　　B. 散发　　　　C. 地方性流行　　　　D. 流行　　　　E. 大流行
    【答案】 A
    【考点】 考试要点：兽医传染病流行特征
    【解析】 题干的描述是暴发的概念，故选答案 A。

51. 下列动物传染病哪个**不属于**自然疫源性疾病（　　）
    A. 犬瘟热　　　　　　　　B. 非洲猪瘟　　　　　　　　C. 传染性法氏囊炎
    D. 布氏杆菌病　　　　　　E. 狂犬病
    【答案】 C
    【考点】 考试要点：自然疫源性疾病的概念和病例
    【解析】 具有自然疫源性的疾病称为自然疫源性疾病，题干所列犬瘟热、非洲猪瘟、布氏杆菌病和狂犬病均为自然疫源性疾病，故选答案 C。

52. 某养兔场突然出现家兔死亡，怀疑是急性兔瘟所致，若要进行实验室检验，采集哪种病料最合适（　　）
    A. 脑　　　　B. 肠内容物　　　　C. 肺脏　　　　D. 肝脏　　　　E. 肾脏
    【答案】 D
    【考点】 考试要点：兔瘟含病毒最多的组织或器官
    【解析】 兔病毒性出血症又称兔瘟，急性兔瘟其肝脏、心血含毒量最高，故选答案 D。

53. 以下哪个**不是**仔猪黄痢的流行特点（　　）
    A. 发病率高　　　　　　　　B. 病死率高
    C. 仔猪出生后2周龄以上多发　　　　D. 整窝发生　　　　E. 与母猪带菌有关
    【答案】 C

【考点】 考试要点：仔猪黄痢的流行特点
【解析】 仔猪黄痢多发生于出生后1周龄内的仔猪，其他选项均正确，故选答案C。

54. "虎斑心"是对下列哪种动物疫病病理表现的描述（　　）
　　A. 牛瘟　　　　B. 口蹄疫　　　　C. 猪瘟　　　　D. 狂犬病　　　　E. 犬瘟热
【答案】 B
【考点】 考试要点：考查口蹄疫的主要病理表现
【解析】 犊牛、仔猪等幼龄动物发生口蹄疫心脏心肌发生坏死，呈灰黄或灰白的条纹状，故名"虎斑心"，B为正确选项。

55. 蚕蛹发生白僵病**不会**出现的病症是（　　）
　　A. 蚕茧干、轻　　　　　　　B. 环节不活动　　　　　　C. 胸部皱缩
　　D. 皱褶长出气生菌丝　　　　E. 全身肿胀
【答案】 E
【考点】 考试要点：家蚕蚕蛹白僵病的典型病症
【解析】 家蚕蚕蛹发生白僵病后形成僵蛹，蚕茧又干又轻，环节失去蠕动能力，胸部皱缩，全身干瘪，皱褶长出气生菌丝，选答案E。

56. 以下哪个选项是对猪瘟流行特点的正确描述（　　）
　　A. 猪和野猪是易感动物　　B. 发病无季节性　　C. 无年龄分布特征
　　D. 传播途径多　　　　　　E. 以上均正确
【答案】 E
【考点】 考试要点：猪瘟的流行特点
【解析】 以上选项均为猪瘟的流行特点，故选答案E。

57. 以下哪个选项是对猪传染性胃肠炎的**错误**的描述（　　）
　　A. 是由一种疱疹病毒引起　　　B. 传播速度较快　　　C. 无日龄分布特征
　　D. 对1周龄内的哺乳仔猪危害最大　　E. 多发生在1～2月
【答案】 A
【考点】 考试要点：猪传染性胃肠炎
【解析】 猪传染性胃肠炎是由一种冠状病毒引起，其他选项均正确，故选答案A。

58. 蓝舌病主要发生在（　　）
　　A. 1～2月　　　　　　　B. 4～5月　　　　　　　C. 6～9月
　　D. 10～12月　　　　　　E. 11月～来年4月
【答案】 C
【考点】 考试要点：考查蓝舌病的发病季节
【解析】 蓝舌病主要发生在湿热的夏季和早秋，故选答案C。

59. 蜜蜂美洲幼虫腐臭病有诊断意义的症状是（　　）
　　A. 房盖出现下陷　　　　　B. 房盖有穿孔　　　　　C. 烂虫能拉丝
　　D. 房盖出现下陷　　　　　E. 烂虫有臭味
【答案】 C
【考点】 考试要点：蜜蜂美洲幼虫腐臭病的示病病症
【解析】 蜜蜂美洲幼虫腐臭病病虫死亡后，烂虫能拉丝是具有诊断意义的症状，其他备选答案描述症状亦能见到，选答案C。

60. 下列禽病一般**不用**琼脂扩散试验诊断的为（　　）
　　A. 马立克氏病　　　　　　B. 鸡白痢　　　　　　C. 禽流感
　　D. 鸡病毒性关节炎　　　　E. 鸡传染性法氏囊炎
【答案】 B
【考点】 考试要点：鸡白痢的诊断方法
【解析】 马立克氏病、禽流感、鸡病毒性关节炎、鸡传染性法氏囊炎均能用琼脂扩散试验诊断，而鸡白痢一般用凝集试验，故选答案B。

【A2型题】
　　答题说明：每一道考题是以一个小案例出现的，其下面都有A、B、C、D、E五个备选答

案。请从中选择一个最佳答案，并在答题卡上将相应题号的相应字母所属的方框涂黑。

61. 某养鸭场 3 周龄左右的肉鸭发病死亡，解剖主要病变为纤维素性肝周炎、心包炎和气囊炎，脾脏肿胀。采集肝脏接种麦康凯培养基，经培养无细菌菌落生成；同时另接种 TSA 培养基，经培养长出中等大小的菌落，该鸭群可能患病为（　　）
  A. 大肠杆菌病　　　　　　　B. 巴氏杆菌病　　　　　　　C. 鸭传染性浆膜炎
  D. 沙门氏菌病　　　　　　　E. 链球菌病
  【答案】　C
  【考点】　考试要点：鸭传染性浆膜炎的致病特点和诊断
  【解析】　鸭传染性浆膜炎是由鸭疫里默氏杆菌引起，其主要病变与禽败血性大肠杆菌病相似，可表现纤维素性肝周炎、心包炎和气囊炎，脾脏肿胀。但是鸭疫里默氏杆菌在麦康凯培养基上不生长，选答案 C。

62. 某猪场 5 周龄左右的仔猪发病死亡，死前表现站立不稳，行动不便，倒地后四肢呈划水姿势。解剖主要病变为胃底黏膜下水肿、结肠肠系膜水肿、淋巴结肿大、出血。最有可能的疾病是（　　）
  A. 伪狂犬　　　　　　　　　B. 仔猪副伤寒　　　　　　　C. 急性猪肺疫
  D. 仔猪水肿病　　　　　　　E. 急性蓝耳病
  【答案】　D
  【考点】　考试要点：仔猪水肿病的临床和病理表现
  【解析】　题干的描述是仔猪水肿病主要的临床和病理表现。仔猪伪狂犬病能出现神经症状，但病理表现会有肝、脾坏死、脑膜充血；仔猪副伤寒临床症状会有发热、腹泻，但无神经症状，病变主要为出血性肠炎；急性猪肺疫临床症状会有发热、呼吸困难，但无神经症状，病变主要为纤维素性肺炎；蓝耳病临床症状会有发热、呼吸困难，一般无神经症状，病变主要为间质性肺炎。选答案 D。

63. 某猪场一产房 5 日龄左右的哺乳仔猪发病，表现拉黄粪、迅速脱水死亡。解剖病变主要为卡他性肠炎。同一产房有相近日龄的其他仔猪不发病，同一猪场其他生长阶段的猪亦不发病。最有可能的疾病是（　　）
  A. 伪狂犬　　　　　　　　　B. 仔猪副伤寒　　　　　　　C. 仔猪黄痢
  D. 传染性胃肠炎　　　　　　E. 猪瘟
  【答案】　C
  【考点】　考试要点：仔猪黄痢的临床和病理表现
  【解析】　题干的描述是仔猪黄痢主要的临床和病理表现。5 日龄仔猪发生伪狂犬病可拉黄粪，但神经症状明显，出现肝、脾坏死的病变；仔猪副伤寒主要发生在 2~4 月龄的仔猪，主要病变为出血性肠炎；传染性胃肠炎能感染所有的猪，传播迅速；猪瘟可发生在任何日龄阶段，病变主要以出血为主。选答案 C。

64. 某猪场于某年 4 月有数头初产母猪在 70 天左右出现流产，有死胎、木乃伊胎，形体差异较大。公猪和流产的母猪与其他猪无明显的临床和病理表现。最有可能的疾病是（　　）
  A. 伪狂犬　　　　　　　　　B. 布氏杆菌病　　　　　　　C. 乙型脑炎
  D. 蓝耳病　　　　　　　　　E. 细小病毒病
  【答案】　E
  【考点】　考试要点：猪细小病毒病的临诊特点
  【解析】　备选选项均能引起母猪繁殖障碍。猪细小病毒病主要发生在初产母猪，流产的胎儿形体差异较大；伪狂犬一般流产的死胎形体差异不大，仔猪会有神经症状；乙脑多发生在夏季，公猪会出现睾丸肿胀；猪布氏杆菌病一般呈现隐性经过；蓝耳病多发生在妊娠后期（90 天以后），仔猪会有呼吸困难。选答案 E。

65. 某鸭场蛋鸭大群突然发病，传播迅速，临床表现咳嗽、呼吸困难、头部肿胀、流泪，产蛋大幅下降。剖检病死鸭见皮下、卵巢、小肠等严重出血，脾脏、胰腺有针头大小灰白色坏死点。最有可能的疾病是（　　）
  A. 大肠杆菌病　　　　　　　B. 沙门氏菌病　　　　　　　C. 急性禽霍乱
  D. 高致病性禽流感　　　　　E. 鸭瘟

【答案】 D
【考点】 考试要点：禽流感的临诊特点
【解析】 鸭的大肠杆菌病、沙门氏菌病在成年鸭多呈隐性感染，主要表现生殖器官受损；急性禽霍乱多呈散发，可表现组织和器官的出血、坏死，但坏死一般多见于肝脏；鸭瘟呼吸道症状比禽流感轻，可表现组织和器官的出血、坏死，但坏死一般多见于肝脏；题干的描述的症状符合高致病性禽流感。故选答案 D。

66. 某猪场2月龄左右的猪突然发病，临床表现高热、咳嗽、喘，被毛粗乱。部分猪表现关节肿大，行动不便。另有个别猪出现脑炎症状。死后局部皮肤发紫。剖检见胸腔积液、纤维素性肺炎、纤维素性心包炎，腹腔脏器表面有黄白色纤维素性渗出物附着。关节肿大者关节腔有蛋花样纤维素性分泌物。该病最有可能的疾病是（ ）
A. 急性猪瘟   B. 急性仔猪副伤寒   C. 急性猪肺疫
D. 副猪嗜血杆菌病   E. 急性猪链球菌病
【答案】 D
【考点】 考试要点：副猪嗜血杆菌病的发病表现
【解析】 该病描述的是副猪嗜血杆菌病的发病表现。猪瘟表现高热，但一般有腹泻症状，主要病变为淋巴结、肾脏、膀胱黏膜出血，有时能见到脾梗死；急性仔猪副伤寒主要病变为出血性肠炎；急性猪肺疫呼吸道症状突出，主要病变为纤维素性肺炎，但无纤维素性腹膜炎和脑炎的表现。故选答案 D。

67. 某猪场妊娠110天左右的母猪发生流产，产死胎，随后不久，同场断奶不久的仔猪出现呼吸困难，呈明显的腹式呼吸，耳尖、腹下、臀部的皮肤发紫。剖检死猪主要表现间质性肺炎。最有可能的疾病是（ ）
A. 急性猪肺疫   B. 猪气喘病   C. 猪蓝耳病
D. 副猪嗜血杆菌   E. 猪伪狂犬
【答案】 C
【考点】 考试要点：猪蓝耳病的临诊特点
【解析】 急性猪肺疫呼吸道症状突出，但发病日龄较大，主要病变为纤维素性肺炎；猪气喘病呈慢性经过，一般不会引起皮肤淤血，主要病变为融合性支气管肺炎；副猪嗜血杆菌病可表现呼吸困难、脑炎症状和关节炎，主要病变为渗出性纤维素性肺炎；仔猪伪狂犬主要表现神经症状，肝、脾坏死有诊断意义。题干所描述为母猪流产和仔猪呼吸困难，符合蓝耳病，故选答案 C。

68. 某猪场45日龄左右的保育猪出现腹泻、消瘦、被毛粗乱，皮肤苍白。死猪剖检可见全身淋巴结肿大，颜色灰白，尤以腹股沟浅淋巴结最为明显，肺肿胀，肾脏皮质有形状近似圆形的白斑。最有可能的疾病是（ ）
A. 猪瘟   B. 猪圆环病毒病   C. 猪蓝耳病
D. 猪流行性腹泻   E. 猪伪狂犬
【答案】 B
【考点】 考试要点：猪圆环病毒病的临诊特点
【解析】 慢性猪瘟可出现腹泻、消瘦，病变主要表现为大肠黏膜的纽扣样坏死；仔猪蓝耳病临床主要变现呼吸困难，皮肤末梢发紫，病变主要为间质性肺炎；猪流行性腹泻可发生在任何日龄的猪，排水粪是其临床特征，病变主要为卡他性胃肠炎；仔猪伪狂犬主要表现神经症状，病变表现脑膜充血，肝、脾坏死。题干的描述符合仔猪圆环病毒病中断奶后多系统衰竭综合征，故选答案 B。

69. 某肉鸡群20日龄左右的肉仔鸡突然发病，表现精神萎靡，拉灰白色稀粪，脱水。剖检可见腿肌、胸肌出血，法氏囊肿胀，囊腔中分泌物增多，肾脏肿大，颜色苍白。最有可能的疾病是（ ）
A. 传染性法氏囊炎   B. 鸡新城疫   C. 传染性支气管炎
D. 传染性喉气管炎   E. 大肠杆菌病
【答案】 A
【考点】 考试要点：鸡传染性法氏囊炎的临诊特点

【解析】 题干描述的是传染性法氏囊炎的临诊特点,新城疫、肾型传支、传染性喉气管炎和肉仔鸡的大肠杆菌病均无肌肉和法氏囊的病变,故选答案A。

70. 某产蛋鸭群发病,病鸭表现腹泻、脚软、流泪,部分还表现肿头。剖检可见皮下、心外膜、消化道出血,肝脏有小点坏死,部分病鸭的食道和泄殖腔黏膜有灰黄色、条纹状的坏死。最有可能的疾病是( )
    A. 传染性法氏囊炎　　　　B. 禽霍乱　　　　C. 高致病性禽流感
    D. 传染性浆膜炎　　　　　E. 鸭瘟
    【答案】 E
    【考点】 考试要点:鸭瘟的临诊特点
    【解析】 题干描述的是鸭瘟的临诊特点。禽霍乱和高致病性禽流感的某些临诊症状相似,但无食道和泄殖腔黏膜的坏死。传染性法氏囊炎病变主要为肌肉、法氏囊和肾脏的病变;传染性浆膜炎主要表现肝周炎、心包炎、气囊炎和脑炎,故选答案E。

71. 某地一群山羊于某年3月突然发病,表现高热、呼吸困难,鼻孔流脓性分泌物。口腔黏膜先红肿,后破溃。腹泻,粪中带有血液,病死率高。剖检可见皱胃糜烂、结肠和直肠结合处有条纹状出血。最有可能的疾病是( )
    A. 羊痘　　B. 口蹄疫　　C. 蓝舌病　　D. 小反刍兽疫　　E. 羊快疫
    【答案】 D
    【考点】 考试要点:小反刍兽疫的发病表现
    【解析】 题干描述的临诊症状符合小反刍兽疫的发病表现。羊口蹄疫病损主要是口腔黏膜、蹄部和乳房的皮肤形成水泡和烂斑;羊痘的病损是嘴角、眼睛周围等部位的皮肤形成痘疹;羊快疫一般无结肠与直肠交界处的条纹状出血;蓝舌病最明显的临床表现为口腔黏膜发绀呈青紫色、溃疡部位渗血、唾液呈红色。病变主要见于口腔、瘤胃、心脏、皮肤和蹄部,故选答案D。

72. 某年4月初,某猪场各生长阶段的猪发生腹泻,严重者呈水样稀粪,7日龄以内的仔猪病死率接近100%,其他日龄阶段的猪病死率较低。病死猪外观脱水明显、非常消瘦;剖检可见卡他性肠炎。最有可能的疾病是( )
    A. 猪瘟　　　　　　　　　B. 猪传染性胃肠炎　　　　C. 仔猪副伤寒
    D. 猪圆环病毒病　　　　　E. 仔猪黄痢
    【答案】 B
    【考点】 考试要点:猪传染性胃肠炎的发病表现
    【解析】 题干描述的临诊症状符合猪传染性胃肠炎的发病表现。猪瘟可发生于任何日龄阶段的猪,病变主要以淋巴结、肾脏等出血为主;仔猪副伤寒多发生在2~4月龄的猪,病变主要为出血性肠炎;猪圆环病毒病有多种临床表现型,其中断奶后多系统衰竭综合征多发生在断奶后2~3周,临床表现腹泻、消瘦,病变特点为淋巴结肿大、苍白,肾脏斑状坏死等;仔猪黄痢多发生于1周龄内的哺乳仔猪,往往整窝发生,故选答案B。

【A3/A4型题】

答题说明:以下提供若干个案例,每个案例下设若干道考题。请根据案例所提供的信息,在每一道考试题下面的A、B、C、D、E五个备选答案中选择一个最佳答案,并在答题卡上将相应题号的相应字母所属的方框涂黑。

(73~75题共用以下题干)
某年4月,某10日龄左右的仔猪发病,表现发热、呼吸困难、呈腹式呼吸,部分仔猪表现眼睑肿胀和一定的神经症状。发病后期表现鼻端、耳尖、臀部皮肤发绀,最后衰竭死亡。解剖病变表现胸腔积液、肺水肿、淤血、纹理明显;心包腔积液、心脏肿大变圆;淋巴结肿大;肝脏肿大、腹腔积液。

73. 根据以上描述,该病最有可能是( )
    A. 急性猪瘟　　B. 急性猪肺疫　　C. 蓝耳病　　D. 猪伪狂犬病　　E. 猪乙型脑炎
    【答案】 C
    【考点】 考试要点:猪蓝耳病的发病表现
    【解析】 题干的描述符合猪蓝耳病的发病表现。急性猪瘟临床表现发热、腹泻,病变以出血为主；猪肺疫发病日龄较大，特征性病变为纤维素性肺炎；猪伪狂犬病临床上神经症状突出，病变以脑膜充血、肝、脾坏死为特征；猪乙型脑炎多发生在夏季，以脑炎的病变最为突出。故选答案 C。

74. 该病的病原是（ ）
　　A. 病毒　　　B. 细菌　　　C. 支原体　　　D. 立克氏体　　　E. 真菌
【答案】　A
【考点】　考试要点：猪蓝耳病病毒的病原
【解析】　猪蓝耳病由猪蓝耳病病毒（PRRSV）引起。故选答案 A。

75. 下列方法中**不能**用来诊断该病的是（ ）
　　A. 病毒分离　　　　　　B. RT-PCR　　　　　　C. ELISA
　　D. 间接免疫荧光　　　　E. 试管凝集试验
【答案】　E
【考点】　考试要点：猪蓝耳病病毒在猪体内感染的靶细胞
【解析】　试管凝集试验用来诊断细菌性疾病，其他选项均可。故选答案 E。

（76～78题共用以下题干）
　　某个体猪场80日龄左右的仔猪发病，初期表现发热、腹泻。场主按照腹泻病进行治疗，未见明显效果。发病后期病猪表现瘫痪，腹下、腿部皮肤有出血点或出血斑。死亡率近50%。剖检可见胃黏膜、肺脏、小肠和肾脏有斑点状出血、淋巴结出血；脾脏边缘有黑色梗死，回盲口周围黏膜有圆形坏死灶；咽扁桃体肿胀、淤血。

76. 根据以上描述，该病最有可能是（ ）
　　A. 猪瘟　　　　　　　　B. 急性猪肺疫　　　　　　C. 蓝耳病
　　D. 急性仔猪副伤寒　　　E. 急性猪链球菌病
【答案】　A
【考点】　考试要点：猪瘟的发病表现
【解析】　题干的描述符合猪瘟的发病表现。急性猪肺疫临床主要表现呼吸困难，特征性病变为纤维素性肺炎；猪蓝耳病临床主要表现呼吸困难，特征性病变为间质性肺炎（眼观）；急性仔猪副伤寒临床表现发热、腹泻，特征性病变为出血性肠炎；急性猪链球菌病临床表现发热、大便干燥，病变以出血、肺水肿、肝、脾肿大为特点，抗菌药治疗有效。故选答案 A。

77. 若要对活猪进行猪瘟的早期诊断，宜采集的病料为（ ）
　　A. 鼻分泌物　　B. 咽扁桃体　　C. 粪便　　D. 血清　　E. 尿液
【答案】　B
【考点】　考试要点：猪瘟的诊断
【解析】　猪瘟病毒早期感染的部位是咽扁桃体，其他选项均不正确。故选答案 B。

78. 对发病猪群该采取何种措施（ ）
　　A. 出售　　　　　　　　B. 抗病毒药物治疗　　　　C. 捕杀
　　D. 紧急接种　　　　　　E. 注射高免血清
【答案】　C
【考点】　考试要点：对猪瘟病畜的处置
【解析】　我国农业农村部将猪瘟列为一类动物疫病，按照我国动物防疫法的规定，发生一类动物疫病时，对发病动物群采取捕杀措施。故选答案 C。

（79～81题共用以下题干）
　　某个体猪场基础母猪存栏60头，同时该场内养100余只绵羊，4条成年狗。某日，有3头母猪流产，产死胎，死胎形体差异不大。场主随后将死胎喂狗，3日后，食死胎的3条狗全部发病，表现痒、口吐白沫、全部死亡，未食死胎的1条狗健康存活。约1周后，部分羊发病，出现站立不稳，用嘴啃咬或用后腿蹬踢肩部，凡出现以上症状者均死亡。

79. 综合以上的描述，初步判断该病最可能是（ ）
　　A. 猪蓝耳病　　B. 犬瘟热　　C. 伪狂犬病　　D. 破伤风　　E. 狂犬病
【答案】　C
【考点】　考试要点：动物伪狂犬病的发病表现

【解析】 伪狂犬病可感染多种哺乳动物，母猪造成流产，仔猪出现神经症状，其他哺乳动物均可引起以痒为特征的神经症状，病死率极高。猪蓝耳病可造成母猪流产，但不感染羊和犬；犬瘟热有神经症状，但不感染猪和羊；破伤风多数经伤口传播，羊发病表现角弓反张的神经症状；狂犬病经疯犬咬伤所致，病犬在发病后期表现瘫痪的神经症状。故选答案C。

80. 该病的病原最可能是（　　）
　　A. 病毒　　　　B. 细菌　　　　C. 立克氏体　　　D. 朊毒体　　　E. 寄生虫
　　【答案】 A
　　【考点】 考试要点：伪狂犬病的病原
　　【解析】 伪狂犬病的病原为伪狂犬病毒，属于疱疹病毒的一种。故选答案A。

81. 在下列动物中，哪种动物的易感性最低（　　）
　　A. 家兔　　　　B. 牛　　　　　C. 绵羊　　　　　D. 猪　　　　　E. 犬
　　【答案】 D
　　【考点】 考试要点：伪狂犬病的易感动物
　　【解析】 牛、羊、犬、猫和兔对伪狂犬病毒的易感性均比猪高。故选答案D。

（82～84题共用以下题干）
　　某日，一奶牛养殖场的奶牛突然发病，表现发热、不食、不愿走动、嘴角流涎、反刍停止、产奶量下降70%。经检查，发现口腔中的舌面、齿龈有烂斑，蹄部的皮肤破溃，形成烂斑。同场有多头小牛犊死亡。

82. 综合以上的描述，初步判断该病最可能是（　　）
　　A. 牛瘟　　　　　　　　B. 口蹄疫　　　　　　　C. 牛恶性卡他
　　D. 水泡性口炎　　　　　E. 牛出血性败血症
　　【答案】 B
　　【考点】 考试要点：口蹄疫的发病表现
　　【解析】 题干描述的是口蹄疫的发病表现。牛瘟仅在口腔出现烂斑，剧烈的腹泻、多以死亡为转归；牛恶性卡他表现口腔糜烂、结膜炎、血尿，后期有脑炎和腹泻，病死率高；水泡性口炎表现低热、厌食，水泡见于口腔，偶见于乳头和蹄部皮肤；牛出血性败血症主要为败血症的表现，无口腔和皮肤黏膜的坏死。故选答案B。

83. 该病的病原最可能是（　　）
　　A. 立克氏体　　B. 细菌　　　　C. 病毒　　　　　D. 寄生虫　　　　E. 朊毒体
　　【答案】 C
　　【考点】 考试要点：口蹄疫的病原
　　【解析】 口蹄疫的病原为口蹄疫病毒，属于小RNA病毒的一种。故选答案C。

84. 对发病牛群该采取何种措施（　　）
　　A. 抗生素治疗　　　　　B. 出售　　　　　　　　C. 捕杀
　　D. 紧急接种　　　　　　E. 注射高免血清
　　【答案】 C
　　【考点】 考试要点：对口蹄疫病畜的处置
　　【解析】 我国农业农村部将口蹄疫列为一类动物疫病，按照我国动物防疫法的规定，发生一类动物疫病时，对发病动物群采取捕杀措施。故选答案C。

（85～87题共用以下题干）
　　某蛋鸡群突然发病，表现高热、呆立、闭目昏睡、头面部水肿，流泪。呼吸困难、口流黏液，肉髯发绀，产蛋量下降80%。剖检病死鸡可见皮下、气管、小肠等出血严重；肺肿胀瘀血；卵巢和卵子充血、出血；胰腺有灰黄色坏死灶；肝、脾出血。

85. 综合以上的描述，初步判断该病最可能是（　　）
　　A. 急性新城疫　　　　　　　B. 传染性支气管炎　　　　　　C. 急性禽霍乱
　　D. 高致病性禽流感　　　　　E. 传染性喉气管炎
　　【答案】 D
　　【考点】 考试要点：高致病性禽流感的发病表现
　　【解析】 题干描述的是高致病性禽流感的发病表现。新城疫在蛋鸡群多呈散发，临床上无面部肿胀的症状,出血主要见于气管和小肠;成年鸡的传染性支气管炎临床上无面部肿胀的症状,病变主要在气管和支气管的炎症;急性禽霍乱多呈散发,临床很少出现面部肿胀,很少出现肝、脾出血和胰腺坏死;传染性喉气管炎临床上咳出带血的分泌物是其特征,病变在咽喉部位。故选答案 D。

86. 该病病原属于（　　）
    A. 疱疹病毒科　　B. 副黏病毒科　　C. 冠状病毒科　　D. 细小病毒科　　E. 正黏病毒科
    【答案】 E
    【考点】 考试要点：禽流感病原
    【解析】 禽流感属于正黏病毒科,A 型流感病毒属的成员。故选答案 E。

87. 下列方法中,能够对该病原血清型进行亚型鉴定的方法是（　　）
    A. 琼脂扩散实验　　　　　　B. HA-HI　　　　　　C. ELISA
    D. 间接免疫荧光　　　　　　E. PCR
    【答案】 B
    【考点】 考试要点：禽流感病禽的诊断方法
    【解析】 上述方法中,只有血凝和血凝抑制试验（HA-HI）能对禽流感病毒进行亚型鉴定。故选答案 B。

（88～90 题共用以下题干）
某年夏天,某个体猪场 3～4 月龄的猪突然发病,表现高热、眼结膜潮红、大便干燥,先出现皮肤发红,后期出现皮肤发紫,口、鼻流出泡沫样分泌物。病程 3 天左右。死后剖检可见全身淋巴结肿大、出血；肺高度水肿、充血,气管充满泡沫样分泌物；肝脏肿大、淤血；脾脏肿大、颜色暗紫色；肾脏肿大、淤血；小肠和大肠出血。取淋巴结涂片,革兰氏染色镜检,发现有革兰氏阳性、呈短链排列的球菌。

88. 该病病原最可能是（　　）
    A. 葡萄球菌　　B. 大肠杆菌　　C. 沙门氏菌　　D. 链球菌　　E. 巴氏杆菌
    【答案】 D
    【考点】 考试要点：猪链球菌病的病原学诊断
    【解析】 题干描述的是链球菌的形态。葡萄球菌为革兰氏阳性、单个或呈葡萄串状排列；大肠杆菌和沙门氏菌为革兰氏阴性杆菌；巴氏杆菌为革兰氏阴性球杆菌。故选答案 D。

89. 若进行病原分离,下列哪种培养基最合适（　　）
    A. 普通营养平板　　　　　　B. 麦康凯培养基　　　　　　C. SS 培养基
    D. 伊红美兰培养基　　　　　E. 绵羊鲜血平板
    【答案】 E
    【考点】 考试要点：链球菌的培养
    【解析】 链球菌对营养需求较高,其在普通营养平板、麦康凯培养基、SS 培养基和伊红美兰培养基上均不生长；链球菌在绵羊鲜血平板上生长良好,若分离株有溶血特性,尚能观察到菌落溶血特点。故选答案 E。

90. 针对此次病情,下列哪项措施是**不正确**的（　　）
    A. 消毒　　　　　　　　　　B. 健康猪紧急接种　　　　　　C. 自行处理
    D. 在兽医部门的监督下有效处理　　E. 预防接种
    【答案】 C
    【考点】 考试要点：猪链球菌病的防控
    【解析】 发生猪链球菌病不能自行处理,应在兽医部门的监督下有效处理。故选答案 C。

（91～93 题共用以下题干）
某 30 日龄左右的蛋雏鸡出现零星发病,主要表现精神萎靡、缩颈、翅膀下垂,腹泻、拉墨绿色稀粪；伸颈、张口呼吸；个别鸡出现歪脖、头颈扭曲。解剖病死鸡,表现气管和小肠出血；小肠黏膜有坏死；盲肠扁桃体肿胀。

91. 根据以上描述,该病的病原最有可能是（　　）
    A. 细菌　　B. 病毒　　C. 支原体　　D. 真菌　　E. 球虫
    【答案】 B

【考点】 考试要点：鸡新城疫的病原
【解析】 题干描述的是鸡新城疫的发病表现，该病由新城疫病毒引起，其他选项均不正确。故选答案 B。

92. 若要分离病原，采集病料处理后宜接种（ ）
    A. 尿囊膜　　　B. 卵黄囊　　　C. 尿囊腔　　　D. 脑内　　　E. 1 日龄雏鸡
【答案】 C
【考点】 考试要点：鸡新城疫病毒的鸡胚接种
【解析】 新城疫病毒常用的鸡胚接种途径为尿囊腔。故选答案 C。

93. 鸡胚最适宜的接种时间为（ ）
    A. 5～6 日龄　　B. 9～11 日龄　　C. 12～14 日龄　　D. 1～3 日龄　　E. 19～20 日龄
【答案】 B
【考点】 考试要点：鸡新城疫病毒的鸡胚接种
【解析】 鸡新城疫病毒的鸡胚接种最适宜的日龄为 9～11 日龄。故选答案 B。

(94～96 题共用以下题干)
某 110 日龄左右的蛋鸡发病，主要表现精神萎靡、翅膀下垂，站立不稳、表现瘫痪或两条腿呈劈叉姿势。体重明显减轻，用手触摸胸骨两侧，几乎无肌肉附着。剖检可见肝脏、心脏、肺脏、肾脏等有大小不等的结节，法氏囊萎缩；一侧坐骨神经比另外一侧显著粗大。

94. 根据以上描述，该病最有可能是（ ）
    A. 传染性法氏囊炎　　　B. 马立克氏病　　　C. 病毒性关节炎
    D. 滑液支原体感染　　　E. 淋巴细胞性白血病
【答案】 B
【考点】 考试要点：鸡马立克氏病的发病表现
【解析】 题干描述的是鸡马立克氏病的发病表现。传染性法氏囊炎主要发生在 4～6 周龄的鸡，临床表现腹泻、脱水，主要病变为肌肉出血和法氏囊的病变；病毒性关节炎主要危害 4～7 周龄的鸡，表现跛行，跗关节上方的腱鞘肿胀，重者腓肠肌腱断裂；滑液支原体感染主要危害 2～20 周龄的鸡，临床变现跛行，病变主要发生在关节，常出现腱鞘炎、滑膜炎和骨关节炎；淋巴细胞性白血病多发生于较大日龄的鸡，临床表现消瘦、腹部增大，肝脏比正常增大数倍，法氏囊明显肿大，一般无神经症状。故选答案 B。

95. 根据以上描述，该病的病原最有可能是（ ）
    A. 细菌　　　B. 支原体　　　C. 病毒　　　D. 真菌　　　E. 球虫
【答案】 C
【考点】 考试要点：鸡马立克氏病的病原
【解析】 鸡马立克氏病由马立克氏病病毒引起，其他选项均不正确。故选答案 C。

96. 从下列方法中选择一种简单的诊断方法（ ）
    A. 琼扩试验　　　B. HA-HI 试验　　　C. PCR
    D. ELISA　　　　E. 平板凝集试验
【答案】 A
【考点】 考试要点：鸡马立克氏病的诊断
【解析】 琼扩试验是诊断鸡马立克氏病的简单方法；HA-HI 试验和平板凝集试验尽管操作简单，但不能用来诊断马立克氏病；PCR、ELISA 操作复杂，且需要一定仪器。故选答案 A。

【B1 型题】
答题说明：以下提供若干组考题，每组考题共用在考题前列出的 A、B、C、D、E 五个备选答案，请从中选择一个与问题最密切的答案，并在答题卡上将相应题号的相应字母所属的方框涂黑。某个备选答案可能被选择 1 次、多次或不被选择。

(97～99 题共用下列备选答案)
    A. 仔猪白痢　　　B. 仔猪副伤寒　　　C. 猪肺疫

D. 猪瘟　　　　　　　　　　　E. 猪呼吸与繁殖综合征

97. 某一窝 12 日龄乳猪发病，表现拉灰白色稀粪，气味腥臭，病猪消瘦、脱水。解剖死猪，主要病变为卡他性肠炎，肠系膜淋巴结肿大、出血。取小肠内容物接种麦康凯培养基进行培养，长出粉红色、表面湿润、中等大小的菌落。该病例最有可能是（　　）

【答案】　A

【考点】　考试要点：仔猪大肠杆菌病的发病表现和诊断方法

【解析】　题干描述的是仔猪白痢的发病表现，该病由大肠杆菌引起，大肠杆菌在麦康凯培养基上长出粉红色的菌落。故选答案 A。

98. 某 3 月龄左右的猪发病，时间已有 3 周。病猪表现腹泻、明显消瘦、有时表现咳嗽、喘。病死猪主要病变为肺有多处化脓性坏死灶，肋膜增厚，肺与肋膜粘连，心包膜增厚，有纤维素状物包裹。取肺化脓灶、涂片、瑞氏染色、镜检，发现有两端浓染的球杆菌。该病例最有可能是（　　）

【答案】　C

【考点】　考试要点：猪肺疫的发病表现及病原学诊断

【解析】　题干描述的是慢性猪肺疫的发病表现和诊断，该病由多杀巴氏杆菌引起，巴氏杆菌用瑞氏染液染色，呈两端浓染的球杆菌。故选答案 C。

99. 某妊娠母猪在 110 日龄发生流产。解剖流产死胎，发现胸腔积液、肺水肿、淤血。腹腔积液、肾肿大、淤血。取肺脏，做冰冻切片，用荧光素标记的蓝耳病阳性血清染色，荧光显微镜镜检，肺组织中的某些细胞发出荧光。该病例最有可能是（　　）

【答案】　E

【考点】　考试要点：猪蓝耳病的发病表现和实验室诊断

【解析】　题干描述的是猪呼吸与繁殖综合征（又称猪蓝耳病）的发病表现和实验室诊断。该病由猪呼吸与繁殖综合征病毒引起。故选答案 E。

（100~102 题共用下列备选答案）

A. 1 周龄以内　　B. 2~3 周龄　　C. 1~2 周龄　　D. 2 月龄　　E. 4~7 周

100. 鸭病毒性肝炎病死率最高的日龄阶段是（　　）

【答案】　A

【考点】　考试要点：鸭病毒性肝炎的发病日龄

【解析】　鸭病毒性肝炎在 1 周龄以内的病死率常在 90% 以上。故选答案 A。

101. 急性鸭浆膜炎常发生的日龄阶段是（　　）

【答案】　B

【考点】　考试要点：鸭浆膜炎的发病年龄

【解析】　急性鸭浆膜炎多见于 2~3 周龄的幼鸭。故选答案 B。

102. 急性小鹅瘟常发生的日龄阶段是（　　）

【答案】　C

【考点】　考试要点：小鹅瘟的发病年龄

【解析】　急性小鹅瘟多见于 1~2 周龄日龄的雏鹅。故选答案 C。

（103~105 题共用下列备选答案）

A. 臭氧　　　B. 紫外线　　　C. 冲洗　　　D. 沼气池　　　E. 冲刷

103. 上述选项中属于化学消毒法的是（　　）

【答案】　A

【考点】　考试要点：化学消毒方法

【解析】　臭氧属于氧化剂，属于化学消毒法。故选答案 A。

104. 上述选项中属于物理消毒法的是（　　）

【答案】　B

【考点】　考试要点：物理消毒法

【解析】　紫外线消毒法是利用紫外线灯管发出一定波长的紫外线，使微生物的核酸发生突变而达到消毒作用,属于物理消毒法。故选答案 B。
105. 上述选项中属于生物消毒法的是( )
　　【答案】 D
　　【考点】 考试要点：生物消毒法
　　【解析】 沼气池是利用微生物发酵产热、产酸实现消毒作用,属于生物消毒法。答案选 D。

(106～108 题共用下列备选答案)
　　A. 丝状支原体　　B. 弹状病毒　　C. 多杀巴氏杆菌　　D. 疱疹病毒　　E. 布氏杆菌
106. 牛出血性败血病由哪种病原微生物引起( )
　　【答案】 C
　　【考点】 考试要点：牛出血性败血病的病原
　　【解析】 牛出血性败血病由多杀巴氏杆菌引起。故选答案 C。
107. 牛传染性胸膜肺炎由哪种病原微生物引起( )
　　【答案】 A
　　【考点】 考试要点：牛传染性胸膜肺炎的病原
　　【解析】 牛传染性胸膜肺炎由丝状支原体。故选答案 A。
108. 牛流行热由哪种病原微生物引起( )
　　【答案】 B
　　【考点】 考试要点：牛流行热的病原
　　【解析】 牛流行热由牛流行热病毒引起,该病毒属于弹状病毒科。故选答案 B。

(109～111 题共用下列备选答案)
　　A. 飞沫　　B. 蠓　　C. 胎盘　　D. 飞鸟　　E. 咬伤
109. 狂犬病可经哪种途径传播( )
　　【答案】 E
　　【考点】 考试要点：狂犬病的传播方式
　　【解析】 狂犬病经咬伤、抓伤等直接接触进行传播。故选答案 E。
110. 牛结核病经由哪种途径传播( )
　　【答案】 A
　　【考点】 考试要点：牛结核病的传播方式
　　【解析】 牛结核病主要经空气飞沫进行传播。故选答案 A。
111. 牛流行热经由哪种途径传播( )
　　【答案】 B
　　【考点】 考试要点：牛流行热的传播媒介
　　【解析】 牛流行热由蠓、蚊等传播。故选答案 B。

(112～114 题共用下列备选答案)
　　A. 猪伪狂犬病　　　　　　B. 猪传染性胃肠炎　　　　　　C. 仔猪副伤寒
　　D. 猪瘟　　　　　　　　　E. 猪圆环病毒 2 型感染
112. 某猪场后备母猪首先发病,随后保育猪、育肥猪、哺乳母猪和乳猪先后发病,表现腹泻,严重者排水样粪便。取粪便经处理后,用电镜观察,发现有球形、表面有花瓣样突起的病毒。该病最有可能是( )
　　【答案】 B
　　【考点】 考试要点：猪传染性胃肠炎的发病表现和诊断方法。
　　【解析】 题干描述的是猪传染性胃肠炎的发病表现和实验室诊断。故选答案 B。
113. 某猪场哺乳仔猪发病,表现腹泻,有一定的呼吸道症状、站立不稳、瘫痪,病死率接近 100%。取病死猪的脑组织,经适当处理后,皮下接种健康成年家兔。家兔表现舔、咬接种部位,后期瘫痪死亡。该病最有可能是( )
　　【答案】 A

【考点】 考试要点：仔猪伪狂犬病的发病特点和诊断。
【解析】 题干描述的是仔猪伪狂犬病的发病特点。家兔对伪狂犬病毒的易感性高，表现剧痒、瘫痪。故选答案 A。

114. 某 3 月龄仔猪发病，表现发热、结膜炎、腹泻，粪便恶臭，后期局部皮肤发红。剖检可见肺出血；肝、脾肿大、淤血；胃出血，回肠末端和大肠出血明显；肠系膜淋巴结肿大、出血。取肝、脾脏，接种 SS 培养基培养，长出无色小菌落。挑取单个菌落，革兰氏染色镜检，可见革兰氏阴性细小杆菌。该病最有可能是（　　）
【答案】 C
【考点】 考试要点：仔猪副伤寒的发病表现和细菌学检验
【解析】 题干描述的是仔猪副伤寒的发病表现，该病由沙门氏菌引起。沙门氏菌在 SS 培养基上长出无色小菌落，菌体呈革兰氏阴性细小杆菌。故选答案 C。

(115～117 题共用下列备选答案)
A. 炭疽病　　　　　　　　B. 牛结核病　　　　　　C. 疯牛病
D. 牛出血性败血症　　　　E. 牛传染性胸膜肺炎

115. 某奶牛突然发病，表现高热、精神不振、反刍停止、呼吸困难、可视黏膜发绀。随即出现体温下降、气喘、昏迷死亡。口腔、鼻孔、肛门流血，血液凝固不良；尸体尸僵不全。濒死期时耳朵末梢消毒，采血涂片，革兰氏染色镜检，看到有紫色、粗大的菌体，单个或排列成竹节状。该病最有可能是（　　）
【答案】 A
【考点】 考试要点：牛炭疽病
【解析】 题干描述的是牛炭疽病的发病表现和实验室诊断。故选答案 A。

116. 某奶牛发病初期表现干咳，尤以清晨明显，随后咳嗽加重、频繁。两侧鼻孔流出黄白色脓样分泌物。病牛逐渐表现消瘦、产奶停止。取鼻分泌物，经过抗酸染色、镜检，发现有红色杆菌。该病最有可能是（　　）
【答案】 B
【考点】 考试要点：牛结核病
【解析】 题干描述的是牛结核病的发病表现和实验室诊断。故选答案 B。

117. 假设某一 5 岁奶牛发病，表现神经错乱、对声音、光线、触摸敏感、恐惧、烦躁不安；走路步态不协调、后期瘫痪。取病牛的脑组织，做常规病理切片和染色，显微镜观察，发现脑组织有囊形空泡。该病最有可能是（　　）
【答案】 C
【考点】 考试要点：疯牛病
【解析】 题干描述的是疯牛病的发病表现和实验室诊断。故选答案 C。

(118～120 题共用下列备选答案)
A. 鸡传染性喉气管炎　　　B. 大肠杆菌病　　　　　C. 败血型支原体感染
D. 鸡新城疫　　　　　　　E. 传染性支气管炎

118. 某 35 日龄左右的肉仔鸡发病，表现鼻孔流出浆液性或黏液性分泌物，堵塞鼻孔，病鸡频摇头、喷嚏。发病后期表现眼睑肿胀。剖检可见鼻腔、气管、气囊中有黏稠的分泌物，气囊壁增厚、浑浊，严重者有干酪样分泌物。病鸡食欲不振，生长停滞。取气管或气囊分泌物，接种 10% 马血清马丁琼脂培养，可见"煎蛋样"小菌落。该病最有可能是（　　）
【答案】 C
【考点】 考试要点：鸡败血型支原体感染
【解析】 题干描述的是鸡败血型支原体感染的发病表现和病原分离。故选答案 C。

119. 某 20 周龄左右的蛋鸡发病，表现鼻孔有分泌物，呼吸时有气管啰音，严重的病理呼吸困难，咳出带血的黏液。解剖见喉、气管黏膜出血，覆盖黏液性分泌物。实验室检查喉头黏膜上皮的细胞核内有嗜酸性包涵体。该病最有可能是（　　）

【答案】 A
【考点】 考试要点：鸡传染性喉气管炎
【解析】 题干描述的是鸡传染性喉气管炎的发病表现。故选答案 A。

120. 某 7 日龄左右的雏鸡发病，表现咳嗽、喷嚏和气管啰音；病鸡流鼻涕。解剖可见鼻腔、气管和支气管有浆液性或干酪样分泌物。取气管分泌物，经过适当处理，接种 10 日龄 SPF 鸡胚尿囊腔。死亡鸡胚表现卷缩，似算珠样。该病最有可能是（　　）

【答案】 E
【考点】 考试要点：鸡传染性支气管炎
【解析】 题干描述的是鸡传染性支气管炎的发病表现。该病由传染性支气管炎病毒引起，该病毒影响鸡胚发育，引起鸡胚矮小，俗称"侏儒胚"。故选答案 E。

三、兽医寄生虫学

【A1 型题】

答题说明：每一道考试题下面有 A、B、C、D、E 五个备选答案，请从中选择一个最佳答案，并在答题卡上将相应题号的相应字母所属的方框涂黑。

1. 人是猪带绦虫的（　　）
   A. 中间宿主　　B. 终末宿主　　C. 储藏宿主　　D. 补充宿主　　E. 保虫宿主
   【答案】 B
   【考点】 考试要点：人畜共患寄生虫病——猪囊尾蚴病
   【解析】 猪囊尾蚴病属于人畜共患病，其成虫——猪带绦虫寄生于人的小肠，孕节不断脱落随粪便排出体外，被猪吃入后六钩蚴逸出，钻入肠壁经血液或淋巴液带到全身，主要在横纹肌和心肌形成囊尾蚴。根据幼虫寄生的动物为中间宿主，成虫寄生的动物为终末宿主的原则，所以，人是猪带绦虫的终末宿主。

2. 为了防止寄生虫病原随粪便扩散，对动物粪便最经济有效的处理手段是（　　）
   A. 深埋　　B. 曝晒　　C. 堆积发酵　　D. 喷洒消毒剂　　E. 直接用作肥料
   【答案】 C
   【考点】 考试要点：寄生虫病的防控技术
   【解析】 随动物粪便排出体外的寄生虫虫卵、包囊或卵囊，是寄生虫病传播的主要来源，所以粪便直接用作肥料存在散布病原的风险。寄生虫虫卵、包囊或卵囊对常规消毒剂有极强的抵抗力，但它们对温度敏感，通过粪便堆积发酵，利用生物热将其杀死是最经济有效的处理手段。虽然粪便深埋或曝晒亦可防止病原扩散，但不够经济方便。

3. 寄生于鹅肾脏的艾美耳球虫是（　　）
   A. 截形艾美耳球虫　　B. 鹅艾美耳球虫　　C. 柯氏艾美耳球虫
   D. 有毒艾美耳球虫　　E. 多斑艾美耳球虫
   【答案】 A
   【考点】 考试要点：禽的寄生虫病—鹅球虫病
   【解析】 可寄生于鹅的艾美耳球虫有多种，除截形艾美耳球虫寄生于肾小管外，其余各种均寄生于肠道上皮细胞内，因此，选择答案 A。

4. 日本分体吸虫成虫寄生于动物的（　　）
   A. 肠管　　B. 气管　　C. 血管　　D. 胆管　　E. 淋巴管
   【答案】 C
   【考点】 考试要点：人兽共患寄生虫病—日本分体吸虫病
   【解析】 大多数体内寄生虫都有其特异的寄生部位，日本分体吸虫寄生于动物肠系膜静脉和肝门静脉血管内。

5. 猪蛔虫的感染途径是（　　）
   A. 经口感染　　B. 经皮肤感染　　C. 接触感染
   D. 经节肢动物感染　　E. 经胎盘感染
   【答案】 A
   【考点】 考试要点：猪的寄生虫病—猪消化道线虫病

【解析】 猪蛔虫成虫寄生于小肠，虫卵随粪便排出体外，发育为感染性虫卵（内含第二期幼虫）后，被猪吃入而获得感染，所以，经口感染是猪蛔虫的唯一感染途径。

6. 动物哪些部位的寄生虫感染是**不能**通过粪便检查虫卵进行确诊的（　　）
   A. 眼结膜囊　　B. 气管　　C. 胃肠道　　D. 胆囊　　E. 肾脏
   【答案】 E
   【考点】 考试要点：寄生虫病的诊断技术
   【解析】 不管动物什么部位，只要其有管道与消化道相通，寄生在这些部位的寄生虫所产虫卵最终都会进入肠道并随粪便排出体外，因此能通过粪检虫卵进行确诊。除了胃肠道本身，眼结膜囊通过鼻泪管、胆囊通过肝胆管、气管通过咽喉都与消化道相通，只有肾脏没有。

7. 犬心丝虫病的传播媒介昆虫是（　　）
   A. 蚊　　B. 库蠓　　C. 蚋　　D. 白蛉　　E. 虻
   【答案】 A
   【考点】 考试要点：犬猫的寄生虫病—犬心丝虫病
   【解析】 不少寄生虫需要在吸血昆虫体内进行一定阶段的发育，并借助这些昆虫进行传播，但这些寄生虫多数只在特定的昆虫种类体内发育。犬心丝虫在蚊体内发育，并借助其进行传播，因此，选择答案A。

8. 旋毛虫幼虫包囊的寄生部位是（　　）
   A. 肺　　B. 肝脏　　C. 脾脏　　D. 肾脏　　E. 膈肌
   【答案】 E
   【考点】 考试要点：人兽共患寄生虫病—旋毛虫病
   【解析】 旋毛虫成虫寄生于动物小肠内，雌虫产出幼虫，经肠系膜淋巴结进入胸导管，经肺转入体循环，然后随血液被带至全身各处，但只有进入横纹肌纤维内才能进一步发育形成包囊，而且幼虫在活动量较大的肋间肌、膈肌、嚼肌中较多。因此，选择答案E。

9. 姜片吸虫的中间宿主是（　　）
   A. 钉螺　　B. 扁卷螺　　C. 纹绍螺　　D. 土蜗螺　　E. 萝卜螺
   【答案】 B
   【考点】 考试要点：猪的寄生虫病—姜片吸虫病
   【解析】 基本上所有吸虫都需要在螺类体内进行幼虫阶段（如胞蚴、雷蚴）的发育，所以螺类是吸虫不可或缺的中间宿主，但多数吸虫的中间宿主的特异性很强，姜片吸虫只在扁卷螺体内发育，而不能在钉螺、纹绍螺、土蜗螺和萝卜螺等体内发育。因此，姜片吸虫的中间宿主是扁卷螺，而不是其他螺类。

10. 犬复孔绦虫的中间宿主是（　　）
    A. 土壤螨　　B. 蚂蚁　　C. 跳蚤　　D. 剑水蚤　　E. 甲虫
    【答案】 C
    【考点】 考试要点：犬猫的寄生虫病—犬复孔绦虫病
    【解析】 有一部分绦虫的虫卵需被一些小动物食入后在其体内进行发育，形成似囊尾蚴，这类小动物充当绦虫的中间宿主，但多数绦虫的中间宿主的特异性很强，犬复孔绦虫只在跳蚤体内发育，而不能在土壤螨、蚂蚁、剑水蚤和甲虫等体内发育。因此，犬复孔绦虫的中间宿主是跳蚤，而不是其他小动物。

11. 牛是日本分体吸虫的（　　）
    A. 中间宿主　　B. 终末宿主　　C. 储藏宿主　　D. 补充宿主　　E. 保虫宿主
    【答案】 B
    【考点】 考试要点：人兽共患寄生虫病—日本分体吸虫病
    【解析】 日本分体吸虫病属于人畜共患病，其成虫寄生于牛和人等动物的肠系膜静脉和肝门静脉血管内。虫卵溶解肠壁，脱落于肠腔随粪便排出体外，毛蚴逸出，钻入钉螺体内发育为胞蚴、尾蚴。根据幼虫寄生的动物为中间宿主，成虫寄生的动物为终末宿主的原则，所以，牛是日本分体吸虫的终末宿主。

12. 为了确诊寄生于动物肝胆管的华支睾吸虫病，最简便可靠的诊断方法是（　　）
    A. B超检查　　B. 粪便检查　　C. 尿液检查　　D. 免疫学检查　　E. X光检查

【答案】 B
【考点】 考试要点：寄生虫病的诊断技术
【解析】 不管动物什么部位，只要其有管道与消化道相通，寄生在这些部位的寄生虫所产虫卵最终都会进入肠道并随粪便排出体外，因此能通过粪检虫卵进行确诊。除了胃肠道本身，眼结膜囊通过鼻泪管、肝胆管通过胆道、气管通过咽喉都与消化道相通，因此，选择答案 B。

13. 寄生于鸡直肠的艾美耳球虫是（　　）
A. 堆型艾美耳球虫　　　　B. 布氏艾美耳球虫　　　C. 巨型艾美耳球虫
D. 柔嫩艾美耳球虫　　　　E. 早熟艾美耳球虫
【答案】 B
【考点】 考试要点：禽寄生虫病—鸡球虫病
【解析】 鸡球虫有 7 个种，即堆型艾美耳球虫、布氏艾美耳球虫、巨型艾美耳球虫、和缓艾美耳球虫、毒害艾美耳球虫、早熟艾美耳球虫和柔嫩艾美耳球虫，有些寄生于十二指肠及小肠前段（如堆型艾美耳球虫、和缓艾美耳球虫和早熟艾美耳球虫），有些寄生小肠中段（如巨型艾美耳球虫和毒害艾美耳球虫），有的寄生于盲肠（如柔嫩艾美耳球虫）。而布氏艾美耳球虫寄生于小肠后段和直肠，因此，选择答案 B。

14. 肝片形吸虫成虫寄生于牛羊的（　　）
A. 肠管　　　B. 气管　　　C. 血管　　　D. 胆管　　　E. 淋巴管
【答案】 D
【考点】 考试要点：牛羊的寄生虫病—吸虫病
【解析】 大多数体内寄生虫都有其特异的寄生部位，肝片形吸虫寄生于动物的肝脏胆管内。

15. 猪食道口线虫的感染途径是（　　）
A. 经口感染　　　　　　　B. 经皮肤感染　　　　　C. 接触感染
D. 经节肢动物感染　　　　E. 经胎盘感染
【答案】 A
【考点】 考试要点：猪消化道线虫病
【解析】 猪食道口线虫成虫寄生于结肠，虫卵随粪便排出体外，发育为感染性虫卵（内含第二期幼虫）后，被猪吃入而获得感染，所以，经口感染是猪食道口线虫的唯一感染途径。

16. 马媾疫锥虫的感染途径是（　　）
A. 经口感染　　　　　　　B. 经皮肤感染　　　　　C. 交配接触感染
D. 经节肢动物感染　　　　E. 经胎盘感染
【答案】 C
【考点】 考试要点：马的寄生虫病—马媾疫锥虫病
【解析】 马媾疫锥虫主要寄生于生殖器黏膜上，是马匹交配时生殖器黏膜接触而感染，因此，选择答案 C。

17. 卡氏住白细胞虫病的传播媒介昆虫是（　　）
A. 蚊　　　B. 库蠓　　　C. 蚋　　　D. 白蛉　　　E. 虻
【答案】 B
【考点】 考试要点：禽的寄生虫病—住白细胞虫病
【解析】 不少寄生虫需要在吸血昆虫体内进行一定阶段的发育，并借助这些昆虫进行传播，但这类寄生虫多数只在特定的昆虫种类体内发育。卡氏住白细胞虫只在库蠓体内经配子生殖和孢子生殖两阶段的发育，并借助其进行传播，因此，选择答案 B。

18. 前殖吸虫的寄生部位是（　　）
A. 肺　　　B. 肝脏　　　C. 脾脏　　　D. 肾脏　　　E. 输卵管
【答案】 E
【考点】 考试要点：禽的寄生虫病—前殖吸虫病
【解析】 大多数体内寄生虫都有其特异的寄生部位，前殖吸虫寄生于禽的输卵管内，因此，选择答案 E。

19. 华支睾吸虫的中间宿主是（　　）

A. 钉螺　　　　B. 扁卷螺　　　　C. 纹绍螺　　　　D. 土蜗螺　　　　E. 萝卜螺

【答案】　C

【考点】　考试要点：多种动物共患寄生虫病——华支睾吸虫病

【解析】　基本上所有吸虫都需要在螺类体内进行幼虫阶段（如胞蚴、雷蚴）的发育，所以螺类是吸虫不可或缺的中间宿主，但多数吸虫的中间宿主的特异性很强，华支睾吸虫只在纹绍螺体内发育，而不能在钉螺、扁卷螺、土蜗螺和萝卜螺等体内发育。因此，华支睾吸虫的中间宿主是纹绍螺，而不是其他螺类。

20. 马裸头绦虫的中间宿主是（　　）

A. 地螨　　　　B. 蚂蚁　　　　C. 跳蚤　　　　D. 剑水蚤　　　　E. 甲虫

【答案】　A

【考点】　考试要点：马的寄生虫病——裸头绦虫病

【解析】　有一部分绦虫的虫卵需被一些小动物食入后在其体内进行发育，形成似囊尾蚴，这类小动物充当绦虫的中间宿主，但多数绦虫的中间宿主的特异性很强，裸头绦虫只在地螨体内发育，而不能在跳蚤、蚂蚁、剑水蚤和甲虫等体内发育。因此，裸头绦虫的中间宿主是地螨，而不是其他小动物。

21. 草鱼是华支睾吸虫的（　　）

A. 中间宿主　　B. 终末宿主　　C. 储藏宿主　　D. 补充宿主　　E. 保虫宿主

【答案】　D

【考点】　考试要点：多种动物共患寄生虫病——华支睾吸虫病

【解析】　有些寄生虫需要两个中间宿主才能完成其幼虫阶段的发育，例如，华支睾吸虫的第一中间宿主是纹绍螺，第二中间宿主（又称补充宿主）是草鱼等，所以，选择答案D。

22. 猪棘头虫属于（　　）

A. 外寄生虫　　　　B. 多宿主寄生虫　　　　C. 暂时性寄生虫
D. 单宿主寄生虫　　E. 专一宿主寄生虫

【答案】　B

【考点】　考试要点：寄生虫学基础知识——寄生虫与宿主类型

【解析】　在寄生虫类型中，根据寄生部位的不同，可有体内与体外寄生虫之分；根据发育过程中仅需一个还是需要多个宿主，可有单宿主与多宿主寄生虫之分；根据寄生时间的长短，有暂时性与永久性寄生虫之分；根据寄生宿主范围，有专一与非专一宿主寄生虫之分。在上述5个选项中，猪棘头虫与B相符。

23. 猪蛔虫包括成虫和幼虫不直接损害的宿主器官组织是（　　）

A. 脾脏　　　　B. 肝脏　　　　C. 肺脏　　　　D. 肠道　　　　E. 胆囊

【答案】　A

【考点】　考试要点：猪的寄生虫病——猪消化道线虫病

【解析】　猪蛔虫感染性虫卵（内含第二期幼虫）被猪吞食后，在小肠内孵出幼虫，进入肠壁，到达肝脏后脱皮发育为第三期幼虫，然后随血液到达肺并进入肺泡再次蜕皮发育为第四期幼虫，再随黏液经咽返回肠道，继续发育为成虫。幼虫移行过程对宿主肝肺组织造成损伤，成虫数量较多时，可穿破肠壁，可迷路进入肝胆，造成破坏。因此，题中选项中只有脾脏不遭受蛔虫直接损害。

24. 东毕吸虫成虫寄生于动物的（　　）

A. 肠管　　　　B. 气管　　　　C. 血管　　　　D. 胆管　　　　E. 淋巴管

【答案】　C

【考点】　考试要点：牛羊的寄生虫病——东毕吸虫病

【解析】　大多数体内寄生虫都有其特异的寄生部位，东毕吸虫寄生于动物肠系膜静脉和肝门静脉血管内。

25. 犬巴贝斯虫的感染途径是（　　）

A. 经口感染　　　　B. 经皮肤感染　　　　C. 接触感染
D. 经节肢动物感染　E. 经胎盘感染

【答案】　D

【考点】 考试要点：犬猫的寄生虫病—犬巴贝斯虫病

【解析】 犬巴贝斯虫寄生于宿主红细胞内，蜱吸血时虫体进入其体内进一步发育，然后转入下一代蜱的唾液腺中形成子孢子，当这些带虫蜱叮咬犬而使之感染。蜱是节肢动物中的一类，因此，选择答案D。

26. 寄生于鸡盲肠的艾美耳球虫是（　　）
    A. 堆型艾美耳球虫　　　　　B. 布氏艾美耳球虫　　　　C. 巨型艾美耳球虫
    D. 柔嫩艾美耳球虫　　　　　E. 早熟艾美耳球虫

【答案】 D

【考点】 考试要点：禽的寄生虫病—鸡球虫病

【解析】 鸡球虫有7个种，即堆型艾美耳球虫、布氏艾美耳球虫、巨型艾美耳球虫、和缓艾美耳球虫、毒害艾美耳球虫、早熟艾美耳球虫和柔嫩艾美耳球虫，有些寄生于十二指肠及小肠前段（如堆型艾美耳球虫、和缓艾美耳球虫和早熟艾美耳球虫），有些寄生小肠中段（如巨型艾美耳球虫和毒害艾美耳球虫），有的寄生于小肠后段和直肠（如布氏艾美耳球虫），而柔嫩艾美耳球虫寄生于盲肠，故又称之为盲肠球虫。

27. 利什曼原虫病的传播媒介昆虫是（　　）
    A. 蚊　　　　B. 库蠓　　　　C. 蚋　　　　D. 白蛉　　　　E. 虻

【答案】 D

【考点】 考试要点：人兽共患寄生虫病—利什曼原虫病

【解析】 不少寄生虫需要在吸血昆虫体内进行一定阶段的发育，并借助这些昆虫进行传播，但这些寄生虫多数只在特定的昆虫种类体内发育。利什曼原虫只在白蛉体内发育，并借助其进行传播，因此，选择答案D。

28. 脑多头蚴的寄生部位是（　　）
    A. 肺　　　　B. 肝脏　　　　C. 脾脏　　　　D. 肾脏　　　　E. 脊髓

【答案】 E

【考点】 考试要点：牛羊的寄生虫病—脑多头蚴病

【解析】 脑多头蚴病又称脑包虫病，其成虫多头绦虫寄生于犬和狼等肉食动物小肠内，随粪排出的虫卵污染牧草和水源，被牛羊食入后六钩蚴逸出，钻入肠壁血管，然后随血液被带到脑和脊髓进一步发育形成包囊，该虫不在其他器官组织发育。因此，选择答案E。

29. 歧腔吸虫的中间宿主是（　　）
    A. 钉螺　　　　　　　　　　B. 扁卷螺　　　　　　　　C. 纹绍螺
    D. 蜗牛（陆地螺）　　　　　E. 萝卜螺

【答案】 D

【考点】 考试要点：多种动物共患寄生虫病—歧腔吸虫病

【解析】 几乎所有吸虫都需要在螺类体内进行幼虫阶段（如胞蚴、雷蚴）的发育，所以螺类是吸虫不可或缺的中间宿主，但多数吸虫的中间宿主的特异性较强，歧腔吸虫只在蜗牛（陆地螺）体内发育，而不能在钉螺、扁卷螺、纹绍螺和萝卜螺等体内发育。因此，选择答案D。

30. 羊狂蝇蛆的寄生部位是（　　）
    A. 胃　　　　B. 肠道　　　　C. 肝脏　　　　D. 肺　　　　E. 鼻腔

【答案】 E

【考点】 考试要点：牛羊的寄生虫病—羊狂蝇蛆病

【解析】 大部分体内寄生虫都有其特异的寄生部位，羊狂蝇蛆寄生于动物鼻腔内。因此，选择答案E。

31. 羊是细粒棘球绦虫的（　　）
    A. 中间宿主　　B. 终末宿主　　C. 储藏宿主　　D. 补充宿主　　E. 保虫宿主

【答案】 A

【考点】 考试要点：人兽共患寄生虫病—棘球蚴病

【解析】 细粒棘球绦虫成虫寄生于犬和狼等肉食动物小肠内，虫卵随粪便排出体外，污染水草而被羊吞食，六钩蚴逸出并钻入肠壁，然后随血液被带到各内脏器官组织，发育为棘球蚴。根据幼虫寄生的动物为中间宿主，成虫寄生的动物为终末宿主的原则，所以，羊是细粒棘球绦虫的中间宿主。

32. 为了确诊猪肾虫病，最简便可靠的诊断方法是（　　）
    A. B超检查　　　B. 粪便检查　　　C. 尿液检查　　　D. 免疫学检查　　　E. X光检查
    【答案】　C
    【考点】　考试要点：猪的寄生虫病—猪肾虫病
    【解析】　猪肾虫寄生于肾盂和输尿管壁，其所产虫卵随尿液排出体外。当怀疑猪患肾虫病时，可采集晨尿，静置后镜检沉淀物，发现虫卵而确诊。因此，选择答案C。

33. 鸭球虫属于（　　）
    A. 外寄生虫　　　　　　　B. 多宿主寄生虫　　　　　　　C. 暂时性寄生虫
    D. 单宿主寄生虫　　　　　E. 非专一宿主寄生虫
    【答案】　D
    【考点】　考试要点：寄生虫学基础知识—寄生虫与宿主类型
    【解析】　在寄生虫类型中，根据寄生部位的不同，可有体内与体外寄生虫之分；根据发育过程中仅需一个还是需要多个宿主，可有单宿主与多宿主寄生虫之分；根据寄生时间的长短，有暂时性与永久性寄生虫之分；根据寄生宿主范围，有专一与非专一宿主寄生虫之分。在上述5个选项中，鸭球虫与D相符。

34. 歧腔吸虫成虫寄生于牛羊的（　　）
    A. 肠管　　　B. 气管　　　C. 血管　　　D. 胆管　　　E. 淋巴管
    【答案】　D
    【考点】　考试要点：牛羊的寄生虫病—吸虫病
    【解析】　大多数体内寄生虫都有其特异的寄生部位，歧腔吸虫寄生于动物的肝胆管和胆囊内。因此，选择答案D。

35. 牛羊食道口线虫的感染途径是（　　）
    A. 经口感染　　　　　　　B. 经皮肤感染　　　　　　　C. 接触感染
    D. 经节肢动物感染　　　　E. 经胎盘感染
    【答案】　A
    【考点】　考试要点：牛羊的寄生虫病—消化道线虫病
    【解析】　牛羊食道口线虫包括哥伦比亚食道口线虫、辐射食道口线虫、微管食道口线虫和粗纹食道口线虫，都寄生于大肠，主要是结肠，虫卵随粪便排出体外，发育为感染性幼虫后，被牛羊吃入而获得感染，所以，选择答案A。

36. 疥螨的感染途径是（　　）
    A. 经口感染　　　　　　　B. 经皮肤感染　　　　　　　C. 接触感染
    D. 经节肢动物感染　　　　E. 经胎盘感染
    【答案】　C
    【考点】　考试要点：多种动物共患寄生虫病—疥螨病
    【解析】　疥螨寄生于动物表皮内，引起动物寄生性皮肤病。疥螨病通过直接接触而传播，也可通过被虫体污染的栏舍或用具间接传播，具有高度传染性。因此，选择答案C。

37. 沙氏住白细胞虫病的传播媒介昆虫是（　　）
    A. 蚊　　　B. 库蠓　　　C. 蚋　　　D. 白蛉　　　E. 虻
    【答案】　C
    【考点】　考试要点：禽的寄生虫病—住白细胞虫病
    【解析】　不少寄生虫需要在吸血昆虫体内进行一定阶段的发育，并借助这些昆虫进行传播，但这些寄生虫多数只在特定的昆虫种类体内发育。沙氏住白细胞虫只在蚋体内经配子生殖和孢子生殖阶段的发育，并借助其进行传播。因此，选择答案C。

38. 后睾吸虫的寄生部位是（　　）
    A. 肌胃　　　B. 腺胃　　　C. 肠道　　　D. 肝胆管　　　E. 输卵管
    【答案】　D
    【考点】　考试要点：禽的寄生虫病—后睾吸虫病
    【解析】　大多数体内寄生虫都有其特异的寄生部位，后睾吸虫寄生于禽的肝胆管内。因此，选择答案 D。

39. 寄生于兔肝脏的艾美耳球虫是（　　）
    A. 斯氏艾美耳球虫　　　B. 大型艾美耳球虫　　　C. 肠艾美耳球虫
    D. 中型艾美耳球虫　　　E. 无残艾美耳球虫
    【答案】　A
    【考点】　考试要点：兔的寄生虫病—兔球虫病
    【解析】　可寄生于兔的艾美耳球虫有多种，除斯氏艾美耳球虫寄生于肝胆管外，其余各种均寄生于肠道上皮细胞内。因此，选择答案 A。

40. 赖利绦虫的中间宿主是（　　）
    A. 地螨　　　B. 蚂蚁　　　C. 跳蚤　　　D. 剑水蚤　　　E. 金龟子
    【答案】　B
    【考点】　考试要点：禽的寄生虫病—鸡绦虫病
    【解析】　部分绦虫的虫卵需被一些小动物食入后在其体内进行发育，形成似囊尾蚴，这类小动物充当绦虫的中间宿主，但多数绦虫的中间宿主的特异性较强，赖利绦虫幼虫在蚂蚁体内发育，而不能在跳蚤、地螨、剑水蚤和金龟子等体内发育。因此，选择答案 B。

【A2 型题】
答题说明：每一道考题是以一个小案例出现的，其下面都有 A、B、C、D、E 五个备选答案，请从中选择一个最佳答案，并在答题卡上将相应题号的相应字母所属的方框涂黑。

41. 兔，断奶 3 周，病兔不停地用嘴啃咬脚部或用脚搔抓嘴、鼻处解痒。病爪上出现灰白色痂皮，刮取痂皮涂片镜检，发现许多圆形虫体，足粗短，4 对，两对朝前两对向后，向后两对不超过体缘。该兔感染的寄生虫是（　　）
    A. 疥螨　　　B. 痒螨　　　C. 蠕形螨　　　D. 硬蜱　　　E. 软蜱
    【答案】　A
    【考点】　考试要点：多种动物共患寄生虫病—疥螨病
    【解析】　蜱类较螨虫大，肉眼可见，多寄生于腹部及两腿内侧少毛处；蠕形螨主要寄生于犬猫的毛囊内；经常感染兔的外寄生虫是疥螨和痒螨。痒螨主要感染外耳道，虫体呈长椭圆形，足细长，4 对，两对朝前两对向后，均露于体缘外侧。从题干描述的寄生部位、虫体形态特征和临床症状判断，该兔感染的是疥螨。因此，选择答案 A。

42. 警犬，约 3 岁，经常在户外执行任务。贫血、消瘦，运动时体力下降。发现其腹部及两腿内侧少毛处有许多小米粒至大豆大的虫体，椭圆形，红褐色，分假头和躯体两部，假头隐于体前端，躯体背面无盾板，呈皮革状。该犬感染的寄生虫是（　　）
    A. 疥螨　　　B. 痒螨　　　C. 蠕形螨　　　D. 硬蜱　　　E. 软蜱
    【答案】　E
    【考点】　考试要点：多种动物共患寄生虫病—蜱病
    【解析】　螨寄生于动物的皮肤和毛囊内，个体很小，肉眼难以看见。因此，可确定该犬体表发现的不是螨虫。硬蜱与软蜱大小相当，但硬蜱躯体背面有一块硬的盾板，假头突出于虫体前端。从题干描述的寄生部位、虫体形态特征和临床症状判断，该犬感染的是软蜱。因此，选择答案 E。

43. 某猪群，部分 3～4 月龄肉猪出现消瘦，顽固性腹泻，用抗生素治疗效果不佳，剖检死亡猪在结肠壁上见到大量结节，肠腔内检获长 8～11mm 的线状虫体。该群猪最可能感染的是（　　）
    A. 蛔虫　　　B. 肾虫　　　C. 旋毛虫　　　D. 后圆线虫　　　E. 食道口线虫
    【答案】　E
    【考点】　考试要点：猪的寄生虫病—猪消化道线虫病
    【解析】　蛔虫寄生于小肠；肾虫寄生于肾脏；旋毛虫成虫寄生于小肠，幼虫寄生于横纹肌内；后圆线虫寄生于肺；而食道口线虫寄生于结肠，而且题中描述的病变和虫体特征亦与食道口线虫相符，因此，选择答案 E。

44. 兔，断奶 2 周，下痢，消瘦，经实验室粪检确诊为球虫感染，最佳的治疗药物是（　　）
    A. 吡喹酮　　　B. 阿苯达唑　　　C. 伊维菌素　　　D. 左旋咪唑　　　E. 地克珠利

【答案】 E
【考点】 考试要点：兔的寄生虫病—兔球虫病
【解析】 各类抗寄生虫药物一般都有特定的驱虫谱。吡喹酮对吸虫类和绦虫类有效；阿苯达唑对吸虫类、绦虫类和线虫类有效；伊维菌素对线虫类和蜱螨类有效；左旋咪唑只对线虫类有效；地克珠利是专用的抗球虫药，因此，选择答案 E 是正确的。

45. 检疫人员进行生猪屠宰检疫时，发现一头猪的膈肌中有黄豆大小的半透明囊泡，泡内充满囊液。泡壁上有一小结节，经光学显微镜下观察为寄生虫头节。该虫体最可能是（ ）
   A. 旋毛虫　　B. 弓形虫　　C. 棘球蚴　　D. 肉孢子虫　　E. 猪囊尾蚴
【答案】 E
【考点】 考试要点：人兽共患寄生虫病—猪囊尾蚴病
【解析】 在猪膈肌中形成包囊且肉眼看见的有肉孢子虫包囊和猪囊尾蚴，但肉孢子虫包囊囊壁厚且不透明，没有囊液。只有猪囊尾蚴符合题中描述特征，因此，选择答案 E。

46. 一群 8000 多只的放养肉鸡，50 天龄时开始发病，每天死亡数只。剖检病死鸡可见肝脏表面有溃疡病灶，盲肠单侧或双侧有肠芯，横切肠芯呈同心圆状。其他器官组织无肉眼病变，亦排除了传染病。该病最可能是（ ）
   A. 绦虫病　　B. 线虫病　　C. 毛滴虫病　　D. 组织滴虫病　　E. 球虫病
【答案】 D
【考点】 考试要点：禽的寄生虫病—组织滴虫病
【解析】 组织滴虫寄生于禽类的盲肠和肝脏，引起盲肠肝炎。绦虫、线虫、毛滴虫和球虫都感染侵害消化道，而不侵害肝脏。盲肠球虫病形成的肠芯横切不呈同心圆状，而题中描述的病变与组织滴虫病的特征性病变相符，因此，选择答案 D。

47. 一群 25 天龄肉鸡，拉血痢，经剖检和实验室镜检确诊为球虫感染，最佳的治疗药物是（ ）
   A. 吡喹酮　　B. 阿苯达唑　　C. 伊维菌素　　D. 左旋咪唑　　E. 妥曲珠利
【答案】 E
【考点】 考试要点：禽的寄生虫病—鸡球虫病
【解析】 各类抗寄生虫药物一般都有其特定的驱虫谱。吡喹酮对吸虫类和绦虫类有效；阿苯达唑对线虫类、吸虫类和绦虫类有效；伊维菌素对线虫类和蜱螨类有效；左旋咪唑对线虫类有效；妥曲珠利是专用的抗球虫药。因此，选择答案 E。

48. 检疫人员进行猪屠宰检疫时，取一头猪的膈肌剪十数个米粒大小的样品，置载玻片上压片，然后经光学显微镜下观察，发现肌纤维间有内有盘曲幼虫的包囊。该虫体最可能是（ ）
   A. 旋毛虫　　B. 弓形虫　　C. 棘球蚴　　D. 肉孢子虫　　E. 猪囊尾蚴
【答案】 A
【考点】 考试要点：人兽共患寄生虫病—旋毛虫病
【解析】 在猪膈肌中形成包囊的寄生虫包括旋毛虫、肉孢子虫和猪囊尾蚴，但后两者的包囊较大，肉眼可见。而弓形虫和棘球蚴一般不在肌膈中形成包囊。需要镜检才能观察到的是旋毛虫包囊，因此，选择答案 A。

49. 一箱蜜蜂，较多成年蜂爬出箱外，失去飞翔能力。剖检发病蜜蜂肉眼可见中肠颜色由蜜黄色变为灰白色，并且中肠外表环纹消失，失去弹性，极易破裂。该病最可能是（ ）
   A. 孢子虫病　　B. 变形虫病　　C. 阿米巴病　　D. 大蜂螨病　　E. 小蜂螨病
【答案】 A
【考点】 考试要点：蜂的寄生虫病—孢子虫病
【解析】 螨虫一般只寄生于蜂的体表，变形虫（即阿米巴）侵染中肠时中肠前端呈棕红色，后肠积满黄色粪便，而题中描述的病变与孢子虫病的特征性病变相符，因此，选择答案 A。

50. 兔，断奶 2 周，耳朵下垂，不断摇头和用脚搔耳朵，外耳道有炎症渗出物干燥成黄色痂皮，塞满耳道如纸卷样。用棉拭子涂取外耳道渗出物，镜检发现许多长椭圆形虫体，足细长，4 对，两对朝前两对向后，均露于体缘外侧；口器长，呈圆锥状。该兔感染的寄生虫

是（　　）
　　A. 疥螨　　　　B. 痒螨　　　　C. 蠕形螨　　　　D. 硬蜱　　　　E. 软蜱
【答案】　B
【考点】　考试要点：多种动物共患寄生虫病——痒螨病
【解析】　蜱类较螨虫大，肉眼可见，多寄生于腹部及两腿内侧少毛处；蠕形螨主要寄生于犬猫的毛囊内。经常感染兔的外寄生虫是疥螨和痒螨，疥螨主要感染嘴、鼻孔周围和脚爪部，虫体圆形，4对足粗短，向后两对足不超过体缘。从题干描述的寄生部位、虫体形态特征和临床症状判断，感染该兔的是痒螨。因此，选择答案 B。

51. 警犬，约2岁，经常在户外执行任务。贫血、消瘦，运动时体力下降。发现其腹部及两腿内侧少毛处有许多小米粒至大豆大的虫体，长椭圆形，红褐色，分假头和躯体两部，假头突出于体前端，躯体背面有一块硬的盾板。该犬感染的寄生虫是（　　）
　　A. 疥螨　　　　B. 痒螨　　　　C. 蠕形螨　　　　D. 硬蜱　　　　E. 软蜱
【答案】　D
【考点】　考试要点：多种动物共患寄生虫病——蜱病
【解析】　螨寄生于动物的皮肤和毛囊内，个体很小，肉眼难以看见。因此，可确定该犬体表发现的不是螨虫。软蜱与硬蜱大小相当，但软蜱躯体背面无盾板，呈皮革状；假头隐于虫体前端腹面，不突出体前缘。从题干描述的寄生部位、虫体形态特征和临床症状判断，该犬感染的是硬蜱。因此，选择答案 D。

52. 一窝仔猪，10天龄时开始腹泻，粪便糊状，呈黄白色。取粪便浮卵镜检，视野中可见十数个球形或亚球形卵囊，卵囊经培养后发育成具2个孢子囊，每个孢子囊有4个子孢子的孢子化卵囊。该病最可能是（　　）
　　A. 蒂氏艾美耳球虫病　　　B. 粗糙艾美耳虫病　　　C. 猪等孢球虫病
　　D. 猪蛔虫病　　　　　　　E. 类圆形虫病
【答案】　C
【考点】　考试要点：猪的寄生虫病——猪球虫病
【解析】　猪蛔虫病和类圆线虫病罕见于哺乳仔猪，且猪蛔虫卵和类圆线虫卵与球虫卵囊有明显区别。艾美耳属球虫孢子化卵囊内含4个孢子囊，每个孢子囊有2个子孢子，因而蒂氏艾美耳球虫病和粗糙艾美耳虫病亦可排除，而题中描述的临床症状和卵囊特征均与猪等孢球虫病相符。因此，选择答案 C。

【A3/A4 型题】
　　答题说明：以下提供若干个案例，每个案例下设若干道考题。请根据案例所提供的信息，在每一道考试题下面的 A、B、C、D、E 五个备选答案中选择一个最佳答案，并在答题卡上将相应题号的相应字母所属的方框涂黑。

（53~55题共用以下题干）
　　我国南方某奶牛场新引进不久的数头奶牛突然出现高烧，呈稽留热型，随后出现血尿，可视黏膜黄染。牛只食欲减退，精神不振，严重贫血。

53. 引起该病的病原最可能是（　　）
　　A. 泰勒虫　　　B. 弓形虫　　　C. 肉孢子虫　　　D. 伊氏锥虫　　　E. 巴贝斯虫
【答案】　E
【考点】　考试要点：牛羊的寄生虫病——巴贝斯虫病
【解析】　根据症状特征首先将病种范围缩小至血液原虫病，排除了弓形虫病和肉孢虫病；泰勒虫病传播媒介蜱只出现在我国北方，该病在南方没有；伊氏锥虫病不会出现血尿，而且是间歇热型。题中描述的症状与巴贝斯虫病的特征性症状相符，因此，选择答案 E。

54. 确诊该病最简便可靠的方法是（　　）
　　A. 粪便检查　　　　　　B. 尿液检查　　　　C. 病理组织学检查
　　D. 血液涂片染色检查　　E. 黏膜涂片染色检查
【答案】　D
【考点】　考试要点：寄生虫病的诊断技术——血液与组织内寄生虫病的诊断
【解析】　该病是血液原虫病，在动物发烧高温期间，耳静脉穿刺采血作血液涂片染色检查是确诊该病最简便可靠的方法，因此，选择答案 D。

55．治疗该病目前最有效的药物是（　　）
　　A．三氮咪（贝尼尔）　　B．喹嘧胺（安锥赛）　　C．磺胺间甲氧嘧啶
　　D．妥曲珠利　　E．吡喹酮
　　【答案】　A
　　【考点】　考试要点：牛羊的寄生虫病—巴贝斯虫病
　　【解析】　各类抗寄生虫药物一般都有特定的驱虫谱。吡喹酮对吸虫类和绦虫类有效；喹嘧胺（安锥赛）对锥虫病有效；磺胺间甲氧嘧啶对弓形虫和住白细胞虫类有效；妥曲珠利是专用的抗球虫药。三氮咪（贝尼尔）对血液原虫类有特效，因此，选择答案 A。

（56～58题共用以下题干）
　　2014年6月，一群40多天龄的肉鸡突然发病，口吐鲜血，精神沉郁，食欲减退，鸡冠苍白。病死鸡经剖检，可见全身肌肉及内脏器官组织广泛性出血，并且有大量成簇的菜花样小结节突出于器官组织表面，与周围组织分界明显。

56．引起该病的病原最可能是（　　）
　　A．球虫　　B．组织滴虫　　C．隐孢子虫　　D．住白细胞虫　　E．肉孢子虫
　　【答案】　D
　　【考点】　考试要点：禽的寄生虫病—住白细胞虫病
　　【解析】　根据题中描述的全身广泛性出血和器官组织表面有大量成簇的菜花样小结节的特征，排除了球虫病（只侵害肠道）、组织滴虫病（只侵害盲肠和肝脏）和隐孢子虫病（侵害消化道和呼吸道），肉孢子虫病只在肌肉中形成包囊。题中描述的病变与卡氏住白细胞虫病的特征性病变相符，因此，选择答案 D。

57．确诊该病最简便可靠的方法是（　　）
　　A．粪便镜检　　B．病原分离培养　　C．血清免疫学检查
　　D．组织压片镜检　　E．组织涂片染色镜检
　　【答案】　D
　　【考点】　考试要点：禽的寄生虫病—住白细胞虫病
　　【解析】　该病不通过粪便排出病原，病原分离培养、血清免疫学检查和组织涂片染色镜检较烦琐，不是最好诊断方法，而组织压片镜检是确诊该病最简便可靠的手段，因此答案选择 D。

58．治疗该病目前最有效的药物是（　　）
　　A．伊维菌素　　B．阿苯达唑　　C．磺胺六甲氧嘧啶
　　D．妥曲珠利　　E．吡喹酮
　　【答案】　C
　　【考点】　考试要点：禽的寄生虫病—住白细胞虫病
　　【解析】　各类抗寄生虫药物一般都有其特定的驱虫谱。伊维菌素对线虫类和蜱螨类有效；阿苯达唑对线虫类、吸虫类和绦虫类有效；吡喹酮对吸虫类和绦虫类有效；妥曲珠利是专用的抗球虫药。磺胺间甲氧嘧啶对住白细胞虫类有特效，因此，选择答案 C。

（59～61题共用以下题干）
　　某集约化猪场部分猪只出现食欲废绝，高热稽留，呼吸困难，皮肤发绀，体表淋巴结肿大。怀孕母猪流产、死胎。经一系列实验室诊断，排除了传染病。

59．引起该病的病原最可能是（　　）
　　A．球虫　　B．弓形虫　　C．肉孢子虫　　D．旋毛虫　　E．巴贝斯虫
　　【答案】　B
　　【考点】　考试要点：人兽共患寄生虫病—弓形虫病
　　【解析】　球虫寄生于猪的肠道，主要引起拉稀；肉孢子虫和旋毛虫的感染一般不引起猪的明显临床症状；猪罕见感染巴贝斯虫。题中描述的临床症状与弓形虫病的特征性症状相符，因此，选择答案 B。

60．确诊该病最简便可靠的方法是（　　）
　　A．粪便检查　　B．尿液检查　　C．血清免疫学检查

D. 血液涂片染色镜查　　　　E. 取淋巴结涂片染色镜查

【答案】　E

【考点】　考试要点：人兽共患寄生虫病—弓形虫病

【解析】　该病不通过粪便和尿液排出病原，血清免疫学检查较烦琐，血液中弓形虫检出率低，在各种器官组织中淋巴结里弓形虫滋养体最常见，取其涂片染色镜检是确诊该病最简便可靠的手段，因此，选择答案 E。

61. 治疗该病目前最有效的药物是（　　）

A. 三氮咪（贝尼尔）　　B. 喹嘧胺（安锥赛）　　C. 磺胺间甲氧嘧啶

D. 妥曲珠利　　　　　　E. 吡喹酮

【答案】　C

【考点】　考试要点：人兽共患寄生虫病—弓形虫病

【解析】　各类抗寄生虫药物一般都有其特定的驱虫谱。三氮咪对血液原虫类有效；喹嘧胺（安锥赛）对原虫类尤其是锥虫有特效；妥曲珠利是专用的抗球虫药；吡喹酮对吸虫类和绦虫类有效。磺胺间甲氧嘧啶对弓形虫和住白细胞虫有特效，因此，选择答案 C。

（62～64题共用以下题干）

一群半圈养半放养的黄羽肉鸡共计8000只，55天龄时开始发病，部分鸡羽毛松乱无光泽，逐渐消瘦，剖检5只病鸡，发现单侧或双侧盲肠肿大、变硬，形成肠栓子，横切肠栓子呈同心圆状；肝表面有大小不等的溃疡病灶。其他器官组织未发现肉眼可见病变。

62. 引起该病的病原最可能是（　　）

A. 球虫　　　B. 线虫　　　C. 隐孢子虫　　　D. 组织滴虫　　　E. 毛滴虫

【答案】　D

【考点】　考试要点：禽的寄生虫病—组织滴虫病

【解析】　组织滴虫寄生于禽类的盲肠和肝脏，引起盲肠肝炎。线虫、隐孢子虫、毛滴虫和球虫都感染侵害消化道，但不侵害肝脏。盲肠球虫病形成的肠芯横切不呈同心圆状，而题中描述的病变与组织滴虫病的特征性病变相符，因此，选择答案 D。

63. 预防该病最有效的方法是（　　）

A. 定期用驱球虫的药物　　B. 定期用驱吸虫的药物　　C. 定期用驱绦虫的药物

D. 定期用驱线虫的药物　　E. 定期用驱螨虫的药物

【答案】　D

【考点】　考试要点：禽的寄生虫病—组织滴虫病

【解析】　组织滴虫是一种原虫，但其不像球虫那样形成对外界环境具有极强抵抗力的卵囊，虫体一旦离开宿主则很难存活，不利于传播。由于组织滴虫和异刺线虫同时寄生于禽类的盲肠，组织滴虫聪明地在异刺线虫虫卵形成卵壳之前进入卵内，借助异刺线虫虫卵的保护而进行传播。因此，定期用驱线虫是预防该病最有效的方法。

64. 治疗该病目前最有效的药物是（　　）

A. 二甲硝咪唑　　　　B. 盐霉素　　　　C. 磺胺间甲氧嘧啶

D. 妥曲珠利　　　　　E. 吡喹酮

【答案】　A

【考点】　考试要点：禽的寄生虫病—组织滴虫病

【解析】　各类抗寄生虫药物一般都有其特定的驱虫谱。盐霉素和妥曲珠利是专用的抗球虫药；吡喹酮对吸虫类和绦虫类有效；磺胺间甲氧嘧啶对弓形虫和住白细胞虫有效。二甲硝咪唑对厌氧菌、毛滴虫和组织滴虫有特效，因此，选择答案 A。

（65～67题共用以下题干）

我国南方某放牧猪群出现食欲减退，精神不振，腹泻，粪便稀薄，混有黏液，严重时腹痛、水泻。剖检见小肠内有大量肉红色虫体。

65. 该病的病原最可能是（　　）

A. 肝片吸虫　　　　　B. 布氏姜片吸虫　　　　C. 华支睾吸虫

D. 日本分体吸虫　　　E. 前后盘吸虫

【答案】　B

【考点】 考试要点：猪的寄生虫病—猪姜片吸虫病
【解析】 大多数寄生虫都极很强的宿主和寄生部位特异性，肝片吸虫和华支睾吸虫寄生于肝胆管和胆囊内；日本分体吸虫寄生于肠系膜静脉和肝门静脉内；前后盘吸虫寄生于牛羊的瘤胃内。从题干描述的虫体寄生部位和病猪临床症状判断，引起该猪群发病的病原是布氏姜片吸虫。因此，选择答案 B。

66. 确诊该病常用的粪检方法是（ ）
　　A. 虫卵漂浮法　　B. 毛蚴孵化法　　C. 直接涂片法　　D. 幼虫分离法　　E. 虫卵沉淀法
【答案】 E
【考点】 考试要点：猪的寄生虫病—猪姜片吸虫病
【解析】 常用的粪检方法包括直接涂片法、虫卵漂浮法和虫卵沉淀法 3 种，直接涂片法适宜于诊断粪中虫卵数量很多的寄生虫病如蛔虫病，虫卵漂浮法适宜于检查虫卵比重较轻的如线虫卵和原虫卵囊，虫卵沉淀法适宜于检查虫卵比重较大的如吸虫卵等，而毛蚴孵化法和幼虫分离法多用于虫种的分离鉴定。因此，选择答案 E。

67. 该病最可能的感染途径是（ ）
　　A. 经口感染　　B. 经皮肤感染　　C. 接触感染　　D. 经胎盘感染　　E. 经初乳感染
【答案】 A
【考点】 考试要点：猪的寄生虫病—猪姜片吸虫病
【解析】 姜片吸虫寄生于动物小肠内，虫卵随粪排出体外，孵出毛蚴进入扁卷螺体内经过胞蚴、雷蚴和尾蚴的发育，尾蚴离开螺体，附着于水草上形成囊蚴，最后被猪吞食而获得感染。因此，选择答案 A。

（68～70 题共用以下题干）
某群 4 月龄大肉猪，精神不振，消瘦、贫血和腹泻，死前数日排水样血色粪便，并有黏膜脱落。粪检见大量腰鼓形棕黄色虫卵，两端有卵塞。

68. 该病例最有可能的致病病原是（ ）
　　A. 蛔虫　　B. 隐孢子虫　　C. 类圆线虫　　D. 毛尾线虫　　E. 食道口线虫
【答案】 D
【考点】 考试要点：多动物共患寄生虫病—毛尾线虫病
【解析】 题中各种寄生虫均可寄生于猪的肠道内，引起消化系统功能障碍，但只有毛尾线虫头端可深入肠黏膜内引起出血性肠炎。另外，蛔虫卵呈椭圆形，卵壳厚并表面蜂窝状；隐孢子虫只排出细小的卵囊；类圆线虫卵呈卵圆形，卵壳透明，内含折刀样幼虫；食道口线虫卵呈椭圆形，卵壳薄。而题中描述的虫卵特征性与毛尾线虫相符，因此，选择答案 D。

69. 该病的主要感染途径是（ ）
　　A. 经口感染　　　　　　　B. 经皮肤感染　　　　　　C. 接触感染
　　D. 经节肢动物感染　　　　E. 经胎盘感染
【答案】 A
【考点】 考试要点：多动物共患寄生虫病—毛尾线虫病
【解析】 毛尾线虫寄生于动物大肠内，虫卵随粪排出体外，幼虫在卵内脱皮后发育为具有感染能力的幼虫且不孵出。感染性虫卵被猪经口吞食而获得感染。因此，选择答案 A。

70. 治疗该病目前最有效的药物是（ ）
　　A. 二甲硝咪唑　　B. 阿苯达唑　　C. 磺胺氯吡嗪　　D. 妥曲珠利　　E. 吡喹酮
【答案】 B
【考点】 考试要点：多动物共患寄生虫病—毛尾线虫病
【解析】 各类抗寄生虫药物一般都有其特定的驱虫谱。二甲硝咪唑对厌氧菌、毛滴虫和组织滴虫有效；磺胺氯吡嗪和妥曲珠利是专用的抗球虫药；吡喹酮对吸虫类和绦虫类有效；阿苯达唑（又称丙硫咪唑）对线虫类、吸虫类和绦虫类都有效。因此，选择答案 B。

（71～73 题共用以下题干）
某猪场部分猪发生渐进性消瘦，黏膜苍白，严重贫血。剖检可见肝脏和胆管肿大，肝表面肝胆管呈条绳样突起，剪开肝脏和胆管，发现大量虫体。

71. 流行病学调查应重点了解（ ）

A. 有无与犬亲密接触　　　　B. 有无与猫亲密接触　　C. 有无食过生鱼虾
D. 有无喂食水生植物　　　　E. 有无与老鼠接触
【答案】　C
【考点】　考试要点：多动物共患寄生虫病—华支睾吸虫病
【解析】　从虫体寄生部位和病猪临床症状及病变判断，该怀疑猪群发生华支睾吸虫病。华支睾吸虫寄生于肝胆管和胆囊，其终末宿主是猪、猫和人等多种动物，第一中间宿主是纹绍螺，第二中间宿主是鱼虾。终末宿主食入含华支睾吸虫囊蚴的鱼虾而感染。因此，选择答案C。

72. 该寄生虫的第一中间宿主和第二中间宿主可能是（　　）
A. 淡水螺，淡水鱼虾　　　　B. 陆地螺，草蛩　　　　C. 陆地螺，蚂蚁
D. 淡水螺，淡水蟹　　　　　E. 淡水螺，淡水螺
【答案】　A
【考点】　考试要点：多动物共患寄生虫病—华支睾吸虫病
【解析】　从本题干上题的解析可知，选择答案A是正确的。

73. 该虫引起动物的损伤**不包括**（　　）
A. 胆管的机械损伤　　　　　B. 虫体的代谢产物产生的毒素作用
C. 红细胞破裂　　　　　　　D. 肝硬变　　　　　　E. 虫体阻塞胆管
【答案】　C
【考点】　考试要点：多动物共患寄生虫病—华支睾吸虫病
【解析】　华支睾吸虫寄生于动物的肝胆管和胆囊，阻塞胆管，并造成机械损伤，虫体代谢产物对宿主有毒素作用，可造成肝硬变。该虫不直接对红细胞造成破坏。因此，选择答案C。

（74～76题共用以下题干）
一栏圈养在鱼塘旁边的仔猪，精神不振，消瘦，腹部膨大，腹泻。粪检见大量卵壳透明的卵圆形虫卵，内含折刀样幼虫。

74. 该病例最有可能的致病病原是（　　）
A. 蛔虫　　　B. 隐孢子虫　　　C. 类圆线虫　　　D. 毛尾线虫　　　E. 棘头虫
【答案】　C
【考点】　考试要点：多动物共患寄生虫病—类圆线虫病
【解析】　题中各种寄生虫均可寄生于猪的肠道内，引起消化系统功能障碍，导致类似临床症状。但蛔虫卵呈椭圆形，卵壳厚并表面蜂窝状；隐孢子虫只排出细小的卵囊；毛尾线虫卵呈腰鼓形，两端有卵塞；棘头虫卵呈长梭形，卵壳厚。而题中描述的虫卵特征性与类圆线虫相符，因此，选择答案C。

75. 该病的主要感染途径是（　　）
A. 经呼吸道感染　　　　B. 经皮肤感染　　　　C. 接触感染
D. 经蚊叮咬感染　　　　E. 经蜱叮咬感染
【答案】　B
【考点】　考试要点：多动物共患寄生虫病—类圆线虫病
【解析】　类圆线虫寄生于动物小肠内，内含幼虫的虫卵随粪排出体外，然后孵出幼虫（杆虫型），再发育为具有感染能力的丝虫型幼虫。感染性幼虫主要经皮肤感染动物，但仔猪亦可从母乳、胎盘或口腔获得感染。因此，选择答案B。

76. 治疗该病目前最有效的药物是（　　）
A. 二甲硝咪唑　　　　B. 阿苯达唑　　　　C. 磺胺间甲氧嘧啶
D. 妥曲珠利　　　　　E. 吡喹酮
【答案】　B
【考点】　考试要点：多动物共患寄生虫病—类圆线虫病
【解析】　各类抗寄生虫药物一般都有其特定的驱虫谱。二甲硝咪唑对厌氧菌、毛滴虫和组织滴虫有效；磺胺间甲氧嘧啶对弓形虫和住白细胞虫有效；妥曲珠利是专用的抗球虫药；吡喹酮对吸虫类和绦虫类有效；阿苯达唑（又称丙硫咪唑）对线虫类、吸虫类和绦虫类有效。因此，选择答案B。

【B1型题】

答题说明：以下提供若干组考题，每组考题共用在考题前列出的 A、B、C、D、E 五个备选答案，请从中选择一个与问题最密切的答案，并在答题卡上将相应题号的相应字母所属的方框涂黑。某个备选答案可能被选择 1 次、多次或不被选择。

(77~79 题共用下列备选答案)

A. 膜壳绦虫　　B. 莫尼茨绦虫　　C. 赖利绦虫　　D. 剑带绦虫　　E. 戴文绦虫

77. 一群半圈养半放养的 55 天龄黄羽肉鸡，共计 5000 只，饮食欲正常，精神状态尚可，但部分鸡只的体重比同天龄标准轻 100g 左右。随机剖检 5 只鸡，发现有 2 只小肠内有数条扁平、带状、有分节的寄生虫，虫体长约 15cm，宽约 3mm。其他器官组织未发现肉眼可见病变。造成该群鸡生长发育迟缓的病原是（　　）

【答案】　C

【考点】　考试要点：禽的寄生虫病—鸡绦虫病

【解析】　从剖检发现的寄生虫呈扁平、带状、分节的特征来看，能确定是绦虫。寄生于放养鸡的常见绦虫有戴文绦虫、膜壳绦虫和赖利绦虫，前两类绦虫较题目中描述的要小许多，莫尼茨绦虫寄生于牛羊，而赖利绦虫的大小与题目中描述的相符，因此，选择答案 C。

78. 一群半圈养半放养的 65 天龄狮头鹅，共计 1000 只，饮食欲正常，精神状态尚可，但部分鹅的体重比同天龄标准轻 200g 左右。随机剖检 5 只，发现其中 3 只小肠内有数条扁平、带状、有分节的寄生虫，虫体长约 10cm，宽约 8mm。其他器官组织未发现肉眼可见病变。造成该群鹅生长发育迟缓的病原是（　　）

【答案】　D

【考点】　考试要点：禽的寄生虫病—鹅绦虫病

【解析】　从剖检发现的寄生虫呈扁平、带状、分节的特征来看，能确定是绦虫。寄生于鹅的常见绦虫有膜壳绦虫和剑带绦虫，膜壳绦虫较题目中描述的要小许多，莫尼茨绦虫寄生于牛羊，而剑带绦虫的大小与描述的相符，因此，选择答案 D。

79. 一群半圈养半放养的 45 天龄番鸭，共计 3500 只，饮食欲正常，精神状态尚可，但部分鸭的体重比同天龄标准轻 150g 左右。随机剖检 5 只，发现其中 3 只小肠内有数条扁平、带状、有分节的寄生虫，虫体长约 16cm，宽约 3mm。其他器官组织未发现肉眼可见病变。造成该群鸭生长发育迟缓的病原是（　　）

【答案】　A

【考点】　考试要点：禽的寄生虫病—鸭绦虫病

【解析】　从剖检发现的寄生虫呈扁平、带状、分节的特征来看，能确定是绦虫。寄生于鸭的常见绦虫有膜壳绦虫和皱褶绦虫，皱褶绦虫较题目中描述的要大许多，莫尼茨绦虫寄生于牛羊，而膜壳绦虫的大小与描述的相符，因此，选择答案 A。

(80~82 题共用下列备选答案)

A. 堆型艾美耳球虫　　B. 毒害艾美耳球虫　　C. 和缓艾美耳球虫
D. 布氏艾美耳球虫　　E. 柔嫩艾美耳球虫

80. 一群半圈养半放养的黄羽肉鸡，共计 8000 只，55 天龄时开始出现水便，精神、食欲尚可。剖检病弱鸡 3 只，发现十二指肠及小肠前段肠道苍白，含水样液体，肠黏膜覆以横纹状白色病灶。其他肠段及组织器官未发现肉眼病变。采十二指肠内容涂片镜检，发现大量球虫卵囊。造成该群鸡发病的病原是（　　）

【答案】　A

【考点】　考试要点：禽的寄生虫病—鸡球虫病

【解析】　从发病天龄及剖检肉眼观察到的特征病变，以及镜检结果来看，均与堆型艾美耳球虫感染相符，因此，选择答案 A。

81. 一群半圈养半放养的黄羽肉鸡，共计 9000 只，25 天龄时开始出现鲜红色血便，部分鸡精神沉郁，食欲减退，每天死亡十多只。剖检病死鸡 5 只，发现盲肠高度肿大、出血，肠腔充满血凝块。其他肠段及组织器官未发现肉眼病变。采盲肠内容涂片镜检，发现大量球虫卵囊。造成该群鸡发病的病原是（　　）

【答案】　E

【考点】 考试要点：禽的寄生虫病—鸡球虫病
【解析】 从发病天龄及剖检肉眼观察到的特征病变，以及镜检结果来看，均与柔嫩艾美耳球虫感染相符，因此，选择答案 E。

82. 一群半圈养半放养的黄羽肉鸡，共计 9000 只，55 天龄时开始出现暗红色血便，病鸡精神沉郁，食欲减退，每天死亡数十只。剖检病死鸡 5 只，发现小肠中段高度肿大，浆膜上布满针尖大小的红点和白点，肠腔充满胶冻样物。其他组织器官未发现肉眼病变。采小肠中段黏膜刮取物涂片镜检，发现大量球虫裂殖体。造成该群鸡发病的病原是（　　）
【答案】 B
【考点】 考试要点：禽的寄生虫病—鸡球虫病
【解析】 从发病天龄及剖检肉眼观察到的特征病变，以及镜检结果来看，均与毒害艾美耳球虫感染相符，因此，选择答案 B。

（83～85 题共用下列备选答案）
A. 前殖吸虫　　B. 姜片吸虫　　C. 片形吸虫　　D. 后睾吸虫　　E. 华支睾吸虫

83. 一群半圈养半放养的 55 天龄樱桃谷肉鸭，共计 5000 只，饮食欲正常，精神状态尚可，但部分鸡只的体重比同天龄标准轻 100g 左右。随机剖检 5 只，发现其中 2 只肝胆管内有数条扁平、叶状，有吸盘的寄生虫，虫体长约 1cm，宽约 3mm。其他器官组织未发现肉眼可见病变。造成该群鸭生长发育迟缓的病原是（　　）
【答案】 D
【考点】 考试要点：禽的寄生虫病—后睾吸虫病
【解析】 从剖检发现的寄生虫呈扁平、叶状，有吸盘的特征来看，能确定是吸虫。虽然片形吸虫、华支睾吸虫和后睾吸虫都能寄生于肝胆管内，但寄生虫的宿主特异性强，前两者感染哺乳类动物，只有后睾吸虫感染禽类，而前殖吸虫和姜片吸虫不寄生于肝胆管。因此，选择答案 D。

84. 一群半圈养半放养的狮头鹅种鹅，共计 1000 只，饮食欲正常，精神状态尚可，但部分鹅所产的蛋出现奇形。随机剖检 5 只，发现其中 3 只输卵管内有数条扁平、叶状，有吸盘的寄生虫，虫体长约 5mm，宽约 3mm。其他器官组织未发现肉眼可见病变。造成该群鹅产蛋不正常的病原是（　　）
【答案】 A
【考点】 考试要点：禽的寄生虫病—前殖吸虫病
【解析】 从剖检发现的寄生虫呈扁平、叶状，有吸盘的特征来看，能确定是吸虫。许多寄生虫都有特定的寄生部位，片形吸虫、华支睾吸虫和后睾吸虫寄生于肝胆管内，姜片吸虫寄生于小肠，只有前殖吸虫寄生于输卵管。因此，选择答案 A。

85. 一群圈养在鱼塘旁边、经常用塘中假水仙（即水浮莲）饲喂的 3 月龄左右肉猪，共计 100 头，饮食欲正常，精神状态尚可，但部分猪消瘦、拉稀，生长发育迟缓。剖检其中一头病弱猪，发现其小肠内有数十条扁平、叶状，外观肉质肥厚的寄生虫，虫体长约 50mm，宽约 10mm。其他器官组织未发现肉眼可见病变。造成该猪群不能正常生长发育的病原是（　　）
【答案】 B
【考点】 考试要点：猪的寄生虫病—姜片吸虫病
【解析】 从剖检发现的寄生虫呈扁平、叶状，虫体肉质肥厚的特征来看，能确定是吸虫。许多寄生虫都有特定的寄生部位，片形吸虫、华支睾吸虫和后睾吸虫寄生于肝胆管内，前殖吸虫寄生于输卵管，只有姜片吸虫寄生于小肠。加上该猪群有用假水仙饲喂的经历，具备确切感染来源。因此，选择答案 B。

（86～88 题共用下列备选答案）
A. 犬巴贝斯虫　　B. 犬复孔绦虫　　C. 犬弓首蛔虫　　D. 犬钩虫　　E. 犬心丝虫

86. 一只 4 月龄大的幼犬，体型偏瘦，精神沉郁，不时呕吐，呕吐物中经常发现活的圆形虫体，体长约 10cm。采其粪便做浮卵检查，发现呈亚球形，卵壳厚，表面有许多点状凹陷的虫卵。造成该犬发病的病原是（　　）
【答案】 C

【考点】 考试要点：犬猫的寄生虫病—犬弓首蛔虫病
【解析】 综合该犬的临床症状、呕出虫体的形态、粪便镜检虫卵的特征等，均与犬弓首蛔虫相符，因此，选择答案C。

87. 一只9月龄大的幼犬，精神倦怠，贫血消瘦，呼吸困难，拉黑色柏油状粪便，可视黏膜苍白。取粪便作浮卵检查，镜下发现呈钝椭圆形，卵壳很薄，内含数个卵细胞的虫卵。造成该犬发病的病原是（ ）
【答案】 D
【考点】 考试要点：犬猫的寄生虫病—犬钩虫病
【解析】 综合该犬的临床症状和粪便镜检虫卵的特征等，均与犬钩虫相符，因此，选择答案D。

88. 一只1岁多的警犬，精神倦怠，经常咳嗽，呼吸困难，训练耐力下降，体重减轻。取全血1mL加2%甲醛9mL，混合后按1500r/min离心5min，弃去上清，取1滴沉渣与1滴0.1%美蓝混合，置光学显微镜下观察到微丝蚴。造成该犬发病的病原是（ ）
【答案】 E
【考点】 考试要点：犬猫的寄生虫病—犬心丝虫病
【解析】 由该犬的临床症状和血液镜检到微丝蚴等综合判断为犬心丝虫病，选择答案E。

（89～91题共用下列备选答案）
A. 鸡皮刺螨　　B. 林禽刺螨　　C. 囊禽刺螨　　D. 新勋恙螨　　E. 鸡羽虱

89. 一群笼养的255天龄黄羽种鸡，共计6000多只，处产蛋高峰期，肉眼观察发现其体表尤其肛门周围聚集大量比芝麻稍小的虫体，有的呈灰白色，有的呈红褐色；还见有许多椭圆形白色虫卵。采集虫体制片低倍镜下观察，虫体呈长椭圆形，假头细长，足4对，体表密布短绒毛。该群鸡感染的寄生虫是（ ）
【答案】 B
【考点】 考试要点：禽的寄生虫病—禽皮刺螨病
【解析】 从镜下观察到虫体的特征来看，能确定是螨虫。新勋恙螨一般只寄生于放养肉鸡，鸡皮刺螨、林禽刺螨和囊禽刺螨虽然都可寄生于种鸡，但鸡皮刺螨白天藏于隐蔽处，夜间出来叮咬宿主吸血；而囊禽刺螨的虫卵主要产于鸡窝。题目中描述的虫体特征及生活习性与林禽刺螨一致，因此，选择答案B。

90. 一群半圈养半放养的85天龄黄羽肉鸡，共计8000多只。发现部分鸡的体表，主要是胸腹部尤其两腿内侧有许多痘疹状病灶。病灶周围隆起，中央凹陷，并见虫体聚集形成的小红点位于病灶中央。用小镊子取出病灶中央的小红点，置低倍镜下观察，虫体呈椭圆形，具足3对，体表有刚毛。该群鸡感染的寄生虫是（ ）
【答案】 D
【考点】 考试要点：禽的寄生虫病—禽皮刺螨病
【解析】 新勋恙螨的生活史经历虫卵、幼螨、若螨和成螨4个阶段，成螨和若螨营自由生活，多数生活在潮湿的草地上，以植物汁液为食；幼螨营寄生生活，刺吸宿主体液和血液。成螨将卵产于草地上，孵出幼螨，等待宿主经过时爬到身上寄生。所以，新勋恙螨一般只寄生于放养肉鸡，并且虫体和病变特征亦与新勋恙螨一致，因此，选择答案D。

91. 一群笼养的450天龄黄羽种鸡，共计5000多只，处产蛋后期。肉眼观察发现其体表及羽毛间有许多爬动的芝麻般至绿豆大小的寄生虫，虫体背腹扁平，分头、胸、腹三部分，具足3对，呈黄褐色。该群鸡感染的寄生虫是（ ）
【答案】 E
【考点】 考试要点：禽的寄生虫病—禽虱病
【解析】 鸡羽虱主要寄生笼养种鸡，尤其是年龄较大的种鸡较常见。另外，题目中描述的虫体特征及生活习性亦与鸡羽虱一致。因此，选择答案E。

（92～94题共用下列备选答案）
A. 牛弓首蛔虫　　B. 捻转血矛线虫　　C. 仰口线虫
D. 食道口线虫　　E. 网尾线虫

92. 一头5月龄大的犊牛，精神迟钝，食欲不振和腹泻，排大量带黏液并有恶臭味的稀便。采

其粪便作浮卵检查，发现视野中有许多呈球形，卵壳很厚，外层呈蜂窝状的虫卵。造成该头牛发病的病原是（　　）

【答案】　A

【考点】　考试要点：牛羊的寄生虫病—消化道线虫病

【解析】　犊牛可通过垂直传播感染弓首蛔虫，所以本病对幼畜危害大。综合该犊牛临床症状，粪便镜检发现虫卵的特征与弓首蛔虫相符，因此，选择答案A。

93. 一头1岁多的小牛，精神倦怠，渐进性贫血和消瘦，拉暗红色带血稀便，可视黏膜苍白。取其粪便做浮卵检查，镜下发现视野中有许多色彩较深，发黑，虫卵两端钝圆，两侧平直，内含十来个卵细胞的虫卵。造成该头牛发病的病原是（　　）

【答案】　C

【考点】　考试要点：牛羊的寄生虫病—消化道线虫病

【解析】　仰口线虫又称钩虫，寄生于动物的小肠，由于其口囊及齿可切割肠黏膜并吸血为食，引起贫血消瘦。综合该牛临床症状和粪检虫卵特征，均与钩虫病相符，因此，选择答案C。

94. 一群50多头1岁大的绵羊，表现咳嗽，尤以夜间及清晨出栏时明显。个别羊呼吸困难，咳出带虫体的痰液，虫体细长（约2cm）。取虫体镜检，可见口由三个唇片组成，雄虫交合伞背肋发达。造成该群羊发病的病原是（　　）

【答案】　E

【考点】　考试要点：牛羊的寄生虫病—肺线虫病

【解析】　丝状网尾线虫寄生于肺泡、气管和支气管，造成呼吸困难。综合该群羊临床症状和镜检虫体特征等，均与网尾线虫病相符，因此，选择答案E。

（95～97题共用下列备选答案）

A. 小钩锐形线虫　　　　B. 鹅裂口线虫　　　　C. 美洲四棱线虫
D. 分棘四棱线虫　　　　E. 旋锐形线虫

95. 一群半圈养半放养的105天龄黄羽肉鸡，共计5000多只，饮食欲正常，精神状态尚可，但部分鸡只的体重比同天龄标准轻100克左右。随机剖检病弱鸡5只，发现其中3只肌胃角质膜下有数条线状虫体，略显粗壮，长约15mm。镜下观察，虫体前部有4条饰带，两两排列不规则波浪状向后延伸，不相吻合，不折回。其他器官组织未发现肉眼可见病变。造成该群鸡生长发育迟缓的病原是（　　）

【答案】　A

【考点】　考试要点：禽的寄生虫病—禽胃线虫病

【解析】　小钩锐形线虫、鹅裂口线虫、美洲四棱线虫、分棘四棱线虫和旋锐形线虫都是禽胃线虫，前两者分别寄生于鸡和水禽的肌胃；后三者分别寄生于水禽和鸡的腺胃。再结合题目中描述的虫体形态特征，与小钩锐形线虫相符，因此，选择答案A。

96. 一群半圈养半放养的120天龄黄羽肉鸡，共计8000多只，饮食欲正常，精神状态尚可，但部分鸡只的体重比同天龄标准轻150g左右。随机剖检病弱鸡5只，发现其中3只腺胃黏膜上有数条圆形线虫，虫体短钝，常蜷曲成"C"状，长约8mm。镜下观察，虫体前部有4条饰带，两两排列波浪状向后，折回，但不相吻合。其他器官组织未发现肉眼可见病变。造成该群鸡生长发育迟缓的病原是（　　）

【答案】　E

【考点】　考试要点：禽的寄生虫病—禽胃线虫病

【解析】　寄生于禽类腺胃的线虫是美洲四棱线虫、分棘四棱线虫和旋锐形线虫，前两者主要寄生于水禽；后者主要寄生于鸡。再结合题目中描述的虫体形态特征与旋锐形线虫相符，因此，选择答案E。

97. 一群半圈养半放养的100天龄左右的狮头鹅，共计1000只，饮食欲正常，精神状态尚可，但部分鹅的体重比同天龄标准轻200g左右。随机剖检3只，发现其中2只肌胃角质膜下有数条线状虫体，长约15mm。镜下观察，雄虫尾部有发达的交合伞和两根等长的交合刺；雌虫尾呈"指"状。其他器官组织未发现肉眼可见病变。造成该群鹅生长发育迟缓的病原是（　　）

【答案】 B
【考点】 考试要点：禽的寄生虫病—禽胃线虫病
【解析】 寄生于禽类肌胃的线虫主要是小钩锐形线虫和鹅裂口线虫，前者主要寄生于鸡；后者主要寄生于鹅。再结合题目中描述的虫体形态特征与鹅裂口线虫相符，因此，选择答案B。

（98～100题共用下列备选答案）
　　A. 毛尾线虫　　B. 类圆线虫　　C. 猪蛔虫　　D. 食道口线虫　　E. 旋毛虫

98. 一窝1个多月龄大、圈养在鱼塘旁边猪舍的仔猪，体消瘦，精神沉郁，经常呕吐和下痢。采其粪便作浮卵检查，发现视野中有许多呈椭圆形，卵壳很薄，内含幼虫的虫卵；粪便放数小时再检查，发现幼虫孵出，可活动。造成该窝猪仔发病的病原是（　　）
【答案】 B
【考点】 考试要点：多种动物共患寄生虫病—类圆线虫病
【解析】 类圆线虫病又称杆虫病，对幼畜危害较大。综合该窝仔的临床症状，粪便镜检发现的虫卵和幼虫的特征等，与类圆线虫相符，因此，选择答案B。

99. 一栏20多头3月龄大的肉猪，精神倦怠，贫血消瘦，拉暗红色带血稀便，可视黏膜苍白。取粪便作浮卵检查，镜下发现视野中有许多呈橄榄形，卵壳很厚，两端有透明卵塞的虫卵。造成该栏猪发病的病原是（　　）
【答案】 A
【考点】 考试要点：多种动物共患寄生虫病—毛尾线虫病
【解析】 毛尾线虫又称鞭虫，主要寄生于动物的盲肠，由于其细长头端可深入到肠黏膜内，引起出血性肠炎。综合该栏猪的临床症状和粪便镜检虫卵的特征等，均与毛尾线虫病相符，因此，选择答案A。

100. 一栏20多头4月龄大的肉猪，消瘦，拉稀便，生长发育迟缓。取其粪便作浮卵检查，镜下发现视野中有许多椭圆形，卵壳厚且表面粗糙、高低不平的虫卵。造成该栏猪发病的病原是（　　）
【答案】 C
【考点】 考试要点：猪的寄生虫病—消化道线虫病
【解析】 猪蛔虫寄生于小肠，大量感染时对肉猪危害较大。综合该栏猪的临床症状和粪便镜检虫卵的特征均与猪蛔虫病相符，因此，选择答案C。

四、兽医公共卫生学

【A1型题】
　　答题说明：每一道考试题下面有A、B、C、D、E五个备选答案，请从中选择一个最佳答案，并在答题卡上将相应题号的相应字母所属的方框涂黑。

1. 关于生态平衡的定义，下述正确的是（　　）。
　　A. 生物与环境之间的暂时平衡
　　B. 生物与生物、生物与环境之间暂时的、相对的平衡
　　C. 生物与生物之间的动态平衡
　　D. 生物与生物之间、生物与环境之间的绝对平衡
　　E. 生物与环境之间的动态平衡
【答案】 B
【考点】 考试要点：生态平衡的概念
【解析】 生态平衡是指在一定时间内，生态系统的结构和功能相对稳定，生态系统内生物与环境之间，生物各种群之间，通过能流、物流和信息流的传递，达到了相互适应、协调和统一的状态，处于动态平衡之中。生态系统内各组分是不断运动和变化的，因此这种平衡是一种暂时的、相对的平衡，所以，正确答案为B。

2. 关于臭氧层破坏对人类健康的不良影响，下述**不正确**的是（　　）
　　A. 皮肤癌增多　　　　　　　　B. 呼吸道疾病发病率升高
　　C. 疱疹和利什曼原虫病增多　　D. 白内障患者增多　　E. 食物中毒事件增加

【答案】 E
【考点】 考试要点：臭氧层破坏对人类健康的影响
【解析】 臭氧层破坏引起地球表面UV-B段的辐射增强，可诱发皮肤癌；地球表面UV-B辐射量的增加，加上全球变暖，会加速大气中的化学污染物的光化学反应速率，使大气中的光化学氧化剂的产量增加，大气质量恶化，污染区居民的呼吸道疾病发病率可能会升高；UV-B可使免疫系统功能发生变化，容易感染传染性疾病；UV-B是白内障的发病原因之一。所以，E是正确答案。

3. 畜禽肉品中**不得**检出（ ）
　　A. 微球菌　　　　　　　　　B. 乳酸杆菌　　　　　　　　C. 嗜盐杆菌
　　D. 单核细胞增生性李斯特菌　　E. 大肠菌群
【答案】 D
【考点】 考试要点：动物性食品安全指标
【解析】 我国《食品卫生微生物学检验》GB/T 4789—2008 中规定，单核细胞增生性李斯特菌等致病菌在动物性食品中不得检出，选项 E 是个干扰项，我国对于大肠菌群规定以100mL（g）检样中大肠菌群最可能数（MPN）表示，对一些动物性食品的大肠菌群 MPN 都有明确的规定，不得超出，在规定指标内的食品，经过人们的长期食用，证明是安全的。所以，正确答案为 D。

4. 沙门氏菌食物中毒最常见中毒食品为（ ）
　　A. 凉拌菜、水产品　　　　　　　　　B. 淀粉类食品、剩米饭、奶制品
　　C. 海产品、受海产品污染的咸菜　　　D. 自制发酵食品、臭豆腐、面酱
　　E. 动物性食品、病死牲畜肉、蛋类
【答案】 E
【考点】 考试要点：沙门氏菌食物中毒
【解析】 动物在生前受到沙门氏菌感染或宰后其产品受到该菌的污染，在食用前热处理不够或放置过程中又受到污染引起沙门氏菌食物中毒，原因食品主要是熟肉制品（如禽肉）、蛋类、乳制品及鱼虾等。故选答案 E。

5. 在我国禁止使用于食品动物的药物是（ ）
　　A. 阿散酸　　B. 安乃近　　C. 安定　　D. 朝霉素 B　　E. 氯霉素
【答案】 E
【考点】 考试要点：动物性食品化学性污染—兽药残留
【解析】 我国农业部 2002 年第 235 号公告中，阿散酸、安乃近属于允许使用，但在动物性食品中规定最高残留限量的药物；安定、朝霉素 B 属于允许作治疗用，但不得在动物性食品中检出的药物；氯霉素属于禁止使用的药物，在动物性食品中不得检出。

6. 下列疾病属于人畜共患病的是（ ）
　　A. 硅肺病　　B. 水俣病　　C. 布鲁氏菌病　　D. 骨痛病　　E. 猪瘟
【答案】 C
【考点】 考试要点：人畜共患病的概念
【解析】 人畜共患病指在人类和脊椎动物之间自然传播的疾病和感染，其病原体必须是微生物和寄生虫，且在自然条件下能使人和某种脊椎动物感染或发病，并可以在人间、动物间或人与动物之间传染。硅肺病属于环境污染引起的职业病，水俣病和骨痛病致病因子分别是甲基汞和镉，不符合人畜共患病病原体的要求，猪瘟的病原体虽是微生物，但不能使人发病，只有布鲁氏菌病符合人畜共患病的条件，因此，正确答案为 C。

7. 下述属于直接人畜共患病的是（ ）
　　A. 布鲁氏菌病　　B. 森林脑炎　　C. 猪囊尾蚴病　　D. 肝片吸虫病　　E. 登革热
【答案】 A
【考点】 考试要点：人畜共患病的分类
【解析】 直接人畜共患病病原体本身在传播过程中没有增殖，也没有经过必要的发育阶段。森林脑炎、登革热病原体需在无脊椎动物体内增殖到一定数量才能传播给另一脊椎动物；猪囊尾蚴完成生活史需要两种脊椎动物宿主，肝片吸虫的生活史需要至少一种脊椎动物宿主和一

种非动物性滋生物或基质才能完成感染，病原体在非动物基质上繁殖或进行一定阶段的发育。因此，正确答案为 A。

8. 以下**不属于**自然疫源性疾病的是（ ）
   A. 流行性乙型脑炎　　　　　B. 森林脑炎　　　　　C. 流行性出血热
   D. 高致病性禽流感　　　　　E. 钩端螺旋体病
   【答案】 D
   【考点】 考试要点：自然疫源性疾病的概念
   【解析】 一种疾病的病原体不依靠人而能在自然界生存繁殖，并只在一定条件下（人或家畜偶然闯入该病疫源地）才传播给人和家畜，这种疾病称为自然疫源性疾病。根据该定义，只有高致病性禽流感不符合自然疫源性疾病特征，故选 D。

9. 以下消毒剂**不可**用于带禽消毒的是（ ）
   A. 0.015%百毒杀　　　　　B. 0.1%新洁尔灭　　　　　C. 0.2%过氧乙酸
   D. 0.3%福尔马林溶液　　　E. 0.2%次氯酸钠
   【答案】 D
   【考点】 考试要点：养殖场消毒技术
   【解析】 带禽消毒的消毒剂应具有广谱高效、低毒性和低腐蚀性、黏性较强的特点，福尔马林具有一定的刺激性，因此不适于带禽消毒，故选 D。

10. 下列污染物中，**不属于**人或哺乳动物的致癌物是（ ）
    A. 亚硝酸盐　　B. 煤焦油　　C. 双氯甲醚　　D. 黄曲霉毒素　　E. 甲基汞
    【答案】 E
    【考点】 考试要点：环境污染对健康的病理损害作用
    【解析】 亚硝酸盐可引起食道癌，煤焦油可引起皮肤癌，黄曲霉毒素可诱发肝癌，双氯甲醚也是一种化学性致癌物，而甲基汞是致畸物，故选 E。

【A2 型题】
答题说明：每一道考题是以一个小案例出现的，其下面都有 A、B、C、D、E 五个备选答案。请从中选择一个最佳答案，并在答题卡上将相应题号的相应字母所属的方框涂黑。

11. 有些盐渍化严重的地区其水体、土壤和农作物中氟含量过高，引起当地居民和畜禽发生氟中毒，属于环境污染引起的（ ）
    A. 传染病　　B. 流行病　　C. 地方病　　D. 职业病　　E. 寄生虫病
    【答案】 C
    【考点】 考试要点：环境污染引起的疾病
    【解析】 环境污染引起的疾病包括传染病、地方病、职业病和寄生虫病。局部地区土壤和水体氟某些元素或化合物过高，引起的疾病称为地方病或生物地球化学性疾病。故正确答案为 C。

12. 2008 年，中国发生了三鹿婴幼儿乳粉受污染事件，导致食用了受污染乳粉的婴幼儿产生肾结石病症，其原因是乳粉中含有三聚氰胺。在乳品或饲料中掺入三聚氰胺的目的是（ ）
    A. 改善外观　　　　　　　　B. 增加重量　　　　　　　C. 防止腐败
    D. 提高检测中的蛋白质含量　E. 提高营养水平
    【答案】 D
    【考点】 考试要点：乳品掺假
    【解析】 三聚氰胺是一种低毒的化工原料，由于其含氮量为 66% 左右，而蛋白质平均含氮量为 16% 左右，因此三聚氰胺被称为"蛋白精"，常被不法商人用作添加剂，以提高检测中的蛋白质含量。故选 D。

13. 某湖泊生态系统，滴滴涕浓度水藻为 $0.04\mu l/L$，鱼为 $0.27\mu l/L$，食鱼鸟体内为 $75.5\mu l/L$，这种有毒有害物质在食物链各个环节的毒性渐进现象，称为（ ）
    A. 生物浓缩　　　　　　　　B. 生物积累　　　　　　　C. 生物放大
    D. 生物相互作用　　　　　　E. 生物降解作用
    【答案】 C

【考点】 考试要点：环境有害因素对机体作用的一般特性

【解析】 在生态系统中同一食物链上，高营养级生物通过摄食低营养生物，某种元素或难分解化合物在生物体内的浓度随着营养级的提高而逐步增高的现象称为生物放大。生物放大是针对食物链关系而言的，若不存在这种关系，机体中污染物浓度高于环境介质的现象，则分别用生物浓缩和生物积累的概念来阐述。故选 C。

14. 某小学学生在饮用课间奶后，突然发生恶心，喷射状呕吐，呕吐物中混有胆汁和血液；上腹部疼痛，腹泻，为水样便，根据食物中毒症状，选出受污染食物最可能的病原菌是（ ）
    A. 沙门氏菌　　　　　　　　　B. 致泻性大肠埃希氏菌　　　　　　C. 葡萄球菌
    D. 李氏杆菌　　　　　　　　　E. 肉毒梭菌

【答案】 C

【考点】 考试要点：葡萄球菌食物中毒

【解析】 葡萄球菌食物中毒最常见的中毒原因食品是乳与乳制品，特征性中毒症状是反复剧烈呕吐，呕吐物中混有胆汁和血液，腹泻为水样便，因此，正确答案为 C。

15. 夏季，某游客在街边小摊上吃了熟肉制品后，出现痉挛性腹痛，腹泻，初为水样便，而后血便，根据食物中毒症状，选出受污染食物最可能的病原菌是（ ）
    A. 沙门氏菌　　　　　　　　　B. 致泻性大肠埃希氏菌　　　　　　C. 葡萄球菌
    D. 李氏杆菌　　　　　　　　　E. 肉毒梭菌

【答案】 B

【考点】 考试要点：致泻性大肠埃希氏菌食物中毒

【解析】 致泻性大肠埃希氏菌中的肠出血性大肠埃希氏菌食物中毒最常见的中毒原因食品是各种熟肉制品，可引起出血性肠炎，特征性中毒症状是剧烈腹泻和便血；沙门氏菌性食物中毒症状为腹泻，葡萄球菌、李氏杆菌食物中毒原因食品以乳及乳制品多见，前者除腹泻外，还可见剧烈呕吐，后者主要是腹泻，败血症；肉毒梭菌中毒特征为肌肉麻痹，因此答案为 B。

16. 某些地区居民由于长期饮用含某种元素过高的水导致黑脚病，主要表现为末梢神经炎、皮肤色素沉着、手掌和脚跖皮肤高度角化、皮肤皱裂，四肢对称性向心性感觉障碍，四肢疼痛，行走困难，肌肉萎缩。这种元素最可能是（ ）
    A. 汞　　　　　B. 铅　　　　　C. 砷　　　　　D. 镉　　　　　E. 氟

【答案】 C

【考点】 考试要点：动物性食品化学性污染—重金属和非金属污染

【解析】 汞中毒主要症状为胃肠道和神经症状；铅中毒症状以神经系统紊乱为主，重者表现为多发性神经炎，肌肉关节疼痛等；镉中毒表现为骨质疏松症、骨质软化、骨骼疼痛、容易骨折；氟中毒表现为腹痛腹泻、肌肉震颤、氟斑牙、氟骨病等。黑脚病是砷中毒的症状，因此选 C。

【A3/A4 型题】

答题说明：以下提供若干个案例，每个案例下设若干道考题。请根据案例所提供的信息，在每一道考试题下面的 A、B、C、D、E 五个备选答案中选择一个最佳答案，并在答题卡上将相应题号的相应字母所属的方框涂黑。

(17～19 题共用以下题干)

某屠宰场在宰后检验过程中，发现猪咬肌有肉眼可见的白色圆点状包囊，镜检可见头节的四周有四个吸盘和一圈小钩。

17. 这头猪最有可能患什么病（ ）
    A. 旋毛虫病　　　　　　　　　B. 囊尾蚴病　　　　　　　　　C. 肉孢子虫病
    D. 曼氏裂头蚴病　　　　　　　E. 钩虫病

【答案】 B

【考点】 考试要点：动物性食品污染

【解析】 猪囊尾蚴主要出现在咬肌、深腰肌和膈肌，包囊米粒状，镜检特征为头节的四周有四个吸盘和一圈小钩。易混淆的是旋毛虫病，旋毛虫包囊镜检可见包囊内的虫体呈螺旋状，故选 B。

18. 对该患畜胴体应做（ ）
    A. 销毁处理　　　　　　　B. 化制处理　　　　　　　C. 高温处理
    D. 化学消毒处理　　　　　E. 冷冻处理
    【答案】　A
    【考点】　考试要点：病害动物产品生物安全处理
    【解析】　根据《病害动物和病害动物产品生物安全处理规程》GB 16548—2006 规定，猪囊尾蚴患畜及其产品应销毁处理，故选 A。

19. 下述措施**不能**有效防止猪肉中该病原体污染的是（ ）
    A. 保持动物饲养环境卫生，建立无病畜群
    B. 加强动物饲养管理，提高动物抗病能力
    C. 加强动物疫病预防、控制和动物及动物产品检验检疫工作
    D. 加强农药残留控制
    E. 实施动物及动物产品可追溯管理
    【答案】　D
    【考点】　考试要点：动物性食品生物性污染控制措施
    【解析】　猪囊尾蚴属于生物性污染，加强农药残留控制有助于动物性食品中化学性污染物的控制，因此正确答案为 D。

（20～22题共用以下题干）
2011年，央视在"3·15"消费者权益日播出了一期《"健美猪"真相》的特别节目，披露了河南济源双汇公司收购使用含"瘦肉精"猪肉的事实。

20. 此次"瘦肉精"事件猪肉中残留的兽药为（ ）
    A. 莱克多巴胺　　B. 克伦特罗　　C. 沙丁胺醇　　D. 塞布特罗　　E. 特布他林
    【答案】　B
    【考点】　考试要点：动物性食品兽药残留
    【解析】　瘦肉精是一类动物用药，有数种药物被称为瘦肉精，例如莱克多巴胺及克伦特罗等，此次事件中涉案猪肉中的"瘦肉精"是指克伦特罗，故选 B。

21. 猪肉中这种兽药残留造成的污染属于（ ）
    A. 内源性生物性污染　　　B. 内源性化学性污染　　　C. 内源性放射性污染
    D. 外源性生物性污染　　　E. 外源性化学性污染
    【答案】　B
    【考点】　考试要点：动物性食品污染的来源与途径
    【解析】　兽药残留发生于畜禽养殖阶段，因此属于动物生前受到的污染，即内源性污染，而兽药属于化学性污染物，故选 B。

22. 食用了这种"瘦肉精"猪内脏发生食物中毒，可能的症状是（ ）
    A. 喷射状呕吐，水样腹泻
    B. 发热、败血症和脑膜炎
    C. 头晕，视力模糊，咀嚼无力，吞咽和呼吸困难，脖子无力而垂头等肌肉麻痹
    D. 头晕、心悸、呼吸困难、肌肉震颤、头痛
    E. 骨质疏松症、骨质软化、骨骼疼痛、容易骨折
    【答案】　D
    【考点】　考试要点：动物性食品污染的危害
    【解析】　答案 A 是葡萄球菌性食物中毒的症状，答案 B 是李氏杆菌食物中毒的主要症状，答案 C 是肉毒毒素食物中毒的主要症状，答案 E 是镉中毒的主要症状，只有答案 D 是"瘦肉精"中毒的主要症状，因此选 D。

（23～25题共用以下题干）
某羊场在洪涝灾害过后，有几头羊突然站立不稳，全身痉挛，迅速倒地；高热，呼吸困难，天然孔出血，血凝不全，迅速死亡。

23. 对病死羊正确的生物安全处理方法是（ ）
    A. 掩埋　　　　　　　　　B. 焚毁　　　　　　　　　C. 化制

D. 高温处理　　　　　　　　E. 化学消毒处理
【答案】 B
【考点】 考试要点：病害动物的生物安全处理
【解析】 炭疽杆菌芽孢可在土壤中长期存活而成为疫源地，发生洪涝灾害时可将土壤中的炭疽杆菌芽孢冲出而引起易感动物的感染，这是炭疽流行病学的一个特点，高热，天然孔出血，血凝不全，迅速死亡也是羊最急性炭疽的典型症状，因此，可初步诊断该羊患炭疽死亡，根据《病害动物和病害动物产品生物安全处理规程》GB 16548—2006 规定，对炭疽患畜尸体应做焚毁处理，因此，正确答案为 B。

24. 动物诊疗机构兽医工作人员在进入该病区时需使用的加强防护用品是（　　）
　　A. 工作服　　　B. 工作帽　　　C. 工作鞋　　　D. 医用口罩　　　E. 鞋套
【答案】 E
【考点】 考试要点：动物诊疗机构医护人员防护要求
【解析】 工作服、工作帽、工作鞋和医用普通口罩都是基本防护用品，防护镜、外科口罩、手套、鞋套是加强防护用品，故选 E。

25. 对该病死羊的垫料，最简单、有效的无害化处理方法是（　　）
　　A. 焚烧　　　B. 生物热处理　　　C. 70%乙醇喷洒　　　D. 晾晒 1h　　　E. 清扫
【答案】 A
【考点】 考试要点：垫料的无害化处理
【解析】 对炭疽杆菌及其芽孢污染的垫料，焚烧是简单而有效的无害化处理方法，其他几种都不能完全杀灭炭疽芽孢。故选 A。

（26～28 题共用以下题干）
屠宰加工企业日宰 300～500 头生猪，污水量可达 100～160t，污水中含废弃的血、毛、脂肪、碎肉等大量的有机物和悬浮物，属于高浓度的有机污水。另外，污水中含有大量的病原微生物和寄生虫，如不进行无害化处理，会造成环境污染。

26. 下述**不属于**屠宰污水处理方法的是（　　）
　　A. 格栅和格网　　　B. 除脂槽　　　C. 化制　　　D. 生物处理　　　E. 氯化消毒法
【答案】 C
【考点】 考试要点：污水处理原理与基本方法
【解析】 屠宰污水的处理方法包括格栅和格网、除脂槽等物理预处理，好氧或厌氧生物处理法，消毒处理法，而化制一般适用于病害动物尸体或内脏的无害化处理，故选 C。

27. 关于屠宰污水处理说法**不正确**的是（　　）
　　A. 活性污泥系统属于污水好氧处理法
　　B. 生物转盘法属于污水好氧处理法
　　C. 活性污泥法处理后可达到国家规定的排放标准，被肉类加工企业广泛采用
　　D. 单纯采用厌氧法处理屠宰污水，即可达到国家排放标准
　　E. 厌氧法处理屠宰污水，必须联合应用好氧处理，才能达到污水净化处理的要求
【答案】 D
【考点】 考试要点：污水处理原理与基本方法
【解析】 用厌氧法处理污水，由于产生硫化氢等有异臭的挥发性物质而发出臭气，加之硫化氢与铁形成硫化铁，使污水呈现黑色。这种方法净化污水需要较长的处理时间（停留约 1 个月），而且温度低时效果不显著，有机物含量仍较高，因此，在厌氧处理后，需再用好氧法进一步处理，才能达到净化污水的目的。故选 D。

28. 下述**不属于**屠宰污水测定指标的是（　　）
　　A. 生化需氧量　　　B. 化学耗氧量　　　C. 溶解氧　　　D. 悬浮物　　　E. 比重
【答案】 E
【考点】 考试要点：污水处理测定指标
【解析】 备选答案中前四项都属于屠宰污水的测定指标，只有 E 不是，故选 E。

【B1 型题】
　　答题说明：以下提供若干组考题，每组考题共用在考题前列出的 A、B、C、D、E 五个备

选答案，请从中选择一个与问题最密切的答案，并在答题卡上将相应题号的相应字母所属的方框涂黑。某个备选答案可能被选择1次、多次或不被选择。

(29～31题共用下列备选答案)
  A. 高温处理   B. 化制处理   C. 销毁处理
  D. 生物热处理   E. 化学消毒处理

29. 对确诊为猪瘟病猪的整个胴体及其产品应做（ ）
  【答案】 C
  【考点】 考试要点：猪瘟病畜的卫生处理
  【解析】 根据《病害动物和病害动物产品生物安全处理规程》GB 16548—2006规定，确诊为猪瘟的染疫动物及其产品一律做销毁处理。故正确答案为C。

30. 确诊为沙门氏菌的病畜禽的整个胴体、内脏及其他副产品应做（ ）
  【答案】 B
  【考点】 考试要点：沙门氏菌染疫动物和产品的无害化处理
  【解析】 根据《病害动物和病害动物产品生物安全处理规程》GB 16548—2006规定，除规定销毁的动物疫病以外的其他疫病的染疫动物，以及病变严重、肌肉发生退行性变化的整个尸体或胴体、内脏，应进行化制。沙门氏菌病属于规定销毁的动物疫病以外的其他疫病，因此染疫动物及其产品一律做化制处理。故正确答案为B。

31. 确诊为旋毛虫病病猪的皮张应做（ ）
  【答案】 E
  【考点】 考试要点：旋毛虫病染疫动物皮张的无害化处理
  【解析】 根据《病害动物和病害动物产品生物安全处理规程》GB 16548—2006规定，染疫动物皮张，可用过氧乙酸等化学消毒处理后利用，故选E。

(32～34题共用下列备选答案)
  A. 炭疽   B. 流行性乙型脑炎   C. 旋毛虫病
  D. 钩端螺旋体病   E. 结核病

32. 以动物为主的人兽共患病是（ ）
  【答案】 C
  【考点】 考试要点：人兽共患病的分类
  【解析】 以动物为主的人兽共患病病原体的贮存宿主主要是动物，通常在动物之间传播，偶尔感染人类，人感染后往往成为病原体传播的生物学终端，失去继续传播的机会。炭疽、流行性乙型脑炎、钩端螺旋体病和结核病人和动物互为传染源，属于互源性人兽共患病。旋毛虫病的传染源主要是动物，其中猪是人类旋毛虫病的主要传染源，人发生感染主要是因摄入了含旋毛虫包囊的生猪肉或未煮熟猪肉，也有吃涮羊肉、马肉、狗肉引起感染的报道。因此，正确答案为C。

33. 属于媒介性人兽共患病的是（ ）
  【答案】 B
  【考点】 考试要点：人兽共患病的分类
  【解析】 媒介性人兽共患病是指病原体的生活史必须有脊椎动物和无脊椎动物共同参与才能完成的人兽共患病，无脊椎动物作为传播媒介，病原体在其体内完成必要的发育阶段或增殖到一定的数量，才能传播给另一个易感脊椎动物，病原体在其体内继续发育，完成整个发育过程。炭疽、旋毛虫病、钩端螺旋体病、结核病病原体的生活史不需要无脊椎动物的参与，属于直接人兽共患病；流行性乙型脑炎病毒通过节肢动物（主要是蚊子）的叮咬传播，病毒可在三带喙库蚊体内迅速繁殖至5万～10万倍，感染后10～12天即可传播病毒。因此，正确答案为B。

34. **不适用**于生物热消毒处理患畜粪便的是（ ）
  【答案】 A
  【考点】 考试要点：粪便的无害化处理
  【解析】 生物热消毒是无害化处理粪便经济有效的消毒方法，湿粪堆积发酵所产生的生物热可达70℃或更高，能杀灭一切不形成芽孢的病原微生物和寄生虫卵。但是炭疽能形成芽孢，芽孢具有感染性，而且芽孢抵抗力特别强大，需经煮沸 15～25min，121℃灭菌 5～10min，或 160℃干热灭菌 1h 方可被杀死，因此，对于炭疽患畜的粪便，只能用焚烧或经有效的消毒液消毒后深埋。故选 A。

（35～37 题共用下列备选答案）

    A. 细菌总数　　　　　　　B. 菌落总数　　　　　　　C. 每日允许摄入量
    D. 最高残留限量　　　　　E. 大肠菌群最近似数

35. 《农产品安全质量　无公害畜禽肉产品安全要求》GB 18406.3—2001 规定，猪肉中六六六 MRL≤0.2mg/kg，MRL 是指（　　）

    【答案】　D
    【考点】　考试要点：动物性食品安全指标
    【解析】　MRL 是最高残留限量（maximum residue limits）的英文缩写，是动物性食品化学性污染的评价指标之一。故选 D。

36. 山梨酸及其钠盐是常用的防腐剂，1994 年，FAO/WHO 规定其 ADI 为每千克体重 2～25mg（以山梨酸计），ADI 是指（　　）

    【答案】　C
    【考点】　考试要点：动物性食品安全指标
    【解析】　ADI 是每日允许摄入量（acceptable daily intake）英文简写，是指人类终生每日摄入某种药物或化学物质，对健康不产生可察觉有害作用的剂量，是动物性食品化学性污染的评价指标之一。故选 C。

37. 在严格规定的条件下（样品处理、培养基及其 pH、培养温度与时间、计数方法等），使适应这些条件的每一个活菌细胞必须而且只能生成一个肉眼可见的菌落，这种计数结果称为该食品的（　　）

    【答案】　B
    【考点】　考试要点：动物性食品安全指标
    【解析】　菌落总数的概念，故选 B。

（38～40 题共用下列备选答案）

    A. 工业三废污染　　　　　B. 饲草种植中农药残留　　C. 畜禽养殖中兽药残留
    D. 食品流通中掺杂掺假　　E. 食品加工中添加剂使用

38. 水俣病事件中鱼体内的甲基汞主要来源于（　　）

    【答案】　A
    【考点】　考试要点：动物性食品污染的来源与途径
    【解析】　水俣病事件是由于日本熊本县水域湾沿岸地区石油化工厂排出含汞废水污染海湾，导致鱼类甲基汞含量增高。因此，正确答案为 A。

39. 皮蛋中的铅主要来源于（　　）

    【答案】　E
    【考点】　考试要点：动物性食品污染的来源与途径
    【解析】　传统皮蛋加工中添加的黄丹粉含铅，因此，正确答案为 E。

40. 畜禽肉中的抗生素残留主要来源于（　　）

    【答案】　C
    【考点】　考试要点：动物性食品污染的来源与途径
    【解析】　在畜禽养殖过程中，常使用抗生素治疗和预防动物感染性疾病，在大量不合理使用抗微生物药物的同时，又不遵守休药期的规定，造成抗生素在动物产品中残留。故选 C。

第三节　临床科目考点与解析

一、兽医临床诊断与内科学

【A1 型题】

答题说明：每一道考试题下面有 A、B、C、D、E 五个备选答案，请从中选择一个最佳答案，并在答题卡上将相应题号的相应字母所属的方框涂黑。

1. 兽医通过问诊获知某患犬对头孢类药物过敏，这一资料信息属于（　　）
   A. 主诉内容　　B. 前驱症状　　C. 现病史　　D. 既往史　　E. 生活史
   【答案】D
   【考点】考试要点：问诊—问诊的内容
   【解析】既往史包括患病动物以前的健康状况，对动物现生活地区的主要传染病、寄生虫病和其他病的病史，对药物、食物和其他接触物的过敏史，以及家族病史等。

2. 临床对个体视诊检查时，**错误的**方法是（　　）
   A. 先整体后局部观察　　　　　　　　B. 离动物一定距离观察全貌
   C. 从后到前、从左到右观察　　　　　D. 围绕病畜行走一周
   E. 先静态后动态观察
   【答案】C
   【考点】考试要点：视诊—视诊的基本方法
   【解析】对个体病畜的检查，应先观察其整体状态，再观察其各个部位的变化。一般应先距患病动物一定距离，观察其全貌，然后由前到后，由左到右，边走边看，围绕病畜行走一周，细致观察；先观察其静止状态的变化，再进行牵遛，以发现其运动过程及步态的改变。

3. 不属于视诊观察内容的是（　　）
   A. 动物的整体状态　　　　　　　　　B. 动物的精神状态
   C. 动物被毛与皮肤的状态　　　　　　D. 动物的呼吸、心搏动等生理活动
   E. 动物体温升降的情况
   【答案】E
   【考点】考试要点：视诊—视诊的主要内容
   【解析】视诊的主要内容：①观察整体状态；②判断精神及体态、姿势与运动、行为；③发现表被组织的病变；④检查与外界直通的体腔；⑤注意某些生理活动是否异常。

4. 检查动物心脏搏动应采用的方法为（　　）
   A. 深部滑行触诊法　　　　B. 双手触诊法　　　　C. 冲击触诊法
   D. 切入式触诊法　　　　　E. 浅部触诊法
   【答案】E
   【考点】考试要点：触诊—触诊的方法和类型
   【解析】浅部触诊法主要是检查动物体表的温度和湿度，弹性及软硬度，敏感性，病变性状，心脏搏动，肌肉紧张性，骨关节的肿胀、变形，体表浅在的病变等。而A、B、C、D均属深部触诊法。

5. 进行槌板叩诊时，正确的手法是（　　）
   A. 以指间关节为轴　　　　B. 以腕关节为轴　　　　C. 以肘关节为轴
   D. 对每一叩诊部位以不同角度连叩2～3次
   E. 对每一叩诊部位由轻至重地连叩2～3次
   【答案】B
   【考点】考试要点：叩诊—叩诊的方法
   【解析】槌板叩诊法其手法通常是左手持板紧密地放于欲检查的部位上；以右手持叩诊槌，用腕关节做轴而上下摆动，使之垂直地向叩诊板上连续叩击2～3次，以分辨其产生的音响。

6. 呈音调低、音响较强、音时较长的叩诊音是（　　）
   A. 清音　　B. 浊音　　C. 实音　　D. 鼓音　　E. 过清音
   【答案】A
   【考点】考试要点：叩诊—叩诊音的和性质
   【解析】清音是一种音调低、音响较强、音时较长的叩诊音，在叩击富弹性含气的器官时产生，见于正常肺脏区域。

7. 过清音可见于（　　）
   A. 大叶性肺炎　　B. 肺不张　　C. 大量胸腔积液　　D. 气胸　　E. 肺气肿
   【答案】E

【考点】 考试要点：叩诊—叩诊音的和性质
【解析】 过清音是介于清音与鼓音之间的叩诊音，可见于肺组织弹性减弱而含气量增多的肺气肿患者。大叶性肺炎和肺不张叩诊呈浊音；大量胸腔积液叩诊呈实音；气胸叩诊呈鼓音。

8. 听诊检查时，无法听到的是（ ）
   A. 心音　　　　　　　　　　B. 胃肠蠕动音　　　　　　　C. 肺泡音
   D. 膈肌前后移动音　　　　　 E. 胎心音、胎动音
   【答案】 D
   【考点】 考试要点：听诊—听诊的应用范围
   【解析】 现代听诊法主要用于检查：心血管系统呼吸系统，消化系统，胎心音和胎动音等。

9. 与动物精神状态检查不相关的项目是（ ）
   A. 神态观察　　　　　　　　B. 口腔黏膜检查　　　　　　C. 耳活动检查
   D. 眼活动检查　　　　　　　E. 面部表情观察
   【答案】 B
   【考点】 考试要点：整体状态观察—精神状态
   【解析】 动物的精神状态可根据动物对外界刺激的反应能力及行为表现而判定。临诊上主要观察病畜的神态，注意其耳、眼活动，面部的表情及各种反应活动。

10. 属于姿势与体态异常的是（ ）
    A. 共济失调　　B. 跛行　　C. 站立不稳　　D. 瘙痒　　E. 腹痛
    【答案】 C
    【考点】 考试要点：整体状态观察—姿势与体态
    【解析】 姿势与体态指动物在相对静止或运动过程中的空间位置和呈现的姿态。异常包括典型木马样姿态；站立不稳；长久站立；肢蹄避免负重和强迫躺卧（卧地不起）。而共济失调、跛行、腹痛、瘙痒属于运动与行为异常。

11. 属于运动与行为异常的是（ ）
    A. 卧地不起　　B. 木马样姿态　　C. 异嗜　　D. 长久站立　　E. 肢蹄免负重
    【答案】 C
    【考点】 考试要点：整体状态观察—运动与行为
    【解析】 动物运动异常指运动的方向性和协调性发生改变。临诊常见的运动和行为异常表现有运动失调（共济失调）、强迫运动、跛行、腹痛、异嗜、角弓反张、攻击人畜、瘙痒等。而卧地不起、木马样姿态、长久站立、肢蹄免负重属于姿势与体态异常。

12. 汗腺最发达的动物是（ ）
    A. 马属动物　　B. 牛羊　　C. 猪　　D. 犬猫　　E. 禽类
    【答案】 A
    【考点】 考试要点：表被状况检查—皮肤的检查
    【解析】 皮肤湿度与汗腺分泌状态有关。马属动物汗腺最发达，其次为羊、牛、猪、犬和猫汗腺极不发达，禽类无汗腺。

13. 下列疾病中一般**不致**皮肤弹性降低的是（ ）
    A. 营养不良　　B. 湿疹　　C. 螨病　　D. 皮下气肿　　E. 剧烈腹泻
    【答案】 D
    【考点】 考试要点：表被状况检查—皮肤的检查
    【解析】 皮肤弹性与动物品种、年龄、营养状况、皮下脂肪及组织间隙的含液量有关。临诊上根据皱褶恢复的速度进行判定。弹性减退则恢复原状慢，见于慢性皮肤病、螨病、湿疹、营养不良、脱水等。

14. 触压有捻发音的体表肿胀是（ ）
    A. 炎性肿胀　　B. 皮下浮肿　　C. 淋巴外渗　　D. 血肿　　E. 皮下气肿
    【答案】 E
    【考点】 考试要点：表被状况检查—皮下组织检查
    【解析】 炎性肿胀表现为红、肿、热、痛与机能障碍；皮下浮肿即皮下组织水肿触压有捏粉感；淋巴外渗和血肿触压有波动感；皮下气肿触压时柔软而容易变形，可感觉到由于气泡破

裂和移动所产生的捻发音（沙沙声）。

15. 可视黏膜检查时，主要检查巩膜的动物是（　　）
    A. 马　　　　　B. 牛　　　　　C. 羊　　　　　D. 猪　　　　　E. 犬
    【答案】 B
    【考点】 考试要点：可视黏膜检查
    【解析】 可视黏膜指肉眼能看到或借助简单器械可观察到的黏膜，如眼结膜、鼻腔、口腔、直肠、阴道等部位的黏膜。临诊上一般以检查眼结膜为主，牛则主要检查巩膜。

16. 浅表淋巴结检查时，对犬**不会**检查的淋巴结是（　　）
    A. 下颌淋巴结　　　　　　B. 腹股沟浅淋巴结　　　　　　C. 股淋巴结
    D. 咽淋巴结　　　　　　　E. 股前淋巴结
    【答案】 E
    【考点】 考试要点：浅表淋巴结检查
    【解析】 髂下淋巴结又称膝上淋巴结、股前淋巴结或膝襞淋巴结，位于髋结节和膝关节之间，股阔筋膜张肌前方。犬无该淋巴结。

17. 猪的正常体温范围是（　　）℃
    A. 37.0～38.0　　B. 37.0～39.0　　C. 37.5～39.0　　D. 38.0～39.0　　E. 39.0～39.5
    【答案】 E
    【考点】 考试要点：体温、脉搏、呼吸及血压测定—体温
    【解析】 常见健康动物的体温：马 37.5～38.5℃；奶牛 37.5～39.5℃；羊 38.0～40.0℃；猪 39.0～39.5℃；犬 37.5～39.0℃；猫 38.5～39.5℃。

18. 体温测量时，**不会**导致误差的因素是（　　）
    A. 测前未将体温计的水银柱甩至 35℃ 以下　　　　B. 没让动物充分地休息
    C. 频繁下痢　　　　　　　　　　　　　　　　　　D. 体温计插入直肠内的粪便中
    E. 体温计插入直肠内时间过长
    【答案】 E
    【考点】 考试要点：体温、脉搏、呼吸及血压测定—体温
    【解析】 体温测量误差的常见原因：①测量前未将体温计的水银柱甩至 35℃ 以下；②没有让动物充分地休息；③频繁下痢、肛门松弛、冷水灌肠后或体温表插入直肠内的粪便中，以及测量时间过短等情况。

19. 马脉搏检查的部位是（　　）
    A. 颌外动脉　　B. 尾动脉　　C. 肱动脉　　D. 股动脉　　E. 颈动脉
    【答案】 A
    【考点】 考试要点：体温、脉搏、呼吸及血压测定—脉搏
    【解析】 动物种类不同，脉搏检查的部位有一定的差异。马通常检查颌外动脉，牛检查尾动脉，小动物检查股动脉或肱动脉。检查时用食指、中指和无名指指腹压于血管上，左右滑动，即可感觉到血管似一富有弹性的橡皮管在指下跳动，可检查脉搏频率、节律、力度等。

20. 犬的正常脉搏频率范围是（　　）次/分
    A. 30～80　　B. 40～90　　C. 50～100　　D. 60～110　　E. 70～120
    【答案】 E
    【考点】 考试要点：体温、脉搏、呼吸及血压测定—脉搏
    【解析】 常见健康动物的脉搏频率（次/分）：马 26～42；奶牛 50～80；羊 70～80；猪 40～80；犬 70～120；猫 110～130。

21. 马的正常呼吸频率范围是（　　）次/分
    A. 8～16　　B. 10～25　　C. 12～30　　D. 18～30　　E. 10～30
    【答案】 A
    【考点】 考试要点：体温、脉搏、呼吸及血压测定—呼吸频率
    【解析】 常见健康动物的呼吸频率（次/分）：马 8～16；奶牛 10～25；羊 12～30；猪 18～30；犬 10～30；猫 10～30。

22. 大动物测定动脉压的部位是（　　）

A. 颌外动脉　　　B. 颈动脉　　　C. 肱动脉　　　D. 股动脉　　　E. 尾中动脉
【答案】　E
【考点】　考试要点：体温、脉搏、呼吸及血压测定—血压
【解析】　测定动脉压的方法有视诊法和听诊法。常用的血压计有汞柱式、弹簧式两种。部位随动物种类不同而异，大家畜（如马、牛）在尾中动脉，小动物（如犬等）在股动脉。

23. 使用汞柱式血压计听诊血压，在缓慢放气过程中听到第一个声音时，汞柱表面刻度代表（　　）
    A. 动脉压　　　B. 静脉压　　　C. 收缩压　　　D. 舒张压　　　E. 脉压
【答案】　C
【考点】　考试要点：体温、脉搏、呼吸及血压测定—血压
【解析】　利用听诊法测定时，先将听诊器的胸端放在绑气囊部的上方或下方，然后向气囊内打气至约200刻度以上，随后缓缓放气，当听诊器内听到第一个声音时，汞柱表面或指针所在的刻度，即为心收缩压。

24. 可以导致脉压增大的因素是（　　）
    A. 二尖瓣闭锁不全　　　B. 二尖瓣口狭窄　　　C. 主动脉瓣口狭窄
    D. 主动脉瓣闭锁不全　　　E. 主动脉瓣口狭窄和二尖瓣口狭窄
【答案】　D
【考点】　考试要点：体温、脉搏、呼吸及血压测定—血压
【解析】　收缩压与舒张压之差称脉压，脉压加大见于主动脉瓣闭锁不全（此时舒张压降低），脉压变小见于二尖瓣口狭窄。

25. 群体动物临床检查时，程序**错误的**是（　　）
    A. 先调查，后检查
    B. 先检查畜群，后巡视环境
    C. 先群体，后个体
    D. 先一般检查，后特殊检查
    E. 先检查健康群，后检查患病群
【答案】　B
【考点】　考试要点：体温、脉搏、呼吸及血压测定—血压
【解析】　对群畜检查在程序方面应掌握以下原则：即先调查了解，后进行检查；先巡视环境，后检查畜群；先群体后个体；先一般检查，后特殊检查；先检查健康畜群，后检查病畜群。

26. 可致心搏动增强的疾病是（　　）
    A. 心包炎　　　B. 心肌炎　　　C. 慢性肺泡气肿
    D. 胸腔积液　　　E. 气胸
【答案】　B
【考点】　考试要点：心脏的检查—视诊和触诊
【解析】　心搏动增强可见于各种能引起机能亢进的疾病，如发热病的初期、心内膜炎、心肌炎、心脏肥大以及剧痛等；心搏动减弱见于心衰的后期，以及心脏与胸壁距离增加的疾病，如胸壁浮肿、胸腔积液、慢性肺泡气肿及心包炎等。气胸也使心脏与胸壁距离增加。

27. 心脏叩诊时，代表心脏真正大小的是（　　）
    A. 心脏绝对浊音区　　　B. 心脏相对浊音区　　　C. 心脏绝对实音区
    D. 清音区　　　E. 实音区
【答案】　B
【考点】　考试要点：心脏的检查—叩诊
【解析】　心脏的大部分被肺脏所掩盖，叩诊时呈半浊音，称为心脏相对浊音区，它标志着心脏的真正大小。

28. 心脏叩诊时，心脏绝对浊音区增大可见于（　　）
    A. 心肥大　　　B. 心扩张　　　C. 心包积液　　　D. 肺萎陷　　　E. 肺气肿
【答案】　D
【考点】　考试要点：心脏的检查—叩诊
【解析】　心脏相对浊音区增大，是由于心脏容积增大所致，可见于心肥大、心扩张和心包

积液等；而绝对浊音区增大，是由于肺脏覆盖心脏的面积缩小所致，如肺萎陷等。

29. 牛心音最强听取点位于胸部右侧（并非左侧）的是（ ）
    A. 二尖瓣口   B. 三尖瓣口   C. 主动脉瓣口   D. 肺动脉瓣口   E. 房室瓣口
    【答案】 B
    【考点】 考试要点：心脏的检查—听诊
    【解析】 牛心音最强听取点：二尖瓣口在左侧第4肋间，主动脉瓣口的远下方；三尖瓣口在右侧第3肋间，胸廓下1/3的中央水平线上；主动脉瓣口在左侧第4肋间，肩关节线下方一、二指处；肺动脉瓣口在左侧第3肋间，胸廓下1/3的中央水平线上；房室瓣口即二尖瓣口和三尖瓣口。

30. 动物发生胸腔大量积液时，听诊心音最可能的变化是（ ）
    A. 第一心音增强   B. 第一、二心音同时增强   C. 第二心音增强
    D. 第一、二心音同时减弱   E. 第一心音减弱、第二心音增强
    【答案】 D
    【考点】 考试要点：心脏的检查—听诊
    【解析】 心音的强度是由心音本身的强度和向外传导心音的介质状态等因素决定的。胸腔大量积液时，介质增多，听诊两心音的强度均相对减弱。

31. 以下选项中，哪个属于非器质性心杂音（ ）
    A. 心肺性杂音   B. 心包摩擦音   C. 相对闭锁不全性杂音
    D. 缩期杂音   E. 张期杂音
    【答案】 C
    【考点】 考试要点：心脏的检查—听诊
    【解析】 心脏杂音是心音以外持续时间较长的附加声音。心肺性杂音和心包摩擦音属于心外杂音；缩期杂音和张期杂音属于器质性心杂音；相对闭锁不全性杂音是发生在缩期的非器质性心杂音。

32. 颈静脉指压检查表现"远心端波动消失，近心端波动不消失甚至加强"，提示为（ ）
    A. 二尖瓣闭锁不全   B. 三尖瓣闭锁不全   C. 主动脉瓣口狭窄
    D. 肺动脉瓣口狭窄   E. 房室瓣口狭窄
    【答案】 B
    【考点】 考试要点：血管的检查—毛细血管和静脉检查
    【解析】 以手指用力压住颈静脉中部，如远心端静脉波动消失，而近心端的静脉波动不消失甚至加强，则为阳性静脉波动，这是三尖瓣闭锁不全的特征。

33. 视诊哺乳动物胸廓外形表现似"鸡胸"，提示为（ ）
    A. 肺气肿   B. 肺萎陷   C. 膈疝   D. 气胸   E. 佝偻病
    【答案】 E
    【考点】 考试要点：胸廓、胸壁的检查—视诊
    【解析】 鸡胸特征是胸骨柄明显向前突出，常伴有肋骨与肋软骨交接处串珠状突起，并见有脊柱凹凸，四肢弯曲，全身发育障碍，是佝偻病的特征。

34. 动物鼻液污秽不洁，呈灰色或暗褐色，带有尸臭或恶臭味，一般提示为（ ）
    A. 呼吸道卡他性炎   B. 呼吸道化脓性炎   C. 小叶性肺炎
    D. 大叶性肺炎   E. 坏疽性肺炎
    【答案】 E
    【考点】 考试要点：上呼吸道的检查—鼻及鼻液的检查
    【解析】 腐败性鼻液，污秽不洁，带灰色或暗褐色，并带有尸臭或恶臭味，常为坏疽性炎症的特征。

35. 临床检查呼吸表现"由浅逐渐加强、加深、加快，当达到高峰后，又逐渐变弱、变浅、变慢，经暂停后又重复此变化。"这种呼吸节律是（ ）
    A. 节律性呼吸   B. 间断性呼吸   C. 陈-施二氏呼吸
    D. 毕氏呼吸   E. 库兴氏呼吸
    【答案】 C

【考点】 考试要点：肺与胸膜的检查—视诊
【解析】 陈-施二氏呼吸特征为呼吸由浅逐渐加强、加深、加快，当达到高峰后，又逐渐变弱、变浅、变慢，而后呼吸中断。约经数秒乃至 15～30 秒的短暂间隙以后，又重复出现如上变化的周期性呼吸。又名潮式呼吸，是呼吸中枢敏感性降低的特殊指征。

36. 大动物发生肺实变或毛细支气管炎时，在病灶区最可能听诊到的病理呼吸音是（　　）
   A. 破壶音　　　　　　　B. 金属音　　　　　　　C. 捻发音
   D. 过清音　　　　　　　E. 肺泡呼吸音增强
   【答案】 C
   【考点】 考试要点：肺与胸膜的检查—听诊
   【解析】 捻发音是由于肺泡内有少量渗出物（黏液）使肺泡壁或毛细支气管壁相互黏合在一起，当吸气时气流使黏合的肺泡壁或毛细支气管壁被突然冲开所发出的一种爆裂音。常提示肺实质的病变，也见于毛细支气管炎。

37. 如在牛的左腹部前下方（约第 11 肋骨下方）听到与瘤胃蠕动不一致的流水音，可能是（　　）
   A. 瘤胃积液　　　　　　B. 瘤胃酸中毒　　　　　C. 皱胃扭转
   D. 皱胃左方变位　　　　E. 腹腔积液
   【答案】 D
   【考点】 考试要点：反刍动物前胃检查—瘤胃检查
   【解析】 瘤胃听诊，在左侧腹部前下方（第 11 肋骨下方）听到与瘤胃蠕动不一致的流水音时，应考虑真胃变位。

38. 瓣胃检查时，在肩关节水平线上指压触诊的部位是（　　）
   A. 右侧第 6～8 肋间　　B. 左侧倒数 6～8 肋间　C. 左侧第 7～9 肋间
   D. 右侧倒数 7～9 肋间　E. 右侧第 7～9 肋间
   【答案】 E
   【考点】 考试要点：反刍动物前胃检查—瓣胃检查
   【解析】 在右侧第 7～10 肋骨间，肩关节水平线上下 3cm 范围内的瓣胃区用拳叩击，或在第 7～9 肋间用伸直的手指指尖实施压迫，如出现疼痛反应，应考虑瓣胃秘结或创伤性炎症。

39. 马小肠音的听诊区在（　　）
   A. 左䏮部　　　　　　　B. 右䏮部　　　　　　　C. 左侧腹部下 1/3
   D. 右侧腹部下 1/3　　　E. 右侧肋弓下方
   【答案】 A
   【考点】 考试要点：肠管检查—马属动物肠管检查
   【解析】 临诊实践中，肠音听诊区为左䏮部听小结肠音和小肠音，左侧腹部下 1/3 听左侧大结肠音，右䏮部听盲肠音，右侧肋弓下方听右侧大结肠音。

40. 听诊检查马肠音，如听到金属音，多提示为（　　）
   A. 肠内异物　B. 肠积液　C. 肠阻塞　D. 肠臌气　E. 肠便秘
   【答案】 D
   【考点】 考试要点：肠管检查—马属动物肠管检查
   【解析】 金属性肠音是指听诊肠音如水滴落在金属板上的声音。是因肠内充满气体，或肠壁过于紧张，邻贴的肠内容物移动冲击该部肠壁发生振动而形成的声音。

41. 里急后重提示（　　）
   A. 腹膜炎　　　　　　　B. 直肠炎　　　　　　　C. 巨结肠
   D. 肛门括约肌松弛　　　E. 脊髓损伤
   【答案】 B
   【考点】 考试要点：排粪动作及粪便的感观检查—排粪动作的检查
   【解析】 里急后重指患畜频取排粪姿势，并强力努责，但无粪便排出或仅排出少量粪便或黏液。见于直肠炎、肛门括约肌疼痛性痉挛、犬肛门腺炎。

42. 临床上表现少尿甚至无尿，且尿比重偏低的疾病是（　　）
   A. 充血性心力衰竭　　　　　　B. 急性肾小球性肾炎　　　　　C. 慢性肾炎

D. 尿崩症　　　　　　　　E. 膀胱炎

【答案】 C

【考点】 考试要点：排尿动作及尿液感观检查—排尿动作检查

【解析】 肾前性少尿，尿比重增高如充血性心力衰竭；肾原性少尿，尿比重大多偏低如慢性肾炎（但急性肾小球性肾炎尿比重增高）；尿崩症尿比重低但尿量多；膀胱炎尿比重升高。

43. 母牛可能表现"慕雄狂"的病种是（　　）
　A. 卵巢机能减退　　　B. 卵泡囊肿　　　C. 卵巢组织萎缩
　D. 黄体囊肿　　　　　E. 囊肿黄体

【答案】 B

【考点】 考试要点：雌性生殖器官检查—卵巢及输卵管检查

【解析】 牛有卵泡囊肿和黄体囊肿。卵泡囊肿母牛一般表现无规律的、长时间或连续性的发情征状（慕雄狂），或长时间不出现发情征象（乏情）；黄体囊肿、卵巢机能减退、卵巢组织萎缩表现为乏情，囊肿黄体一般对发情无影响。

44. 临诊上，人为地改变动物四肢的自然姿势以观察其反应，如较长时间仍未复原，提示（　　）
　A. 浅感觉异常　　　　B. 浅感觉性减退　　　C. 深感觉障碍
　D. 特殊感觉障碍　　　E. 特殊感觉性减退

【答案】 C

【考点】 考试要点：感觉机能的检查—深感觉检查

【解析】 深感觉（本体感觉）指位于皮下深处的肌肉、关节、骨、腱和韧带等的感觉。临诊检查时，人为地使动物的四肢采取不自然的姿势，以观察动物的反应。较长时间内保持人为的姿势而不改变肢体的位置，则为深感觉发生障碍。

45. 临床上，对动物作角膜反射试验，主要是检查（　　）
　A. 视神经和迷走神经　　B. 视神经和面神经　　C. 动眼神经和展神经
　D. 动眼神经和三叉神经　E. 三叉神经和面神经

【答案】 E

【考点】 考试要点：反射机能的检查—通常检查的反射活动及方法

【解析】 角膜反射神经中枢位于延脑，传入神经是眼神经（三叉神经上颌支）的感觉纤维，传出神经为面神经的运动纤维。

46. 动物副交感神经紧张性亢进时，会表现（　　）
　A. 心搏动亢进　B. 血压升高　C. 瞳孔散大　D. 肠蠕动减弱　E. 低血糖

【答案】 E

【考点】 考试要点：自主神经功能检查—副交感神经紧张性亢进

【解析】 副交感神经紧张性亢进呈现与交感神经紧张性亢进相反作用的症状，即心动徐缓、外周血管紧张性下降、血压降低、贫血、肠蠕动增强、腺体分泌过多、瞳孔收缩、低血糖等。

47. 注射血清或疫苗后，可能增多的细胞是（　　）
　A. 中性粒白细胞　　　　B. 淋巴细胞　　　　C. 单核细胞
　D. 嗜酸性粒细胞　　　　E. 嗜碱性粒细胞

【答案】 D

【考点】 考试要点：白细胞计数和白细胞分类计数—白细胞变化的临床意义

【解析】 嗜酸性粒细胞增多见于免疫介导性疾病和过敏性疾病，如荨麻疹、跳蚤过敏、食物过敏、猫哮喘、犬全骨髓炎、注射血清或疫苗后。还见于寄生虫病、某些皮肤病和恶性肿瘤。

48. 血象检查中的"核左移"是以下哪种嗜中性白细胞增多（　　）
　A. 早幼粒细胞　　　　B. 晚幼粒细胞　　　　C. 杆状核粒细胞
　D. 分叶核粒细胞　　　E. 未成熟和过渡型粒细胞

【答案】 E

【考点】 考试要点：白细胞计数和白细胞分类计数—白细胞变化的临床意义

【解析】 外周血中杆状核粒细胞增多和杆状核阶段以前的幼稚细胞出现称为核左移。过渡型粒细胞即杆状核粒细胞；未成熟粒细胞包括原粒细胞、早幼粒细胞、中幼粒细胞、晚幼粒细胞，均是杆状核阶段以前的幼稚细胞。

49. 动物交叉配血试验时，相合是指（　　）
    A. 主侧凝集，次侧凝集　　　　　　　　B. 主侧凝集，次侧不定
    C. 次侧凝集，主侧不定　　　　　　　　D. 主侧不凝集，次侧凝集
    E. 主侧不凝集，次侧不凝集
   【答案】 E
   【考点】 考试要点：交叉配血试验—玻片法
   【解析】 玻片上主、次侧的液体都均匀红染，无红细胞凝集现象；显微镜下观察红细胞界限清楚，是表示配备相合，可以输血。

50. 白细胞体积分布直方图中，右侧峰（大细胞群）主要是（　　）
    A. 中性粒白细胞　　　　　B. 淋巴细胞　　　　　C. 单核细胞
    D. 嗜酸性粒细胞　　　　　E. 嗜碱性粒细胞
   【答案】 A
   【考点】 考试要点：血细胞体积分布直方图—白细胞体积分布直方图
   【解析】 正常白细胞体积分布直方图有三个细胞群体，左侧峰为淋巴细胞区，右侧峰主要为中性粒白细胞，左右两侧之间的波谷为中等大小的细胞区，主要以单核细胞为主。

51. 在没有高糖血症时，仍出现糖尿的是（　　）
    A. 库兴氏综合征　　　　　B. 范尼氏综合征　　　　　C. 应激
    D. 肢端肥大症　　　　　　E. 长期应用类固醇药物
   【答案】 B
   【考点】 考试要点：血糖及相关指标—血糖
   【解析】 低于 10mmol/L 的肾糖阈值常见于幼畜和在妊娠期间的雌性动物，也见于近端肾小管缺陷（范尼氏综合征），在该病中葡萄糖重吸收功能差，可以在没有高糖血症时出现糖尿。

52. 高达 50mmol/L 的高胆固醇血症，最可能见于（　　）
    A. 高脂食物　　　　　B. 库兴氏综合征　　　　　C. 甲状腺机能减退
    D. 肝病　　　　　　　E. 糖尿病
   【答案】 C
   【考点】 考试要点：血清脂质和脂蛋白—血清胆固醇
   【解析】 食物的影响不可能使血浆胆固醇浓度升高到超过 10mmol/L，在肝病、肾病、糖尿病、库兴氏综合征中也很少升高到 15mmol/L 以上。甲状腺机能减退可使高胆固醇血症高达 50mmol/L，如此高的浓度对该病有一定的诊断意义。

53. 作为哺乳动物肾功能的诊断指标，哪个更敏感（　　）
    A. 尿素　　　B. 肌酐　　　C. 氨　　　D. 尿酸　　　E. 尿蛋白
   【答案】 B
   【考点】 考试要点：血清脂质和脂蛋白—血清胆固醇
   【解析】 血浆肌酐浓度的变化只与肌酐的排泄有关，也就是说，它更准确反映了肾的功能；在疾病的初期，它比尿素升高得更快，而好转时也降得更快；当出现肾前性的原因（心衰或脱水）时，它比尿素的变化更小；而当存在原发性的肾衰时，它升高得更多，所以其作为肾功能的诊断指标比尿素更敏感。氨主要反映肝内的尿素循环代谢。尿酸主要用于禽类。尿蛋白是"活跃"的指标。

54. 动物血管内严重溶血时，最容易出现（　　）
    A. 血小板凝集　　　　　B. 高脂血症　　　　　C. 高钠血症
    D. 高蛋白血症　　　　　E. 高胆红素血症
   【答案】 E
   【考点】 考试要点：肝功能检查—胆红素及其代谢物
   【解析】 血管内轻度到中度溶血，由于正常的网状内皮-肝胆系统的作用，血浆胆红素可能并不升高。而严重溶血时，超过机体排泄胆红素的能力，会出现高胆红素血症（黄疸），以

非结合性胆红素为主。

55. 以下血生化指标，哪个是动物肝胆功能的指标（　　）
　　A. AST　　　　B. ALT　　　　C. 碱性磷酸酶　　D. 酸性磷酸酶　　E. 白蛋白
　　【答案】　C
　　【考点】　考试要点：肝功能检查—血清酶
　　【解析】　碱性磷酸酶（ALP）在体内广泛分布，主要反映骨骼与胆道疾病。胆管疾病特别是阻塞，会引起血浆 ALP 活性大量升高，可达 50000U/L 以上，可发生黄疸。随病情发展，胆汁逆流入肝脏会引起真正的肝损伤，其他肝脏酶活性也会升高。在某种程度上，ALP 被作为肝胆功能的一个指标，而其他肝脏酶只是测定肝脏细胞的损伤。

56. 哺乳动物正常尿中都会含有（　　）
　　A. 尿胆素原　　B. 葡萄糖　　C. 酮体　　D. 游离胆红素　　E. 管型
　　【答案】　A
　　【考点】　考试要点：尿液检验—化学检验
　　【解析】　正常动物尿中都含有尿胆素原；正常动物不会出现糖尿；酮体包括丙酮、乙酰乙酸和 β-羟丁酸，酮尿常见于患糖尿病的动物；胆红素尿见于胆道阻塞、肝脏疾病和溶血性贫血；管型是肾炎的特征。

57. 典型大叶性肺炎的 X 线征是（　　）
　　A. 大小不一的点状、片状或云絮状渗出性阴影
　　B. 肺野中下部大片均匀致密的阴影，上界呈弧形隆起
　　C. 胸腔下部均匀致密的阴影，上缘呈凹面弧线
　　D. 肺野中下部大片密度降低的阴影
　　E. 肺野中下部密度增加，胸腹界限模糊不清
　　【答案】　B
　　【考点】　考试要点：呼吸系统 X 线检查—常见疾病 X 线诊断
　　【解析】　大叶性肺炎是肺泡内以纤维蛋白渗出为主的急性炎症。充血期无明显的 X 线特征，肝变期 X 线征为肺野中下部大片均匀致密的阴影，上界呈弧形隆起；A 提示小叶性肺炎；C 提示胸腔积液；D 提示气胸；E 提示膈疝。

58. X 线表现为骨密度均匀降低，小梁模糊变细，密质骨变薄，长骨变形，提示（　　）
　　A. 骨质疏松　　B. 骨质破坏　　C. 骨质软化　　D. 曝光过度　　E. 显影不足
　　【答案】　C
　　【考点】　考试要点：骨骼和骨关节 X 线检查—常见病变的 X 线诊断
　　【解析】　骨质软化指每克骨的含钙量减少，X 线表现为骨的密度均匀降低，骨小梁模糊变细，密质骨变薄，负重骨骼可发生变形弯曲。

59. 在超声声像图中，特强回声下方的无回声区叫（　　）
　　A. 光团　　　B. 网状回声　　C. 声影　　D. 声尾　　E. 底边缺如
　　【答案】　C
　　【考点】　考试要点：超声诊断的基本知识—回声形态描述
　　【解析】　声影指由于声能在声学界面衰竭、反射、折射等而丧失，声能无法达到的区域（暗区），即特强回声下方的无回声区。

60. M 型超声波诊断属于（　　）
　　A. 灰度调制型　　B. 活动显示型　　C. 差频示波型　　D. 振幅调制型　　E. 色彩调制型
　　【答案】　B
　　【考点】　考试要点：超声诊断的类型—M 型超声波诊断
　　【解析】　M 型超声波诊断属活动显示型，指在单声束取样获得一灰度声像图的基础上，外加一慢扫描时间基线，形成"距离-时间"曲线，以显示动态变化。主要应用于心血管系统的检查，动态了解心血管系统的形态结构和功能状态。

61. 描记的心电图电压高、波形和波向一致且不受体位影响的导联是（　　）
　　A. 单极肢导联　　　　　　B. 加压单极肢导联　　　　　　C. 双极肢导联
　　D. 胸导联　　　　　　　　E. A-B 导联

【答案】 E
【考点】 考试要点：临床心电图基础—导联
【解析】 A-B 导联是心尖-心基导联的缩写。该导联有描记的心电图电压高、波形和波向一致、不受体位影响等优点，而且可应用于多种动物的心电图描记。

62. QRS 综合波代表（　　）
    A. 心房肌去极化过程　　B. 心室肌去极化过程　　C. 心房肌复极化过程
    D. 心室肌复极化过程　　E. 激动从心房到心室的过程
【答案】 B
【考点】 考试要点：正常心电图—心电图各波段意义
【解析】 由向下的 Q 波、陡峭向上的 R 波与向下的 S 波组成，代表心室肌去极化过程中产生的电位变化。QRS 综合波的宽度（QRS 综合波时限）表示激动在左、右心室肌内传导所需的时间。

63. 分析心电图时，若出现 ST 段呈平段延长，QT 间期也延长，提示（　　）
    A. 高血钾症　　B. 低血钙症　　C. 高血钙症　　D. 低血钾症　　E. 洋地黄中毒
【答案】 B
【考点】 考试要点：心电图的临床应用—电解质紊乱及药物对心电图的影响
【解析】 S-T 段指 QRS 综合波终点到 T 波起点的一段等电位线，相当于心肌细胞动作电位的 2 位相期。此时全部心室肌都处于除极化状态，所以各部分之间没有电位差而呈一段等电位基线。Q-T 间期，又称心（室）电收缩时间，指从 QRS 波起点到 T 波终点之间的距离，其时限代表心室肌除极化和复极化过程的全部时间。

64. 动物在眼睑、腹下、阴囊和四肢远端出现浮肿，不热不痛不痒，这种肿胀属于（　　）
    A. 心性水肿　　B. 肾性水肿　　C. 肝性水肿　　D. 炎性水肿　　E. 过敏性水肿
【答案】 B
【考点】 考试要点：症候学—水肿
【解析】 心性水肿主要出现在距离心脏远、血液回流难的对称部位；肾性水肿不受重力影响，多发于眼睑、颜面及阴囊等皮下疏松部位；肝性水肿在躯体轻微而四肢明显，伴有腹水；炎性水肿有热、痛；过敏性水肿突发、有痒感。

65. 能鉴别血尿与血红蛋白尿的方法是（　　）
    A. 观察尿色　　B. 潜血试验　　C. 静置或离心后观察沉淀
    D. 荧光试验　　E. 超滤检验
【答案】 C
【考点】 考试要点：症候学—红尿
【解析】 血尿与血红蛋白尿共同点：红色尿，潜血试验阳性，荧光照射阴性，超滤不能通过。区别点：血尿混浊云絮状、静置或离心后有红色沉淀、镜检有大量红细胞、伴有黏膜苍白；血红蛋白尿透亮无云絮状、静置或离心后无沉淀、镜检无红细胞、伴有黏膜黄疸。

66. 小动物腹腔穿刺的部位（　　）
    A. 左或右肷部下缘　　B. 左或右肋弓区后缘　　C. 耻骨前缘腹底正中处
    D. 脐前腹底正中处　　E. 脐稍后方、腹白线偏旁
【答案】 E
【考点】 考试要点：常用穿刺技术—腹腔穿刺部位及方法
【解析】 腹腔穿刺用于诊断肠变位、胃肠破裂、内脏出血等；治疗腹膜炎；小动物的腹腔麻醉。小动物侧卧或倒提保定，进针部位在脐稍后方、腹白线偏 1~2cm。

【A2 型题】
答题说明：每一道考题是以一个小案例出现的，其下面都有 A、B、C、D、E 五个备选答案，请从中选择一个最佳答案，并在答题卡上将相应题号的相应字母所属的方框涂黑。

67. 家猫，2 岁，昨天突发呼吸困难，体温正常。X 线侧位片见中央肺部密度升高；胸骨上方、膈前、椎膈角均有大片黑色的阴影；心脏向背侧提升，后腔静脉非常清晰，最可能的诊断是（　　）
    A. 气胸　　B. 肺气肿　　C. 肺水肿　　D. 大叶性肺炎　　E. 胸腔积液

【答案】 A
【考点】 考试要点：气胸
【解析】 突发是气胸的特点。胸骨上方、膈前、椎膈角的大片黑色阴影即胸膜腔内气体，占位后心脏上移，肺受压密度升高并出现呼吸困难，对比度增加使后腔静脉更清晰。

68. 6岁巴哥犬，长期消化不良，近日精神沉郁，食欲极差，偶有呕吐，粪便少、臭味大而颜色浅淡，结膜淡黄色。临床生化检验最可能出现（　　）
   A. 高血糖　　　B. 高胆固醇　　　C. 高血磷　　　D. 高胆红素　　　E. 高血钙
   【答案】 D
   【考点】 考试要点：肝炎—临诊症状
   【解析】 肝炎表现消化不良，粪便臭味大而色泽浅淡，可视黏膜黄染（肝性黄疸），肝浊音区扩大，触诊疼痛。黏膜黄染是因为血浆中胆红素过多所致。

69. 山羊，半岁，夏季放牧归栏后突发呼吸急促，张口呼吸，流泡沫样鼻液，静脉怒张，结膜发绀，体温41℃。胸部叩诊呈浊音，听诊可听到广泛水泡音。最可能患的疾病是（　　）
   A. 气胸　　　B. 肺气肿　　　C. 肺水肿　　　D. 大叶性肺炎　　　E. 胸腔积液
   【答案】 C
   【考点】 考试要点：肺充血和肺水肿—临诊症状
   【解析】 肺水肿在炎热的季节可突然发病，临诊上以呼吸极度困难、流泡沫样鼻液为特征。可见眼球突出、静脉怒张、结膜发绀、体温升高。胸部叩诊呈浊音，听诊可听到广泛水泡音。

70. 博美犬，雌性，9岁，多尿，烦渴，垂腹，两侧对称性脱毛，食欲亢进，肌肉无力，嗜睡，皮肤色素过多沉着。该犬最可能患的疾病是（　　）
   A. 糖尿病　　　　　　　B. 甲状腺机能减退　　　　　　　C. 库兴氏综合征
   D. 阿狄森氏病　　　　　E. 甲状旁腺机能亢进
   【答案】 C
   【考点】 考试要点：代谢病，内分泌疾病，皮肤病
   【解析】 糖尿病特征是多尿、多饮、多吃、体重减轻；甲状腺机能减退表现颈背与胸腹两侧脱毛，身有异味，皮肤色素过多沉着，皮温低，嗜睡，肥胖；库兴氏综合征表现多尿，烦渴，垂腹，两侧对称性脱毛，肝大，食欲亢进，肌肉无力萎缩，嗜睡，皮肤色素过多沉着，不耐热；阿狄森氏病表现沉郁，虚弱，食欲减退，周期性呕吐，体重减轻，多尿，烦渴，脱水，皮肤青铜色色素过多沉着；甲状旁腺机能亢进表现高钙血症，食欲减退，消化症状，肌肉无力，骨质疏松易骨折。

71. 猫，食欲废绝，频繁呕吐，皮肤黏膜发绀，口鼻流血，粪尿带血，腹痛，心音弱且心率快，大量维生素K治疗稍能缓解。该病最可能是（　　）
   A. 敌百虫中毒　　　　　B. 硫脲类中毒　　　　　C. 毒鼠强中毒
   D. 安妥中毒　　　　　　E. 香豆素类中毒
   【答案】 E
   【考点】 考试要点：其他中毒—香豆素类中毒
   【解析】 香豆素类鼠药如杀鼠灵，其毒性作用是破坏凝血机制和损伤毛细血管。动物误食后经1~3天的潜伏，出现呕吐，食欲不振或废绝，皮肤发绀尤其在腹部更明显，尿血，粪便带血，血凝不良，腹痛，心音弱且心率快，后因出血导致心衰而死。大量维生素K治疗稍能缓解。

72. 猫，半岁，未免疫。精神沉郁，食欲下降，呕吐，腹泻，体温最高40.5℃，忽高忽低呈现双相热，随后症状加重，粪便呈水样带有血丝。血常规检查见白细胞总数为3.5×10^9个/L。最可能患的疾病是（　　）
   A. 猫胃炎　　　B. 猫艾滋病　　　C. 猫肠炎　　　D. 猫胰腺炎　　　E. 猫瘟热
   【答案】 E
   【考点】 考试要点：其他中毒—香豆素类中毒
   【解析】 猫泛白细胞减少症的临诊特征为腹泻、白细胞减少和双相热；犬猫白细胞减少主要是中性粒细胞减少，见于①组织急需与剧烈消耗；②生成异常；③从循环池向边缘池转移增

加如过敏、内毒素血症；④骨髓生成减少如猫瘟热、猫白血病。

73. 萨摩耶犬，雌性，9岁，精神一般，不愿活动，喜静。近段时间食欲增加，多饮，多尿，尿带有烂苹果味，现在体重明显减轻。如检验诊断该病，首先应考虑的检验项目是（　　）
　　A. T3/T4 甲状腺素　　　B. 总蛋白与白蛋白　　C. 尿素氮与肌酐
　　D. 血糖与尿糖　　　　　E. 甘油三酯与胆固醇
　　【答案】 D
　　【考点】 考试要点：血糖及相关指标—血糖；糖尿病
　　【解析】 糖尿病由绝对或相对的胰岛素缺乏引起，发病后表现多尿，多饮，食欲增加，体重减轻；肝肿大，肌肉损耗，尿道与呼吸道感染；可导致酮血症与代谢性酸中毒等。临诊中，在排除应激的情况下测定血糖浓度就可诊断（大于11mmol/L）。尿糖测定也要排除应激因素，还要排除范尼氏综合征（近端肾小管缺陷）才可靠。

74. 巴哥犬，雄性，5岁，近段时间精神尚好，但食欲降低，排尿频繁，后段尿液带血，颜色较鲜红，慎步、不愿跑，触诊后腹底部敏感。首先考虑的检查是（　　）
　　A. 血常规检查　B. 直肠检查　C. 血生化检验　D. X线检查　E. 电解质检查
　　【答案】 D
　　【考点】 考试要点：泌尿生殖系统的X线检查—常见疾病的X线诊断
　　【解析】 尿结石在临诊上以膀胱结石和公畜的尿道结石多见，多数为X线不透性结石，如磷酸盐、碳酸盐和草酸钙等，犬、猫最常见的是磷酸盐结石。普通X线摄影检查可以显示其高密度阴影，可见其外形轮廓。但尿酸盐结石密度低无法直接显示（可作膀胱充气造影检查）。该病例表现后段尿带血和后腹底部敏感，膀胱结石的可能性较大，如排除结石，则可能是膀胱炎。

75. 北京犬，雄性，3岁，精神尚好，食欲和体温正常，但近日排尿频繁，每次排尿尿量不多，偶见排红尿。在耻骨前缘后腹部作B超横切面探查，见类圆形无回声区内有个核桃大的高强回声声像，其后方有声影。该病是（　　）
　　A. 前列腺肥大　B. 膀胱结石　C. 前列腺囊肿　D. 膀胱炎　E. 前列腺炎
　　【答案】 B
　　【考点】 考试要点：超声诊断的临床应用—泌尿系统的超声检查
　　【解析】 B超探查膀胱与前列腺，中小动物一般采用体表探查法，站立或仰卧保定，于耻骨前缘后腹部作纵切或横切扫查。横切膀胱为类圆形、前列腺位于膀胱后双叶形，从形状上可排除前列腺疾病；膀胱炎只可能见到壁增厚而不可能为核桃样强回声；膀胱内尿液为无回声、结石为高强回声，再结合临床症状，本病应为膀胱结石。

【A3/A4 型题】
　　答题说明：以下提供若干案例，每个案例下设若干道考题。请根据案例所提供的信息在每一考题下面的A、B、C、D、E五个备选答案中选择一个最佳答案，并在答题卡上将相应题号的字母所属的方框涂黑。

（76～79题共用以下题干）
　　2岁黄牛，发病已5天，精神沉郁，食欲降低，反刍和咀嚼减少，体温升高。呼吸困难，流黏脓性鼻液，咳嗽，胸中下部听诊有捻发音、肺泡呼吸音减弱、心率加快，叩诊有局灶性浊音区。

76. 本病最可能的诊断是（　　）
　　A. 肺脓肿　　B. 支气管肺炎　C. 胸膜炎　　D. 大叶性肺炎　E. 胸腔积脓
　　【答案】 B

77. 病牛的热型是（　　）
　　A. 稽留热　　B. 回归热　　C. 弛张热　　D. 不定型热　　E. 间隙热
　　【答案】 C

78. 如做X线检查，胸部侧位片可见（　　）
　　A. 肺野有类圆形黑影　　　　　B. 肺野中下部有致密阴影，上缘下凹
　　C. 肺野有斑点状黑影　　　　　D. 肺野中下部有致密阴影，上界隆突
　　E. 肺野有密度不均的云絮状阴影
　　【答案】 E

79. 实验室检查，最可能升高的是（ ）
   A. BUN　　　　B. PO_2　　　C. RBC　　　D. 胆红素　　　E. WBC
   【答案】 E
   【考点】 考试要点：支气管肺炎；支气管肺炎X线诊断；白细胞计数
   【解析】 支气管肺炎临诊表现为弛张热，呼吸增数，流黏液性或脓性鼻液，咳嗽，精神沉郁，食欲降低或废绝。叩诊有局灶性浊音区；听诊病灶区有捻发音、肺泡呼吸音减弱；血常规检查白细胞总数增多，中性粒细胞比例升高；X线检查有密度不均匀、边缘模糊、大小不一的点状、片状或云絮状渗出性阴影。

（80、81题共用以下题干）
　　贵宾犬，雄性，10岁，有膀胱尿道结石病史。近几天精神沉郁，食欲极差，不愿活动，弓背，迈步谨慎，少尿，尿液带血，体温偏低。触诊肾区敏感；尿检蛋白质阳性，尿比重1.010；B超探查显示左右两肾均肿大。

80. 本病最可能的诊断是（ ）
   A. 急性肾炎　　B. 急性肾衰竭　　C. 慢性肾炎　　D. 肾囊肿　　E. 肾周囊肿
   【答案】 B

81. 首选的检验项目是（ ）
   A. 血常规　　　B. 血清尿素　　C. 尿常规　　D. 肾素　　　E. 电解质
   【答案】 B
   【考点】 考试要点：急性肾功能衰竭
   【解析】 急性肾功能衰竭是指各种原因引起少尿或无尿，肾实质急性损害，迅速出现氮质血症，水电解质及酸碱失衡并引发一系列各系统功能紊乱的综合征。分为4期：开始期、少尿或无尿期、多尿期和康复期。特征是突发少尿或无尿，浮肿，血压高，蛋白尿，血尿，尿比重降低，氮质血症（血清尿素氮和肌酐急升），酸中毒，水电解质紊乱。B超或X线检查显示双肾弥漫性肿大。

（82~84题共用以下题干）
　　金毛犬，雄性，2岁，正常免疫驱虫。平时健康活泼，但昨天下午起突发呕吐，昨晚吐5次，今早吐3次。现前来求诊。

82. 接诊后，首先要做的检查是（ ）
   A. 血常规　　　B. 理学检查　　C. 血生化　　D. 问诊　　　E. 影像诊断
   【答案】 D

83. 如怀疑是肠梗阻，最佳的确诊方法是（ ）
   A. 粪便检查　　B. 触诊　　　C. B超检查　　D. 问诊　　　E. X线诊断
   【答案】 E

84. 并非肠梗阻而怀疑是胰腺炎，最佳的诊断方法是（ ）
   A. X线诊断　　　　　　　B. α-淀粉酶和脂肪酶　　　　　C. 腹部触诊
   D. AST和ALT　　　　　　E. 尿素和肌酐
   【答案】 B
   【考点】 考试要点：问诊；消化系统的X线检查；胰腺损伤的指标
   【解析】 问诊是兽医临诊检查的第一步，通过问诊可获得第一手临诊资料，对其他诊断具有指导意义；肠梗阻又称肠阻塞，可发生于犬、猫、猪、马、牛等动物，作动物站立侧位X线水平投照。阻塞部上段肠管积气积液，X线特征性表现为多发性半圆形或拱形透明气影，在其下部有致密的液平面，如是肠套叠，钡餐灌肠有杯口状的特征性影像；α-淀粉酶与食物中纤维和糖原分解为麦芽糖有关，脂肪酶与食物中脂肪的分解有关，两种酶均存在于胰腺中并用于诊断急性坏死性胰腺炎。

【B1型题】
　　答题说明：以下提供若干组考题，每组考题共用在考题前列出的A、B、C、D、E五个备选答案，请从中选择一个与问题最密切的答案，并在答题卡上将相应题号的相应字母所属的方框涂黑。某个备选答案可能被选择1次、多次或不被选择。

（85~87题共用下列备选答案）

A. 血常规   B. 血清丙氨酸氨基转移酶   C. 血清α-淀粉酶
D. 血清尿素氮   E. ALP

85. 半岁犬，患细小病毒病。呕吐，连续2天拉番茄样粪便，黏膜苍白，最佳检查项目是（　　）
【答案】 A

86. 母犬，8岁，近期精神沉郁，食欲差，偶有呕吐，粪便稀软、色淡且臭味大，就诊时黏膜呈现轻度黄疸，最佳检查项目是（　　）
【答案】 B

87. 公犬，5岁，精神沉郁，不吃，呕吐，呕吐物呈淡黄色，体温升高，触摸前腹部紧张，最佳检查项目是（　　）
【答案】 C

【考点】 考试要点：血液的一般检查，肝炎，皱胃扭转
【解析】 85题排血便、黏膜苍白，做血常规检查可了解贫血程度，贫血诊断的指标有RBC、Hb、HCT、MCV、MCH、MCHC；86题疑为犬肝炎，检查ALT以了解肝功，急性肝炎表现消化不良，粪便臭味大而色泽浅淡，可视黏膜黄染（肝性黄疸），肝浊音区扩大，触诊疼痛，转慢性后可有腹水，肝功能检查可见胆红素升高，LDH、ALT和AST活性升高；87题疑为胰腺炎，检查血清α-淀粉酶，急性胰腺炎是临诊上常见的急腹症，表现为突然发作的前腹剧痛，向后背放射，恶心、呕吐、体温高、血压低，血和尿中α-淀粉酶活性升高。

（88~90题共用下列备选答案）
A. 浊音   B. 半浊音   C. 钢管音   D. 过清音   E. 鼓音

88. 叩诊健康马右肷窝，叩诊音是（　　）
【答案】 E

89. 黄牛，在采食了大量青嫩草后，突然表现不安，呼吸困难，无反刍、嗳气，腹围迅速膨大，左肷窝隆起。左腹壁中上部的叩诊音是（　　）
【答案】 E

90. 产后5天的奶牛，突然腹痛不安，食欲废绝，奶量急降，体温偏低，腹围增大特别以右侧腹明显。在右侧肋弓后缘的叩听诊音是（　　）
【答案】 C

【考点】 考试要点：叩诊音，瘤胃臌气，皱胃扭转
【解析】 鼓音是一种比清音音响强，音时长而和谐的低音，在叩击含有大量气体的空腔时出现，如牛左肷部瘤胃气泡与马右肷窝盲肠体，病理状况下见于瘤胃臌气、气胸等；瘤胃臌气是反刍动物采食了大量易发酵的草料后，在胃内发酵产气积气造成，突然发病，呼吸困难，有不安、顾腹、踢腹的腹痛症状，食欲废绝，反刍与嗳气停止，腹围迅速膨大，左肷窝隆起触之有弹性，叩诊呈鼓音；皱胃扭转是皱胃围绕自身纵轴作180°~270°扭转，导致瓣-皱孔和幽门口闭塞，突然表现腹痛不安，回头顾腹，后肢踢腹，食欲废绝，脱水，泌乳急剧下降，体温偏低，腹围膨大，右侧腹尤为明显，在右侧7~13肋及肋弓后缘叩、听诊结合，可听到音质高朗的钢管音。

（91~93题共用下列备选答案）
A. P波   B. Q-T间期   C. T波   D. P-Q间期   E. QRS波

91. 代表左、右心房肌去极化过程的是（　　）
【答案】 A

92. 代表心室肌去极化和复极化全部过程的是（　　）
【答案】 B

93. 代表左、右心室肌复极化过程的是（　　）
【答案】 C

【考点】 考试要点：正常心电图—心电图各波段意义
【解析】 P波的前半部表示右心房肌去极化的电位变化，后半部表示左心房肌去极化的电位变化，P波时限表示兴奋在两个心房内传导的时间；Q-T间期指从QRS波起点到T波终点之间的距离，其时限代表心室肌去极化和复极化过程的全部时间；T波系心室肌复极化波，代

表左、右心室肌复极化过程的电位变化;P-Q 间期是指从 P 波起点到 QRS 波起点的距离,其时限代表激动从窦房结传到房室结、房室束、蒲肯野氏纤维,引起心室肌去极化的时间;QRS 波代表心室肌去极化过程中产生的电位变化。

(94~96 题共用下列备选答案)
  A. 节律性呼吸   B. 间断性呼吸   C. 陈施二氏呼吸   D. 间停式呼吸   E. 库兴氏呼吸
94. 动物呼吸时,出现多次短促的吸气或呼气动作,这种呼吸节律是( )
  【答案】 B
95. 特征为数次连续的、深度大致相等的深呼吸和呼吸暂停交替出现,这种呼吸节律是( )
  【答案】 D
96. 特征为呼吸不中断,发生深而慢的大呼吸,呼吸次数少并带有呼吸杂音,这种呼吸节律是( )
  【答案】 E
  【考点】 考试要点:肺与胸膜的检查—视诊
  【解析】 健康动物的呼吸是节律性呼吸,每次呼吸的强度一致、间隔相等,很有规律;间断性呼吸的特征为间断性吸气或呼气,即在呼吸时出现多次短促的吸气或呼气动作,是动物先抑制呼吸后补偿所致;陈施二氏呼吸的特征为呼吸由浅逐渐加强、加深、加快,当达到高峰后,又逐渐变弱、变浅、变慢,而后呼吸中断。约经数秒至 30 秒的短暂间隙以后,又重复出现如上变化的周期性呼吸,又名潮式呼吸,是呼吸中枢敏感性降低的特殊指征;间停式呼吸即毕氏呼吸,特征为数次连续的、深度大致相等的深呼吸和呼吸暂停交替出现,即周而复始的间停呼吸,提示呼吸中枢的敏感性极度降低、病情危笃;库兴氏呼吸又称深大呼吸,特征为呼吸不中断,发生深而慢的大呼吸,呼吸次数少,有呼吸杂音,提示呼吸中枢衰竭的晚期,是病危的象征。

二、兽医外科与手术学

【A1 型题】
  答题说明:每一道考试题下面有 A、B、C、D、E 五个备选答案,请从中选择一个最佳答案,并在答题卡上将相应题号的相应字母所属的方框涂黑。
1. 在外科感染过程中促进其发生发展的因素有( )
  A. 致病微生物毒力大   B. 淋巴结   C. 炎症反应
  D. 透明质酸   E. 肉芽组织
  【答案】 A
  【考点】 考试要点:外科感染—概述
  【解析】 在外科感染的发生发展过程中,致病菌是重要的因素,其中细菌的数量和毒力尤为重要。细菌的数量越多,毒力越大,发生感染的机会亦越大。
2. 当脓肿处于急性炎症细胞浸润阶段时,应采取( )
  A. 消炎止痛及促进炎症产物消散吸收   B. 促进脓肿的形成
  C. 抽出脓汁   D. 切开脓肿
  E. 温热疗法
  【答案】 A
  【考点】 考试要点:外科感染—局部感染
  【解析】 当局部肿胀正处于急性炎性细胞浸润阶段可局部涂擦樟脑软膏,或用冷疗法(如复方醋酸铅溶液冷敷、鱼石脂酒精、栀子酒精冷敷),以抑制炎症渗出和具有止痛的作用。当炎性渗出停止后,可用温热疗法、短波透热疗法、超短波疗法以促进炎症产物的消散吸收。局部治疗的同时,可根据病畜的情况配合应用抗生素、磺胺类药物并采用对症疗法。
3. 当犬发生石炭酸烧伤时,在用大量清水冲洗后应如何处理( )
  A. 用酒精或甘油或蓖麻油涂于伤部   B. 5%氯化铵溶液冲洗
  C. 用硫酸铜溶液冲洗   D. 5%碳酸氢钠湿敷
  E. 食醋或 6%醋酸溶液冲洗

【答案】 A
【考点】 考试要点：损伤—烧伤
【解析】 首先剪除烧伤部周围的被毛，用温水洗去沾污的泥土，继续用温肥皂水或0.5%氨水洗涤伤部（头部烧伤不可使用氨水），再用生理盐水洗涤、拭干，最后用70%酒精消毒伤部及周围皮肤。眼部宜用2%~3%硼酸溶液冲洗。石炭酸烧伤时，可用酒精或甘油或蓖麻油涂于伤部，使石炭酸溶于酒精及甘油中，蓖麻油则能减缓石炭酸的吸收，从而便于除掉石炭酸和保护皮肤及黏膜。

4. 下面关于休克的症状与诊断**不正确**的是（   ）
   A. 通常在发生休克的初期，主要表现兴奋状态，这是畜体内调动各种防御力量对机体的直接反应，也称之为休克代偿期，此过程最多不超过10秒
   B. 继兴奋之后，动物出现典型沉郁、食欲废绝、不思饮、家畜反应微弱
   C. 休克的治疗效果取决于早期诊断，待患畜已发展到明显阶段，再去抢救，为时已晚
   D. 动物在兴奋状态表现兴奋不安，血压无变化或稍高，脉搏快而充实，呼吸增加，皮温降低，黏膜发绀，无意识地排尿、排粪
   E. 血压测定是诊断休克的重要指标，休克病畜血压一般降低

【答案】 A
【考点】 考试要点：损伤—休克
【解析】 通常在发生休克的**初期**，主要表现兴奋状态，这是畜体内调动各种防御力量对机体的直接反应，也称之为休克代偿期。动物表现兴奋不安，血压无变化或稍高，脉搏快而充实，呼吸增加，皮温降低，黏膜发绀，无意识地排尿、排粪。这个过程短则几秒钟即能消失，长者不超过1h，所以在临床上往往被忽视。继兴奋之后，动物出现典型沉郁、食欲废绝、不思饮、家畜反应微弱，或对痛觉、视觉、听觉的刺激全无反应，脉搏细而间歇，呼吸浅表不规则，肌肉张力极度下降，反射微弱或消失，此时黏膜苍白、四肢厥冷、瞳孔散大、血压下降、体温降低、全身或局部颤抖、出汗、呆立不动、行走如醉，此时如不抢救，能导致死亡。

5. 下列原因中**不是**引起坏死和坏疽主要原因的是（   ）
   A. 外伤
   B. 持续性压迫
   C. 烧伤，冻伤，腐蚀性药品等引起的损伤
   D. 坏死杆菌感染
   E. 维生素不足

【答案】 E
【考点】 考试要点：损伤—坏疽
【解析】 引起坏死和坏疽的主要原因如下：①外伤，严重的组织挫灭、局部的动脉损伤等。②持续性的压迫，如褥疮、鞍伤、绷带的压迫、顿性疝、肠捻转等。③物理、化学性因素，见于烧伤、冻伤、腐蚀性药品及电击、放射线、超声波等引起的损伤。④细菌及毒物性因素，多见于坏死杆菌感染、毒蛇咬伤等。⑤其他，血管病变引起的栓塞、中毒及神经机能障碍等。

6. 下列几种肿瘤对放射线最敏感的是（   ）
   A. 软组织肉瘤   B. 恶性淋巴瘤   C. 骨肉瘤   D. 皮肤癌   E. 肺癌

【答案】 B
【考点】 考试要点：肿瘤—概论
【解析】 放射疗法临床上最敏感的是造血淋巴系统和某些胚胎组织的肿瘤，如恶性淋巴瘤、骨髓瘤、淋巴上皮癌等。中度敏感的有各种来自上皮的癌肿，如皮肤癌、鼻咽癌、肺癌。不敏感的有软组织肉瘤、骨肉瘤等。在兽医实践上对基底细胞瘤、会阴腺瘤、乳头状瘤等疗效较好。

7. 传染性乳头状瘤多发生于（   ）
   A. 山羊   B. 马   C. 猪   D. 牛   E. 犬

【答案】 D
【考点】 考试要点：肿瘤—乳头状瘤
【解析】 乳头状瘤由皮肤或黏膜的上皮转化而形成。它是最常见的表皮良性肿瘤之一，可

发生于各种家畜的皮肤。该肿瘤可分为传染性和非传染性两种，传染性乳头状瘤多发于牛，并散播于体表成疣状分布，非传染性乳头状瘤多发于犬。

8. 利用血常规检查对患风湿的马诊断时其特点是（　　）
   A. 血红蛋白减少　　　　B. 淋巴细胞增多　　　　C. 嗜酸性白细胞增多
   D. 单核白细胞增多　　　E. 血沉减慢
   【答案】 D
   【考点】 考试要点：风湿病—诊断
   【解析】 风湿病病马血红蛋白含量增多，淋巴细胞减少，嗜酸性白细胞减少（病初），单核白细胞增多，血沉加快。

9. 绵羊的正常眼压是（　　）
   A. 14～22mmHg　　　　B. 14～33mmHg　　　　C. 19.25mmHg
   D. 14～26mmHg　　　　E. 15～25mmHg
   【答案】 C
   【考点】 考试要点：眼病—眼科检查
   【解析】 眼内压是眼内容物对眼球壁产生的压力，用眼压计测量。马的正常眼压为14～22mmHg，牛的眼压为14～22mmHg，绵羊眼压为19.25mmHg，犬的眼压为15～25mmHg，猫的眼压为14～26mmHg，当青光眼时眼内压升高，因此眼内压的测定对诊断青光眼有重要意义。

10. 检查巩膜时主要是检查（　　）
    A. 有无肿胀　　B. 血管变化　　C. 有无创伤　　D. 有无分泌物　　E. 浑浊程度
    【答案】 B
    【考点】 考试要点：眼病—眼科检查
    【解析】 结膜应检查结膜色彩，有无肿胀、溃疡、异物、创伤和分泌物；角膜应检查角膜有无外伤，表面光滑还是粗糙，浑浊程度，有无新生血管或赘生物。正常情况下角膜本身没有可见的血管，一旦在角膜上出现树枝状新生血管则为浅层炎症之征，若呈毛刷状则为深层炎症之征；**巩膜注意血管变化**；虹膜应注意虹膜色彩和纹理。

11. 牛磺酸缺乏性视网膜变性发生于（　　）
    A. 犬　　　　B. 猫　　　　C. 兔　　　　D. 猪　　　　E. 马
    【答案】 B
    【考点】 考试要点：眼病—视网膜炎
    【解析】 由于猫利用半胱氨酸合成内源性牛磺酸的能力有限，当食物中缺乏牛磺酸或其前体—酪蛋白时即可发病。视网膜锥体外段的发育停滞，继而迅速发生变性，视网膜中央部首先出现病变。杆体细胞也可能发生变性，但发展较慢。

12. 中耳炎常见的病原菌是（　　）
    A. 链球菌、葡萄球菌　　　　B. 沙门氏菌、绿脓杆菌　　　　C. 破伤风梭菌
    D. 布氏杆菌　　　　　　　　E. 芽孢杆菌
    【答案】 A
    【考点】 考试要点：头颈部疾病—耳病
    【解析】 中耳炎常继发于上呼吸道感染，其炎症蔓延至耳咽管，再蔓延至中耳而引起。此外，外耳炎、鼓膜穿孔也可引起中耳炎。链球菌和葡萄球菌是中耳炎常见的病原菌。

13. 面神经麻痹是由于（　　）麻痹造成的
    A. 第一对脑神经　　　　B. 第三对脑神经　　　　C. 第五对脑神经
    D. 第六对脑神经　　　　E. 第七对脑神经
    【答案】 E
    【考点】 考试要点：头颈部疾病—面部疾病
    【解析】 **面神经**为第七对脑神经，系混合神经，位于延脑前外侧，经面神经管出颅腔后，由下颌关节突起稍下方转到咬肌外面，与颞浅神经腹支相连，构成颊神经丛，分出耳睑神经、耳后神经；分布于耳、眼睑等部后沿咬肌表面前行，分出上颊支和下颊支，分布于鼻、唇和颊部肌肉。牛、猪与马不同，其下颌支是由下颌骨后角沿颌骨内侧至血管压迹，再转至颌骨外侧

而分布到面部。

14. 发生齿槽骨膜炎的直接原因是（　　）
　　A. 放线菌病　　　　　　　　　B. 异物嵌入齿龈于齿槽间使齿龈与齿分离
　　C. 溃疡性口炎　　　　　　　　D. 齿槽损伤或炎症
　　E. 颌骨骨折
　【答案】　D
　【考点】　考试要点：头颈部疾病—齿病
　【解析】　凡能引起牙齿、齿龈、齿槽、颌骨等损伤或炎症的各种原因，包括齿病处理不当时的机械性损伤，均是本病的直接原因。

15. 外伤性腹壁疝的主要症状是（　　）
　　A. 腹壁受伤后局部突然出现一个局限性扁平柔软的肿胀，触诊有疼痛
　　B. 形成浮肿
　　C. 受伤后腹膜炎引起大量腹水
　　D. 病畜时卧时起，急剧翻滚
　　E. 出现程度不一的腹痛
　【答案】　A
　【考点】　考试要点：疝—腹壁疝
　【解析】　外伤性腹壁疝的主要症状是腹壁受伤后局部突然出现一个局限性扁平、柔软的肿胀（形状、大小不同），触诊时有疼痛，常为可复性，多数可摸到疝轮。伤后两天，炎性症状逐渐发展，形成越来越大的扁平肿胀并逐渐向下、向前蔓延。

16. 关于脐疝的叙述**不正确**的是（　　）
　　A. 脐部呈现局限性球形肿胀，质地柔软
　　B. 局部出现红、痛、热等炎性反应
　　C. 病初多能在挤压疝囊或改变体位时疝内容物还纳到腹腔
　　D. 听诊时可听到肠蠕动音
　　E. 犊牛的脐疝一般有拳头大小可发展到小儿头大小，甚至更大
　【答案】　B
　【考点】　考试要点：疝—脐疝
　【解析】　脐部呈现局限性球形肿胀，质地柔软，也有的紧张，但缺乏红、痛、热等炎性反应。病初多数能在挤压疝囊或改变体位时疝内容物还纳到腹腔，并可摸到疝轮，仔猪和仔犬在饱腹或挣扎时脐疝可增大。听诊可听到肠蠕动音。犊牛脐疝一般由拳头大小可发展至小儿头大，甚至更大。由于结缔组织增生及腹压大，往往摸不清疝轮。

17. 先天性巨结肠**不会**引起（　　）
　　A. 肠运动机能紊乱　　　　B. 慢性部分肠梗阻　　　　C. 粪便积于结肠内
　　D. 并发会阴疝　　　　　　E. 结肠容积增大，肠壁扩张
　【答案】　D
　【考点】　考试要点：直肠与肛门疾病—巨结肠
　【解析】　先天性巨结肠是一种结肠和直肠先天缺陷引起的肠道发育畸形。可引起肠运动机能紊乱，形成慢性部分肠梗阻，粪便不能顺利排出，郁积于结肠内，以致结肠容积增大、肠壁扩张和肥厚。多发生于直肠和后段结肠，但有时可累及全结肠和整个消化道。

18. 对于直肠壶腹前段狭窄部的损伤应采取的治疗措施是（　　）
　　A. 直肠内单手缝合法　　　B. 长柄全弯针缝合法　　　C. 直肠缝合器缝合法
　　D. 肛门旁侧切开缝合法　　E. 直肠部分截除术
　【答案】　C
　【考点】　考试要点：直肠与肛门疾病—直肠破裂
　【解析】　直肠缝合器缝合法是长柄全弯针缝合法的一种改进新法，是应用特制的T_{64}型直肠缝合器，结合应用直肠手术窥镜，进行直肠破裂处缝合，其操作方法基本与上述缝合法雷同，由于缝合器内配有线梭、刀片、线导，从而简化了在直肠内打结、剪线等操作。

19. 慢性前列腺炎时所表现的症状是（　　）

A. 前列腺肿大呈囊状　　　　　　B. 出现里急后重　　　　　C. 症状不明显，伴有尿道炎
　　D. 排尿困难　　　　　　　　　　E. 体温升高，食欲不振
【答案】　C
【考点】　考试要点：泌尿与生殖系统疾病—前列腺炎
【解析】　急性前列腺炎的发病较急，全身症状明显，有高热，可达40℃以上，呕吐。常伴有急性膀胱炎和尿道炎，病犬有尿频、尿痛、血尿等症状。慢性症状不明显，常伴有尿道炎。

20．负重时间缩短和避免负重是（　　）
　　A. 悬跛　　　　B. 支跛　　　　C. 鸡跛　　　　D. 间歇性跛行　　E. 都不是
【答案】　B
【考点】　考试要点：跛行—种类
【解析】　悬跛最基本的特征是"抬不高"和"迈不远"；**支跛**最基本的特征是负重时间缩短和避免负重；间歇性跛行在开始运步时，一切都很正常，在劳动或骑乘过程中，突然发生严重的跛行，甚至马匹卧下不能起立，过一会儿跛行消失，运步和正常马匹一样。但在以后运动中，可再次复发。

21．主要用于确诊远籽骨滑膜囊炎及蹄关节的疾病（　　）
　　A. X光检查　　　B. 超声检查　　　C. 实验室诊断　　　D. 斜板试验　　　E. 运动摄影法
【答案】　D
【考点】　考试要点：跛行—诊断
【解析】　斜板（楔木）试验主要用于确诊蹄骨、屈腱、舟状骨（远籽骨）、远籽骨滑膜囊炎及蹄关节的疾病。斜板为长50cm、高15cm、宽30cm的木板一块，检查时，迫使患肢蹄前壁在上，蹄踵在下，站在斜板上，然后提举健肢，此时，患肢的深屈腱非常紧张，上述器官有病时，动物由于疼痛加剧不肯在斜板上站立。

22．急性骨膜炎初期的特征是（　　）
　　A. 骨膜的表层和表深层之间结缔组织增生　　　B. 骨膜的急性浆液性浸润
　　C. 在骨表面形成骨样组织　　　　　　　　　　D. 病变部界限明显突出于骨面的肿胀
　　E. 骨表面呈凹凸不平
【答案】　B
【考点】　考试要点：四肢疾病—骨折
【解析】　急性骨膜炎病初以骨膜的急性浆液性浸润为特征。病变部充血、渗出，出现局限性、硬固的热痛性扁平肿胀，皮下组织呈现不同程度的水肿。触诊有痛感，指压留痕。机能障碍的程度不一，四肢的骨膜炎可发生明显跛行，跛行随运动而增重。若一肢发病，站立时病肢常屈曲，以蹄尖着地、减负体重；两肢同时发病的，常常交互负重。严重的病畜，常不愿站立而卧地。腰部骨膜炎的病犬出现弓腰症状，不让触摸。一般无全身症状，经10~15天炎症逐渐平。

23．在骨折愈合过程中起决定作用的是（　　）
　　A. 骨膜　　　　　　　　　　B. 固定方法　　　　　　　　C. 骨折断端的接触面
　　D. 健康状况　　　　　　　　E. 感染与否
【答案】　A
【考点】　考试要点：四肢疾病—骨折
【解析】　骨膜在骨折愈合过程中起决定性作用，由于骨膜与其周围肌肉共受同一血管支配，为了保证形成骨痂的血液供应，软组织的完整非常重要。

24．下列**不是**骨髓炎表现的是（　　）
　　A. 精神沉郁，体温升高　　　　　　B. 病部迅速出现硬固，灼热，疼痛性症状
　　C. 局部淋巴结肿胀，触诊疼痛　　　D. 出现严重机能障碍
　　E. 血检白细胞增多，血培养为阴性
【答案】　E
【考点】　考试要点：四肢疾病—骨髓炎
【解析】　急性化脓性骨髓炎经过急剧，病畜体温突然升高，精神沉郁。病部迅速出现硬固、灼热、疼痛性肿胀，呈弥漫性或局限性。压迫病灶区疼痛显著。局部淋巴结肿大，触诊疼

痛。病畜出现严重的机能障碍，发生于四肢的骨髓炎呈现重度跛行，下颌骨出现咀嚼障碍、流涎等。血液检查白细胞增多，血培养常为阳性。严重的病情发展很快，通常发生败血症。

25. 马的关节扭伤最常发生于（　　）
    A. 系关节　　　B. 跗关节　　　C. 膝关节　　　D. 肩关节　　　E. 髋关节
    【答案】 A
    【考点】 考试要点：四肢疾病—关节创伤
    【解析】 关节扭伤是指关节在突然受到间接的机械外力作用下，超越了生理活动范围，瞬时间的过度伸展、屈曲或扭转而发生的关节损伤。此病是马、骡常见和多发的关节病，最常发生于系关节和冠关节，其次是跗、膝关节。

26. 最常见的关节脱位是（　　）
    A. 先天性脱位　　B. 外伤性脱位　　C. 习惯性脱位　　D. 病理性脱位　　E. 完全脱位
    【答案】 B
    【考点】 考试要点：四肢疾病—关节脱位
    【解析】 关节脱位外伤性脱位最常见。以间接外力作用为主，如蹬空、关节强烈伸曲、肌肉不协调地收缩等，直接外力是第二位的因素，使关节活动处于超生理范围的状态下，关节韧带和关节囊受到破坏，使关节脱位，严重时引发关节骨或软骨的损伤。

27. 常发生于臂骨结节附近浅腱肢的肌肉断裂为（　　）
    A. 臂二头肌断裂　　　　　　　B. 冈下肌断裂　　　　　　　C. 臂三头肌断裂
    D. 胫骨前肌断裂　　　　　　　E. 第三腓骨肌断裂
    【答案】 B
    【考点】 考试要点：四肢疾病—关节断裂
    【解析】 冈下肌断裂常发生于臂骨结节附近的浅腱肢。突然发生重度支跛，肩关节显著外展。常能诱发腱下黏液囊炎。注意与肩胛上神经麻痹鉴别诊断。

28. 下列各种皮肤病属于原发性损害的是（　　）
    A. 斑点　　　B. 脓包　　　C. 水疱　　　D. 水疱糜烂　　　E. 肿瘤
    【答案】 D
    【考点】 考试要点：皮肤病—概述
    【解析】 原发性损害是各种致病因素造成皮肤的原发性缺损，它又分为9种，即斑点、斑、丘疹、结或结节、肿瘤、脓疱、风疹、水泡、大泡。

29. 犬脓皮病的主要致病菌是（　　）
    A. 链球菌　　　　　　　　B. 化脓性棒状杆菌　　　　　　　C. 大肠杆菌
    D. 葡萄球菌　　　　　　　E. 铜绿假单胞菌
    【答案】 D
    【考点】 考试要点：皮肤病—脓皮症
    【解析】 在犬脓皮病中凝固酶阳性的中间型葡萄球菌是主要的致病菌，金黄色葡萄球菌、表皮葡萄球菌、链球菌、化脓性棒状杆菌、大肠杆菌、铜绿假单胞菌和奇异变形杆菌等也是常引起动物脓皮病的致病菌。

30. 关于急性蹄叶炎两前蹄发病时，叙述正确的是（　　）
    A. 症状非常典型　　　　　　　B. 蹄踵着地　　　　　　　C. 站立时弓背
    D. 很少有全身症状　　　　　　E. 前肢交叉
    【答案】 D
    【考点】 考试要点：蹄病—马属动物
    【解析】 患急性蹄叶炎的家畜，精神沉郁，食欲减少，不愿意站立和运动。因避免患蹄负重，常常出现典型的肢势改变。如果两前蹄患病时，病马的后肢伸至腹下，两前肢向前伸出，以蹄踵着地。两后蹄患病时，前肢向后屈于腹下。如果四蹄均发病，站立姿势与两前蹄发病类似，体重尽可能落在蹄踵上。如强迫运步，病畜运步缓慢、步样紧张、肌肉震颤。

31. 对于病犬术前准备描述**不应该**（　　）
    A. 禁食一般不超过12h　　　　　　B. 注意检查营养状况或水、电解质平衡
    C. 减少动物的紧张与恐惧　　　　　D. 对不同器官的功能不全，应做出预测和准备

E. 肛门部位用碘酊消毒3次

【答案】 E

【考点】 考试要点：术前准备—动物术前准备

【解析】 非紧急手术时，根据病畜的具体病情，给予术前的治疗如抗休克、纠正水盐代谢的失调和酸碱平衡的紊乱，以及抗菌治疗等，使病情缓和稳定，给手术创造一个较好的基本条件。对于口腔、鼻腔、阴道、肛门等处黏膜的消毒不可使用碘酊，以免灼伤。一般先以水洗去黏液及污物后，可用1∶1000的新洁尔灭、高锰酸钾、利凡诺溶液洗涤消毒。眼结膜多用2%～4%硼酸溶液消毒。因为小动物消化管比大动物短，容易将肠内容物排空，故禁食一般不超过12h。

32. 下列药物可以用来做硬膜外麻醉的是（　　）
　　A. 对氨苯甲酸乙酯　　　　　　　B. 戊巴比妥钠　　　　　　　C. 硫戊巴比妥钠
　　D. 静松灵　　　　　　　　　　　E. 利多卡因

【答案】 E

【考点】 考试要点：麻醉技术—局部麻醉

【解析】 将局部麻醉药注射到椎管内，阻滞脊神经的传导，使其所支配的区域无痛，称脊髓麻醉。根据局部麻醉药液注入椎管内的部位不同，又可分为硬膜外腔麻醉和蛛网膜下腔麻醉两种，一般使用的药液为**2%盐酸利多卡因**。

33. 止血用药中可以起到促进血液凝固，增加凝血酶原的是（　　）
　　A. 安络血　　　B. 止血敏　　　C. 凝血质　　　D. 维生素K　　　E. 对羧基苄胺

【答案】 D

【考点】 考试要点：手术基本操作—止血

【解析】 凝血质—促进血液凝固；维生素K—促进血液凝固，增加凝血酶原；安络血—增强毛细管的收缩力，减低毛细管的通透性；止血敏—增强血小板技能，减低毛细管的渗透性。

34. 在修复睑外翻时，运用V-Y形矫正术时，其"V"形皮肤切口应该（　　）眼睑的外翻部分
　　A. 宽于　　　　　　　　　　　B. 等同于　　　　　　　　　　　C. 窄于
　　D. 不一定　　　　　　　　　　E. 等同于或窄于

【答案】 A

【考点】 考试要点：手术技术—头部手术

【解析】 眼睑外翻矫正术最常用的方法是**V-Y形矫正术**。首先下眼睑术部常规无菌准备，在外翻的下眼睑睑缘下方2～3mm处做一深达皮下组织的V形皮肤切口，其V形基底部应宽于睑缘的外翻部分。

35. 一般情况犬胸部食管破裂进行开胸术采用（　　）
　　A. 左边第4肋骨间的开胸术　　　　B. 右边第4肋骨间的开胸术
　　C. 左边第8肋骨间的开胸术　　　　D. 右边第8肋骨间的开胸术
　　E. 胸部中线的胸骨切开术

【答案】 B

【考点】 考试要点：手术技术—胸部手术

【解析】 犬的开胸能显露食管从第2胸椎到食管末端之间的全段。左、右两侧均可进行手术，因为食管位于心基的右侧，故手术通路常选在右侧胸壁。一般从胸腔入口到心基部食管的手术通路应选在第4肋间。

36. 皱胃左方变位的整复采用瘤胃减压整复法的切口是（　　）
　　A. 右肷部中切口　　　　B. 左肷部中切口　　　　C. 右肷部上切口
　　D. 左肷部上切口　　　　E. 左肷部下切口

【答案】 B

【考点】 考试要点：手术技术—腹部手术

【解析】 瘤胃减压整复法采用站立保定，左肷部中切口显露瘤胃后，做瘤胃切开术，取出瘤胃内容物减压后，皱胃随即复位。

37. 创伤达到第一期愈合的特点是（　　）

A. 伤口增生多量肉芽组织，充填创腔　　　　　B. 创缘、创壁整齐
C. 伤口内有血凝块　　　　　　　　　　　　　D. 伤口大，有组织缺损
E. 表皮损伤，创面浅在并有少量出血
【答案】 B
【考点】 考试要点：损伤—创伤
【解析】 创伤第一期愈合特点是创缘、创壁整齐，创口吻合良好，无肉眼可见的组织间隙，炎症反应较轻微。创内无异物、坏死灶及血肿，无感染；第二期愈合的特点是伤口增生多量肉芽组织，充填创腔，伤口内有血凝块、细菌感染和坏死组织；痂皮下愈合特征是表皮损伤，创面浅在并有少量出血。

38. 对于发生于体表或浅在的肿瘤，其主要症状是（　　）
A. 肿块　　　B. 疼痛　　　C. 溃疡　　　D. 出血　　　E. 功能障碍
【答案】 A
【考点】 考试要点：肿瘤—概论
【解析】 肿瘤的局部症状有肿块、疼痛、溃疡、出血和功能障碍，发生于体表或潜在的肿瘤，**肿块**是主要症状，伴有相关静脉扩张和增粗。

39. 风湿病的发生与哪种细菌的感染有关（　　）
A. 铜绿假单胞菌　　　　　B. 金黄色葡萄球菌　　　　　C. 沙门氏菌
D. 破伤风梭菌　　　　　　E. 溶血性链球菌
【答案】 E
【考点】 考试要点：风湿病—病因及病理
【解析】 近年来研究表明，风湿病是一种变态反应性疾病，并与**溶血性链球菌**感染有关。

40. 引起犬继发性青光眼的主要原因是（　　）
A. 棉籽饼中毒　　　　　　B. 维生素A缺乏　　　　　　C. 外伤
D. 近亲繁殖　　　　　　　E. 晶状体脱位
【答案】 E
【考点】 考试要点：眼病—青光眼
【解析】 继发性青光眼多肓眼球疾病如前色素层炎、晶体前或后移及眼肿瘤等；此外维生素缺乏、近亲繁殖和碘缺乏也可引起；犬继发性青光眼最主要原因是晶状体脱位。

41. 关于静脉炎的治疗，**不正确**的是（　　）
A. 病畜应停止使役并制动
B. 对注射刺激性药物失误而漏至颈静脉外时，应立即停止注射，并向局部隆起处注入生理盐水，同时用20%硫酸钠热敷
C. 无菌性血栓性颈静脉炎，可涂刺激性强的软膏
D. 化脓坏死性血栓性颈静脉炎时，宜采用颈静脉切除术
E. 如是氯化钙漏出，可局部注射10%～20%硫酸钠，以便形成无刺激性的硫酸钙
【答案】 C
【考点】 考试要点：头、颈部疾病—颈静脉炎
【解析】 病畜应停止使役并制动，以防炎症扩散和血栓碎裂。对注射刺激性药物失误，而漏至颈静脉外时，应立即停止注射，并向局部隆起处注入生理盐水，同时用20%硫酸钠热敷，每天2～3次，每次20～30min。也可在隆起周围用盐酸普鲁卡因封闭。如是氯化钙漏出，可局部注射10%～20%硫酸钠液，以使氯化钙形成无刺激性的硫酸钙。要是漏出刺激性药液过多，局部隆起过大，而靠本身吸收困难者，则应考虑在其下缘作切口，以排出漏出的药物。无菌性血栓性颈静脉炎，可应用局部温热疗法。也可应用消炎消肿散、复方醋酸铅散等外敷。不宜涂有刺激性强的软膏。

42. 关于腹壁透创的治疗，**不正确**的是（　　）
A. 腹壁透创的急救主要是及时闭合创口
B. 对单纯性腹壁透创，应严密消毒创围，彻底清理创腔分层缝合腹壁
C. 若肠管脱出但没有损伤，色彩接近正常，仍能蠕动，可用温灭菌生理盐水或含有抗生素的溶液冲洗后送回腹腔

D. 若肠管因充气或积液而整复困难时，可穿刺放气、排液
E. 肝、脾及肾等实质脏器出血时，应使病畜保持安静，静脉或肌内注射止血药物

【答案】 A
【考点】 考试要点：创伤—腹壁透创
【解析】 腹壁透创的急救主要应根据全身性变化决定，预防或制止腹腔脏器脱出，采取止血措施，如有严重内出血症状还应立即输血或补液，防止失血性休克。对单纯性腹壁透创，应严密消毒创围，彻底清理创腔，分层缝合腹壁。

43. 粪性箝闭性疝和弹力性箝闭性疝的鉴别要点是（　　）
    A. 有无血液循环受阻
    B. 有无炎症、淤血以及坏死
    C. 游离于疝囊的肠管是否有一部分通过疝孔返回腹腔
    D. 是否由于腹内压增高引起疝孔的肌肉放射性痉挛
    E. 是否为可复性或不可复性

【答案】 D
【考点】 考试要点：疝—疝的分类
【解析】 箝闭性疝又可分为粪性、弹力性及逆行性等数种。粪性箝闭疝是由于脱出的肠管内充满大量粪块而引起，使增大的肠管不能回入腹腔。弹力性箝闭疝是由于腹内压增高而发生，腹膜与肠系膜被高度牵张，引起疝孔周围肌肉反射性痉挛，孔口显著缩小。

44. 治疗家畜直肠脱的方法中，适用于脱出时间较长，水肿严重，黏膜干裂的方法是（　　）
    A. 整复　　　　　　　　　　B. 剪黏膜法　　　　　　　　C. 固定法
    D. 直肠周围注射酒精或明矾液　E. 直肠部分截除术

【答案】 B
【考点】 考试要点：直肠与肛门疾病—直肠脱
【解析】 黏膜剪除法是我国民间传统治疗家畜直肠脱的方法，适用于脱出时间较长，水肿严重，黏膜干裂或坏死的病例。先用温水洗净患部，继以温防风汤冲洗患部。之后用剪刀剪除或用手指剥除干裂坏死的黏膜，再用消毒纱布兜住肠管，撒上适量明矾粉末揉擦，挤出水肿液，用温生理盐水冲洗后，涂1%~2%的碘石蜡油润滑，然后从肠腔口开始，谨慎地将脱出的肠管向内翻入肛门内。

45. 膀胱破裂最常见于哪种动物（　　）
    A. 公犬　　　B. 羊　　　C. 猪　　　D. 公马　　　E. 公猫

【答案】 D
【考点】 考试要点：泌尿与生殖系统疾病—膀胱破裂
【解析】 膀胱破裂可发生于各种家畜，最常见于幼驹、公马、公牛（特别是阉公牛），其次为猪和绵羊。犬也可发生。发生后病情急，变化快，若确诊和治疗稍有拖延往往造成患畜死亡。

46. 在跛行的特殊诊断方法中，怀疑病在掌部和腕部时，可进行（　　）
    A. 掌神经掌支的麻醉　　　　B. 掌神经麻醉　　　　C. 正中神经麻醉
    D. 胫神经麻醉　　　　　　　E. 腓神经麻醉

【答案】 C
【考点】 考试要点：跛行诊断—诊断方法
【解析】 外围神经麻醉诊断时，怀疑病在掌部和腕部时，可麻醉正中神经和尺神经。

47. 下列叙述中是骨折愈合过程中原始骨痂形成期的是（　　）
    A. 骨折病灶内发生无菌性炎症反应
    B. 肉芽组织形成
    C. 骨折部断端内外已形成的骨样组织逐渐钙化成新生骨，两者紧贴在骨密质内外两面，并逐渐向骨折处汇合
    D. 骨折断端附近内外骨膜深层的成骨细胞相继在伤后即活跃增生，5天后开始形成与骨干平行的骨样组织，并逐渐向骨折处延伸增厚
    E. 为了适应生理的需要，随着肢体的运动和负重，在应力线上的骨痂不断地得到加强和

改造

【答案】 C

【考点】 考试要点：四肢疾病—骨折

【解析】 骨折愈合分三个阶段。血肿进化演进期：骨折后形成血肿，骨折断端附近内外骨膜深层的成骨细胞相继在伤后即活跃增生，5天后开始形成与骨干平行的骨样组织，并逐渐向骨折处延伸增厚，局部充血、肿胀、疼痛和增温，骨折端不稳定；原始骨痂形成期：骨折部断端内外已形成的骨样组织逐渐钙化成新生骨，两者紧贴在骨密质内外两面，并逐渐向骨折处汇合形成两个梭形短管；骨痂改造塑形期：为了适应生理的需要，随着肢体的运动和负重，在应力线上的骨痂不断地得到加强和改造。

48. 对于腱炎的治疗，叙述**不正确**的是（   ）

　　A. 封闭疗法，将盐酸普鲁卡因注射液注于炎症患部，效果较好

　　B. 对慢性经过时间较久的腱炎，可以涂擦碘汞软膏

　　C. 对化脓性腱炎，应按照外科感染疗法治疗

　　D. 对于慢性腱炎，涂搽弱刺激剂

　　E. 腱挛缩时可进行切腱术

【答案】 D

【考点】 考试要点：四肢疾病—腱与腱鞘疾病

【解析】 急性炎症时，首先保持患病动物安静，以防止腱束继续断裂和炎症发展，用普鲁卡因局部封闭，有较好的疗效；慢性腱炎可用烧烙疗法或强刺激剂疗法，诱发急性炎症后，再按急性炎症治疗。

【A2型题】

答题说明：每一道考题是以一个小案例出现的，其下面都有A、B、C、D、E五个备选答案，请从中选择一个最佳答案，并在答题卡上将相应题号的相应字母所属的方框涂黑。

49. 奶牛，触诊可发现颈部弥漫性疼痛，肿胀表面带有黄色渗出物，患部出现一处或多处小脓肿，破溃后不断排出混有组织碎片的脓汁，病畜出现精神沉郁该病最可能是（   ）

　　A. 单纯颈静脉炎　　　　　　　B. 颈静脉周围炎　　　　　　　C. 血栓性颈静脉炎

　　D. 化脓性颈静脉炎　　　　　　E. 出血性颈静脉炎

【答案】 D

【考点】 考试要点：头颈部疾病—颈静脉炎

【解析】 化脓性颈静脉炎视诊及触诊可发现弥漫性温热、疼痛及炎性水肿，肿胀表面带有黄色渗出物，不易触知颈静脉。病畜出现精神沉郁、食欲减退、体温升高等全身症状。头颈部活动受限，有时可见头部浮肿。以后患处可出现一处或多处小脓肿，脓肿破溃后，不断排出混有组织碎片的脓汁。

50. 马，18月龄，雄性。睾丸和附睾明显肿大，触诊硬固，穿刺可见鞘膜腔内有大量炎性渗出液，部分睾丸实质化脓。该马最可能是由哪种细菌感染引起（   ）

　　A. 布氏杆菌和沙门氏杆菌　　　B. 放线菌　　　　　　　　　　C. 葡萄球菌

　　D. 链球菌　　　　　　　　　　E. 化脓棒状杆菌

【答案】 A

【考点】 考试要点：泌尿与生殖系统—睾丸炎

【解析】 由结核病和放线菌病引起的，睾丸硬固隆起，结核病通常以附睾最常患病，继而发展到睾丸形成冷性脓肿；布氏杆菌和沙门氏杆菌引起的睾丸炎，睾丸和附睾常肿得很大，触诊硬固，鞘膜腔内有大量炎性渗出液，其后，部分或全部睾丸实质坏死、化脓，并破溃形成瘘管或转变为慢性。鼻疽性睾丸炎常取慢性经过，并伴发阴囊的慢性炎症，阴囊皮肤肥厚肿大，丧失可动性。由传染病引起的睾丸炎，除上述局部症状外，尚有其原发病所特有的临床症状。

51. 有一畜主牵一头烧伤的水牛来动物医院就诊，视诊可见皮肤损伤，伤部被毛烧光或被毛烧焦，留有短毛，拔毛时能连表皮一起拔下。伤部大量外渗，触诊疼痛，可见水泡。由此可判断该水牛的烧伤为（   ）

　　A. 一度　　　B. 浅二度　　　C. 深二度　　　D. 三度　　　E. 五度

【答案】 B

【考点】 考试要点：损伤—烧伤
【解析】 皮肤表皮层及真皮层的一部分（即浅二度烧伤）或大部分（即深二度烧伤）被损伤。伤部被毛烧光或被毛烧焦，留有短毛，拔毛时能连表皮一起拔下（浅二度）或只有被毛易拔掉（深二度）。伤部血管通透性显著增加，血浆大量外渗，积聚在表皮与真皮之间，呈明显的带痛性水肿，并向下沉积。牛及水牛可见有水泡，而马可偶见水泡。浅二度者，一般经2~3周而愈合，不留疤痕。

52. 一匹母马常年厌食，腹部膨隆似桶状，大便减少，仅能排出少量的浆液性或带血丝的黏液性粪便，偶尔出现腹泻，这种疾病可能是（ ）
 A. 肠套叠　　B. 肠道异物　　C. 巨结肠　　D. 便秘　　E. 很难确诊
【答案】 C
【考点】 考试要点：直肠与肛门疾病—巨结肠
【解析】 巨结肠症病畜在生后2~3周出现症状。症状轻重依结肠阻塞程度而异，有的数月或常年持续便秘。便秘时仅能排出少量浆液性或带血丝的黏液性粪便。病畜腹围膨隆似桶状，有些病例因粪便蓄积，刺激结肠黏膜发炎，引起腹泻。

53. 一肉牛场其中一只牛，早晨发现一侧眼睛羞明、流泪，眼分泌物量多，2天后分泌物为脓性并粘在患眼的睫毛上。经检查发现，角膜中央轻度浑浊，角膜中央呈微黄色，角膜周边可见新生的血管。经10天后另一侧眼睛表现同样症状，此病例疑似为（ ）
 A. 结膜炎　　　　　　B. 角膜炎　　　　　　C. 虹膜和巩膜发炎
 D. 传染性角膜炎　　　E. 传染性角膜结膜炎
【答案】 E
【考点】 考试要点：眼病—牛传染性角膜结膜炎
【解析】 牛传染性角膜结膜炎通常多侵害一眼，然后侵及另一眼，两眼同时发病的较少。羞明、流泪、眼睑痉挛和闭锁、局部增温，出现角膜炎和结膜炎的临床体征。眼分泌物量多，初为浆液性，后为脓性并粘在患眼的睫毛上。发病初期或48h内角膜即出现变化。开始时，角膜中央出现轻度浑浊，用荧光素点眼，稍能着染。角膜（尤其中央）呈微黄色，角膜周边可见新生的血管。

54. 一3岁公犬，受到一摩托车撞击后，出现坐式呼吸且呼吸困难、黏膜发绀，肺音、心音听诊不清；触诊腹部有痛感，应诊断为（ ）
 A. 肋骨骨折　　B. 胸腔出血　　C. 膈疝　　D. 腹部外伤　　E. 气胸
【答案】 C
【考点】 考试要点：疝—膈疝
【解析】 犬膈肌破裂后涌入胸腔的腹内脏器以胃、小肠和肝较多见。其症状与膈破裂的程度、疝内容物的类别及其量的多少有关。如心脏受压则引起呼吸困难、心力衰竭、黏膜发绀，肺音、心音听诊不清；胃肠脱入可听到肠音；嵌闭后可引起急性腹痛，肝脏嵌闭可引起急性胸水和黄疸。

55. 一幼龄马，从1岁开始在山区使役，某天突然发现关节肿大，触诊发热且有痛感，指压关节憩室突出部位，明显波动，有捻发音。他动运动患关节明显疼痛，站立时患关节屈曲，免负体重。两肢同时发病时交替负重。运动时，表现以支跛为主的混跛，应诊断为（ ）
 A. 急性浆液性滑膜炎　　　　B. 膝关节骨折　　　　C. 髌骨移位
 D. 蹄叶炎　　　　　　　　　E. 以上不能确诊
【答案】 A
【考点】 考试要点：四肢疾病—关节炎
【解析】 急性浆液性滑膜炎：关节腔积聚大量浆液性炎性渗出物，或因关节周围水肿，患关节肿大，热痛，指压关节憩室突出部位，明显波动。渗出液含纤维蛋白量多时，有捻发音。他动运动患关节明显疼痛。站立时患关节屈曲，免负体重。两肢同时发病时交替负重。运动时，表现以支跛为主的混跛。一般无全身反应。引起该病的主要原因是损伤，如关节的捩伤、挫伤和关节脱位都能并发滑膜炎；幼龄马过早的重使役，马、牛在不平道路、半山区或低湿地带挽曳重车，肢势不正、装蹄不良及关节软弱等也容易发生。

56. 一8岁德国牧羊犬，体重10kg，常年以肉类为主食，腹部松弛，行走无力，运步蹒跚，全身出现左右对称的脱毛，身上有异味，且皮厚且苔藓化，表面有大量的结痂，应诊断为（   ）

  A. 脓皮症   B. 真菌性皮肤病   C. 甲状腺机能减退皮肤病
  D. 细菌性皮肤病   E. 寄生虫性皮肤病

【答案】 C
【考点】 考试要点：皮肤病—甲状腺机能减退皮肤病
【解析】 甲状腺机能减退皮肤病临床上常可见到犬鼻梁上毛稀少，毛短而细，精神差，不愿走动，很易死亡；身上有异味；可能脱毛，皮厚而苔藓化，有色素沉着，皮屑多，甚至出现变态性皮肤病，如皮脂溢；由于细菌繁殖，造成炎症。

57. 某牛场牛舍和运动场潮湿，部分牛体重明显减轻，泌乳量明显下降，经检查蹄部有泥土、粪尿等异物进入，可见发热，球部肿胀，蹄冠部出现窦道，初期无跛行，后期跛行表现剧烈，尤其是后肢的外侧趾，应诊断为（   ）

  A. 蹄糜烂   B. 白线裂   C. 外伤性蹄皮病
  D. 蹄深部化脓性病   E. 以上表述都不正确

【答案】 B
【考点】 考试要点：蹄病—白线裂
【解析】 白线分离后，泥土、粪尿等异物易进入，将裂开的间隙堵塞，也将使白线更大的扩开，并易引起感染。感染可向蹄冠、向深部蔓延，引起蹄冠部脓肿，引起深部组织的化脓性过程。两后肢同时发病时，可掩盖跛行，直到一个蹄出现并发症时，才能被诊断出来。早期病例，很难诊断，因病变很小，容易被忽略，必须仔细削切，并清除松散的脏物才能看到黑色污迹。进一步检查，可发现较深处的泥沙和渗出物混合的污物。开始跛行的表现很不同，但一旦形成脓肿，跛行表现剧烈，特别向深部组织侵害时，蹄可见发热，球部肿胀，常在蹄冠部出现窦道，此时牛体重明显减轻，泌乳量明显下降。通常侵害后肢的外侧趾。

58. 一成年母马，在山区放牧时，被灌木丛刮伤腹部，送诊时由于时间延误太久，该马精神沉郁，中度脱水，部分肠管脱出体外，污染严重，清洗后发现肠管淤血严重，并有大量积液，蠕动消失。此时应采取的合理的急救措施为（   ）

  A. 保守治疗，待病马情况稳定后再行手术
  B. 只对脱出肠管进行清理，让其自己复位
  C. 立即手术，对淤血坏死肠管切除行断端吻合术，同时补充体液
  D. 建议主人淘汰
  E. 对脱出肠管清理后还纳腹腔

【答案】 C
【考点】 考试要点：创伤—腹壁透创
【解析】 对肠管脱出的腹壁透创应根据其脱出的时间和损伤的程度而选择治疗方法。若肠管没有损伤，色彩接近正常，仍能蠕动，可用温热灭菌生理盐水或含有抗生素的溶液冲洗后送回腹腔。若肠管因充气或积液而整复困难时，可穿刺放气、排液。对坏死肠管或已暴露时间较长，缺乏蠕动力，即使用灭菌生理盐水纱布温敷后也不能恢复蠕动者，则应考虑作**肠部分切除术**，再进行肠管断端吻合。

59. 一仔猪，出生数天后发现其腹围逐渐增大，常发出刺耳的叫声，拒绝吸吮母乳，频频作排粪动作，但无粪便排出。该病可能是（   ）

  A. 肛门囊炎   B. 巨结肠   C. 锁肛   D. 直肠脱   E. 肛门直肠狭窄

【答案】 C
【考点】 考试要点：直肠与肛门疾病—锁肛
【解析】 锁肛通常发生于初生仔畜，一时不易发现，数天后病畜腹围逐渐增大，频频作排粪动作，病猪常发出刺耳的叫声，拒绝吸吮母乳，此时可见到在肛门处的皮肤向外突出，触诊可摸到胎粪。如在发生锁肛的同时并发直肠、肛门之间的膜状闭锁，则可感觉到薄膜前面有胎粪积存所致的波动。若并发直肠、阴道瘘或直肠尿道瘘，则稀粪可从阴道或尿道排出。如排泄孔道被粪块堵塞，则出现肠闭结症状，最后以死亡告终。

60. 一老年水牛，在阴门近旁出现无热、无痛、柔软的单侧性肿胀，肌肉松弛，挤压肿胀部位有时可见喷尿，有腹痛反射，应诊断为（ ）
    A. 箝闭性的会阴疝，内容物可能是膀胱
    B. 逆行性的会阴疝，内容物可能是膀胱及其他
    C. 粪性的会阴疝，内容物可能是直肠及其他
    D. 不可复性的会阴疝，内容物不确定
    E. 以上表述都不正确
    【答案】 A
    【考点】 考试要点：疝—会阴疝
    【解析】 箝闭性疝又可分为粪性、弹力性及逆行性等数种。粪性箝闭疝是由于脱出的肠管内充满大量粪块而引起，使增大的肠管不能回入腹腔。弹力性箝闭疝是由于腹内压增高而发生，腹膜与肠系膜被高度牵张，引起疝孔周围肌肉反射性痉挛，孔口显著缩小。逆行性箝闭疝是由于游离于疝囊内的肠管，其中一部分又通过疝孔钻回腹腔中，二者都受到疝孔的弹力压迫，造成血液循环障碍。以上三种箝闭性疝均使肠壁血管受到压迫而引起血液循环障碍、瘀血，甚至引起肠管坏死。因挤压排尿，内容物最有可能是膀胱。

【A3/A4型题】
答题说明：以下提供若干案例，每个案例下设3道考题。请根据案例所提供的信息在每一考题下面的A、B、C、D、E五个备选答案中选择一个最佳备选，并在答题卡上将相应题号的字母所属的方框涂黑。

（61~63题共用以下题干）
一只犬的爪部有一溃疡面，有高出皮肤表面、大小不同、凸凹不平的蕈状突起，其外形恰如散布的真菌，肉芽呈紫红色，被覆少量脓性分泌物且易出血。上皮生长缓慢，周围组织呈炎性浸润。

61. 由此可判断该犬爪部的溃疡为（ ）
    A. 单纯性溃疡   B. 炎症性溃疡   C. 水肿性溃疡   D. 蕈状溃疡   E. 坏疽性溃疡
    【答案】 D
    【考点】 考试要点：损伤—并发症
    【解析】 蕈状溃疡：常发生于四肢末端有活动肌腱通过部位的创伤。其特征是局部出现高出于皮肤表面、大小不同、凸凹不平的蕈状突起，其外形恰如散布的真菌故称蕈状溃疡。肉芽常呈紫红色，被覆少量脓性分泌物且容易出血。上皮生长缓慢，周围组织呈炎性浸润。

62. 对该病描述**不正确**的是（ ）
    A. 常发生于四肢末端有活动肌腱通过部位的创伤
    B. 肉芽常呈紫红色
    C. 上皮生长缓慢，周围组织呈炎性浸润
    D. 由真菌感染引起
    E. 以上都不正确
    【答案】 D
    【考点】 考试要点：损伤—并发症
    【解析】 蕈状溃疡常发生于四肢末端有活动肌腱通过部位的创伤。其特征是局部出现高出于皮肤表面、大小不同、凸凹不平的蕈状突起，其外形恰如散布的真菌故称蕈状溃疡。肉芽常呈紫红色，被覆少量脓性分泌物且容易出血。上皮生长缓慢，周围组织呈炎性浸润。

63. 对该病灶应采取的主要措施（ ）
    A. 治疗时着眼点是精心保护肉芽组织，防止其损伤促进其正常发育和上皮形成。可用2%~4%水杨酸的锌铁软膏，鱼肝油软膏等
    B. 首先除病因，局部禁止使用有刺激性的防腐剂。如有脓汁潴留应切开创囊排净脓汁
    C. 消除病因，局部可涂鱼肝油，植物油或包扎血液绷带、鱼肝油绷带等
    D. 如赘生的肉芽组织超出皮肤表面很高，可剪切除，亦可充分搔刮后进行烧烙止血
    E. 治疗早期应剪除坏死组织，促进肉芽生长
    【答案】 D

【考点】 考试要点：损伤—并发症
【解析】 治疗时，如赘生的蕈状肉芽组织超出于皮肤表面很高，可剪除或切除，亦可充分搔刮后进行烧烙止血。亦可用硝酸银棒、苛性钾、苛性钠、20％硝酸银溶液烧灼腐蚀。有人使用盐酸普鲁卡因溶液在溃疡周围封闭，配合紫外线局部照射取得了较好的治疗效果。近年来有人使用 CO_2 激光聚焦烧灼和气化赘生的肉芽取得了较为满意的治疗效果。

（64~66题共用以下题干）

一个畜主牵一头母水牛来门诊就诊，对该牛视诊可见：在肛门、阴门近旁或其下方出现无热、无痛、柔软的肿胀，为一侧性的，肿胀对侧的肌肉松弛。肿胀范围可达小儿头大，柔软或有波动感，阴道脱垂，尿道口向外突出。挤压肿胀有时可见到喷尿，病畜频频排尿，但量不多或无尿，检查者用手由下向上挤压肿胀时常会逐渐缩小，并伴随被动性排尿，松手时又可增大，隔一段时间后愈来愈大。

64. 由此推测该水牛所患病为（　　）
　　A. 腹股沟疝　　B. 肿瘤　　C. 血肿　　D. 会阴疝　　E. 蜂窝织炎
【答案】 D
【考点】 考试要点：疝—会阴疝
【解析】 会阴疝的病因较复杂，包括先天性、各种原因引起的盆腔肌无力和激素失调等。妊娠后期、难产、严重便秘、强烈努责或脱肛等情况下，常诱发本病。脱出通道可以为腹膜的直肠凹陷（雄性）、直肠子宫凹陷（雌性）或直肠周围的疏松结缔组织间隙，在肛门、阴门近旁或其下方出现无热、无痛、柔软的肿胀，常为一侧性的，肿胀对侧的肌肉松弛。母水牛会阴疝的肿大范围可达小儿头或大人头大，柔软或有波动感，阴道脱垂，尿道口向外突出。

65. 进一步诊断，该肿胀的内容物可能为（　　）
　　A. 直肠囊　　B. 前列腺　　C. 膀胱　　D. 网膜　　E. 子宫
【答案】 C
【考点】 考试要点：疝—会阴疝
【解析】 如疝内容物为膀胱时，挤压肿胀有时可见到喷尿，病畜频频排尿，但量不多或无尿，检查者用手由下向上挤压肿胀时常会逐渐缩小，并伴随被动性排尿，松手时又可增大，或隔一段时间后愈来愈大。

66. 对该牛进行手术修补治疗时，**不正确**的做法是（　　）
　　A. 术前绝食12h即可进行手术
　　B. 术前温水灌肠，清除直肠内蓄粪，导尿
　　C. 钝性分离打开疝囊，避免损伤疝内容物
　　D. 辨清盆腔及腹腔内容物后，将疝内容物送回原位
　　E. 尾椎脊髓麻醉即可进行手术
【答案】 A
【考点】 考试要点：疝—会阴疝
【解析】 手术方法如下：术前绝食牛 24~48h，猪、犬 12~24h；温水灌肠，清除直肠内蓄粪，导尿。牛站立保定，尾椎脊髓麻醉或猪、犬全身麻醉。手术径路在肛门外侧，自尾根外侧向下至坐骨结节内侧作一弧形切口。钝性分离打开疝囊，避免损伤疝内容物。辨清盆腔及腹腔内容物后，将疝内容物送回原位。复位困难时，可用夹有纱布球的长钳抵住脏器将其送回原位。

（67~69题共用以下题干）

初生幼公驹，出现腹胀、努责、不安和腹痛等症状，随之突然消失，病畜暂时变为安静，有排尿动作，翘尾、体前倾、后肢伸直、轻度努责、阴茎频频抽动等，但却无尿排出，腹下部腹围迅速增大，1天后呈圆形。

67. 确诊该病需要进行的检查是（　　）
　　A. 腹腔穿刺和直肠检查　　B. 血常规检查　　C. 电解质检查
　　D. 血糖检查　　E. 血液生化检查
【答案】 A
【考点】 考试要点：泌尿与生殖系统疾病—膀胱破裂

【解析】 腹腔穿刺，有大量已被稀释的尿液从针孔冲出，一般呈棕黄色，透明，有尿味。**直肠检查**，膀胱空虚皱缩，或膀胱不易触摸到，经数小时复查，膀胱仍然空虚，有时可隐约摸到破裂口，作为判断该病的证据。

68. 通过诊断，基本可确诊该病为（ ）
    A. 膀胱结石   B. 膀胱破裂   C. 肾结石   D. 腹水   E. 膀胱炎
    【答案】 B
    【考点】 考试要点：泌尿与生殖系统疾病—膀胱破裂
    【解析】 初生幼驹的膀胱破裂可能是在分娩过程中，胎儿膀胱内充满尿液，当通过母体骨盆腔时，于腹压增大的瞬间膀胱受压而发生破裂，主要发生在公驹；另一原因是胎粪滞留后压迫膀胱导致尿的潴留，在发生剧烈腹痛的过程中，可继发膀胱破裂，公母驹均有发生。

69. 对该病的治疗中描述**不正确**的是（ ）
    A. 对膀胱的破裂口及早修补
    B. 控制感染和治疗腹膜炎、尿毒症
    C. 积极治疗导致膀胱破裂的原发病
    D. 术后除全身用药外，每日通过导管用消毒药液冲洗2～3次，随后注入抗菌药物
    E. 长时间安置导流管，以防排尿不尽
    【答案】 E
    【考点】 考试要点：泌尿与生殖系统疾病—膀胱破裂
    【解析】 膀胱破裂的治疗应抓住三个环节：①对膀胱的破裂口及早修补；②控制感染和治疗腹膜炎、尿毒症；③积极治疗导致膀胱破裂的原发病。以上三点互为依赖，相辅相成，应该统筹考虑，才能提高治愈率。术后除了需全身用药外，每日通过导管用消毒药液冲洗2～3次，随后注入抗菌药物，导管留置的时间过长，易继发感染化脓，或形成膀胱瘘。

（70～72题共用以下题干）
一3岁母牛，使役过程中两肢频频交替。在运步时呈后方短步，可看到一侧系部直立，蹄音低。

70. 初步诊断该牛出现（ ）
    A. 支跛   B. 悬跛   C. 混合型跛行   D. 间歇性跛行   E. 鸡跛
    【答案】 A
    【考点】 考试要点：跛行—概论
    【解析】 支跛最基本的特征是负重时间缩短和避免负重。因为患肢落地负重时感到疼痛，所以驻立时呈现减负体重或免负体重，或两肢频频交替。在运步时，患肢接触地面为了避免负重，所以对侧的健肢就比正常运步时伸出得快，即提前落地，所以以健蹄蹄印量患肢所走的一步时，呈现后一半步短缩，临床上称为后方短步。在运步时也可看到患肢系部直立，听到蹄音低，这些都是为了减轻患部疼痛的反射。所以后方短步、减负或免负体重、系部直立和蹄音低是临床上确定支跛的依据。

71. 诊断过程中，使用外围神经麻醉诊断，怀疑病在掌部和腕部时可麻醉（ ）
    A. 胫神经和腓神经   B. 胫神经和尺神经   C. 正中神经和腓神经
    D. 正中神经和尺神经   E. 正中神经和跖神经
    【答案】 D
    【考点】 考试要点：跛行—概论
    【解析】 怀疑病在掌部和腕部时，可麻醉正中神经和尺神经；怀疑病在跖部和跗部时，可麻醉胫神经和腓神经。正中神经麻醉的方法：正中神经的麻醉方法有二，一是在前臂部上三分之一，桡骨和腕桡侧屈肌所形成的沟内，注射时，将肢稍向前提，针紧靠桡骨垂直刺入，除经过皮肤外，还要通过胸肌腱膜和前臂深筋膜，到达神经血管束附近时，注入6%盐酸普鲁卡因液20ml；二是在腕桡侧屈肌和腕尺侧屈肌之间。

72. 如该病诊断结果是籽骨和蹄骨坏死性跛行，**不可**使用（ ）
    A. 斜板试验   B. 关节内镜检查法   C. X线诊断
    D. 热浴检查   E. 关节内麻醉诊断

【答案】 D
【考点】 考试要点：跛行—概论
【解析】 当蹄部的骨、关节、腱和韧带有疾患时，可用热浴作鉴别诊断。在水桶内放 40℃的温水，将患肢热浴 15～20min，如为腱和韧带或其他软组织的炎症所引起的跛行，热浴以后，跛行可暂时消失或大为减轻，相反，如为闭锁性骨折、籽骨和蹄骨坏死或骨关节疾病所引起的跛行，应用热浴以后，跛行一般都增重。

（73～75 题共用以下题干）
一奶牛，站立时患肢外旋，运步强拘，患肢拖曳而行，肢抬举困难，触诊发现股骨头转位固定于关节前方，大转子向前方突出，髋关节变形隆起，他动运动时可听到捻发音起立、运步均困难，患肢向后拖拉前进，表现为混合跛行。

73. 初步诊断该牛出现髋关节（　　）
A. 上方脱位　　B. 前方脱位　　C. 后方脱位　　D. 上外方脱位　　E. 内方脱位
【答案】 B
【考点】 考试要点：四肢疾病—关节脱位
【解析】 髋关节前方脱位时牛股骨头转位固定于关节前方，大转子向前方突出，髋关节变形隆起，他动运动时可听到捻发音；站立时患肢外旋，运步强拘，患肢拖曳而行，肢抬举困难；患病时间比较长时，起立、运步均困难；如果新增殖的结缔组织长入髋臼窝，股骨头也会被关节囊样的结缔组织包裹，此时已经失去整复的希望。马，股骨头被异常地固定在髋关节窝的前方，大转子明显地向前外方突出；站立时患肢短缩，股骨几乎成直立状态；患肢外展，蹄尖向外，飞端向内。他动运动时，有时也可以听到股骨头与髂骨的摩擦音；运动时呈三肢跳跃，患肢向后拖拉前进，表现为混合跛行。

74. 最佳的诊断方法是（　　）
A. 触诊　　B. B 超　　C. X 光　　D. 负重观察　　E. 以上都可以
【答案】 C
【考点】 考试要点：四肢疾病—关节脱位
【解析】 诊断时应注意与骨折鉴别，进行 X 线摄影。

75. 对于治疗描述**不正确**的是（　　）
A. 如果新增殖的结缔组织长入髋白窝，股骨头也会被关节囊样的结缔组织包裹，此时要紧急采取手术治疗
B. 对牛的整复，侧卧，全身麻醉，患肢稍外转，对脊柱约 120°的方向强牵引
C. 上外方脱位整复时，助手握住患肢，向前方拉直同时术者用手从前向后推压股骨头，如股骨头还位时，可听到股骨头复位声
D. 后方脱位时，助手双手紧握患肢的跗部和飞节上方，将患肢向侧方轻轻移动，突然用力向躯干推腿，同时再向外方旋转可整复
E. 内方脱位整复时，患肢在上侧卧保定，患肢球节部系一软绳由助手用力牵引，用一圆木杠置于患肢的股内部，由二人用力向上抬，与此同时牵引患肢，术者两手用力向下压大腿部，如感觉到或听到一种股骨头复位的声音，即整复
【答案】 A
【考点】 考试要点：四肢疾病—关节脱位
【解析】 如果新增殖的结缔组织长入髋臼窝，股骨头也会被关节囊样的结缔组织包裹，此时已经失去整复的希望。

（76～78 题共用以下题干）
一 2 岁贵宾，鼻部两侧、面部、耳朵、四肢被毛脱落，病变处有的呈圆形或椭圆形，皮肤表面呈红斑状隆起，有的结痂，痂下的皮肤呈蜂巢状，有许多小的渗出孔。

76. 临床症状可初步判断有可能为（　　）
A. 犬小孢子菌感染　　B. 马拉色菌感染　　C. 石膏样小孢子菌感染
D. 须发癣菌感染　　E. 细菌感染
【答案】 D
【考点】 考试要点：皮肤病—真菌感染

【解析】 患病的犬猫患部断毛、掉毛或出现圆形脱毛区，皮屑较多。也有不脱毛、无皮屑而患部有丘疹、脓疱或脱毛区皮肤隆起、发红、结节化，这是真菌急性感染或继发性细菌感染，称为脓癣。须发癣感染时，患部多在鼻部，位置对称。患病犬的面部、耳朵、四肢、趾爪和躯干等部位易被感染，病变处被毛脱落，呈圆形或椭圆形，有时呈不规则状。慢性感染的犬猫病患处皮肤表面伴有鳞屑或呈红斑状隆起，有的结痂，痂下因细菌继发感染而化脓。痂下的皮肤呈蜂巢状，有许多小的渗出孔。

77. 确诊该病最好的方法是（　　）
 A. Wood's 灯　　　　　　　B. 镜检　　　　　　　C. 真菌培养
 D. 肉眼观察　　　　　　　E. 以上都不可确诊
【答案】 C
【考点】 考试要点：皮肤病—真菌感染
【解析】 诊断真菌感染常用 Wood's 灯、镜检和真菌培养。Wood's 灯检查是用该灯在暗室里照射病患部位的毛、皮屑或皮肤缺损区，出现荧光为犬小孢子菌感染，而石膏样小孢子感染不易看到荧光，须发癣感染则无荧光出现。菌检查的**简单方法**是刮取患部鳞屑、断毛或痂皮置于载玻片上，加数滴10％KOH于载玻片样本上，微加热后盖上盖片。显微镜下见到真菌孢子即可确认真菌感染阳性。真菌的培养在真菌培养基上进行，可确诊该病。

78. 对于治疗该病描述**不正确**的是（　　）
 A. 患病犬应隔离　　　　　　　B. 怀孕的犬忌服灰黄霉素
 C. 患病的人也能传染癣病给犬　　D. 口服灰黄霉素，忌油腻性食物
 E. 避免空腹给药，以防呕吐
【答案】 D
【考点】 考试要点：皮肤病—真菌感染
【解析】 可以口服灰黄霉素，每千克体重 40～120mg，拌油腻性食物（可促进药物吸收），连用 2 周。但要注意怀孕的犬忌服灰黄霉素，易造成胎儿畸形。而且避免空腹给药，以防呕吐。患病犬应隔离。由于犬的用具，如被病犬污染的笼子、梳子、剪刀和铺垫物等能传播癣病，所以，犬的用具不能互相用，而且应消毒处理。由于患病犬能传染其他犬或人，患病的人也能传染癣病给犬，所以，人与犬的消毒也是预防犬病的重要一环。

(79～81题共用以下题干)
一京巴犬，饮食后3小时突发呕吐、腹泻，经问诊，畜主在之前给予大量鸡骨，触诊腹部臌气扩张，腹围增大，经X光检查，胃内有大量钡餐。

79. 可初步确诊该病为（　　）
 A. 胃扩张　　　　　　　B. 胃扭转　　　　　　　C. 幽门狭窄
 D. 十二指肠梗阻　　　　E. 胃内异物
【答案】 E
【考点】 考试要点：手术技术—胃切开
【解析】 此病例属犬突发性疾病，在3小时前饮食大量鸡骨，钡餐造影显示胃部大量钡餐，表明鸡骨阻塞于幽门部位使得钡餐不能下行导致，由此可推测为胃内异物。

80. 如果要对该病例进行手术，选择（　　）
 A. 腹中线左侧切口　　　B. 腹中线脐上切口　　　C. 腹中线脐下切口
 D. 腹中线右侧切口　　　E. 都可以
【答案】 B
【考点】 考试要点：手术技术—胃切开
【解析】 犬胃切开一般建议脐前腹中线切口。从剑状突末端到脐之间做切口，但不可自剑状突旁侧切开。

81. 对于术中操作描述**不正确**的是（　　）
 A. 术前准备两套手术器械，消毒备用
 B. 在胃大弯和胃小弯之间的血管稀少区内，横向切开胃壁
 C. 胃壁切口的缝合，第一层康乃尔氏缝合
 D. 清除胃壁切口缘的血凝块及污物后，进行伦贝特氏缝合

E. 若胃壁发生了坏死，应将坏死的胃壁切除

【答案】 B

【考点】 考试要点：手术技术—胃切开

【解析】 胃的切口位于胃腹面的胃体部，在胃大弯和胃小弯之间的血管稀少区内，纵向切开胃壁。若胃壁发生了坏死，应将坏死的胃壁切除。胃壁切口的缝合，第一层用 3/0~0 号铬制肠线或 1~4 号丝线进行康乃尔氏缝合，清除胃壁切口缘的血凝块及污物后，用 3~4 号丝线进行第二层的连续伦贝特氏缝合。

(82~84 题共用以下题干)

一个畜主牵着一头 1 岁左右的牛来到门诊就诊，畜主介绍说在该牛的耳部有一些瘤状突起，医生检查后初步诊断为肿瘤，进一步视诊可见：瘤的上端呈突起，表面光滑，呈结节状，瘤体呈球形，大小不一，小者米粒大小，多个集中分布。颜色为黑褐色，瘤体表面无毛，瘤体损伤易出血。

82. 可初步诊断该瘤为（ ）
A. 皮肤鳞状细胞瘤　　B. 角鳞状细胞瘤　　C. 乳头状瘤
D. 基底细胞瘤　　E. 黑色素瘤

【答案】 C

【考点】 考试要点：肿瘤—乳头状肿瘤

【解析】 乳头状瘤的外形，上端常呈乳头状或分支的乳头状突起，表面光滑或凹凸不平，可呈结节状与菜花状等，瘤体可呈球形、椭圆形，大小不一，小者米粒大，大者可达数斤，有单个散在，也可多个集中分布。皮肤的乳头状瘤，颜色多为灰白色、淡红或黑褐色。瘤体表面无毛，时间经过较久的病例常有裂隙，摩擦易破裂脱落。其表面常有角化现象。发生于黏膜的乳头状瘤还可呈团块状，但黏膜的乳头状瘤则一般无角化现象。瘤体损伤易出血。

83. 对于该肿瘤描述**不正确**的是（ ）
A. 发病率最高，病原为 BPV 毒　　　　B. 易传播给其他动物
C. 传播媒介是吸血昆虫或接触传染　　D. 该病感染后，潜伏期为 3~4 个月
E. 易感性不分品种和性别

【答案】 B

【考点】 考试要点：肿瘤—乳头状肿瘤

【解析】 牛乳头状瘤，发病率最高，病原为牛乳头状瘤病毒（BPV），具有严格的种属特异性，不易传播给其他动物。传播媒介是吸血昆虫或接触传染。易感性不分品种和性别，其中以 2 岁以下的牛最多发。该病感染后，潜伏期为 3~4 个月，其好发部位为家畜的面部、颈部、肩部和下唇，尤以眼、耳的周围最多发；成年母牛的乳头、阴门、阴道有时发生；雄性可发生于包皮、阴茎、龟头部。传染性疣如经口侵入，可见口、咽、舌、食管、胃肠黏膜发生此瘤。

84. 对该病进行治疗，应采取的主要措施（ ）
A. 疫苗注射　　B. 手术切除　　C. 放射疗法
D. 化学疗法　　E. 免疫疗法

【答案】 B

【考点】 考试要点：肿瘤—乳头状肿瘤

【解析】 采用手术切除，或烧烙、冷冻及激光疗法是治疗本病主要措施。据报道，疫苗注射可达到治疗和预防本病的效果。目前美国已有市售的牛乳头状瘤疫苗供应。

(85~87 题共用以下题干)

某种犬基地，一罗威那在训练中不小心被钝物伤到腹部，最初症状表现不愿运动和躺卧，之后坐式呼吸困难，之后伴随轻度呕吐和腹泻，可视黏膜发绀，心跳加快；在胸腔区偶尔可听到肠蠕动音，按压腹部有疼痛反应。

85. 对该犬的诊断首先需进行的检查是（ ）
A. 血液学检查　　B. 钡餐造影 X 线检查　　C. 细菌学检查
D. 临床手术探查　　E. 免疫学检查

【答案】 B

【考点】 考试要点：疝—膈疝

【解析】 犬膈肌破裂后涌入胸腔的腹内脏器以胃、小肠和肝较多见。其症状与膈破裂的程度、疝内容物的类别及其量的多少有关。如心脏受压则引起呼吸困难、心力衰竭、黏膜发绀，肺音、心音听诊不清；胃肠脱入可听到肠音；箝闭后可引起急性腹痛，肝脏箝闭可引起急性胸水和黄疸。患病动物喜欢站立或站在斜坡上呈前高后低姿势，呈坐式呼吸，有的动物肘外展，头颈伸展不愿卧地，呼吸加深加快。一般来讲，腹腔器官突入胸腔越多，对呼吸和循环的影响越大。常有呕吐和厌食。患轻膈疝的动物，不能耐受运动，易发生呼吸道疾病；采食减少，腹泻或便秘交替出现，机体消瘦，生长发育不良。

86. 如果要确诊该病例，还应该做的检查是（　　）
  A. B超检查　　　　　B. 听诊胸部　　　　C. 血常规检查白细胞是否增多
  D. 间隔性的X线检查　E. 以上全部都检查
  【答案】 E
  【考点】 考试要点：疝—膈疝
  【解析】 X线检查和B超检查常作为犬膈疝的重要诊断方法。胸部听诊发现异常音，血液检查白细胞增多症均有助于诊断本病。

87. 如果确诊该病，对该犬进行手术治疗，非常必要的操作是（　　）
  A. 预防心脏纤颤，做呼吸麻醉
  B. 前腹中线剖腹径路做腹壁切开
  C. 缝合好创口部位后，即刻进行腹腔缝合
  D. 纠正水盐代谢紊乱，适当补充电解质和水
  E. 全身麻醉即可进行手术
  【答案】 A
  【考点】 考试要点：疝—膈疝
  【解析】 手术修补膈疝时，要注意预防心脏纤颤，它是手术的主要并发症。最好供给氧气，实施呼吸麻醉。

(88～90题共用以下题干)
某6岁雪纳瑞犬，眼部检查发现左右眼晶状体及其囊浑浊，眼呈蓝白色，浑浊部位呈黑色斑点，瞳孔反应正常。

88. 初步诊断为（　　）
  A. 结膜炎　　　　　B. 角膜炎　　　　　C. 青光眼
  D. 白内障　　　　　E. 以上表述都不正确
  【答案】 D
  【考点】 考试要点：眼病—白内障
  【解析】 白内障发病时晶状体或晶状体及其囊浑浊、瞳孔变色、视力消失或减退。浑浊明显，肉眼检查即可确诊，眼呈白色或蓝白色。检眼镜检查时，可见到的眼底反射强度是判断晶状体浑浊度的良好指标，眼底反射下降得越多，晶状体的浑浊越完全。浑浊部位呈黑色斑点。白内障不影响瞳孔正常反应。

89. 术者手术计划中，要求角膜切口小，术后可保持眼球形状现在应该选用哪种手术（　　）
  A. 晶状体囊内摘除术　B. 晶状体囊外摘除术　C. 晶状体超声乳化摘除术
  D. 人工晶体植入　　　E. 任何一种手术
  【答案】 C
  【考点】 考试要点：眼病—白内障
  【解析】 晶状体乳化白内障摘除术是用高频率声波使晶状体破裂乳化，然后将其吸出。在整个手术过程中，用液体向眼内灌洗以避免眼球塌陷。这种方法的优点是角膜切口小，术后可保持眼球形状，晶状体较易摘出，术后炎症较轻。缺点是晶状体乳化的器械比较昂贵。晶状体摘除术在角膜缘或巩膜边缘作一个较大的切口（15mm），将晶状体从眼内摘出。其优点是需要较少的器械且术野暴露良好，缺点是手术时发生眼球塌陷，晶状体周围的皮质摘除困难和角膜切口较大。目前国外已有用于动物马、犬、猫的**人工晶状体**，白内障摘除后将其植入空的晶状体囊内。这种人工晶状体是塑料制成的，耐受性良好，可提供近乎正常的视力。

90. 在术前准备中，对需要注意的事项描述**不正确的**是（　　）

A. 动物需行局部和全身检查，确定患眼无炎症及进行性全身性疾病
B. 该手术术后炎症反应较重
C. 术前充分散瞳，应用1%阿托品滴眼，每天3次
D. 术前还需采取必要措施降低眼内压
E. 选择全身麻醉方案

【答案】 C
【考点】 考试要点：眼病—白内障
【解析】 晶状体乳化白内障摘除术是用高频率声波使晶状体破裂乳化，然后将其吸出。在整个手术过程中，用液体向眼内灌洗以避免眼球塌陷。这种方法的优点是角膜切口小，术后可保持眼球形状，晶状体较易摘出，术后炎症较轻。缺点是晶状体乳化的器械比较昂贵。晶状体摘除术在角膜缘或巩膜边缘作一个较大的切口（15mm），将晶状体从眼内摘出。其优点是需要较少的器械且术野暴露良好，缺点是手术时发生眼球塌陷，晶状体周围的皮质摘除困难和角膜切口较大。目前国外已有用于动物马、犬、猫的人工晶状体，白内障摘除后将其植入空的晶状体囊内。这种人工晶状体是塑料制成的，耐受性良好，可提供近乎正常的视力。

【B1型题】
答题说明：以下提供若干组考题，每组考题共用在考题前列出的A、B、C、D、E五个备选答案，请从中选择一个与问题最密切的答案，并在答题卡上将相应题号的相应字母所属的方框涂黑。某个备选答案可能被选择1次、多次或不被选择。

（91～93题共用下列备选答案）
A. 疝内容物易回纳入腹腔
B. 疝内容物不能完全回纳入腹腔
C. 疝内容物有动脉性血循环障碍
D. 疝内容物被疝环卡住不能还纳，但无动脉性循环障碍
E. 疝内容为部分肠壁

91. 箝闭性疝为（ ）
【答案】 C
【考点】 考试要点：疝—分类
【解析】 根据疝内容物可否还纳，可分为可复性疝与不可复性疝。前者当改变动物体位或挤压疝囊时，疝内容物可通过疝孔还纳腹腔。后者指不管是改变体位还是挤压疝内容物都不能回到腹腔内，故称为不可复性疝。

92. 易复性疝为（ ）
【答案】 A
【考点】 考试要点：疝—分类
【解析】 闭合性气胸，胸壁伤口较小，创道因皮肤与肌肉交错、血凝块或软组织填塞而迅速闭合，空气不再进入胸膜腔者称为闭合性气胸。

93. 粘连性疝为（ ）
【答案】 D
【考点】 考试要点：疝—分类
【解析】 不可复性疝根据其病理变化有两种情况：一为粘连性疝，即疝内容物与疝囊壁发生粘连、肠管与肠管之间相互粘连、肠管与网膜发生粘连等；二为箝闭性疝，使肠壁血管受到压迫而引起血液循环障碍、瘀血，甚至引起肠管坏死。

（94～96题共用下列备选答案）
A. 腹股沟阴囊疝 B. 腹股沟疝 C. 外侧性腹壁疝
D. 脐疝 E. 膈疝

94. 多见于外伤性的是（ ）
【答案】 C
【考点】 考试要点：疝—类型
【解析】 腹壁疝可发生于各种家畜，由于腹肌或腱膜受到钝性外力的作用而形成腹壁疝的较为多见。虽然腹壁的任何部位均可发生腹壁疝，但多发部位是马、骡的膝褶前方下腹壁。

95. 多见于公马和公猪的是（　　）
　　【答案】　A
　　【考点】　考试要点：疝—类型
　　【解析】　腹股沟阴囊疝多见于公马和公猪，其他公畜比较少见。

96. 多见于幼年动物的是（　　）
　　【答案】　D
　　【考点】　考试要点：疝—类型
　　【解析】　脐疝各种家畜均可发生，但以仔猪、犊牛为多见，幼驹也不少。一般以先天性原因为主，可见于初生时，或者出生后数天或数周。

（97～99题共用下列备选答案）
　　A. 闭合性气胸　　　　　　B. 张力性气胸　　　　　　C. 开放性气胸
　　D. 血胸　　　　　　　　　E. 脓胸

97. 胸壁创口呈活瓣状，吸气时空气进入胸腔，呼气时不能排出，胸腔内压力不断增高者为（　　）
　　【答案】　B
　　【考点】　考试要点：胸、腹部透创—胸透创
　　【解析】　张力性气胸（活瓣性气胸）胸壁创口呈活瓣状，吸气时空气进入胸腔，呼气时不能排出，胸腔内压力不断增高者称为张力性气胸。另外，肺组织或支气管损伤也能发生张力性气胸。

98. 胸壁创口较大，空气随呼吸自由出入胸腔者为（　　）
　　【答案】　C
　　【考点】　考试要点：胸、腹部透创—胸透创
　　【解析】　开放性气胸胸壁创口较大，空气随呼吸自由出入胸腔者为开放性气胸。开放性气胸时，胸腔负压消失，肺组织被压缩，进入肺组织的空气量明显减少。

99. 胸壁伤口较小，创道因皮肤与肌肉交错、血凝块或软组织填塞而迅速闭合，空气不再进入胸膜腔者称为（　　）
　　【答案】　A
　　【考点】　考试要点：疝—类型
　　【解析】　闭合性气胸胸壁伤口较小，创道因皮肤与肌肉交错、血凝块或软组织填塞而迅速闭合，空气不再进入胸膜腔者称为闭合性气胸。

（100～102题共用下列备选答案）
　　A. 温热疗法　　　　　　　B. 睾丸摘除　　　　　　　C. 去势
　　D. 用少量雌性激素　　　　E. 治疗原发病

100. 当睾丸炎进入亚急性期后，可以作为种用的应采取的治疗方法为（　　）
　　【答案】　A
　　【考点】　考试要点：泌尿与生殖系统疾病—睾丸炎
　　【解析】　进入亚急性期后，除温热疗法外，可行按摩，配合涂擦消炎止痛性软膏，无种用价值的病畜宜去势。

101. 已形成脓肿的睾丸炎，最好采取的治疗方案为（　　）
　　【答案】　B
　　【考点】　考试要点：泌尿与生殖系统疾病—睾丸炎
　　【解析】　已形成脓肿的最好早期进行睾丸摘除。

102. 当睾丸严重肿大时，除全身应用抗生素外，还应采取的治疗方案为（　　）
　　【答案】　D
　　【考点】　考试要点：泌尿与生殖系统疾病—睾丸炎
　　【解析】　疼痛严重的，可用盐酸普鲁卡因溶液加青霉素作精索内封闭。睾丸严重肿大的，可用少量雌性激素。全身应用抗菌药物。

（103～105题共用下列备选答案）
　　A. 急性骨膜炎　　　　　　B. 纤维性骨膜炎　　　　　C. 骨化性骨膜炎
　　D. 急性浆液性骨膜炎　　　E. 化脓性骨膜炎

103. 病初以骨膜的急性浆液性浸润为特征的是（　　）
　　【答案】　A
　　【考点】　考试要点：四肢疾病—骨膜炎
　　【解析】　急性骨膜炎病初以骨膜的急性浆液性浸润为特征。病变部充血、渗出，出现局限性、硬固的热痛性扁平肿胀，皮下组织呈现不同程度的水肿。

104. 以骨膜的表层和表、深层之间的结缔组织增生为特征（　　）
　　【答案】　B
　　【考点】　考试要点：四肢疾病—骨膜炎
　　【解析】　纤维性骨膜炎以骨膜的表层和表、深层之间的结缔组织增生为特征。病患部出现坚实而有弹性的局限性肿胀，触诊有轻微热、痛。

105. 病理过程由骨膜的表层向深层蔓延的是（　　）
　　【答案】　C
　　【考点】　考试要点：四肢疾病—骨膜炎
　　【解析】　骨化性骨膜炎病理过程由骨膜的表层向深层蔓延。由于成骨细胞的有效活动，首先在骨表面形成骨样组织，以后钙盐沉积，形成新生的骨组织，小的称骨赘，大的称外生骨瘤。

（106～108题共用下列备选答案）
　　A. 关节非透创　　　　　B. 关节透创　　　　　C. 急性化脓性关节炎
　　D. 急性腐败性关节炎　　E. 关节创伤

106. 特点是从伤口流出黏稠透明、淡黄色的关节滑液，有时混有血液或由纤维素形成的絮状物（　　）
　　【答案】　B
　　【考点】　考试要点：四肢疾病—关节透创
　　【解析】　关节透创：特点是从伤口流出黏稠透明、淡黄色的关节滑液，有时混有血液或由纤维素形成的絮状物。

107. 关节及其周围组织广泛的肿胀疼痛，从伤口流出混有滑液的淡黄色脓性渗出物（　　）
　　【答案】　C
　　【考点】　考试要点：四肢疾病—关节透创
　　【解析】　急性化脓性关节炎：关节及其周围组织广泛的肿胀疼痛、水肿，从伤口流出混有滑液的淡黄色脓性渗出物，触诊和他动运动时疼痛剧烈。

108. 患关节表现急剧的进行性浮肿性肿胀，从伤口流出混有气泡的污灰色带恶臭味稀薄渗出液（　　）
　　【答案】　D
　　【考点】　考试要点：四肢疾病—关节透创
　　【解析】　急性腐败性关节炎：发展迅速，患关节表现急剧的进行性浮肿性肿胀，从伤口流出混有气泡的污灰色带恶臭味稀薄渗出液，伤口组织进行性变性坏死，患肢不能活动，全身症状明显，精神沉郁，体温升高，食欲废绝。

（109～111题共用下列备选答案）
　　A. 蠕形螨　　　　　　　B. 真菌　　　　　　　C. 湿疹
　　D. 库兴氏综合征　　　　E. 过敏性皮炎

109. 初期出现红斑，红斑多见于眼、耳、唇和腿内侧的无毛处，犬并无痒感。严重感染的犬，身体大面积脱毛，浮肿。当出现红斑、皮脂溢出和脓性皮炎时，病犬瘙痒，并常见体表淋巴结病变。毛囊膨胀，并有脓疱和脓肿形成（　　）
　　【答案】　A
　　【考点】　考试要点：皮肤病—病症
　　【解析】　蠕形螨感染引起的皮炎分局部和全身性的。初期出现红斑，红斑多见于眼、耳、唇和腿内侧的无毛处，犬并无痒感。严重感染的犬，身体大面积脱毛，浮肿。当出现红斑、皮脂溢出和脓性皮炎时，病犬瘙痒，并常见体表淋巴结病变。

110. 患病的犬猫患部断毛、掉毛或出现圆形脱毛区，皮屑较多。也有不脱毛、无皮屑而患部有丘疹、脓疱或脱毛区皮肤隆起、发红、结节化（　　）

【答案】 B

【考点】 考试要点：皮肤病—病症

【解析】 患病的犬猫患部断毛、掉毛或出现圆形脱毛区，皮屑较多。也有不脱毛、无皮屑而患部有丘疹、脓疱或脱毛区皮肤隆起、发红、结节化，这是**真菌急性感染**或继发性细菌感染，称为脓癣。

111. 主要表现为对称性脱毛，食欲异常，腹部膨大和多饮多尿（　　）

【答案】 D

【考点】 考试要点：皮肤病—病症

【解析】 库兴氏综合征的主要表现为对称性脱毛，食欲异常，腹部膨大和多饮多尿。常见病犬肥胖，脱毛和代谢异常。肥胖是由于吃食多，多饮多尿，造成病犬腹部增大。脱毛是因为丢失蛋白，毛的再生受到影响。丢失蛋白使病犬皮肤薄而松，较脆。

（112～114题共用下列备选答案）

A. 单纯颈静脉炎　　B. 颈静脉周围炎　　C. 血栓性颈静脉炎
D. 化脓性颈静脉炎　　E. 出血性颈静脉炎

112. 宜采用颈静脉切除术治疗的是（　　）

【答案】 D

【考点】 考试要点：头、颈部疾病—颈静脉炎

【解析】 化脓坏死性血栓性颈静脉炎，不能恢复其正常功能者，宜采用颈静脉切除术；属出血性的要及时行血管结扎、切除。压迫近心端，患部静脉不见扩张。

113. 压迫血管近心端时，患部静脉怒张不明显是（　　）

【答案】 A

【考点】 考试要点：头、颈部疾病—颈静脉炎

【解析】 单纯颈静脉炎指单纯性颈静脉本身组织的炎症，颈静脉管壁增厚，在皮下可摸到结节状或条索状有疼痛的肿胀物。压迫血管近心端时，患部静脉怒张不明显。

114. 颈静脉周围出现明显的炎性水肿，局部热、痛，并在颈静脉沟内出现长索状粗大的肿胀物，血液循环受阻，可能是（　　）

【答案】 C

【考点】 考试要点：头、颈部疾病—颈静脉炎

【解析】 血栓性颈静脉炎沿颈静脉周围出现明显的炎性水肿，局部热、痛，颈静脉内有血栓形成，并在颈静脉沟内出现长索状粗大的肿胀物，血液循环受阻。血栓远心端颈静脉怒张，患侧眼结膜瘀血，甚至头颈浮肿，当侧副循环建立后，则这些现象逐渐缓解。

（115～117题共用下列备选答案）

A. 表面麻醉　　B. 浸润麻醉　　C. 传导麻醉
D. 脊髓麻醉　　E. 全身麻醉

115. 利用麻醉药的渗透作用，使其透过黏膜而阻滞浅在的神经末梢（　　）

【答案】 A

【考点】 考试要点：麻醉—局部麻醉

【解析】 表面麻醉利用麻醉药的渗透作用，使其透过黏膜而阻滞浅在的神经末梢。

116. 将局部麻醉药注射到椎管内，阻滞脊神经的传导，使其所支配的区域无痛（　　）

【答案】 D

【考点】 考试要点：麻醉—局部麻醉

【解析】 将局部麻醉药注射到椎管内，阻滞脊神经的传导，使其所支配的区域无痛，称脊髓麻醉。

117. 神经阻滞在神经干周围注射局部麻醉药，使其所支配的区域失去痛觉是（　　）

【答案】 C

【考点】 考试要点：麻醉—局部麻醉

【解析】 神经阻滞在神经干周围注射局部麻醉药，使其所支配的区域失去痛觉，称为传导麻醉。

(118～120题共用下列备选答案)
　　A. 整复　　　　　　　　B. 黏膜剪除法　　　　C. 固定法
　　D. 直肠周围注射酒精或明矾液　　　　　　　　E. 直肠部分截除术
118. 适用于直肠脱出过多、整复有困难，并且脱出的直肠发生坏死、穿孔或有套叠而不能复位的方法是（　　）
【答案】　E
【考点】　考试要点：直肠与肛门疾病—直肠破裂
【解析】　直肠部分截除术手术切除用于脱出过多、整复有困难、脱出的直肠发生坏死、穿孔或有套叠而不能复位的病例。

119. 适用于直肠脱出时间较长，水肿严重，黏膜干裂或坏死的方法是（　　）
【答案】　B
【考点】　考试要点：直肠与肛门疾病—直肠破裂
【解析】　黏膜剪除法是我国民间传统治疗家畜直肠脱的方法，适用于脱出时间较长，水肿严重，黏膜干裂或坏死的病例。

120. 适用于促进直肠周围结缔组织增生，借以固定直肠的方法是（　　）
【答案】　D
【考点】　考试要点：直肠与肛门疾病—直肠破裂
【解析】　直肠周围注射酒精或明矾液本法是在整复的基础上进行的，其目的是利用药物使直肠周围结缔组织增生，借以固定直肠。临床上常用70％酒精溶液或10％明矾溶液注入直肠周围结缔组织中。

三、兽医产科学

【A1型题】
　　答题说明：每一道考试题下面有A、B、C、D、E五个备选答案，请从中选择一个最佳答案，并在答题卡上将相应题号的相应字母所属的方框涂黑。

1. 不属于FSH和LH的临诊应用的是（　　）
　　A. 提早家畜性成熟　　　B. 诱导母畜发情　　　C. 诱导排卵和超数排卵
　　D. 治疗不育　　　　　　E. 提高配种受胎率
【答案】　E
【考点】　考试要点：动物生殖激素—垂体激素
【解析】　FSH和LH的临诊应用主要有提早家畜性成熟、诱导母畜发情、诱导排卵和超数排卵、治疗不育和预防流产；提高配种受胎率是OT的临诊应用。

2. eCG的临诊应用不包括（　　）
　　A. 催情　　　　　　　　B. 同期发情　　　　　C. 超数排卵
　　D. 判断繁殖状态　　　　E. 治疗卵巢疾病
【答案】　D
【考点】　考试要点：动物生殖激素—eCG
【解析】　eCG的临诊应用主要有催情、同期发情、超数排卵、治疗卵巢疾病和妊娠诊断；判断繁殖状态属于孕酮的临诊应用。

3. 水牛的初情期是（　　）
　　A. 6～12月龄　　　　　B. 10～15月龄　　　　C. 6～8月龄
　　D. 16～20月龄　　　　 E. 7～9月龄
【答案】　B
【考点】　考试要点：发情与配种—母畜生殖功能
【解析】　各种动物的初情期年龄：牛6～12月龄，水牛10～15月龄，绵羊6～8月龄，猫7～9月龄。

4. 马属于（　　）
　　A. 全年多次发情　　　　B. 季节性单次发情　　　C. 季节性双次发情
　　D. 季节性多次发情　　　E. 全年单次发情
【答案】　D

【考点】 考试要点：发情与配种—发情周期
【解析】 各种动物的发情特点：牛全年多次发情；马、猫和驴季节性多次发情；犬为季节性单次和双次发情。

5. 公鸡的精子在母鸡体内可存活（　　）
   A. 1～2 天　　　　　　　　　B. 4～5 天　　　　　　　　　C. 6 天
   D. 30 天　　　　　　　　　　E. 10 小时
   【答案】 D
   【考点】 考试要点：受精—配子在受精前准备
   【解析】 各种动物精子的存活时间：家畜一般 1～2 天；马可达 6 天；公鸡的精子在母鸡体内可存活 30 天。

6. 受精过程中皮质反应中卵质膜反应的是（　　）
   A. 精子质膜与卵质膜融合阻止多精子受精
   B. 皮质颗粒内容物中酶类引起透明带变化，阻止多精入卵
   C. 皮质粒内容物胞吐到卵周隙中
   D. 受精前卵子由卵丘细胞包裹
   E. 发生顶体反应后精子穿过透明带
   【答案】 A
   【考点】 考试要点：受精—受精过程
   【解析】 皮质反应主要包括透明带反应-皮质颗粒内容物中酶类引起透明带变化，阻止多精入卵；卵质膜反应-精子质膜与卵质膜融合阻止多精子受精；皮质膜颗粒形成-皮质粒内容物胞吐到卵周隙中。

7. 对于妊娠过程中子宫变化描述**错误**的是（　　）
   A. 子宫体积和重量都增加
   B. 羊的子宫壁变薄很明显
   C. 胎盘为弥散型的家畜，部分子宫黏膜为母体胎盘
   D. 子叶型胎盘家畜，子宫内宫阜发育成为母体胎盘
   E. 牛羊尿绒毛膜不进入孕角，未孕角扩大不明显
   【答案】 C
   【考点】 考试要点：妊娠—母体的变化
   【解析】 所有动物妊娠后，子宫体积和重量都增加，羊的子宫壁变薄很明显，胎盘为弥散型的家畜，全部子宫黏膜为母体胎盘，子叶型胎盘家畜，子宫内宫阜发育成为母体胎盘，牛羊尿绒毛膜不进入孕角，未孕角扩大不明显。

8. 山羊的平均妊娠期是（　　）
   A. 282d　　　　　　　　　　B. 114d　　　　　　　　　　C. 152d
   D. 307d　　　　　　　　　　E. 360d
   【答案】 C
   【考点】 考试要点：妊娠—妊娠诊断
   【解析】 各种动物的妊娠期：牛 282d，猪 114d，山羊 152d，水牛 307d，驴 360d。

9. 隐性流产的诊断中，一般可用于早孕或者胚胎死亡诊断的是（　　）
   A. hCG 测定　　　　　　　　B. 早孕因子 EPF 的测定　　　C. FSH
   D. LH　　　　　　　　　　　E. OT
   【答案】 B
   【考点】 考试要点：妊娠期疾病—流产
   【解析】 EPF 是妊娠依赖性蛋白复合物，在配种或受精后不久在血清中出现，胚胎死亡或取出后不久即消失，它的出现和持续存在能代表受精和孕体发育，可用于早孕或胚胎死亡的诊断。

10. 为保证母体不受损，实施牵引术时操作不当的是（　　）
    A. 牵拉的力量均匀，不可强行牵拉　　　　　B. 产道充分润滑
    C. 如牵拉难以奏效，应马上停止　　　　　　D. 母畜坐骨神经麻痹时需实施牵引术
    E. 胎儿过大，不应做牵引术

【答案】 D
【考点】 考试要点：分娩期疾病—牵引术
【解析】 为保证母体不受损，实施牵引术时，下列情况慎用牵引术：坐骨神经麻痹，产道严重受损，母畜子宫强力收缩，子宫颈开张不全，胎位、胎向存在严重异常。

11. 进行动物人工配种，动物精液保存正确与否会直接影响配种受胎率，一般新鲜精液分常温和低温保存，而低温保存为0～5℃，常温保存常为（　　）
   A. 30～38℃　　B. 20～25℃　　C. 15～25℃　　D. 10～18℃　　E. 5～8℃
【答案】 C
【考点】 考试要点：发情与配种—配种
【解析】 常温保存一般要求15～25℃，但猪的全精适于15～20℃保存。

12. 在牵引术过程中，胎儿前腿尚未进入骨盆腔时，（　　）
   A. 向上向后　　　　　B. 向下向后　　　　　C. 水平向后
   D. 略微向下　　　　　E. 先向上再向下后
【答案】 A
【考点】 考试要点：分娩期疾病—牵引术
【解析】 在牵引术过程中，胎儿前腿尚未进入骨盆腔时，牵引的方向是**向上向后**；胎儿通过骨盆腔时，应水平向后；胎头通过阴门时，拉的方向略微向下。

13. 分娩的第二阶段胎儿排出期，猪超过（　　）时间应及时检查和助产。
   A. 4～5h　　　　　　B. 20～40min　　　　C. 10～30min
   D. 40～50min　　　　E. 2～4h
【答案】 E
【考点】 考试要点：分娩期疾病—难产的预防
【解析】 分娩的第二阶段（胎儿排出期）绵羊超过2～3h，马超过20～40min，猪、犬和猫超过2～4h，应及时检查和助产。

14. 对胎衣不下最敏感的是（　　）
   A. 猪　　　　　　　　B. 牛　　　　　　　　C. 马和犬
   D. 山羊　　　　　　　E. 绵羊
【答案】 C
【考点】 考试要点：产后期疾病—胎衣不下
【解析】 牛和绵羊对胎衣不下不很敏感，山羊较敏感，猪敏感居中，马和犬很敏感。

15. 犬患子宫积脓不仅影响配种，而且对机体健康造成危害，常处理方法通常是（　　）
   A. 子宫冲洗　　　　　B. 产道内注入抗生素　　　　C. 子宫摘除
   D. 全身抗菌消炎　　　E. 肌注抗生素
【答案】 C
【考点】 考试要点：母畜的不育—犬子宫蓄脓
【解析】 闭合型子宫蓄脓的犬，毒素很快被吸收，立即进行卵巢、子宫摘除术是很理想的治疗方式。

16. 奶牛生产瘫痪中血钙降低一般在（　　）以下。
   A. 5mg/ml　　　　　B. 3mg/ml　　　　　C. 2mg/ml
   D. 0.08mg/ml　　　　E. 0.02mg/ml
【答案】 D
【考点】 考试要点：产后期疾病—奶牛生产瘫痪
【解析】 奶牛生产瘫痪中血钙降低一般在0.08mg/ml以下。

17. 奶牛子宫复旧延迟的最主要症状是（　　）
   A. 体温升高，精神不振　　B. 产奶量下降　　C. 低血钙，俯卧于地
   D. 恶露排出时间明显延长　E. 出现腹泻，明显带血
【答案】 D
【考点】 考试要点：产后期疾病—子宫复旧延迟
【解析】 奶牛子宫复旧延迟的最主要症状是产后恶露排出时间明显延长，阴道检查可见子

宫口开张,产后7天子宫颈口仍可通过整个手掌。

18. 先天性不育中牛白犊病是指（　　）
    A. 谬勒氏管发育不全　　B. 子宫颈发育异常　　C. 卵巢发育不全
    D. 异性孪生母犊不育　　E. 染色体异常
    【答案】 A
    【考点】 考试要点：母畜的不育—先天性不育
    【解析】 牛的谬勒氏管发育不全与其白色被毛有关,亦称白犊病,是由一种隐性性连锁基因与白毛基因联合而引起。

19. 母牛慕雄狂是由于（　　）所致。
    A. 持久黄体　　　　　　B. 卵巢囊肿　　　　　　C. 卵巢发育不全
    D. 排卵延迟　　　　　　E. 环境气候
    【答案】 B
    【考点】 考试要点：母畜的不育—疾病学不育
    【解析】 卵巢囊肿病牛的症状及行为变化个体间差异较大,按外部变现基本可分为两类,即慕雄狂和乏情,慕雄狂是持续而强烈的发情行为。

20. 细菌感染性犬子宫蓄脓多发生于（　　）。
    A. 发情前期　　　　　　B. 发情中期　　　　　　C. 发情后期
    D. 分娩前　　　　　　　E. 分娩后
    【答案】 C
    【考点】 考试要点：母畜的不育—疾病学不育
    【解析】 犬子宫蓄脓多发生于发情后期,发情后期是黄体大量产生孕酮的阶段,这时的子宫对细菌感染最为敏感。

21. 动物较正常雌性缺失一条Y染色体,表型为雌性,属于（　　）。
    A. XXY综合征　　　　　B. XXX综合征　　　　　C. XO综合征
    D. XX真两性畸形　　　　E. XX雄性综合征
    【答案】 C
    【考点】 考试要点：公畜的不育—先天性不育
    【解析】 动物较正常雌性缺失一条Y染色体,表型为雌性是XO综合征；XXY综合征是动物较正常雄性多一条X染色体；XXX综合征动物较正常雌性多一条X染色体,表型为雌性。

22. 精子检查中出现脓汁凝块,呈灰白色-黄色、桃白色-赤色或绿色,精子活力低,畸形精子增加,特别是尾部畸形精子增加,一般情况是（　　）。
    A. 精囊腺炎综合征　　　B. 附睾炎　　　　　　　C. 睾丸炎
    D. 隐睾炎　　　　　　　E. 睾丸发育不全
    【答案】 A
    【考点】 考试要点：公畜的不育—先天性不育
    【解析】 精囊腺炎综合征：精子检查中出现脓汁凝块,呈灰白色-黄色、桃白色-赤色或绿色,精子活力低,畸形精子增加,特别是尾部畸形精子增加。

23. 脐尿管瘘主要发生于（　　）。
    A. 犊牛　　　　　　　　B. 驹　　　　　　　　　C. 幼犬
    D. 仔猪　　　　　　　　E. 羊羔
    【答案】 B
    【考点】 考试要点：新生仔畜疾病—脐尿管瘘
    【解析】 脐尿管瘘主要发生于驹,有时见于犊牛,由于脐尿管封闭不全,脐带残端发生感染。

24. 酒精阳性乳是新挤出的牛奶在20℃下与等量的（　　）酒精混合,产生细微颗粒和絮状凝块的总称。
    A. 70%　　　　　　　　B. 60%　　　　　　　　C. 50%
    D. 95%　　　　　　　　E. 15%

【答案】 A
【考点】 考试要点：新生仔畜疾病—酒精阳性乳
【解析】 酒精阳性乳是新挤出的牛奶在 20℃ 下与等量的 70% 酒精混合，产生细微颗粒和絮状凝块的总称。

【A2 型题】
答题说明：每一道考题是以一个小案例出现的，其下面都有 A、B、C、D、E 五个备选答案，请从中选择一个最佳答案，并在答题卡上将相应题号的相应字母所属的方框涂黑。

25. 某蛋鸡场产蛋量下降，经检测可能是激素性原因，可以使用（ ）制剂。
    A. MLT   B. GnRH   C. OT
    D. FSH   E. hCG
【答案】 A
【考点】 考试要点：动物生殖激素—松果腺激素
【解析】 松果腺激素 MLT 的临诊应用包括诱导绵羊发情和提高产蛋量，其他激素不具有。

26. 一母猪进入发情阶段，需要进行人工授精，最适合的时间是（ ）
    A. 发情开始后 9 小时至发情终止   B. 发情开始后 10~20 小时
    C. 发情开始后 15~30 小时   D. 发情后第 2 天开始隔日 1 次至发情结束
    E. 接受交配后 2~3 天
【答案】 C
【考点】 考试要点：发情与配种—配种
【解析】 各种动物的最适合配种的时间：牛-发情开始后 9 小时至发情终止；绵羊-发情开始后 10~20 小时；猪-发情开始后 15~30 小时；马-发情后第 2 天开始隔日 1 次至发情结束；犬-接受交配后 2~3 天。

27. 一母马在妊娠期，通过直肠检查发现胚泡直径达 10~12cm，孕角继续下沉，卵巢韧带警紧张，胚泡附植部位子宫变薄，可以推测目前妊娠期处于（ ）
    A. 16~18 天   B. 20~25 天   C. 60~70 天
    D. 30~40 天   E. 40~50 天
【答案】 E
【考点】 考试要点：妊娠—诊断
【解析】 母马在妊娠 30 天前子宫变化不大，30 天后迅速增大，40~50 天时胚泡直径达 10~12cm，孕角继续下沉，卵巢韧带警紧张，胚泡附植部位子宫变薄，60~70 天时可达 12cm 以上。

28. 一绵羊经诊断，怀有双羔，在分娩前 2~3 天，精神沉郁，意识紊乱，食欲减退，呼吸浅快，呼出的气体有丙酮味，之后行走时步态不稳，有时做转圈运动，血液学检查出现高血酮和低血糖的情况，可以推断该病可能为（ ）
    A. 酮血症   B. 羊痘   C. 妊娠毒血症
    D. 胎儿异位   E. 寄生虫
【答案】 C
【考点】 考试要点：妊娠期疾病—妊娠毒血症
【解析】 绵羊妊娠毒血症主要见于母羊怀多胎情况，因胎儿过大或过多，大量消耗营养物质，诱发该病；病初精神沉郁，意识紊乱，食欲减退，呼吸浅快，呼出的气体有丙酮味，之后行走时步态不稳，有时做转圈运动，血液学检查出现高血酮和低血糖的情况，四肢不随意运动，很快死亡。

29. 在炎热的夏天，母牛产犊后 72 小时还未见胎衣排出，经注射子宫收缩药 24 小时也未见排出，应怎样处理（ ）
    A. 等待自行排出   B. 继续用子宫收缩药   C. 服用中药
    D. 及时手术剥离   E. 肌注射抗菌消炎药
【答案】 D
【考点】 考试要点：产后期疾病—胎衣不下
【解析】 在使用药物胎衣仍然不下时，最好使用手术剥离，牛最好到产后 72h 进行剥离，剥离胎衣要做到快、净、轻，严禁损伤子宫内膜。

30. 一分娩母犬，已生出4只幼犬，经B超诊断，未生产完全，胎儿指标都正常，母犬不时努责，这种情况一般属于（　　）
    A. 产道性难产　　　　　B. 胎儿性难产　　　　　C. 原发性子宫迟缓
    D. 继发性子宫迟缓　　　E. 都不是
    【答案】D
    【考点】考试要点：分娩期疾病—产力性难产
    【解析】原发性子宫迟缓是分娩一开始子宫肌层收缩力不足；继发性子宫迟缓是开始时子宫收缩正常，之后排出胎儿受阻或子宫疲劳所致。

31. 一5岁高产奶牛，在分娩后3天，出现昏睡，眼睑反射消失，瞳孔放大，针刺皮肤无痛感，舌伸出口外不能回缩，四肢屈曲于躯干下，头向后弯向胸部一侧，经检测体温减低，经乳房送风疗法后，症状有所缓解，此奶牛最有可能发生（　　）
    A. 酮血症　　　　　　　B. 生产瘫痪　　　　　　C. 产后截瘫
    D. 产后感染　　　　　　E. 产后败血症
    【答案】B
    【考点】考试要点：分娩期疾病—奶牛生产瘫痪
    【解析】奶牛生产瘫痪主要发生于高产奶牛，而且出现在产奶量最高的5~8岁，且多于产后3天发病，发病后出现昏睡，眼睑反射消失，瞳孔放大，针刺皮肤无痛感，舌伸出口外不能回缩，四肢屈曲于躯干下，头向后弯向胸部一侧，测体温减低，经乳房送风疗法后有良好效果即可确诊。

32. 产后奶牛体温持续在40~41℃，精神沉郁，经常卧倒、呻吟、头弯向一侧，呈半昏迷状态，反应迟钝，反刍停止，但饮水量较大。之后出现结膜发绀，脉搏微弱，腹泻且粪中带血，阴道内流出红褐色液体，内含组织碎片，可以初步判断这种疾病是（　　）
    A. 酮血症　　　　　　　B. 生产瘫痪　　　　　　C. 子宫内膜炎
    D. 产后脓毒血症　　　　E. 产后败血症
    【答案】E
    【考点】考试要点：分娩期疾病—产后败血症
    【解析】产后败血症：发病初期体温持续在40~41℃，呈稽留热，这是败血症的特征症状。精神沉郁，经常卧倒、呻吟、头弯向一侧，呈半昏迷状态，反应迟钝，反刍停止，但饮水量较大。之后出现结膜发绀，脉搏微弱，腹泻且粪中带血，阴道内流出红褐色液体，内含组织碎片；产后脓毒血症呈弛张热型。

33. 一发情奶牛，阴门口附近可见黏稠浑浊的黏液，经检查体温稍微升高，食欲及产乳量略微下降，但配种3次都不成功，怀疑是某种疾病，经子宫冲洗，回流液浑浊像是淘米水，直肠检查感觉子宫角变粗，子宫壁增厚，弹性减弱，该病最有可能是（　　）
    A. 隐性子宫内膜炎　　　　　　B. 慢性卡他性子宫内膜炎
    C. 慢性卡他性脓性子宫内膜炎　D. 慢性脓性子宫内膜炎
    E. 子宫积液
    【答案】B
    【考点】考试要点：产后期疾病—产后感染
    【解析】慢性卡他性子宫内膜炎：临床症状可见阴门或子宫口附近可见黏稠浑浊的黏液，体温稍微升高，食欲及产乳量略微下降，发情周期正常，但屡配不孕，经子宫冲洗回流液浑浊像是淘米水，直肠检查感觉子宫角变粗，子宫壁增厚，弹性减弱。

34. 新生幼犬，饮食初乳后2天后出现精神沉郁，反应迟钝，震颤，畏寒，伴有腹痛症状。经检查可视黏膜苍白黄染，尿液颜色呈浓茶色，排尿时有痛苦表现，最后死亡，该病最有可能是（　　）
    A. 新生仔畜低血糖症　　B. 新生仔畜溶血病　　　C. 先天性疾病
    D. 细菌性感染　　　　　E. 环境饮食等应激性疾病
    【答案】B
    【考点】考试要点：新生仔畜疾病—新生仔畜溶血病

【解析】 新生仔畜溶血病：主要特征是当仔畜吸吮初乳后，迅速出现以黄疸、贫血、血红蛋白尿为主的一种急性溶血性疾病，由于胎儿的异种抗原在妊娠起进入母体，母体产生的特异性抗体通过初乳途径进入仔畜血液中，诱发抗原抗体反应造成溶血。

35. 一高产奶牛，在两次挤奶间隔突然发病，乳区肿胀严重，皮肤发红发亮，乳头随之肿胀，触诊乳房发热，疼痛，全乳区质硬，挤不出奶，检查出现体温持续升高，食欲减少，喜卧。该病最有可能是（ ）
    A. 慢性乳腺炎 B. 隐性乳腺炎 C. 轻度临诊型乳腺炎
    D. 重度临诊型乳腺炎 E. 急性全身性乳腺炎
    【答案】 E
    【考点】 考试要点：奶牛疾病—奶牛乳腺炎
    【解析】 急性全身性乳腺炎：一般表现乳腺组织受到严重损害，常在两次挤奶间隔突然发病，病情严重，发展迅猛，乳区肿胀严重，皮肤发红发亮，乳头随之肿胀，触诊乳房发热，疼痛，全乳区质硬，挤不出奶，检查出现体温持续升高，食欲减少，喜卧。

36. 一京巴母犬分娩生下6只幼犬，以日常狗粮饲喂，产后5天，突然出现步态蹒跚，共济失调，很快四肢僵硬，后肢尤为明显，全身肌肉发生阵发性抽搐，头颈后仰，体温41.5℃以上，呼吸急促，眼球上下翻动，口不断开张闭合，唾液分泌增加。该病最有可能是（ ）
    A. 产后感染 B. 产后低血钙 C. 产后子宫内膜炎
    D. 产后败血症 E. 产后脓毒血症
    【答案】 B
    【考点】 考试要点：产后疾病—犬产后低血钙症
    【解析】 犬产后低血钙症：哺乳阶段，血液中大量的钙质进入母体的乳汁中，大大超出母体的补偿能力，从而使肌肉兴奋性增高，出现全身的肌肉痉挛症状。

【A3/A4型题】
答题说明：以下提供若干个案例，每个案例下设若干道考题。请根据案例所提供的信息，在每一道考试题下面的A、B、C、D、E五个备选答案中选择一个最佳答案，并在答题卡上将相应题号的相应字母所属的方框涂黑。

（37～39题共用以下题干）
一奶牛场待产母牛，在散下坡时绊倒，俯卧于地1d，第二天开始分娩，起始无异常，之后弓腰、努责，但不见排出胎水。检查体温正常，但呼吸、脉搏加快，还伴有磨牙，同时出现腹痛症状。

37. 可初步诊断该牛有可能发生（ ）
    A. 产力性难产 B. 胎儿性难产 C. 子宫颈开张不全
    D. 产道性难产 E. 子宫痉挛
    【答案】 D
    【考点】 考试要点：分娩期疾病—产道性难产
    【解析】 能使母畜围绕其身体急剧转动的任何动作，都可成为子宫捻转的直接原因，下坡时绊倒，或运动中突然改变方向，也易引起。分娩起始无异常，之后弓腰、努责，但不见排出胎水。检查体温正常，但呼吸、脉搏加快，还伴有磨牙，同时出现腹痛症状都是子宫捻转的表现。

38. 若临产时阴道检查子宫颈口稍微张开，并弯向一侧；直肠检查时在耻骨前缘摸到软而实的子宫体，此时有可能是（ ）
    A. 子宫颈前捻转不超过360° B. 子宫颈前捻转超过360°
    C. 子宫颈后捻转不超过90° D. 子宫颈后捻转达到180°
    E. 子宫颈后捻转达到360°
    【答案】 A
    【考点】 考试要点：分娩期疾病—产道性难产
    【解析】 子宫颈前捻转：阴道检查，在临产时若捻转不超过360°，子宫颈口稍微张开，并弯向一侧；达到360°时，宫颈管封闭，也不弯向一侧；直肠检查时在耻骨前缘摸到软而实的子宫体。

39. 对于治疗方法描述**错误的**是（　　）
    A. 临产时发生捻转，应将子宫转正后拉出胎儿
    B. 对捻转程度小的，最好产道内或直肠内矫正
    C. 直肠内矫正，站立保定，前低后高，尾椎间隙脊椎麻醉
    D. 产道内矫正，站立保定，前低后高，尾椎间隙脊椎麻醉
    E. 翻转母体时，子宫左侧捻转，母畜右侧卧

    【答案】　E
    【考点】　考试要点：分娩期疾病—产道性难产
    【解析】　临产时发生捻转，应将子宫转正后拉出胎儿；对捻转程度小的，最好产道内或直肠内矫正；直肠内矫正，站立保定，前低后高，尾椎间隙脊椎麻醉；产道内矫正，站立保定，前低后高，尾椎间隙脊椎麻醉；翻转母体时，子宫哪一侧捻转，母畜卧于哪一侧。

    (40～42题共用以下题干)
    一4岁高产奶牛，在分娩后1天，病初食欲减退，反刍、瘤胃蠕动及排粪排尿停止，泌乳量降低，鼻镜干燥，四肢及身体末端发凉，皮温降低，出现昏睡，眼睑反射消失，瞳孔放大，针刺皮肤无痛感，舌伸出口外不能回缩，四肢屈曲于躯干下，头向后弯向胸部一侧，经检测体温减低，最低时35～36℃。

40. 根据此症状奶牛最有可能发生（　　）
    A. 酮血症　　　　　　　　B. 产后瘫痪　　　　　　C. 生产瘫痪
    D. 产后感染　　　　　　　E. 产后败血症

    【答案】　C
    【考点】　考试要点：分娩期疾病—奶牛生产瘫痪
    【解析】　奶牛生产瘫痪主要发生于高产奶牛，而且出现在产奶量最高的5～8岁，且多于产后1～3天发病，若为典型症状，整个过程不超过12h，发病后出现昏睡，眼睑反射消失，瞳孔放大，针刺皮肤无痛感，舌伸出口外不能回缩，四肢屈曲于躯干下，头向后弯向胸部一侧，测体温减低。

41. 如果要确定是否是以上诊断，最简单可使用（　　）方法确诊。
    A. 血钙含量检测　　　　　　　B. 乳房送风
    C. 血常规检查白细胞是否增多　　D. 血液生化检测
    E. 以上全部都检查

    【答案】　B
    【考点】　考试要点：分娩期疾病—奶牛生产瘫痪
    【解析】　奶牛生产瘫痪如果使用乳房送风疗法有良好效果，便可作出诊断。

42. 如果确诊该病，针对治疗描述**不正确的**是（　　）
    A. 可以大量多次静脉注射钙剂　　　　　B. 常使用硼葡萄糖酸钙溶液
    C. 乳房送风疗法，送风前需过滤空气　　D. 配合使用胰岛素和肾上腺皮质激素
    E. 干奶期中，给母牛饲喂低钙高磷饲料

    【答案】　A
    【考点】　考试要点：分娩期疾病—奶牛生产瘫痪
    【解析】　静脉注射钙剂：最常用的硼葡萄糖酸钙溶液，注射后6～12h病牛如无反应，可重复注射，但最多不得超过3次。

    (43～45题共用以下题干)
    一头牛体质比较差，分娩时发生难产，经有效助产后产出一活胎，但母牛产后喜卧少站立，第2天从阴门内露出拳头大小的红色瘤状物，黏膜表面有许多暗红色的子叶，第3天呈暗红色大小的圆形、有弹性的肉冻状。

43. 诊断最大可能的疾病是（　　）
    A. 子宫脱出　　　　　　B. 直肠脱出　　　　　　C. 阴道肿瘤
    D. 阴道脱出　　　　　　E. 膀胱脱出

    【答案】　A

【考点】 考试要点：产后期疾病—子宫脱出
【解析】 此病属于产后期疾病，由于产后强烈努责。子宫脱出主要发生在胎儿排出后不久，由于存在某些能刺激母畜发生强烈努责的因素，导致子宫脱出。脱出后的子宫黏膜淤血，水肿，呈黑色的肉冻状，并发生干裂，有血水渗出。

44. 治疗的根本方法是（　　）
　　A. 强心补液　　　　　B. 补充钙剂　　　　C. 抗菌消炎
　　D. 整复固定　　　　　E. 局部麻醉或热敷
【答案】 D
【考点】 考试要点：产后期疾病—子宫脱出
【解析】 治疗子宫脱出的根本方法是整复固定，整复之前必须检查子宫腔中有无肠管和膀胱，如有，应将肠管先压回腹腔，再行整复。

45. 如果治疗困难出现反复脱出，怎样处理（　　）
　　A. 阴门缝合　　　　　B. 肛门荷包缝合　　C. 手术切除
　　D. 阴道内压迫　　　　E. 阴道侧壁肌肉缝合
【答案】 C
【考点】 考试要点：产后期疾病—子宫脱出
【解析】 如确定子宫脱出时间已久，无法送回，或者有严重的损伤及坏死，整复后有引起全身感染的可能性，导致死亡，可将脱出的子宫切除，以挽救母畜的生命。

(46~48题共用以下题干)
　　一头大动物怀孕期已满，分娩开始后胎水流失，不断努责3小时不见胎儿产出，检查母体能站立，体温36.5℃，心跳115次/分，胎儿背部朝上，头和左前肢进入产道，右前肢屈于自身胸腹下，刺激胎儿尚有活动。

46. 可诊断为何种原因导致的难产（　　）
　　A. 产力不足　　　　　B. 产道狭窄　　　　C. 胎位异常
　　D. 胎势异常　　　　　E. 胎向异常
【答案】 D
【考点】 考试要点：分娩期疾病—胎儿性难产
【解析】 前腿姿势异常的表现：肩关节屈曲时，阴门处可看到胎儿唇部，产道内可摸到胎头及屈曲的肩关节，前腿自肩端以下位于躯干旁或躯干下。

47. 为及时、合理、有效的助产，应首选的助产方法是（　　）
　　A. 剖腹取胎术　　　　B. 药物催产　　　　C. 截胎术
　　D. 牵引术　　　　　　E. 矫正术
【答案】 E
【考点】 考试要点：分娩期疾病—胎儿性难产
【解析】 前腿姿势异常一般可拉出，可首先尝试使用矫正术，助手用产科链顶在胎儿胸部与异常前腿肩端之间向前推，将胎儿推回子宫，然后，用手钩住蹄尖尽量向上抬，使蹄子呈弓形越过骨盆前缘伸入骨盆腔。

48. 对于难产预防的措施描述**不正确的**是（　　）
　　A. 做好育种工作　　　B. 保证母畜的营养需求　　C. 禁止运动
　　D. 避免过早配种　　　E. 分娩时避免应激性刺激
【答案】 C
【考点】 考试要点：分娩期疾病—难产的综合防治
【解析】 运动可提高母畜对营养物质的利用，使胎儿活力旺盛，同时也可使腹部及子宫肌肉的紧张性提高。

【B1 型题】
　　答题说明：以下提供若干组考题，每组考题共用在考题前列出的A、B、C、D、E五个备选答案，请从中选择一个与问题最密切的答案，并在答题卡上将相应题号的相应字母所属的方框涂黑。某个备选答案可能被选择1次、多次或不被选择。

　　(49~51题共用下列备选答案)

A. hCG B. eCG C. PGs
D. FSH 和 LH E. OT

49. 终止误配妊娠的是（　　）
    【答案】 E
    【考点】 考试要点：动物生殖激素—OT
    【解析】 催产素的临诊应用包括终止误配妊娠、提高受胎率等。

50. 治疗不育的是（　　）
    【答案】 D
    【考点】 考试要点：动物生殖激素—FSH 和 LH
    【解析】 促卵泡素和促黄体素的临诊应用包括治疗不育和预防流产等。

51. 治疗繁殖障碍的是（　　）
    【答案】 A
    【考点】 考试要点：动物生殖激素—hCG
    【解析】 人绒毛膜促性腺激素的临诊应用包括治疗繁殖障碍和促进卵泡发育等。

（52～54题共用下列备选答案）
A. 胎位 B. 胎向 C. 胎势
D. 前置 E. 上位

52. 描述胎儿的背部和母体的背部和腹部的关系是（　　）
    【答案】 A
    【考点】 考试要点：分娩—要素
    【解析】 胎位是指胎儿的背部和母体的背部和腹部的关系，即胎儿的位置。

53. 描述胎儿各部分是伸直的或屈曲的是（　　）
    【答案】 C
    【考点】 考试要点：分娩—要素
    【解析】 胎势指胎儿各部分是伸直的或屈曲，即胎儿的姿势。

54. 描述胎儿身体纵轴与母体身体纵轴的关系的是（　　）
    【答案】 B
    【考点】 考试要点：分娩—要素
    【解析】 胎向指胎儿身体纵轴与母体身体纵轴的关系，即胎儿的方向。

（55～57题共用下列备选答案）
A. 抗精子抗体性不育 B. 抗透明带康体型不育 C. 持久黄体性不育
D. 卵巢功能不全不育 E. 卵巢囊肿

55. 封闭精子受体，干扰同种精子与透明带结合及穿透，发挥抗受精作用（　　）
    【答案】 B
    【考点】 考试要点：母畜的不育—免疫性不育
    【解析】 抗透明带康体型不育通过几个方面原因导致，其中封闭精子受体，干扰同种精子与透明带结合及穿透，发挥抗受精作用是其中一个原因。

56. 阻碍精子黏附到卵子透明带上，影响受精（　　）
    【答案】 A
    【考点】 考试要点：母畜的不育—免疫性不育
    【解析】 抗精子抗体性不育通过几个方面原因导致，其中阻碍精子黏附到卵子透明带上，影响受精是其中一个原因。

57. $PGF_{2\alpha}$ 分泌不足，体内溶解黄体的机制遭到破坏所致（　　）
    【答案】 C
    【考点】 考试要点：母畜的不育—疾病性不育
    【解析】 持久黄体由于子宫疾病导致的内分泌紊乱，$PGF_{2\alpha}$ 分泌不足，体内溶解黄体的机制遭到破坏所致。

（58～60题共用下列备选答案）
A. 产后败血症 B. 产后脓毒血症 C. 产后子宫内膜炎

  D. 产后阴门炎　　　　　　E. 产后子宫复旧延迟
58. 产后发病过程中出现稽留热，出现腹泻，粪中带血，阴道中流出污红色液体（　　）
  【答案】　A
  【考点】　考试要点：产后期疾病—产后感染
  【解析】　产后败血症：产后发病过程中出现稽留热是败血症的一种**特种症状**，出现腹泻，粪中带血，阴道中流出污红色液体。
59. 产后发病过程中体温呈时高时低的弛张热型，大多数家畜四肢关节、腱鞘等发生迁徙性脓肿，这种情况一般是（　　）
  【答案】　B
  【考点】　考试要点：产后期疾病—产后感染
  【解析】　产后脓毒血症：产后发病过程中体温呈时高时低的弛张热型，大多数家畜四肢关节、腱鞘等发生迁徙性脓肿。
60. 产后恶露排出时间明显延长（　　）
  【答案】　E
  【考点】　考试要点：产后期疾病—产后子宫复旧延迟
  【解析】　奶牛子宫复旧延迟的最主要症状是产后恶露排出时间明显延长，阴道检查可见子宫口开张，产后 7d 子宫颈口仍可通过整个手掌。

四、中兽医学

【A1 型题】
  答题说明：每一道考试题下面有 A、B、C、D、E 五个备选答案，请从中选择一个最佳答案，并在答题卡上将相应题号的相应字母所属的方框涂黑。
1. 阴阳双方存在着相互排斥、相互斗争、相互制约的关系为（　　）
  A. 阴阳互根　　　　　　B. 阴阳消长　　　　　　C. 阴阳对立
  D. 阴阳转化　　　　　　E. 阴阳关联
  【答案】　C
  【考点】　考试要点：基础理论—阴阳五行常说
  【解析】　阴阳是指相互关联而又相互对立的两种事物，或同一事物所具有的两种不同的属性。阴阳之间的相互关系主要表现为阴阳对立、阴阳互根、阴阳消长和阴阳转化，而阴阳对立是指阴阳双方存在着相互排斥、相互斗争和相互制约的关系。根据题中所述，故选答案 C。
2. 六淫之中，湿邪的主要特性与致病特点是（　　）
  A. 阴冷、凝滞　　　　　B. 炎热、升散　　　　　C. 重浊、黏滞
  D. 善行、主动　　　　　E. 热极、炎上
  【答案】　C
  【考点】　考试要点：基础理论—病因
  【解析】　六淫，即自然界风、寒、暑、湿、燥、火（热）六种气候变化，称为六气。六气出现太过或不及的反常变化时，才能成为致病因素，侵犯动物体而导致疾病的发生。这种情况下的六气，便称为"六淫"。六淫中湿邪的特性与致病特点：①湿为阴邪，易损脾阳；②湿性重浊，其性趋下；③湿性黏滞，缠绵难退。根据题中所述，故选答案 C。
3. 以下哪项**不是**脾的生理功能（　　）
  A. 主运化水谷精微　　　B. 运化水湿　　　　　　C. 主统血
  D. 主肌肉主四肢　　　　E. 主一身之表，外合皮毛
  【答案】　E
  【考点】　考试要点：基础理论—脏腑学说与气血
  【解析】　中兽医认为五脏，即心、肝、脾、肺、肾，是化生和储藏精气的器官，共同功能特点是"藏精气而不泻"。五脏中脾的生理功能包括主运化、主统血、主肌肉四肢、开窍于口，脾的运化主要包括运化水谷精微和运化水湿。肺主一身之表，外合皮毛是属于五脏中肺的生理功能之一。根据题中所述，故选答案 E。
4. 有关切脉下列描述**错误的**是（　　）.

A. 牛切脉时切尾动脉　　　　　B. 羊切脉时切尾动脉　　　　　C. 猪切脉时切股内动脉
D. 马切诊时切颌外动脉　　　　E. 切诊牛、驼时，应站在病畜正后方

【答案】　B

【考点】　考试要点：辨证施治—诊法

【解析】　中兽医诊察疾病的方法主要有望、闻、问、切四种，简称"四诊"。四诊之中，察口色和切脉是中兽医诊断学的特色。切脉，是用手指切按患畜一定部位的动脉，根据脉象了解和推断病情的一种诊断方法。对马属动物切双凫脉或颌外动脉；对牛、驼切尾动脉；对猪、羊、犬切股内动脉。根据题中所述，故选答案 B。

5. 桂枝汤的功效是（　　）
A. 发汗解表，宣肺平喘　　　　B. 发汗解表，散寒除湿　　　　C. 解肌发表，调和营卫
D. 辛凉解表，清热解毒　　　　E. 和解少阳，扶正祛邪

【答案】　C

【考点】　考试要点：解表药及方剂—辛温解表药及方剂

【解析】　凡以发散表邪，解除表证为主要作用的药物，称为解表药，多具有辛味，辛能发散，故有发汗、解肌的作用，适用于邪在肌表的病证，并分为辛温解表药与辛凉解表药。

麻黄汤功能为发汗解表、宣肺平喘；银翘散功能为辛凉解表、清热解毒；荆防败毒散功能为发汗解表、散寒除湿；桂枝汤功能为解肌发表、调和营卫。小柴胡汤功能为和解少阳、扶正祛邪。根据题中所述，故选答案 C。

6. 兽医临床上多用于深刺、针刺麻醉和犬、猫等小动物的白针穴位的针具是（　　）
A. 圆利针　　　　　　　　B. 毫针　　　　　　　　C. 宽针
D. 三棱针　　　　　　　　E. 夹气针

【答案】　B

【考点】　考试要点：针灸—针灸基础知识

【解析】　兽医针灸疗法就是不同类型的针具和艾灸、熨、烙等工具对动物体某些特定部位施以一定的刺激，以疏通经络、宣导气血，达到扶正祛邪、防治病症的目的。圆利针中的短针多用于针刺马、牛的眼部周围穴位及仔猪、禽的白针穴位，圆利针中的长针多用于针刺马、牛、猪的躯干和四肢上部的白针穴位；毫针特点是针体细长、针尖圆锐，多用于白针穴位或深刺、透刺和针刺麻醉；宽针特点是针头部如矛状，针刃锋利，针体较粗，呈圆柱状，主要用于血针疗法；三棱针特点是针头部呈三棱锥状，针体圆柱状，主要用在一些特殊穴位。根据题中所述，故选答案 B。

7. 中兽医学术体系的基本特点是（　　）
A. 整体观念、辨证论治　　　　B. 补其不足、泄其有余　　　　C. 春夏养阳、秋冬养阴
E. 阴阳平衡　　　　　　　　D. 表里同治

【答案】　A

【考点】　考试要点：基础理论—阴阳五行常说

【解析】　中兽医学是以阴阳五行学说为指导思想、以辨证论治和整体观念为特点、以针灸和中药为主要治疗手段、理法方药俱备的独特的医疗体系。根据题中所述，故选答案 A。

8. 由脾胃所运化的水谷精微之气和肺所吸入的自然界清气结合而成的气称（　　）
A. 元气　　　　　　　　B. 宗气　　　　　　　　C. 营气
D. 卫气　　　　　　　　E. 真气

【答案】　B

【考点】　考试要点：基础理论—脏腑学说与气血

【解析】　中兽医认为气是构成和维持动物体生命活动的基本物质，就气的生成和作用而言，主要有元气、宗气、营气、卫气四种。宗气是由脾胃所运化的水谷精微之气和肺所吸入的自然界清气结合而成，有助肺司呼吸和助心行血脉的作用。而元气根源于肾，又称原气、真气、真元之气；营气是水谷精微所化生的精气之一，与血并行于脉中，是宗气贯入血脉中的营养之气，故称"营气"，又称荣气；卫气是宗气行于脉外的部分，有"卫阳"之称。根据题中所述，故选答案 B。

9. 药物禁忌十八反中，与乌头相反的是（　　）

A. 芫花 B. 细辛 C. 白蔹
D. 甘遂 E. 芍药

【答案】 C
【考点】 考试要点：中药性能及方剂组成—中药性能
【解析】 中药性能，是指中药与疗效有关的性味和效能，主要有四气、五味、升降浮沉、归经、毒性等。根据历代文献记载，配伍应用可能对动物产生毒害作用的药物有十八种，故名"十八反"。即乌头反贝母、瓜蒌、半夏、白蔹、白及；甘草反甘遂、大戟、海藻、芫花；藜芦反人参、沙参、丹参、玄参、细辛、芍药。歌诀："本草明言十八反，半蒌贝蔹及攻乌，藻戟遂芫俱战草，诸参辛芍叛藜芦。"根据题中所述，故选答案C。

10. 有关解表药使用注意事项描述正确的是（ ）
A. 用量不宜过大，但可少量长期使用 B. 本类药物一般不宜久煎
C. 炎热季节用量宜重，易于发汗 D. 对于体虚或气血不足的病畜要重用
E. 寒冷季节可大量使用

【答案】 B
【考点】 考试要点：解表药及方剂—辛温、辛凉解表药及方剂
【解析】 凡以发散表邪，解除表证为主要作用的药物，称为解表药，多具有辛味，辛能发散，故有发汗、解肌的作用，适用于邪在肌表的病证，并分为辛温解表药与辛凉解表药。使用解表药应注意：①用量不宜过大或使用太久，以免耗损津液，造成大汗亡阳。②炎热季节，畜体腠理疏松，容易出汗，用量宜轻，而寒冷季节，量可稍大。③对于体虚或气血不足的病畜（如重剧的腹泻、大汗、大出血及重病以后所致的表证等），要慎用或配合补养药以扶正祛邪。④本类药物一般不宜久煎，以免气味挥发，损耗药力。根据题中所述，故选答案B。

11. 芒硝善治大便燥结，其作用在于（ ）
A. 助阳 B. 行气滞 C. 养阴生津
D. 补血 E. 软坚泻下

【答案】 E
【考点】 考试要点：泻下药及方剂—攻下药及方剂
【解析】 中药泻下药中的攻下药功能包括具有较强的泻下作用，适用于宿食停积，粪便燥结所引起的里实证；又有清热泻火作用，故尤以实热壅滞，燥粪坚积者为宜。其中芒硝苦、咸，大寒。入胃、大肠经。具有软坚泻下，清热泻火的功能。本品有润燥软坚、泻下清热的功效，为治里热燥结实证之要药。根据题中所述，故选答案E。

12. 犬的腰荐十字部，即第七腰椎与第一荐椎棘突间的凹陷中，有一穴名为（ ）
A. 太阳 B. 百会 C. 大椎
D. 开关 E. 命门

【答案】 B
【考点】 考试要点：针灸—家畜常用穴位
【解析】 外眼角后方约3cm处的血管上，左右侧各一穴为太阳；腰荐十字部，即最后腰椎与第一荐椎棘突间的凹陷中有一穴为百会；第七颈椎与第一胸椎棘突间的凹陷中有一穴为大椎；口角向后的延长线与咬肌前缘相交处，左右侧各一穴为开关；第二、三腰椎棘突间的凹陷中有一穴为命门。根据题中所述，故选答案B。

13. 根据五行学说，属母病及子的是（ ）
A. 心病及肝 B. 肝病传脾 C. 肾病传脾
D. 肝病传心 E. 脾病传心

【答案】 D
【考点】 考试要点：基础理论—阴阳五行常说
【解析】 中兽医学认为五行（即机体五脏）之间存在着有序的资生、助长和促进的关系，借以说明事物间有相互协调的一面，其基本顺序：木生火，火生土，土生金，金生水，水涵木，而在五脏表现为肝生心，心生脾，脾生肺，肺生肾，肾生肝。用五行说明五脏间相生的母子关系中，由于母病累子即称为母子及子。例如木生火，肝木为母，心火为子，当肝阳上亢发展至一定程度，就可能使心火亢盛而致病。根据题中所述，故选答案D。

14. 有关六淫的下列描述正确的是（　　）
    A. 六淫侵犯机体多由内致外　　B. 春天多湿病，夏天多暑病，冬天多燥病
    C. 一般四季六气不相互转化　　D. 六淫致病有可能是两种或两种以上同时致病
    E. 六淫只是指外界的反常气候，与机体本身机能失调无关
    【答案】　D
    【考点】　考试要点：基础理论—病因
    【解析】　六淫，即自然界风、寒、暑、湿、燥、火（热）六种气候变化，称为六气。六气出现太过或不及的反常变化时或者机体本身体质虚弱，六气即成为致病因素，侵犯动物体而导致疾病的发生。六淫致病的共同特点：①外感性：六淫之邪多从肌表、口鼻侵犯动物体而发病，故六淫所致之病统称为外感病。②季节性：六淫致病常有明显的季节性，如春天多温病、夏天多暑病、长夏多湿病、秋天多燥病、冬天多寒病等。但四季之中，六气的变化是复杂的，所以六淫致病的季节性也不是绝对的，如夏季虽多暑病，但也可出现寒病、温病、湿病等。③兼挟性：六淫在自然界不是单独存在的，六淫邪气既可以单独侵袭机体而发病，又可以两种或两种以上同时侵犯机体而发病。如外感风寒、风热、湿热、风湿等。④转化性：一年之中，四季六气是可以相互转化的，如久雨生晴，久晴多热，热极生风，风盛生燥，燥极化火等。因此，六淫致病，其证候在一定条件下，也可以相互转化。如感受风寒之邪，可以从表寒证转化为里热证等。根据题中所述，故选答案D。

15. 中药四气是指（　　）
    A. 寒、热、温、平　　　　B. 升、降、浮、沉　　　C. 辛、甘、酸、苦
    D. 生、克、乘、侮　　　　E. 寒、凉、温、热
    【答案】　E
    【考点】　考试要点：中药性能及方剂组成—中药性能
    【解析】　中药性能，是指中药与疗效有关的性味和效能，主要有四气、五味、升降浮沉、归经、毒性等。中药四气是指药物具有的寒、凉、温、热四种不同药性，也称四性。寒凉与温热属于两类不同的性质；寒与凉，温与热则是性质相同，程度上有所差异，凉次于寒，温次于热。此外，尚有一些药物的药性不甚显著，作用比较平缓，称为平性。实际上，它们或多或少偏于温性，或偏于凉性，并未越出四气范围，故习惯上仍称四气。根据题中所述，故选答案E。

16. 有关清热药使用注意事项描述**不正确**的是（　　）
    A. 清热药性多寒凉　　　　　　　　　　　B. 对脾胃虚寒的病畜要慎用
    C. 清热药易伤脾胃，影响运化，所以易伤津液，对阴虚患畜要辅以养阴药
    D. 清热药对食少，泄泻的患畜要慎用　　　E. 多服久服能伤阴气
    【答案】　E
    【考点】　考试要点：清热药及方剂—清热药及方剂
    【解析】　凡以清解里热为主要作用的药物，称为清热药。清热药性属寒凉，具有清热泻火、解毒、凉血、燥湿、解暑等功效，主要用于高热、热痢、湿热黄疸、热毒疮肿、热性出血及暑热等里热证。使用清热药应注意以下几点：清热药性多寒凉，易伤脾胃，影响运化，对脾胃虚弱的患畜，宜适当辅以健胃的药物；热病易伤津液，清热燥湿药，又性多燥，也易伤津液，对阴虚的患畜，要注意辅以养阴药；清热药性寒凉，多服久服能伤阳气，故对阳气不足、脾胃虚寒、食少、泄泻的患畜要慎用。根据题中所述，故选答案E。

17. 功能消食除胀、降气消痰的中药是（　　）
    A. 莱菔子　　　　　　　B. 神曲　　　　　　　C. 鸡内金
    D. 山楂　　　　　　　　E. 麦芽
    【答案】　A
    【考点】　考试要点：消导药及方剂
    【解析】　凡能健运脾胃，促进消化，具有消积导滞作用的药物，称为消导药，也称消食药。消导药适用于消化不良、草料停滞、肚腹胀满、腹痛腹泻等。其中神曲能消食化积、健胃和中；山楂能消食健胃、活血化瘀；鸡内金能消食健脾、化石通淋；麦芽能消食和中、回乳；莱菔子能消食导滞、降气化痰。根据题中所述，故选答案A。

18. 第七颈椎与第一胸椎棘突间的凹陷中，有一穴，名为（　　）
    A. 开关　　　　　　B. 命门　　　　　　C. 大椎
    D. 太阳　　　　　　E. 百会
    【答案】　C
    【考点】　考试要点：针灸—家畜常用穴位
    【解析】　口角向后的延长线与咬肌前缘相交处，左右侧各一穴为开关；第二、三腰椎棘突间的凹陷中有一穴为命门；第七颈椎与第一胸椎棘突间的凹陷中有一穴为大椎；外眼角后方约3cm处的血管上，左右侧各一穴为太阳；腰荐十字部，即最后腰椎与第一荐椎棘突间的凹陷中有一穴为百会；故选答案C。

19. 胃的主要功能（　　）
    A. 受纳、腐熟水谷　　　　B. 受盛化物、分别清浊　　C. 贮藏和排泄胆汁
    D. 贮存和排泄尿液　　　　E. 传化糟粕
    【答案】　A
    【考点】　考试要点：基础理论—脏腑学说与气血
    【解析】　中兽医认为六腑，是胆、胃、小肠、大肠、膀胱和三焦的总称，其共同的生理功能是转化水谷，具有泄而不藏的特点。六腑之中胃的生理功能为受纳和腐熟水谷的功能，称为"胃气"。胃和脾相表里。脾主运化，胃主受纳、腐熟水谷，转化为气血，常常将脾胃合称为"后天之本"。胆的主要功能是贮藏和排泄胆汁；小肠的主要功能是受盛化物和分别清浊；大肠的主要功能是转化糟粕；膀胱的主要功能为贮存和排泄尿液。根据题中所述，故选答案A。

20. 舌的主要病色**不包括**（　　）
    A. 赤色　　　　　　B. 青色　　　　　　C. 黄色
    D. 白色　　　　　　E. 淡红色
    【答案】　E
    【考点】　考试要点：辨证施治—诊法
    【解析】　中兽医诊察疾病的方法主要有望、闻、问、切四种，简称"四诊"。四诊之中，察口色和切脉是中兽医诊断学的特色。察口色，包括观察口腔各有关部位的色泽，以及舌苔、口津、舌形等变化。其中舌的正常颜色一般表现为淡红色，而主要病色表现为，白色主虚证，为气血不足之征兆；赤色主热，为气血趋向于外的反应；青色主寒、主痛、主风，为感受寒邪及疼痛的象征；黄色主湿，多为肝、胆、脾的湿热引起。根据题中所述，故选答案E。

21. 谈到中药药味时，与酸味药的作用相似的药味是（　　）
    A. 淡味　　　　　　B. 涩味　　　　　　C. 辛味
    D. 苦味　　　　　　E. 咸味
    【答案】　B
    【考点】　考试要点：中药性能及方剂组成—中药性能
    【解析】　中药性能，是指中药与疗效有关的性味和效能，主要有四气、五味、升降浮沉、归经、毒性等。五味是指中药所具有的辛、甘、酸、苦、咸五种不同药味。有些中药具有淡味或涩味，所以实际上味不止五种，但是习惯上仍称五味。淡味常附于甘味；涩味常附于酸味。根据题中所述，故选答案B。

22. 郁金散减诃子、加金银花和连翘的变化，属于（　　）
    A. 药量增减　　　　　　B. 药味增减　　　　　　C. 剂型变化
    D. 数方合并　　　　　　E. 药物替代
    【答案】　B
    【考点】　考试要点：中药性能及方剂组成—方剂
    【解析】　方剂的组成变化大致有以下几种形式。药味增减是指在主证未变，兼证不同的情况下，方中主药仍然不变，但根据病情，适当增添或减去一些次要药味，也称随证加减。药物配伍的变化是指方剂中主药不变，而改变与之相配伍的药物，其功能和主治也相应地发生变化。药量增减的变化是指方中的药物不变，只增减药物的用量。数方合并是指当病情复杂，主、兼各证均有其代表性方剂时，可将两个或两个以上的方剂合并成一个方使用，以扩大方剂的功能，增强疗效。剂型变化是指同一方剂，由于剂型不同，功效也有变化。故答案选B。

23. 泻肺火宜用（　　）
    A. 黄连　　　　　　B. 黄芩　　　　　　C. 黄柏
    D. 黄芪　　　　　　E. 黄精
    【答案】　B
    【考点】　考试要点：清热药及方剂—清热药及方剂
    【解析】　清热燥湿药性味苦寒，苦能燥湿，寒能胜热，有清热燥湿的作用，主要用治湿热证，如肠胃湿热所致的泄泻、痢疾，肝胆湿热所致的黄疸，下焦湿热所致的尿淋漓等。而黄连善清热泻火，用于治心火亢盛、口舌生疮、三焦积热和衄血等，故泻心火首先之；黄芩优于清泻上焦实火，尤以清肺热见长，故泻肺火首先之；黄柏以除下焦湿热为佳，且能退虚热，治阴虚发热，故肾火首选之；而栀子能泻三焦火。根据题中所述，故选答案 B。

24. 通过针刺和药物的双重作用，达到治疗疾病目的的疗法称（　　）
    A. 电针疗法　　　　B. 水针疗法　　　　C. 气针疗法
    D. 白针疗法　　　　E. 火针疗法
    【答案】　B
    【考点】　考试要点：针灸—针灸基础知识
    【解析】　兽医针灸中的常用针刺方法主要有白针疗法、血针疗法、火针疗法、水针疗法、电针疗法、激光针疗法等。电针疗法是指将毫针或圆利针刺入穴位产生针感后，通过针体导入适量的电流，利用电刺激来加强或代替手捻针刺激以治疗疾病的一种疗法水针疗法也称穴位注射疗法，它是将某些中西药液注入穴位或患部痛点、肌肉起止点来防治疾病的方法。白针疗法是指用毫针、圆利针或小宽针在白针穴位上施针，借以调整机体功能活动，治疗畜禽各种病症的一种方法，是临床上应用最为广泛的针法。火针疗法是指用特制的针具烧热后刺入穴位，以治疗疾病的一种方法。根据题中所述，故选答案 B。

【A2 型题】
答题说明：每一道考题是以一个小案例出现的，其下面都有 A、B、C、D、E 五个备选答案，请从中选择一个最佳答案，并在答题卡上将相应题号的相应字母所属的方框涂黑。

25. 久泻不止、脱肛或子宫阴道脱出的证候见于（　　）
    A. 脾虚不运　　　　B. 脾不统血　　　　C. 脾阳虚
    D. 脾气下陷　　　　E. 寒湿困脾
    【答案】　D
    【考点】　考试要点：辨证施治—辨证
    【解析】　脾虚不运多由饮食失调，劳役过度，以及其他疾患耗伤脾气所致，见于慢性消化不良的病程中；脾不统血多因久病体虚，脾气衰虚，不能统摄血液所致。见于某些慢性出血病和某些热性疾病的慢性病程中；脾阳虚多由脾气虚发展而来，或因过食冰冻草料，暴饮冷水，损伤脾阳所致，见于急、慢性消化不良；脾气下陷多由脾不健运进一步发展而来，见于久泻久痢，直肠脱、阴道脱、子宫脱等证；寒湿困脾多因长期过食冰冻草料，暴饮冷水，使寒湿停于中焦，或久卧湿地，或阴雨苦淋，导致寒湿困脾。见于消化不良、水肿、妊娠浮肿、慢性阴道及子宫炎的病程中。根据题中所述主要症状，故答案选 D。

26. 有患犬症见胁肋疼痛拘按，黄疸，小便短赤，舌苔黄腻，脉弦数，可诊为（　　）
    A. 肝火上炎　　　　B. 肝血虚　　　　　C. 膀胱湿热
    D. 大肠湿热　　　　E. 肝胆湿热
    【答案】　E
    【考点】　考试要点：辨证施治—辨证
    【解析】　肝火上炎的临床主证是两目红肿，羞明流泪，睛生翳障，视力障碍，或有鼻衄，粪便干燥，尿浓赤黄，口色鲜红，脉象弦数；肝血虚的临床主证是眼干，视力减退，甚至出现夜盲、内障，或倦怠肯卧，蹄壳干枯皱裂，或眩晕，站立不稳，时欲倒地，或见肢体麻木，震颤，四肢拘挛抽搐，口色淡白，脉弦细；膀胱湿热的临床主证是尿频而急，尿液排出困难，常作排尿姿势，痛苦不安，或尿淋漓，尿色浑浊，或有脓血，或有砂石，口色红，舌苔黄腻，脉濡数；大肠湿热的临床主证是发热，腹痛起卧，泻痢腥臭，甚则脓血混杂，口干舌燥，口渴贪饮，尿液短赤，口色红黄，舌苔黄腻或黄干，脉象滑数；肝胆湿热的临床主证是黄疸鲜明如橘色，尿液短赤或黄而浑浊；母畜带下黄臭，外阴瘙痒，公畜睾丸肿胀热痛，阴囊湿疹，舌苔黄腻，脉弦数。根据题中所述主要症状，故答案选 E。

27. 可视黏膜淡白、苍白或黄白，四肢麻痹，心悸，苔白，脉细无力病症属于（　　）
   A. 出血证　　　　　　B. 血热证　　　　　　C. 血瘀证
   D. 血虚证　　　　　　E. 气逆证
   【答案】 D
   【考点】 考试要点：基础理论—脏腑学说与气血
   【解析】 出血证的临床主证为气虚出血，表现慢性出血如便血，治疗补脾摄血。血热证的临床主证为身热，躁动不安或昏迷，出血发斑，口干津少，舌质红绛，脉细数。血瘀证的临床主证为局部见肿块，疼痛拒按，痛处固定不移，夜间痛甚，皮肤粗糙起鳞，出血，舌有瘀点、瘀斑，脉细涩。血虚证的临床主证为可视黏膜淡白、苍白或黄白，四肢麻痹，甚至抽搐，心悸，苔白，脉细无力；血虚证根据具体情况当心血虚时用归脾汤，肝血虚时用八珍汤（眼干、视力减退、蹄甲干枯、肢体麻木、口色淡白）。气逆证的临床主证为肺气上逆则见咳嗽，气喘；胃气上逆，则见嗳气，呕吐。根据题中所述主要症状，故答案选 D。

28. 一畜腹痛下痢脓血，里急后重，舌苔黄腻，口舌干燥，证属（　　）
   A. 胃热　　　　　　　B. 膀胱湿热　　　　　C. 大肠湿热
   D. 大肠冷泻　　　　　E. 肝胆湿热
   【答案】 C
   【考点】 考试要点：辨证施治—辨证
   【解析】 胃热的临床主证是耳鼻温热，草料迟细，粪球干小而尿少，口干舌燥，口渴贪饮，口腔腐臭，齿龈肿痛，口色鲜红，舌有黄苔，脉象洪数；膀胱湿热的临床主证是尿频而急，尿液排出困难，常作排尿姿势，痛苦不安，或尿淋漓，尿色浑浊，或有脓血，或有砂石，口色红，苔黄腻，脉濡数；大肠湿热的临床主证是发热，腹痛起卧，泻痢腥臭，甚则脓血混杂，口干舌燥，口渴贪饮，尿液短赤，口色红黄，舌苔黄腻或黄干，脉象滑数；大肠冷泄的临床主证是耳鼻寒凉，肠鸣如雷，泻粪如水，或腹痛，尿少而清，口色青黄，舌苔白滑，脉象沉迟；肝胆湿热的临床主证是黄疸鲜明如橘色，尿液短赤或黄而浑浊，母畜带下黄臭，外阴瘙痒，公畜睾丸肿胀热痛，阴囊湿疹，舌苔黄腻，脉弦数。根据题中所述主要症状，故答案选 C。

29. 患犬形寒怕冷，耳鼻发凉，食欲减退，粪便稀软，尿液清长，口流清涎，治疗时应（　　）
   A. 温脾补气　　　　　B. 温胃散寒　　　　　C. 温中健脾
   D. 温中化湿　　　　　E. 以上均不是
   【答案】 B
   【考点】 考试要点：辨证施治—辨证
   【解析】 胃寒的临床主证是形寒怕冷，耳鼻发凉，食欲减退，粪便稀软，尿液清长，口腔湿滑或口流清涎，口色淡或青白，苔白而滑，脉象沉迟。治疗原则主要是温胃散寒。常用方例为桂心散加减。根据题中所述主要症状，故答案选 B。

30. 一六月大幼犬出现脘腹胀满，呕吐酸腐，嗳气酸臭，大便秘结，舌苔厚腻，应诊为（　　）
   A. 胃阴虚　　　　　　B. 胃寒　　　　　　　C. 胃热
   D. 胃食滞　　　　　　E. 寒湿困脾
   【答案】 D
   【考点】 考试要点：辨证施治—辨证
   【解析】 胃阴虚的临床主证是体瘦毛焦，皮肤松弛，弹性减退，食欲减退，口干舌燥，粪球干小，尿少色浓，口色红，舌少或无苔，脉细数；胃寒的临床主证是形寒怕冷，耳鼻发凉，食欲减退，粪便稀软，尿液清长，口腔湿滑或口流清涎，口色淡或青白，苔白而滑，脉象沉迟；胃热的临床主证是耳鼻温热，草料迟细，粪球干小而尿少，口干舌燥，口渴贪饮，口腔腐臭，齿龈肿痛，口色鲜红，舌有黄苔，脉象洪数；胃食滞的临床主证是不食，脘腹胀满，嗳气酸臭，腹痛起卧，粪干或泄泻，矢气酸臭，口色深红而燥，苔厚腻，脉滑实；寒湿困脾的临床主证是耳耷头低，四肢沉重肯卧，草料迟细，粪便稀薄，小便不利，或见浮肿，口黏不渴，舌苔白腻，脉象迟缓而濡。根据题中所述主要症状，故答案选D。

31. 一患犬小便不畅，尿频尿急尿痛，苔黄腻，脉数，此为（　　）
 A. 胃热　　　　　　　　B. 大肠湿热　　　　　　C. 膀胱湿热
 D. 胃阴虚　　　　　　　E. 大肠液亏
【答案】　C
【考点】　考试要点：辨证施治—辨证
【解析】　胃热的临床主证是耳鼻温热，草料迟细，粪球干小而尿少，口干舌燥，口渴贪饮，口腔腐臭，齿龈肿痛，口色鲜红，舌有黄苔，脉象洪数；大肠湿热的临床主证是发热，腹痛起卧，泻痢腥臭，甚则脓血混杂，口干舌燥，口渴贪饮，尿液短赤，口色红黄，舌苔黄腻或黄干，脉象滑数；膀胱湿热的临床主证是尿频而急，尿液排出困难，常作排尿姿势，痛苦不安，或尿淋漓，尿色浑浊，或有脓血，或有砂石，口色红，苔黄腻，脉濡数；胃阴虚的临床主证是体瘦毛焦，皮肤松弛，弹性减退，食欲减退，口干舌燥，粪球干小，尿少色浓，口色红，苔少或无苔，脉细数；大肠液亏的临床主证是粪球干小而硬，或粪便秘结干燥，努责难以排下，舌红少津，苔黄燥，脉细数。根据题中所述主要症状，故答案选C。

32. 治疗老龄患畜肠燥便秘的方剂是（　　）
 A. 曲蘖散　　　　　　　B. 当归苁蓉汤　　　　　C. 白头翁汤
 D. 大承气汤　　　　　　E. 保和丸
【答案】　B
【考点】　考试要点：泻下药及方剂—润下药及方剂
【解析】　当归苁蓉汤的组成：当归、肉苁蓉、番泻叶、广木香、厚朴、炒枳壳、醋香附、瞿麦、通草、神曲。水煎取汁，候温加麻油，同调灌服。功能润燥滑肠，理气通便。主治老弱、久病、体虚患畜之便秘。本方药性平和，马的一般结症都可应用，但偏重于治疗老弱久病、胎产家畜的结症。根据题中所述，故答案选B。

33. 患犬症见脘腹胀满、嗳气吞酸、恶心呕吐、吐出宿食酸臭，不思饮食，大便溏泄，每日2~3次，舌苔白厚，最宜选用（　　）
 A. 行气药　　　　　　　B. 消食药　　　　　　　C. 芳香化湿药
 D. 峻下药　　　　　　　E. 温中止呕药
【答案】　B
【考点】　考试要点：消导药及方剂
【解析】　凡能健运脾胃，促进消化，具有消积导滞作用的药物，称为消导药，也称消食药。消导药适用于消化不良、草料停滞、肚腹胀满、腹痛腹泻等，临床主证为脘腹胀满、嗳气吞酸、恶心呕吐、吐出宿食酸臭，不思饮食，大便溏泄等。在临床应用时，常根据不同病情而配伍其他药物，不可单纯依靠消导药物取效。如食滞多与气滞有关，故常与理气药同用；便秘，则常与泻下药同用；脾胃虚弱，可配健胃补脾药；脾胃有寒，可配温中散寒药；湿浊内阻，可配芳香化湿药；积滞化热，可配合苦寒清热药。根据题中所述，故答案选B。

34. 牛，精神倦怠，体瘦毛焦，食欲不振，久泻不止，脱肛，口色淡白，脉虚。治疗宜选用的方剂是（　　）
 A. 补中益气汤　　　　　B. 四君子汤　　　　　　C. 生脉散
 D. 六味地黄汤　　　　　E. 四物汤
【答案】　A
【考点】　考试要点：补虚药及方剂—补气药及方剂
【解析】　补中益气汤的组成：炙黄芪、党参、白术、当归、陈皮、炙甘草、升麻、柴胡。水煎服。功能补中益气，升阳举陷。主治脾胃气虚及气虚下陷诸证。证见精神倦怠，草料减少，发热，汗自出，口渴喜饮，粪便稀溏，舌质淡，苔薄白及久泻脱肛、子宫脱垂等。本方为治疗脾胃气虚及气虚下陷诸证的常用方，中气不足，气虚下陷，泻痢脱肛，子宫脱垂或气虚发热自汗，倦怠无力等均可使用。根据题中所述主要症状，故答案选A。

35. 牛，精神倦怠，体瘦毛焦，腰膝痿软无力，耳鼻四肢温热，滑精早泄，粪干尿少，舌红苔

少，脉细数。治疗宜选用的方剂是（　　）
A. 四物汤　　　　　　　B. 曲蘖散　　　　　　　C. 桂心散
D. 六味地黄汤　　　　　E. 补中益气汤
【答案】　D
【考点】　考试要点：补虚药及方剂—滋阴药及方剂
【解析】　六味地黄汤的组成：熟地黄、山萸肉、山药、泽泻、茯苓、丹皮。水煎服，亦可作为散剂服用。功能滋阴补肾。主治肝肾阴虚，虚火上炎所致的潮热盗汗，腰膝痿软无力，耳鼻四肢温热，舌燥喉痛，滑精早泄，粪干尿少，舌红苔少，脉细数。本方是滋阴补肾的代表方剂，凡肝肾阴虚不足诸证，如慢性肾炎、肺结核、骨软症、贫血、消瘦、子宫内膜炎、周期性眼炎、慢性消耗性疾病等属于肝肾阴虚者，均可加减应用。本方由纯阴药物组成，凡气虚脾胃弱，消化不良、大便溏泻者忌用。加桂枝、附子，名肾气丸，温补肾阳，主治肾阳不足。根据题中所述主要症状，故答案选 D。

36. 一患犬咳喘无力，气短倦怠，叫声低微，稍一用力则气吁而喘，治疗时当（　　）
A. 清肺润燥　　　　　　B. 滋养肺阴　　　　　　C. 燥湿化痰
D. 补益肺气　　　　　　E. 清热化痰
【答案】　D
【考点】　考试要点：辨证施治—辨证
【解析】　肺气虚多因久病咳喘伤及肺气，或其他脏器病变影响及肺，使肺气虚弱而成。其临床主证为久咳气喘，且咳喘无力，动则喘甚，鼻流清涕，畏寒喜暖，易于感冒，容易出汗，日渐消瘦，皮燥毛焦，倦怠肯卧，口色淡白，脉象细弱。治疗原则是补肺益气，止咳定喘。常用方例为补肺散（党参、黄芪、紫苑、五味子、熟地、桑白皮）加减。根据题中所述主要症状，故答案选 D。

【A3/A4 型题】
答题说明：以下提供若干案例，每个案例下设若干道考题。请根据案例所提供的信息在每一考题下面的 A、B、C、D、E 五个答案中选择一个最佳答案，并在答题卡上将相应题号的字母所属的方框涂黑。

（37、38 题共用以下题干）
一牛发病，证见精神沉郁，食欲减少，口渴多饮，泻粪黏腻腥臭，尿短赤，轻微腹痛，口色红，舌苔黄厚，脉象沉数。

37. 该病证可辨证为（　　）
A. 热泻　　　　　　　　B. 寒泻　　　　　　　　C. 伤食泻
D. 脾虚泻　　　　　　　E. 肾虚泻
【答案】　A
【考点】　考试要点：病证防治—泄泻
【解析】　热泻主证是精神沉郁，食欲减少或废绝，口渴多饮，有时轻微腹痛，蜷腰卧地，泻粪稀薄腥臭黏腻，发热，尿赤短，口色赤红，舌苔黄厚，口臭，脉象沉数；治疗原则是清热止泻、解毒。寒泻主证是泻粪如水，质地均匀，气味酸臭，或带白沫，遇寒泻剧，遇暖则缓，肠鸣如雷，食欲减少，喜饮，尿液短少，头低耳耷，精神倦怠，耳寒鼻冷，间有寒战。体温大多正常。口色淡白或青黄，苔薄白，舌津多而滑利，脉象沉迟；治疗原则是温中散寒、利湿止泻。伤食泻主证是肚腹胀满，隐隐作痛，粪稀黏稠，粪中夹有未消化的谷料，粪酸臭或恶臭，嗳气吐酸，不时放臭屁，或屁粪同泄，痛则即泄，泄后痛减，食欲废绝，常伴呕吐，吐后也痛减。口色红，苔厚腻，脉滑数；治疗原则是消积导滞、调和脾胃。脾虚泻多发于老弱动物。发病缓慢，病程较长，身形羸瘦，毛焦欣吊，病初食欲减少，饮水增多，鼻寒耳冷，腹内肠鸣，不时作泻。粪中带水，粪渣粗大，或完谷不化，舌色淡白，舌面无苔，脉象迟缓。后期，水湿下注，四肢浮肿；治疗原则是补脾益气、健脾运湿。肾虚泻主病是精神沉郁，头低耳耷，毛焦欣吊，腰胯无力，卧多立少，四肢厥逆，久泻不愈，夜间泻重。治愈后，如遇气候突变，使役过重，即可复发，严重时肛门失禁，粪水外溢，腹下或后肢浮肿，口色如绵，脉象徐缓；治疗原则是补肾壮阳、健脾固涩。根据题中所述，故选答案 A。

38. 该病证的治法为（　　）
　　A. 温中止泻　　　　　　B. 清热止泻　　　　　　C. 消食止泻
　　D. 健脾止泻　　　　　　E. 补肾止泻
【答案】　B
【考点】　考试要点：病证防治—泄泻
【解析】　根据37题之解析，故选答案B。

（39～41题共用以下题干）
春季，一3月龄幼犬，突然出现咳嗽，证见发热，咳嗽声高，鼻流黏涕，呼出气热，舌苔薄黄，口红津少，脉浮数。

39. 该犬的咳嗽可辨证为（　　）
　　A. 风寒咳嗽　　　　　　B. 风热咳嗽　　　　　　C. 肺气虚咳嗽
　　D. 肺火咳嗽　　　　　　E. 肺阴虚咳嗽
【答案】　B
【考点】　考试要点：病证防治—咳嗽
【解析】　风寒咳嗽主证是患病动物畏寒，被毛逆立，耳鼻俱凉，鼻流清涕，无汗，湿咳声低，不爱饮水，小便清长，口淡而润，舌苔薄白，脉象浮紧；治疗原则是疏风散寒，宣肺止咳。风热咳嗽主症是体表发热，咳嗽不爽，声音宏大，鼻流黏涕，呼出气热，口渴喜饮，舌苔薄黄，口红短津，脉象浮数；治疗原则是疏风清热，化痰止咳。肺气虚咳嗽主症是毛焦肷吊，精神倦怠，动则出汗，久咳不已，咳声低微，鼻流黏涕，食欲减退，日渐消瘦，形寒气短。口色淡白，舌质绵软，脉象迟细；治疗原则是益气补肺，化痰止咳。肺火咳嗽主症是精神倦怠，饮食欲减少，口渴喜饮，大便干燥，小便短赤，干咳痛苦，鼻流黏涕或脓涕，有时出现气喘，口色红燥，脉象洪数；治疗原则是清肺降火，止咳化痰。肺阴虚咳嗽主症是频频干咳，昼轻夜重，痰少津干，低烧不退，舌红少苔，脉细数。治疗原则是滋阴生津，润肺止咳。根据题中所述，故选答案B。

40. 最宜的治疗原则（　　）
　　A. 疏风散寒、宣肺止咳　　B. 益气补肺、化痰止咳　　C. 清肺降火、止咳化痰
　　D. 滋阴生津、润肺止咳　　E. 疏风清热、化痰止咳
【答案】　E
【考点】　考试要点：病证防治—咳嗽
【解析】　风热咳嗽主要病因是外感风热，发病突然，其主症是体表发热，咳嗽不爽，声音宏大，鼻流黏涕，呼出气热，口渴喜饮，舌苔薄黄，口红短津，脉象浮数；治疗原则是疏风清热，化痰止咳。根据题中所述，故选答案E。

41. 治疗该病应选用（　　）
　　A. 麻黄汤　　　　　　　B. 银翘散　　　　　　　C. 清肺散
　　D. 四君子汤　　　　　　E. 百合固金汤
【答案】　B
【考点】　考试要点：病证防治—咳嗽
【解析】　风热咳嗽主症是体表发热，咳嗽不爽，声音宏大，鼻流黏涕，呼出气热，口渴喜饮，舌苔薄黄，口红短津，脉象浮数；治疗原则是疏风清热，化痰止咳；常用方剂是银翘散加减。根据题中所述，故选答案B。

（42、43题共用以下题干）
一畜，两目红肿，羞明流泪，出现视力障碍，尿液赤黄，口色鲜红，脉弦数。

42. 根据脏腑辨证，可判断为（　　）
　　A. 肝风内动　　　　　　B. 肝胆湿热　　　　　　C. 肝火上炎
　　D. 热极生风　　　　　　E. 胃热
【答案】　C
【考点】　考试要点：辨证施治—辨证
【解析】　肝风内动以抽搐、震颤等为主要症状，常见的有热极生风、肝阳化风、阴虚生风和血虚生风四种。肝胆湿热的临床主证是黄疸鲜明如橘色，尿液短赤或黄而浑浊，母畜带下黄臭，外阴瘙痒，公畜睾丸肿胀热痛，阴囊湿疹，舌苔黄腻，脉弦数；治疗原则是清利肝胆湿热。肝

火上炎的临床主证是两目红肿、羞明流泪、睛生翳障、视力障碍，或有鼻衄、粪便干燥、尿浓赤黄、口色鲜红、脉象弦数；治疗原则是清肝泻火，明目退翳。热极生风多由邪热内盛，热极生风，横窜经脉所致，主证是高热、四肢痉挛抽搐、项强，甚则角弓反张、神志不清、撞壁冲墙、圆圈运动，舌质红绛，脉弦数；治疗原则是清热、熄风、镇痉。胃热的临床主证是耳鼻温热、草料迟细，粪球干小而尿少，口干舌燥，口渴贪饮，口腔腐臭，齿龈肿痛，口色鲜红，舌有黄苔，脉象洪数；治疗原则是清热泻火，生津止渴。根据题中所述，故选答案 C。

43. 应采用的治疗原则是（ ）
   A. 清热息风　　　　　B. 清肝泻火　　　　　C. 平肝息风
   D. 清利肝胆　　　　　E. 白虎汤
   【答案】　B
   【考点】　考试要点：辨证施治—辨证
   【解析】　根据 42 题之解析，故选答案 B。

（44、45 题共用以下题干）
   一畜，形寒肢冷，耳鼻凉，腰胯无力，起卧困难，四肢下部浮肿，粪便稀软，小便少，一直不孕，口色淡，舌苔白，脉沉迟无力。

44. 根据脏腑辨证，可判断为（ ）
   A. 肾阴虚　　　　　　B. 肾阳虚　　　　　　C. 脾阳虚
   D. 心阳虚　　　　　　E. 胃阴虚
   【答案】　B
   【考点】　考试要点：辨证施治—辨证
   【解析】　肾阴虚主证是形体瘦弱，腰胯无力，低热不退或午后潮热，盗汗，粪便干燥，公畜举阳滑精或精少不育，母畜不孕，视力减退，口干、色红、少苔、脉细数；治疗原则是滋阴补肾。肾阳虚衰主证是形寒肢冷，耳鼻四肢不温，腰痿，腰腿不灵，难起难卧，四肢下部浮肿，粪便稀软或泄泻，小便减少，公畜性欲减退，阳痿不举，垂缕不收，母畜宫寒不孕。口色淡，舌苔白，脉沉迟无力；治疗原则是温补肾阳。脾阳虚主证是在脾不健运症状的基础上，同时出现形寒怕冷，耳鼻四肢不温，肠鸣腹痛，泄泻，口色青白，口腔滑利，脉象沉迟；治疗原则是温中散寒。心阳虚主证除心气虚的症状外，兼有形寒肢冷，耳鼻四肢不温，舌淡或紫暗，脉细弱或结代；治疗原则是温心阳、安心神。胃阴虚的临床主证是体瘦毛焦，皮肤松弛，弹性减退，食欲减退，口干舌燥，粪球干小，尿少色浓，口色红，苔少或无苔，脉细数；治疗原则是滋养胃阴。根据题中所述，故选答案 B。

45. 最宜的治疗原则（ ）
   A. 温补肾阳　　　　　B. 滋养肾阴　　　　　C. 温补脾阳
   D. 温心阳　　　　　　E. 温中化湿
   【答案】　A
   【考点】　考试要点：辨证施治—辨证
   【解析】　根据 44 题之解析，故选答案 A。

（46、47 题共用以下题干）
   牛，发情周期反常，过多爬跨，有"慕雄狂"之状。直肠检查，易发现卵巢囊肿或持久黄体。

46. 该病的病因属于（ ）
   A. 虚弱不孕　　　　　B. 宫寒不孕　　　　　C. 肥胖不孕
   D. 血瘀不孕　　　　　E. 生殖器官幼稚型发育
   【答案】　D
   【考点】　考试要点：病证防治—不孕
   【解析】　母畜不孕是指繁殖适龄母畜屡经健康公畜交配而不受孕，或产 1～2 胎后不能再怀孕的。临床以马、牛多见，猪也常患此病。主要分为：虚弱不孕、宫寒不孕、肥胖不孕、血瘀不孕。虚弱不孕主证是形体消瘦，精神倦怠，口色淡白，脉象沉细无力，或见阴门松弛等症，用复方仙阳汤、催情散加减；治疗原则是益气补血，健脾温肾。宫寒不孕主证是慢性子宫内膜炎、慢性子宫颈炎、慢性阴道炎等，常表现此证型，用艾附暖宫丸；治疗原则是暖宫散寒，温肾壮阳。肥胖不孕主证是患畜体肥膘满，动则易喘，不耐劳役，口色淡白，带下黏稠量多，脉滑，用启宫丸加减；治疗原则是燥湿化痰。血瘀不孕主证是发情周期反常或长期不发情，或过多爬跨，有"慕雄狂"之状。直肠检查，易发现卵巢囊肿或持久黄体；治疗原则是活血化瘀。根据题中所述，故选答案 D。

47. 治疗该病证的治法为（　　）
   A. 益气补血、健脾温肾　　B. 燥湿化痰　　　　C. 活血化瘀
   D. 暖宫散寒、温肾壮阳　　E. 补益气血
   【答案】　C
   【考点】　考试要点：病证防治—不孕
   【解析】　根据46题之解析，故选答案 C。

(48、49题共用以下题干)
某犬病症表现为心悸，气短乏力，舌淡苔白，脉虚。

48. 根据脏腑辨证，可判断为（　　）
   A. 心气虚　　　　　　　B. 心阳虚　　　　　C. 肝血虚
   D. 肝风内动　　　　　　E. 脾阳虚
   【答案】　A
   【考点】　考试要点：辨证施治—辨证
   【解析】　心气虚主证是心悸，气短乏力，自汗，运动后尤甚，舌淡苔白，脉虚；治疗原则是养心益气、安神定悸。心阳虚主证是除心气虚的症状外，兼有形寒肢冷，耳鼻四肢不温，舌淡或紫暗，脉细弱或结代；治疗原则是温心阳、安心神。肝血虚主证是眼干，视力减退，甚至出现夜盲、内障，或倦怠肯卧，蹄壳干枯皱裂，或眩晕，站立不稳，时欲倒地，或见肢体麻木，震颤，四肢拘挛抽搐，口色淡白，脉弦细；治疗原则是滋阴养血、平肝明目。肝风内动以抽搐、震颤等为主要症状，常见的有热极生风、肝阳化风、阴虚生风和血虚生风四种。脾阳虚主证是在脾不健运症状的基础上，同时出现形寒怕冷，耳鼻四肢不温，肠鸣腹痛，泄泻，口色青白，口腔滑利，脉象沉迟；治疗原则是温中散寒。根据题中所述，故选答案 A。

49. 最宜的治疗原则（　　）
   A. 清心泻火　　　　　　B. 养心益气、安神定悸　　C. 温阳散寒、行气止痛
   D. 清利小肠　　　　　　E. 温心阳、安心神
   【答案】　B
   【考点】　考试要点：辨证施治—辨证
   【解析】　根据上题之解析，故选答案 B。

(50~52题共用以下题干)
养殖场6岁公犬，原性欲旺盛，配种繁殖率高，近来日见形体瘦弱，腰胯无力，低热，口干，性欲下降，粪干尿少，舌红苔少，脉细数。

50. 根据脏腑辨证，可判断为（　　）
   A. 肾阴虚　　　　　　　B. 肾阳虚　　　　　C. 脾阳虚
   D. 心阳虚　　　　　　　E. 胃阴虚
   【答案】　A
   【考点】　考试要点：辨证施治—辨证
   【解析】　肾阴虚主证是形体瘦弱，腰胯无力，低热不退或午后潮热，盗汗，粪便干燥，公畜举阳滑精或精少不育，母畜不孕，视力减退，口干、色红、少苔、脉细数；治疗原则是滋阴补肾。肾阳虚衰主证是形寒肢冷，耳鼻四肢不温，腰痿，腰腿不灵，难起难卧，四肢下部浮肿，粪便稀软或泄泻，小便减少，公畜性欲减退，阳痿不举，垂缕不收，母畜宫寒不孕。口色淡，舌苔白，脉沉迟无力；治疗原则是温补肾阳。脾阳虚主证是在脾不健运症状的基础上，同时出现形寒怕冷，耳鼻四肢不温，肠鸣腹痛，泄泻，口色青白，口腔滑利，脉象沉迟；治疗原则是温中散寒。心阳虚主证除心气虚的症状外，兼有形寒肢冷，耳鼻四肢不温，舌淡或紫暗，脉细弱或结代；治疗原则是温心阳、安心神。胃阴虚的临床主证是体瘦毛焦，皮肤松弛，弹性减退，食欲减退，口干舌燥，粪球干小，尿少色浓，口色红，苔少或无苔，脉细数；治疗原则是滋养胃阴。根据题中所述，故选答案 A。

51. 最宜的治疗原则（　　）

A. 温补肾阳　　　　　　B. 滋阴补肾　　　　　　C. 温补脾阳
D. 温心阳　　　　　　　E. 温中化湿

【答案】 B

【考点】 考试要点：辨证施治—辨证

【解析】 肾阴虚主证是形体瘦弱，腰胯无力，低热不退或午后潮热，盗汗，粪便干燥，公畜举阳滑精或精少不育，母畜不孕，视力减退，口干，色红，少苔，脉细数；治疗原则是滋阴补肾。根据题中所述，故选答案 B。

52. 治疗该病可选用的方剂是（　　）
A. 理中汤　　　　　　　B. 巴戟散　　　　　　　C. 肾气散
D. 四君子汤　　　　　　E. 六味地黄汤

【答案】 E

【考点】 考试要点：辨证施治—辨证

【解析】 肾阴虚主证是形体瘦弱，腰胯无力，低热不退或午后潮热，盗汗，粪便干燥，公畜举阳滑精或精少不育，母畜不孕，视力减退，口干，色红，少苔，脉细数；治疗原则是滋阴补肾；常用方例为六味地黄汤加减。根据题中所述，故选答案 E。

【B1 型题】

答题说明：以下提供若干组考题，每组考题共用在考题前列出的 A、B、C、D、E 五个备选答案，请从中选择一个与问题最密切的答案，并在答题卡上将相应题号的相应字母所属的方框涂黑。某个备选答案可能被选择 1 次、多次或不被选择。

（53、54 题共用下列备选答案）
A. 肝　　　　B. 心　　　　C. 脾　　　　D. 肺　　　　E. 肾

53. 由于机体脾的功能不足，根据五行相生母病及子的关系，会影响到的脏腑是（　　）

【答案】 D

【考点】 考试要点：基础理论—阴阳五行学说

【解析】 中兽医学认为五行（即机体五脏）之间存在着有序的资生、助长和促进的关系，借以说明事物间有相互协调的一面，其基本顺序：木生火，火生土，土生金，金生水，水涵木，而在五脏表现为肝生心，心生脾，脾生肺，肺生肾，肾生肝。用五行说明五脏间相生的母子关系中，由于母病累子即称为母子及子。例如土生金，脾土为母，肺金为子，当脾功能虚弱时间过久就会拖累使肺致病。根据题中所述，故选答案 D。

54. 由于肝功能太过而影响到机体其他脏腑功能，根据五行乘原理而影响的脏腑是（　　）

【答案】 C

【考点】 考试要点：基础理论—阴阳五行学说

【解析】 中兽医学认为五行（即机体五脏）之间存在着是指五行之间存在着有序的克制和制约关系，借以说明事物间相拮抗的一面。其基本顺序：木克土，土克水，水克火，火克金，金克木，在五脏具体表现为肝克脾，脾克肾，肾克心，心克肺，肺克肝。五行之间的相克关系，也称为"所胜、所不胜"关系。五行相乘是指五行中某一行对其所胜一行的过度克制，即相克太过，是事物间关系失去相对平衡的另一种表现，其次序同于五行相克。以木克土为例，正常情况下木克土，如木气过于亢盛，对土克制太过，土本无不足，但亦难以承受木的过度克制，导致土的不足，称为"木乘土"，即"肝乘脾"。根据题中所述，故选答案 C。

（55、56 题共用下列备选答案）
A. 肝血虚　　　　　　　B. 肝胆湿热　　　　　　C. 肝火上炎
D. 肝阳化风　　　　　　E. 阴虚生风

55. 犬，眼目红肿，羞明流泪，视物不清，粪便干燥，尿浓赤黄，口色鲜红，脉数，对于该病证，给予辨证分型是（　　）

【答案】 C

【考点】 考试要点：辨证施治—辨证

【解析】 肝火上炎的临床主证是两目红肿，羞明流泪，睛生翳障，视力障碍，或有鼻衄，粪便干燥，尿浓赤黄，口色鲜红，脉象弦数；治疗原则是清肝泻火，明目退翳。肝胆湿热的临床主证是黄疸鲜明如橘色，尿液短赤，尿黄而浑浊，母畜带下黄臭，外阴瘙痒，公畜睾丸肿胀热痛，阴囊湿疹，舌苔黄腻，脉弦数；治疗原则是清利肝胆湿热。根据题中所述，故选答案 C。

56. 牛，精神沉郁，食欲减退，粪便稀软，尿黄混浊，可视黏膜发黄，鲜明如橘，口色红黄，舌苔黄腻，脉数，对于该病证，给予辨证分型是（　　）

【答案】 B
【考点】 考试要点：辨证施治—辨证
【解析】 肝胆湿热的临床主证是黄疸鲜明如橘色，尿液短赤或黄而浑浊，母畜带下黄臭，外阴瘙痒，公畜睾丸肿胀热痛，阴囊湿疹，舌苔黄腻，脉弦数；治疗原则是清利肝胆湿热。根据题中所述，故选答案 B。

（57、58题共用下列备选答案）
A. 通乳散　　　　　　　B. 青黛散　　　　　　　C. 牵正散
D. 镇肝熄风汤　　　　　E. 玉屏风散

57. 主治表虚自汗及体虚易感风邪者，证见自汗，恶风，苔白，舌淡，脉浮缓的是（　　）

【答案】 E
【考点】 考试要点：收涩药及方剂—敛汗涩精药及方剂
【解析】 玉屏风散由黄芪、白术、防风组成。具有功能益气、固表止汗之功。主治表虚自汗及体虚易感风邪者。证见自汗，恶风，苔白，舌淡，脉浮缓。本方为治表虚自汗以及体虚患畜易感风邪的常用方剂。根据题中所述，故选答案 E。

58. 主治口舌生疮，咽喉肿痛的是（　　）

【答案】 B
【考点】 考试要点：外用药及方剂
【解析】 青黛散由青黛、黄连、黄柏、薄荷、桔梗、儿茶各等份组成。共为极细末，混匀，装瓶备用。用时装入纱布袋内，口噙，或吹撒于患处。具有清热解毒、消肿止痛之功。主治口舌生疮，咽喉肿痛。根据题中所述，故选答案 B。

（59、60题共用下列备选答案）
A. 天门穴　　　　　　　B. 大椎穴　　　　　　　C. 百会穴
D. 抢风穴　　　　　　　E. 环跳穴

59. 位于犬最后颈椎与第一胸椎棘突之间的穴位是（　　）

【答案】 B
【考点】 考试要点：针灸—家畜常用穴位
【解析】 动物最后颈椎与第一胸椎棘突间的凹陷中有一穴为大椎，主要用于治疗感冒，肺热，脑黄，癫痫，血尿。根据题中所述，故选答案 B。

60. 某马，肩臂部受到冲撞后发病。证见站立时肘关外层节外展，运步时前脚前着地，触诊前臂前外侧面反应迟钝。针刺治疗首选的穴位是（　　）

【答案】 D
【考点】 考试要点：针灸—家畜常用穴位
【解析】 肩关节后下方，三角肌后缘与臂三头肌长头、外头形成的凹陷中，左右肢各一穴，为抢风穴位，临床上主要用于治疗：失膊、前肢风湿、肿痛、神经麻痹。根据题中所述，故选答案 D。

第四节　综合科目考点与解析

一、猪疾病临床诊断和治疗

【A1 型题】

答题说明：每一道考试题下面有 A、B、C、D、E 五个备选答案，请从中选择一个最佳答案，并在答题卡上将相应题号的相应字母所属的方框涂黑。

1. 具有败血症病变的猪病是（　　）
A. 急性猪肺疫　　　　　B. 猪支原体肺炎　　　　C. 猪伪狂犬病
D. 副猪嗜血杆菌病　　　E. 猪传染性萎缩性鼻炎

【答案】 A
【考点】 考试要点：猪的传染病——猪肺疫
【解析】 急性猪肺疫表现为败血症，表现为耳根、颈部、腹部等处发生出血性红斑。故答案选择 A。

2. 易发生呕吐的仔猪疾病是（　　）
   A. 猪瘟   B. 猪痢疾   C. 猪气喘病
   D. 猪传染性胃肠炎   E. 猪繁殖与呼吸综合征
【答案】 D
【考点】 考试要点：猪的传染病——猪传染性胃肠炎
【解析】 猪传染性胃肠炎是由冠状病毒科猪传染性胃肠炎病毒引起的猪的一种高度接触性肠道传染病，临床上以呕吐，严重腹泻和脱水为特征，主要影响10日龄以内仔猪，病死率可达100%。因此易发生呕吐的仔猪疾病是猪传染性胃肠炎，故答案选择 D。

3. 直接接触性传染的传染病是（　　）
   A. 伪狂犬病   B. 猪瘟   C. 狂犬病
   D. 猪丹毒   E. 猪圆环病毒病
【答案】 C
【考点】 考试要点：人兽共患传染病——狂犬病
【解析】 狂犬病病毒通过感染动物唾液腺排毒，暴露后传播，属直接接触性传染病。故答案选择 C。

4. 猪水肿病的病理特征是（　　）
   A. 胃壁与肠系膜水肿 B. 肝淤血肿大   C. 小肠黏膜充血出血
   D. 脾充血出血   E. 肾畸形
【答案】 A
【考点】 考试要点：人兽共患传染病——大肠杆菌病
【解析】 胃壁与肠系膜水肿是水肿病（猪大肠杆菌病）的特征病变之一。故答案选择 A。

5. 猪水肿病的临诊特征**不包括**（　　）
   A. 严重腹泻   B. 感觉过敏   C. 头面部水肿
   D. 肌肉震颤   E. 四肢呈划水样
【答案】 A
【考点】 考试要点：人兽共患传染病——大肠杆菌病
【解析】 猪水肿病特征病变为水肿，同时，也会表现神经症状，不会出现腹泻表现。故答案选择 A。

6. 对于猪传染性萎缩性鼻炎的诊断，一般采用（　　）方法予以确诊
   A. 细菌分离鉴定   B. X线诊断   C. 菌落形态
   D. 临床症状   E. 生化试验
【答案】 B
【考点】 考试要点：猪的传染病——猪传染性萎缩性鼻炎
【解析】 猪传染性萎缩性鼻炎是由支气管败血波氏杆菌和产毒多杀性巴氏杆菌引起的以鼻炎、鼻中隔弯曲、鼻甲骨萎缩和病猪生长迟缓为特征的慢性接触性呼吸道传染病。病猪出现鼻甲骨萎缩，导致鼻腔和面部变形，因此根据病猪X线影像发生的异常变化，可以做出早期诊断，故答案选择 B。

7. 口蹄疫病毒常出现新亚型的原因是（　　）
   A. 形态不稳定   B. 自然界影响   C. 与其他病毒出现杂交
   D. 毒力不稳定   E. 抗原不稳定、常出现漂移
【答案】 E
【考点】 考试要点：多种动物共患传染病——口蹄疫
【解析】 口蹄疫病毒是RNA病毒，容易发生变异，产生新的亚型。

8. 在冬季较易发生，以大小猪水样腹泻为主的传染病是（　　）
   A. 大肠杆菌病   B. 猪痢疾   C. 猪高热病

D. 仔猪副伤寒　　　　　　E. 猪传染性胃肠炎

【答案】 E

【考点】 考试要点：猪的传染病—猪传染性胃肠炎

【解析】 猪传染性胃肠炎在冬季多发，表现为水样腹泻，幼龄动物死亡率高。

9. 钩端螺旋体病感染动物后，通过哪种途径排出体外（　　）

A. 呼出气体　　　　B. 口腔分泌物　　　　C. 尿液
D. 粪便　　　　　　E. 精液

【答案】 C

【考点】 考试要点：猪的传染病—猪痢疾

【解析】 钩端螺旋体（猪痢疾）对肾脏的损害比较普遍，比较严重，病原体通过皮肤、黏膜侵入机体，这是传染本病的主要途径，并可从尿中排菌。

10. 伪狂犬病病毒的自然宿主是（　　）

A. 绵羊　　　　　　B. 狐狸　　　　　　C. 家兔
D. 猪　　　　　　　E. 犬科动物

【答案】 D

【考点】 考试要点：多种动物共患传染病—伪狂犬病

【解析】 猪是伪狂犬病病毒的最主要的自然宿主，牛等其他动物也能感染，但通常是致死性的感染。

11. 猪巴氏杆菌病急性型的病理变化是（　　）

A. 全身性出血＋胃肠炎　　B. 全身性出血＋浆膜炎　　C. 全身性出血＋关节炎
D. 全身性出血＋淋巴结炎　E. 全身性出血＋纤维素性肺炎

【答案】 E

【考点】 考试要点：猪的传染病—猪肺疫

【解析】 猪巴氏杆菌（猪肺疫）病急性型常以败血症和出血性炎症为主要特征，表现为耳根、颈部、腹部等处发生出血性红斑。咽喉肿胀，坚硬而热；纤维素性坏死性肺炎。

12. 规模化猪场部分猪突然发生咳嗽，呼吸困难，体温达41℃以上，急性死亡，死亡率为15％。死前口鼻流出带有血色的液体，剖检见肺与胸壁粘连，肺充血、出血、坏死。该病可能是（　　）

A. 猪支原肺炎　　　　　B. 副猪嗜血杆菌病　　　　C. 猪肺疫
D. 猪繁殖与呼吸综合征　E. 传染性胸膜肺炎

【答案】 E

【考点】 考试要点：猪的传染病—猪传染性胸膜肺炎

【解析】 猪传染性胸膜肺炎放线杆菌引起的一种高度接触性呼吸道传染病。临床表现为呼吸困难，呈腹式呼吸，并伴有阵发性咳嗽，濒死前口鼻流出带血的泡沫样分泌物。病理变化主要是纤维素性胸膜炎，肺和胸膜粘连。因此根据病猪的临床特征，判断该病可能是猪传染性胸膜肺炎，故答案选择E。

13. 与猪瘟病毒具有部分交叉免疫原性的是（　　）

A. 细小病毒　　　　B. 狂犬病毒　　　　C. 伪狂犬病毒
D. 乙型脑炎病毒　　E. 牛病毒性腹泻-黏膜病病毒

【答案】 E

【考点】 考试要点：猪的传染病—猪瘟

【解析】 牛病毒性腹泻-黏膜病病毒与猪瘟具有交叉免疫原性。

14. 我国研制的猪瘟兔化弱毒苗的优点是（　　）

A. 易制造　　　　　B. 无毒力　　　　　C. 免疫原性好
D. 免疫时间长　　　E. 保存时间长

【答案】 C

【考点】 考试要点：猪的传染病—猪瘟

【解析】 我国研制的猪瘟兔化弱毒苗免疫原性好，毒力低。

15. 具有抗酸染色特性的是（　　）

A. 猪丹毒杆菌 B. 结核杆菌 C. 大肠杆菌
D. 李氏杆菌 E. 沙门氏菌

【答案】 B
【考点】 考试要点：人兽共患传染病—结核病
【解析】 结核杆菌细胞壁具有较厚的腊质结构，抗酸染色阳性。

16. 牧区牛羊发病较多，主要表现怀孕动物流产、死胎、不育，睾丸炎、副睾丸，睾丸肿大，兽医容易感染。该病可能是（ ）
A. 猪李氏杆菌 B. 布鲁氏菌病 C. 猪瘟
D. 乙型脑炎病毒 E. 细小病毒

【答案】 B
【考点】 考试要点：人兽共患传染病—布鲁氏菌病
【解析】 布鲁氏菌病是由布鲁氏菌引起的人兽共患传染病，牛、绵羊、山羊、猪等家养动物和人均可感染发病，动物发生流产、不育、生殖器官和胎膜发炎，人感染后引起波浪热。临床特征主要表现为流产、睾丸炎、附睾炎、乳腺炎、子宫炎、关节炎、后肢麻痹或跛行等。因此根据发病牛羊的临床特征，判定该病可能是布鲁氏菌病，故答案选择 B。

17. 在大肠黏膜形成糖麸样溃疡的病是（ ）
A. 猪丹毒 B. 高热病 C. 猪瘟
D. 猪肺疫 E. 仔猪副伤寒

【答案】 E
【考点】 考试要点：人兽共患传染病—沙门氏菌病
【解析】 大肠黏膜形成糖麸样溃疡是仔猪副伤寒（沙门氏菌病）的典型病理变化，临床中猪瘟感染后很容易继发本病。

18. 某猪场发生猪瘟，大小猪与母猪均出现发病，其传播途径是（ ）
A. 垂直传播 B. 直接接触传播 C. Z型传播
D. 水平传播 E. 间接接触传播

【答案】 D
【考点】 考试要点：兽医传染病学总论—动物传染病流行过程的基本环节
【解析】 疾病方式有两大类，一为水平传播，一为垂直传播。垂直传播是指疾病从母体传至胎儿，水平传播是指疾病从传至胎儿猪群个体间通过直接或间接接触传播。

19. 急性猪链球菌病在临床和剖解上主要表现为（ ）
A. 关节炎 B. 神经症状 C. 下颌脓肿
D. 病程长 E. 败血症及纤维素渗出

【答案】 E
【考点】 考试要点：人兽共患传染病—猪Ⅱ型链球菌病
【解析】 急性猪链球菌病表现为败血症及纤维素渗出，造成急性死亡。

20. 猪痢疾在临床上的特征是（ ）
A. 黄色稀粪 B. 白色稀粪 C. 拉稀带有血液、冻胶样
D. 水样稀粪 E. 绿色稀粪

【答案】 C
【考点】 考试要点：猪的传染病—猪痢疾
【解析】 拉稀带有血液、冻胶样是猪痢疾的典型表现。

21. **不**引起母猪繁殖障碍的病是（ ）
A. 细小病毒病 B. 日本乙型脑炎 C. 伪狂犬病
D. 轮状病毒病 E. 猪蓝耳病

【答案】 D
【考点】 考试要点：猪的传染病—猪传染性胃肠炎
【解析】 轮状病毒引起腹泻，其他病原均会造成繁殖障碍。

22. 在临床上**不**具有腹泻的传染病是（ ）
A. 大肠杆菌病 B. 猪痢疾 C. 猪喘气病

D. 仔猪副伤寒　　　　　　E. 猪梭菌性肠炎
【答案】　C
【考点】　考试要点：猪的传染病—猪支原体肺炎
【解析】　猪喘气病（猪支原体肺炎）表现为呼吸道症状，其他均有腹泻表现。

23. 在临床上具有脑脊髓炎的传染病是（　　）
A. 猪肺疫　　　　　　B. 细小病毒病　　　　C. 猪链球菌病
D. 猪丹毒　　　　　　E. 猪弓形虫病
【答案】　C
【考点】　考试要点：人兽共患传染病—猪Ⅱ型链球菌病
【解析】　链球菌感染会造脑膜炎，表现为神经症状。

24. 在冬季较易发生，以大小猪水样腹泻为主的传染病是（　　）
A. 大肠杆菌病　　　　B. 猪痢疾　　　　C. 猪高热病
D. 仔猪副伤寒　　　　E. 猪传染性胃肠炎（10d内死亡率高）
【答案】　E
【考点】　考试要点：猪的传染病—猪传染性胃肠炎
【解析】　猪传染性胃肠炎在冬季多发，表现为水样腹泻，幼龄动物死亡率高。

25. 我国猪高热病的病原是（　　）
A. 蓝耳病病毒　　　　B. 高致病性蓝耳病病毒　　C. 变异的蓝耳病病毒
D. 欧洲型蓝耳病病毒　E. 美洲型蓝耳病病毒
【答案】　B
【考点】　考试要点：猪的传染病—猪繁殖与呼吸综合征
【解析】　高致病性蓝耳病（猪繁殖与呼吸综合征）病毒是主要病原。

26. 初产母猪感染猪细小病毒后，主要临床症状是（　　）
A. 腹泻　　　　　　B. 繁殖障碍　　　　C. 呼吸困难
D. 神经症状　　　　E. 运动失调
【答案】　B
【考点】　考试要点：猪的传染病—猪细小病毒病
【解析】　初产母猪繁殖障碍是细小病毒感染的特征表现，经产母猪通常具有低抵抗力。

27. 病猪出现面部变形和"泪斑"，最有可能的传染病是（　　）
A. 猪支原肺炎　　　　B. 副猪嗜血杆菌病　　C. 传染性胸膜肺炎
D. 猪传染性萎缩性鼻炎　E. 猪繁殖与呼吸综合征
【答案】　D
【考点】　考试要点：兽医传染病学总论—动物传染病流行过程的基本环节
【解析】　猪传染性萎缩性鼻炎是造成面部变形和"泪斑"的主要病原；猪繁殖与呼吸综合征也会出现"泪斑"，但不会造成面部变形。

28. 猪乙型脑炎主要侵害猪的（　　）
A. 神经系统　　　　B. 呼吸系统　　　　C. 泌尿系统
D. 循环系统　　　　E. 生殖系统
【答案】　E
【考点】　考试要点：人兽共患传染病—猪乙型脑炎
【解析】　猪乙型脑炎简称乙脑，是由黄病毒科乙型脑炎病毒引起的经蚊媒传播繁殖障碍性疾病，临床表现为母猪流产、产死胎、木乃伊胎，公猪出现睾丸炎。猪是乙型脑炎病毒的主要扩增宿主和传染源。因此猪乙型脑炎的临诊特征是繁殖障碍，故答案选择E。

29. 仔猪黄痢最容易感染的日龄是（　　）
A. 1～3d　　　　　　B. 5～7d　　　　　　C. 7～14d
D. 10～30d　　　　　E. 断奶后1～2w
【答案】　A
【考点】　考试要点：人兽共患传染病—大肠杆菌病
【解析】　1～3d，仔猪黄痢（猪大肠杆菌病），急性死亡；7d以上大肠杆菌感染表现为白痢。

30. 检测猪乙型脑炎最经典的诊断方法是（　　）
   A. 血凝抑制试验 B. RT-PCR C. 病原分离鉴定
   D. 血清学诊断 E. 乳胶凝集试验
   【答案】 C
   【考点】 考试要点：人兽共患传染病—猪乙型脑炎
   【解析】 病原分离鉴定是传染病诊断的经典方法。

31. 猪大肠杆菌病的主要传染源是（　　）
   A. 带菌仔猪 B. 患病仔猪 C. 带菌母猪
   D. 带菌公猪 E. 鼠类
   【答案】 C
   【考点】 考试要点：人兽共患传染病—大肠杆菌病
   【解析】 猪大肠杆菌病是条件性疾病，主要通过带菌母猪、不洁环境等因素传染。

32. 猪瘟病毒采样分离的首选样品是（　　）
   A. 肝脏 B. 淋巴结 C. 脾脏
   D. 扁桃体 E. 小肠
   【答案】 D
   【考点】 考试要点：猪的传染病—猪瘟
   【解析】 扁桃体、脾脏、淋巴结、肾脏、胰脏中猪瘟含毒量高，尤其是扁桃体还可以活体采样，是猪瘟病毒采样分离的首选样品。

33. 保育仔猪呈典型"观星"姿势的疾病是（　　）
   A. 猪链球菌病 B. 猪乙型脑炎 C. 猪伪狂犬病
   D. 猪圆环病毒病 E. 猪李氏杆菌病
   【答案】 E
   【考点】 考试要点：人兽共传染病—李氏杆菌病
   【解析】 猪链球菌病、猪乙型脑炎、猪伪狂犬病、李氏杆菌病均有神经症状，猪李氏杆菌病呈典型"观星"姿势。

34. 猪瘟病毒采样分离的首选样品是（　　）
   A. 肝脏 B. 淋巴结 C. 脾脏
   D. 扁桃体 E. 小肠
   【答案】 D
   【考点】 考试要点：猪的传染病—猪瘟
   【解析】 扁桃体、脾脏、淋巴结、肾脏、胰脏中猪瘟含毒量高，尤其是扁桃体还可以活体采样，是猪瘟病毒采样分离的首选样品。

35. 猪细小病毒的传播途径主要是经（　　）
   A. 消化道 B. 胎盘和精液 C. 呼吸道
   D. 深部伤口 E. 乳汁
   【答案】 B
   【考点】 考试要点：猪的传染病—猪细小病毒病
   【解析】 猪细小病毒主要通过胎盘和精液传播，造成繁殖障碍。

36. 猪咽型炭疽的临床病理特征为（　　）
   A. 皮肤出血点 B. 皮下水肿 C. 咽喉部肿胀，淋巴结出血
   D. 出血性肠炎 E. 出血性肝变
   【答案】 C
   【考点】 考试要点：人兽共患传染病—炭疽
   【解析】 炭疽是由炭疽杆菌引起的多种家畜、野生动物和人的一种急性、热性、败血性传染病。根据临床表现分为最急性型、急性型和痈型炭疽。猪对炭疽的抵抗力较强，主要表现为咽型炭疽，临床特征为咽喉部严重肿胀，皮下有出血性胶冻样浸润，呼吸困难，咽部淋巴结肿大、出血等。因此猪咽型炭疽的临床病理特征为咽喉部肿胀，淋巴结出血，故答案选择C。

37. 检测 PRRS 阳性抗体国际上通用且较敏感的血清学方法是（　　）
    A. ELISA 试验 B. 病毒分离鉴定 C. RT-PCR
    D. 补体结合试验 E. 间接免疫荧光抗体
    【答案】　E
    【考点】　考试要点：猪的传染病——猪繁殖与呼吸综合征
    【解析】　间接免疫荧光抗体检测是 PRRS（猪繁殖与呼吸综合征）抗体检测标准。

38. 猪患口蹄疫时，含毒量最多的是（　　）
    A. 肝脏 B. 尿液 C. 脾脏
    D. 淋巴结 E. 舌面水疱皮
    【答案】　E
    【考点】　考试要点：多种动物共患传染病——口蹄疫
    【解析】　水疱皮、水疱液中口蹄疫病毒含毒量最多。

39. 伪狂犬病病毒的自然宿主是（　　）
    A. 绵羊 B. 狐狸 C. 家兔
    D. 猪 E. 犬科动物
    【答案】　D
    【考点】　考试要点：多种动物共患传染病——伪狂犬病
    【解析】　猪是伪狂犬病病毒的最主要的自然宿主，牛等其他动物也能感染，但通常是致死性的感染。

40. 易发生呕吐的仔猪疾病是（　　）
    A. 猪瘟 B. 猪痢疾 C. 猪气喘病
    D. 猪传染性胃肠炎 E. 猪繁殖与呼吸综合征
    【答案】　D
    【考点】　考试要点：猪的传染病——猪传染性胃肠炎
    【解析】　猪传染性胃肠炎是由冠状病毒科猪传染性胃肠炎病毒引起的猪的一种高度接触性肠道传染病，临床上以呕吐、严重腹泻和脱水为特征，主要影响 10 日龄以内仔猪，病死率可达 100%。因此易发生呕吐的仔猪疾病是猪传染性胃肠炎，故答案选择 D。

【A2 型题】
答题说明：每一道考题是以一个小案例出现的，其下面都有 A、B、C、D、E 五个备选答案，请从中选择一个最佳答案，并在答题卡上将相应题号的相应字母所属的方框涂黑。

41. 某猪场 4~5 月龄架子猪 1 月突然发病，体温 41℃ 左右，不吃，精神沉郁，喜卧不愿走动，强行驱赶尖叫，呼吸快，腹部起伏明显，流浆液性鼻液，眼分泌物多，很少死亡。该病可能是（　　）
    A. 猪肺疫 B. 猪丹毒 C. 猪流感
    D. 猪高热病 E. 猪瘟
    【答案】　C
    【考点】　考试要点：人兽共患传染病——高致病性禽流感
    【解析】　猪流感通常表现为发热、流浆液性鼻液、死亡率低等特征。

42. 一猪场购进猪苗一批，进场开始发病，食欲废绝，腹泻，继而呼吸急促乃至困难，张口伸舌，呈犬坐式，有的倒地死亡；病死猪进行解剖，发现胸膜表面有广泛性纤维性物附着，胸腔积液呈血色，气管和支气管有纤维性物附着，肺充血、出血，心包液多，肺门淋巴结肿大。该病可能是（　　）
    A. 猪肺疫 B. 猪喘气病 C. 猪传染性胸膜肺炎
    D. 副猪嗜血杆菌病 E. 猪圆环病毒病
    【答案】　C
    【考点】　考试要点：猪传染性胸膜肺炎
    【解析】　猪传染性胸膜肺炎是由胸膜肺炎放线杆菌引起的一种高度接触性呼吸道传染病。急性型呈现高度呼吸困难而急性死亡。病变特征主要在胸腔与肺脏。纤维素性胸膜炎蔓延至整个肺脏，使肺和胸膜粘边，以致难以将肺脏与胸膜分离。肺充血出血，肺门淋巴结肿大。因此根据病猪的临床特征和病变特征，判定该病可能是猪传染性胸膜肺炎，故答案选择C。

43. 某猪场5～6月龄架子猪5月份突然发病，T42.5℃，精神沉郁，不吃，呼吸极度困难，有的出现喘气，粪便干，下颌皮肤、腹部皮肤、四肢末端皮肤出现紫或紫红色淤斑，病程快的1～2天死亡，该病可能是（ ）
    A. 猪瘟   B. 猪肺疫   C. 圆环病毒
    D. 猪高热病   E. 丹毒
    【答案】 B
    【考点】 考试要点：猪的传染病—猪肺疫
    【解析】 巴氏杆菌（猪肺疫）引起的典型的急性败血症表现，架子猪发病、出血、呼吸困难、水肿、急性死亡。其他选项疾病很少引起呼吸困难。

44. 某猪场病死仔猪见心脏扩张，心室和乳头肌均有大小不等、界限不清的淡灰或黄白色的条纹，状似虎斑，部分病死猪在蹄冠与趾间出现水泡与烂斑。病猪心脏的病变属于（ ）
    A. 实质性心肌炎   B. 间质性心肌炎   C. 化脓性心肌炎
    D. 心肌脂肪浸润   E. 心肌梗死
    【答案】 A
    【考点】 考试要点：口蹄疫
    【解析】 实质性心肌炎是指心肌纤维出现变质性变化为主的炎症，间质内可见不同程度的渗出和增生性变化。临床上呈现灰黄色或灰白色斑状或条纹，散布于黄红色心肌背景上，形似虎皮的斑纹，称为虎斑心。实质性心肌炎通常伴发于犊牛和仔猪恶性口蹄疫。根据病仔猪表现的临床病变特征，可以判定上述病猪心脏的病变属于实质性心肌炎，故答案选择A。

45. 某猪场3～6月龄猪5月突然发病，T42.5℃，精神沉郁，不吃，呼吸极度困难，有的出现喘气，粪便干，下颌皮肤、腹部皮肤、四肢末端皮肤出现紫或紫红色淤斑，喜卧，驱赶时尖叫，病程快的1～2天死亡，病程长的可见后肢关节肿大跛行、穿刺有纤维素和脓汁，后期出现腹泻。该病可能是（ ）
    A. 猪丹毒   B. 猪肺疫   C. 圆环病毒
    D. 副伤寒   E. 链球菌病
    【答案】 E
    【考点】 考试要点：人兽共患传染病—猪Ⅱ型链球菌
    【解析】 链球菌感染造成急性败血症表现、皮肤出现紫斑，腹腔纤维素渗出，部分表现为关节炎。

46. 某猪场2月龄左右仔猪发病，体温略高，被毛粗乱消瘦，食少，主要表现下痢，粪便呈红色或黑色，恶臭，含有肠黏膜碎片，有的带无色冻胶样液体，剖检见大肠纤维素性出血性坏死性肠炎，该病可能是（ ）
    A. 仔猪红痢   B. 猪肺疫   C. 猪痢疾
    D. 仔猪副伤寒   E. 猪丹毒
    【答案】 C
    【考点】 考试要点：猪的传染病—猪痢疾
    【解析】 仔猪血痢（猪痢疾）通常是产房仔猪发病；2月龄仔猪发病、表现为大肠纤维素性出血性坏死性肠炎，恶臭，含有肠黏膜碎片，有的带无色冻胶样液体，是典型的猪痢疾的表现。

47. 8月龄母猪，因怀疑患细菌性肺炎，用青霉素、链霉素肌注治疗3天，疗效欠佳，经实验室诊断为支原体肺炎混合感染胸膜肺炎放线杆菌，应改用的治疗药物是（ ）
    A. 新霉素   B. 头孢噻呋   C. 泰妙菌素
    D. 氟苯尼考   E. 地美硝唑
    【答案】 C
    【考点】 考试要点：猪的传染病—猪支原体肺炎、猪传染性胸膜肺炎
    【解析】 泰妙菌素对支原体和胸膜肺炎放线杆菌均有效，且肺组织中药物浓度高。猪支原体肺炎是由支原体科猪肺炎支原体引起的一种接触性、慢性、消耗性呼吸道传染病。对于该病的预防，一般采取全进全出的原则，实施早期隔离断奶技术，降低饲养密度，

进行疫苗接种等措施。对猪肺炎支原体比较敏感的药物主要有替米考星、泰妙菌素、诺酮等，青霉素类和磺胺类药物对本病原无效。

48. 某猪场5月龄猪发病，表现体温升高，弓背，行走摇晃，病初便秘后期腹泻，四肢末端皮肤有出血点，发病率约15%，剖检可见脾脏边缘梗死，盲肠纽扣状溃疡，最可能引起本病的病原是（　　）
   A. 猪瘟　　　　　　　　B. 猪流感　　　　　　C. 猪细小病毒病
   D. 伪狂犬　　　　　　　E. 传染性胃肠炎
   【答案】　A
   【考点】　考试要点：猪的传染病—猪瘟
   【解析】　猪瘟是由黄病毒科瘟病毒属的猪瘟病毒引起的猪的致死性烈性传染病，临床特征为全身皮肤、浆膜、黏膜和内脏器官有不同程度的出血，全身淋巴结肿大，出血；脾脏出血性梗死，最具有诊断意义；肾脏表面有密集或散在的大小不一的出血点或出血斑（麻雀蛋肾），盲肠纽扣状溃疡。因此根据病猪的临床特征，判定最可能的疾病是猪瘟，故答案选择A。

49. 某猪场部分2月龄猪出现呼吸困难、关节肿胀症状，剖检可见多发性浆膜炎。采病料分别接种普通琼脂、兔血琼脂和巧克力琼脂平板，仅在巧克力平板上长出菌落，该菌落接种兔血平板，再用金黄色葡萄球菌点种，呈现"卫星现象"。该猪群感染的病原是（　　）
   A. 副猪嗜血杆菌　　　　B. 巴氏杆菌　　　　　C. 里氏杆菌
   D. 大肠杆菌　　　　　　E. 肺炎支原体
   【答案】　A
   【考点】　考试要点：猪的传染病—副猪嗜血杆菌病
   【解析】　副猪嗜血杆菌病表现：多发性浆膜炎，病原营养要求高，需V因子，呈现"卫星现象"。

50. 某猪场的猪突然死亡，剖检见胸腔内有大量黄色混浊液体，脾脏肿大，其他脏器见出血水肿，取心血抹片镜检，见有G⁺菌，接种血液琼脂平板，37℃24h培养后，见菌落周围有β溶血环，初步诊断是（　　）
   A. 副猪嗜血杆菌病　　　B. 猪肺疫　　　　　　C. 副伤寒
   D. 猪链球菌病　　　　　E. 猪传染性胸膜肺炎
   【答案】　D
   【考点】　考试要点：人兽共患传染病—猪Ⅱ型链球菌病
   【解析】　急性败血型链球菌感染表现，病原G⁺菌、β溶血环，符合链球菌特征，其他病原均是G⁻菌。

51. 母猪，最后一只仔猪产出已8h，发现其仍努责。触诊未发现子宫中有胎儿。体温稍微升高，食欲下降，但喜喝水。该猪最可能发生的疾病是（　　）
   A. 胎衣不下　　　　　　B. 尚有仔猪未分娩　　C. 胃肠功能紊乱
   D. 内分泌失调　　　　　E. 产后低血钙症
   【答案】　A
   【考点】　考试要点：人兽共患传染病—猪Ⅱ型链球菌病
   【解析】　胎衣不下或胎膜滞留是指母畜分娩出胎儿后，胎衣在正常的时限内不能排出的现象。临床上主要表现为患猪不安，弓背和努责，体温升高，食欲降低，泌乳减少，喜喝水，阴门内流出红褐色液体，内含胎衣碎片。因此根据母猪再现的临床特点，初步判定该猪最可能发生的疾病是部分胎衣不下，故答案选择A。

52. 某猪场淘汰仔公猪阉割后1个月左右，个别仔猪发病，病猪体温正常，主要表现两耳竖立，全身肌肉痉挛强直，两眼凝视，对外界声音和刺激敏感，表现烦躁不安，有的磨牙流口水，检查伤口愈合良好，该病可能是（　　）
   A. 狂犬病　　　　　　　B. 伪狂犬病　　　　　C. 乙脑
   D. 猪链球菌　　　　　　E. 破伤风
   【答案】　E
   【考点】　考试要点：兽医微生物学与免疫学—主要的动物病原菌
   【解析】　病史、表现均符合破伤风感染特征。破伤风梭菌产生毒素引起全身强直性痉挛。

【A3/A4 型题】
答题说明：以下提供若干个案例，每个案例下设若干道考题。请根据案例所提供的信息，在每一道考试题下面的 A、B、C、D、E 五个备选答案中选择一个最佳答案，并在答题卡上将相应题号的相应字母所属的方框涂黑。

(53～58 题共用以下题干)
一养猪户送来 3 月龄病猪 2 头求诊，外观见腹底皮肤有紫斑，四肢末端皮肤有黑色坏死，主诉病程 20d 左右，$T 40℃$，食欲时好时坏，便秘和腹泻交替出现，渐进消瘦，抗生素治疗效果不明显。

53. 该病可能是（   ）
    A. 猪瘟   B. 猪高热病   C. 猪丹毒
    D. 猪肺疫   E. 仔猪副伤寒
54. 死亡后剖解可能出现（   ）
    A. 脾肿大坚硬如橡皮   B. 回盲瓣纽扣状坏死   C. 肝肿大
    D. 肾脏有白色坏死灶   E. 心脏黏膜有小点出血
55. 病料应采集（   ）
    A. 脾脏   B. 肝脏   C. 肺脏
    D. 肠黏膜   E. 膀胱
56. 确诊需进行（   ）
    A. RT-PCR   B. 实验室诊断   C. 病理学剖检
    D. 免疫学诊断   E. 临床诊断
57. 预防常用（   ）
    A. 仔猪副伤寒弱毒冻干苗   B. 猪丹毒弱毒苗   C. 猪肺疫弱毒苗
    D. 高致病性蓝耳病灭活苗   E. 猪瘟兔化弱毒脾淋苗
58. 免疫剂量是（   ）
    A. 1 头份   B. 2 头份   C. 4 头份
    D. 8 头份   E. 20 头份
    【答案】 A、B、A、A、E、B
    【考点】 考试要点：猪的传染病—猪瘟
    【解析】 猪瘟是由黄病毒科瘟病毒属的猪瘟病毒引起的猪的致死性烈性传染病，临床特征为全身皮肤、浆膜、黏膜和内脏器官有不同程度的出血，全身淋巴结肿大，出血；脾脏出血性梗死，最具有诊断意义；肾脏表面有密集或散在的大小不一的出血点或出血斑（麻雀蛋肾），盲肠纽扣状溃疡。因此根据病猪的临床特征，判定最可能的疾病是猪瘟，故 53、54 题选择 A、B。猪瘟脾脏、淋巴结、肾含毒量高，故 55 题选 A；猪瘟病毒是 RNA 病毒，可用 RT-PCR 方法检测病毒核酸进行确诊，故 56 题选 A。因为是猪瘟，所以选猪瘟兔化苗预防，剂量 2 头份，故 57、58 题选 E、B。

(59～61 题共用以下题干)
2009 年 5 月某猪场 50 日龄左右仔猪突然发病，体温 42℃左右，不食，精神沉郁喜卧，全身皮肤特别是耳部皮肤发红，2～3 天后呈紫色，呼吸困难，粪便基本正常，抗生素治疗效果差，死亡率达 60%。

59. 该病可能是（   ）
    A. 猪瘟   B. 猪高热病   C. 猪丹毒
    D. 猪肺疫   E. 猪链球菌病
60. 剖解病变可能有（   ）
    A. 脾脏边缘有出血性梗死   B. 肺充血出血   C. 肺间质增宽
    D. 肾脏肿大有出血点   E. 胸腹腔渗出液增多，有白色纤维素渗出
61. 临床治疗常用药物是（   ）
    A. 地米   B. 安乃近   C. 抗生素
    D. 磺胺类   E. 增加抵抗力、干扰素等
    【答案】 B、C、E

【考点】 考试要点：猪的传染病—猪繁殖与呼吸综合征
【解析】 高致病性蓝耳病（猪繁殖与呼吸综合征）特征表现：高热、末梢循环不良、抗菌药物治疗效果差等。肺间质增宽是蓝耳病病例中最为常见的表现之一，临床上常用干扰素治疗。

（62～65题共用以下题干）

某猪场断奶仔猪突然发病，体温40～41℃，呕吐不吃，沉郁喜卧，部分猪频擦猪栏墙壁，转圈，病程长的四肢不能站立、倒地四肢呈游泳状，1周左右死亡，死亡率高，抗生素治疗效果差。

62. 该病可能是（　　）
　　A. 猪瘟　　　　　　　　B. 猪高热病　　　　　　C. 猪伪狂犬病
　　D. 猪肺疫　　　　　　　E. 猪链球菌病

63. 剖解病变可能有（　　）
　　A. 脾脏边缘有出血性梗死　B. 肺充血出血　　　　　C. 肺间质增宽
　　D. 肾脏肿大有出血点　　　E. 肝脾肺有白色坏死点

64. 实验室诊断接种动物应首选（　　）
　　A. 小白鼠　　　　　　　B. 猪　　　　　　　　　C. 鸽
　　D. 金黄地鼠　　　　　　E. 兔

65. 具有快速、敏感、特异性强而适于临诊诊断的方法是（　　）
　　A. 血清中和试验　　　　B. ELISA　　　　　　　C. 琼脂扩散试验
　　D. PCR　　　　　　　　E. 补体结合试验

【答案】 C、E、E、D
【考点】 考试要点：多种动物共患传染病—伪狂犬病
【解析】 伪狂犬典型表现：发热、奇痒、神经症状。肝、脾等脏器常有白色坏死点，家兔易感，接种部位表现奇痒，最终导致死亡；可用PCR方法检测病毒核酸进行快速确诊。

（66、67题共用以下题干）

某猪场断奶仔猪长期生长发育不良，被毛粗乱，食欲时好时坏，消瘦，个别猪皮肤，特别是背部、腹部两侧的皮肤有豌豆大小的突出于皮肤表面的黑色或红黑色丘疹，指压不褪色，有的猪出现呕吐，触诊腹股沟淋巴结增大2～4倍，死亡率低，药物治疗效果差。

66. 该病可能是（　　）
　　A. 猪瘟　　　　　　　　B. 猪高热病　　　　　　C. 猪伪狂犬病
　　D. 猪链球菌病　　　　　E. 猪圆环病毒病

67. 剖解病变可能有（　　）
　　A. 肾脏肿大有出血点　　　B. 肺充血出血　　　　　C. 肺间质增宽
　　D. 肝脾肺肾等有白色坏死灶　E. 脾脏变短，一端出现萎缩或有紫黑色梗死

【答案】 E、E
【考点】 考试要点：猪的传染—猪圆环病毒病
【解析】 圆环病毒引起的皮炎肾病综合征的典型表现：皮炎、肾炎、淋巴结高度肿大、脾肿大、脾头坏死等。

（68～70题共用以下题干）

某猪场仔猪出现精神不振，虹膜潮红，呼吸稍快，食欲减退或废绝。频做排粪动作，腹部听诊肠音减弱或消失，难以排出粪便或仅排出少量带有黏液或血丝的粪便。腹部触诊体瘦的病猪一般可摸到大肠内干硬的粪块。

68. 该病可能是（　　）
　　A. 胃炎　　　　　　　　B. 肠炎　　　　　　　　C. 肠便秘
　　D. 肠扭转　　　　　　　E. 肠套叠

69. 治疗该病的药物是（　　）
　　A. 阿托品　　　　　　　B. 活性炭　　　　　　　C. 硫酸镁
　　D. 庆大霉素　　　　　　E. 次硝酸铋

70. 预防该病的有效措施是（　　）

A. 限制运动　　　　　　B. 充分饮水　　　　　　C. 限制饮水
D. 增加干饲料　　　　　E. 增加精饲料

【答案】　C、C、B
【考点】　考试要点：兽医内科学—其他胃肠疾病
【解析】　猪肠便秘是由于肠内容容物停滞、变干、变硬，致使肠腔阻塞的一种疾病。对于猪肠便秘的治疗，一般采用缓泻的方法。常用硫酸钠（或硫酸镁）加水内服；或植物油，或液状石蜡内服。因此治疗猪肠便秘的药物是硫酸镁，故68、69题答案选择C。预防原则是适当运动，喂给多汁易消化的青饲料，并应限制喂量，但饮水要充足。因此预防该病的有效措施是充分饮水，故70题答案选择B。

（71~73题共用以下题干）
2009年5月某猪场50日龄左右仔猪突然发病，体温42℃左右，不食，精神沉郁喜卧，全身皮肤特别是耳部皮肤发红，2~3天后呈紫色，呼吸困难，粪便基本正常，抗生素治疗效果差，死亡率达60%。

71. 该病可能是（　　）
　　A. 猪瘟　　　　　　　B. 猪高热病　　　　　　C. 猪丹毒
　　D. 猪肺疫　　　　　　E. 猪链球菌病
72. 剖解病变可能有（　　）
　　A. 脾脏边缘有出血性梗死　　B. 肺充血出血　　　　C. 肺间质增宽
　　D. 肾脏肿大有出血点　　　　E. 胸腹腔渗出液增多，有白色纤维素渗出
73. 临床治疗常用药物是（　　）
　　A. 地米　　　　　　　B. 安乃近　　　　　　　C. 抗生素
　　D. 磺胺类　　　　　　E. 增加抵抗力、干扰素等

【答案】　B、C、E
【考点】　考试要点：猪的传染病—猪繁殖与呼吸综合征
【解析】　高致病性蓝耳病（猪繁殖与呼吸综合征）特征表现：高热、末梢循环不良、抗菌药物治疗效果差等。肺间质增宽是蓝耳病病例中最为常见的表现之一，临床上常用干扰素治疗。

（74~77题共用以下题干）
某新建猪场猪饲养密度大，2009年2月陆续发现断奶后的架子猪和后备猪发病，病猪体温正常，精神不振，张口喘气，腹式呼吸，次数增多，有的呈犬坐姿势，严重的死亡。病程稍长的采食正常但吃后咳嗽，严重者连咳，咳嗽时站立不动、拱背，后期采食下降，偶尔出现死亡。

74. 该病可能是（　　）
　　A. 猪肺疫　　　　　　B. 猪传染性胸膜肺炎　　　C. 猪喘气病
　　D. 猪丹毒　　　　　　E. 副猪嗜血杆菌病
75. 剖解病死猪特征性病变是（　　）
　　A. 肺充血出血　　　　B. 肺有白色的纤维素性假膜　　　C. 肺有胰脏样肉变
　　D. 肺有对称性胰脏样肉变　　E. 肺有脓肿
76. 临床上预防用（　　）
　　A. 干扰素　　　　　　B. 弱毒苗　　　　　　　C. 高免血清
　　D. 灭活苗　　　　　　E. 基因工程苗
77. 临床常用的治疗药物是（　　）
　　A. 青霉素　　　　　　B. 恩诺沙星　　　　　　C. 泰妙菌素
　　D. 磺胺药　　　　　　E. 庆大霉素

【答案】　C、D、D、C
【考点】　考试要点：猪的传染病—猪支原体肺炎
【解析】　根据发病特点诊断为喘气病，该病其肺出现对称肉样病变，预防用灭活苗，泰妙菌素（支原净）是治疗首选取药物。猪支原体肺炎是由支原体科猪肺炎支原体引起的一种接触性、慢性、消耗性呼吸道传染病。对于该病的预防，一般采取全进全出的原则，实施早期隔离

断奶技术，降低饲养密度，进行疫苗接种等措施。对猪肺炎支原体比较敏感的药物主要有替米考星、泰妙菌素、诺酮等，青霉素类和磺胺类药物对本病原无效。

（78~80题共用以下题干）
某猪场2~5月猪出现发病，病猪打喷嚏，鼻孔流出少量浆液性或脓性分泌物，不时拱地、搔扒或摩擦鼻端。经数周，少数病猪可自愈，2~3个月后出现面部变形或歪斜。剖解见鼻腔软骨和鼻甲骨软化和萎缩，严重者鼻甲骨消失。

78. 该病可能是（　　）
    A. 猪传染性萎缩性鼻炎　　B. 猪喘气病　　C. 猪传染性胸膜肺炎
    D. 副猪嗜血杆菌病　　E. 猪圆环病毒病

79. 引起该病的病原是（　　）
    A. 多杀性巴氏杆菌　　　　　　　　　B. 支气管败血波特氏杆菌
    C. 支气管败血波氏杆菌和多杀性巴氏杆菌　　D. C群兽疫链球菌
    E. 葡萄球菌

80. 出现鼻腔变形的感染后时间是（　　）
    A. 1个月以内　　B. 2个月以内　　C. 2~3个月
    D. 5个月以上　　E. 以上都可以

【答案】 A、C、C
【考点】 考试要点：猪的传染病—猪传染性萎缩性鼻炎
【解析】 猪传染性萎缩性鼻炎是由支气管败血液氏杆菌和产毒多杀性巴氏杆菌引起的以鼻炎、鼻中隔弯曲、鼻甲骨萎缩和病猪生长缓慢为特征的慢性接触性呼吸道传染病。临床特征为仔猪病初表现为打喷嚏，有不同程度的浆液性、黏性或脓性鼻分泌物。由于泪液黏附尘土而在眼角出现斑纹，俗称"泪斑"。病猪出现鼻甲骨萎缩，导致鼻腔和面部变形。因此根据病猪的临床特征和病变特征，判定该病可能是猪传染性萎缩性鼻炎，故78题答案选择A。

猪传染性萎缩性鼻炎是由支气管败血波氏杆菌和产毒多杀性巴氏杆菌引起的以鼻炎、鼻中隔弯曲、鼻甲骨萎缩和病猪生长缓慢为特征的慢性接触性呼吸道传染病。因此引起该病的病原是支气管败血波氏杆菌和多杀性巴氏杆菌，故79题答案选择C。

猪传染性萎缩性鼻炎是由支气管败血波氏杆菌和产毒多杀性巴氏杆菌引起的以鼻炎、鼻中隔弯曲、鼻甲骨萎缩和病猪生长缓慢为特征的慢性接触性呼吸道传染病。临床特征为仔猪病初表现为打喷嚏，有不同程度的浆液性、黏性或脓性鼻分泌物。感染2~3个月后，病猪出现鼻甲骨萎缩，导致鼻腔和面部变形。因此出现鼻腔变形的感染后时间是2~3个月，故80题答案选择C。

（81~84题共用以下题干）
某猪场猪突然发病，传播迅速，病猪跛行明显，表现蹄壳变形或脱落，卧地不能站立。部分猪在鼻镜、吻突、乳房等处皮肤出现大小不一的水泡，水泡很快破溃，露出边缘整齐的暗红色糜烂面，形成粒斑，死率较低，剖检死亡猪，见心包膜有弥散性出血点，心肌切面有灰白色或淡黄色斑点或条纹。

81. 该病可能是（　　）
    A. 猪水疱病　　B. 口蹄疫　　C. 猪高热
    D. 猪瘟　　　　E. 猪圆环病毒感染

82. 发生该病，猪场应立即（　　）
    A. 上报疫情　　B. 隔离　　C. 封锁
    D. 扑杀　　　　E. 消毒

83. 采集病料的部位是（　　）
    A. 水疱液和水疱皮　　B. 肝　　C. 脾
    D. 肾　　　　　　　　E. 血液

84. 我国对该病猪群采取的措施是（　　）
    A. 隔离条件下治疗　　B. 扑杀　　C. 消毒
    D. 抗病毒药物治疗　　E. 干扰素注射

【答案】 B、A、A、B

【考点】 考试要点：多种动物共患传染病—口蹄疫

【解析】 口蹄疫是由口蹄疫病毒引起偶蹄兽的一种急性、热性、高度接触性传染病。临诊特征是传播速度快、流行范围广，成年动物的口腔黏膜、蹄部和乳房等处皮肤发生水泡和溃烂，幼龄动物多因心肌炎死亡。根据病猪的临床特征，初步判定该猪场发生口蹄疫，故81题选B。一旦发生口蹄疫，必须立即上报疫情，确切诊断，划定疫点、疫区和受威胁区，并分别进行封锁和监督。在严格封锁的基础上，扑杀患病动物及其同群动物，并对其进行无害化处理。因此发生口蹄疫，猪场应立即上报疫情，故82题选A。对于口蹄疫的诊断，一般可进行病毒的分离鉴定，可供检查的病料有水疱液、水疱皮、脱落的表皮组织等。因此口蹄疫采集病料的部位是水疱液、水疱皮，故83题选A。口蹄疫发生后在严格封锁的基础上，扑杀患病动物及其同群动物，并对其进行无害化处理。我国采取措施是扑杀，故84题选B。

(85、86题共用以下题干)

某农户下午送来56日龄病死猪两头求诊，主诉该2头猪昨天下午正常，今早发现死于栏内，外观腹部皮肤有红色紫斑，剖检见小肠黏膜广泛充血出血，肠系膜淋巴结水肿，肺水肿、充血出血。另尚有2头发病，查体温40.5℃和41.2℃，精神差、被毛粗乱，不吃，其中一头不能站立，倒地呈划水样，叫声嘶哑。

85. 该病可能是（　　）
   A. 仔猪副伤寒 B. 猪丹毒 C. 仔猪水肿病
   D. 猪肺疫 E. 猪链球菌病

86. 该病的病原是（　　）
   A. 多杀性巴氏杆菌 B. 致病性大肠杆菌 C. 副伤寒沙门氏菌
   D. C群兽疫链球菌 E. 溶血性大肠杆菌

【答案】 C、E

【考点】 考试要点：人兽共患传染病—大肠杆菌病

【解析】 该病的特征症状肠系膜淋巴结水肿，肺水肿、充血出血符合仔猪水肿病（大肠杆菌）特点。其他症状猪链球菌病也有，但不是特征症状。

(87～90题共用以下题干)

某规模化种猪场母猪出现体温升高，食欲不振，弱仔、死胎率达60%；哺乳仔猪体温高至40℃以上，呼吸困难，两耳发紫，眼结膜炎，3周内死亡率达70%。

87. 该病最可能是（　　）
   A. 猪瘟 B. 猪狂犬病 C. 猪布鲁氏杆菌病
   D. 猪细小病毒病 E. 猪繁殖与呼吸综合征

88. 如进一步诊断，首先采用的方法是（　　）
   A. 病理剖检 B. 病毒分离鉴定 C. 细菌分离鉴定
   D. ELISA检测抗体 E. RT-PCR检测病毒

89. 如该猪群并发猪圆环病毒病，最合适的病原学检测病料是（　　）
   A. 病仔猪尿液 B. 病仔猪粪便 C. 病仔猪淋巴结
   D. 病仔猪胃肠组织 E. 病仔猪口鼻分泌物

90. 如哺乳仔猪出现呕吐腹泻转圈，死前四肢划动呈游水状，该病又最可能是（　　）
   A. 猪链球菌病 B. 猪伪狂犬病 C. 猪传染性胃肠炎
   D. 猪细小病毒病 E. 猪繁殖与呼吸综合征

【答案】 E、E、C、B

【考点】 考试要点：猪的传染病—猪繁殖与呼吸综合征等

【解析】 符合猪繁殖与呼吸综合征典型特征：母猪流产、死胎、仔猪高死亡率、呼吸道综合征、结膜炎等。故87题选E。可用RT-PCR检测病毒进行快速确诊，故88题选E；圆环病毒感染后淋巴结肿大，含毒量高，是合适的病原检测病料，故89题选C；哺乳仔猪出现呕吐腹泻转圈，死前四肢划动呈游水状是伪狂犬感染的特征表现，故90题选B。

(91～93题共用以下题干)

某猪场新购入一批仔猪，无明显临床症状，经实验室检测发现，部分仔猪有猪瘟病毒血症，仔猪免疫猪瘟疫苗后，不能产生抗猪瘟病毒抗体。

91. 这种现象临床上称（　　）
　　A. 免疫失败　　　　　　B. 免疫应答　　　　　　C. 免疫耐受
　　D. 免疫逃避　　　　　　E. 免疫不当
92. 该病原属于（　　）
　　A. 黄病毒科　　　　　　B. 细小病毒科　　　　　C. 疱疹病毒科
　　D. 正黏病毒科　　　　　E. 副黏病毒科
93. 感染猪应如何处置（　　）
　　A. 正常饲养　　　　　　B. 屠宰后出售　　　　　C. 隔离后单独饲养
　　D. 免疫接种后饲养　　　E. 扑杀后无害化处理
　　【答案】　C、A、E
　　【考点】　考试要点：猪的传染病—猪瘟
　　【解析】　免疫耐受的表现：有猪瘟病毒血症，仔猪免疫猪瘟疫苗后，不能产生抗猪瘟病毒抗体，猪瘟病毒属于黄病毒科。

（94～98题共用以下题干）
　　鱼塘边放养和饲喂淘汰鱼的散养猪部分发病，主要表现消化不良、下痢、贫血、消瘦、浮肿和黄疸，后期肝硬化、胆囊炎，有腹水。

94. 该病可能是（　　）
　　A. 华枝睾吸虫病　　　　B. 日本血吸虫病　　　　C. 猪姜片吸虫病
　　D. 猪棘头虫病　　　　　E. 猪球虫病病
95. 该病原寄生的部位是（　　）
　　A. 胃　　　　　　　　　B. 小肠　　　　　　　　C. 结肠
　　D. 肝脏和胆道系统　　　E. 肌肉
96. 其补充宿主是（　　）
　　A. 淡水螺　　　　　　　B. 田螺　　　　　　　　C. 剑水蚤
　　D. 蚯蚓　　　　　　　　E. 淡水的鱼虾
97. 病原诊断作粪便虫卵镜检，检出率最高的方法是（　　）
　　A. 水洗沉淀法　　　　　B. 直接涂片　　　　　　C. 离心法
　　D. 毛蚴孵化法　　　　　E. 饱和盐水漂浮法
98. 对病猪治疗，可选用的药物是（　　）
　　A. 四环素　　　　　　　B. 磺胺类　　　　　　　C. 吡喹酮
　　D. 左旋咪唑　　　　　　E. 伊维菌素
　　【答案】　A、D、E、C、C
　　【考点】　考试要点：多种动物共患传染病—华枝睾吸虫病
　　【解析】　华枝睾吸虫病是寄生于人、猪、犬等肝脏胆囊及胆管内引起的人畜共患寄生虫病，可导致肝脏肿大并导致其他肝病变。病原寄生的部位是肝脏和胆道系统，补充宿主是淡水的鱼虾，病原诊断作粪便虫卵镜检，检出率最高的方法是毛蚴孵化法，对病猪治疗，可选用的药物是吡喹酮。

（99、100题共用以下题干）
　　某猪场3日龄仔猪发病，主要表现发烧、呕吐、腹泻，排黄色水样稀粪，内含凝乳块，部分猪有神经症状、死前口吐白沫，死亡率高达90%。剖检可见小肠黏膜充血、出血，胃出血、内有凝乳块，肠系膜淋巴结充血水肿，大脑充血出血。

99. 该猪场最可能发生的疾病是（　　）
　　A. 猪痢疾　　　　　　　B. 仔猪白痢　　　　　　C. 仔猪红痢
　　D. 仔猪黄痢　　　　　　E. 仔猪伪狂犬病
100. 用于检测的最佳病料是（　　）
　　A. 血液　　　　　　　　B. 肛门拭子　　　　　　C. 胃内容物
　　D. 大脑　　　　　　　　E. 小肠前段内容物
　　【答案】　E、D
　　【考点】　考试要点：多种动物共患传染病—伪狂犬病

【解析】 伪狂犬病是由疱疹病毒科伪狂犬病病毒引起猪、马、牛、羊等家养动物的一种接触性传染病。临床上表现为新生仔猪出现转圈运动，死亡前四肢呈划水状运动或倒地抽搐，衰竭而死亡。因此根据病猪的临床特征，表明该病例最可能的致病病原是伪狂犬病病毒，故99题选E。采取脑组织、脊髓、扁桃体等组织，制备匀浆，接种家兔进行诊断，接种兔出现奇痒症状后死亡，故100题选D。其他几个疾病虽然有腹泻表现，但没有神经症状。

(101~103题共用以下题干)

某猪场的一批5月龄育肥猪，体温和食欲正常，但生长缓慢，个体大小不一；经常出现咳嗽、气喘等症状。剖检见肺部尖叶、心叶、膈叶前缘呈双侧对称性肉变，其他器官未见异常。

101. 该病最可能的病原是（　　）
 A. 巴氏杆菌　　　　　　B. 布鲁氏菌　　　　　　C. 猪链球菌
 D. 肺炎支原体　　　　　E. 副猪嗜血杆菌

102. 诊断隐性感染猪的快速方法是（　　）
 A. X线检查　　　　　　B. PCR检查　　　　　　C. 病原分离
 D. 白细胞计数　　　　　E. 免疫荧光检查

103. 预防该病不宜采用的措施是（　　）
 A. 全进全出　　　　　　B. 接种疫苗　　　　　　C. 降低饲养密度
 D. 早期隔离断奶技术　　E. 饲料中添加氨苄西林

【答案】 D、A、E

【考点】 考试要点：猪的传染病—猪支原体肺炎

【解析】 猪支原体肺炎又称猪气喘病，是由支原体科猪肺炎支原体引起的一种接触性、慢性、消耗性呼吸道传染病。临床表现为体温及食欲变化不大，有明显的气喘、咳嗽、腹式呼吸。病理特征是肺脏尖叶、心叶、膈叶前缘呈现双侧对称性肉变。因此根据病猪的临床特征，判定该病最可能的病原是肺炎支原体，故101题选D。X线检查对于本病的诊断有重要价值，尤其是对隐性感染或可疑感染猪的诊断，具有直观、快速和简便的优点。因此诊断隐性感染猪的快速方法是X线检查，故102题选A。对于该病的预防，一般采取全进全出的原则，实施早期隔离断奶技术，降低饲养密度，进行疫苗接种等措施。对猪肺炎支原体比较敏感的药物主要有替米考星、泰妙菌素、诺酮等，青霉素类和磺胺类药物对本病原无效。因此预防该病不宜采用的措施是饲料中添加氨苄西林，故103题选E。

(104~106题共用以下题干)

母猪，最后一只仔猪产出已8h，发现其仍努责。触诊未发现子宫中有胎儿。体温稍微升高，食欲下降，但喜喝水。

104. 该猪最可能发生的疾病是（　　）
 A. 部分胎衣不下　　　　B. 尚有仔猪未分娩　　　C. 胃肠功能紊乱
 D. 内分泌失调　　　　　E. 产后低血钙症

105. 进一步诊断该病，首先应采用（　　）
 A. 直肠检查　　　　　　B. 产道检查　　　　　　C. X光检查
 D. 听诊肠音　　　　　　E. 检测血清钙浓度

106. 治疗该病最有效的方法为（　　）
 A. 肌内注射抗菌药　　　B. 肌内注射孕酮　　　　C. 口服阿托品类药物
 D. 静脉注射葡萄糖酸钙注射液　E. 肌内注射催产素，子宫内投放抗菌

【答案】 A、B、E

【考点】 考试要点：兽医产科学—产后期疾病胎衣不下

【解析】 胎衣不下或胎膜滞留是指母畜分娩出胎儿后，胎衣在正常的时限内不能排出的现象。临床上主要表现为患猪不安，弓背和努责，体温升高，食欲降低，泌乳减少，喜喝水，阴门内流出红褐色液体，内含胎衣碎片。因此根据母猪再现的临床特点，初步判定该猪最可能发生的疾病是部分胎衣不下，故104题选A。临床上对于胎衣不下，应尽快进行产道检查，确定胎衣不下的程度以及腐败情况，以便采取合适的治疗措施。因此进一步诊断该病，首先应采用产道检查，故105题选B。常用的治疗方法是肌内注射苯甲酸雌二醇，促进子宫收缩，同时向子宫腔内投放四环素、土霉素、磺胺类或其他抗生素，最有效的方法为肌内注射催产素，子

宫内投放抗菌药，故 106 题选 E。

（107、108 题共用以下题干）

一猪场购进猪苗 300 头，进场开始发病，食欲废绝，腹泻，继而呼吸急促乃至困难，张口伸舌，呈犬坐式，有的倒地死亡；病死猪进行解剖，发现胸膜表面有广泛性纤维性物附着，胸腔积液呈血色，气管和支气管有纤维性物附着，肺充血、出血，心包液多，肺门淋巴结肿大。

107. 该病可能是（　　）
 A. 猪肺疫　　　　　　　B. 猪喘气病　　　　　　C. 猪传染性胸膜肺炎
 D. 副猪嗜血杆菌病　　　E. 猪圆环病毒病

108. 临床上治疗该病常用的药物是（　　）
 A. 磺胺药　　　　　　　B. 头孢类　　　　　　　C. 恩诺沙星
 D. 泰妙菌素　　　　　　E. 庆大霉素

【答案】　C、D

【考点】　考试要点：猪的传染病——猪传染性胸膜肺炎

【解析】　猪传染性胸膜肺炎是由胸膜肺炎放线杆菌引起的一种高度接触性呼吸道传染病。急性型呈现高度呼吸困难而急性死亡。病变特征主要在胸腔与肺脏。纤维素性胸膜炎蔓延至整个肺脏，使肺和胸膜粘边，以致难以将肺脏与胸膜分离。肺充血出血，肺门淋巴结肿大。因此根据病猪的临床特征和病变特征，判定该病可能是猪传染性胸膜肺炎，故 107 题选 C。胸膜肺炎放线杆菌对截短侧耳类抗生素敏感，其中泰妙菌素主要用于治疗猪地方性肺炎、猪传染性肺炎等。因此常用药物是泰妙菌素，故 108 题选 D。

（109～111 题共用以下题干）

某猪肉样置于显微镜下检查，发现包囊型幼虫。

109. 该猪肉样品被检为阳性的寄生虫是（　　）
 A. 猪囊虫　　　　　　　B. 猪旋毛虫　　　　　　C. 猪蛔虫
 D. 猪球虫　　　　　　　E. 猪隐孢子虫

110. 该寄生虫的成虫寄生于（　　）
 A. 肌肉　　　　　　　　B. 肠道　　　　　　　　C. 血液
 D. 肝脏　　　　　　　　E. 肺脏

111. 此类寄生虫的生殖方式是（　　）
 A. 裂殖生殖　　　　　　B. 卵生　　　　　　　　C. 出芽生殖
 D. 胎生　　　　　　　　E. 卵胎生

【答案】　B、B、D

【考点】　考试要点：人兽共患寄生虫病——旋毛虫病

【解析】　旋毛虫病是由旋毛虫寄生于人、猪、犬、猫等多种动物而引起的一种人兽共患寄生虫病。该病呈世界性分布，是肉品卫生检验项目之一。压片镜检法是检验肌肉旋毛虫的主要方法，一般从可疑肌肉上剪取麦粒大小的肉样 24 粒，均匀地排列在玻片上，用旋毛虫压片器压片或载玻片压薄，置于显微镜下检查，发现包囊型幼虫即可确诊。因此该猪肉样品被检为阳性的寄生虫是猪旋毛虫，故 109 题答案选择 B。

旋毛虫病是由旋毛虫寄生于人、猪、犬、猫等多种动物而引起的一种人兽共患寄生虫病。该病呈世界性分布，是肉品卫生检验项目之一，分为肠型旋毛虫病和肌型旋毛虫病。肠型旋毛虫为成虫，寄生于宿主小肠内，肌型旋毛虫为幼虫，以旋毛虫包囊的形式寄生于肌肉中。因此该寄生虫的成虫寄生于肠道，故 110 题答案选择 B。

旋毛虫病是由旋毛虫寄生于人、猪、犬、猫等多种动物而引起的一种人兽共患寄生虫病。该病呈世界性分布，是肉品卫生检验项目之一。成虫和幼虫寄生于同一宿主，虫体包囊在胃内释放出幼虫，在小肠内发育成成虫，雌雄虫交配后，雄虫死亡，雌虫钻入肠腺中发育，感染后 7～10d，开始产幼虫，幼虫随血流带至全身各处。因此此类寄生虫的生殖方式是胎生，故 111 题答案选择 D。

【B1 型题】

答题说明：以下提供若干组考题，每组考题共用在考题前列出的 A、B、C、D、E 五个备选答案。请从中选择一个与问题关系最密切的答案，并在答题卡上将相应题号的相应字母所属的方框涂黑。某个备选答案可能被选择 1 次、多次或不被选择。

(112~118题共用以下备选答案)
  A. 猪瘟   B. 猪高热病   C. 猪圆环病毒病
  D. 猪瘟猪高热病混合感染 E. 猪伪狂犬病

112. 脾脏边缘有突出于表面的黑色梗死病变的病是（ ）
113. 脾脏一头萎缩另一头出现黑色梗死，肾有出血点和白色坏死灶呈麻雀蛋的病是（ ）
114. 肾脏土黄色有小点出血，回盲瓣有纽扣状溃疡的病可能是（ ）
115. 肺肿大坚硬如橡皮，淋巴结淡黄色、水肿、肿大2~4倍，皮肤有大小不一的出血性丘疹，该病可能是（ ）
116. 全身皮肤发红，耳部皮肤充血、淤血变紫蓝；肺充血出血，肺间质增宽，间质性肺炎的病可能是（ ）
117. 临床表现脑脊髓炎症状，剖检可见肺肝脾肾等实质器官有白色坏死灶的病可能是（ ）
118. 肾脏土黄色有小点出血，回盲瓣有纽扣状溃疡，肺充血出血，肺间质增宽，间质性肺炎的病可能是（ ）

【答案】 A、C、A、C、B、E、D
【考点】 考试要点：多种动物共患传染病—伪狂犬病，猪的传染病—猪瘟、猪繁殖与呼吸综合征、猪圆环病毒病
【解析】 猪瘟是由黄病毒科瘟病毒属的猪瘟病毒引起的猪的致死性烈性传染病，临床特征为全身皮肤、浆膜、黏膜和内脏器官有不同程度的出血，全身淋巴结肿大、出血；脾脏出血性梗死，最具有诊断意义；肾脏表面有密集或散在的大小不一的出血点或出血斑（麻雀蛋肾），盲肠纽扣状溃疡。因此根据病猪的临床特征，判定最可能的疾病是猪瘟，故112、114题选A。圆环病毒引起的皮炎肾病综合征的典型表现：皮炎、肾炎、淋巴结高度肿大、脾肿大、脾头坏死，肺肿大等。故113、115题选C。高致病性蓝耳病（猪繁殖与呼吸综合征）特征表现：高热、末梢循环不良、抗菌药物治疗效果差等。肺间质增宽是蓝耳病病例中最为常见的表现之一。故116题选B。伪狂犬典型表现：发热、奇痒、神经症状。肝、脾等脏器常有白色坏死点，家兔易感，接种部位表现奇痒，最终导致死亡；故117题选E。118题选D符合猪瘟猪高热病混合感染特点。

(119~123题共用以下备选答案)
  A. 猪丹毒   B. 猪肺疫   C. 猪链球菌病
  D. 仔猪副伤寒   E. 仔猪水肿病

119. 临床上主要发生于断奶仔猪，突然发病，死亡快，肺充血、出血，有纤维素渗出和坏死灶。本病可能是（ ）
120. 主要发生于2~6月龄的猪，体温达42℃，皮肤有四边形或菱形疹块，有的关节肿大跛行，剖解胃阔部黏膜出血，心脏二尖瓣有白色菜花样增生物。本病可能是（ ）
121. 主要发生于断奶仔猪，表现严重水样腹泻，或便秘与腹泻交替发生，剖解大肠黏膜出现糠麦样溃疡，脾脏肿大坚硬如橡皮。本病可能是（ ）
122. 主要发生于仔猪，体温41℃左右，有共济失调、惊厥和麻痹等神经症状，剖解头部和胃壁水肿，小肠黏膜弥漫性充血出血。本病可能是（ ）
123. 主要发生于架子猪，突然发病，死亡快，体温42.5℃，出现败血症，有的可见关节肿大跛行，剖解胸腹腔大量积液，有白色纤维素渗出。本病可能是（ ）

【答案】 B、A、D、E、C
【考点】 考试要点：人兽共患传染病—沙门氏菌病、大肠杆菌病、猪Ⅱ型链球病，猪的传染病—猪肺疫、猪丹毒
【解析】 猪肺疫又称猪巴氏杆菌病，是由多杀性巴氏杆菌引起的急性或散发性传染病。急性病例呈出血性败血症、咽喉炎和肺炎症状；慢性病例主要表现为慢性肺炎症状。临床上多呈纤维素性胸膜炎症状。因此根据病猪临床特征和病变特征，初步判定本病可能是猪肺疫，故119题选B。
  猪丹毒是由猪丹毒杆菌引起的一种人畜共患的急性热性传染病，临床上分为急性败血型、亚急性疹块型和慢性关节炎型。根据病猪皮肤有四边形或菱形疹块，关节肿大跛行，

心脏二尖瓣有白色菜花样增生物等临床特征和病变特征，初步判定本病可能是猪丹毒，故120题选A。

猪沙门氏菌病双称仔猪副伤寒，是由猪沙门氏菌感染引起的猪的一种急性传染病。急性型呈败血症变化，表现为弥漫性纤维素性坏死肠炎，临诊表现为下痢，剖检可见脾脏肿大，色暗带蓝，坚硬似橡皮；肠系膜淋巴结肿大，全身各黏膜、浆膜均有不同程度的出血斑或出血点，因此根据病猪临床特征和病变特征，初步判定本病可能是仔猪副伤寒，故121题选D。

大肠杆菌病是指由致病性大肠杆菌引起多种动物不同疾病或病型的统称。猪大肠杆菌病分为仔猪黄痢、仔猪折痢和猪水肿病。其中仔猪水肿病主要发生于断奶后1～2周的仔猪。临床特征是突然发病，善和胃壁等处出现水肿，共济失调，惊厥和麻痹等。因此根据病猪临床特征和病变特征，初步判定本病可能是仔猪水肿病，故122题选E。

猪链球病是由多种不同群的链球菌引起的不同临诊类型传染病的总称，特征为急性病例表现败血症和脑膜炎，C群链球菌引起的发病率高，病死率高，危害大，慢性病例则为关节炎、心内膜炎及组织化脓性炎。根据病猪出现败血症，关节肿大跛行，剖解胸腹腔大量积液，有白色纤维素渗出等临床特征和病变特征，初步判定本病可能是猪链球菌病，故123题选C。

（124～128题共用下列备选答案）
A. 1～3日龄　　　　B. 1～10日龄　　　　C. 10～30日龄
D. 7～21日龄　　　　E. 20～120日龄

124. 仔猪白痢发病日龄是（　　）
125. 发生猪传染性胃肠炎，死亡率最高的日龄是（　　）
126. 仔猪梭菌性肠炎发病日龄是（　　）
127. 仔猪副伤寒发病日龄是（　　）
128. 猪球虫病的发病日龄是（　　）

【答案】　C、B、A、E、D

【考点】　考试要点：人兽共患传染病——沙门氏菌病、大肠杆菌病，多种动物共患传染病——魏氏梭菌，猪的传染病——猪传染性胃肠炎，猪的寄生虫病——猪球虫病兽医传染病学总论——动物传染病流行过程的基本环节

【解析】　仔猪白痢是由致病性大肠杆菌引起的10～30日龄仔猪的一种急性肠道传染病，临床表现为突然发生腹泻，粪便呈乳白色或灰白色，浆状或糊状，腥臭、黏腻，病死率低。剖检可见肠黏膜有卡他性炎症病变。故124题答案选择C。

猪传染性胃肠炎是由冠状病毒科猪传染性胃肠炎病毒引起的猪的一种高度接触性肠道疾病，临床上以呕吐，拉水样稀粪，粪便中含有未消化的饲料颗粒和脱水为特征；主要影响10日龄以内的仔猪，死亡率100%，5周龄以上猪死亡率低。故125题答案选择B。

魏氏梭菌病是由产气荚膜杆菌引起的多种动物的一类传染病的总称。其中仔猪梭菌性肠炎俗称仔猪红痢，引起1～3日龄仔猪高度致死性的肠毒血症，特征为出血性下痢，死亡率高。故126题答案选择A。

猪沙门氏杆菌病又称仔猪副伤寒，主要侵害20～120日龄猪，表现为弥漫性纤维素性坏死性肠炎，出现下痢。故127题答案选择E。

猪球虫病是由猪艾美尔球虫和等孢球虫寄生于猪肠上皮细胞的一种原虫病。本病主要发生于仔猪，以7～21日龄多见，成年猪隐性感染。故128题答案选择D。

（129～133题共用下列备选答案）
A. 临床上体温正常，喘气，剖检肺有对称性的虾肉样病变
B. 体温41～42℃，咳嗽，呼吸困难，剖检肺、心包等处有大量的白色纤维素性渗出，与胸膜粘连，肺有坏死灶、化脓灶
C. 体温41～42℃，咳嗽，呼吸困难，剖检肺、心包、胸腹腔等处有大量的白色纤维素性渗出，关节肿大跛行
D. 病猪鼻腔分泌物多，鼻炎，喷嚏，眼睑下方有泪斑，有的鼻变形
E. 体温41℃左右，全身皮肤、可视黏膜变黄，血红蛋白尿，头颈部皮下水肿，剖检肝细

胞坏死
129. 猪钩端螺旋体病的特征性临床表现是（　　）
130. 猪喘气病的特征性临床表现是（　　）
131. 猪传染性萎缩性鼻炎的特征性临床表现是（　　）
132. 猪传染性胸膜肺炎的特征性临床表现是（　　）
133. 副猪嗜血杆菌病的特征性临床表现是（　　）

【答案】　E、A、D、B、C
【考点】　考试要点：猪的传染病—传染性胸膜肺炎、传染性萎缩性鼻炎、喘气病、副猪嗜血杆菌病、猪钩端螺旋体病
【解析】　钩端螺旋体（猪痫疾）对肾脏、肝脏的损害比较普遍，全身皮肤、可视黏膜变黄，出现血红蛋白尿，有水肿表现。故129题答案选择E。

猪支原体肺炎俗称猪气喘病，是由支原体科猪肺炎支原体引起的一种接触性、慢性、消耗性呼吸道传染病。特征是体温和食欲变化不大，有明显的气喘、咳嗽、腹式呼吸，生长发育迟缓。病理特征是肺脏呈现双侧对称性实变。因此猪气喘病的感染病原是肺炎支原体，故130题答案选择A。

猪传染性萎缩性鼻炎是由支气管败血波氏杆菌和产毒多杀性巴氏杆菌引起的以鼻炎、鼻中隔弯曲、鼻甲骨萎缩和病猪生长迟缓为特征的慢性接触性呼吸道传染病。病猪出现鼻甲骨萎缩，导致鼻腔和面部变形，因此根据病猪X线影像发生的异常变化，可以做出早期诊断，故131题答案选择D。

猪传染性胸膜肺炎放线杆菌引起的一种高度接触性呼吸道传染病。临床表现为呼吸困难，呈腹式呼吸，并伴有阵发性咳嗽，濒死前口鼻流出带血的泡沫样分泌物。病理变化主要是纤维素性胸膜炎，肺和胸膜粘连。因此根据病猪的临床特征，判断该病可能是猪传染性胸膜肺炎，故132题答案选择B。

副猪嗜血杆菌病又称猪多发性浆膜炎与关节炎，是由某些高毒力或中等毒力血清型的副猪嗜血杆菌引起的猪的传染病。该病主要发生于2周到4月龄的猪。临床上以体温升高、呼吸困难、关节肿大和运动障碍为特征，少数猪表现神经症状。因此猪多发性浆膜炎与关节炎的感染病原是副猪嗜血杆菌，故133题答案选择C。

(134~138题共用下列备选答案)
A. 猪球虫病　　　　　B. 猪姜片吸虫病　　　　C. 猪棘头虫病
D. 猪肾虫病　　　　　E. 猪消化道线虫病

134. 土源性寄生虫病是（　　）
135. 病猪后肢无力，跛行，排白色蛋白尿或脓尿的是（　　）
136. 中间宿主是金龟子幼虫，病猪表现腹痛、下痢、血便的是（　　）
137. 人兽共患病之一，中间宿主是扁卷螺，吃了含囊蚴的水生植物后发病的是（　　）
138. 发病仔猪主要表现腹泻，空肠回肠可见伪膜的是（　　）

【答案】　E、D、C、B、A
【考点】　考试要点：猪的寄生虫病—猪球虫病、猪姜片吸虫病、猪消化道线虫病、猪肾虫病、猪棘头虫病
【解析】　猪消化道线虫病是由多种寄生于猪消化道的线虫所引起的以消化道功能障碍、发育受阻等为特征的一类疾病。其中以食道口线虫引起的危害最为严重，临床上表现为消瘦、顽固性腹泻，抗生素治疗效果不佳，剖检死亡猪在结肠壁上见到大量结节，在肠腔内发现长为8~11mm的线状虫体。可通过胎盘感染，幼虫移行容易伤肝肺。故134题选择E。

猪冠尾线虫病又称猪肾虫病，是由冠尾科冠尾属的有齿冠尾线虫寄生于猪的肾盂、肾周围脂肪和输尿管壁等处引起的一种寄生虫病。临床特征表现为病猪出现后肢无力，跛行，走路时后躯左右摇摆，尿液内常有白色黏稠的絮状物或脓液，继发后躯麻痹或后躯僵硬，不能站立，拖地爬行。根据病猪临床特征、寄生部位和虫卵特征，可初步判定该猪场可能感染的是猪冠尾线虫病，故135题选择D。

猪棘头虫病是由少棘科、巨吻属的蛭形巨吻棘头虫寄生于猪的小肠内引起的一种寄生虫

病，以空肠为多。本病主要感染 8～10 月龄猪，呈散发或地方性流行，散养和放牧猪感染率高。因此猪患猪棘头虫病的主要年龄阶段是 8～10 月龄。猪棘头虫病中间宿主是金龟子幼虫，病猪表现腹痛、下痢、血便，故 136 题选择 C。

猪姜片吸虫病寄生于猪和人等宿主十二指肠的一种严重人兽共患病，中间宿主是扁卷螺。感染性尾蚴附在水生植物上形成囊蚴，猪采食囊蚴而感染。故 137 题选择 B。

猪球虫病是由猪等孢球虫寄生于猪肠上皮细胞引起的一种原虫病。猪等孢属球虫卵囊内含 2 个孢子囊，每个孢子囊内含 4 个子孢子。根据病猪腹泻，排水样稀便，混有大量黏液和未消化饲料，小肠、空肠及回肠呈卡他性炎症，黏膜糜烂，肠黏膜绒毛萎缩等临床特征和卵囊形态学特征，可初步判断此猪场仔猪发生的是猪球虫病，故 138 题选择 A。

（139～142 题共用下列备选答案）
    A. 猪丹毒　　　　　　B. 猪瘟　　　　　　C. 猪圆环病毒
    D. 猪副伤寒　　　　　E. 猪弓形体
139. 猪皮肤出现突出于皮肤的红色疹块，指压褪色的是（　　）
140. 猪皮肤出现小出血点，指压不褪色的是（　　）
141. 猪皮肤出现大小不一丘疹，颜色红色或者黑色的是（　　）
142. 猪耳部和腹下有淤血斑或较大面积发绀，可能是（　　）
【答案】　A、B、C、E
【考点】　考试要点：人兽共患传染病—沙门氏菌病，多种动物共患传染病—口蹄疫，猪的传染病—猪瘟、猪圆环病毒病，人兽共患寄生虫病—弓形虫病
【解析】　猪丹毒是由猪丹毒杆菌引起的一种人畜共患的急性热性传染病，临床上分为急性败血型、亚急性疹块型和慢性关节炎型。根据病猪皮肤有四边形或菱形疹块，关节肿大跛行，心脏二尖瓣有白色菜花样增生物等临床特征和病变特征，初步判定本病可能是猪丹毒，故 139 题答案选择 A。

猪瘟是由黄病毒科瘟病毒属的猪瘟病毒引起的猪的致死性烈性传染病，临床特征为全身皮肤、浆膜、黏膜和内脏器官有不同程度的出血，全身淋巴结肿大，出血。因此根据病猪的临床特征，判定最可能的疾病是猪瘟，故 140 题答案选择 B。

圆环病毒引起的皮炎肾病综合征的典型表现：皮炎、肾炎、淋巴结高度肿大、脾肿大、脾头坏死，肺肿大等。故 141 题答案选择 C。

猪沙门氏杆菌病又称仔猪副伤寒，主要侵害 20～120 日龄猪，表现为弥漫性纤维素性坏死性肠炎，出现下痢。

弓形虫病是由龚地弓形虫引起的人和多种温血脊椎动物的共患寄生虫病。猪弓形虫病呈急性经过，临床上表现为呕吐、呼吸困难、咳嗽、肌肉强直、淋巴结肿大、耳部和腹下有淤血斑或较大面积发绀；孕猪发生流产或死产。急性发病动物的病变主要是肺脏、淋巴结、肝脏、肾脏等内脏器官肿胀、硬结、质脆、渗出增加、坏死以及全身多发性出务、淤血等。因此 142 题答案选择 E。

（143～145 题共用下列备选答案）
    A. 高热　　　　　　　　　　　B. 繁殖障碍　　　　　　　　C. 脑炎症状
    D. 肝、肺、肠系膜淋巴结肿大　E. 肺、肝、脾、肾等脏器有白色坏死灶
143. 猪乙型脑炎的临诊特征是（　　）
144. 猪伪狂犬的临诊特征是（　　）
145. 猪弓形虫病的临诊特征是（　　）
【答案】　B、E、D
【考点】　考试要点：人兽共患传染病—猪乙型脑炎，多种动物共患传染病—伪狂犬病，人兽共患寄生虫病—弓形虫病
【解析】　猪乙型脑炎简称乙脑，是由黄病毒科乙型脑炎病毒引起的经蚊媒传播繁殖障碍性疾病，临床表现为母猪流产、产死胎、木乃伊胎，公猪出现睾丸炎。猪是乙型脑炎病毒的主要扩增宿主和传染源。因此猪乙型脑炎的临诊特征是繁殖障碍，故 143 题选择 B。

伪狂犬病是由疱疹病毒科伪狂犬病病毒引起猪、马、牛、羊、犬、猫等多种动物的一种传染病，其他动物感染后出现奇痒和脑脊髓炎。临床上剖检可见脑膜明显充血，颅出血和水

肿，肝、脾、肾、扁桃体等脏器均散在有白色坏死灶。因此表现脑脊髓炎症状，剖检可见肺、肝、脾、肾等脏器有白色坏死灶的疾病可能是猪伪狂犬病，故 144 题选择 E。

弓形虫病是由龚地弓形虫引起的人和多种温血脊椎动物的共患寄生虫病。猪弓形虫病呈急性经过，临床上表现为呕吐，呼吸困难，咳嗽，肌肉强直，淋巴结肿大，耳部和腹下有淤血斑或较大面积发绀；孕猪发生流产或死产。急性发病动物的病变主要是肺脏、淋巴结、肝脏、肾脏等内脏器官肿胀、硬结、质脆、渗出增加、坏死以及全身多发性出务、淤血等。因此猪急性弓形虫病剖检病变主要见于肝、肺、肠系膜淋巴结。故 145 题选择 D。

二、鸡疾病临床诊断和治疗

【A1 型题】

答题说明：每一道考试题下面有 A、B、C、D、E 五个备选答案，请从中选择一个最佳答案，并在答题卡上将相应题号的相应字母所属的方框涂黑。

1. 禽流感也称为（　　）
   A. 欧洲鸡瘟　　　　　B. 南美洲鸡瘟　　　　　C. 非洲鸡瘟
   D. 亚洲鸡瘟　　　　　E. 北美洲鸡瘟
   【答案】　A
   【考点】　考试要点：新城疫病毒的分类
   【解析】　禽流感简称为 AI，1878 年首发于欧洲意大利，故称为欧洲鸡瘟，是引起多种禽类的重要病毒性疾病之一。

2. 鸡发生禽霍乱通常多见于（　　）
   A. 雏鸡　　　　　　　B. 中鸡　　　　　　　　C. 育成鸡
   D. 公鸡　　　　　　　E. 母鸡
   【答案】　C
   【考点】　考试要点：禽霍乱发病的流行病学特点
   【解析】　禽霍乱的病原为多杀性巴氏杆菌，又称为禽巴氏杆菌病、禽出血性败血症，或简称禽出败。多杀性巴氏杆菌可感染多种禽类，鸡、鸭、鹅、鸽和火鸡均可发病，多种野禽也可感染。在鸡发病的特征为，多见于育成鸡，成年产蛋鸡多发。

3. 鸡发生组织滴虫病的主要临床表现为（　　）
   A. 十二指肠充血或出血
   B. 肌肉尤其是胸肌、腿肌和心肌有大小不等的出血点或白色小结节
   C. 肝脏有圆形或不规则中央凹陷，边缘微隆起的黄绿色坏死灶
   D. 肝脏有大小不一、边缘不整、中央出血的坏死灶
   E. 小肠鸡空肠有纤维素性浮膜性肠炎
   【答案】　C
   【考点】　考试要点：组织滴虫病的症状与病变
   【解析】　组织滴虫病是由火鸡组织滴虫寄生于禽类盲肠和肝脏的疾病，又称为盲肠肝炎或黑头病。多发生于火鸡和雏鸡，成年鸡也可感染。其主要临床病变为：盲肠炎和肝炎，盲肠炎的特征为单侧或双侧盲肠肿胀，常有干酪样的肠芯，严重病例甚至盲肠穿孔，导致腹膜炎；肝炎的表现为肝脏肿大，出现散在或密布的圆形或不规则的中央凹陷、边缘稍微隆起，淡黄色或淡绿色的坏死灶。

4. 鸡住白细胞虫病的主要临床病变为（　　）
   A. 肌肉尤其是胸肌、腿肌和心肌有大小不等的出血点或白色小结节
   B. 肌肉尤其是胸肌和腿肌有条纹状出血
   C. 肌肉尤其是胸肌、腿肌或心肌有坏白色条纹状坏死
   D. 肌肉尤其是胸肌、腿肌和心肌有大面积出血
   E. 肌肉尤其是胸肌和腿肌有较大范围的出血灶或灰白色坏死灶
   【答案】　A
   【考点】　考试要点：住白细胞虫病的临床病理变化
   【解析】　鸡住白细胞虫病是由卡氏或沙氏住白细胞虫寄生在鸡的血液和内脏组织器官内引

起的原虫病。在华南地区较常见，常呈地方性流行。主要临床表现为，病鸡呈现冠及肉髯苍白，消瘦；剖检可见肌肉尤其是胸肌、腿肌和心肌有大小不等的出血点或白色小结节，肝脏及脾脏肿大或见白色小结节为特征。

5. 鸭病毒性肝炎的临床特征为（　　）
   A. 关节肿胀，食道有坏白色伪膜性条纹状坏死
   B. 歪头扭颈，腺胃乳头及肌胃黏膜出血
   C. 角弓反张，肝脏刷状出血，胆汁颜色为茶褐色或淡绿色
   D. 肿头流泪，胰腺有透明样坏死
   E. 呈"大劈叉"或"一"字腿姿势，肝脏肿大，有灰白色肿瘤结节

   【答案】 C
   【考点】 考试要点：鸭病毒性肝炎中常见的Ⅰ型鸭肝炎的临床特征
   【解析】 鸭病毒性肝炎中以Ⅰ型鸭肝炎病毒感染危害最大，是我国目前最为常见的鸭病毒性肝炎之一。其临床特征为雏鸭发病较为严重，部分患鸭死亡前呈现头向背部后仰，腿向后伸的角弓反张姿势，剖检可见肝脏肿大，变性，表面有大小不等的鲜红或暗黑色的出血点，胆囊肿胀，胆汁颜色变浅，呈茶褐色或浅绿色。

6. 鸡痛风的发病原因主要是（　　）
   A. 日粮中脂肪含量太多　　　　B. 饮水偏酸，且矿物质含量过高
   C. 尿酸生成过多，如饲喂含核蛋白或嘌呤碱含量过高的日粮，或者尿酸排泄障碍
   D. 缺乏脂溶性维生素　　　　　E. 无法将尿酸转变成尿素

   【答案】 C
   【考点】 考试要点：禽痛风的原因
   【解析】 禽痛风是由于蛋白质代谢障碍和肾脏受损导致尿酸或尿酸盐在体内蓄积的营养代谢障碍性疾病。主要诱发原因包括尿酸生成过多及尿酸排泄障碍。尿酸生成过多有饲喂富含核蛋白及嘌呤碱含量过高的饲料以及遗传因素等；导致尿素排泄障碍的原因包括传染性因素如传染性支气管炎及传染性法氏囊病、磺胺类药物中毒以及缺乏维生素A，使肾小管和输尿管上皮细胞代谢障碍等因素所导致。

7. 蛋鸡脂肪肝综合征发病与下列原因**无关的**是（　　）
   A. 长期饲喂低蛋白低能量日粮　　　　　　　B. 长期饲喂高能量低蛋白日粮
   C. 长期饲喂蛋白、能量及维生素均衡的日粮但缺乏运动　　D. 长期饲喂高蛋白低能量饲料
   E. 长期饲喂胆碱、含硫氨基酸或B族维生素和维生素E缺乏的日粮

   【答案】 A
   【考点】 考试要点：蛋鸡脂肪肝综合征发病的原因
   【解析】 蛋鸡脂肪肝综合征发病的原因包括长期饲喂高能低蛋白的日粮，高蛋白低能日粮，或者日粮中缺乏胆碱、含硫氨基酸以及缺乏维生素E或B族维生素，以及缺乏运动及中毒等原因所导致。

8. 防治禽虱病的药物是（　　）
   A. 氨丙啉　　　　　　B. 地克珠利　　　　　　C. 吡喹酮
   D. 丙硫咪唑　　　　　E. 溴氰菊酯

   【答案】 E
   【考点】 考试要点：家禽体表寄生虫驱虫药
   【解析】 禽虱病是寄生在家禽体表的永久性寄生虫，具有严格的宿主特异性，导致禽类出现奇痒，因啄痒导致家禽消瘦、羽毛折断等，给养禽业带来一定经济损失。选项中的溴氰菊酯是对禽虱有效的触杀药物。氨丙啉和地克珠利为抗球虫药，丙硫咪唑为驱蠕虫药，吡喹酮为驱吸虫和绦虫药。

9. 鸡柔嫩艾美耳球虫病的主要病变出现在肠道的部位是（　　）
   A. 十二指肠　　　　　B. 空肠　　　　　　　C. 盲肠
   D. 直肠　　　　　　　E. 回肠

   【答案】 C
   【考点】 考试要点：鸡球虫的种类与寄生部位

【解析】 柔嫩艾美耳球虫寄生在盲肠，故称为盲肠球虫，临床以排红褐色血便为特征。

10. 临床上常见的鸭浆膜炎主要病原是（　　）
   A. 大肠杆菌　　　　　B. 沙门氏菌　　　　　C. 鸭疫里默氏杆菌
   D. 魏氏梭菌　　　　　E. 枯草芽孢杆菌
   【答案】 C
   【考点】 考试要点：鸭浆膜炎的病原
   【解析】 鸭浆膜炎是有鸭疫里默氏杆菌导致雏鸭、鹅及火鸡等多种禽类的一种接触性传染病。剖检以纤维素性的肝周炎、心包炎和气囊炎为特征，部分病例也有脑膜炎及关节炎和鼻窦炎等。尽管大肠杆菌、沙门氏菌也可导致鸭感染且出现浆膜炎，但临床上鸭浆膜炎的主要病原仍为鸭疫里默氏杆菌。

11. 下列新城疫弱毒疫苗中属于中等毒力的疫苗株是（　　）
   A. Ⅰ系（Mukteswar株）弱毒疫苗　　　　　B. Ⅱ系（B1株）弱毒疫苗
   C. Ⅲ系（F株）弱毒疫苗　　　　　　　　　D. Ⅳ系（La Sota株）弱毒疫苗
   E. V4弱毒疫苗
   【答案】 A
   【考点】 考试要点：新城疫免疫防控要点
   【解析】 新城疫的疫苗分为弱毒疫苗和灭活疫苗两大类。其中弱毒疫苗（活疫苗）可以刺激机体产生体液免疫应答、细胞免疫应答以及黏膜免疫应答，因而在免疫防控新城疫中具有重要作用。但是弱毒疫苗的毒力强弱不同，推荐使用的时间也不同。常用新城疫弱毒疫苗的毒力由强到弱的顺序是：Ⅰ系（Mukteswar株）＞Ⅳ系（La Sota株）＞Ⅱ系（B1株）、Ⅲ系（F株）及V4弱毒疫苗，其中Ⅰ系属于中等毒力疫苗，其他弱毒疫苗属于弱毒疫苗。

12. 下列疾病中可以导致鸡出现产蛋数量和软壳蛋、畸形蛋级蛋壳颜色下降的是（　　）
   A. 鸡传染性喉气管炎　　B. 鸡传染性法氏囊病　　C. 产蛋下降综合征
   D. 鸡马立克氏病　　　　E. 禽白血病
   【答案】 C
   【考点】 考试要点：产蛋下降综合征的临床表现
   【解析】 鸡发生产蛋下降综合征的发病日龄为26～32周龄，鸡群表现为突发性群体产蛋下降2～5成，畸形蛋，蛋壳颜色变浅及蛋壳粗糙等，但受精率和孵化率通常不受影响。

13. 马立克氏病的病原属于（　　）
   A. 正黏病毒　　B. 副黏病毒　　C. 疱疹病毒　　D. 反转录病毒　　E. 腺病毒
   【答案】 C
   【考点】 考试要点：马立克氏病的定义
   【解析】 马立克氏病英文缩写为MD，是由疱疹病毒引起的一种鸡淋巴组织增生性疾病，以外周神经、性腺、虹膜、各内脏器官、肌肉和皮肤单核细胞浸润和形成肿瘤为特征。

14. 下列关于成年鸡感染禽白血病病毒叙述**不正确**的是（　　）
   A. 表现为无病毒血症，无抗体，即V－A－　　B. 表现为无病毒血症，有抗体，即V－A＋
   C. 表现为有病毒血症，无抗体，即V＋A－　　D. 表现为有病毒血症，有抗体，即V＋A＋
   E. 表现为皮肤及神经出现肿瘤
   【答案】 E
   【考点】 考试要点：禽白血病的流行病学及禽白血病的病理变化
   【解析】 禽白血病病毒感染成年鸡后的有4种表现，即表现为无病毒血症，无抗体，即V－A－；无病毒血症，有抗体，即V－A＋；有病毒血症，无抗体，即V＋A－；有病毒血症，有抗体，即V＋A＋。禽白血病的病理变化包括在肝、脾、法氏囊、肾、性腺、心、骨髓等器官出现肿瘤组织，但通常不会在虹膜、神经、皮肤及肌肉出现肿瘤组织。

15. 导致鸡禽白血病的病原是（　　）
   A. 疱疹病毒　　　　　B. 腺病毒　　　　　　C. 反转录病毒
   D. 呼肠孤病毒　　　　E. 细小病毒
   【答案】 D
   【考点】 考试要点：禽白血病的概念

【解析】 禽白血病英文缩写 AL，是一类由反转录病毒引起鸡的不同组织良性和恶性肿瘤的总称，死亡率最高可达 20%，可造成产蛋性能下降及免疫抑制。

16. 鸡慢性呼吸道病是由下列哪些因素所导致的（　　）
    A. 禽巴氏杆菌　　　　　B. 禽沙门氏菌　　　　　C. 禽大肠杆菌
    D. 禽结核分枝杆菌　　　E. 禽败血支原体
    【答案】 E
    【考点】 考试要点：败血支原体感染的概念
    【解析】 禽败血支原体感染要成为鸡毒支原体感染或鸡慢性呼吸道病，是有鸡败血支原体引起鸡和火鸡的一种慢性呼吸道病，主要表现为气管炎和气囊炎，以咳嗽、气喘、流鼻液鸡呼吸啰音为特征。该病流行缓慢，病程长，成年鸡多呈隐性感染，可在鸡群种长期存在和蔓延。

17. 下列家禽传染病中，属于一类疫病的是（　　）
    A. 禽痘　　　　　　　　B. 鸭瘟　　　　　　　　C. 高致病性禽流感
    D. 小鹅瘟　　　　　　　E. 传染性支气管炎
    【答案】 C
    【考点】 考试要点：动物传染病与感染
    【解析】 属于一类疫病的禽病包括高致病性禽流感和新城疫，此类疫病一旦暴发，应该在疫区采取封锁、扑杀和销毁动物为主的扑灭措施。

【A2 型题】
答题说明：每一道考题是以一个小案例出现的，其下面都有 A、B、C、D、E 五个备选答案，请从中选择一个最佳答案，并在答题卡上将相应题号的相应字母所属的方框涂黑。

18. 某中等规模鸡场，饲养数量为 3000 只三黄鸡 50 日龄左右中鸡，在平地限制饲养，一直采用某厂家较为廉价饲料，鸡群逐渐出现大约 20% 比例的病鸡，死亡率很低，表现为翼下有渗出性素质，颜色偏蓝，部分病鸡剖检发现肌肉有营养不良或灰白色条纹状坏死，脑尤其是小脑有软化或液化倾向。该群鸡的病因可能是缺乏（　　）
    A. 维生素 A　　　　　　B. 维生素 B_1　　　　　C. 维生素 E 及硒
    D. 维生素 D　　　　　　E. 维生素 C
    【答案】 C
    【考点】 考试要点：维生素与微量元素缺乏症
    【解析】 维生素 E 及硒缺乏可导致家禽出现渗出性素质、脑软化或液化、肌肉营养不良或条纹状坏死等，该鸡群一直饲喂相对廉价的饲料，其饲料中的微量元素及维生素添加不足，尤其是维生素 E 和硒元素缺乏，加上 50 日龄左右的中鸡生长迅速，对维生素 E 及硒的需要量相对较高，故而导致上述临床表现。

19. 在炎热夏季，空气湿度较高，某鸡场育成鸡突然发病，表现为呼吸困难，黄绿色下痢，死亡较为集中，剖检病鸡发现肝脏有针头大小灰白色坏死点，心外膜、心冠脂肪点状出血，肺水肿，十二指肠黏膜脱落，呈红布样外观。采用抗生素饲喂效果明显，死亡停止，但一旦停药后病情容易反复。请判定该育成鸡群可能发生的疾病是（　　）
    A. 禽霍乱　　　　　　　B. 禽流感　　　　　　　C. 新城疫
    D. 慢性呼吸道病　　　　E. 禽结核病
    【答案】 A
    【考点】 考试要点：急性型禽霍乱
    【解析】 禽流感、新城疫发病后使用抗生素仅能减轻病情，但死亡仍会出现，且部分病例表现为神经症状。慢性呼吸道病及禽结核病均属于慢性经过，不具备突然发病，且死亡较为集中的特征。急性型禽霍乱多发生产蛋鸡或育成鸡阶段，发病季节多在高温、高湿季节，且发病后主要表现为呼吸困难，黄绿色下痢，死亡相对集中，剖检病变主要表现为肝脏表面有针头或针尖大小边缘整齐的灰白色坏死点，心外膜、心内膜及心冠脂肪点状出血，肺脏瘀血水肿及十二指肠黏膜脱落、出血等。故选择 A。

20. 某饲喂廉价饲料的鸡群发病，表现为头颈后仰的"观星姿势"，且出现逐步严重的肌肉麻痹等症状，添加电解多维后鸡群症状明显减轻，但严重病例未见明显效果。请判定该鸡群此次发病的病因是缺乏（　　）

A. 维生素 A　　　　　　B. 维生素 D　　　　　　C. 维生素 C
D. 维生素 E　　　　　　E. 维生素 B_1

【答案】　E

【考点】　考试要点：维生素缺乏症

【解析】　维生素 B_1 缺乏的主要表现为神经功能障碍，角弓反张和脚趾等屈肌麻痹。典型特征为头颈后仰的"观星姿势"。故选择 E。

21. 某较大规模种鸡场，在产蛋后陆续发现鸡群冠髯苍白、皱缩，消瘦，腹部明显增大，有一定比例的死亡，但死亡呈分散性，剖检可见肝、脾、法氏囊、肾、肺、性腺、心等有肿瘤结节，部分病鸡出现血管瘤，血管破裂后流血不止。但未见皮肤和神经组织出现肿瘤，请判定该种鸡场可能发生了（　　）
A. 高致病性禽流感　　　B. 新城疫　　　　　　　C. 禽白血病
D. 马立克氏病　　　　　E. 传染性支气管炎

【答案】　C

【考点】　考试要点：禽白血病的临床表现

【解析】　可以导致鸡出现的肿瘤的疾病主要有禽白血病和马立克氏病，但二者有所不同，主要表现为马立克氏病发病多集中在 8 周龄后，而禽白血病发病在 14 周龄后；另外，马立克氏病有皮肤型、眼型、神经型和内脏型，主要为相应组织器官发生弥漫性或界限明显的灰白色肿瘤，而禽白血病有内脏型、血管瘤型和骨髓瘤型等，皮肤和神经等组织无肿瘤。鸡发生正黏病毒、副黏病毒或传染性支气管炎病毒感染均有一定程度的呼吸症状，内脏器官充血、出血或渗出等变化，且无肿瘤出现，故选 C。

22. 某鸡场临近垃圾处理站，卫生情况较差，近期发现鸡陆续出现腹泻，病死率约在 50%，剖检部分发病鸡发现有明显的黄白色的纤维素性心包炎、肝周炎和气囊炎，部分病例表现为关节肿胀、跛行，以肝脏触片染色经显微镜油镜检测发现有革兰氏阴性的小杆菌。请判定该鸡群发生感染的是（　　）
A. 沙门氏菌　　　　　　B. 结核分枝杆菌　　　　C. 多杀性巴氏杆菌
D. 大肠杆菌　　　　　　E. 鸭疫里默氏杆菌

【答案】　D

【考点】　考试要点：禽大肠杆菌病

【解析】　禽大肠杆菌病的临床表现为急性败血型、生殖器官病、卵黄性腹膜炎、肠炎、关节炎、肉芽肿及胚胎病等，属于条件致病性疾病。根据题干叙述，病鸡的临床表现与急性败血型大肠杆菌病并发关节炎及肠炎较为接近。故选择 D。

23. 某中等规模鸡场，近期发现雏鸡的孵化率和受精率均有所下降，部分雏鸡孵出后精神沉郁、昏睡，被羽松乱，双翅下垂，排灰白色石灰样粪便，且肛门周围黏附有干涸后的粪便结块。剖检可见肝脏、脾脏和肾脏肿大，且肝脏表面有大小不一的黄白色坏死点，卵黄吸收不良，肺脏和心脏有坏死或灰白色结节。使用氟苯尼考等抗生素后有一定效果，但病情容易反复。请判断该雏鸡群可能感染的是（　　）
A. 沙门氏菌　　　　　　B. 结核分枝杆菌　　　　C. 多杀性巴氏杆菌
D. 大肠杆菌　　　　　　E. 鸭疫里默氏杆菌

【答案】　A

【考点】　考试要点：沙门氏菌病

【解析】　鸡白痢沙门氏菌感染雏鸡后的表现为，病鸡精神沉郁，羽毛蓬松，双翼下垂，下白痢，且粪便干涸后封堵肛门，导致排便困难；剖检病变为，肝脏、脾脏及肾脏肿大，肝脏有灰白色坏死点，肾脏及输尿管内充斥大量银白色尿酸盐，心脏和肺脏有坏死或结节等。而雏鸡感染结核分枝杆菌、多杀性巴氏杆菌、大肠杆菌或鸭疫里默氏杆菌均无上述表现，故选择 A。

24. 某肉鸡饲养场，在 3~5 周龄突然发病，患鸡表现为羽毛逆立，怕冷堆埋，白色下痢，啄肛后，出现大量死亡，剖检可见胸肌和腿肌条纹状出血，肾脏苍白肿大，输尿管充斥着大量白色尿酸盐，法氏囊水肿、出血及渗出等炎症反应。请判定该肉鸡群发生的疾病是（　　）
A. 传染性法氏囊病　　　B. 传染性支气管炎　　　C. 传染性喉气管炎

D. 新城疫　　　　　　E. 马立克氏病

【答案】 A
【考点】 考试要点：传染性法氏囊病
【解析】 传染性法氏囊病以3～6周龄多发，患鸡表现为羽毛逆立，怕冷埋堆，白色下痢，啄肛等症状，剖检可见肌肉出血、法氏囊炎及肾炎，具体表为胸肌和腿肌条纹状出血；肾脏苍白肿大，输尿管充斥着大量白色尿酸盐；法氏囊水肿、出血及渗出等炎症反应。故选择A。

25. 某种鸡群在雏鸡阶段曾经发生白色下痢及呼吸症状，部分患鸡剖检后可见气管、支气管内有浆液性、卡他性或干酪样渗出物，经过采取相应措施后，死淘约10%后，剩余鸡群基本转归正常；但到产蛋阶段后，发现部分种鸡出现垂腹及过度肥胖等情况，剖检发现体腔内卵巢发育不良，输卵管呈现节段性发育不良，甚至接近泄殖腔末端封闭。请结合发病过程，判定该鸡群发生的疾病是（　　）
A. 传染性法氏囊病　　B. 传染性支气管炎　　C. 传染性喉气管炎
D. 新城疫　　　　　　E. 高致病性禽流感

【答案】 B
【考点】 考试要点：鸡传染性支气管炎的症状和病理变化
【解析】 鸡传染性支气管炎病毒感染雏鸡后表现为白色下痢及打喷嚏、咳嗽、啰音等呼吸症状，同时亦可侵害输卵管，导致输卵管发育不良，并在产蛋阶段表现为垂腹，过度肥胖及无生蛋等假母鸡病鸡现象，剖检患鸡可见卵巢发育不良，输卵管主要表现为节段性发育不良，甚至接近泄殖腔末端封闭等情况，故选B。

【A3/A4型题】
答题说明：以下提供若干个案例，每个案例下设若干道考题。请根据案例所提供的信息，在每一道考试题下面的A、B、C、D、E五个备选答案中选择一个最佳答案，并在答题卡上将相应题号的相应字母所属的方框涂黑。

(26～28题共用以下题干)
一群成年蛋鸭群突然发病，病死率在50%左右，临床表现为体温急剧升高，达43℃以上，肿头流泪，黄绿色下痢。剖检见食道及泄殖腔黏膜出血、伪膜性条纹状坏死或溃疡，肝脏有中央出血、边缘不整的灰白色的坏死灶，肠道有纽扣状坏死。

26. 该群蛋鸭发生的疾病可能是（　　）
A. 高致病性禽流感　　B. 鸭病毒性肝炎　　C. 新城疫
D. 鸭瘟　　　　　　　E. 鸭疫里默氏杆菌病

【答案】 D
【考点】 考试要点：鸭瘟的主要临床表现
【解析】 题干中所述病鸭的症状与鸭瘟典型发病的表现较为接近。除D外，其他疾病的临床表现与题干所述不符。故选D。

27. 首选的诊断方法为（　　）
A. 细菌的分离和鉴定　　B. 易感动物的接种　　C. 病理组织学观察
D. 病毒的分离和鉴定　　E. 抗体水平的检测

【答案】 D
【考点】 考试要点：鸭瘟的病原
【解析】 该病具有典型鸭瘟的临床表现，其病原属于疱疹病毒，故确诊该病应首先进行病毒的分离及进一步的鉴定。故选D。

28. 对该群鸭首选的措施是（　　）
A. 鸭群消毒　　　　　　B. 抗生素投喂　　　　C. 加强饲养管理
D. 扑杀与无害化处理　　E. 弱毒疫苗的紧急接种

【答案】 E
【考点】 考试要点：防控鸭瘟的措施
【解析】 鸭瘟发病后，死亡率较高，采取弱毒疫苗进行紧急接种的方法是有效降低死亡率和经济损失的有效方法。故选E。

(29～31题共用以下题干)
　　某平地饲养鸡群，现今28日龄，近期由于湿度较大，温度回升，部分鸡发病，主要表现为精神沉郁，消瘦，冠髯及可视黏膜苍白，排棕红色粪便，后期粪便颜色接近血液颜色，剖检可见盲肠肿胀，外观呈暗红色，肠腔内充满血液，部分病例盲肠内有肠芯。使用林克霉素及大观霉素饲喂几乎无任何效果，但饲喂磺胺二甲基嘧啶有一定效果。

29. 请判定该鸡群可能感染了（　　）
　　A. 柔嫩艾美耳球虫　　　　B. 毒害艾美耳球虫　　　C. 堆型艾美耳球虫
　　D. 巨型艾美耳球虫　　　　E. 布氏艾美耳球虫
　【答案】　A
　【考点】　考试要点：鸡球虫病
　【解析】　柔嫩艾美耳球虫感染可以引起盲肠球虫病的临床表现与题干中的临床表现基本一致。故选A。

30. 确诊该病的方法为（　　）
　　A. 血液常规分析　　　　　B. 病理组织学观察　　　C. 显微镜检查粪便中球虫卵囊
　　D. 根据流行病学调查方法　E. 人工发病方法
　【答案】　C
　【考点】　考试要点：诊断鸡球虫病的方法
　【解析】　确诊鸡球虫病的方法为采用饱和盐水漂浮法或直接涂片法检查粪便中的球虫卵囊。而血液常规分析、病理组织学观察、流行病学调查鸡人工发病方法等诊断为辅助方法。故选C。

31. 预防该病的方法**不包括**（　　）
　　A. 相应疫苗的免疫预防　　B. 加强饲养管理　　　　C. 使用敏感药物预防
　　D. 培养抗病品种　　　　　E. 增加饲料中维生素K的含量
　【答案】　D
　【考点】　考试要点：预防鸡球虫病的方法
　【解析】　预防鸡球虫病的方法包括敏感药物的投喂，免疫预防鸡加强饲养管理和添加维生素K等，但培养抗病品种对于防控球虫病的意义不大。故选D。

(32～34题共用以下题干)
　　某2周龄左右雏鹅群突然发病，发病率高达60%～80%，病死率高达80%，与雏鹅共用同一水域的雏番鸭群也有发病，但同区域内雏鸡表现正常，发病雏鹅表现精神沉郁，羽毛灰暗，严重下白痢，且粪便中混有肠道黏膜及纤维素性絮片，剖检部分病鹅发现小肠膨胀明显至正常大小的1～2倍，且有类似腊肠样凝固性栓子。曾尝试投喂广谱性抗生素对该病未表现出明显的控制作用，但死亡率略有降低。

32. 请判定该群雏鹅感染了（　　）
　　A. 正黏病毒　　B. 副黏病毒　　C. 细小病毒　　D. 疱疹病毒　　E. 腺病毒
　【答案】　C
　【考点】　考试要点：小鹅瘟的临床表现
　【解析】　从题干可以推测这是一种仅导致水禽发病的病毒病。鹅感染疱疹病毒表现为鸭瘟，即肝脏有边缘不整，中央出血的灰白色坏死灶，且食道及泄殖腔黏膜表面有灰褐色或绿色的伪膜性坏死灶等；鹅感染正黏病毒即发生高致病性禽流感，表现为腺胃和肌胃黏膜出血或溃疡、胰腺出血、黄白色坏死灶或透明样坏死灶，且部分病例表现为神经症状；鹅感染副黏病毒的表现黄绿色下痢，腺胃和肌胃黏膜有出血或坏死，肠道黏膜有广泛性的坏死灶等，且出现神经症状的比例较正黏病毒感染要高；鹅感染腺病毒通常不会发病；而鹅感染细小病毒即发生小鹅瘟后的表现与题干基本一致，且肠黏膜脱落后饲喂抗生素可以一定程度上减轻细菌的继发感染，可以略微降低雏鹅的死亡率，故选择C。

33. 确诊该病的方法为（　　）
　　A. 病毒分离　　　　　　　B. PCR方法　　　　　　C. 免疫荧光技术
　　D. 琼脂扩散　　　　　　　E. 综合A、B、C和D
　【答案】　E

【考点】 考试要点：小鹅瘟的实验室诊断

【解析】 小鹅瘟诊断须根据流行病学、临床表现做出初步诊断，确诊需要采取发病雏鹅的肝、脾和肾脏等组织经常规研磨无菌处理后，接种13日龄易感鹅胚进行病毒分离，分离到病毒后除做人工发病外，还要依靠PCR方法、免疫荧光技术、琼脂扩散等进行进一步验证。故选E。

34. 防控该病的有效方法**不包括**（ ）
　A. 种鹅产蛋前1个月注射弱毒疫苗　　B. 避免雏鹅与成年鹅接触
　C. 雏鹅接种相应的灭活疫苗　　　　　D. 雏鹅肌注0.5～1.0ml的小鹅瘟高免血清
　E. 监测雏鹅母源抗体水平

【答案】 C

【考点】 考试要点：防控小鹅瘟的方法

【解析】 防控小鹅瘟主要依靠弱毒疫苗接种雏鹅或种鹅，但对于雏鹅接种弱毒疫苗前，应该监测其母源抗体的水平以确定疫苗接种日龄。由于成年鹅携带病毒的可能性较高，因此避免雏鹅与成年鹅接触对于防控该病具有积极意义。采用小鹅瘟高免血清或高免卵黄抗体也一直在临床上广为应用。但对雏鹅接种灭活疫苗对于防控小鹅瘟无应用价值。故选C。

（35、36题共用以下题干）

某肉鸡群在2～4月龄陆续出现部分患鸡出现消瘦和死亡等情况，部分患鸡表现"大劈叉""一字腿"、翅膀下垂等外周神经受侵害表现，少数患鸡虹膜边缘不整由灰白色组织增生，剖检可见心脏、肝脏、脾脏、性腺、肾脏、腺胃及肠道和肌肉，甚至皮肤有分散或弥漫性灰白色肿瘤组织。

35. 请判断该鸡群发生的疾病是（ ）
　A. 传染性支气管炎　　B. 马立克氏病　　C. 禽白血病
　D. 传染性法氏囊病　　E. 新城疫

【答案】 B

【考点】 考试要点：马立克氏病

【解析】 鸡传染性支气管炎病毒感染雏鸡后表现为白色下痢及打喷嚏、咳嗽、啰音等呼吸症状，同时亦可侵害输卵管，导致输卵管发育不良，并在产蛋阶段表现为垂腹，过度肥胖及无生蛋等假母鸡病鸡现象，剖检患鸡可见卵巢发育不良，输卵管主要表现为节段性发育不良，甚至接近泄殖腔末端封闭等情况；马立克氏病是由疱疹病毒引起的一种鸡淋巴组织增生性疾病，多在2～5月龄发病，临床表现为渐进性消瘦和死亡，以外周神经、性腺、虹膜、各内脏器官、肌肉和皮肤单核细胞浸润和形成肿瘤为特征，可分为神经型、内脏型、眼型、皮肤型等；而禽白血病发病在14周龄后，表现为内脏型肿瘤、血管瘤和骨髓瘤等，皮肤和神经等组织一般无肿瘤；传染性法氏囊病属于高度接触性传染病，其发病率高、病程短，主要临床表现为病鸡下白痢、啄肛、精神沉郁，剖检可见胸肌和腿肌有条纹状出血，肾脏肿大呈斑驳状，法氏囊表现为肿胀、变性、出血和渗出等炎症表现；新城疫的发病症状为，嗉囊积液，黄绿色下痢，呼吸急促，歪头、转圈等神经症状，种鸡表现为产蛋下降；剖检可见，腺胃、肌胃、盲肠扁桃体、泄殖腔出血、溃疡（多处肠道淋巴集合组织可能形成纽扣状坏死）。故选择B。

36. 防控该病的特异性方法为（ ）
　A. 严格的兽医卫生措施　　B. 抗病育种　　C. 降低饲料中的蛋白含量
　D. 1日龄内采用弱毒疫苗免疫雏鸡　　E. 确保饮水供应

【答案】 D

【考点】 考试要点：马立克氏病

【解析】 防控马立克氏病的特异性方法为疫苗接种，主要采用弱毒疫苗接种，而严格的兽医卫生措施、抗病育种对于防控该病具有一定意义，但不属于特异性方法，故选择D。

（37、38题共用以下题干）

某中等规模鸡场，近期部分种鸡出现"垂腹"现象，产蛋高峰始终未能达到，维持时间短，死淘率增高，剖检发现多数种鸡卵巢内仅有少量接近成熟的卵子，且多数卵子变形、变色或内容物变性，严重病例出现卵黄性腹膜炎。雏鸡的孵化率和受精率也有所下降，部分雏鸡排灰白色石灰样粪便,且肛门周围黏附有干涸后的粪便结块。剖检可见肝脏、脾脏和肾脏肿大,且肝脏表面有大小不一的黄白色坏死点,卵黄吸收不良,肺脏和心脏有坏死或灰白色结节。使用氟苯尼考等抗生素后有一定效果,但病情容易反复。

37. 请判断该鸡场可能感染的是（　　）
    A. 沙门氏菌　　　　　B. 结核分枝杆菌　　　C. 多杀性巴氏杆菌
    D. 大肠杆菌　　　　　E. 鸭疫里默氏杆菌
    【答案】 A
    【考点】 考试要点：沙门氏菌病
    【解析】 鸡白痢沙门氏菌感染雏鸡后的表现为,病鸡精神沉郁,羽毛蓬松,双翼下垂,下白痢,且粪便干涸后封堵肛门,导致排便困难；剖检病变为,肝脏、脾脏及肾脏肿大,肝脏有灰白色坏死点,肾脏及输尿管内充斥大量银白色尿酸盐,心脏和肺脏有坏死或结节等。而雏鸡感染结核分枝杆菌、多杀性巴氏杆菌、大肠杆菌或鸭疫里默氏杆菌均无上述表现,故选择 A。

38. 诊断该病常用的实验方法为（　　）
    A. 琼脂扩散试验　　　B. 荧光抗体技术　　　C. ELISA
    D. 平板凝集试验　　　E. PCR 方法
    【答案】 D
    【考点】 考试要点：沙门氏菌病的诊断
    【解析】 禽沙门氏菌病诊断的常用方法为平板凝集试验,可分为全血和血清平板凝集试验。而琼脂扩散试验、荧光抗体技术、ELISA 及 PCR 方法相对应用不多。故选 D。

（39～41题共用以下题干）
某种鸡场饲养管理水平较低,近期发现鸡陆续出现腹泻,病死率约在 50%,剖检部分发病鸡发现有明显的黄白色的纤维素性心包炎、肝周炎和气囊炎。近期产蛋率和受精率也有所下降,且种蛋的孵化率下降,死胚增多,孵化出的雏鸡中脐炎或卵黄吸收不良的比例增高。饲喂广谱抗生素有一定效果,但病情反复。

39. 请判定该鸡群发生感染的是（　　）
    A. 沙门氏菌　　　　　B. 结核分枝杆菌　　　C. 多杀性巴氏杆菌
    D. 大肠杆菌　　　　　E. 鸭疫里默氏杆菌
    【答案】 D
    【考点】 考试要点：禽大肠杆菌病
    【解析】 禽大肠杆菌病的临床表现为急性败血型、生殖器官病、卵黄性腹膜炎、肠炎、关节炎、肉芽肿及胚胎病等,属于条件致病性疾病。根据题干叙述,病鸡的临床表现与急性败血型大肠杆菌病并发关节炎及肠炎较为接近。故选择 D。

40. 确诊该病的常用的方法为（　　）
    A. 细菌的分离鉴定　　B. 病毒的分离鉴定　　C. 免疫荧光技术
    D. PCR 方法　　　　　E. ELISA
    【答案】 A
    【考点】 考试要点：大肠杆菌病的诊断
    【解析】 确诊细菌病必须进行细菌的分离鉴定,包括培养特性、生化鉴定、染色特性、血清型或亚型鉴定及致病力鉴定等。故选 A。

41. 防控该病的经济、有效和安全的常用方法是（　　）
    A. 制备本场主要细菌血清型或亚型的菌苗　　B. 采用穿梭药物投喂的方法
    C. 加强消毒和环境卫生控制　　　　　　　　D. 抗病育种
    E. 加强引种控制
    【答案】 A
    【考点】 考试要点：防控大肠杆菌病的方法
    【解析】 防控大肠杆菌病的方法上述五个选项均有一定意义。但最为经济、有效和安全的方法为制备针对本场主要血清型或亚型的菌苗。故选 A。

（42～44题共用以下题干）

某鸡场生物安全措施较差，近期突然发现一群雏鸡发病，病鸡主要表现为黄绿色下痢、湿性啰音、嗉囊积液，部分病鸡出现腿或翅膀麻痹，瘫痪或半瘫痪，部分表现为弯头、扭颈等神经症状，死亡率高达80%。剖检病鸡和死亡病例发现，嗉囊内充斥酸臭液体，腺胃与食道交界处、腺胃乳头及黏膜、肌胃角质层下黏膜有出血点或溃疡和坏死，小肠淋巴集合滤泡肿胀或有纽扣状坏死或溃疡，盲肠扁桃体肿大、出血或坏死，部分病鸡喉头和气管充血、出血。

42. 请诊断该鸡群可能发生了（　　）
　　A. 禽流感　　　　　　　　B. 新城疫　　　　　　　　C. 禽霍乱
　　D. 鸡传染性喉气管炎　　　E. 鸡传染性支气管炎
【答案】B
【考点】考试要点：新城疫的临床表现
【解析】上述症状与病变均与急性型新城疫较为接近，故选B。

43. 该病血清学诊断常用的方法为（　　）
　　A. 琼脂扩散试验　　　　　B. ELISA　　　　　　　　C. 免疫抗体技术
　　D. RT-PCR方法　　　　　　E. HA和HI试验
【答案】E
【考点】考试要点：新城疫的血清学诊断
【解析】新城疫病毒属于副黏病毒，具有血凝素神经氨酸酶，可以凝集多种动物的红细胞，因此诊断该病在病毒分离的基础上，常进行HA试验和HI试验进行确诊。故选择E。

44. 防控该病最为有效的方法为（　　）
　　A. 定期饲喂清热解毒的中草药　　　　　B. 定期投喂广谱抗生素
　　C. 接种相应的灭活疫苗和弱毒疫苗　　　D. 严格的生物安全措施
　　E. 强化饲养管理
【答案】C
【考点】考试要点：防控新城疫的方法
【解析】新城疫作为OIE必须报告的疫病，防控方法主要为做好预防接种工作，即正确选择疫苗、制定合理免疫程序和建立免疫监测制度，其核心内容为选择相应的灭活疫苗或弱毒疫苗。尽管定期投喂清热解毒的中草药、广谱抗生素、严格的生物安全措施及强化饲养管理对于控制该病具有积极意义，但免疫防控是不可或缺的，故选C。

【B1型题】
答题说明：以下提供若干组考题，每组考题共用在考题前列出的A、B、C、D、E五个备选答案。请从中选择一个与问题关系最密切的答案，并在答题卡上将相应题号的相应字母所属的方框涂黑。某个备选答案可能被选择1次、多次或不被选择。

（45～47题共用下列备选答案）
　　A. 传染性支气管炎　　　　B. 新城疫　　　　　　　　C. 传染性法氏囊病
　　D. 禽流感　　　　　　　　E. 传染性喉气管炎

45. 鸡皮肤、冠髯发绀、出血、肿胀，黄绿色下痢，皮下、浆膜下、黏膜、肌肉和各内脏器官广泛性出血，尤其是头颈部皮下水肿，腿部角质鳞片出血，腺胃黏膜点状或片状出血，腺胃与食道交界处、腺胃与肌胃交界处有出血带或溃疡，喉头、器官出血或渗出，胰腺出血、黄白色坏死灶或透明样坏死，心肌有灰白色条纹状坏死的疾病是（　　）
【答案】D
【考点】考试要点：高致病性禽流感的症状及病变
【解析】高致病性禽流感的临床表现与上述描述基本相符。故选择D。

46. 育成鸡发病，表现为湿性啰音，部分眼结膜发炎，喉头和气管黏膜充血、水肿和出血，喉头和气管内有黄白色或红褐色干酪样渗出物的疾病是（　　）
【答案】E
【考点】考试要点：传染性喉气管炎的临床表现
【解析】传染性喉气管炎的发病特点为育成鸡发病严重，主要表现与上述临床表现接近，故选择E。

47. 雏鸡发病严重，传播迅速，表现为张口呼吸、咳嗽、喷嚏、啰音，剖检可见气管后段或支气管内有黄白色干酪样栓子，肾脏肿大，呈斑驳状的"花斑肾"的疾病是（　　）
【答案】　A
【考点】　考试要点：鸡传染性支气管炎的流行病学鸡临床表现
【解析】　呼吸型的传染性支气管炎在 4 周龄以下雏鸡的发病特征与上述描述相符，故选择 A。

（48～50 题共用下列备选答案）
　　A. 沙门氏菌　　　　　B. 结核分枝杆菌　　　　C. 多杀性巴氏杆菌
　　D. 大肠杆菌　　　　　E. 鸭疫里默氏杆菌

48. 雏鸡发病，剖检见肺脏、心脏有结节性增生或坏死，肝脏出现黄白色坏死点的疾病是（　　）
【答案】　A
【考点】　考试要点：沙门氏菌病
【解析】　鸡沙门氏菌病的临床特征为下白痢，肺脏、心脏有坏死和增生交替出现的结节，肝脏有大小不一黄白色坏死点，类似"雪花肝"，故选择 A。

49. 成年鸡发病，闪电式死亡，多数病例无明显病变，少数病例可见肝脏有少量灰白色针头大小的坏死点的疾病是（　　）
【答案】　C
【考点】　考试要点：最急性型禽霍乱的流行特点及临床表现
【解析】　最急性型禽霍乱的临床表现及流行特点与题干所述接近，故选择 C。

50. 种鸡场雏鸡发病，表现为雏鸡孵化后，精神不佳，脐部湿润，腹部膨大，卵黄吸收不良，剖检见部分病例有黄白色纤维素性肝周炎、心包炎和气囊炎等，并有特殊的粪臭味的疾病是（　　）
【答案】　D
【考点】　考试要点：禽大肠杆菌病
【解析】　大肠杆菌由于能够产生吲哚，故呈现特殊的粪臭味，并且其败血症可以出现纤维素性的肝周炎、气囊炎和心包炎，脐炎及卵黄吸收不良也是雏鸡发病的特征之一，故选择 D。

（51～53 题共用下列备选答案）
　　A. 柔嫩艾美耳球虫　　B. 组织滴虫病　　　　　C. 住白细胞虫病
　　D. 绦虫病　　　　　　E. 禽皮刺螨

51. 病禽发表表现为消瘦、贫血，有痒感，皮肤时而出现小红疹，具有传播禽霍乱或螺旋体病的寄生虫病是（　　）
【答案】　E
【考点】　考试要点：禽皮刺螨病的临床症状与病理变化
【解析】　禽皮刺螨病是由鸡皮刺螨、林禽刺螨和囊禽刺螨引起鸡、鸽、火鸡等禽类体表的一种外寄生虫病。由于刺螨吸食禽血，严重侵袭时，可使鸡日渐消瘦、贫血，皮肤出现小红疹及有痒感等临床表现，故选择 E。

52. 一中小规模养鸡场发病，病鸡表现为头部冠髯发黑，排黄绿色恶臭粪便，部分粪便带血或完全是血液，剖检可见盲肠炎和肝炎，盲肠内干酪样的肠芯，肝脏有圆形或不规则中央凹陷，边缘微隆起的黄绿色坏死灶的禽病是（　　）
【答案】　B
【考点】　考试要点：组织滴虫病的症状与病变
【解析】　组织滴虫病是由火鸡组织滴虫寄生于禽类盲肠和肝脏引起的疾病，又称为盲肠肝炎或黑头病。多发生与火鸡和雏鸡，成年鸡也可感染。其主要临床表现为，病禽冠髯发黑，故又称"黑头病"，排黄绿色或含血样粪便；剖检可见，盲肠炎和肝炎，盲肠炎的特征为单侧或双侧盲肠肿胀，常有干酪样的肠芯，严重病例甚至盲肠穿孔，导致腹膜炎；肝炎的表现为肝脏肿大，出现散在或密布的圆形或不规则的中央凹陷、边缘稍微隆起，淡黄色或淡绿色的坏死灶，故选择 B。

53. 在吸血昆虫蠓、蚋活动季节发病，病鸡死亡前口流鲜血，冠髯苍白，消瘦，剖检可见肌肉尤其是胸肌、腿肌和心肌有大小不等的出血点或白色小结节的禽病是（　　）
【答案】　C
【考点】　考试要点：住白细胞虫病的临床病理变化
【解析】　鸡住白细胞虫病是由卡氏或沙氏住白细胞虫寄生在鸡的血液和内脏组织器官内引起的原虫病。在华南地区较常见，在蚋及蠓活跃季节多发，病鸡表现为冠髯苍白，消瘦，下痢，死亡前口流鲜血；剖检可见肌肉尤其是胸肌、腿肌和心肌有大小不等的出血点或白色小结节，肝脏及脾脏肿大或见白色小结节为特征，故选择 C。

(54、55 题共用下列备选答案)
A. 维生素 A　　　　　B. 维生素 B_1　　　　　C. 维生素 C
D. 维生素 D　　　　　E. 维生素 E 及硒

54. 某中等规模鸡场，病鸡生长缓慢，发病表现为肌肉有营养不良或灰白色条纹状坏死，脑尤其是小脑有软化或液化倾向。该群鸡的病因可能是缺乏（　　）
【答案】　E
【考点】　考试要点：维生素与微量元素缺乏症
【解析】　维生素 E 及硒缺乏可导致家禽出现渗出性素质、脑软化或液化、肌肉营养不良或条纹状坏死等，故而导致上述临床表现。

55. 发病鸡表现为头颈后仰的"观星姿势"，且出现逐步严重的肌肉麻痹等症状的病因是缺乏（　　）
【答案】　B
【考点】　考试要点：维生素 B_1 缺乏症
【解析】　维生素 B_1 缺乏的主要表现为神经功能障碍，角弓反张和脚趾等屈肌麻痹。典型特征为头颈后仰的"观星姿势"。故选择 B。

(56～58 题共用下列备选答案)
A. 鸭病毒性肝炎　　B. 鸭瘟　　　C. 禽流感　　　D. 小鹅瘟　　　E. 鸭浆膜炎

56. 一群成年蛋番鸭群突然发病，病死率在 50% 左右，临床表现为体温高达 43℃ 以上，肿头流泪，黄绿色下痢，食道及泄殖腔黏膜出血、伪膜性条纹状坏死或溃疡，肝脏有中央出血、边缘不整的灰白色的坏死灶的疾病是（　　）
【答案】　B
【考点】　考试要点：鸭瘟的临床表现
【解析】　鸭瘟又称为鸭病毒性肠炎，是由疱疹病毒引起水禽的一种急性败血性和高度接触性传染病。典型临床表现为，体温升高，肿头流泪，黄绿色下痢，特征病变为口腔、食道和泄殖腔黏膜有伪膜性坏死或溃疡，肝脏有白色坏死点，在坏死点中央常有小出血点，故选择 B。

57. 发病快大白鸭，突然发病，在死亡前表现为头颈后仰，腿向后伸直的角弓反张特有姿势，剖检可见肝脏刷状出血，胆汁颜色为茶褐色或淡绿色的疾病是（　　）
【答案】　A
【考点】　考试要点：鸭病毒性肝炎中常见的Ⅰ型鸭肝炎的临床特征
【解析】　鸭病毒性肝炎中以Ⅰ型鸭肝炎病毒感染危害最大，是我国目前最为常见的鸭病毒性肝炎之一。其临床特征为雏鸭发病较为严重，部分患鸭死亡前呈现头向背部后仰，腿向后伸的角弓反张姿势，剖检可见肝脏肿大，变性，表面有大小不等的鲜红或暗黑色的出血点，胆囊肿胀，胆汁颜色变浅，呈茶褐色或浅绿色，故选择 A。

58. 病鸭眼部羽毛湿润，鼻窦肿胀，厌行，部分有共济失调等神经症状，剖检可见有纤维素性肝周炎、心包炎和气囊炎的疾病是（　　）
【答案】　E
【考点】　考试要点：鸭浆膜炎的临床症状和病理变化
【解析】　鸭浆膜炎是有鸭疫里默氏杆菌导致雏鸭、鹅及火鸡等多种禽类的一种接触性传染病。病鸭表现为精神沉郁，眼鼻分泌物增多，鼻窦肿胀，行动迟缓或不愿走动，剖检可见以纤维素性的肝周炎、心包炎和气囊炎为特征，部分病例也有脑膜炎及关节炎和鼻窦炎等，故选择 E。

(59、60题共用下列备选答案)
  A. 传染性法氏囊病　　　　B. 马立克氏病　　　　C. 禽流感
  D. 禽白血病　　　　　　　E. 传染性支气管炎

59. 病鸡在产蛋后陆续发病，表现为血管瘤，血管破裂后流血不止；部分病鸡剖检可见肝、脾、法氏囊、肾、肺、性腺、心等有肿瘤结节的疾病是（　　）
  【答案】　C
  【考点】　考试要点：禽白血病的临床表现
  【解析】　禽白血病发病在14周龄后发病表现为有内脏型、血管瘤型和骨髓瘤型等，故选C。

60. 某种鸡场在8周龄左右后发病，病鸡表现为呈现"大劈叉"或"一字腿"等特征姿势，部分病鸡表现为垂翅等症状，剖检见部分外周神经横纹消失，呈现黄白色或灰白色，且直径增粗为正常的2倍大小左右，请诊断所发疾病是（　　）
  【答案】　B
  【考点】　考试要点：神经型马立克氏病的表现
  【解析】　马立克氏病发病多集中在8周龄后，有皮肤型、眼型、神经型和内脏型，主要为相应组织器官发生弥漫性或界限明显的灰白色肿瘤。其中，神经型马立克氏病主要表现为外周神经发生肿瘤，导致横纹消失，直径变大，部分病鸡表现为"大劈叉"或"一字腿"等特征姿势，故选B。

(61、62题共用下列备选答案)
  A. 鸡传染性喉气管炎　　　B. 产蛋下降综合征　　　C. 传染性支气管炎
  D. 鸡马立克氏病　　　　　E. 禽白血病

61. 成年产蛋鸡发病，表现为轻微的呼吸症状，伴随有产蛋下降，出现软壳蛋、畸形蛋，"鸽子蛋"以及蛋壳粗糙等，蛋的品质较差，蛋内容物中蛋白稀薄如水，剖检见输卵管呈节段不连续，卵泡充血、出血、变形的疾病是（　　）
  【答案】　C
  【考点】　考试要点：呼吸型鸡传染性支气管炎的临床表现
  【解析】　鸡发生传染性支气管炎有呼吸型、肾型及腺胃型。呼吸型传染性支气管炎的临床表现在不高于4周龄患鸡表现为张口呼吸，喷嚏，咳嗽，啰音；高于5周龄患鸡尽管也表现一定程度的呼吸症状，但同时也伴发下痢症状；成年鸡仅表现为轻微的呼吸症状，伴随有产蛋下降，出现软壳蛋、畸形蛋，以及蛋壳粗糙等，蛋内容物中蛋白稀薄如水，蛋黄和蛋白分离且蛋白黏附于蛋壳表面等，故选择C。

62. 成年产蛋鸡突然无任何明显临床症状发病，主要表现为突然群体性产蛋下降，较正常下降幅度高达50%，畸形蛋、沙皮蛋及软壳蛋逐渐增多，持续时间约为4～6周的疾病是（　　）
  【答案】　B
  【考点】　考试要点：产蛋下降综合征的发病特征
  【解析】　产蛋下降综合征（EDS76），是由禽腺病毒Ⅲ群引起鸡以产蛋下降为特征的传染病，其主要临床表现为感染鸡无明显临床症状，突然出现群体性产蛋数量急剧下降，软壳蛋、畸形蛋增多，蛋壳粗糙似沙粒样增多，蛋壳颜色变浅等，持续时间4～10周，故选择B。

三、牛、羊疾病临床诊断和治疗

【A1型题】
　　答题说明：每一道考试题下面有A、B、C、D、E五个备选答案，请从中选择一个最佳答案，并在答题卡上将相应题号的相应字母所属的方框涂黑。

1. 某牛场发生口蹄疫，应该采取的措施是（　　）
  A. 隔离封锁，扑杀病牛，对所有牛接种口蹄疫疫苗
  B. 紧急预防接种，积极治疗病牛，减少经济损失
  C. 上报疫情，划定疫区，在严格封锁的基础上，扑杀患病牛及其同群牛，并进行无害化处理
  D. 对发病牛场周围3km内的所有牛全部实行宰杀
  E. 对患病地区进行隔离封锁，扑杀封锁区内的所有病牛
  【答案】　C

【考点】 传染病—多种动物共患传染病—口蹄疫
【解析】 当发生口蹄疫时，应当立即上报疫情，确切诊断，划定疫点、疫区和受威胁地区，在严格封锁的基础上，扑杀患病动物及其同群动物，并进行无害化处理。因此应该选C。

2. 羔羊痢疾发生后，应采取的治疗原则是（　　）
   A. 抗菌消炎，健胃止泻或缓泻排毒
   B. 止血止痢，防止脱水
   C. 兴奋神经，补血止血
   D. 泻下解毒，开胃健脾
   E. 强心利尿，制止分泌
   【答案】 A
   【考点】 传染病-多种动物共患传染病-魏氏梭菌病-羔羊痢疾
   【解析】 羔羊痢疾是由梭菌引起，治疗上主要采取土霉素、磺胺药等抗菌治疗，同时采取防止脱水等对症治疗措施。本题只有A有抗菌消炎治疗，故选A。

3. 牛出血性败血症实验室诊断该病时采用的最好方法是（　　）
   A. 采集血液做血常规测定
   B. 分离血清，鉴定病毒
   C. 采集病料涂片镜检或做细菌培养
   D. X光片检查
   E. 血清钙测定
   【答案】 C
   【考点】 传染病—牛羊的传染病—牛出血性败血症
   【解析】 牛出血性败血症的病原为巴氏杆菌，诊断方法主要是涂片镜检和细菌培养，瑞氏染色或吉姆萨染色镜检可见两极染色的卵圆形杆菌。

4. 牛肝片吸虫最有效的治疗方法是（　　）
   A. 抗菌消炎，保肝解毒　　　B. 开胃健脾，涩肠止泻
   C. 利尿解毒，清理胃肠　　　D. 解热镇痛，保肝解毒
   E. 保肝驱虫，补液强心
   【答案】 E
   【考点】 寄生虫病—牛羊的寄生虫病—吸虫病
   【解析】 治疗肝片形吸虫时，不仅要进行驱虫，而且应该注意对症治疗。本题只有E选项有驱虫治疗。

5. 脑多头蚴确诊可采用（　　）
   A. 粪便寄生虫检查　　　B. 血液寄生虫检查　　　C. 抽取脑脊液做病毒分离
   D. 眼结膜变态反应试验　　　E. X光探查
   【答案】 D
   【考点】 寄生虫病—牛羊的寄生虫病—脑多头蚴
   【解析】 脑包虫的诊断可以根据临床症状、头部触诊变化，进一步确诊可用变态反应原注入牛羊上眼睑内做诊断，感染动物注射后1小时，皮肤出现肥厚肿大。

6. 牛羊发生脑多头蚴的治疗方法是（　　）
   A. 对症治疗　　　B. 抗菌消炎　　　C. 抗病毒，消除脑水肿
   D. 手术摘除多头蚴　　　E. 针灸治疗
   【答案】 D
   【考点】 寄生虫病—牛羊的寄生虫病—脑多头蚴
   【解析】 脑多头蚴又称脑包虫，对脑表层寄生的虫体，可施行手术摘除。在脑深部寄生，可试用吡喹酮和阿苯达唑口服或注射治疗。

7. 牛蹄叶炎最可能的原因是（　　）
   A. 缺磷　　　B. 缺钙　　　C. 缺镁　　　D. 过食精料　　　E. 过食干草
   【答案】 D
   【考点】 兽医外科学—蹄病—牛的蹄病—蹄叶炎

【解析】 牛蹄叶炎为全身代谢紊乱的局部表现，但确切原因尚无定论，倾向于综合因素所致，包括分娩前后到泌乳高峰时期食入过多碳水化合物精料、不适当运动、遗传和季节因素等。因此本题选 D。

8. 羊蓝舌病的主要传播媒介是（　　）
   A. 库蠓　　　B. 长脚蚊　　　C. 犬　　　D. 人类　　　E. 猪
   【答案】 A
   【考点】 传染病—牛羊的传染病—蓝舌病
   【解析】 蓝舌病是由蓝舌病病毒引起的反刍动物的一种病毒性虫媒传染病，主要通过库蠓传递。

9. 牛泰勒虫病的传播媒介是（　　）
   A. 蜱　　　B. 螨　　　C. 蚊　　　D. 跳蚤　　　E. 苍蝇
   【答案】 A
   【考点】 寄生虫病—牛羊的寄生虫病—牛羊的泰勒虫病-牛泰勒虫病
   【解析】 牛泰勒虫病在我国主要由环形泰勒虫和瑟氏泰勒虫引起，环形泰勒虫的传播者主要是残缘璃眼蜱，瑟氏泰勒虫在我国的主要传播者是长角血蜱。

10. 牛巴贝斯虫病的传播媒介是（　　）
    A. 牛虻　　　B. 库蠓　　　C. 长脚蚊　　　D. 硬蜱　　　E. 按蚊
    【答案】 D
    【考点】 寄生虫病—牛羊的寄生虫病—巴贝斯虫病
    【解析】 巴贝斯虫均通过硬蜱媒介进行传播。

11. 奶牛酮病发生的根本原因是（　　）
    A. 初次分娩　　　B. 产奶量高　　　C. 精料饲喂过多
    D. 过度肥胖　　　E. 能量代谢负平衡
    【答案】 E
    【考点】 内科病-糖、脂肪及蛋白质代谢障碍疾病-奶牛酮病
    【解析】 奶牛酮病病因涉及的因素很多，包括高产、日粮营养不平衡、母牛产前过度肥胖，但其根本原因是各种原因引起的能量负平衡。A、B、C、D都是其发生的原因之一，因此选 E。

12. 关于牛妊娠毒血症说法正确的是（　　）
    A. 又称为奶牛肥胖综合征或牛脂肪肝病
    B. 常发生在过度肥胖的产后肉牛或乳牛
    C. 是一种由于能量缺乏所致的一种综合征，死亡率较低
    D. 病理变化表现为肝硬化和脂肪肝
    E. 一般不出现神经症状
    【答案】 A
    【考点】 内科疾病—糖、脂肪及蛋白质代谢障碍疾病—奶牛酮病奶牛肥胖综合征
    【解析】 牛妊娠毒血症又称为奶牛肥胖综合征或牛脂肪肝病，因此 A 正确。本病常发生于产前肉牛或产后奶牛，因此 B 错误。死亡率达 80％，主要病理变化是脂肪肝，一般无肝硬化。患病牛临床出现典型的临床症状，最后昏迷死亡。

13. 奶牛生产瘫痪发生的主要病因是（　　）
    A. 低磷血症　　B. 低钙血症　　C. 低镁血症　　D. 低钠血症　　E. 低钾血症
    【答案】 B
    【考点】 产科疾病—产后期疾病—奶牛生产瘫痪
    【解析】 奶牛生产瘫痪又称产褥热或奶牛低钙血症，主要发病原因是分娩前后血钙浓度剧烈降低。

14. 反刍动物青草抽搐发生的主要病因是（　　）
    A. 低磷血症　　B. 低钙血症　　C. 低镁血症　　D. 低钠血症　　E. 低钾血症
    【答案】 C
    【考点】 内科疾病—矿物质代谢障碍疾病—青草抽搐

【解析】 青草抽搐是反刍动物采食幼嫩的牧草后发生的一种高度致死性疾病，发生的主要原因是低血镁。

15. 奶牛酮病治疗的关键是（ ）
    A. 镇静，解痉　　　　　B. 提高血糖含量　　　C. 纠正酸中毒
    D. 防止脱水　　　　　　E. 健胃助消化
    【答案】 B
    【考点】 内科病—糖、脂肪及蛋白质代谢障碍疾病—奶牛酮病
    【解析】 奶牛酮病治疗的关键是补糖和抗酮，补糖可静脉注射葡萄糖或饲喂丙二醇或甘油。抗酮主要使用 ACTH 或糖皮质激素。A、C、D、E 都是对症治疗措施。

16. 母牛产后血红蛋白尿发生的主要病因是（ ）
    A. 低磷血症　　B. 低钙血症　　C. 低镁血症　　D. 低钠血症　　E. 低钾血症
    【答案】 A
    【考点】 内科病—矿物质代谢障碍疾病—牛产后血红蛋白尿
    【解析】 牛产后血红蛋白尿是由于磷缺乏而引起的一种营养代谢病，以低磷酸盐血症、溶血性贫血和血红蛋白尿为特征。

17. 下列药物中，治疗反刍动物前胃迟缓的药物应选择（ ）
    A. 5％氯化钠溶液　　　　B. 10％氯化钠溶液　　　C. 5％葡萄糖生理盐水
    D. 10％葡萄糖　　　　　E. 5％葡萄糖
    【答案】 B
    【考点】 内科疾病—反刍动物前胃和皱胃疾病—前胃迟缓
    【解析】 治疗前胃迟缓经常使用瘤胃兴奋药，最常用的是 10％氯化钠溶液。

18. 采食大量易发酵的豆科牧草或发生嗳气障碍容易引起（ ）
    A. 瓣胃阻塞　　B. 网胃炎　　C. 瘤胃积食　　D. 瘤胃臌气　　E. 皱胃迟缓
    【答案】 D
    【考点】 内科疾病—反刍动物前胃和皱胃疾病—瘤胃臌气
    【解析】 瘤胃臌气分为原发性和继发性。原发性瘤胃臌气见于采食了大量易发酵的草料；继发性见于嗳气障碍的疾病。

19. 反刍动物皱胃变位的主要发病原因是（ ）
    A. 与妊娠和分娩有关　　　B. 胎儿大小有关　　　C. 胎儿性别有关
    D. 胎儿数量有关　　　　　E. 妊娠时间有关
    【答案】 A
    【考点】 内科疾病—反刍动物前胃和皱胃疾病—皱胃变位与扭转
    【解析】 皱胃变位多发生在产后，与分娩时内脏器官位置的剧烈变化有关。

20. 牛肠便秘是由于肠弛缓，导致粪便积滞所引起的腹痛病，其临床表现特征是（ ）
    A. 排粪障碍和腹痛　　　　B. 排出粪便呈水样　　　C. 频频排粪，表现痛苦
    D. 排粪时间显著延长　　　E. 排粪痛苦，粪便湿滑
    【答案】 A
    【考点】 内科疾病—其他胃肠疾病—肠便秘—牛肠便秘
    【解析】 牛肠便秘通常由饲喂劣质的粗纤维性饲草引起，主要症状是鼻镜干燥，肠音消失，排粪停止或拍胶冻样粪便，腹痛。故选 A。

21. 由迷走神经调节机能紊乱引起的疾病是（ ）
    A. 皱胃变位　　B. 皱胃阻塞　　C. 皱胃溃疡　　D. 皱胃炎　　E. 皱胃扭转
    【答案】 B
    【考点】 内科疾病—反刍动物前胃和皱胃疾病—皱胃阻塞
    【解析】 皱胃阻塞又称为皱胃积食，主要由迷走神经调节机能紊乱，引起皱胃内容物积滞，而形成阻塞。

22. 牛羊瘤胃酸中毒的主要发病原因是（ ）
    A. 采食大量富含碳水化合物的饲料
    B. 采食大量富含蛋白质的饲料

C. 采食大量富含脂肪的饲料
D. 采食大量富含氨基酸的饲料
E. 采食大量富含纤维素的饲料
【答案】 A
【考点】 内科疾病—其他中毒—瘤胃酸中毒
【解析】 瘤胃酸中毒是指牛羊采食大量富含碳水化合物的饲料后，在瘤胃内产生大量乳酸而引起的以消化障碍、瘤胃运动停滞、脱水、酸中毒、运动失调为特征的代谢性酸中毒。

23. 牛产后血红蛋白尿病的临床特征是（　　）
    A. 尿液混浊   B. 尿酮升高   C. 贫血和红尿   D. 尿糖升高   E. 血尿
【答案】 C
【考点】 内科病—矿物质代谢障碍疾病—牛产后血红蛋白尿
【解析】 牛产后血红蛋白尿是由于磷缺乏而引起的一种营养代谢病，以低磷酸盐血症、溶血性贫血和血红蛋白尿为特征。故选 C。

24. 牛流行热又称为（　　）
    A. 牛稽留热   B. 牛一日热   C. 牛二日热   D. 牛三日热   E. 牛弛张热
【答案】 D
【考点】 牛羊的传染病—牛流行热
【解析】 牛流行热又称三日热或暂时热，是由牛流行热病毒引起牛的一种急性热性传染病，其临床特征为突发高热，流泪，泡沫样流涎、鼻漏，呼吸促迫，一般呈良性经过。

25. 主要引起肠道出血的牛的寄生虫病是（　　）
    A. 巴贝斯虫   B. 泰勒虫   C. 球虫   D. 毛滴虫   E. 新孢子虫
【答案】 C
【考点】 牛羊的传染病—牛流行热
【解析】 巴贝斯虫主要引起贫血和血红蛋白尿，泰勒虫主要引起淋巴组织肿胀出血，牛球虫主要寄生于小肠下段和整个大肠的上皮细胞内，引起肠道炎症和出血。毛滴虫主要寄生于生殖道内引起生殖道炎症和流产。牛新孢子虫主要引起成年牛的流产和死胎。

26. 牛髌骨上方脱位的整复方法是（　　）
    A. 髌内直韧带切断术   B. 髌内直韧带固定术   C. 髌骨外侧加强术
    D. 髌骨内侧加强术   E. 滑车固定术
【答案】 A
【考点】 外科学—四肢疾病—关节脱位—髌骨脱位
【解析】 牛的髌骨脱位以上方脱位见，一般行髌内直韧带切断术。

27. 牛的腐蹄病又称为（　　）
    A. 指（趾）间皮炎   B. 蹄（趾）间皮炎   C. 局限性蹄皮炎
    D. 蹄叶炎   E. 传染性蹄皮炎
【答案】 E
【考点】 外科学—蹄病—牛的蹄病—腐蹄病
【解析】 腐蹄病又称为传染性蹄皮炎，为牛的常见蹄病，主要由坏死杆菌引起。

28. 奶牛胎儿性难产的原因**不包括**（　　）
    A. 胎儿过大   B. 双胎难产   C. 胎儿畸形   D. 胎势异常   E. 胎衣不下
【答案】 E
【考点】 产科学—分娩期疾病—胎儿性难产
【解析】 胎儿性难产主要由胎向、胎位异常、胎儿过大、胎儿畸形、双胎同时契入产道等原因引起，A、B、C、D 都是引起胎儿性难产的原因，而胎衣不下是产后的一种疫病。

29. 奶牛持久黄体最有效的治疗药物是（　　）
    A. 催产素   B. 孕激素   C. $PGF_{2\alpha}$ D. FSH   E. LH
【答案】 C
【考点】 产科学—母畜的不育—疾病性不育—持久黄体
【解析】 前列腺素 $PGF_{2\alpha}$ 及其类似物是治疗持久黄体的首选药物，催产素和雌激素也用于治疗持久黄体,但临床效果不如 PGF$_{2\alpha}$。

30. 奶牛乳腺炎的病因是（ ）
    A. 病原微生物感染　　　B. 遗传因素　　　C. 饲养管理因素
    D. 环境因素　　　　　　E. 以上都是
    【答案】 E
    【考点】 产科学—乳房疾病—奶牛乳腺炎
    【解析】 奶牛乳腺炎是指因微生物感染或理化因素刺激等引起的一种乳腺疾病,病因复杂,A、B、C、D 选项都是引起奶牛乳房炎的病因,因此选 E。

31. 牛栎树叶中毒表现出的主要症状是（ ）
    A. 神经系统症状　　　　B. 造血系统症状　　　C. 泌尿系统症状
    D. 呼吸系统症状　　　　E. 内分泌系统症状
    【答案】 C
    【考点】 内科学—有毒植物与霉菌毒素中毒—栎树叶中毒
    【解析】 牛栎树叶中毒是指大量采食栎树叶后引起以前胃迟缓、便秘或下痢、皮下水肿以及血尿、蛋白尿、管型尿等肾病综合征为特征的中毒病,因此其主要症状是消化系统症状和泌尿系统症状,故选 C。

32. 牛黑斑病甘薯毒素中毒的主要症状是（ ）
    A. 神经系统症状　　　　B. 造血系统症状　　　C. 泌尿系统症状
    D. 呼吸系统症状　　　　E. 内分泌系统症状
    【答案】 D
    【考点】 内科学—有毒植物与霉菌毒素中毒—黑斑病甘薯毒素中毒
    【解析】 黑斑病甘薯毒素中毒是由于家畜采食霉烂黑斑病甘薯后,引起的以急性肺水肿、间质性肺气肿、严重呼吸困难以及皮下气肿为特征的一种中毒病。因此选 D。

【A2 型题】
答题说明：每一道考题是以一个小案例出现的,其下面都有 A、B、C、D、E 五个备选答案,请从中选择一个最佳答案,并在答题卡上将相应题号的相应字母所属的方框涂黑。

33. 3 日龄羔羊,病初精神委顿,低头拱背,不想吃奶。不久就发生腹泻,粪便恶臭,呈糊状或稀薄如水,到了后期,有的还含有血液,直到成为血便。病羔逐渐虚弱,卧地不起,常在 1~2 天内死亡。也有个别病羔,腹胀而不下痢,或只排少量稀粪（也可能带血或呈血便）,表现神经临床症状,四肢瘫软,卧地不起,呼吸急促,口流白沫,最后昏迷,头向后仰,体温降至常温以下。病情严重,病程很短,常在数小时到十几小时内死亡。此病最可能的诊断是（ ）
    A. 羊肠毒血症　　B. 羊快疫　　C. 羊痒疽　　D. 羊黑疫　　E. 羔羊痢疾
    【答案】 E
    【考点】 传染病—多种动物共患传染病—魏氏梭菌病羔羊痢疾
    【解析】 羔羊痢疾是由 B 型魏氏梭菌引起的初生羔羊的一种急性毒血症,以剧烈腹泻和小肠发生溃疡为其特征。本病常可使羔羊发生大批死亡,给养羊业带来重大损失。本病主要危害 7 日龄以内的羔羊,其中又以 2~3 日龄的发病最多,7 日龄以上的很少患病。

34. 某牛场,不分年龄和性别的牛均出现发病,患病牛出现奇痒和神经症状,组织学检查可见中枢神经系统化脓性脑炎和神经炎。该病最可能诊断是（ ）
    A. 传染性胸膜肺炎　　　B. 伪狂犬病　　　C. 炭疽
    D. 狂犬病　　　　　　　E. 布氏杆菌病
    【答案】 B
    【考点】 传染病—多种动物共患传染病—伪狂犬病
    【解析】 伪狂犬病的宿主比较广泛,各种日龄的动物均可感染。除了猪外,所有发病动物均出现奇痒和神经症状,患病牛组织学检查可见神经系统化脓性炎症。

35. 一奶牛场,3 天前有一奶牛因突然发热,呼吸困难而迅速死亡,今日又有一头牛发病,病牛体温升高达 42℃,食欲废绝,精神沉郁,有痛性干咳,呼吸高度困难,鼻流带血泡沫。叩诊胸部,两侧肺部均有浊音区；听诊有支气管呼吸音和啰音。病牛腹泻,粪中有黏液和

少量血液，恶臭。该病最可能的诊断是（　　）
A. 大叶性肺炎　　　　　　　B. 牛出败（牛巴氏杆菌病）
C. 牛肺疫　　　　　　　　　D. 牛病毒性腹泻-黏膜病
E. 口蹄疫
【答案】　B
【考点】　传染病—牛羊的传染病—牛出血性败血症
【解析】　牛出血性败血症是牛的一种急性传染病以高热、肺炎和内脏广泛出血为特征，其病原体是多杀性巴氏杆菌。多杀性巴氏杆菌可在健康牛的上呼吸道中存在，当动物由于受冷、过劳、长途运输或饥饿等因素而降低抵抗力时即可致病。C牛肺疫主要表现为呼吸道和关节炎症状，不表现消化道症状。D、E不表现呼吸道症状。A太笼统。

36. 某奶牛，突然发病，腹围迅速增大，左肷窝明显突出，隆起高于髋结节触诊左腹壁紧张而富有弹性，听诊瘤胃蠕动音消失；呼吸高度困难，张口喘气，每分钟呼吸数达83次；病牛惊恐不安，时而回头顾腹，时而后肢踢腹，起卧不安。很快出现眼结膜发绀，行走摇晃。该病最可能的诊断是（　　）
A. 前胃弛缓　　　　B. 急性瘤胃臌气　　　　C. 创伤性网胃炎
D. 瘤胃积食　　　　E. 急性肺炎
【答案】　B
【考点】　内科疾病—反刍动物前胃和皱胃疾病—瘤胃臌气
【解析】　所述为原发性瘤胃臌气的症状。

37. 有一奶牛，分娩后第二天突然发病，最初兴奋不安，食欲废绝，反刍停止，四肢肌肉震颤，站立不稳，舌伸出于口外，磨牙，行走时步态踉跄，后肢僵硬，左右摇晃。很快倒地，四肢屈曲于躯干之下，头转向胸侧，强行拉直，松手后又弯向原侧；以后闭目昏睡，瞳孔散大，反射消失，体温下降。该牛可能患的是（　　）
A. 产后败血症　　B. 脑炎　　　　C. 中毒　　　　D. 低糖血症　　　　E. 生产瘫痪
【答案】　E
【考点】　产科学—产后疾病—奶牛生产瘫痪
【解析】　奶牛生产瘫痪又称为产褥热或奶牛低钙血症，其特征是低血钙、全身肌肉无力、知觉丧失及四肢瘫痪。所述为生产瘫痪的症状，而且与分娩有关，故选E。

38. 3岁耕牛，表现反刍异常，逐渐消瘦，被毛粗乱，无光泽易脱落，行走缓慢，黏膜苍白，肝脏浊音区扩大，肝区压痛明显，后期眼睑和下颌水肿，体温正常，经使用抗菌消炎药、助消化药和左旋咪唑等药物治疗无效。该病是（　　）
A. 传染性肝炎　　B. 球虫病　　　　C. 蛔虫病　　　　D. 片形吸虫病　　　　E. 绦虫病
【答案】　D
【考点】　寄生虫病—牛羊的寄生虫病—吸虫病
【解析】　该病为慢性疾病，体温正常，抗生素治疗无效，应该主要考虑寄生虫病；左旋咪唑治疗无效可排除消化道绦虫和线虫病，出现肝脏病变应该主要考虑肝片吸虫，故选D。

39. 一头2岁山羊，发病近1月，最初食欲减退，经常在放牧时阵发性转圈，逐渐消瘦，以后转圈次数逐渐增多，每次转圈时总是转向右侧，经用多种抗菌消炎药物无效。最近出现阵发性倒地惊叫，四肢游泳状划动。该羊最可能的是（　　）
A. 脑炎　　　　B. 中暑　　　　C. 脑多头蚴病　　　　D. 脑外伤　　　　E. 脑肿瘤
【答案】　C
【考点】　寄生虫病—牛羊的寄生虫病—脑多头蚴病
【解析】　该病为慢性病，可排除A、B、D，应主要考虑寄生虫病。结合转圈的特征性症状，应选C。

40. 有一母牛，产后3天，体温升高达41℃，食欲减退，从阴道流出污红色恶臭液体，尾部被毛被污染。该病最可能是（　　）
A. 产褥热　　　　B. 胎衣不下　　　　C. 子宫脱　　　　D. 阴门损伤　　　　E. 阴道炎
【答案】　B
【考点】　产科学—产后疾病—胎衣不下

【解析】 正常牛产后12小时内排出胎衣，牛产后发生胎衣不下时，胎衣在1d之内就开始变性分解，从阴道排出污红色恶臭液体，全身症状明显。其他选项都没有排出污红色恶臭液体的特征症状。

41. 奶牛长期患病，临床表现咳嗽、呼吸困难、消瘦和贫血。死后剖检可见其多种器官组织，尤其是肺、淋巴结和乳房等处有散在大小不等的结节性病变，切面有似豆腐渣样、质地松软的灰白色或黄白色物。该奶牛所患的病最有可能是（ ）
   A. 牛结核病　　　　　　B. 牛放线菌病　　　　　C. 牛巴氏杆菌病
   D. 牛传染性鼻气管炎　　E. 牛传染性胸膜肺炎
   【答案】 A
   【考点】 传染病—人兽共患传染病—结核病—牛结核病
   【解析】 牛结核病是由结核分枝杆菌引起的牛慢性消耗性传染病，其病理特征是在多种组织器官形成结核性肉芽肿。牛放线菌病也可引起肉芽肿，但少有呼吸道症状。

42. 经产母牛，表现持续而强烈的发情行为，体重减轻。直肠检查发现卵巢为圆形，有突出于表面的直径约2.5cm的结构，触诊该突起感觉壁薄。2周后复查，症状同前。该牛可能发生的疾病是（ ）
   A. 卵泡囊肿　　　　　　B. 黄体囊肿　　　　　　C. 卵巢萎缩
   D. 卵泡交替发育　　　　E. 卵巢机能不全
   【答案】 A
   【考点】 产科疾病-母畜的不育-疾病性不育-卵巢囊肿
   【解析】 表现为持久发情的疾病常见于卵泡囊肿。卵泡囊肿和黄体囊肿二者均表现为卵巢上有卵泡状结构，其直径超过2.5cm，存在的时间在10天以上。不同之处在于，卵泡囊肿壁较薄，而黄体囊肿壁较厚，故选A。

43. 成年牛滑倒后不能站立，强行站立后患后肢不能负重，比健肢缩短，抬举困难，患肢外旋、蹄尖向前外方，运动时，患肢拖拉前进，并向外划大的弧形。该病最可能的诊断是（ ）
   A. 髋骨骨折　　　　　　B. 股骨骨折　　　　　　C. 髂骨体骨折
   D. 髋关节脱位　　　　　E. 髋结节上方移位
   【答案】 D
   【考点】 外科学—四肢疾病—髋关节脱位
   【解析】 髋关节脱位是股骨头部分或全部从髋臼中脱出的疾病，所述症状为髋关节上外方脱位的症状。

44. 奶牛，极度消瘦，努责时阴门流出红褐色难闻的黏稠液体，其中偶尔有小骨片。主诉，配种后已经确诊怀孕，但已过预产期半月。该病最可能的诊断是（ ）
   A. 阴道脱出　　　　　　B. 隐性流产　　　　　　C. 胎儿浸溶
   D. 胎儿干尸化　　　　　E. 排除不足月胎儿
   【答案】 C
   【考点】 产科疾病—妊娠期疾病—流产
   【解析】 阴门流出红褐色难闻的黏稠液体、混有小骨片是胎儿浸溶的特征。

45. 奶牛，已过预产期未见生产，死胎长期滞留于子宫内，直肠检查，子宫呈圆球状，子宫的大小远小于其妊娠月份应有的体积，内容物硬。该病最可能的诊断是（ ）
   A. 阴道脱出　　　　　　B. 隐性流产　　　　　　C. 胎儿浸溶
   D. 胎儿干尸化　　　　　E. 排除不足月胎儿
   【答案】 D
   【考点】 产科疾病—妊娠期疾病—流产
   【解析】 过预产期未见生产属于延期流产（死胎滞留），结合直肠检查应属于胎儿干尸化的特征。

46. 一奶牛，2.5岁，产后已经18小时，仍表现弓背和努责，时有污红色带异味液体自阴门流出。该病最可能的诊断是（ ）
   A. 难产　　　　　　　　B. 急性子宫内膜炎　　　C. 子宫积液

D. 子宫出血　　　　　　E. 胎衣不下
【答案】 B
【考点】 产科学—产后疾病—产后子宫内膜炎
【解析】 子宫内膜炎和胎衣不下都可引起阴门排出污红色带异味液体，但胎衣需要在生产1d后才会出现变性分解，本例产后18小时出现应该是由子宫内膜炎引起。

47. 8月中旬，一奶牛场奶牛相继发病，体温升高达42℃左右，精神沉郁，食欲废绝。鼻镜、口腔黏膜发热，齿龈、齿床、舌头及唇边出现烂斑，颜色呈青紫色，鼻孔内积脓性黏稠鼻液，干涸后结痂覆盖其表面。有的下痢，有的跛行，蹄冠及趾间皮肤充血发红。有的怀孕母牛发生流产。该牛场疾病最可能是（　　）
A. 口蹄疫　　　　　　B. 牛瘟　　　　　　C. 布氏杆菌病
D. 牛传染性鼻气管炎　　E. 蓝舌病
【答案】 E
【考点】 传染病—牛羊的传染病—蓝舌病
【解析】 蓝舌病是由蓝舌病病毒引起反刍动物的一种严重传染病。以口腔、鼻腔和胃肠道黏膜发生溃疡性炎症变化为特征，故应选E。蓝舌病病毒属呼肠孤病毒科环状病毒属，是一种虫媒病毒。OIE将其列为A类疫病。

48. 某病牛死后剖检见全身皮下、肌间、黏膜和浆膜有大量的出血点和出血斑，淋巴结肿大，切面多汁，有结节，皱胃黏膜肿胀、出血、脱落、有溃疡病灶，淋巴结涂片镜检发现石榴体。该病牛最可能死于（　　）
A. 弓形虫病　　　　　　B. 泰勒虫病　　　　　　C. 巴贝斯虫病
D. 伊氏锥虫病　　　　　E. 莫尼茨绦虫病
【答案】 B
【考点】 寄生虫病—牛羊的寄生虫病—牛羊泰勒虫病
【解析】 泰勒虫病，由泰勒科（Theileriidae）泰勒属（Theileria）的原虫所引起的一种梨形虫病。蜱为传播媒介。以侵袭牛、羊、骆驼和其他野生动物的网状内皮系统细胞和红细胞为特征。寄生于网状内皮系统细胞内的虫体为裂殖体，又称柯赫氏蓝体或石榴体。故应选B。

49. 8月，一牛场陆续发病，表现发热、贫血、黄疸、血红蛋白尿，呼吸脉搏加快，血液涂片检查发现呈梨形或椭圆形的寄生虫体。该病牛最可能患的疾病是（　　）
A. 弓形虫病　　　　　　B. 泰勒虫病　　　　　　C. 巴贝斯虫病
D. 伊氏锥虫病　　　　　E. 莫尼茨绦虫病
【答案】 C
【考点】 寄生虫病—牛羊的寄生虫病—巴贝斯虫病
【解析】 巴贝斯虫病也被称为"红尿热""特克萨斯热""塔城热""血红蛋白尿热""蜱热"等。虫体寄生于红细胞内，引起贫血、黄疸和血红蛋白尿，故选C。

50. 一羊场相继发病，羞明、流泪、眼睑肿胀、疼痛、角膜浑浊甚至穿孔。该场疾病最可能是（　　）
A. 角膜损伤　　　　　　B. 传染性角膜结膜炎　　　　　　C. 传染性胸膜肺炎
D. 羊快疫　　　　　　E. 维生素A中毒
【答案】 B
【考点】 传染病—牛羊传染病—传染性角膜结膜炎
【解析】 传染性角膜结膜炎又称流行性眼炎、红眼病。主要以急性传染为特点，眼结膜与角膜先发生明显的炎症变化，其后角膜混浊，呈乳白色，故选B。传染性角膜结膜炎是一种多病原的疾病，其病原体有鹦鹉热衣原体、立克次体、结膜乳支原体、奈氏球菌、李氏杆菌等，目前认为，主要由衣原体引起。

51. 一牛场陆续发生母牛流产、关节炎，公牛睾丸炎为主的疾病。母牛流产后常发生胎衣不下。该牛场最可能发生了（　　）
A. 炭疽　　B. 乙型脑炎　　C. 布氏杆菌病　　D. 巴氏杆菌病　　E. 结核病
【答案】 C
【考点】 传染病—人兽共患传染病—布氏杆菌病

【解析】 五个选项中，主要表现为生殖系统症状的只有C。

52. 母牛，4岁，产后2个多月未见发情，直肠检查发现，一侧卵巢比对侧卵巢约大一倍，其表面有一3cm的突起，触摸该突起感觉壁厚，子宫未触及怀孕变化。该牛可能发生的疾病是（　　）
    A. 卵泡囊肿　　　　　B. 黄体囊肿　　　　　C. 卵巢萎缩
    D. 卵泡交替发育　　　E. 卵巢机能不全
    【答案】 B
    【考点】 产科疾病—母畜的不育—疾病性不育—卵巢囊肿
    【解析】 A、B、C、E均可表现出不发情的症状。几个选项中只有卵泡囊肿和黄体囊肿表现为卵巢上有卵泡状突起的结构，其直径超过2.5cm，存在的时间在10天以上。不同之处在于，卵泡囊肿壁较薄，而黄体囊肿壁较厚，故选B。

【A3/A4 型题】
答题说明：以下提供若干个案例，每个案例下设若干道考题。请根据案例所提供的信息，在每一道考试题下面的A、B、C、D、E五个备选答案中选择一个最佳答案，并在答题卡上将相应题号的相应字母所属的方框涂黑。

（53～55题共用以下题干）
有一肉牛场的7月龄牛陆续发病，体温升至40～42℃，食欲废绝，病畜精神沉郁，鼻、眼有浆液性分泌物，2～3天后牛鼻及口腔黏膜表面发生糜烂，舌表面出现坏死，流涎增多，呼气恶臭。并发生严重腹泻，开始水泄，以后带有黏液和血。用青霉素、链霉素、庆大霉素等抗菌药物治疗无效。血常规检查时发现白细胞总数明显降低。

53. 最可能的诊断是（　　）
    A. 胃肠炎　　　　　　B. 口蹄疫　　　　　　C. 牛传染性鼻气管炎
    D. 牛病毒性腹泻/黏膜病　E. 牛流行热
    【答案】 D
    【考点】 传染病—牛羊传染病—牛病毒性腹泻—黏膜病
    【解析】 抗生素治疗无效应主要考虑病毒性传染病，B、D均可表现为口腔黏膜的症状，但口蹄疫无严重的消化系统症状。故选D。

54. 如要进一步确诊，而且条件具备，最灵敏而且具有高度特异性的检测方法是（　　）
    A. 血液涂片镜检　　　　　B. 利用牛胎肾、牛睾丸细胞分离病毒
    C. 采取粪便涂片镜检　　　D. 采取口鼻分泌物涂片镜检
    E. RT-PCR检测
    【答案】 E
    【解析】 B、E均可诊断牛病毒性腹泻，但两者相比E最灵敏而且具有高度特异性。

55. 如果对该病进行治疗，治疗的原则是（　　）
    A. 收敛止泻，控制继发感染　　B. 抗菌消炎，制止口腔糜烂
    C. 解热镇痛，抗菌消炎　　　　D. 止血镇痛，抗菌消炎
    E. 利尿解毒，抗菌消炎
    【答案】 A
    【解析】 牛羊传染病—牛病毒性腹泻—黏膜病无有效的疗法，主要应用收敛剂和补液疗法，用抗生素和磺胺类药物控制继发性感染。故选A。

（56～58题共用以下题干）
有一奶牛场的奶牛在某年冬季陆续发病，体温升高达41℃以上，精神极度沉郁，拒食，流泪，咳嗽，流鼻液，呈黏稠脓性，鼻黏膜高度充血，有浅溃疡，鼻翼及鼻镜高度炎性充血、潮红，呈红色。炎性渗出物阻塞鼻腔而呼吸困难。病牛常张口呼吸，呼气中常有臭味。有的病牛出现带血的下痢。有的病牛眼睑肿胀。结膜充血。产奶乳牛产乳量大减或完全停止。

56. 最可能的诊断是（　　）
    A. 胃肠炎　　　　　　　B. 口蹄疫　　　　　　C. 牛传染性鼻气管炎
    D. 牛病毒性腹泻-黏膜病　E. 牛流行热
    【答案】 C

【考点】 牛羊的传染病—牛传染性鼻气管炎，下同
【解析】 牛传染性鼻气管炎又称牛红鼻病，是由牛传染性鼻气管炎病毒引起牛的一种接触性传染病，临诊表现为气管黏膜发炎，呼吸困难，流鼻液等。根据鼻呈红色的特征可以判断答案是C。

57. 要进一步确诊，应（ ）
 A. 采集病料做病毒分离鉴定   B. 采取血液做生化试验
 C. 采取血液做细菌培养   D. 采取血液做血常规检查
 E. X光检查
【答案】 A
【解析】 本病是病毒病，应选A。B、D、E的诊断方法都没有特异性。

58. 对本病的防控措施是（ ）
 A. 隔离封锁，扑杀病牛，对所有牛接种弱毒疫苗
 B. 隔离封锁，扑杀病牛，对所有牛接种灭活疫苗
 C. 积极治疗，减少损失
 D. 一旦发病，周围3km内的所有牛全部实行宰杀
 E. 严格检疫，防止引入传染病和带入病毒
【答案】 E
【解析】 牛传染性鼻气管炎最重要的防控措施是严格检疫，防止引入传染病和带入病毒。一旦发生，应采取隔离封锁消毒等综合性措施。抗体阳性牛实际上就是本病的带毒者，应被视为传染源。灭活疫苗和弱毒疫苗可以起到防御临诊发病的效果，但是不能阻止野毒感染，也不能阻止潜伏病毒的持续性感染。

（59～61题共用以下题干）
某奶牛场的奶牛于2008年8月上旬发生一次迅速流行的发热性疾病。病牛高热，体温高达41℃左右，精神委顿，食欲废绝，鼻镜干燥，呼吸加快，（每分钟达80次以上），大量流涎，口角出现多量泡沫状黏液，头颈伸直，张口伸舌，呼吸极度困难，喘气声粗糙如拉风箱，肺泡音及支气管音增强；眼结膜充血浮肿，流泪，流鼻液呈黏性线状；喜卧懒动，严重者卧地不起；孕牛发生流产，有的产出死胎。大多数病牛的病情经3天左右逐渐减轻，很少发生死亡。

59. 该场本次最可能患的疾病是（ ）
 A. 胃肠炎   B. 口蹄疫   C. 牛传染性鼻气管炎
 D. 牛病毒性腹泻-黏膜病   E. 牛流行热
【答案】 E
【考点】 传染病—牛羊的传染病—牛流行热，下同
【解析】 牛流行热又称三日热或暂时热，是由牛流行热病毒引起牛的一种急性热性传染病，其临床特征为突发高热，流泪，泡沫样流涎、鼻漏，呼吸促迫，一般呈良性经过。根据病情只有3天左右且预后良好，可以判断答案为E。

60. 如需作进一步确诊，不宜采用的方法是（ ）
 A. 血液涂片镜检   B. 中和试验   C. 琼脂扩散试验
 D. 免疫荧光抗体技术   E. 补体结合试验及ELISA
【答案】 A
【解析】 B、C、D、E的方法都可以用来诊断牛流行热病毒，A无特异性。

61. 对该病的治疗原则是（ ）
 A. 解热镇痛，控制继发感染   B. 抗菌消炎，止咳平喘
 C. 开胃健脾，止咳平喘   D. 疏肝利胆，开胃健脾
 E. 强心补液，止咳平喘
【答案】 A
【解析】 本病多采用对症治疗措施，关键在于退热和控制继发感染。因此选A。

（62～64题共用以下题干）
一群8月龄羊，放牧过程中陆续出现有的羊突然死亡，有的羊离群独处，卧地，不愿走

动；强迫行走时表现虚弱和运动失调。腹部膨胀，有鸣叫、回头顾腹（疝痛）表现。体温正常或升高至41.5℃左右，迅速衰竭、昏迷，大多在几小时至1天内死亡，极少数病例可达2～3d，罕有痊愈者。

62. 对该群羊病的诊断首先应进行的检查是（　　）
    A. 血常规分析　　　　　B. 血液涂片检查　　　C. 病理剖检
    D. 病毒分离鉴定　　　　E. 血清学检测
    【答案】 C
    【考点】 传染病—多种动物共患传染病—羊快疫，下同
    【解析】 在诊断初期，除了根据临床症状判断外，最适合且最有效的诊断方法是病理剖检。

63. 如检查时发现真胃出血性炎症变化，胸腔、腹腔、心包有大量积液，暴露于空气中易凝固，心内膜下（特别是左心室）和心外膜下有多数点状出血，肠道和肺脏的浆膜下也出血，胆囊肿胀时，进一步确诊需进行的检查是（　　）
    A. 粪便检查　　　　　　B. 细菌检查和毒素检查
    C. X光检测　　　　　　D. 牧草成分测定
    E. 病毒分离
    【答案】 B
    【解析】 引起羊迅速发病、大批死亡的疾病主要是梭菌性疾病，或中毒病，但中毒病一般无体温升高的症状，因此应进行细菌检查和毒素检查。

64. 该病最可能是（　　）
    A. 羊猝疽　　B. 羊肠毒血症　　C. 羊快疫　　D. 羊痢疾　　E. 羊痘
    【答案】 C
    【解析】 羊快疫主要发生于绵羊，是由腐败梭菌引起的一种急性传染病。羊突然发病，病程极短，其特征为真胃黏膜呈出血性炎性损害。根据剖检真胃出血的症状应选C。

（65～67题共用以下题干）
　　收割季节，一群年龄1岁左右的羊陆续发病死亡。发病的羊多为膘情较好的。有的未见任何临床症状突然倒地死亡；有的倒地后四肢划动，肌肉颤搐，眼球转动，磨牙，口水过多，随后头颈显著抽缩，往往死于2～4h内。有的先出现步态不稳，行走摇摆，以后卧倒，并有感觉过敏，流涎，上下颌"咯咯"作响，继而昏迷，角膜反射消失，有的病羊发生腹泻，通常在3～4h内安静死去。

65. 此群羊病的诊断首先应进行的检查是（　　）
    A. 血常规分析　　　　　B. 血液涂片检查　　　C. 病理剖检
    D. 病毒分离鉴定　　　　E. 血清学检测
    【答案】 C
    【考点】 传染病—多种动物共患传染病—羊肠毒血症，下同
    【解析】 在诊断初期，除了根据临床症状判断外，最适合且最有效的诊断方法是病理剖检。

66. 如检查时发现回肠的某些区段呈急性出血性炎症变化，肾脏软化，进一步确诊需进行的检查是（　　）
    A. 粪便检查　　　　　　B. 细菌检查和毒素检查
    C. X光检测　　　　　　D. 牧草成分测定
    E. 病毒分离
    【答案】 B
    【解析】 引起羊迅速发病、大批死亡的疾病主要是梭菌性疾病，因此应进行细菌检查和毒素检查。

67. 如果该群羊发生的是羊肠毒血症，采集膀胱内积尿化验时，常会出现（　　）
    A. 尿中有大量脓细胞　　B. 尿中有大量管型　　C. 尿中发现葡萄糖
    D. 尿中有大量蛋白质　　E. 尿中有大量脂肪
    【答案】 C

【解析】 羊肠毒血症是由D型魏氏梭菌（产气荚膜梭菌）产生毒素所引起的一种急性毒血症。该病以发病急，死亡快，死后肾脏多见软化，又称软肾病。本病的诊断依据除了在肠道和肾脏发现病原体外，还可依据尿内发现葡萄糖。

（68~70题共用以下题干）

一群山羊，年龄不等，4天内先后发病达63%。临床检查发现：病羊普遍发热，体温高达41℃以上，呈稽留热型；初发病羊精神沉郁，食欲减退，鼻镜干燥，口、鼻腔流黏液脓性分泌物，呼出恶臭气体，口腔黏膜和齿龈充血。发病时间稍长的大量流涎，齿龈、舌、唇内侧、腭、颊部及乳头等处出现坏死性病灶。后期常出现带血的水样腹泻，病羊严重脱水、消瘦，并常有咳嗽、胸部啰音以及腹式呼吸的表现。死前体温下降。

68. 该病最可能诊断是（ ）
   A. 羊传染性胸膜肺炎　　B. 羔羊痢疾　　C. 羊黑疫
   D. 小反刍兽疫　　　　　E. 羊肠毒血症
   【答案】 D
   【考点】 传染病—牛羊的传染病—小反刍兽疫，下同
   【解析】 小反刍兽疫是小反刍兽的一种以发热、眼、鼻分泌物、口炎、腹泻和肺炎为特征的急性病毒病。感染动物的临床症状类似于牛瘟。5个选项中，既表现消化道症状又表现呼吸道症状的疾病只有D。

69. 如果诊断正确，在剖检病死羊尸体时，在直肠和结肠结合处发现的特征性病变是（ ）
   A. 严重溃疡　　　　　B. 穿孔　　　　　C. 线状出血或斑马样条纹
   D. 淋巴结肿大出血　　E. 脓肿包块
   【答案】 C
   【解析】 小反刍兽疫尸体剖检，与牛瘟相似，糜烂性损伤从嘴延伸到瘤、网胃交接处。在大肠内，盲肠、结肠结合处出现特征性线状出血或斑马样条纹。故选C。

70. 对本病的正确处理方法是（ ）
   A. 立即隔离治疗病羊，封锁疫区　　B. 立即扑杀病羊和可疑羊，对受威胁羊接种牛瘟弱毒疫苗
   C. 强心补液，增强机体抵抗力　　　D. 解热镇痛，抗菌消炎
   E. 抗菌消炎，缓解呼吸困难
   【答案】 B
   【解析】 小反刍兽疫是OIE及我国规定的重大传染病，一旦发生，立即扑杀，受威胁地区可接种牛瘟弱毒疫苗建立免疫带。因此应选B。

（71~73题共用以下题干）

某牛场牛发病，体温40~41℃，口腔黏膜发炎，明显牵缕状流涎并带有泡沫，开口时有吸吮声。在口唇、舌面、齿龈、软腭、舌面、颊部黏膜及蹄冠、蹄踵和趾间的皮肤出现水疱，水疱呈蚕豆至核桃大小，内含透明液体，水疱破裂后，形成边缘整齐的溃疡。

71. 该病最可能是（ ）
   A. 湿疹　　　　　　B. 皮炎　　　　　　C. 口蹄疫
   D. 口炎　　　　　　E. 牛传染性鼻气管炎
   【答案】 C
   【考点】 传染病-多种动物共患传染病-口蹄疫，下同
   【解析】 该病既有口炎症状，又有蹄病症状，故考虑口蹄疫。选项D不全面。

72. 为了进行实验室诊断而采集的材料是（ ）
   A. 水疱液、水疱皮、脱落的表皮组织、食道-咽部黏液、血清等
   B. 新鲜粪便　　C. 陈旧粪便　　D. 新鲜尿液　　E. 陈旧尿液
   【答案】 A
   【解析】 口蹄疫诊断中，可供检查的病料有水疱液、水疱皮、脱落的表皮组织、食道-咽部黏液、血清等，故选A。

73. 为防止该病扩散，应采取的措施是（ ）
   A. 紧急隔离病牛，对未发病的进行紧急预防接种
   B. 对出现临床症状的牛实施屠宰，对同群未病牛紧急预防注射

C. 对全群所有牛实行屠宰，对周围地区实行隔离封锁
D. 全群检查体温，对体温升高的进行宰杀
E. 对全群所有牛实行屠宰，划定疫区，隔离封锁

【答案】 E

【解析】 当发生口蹄疫时，应当立即上报疫情，确切诊断，划定疫点、疫区和受威胁地区，在严格封锁的基础上，扑杀患病动物及其同群动物，并进行无害化处理。

(74~76题共用以下题干)

病牛食欲减退，反刍、嗳气停止，鼻镜干裂，瘤胃蠕动停止且并发膨胀，瓣胃蠕动音减弱或消失，且排便迟滞，粪便色暗成球或呈算盘珠状。触诊瓣胃时，病牛疼痛不安，抗拒触压；穿刺时可感到胃内容物坚硬，且胃内液体由针孔自行流出。

74. 该病最可能诊断是（ ）
    A. 瘤胃弛缓   B. 食道阻塞   C. 瘤胃臌气   D. 瓣胃阻塞   E. 瘤胃积食

【答案】 D

【考点】 内科病-反刍动物前胃和皱胃疾病-瓣胃阻塞，下同

【解析】 瓣胃阻塞是瓣胃收缩力减弱，瓣胃内积滞干固食物而发生阻塞的疾病。题干所述为瓣胃阻塞的症状。

75. 如进一步进行诊断，最佳触诊位置是（ ）
    A. 左侧第7、8、9肋间   B. 右侧第7、8、9肋间
    C. 左侧肷窝   D. 右前下方，第6、7、8肋骨间
    E. 左前下方，第6、7、8肋骨间

【答案】 B

【解析】 瓣胃阻塞时，触诊右侧第7~9肋间肩关节水平线上下，有时表现疼痛不安，选B。

76. 对该病的基本治疗原则是（ ）
    A. 增强瓣胃蠕动机能，促进瓣胃内容物排出
    B. 促进瘤胃积气排除，缓泻止酵，恢复瘤胃机能
    C. 加强护理，去除病因，增强瘤胃机能
    D. 镇静止痛，抗酸止酵，消炎
    E. 促进皱胃内容物排除，防止脱水和自体中毒

【答案】 A

【解析】 瓣胃阻塞应针对瓣胃治疗，故选A。

【B1型题】

答题说明：以下提供若干组考题，每组考题共用在考题前列出的A、B、C、D、E五个备选答案。请从中选择一个与问题关系最密切的答案，并在答题卡上将相应题号的相应字母所属的方框涂黑。某个备选答案可能被选择1次、多次或不被选择。

(77~80题共用下列备选答案)
A. 皱胃扭转   B. 创伤性网胃炎   C. 皱胃溃疡   D. 瓣胃阻塞   E. 瘤胃积食

77. 患牛突然发生腹痛，后肢踢腹、蹲腰缩腹，黏膜苍白，心率为每分钟100~120次，右腹明显膨大，听诊和叩诊可发现充满气体的皱胃钢管音。冲击式触诊感震水声。该病最可能的诊断是（ ）

【答案】 A

【考点】 内科病—反刍动物前胃和皱胃疾病—皱胃变位

【解析】 根据腹痛，右侧腹部膨大和钢管音可判断为皱胃变位（皱胃扭转）。

78. 病牛呈现顽固性的前胃弛缓症状，精神沉郁。触压瘤胃时感觉内容物松软，应用前胃兴奋剂后病情加重，并有慢性瘤胃膨胀的症状。病牛站立时肘头外展，前高后低，上坡步态灵活，而下坡时不愿迈步。该病最可能的诊断是（ ）

【答案】 B

【考点】 内科病—反刍动物前胃和皱胃疾病—创伤性网胃炎

【解析】 根据顽固性前胃弛缓和特异性的喜欢前高后低的姿势可以判断为创伤性网胃炎。

79. 病牛粪便带血，呈松馏油样，直肠检查，手臂上黏附类似酱油色糊状物，最可能的诊断是（　　）
【答案】 C
【考点】 内科病—反刍动物前胃和皱胃疾病—皱胃溃疡
【解析】 根据消化道出血和黑粪症状，可判断为胃溃疡。

80. 病牛食欲减退，反刍、嗳气停止，鼻镜干裂，瘤胃蠕动停止且并发膨胀，瓣胃蠕动音减弱或消失，且排便迟滞，粪便色暗成球或呈算盘珠状。触诊瓣胃，病牛疼痛不安，抗拒触压；穿刺时可感到胃内容物坚硬，且胃内液体由针孔自行流出，最可能的诊断是（　　）
【答案】 D
【考点】 内科病—反刍动物前胃和皱胃疾病—瓣胃阻塞
【解析】 根据瓣胃蠕动减弱和粪便干固的特点可判断为瓣胃阻塞。

（81～85题共用下列备选答案）
A. 丝状支原体　　　　　B. 结核分枝杆菌　　　　C. C型魏氏梭菌
D. D型产气荚膜梭菌　　E. B型产气荚膜梭菌

81. 牛传染性胸膜肺炎的病原是（　　）
【答案】 A
【考点】 牛羊的传染病-牛传染性胸膜肺炎
【解析】 牛传染性胸膜肺炎又称牛肺疫，是由丝状支原体引起的一种急性或慢性、接触性传染病，以纤维素性胸膜肺炎为特征。

82. 牛结核病的病原是（　　）
【答案】 B
【考点】 传染病—人兽共患传染病—结核病—牛结核病
【解析】 牛结核病是由结核分枝杆菌引起的牛慢性消耗性传染病，其病理特征是在多种组织器官形成结核性肉芽肿。

83. 羊猝疽的病原是（　　）
【答案】 C
【考点】 多种动物共患传染病—魏氏梭菌病—羊猝疽
【解析】 羊猝疽是羊梭菌性疾病中的一种，是由C型魏氏梭菌（产气荚膜梭菌）的毒素所引起的，以溃疡性肠炎和腹膜炎为特征的疾病。

84. 羊肠毒血症的病原是（　　）
【答案】 D
【考点】 多种动物共患传染病—魏氏梭菌病—羊肠毒血症
【解析】 羊肠毒血症是由D型产气荚膜梭菌引起的一种急性毒血性疾病，因该病死亡的羊肾组织易于软化，因此又被称为软肾病。

85. 羔羊痢疾的病原是（　　）
【答案】 E
【考点】 多种动物共患传染病-魏氏梭菌病-羔羊痢疾
【解析】 羔羊痢疾是由B型产气荚膜梭菌引起的一种急性毒血性疾病，该病以剧烈腹泻、小肠发生溃疡和羔羊发生大批死亡为特征。

（86～89题共用下列备选答案）
A. 牛肺疫　　　　　B. 红鼻病　　　　　C. 牛出血性败血症
D. 疯牛病　　　　　E. 牛结核

86. 牛传染性胸膜肺炎又称（　　）
【答案】 A
【考点】 牛羊的传染病—牛传染性胸膜肺炎
【解析】 牛传染性胸膜肺炎又称牛肺疫，由丝状支原体引起。

87. 牛传染性鼻气管炎又称为（　　）
【答案】 B

【考点】 牛羊的传染病——牛传染性鼻气管炎
【解析】 牛传染性鼻气管炎又称牛红鼻病，是由牛传染性鼻气管炎病毒引起牛的一种接触性传染病，临诊表现为气管黏膜发炎，呼吸困难，流鼻液等。

88. 牛巴氏杆菌病又称为（　　）
【答案】 C
【考点】 牛羊的传染病——牛出血性败血症
【解析】 牛出血性败血症又称牛巴氏杆菌病，是由多杀性巴氏杆菌特定血清亚型引起牛和水牛的一种高度致死性的疾病。

89. 牛海绵状脑病又称为（　　）
【答案】 D
【考点】 人兽共患传染病——牛海绵状脑病
【解析】 牛海绵状脑病俗称疯牛病，以脑组织发生慢性海绵状变性，功能退化，精神错乱，死亡率高为特征。

（90～93题共用下列备选答案）
A. 伊氏锥虫　B. 巴贝斯虫　C. 泰勒虫　D. 片形吸虫　E. 毛滴虫

90. 牛苏拉病的病原是（　　）
【答案】 A
【考点】 多种动物共患寄生兽病——伊氏锥虫病
【解析】 伊氏锥虫病是有伊氏锥虫寄生于马、牛、水牛、骆驼的血液、淋巴液以及造血器官中引起的疾病，又称苏拉病。

91. 牛的"红尿热"病的病原是（　　）
【答案】 B
【考点】 牛羊的寄生虫病——巴贝斯虫病
【解析】 巴贝斯虫病也被称为"红尿热""特克萨斯热""塔城热""血红蛋白尿热""蜱热"等。虫体寄生于红细胞内。

92. 可寄生于牛的单核巨噬细胞内形成"石榴体"的疾病的病原是（　　）
【答案】 C
【考点】 牛羊的寄生虫病——牛羊泰勒虫病
【解析】 牛羊泰勒虫病是有泰勒虫科泰勒虫属虫体寄生于牛羊红细胞和单核巨噬系统的细胞内的引起。寄生于血液红细胞中的虫体称为血液型虫体，寄生于单核巨噬细胞内的虫体称为"石榴体"。

93. 主要寄生在反刍动物肝脏胆管中的病原是（　　）
【答案】 D
【考点】 牛羊的寄生虫病——吸虫病——片形吸虫病
【解析】 片形吸虫主要寄生于牛、羊、骆驼和鹿等反刍动物的肝脏和胆管中。伊氏锥虫、巴贝斯虫、泰勒虫主要寄生于血液，毛滴虫寄生于生殖道。

（94～96题共用下列备选答案）
A. 髋关节脱位　B. 黏液囊炎　C. 闭孔神经麻痹　D. 股骨骨折　E. 骨膜炎

94. 多发于种公牛，髋关节变形，大转子向前方突出，站立时患肢外旋，运步强拘，肢抬举困难。可能是（　　）
【答案】 A
【考点】 外科学——四肢疾病——髋关节脱位
【解析】 髋关节脱位是股骨头部分或全部从髋臼中脱出的疾病，种公牛发病率比较高，与采精、配种时用力爬跨有关。所述症状为髋关节前方脱位的症状。

95. 腕关节前面发生局限性、带有波动的隆起，逐渐增大，无热无痛，可能是（　　）
【答案】 B
【考点】 外科学——四肢疾病——黏液囊疾病
【解析】 黏液囊疾病的特点是黏液囊内液体增多，有波动性，无热痛反应。

96. 奶牛分娩后不能站立，两后肢向后叉开，呈蛙坐姿势，可能是（ ）
　　【答案】　C
　　【考点】　外科学—四肢疾病—牛闭孔神经麻痹
　　【解析】　闭孔神经麻痹常发于奶牛，分娩时胎儿过大压迫神经或助产时强力牵引，引起神经损伤可导致此病。若双侧闭孔神经麻痹，则会出现上述症状。

　　(97～99题共用下列备选答案)
　　A. 阴道脱出　　B. 妊娠毒血症　　C. 胎衣不下　　D. 生产瘫痪　　E. 子宫脱出
97. 以低血糖、酮血症、酮尿症、虚弱和昏迷为特征的奶牛疾病是（ ）
　　【答案】　B
　　【考点】　产科学—妊娠期疾病—妊娠毒血症
　　【解析】　妊娠毒血症是母畜妊娠后期发生的一种代谢性疾病，以低血糖、酮血症、酮尿症、虚弱和昏迷为特征。

98. 表现为产后从阴道排出恶臭液体的奶牛疾病是（ ）
　　【答案】　C
　　【考点】　产科学—产后疾病—胎衣不下
　　【解析】　正常牛产后12h内排出胎衣，牛产后发生胎衣不下时，胎衣在1d之内就开始变性分解，从阴道排出污红色恶臭液体。

99. 表现为血钙浓度剧烈降低的奶牛疾病是（ ）
　　【答案】　D
　　【考点】　产科学—产后疾病—奶牛生产瘫痪
　　【解析】　奶牛生产瘫痪又称为产褥热或奶牛低钙血症，其特征是低血钙、全身肌肉无力、知觉丧失及四肢瘫痪。

　　(100～102题共用下列备选答案)
　　A. 子宫内膜炎　　B. 卵巢囊肿　　C. 生产瘫痪　　D. 乳腺炎　　E. 子宫脱出
100. 以抗菌消炎，清除子宫内渗出物并促进子宫收缩为治疗原则的奶牛疾病是（ ）
　　【答案】　A
　　【考点】　产科学—产后疾病—产后感染—产后子宫内膜炎
　　【解析】　子宫内膜炎的防治主要是抗菌消炎，防止感染扩散，除子宫内渗出物并促进子宫收缩。

101. 可采用乳房送风疗法的奶牛疾病是（ ）
　　【答案】　C
　　【考点】　产科学—产后疾病—奶牛生产瘫痪
　　【解析】　静脉注射钙剂或乳房送风是治疗奶牛生产瘫痪的最有效的方法。

102. 可使用LH、GnRH等激素来治疗的奶牛的疾病是（ ）
　　【答案】　B
　　【考点】　产科学—母畜的不育—疾病性不育—卵巢囊肿
　　【解析】　卵巢囊肿的治疗方法很多，包括摘除囊肿、使用LH、GnRH、孕酮等激素来使卵巢黄体化。

四、犬、猫疾病临床诊断和治疗

【A1型题】
　　答题说明：每一道考试题下面有A、B、C、D、E五个备选答案，请从中选择一个最佳答案，并在答题卡上将相应题号的相应字母所属的方框涂黑。

1. 猫的唾液腺特别发达，比马、牛、羊、猪、犬多出的唾液腺是（ ）
　　A. 颌下腺　　B. 腮腺　　C. 舌下腺　　D. 白齿腺　　E. 眶下腺
　　【答案】　D
　　【考点】　考试要点：消化系统—口腔
　　【解析】　唾液腺是导管开口于口腔，能分泌唾液的腺体。主要有腮腺、颌下腺和舌下腺3对（马、牛、羊、猪）。犬、兔唾液腺发达，有4对（多眶下腺）。猫的唾液腺特别发达，有5

对（多睚下腺、臼齿腺）。

2. 犬胃黏膜的特点是（　　）
   A. 胃黏膜全为有腺部　　B. 有腺部大于无腺部　　C. 胃黏膜全为无腺部
   D. 有腺部小于无腺部　　E. 有腺部与无腺部大小相当
   【答案】　A
   【考点】　考试要点：消化系统—单室胃的组织结构
   【解析】　犬胃容积大，呈弯曲的梨形。胃黏膜全为有腺部：贲门腺区呈环带状，灰白色，较小；胃底腺区较大，占胃黏膜面积的2/3，黏膜很厚；幽门腺区黏膜较薄而小。

3. 犬肾的类型属于（　　）
   A. 有沟单乳头肾　　B. 光滑单乳头肾　　C. 有沟多乳头肾
   D. 光滑多乳头肾　　E. 复肾
   【答案】　B
   【考点】　考试要点：泌尿系统—肾的类型和结构特点
   【解析】　犬的右肾位于第1~3腰椎横突腹侧；左肾位于第2~4腰椎横突腹侧，呈豆形。犬肾为光滑单乳头肾，结构与马肾相似。

4. 只有前列腺，但无精囊腺和尿道球腺的动物是（　　）
   A. 马　　B. 牛　　C. 羊　　D. 猪　　E. 犬
   【答案】　E
   【考点】　考试要点：雄性生殖器官—副性腺
   【解析】　犬前列腺很发达，体部呈淡黄色球形体，环绕在整个膀胱颈和尿生殖道的起始部；扩散部薄，包围尿道盆部。犬无精囊腺、无尿道球腺。

5. 能延长犬的交配时间是以下何种结构起作用（　　）
   A. 阴茎根　　B. 阴茎头球　　C. 阴茎体　　D. 乙状弯曲　　E. 阴茎骨
   【答案】　B
   【考点】　考试要点：雄性生殖器官—阴茎的形态特点
   【解析】　阴茎属于交配器官，分为阴茎头、阴茎体和阴茎根三部分。阴茎头位于阴茎前端，藏于包皮腔内，其形状因畜种而异。犬的阴茎头较长，分前后两部，且内含阴茎骨，前部为阴茎头长部，后部为阴茎头球。阴茎头球由尿道海绵体扩大而成，充血后呈球状，交配时可延长阴茎在母犬阴道中的停留时间。

6. 犬猫胎盘的类型、结构是（　　）
   A. 上皮绒毛膜胎盘　　B. 结缔绒毛膜胎盘　　C. 内皮绒毛膜胎盘
   D. 血绒毛膜胎盘　　E. 盘状胎盘
   【答案】　C
   【考点】　考试要点：胎盘与胎膜—胎盘的类型、结构和功能
   【解析】　上皮绒毛膜胎盘指母体子宫组织的所有三层结构都存在（猪、马）；结缔绒毛膜胎盘指母体子宫上皮溶掉了但结缔组织和血管内皮完好（牛、羊）；内皮绒毛膜胎盘指母体子宫上皮和结缔组织被溶解，只剩下母体的血管内皮与胎儿绒毛膜上皮接触，见于犬、猫等食肉动物；血绒毛膜胎盘即盘状胎盘，母体的子宫上皮、血管内皮和结缔组织都被溶解，只剩下胎儿胎盘的三层，见于兔和灵长类。

7. 犬的散热方式主要是（　　）
   A. 辐射　　B. 对流　　C. 传导　　D. 蒸发　　E. 热喘
   【答案】　E
   【考点】　考试要点：能量代谢和体温—动物散热的主要方式
   【解析】　动物散热的主要方式是辐射、对流、传导、蒸发、热喘等，汗腺不发达的动物依靠热喘呼吸实现散热。犬几乎全部依靠热喘呼吸散热，此时呼吸深度减小，因而潮气量减少，气体在无效腔中快速流动，唾液分泌量明显增加。

8. 犬急性肾小球性肾炎时，出现少尿甚至无尿的主要原因是（　　）
   A. 毛细血管血压下降　　B. 血浆晶体渗透压升高
   C. 肾小球滤过率降低　　D. 血浆胶体渗透压升高

E. 肾小囊的内压降低
【答案】 C
【考点】 考试要点：肾小球的滤过功能—影响原尿形成的主要因素
【解析】 动物尿的生成包括3个环节：①肾小球的滤过作用，形成原尿；②肾小管和集合管的重吸收；③肾小管和集合管的分泌与排泄作用。急性肾小球性肾炎时，由于内皮细胞肿胀，基膜增厚，致使肾小球毛细血管腔变得狭窄或阻塞不通，有效滤过面积明显减少，造成肾小球滤过率显著下降，结果出现少尿或无尿。

9. 在兽医临床化验中，常用于沉淀血浆蛋白质的试剂是（ ）
　　A. 丙酮　　　B. 巯基乙醇　　C. 尿素　　　D. 三氯乙酸　　E. 稀盐酸
【答案】 D
【考点】 考试要点：蛋白质的分析分离技术—蛋白质的沉淀
【解析】 生物碱试剂（如苦味酸、单宁酸、三氯乙酸、钨酸等）在pH值小于蛋白质等电点时，其酸根负离子能与蛋白质分子上的正离子相结合，成为溶解度很小的蛋白盐沉淀下来。临床化验时，常用上述生物碱试剂除去血浆中的蛋白质，以减少干扰。

10. 犬慢性肾炎的病理变化是（ ）
　　A. 纤维变性　　B. 淀粉样变性　　C. 脂肪变性　　D. 玻璃样变性　　E. 水肿变形
【答案】 D
【考点】 考试要点：蛋白质的分析分离技术—蛋白质的沉淀
【解析】 玻璃样变性分为细胞内玻璃样变性、血管壁玻璃样变性和纤维结缔组织玻璃样变性。血管壁玻璃样变性包括急性和慢性过程，急性变化的特征是管壁坏死和血浆蛋白渗出，浸润在血管壁内；慢性变化为急性变化的修复过程，最后导致动脉硬化。动物常见的是急性变化，慢性变化仅见于犬的慢性肾炎。

11. 胰腺坏死属于（ ）
　　A. 凝固性坏死　　　　B. 干酪样坏死　　　　C. 液化性坏死
　　D. 蜡样坏死　　　　　E. 贫血性坏死
【答案】 C
【考点】 考试要点：坏死的类型及特点—液化性坏死
【解析】 液化性坏死又叫湿性坏死，是指坏死组织因蛋白水解酶的作用而分解变为液态。常见于富含水分和脂质的组织如脑组织，或蛋白水解酶丰富的组织如胰腺。胰腺坏死是由于大量胰蛋白酶的释出，溶解坏死胰组织而形成液化性坏死。而干酪样坏死、蜡样坏死和贫血性坏死都属于凝固性坏死即干性坏死。

12. 肉芽组织的主要成分为毛细血管内皮细胞和（ ）
　　A. 上皮细胞　　B. 肌细胞　　C. 纤维细胞　　D. 成纤维细胞　　E. 神经纤维
【答案】 D
【考点】 考试要点：创伤愈合—肉芽组织的概念
【解析】 由毛细血管内皮细胞和成纤维细胞分裂增殖所形成的富含毛细血管的幼稚的结缔组织称为肉芽组织。因其眼观呈颗粒状、色泽鲜红、表面湿润、柔嫩似肉芽而得名，它是创伤愈合的基础。

13. 肝功能或肾功能不全时引起的水肿，最可能的原因是（ ）
　　A. 毛细血管流体静压升高　　　B. 有效胶体渗透压降低
　　C. 毛细血管壁通透性升高　　　D. 局部淋巴回流受阻
　　E. 血浆晶体渗透压降低
【答案】 B
【考点】 考试要点：水肿—发生机理
【解析】 有效胶体渗透压是血浆胶体渗透压减去组织胶体渗透压的差值，它是促使组织液回流的力量。血浆胶体渗透压取决于血浆蛋白的含量，其降低见于严重营养不良（低蛋白血症）、肝功能不全（白蛋白合成减少）、肾功能不全（白蛋白随尿丢失）。

14. 犬细小病毒和猫传染性腹膜炎的心肌炎，根据其发生的部位与性质分类，属于（ ）
　　A. 增生性心肌炎　　　　B. 化脓性心肌炎　　　　C. 实质性心肌炎

D. 间质性心肌炎　　　　　E. 纤维素性心肌炎
【答案】　C
【考点】　考试要点：心血管系统—心肌炎的概念及病变特点
【解析】　实质性心肌炎是指心肌纤维出现变质性变化为主的炎症过程，其间质内可见不同程度的渗出和增生性变化。较为常见，常伴发于口蹄疫、马传贫、犬细小病毒感染和猫传染性腹膜炎等，一般来说，这些病毒具有亲心肌的特性，可直接破坏心肌细胞或通过细胞免疫反应间接损害心肌。眼观心肌松弛，柔软如煮肉，炎症病变多为局灶性，呈灰黄或灰白色斑块或条纹，散布于黄红色心肌的背景上，即所谓"虎斑心"。

15. 犬急性肾功能不全的少尿期，电解质代谢紊乱的特点是（　　）
　　A. 高钾低钠血症　　　　B. 高钙低磷血症　　　　C. 高钾高钠血症
　　D. 高钙高磷血症　　　　E. 低钾低钠血症
【答案】　A
【考点】　考试要点：泌尿生殖系统—急性肾功能不全
【解析】　急性肾功能不全是指由各种原因引起肾脏泌尿功能在短时间内急剧降低，从而引起水、电解质和酸碱平衡紊乱及代谢产物聚积体内的一种综合征，突出表现是少尿或无尿。电解质代谢紊乱表现为高钾低钠血症、高磷低钙血症、高镁低氯血症。高钾血症主要是由于钾从肾脏排出减少和细胞破坏崩解（如肾小管上皮细胞崩解、溶血）释放钾增多所致，血钾过高可引起心肌中毒、心律紊乱、心室颤动甚至停搏；低钠血症主要是由于水潴留使血钠随水肿液进入组织间隙所致，严重的低钠血症可引起脑细胞水肿，表现全身无力、嗜睡、惊厥、昏迷等。

16. 犬猫麻醉前注射阿托品，用药目的是抑制腺体分泌、减轻麻药对心脏的抑制，但其同时产生的抑制胃肠平滑肌的作用属于（　　）
　　A. 毒性作用　　B. 副作用　　C. 过敏反应　　D. 特异质反应　　E. 后遗效应
【答案】　B
【考点】　考试要点：药效动力学—药物的治疗作用与不良反应
【解析】　药物副作用是指用治疗量时，药物出现与治疗无关的不适反应。有些药物选择性低，药理效应广泛，利用其一个作用为治疗目的时，其他作用便成了副作用，如用阿托品作麻前给药，主要目的是抑制腺体分泌和减轻对心脏的抑制，其同时产生的抑制胃肠平滑肌的作用便成了副作用。

17. 犬巴贝斯虫的特效驱虫药是（　　）
　　A. 阿苯达唑　　B. 吡喹酮　　C. 左旋咪唑　　D. 三氮脒　　E. 伊维菌素
【答案】　D
【考点】　考试要点：抗原虫药—抗锥虫药和抗梨形虫药
【解析】　阿苯达唑（丙硫咪唑）是线虫、吸虫、绦虫的有效驱虫药，用于犬猫毛细线虫、猫肺吸虫、犬丝虫感染；左旋咪唑主要用于胃肠道线虫、肺丝虫和猪肾虫病，对犬猫心丝虫病也有效；伊维菌素对线虫、节肢动物有极佳疗效，但对吸虫、绦虫和原虫无效；吡喹酮是广谱的抗吸虫和抗绦虫药，对犬猫各种绦虫均有高效；三氮脒（贝尼尔）对锥虫、梨形虫和边虫有效，对犬巴贝斯虫与吉氏巴贝斯虫引起的临诊症状有明显消除作用，但不能完全使虫体消失，本品毒性大。

18. 能使瞳孔缩小，降低眼内压作用的药物是（　　）
　　A. 氨甲酰胆碱　B. 毛果芸香碱　C. 东莨菪碱　D. 阿托品　E. 新斯的明
【答案】　B
【考点】　考试要点：胆碱受体激动药；抗胆碱酯酶药；胆碱受体阻断药
【解析】　氨甲酰胆碱与毛果芸香碱均是胆碱受体激动药，兴奋M受体和N受体，具拟胆碱药作用，后者对眼部作用明显，能兴奋虹膜括约肌上的M胆碱受体使虹膜括约肌收缩，从而使瞳孔缩小，还具有降低眼内压作用；东莨菪碱与阿托品均是胆碱受体阻断药（抗胆碱药），主要作用是松弛平滑肌、抑制腺体分泌，具有散瞳作用；新斯的明是抗胆碱酯酶药，主要用于重症肌无力、胃肠弛缓等，也有缩瞳作用。

19. 猫禁用的解热镇痛药物是（　　）
　　A. 阿司匹林　　B. 萘普生　　C. 安替比林　　D. 氟尼新葡甲胺　E. 氨基比林

【答案】 A
【考点】 考试要点：解热镇痛抗炎药—解热镇痛药
【解析】 解热镇痛药是一类具有退热、减轻局部钝痛的药物，大多数还具有抗炎抗风湿的作用。共同的作用机理是抑制前列腺素合成。因为猫缺乏葡萄糖苷酸转移酶，对阿司匹林（乙酰水杨酸）代谢很慢，容易蓄积，故对猫毒性大。

20. 用于治疗动物充血性心力衰竭的药物是（ ）
    A. 咖啡因   B. 肾上腺素   C. 氨茶碱   D. 洋地黄毒苷   E. 心得安
【答案】 D
【考点】 考试要点：治疗充血性心力衰竭的药物—强心苷类药物
【解析】 常用的强心药物有肾上腺素、咖啡因和强心苷等，它们的作用机制、适应证均有所不同：肾上腺素适用于心脏骤停的急救；咖啡因适用于过劳、中暑、中毒等过程中的急性心衰；而强心苷适用于急、慢性充血性心力衰竭。强心苷类至今仍是治疗充血性心力衰竭的首选药物，临诊常用的强心苷类药有洋地黄毒苷（慢作用）、毒毛花苷 K 和地高辛（快作用）。洋地黄毒苷内服易吸收，生物利用度高，作用持久，主要用于慢性充血性心力衰竭、阵发性室上性心动过速和心房颤动等。

21. 手术器械、敷料常用的灭菌方法是（ ）
    A. 煮沸法   B. 流通蒸汽法   C. 紫外法
    D. 巴氏消毒法   E. 高压蒸汽法
【答案】 E
【考点】 考试要点：物理消毒灭菌法—热力灭菌法；辐射灭菌法
【解析】 紫外法属于辐射灭菌法，常用于手术室等空间消毒；其余 4 种属于湿热灭菌法，以高压蒸汽灭菌法效果最好，当压力为 103.4kPa 时，温度达 121.3℃，维持 15～30min 可杀灭包括芽孢在内的所有微生物。此法适用于耐高温和不怕潮湿物品的灭菌，如手术器械、敷料等。

22. 犬传染性气管支气管炎的病原是（ ）
    A. 链球菌   B. 李氏杆菌   C. 巴氏杆菌
    D. 里氏杆菌   E. 支气管败血波氏菌
【答案】 E
【考点】 考试要点：革兰氏阴性需氧杆菌—支气管败血波氏菌
【解析】 支气管败血波氏菌最初从患呼吸道病的病犬中发现，可感染多种动物包括马、牛、羊、猪、犬、猫及一些实验动物、野生动物，引起呼吸道的不显性感染及急、慢性炎症，统称为波氏菌病，最具代表的是犬传染性气管支气管炎（幼犬窝咳）和兔传染性鼻炎，也是猪传染性萎缩性鼻炎的病原之一。

23. 与犬细小病毒出现变异株有关的多肽是（ ）
    A. VP1   B. NS1   C. VP2   D. NS2   E. VP3
【答案】 C
【考点】 考试要点：细小病毒科—犬细小病毒
【解析】 犬细小病毒是单分子线状单股 DNA，编码 3 种结构蛋白 VP1、VP2、VP3，其中 VP2 是其保护性抗原；编码 2 种非结构蛋白 NS1、NS2。犬细小病毒出现变异株主要与 VP2 蛋白氨基酸位点发生改变有关。

24. 诊断犬细小病毒最简单的方法是（ ）
    A. HA-HI 试验   B. PCR   C. ELISA   D. 检测 IgM   E. 检测 IgG
【答案】 A
【考点】 考试要点：细小病毒科—犬细小病毒
【解析】 诊断犬细小病毒最简单的方法是做 HA-HI 试验，用猪或恒河猴红细胞于 pH6.5 在 4℃进行血凝试验，检测犬粪悬液。还可用 ELISA、PCR 等方法检出病毒，检测 IgM 抗体可作早期感染的诊断。

25. 与猫瘟热病毒有交叉抗原的病毒是（ ）
    A. 犬瘟热病毒   B. 猫杯状病毒   C. 犬细小病毒

D. 猫轮状病毒　　　　　　　E. 犬冠状病毒
【答案】　C
【考点】　考试要点：细小病毒科—犬细小病毒；猫泛白细胞减少症病毒
【解析】　犬细小病毒与猫细小病毒、貂细小病毒有密切关系，能产生交叉免疫和血清学的交叉反应。猫泛白细胞减少症病毒又名猫瘟热病毒或猫细小病毒。

26. 犬瘟热病毒的血清型有（　　）
A. 1个　　　B. 2个　　　C. 3个　　　D. 6个　　　E. 9个
【答案】　A
【考点】　考试要点：副黏病毒科—犬瘟热病毒
【解析】　犬瘟热病毒只有一个血清型，与麻疹病毒具有共同抗原，能够产生交叉免疫。犬和雪貂接种麻疹病毒后对犬瘟热有一定的免疫力。犬瘟热病毒可引起细胞免疫和体液免疫，抗体水平不能完全反映机体的免疫状态。

27. 狂犬病的诊断，检测Negri氏包涵体，病料最好采集（　　）
A. 肺　　　B. 唾液　　　C. 脾　　　D. 尿液　　　E. 脑
【答案】　E
【考点】　考试要点：弹状病毒科—狂犬病病毒
【解析】　狂犬病的诊断须在国家认可的实验室进行。需作脑组织切片检测Negri氏包涵体；或取脑组织、唾液腺作荧光抗体染色检测，观察胞浆内是否有着染颗粒；可采用RT-PCR技术检测组织中的病毒RNA。活体可取皮肤、唾液样本或角膜压片检测，但敏感性差。

28. 输血反应属于（　　）
A. Ⅰ型变态反应　　　B. 迟发型变态反应　　　C. Ⅱ型变态反应
D. 接触性变态反应　　　E. Ⅲ型变态反应
【答案】　C
【考点】　考试要点：变态反应
【解析】　Ⅰ型变态反应即过敏反应，过敏源包括血清、疫苗、药物、食物、花粉、毛发等，参与的抗体是IgE；Ⅱ型变态反应又称为抗体依赖性细胞毒型变态反应，参与的抗体是IgM，临诊常见的有输血反应、新生畜溶血性贫血、自身免疫溶血性贫血等；Ⅲ型变态反应又称免疫复合物型变态反应，如血清病；经典的Ⅳ型变态反应是指所有在12h或更长时间产生的变态反应，又称迟发型变态反应，常见的有接触性变态反应、结核菌素变态反应、肉芽肿变态反应等。

29. 兽医临床上用的诊断试剂盒技术指的是（　　）
A. SPA免疫检测技术　　　B. 免疫胶体金检测技术
C. PCR-ELISA技术　　　D. 免疫电镜技术
E. 免疫沉淀技术
【答案】　B
【考点】　考试要点：免疫检测新技术
【解析】　免疫胶体金检测技术是以胶体金颗粒为示踪标记物或显色剂，应用于抗原抗体反应的一种新型免疫检测技术，主要应用于组化染色、基础免疫学研究和疾病诊断，做成胶体金试条可快速诊断。

30. 黄芪多糖用于犬猫传染病的治疗中，属于（　　）
A. 特异性疗法　　　B. 化学疗法　　　C. 抗生素疗法
D. 对症疗法　　　E. 抗病毒疗法
【答案】　E
【考点】　考试要点：动物传染病的综合防控措施—药物防治
【解析】　动物传染病的治疗方法：针对病原体的疗法有：①特异性疗法如血清、抗体；②抗生素疗法；③化学疗法如磺胺、喹诺酮类；④抗病毒药如黄芪多糖、板蓝根、干扰素。针对动物机体的疗法有对症治疗等。

31. 狂犬病病毒在患病动物体内含毒量最高的是（　　）
A. 扁桃体　　　　　　　B. 血液　　　　　　　C. 淋巴结

D. 肝脏　　　　　　　E. 中枢神经组织

【答案】　E

【考点】　考试要点：人兽共患传染病—狂犬病

【解析】　在患病动物体内，以中枢神经组织、唾液腺和唾液中的含毒量最高，其他脏器、血液和乳汁中也可能有少量病毒存在，病毒可在感染组织的胞浆内形成特异的嗜酸性包涵体，叫内基小体（Negri body）。

32. 出现双相热，急性鼻（支气管、肺、胃肠）卡他性炎和神经症状，足底变厚的疾病是（　　）

　　A. 狂犬病　　B. 犬病毒性肠炎　　C. 犬瘟热　　D. 犬传染性肝炎　　E. 犬流感

【答案】　C

【考点】　考试要点：犬瘟热

【解析】　犬瘟热的临诊特征为双相热，急性鼻（支气管、肺、胃肠）卡他性炎和神经症状。少数患病犬可在皮肤上形成湿疹样病变，足底皮肤过度角化而增厚，故该病亦称厚足底病。

33. 犬瘟热最易感的年龄阶段是（　　）

　　A. 1周龄内　　B. 断奶前　　C. 断奶后至1岁　　D. 2～3岁　　E. 老龄

【答案】　C

【考点】　考试要点：犬瘟热—流行病学

【解析】　犬是犬瘟热最易感的动物，各种年龄、性别和品种的犬都可感染，哺乳期的幼犬常常有母源抗体的保护而不发病，断奶至1岁的犬易感性最高，此后随着年龄的增长易感性有所下降。患病犬康复后可获长期免疫力。

34. 犬肠炎型细小病毒病的潜伏期为（　　）

　　A. 24h内　　B. 1～2d　　C. 3～5d　　D. 1～2周　　E. 3～4周

【答案】　D

【考点】　考试要点：犬细小病毒病—临诊症状

【解析】　犬细小病毒病肠炎型常发生于青年犬，潜伏期约1～2周。临诊表现为常突发呕吐，继而腹泻，接着排番茄汁样稀粪，有难闻的恶臭味。患犬食欲废绝，体温升到40℃以上，脱水，WBC显著减少，后期体温低下，急性衰竭而死，病程短的约4～5d。成犬症状轻，有较高治愈率。

35. 犬心肌炎型细小病毒病多发生于（　　）

　　A. 1周龄内　　B. 1～2周　　C. 2～3周　　D. 3～4周　　E. 8周龄内

【答案】　E

【考点】　考试要点：犬细小病毒病—临诊症状

【解析】　犬细小病毒病心肌炎型多见于8周龄以下的幼犬，常突然发病，数小时内死亡。感染犬精神、食欲正常，间或轻度呕吐、腹泻和体温升高，或有呼吸困难，脉快而弱，黏膜苍白，心律不齐，常因心力衰竭死亡，病死率60%～100%，轻症者可治愈。

36. 肝炎病犬在康复期可能出现的眼部病变是（　　）

　　A. 全眼球炎　　　　　　B. 结膜炎　　　　　　C. 角膜溃疡

　　D. 角膜淡蓝色浑浊　　　E. 角膜穿孔

【答案】　D

【考点】　考试要点：犬传染性肝炎—症状及病理变化

【解析】　犬传染性肝炎患犬多在2周内死亡或康复，大多能耐过2天的幼犬可康复，成犬大多能耐过。部分患犬在康复期可出现角膜混浊，呈白色或蓝白色，经过2～3d可自然恢复。患病康复犬可获得坚强免疫力。

37. 犬传染性肝炎疫苗的首次免疫时间一般为（　　）

　　A. 2周龄　　B. 3周龄　　C. 1月龄　　D. 2月龄　　E. 3月龄

【答案】　D

【考点】　考试要点：犬传染性肝炎—防控

【解析】　免疫接种是预防犬传染性肝炎最为有效的方法，一般2月龄进行首次免疫，3月龄进行加强免疫,以后每半年或1年进行加强免疫1次。

38. 猫泛白细胞减少症的热型是（　　）
    A. 稽留热　　　B. 弛张热　　　C. 双相热　　　D. 间隙热　　　E. 不规则热
    【答案】　C
    【考点】　考试要点：猫泛白细胞减少症
    【解析】　猫泛白细胞减少症是由猫细小病毒感染猫导致的一种急性、高度接触性传染病。其特征是突发双相热、腹泻、呕吐、脱水、白细胞显著减少和出血性肠炎。本病又称猫传染性肠炎、猫瘟热、猫动物失调症。

39. 猫泛白细胞减少症最易感的年龄段是（　　）
    A. 1周龄内　　B. 断奶前　　　C. 1～2月龄　　D. 2～5月龄　　E. 老龄
    【答案】　D
    【考点】　考试要点：猫泛白细胞减少症—流行病学
    【解析】　猫泛白细胞减少症在冬春季多发，不良的环境因素可促进其暴发流行，各种年龄猫感染猫细小病毒都可发病，其中以1岁以内幼龄猫多见，特别是2～5月龄的猫最为易感。

40. 检查血液中的心丝虫运动性的方法是（　　）
    A. 血液涂片染色　B. 鲜血压滴观察　C. 虫体浓集法　D. 毛蚴孵化法　E. 漂浮法
    【答案】　B
    【考点】　考试要点：寄生虫病的诊断技术—血液与组织内寄生虫病的诊断
    【解析】　血液寄生虫的检查一般需采血检查寄生于血浆中或血细胞中的虫体。常见血液寄生虫主要有：锥虫、巴贝斯虫、泰勒虫、住白细胞原虫和心丝虫等。血液寄生虫的检查方法有：血液的涂片与染色、鲜血压滴的观察、虫体浓集法。鲜血压滴的观察方法是将1滴生理盐水置于载玻片上，滴上被检的血液1滴后充分混合，盖上盖玻片静置片刻，低倍镜检查，发现有运动可疑虫体时，再高倍镜检查。由于虫体未染色，检查时应使视野暗些。该方法主要是检查血液中虫体如锥虫、心丝虫的运动性。

41. 生前诊断动物弓形虫病，可以检查样品中的滋养体，最佳的样品是（　　）
    A. 粪便　　　　B. 尿液　　　　C. 血液　　　　D. 腹水　　　　E. 唾液
    【答案】　D
    【考点】　考试要点：寄生虫病的诊断技术—血液与组织内寄生虫病的诊断
    【解析】　动物患弓形虫病时，除死后可在一些组织中找到包囊和速殖子外，生前诊断可取腹水检查其中的滋养体。抽到的腹水在玻片上抹片，以瑞氏液或姬姆萨液染色后镜检。

42. 从猫粪便排出的弓形虫是哪个发育阶段（　　）
    A. 子孢子　　　B. 包囊　　　　C. 缓殖子　　　D. 卵囊　　　　E. 滋养体
    【答案】　D
    【考点】　考试要点：弓形虫病—病原
    【解析】　弓形虫的发育过程：猫或猫科动物经口感染了卵囊、包囊，其内子孢子和缓殖子在小肠逸出后侵入肠上皮细胞，经过裂殖生殖和配子生殖后形成卵囊，卵囊随粪便排出体外，在适宜条件下经2～4天发育为具有感染性的孢子化卵囊。

43. 诊断弓形虫病时，取猫粪便作病原学检查的方法是（　　）
    A. 肉眼观察　　　　　B. 直接涂片法　　　　C. 幼虫培养法
    D. 虫卵沉淀法　　　　E. 饱和盐水漂浮法
    【答案】　E
    【考点】　考试要点：弓形虫病—诊断
    【解析】　弓形虫病病原学检查方法：组织直接涂片或切片检查；集虫检查法；实验动物接种；鸡胚或细胞接种；卵囊检查。卵囊检查法是取猫粪适量，用饱和盐水漂浮法或蔗糖溶液（30%）漂浮法，蘸取最上层漂浮物镜检是否有卵囊存在。

44. 细粒棘球绦虫的终末宿主是（　　）
    A. 绵羊　　　　B. 犬　　　　　C. 山羊　　　　D. 人　　　　　E. 黄牛
    【答案】　B
    【考点】　考试要点：棘球蚴病—流行特点

【解析】 棘球蚴与棘球绦虫的易感宿主与寄生部位：绵羊、山羊、牛、猪等多种家畜或野生动物都是较敏感的中间宿主，其中绵羊最为易感，人也是敏感的中间宿主，棘球蚴寄生于动物内脏器官和全身脏器中，尤其多寄生于肝、肺；犬和犬科的多种动物（狼、狐狸）是其终末宿主，棘球绦虫寄生于小肠。

45. 犬是新孢子虫的（ ）
    A. 终末宿主　　B. 中间宿主　　C. 补充宿主　　D. 储藏宿主　　E. 保虫宿主
    【答案】 A
    【考点】 考试要点：新孢子虫病—流行特点
    【解析】 犬和狐狸是新孢子虫的终末宿主；其他多种动物如牛、绵羊、山羊、马、鹿、猪、兔和犬等均是中间宿主。犬作为终末宿主时无明显临诊症状，作为中间宿主时，可出现脑炎、肌炎、肝炎和持续性肺炎。

46. 华支睾吸虫寄生于犬猫的（ ）
    A. 心脏　　B. 肺脏　　C. 脾脏　　D. 肾脏　　E. 胆管
    【答案】 E
    【考点】 考试要点：华支睾吸虫病—病原
    【解析】 华支睾吸虫的发育过程需2个中间宿主，第一中间宿主是淡水螺，第二中间宿主是多种淡水鱼虾。成虫寄生于人、犬、猫和猪等的胆管内，所产虫卵随粪便排出，被淡水螺吞食，在螺的消化道内孵化出毛蚴，发育为胞蚴、雷蚴和尾蚴。成熟尾蚴离开螺体游于水中，尾蚴钻入第二中间宿主肌肉内形成囊蚴，人、犬、猫和猪等吞食含有囊蚴的生鱼虾而受感染。

47. 治疗华支睾吸虫病的主要药物是（ ）
    A. 磺胺类　　B. 伊维菌素　　C. 甲硝唑　　D. 丙硫咪唑　　E. 左旋咪唑
    【答案】 D
    【考点】 考试要点：华支睾吸虫病—防治
    【解析】 治疗华支睾吸虫病的主要药物有吡喹酮、丙硫咪唑、六氯对二甲苯等，均有较好疗效。

48. 寄生于犬、猫和人小肠的寄生虫是（ ）
    A. 兰氏类圆线虫　　　　B. 韦氏类圆线虫　　　　C. 乳突类圆线虫
    D. 粪类圆线虫　　　　　E. 毛尾线虫
    【答案】 D
    【考点】 考试要点：类圆线虫病—流行特点
    【解析】 类圆线虫病又称杆虫病，兰氏类圆线虫寄生于猪的小肠，特别是多在十二指肠的黏膜内；韦氏类圆线虫寄生于马属动物十二指肠的黏膜内；乳突类圆线虫寄生于牛羊的小肠黏膜内；粪类圆线虫寄生于人、其他灵长类、犬、猫和狐的小肠内；毛尾线虫病又称毛首线虫病或鞭虫病，虫体寄生于猪、绵羊等的大肠（主要是盲肠）。

49. 治疗犬猫疥螨的口服或注射药物，首选（ ）
    A. 氯硝柳胺　　B. 吡喹酮　　C. 左旋咪唑　　D. 三氮脒　　E. 伊维菌素
    【答案】 E
    【考点】 考试要点：疥螨病—防治
    【解析】 治疗犬猫疥螨病：口服或注射伊维菌素或阿维菌素类药物，有效成分剂量为0.2～0.3mg/kg，严重者间隔7～10天重复用药1次。国内生产的类似药物有多种商品名称，剂型有粉剂、片剂（口服）和针剂（皮下注射）等。

50. 脑多头蚴的终末宿主是（ ）
    A. 马　　B. 牛　　C. 羊　　D. 猪　　E. 犬
    【答案】 E
    【考点】 考试要点：脑多头蚴病
    【解析】 脑多头蚴病又称脑包虫病，是多头绦虫的中绦期幼虫寄生于牛羊脑及脊髓中所引起，偶见于骆驼、猪、马及其他野生动物，极少见于人；成虫寄生于犬、狼、狐狸的小肠中。

51. 犬巴贝斯虫寄生于犬的（ ）
    A. 淋巴细胞　　B. 红细胞　　C. 巨噬细胞　　D. 中性粒细胞　　E. 单核细胞
    【答案】 B

【考点】 考试要点：犬巴贝斯虫病
【解析】 犬巴贝斯虫病是由犬巴贝斯科犬巴贝斯属的原虫寄生于犬红细胞内引起的疾病。主要病原是犬巴贝斯虫、吉氏巴贝斯虫、韦氏巴贝斯虫，我国报道的为吉氏巴贝斯虫，它对良种犬，尤其是军犬、警犬和猎犬危害很大。蜱既是终末宿主，又是传播媒介。

52. 犬复孔绦虫的中间宿主是（ ）
   A. 蜱　　　　B. 淡水螺　　　　C. 蝇　　　　D. 蚤类和犬毛虱　　　　E. 螨
【答案】 D
【考点】 考试要点：犬复孔绦虫病—病原
【解析】 犬复孔绦虫病是犬复孔绦虫寄生于犬猫的小肠而引起的一种常见绦虫病，人偶可感染。犬复孔绦虫的中间宿主主要是蚤类，如犬栉首蚤、猫栉首蚤，其次是食毛目的犬毛虱。

53. 犬弓首蛔虫的转运宿主是（ ）
   A. 蚯蚓　　　　B. 鸟类　　　　C. 老鼠　　　　D. 家蝇　　　　E. 蟑螂
【答案】 C
【考点】 考试要点：犬猫蛔虫病—病原
【解析】 犬弓首蛔虫的转运宿主为啮齿类动物；猫弓首蛔虫的转运宿主多为蚯蚓、蟑螂；狮弓蛔虫的转运宿主多为啮齿类动物、食虫目动物和小的食肉兽。

54. 生前诊断犬心丝虫病时，血液中检查到的是（ ）
   A. 虫卵　　　　B. 雌成虫　　　　C. 毛蚴
   D. 微丝蚴　　　　E. 感染性幼虫
【答案】 D
【考点】 考试要点：犬心丝虫病—流行特点
【解析】 犬心丝虫成虫主要在肺动脉和右心室中寄生，严重感染时也可发现于右心房、前腔静脉、后腔静脉、肺动脉。雌虫直接产幼虫，称为微丝蚴，出现于血液中。微丝蚴在外周血液中出现的最早时间为感染后 6~7 个月。

55. 犬心律失常提示（ ）
   A. 胸壁增厚　　　　B. 主动脉瓣闭锁不全　　　　C. 心肌炎导致传导障碍
   D. 主动脉瓣根部血压过高　　E. 左右房室瓣关闭时间不一致
【答案】 C
【考点】 考试要点：心脏的检查—听诊
【解析】 由于某些病理因素的影响，心音呈现快慢不定、强弱不一、间隔不等称为心律失常。听诊时，胸壁增厚出现两心音相对减弱；主动脉瓣闭锁不全出现张期杂音；主动脉瓣根部血压过高出现第二心音增强；左右房室瓣关闭时间不一致出现第一心音分离；传导障碍则出现心律失常。

56. 生理情况下，在整个肺部都能明显听到"赫、赫"样支气管呼吸音的动物是（ ）
   A. 马属动物　　B. 奶牛　　　　C. 水牛　　　　D. 山羊　　　　E. 犬
【答案】 E
【考点】 考试要点：肺与胸膜的检查—听诊
【解析】 生理状况下，马肺部听不到支气管呼吸音；而犬在整个肺部都能听到明显的支气管呼吸音。

57. 犬疥螨时表现不安，对患部舌舔、啃咬、摩擦、搔抓，引起这种行为是由于（ ）
   A. 浅感觉过敏　　　　B. 浅感觉减退　　　　C. 浅感觉异常
   D. 深感觉异常　　　　E. 特殊感觉异常
【答案】 C
【考点】 考试要点：感觉机能检查—浅感觉检查
【解析】 浅感觉指皮肤和黏膜感觉，浅感觉异常指不受外界刺激影响而自发产生的异常感觉，如痒感、蚁行感、烧灼感等。动物表现对感觉异常部的舌舔、啃咬、摩擦、搔抓，甚至咬破皮肤而露出肌肉。

58. 犬猫慢性肾衰时，血清电解质变化明显的是（ ）
   A. 血钾升高　　B. 血钠升高　　C. 血磷升高　　D. 血钙升高　　E. 血铁升高

【答案】 C

【考点】 考试要点：血清电解质

【解析】 慢性肾衰，特别是犬猫，无法排泄磷，出现高磷血症并继发血钙下降。这反过来又刺激甲状旁腺激素的分泌以增加骨钙、骨磷的释放，虽然改善了低钙血症，但同时恶化了高磷血症。高磷血症在慢性的肾脏疾病中最常见（通常是在小动物）。

59. 健康大麦町犬尿中的排泄物是（　　）
    A. 尿囊素　　　B. 尿酸　　　C. 肾素　　　D. 胆红素　　　E. 胆绿素

【答案】 B

【考点】 考试要点：肾功能检查—尿酸

【解析】 尿酸是氮代谢的副产物，在多数哺乳动物，转变为尿囊素由尿排出。对大麦町犬，尿酸吸收入肝细胞的机制存在缺陷，从而导致尿囊素转化水平下降，因此其尿中的排泄物是尿酸，而不是尿囊素。

60. 血液生化检验时，最能反映犬、猫肝功能的特异性酶是（　　）
    A. 碱性磷酸酶　　　B. 天门冬氨酸转移酶　　　C. 乳酸脱氢酶
    D. 丙氨酸氨基转移酶　　　E. 肌酸激酶

【答案】 D

【考点】 考试要点：肝功能检查—血清酶

【解析】 丙氨酸氨基转移酶催化丙氨酸和α-酮戊二酸转氨生成丙酮酸与谷氨酸，在犬和猫中，它是肝细胞损伤特异酶，在急性肝病中可明显升高，但其在大动物中是肌肉的酶；天门冬氨酸转移酶用于所有动物肌肉损伤的检查；碱性磷酸酶用于胆道和骨骼疾病的检查；肌酸激酶是心肌损害的指标，尤其是同工酶 CK-MB；乳酸脱氢酶在体内分布广泛，非特异，其同工酶 LDH5 则与肝有关。

61. 犬肝胆系统超声检查的部位在（　　）
    A. 右侧第8～9肋间　　　B. 左侧第9～10肋间　　　C. 右侧第9～10肋间
    D. 左侧第10～12肋间　　　E. 右侧第10～12肋间

【答案】 E

【考点】 考试要点：超声诊断的临床应用—肝胆脾肾胰的超声检查

【解析】 犬肝胆超声检查体位：仰卧、俯卧或侧卧。部位：右侧第10～12肋间或剑突后方。正常声像图特点：肝实质为低强微细回声，周边回声强而平滑；胆囊为液性暗区，壁薄而光滑；根据扫查面不同可显示门脉、胆管、大血管、膈肌和相邻器官。

62. 犬心丝虫病引起的肝炎属于（　　）
    A. 感染性肝炎　　　B. 侵袭性肝炎　　　C. 营养性肝炎
    D. 充血性肝炎　　　E. 中毒性肝炎

【答案】 D

【考点】 考试要点：肝炎—病因

【解析】 导致肝组织坏死和炎症的原因很多、很杂，通常归类于中毒、感染、侵袭、营养缺乏和循环障碍等5类。充血性肝炎：充血性心力衰竭时，肝窦状隙内压增大，肝实质受压并缺氧，可导致肝小叶中心变性和坏死。如犬恶丝虫病所致的腔静脉综合征时，前后腔静脉内有大量心丝虫成虫，造成严重的肝被动性充血，可引起急性肝炎、肝衰竭甚至死亡。

63. 犬猫慢性肾功能衰竭时，为了维持营养，改善尿毒症症状，应静注（　　）
    A. 白蛋白　　　B. 球蛋白　　　C. 血浆
    D. 高能量　　　E. 复合氨基酸

【答案】 E

【考点】 考试要点：慢性肾功能衰竭—治疗

【解析】 慢性肾功能衰竭的治疗原则：治疗原发病，控制病情发展，防止脱水和休克，纠正电解质与酸碱失衡，减缓氮质血症，对症治疗。饮食上给予高能量、低蛋白食物。静脉注射18种复合氨基酸可使尿毒症动物长期维持较好的营养状态，减少血中的尿素氮水平，改善尿毒症症状。

64. 引发猫脂肪肝综合征的原因之一，是缺乏（　　）

A. 精氨酸　　　B. 赖氨酸　　　C. 胱氨酸　　　D. 蛋氨酸　　　E. 亮氨酸
【答案】　A
【考点】　考试要点：猫脂肪肝综合征—病因
【解析】　猫脂肪肝的病因：与变更日粮、运动不足、饥饿以及抗脂肪肝物质不足等应激有关；与营养、代谢异常以及毒素对肝损害有关；猫自身不能合成精氨酸，当精氨酸缺乏时会导致血氨升高，也是引发本病的因素。

65. 犬猫糖尿病发展到酮体在体内蓄积时，会引发（　　）
　　A. 代谢性酸中毒　　　B. 呼吸性酸中毒　　　C. 代谢性碱中毒
　　D. 呼吸性碱中毒　　　E. 混合性碱中毒
【答案】　A
【考点】　考试要点：犬猫糖尿病—临诊症状
【解析】　糖尿病表现多尿、多饮、食欲增加和体重减轻。出现肝肿大，肌肉损耗，尿道与呼吸道感染。不加治疗，可导致酮体在体内积聚，引发代谢性酸中毒，导致精神沉郁，厌食，呕吐，迅速脱水。

66. 犬猫香豆素类中毒的机理是（　　）
　　A. 抑制血小板生成　　　B. 降低凝血酶原活性　　C. 溶解破坏血小板
　　D. 破坏凝血因子　　　　E. 竞争性抑制维生素K
【答案】　E
【考点】　考试要点：灭鼠药中毒—中毒机理
【解析】　香豆素类（如杀鼠灵）和茚满二酮类（如敌鼠钠）的毒理相似，毒性作用是破坏凝血机制和损伤毛细血管；其化学结构与维生素K相似，进入机体后与维生素K产生竞争性抑制，使凝血酶原和凝血因子Ⅳ、Ⅶ、Ⅹ的合成受阻，使出血凝血时间延长。同时又直接损伤毛细血管壁，增加通透性与脆性以致容易出血。犬猫误食后的主要症状是全身广泛性出血，治疗应连续使用维生素K。

67. 犬猫硫脲类灭鼠药中毒后最突出的临诊特征是（　　）
　　A. 全身广泛性出血　　　B. 兴奋狂躁　　　C. 肺水肿与呼吸困难
　　D. 呕吐与腹泻　　　　　E. 肌无力与瘫痪
【答案】　C
【考点】　考试要点：灭鼠药中毒—中毒机理，临诊特点
【解析】　中毒机理：硫脲类灭鼠药（如安妥）经消化道吸收后，主要分布在肝、肺、肾、神经系统，除对消化道有刺激作用外，主要使肺毛细血管通透性增加，造成肺水肿和胸腔积液，此外引起肝、肾的脂肪变性和坏死。临诊特征：呼吸困难，黏膜发绀，肺水肿；呕吐，蛋白尿或血尿，昏睡，昏迷和休克等。

68. 犬猫毒鼠强中毒的机理是（　　）
　　A. 抑制碱性磷酸酶活性　　B. 拮抗γ-氨基丁酸　　C. 抑制顺乌头酸酶活性
　　D. 拮抗柠檬酸　　　　　　E. 抑制细胞色素氧化酶活性
【答案】　B
【考点】　考试要点：灭鼠药中毒—中毒机理，临诊特点
【解析】　毒鼠强俗称"三步倒"，是有机氮化物。犬猫误食经胃肠吸收后，主要毒害中枢神经系统，它具有强烈的脑干刺激作用，引起阵发性惊厥。其致惊厥作用可能是拮抗γ-氨基丁酸的结果。γ-氨基丁酸对动物的神经系统具有广泛而强有力的抑制作用。犬猫误食后半小时内出现症状，主要是突发惊厥甚至癫痫样发作，此外有呕吐、腹痛和其他全身症状。

69. 犬洋葱中毒的机理是N-丙基二硫化物或硫化丙烯（　　）
　　A. 溶解破坏血小板　　　　B. 增加毛细血管的通透性
　　C. 使血红蛋白变性　　　　D. 抑制骨髓的造血机能
　　E. 降低红细胞内G-6-PD的活性
【答案】　E
【考点】　考试要点：犬洋葱及大葱中毒—中毒机理
【解析】　洋葱或大葱含有辛香味挥发油N-丙基二硫化物或硫化丙烯，老洋葱或大葱中含

量较多，此类物质不易被蒸煮、烘干等加热破坏，进入机体后能降低红细胞内葡萄糖-6-磷酸脱氢酶（G-6-PD）的活性，红细胞溶解后从尿中排出血红蛋白（红尿）。犬猫误食后1～2天出现症状，除了红尿还有全身症状如沉郁、废食、走路蹒跚、喜卧，可视黏膜苍白或发黄、喘气、虚弱。治疗可用抗氧化剂维生素E，重者可输血。

70. 由于抗肿瘤药物有细胞毒副作用，故在化疗过程中要定期检查监控，最应做的项目是（　　）
    A. 肝功能检查　　　　　　　　B. 中性粒细胞数和血小板数检查
    C. 尿常规检查　　　　　　　　D. 红细胞数和血红蛋白含量检测
    E. 淋巴细胞计数
    【答案】　B
    【考点】　考试要点：常见肿瘤—犬猫淋巴肉瘤的症状与治疗
    【解析】　由于抗肿瘤药物有细胞毒副作用，故在化疗过程中，须每7～21天进行白细胞和血小板计数。如中性粒细胞降至$3.0×10^9$个/L或血小板降至$5.0×10^9$个/L，应暂停用药，待计数恢复正常才继续用药。

71. 犬猫以下哪种眼病，禁忌使用皮质类固醇激素类药物（　　）
    A. 角膜炎　　　　　B. 结膜炎　　　　　C. 角膜溃疡与穿孔
    D. 白内障　　　　　E. 虹膜炎
    【答案】　C
    【考点】　考试要点：角膜溃疡与穿孔—诊断与治疗
    【解析】　角膜溃疡与穿孔，对于患病犬猫，在使用抗生素眼药的同时，可用贝复舒或素高捷眼药促进溃疡与穿孔的角膜生长。禁忌使用皮质类固醇激素类药物进行局部或全身性治疗。

72. 引起犬纤维型前列腺肥大的激素是（　　）
    A. 前列腺素　　B. 雄性激素　　C. 生长激素　　D. 雌性激素　　E. 肾素
    【答案】　D
    【考点】　考试要点：犬前列腺增生与前列腺炎—犬前列腺增生病因
    【解析】　公犬前列腺肥大也称前列腺增生，是由性激素失调引起的老龄犬前列腺功能障碍的常见病。一般认为，由雄激素和雌激素之间失调或雌激素作用占优势所致。组织学把前列腺肥大分为腺型、纤维型、纤维腺型（混合型）三种。雄激素分泌过剩可引起腺型肥大，雌激素分泌过剩可引起纤维型肥大。

73. 犬马拉色菌感染的主要因素是（　　）
    A. 内分泌疾病　　　　　　　　B. 皮肤角质化紊乱　　　　C. 食物过敏
    D. 舔咬患部皮肤　　　　　　　E. 长期使用皮质醇激素
    【答案】　D
    【考点】　考试要点：马拉色菌病—病因
    【解析】　厚皮症马拉色菌是一种单细胞真菌，经常少量被发现于外耳道、口周、肛周和湿润的皮褶处。犬机体发生超敏反应或该菌过度生长时会引起皮肤病。马拉色菌过度生长通常与潜在因素有关，如食物过敏、内分泌疾病、皮肤角质化紊乱、代谢病或长期使用皮质醇激素。犬马拉色菌病比较常见，犬舔患部皮肤是犬马拉色菌感染的主要因素。

74. 吸入麻醉药**不包括**（　　）
    A. 丙泊酚　　　B. 乙醚　　　C. 异氟醚　　　D. 氟烷　　　E. 甲氧氟烷
    【答案】　A
    【考点】　考试要点：全身麻醉—吸入麻醉药，非吸入性麻醉药
    【解析】　丙泊酚是非吸入性麻醉药，为短效、静注全身麻醉药，起效迅速，苏醒快而完全，无明显蓄积，可用于诱导和维持麻醉；能抑制咽喉反射，有利于气管插管；与其他中枢神经抑制药并用有协同作用。一般用于短时间手术，更多用于吸入麻醉的诱导，肌松作用好。

75. 公犬膀胱手术常用的腹壁切口部位是（　　）
    A. 耻前腹中线　　　　　　　　B. 阴茎旁2～3cm与腹中线平行
    C. 脐前腹中线　　　　　　　　D. 膁部旁2～3cm
    E. 脐前中线旁2～3cm
    【答案】　B

【考点】 考试要点：全身麻醉—吸入麻醉药，非吸入性麻醉药

【解析】 仰卧保定，全身麻醉，术部剃毛、消毒、隔离；雌犬从耻骨前缘向前在腹白线上切开5～10cm；雄犬在阴茎旁2～3cm作腹中线的平行切口5～10cm；切开皮肤、钝性分离腹直肌、剪开腹膜直达腹腔。

76. 犬去势术常用的切口部位是（　　）
    A. 阴囊底部纵切口　　　　　　B. 阴囊基部前方纵切口
    C. 阴囊底部横切口　　　　　　D. 阴囊基部后方纵切口
    E. 阴囊缝隙纵切口
    【答案】 B
    【考点】 考试要点：泌尿生殖器官手术—去势术
    【解析】 仰卧保定，两后肢分别向外方转位以充分暴露会阴部，全身麻醉；术部剃毛、消毒、隔离；在阴囊基部前方纵切开皮肤与皮下组织，切口长度以一侧睾丸能从此处挤出为宜。

77. 犬剖宫产术时，子宫切开的最佳部位为（　　）
    A. 子宫角腹侧　　　　　　B. 子宫体腹侧　　　　　　C. 子宫角背侧
    D. 子宫体背侧　　　　　　E. 子宫角大弯
    【答案】 D
    【考点】 考试要点：泌尿生殖器官手术—犬猫剖宫产术
    【解析】 仰卧保定，全身麻醉，或浅麻加局麻；皮肤切口：自脐部向后沿腹正中线切开，长度视品种、体型、胎数而定；子宫切口：在子宫体背侧中线纵行切开子宫壁3～5cm。

78. 偷配或误配4天以上的母犬，可以采用溶解黄体达到终止妊娠的药物是（　　）
    A. 雄激素　　B. 孕酮　　C. 雌激素　　D. $PGF_{2\alpha}$　　E. 催产素
    【答案】 D
    【考点】 考试要点：妊娠终止技术—妊娠终止的方法
    【解析】 母犬配种受精后合子经过4天左右才到达子宫腔，在此期间给予雌激素，可影响合子在输卵管的输送和阻碍其在子宫的着床，最终被子宫内膜吸收而达到终止妊娠；偷配或误配4天以上的母犬，可以采用注射非合成的$PGF_{2\alpha}$溶解黄体达到治疗目的。对于配后10～30天的，皮下注射0.25mg/kg，每天2次，连用至少4天；对于配后30天以上的，皮下注射0.1～0.25mg/kg，每天3次，最后以B超确认。

79. 犬阴道增生脱出多见于（　　）
    A. 子宫开口期　　　　　B. 发情期　　　　　C. 胎儿产出期
    D. 妊娠期　　　　　　　E. 胎衣排出期
    【答案】 B
    【考点】 考试要点：犬阴道脱出—病因
    【解析】 阴道脱出指阴道底壁、侧壁、上壁的一部分组织、肌肉出现松弛扩张，子宫和子宫颈也随着向后移动，松弛的阴道壁形成皱襞嵌堵于阴门内或突出于阴门外，分为部分或全部阴道脱出。某些品种犬在发情前期或发情期会发生，这与遗传和雌激素水平过高有关；强行终止交配会使母犬阴道损伤和阴道脱出；有些犬在发情前期或发情期对雌激素反应过度，阴道黏膜过度水肿增生并向后脱垂。

80. 犬猫疫病中，属于二类动物疫病的是（　　）
    A. 利什曼病　　　　　B. 犬瘟热　　　　　C. 弓形虫病
    D. 犬传染性肝炎　　　E. 猫泛白细胞减少症
    【答案】 C
    【考点】 考试要点：一、二、三类动物疫病名录；二类动物疫病
    【解析】 弓形虫病是多种动物共患的二类动物疫病；利什曼病、犬瘟热、犬传染性肝炎、猫泛白细胞减少症为犬猫三类动物疫病。其中弓形虫病、利什曼病还属于人畜共患传染病。

【A2型题】

答题说明：每一道考题是以一个小案例出现的，其下面都有A、B、C、D、E五个备选答案，请从中选择一个最佳答案，并在答题卡上将相应题号的相应字母所属的方框涂黑。

81. 贵宾犬，刚断奶，不足2月龄，流黏稠鼻液，咳嗽，听诊有湿性啰音。宠物医生用恩诺沙

星消炎,每天注射 2 次、雾化给药 1 次,连续用药 7 天。该用药最有可能发生的不良反应是（　　）
A. 结晶尿　　B. 免疫抑制　　C. 耳毒性　　D. 软骨变性　　E. 致突变
【答案】 D
【考点】 考试要点：喹诺酮类—不良反应
【解析】 喹诺酮类药（恩诺沙星等）的不良反应：①可使幼龄动物软骨发生变性,引起跛行及疼痛；②消化系统反应有呕吐、腹痛和腹胀；③偶尔可出现结晶尿,损伤尿道；④皮肤反应。

82. 犬,半岁,生长缓慢,贫血,呕吐,腹泻,肛门瘙痒。眼观粪便有乳白色、米粒大小的虫体,形似瓜子,粪便检查有蛔虫卵。最佳的驱虫药物是（　　）
A. 伊维菌素　　B. 吡喹酮　　C. 阿苯达唑　　D. 三氮脒　　E. 左旋咪唑
【答案】 C
【考点】 考试要点：抗蠕虫药
【解析】 该病例属于绦虫与蛔虫混合感染,应选广谱驱虫药阿苯达唑,它是动物常见线虫、吸虫和绦虫的有效驱虫药,也是驱除混合感染多种虫的有效药物；伊维菌素抗线虫与节肢动物但对绦虫无效；左旋咪唑驱线虫而对绦虫也无效；吡喹酮驱绦虫但对线虫无效；三氮脒是抗原虫药。

83. 北京犬,2 岁,体温曲线呈"马鞍形",食欲不振,饮欲增加,呕吐与腹泻,在头颈部和眼睑等处见水肿。经治疗好转,康复期出现"蓝眼"症状。该病例最可能是（　　）
A. 犬细小病毒病　　　B. 犬疱疹病毒病　　　C. 犬瘟热病毒病
D. 犬冠状病毒病　　　E. 犬传染性肝炎
【答案】 E
【考点】 考试要点：犬、猫的传染病—犬传染性肝炎
【解析】 犬传染性肝炎病犬体温升高 40～41℃约 1 天,下降至常温约 1 天后继续升高,使体温曲线呈"马鞍形"。病犬心跳加快,呼吸增数,触压肝区有痛感,黏膜苍白,扁桃体肿大,精神和食欲不振,饮欲增加,呕吐与腹泻,在腹部、颈部、头部和眼睑等处常见水肿。多在 2 周内死亡或康复,部分病犬在康复期出现角膜混浊,呈蓝白色,经 2～3 天可消失。

84. 猫,10 月龄,未免疫。精神萎靡,食欲差,体温升高达 40.5℃,次日降至正常,但过两天后体温再次升高并维持在 40℃以上,临床症状加重,高度沉郁,卧地不起,心跳和呼吸加快,水样腹泻时有带血,脱水,消瘦,血常规检查白细胞明显减少。该病例最可能是（　　）
A. 猫急性肠炎　　　B. 猫腹膜炎　　　C. 猫急性胃炎
D. 猫瘟热　　　　　E. 猫免疫缺陷病
【答案】 D
【考点】 考试要点：猫泛白细胞减少症—症状及病理变化
【解析】 猫泛白细胞减少症又称猫瘟热,亚急性型的特征性表现为典型双相热,白细胞显著减少,呕吐,腹泻甚至拉血粪,脱水,消瘦。

85. 波斯猫,3 岁,体温正常,近期常常出现呕吐或干呕,饲喂时表现得很想吃,但只吃几口就离去或吃后呕吐,粪便干而少,逐渐消瘦,触摸腹部敏感。如进一步检查,应首选（　　）
A. 血常规检查　B. 血生化检查　C. X 线照片检查　D. 呕吐物检查　E. 粪便检查
【答案】 C
【考点】 考试要点：犬猫胃肠异物—临诊症状,诊断
【解析】 猫胃内毛球往往引起呕吐或干呕,食欲差或废绝。有的猫特征性表现为饥饿觅食时鸣叫,饲喂时贪食但只吃几口就走开,逐渐消瘦,这种现象表示胃内可能存有异物。根据病史和临诊体检可作出初步诊断。小型犬或猫胃内有较大异物时,触诊可觉察到。应用 X 线照片可帮助诊断,必要时可造影。

86. 洛威拿犬,1 岁,前晚开始频繁呕吐,喝水后不久也吐,前晚吐 3～4 次,昨天吐 7 次,后来吐出的是淡黄色的胃液,无食物,打过止吐药也无效,昨天至现在没有排粪便。触诊腹

壁紧张，腹围变小，体温39℃。下一步最重要的检查是（　　）
A. 呕吐物化验　　　　B. X线检查　　　　C. 血常规检查
D. 粪便检查　　　　　E. 血生化检查
【答案】 B
【考点】 考试要点：犬猫胃肠异物；肠变位
【解析】 本病例突发顽固性频繁呕吐，药物治疗无效，肠异物、肠变位的因素值得考虑，X线检查必要时造影检查，一般可确诊或作出排除诊断。其他四项化验项目相对特异性不强。

87. 金毛犬，雌性，3岁，近段时间表现精神沉郁，厌食，眼结膜淡黄色，腹部渐进性胀大，腹底皮肤浮肿，尿黄，排粪少，粪便颜色浅淡，进一步诊断最应做的检验项目是（　　）
A. 乳酸脱氢酶　　　　B. 丙氨酸氨基转移酶　　C. 碱性磷酸酶
D. 肌酸激酶　　　　　E. α-淀粉酶
【答案】 B
【考点】 考试要点：肝损伤的指标
【解析】 五个选项中，A无特异性；C用于检查胆道与骨骼；D是检查心功能；E是检查胰腺。本病例主要症状是黄疸，腹水与皮下浮肿，肝功能降低的可能性较大，所以选取B。

88. 可卡犬，5岁，已正常免疫。昨晚开始呕吐，前后已吐4次，呕吐物呈淡黄色，上午排1次稀粪，灰黄色略带酸臭味。现不吃，精神沉郁，不愿活动，体温39.7℃，拱背，触诊前腹部敏感，最佳的临床检验项目是（　　）
A. 乳酸脱氢酶　　　　B. 丙氨酸氨基转移酶　　C. 胆碱酯酶
D. 天冬氨酸氨基转移酶　E. α-淀粉酶和脂肪酶
【答案】 E
【考点】 考试要点：胰腺损伤的指标；胰腺炎
【解析】 五个选项中，B和E是较特异的，B检查肝功能，E检查胰腺。从病史看本病突发，症状看主要是呕吐、体温高和前腹痛，胰腺炎的可能性大，所以选E。

89. 成年猫，外出回家后呼吸急促，肌肉震颤，弓背收腹，呕吐，呕吐物似蒜臭味，腹泻，呕吐物和粪便在暗处有特殊亮光。该病最可能是（　　）
A. 磷化锌中毒　　　　B. 硫脲类中毒　　　　C. 毒鼠强中毒
D. 尿素中毒　　　　　E. 香豆素类中毒
【答案】 A
【考点】 考试要点：其他中毒—磷化锌中毒
【解析】 磷化锌进入胃后遇酸产生磷化氢和氯化锌，前者危害神经、呼吸、循环等系统。动物中毒后全身广泛性出血，抽搐、痉挛，食欲废绝，口吐白沫，呕吐有蒜臭味，腹痛腹泻，呕吐物和粪便在暗处有磷光。严重时心律失常，呼吸困难，陷入休克和昏迷。

90. 家猫，雌性，2岁，前天突发呼吸抑制、张口呼吸，体温正常。X线侧位片见在肺和膈，肺和脊柱，肺和胸骨间有黑色无结构的间隙，气管上移，心脏也向背侧提升，后腔静脉非常清晰，中央肺部密度升高，最可能的诊断是（　　）
A. 肺气肿　　B. 气胸　　C. 肺水肿　　D. 肺炎　　E. 胸腔积液
【答案】 B
【考点】 考试要点：呼吸系统系统正常X线表现；气胸
【解析】 从X线征分析，肺野周边黑色的、低密度的阴影提示为胸膜腔内的空气，在其衬托对比下，后腔静脉显得更清楚。因胸腔内空气的占位，使肺组织受压萎陷而密度升高、体积变小，心与气管位置上移。

91. 母犬，阴门近旁出现一无热、无痛、柔软的肿胀，可能性较大的初步诊断是（　　）
A. 会阴脓肿　　B. 淋巴外渗　　C. 会阴肿瘤　　D. 蜂窝织炎　　E. 会阴疝
【答案】 E
【考点】 考试要点：犬会阴疝—症状，诊断
【解析】 会阴疝症状：在肛门、阴门近旁或其下出现无热、无痛、柔软的肿胀，常为一侧性，肿胀对侧肌肉松弛。如疝内容物为膀胱，挤压会喷尿或动物表现频尿；若肿胀物硬实并有

腹痛，常为嵌闭性疝；犬会阴疝内容物常见直肠囊，其次为膀胱或公犬的前列腺。

92. 犬突发呼吸困难，双前肢叉开，腹式呼吸为主，胸部听诊有流水声，可能性较大的初诊是（ ）
    A. 气胸　　　　B. 肺气肿　　　　C. 膈疝　　　　D. 急性胃扩张　　E. 腹水
    【答案】　C
    【考点】　考试要点：膈疝—症状，诊断
    【解析】　特征性症状是胸部听诊有流水声，应是肠管疝入胸腔内，可X线摄片确诊。

93. 西施犬，雌性，6岁，近段时间渐进表现排粪困难，拱背排便时间长，似里急后重，常常以屁股擦地，咬尾，舔肛，肛门周围无脱毛，皮肤完整。该病可能是（ ）
    A. 肛囊炎　　　B. 肛周炎　　　　C. 咬尾症　　　D. 肛周瘘　　　E. 锁肛
    【答案】　A
    【考点】　考试要点：犬肛门囊炎—病因与症状，诊断
    【解析】　犬肛门两侧有成对的肛门囊，位于肛门内、外括约肌之间偏腹侧，以贮存肛门周围腺的分泌物。肛门囊炎症轻者出现排便困难，里急后重，甩尾，擦舔或咬肛门，重者肛门明显肿胀，有时出现肛周脓肿，流出脓汁或出血，甚至形成瘘管。指压若内容物不易挤出为肛门囊阻塞；若挤出多量脓性或带血液体为肛门囊炎；若挤出的脓液黏稠、量少且病程长久，则可能已形成化脓性瘘管。

94. 公犬，便秘，里急后重，步样强拘，触诊后腹部敏感，尿道口有红色分泌物，可能的疾病是（ ）
    A. 前列腺肥大　　　　B. 阴茎肿瘤　　　　C. 精囊腺增生
    D. 膀胱结石　　　　　E. 急性前列腺炎
    【答案】　E
    【考点】　考试要点：犬前列腺炎—症状，诊断
    【解析】　急性前列腺炎主要表现便秘和里急后重，精神沉郁，体温升高，食欲不振，有的表现弓背，步态强拘，触诊腹后部有压痛反应，尿道外口滴血样或脓性分泌物。阴茎肿瘤、膀胱结石均无便秘和里急后重；犬无精囊腺；前列腺肥大无血尿或脓尿。

95. 贵宾犬，9月龄，站立时患肢呈弓形腿，膝关节屈曲，趾尖朝向内，后肢呈扭曲性畸形，小腿向内旋转。行走时跛行，有时呈三脚跳步样，可自行复位但易复发。手术治疗该病应做（ ）
    A. 膝外直韧带切断术　　B. 外侧关节囊缝合术　　C. 膝内直韧带切断术
    D. 内侧关节囊缝合术　　E. 膝中直韧带切断术
    【答案】　B
    【考点】　考试要点：犬髌骨脱位—症状，治疗
    【解析】　髌骨内方脱位症状：主要发生于小型犬，伫立时，患肢呈弓形腿，膝关节屈曲，趾尖向内，后肢呈不同程度的扭曲性畸形，小腿向内旋转，股四头肌群向内移位。动物行走跛行，有时呈三脚跳步样，触摸髌骨或伸屈膝关节时，可发现髌骨脱位。一般可自行复位或易整复复位，但易复发。重者不能复位。整复：手术方法有多种，轻者可做外侧关节囊伦勃特缝合；滑车沟变浅可做滑车成形术。

96. 犬，喂食后突然不安，之后废食，经问诊与X线检查后，证实是食道裂孔前食道异物，如手术取出异物，切口是（ ）
    A. 左肷中部　　　　B. 右肷中部　　　　C. 胸腔入口
    D. 胸头肌与气管之间　　E. 脐前腹正中线
    【答案】　E
    【考点】　考试要点：开胸术；胃切开术—适应证
    【解析】　食道末端异物手术取出有2条通路：1 开胸术，切口在第8~11肋间；2 胃切开术，切口在脐前腹正中线。

97. 2只博美犬，出生后5天，衰弱无力，饥饿，对周围事物反应差，阵发性虚弱，共济失调，神经过敏，惊恐不安，震颤，反复抽搐，体表冰凉。该两幼犬最可能是（ ）
    A. 新生仔溶血病　　　B. 脐尿管瘘　　　C. 新生仔低血钙症

D. 新生仔低蛋白血症　　E. 新生仔低血糖症

【答案】 E

【考点】 考试要点：新生仔犬低血糖症—病因，症状

【解析】 新生仔畜低血糖症是以出生后血糖急剧下降为特征的一种代谢性疾病。多发生于生后20日龄以内的仔犬猫或1～4天龄的仔猪，其他动物较少见。其特征是血糖水平明显低下，血液非蛋白氮明显升高。病因：新生仔犬在生后几天内缺乏糖原异生能力；母犬产后少乳或无乳；仔犬吮乳反射弱；仔犬消化不良等导致血糖急降引发本病。症状：生后1～2天即可以发病，表现饥饿，对周围事物的反应差，阵发性虚弱，共济失调；震颤，神经过敏，惊恐不安，抽搐，体温低。重者反复抽搐甚至癫痫，会出现虚脱、昏迷或死亡。

【A3/A4 型题】

答题说明：以下提供若干个案例，每个案例下设若干道考题。请根据案例所提供的信息，在每一道考试题下面的 A、B、C、D、E 五个备选答案中选择一个最佳答案，并在答题卡上将相应题号的相应字母所属的方框涂黑。

（98～100题共用以下题干）

沙皮犬，1岁，已免疫。近期在头颈部、躯体、四肢多处陆续出现剧痒，皮肤脱毛、搔伤、结痂、增厚甚至龟裂，体臭难闻，精神不安，身体消瘦。

98. 该病最可能是（　　）
　　A. 疥螨病　　B. 蜱感染　　C. 痒螨病　　D. 蚤病　　E. 蠕形螨病
　　【答案】 A

99. 进一步确诊，采集病料应选择（　　）
　　A. 病灶中央　　　　B. 血液　　　　C. 病灶边缘
　　D. 皮肤皲裂处　　　E. 病-健皮肤交界处
　　【答案】 E

100. 治疗该病可用（　　）
　　A. 阿苯达唑　　B. 吡喹酮　　C. 阿维菌素　　D. 地塞米松　　E. 左旋咪唑
　　【答案】 C

【考点】 考试要点：疥螨病—症状与病理变化，诊断，治疗

【解析】 犬疥螨病症状：先发生在头部，后扩散至全身，小犬尤为严重。患部皮肤发红，有红色或脓性疱疹，上有黄色痂；奇痒，脱毛，皮肤变厚而出现皱纹。诊断：根据症状，在健康与病变皮肤交界处采集病料，并应刮至稍微出血，镜检发现虫体即可确诊。治疗：口服或注射依维菌素或阿维菌素类药物，有效成分剂量为每千克体重0.2～0.3mg，严重者间隔7～10天重复用药1次。

（101～103题共用以下题干）

巴哥犬，2岁，夏天傍晚在户外遛跑，回家洗澡后不久，即表现呼吸急速，耳根明显发热，腹底皮肤发烫，黏膜发绀，流泡沫样鼻液。临床检查 $T41.5℃$，$R72$ 次/分，$P112$ 次/分，听诊肺部有湿啰音，X线片显示肺野阴影一致加重，肺纹理增粗。

101. 该病最可能的诊断是（　　）
　　A. 过敏　　　B. 中毒　　　C. 感冒
　　D. 肺炎　　　E. 肺充血和肺水肿
　　【答案】 E

102. 肺部叩诊可能出现（　　）
　　A. 过清音　　B. 浊音　　C. 破壶音　　D. 鼓音　　E. 金属音
　　【答案】 B

103. 该病合理的处置是（　　）
　　A. 抗过敏　　　　　　　　B. 解毒、保肝
　　C. 抗病毒、对症治疗　　　D. 消炎、对症治疗
　　E. 降体温、制止渗出和保护心肺功能
　　【答案】 E

【考点】 考试要点：肺充血和肺水肿—病因，症状，诊断，防治

【解析】 肺充血和肺水肿在炎热的季节可突然发病,两者是同一病理过程的前后阶段。肺水肿时,临诊上以呼吸极度困难和流泡沫样鼻液为特征,动物呼吸和心跳加快,黏膜发绀,体温升高。肺部叩诊呈浊音,听诊有广泛水泡音,X线检查,肺野阴影一致加重,肺纹理显著。本病也可认为是中暑进入肺水肿阶段,治疗原则应:保证动物安静,降温,减轻心肺负荷。

(104~106题共用以下题干)

贵宾母犬,9岁,喜喝水,尿多,食欲增加,腹部下垂,躯体两侧对称性脱毛,皮肤色素沉着,嗜睡。

104. 该犬最可能患的疾病是( )
  A. 库兴氏综合征 B. 甲状腺机能减退 C. 阿狄森氏病
  D. 甲状旁腺机能亢进 E. 糖尿病
【答案】 A

105. 该犬内分泌异常的激素最可能是( )
  A. 肾上腺素 B. 甲状腺素 C. 生长激素
  D. 甲状旁腺激素 E. 糖皮质激素
【答案】 E

106. 该病例的血液学检查可见( )
  A. ALP活性降低 B. 中性粒细胞减少 C. 淋巴细胞减少
  D. 单核细胞减少 E. 嗜酸性粒细胞增多
【答案】 C
【考点】 考试要点:库兴氏综合征—临诊症状,诊断
【解析】 肾上腺皮质机能亢进(库兴氏综合征)通常是指以糖皮质激素中的皮质醇分泌过多,是犬最常见的内分泌疾病之一。犬猫大多表现多尿、烦渴、垂腹和两侧性脱毛等一组症候群。每千克体重日饮水超过100ml、排尿超过50ml。先是后肢的后侧方脱毛,然后是躯干部,头和末梢部很少脱毛。皮肤增厚,弹性减退,色素过度沉着呈斑块状。实验室检查:淋巴细胞减少,嗜酸性粒细胞减少,中性粒细胞增多,单核细胞增多,血清ALP活性升高。

(107~109题共用以下题干)

金毛犬,2岁,突发呼吸困难,喘气,不耐运动,呕吐,厌食,腹围变小,体温正常,无鼻液。听诊胸部有流水音。怀疑是膈疝。

107. 确诊的有效方法是( )
  A. 叩听诊结合 B. B超检查 C. 腹部触诊
  D. X线检查 E. 血气电解质检验
【答案】 D

108. 手术切口部位为( )
  A. 脐前腹中线 B. 右肋弓后下方 C. 剑状软骨前
  D. 左肋弓后下方 E. 右侧第7肋间
【答案】 A

109. 闭合膈破裂孔的缝合方法是( )
  A. 纽扣缝合 B. 结节缝合 C. 十字缝合
  D. 减张缝合 E. 连续锁边缝合
【答案】 E
【考点】 考试要点:犬膈疝的临诊特点—诊断,治疗
【解析】 犬膈肌破裂后疝入胸腔的腹内脏器以胃、小肠、肝脏较多见。其症状与膈破裂程度、疝内容物的类别及其数量有关。如心脏受压会引起呼吸困难、心力衰竭、黏膜发绀,肺音和心音不清;胃肠脱入可听到肠音。患病动物呈犬坐姿势,呼吸困难,犬常有呕吐和厌食等。X线检查常作为犬膈疝的重要诊断方法。手术可行脐前腹中剖腹径路做腹壁切开,缝合时,先在裂孔最深处进针,用简单连续锁边缝合法闭合疝孔。

(110~112题共用以下题干)

贵宾犬,产下6只小犬后,于第5天上午开始表现不安,尖叫,四肢僵硬尤其后肢明显,

全身肌肉震颤,站立不稳,瘫痪倒地,呼吸急促,流涎。体温41.2℃,血糖5.2mmol/L,血清钙1.4mmol/L。

110. 该犬所患疾病是( )
    A. 子宫捻转 B. 低血糖 C. 胎衣不下 D. 酮病 E. 产后子痫
    【答案】 E

111. 治疗该病应选用的药物是( )
    A. 阿托品 B. 葡萄糖 C. 催产素
    D. 碳酸氢钠 E. 葡萄糖酸钙
    【答案】 E

112. 最佳的给药途径是( )
    A. 皮下注射 B. 肌内注射 C. 静脉滴注
    D. 腹腔注射 E. 子宫内灌注
    【答案】 C
    【考点】 考试要点:犬产后低钙血症—症状,治疗
    【解析】 犬产后低钙血症也叫产后癫痫、产后子痫、产后痉挛,是以低血钙、肌肉痉挛为特征的严重代谢性疾病,多发于产后1~3周的产仔数较多或体型较小的母犬。急性病例表现共济失调,很快四肢僵硬,后肢尤为明显,表现不安,全身肌肉强直性痉挛,站立不稳,随后倒地,四肢呈游泳状,口角和头面部肌肉痉挛等。重症者狂叫,全身抽搐,头颈后仰,体温41.5℃以上,脉搏130次/分以上,口不停地张合,大量流涎。静脉缓慢注射10%葡萄糖酸钙是十分有效的疗法,因为是钙剂只能静注。

【B1型题】
答题说明:以下提供若干组考题,每组考题共用在考题前列出的A、B、C、D、E五个备选答案。请从中选择一个与问题关系最密切的答案,并在答题卡上将相应题号的相应字母所属的方框涂黑。某个备选答案可能被选择1次、多次或不被选择。

(113~115题共用下列备选答案)
    A. 犬细小病毒 B. 犬瘟热病毒 C. 狂犬病病毒
    D. 伪狂犬病病毒 E. 犬传染性肝炎病毒

113. 导致犬肠炎,单股DNA,可用HA-HI试验诊断的病毒是( )
    【答案】 A
    【考点】 考试要点:细小病毒科—犬细小病毒

114. 与麻疹病毒具有共同抗原,单股RNA,只有一个血清型的病毒是( )
    【答案】 B
    【考点】 考试要点:副黏病毒科—犬瘟热病毒

115. 病毒粒子形态呈子弹状,基因组为单分子负链单股RNA的病毒是( )
    【答案】 C
    【考点】 考试要点:弹状病毒科—狂犬病病毒

(116~118题共用下列备选答案)
    A. 犬细小病毒病 B. 犬心丝虫病 C. 犬传染性肝炎
    D. 急性胰腺炎 E. 犬瘟热

116. 金毛犬,50天龄,前天突然出现呕吐,继而腹泻,粪便灰黄色覆有黏液,今天拉2次番茄汁样的腥臭稀粪。精神沉郁,食欲废绝,体温40℃,脱水明显,呼吸困难,听诊心跳快而弱兼有心律不齐。本病最可能是( )
    【答案】 A
    【考点】 考试要点:犬细小病毒病—症状,诊断

117. 犬,3岁,1周以来精神沉郁,食欲不振,饮欲增加,有轻微呕吐与腹泻,眼睑和胸腹底有浮肿。病初体温40.5℃,次日38.8℃,之后一直在40℃左右,心跳与呼吸加快,触诊右前腹部敏感。血生化ALT186U/L,白蛋白21g/L,α-淀粉酶672U/L。本病最可能是( )
    【答案】 E

【考点】 考试要点：犬传染性肝炎—症状，诊断
118. 犬，6岁，长期咳嗽，不耐力，体温38.5℃，心跳与呼吸加快，呼吸困难，听诊有心内杂音，腹围较大。腹背位X线片显示：心脏"钟面"1~2点外凸，5~9点较圆隆。本病最可能是（　　）
【答案】 B
【考点】 考试要点：犬心丝虫病—症状，诊断

（119~122题共用下列备选答案）
A. 蚊　　　　B. 白蛉　　　　C. 蝇　　　　D. 蚤类和犬毛虱　　　　E. 蜱

119. 利什曼原虫的传播媒介是（　　）
【答案】 B
【考点】 考试要点：利什曼原虫病—病原

120. 犬巴贝斯虫的传播媒介是（　　）
【答案】 E
【考点】 考试要点：犬巴贝斯虫病—病原

121. 犬复孔绦虫的中间宿主是（　　）
【答案】 D
【考点】 考试要点：犬复孔绦虫病—病原

122. 犬心丝虫的中间宿主是（　　）
【答案】 A
【考点】 考试要点：犬心丝虫病—病原

（123~126题共用下列备选答案）
A. 犬过敏性皮炎　　　　B. 犬皮肝癣病　　　　C. 犬马拉色菌病
D. 犬甲状腺机能减退　　E. 犬肾上腺皮质机能亢进

123. 患处断毛、掉毛并出现圆形脱毛区，皮屑较多，该犬可能患有（　　）
【答案】 B
【考点】 考试要点：犬皮肝癣病—临诊表现

124. 患部被毛着色，皮肤湿红，瘙痒，脂溢性皮炎，患部苔藓化、色素沉着，该犬可能患有（　　）
【答案】 C
【考点】 考试要点：马拉色菌病—临诊表现

125. 颈背部、胸腹两侧被毛对称性稀疏短细，皮温低，身有异味，嗜睡，不愿走动的是（　　）
【答案】 D
【考点】 考试要点：甲状腺机能减退性皮肤病—临诊表现

126. 后肢和腹部对称性脱毛，食欲亢进，腹部膨大，多饮多尿的是（　　）
【答案】 E
【考点】 考试要点：肾上腺皮质机能亢进—症状

（127~129题共用下列备选答案）
A. 水合氯醛　　B. 丙泊酚　　C. 利多卡因　　D. 氯胺酮　　E. 隆朋

127. 用于犬猫硬膜外麻醉的药物是（　　）
【答案】 C

128. 能产生"分离麻醉"，可兴奋循环系统、增强唾液分泌的药物是（　　）
【答案】 D

129. 起效快，苏醒快而完全，多用于吸入麻醉的诱导麻醉，属于短效全麻药的是（　　）
【答案】 B
【考点】 考试要点：全身麻醉—非吸入性麻醉药的种类与应用

（130~132题共用下列备选答案）
A. 结节缝合　　　　B. 压挤缝合　　　　C. 纽扣缝合
D. 内翻缝合　　　　E. 表皮下缝合

130. 小动物肠管吻合术最好用（　　）

【答案】 B
131. 疝轮的闭合应采用（　　）
【答案】 C
132. 小动物腹部皮肤切口的缝合最好采用（　　）
【答案】 E
【考点】 考试要点：缝合—缝合方法
（133~135题共用下列备选答案）
A. 天门穴　　B. 大椎穴　　C. 悬枢穴　　D. 命门穴　　E. 百会穴
133. 位于犬第七颈椎与第一胸椎棘突间的凹陷中的穴位是（　　）
【答案】 B
134. 位于犬第二、三腰椎棘突间的凹陷中的穴位是（　　）
【答案】 D
135. 位于犬最后腰椎与第一荐椎棘突间的凹陷中的穴位是（　　）
【答案】 E
【考点】 考试要点：家畜常用穴位—犬常用穴位

五、兔、马、貂、蜂、蚕等动物疫病的临床诊断和治疗

【A1型题】
答题说明：每一道考试题下面有A、B、C、D、E五个备选答案，请从中选择一个最佳答案，并在答题卡上将相应题号的相应字母所属的方框涂黑。

1. 马传染性贫血有明显的季节性，其多发生在（　　）
   A. 3~5月　　　　　B. 5~7月　　　　　C. 7~9月
   D. 9~11月　　　　E. 11月~次年1月
【答案】 C
【考点】 考试要点：马的传染病—马传染性贫血—流行病学
【解析】 马传染性贫血是由马传贫病毒引起的马属动物的一种传染病，本病有明显的季节性，多发生在7~9月份，故选C。

2. 兔病毒性出血病的防控关键措施是用兔病毒性出血症灭活苗免疫，其中首免时间是（　　）
   A. 10日龄　　B. 20日龄　　C. 30日龄　　D. 40日龄　　E. 50日龄
【答案】 B
【考点】 考试要点：兔和貂的传染病—兔病毒性出血病—防控
【解析】 兔病毒性出血病俗称兔瘟，是由兔病毒性出血症病毒引起的一种急性、高度接触性传染病，目前尚无有效治疗该病的化学药物，预防本病的关键措施是兔病毒性出血症灭活苗免疫，一般20日龄首免，2月龄加强免疫1次，以后6个月免疫1次。故选B。

3. 水貂阿留申病的特征性病理变化主要集中在（　　）
   A. 胃肠　　B. 肝脏　　C. 脾脏　　D. 肾脏　　E. 淋巴结
【答案】 D
【考点】 考试要点：兔和貂的传染病—水貂阿留申病—病理变化
【解析】 水貂阿留申病剖检可见特征性变化主要集中在肾，表现为肾脏比正常肿大2~3倍，灰色或淡黄色，有出血斑点或灰黄色斑点。故应选D。

4. 水貂病毒性肠炎的易感动物是（　　）
   A. 雪貂　　B. 猫　　C. 貂　　D. 家鼠　　E. 田鼠
【答案】 C
【考点】 考试要点：兔和貂的传染病—水貂病毒性肠炎—流行病学
【解析】 水貂病毒性肠炎是有貂细小病毒引起貂的一种急性传染病，本病的易感动物是貂，猫、雪貂、小鼠、家鼠和田鼠都不感染貂细小病毒即使人工接种也都不出现症状和病变。故选C。

5. 水貂病毒性肠炎剖检的特征性病理变化是（　　）
   A. 小肠呈急性卡他性纤维素性或出血性肠炎

B. 肝肿大、质脆
C. 胆囊胀大、充满胆汁
D. 脾肿大、暗紫色
E. 肺充血、淤血

【答案】 A

【考点】 考试要点：兔和貂的传染病—水貂病毒性肠炎—病理变化

【解析】 水貂病毒性肠炎剖检特征性病变可见小肠呈急性卡他性纤维素性或出血性肠炎，表现为肠管变粗、肠壁变薄、肠内容物中含有脱落的黏膜上皮和纤维蛋白样物质和血液；肠系膜淋巴结充血、水肿。故选 A。

6. 马巴贝斯虫病是由驽巴贝斯虫和马巴贝斯虫引起的一种血液原虫病，该病主要通过硬蜱传播，以下蜱中**不是**传播驽巴贝斯虫的有（ ）
   A. 草原革蜱　　　　　B. 森林革蜱　　　　　C. 银盾革蜱
   D. 中华革蜱　　　　　E. 镰形扇头蜱

【答案】 E

【考点】 考试要点：马寄生虫病—马巴贝斯虫病—流行特点

【解析】 马巴贝斯虫病是由驽巴贝斯虫和马巴贝斯虫引起的血液原虫病，该病主要通过硬蜱传播，具有一定地区性和季节性。我国已查明的传播驽巴贝斯虫的蜱有草原革蜱、森林革蜱、银盾革蜱、中华革蜱；传播马巴贝斯虫的蜱有草原革蜱、森林革蜱、银盾革蜱、镰形扇头蜱。镰形扇头蜱传播马巴贝斯虫，故选 E。

7. 以下**不是**家蚕微粒子病病原体传染途径的有（ ）
   A. 卵壳传染　　　　　B. 呼吸传染　　　　　C. 桑叶传染
   D. 发生期经卵传染　　E. 成长期经卵传染

【答案】 B

【考点】 考试要点：家蚕的寄生虫—家蚕微粒子病—流行特点

【解析】 家蚕微粒子病病原体的传播途径有食下传染和经卵（胚种）传染两种。其中食下传染有两种情况，即卵壳传染和桑叶传染；经卵（胚种）传染因微粒子虫孢子侵入胚子的时期不同，又可分为发生期经卵传染和成长期经卵传染。呼吸传染不是本病的传染途径，故选 B。

8. 蚕蝇蛆病最明显的病症是（ ）
   A. 寄生部位形成黑褐色喇叭状病斑
   B. 蚕体肿胀或向一侧扭曲
   C. 早熟现象
   D. 上蔟结茧或化蛹
   E. 蛹体死亡

【答案】 A

【考点】 考试要点：家蚕的寄生虫—蝇蛆病—症状及病理变化

【解析】 家蚕从 3 龄到 5 龄上蔟时期均可被蚕蝇蛆寄生危害。最明显的病症是在寄生部位形成黑褐色喇叭状的病斑。病斑的形成，实际上是侵入蚕体内的蛆体周围形成喇叭形鞘套的过程，鞘套透过皮肤显现成蚕体上的病斑，初时较小、褐色，随着蛆体的增大，病斑也增大，颜色逐渐变成黑褐色。B、C、D、E 四个选项均是该病的症状，但不是最明显的病症，故选 A。

【A2 型题】

答题说明：每一道考题是以一个小案例出现的，其下面都有 A、B、C、D、E 五个备选答案，请从中选择一个最佳答案，并在答题卡上将相应题号的相应字母所属的方框涂黑。

9. 某蜂场春季发病，主要症状是蜜蜂腹部膨胀拉长，爬出箱外，失去飞翔能力。腹部末端 2～3 节变为黑色，解剖病蜂，拉出中肠，可见中肠前端变为红褐色；后肠膨大，积满大量黄色粪便。经诊断该病是（ ）
   A. 蜜蜂孢子虫病　　　　　B. 蜜蜂马氏管变形虫病
   C. 蜜蜂狄斯蜂螨病　　　　D. 蜜蜂小蜂螨病
   E. 蜜蜂白垩病

【答案】 B

【考点】 考试要点：蜂的寄生虫—蜜蜂马氏管变形虫病—症状及病理变化
【解析】 蜜蜂马氏管变形虫病是蜜蜂原虫性病害，西方蜜蜂与东方蜜蜂均发生，是我国西方蜜蜂春季常见的成年蜂病害。症状是春季常见被感染的蜜蜂腹部膨胀拉长，爬出箱外，失去飞翔能力。腹部末端2~3节变为黑色，解剖病蜂，拉出中肠，可见中肠前端变为红褐色；后肠膨大，积满大量黄色粪便。病蜂常聚集在巢箱内上框梁处，病蜂下痢。故选 B。

10. 一蚕场发病，具体表现是体躯肿胀、体色乳白，爬行不止，剪去尾角或腹足滴出的血液呈乳白色，初步诊断该病是（　　）
    A. 家蚕核型多角体病　　B. 家蚕质型多角体病　　C. 白僵病
    D. 白垩病　　　　　　　E. 欧洲幼虫腐臭病
【答案】 A
【考点】 考试要点：蚕、蜂的传染病—家蚕多角体病—家蚕核型多角体病
【解析】 家蚕核型多角体病是由病毒寄生在家蚕血细胞和体腔内各种组织细胞的细胞核中，并在其中形成多角体引起的。该病的特征症状是体壁紧张，体色乳白，体躯肿胀，爬行不止。剪去尾角或腹足滴出血液呈乳白色。故选 A。

11. 某一蚕场发病，蚕体发育缓慢，体躯瘦小，食桑与行动不活泼，常呆伏于蚕座四周或蚕桑中，大蚕有吐液和下痢等症状。撕开病蚕腹部体壁，发现中肠发白，肠壁出现无数乳白色的横纹褶皱。初步诊断该病是（　　）
    A. 白僵病　　　　　　　B. 家蚕质型多角体病　　C. 家蚕核型多角体病
    D. 欧洲幼虫腐臭病　　　E. 白垩病
【答案】 B
【考点】 考试要点：蚕、蜂的传染病—家蚕多角体病—家蚕质型多角体病
【解析】 家蚕质型多角体病是由病毒寄生在家蚕中肠圆筒形细胞中，在细胞质内形成多角体引起，又称中肠型脓病。该病的典型病变是中肠发白，肠壁出现无数乳白色的横纹褶皱。根据症状及病理变化可诊断该病为家蚕质型多角体病，故选 B。

12. 一水貂场水貂发病，精神委顿，食欲不振，出现抽搐、痉挛等神经症状后死亡。剖检病变主要在肾脏，表现为肾脏比正常肿大2~3倍，灰色，有出血斑点，其他可见病变有肝肿大，有散在的灰白色坏死灶，脾和淋巴结肿胀。初步诊断该病是（　　）
    A. 水貂病毒性肠炎　　　B. 水貂阿留申病　　　　C. 巴氏杆菌病
    D. 仔貂脓疱症　　　　　E. 炭疽
【答案】 B
【考点】 考试要点：兔和貂的传染病—水貂阿留申病—症状及病理变化
【解析】 水貂阿留申病是由阿留申病毒引起的水貂的一种慢性消耗性、超敏感性和自身免疫损伤性疾病，剖检的特征病变主要集中在肾脏，表现为肾脏比正常肿大2~3倍，灰色或淡黄色，有出血斑点或灰黄色斑点；肝肿大，有散在的灰白色坏死灶；脾和淋巴结肿胀；胃肠黏膜有出血点。因此本病应该是水貂阿留申病，应选 B。

13. 一母马发病，初期阴唇水肿，阴道流出黏液，随后出现水泡、溃疡，1个月后的中午，病马突然在颈、胸、腹、臀部，特别是两侧肩部出现扁平丘疹，椭圆形，中间凹陷，周边隆起，很快消失，然后再次出现，后期出现神经麻痹等症状。经诊断该病是（　　）
    A. 马巴贝斯虫病　　　　B. 马媾疫　　　　　　　C. 马绦虫病
    D. 马副蛔虫病　　　　　E. 马圆线虫病
【答案】 B
【考点】 考试要点：马的寄生虫病—马媾疫—症状及病理变化
【解析】 马媾疫是马匹在交配时生殖器黏膜上感染马媾疫锥虫引起的，其症状为初期水肿期，即在生殖器发生水肿，随后在两侧肩部及颈、胸、腹、臀部突然出现圆形或椭圆形的扁平丘疹，中间凹陷，周边隆起，称为"银元疹"，但很快消失，然后再次出现；后期表现为神经症状。根据病例症状可诊断为马媾疫，故选 B。

14. 某马场马发病，主要表现是眼结膜、唇、舌、直肠、阴道黏膜明显黄染，血液稀薄色淡，经血液涂片检查，在红细胞内发现大于红细胞半径的梨籽形虫，该虫体应是（　　）
    A. 驽巴贝斯虫　　　　　B. 马巴贝斯虫　　　　　C. 牛巴贝斯虫

D. 莫氏巴贝斯虫　　　　　E. 吉氏巴贝斯虫
【答案】　A
【考点】　考试要点：马的寄生虫病—马巴贝斯虫病—症状及病理变化
【解析】　马巴贝斯虫病是有驽巴贝斯虫和马巴贝斯虫寄生于马属动物的红细胞内所引起的血液原虫病。该病最明显的症状是黄疸现象，即眼结膜、唇、舌、直肠、阴道黏膜明显黄染，血液检查可以在红细胞内发现梨籽形虫体，该虫体长度大于红细胞半径则是驽巴贝斯虫，虫体长度不超过红细胞半径，则是马巴贝斯虫，故选 A。

15. 一水貂场发病，病貂出现水样腹泻，腹泻物内含有脱落的肠黏膜、血液，病貂脱水、消瘦、虚弱，最后衰竭而死；血液学检查，白细胞显著减少；剖检可见肠管变粗、肠壁变薄、肠内容物中含有脱落的黏膜上皮和纤维蛋白样物质和血液，肠系膜淋巴结充血、水肿。初步诊断该病是（　　）
　　A. 水貂阿留申病　　　　B. 巴氏杆菌病　　　　C. 水貂病毒性肠炎
　　D. 链球菌病　　　　　　E. 大肠杆菌病
【答案】　C
【考点】　考试要点：兔和貂的传染病—水貂病毒性肠炎—症状及病理变化
【解析】　水貂病毒性肠炎的特征症状是腹泻和白细胞减少，剖检的特征为小肠呈急性卡他性纤维素性或出血性肠炎，根据上述症状及病理变化，初步诊断该病是水貂病毒性肠炎，故选 C。

16. 一马发病，初期体温升高，可视黏膜潮红，充血，轻度黄染，随后贫血，可视黏膜随之变为黄白。舌下、眼结膜、鼻黏膜、齿龈、阴道黏膜有出血点，心搏动亢进，第一心音增强，混浊，心律不齐，脉搏增数、减弱；四肢下部、胸前、腹下、包皮、阴囊等处浮肿。血液学检查：红细胞减少、血红蛋白量降低、血沉速度加快。初步诊断该病是（　　）
　　A. 马传染性贫血　　　　B. 马媾疫　　　　　　C. 马巴贝斯虫病
　　D. 马圆线虫　　　　　　E. 马副蛔虫
【答案】　A
【考点】　考试要点：马的传染病—马传染性贫血—症状及病理变化
【解析】　马传染性贫血简称马传贫，是由马传贫病毒引起的马属动物的一种传染病，临诊特征是发热、贫血、黄疸、出血、心脏衰弱、浮肿和消瘦等，并反复发作。根据临诊特征可初步诊断该病为马传贫，故选 A。

【A3/A4 型题】
　　答题说明：以下提供若干个案例，每个案例下设若干道考题。请根据案例所提供的信息，在每一道考试题下面的 A、B、C、D、E 五个备选答案中选择一个最佳答案，并在答题卡上将相应题号的相应字母所属的方框涂黑。

（17～19 题共用以下题干）
　　一兔场送来成年死兔四只，主述该兔突然发病死亡，死前出现挣扎、乱咬等兴奋症状，肛门流出附有淡黄色黏液的粪球，鼻孔流出泡沫状血液。剖检可见气管支气管黏膜广泛出血、肺充血、出血，肝淤血肿大、质脆，表面呈淡黄色条纹，切面粗糙。

17. 该病可能是（　　）
　　A. 兔巴氏杆菌病　　　　B. 兔葡萄球菌病　　　C. 兔沙门氏菌病
　　D. 兔病毒性出血症　　　E. 兔大肠杆菌病
【答案】　D
【考点】　考试要点：兔和貂的传染病—兔病毒性出血症—症状及病理变化
【解析】　兔病毒性出血症俗称兔瘟，是由兔病毒性出血症病毒感染兔引起的一种急性、高度接触性传染病，以呼吸系统出血、肝坏死、实质器官水肿、淤血、出血性变化为特征。其中急性型表现体温升高，食欲不振，死前出现挣扎、咬笼架等兴奋症状，随着病程发展，出现全身颤抖、身体侧卧、惨叫而死。死前病兔肛门松弛，流出附有淡黄色黏液的粪球，肛门周围的兔毛也被这种黏液污染，部分病死兔鼻孔中流出泡沫状血液，病程 1～2d。病理变化主要是气管和支气管内有泡沫状血液，鼻腔、喉头和气管黏膜淤血、出血；肺严重充血、出血。肝淤血、肿大、质脆，表面呈淡黄色或灰白色条纹，切面粗糙，流出多量暗红色血液。病例所列举症状和病理变化与兔病毒性出血症的症状和病理变化基本相符，因此选 D。

18. 确诊本病，需要进行实验室检查，用于检测的最佳病料是（　　）
    A. 肝脏　　　B. 胃　　　C. 小肠　　　D. 肾　　　E. 胸腺
    【答案】　A
    【考点】　考试要点：兔和貂的传染病—兔病毒性出血症—诊断
    【解析】　兔病毒性出血症进行实验室检查时，采集病死兔肝脏，制成悬液离心取上清液进行血凝和血凝抑制试验、琼脂扩散实验等实验室方法进行检测，故选 A。

19. 发生本病后，最有效的措施是（　　）
    A. 抗生素进行治疗　　　B. 磺胺类药物治疗　　　C. 封锁、隔离、彻底消毒
    D. 加倍量紧急预防接种　　　E. 抗病毒药治疗
    【答案】　C
    【考点】　考试要点：兔和貂的传染病—兔病毒性出血症—防控
    【解析】　目前尚无有效药物治疗兔病毒性出血症的化学药物。兔群一旦发病，应该立即采取封锁、隔离、彻底消毒等措施。对兔群中没有临诊症状的兔实施紧急接种疫苗。临诊症状较轻的病兔注射高免血清进行治疗，具有较好的疗效。临诊症状危重的病兔可扑杀，尸体深埋。病、死兔污染的环境和用具等进行彻底消毒。因此一旦发病，最有效的措施是立即封锁、隔离、彻底消毒，故选 C。

（20~22题共用以下题干）

某一马场的马发病死亡，表现为体温升高，消瘦，贫血，黄疸，便秘，疝痛，腹腔穿刺可见有大量淡黄色腹水，腹痛。剖检可见，腹膜下有出血性结节，肝脏内有出血性虫道，胰脏内形成纤维性病灶。取粪便在显微镜下检查发现椭圆形虫卵。

20. 经诊断该病是（　　）
    A. 马绦虫病　　　B. 马副蛔虫病　　　C. 马圆线虫病
    D. 马脑脊髓丝虫病　　　E. 马媾疫
    【答案】　C
    【考点】　考试要点：马的寄生虫病—马消化道线虫病—马圆线虫病
    【解析】　马圆线虫病是马匹的一种感染率最高，分布最广的肠道线虫病。该病主要表现为：成虫大量寄生于肠管时，表现为大肠炎症和消瘦，无齿圆线虫幼虫移行时引起血栓性疝痛，腹膜下形成出血性结节，腹腔内有大量淡黄色腹水，引起腹痛、贫血、黄疸，并造成肝脏、胰脏损伤，即肝脏内有出血性虫道，胰脏内形成纤维性病灶。粪便检查可见椭圆形虫卵。根据症状及病理变化可诊断该病为马圆线虫病，故选 C。

21. 对该病进行驱虫治疗时应考虑虫卵的数量，需要每克粪便中检出的虫卵数量为（　　）
    A. 200~500 个　　　B. 500~800 个　　　C. 1000 个以上
    D. 50~200 个　　　E. 800~1000 个
    【答案】　C
    【考点】　考试要点：马的寄生虫病—马消化道线虫病—马圆线虫病—诊断
    【解析】　进行马圆线虫病驱虫时应考虑数量，一般每克粪便检出 1000 个以上虫卵应进行驱虫。故选 C。

22. 该病驱虫首选药物是（　　）
    A. 丙硫咪唑　　　B. 噻苯达唑　　　C. 哌吡嗪　　　D. 硫化二苯胺　　　E. 伊维菌素
    【答案】　A
    【考点】　考试要点：马的寄生虫病—马消化道线虫病—马圆线虫病—防控
    【解析】　马圆线虫病首选驱虫药物是丙硫咪唑，以每千克体重 3~5mg 口服，对成虫驱虫率高。其他选项均可作为本病的驱虫药，但不是首选，故选 A。

（23~25题共用以下题干）

某一兔场群体发病，早期兔的局部皮肤出现病灶，5~6 天后全身各处皮肤出现次发性肿瘤样结节，病兔眼睑水肿，口、鼻和眼流出黏脓性分泌物；上下唇、耳根、肛门及外生殖器显著充血、水肿，开始时硬而突起。最后破溃流出淡黄色浆液，后期出现神经症状而后死亡。病理变化主要有皮肤肿瘤结节，颜面部和天然孔周围的皮肤和皮下组织水肿，皮下切开见胶冻状

液体积聚。

23. 初步诊断该病是（ ）
    A. 兔黏液瘤病　　　　B. 兔病毒性出血病　　C. 兔波氏杆菌病
    D. 兔密螺旋体病　　　E. 兔泰泽氏病
    【答案】 A
    【考点】 考试要点：兔、貂的传染病—兔黏液瘤病—症状及病理变化
    【解析】 兔黏液瘤病是由兔黏液瘤病毒引起的一种高度接触性传染病，以全身皮肤，尤其是面部和天然孔周围发生黏液瘤样肿胀为特征，因切开黏液瘤时从切面流出黏液蛋白样渗出物而得名。具体表现全身各处皮肤出现次发性肿瘤样结节，上下唇、耳根、肛门及外生殖器显著充血水肿，开始时可能是硬而突起，最后破溃流出淡黄色的浆液，死前可能出现神经症状。特征性的病变是皮肤肿瘤结节，特别是颜面部和身体天然孔周围的皮下组织充血、水肿，皮下切开见胶冻状液体积聚。因此根据病例的症状及病理变化可诊断该病为兔黏液瘤病，故选 A。

24. 本病感染后引起全身症状的易感动物有（ ）
    A. 家兔　　　B. 棉尾兔　　　C. 田兔　　　D. 北美野兔　　　E. 貂
    【答案】 A
    【考点】 考试要点：兔、貂的传染病—兔黏液瘤病—流行病学
    【解析】 本病只侵害家兔和野兔，其他动物不易感，所以选项 E 不正确，棉尾兔和田兔有抵抗力，所以选项 B、C 不正确；北美野兔仅引起局部两型的纤维瘤，没有全身症状，所以 D 不正确；家兔和欧洲野兔最易感，可引起全身症状，故应选 A。

25. 要确诊本病需要进行实验室诊断，以下**不适合**诊断该病的方法是（ ）
    A. 病理组织检查　　　B. 电镜观察　　　C. 血清学检查
    D. 细菌学分离、培养　E. 动物试验
    【答案】 D
    【考点】 考试要点：兔、貂的传染病—兔黏液瘤病—诊断
    【解析】 兔黏液瘤病是由兔黏液瘤病毒引起的一种高度接触性传染病，因此细菌学分离培养不适合本病的诊断，故应选 D。

（26～28 共用以下题干）
某一养蚕场发病，发病初期，蚕体色稍暗，反应迟钝，行动稍见呆滞，濒死时排软粪，少量吐液。初死时蚕体伸展，头胸部突出，吐少量肠液。体色灰白，手触柔软而有弹性。体壁上往往出现油渍状病斑。血液浑浊，尸体逐渐变硬，最后被覆白色粉末。

26. 初步诊断该病是（ ）
    A. 家蚕核型多角体病　　B. 家蚕质型多角体病　　C. 白僵病
    D. 白垩病　　　　　　　E. 美洲幼虫腐臭病
    【答案】 C
    【考点】 考试要点：蚕蜂的传染病—白僵病—症状及病理变化
    【解析】 根据病蚕的临床症状及病理变化初步判断该病为白僵病，故应选 C。

27. 该病的主要传播途径是（ ）
    A. 接触传染　B. 食下传染　C. 呼吸传染　D. 繁殖　E. 血液传染
    【答案】 A
    【考点】 考试要点：蚕蜂的传染病—白僵病—流行病学
    【解析】 白僵病的病菌的分生孢子通过空气传播，传播途径主要是接触传染，其次是创伤传染，一般不能食下传染，故应选 A。

28. 在适宜的湿度下，该病病原的最适生长温度是（ ）
    A. 10～15℃　B. 14～18℃　C. 18～24℃　D. 24～28℃　E. 28～32℃
    【答案】 D
    【考点】 考试要点：蚕蜂的传染病—白僵病—流行病学
    【解析】 白僵菌在适宜的湿度下，分生孢子在 10℃ 才开始发芽，在 10～28℃ 时温度越高，发芽、生长越好，其最适宜温度为 24～28℃，故应选 D。

【B1 型题】

答题说明：以下提供若干组考题，每组考题共用在考题前列出的 A、B、C、D、E 五个备选答案。请从中选择一个与问题关系最密切的答案，并在答题卡上将相应题号的相应字母所属的方框涂黑。某个备选答案可能被选择 1 次、多次或不被选择。

（29～31 题共用下列备选答案）
A. 春秋季节　　B. 春夏季节　　C. 秋冬季节　　D. 夏秋季节　　E. 一年四季

29. 兔病毒性出血症一般发生于（　　）
【答案】　E
【考点】　考试要点：兔和貂的传染病—兔病毒性出血症—流行病学
【解析】　兔病毒性出血症在老疫区多呈地方性流行，一年四季均可发生，在天气突然改变、气候潮湿寒冷时更易发，故选 E。

30. 水貂阿留申病发生于（　　）
【答案】　C
【考点】　考试要点：兔和貂的传染病—水貂阿留申病—流行病学
【解析】　水貂阿留申病的发生往往具有明显的季节性，以秋、冬季节多见。故应选 C。

31. 水貂病毒性肠炎发生于（　　）
【答案】　E
【考点】　考试要点：兔和貂的传染病—水貂病毒性肠炎—流行特点
【解析】　水貂病毒性肠炎常呈地方性流行，一年四季均可发生，其中南方 5～7 月份多发，北方 8～10 月份多发。故应选 E。

（32～34 题共用下列备选答案）
A. 蜜蜂白垩病　　　　B. 白僵病　　　　C. 家蚕核型多角体病
D. 欧洲幼虫腐臭病　　E. 美洲幼虫腐臭病

32. 病蚕尸体被覆白色或类白色分生孢子粉被，如在眠期发病，则多呈半蜕皮蚕或不蜕皮蚕，尸体潮湿，呈污褐色，容易腐烂。该病是（　　）
【答案】　B
【考点】　考试要点：蚕和蜂的传染病—白僵病—症状及病理变化
【解析】　白僵病是白僵菌属中不同种类的白僵菌寄生蚕体引起的，其主要症状：刚死的病蚕，头胸部向前伸出，肌肉松弛，身体柔软，略有弹性，有的体色略带淡红色或桃红色，以后逐渐硬化。经 1～2d，从硬化尸体的气门、口器及节间膜等处生长出白色气生菌丝，逐渐增多，布满全身，最后长出无数分生孢子，遍体如覆白粉。如在眠期发病，则多呈半蜕皮蚕或不蜕皮蚕，尸体潮湿，呈污褐色，容易腐烂。故应选 B。

33. 仅见于西方蜜蜂，主要是 7 日龄后的大幼虫或前蛹期表现症状的蜜蜂细菌性疾病是（　　）
【答案】　E
【考点】　考试要点：蚕和蜂的传染病—美洲幼虫腐臭病—流行特点
【解析】　发生于蜜蜂的细菌性疾病主要有美洲幼虫腐臭病和欧洲幼虫腐臭病，其中欧洲幼虫腐臭病主要发生于 2～4 日龄的小幼虫，并且东方蜜蜂和西方蜜蜂均可感染，美洲幼虫腐臭病主要发生于 7 日龄后的大幼虫或前蛹期，仅发生于西方蜜蜂。故应选 E。

34. 属于家蚕病毒性疾病，又称家蚕血液型脓病或脓病的传染病是（　　）
【答案】　C
【考点】　考试要点：蚕和蜂的传染病—家蚕多角体病
【解析】　家蚕的病毒性传染病主要是家蚕多角体病，该病又分为家蚕核型多角体病和家蚕质型多角体病，其中家蚕核型多角体病是由病毒寄生在家蚕血细胞和体腔内各种组织细胞的细胞核中，并在其中形成多角体引起的，又称为家蚕血液型脓病或脓病。故应选 C。

（35～37 题共用下列备选答案）
A. 马鼻疽　　　　　B. 马尾线虫病　　　　C. 马脑脊髓丝虫病
D. 马媾疫病　　　　E. 浑睛虫病

35. 一公马发病，早期主要出现一后肢提举不充分，后躯无力，强拘，久立后牵引时，后肢出现鸡伸腿样的动作，从腰荐部开始出现知觉迟钝。随后患马意识障碍，出现痴呆样、磨牙、凝视、易惊，腰、臀、内股部针刺反应迟钝，弓腰，高度跛行。随着病情加重，病马阴茎脱出下垂，尿淋漓，尿色呈乳状。初步诊断该病是（　　）

【答案】　C

【考点】　考试要点：马的寄生虫病—马脑脊髓丝虫病—症状及病理变化

【解析】　马脑脊髓丝虫病的症状大体分为早期症状及中晚期症状。早期症状主要表现为腰髓支配的后躯运动神经障碍；后期才出现脑髓受损的神经症状，但并不严重。结合病例症状，初步诊断该病是马脑脊髓丝虫病，故应选 C。

36．一马发病，表现畏光、流泪、角膜和眼房液稍浑浊，瞳孔散大，视力减退，结膜和巩膜充血。对光检查患眼，可发现眼前房游动的虫体。初步诊断该病是（　　）

【答案】　E

【考点】　考试要点：马的寄生虫病—浑睛虫病—症状及病理变化

【解析】　马浑睛虫病的虫体寄生引起角膜炎、虹膜炎和白内障具体表现病马畏光、流泪，角膜和眼房液稍浑浊，瞳孔散大，视力减退，结膜和巩膜充血，严重可失明；对光观察患眼，可以在眼前房发现虫体游动。结合病例症状初步诊断该病是浑睛虫病，故应选 E。

37．一马鼻腔、喉头和气管黏膜以及皮肤上出现结节、溃疡和瘢痕，在肺脏、淋巴结等实质脏器中形成特异性的结节。初步诊断该病是（　　）

【答案】　A

【考点】　考试要点：人畜共患传染病—马鼻疽—症状及病理变化

【解析】　马鼻疽是由鼻疽杆菌引起的一种人畜共患传染病，该病的临诊特征是鼻腔、喉头和气管黏膜以及皮肤形成鼻疽结节、溃疡和瘢痕，在肺脏、淋巴结或其他实质脏器形成特异性的鼻疽结节。故应选 A。

（38～40题共用下列备选答案）

A．水貂阿留申病　　　B．美洲幼虫腐臭病　　　C．白垩病
D．马鼻疽　　　　　　E．兔病毒性出血病

38．可以通过胎盘传播的是（　　）

【答案】　A

【考点】　考试要点：兔和貂的传染病—水貂阿留申病—流行病学

【解析】　本病的主要传播途径是消化道和呼吸道，也可通过交配、胎盘、污染的采血针头、带毒昆虫吸血等途径传播，其他选项均不能通过胎盘传播，因此应选 A。

39．主要发生于 7 日龄后的幼虫或前蛹的蜜蜂真菌病是（　　）

【答案】　C

【考点】　考试要点：蚕、蜂的传染病—白垩病—流行病学

【解析】　白垩病是蜜蜂幼虫真菌性病害，主要发生于 7 日龄后的幼虫或前蛹；美洲幼虫腐臭病主要发生于 7 日龄后的大幼虫或前蛹期，但该病是蜜蜂的细菌性疾病，其他选项均不是蜜蜂的传染病，因此应选 C。

40．在我国已经基本得到有效控制的是（　　）

【答案】　D

【考点】　考试要点：人畜共患传染病—马鼻疽—流行病学

【解析】　马鼻疽在我国被列为二类动物疫病，目前已基本控制该病；其他选项在我国均有发生，因此应选 D。

第二章 2022年执业兽医资格考试考点模拟测试

第一套 2022年执业兽医资格考试考点模拟测试题（一）

基础科目（100分）（上午卷）

【A1 型题】

答题说明：每一道考试题下面有 A、B、C、D、E 五个备选答案，请从中选择一个最佳答案，并在答题卡上将相应题号的相应字母所属的方框涂黑。

1. 《中华人民共和国动物防疫法》规定，国家对动物疫病实行（　　）
   A. 扑灭为主的方针　　　　B. 治疗为主的方针　　　　C. 净化为主的方针
   D. 预防为主的方针　　　　E. 区域化管理的方针
2. 我国主管动物防疫工作的主体是（　　）
   A. 县级以上人民政府　　　　　　　B. 县级以上人民政府卫生健康主管部门
   C. 县级以上人民政府兽医主管部门　D. 动物卫生监督机构
   E. 动物疫病预防控制机构
3. 根据《中华人民共和国动物防疫法》，动物疫病预防控制机构的服务**不包括**（　　）
   A. 动物疫病的诊断　　　　B. 动物疫病的监测　　　　C. 动物防疫监督管理执法
   D. 动物疫病的检测　　　　E. 动物疫病流行病学调查
4. 根据《中华人民共和国动物防疫法》禁止运输的动物产品**不包括**（　　）
   A. 封锁疫区内与所发生动物疫病无关的
   B. 依法应当检疫而未经检疫的　　C. 检疫不合格的　　　　D. 疑似染疫的
   E. 染疫的
5. 《中华人民共和国动物防疫法》规定，对检疫不合格的动物、动物产品进行处理义务的主体是（　　）
   A. 货主　　　　　　　　B. 动物卫生监督机构　C. 动物疫病预防控制机构
   D. 兽医主管部门　　　　E. 商务主管部门
6. 实施执业兽医注册的主体是（　　）
   A. 工商行政管理部门　　　　　B. 卫生主管部门　　　　C. 兽医主管部门
   D. 动物卫生监督机构　　　　　E. 动物疫病预防控制机构
7. 《动物防疫条件审查办法》规定，动物饲养场距离动物诊疗场所应当不少于（　　）
   A. 100m　　B. 200m　　C. 500m　　D. 1000m　　E. 2000m
8. 《动物防疫条件审查办法》规定，动物饲养场距离动物屠宰加工场所应当不少于（　　）
   A. 200　　B. 500　　C. 1000　　D. 2000　　E. 3000
9. 某牛场拟出售供屠宰的育肥牛，其申报检疫的期限是动物离开牛场前提前（　　）
   A. 1天　　B. 3天　　C. 5天　　D. 7天　　E. 15天
10. 执业兽医应受行政处罚的行为**不包括**（　　）
    A. 不使用病历　　　　　　　　B. 受邀在其他动物诊疗机构会诊
    C. 使用不规范的处方笺　　　　D. 未在病历册上签名

E. 未经亲自诊断开具处方药
11. 注册机关应当收回注销兽医师执业证书的情形**不包括**（　　）
    A. 执业兽医死亡的
    B. 中止兽医执业活动满一年的
    C. 被吊销兽医师执业证书的
    D. 连续两年没有将兽医执业活动情况向注册机关报告的，且拒不改正的
    E. 出借兽医师执业证书的
12. 重大动物疫情发生后，对疫点采取的措施**不符合**规定的是（　　）
    A. 扑杀并销毁染疫动物　　　　　B. 对易感染动物实施紧急免疫接种
    C. 对病死的动物进行无害化处理　　D. 对被污染的饲料进行无害化处理
    E. 对被污染的用具进行严格消毒
13. 属于二类动物疫病的是（　　）
    A. 马流行性感冒　B. 马腺疫　　C. 马媾疫　　D. 马传染性贫血　E. 马鼻腔肺炎
14. 根据《兽药管理条例》，**不属于**假兽药的是（　　）
    A. 以非兽药冒充兽药的　　B. 以他种兽药冒充此种兽药的　　C. 不标明有效成分的
    D. 兽药所含成分的名称与兽药国家标准不符合的
    E. 兽药所含成分的种类与兽药国家标准不符合的
15. 兽药经营企业发现与兽药使用有关的严重不良反应，应当报告给（　　）
    A. 食品药品监督管理机构　　　　B. 兽医行政管理部门
    C. 动物卫生监督机构　　　　　　D. 动物疫病预防控制机构
    E. 兽药检验机构
16. 《兽药经营质量管理规范》规定，待验、合格、不合格以及退货兽药应当区分存放且有明显识别标识，其中退货兽药的识别标识字体颜色为（　　）
    A. 红色　　　B. 绿色　　　C. 蓝色　　　D. 黄色　　　E. 黑色
17. **不属于**兽药说明书中必须注明的内容是（　　）
    A. 兽用标识　B. 主要成分　　C. 药理作用　　D. 不良反应　　E. 注意事项
18. 禁止在饲料和动物饮用水中使用的药物品种**不包括**（　　）
    A. 盐酸克伦特罗　B. 苯巴比妥　C. 莱克多巴胺　D. 盐酸氨丙啉　E. 炔诺酮
19. 禁止在动物饮用水中使用的药物是（　　）
    A. 维生素B_1片　B. 维生素C片　C. 盐酸可乐定　D. 氯化钠　E. 碳酸氢钠
20. 兽用处方药**不包括**（　　）
    A. 替米考星预混剂　　　　　　B. 土霉素注射液
    C. 盐酸林可霉素预混剂　　　　D. 地美硝唑预混剂
    E. 阿美拉霉素预混剂
21. 细胞内固有的"消化功能"的细胞器是（　　）
    A. 线粒体　　B. 核蛋白体　C. 溶酶体　　D. 过氧化物酶　E. 中心体
22. 犬膝（直）韧带有（　　）
    A. 1条　　　B. 2条　　　C. 3条　　　D. 4条　　　E. 5条
23. 奶牛乳房阻止病原体侵入的药理屏障，最重要的结构是（　　）
    A. 腺泡　　　B. 分泌小管　C. 输入管　　D. 输乳窦（乳泡）
    E. 乳头管
24. 马鼻泪管开口于（　　）
    A. 鼻盲囊　　B. 上鼻道　　C. 鼻前庭　　D. 下鼻道　　E. 中鼻道
25. 与母畜膀胱背侧紧邻的器官是（　　）
    A. 卵巢和输卵管　B. 卵巢和子宫　C. 子宫和阴道　D. 阴道和阴道前庭
    E. 子宫和阴道前庭
26. 公犬去势时切断的精索包含有（　　）
    A. 输尿管　　B. 输精管　　C. 提睾肌　　D. 肉膜　　　E. 总鞘膜
27. 右心室口上的瓣膜称为（　　）

A. 二尖瓣　　B. 三尖瓣　　C. 半月瓣　　D. 主动脉瓣　　E. 肺干瓣
28. 右心室收缩使血液射入（　　）
　　A. 主动脉　　B. 肺动脉　　C. 肺静脉　　D. 前腔静脉　　E. 后腔静脉
29. 牛脾呈长而扁的椭圆形，位于（　　）
　　A. 瘤胃背囊左前部　　　　　　B. 瘤胃背囊右前部　　　　　　C. 网胃前方
　　D. 瓣胃右侧　　　　　　　　　E. 瘤胃后方
30. 脊髓灰质横切面呈（　　）
　　A. 立方形　　B. 扁平形　　C. 蝴蝶形　　D. 三角形　　E. 卵圆形
31. 内分泌系统中分泌激素种类最多的器官是（　　）
　　A. 甲状腺　　B. 甲状旁腺　　C. 肾上腺　　D. 松果体　　E. 垂体
32. 位置感受器是（　　）
　　A. 骨迷路　　B. 鼓室　　C. 膜迷路　　D. 咽鼓管　　E. 鼓膜
33. 细胞外液主要指（　　）
　　A. 血清、组织液、淋巴液及脑脊液　　　　B. 血液、组织液、小肠液及脑脊液
　　C. 血浆、组织液、淋巴液及小肠液　　　　D. 血清、组织液、小肠液和脑脊液
　　E. 血浆、组织液、淋巴液和脑脊液
34. 正常情况下，迷走神经兴奋时心血管活动的变化是（　　）
　　A. 心率加快　　　　　　B. 心肌收缩力增强　　　　　　C. 心输出量增加
　　D. 外周血管口经缩小　　E. 房室传导减慢
35. 平静呼气末肺内留存的气体量称为（　　）
　　A. 肺活量　　B. 潮气量　　C. 补吸气量　　D. 补呼吸量　　E. 功能余气量
36. 激活胃蛋白酶原的因素是（　　）
　　A. 碳酸氢盐　　B. 内因子　　C. 磷酸氢盐　　D. 盐酸　　E. 钠离子
37. 主要由肠环形肌产生的节律性收缩和舒张形成的小肠运动形式是（　　）
　　A. 紧张性收缩　　B. 蠕动冲　　C. 逆蠕动　　D. 分节运动　　E. 钟摆运动
38. 肾小球滤过率是指（　　）
　　A. 两侧肾脏生成的原尿量　　　　B. 一侧肾脏生成的原尿量
　　C. 流经两侧肾脏的血量　　　　　D. 流经一侧肾脏的血量
　　E. 一个肾单位生成的原尿量
39. 可治疗某些不育症的激素是（　　）
　　A. 绒毛膜促性腺激素　　　　B. 降钙素　　　　C. 褪黑素
　　D. 松弛素　　　　　　　　　E. 抑制素
40. 对雌激素表述**不正确**的是（　　）
　　A. 主要由成熟卵泡和颗粒细胞合成　　　　B. 主要以游离形式存在于血浆
　　C. 促进输卵管上皮细胞增生　　　　　　　D. 可加速骨的生长
　　E. 刺激乳腺导管和结缔组织增生
41. 组成蛋白质的氨基酸中，属于碱性氨基酸的是（　　）
　　A. 半胱氨酸　　B. 异亮氨酸　　C. 谷氨酸　　D. 精氨酸　　E. 蛋氨酸
42. 细胞膜上用来捕捉和辨认胞外化学信号的成分是（　　）
　　A. 卵磷脂　　B. 寡糖链　　C. 胆固醇　　D. 脑磷脂　　E. 鞘磷脂
43. 底物脱下氢经由琥珀酸循环呼吸氧化，可以产生 ATP 的摩尔数是（　　）
　　A. 3.5　　B. 1.5　　C. 2.5　　D. 1　　E. 3
44. 氨基酸转氨酶的辅酶是（　　）
　　A. 生物素　　B. 磷酸吡哆醛　　C. 四氢叶酸　　D. 辅酶A　　E. 甲钴胺素
45. DNA 变性时对紫外光吸收的表现特征为（　　）
　　A. 增色效应　　B. 减色效应　　C. 变构效应　　D. 协同效应　　E. 诱导效应
46. 体液的渗透压决定于其溶质的有效粒子的（　　）
　　A. 大小　　B. 价数　　C. 数目　　D. 质量　　E. 扩散系数
47. 在肝中，胆固醇可以转变为（　　）

A. 性激素　　　B. 视黄醇　　　C. 肾上腺素　　　D. 胆汁酸盐　　　E. 卵磷脂
48. 肌肉中特有的能量贮存物质是（　　）
　　A. 腺苷三磷酸　　　　　　B. 磷酸烯醇式丙酮酸　　　　　　C. 肌酸
　　D. 磷酸肌酸　　　　　　　E. 肌酐
49. 患病动物的主要症状虽然消除，但受损的组织结构尚未恢复，而是通过代偿维持其相应的功能活动的一种病理状态，属于（　　）
　　A. 完全康复　　B. 痊愈　　C. 不完全康复　　D. 机化　　E. 再发
50. 属于化学性致病因素的是（　　）
　　A. 高温　　B. 紫外线　　C. 大气压　　D. 芥子气　　E. 电离辐射
51. 细胞坏死是（　　）
　　A. 能形成凋亡小体的病理过程　　B. 由基因决定的细胞自我死亡
　　C. 不可逆的过程　　　　　　　　D. 可逆的过程　　　　　E. 细胞器萎缩的过程
52. 黄疸时，造成皮肤和黏膜黄染的色素是（　　）
　　A. 含铁血黄素　　B. 黑色素　　C. 胆红素　　D. 血红素　　E. 脂褐素
53. "心力衰竭细胞"出现在（　　）
　　A. 心脏　　B. 肝脏　　C. 脾脏　　D. 肺脏　　E. 肾脏
54. 再生能力较弱的细胞是（　　）
　　A. 肠黏膜上皮细胞　　　　B. 肾小管上皮细胞　　　　C. 肝细胞
　　D. 成纤维细胞　　　　　　E. 心肌细胞
55. 对缺氧反应最敏感的器官是（　　）
　　A. 心脏　　B. 肝脏　　C. 脾脏　　D. 肾脏　　E. 大脑
56. 应激时，动物发生的特征性病变是（　　）
　　A. 坏死性肝炎　　B. 胆囊炎　　C. 心肌炎　　D. 胃溃疡　　E. 脑炎
57. 癌原发于（　　）
　　A. 神经组织　　B. 脂肪组织　　C. 肌肉组织　　D. 上皮组织　　E. 结缔组织
58. 化脓性心肌炎时渗出的炎性细胞主要是（　　）
　　A. 嗜酸性粒细胞　　B. 中性粒细胞　　C. 淋巴细胞　　D. 浆细胞　　E. 单核细胞
59. 10%的福尔马林组织固定液中的甲醛含量是（　　）
　　A. 36%　　B. 10%　　C. 7%　　D. 4%　　E. 1%
60. 猪的尸体剖检，摘出空肠和回肠时应先（　　）
　　A. 在贲门部做双重结扎　　　　　　B. 在十二指肠起始部做双重结扎
　　C. 在空肠的末端做双重结扎　　　　D. 在空肠起始部和回肠末端分别做双重结扎
　　E. 在盲肠起始部做双重结扎
61. 给药方案**不包括**（　　）
　　A. 剂量　　B. 给药途径　　C. 给药时间间隔　　D. 适用动物　　E. 疗程
62. 畜禽舍熏蒸消毒时，需与高锰酸钾合用的药物是（　　）
　　A. 聚维酮碘　　　　　　B. 二氯异氰尿酸钠　　　　　　C. 环氧乙烷
　　D. 过氧乙酸　　　　　　E. 福尔马林
63. 为了延长局部麻醉药的作用时间，宜配伍使用的药物是（　　）
　　A. 肾上腺素　　B. 普萘洛尔　　C. 酚妥拉明　　D. 氨甲酰胆碱　　E. 阿托品
64. 对家畜手术后的剧痛具有镇痛作用最强的药物是动物的（　　）
　　A. 水杨酸钠　　B. 安痛定　　C. 氨基比林　　D. 扑热息痛
　　E. 哌替啶（杜冷丁）
65. 禁用于猫的解热镇痛药（　　）
　　A. 扑热息痛　　B. 萘普生　　C. 安乃近　　D. 氨基比林　　E. 保泰松
66. 氨茶碱平喘的作用机理是（　　）
　　A. 抑制磷酸二酯酶　　　　B. 激活磷酸二酯酶　　　　C. 抑制腺苷酸环化酶
　　D. 激活腺苷酸环化酶　　　E. 激活磷酸激酶
67. 能引起低血钾症的药物是（　　）

A. 高渗葡萄糖　　B. 甘露醇　　C. 氢氯噻嗪　　D. 氨茶碱　　E. 螺内酯

68. 二巯丙醇适用于解救（　　）
    A. 锑中毒　　B. 氟中毒　　C. 硒中毒　　D. 砷中毒　　E. 铋中毒

69. 与亚硝酸盐联合应用解救动物氰化物中毒的药物是（　　）
    A. 解磷定　　B. 乙酰胺　　C. 亚甲蓝　　D. 硫代硫酸钠　　E. 二巯丙醇

70. 4岁经产母牛，长时间不发情，血浆孕酮水平异常。临床诊断需进一步对卵巢进行直肠检查。直肠检查该母牛卵巢的位置在（　　）
    A. 第2~3腰椎横突腹侧　　B. 第4~5腰椎横突腹侧　　C. 髋结节前
    D. 耻骨前缘前下方　　E. 耻骨前缘后下方

71. 犬，7岁，雌性。近日发现饮欲增加，多尿。血常规检查 WBC $20×10^9$ 个/L，RBC $7.0×10^{12}$ 个/L，腹部B超检查见腹底部有条形液性暗区，加大增益可见暗区内低回声。该液性暗区发生于（　　）
    A. 卵巢　　B. 子宫　　C. 输尿管　　D. 膀胱　　E. 肾

72. 犬，3岁，雄性，主诉发病2周，精神沉郁、脉搏微弱、血常规检查发现血细胞压积为20%，说明该犬（　　）
    A. 血小板减少　　B. 红细胞数减少　　C. 白细胞数减少
    D. 血细胞比容升　　E. 血红蛋白含量升高

73. 羊，2岁，胸部外伤，呼吸时双侧胸壁起伏不对称，呼吸急促，心率加快，可视黏膜发绀，伤侧叩诊呈鼓音。其呼吸异常的原因是（　　）
    A. 双侧气胸　　B. 单侧气胸　　C. 气管破裂　　D. 食道破裂　　E. 胸腔积液

74. 牛，采食大量蕨类植物中毒症状的原因是蕨类中含有丰富的硫胺素酶，过量摄入蕨类植物可导致集体中显著减少的辅酶是（　　）
    A. FH4　　B. NAD^+　　C. FAD　　D. FMN　　E. TPP

75. 仔猪，60日龄，腹泻，便血，皮肤见湿疹样病变，粪检见虫卵。肌内注射盐酸左旋咪唑后该病得到控制，虫体中被该药物抑制的酶所催化生成的产物是（　　）
    A. 柠檬酸　　B. 苹果酸　　C. 丙酮酸　　D. 延胡索酸　　E. 草酰乙酸

76. 猫，10岁，近来多饮。多尿、多食，体重减轻，尿有明显的烂苹果气味，其血液生化检查显示血糖和酮体显著升高。此时，其机体中最可能缺少的代谢中间产物是（　　）
    A. 乙酰辅酶A　　B. 脂肪酸　　C. 草酰乙酸　　D. 甘油　　E. 乙酰乙酸

77. 肥胖母犬，生化检查血中总脂显著升高。其血清呈牛奶样，冰箱放置过夜后，顶部由乳糜微粒形成一层奶油样层，其中的主要成分是（　　）
    A. 蛋白质　　B. 胆固醇　　C. 甘油三酯　　D. 磷脂　　E. 游离脂肪酸

78. 鸡，行动迟缓，腿关节肿大。死后剖检见肾、肝被膜和心包上有大量石灰样物质沉积。该病最可能的诊断是（　　）
    A. 病毒性关节炎　　B. 痛风　　C. 维生素E缺乏
    D. 维生素B缺乏　　E. 大肠杆菌病

79. 雏鸡，排白色稀便；剖检见心肌和肝脏有散在的黄白色针尖大小坏死点；镜下见有多量网状细胞浸润。其炎症类型是（　　）
    A. 出血性炎　　B. 化脓性炎　　C. 增生性炎
    D. 浆液性炎　　E. 纤维素性炎

80. 鸡，5周龄，下痢，冠呈暗黑色，剖检病见盲肠肿胀，有干酪样渗出；肝脏肿大，表面有中央凹陷边缘隆起的坏死灶；盲肠内容物检查发现直径约10微米、有一根鞭毛的虫体。该鸡群应选用的治疗药物是（　　）
    A. 乙酰甲喹　　B. 地美硝唑　　C. 替米考星　　D. 多西环素　　E. 磺胺喹噁啉

81. 鸡，6周龄，咳嗽，流浆液鼻液，眼睑肿胀，频频摇头甩头。剖检气囊混浊变厚，有干酪样渗出物，渗出物接种马丁琼脂固体培养基，长出"荷包蛋状"菌落，治疗该病应选用的药物是（　　）
    A. 泰万菌素　　B. 青霉素　　C. 阿莫西林　　D. 乙酰甲喹　　E. 磺胺喹噁啉

82. 犬，臀部皮肤上有一小隆起，触诊有热感，用针刺破后流出黄白色凝乳状黏稠液体，挤压

排尽后，应选用的局部用药是（　　）
A. 灰黄霉素　　B. 克霉唑　　C. 两性霉素B　　D. 杆菌肽　　E. 酮康唑

【B1 型题】
答题说明：以下提供若干组考题，每组考题共用在考题前列出的 A、B、C、D、E 五个备选答案，请从中选择一个与问题关系最密切的答案，并在答题卡上将相应题号的相应字母所属的方框涂黑。某个备选答案可能被选择一次、多次或不被选择。

（83~85 题共用下列备选答案）
A. 斜方肌　　B. 背阔肌　　C. 臂三头肌　　D. 肩胛横突肌　　E. 臂头肌

83. 犬，起于肩甲冈上部，腰背筋膜及最后两肋骨，止于大圆肌肉粗隆的肌肉是（　　）
84. 犬，起于寰椎翼，止于肩胛冈下部的肌肉是（　　）
85. 犬，起于锁骨，止于颈部中线乳突和肱骨的肌肉是（　　）

（86~88 题共用下列备选答案）
A. 左侧腹壁　　B. 右侧 5~7 肋　　C. 左侧前下方 6~8 肋
D. 右侧 7~11 肋　　E. 右侧 8~12 肋

86. 成年牛瘤胃的体表投影位于（　　）
87. 成年牛皱胃体表投影位于（　　）
88. 成年牛网胃体表投影位于（　　）

（89~91 题共用下列备选答案）
A. 抑制素　　B. 雄激素　　C. 黄体生成素　　D. 雌二醇　　E. 松弛素

89. 维持精子生成与成熟的激素是（　　）
90. 芳香化酶可将睾酮转变为（　　）
91. 睾丸支持细胞分泌的多肽激素为（　　）

（92~94 题共用下列备选答案）
A. 心脏肥大　　B. 心肌缺血　　C. 实质性心肌炎
D. 化脓性心肌炎　　E. 间质性心肌炎

92. 猪链球菌可引起（　　）
93. 猪肉孢子虫可引起（　　）
94. 犬细小病毒可引起（　　）

（95~97 题共用下列备选答案）
A. 中性粒细胞　　B. 淋巴细胞　　C. 嗜酸性细胞　　D. 嗜碱性细胞　　E. 单核细胞

95. 食盐中毒病猪，脑组织病灶渗出主要炎性细胞为（　　）
96. 乙型脑炎病猪，脑组织病灶渗出主要炎性细胞为（　　）
97. 链球菌病猪，脑组织病灶渗出主要炎性细胞为（　　）

（98~100 题共用下列备选答案）
A. 阿苯达唑　　B. 左旋咪唑　　C. 阿维菌素　　D. 氯硝柳胺　　E. 硝酸酚

98. 仔猪，被毛粗乱，消瘦，生长缓慢，免疫能力低下，最适合的治疗药物是（　　）
99. 水牛，2 岁，患有血矛线虫病，并伴有肝片吸虫感染，有效的治疗药物是（　　）
100. 奶牛，3 岁，经检查确诊为肺线虫病，并发现皮肤上疥螨，有效治疗药物是（　　）

预防科目（100 分）（上午卷）

【A1 型题】
答题说明：每一道考试题下面有 A、B、C、D、E 五个备选答案，请从中选择一个最佳答案，并在答题卡上将相应题号的相应字母所属的方框涂黑。

101. 细菌在固体培养基上生长，肉眼观察到的是（　　）
A. 菌体形态　　B. 菌体大小　　C. 菌体排列
D. 细菌群体　　E. 菌体结构

102. 溶菌酶杀菌作用的机制（　　）
A. 裂解肽聚糖　　B. 裂解细胞膜　　C. 干扰蛋白质合成
D. 干扰核体合成　　E. 裂解荚膜

103. 细菌的繁殖方式是（ ）
    A. 芽殖　　　　B. 复制　　　　C. 掷孢子　　　　D. 二等分分裂　　　　E. 产生芽孢
104. 革兰阴性菌内毒素发挥毒性作用的主要成分是（ ）
    A. 肽聚糖　　　B. 类脂 A　　　C. 外膜蛋白　　　D. 核心多糖　　　　E. 特异性多糖
105. 鉴定沙门菌血型常用的方法是（ ）
    A. 血凝试验　　　　　　　　　B. 生化试验　　　　　　　　　C. 玻片凝集试验
    D. 环状沉淀试验　　　　　　　E. 琼脂扩散试验
106. 高压蒸汽灭菌法灭芽孢常用的有效温度是（ ）
    A. 100℃　　　B. 121℃　　　C. 128℃　　　D. 132℃　　　E. 160℃
107. 可细胞内寄生的细菌是（ ）
    A. 链球菌　　　B. 大肠杆菌　　C. 巴氏杆菌　　D. 嗜血杆菌　　E. 分枝杆菌
108. 测量病毒大小的常用计量单位是（ ）
    A. 厘米（cm）　B. 毫米（mm）　C. 微米（μm）　D. 纳米（nm）　E. 皮米（pm）
109. 鉴定病毒基因型的方法是（ ）
    A. 耐酸性试验　　　　　　　　B. 耐热性试验　　　　　　　　C. 血试验
    D. 核苷酸序列分析　　　　　　E. 脂溶剂敏感试验
110. 测定病毒抗体水平最适用的方法是（ ）
    A. 免疫组化试验　　　　　　　B. 免疫转印技术　　　　　　　C. 中和试验
    D. 空斑试验　　　　　　　　　E. 血凝试验
111. SPF 鸡胚分离新城疫病毒最适宜的接种部位是（ ）
    A. 羊膜　　　　B. 羊膜腔　　　C. 尿囊膜　　　D. 尿囊腔　　　E. 卵黄囊
112. 疯牛病的病原是（ ）
    A. 牛传染性鼻气管炎病毒　　　B. 牛暂时热病毒
    C. 小反刍兽疫病毒　　　　　　D. 朊病毒　　　　　　　　　　E. 伪狂犬病毒
113. 弗氏佐剂在分类上属于（ ）
    A. 核酸及其类似物佐剂　　　　B. 细胞因子佐剂　　　　　　　C. 铝盐类佐剂
    D. 油乳佐剂　　　　　　　　　E. 蜂胶佐剂
114. 肌内注射免疫后动物以内抗体低度最高的是（ ）
    A. 肠液　　　　B. 血液　　　　C. 唾液　　　　D. 尿液　　　　E. 泪液
115. 制备单克隆抗体最常用的动物是（ ）
    A. 羊　　　　　B. 鸡　　　　　C. 兔　　　　　D. 小鼠　　　　E. 豚鼠
116. 受抗原刺激后能增殖分化为浆细胞的是（ ）
    A. 单核-巨核细胞　B. 中性粒细胞　C. NK 细胞　　D. B 细胞　　　E. T 细胞
117. 介导迟发型变态反应的效应细胞是（ ）
    A. 浆细胞　　　B. K 细胞　　　C. NK 细胞　　　D. CTL 细胞　　E. TDTH 细胞
118. 利用输血治疗犬细小病毒感染时，因受体与供体血型不一致而引起的变态反应属于（ ）
    A. 免疫复合物型　　　　　　　B. 细胞毒型　　　　　　　　　C. 速发型
    D. 迟发型　　　　　　　　　　E. 免疫耐受型
119. 参与先天性免疫的效应分子**不包括**（ ）
    A. 补体　　　　B. 外毒素　　　C. 防御素　　　D. 溶菌酶　　　E. 细胞因子
120. 初次感染新城疫病毒后鸡血清中最先出现的免疫球蛋白是（ ）
    A. IgA　　　　　B. IgD　　　　　C. IgE　　　　　D. IgG　　　　　E. IgM
121. 胎儿从母体获得 IgG 属于（ ）
    A. 非特异性免疫　　　　　　　B. 人工主动免疫　　　　　　　C. 人工被动免疫
    D. 天然主动免疫　　　　　　　E. 天然被动免疫
122. 可能会出现带现象的免疫学方法是（ ）
    A. 酶联免疫吸附试验　　　　　B. 间接免疫荧光试验
    C. 免疫酶组化染色　　　　　　D. 放射免疫分析
    E. 试管凝集试验

123. 可对组织中的病原进行定位检测的免疫学方法是（ ）
    A. 玻片凝集试验 B. 空斑减少试验 C. 免疫组化技术 D. 琼脂凝胶扩散 E. 对流免疫电泳
124. 动物传染病的特征**不包括**（ ）
    A. 特定的病原微生物引起   B. 传染性   C. 流行性
    D. 世代交替   E. 具有一定的流行规律
125. 使用细菌弱毒苗时，对动物**不宜**同时采用的措施是（ ）
    A. 使用抗生素   B. 实施环境消毒
    C. 使用抗应激药物   D. 饲料中添加维生素
    E. 饲料中补充微量元素
126. 发生一类动物疫病时，**不得**采取的措施是（ ）
    A. 立即报告疫情   B. 隔离发病动物   C. 环境消毒
    D. 对症治疗   E. 扑杀发病动物
127. 对动物皮毛进行炭疽检疫常用的血清学方法是（ ）
    A. ELISA   B. 血凝抑制试验   C. 血凝试验   D. Ascoli 反应   E. 琼脂扩散试验
128. 实验室诊断猪布鲁菌病，常用的血清学方法是（ ）
    A. 琼脂扩散试验   B. 血凝抑制试验   C. 血清凝集试验
    D. 酶联免疫试验   E. 免疫荧光试验
129. 马鼻疽常用的检疫方法是（ ）
    A. 涂片镜检   B. 变态反应   C. 平板凝集试验
    D. 细菌分离鉴定   E. 免疫胶体金技术
130. 羊肠毒血症的流行病学特点（ ）
    A. 2～12 月龄羊最易感   B. 无明显的季节性   C. 仅山羊感染
    D. 仅绵阳感染   E. 常呈流行性发生
131. 副结核病的主要临床特征是（ ）
    A. 便秘   B. 顽固性腹泻   C. 呼吸困难   D. 心跳加快   E. 体温升高
132. 猪细小病毒病的主要预防措施是（ ）
    A. 杀虫   B. 灭鼠   C. 消毒   D. 注射高免血清   E. 疫苗接种
133. 架子猪，体温升高，胸、腹、背、肩及四肢外侧等部位皮肤出现多量方形、菱形或圆形，大小不等，坚实，稍凸起于皮肤表面的紫红色或黑红色疹块。该病最可能的病原是（ ）
    A. 巴氏杆菌   B. 猪瘟病毒   C. 丹毒梭菌   D. 炭疽杆菌   E. 猪圆环病毒
134. 猪传染性胸膜肺炎的病原是（ ）
    A. 细菌   B. 病毒   C. 支原体   D. 衣原体   E. 螺旋体
135. 以吸血昆虫为主要传播媒介的传染病是（ ）
    A. 牛结核病   B. 牛流行热   C. 牛出血性败血病
    D. 牛传染性胸膜肺炎   E. 牛传染性鼻气管炎
136. 羊群发生小反刍兽疫，正确的防控措施是（ ）
    A. 全群隔离观察   B. 全群扑杀并无害化处理
    C. 病羊扑杀，同群羊隔离观察   D. 病羊扑杀，同群羊紧急免疫接种
    E. 治疗病羊，同群羊紧急免疫接种
137. 分离亲传染性喉气管炎病毒鸡胚接种日龄是（ ）
    A. 2～3 日龄   B. 4～5 日龄   C. 6～7 日龄   D. 8～9 日龄   E. 10～12 日龄
138. 某鸡群发病，剖检见肾脏肿大，肾小管内有大量尿酸盐沉积，最可能发生的疾病是（ ）
    A. 鸡新城疫   B. 禽流感   C. 马立克氏病   D. 鸡传染性支气管炎
    E. 鸡传染性喉气管炎
139. 犬细小病毒病流行病学特征是（ ）
    A. 有明显季节性   B. 主要经呼吸道传播   C. 断乳前后幼犬易感性最大
    D. 3～4 周龄犬以肠炎为多   E. 8～10 周龄犬以致死性心肌炎较多
140. 猫泛白细胞减少症的流行病学特征是（ ）

A. 犬科动物同样易感　　　　　B. 主要发生于1岁以下的小猫
C. 主要经呼吸道感染　　　　　D. 多发于夏季
E. 经皮肤伤口感染

141. 寄生虫无性繁殖阶段所寄生的宿主是（　　）
   A. 终末宿主　　B. 中间宿主　　C. 保虫宿主　　D. 贮藏宿主　　E. 带虫者
142. 细粒棘球蚴最易感的动物是（　　）
   A. 鸡　　　　　B. 鸭　　　　　C. 绵羊　　　　D. 犬　　　　　E. 猫
143. 肉孢子虫孢子囊内含有的子孢子数目为（　　）
   A. 2　　　　　B. 4　　　　　C. 6　　　　　D. 8　　　　　E. 16
144. 犬食入生虾后可能感染的寄生虫是（　　）
   A. 华支睾吸虫　　　　　B. 程氏东毕吸虫　　　　　C. 日本分体吸虫
   D. 胰阔盘吸虫　　　　　E. 鹿前后盘吸虫
145. 猪等孢球虫的孢子生殖发生于（　　）
   A. 小肠　　　　B. 大肠　　　　C. 胃　　　　　D. 肝脏　　　　E. 外界环境
146. 防控牛羊球虫病药物是（　　）
   A. 莫能菌素　　B. 伊维菌素　　C. 三氮脒　　　D. 阿苯达唑　　E. 左旋咪唑
147. 片形吸虫最易感的动物是（　　）
   A. 猪　　　　　B. 马　　　　　C. 犬　　　　　D. 兔　　　　　E. 绵羊
148. 羊脑多头蚴的传染来源是（　　）
   A. 猫　　　　　B. 鼠　　　　　C. 犬　　　　　D. 人　　　　　E. 猪
149. 羊仰口线虫的主要致病作用是（　　）
   A. 引入其他病原　B. 吸食组织液　C. 损伤皮肤组织　D. 吸食血液　　E. 阻塞肠道
150. 牛皮蝇成蝇最常出现的月份是（　　）
   A. 1～2月份　　B. 3～5月份　　C. 6～8月份　　D. 9～10月份　　E. 11～12月份
151. 马媾疫病原诊断应检查的病料是（　　）
   A. 粪便　　　　　　　　　　B. 皮屑　　　　　　　　　　C. 尿液
   D. 阴道分泌物　　　　　　　E. 淋巴结穿刺物
152. 马在普通圆线虫幼虫移行期可引起的症状是（　　）
   A. 便秘　　　　B. 腹泻　　　　C. 尿频　　　　D. 咳嗽　　　　E. 疝痛
153. 赖利绦虫的寄生部位是（　　）
   A. 法氏囊　　　B. 输卵管　　　C. 盲肠　　　　D. 直肠　　　　E. 小肠
154. 对人和动物有致突变作用的环境污染物是（　　）
   A. 甲酸　　　　B. 甲醛　　　　C. 乙酸　　　　D. 山梨酸　　　E. 苯甲酸
155. 食品中原有的或加工时人为添加的物质，可对人体健康产生危害的现象为（　　）
   A. 公共卫生　　B. 食品防护　　C. 食品卫生　　D. 食品安全　　E. 食品污染
156. 动物性食品中法定允许的兽药最大浓度是（　　）
   A. 限量　　　　　　　　　　B. 再残留限量
   C. 最高残留限量　　　　　　D. 每日允许摄入量
   E. 暂定每周摄入量
157. 按病原体的生活史分类，属于媒介性人兽共患病的是（　　）
   A. 炭疽　　　　B. 结核病　　　C. 狂犬病　　　D. 登革热　　　E. 布鲁菌病
158. 动物诊疗机构医疗废弃物处置的基本原则（　　）
   A. 化制处理　　　　　　　　B. 深埋处理　　　　　　　　C. 各自处理
   D. 就近集中处理　　　　　　E. 大范围集中处理

【A2型题】

答题说明：每一道考试题是以一个小案例出现的，其下面有A、B、C、D、E五个备选答案，请从中选择一个最佳答案，并在答题卡上将相应题号的相应字母所属的方框涂黑。

159. 2周龄仔猪，体温41℃，运动失调。病猪剖检见全身淋巴结水肿，脑膜充血。病料接种血平板，长出有溶血性的小菌落，该菌革兰氏染色镜检见圆形或卵圆形、排列成双或成

链、无芽孢、有荚膜的菌体。患猪最可能感染的病原是（ ）
A. 副猪嗜血杆菌　B. 巴氏杆菌　C. 链球菌　　D. 支原体　　E. 大肠杆菌

160. 牛，4 岁。病初流浆液性黏性鼻涕，咳嗽，流涎，口腔黏膜糜烂。粪便水样，并带有黏液和血液，抗生素治疗无效。剖检见食道黏膜糜烂，糜烂直线排列。该病最可能的诊断是（ ）
A. 牛流行热　　　　　　　B. 牛出血性败血病
C. 牛传染性鼻气管炎　　　D. 牛传染性胸膜肺炎
E. 牛病毒性腹泻/黏膜病

161. 母牛流产。取流产胎儿肝脏接种血琼脂，长出的菌落在 45°斜射光线下呈淡蓝绿色光泽；菌落涂片，革兰染色镜检见蓝紫色杆菌。该病原最可能是（ ）
A. 产气荚膜梭菌　B. 炭疽杆菌　C. 巴氏杆菌　D. 李氏杆菌　E. 沙门菌

162. 妊娠母猪咳嗽，发热，继而流产。取流产胎儿脑组织接种兔，兔出现奇痒后死亡。该病最可能是（ ）
A. 猪瘟病毒　　　　　B. 猪圆环病毒　　　　C. 猪细小
D. 伪狂犬病毒　　　　E. 猪繁殖与呼吸综合征病毒

163. 妊娠后期母猪体温 40℃以上，厌食，流产，产死胎及弱仔；早产的仔猪耳尖、尾部发绀。该病可能是（ ）
A. 猪乙型脑炎　　　　B. 猪瘟　　　　　　　C. 猪伪狂犬病
D. 猪繁殖与呼吸综合征　E. 猪细小病毒病

164. 40 周龄种鸡群，部分鸡食欲不振，消瘦，剖检见肝和脾肿大，有灰白色肿瘤结节，法氏囊也出现肿瘤结节。该病最可能是（ ）
A. 新城疫　　　　　　B. 禽白血病　　　　　C. 鸡传染性贫血
D. 鸡传染性支气管炎　E. 鸡传染性喉气管炎

165. 宠物犬，近 2 周体温先升高后下降，之后体温在此升高达 41℃，并稽留，伴有呕吐和腹泻，粪便带黏液和血液。检查脚垫，可能发生的病变是（ ）
A. 水泡　　　B. 出血　　　C. 脓肿　　　D. 溃疡灶　　　E. 过度角质化

166. 犬，体温升高，精神沉郁，结膜苍白，黄染，尿液暗红色。血液涂片镜检见红细胞内有梨形、椭圆形、小点形虫体，长度小于红细胞半径。预防该病的有效措施是（ ）
A. 灭蚊　　　B. 灭蝇　　　C. 灭蜱　　　D. 灭鼠　　　E. 灭螨

167. 家猫，皮肤瘙痒，脱毛，脱屑，体表检查发现小米粒大小的虫体，该虫体左右扁平，棕褐色，肢粗大，腹大胸小，善弹跳。治疗该病的药物是（ ）
A. 甲硝唑　　B. 溴氰菊酯　C. 吡喹酮　　D. 三氮脒　　E. 左咪唑

168. 犬，皮肤瘙痒，出现多量结节。X 线检查见肺动脉扩张。末梢血液检查，镜检见有微丝蚴。治疗该病的药物是（ ）
A. 左旋咪唑　B. 吡喹酮　　C. 莫能菌素　D. 三氮脒　　E. 硫双二氯酚

169. 冬季，某地 7～8 月龄牛群突然发病，病牛体温 40～42℃，眼鼻流出浆液性脓性分泌物。病牛口腔黏膜糜烂，水样腹泻，少数死亡。该病病原与猪瘟病毒呈抗原交叉反应。剖检见黏膜出现直线排列糜烂的组织器官是（ ）
A. 食瘤　　　B. 胃道　　　C. 瓣胃　　　D. 网胃　　　E. 皱胃

170. 生猪宰后检疫中，见 1 头猪颌下淋巴结肿大，出血，切面呈砖红色，淋巴结周围组织有胶冻样浸润，该屠宰场对场地进行消毒应选用的药液是（ ）
A. 1%漂白粉　　　　　　B. 1%过氧化氢　　　　C. 10%氢氧化钠
D. 2%羟基联苯酸钠　　　E. 10%氯化苯甲烃胺

171. 某奶牛场刚挤出的鲜乳，过滤后装入容器，2h 内冷却到适宜温度后冷藏。该适宜温度为（ ）
A. 1～4℃　　B. 5～6℃　　C. 7～8℃　　D. 9～10℃　　E. 11～12℃

【A3/A4 型题】
答题说明：以下提供若干个案例，每个案例下设若干道考题。根据案例和考题所提供的信息，在每一道考题下面的 A、B、C、D、E 五个备选答案中选择一个最佳答案，并在答题卡上将相应题号的相应字母所属的方框涂黑。

（172～174 题共用以下题干）

某羊群发病，部分成年羊腕关节肿大，跛行；羔羊初跛行，惊恐不安，眼球震颤，进而四肢强直，共济失调，有的角弓反张、头颈歪斜。

172. 该病最可能的诊断是（　　）
   A. 羊快疫　　　　　　　　　　B. 羊肠毒血症　　　　　　　　C. 破伤风
   D. 山羊病毒性关节炎-脑炎　　　E. 羊猝疽

173. 该病的流行病学特征是（　　）
   A. 绵羊间相互传播　　　　　　B. 山羊间相互传播
   C. 山羊感染后均出现临床症状　D. 不经乳汁传播　　　　　　　E. 不经消化道传播

174. 分离鉴定该病原常用的细胞是（　　）
   A. PK-15 细胞　　　　　　　　B. 山羊胎儿滑膜细胞　　　　　C. 睾丸细胞
   D. 鸡胚成纤维细胞　　　　　　E. 猴肾上皮细胞

（175～177 题共用以下题干）

丘陵地区放牧绵羊群，羊只腹下及耳部皮肤发现叮咬着大量蓖麻子大小的红褐色虫体。

175. 该类虫体可传播的疾病是（　　）
   A. 弓形虫病　　B. 泰勒虫病　　C. 新孢子虫病　　D. 伊氏锥虫病　　E. 组织滴虫病

176. 可有效杀灭该类虫体的药物是（　　）
   A. 新霉素　　　B. 丙硫咪唑　　C. 莫能菌素　　　D. 伊维菌素　　　E. 马杜拉霉素

177. 该绵羊群感染的是（　　）
   A. 疥螨　　　　B. 痒螨　　　　C. 硬蜱　　　　　D. 软蜱　　　　　E. 皮刺螨

【B1 型题】

答题说明：以下提供若干组考题，每组考题共用在考题前列出的 A、B、C、D、E 五个备选答案，请从中选择一个与问题关系最密切的答案，并在答题卡上将相应题号的相应字母所属的方框涂黑。某个备选答案可能被选择一次、多次或不被选择。

（178～180 题共用下列备选答案）
   A. 支气管败血波士杆菌　　　B. 大肠杆菌　　　　　　　　　C. 胸膜肺炎放线杆菌
   D. 猪肺炎支原体　　　　　　E. 猪丹毒杆菌

178. 仔猪，2 月龄，打喷嚏，流涕，气喘，20 天后鼻梁和面部变形，病料接种麦康凯培养基，长出蓝灰色菌落。该病最可能的病原是（　　）

179. 仔猪，2 月龄，气喘，间歇性咳嗽，死前口鼻流血样泡沫。剖检见肺和胸膜粘连，肺脏病变部位界限清楚。取病料接种绵羊血平板，见溶血小菌落生长，金黄色葡萄球菌可增大其溶血环。该病最可能的病原是（　　）

180. 仔猪，2 月龄，气喘，咳嗽，生长发育迟缓。剖检见双侧肺的心叶．尖叶和膈叶对称性肉变。病料接种 A26 培养基，7 天后长出针尖大小菌落。该病最可能的病原是（　　）

（181～183 题共用下列备选答案）
   A. 牛传染性鼻气管炎病毒　　B. 牛病毒性腹泻病毒　　　　　C. 小反刍兽疫病毒
   D. 牛暂时热病毒　　　　　　E. 口蹄疫病毒

181. 牛，3 岁，鼻镜干热，四肢关节肿胀僵硬，跛行。发热期血液接种乳仓鼠肾细胞，分离到有囊膜的子弹状病毒粒子。该病最可能的病原是（　　）

182. 牛，1 岁，流涎，口腔、蹄冠、趾间皮肤出现水疱，跛行。水疱液电镜观察见无囊膜的球形病毒粒子。该病最可能的病原是（　　）

183. 牛，10 月龄，腹泻，跛行。病料接种牛睾丸细胞，分离到有囊膜的球形病毒粒子。该病最可能的病原是（　　）

（184～186 题共用下列备选答案）
   A. 禽传染性支气管炎病毒　　B. 禽传染性喉气管炎病毒　　　C. 传染性法氏囊病病毒
   D. 马立克氏病病毒　　　　　E. 新城疫病毒

184. 鸡，3 周龄，羽毛松乱，排白色稀粪；剖检见法氏囊肿大，腺胃和肌胃交界处条状出血，法氏囊组织悬液接种鸡胚，见鸡胚绒毛尿囊膜水肿。该病最可能的病原是（　　）

185. 鸡，4周龄，咳嗽，持续水样腹泻；剖检见腺胃肿大，胃壁增厚；肺组织匀浆接种鸡胚，见胚体萎缩。该病最可能的病原是（　　）
186. 鸡，2月龄，嗉囊积液，排黄绿色稀粪；剖检见盲肠扁桃体出血。脑组织匀浆接种鸡胚，鸡胚尿囊液可凝集鸡红细胞。该病最可能的病原是（　　）

（187～189题共用下列备选答案）
　A. 沙门菌病　　B. 衣原体病　　C. 布鲁菌病　　D. 结核病　　E. 李氏杆菌病
187. 青年母牛，体温39.3℃，怀孕4个月流产，阴道流出黏液样的灰色分泌物；取流产胎儿肝和脾涂片，柯兹洛夫斯基鉴别染色后，镜检菌体呈红色球杆状。该病最可能的诊断是（　　）
188. 经产母牛，体温39.2℃，阴道流脓性分泌物；取分泌物进行细菌分离培养，抗酸染色见红色杆状菌体。该病最可能的诊断是（　　）
189. 经产绵羊，怀孕后期发生流产，体温40.5℃，腹泻，取流产胎儿肝脏接种麦康凯培养基有无色菌落生成，革兰染色为革兰阴性直杆菌，不发酵乳酸。该病最可能的诊断是（　　）

（190、191题共用下列备选答案）
　A. 大肠杆菌病　　　　　B. 鸡病毒性关节炎　　　C. 马立克氏病
　D. 传染性法氏囊病　　　E. 鸡白痢
190. 12周龄鸡群，部分鸡步态不稳，蹲伏，不能行走，翅下垂，剖检见单侧坐骨神经丛增粗。该病最可能的诊断是（　　）
191. 10周龄鸡群，部分鸡关节肿胀，跛行。剖检见关节软骨糜烂，滑膜出血，腱鞘水肿，腓肠肌腱断裂。该病最可能的诊断是（　　）

（192～194题共用下列备选答案）
　A. 疥螨　　　　　B. 痒螨　　　　　C. 蠕形螨
　D. 皮刺螨　　　　E. 恙螨
192. 犬，局部皮肤出现红斑，刮取红斑部位皮肤组织镜检，见长柱状虫体，有足4对，短粗，虫体后部体表有明显皱纹，该病的病原是（　　）
193. 绵羊，局部脱毛，皮肤结痂，刮取皮屑镜检见多量龟形虫体，有足4对，前2对足伸出体缘，后2对足短小，不伸出体缘。该病的病原是（　　）
194. 牛，肩颈部脱毛，皮肤增厚，结痂。刮取皮屑镜检多量长椭圆形虫体，有足4对，均伸出体缘。该病的病原是（　　）

（195～197题共用下列备选答案）
　A. 氨丙啉　　　　　B. 吡喹酮　　　　　C. 左旋咪唑
　D. 地克珠利　　　　E. 磺胺嘧啶
195. 猫，食欲不振，腹泻，消瘦，贫血。粪检见大量电灯泡状虫卵，一端有卵盖，另一端有一小突起，内含毛蚴。治疗该病的药物是（　　）
196. 羔羊食欲下降，腹泻，消瘦，贫血。粪检见大量腰鼓形，棕黄色虫卵，两端有卵塞。治疗该病的药物是（　　）
197. 仔猪精神不振，腹泻，消瘦，贫血。粪检见大量壳薄、透明的椭圆形虫卵，内含折刀样幼虫。治疗该病的药物是（　　）

（198～200题共用下列备选答案）
　A. 生物放大作用　　B. 生物浓缩作用　　C. 生物积累作用
　D. 协同作用　　　　E. 相加作用
198. 随着生物的生长发育，生物从周围环境和食物链摄入的某种难降解化合物的浓度不断增加，这种作用称为（　　）
199. 环境有害物质通过食物链在生物体内随着营养级的提高，其浓度不断增高，这种作用称为（　　）
200. 处于同一营养剂上的许多生物群体，从周围环境中蓄积某种化合物，使生物体内该物质的浓度超过周围环境中的浓度现象，这种作用称为（　　）

临床科目（100分）（下午卷）

【A1 型题】

答题说明：每一道考试题下面有 A、B、C、D、E 五个备选答案，请从中选择一个最佳答案，并在答题卡上将相应题号的相应字母所属的方框涂黑。

1. 现病史包括本次发病动物的（　　）
 A. 品种　　　　　B. 用途　　　　　C. 过敏史　　　　D. 免疫接种情况　　E. 发病经过
2. 不采用触诊检查的是（　　）
 A. 体表状态　　　　　　　　　　B. 眼结膜颜色
 C. 某些组织器官的生理性活动　　D. 某些组织器官的病理性活动
 E. 动物组织器官的敏感性
3. 急性咽炎时，颌下淋巴结常见的变化是（　　）
 A. 萎缩、变硬、敏感　　　B. 肿大、柔软、敏感　　　C. 肿大、变硬、敏感
 D. 肿大、柔软、敏感　　　E. 肿大、变硬、不敏感
4. 家畜频做排尿动作，但尿液仅呈细流状或滴状排出的症状称为（　　）
 A. 尿淋漓　　　B. 尿失禁　　　C. 尿闭　　　D. 少尿　　　E. 无尿
5. 血清钾浓度降低最可能见于（　　）
 A. 高热　　　B. 严重创伤　　　C. 严重缺氧　　　D. 严重呕吐　　　E. 呼吸困难
6. 血清尿素氮升高最常见于（　　）
 A. 心脏疾病　　B. 肝脏疾病　　C. 肺脏疾病　　D. 脾脏疾病　　E. 肾脏疾病
7. 草食动物的正常粪便常呈（　　）
 A. 强碱性　　　B. 弱碱性　　　C. 强酸性　　　D. 弱酸性　　　E. 中性
8. 犬颈部侧位X线片中，在颈椎腹侧中部有一条与颈椎并行的带状低密度阴影。该条带状阴影是（　　）
 A. 食管　　　B. 胃导管　　　C. 气管　　　D. 支气管　　　E. 气管插管
9. 临床上可用于脱水程度判定的方法是（　　）
 A. 皮肤皱试验　　　　　B. 凡登白试验　　　　　C. 纤维消化实验
 D. 色素排泄试验　　　　E. 血球凝集试验
10. 最常用鼻钳进行保定的动物是（　　）
 A. 马　　　B. 牛　　　C. 羊　　　D. 猪　　　E. 犬
11. 牛瓣胃穿刺部位在右侧肩关节水平线上（　　）
 A. 第6、7肋间　B. 第8、9肋间　C. 第10、11肋间　D. 第12肋间　E. 第13肋后方
12. 犬争食软骨、肉块和筋腱时可突然引起的食道疾病是（　　）
 A. 溃疡　　　B. 痉挛　　　C. 狭窄　　　D. 阻塞　　　E. 麻痹
13. 牛皱胃右方变位可出现（　　）
 A. 低血钾　　B. 高血钾　　C. 低血钠　　D. 高血氯　　E. 高血钙
14. 治疗动物腹膜炎，为制止渗出应选择静脉注射的药物是（　　）
 A. 0.9%氯化钠　　　　　B. 10%氯化钙　　　　　C. 3%氯化钾
 D. 5%葡萄糖　　　　　　E. 0.25%普鲁卡因
15. 心肌炎时临床上不出现（　　）
 A. 大脉　　　　　　　　B. 小脉　　　　　　　　C. 早期收缩
 D. 节律不齐　　　　　　E. 第二心音增强
16. 出现尿频症状提示（　　）
 A. 肾病　　　B. 尿毒症　　　C. 膀胱麻痹　　　D. 尿道炎　　　E. 慢性肾衰
17. 治疗脑膜脑炎时可降低颅内压的药物是（　　）
 A. 磺胺嘧啶钠　　B. 盐酸氯丙嗪　　C. 甘露醇　　D. 肾上腺素　　E. 头孢噻呋钠
18. 亚硝酸盐中毒时皮肤和黏膜的颜色是（　　）
 A. 鲜红　　　B. 蓝紫　　　C. 黄染　　　D. 粉红　　　E. 苍白
19. 引起马属动物"黄肝病"和羊"黄染病"的霉菌毒素是（　　）

A. 黄曲霉毒素　　B. 杂色曲霉毒素　　C. 镰刀菌毒素　　D. 青霉毒素　　E. T-2 毒素

20. 犬洋葱中毒**不导致**血液中（　　）
    A. 红细胞数减少　　　　　　B. 血红蛋白变性　　　　　　C. 白细胞数增多
    D. 白细胞数减少　　　　　　E. 海恩茨小体生成

21. 与阿狄森病有关的激素是（　　）
    A. 生长激素　　　　　　　　B. 促肾上腺皮质激素　　　　C. 促黄体生成素
    D. 促甲状腺素　　　　　　　E. 抗利尿激素

22. 蜂窝织炎属于（　　）
    A. 急性弥漫性化脓性炎症　　B. 慢性化脓性炎症　　　　　C. 慢性增生性炎症
    D. 慢性局限性化脓性炎症　　E. 急性局限性非化脓性炎症

23. 犬咬创的临床特点通常（　　）
    A. 不易感染　　B. 创口较大　　C. 出血较多　　D. 组织挫灭少　　E. 呈管状创

24. 可能取第一期愈合的是（　　）
    A. 褥创　　　　B. 污染创　　　C. 化脓创　　　D. 陈旧创　　　E. 肉芽创

25. 火场急救首先应防止动物发生（　　）
    A. 狂躁症　　　B. 窒息　　　　C. 尿毒症　　　D. 感染　　　　E. 损伤

26. 对放射线敏感度高的肿瘤细胞是（　　）
    A. 分化程度高、新陈代谢快的细胞　　　　B. 分化程度低、新陈代谢慢的细胞
    C. 分化程度高、新陈代谢慢的细胞　　　　D. 分化程度低、新陈代谢快的细胞
    E. 分化程度与新陈代谢均正常的细胞

27. 活动性风湿病的确诊指标是在组织内出现（　　）
    A. 巨噬细胞　　　　　　B. B-淋巴细胞　　　　C. T-淋巴细胞　　　　D. 红细胞
    E. 阿孝夫小体（Aschoff Body）

28. 角膜上出现树枝状新生血管，提示炎症主要在角膜（　　）
    A. 浅层　　　　B. 深层　　　　C. 后弹力层　　D. 上皮细胞层　　E. 内皮细胞层

29. 拨云散适用的眼病是（　　）
    A. 卡他性结膜炎　　　　　　B. 化脓性结膜炎　　　　　　C. 间质性角膜炎
    D. 溃疡性角膜炎　　　　　　E. 虹膜睫状体炎

30. 与犬牙周病**无关**的症状是（　　）
    A. 齿磨灭不正　　　　　　　B. 不敢咀嚼硬质食物　　　　C. 牙周袋形成并蓄脓
    D. 牙疼痛明显　　　　　　　E. 齿龈肿胀或萎缩

31. 胸壁透创早期最严重的并发症是（　　）
    A. 胸膜炎　　B. 胸腔蓄脓　　C. 闭合性气胸　　D. 开放性气胸　　E. 张力性气胸

32. 上坡时行**不会**加重的是（　　）
    A. 前肢悬跛　　B. 前肢支跛　　C. 后肢支跛　　D. 后肢混跛　　E. 后肢悬跛

33. 幼龄动物股骨骨折最常发生的部位是（　　）
    A. 大转子　　　B. 小转子　　　C. 股骨干　　　D. 第三转子　　E. 股骨颈

34. 犬髌骨内方脱位确诊的方法是（　　）
    A. B超检查　　B. 膝反射检查　　C. 抽屉试验　　D. X线检查　　E. 关节穿刺检查

35. 蹄冠蜂窝织炎的临床特点是（　　）
    A. 无热　　　　B. 无痛　　　　C. 无跛行　　　D. 重度支跛　　E. 重度悬跛

36. 角膜表面麻醉常用丁卡因的浓度是（　　）
    A. 0.1%　　　　B. 0.5%　　　　C. 2.0%　　　　D. 3.0%　　　　E. 4.0%

37. 治疗母猪卵巢机能减退的首选药物是（　　）
    A. 前列腺素　　　　　　　　B. 前列烯醇　　　　　　　　C. 马绒毛膜促性腺激素
    D. 松弛素　　　　　　　　　E. 促黄体素

38. 按三期分法，对母畜发情周期的分期描述正确的是（　　）
    A. 发情前期，发情期，发情后期　　　　　B. 卵泡发育期，卵泡成熟期，卵泡破裂期
    C. 黄体生成期，黄体维持期，黄体消退期　D. 排卵前期，排卵期，排卵后期

E. 兴奋期，抑制期，均衡期
39. 诱导同期分娩的时机常选择（　　）
　　A. 胚胎附植期　　　　B. 妊娠早期　　　　C. 妊娠中期
　　D. 预产期前数日内　　E. 有分娩预兆时
40. 胎儿产出期母畜的产力组合是（　　）
　　A. 仅有阵缩，而无努责　　B. 阵缩强烈，努责强烈　　C. 仅有努责，而无阵缩
　　D. 阵缩强烈，努责微弱　　E. 阵缩微弱，努责强烈
41. 行牵引术助产时，产科绳系在正生奶牛胎儿的（　　）
　　A. 系节上方　　B. 系节下方　　C. 腕关节上方　　D. 跗关节上方　　E. 蹄部
42. 家畜子宫脱出的常见病因是（　　）
　　A. 子宫弛缓　　B. 努责微弱　　C. 子宫肌收缩　　D. 胎衣紧裹胎儿　　E. 胎儿过大
43. 引起新生仔犬低血糖症最常见的原因是（　　）
　　A. 初乳缺乏母源抗体　　B. 糖原异生能力增强　　C. 摄入母乳不足
　　D. 初乳中缺乏维生素　　E. 初乳中缺乏矿物质
44. 依据阴阳盛衰确定的治疗原则"壮水之主以制阳光"属于（　　）
　　A. 滋阴抑阳　　B. 扶阳制阴　　C. 实者泻之　　D. 寒者热之　　E. 攻补兼施
45. 口色中，黄色的主证是（　　）
　　A. 虚证　　B. 热证　　C. 寒证　　D. 湿证　　E. 风证
46. 苦味药的主要功效是（　　）
　　A. 滋补、利尿　　B. 收敛、固涩　　C. 清热、燥湿　　D. 泻下、软坚　　E. 行气、行血
47. 方中主药不变，根据病情增添或减去一些次要药物的方式，属于（　　）
　　A. 药量增减　　B. 药味增减　　C. 方剂合并　　D. 剂型变化　　E. 药物替代
48. 治疗肝气郁结可选的药物是（　　）
　　A. 薄荷　　B. 升麻　　C. 柴胡　　D. 藿香　　E. 荆芥
49. 具有清热解毒、散结消肿、利尿通淋功效的药物是（　　）
　　A. 板蓝根　　B. 穿心莲　　C. 金银花　　D. 蒲公英　　E. 白头翁
50. 具有软坚泻下、通便泻热功效的药物是（　　）
　　A. 芒硝　　B. 黄连　　C. 火麻仁　　D. 番泻叶　　E. 郁李仁
51. 具有益肝肾、补气血、祛风湿、止痹痛功效的方剂是（　　）
　　A. 补中益气汤　　B. 百合固金汤　　C. 六味地黄汤　　D. 当归苁蓉汤　　E. 独活寄生汤
52. 具有涩肠止泻、敛肺止咳功效的药物是（　　）
　　A. 诃子　　B. 苏子　　C. 莱菔子　　D. 葶苈子　　E. 菟丝子
53. 具有疏通经络、驱散寒邪功效的外治法是（　　）
　　A. 白针　　B. 血针　　C. 电针　　D. 气针　　E. 艾灸

【A2 型题】
　　答题说明：每一道考试题是以一个小案例出现的，其下面有 A、B、C、D、E 五个备选答案，请从中选择一个最佳答案，并在答题卡上将相应题号的相应字母所属的方框涂黑。
54. 吉娃娃犬，体重 3kg，身体呈桶状，呼吸迫促。该犬的营养状况是（　　）
　　A. 恶病质　　B. 营养不良　　C. 营养中等　　D. 肥胖　　E. 消瘦
55. 断奶羔羊，精神沉郁，异嗜，喜卧，跛行，运步强拘，进而前肢弯曲，血清碱性磷酸酶活性升高。有助于诊断本病的方法是（　　）
　　A. X 线检查　　B. B 超检查　　C. 尿液检查　　D. 内窥镜检查
　　E. 金属探查仪检查
56. 羊，体温 41℃，流大量鼻液，胸部叩诊时局部出现破壶音。死亡后采集肺脏经福尔马林固定，切开后断面出现边缘整齐、大小不一的局限性病灶，呈灰白色，病灶内质地均匀，无肺组织结构。该病可能是（　　）
　　A. 坏疽性肺炎　　B. 大叶性肺炎　　C. 小叶性肺炎　　D. 肺气肿　　E. 细支气管炎
57. 牛，采食、咀嚼障碍，吞咽正常，张口伸舌，口温升高，口腔黏膜红肿，有大量浆液性分泌物流出，体温正常。该病可能是（　　）

A. 咽炎　　　　B. 口炎　　　　C. 食道炎　　　　D. 食道阻塞　　　　E. 食道痉挛

58. 犬，8岁，躯体丰满，不易触摸到肋骨，易疲劳，喜卧，血液生化检验可见肾上腺皮质激素升高，该病的病因可能是（　　）
　　A. 低脂饲料　　B. 高钙饲料　　C. 高能饲料　　D. 低能饲料　　E. 低钙饲料

59. 雏鸡群，腿无力，喙与爪变软易弯曲，采食困难，行走不稳，常以跗关节着地，呈蹲伏状态，骨骼变软肿胀。该病最可能的诊断是（　　）
　　A. 骨软症　　　　　　B. 佝偻病　　　　　　C. 维生素B_1缺乏症
　　D. 锰缺乏症　　　　　E. 禽痛风

60. 京巴犬，雌性，8岁，多饮，垂腹，后肢后侧方脱毛，皮肤色素过度沉着，呈斑块状。实验室检查尿蛋白阳性，空腹血糖含量为4.27mmol/L，血浆皮质醇含量升高。本病最可能的诊断是（　　）
　　A. 肾炎　　　　B. 膀胱炎　　　　C. 糖尿病　　　　D. 库兴氏综合征　　E. 胃炎

61. 犬，甩尾，擦舔肛门，肛门囊部位肿胀，分泌物恶臭，治疗该病**不宜**采用的方法是（　　）
　　A. 挤肛门囊　　B. 清洗消毒　　C. 封闭疗法　　D. 刺激剂疗法　　E. 抗生素疗法

62. 犬，3岁，颌下出现肿胀，有成人拳头大；触诊无热、无痛，有波动，穿刺流出淡黄色无味黏稠液体，手术治疗应施行（　　）
　　A. 腮腺囊肿摘除术　　　　B. 舌下囊肿造袋术　　　　C. 颈部黏液囊肿造袋术
　　D. 咽部囊肿造袋术　　　　E. 颌下腺和舌下腺切除术

63. 犬，雄性，7岁，排尿困难，精神和食欲基本正常，肛门右侧肿胀、隆起，触压较柔软，倒立时压迫肿胀物体积变小。该肿胀物可能是（　　）
　　A. 血肿　　　　B. 肛门囊脓肿　　　　C. 直肠憩室　　　　D. 肛门腺肿瘤　　　　E. 会阴疝

64. 猪，便秘，体温、呼吸未见异常，经用药后排便很快恢复正常，但两天后流产，其原因最可能是（　　）
　　A. 饲养性流产　　B. 自发性流产　　C. 疾病性流产　　D. 医疗性流产　　E. 中毒性流产

65. 母猪，4岁，停止哺乳后一直未见发情，给予GnRH和hCG治疗无效，全身检查和血常规检查未见异常。治疗该病最适宜的药物是（　　）
　　A. PGF2α　　B. ECG　　C. FSH　　D. E2　　E. P4

66. 马，3岁，采食冰冻饲料后发病。证见阵发性腹痛起卧，肠鸣如雷，食欲废绝，口色青白，脉象沉迟，起该证最可能的病邪是（　　）
　　A. 风邪　　　　B. 寒邪　　　　C. 湿邪　　　　D. 暑邪　　　　E. 燥邪

67. 种公马，频繁配种后发病。证见腰膀无力，后腿难移，腰脊僵硬。治疗该证适宜的方剂是（　　）
　　A. 生脉散　　B. 红花散　　C. 巴戟散　　D. 千金散　　E. 防风散

【A3/A4型题】
　　答题说明：以下提供若干个案例，每个案例下设若干道考题。根据案例和考题所提供的信息，在每一道考题下面的A、B、C、D、E五个备选答案中选择一个最佳答案，并在答题卡上将相应题号的相应字母所属的方框涂黑。

(68～70题共用以下题干)
　　黑白花奶牛，3岁，采食后突然发病。反刍停止，喜卧，呻吟，磨牙，排便量减少，精神沉郁，腹部膨胀，左肷窝扁平，听诊瘤胃蠕动音消失。

68. 该病最可能是（　　）
　　A. 瘤胃积食　　B. 瘤胃臌气　　C. 创伤性网胃炎　　D. 瓣胃阻塞　　E. 皱胃阻塞

69. 有助于判定瘤胃内容物性状的检查方法是（　　）
　　A. 触诊　　　　B. 叩诊　　　　C. 问诊　　　　D. 嗅诊　　　　E. 视诊

70. 对本病有诊断意义的瘤胃内容物呈（　　）
　　A. 弱酸性，纤毛虫数量增加　　　　B. 弱酸性，纤毛虫数量减少
　　C. 弱碱性，纤毛虫数量增加　　　　D. 弱碱性，纤毛虫数量减少
　　E. 中性，纤毛虫数量增加

(71~73题共用以下题干)

猪，2月龄，食欲减退，不安，拱腰，里急后重，粪便腥臭，稀软。体温40.2℃，脉搏100次/分钟。

71. 该病最可能导致（　　）
   A. 脱水   B. 黄疸   C. 水肿   D. 贫血   E. 碱中毒

72. 该病最适宜的护理措施是（　　）
   A. 大量饮水   B. 少量多次饮水   C. 禁止饮水   D. 增加饲喂量   E. 增加饲喂次数

73. 该病最可能的诊断是（　　）
   A. 肠嵌闭   B. 肠痉挛   C. 肠扭转   D. 肠梗阻   E. 肠炎

(74~76题共用以下题干)

马，体温39.7℃，食欲废绝，仅排少量黏液样粪便，腹部增大，后肢蹴腹，时常卧地打滚。直肠检查见骨盆曲肠管内约20cm长的硬结。保守疗法无效，决定手术。

74. 剃毛消毒的部位是（　　）
   A. 左肷部   B. 右肷部   C. 腹底部   D. 左侧肋弓下   E. 腹中线左侧

75. 肠管切开术后，肠壁缝合的方法是（　　）
   A. 第一层结节缝合，第二层库兴氏缝合   B. 第一层库兴氏缝合，第二层伦勃特氏缝合
   C. 第一层连续缝合，第二层间断缝合   D. 第一层间断缝合，第二层连续缝合
   E. 第一层康乃尔缝合，第二层库兴氏缝合

76. 手术的肠管是（　　）
   A. 空肠   B. 结肠   C. 盲肠   D. 回肠   E. 十二指肠

(77~79题共用以下题干)

母犬，脐部出现局限性肿胀近6个月，触诊该肿服柔软，饱食和扎时钟增大，压迫肿胀可缩小，皮肤无红、热、痛反应。

77. 闭合内层切口可采用的缝合方法是（　　）
   A. 水平纽扣状缝合   B. 十字缝合   C. 单纯连续缝合   D. 锁边缝合   E. 单纯间断缝合

78. 本病最可能的诊断是（　　）
   A. 肿瘤   B. 脓肿   C. 疝   D. 蜂窝织炎   E. 痈

79. 合理的手术切口形状是（　　）
   A. 梭形   B. 直线形   C. 三角形   D. 十字形   E. "T"形

(80~82题共用以下题干)

奶牛，产后7天，精神沉郁，食欲废绝，卧地呻吟，体温40.5℃，结膜发绀，反刍停止，从阴门流出恶臭褐色液体，白细胞数显著升高。

80. 治疗该病**最不适宜**的处理方法是（　　）
   A. 静注头孢噻呋   B. 0.1%高锰酸钾溶液冲洗子宫
   C. 静注5%葡萄糖盐水   D. 静注10%葡萄糖酸钙注射液
   E. 肌注催产素

81. 该牛最可能发生的疾病是（　　）
   A. 产后子宫内膜炎   B. 子宫积液   C. 乳热症   D. 产后败血症   E. 阴道炎

82. 治疗该病首选的方法是（　　）
   A. 局部和全身抗菌消炎   B. 补钙   C. 冲洗子宫
   D. 促进子宫内容物排出   E. 阴道局部抗菌消炎

(83~85题共用以下题干)

母猪，3岁，4胎，断奶超过1个月，仍不见发情，多次临床检查未见异常，子宫和阴道无异常分泌物外流，阴唇亦无红肿现象。

83. 治疗该病的首选药物是（　　）
   A. 促卵泡素   B. 促黄体素   C. 氯前列烯醇   D. 松弛素   E. 孕酮

84. 该猪最可能发生的是（　　）
   A. 卵巢机能减退   B. 卵泡萎缩   C. 卵泡囊肿   D. 排卵延迟   E. 卵泡交替发育

85. **不属于**该病发病原因的是（　　）

A. 子宫疾病　　　B. 长期饥饿　　　C. 过度使役　　　D. 轻度腹泻　　　E. 过度哺乳

(86～88题共用以下题干)

冬季，6月龄幼犬突然发病，证见恶寒，耳鼻俱凉，鼻流清涕，湿咳声低，不喜饮水，舌苔薄白，脉象浮紧。

86. 引起该病的原因是（　　）
　　A. 风热　　　B. 风寒　　　C. 风湿　　　D. 燥热　　　E. 气虚

87. 治疗宜采取的治法是（　　）
　　A. 疏风散寒，宣肺止咳
　　B. 疏风清热，化痰止咳
　　C. 清肺降火，化痰止咳
　　D. 益气补肺，化痰止咳
　　E. 滋阴清热，润肺止咳

88. 针灸治疗可选用的穴位是（　　）
　　A. 心俞　　　B. 脾俞　　　C. 肝俞　　　D. 肺俞　　　E. 肾俞

【B1型题】

答题说明：以下提供若干组考题，每组考题共用在考题前列出的A、B、C、D、E五个备选答案，请从中选择一个与问题关系最密切的答案，并在答题卡上将相应题号的相应字母所属的方框涂黑。某个备选答案可能被选择一次、多次或不被选择。

(89～91题共用下列备选答案)
　　A. 血尿　　　B. 血红蛋白尿　　　C. 肌红蛋白尿　　　D. 卟啉尿　　　E. 药物性红尿

89. 奶牛，6岁，20天前产犊，1天前开始食欲下降，呼吸35次/分，结膜苍白、黄染，排尿次数增加，尿量相对减少，尿呈淡红色。最可能的红尿性质是（　　）

90. 北京犬，10岁，频尿，排尿困难，X线检查可见膀胱内有大小不等的高密度影。最可能的红尿性质是（　　）

91. 马，7岁，营养良好，半月余未参加任何活动，参加比赛后24小时发病，后肢瘫痪，排红色尿液。最可能的红尿性质是（　　）

(92～94题共用下列备选答案)
　　A. 附红细胞体感染　　　B. 巴贝斯虫感染　　　C. 钩端螺旋体感染
　　D. 农药中毒　　　E. 洋葱中毒

92. 犬，2岁，近期未外出，突然发病，精神沉郁，不愿活动，眼结膜黄染，心跳增快，气喘，尿液呈红棕色；体温38.1℃。血细胞镜检可见红细胞表面海恩茨小体。抗菌药治疗无效。最可能的致病原因是（　　）

93. 牛，3岁，精神沉郁，四肢无力，稽留热，眼结膜苍白、黄染，气喘，尿呈暗褐色，血细胞镜检在细胞内有梨籽形物质出现。最可能的致病原因是（　　）

94. 夏季，犬，6岁，突然发病，体温40.5℃，嗜睡，呕吐，便血，眼结膜黄染。采集发病2小时内的血液暗视野检查有细小球链状物质。最可能的致病原因是（　　）

(95～97题共用下列备选答案)
　　A. 削薄蹄冠部蹄角质　　　B. 蹄叉切开　　　C. 蹄侧壁切开
　　D. 蹄冠部皮肤上做数个线状切口　　　E. 掌部封闭

95. 马，5岁，两前肢倾蹄，蹄冠部角质纵向开裂，裂缝不整齐，未见跛行。该病适宜的治疗方法是（　　）

96. 马，4岁，体温40.1℃。病初左后肢蹄角质与皮肤交界处呈圆枕形肿胀，之后患部皮肤与蹄角质之间发生剥离，重度支跛。该病适宜的治疗方法是（　　）

97. 马，3岁，体温38.7℃。右前肢支跛，蹄尖负重，系部直立，指动脉搏动明显，检蹄器压迫蹄叉有痛感，但蹄底和蹄叉处无明显眼观病变，楔木试验阳性。该病适宜的治疗方法是（　　）

(98～100题共用下列备选答案)
　　A. 左肷部切口　　　B. 右肷部切口　　　C. 右肋弓下斜切口
　　D. 左肋弓下斜切口　　　E. 腹中线切口

98. 牛，患创伤性网胃炎，须进行剖腹术取出网胃内异物。该病手术切口应选择（　　）

99. 牛，患小肠梗阻，经保守治疗无效，现决定手术治疗。该病手术切口应选择（　　）

100. 母犬，2岁，常出现血尿，尿频，今出现尿闭，不安，腹部膨大，触诊耻骨前缘腹腔内有一膨

大球状物，X线检查显示膀胱及膀胱颈有大量高密度阴影。该病手术切口应选择（　　）

综合科目（100分）（下午卷）

【A3/A4型题】
　　答题说明：以下提供若干个案例，每个案例下设若干道考题。根据案例和考题所提供的信息，在每一道考题下面的A、B、C、D、E五个备选答案中选择一个最佳答案，并在答题卡上将相应题号的相应字母所属的方框涂黑。

（101、102题共用以下题干）
　　某规模猪场，初产母猪流产，产死胎、木乃伊胎，或产出病弱仔猪；死胎皮肤充血、出血、水肿或脱水；经产母猪未见流产。

101. 防控该病最有效的疫苗接种时间是（　　）
　　A. 后备母猪配种前2个月　　　B. 经产母猪产前2个月　C. 在蚊虫活动季节开始前
　　D. 春季和秋季　　　　　　　E. 母猪产前1个月

102. 该病最可能的诊断是（　　）
　　A. 猪繁殖与呼吸综合征　　　B. 布鲁菌病　　　　　　C. 猪圆环病毒病
　　D. 猪细小病毒病　　　　　　E. 流行性乙型脑炎

（103～105题共用以下题干）
　　育肥猪，70日龄，发热，咳嗽，呈间歇性神经症状。剖检见肾脏有针尖大小出血点，脑膜明显充血水肿，扁桃体、肝脏有散在灰白色坏死点。该场妊娠母猪有流产现象。

103. 该病最可能的诊断是（　　）
　　A. 猪瘟　　　　　　　　　　B. 伪狂犬病　　　　　　C. 猪繁殖与呼吸综合征
　　D. 猪链球菌病　　　　　　　E. 仔猪水肿病

104. 实验室确诊野毒感染的方法是（　　）
　　A. gB-ELISA　　　　　　　　B. gE-ELISA　　　　　　C. 全病毒-ELISA
　　D. 血凝试验　　　　　　　　E. 中和试验

105. 种猪群防控该病最关键的措施是（　　）
　　A. 投喂抗病毒药物　　　　　B. 加强消毒管理　　　　C. 抗生素治疗
　　D. 高免血清治疗　　　　　　E. 淘汰病毒感染猪

（106～108题共用以下题干）
　　病猪，可视黏膜发绀，死后剖检见颌下淋巴结及腹股沟淋巴结明显肿胀，灰白色，质地柔软。肺脏、肝脏及肾脏表面有大小不一的灰白色柔软隆起，切开见有灰黄色浑浊的凝乳状液体流出。

106. 上述病灶局部的炎症反应为（　　）
　　A. 变质性炎　　B. 渗出性炎　　C. 增生性炎　　D. 化脓性炎　　E. 出血性炎

107. 确诊该病应做的检查是（　　）
　　A. 细菌分离培养　　　　　　B. 病毒分离培养　　　　C. 寄生虫观察
　　D. 饲料毒物分析　　　　　　E. 肿瘤组织学鉴定

108. 病灶组织中的主要炎性细胞是（　　）
　　A. 淋巴细胞　　B. 浆细胞　　C. 中性粒细胞　　D. 嗜酸性粒细胞　　E. 嗜碱性粒细胞

（109～111题共用以下题干）
　　仔猪，3日龄，突发呕吐，继而水样腹泻，粪便呈黄色或灰白色，并有未消化的乳凝块。病猪脱水死亡，无菌采取病死猪肝脏组织，进行细菌培养，无菌落生长。

109. 对症治疗，有效的措施是（　　）
　　A. 仔猪口服抗生素　　　　　B. 母猪免疫　　　　　　C. 仔猪免疫
　　D. 仔猪口服补液盐　　　　　E. 仔猪口服抗血清

110. 电镜下的病原体形态是（　　）
　　A. 杆状　　　　B. 星状　　　　C. 细丝状　　　　D. 子弹状　　　　E. 冠状

111. 该病最可能的诊断是（　　）
　　A. 伪狂犬病　　　　　　　　B. 猪传染性胃肠炎　　　C. 猪细小病毒感染
　　D. 猪瘟　　　　　　　　　　E. 猪圆环病毒病

(112~114题共用以下题干)

某后备母猪，适配月龄时未见发情；体重显著超过同龄母猪，腰粗壮，臀部发达，检查生殖系统发育未见异常。

112. 导致该母猪不孕最可能的原因是（　　）
　　A. 先天因素　　B. 营养因素　　C. 配种技术因素　　D. 环境气候因素　　E. 疾病感染因素
113. 治疗该病最适宜的措施是（　　）
　　A. 注射马绒毛膜促性腺激素　　B. 注射氯前列醇　　C. 控料，加强运动
　　D. 给予优质可消化全价饲料　　E. 补加精料，增加营养
114. 该猪卵巢最可能呈现的变化是（　　）
　　A. 既有卵泡又有黄体　　B. 有多个黄体　　C. 有多个卵泡
　　D. 脂肪浸润　　E. 萎缩，结缔组织化

(115~118题共用以下题干)

仔猪，5日龄，腹泻，粪便呈黄色糊状，并迅速消瘦脱水死亡。剖检见胃内有凝乳块；肠腔膨胀并有多量黄色液状内容物和气体，肠黏膜呈急性卡他性炎症变化，尤以十二指肠最严重。

115. 诊断该病应进行（　　）
　　A. 病原分离鉴定　　B. 尿液化学检查　　C. 血红蛋白检测
　　D. 血液红细胞计数　　E. 血清钠钾离子检测
116. 该病最可能的诊断是（　　）
　　A. 仔猪黄痢　　B. 仔猪白痢　　C. 仔猪副伤寒　　D. 仔猪红痢　　E. 猪水肿病
117. 【假设信息】该类病原感染断奶后仔猪，膘情好的仔猪最可能出现（　　）
　　A. 皮肤黄疸　　B. 眼睑水肿　　C. 稽留高热　　D. 持续咳嗽　　E. 呼吸困难
118. 【假设信息】该类病原感染15日龄猪，最可能出现（　　）
　　A. 腹水　　B. 低血糖　　C. 体温偏低　　D. 虎斑心　　E. 排灰白色稀便

(119、120题共用以下题干)

某猪场，部分育肥猪高热、食欲下降、精神沉郁，个别妊娠母猪发生流产、产死胎。

119. 【假设信息】现场调查发现，猪场蚊虫滋生，公猪的一侧或双侧睾丸肿大，最可能的疾病是（　　）
　　A. 流行性乙型脑炎　　B. 伪狂犬病　　C. 猪细小病毒病
　　D. 弓形虫病　　E. 猪繁殖与呼吸综合征
120. 【假设信息】用磺胺间甲氧嘧啶治疗效果良好，该病最可能是（　　）
　　A. 黄曲霉毒素中毒　　B. 衣原体病　　C. 弓形虫病　　D. 猪肺疫　　E. 猪蛔虫病

(121~123题共用以下题干)

3日龄肉鸡群，陆续发病，病鸡沉郁，食欲减退，喜卧，跛行。剖检可见腹部皮下胶冻样渗出，胰腺变窄、变薄、变硬，骨骼肌纤维发生透明变性，可见肌纤维肿胀，嗜伊红性增强，横纹消失，肌间成纤维细胞增生。

121. 该病可诊断为（　　）
　　A. 硒缺乏症　　B. 维生素B_1缺乏症　　C. 维生素B_2缺乏症
　　D. 锰缺乏症　　E. 维生素K缺乏症
122. 该病还可能出现的异常是（　　）
　　A. 肌胃萎缩　　B. 观星样姿势　　C. 趾爪卷曲症　　D. 滑腱症　　E. 花斑肾
123. 饲料中含量过多，可能促进该病发生的物质是（　　）
　　A. 维生素E　　B. 磷　　C. 铜　　D. 钙　　E. 维生素A

(124、125题共用以下题干)

7月龄鸭群，部分鸭头部肿大，两腿麻痹，排绿色粪便；食道黏膜出血、水肿、坏死，表面有黄褐色的伪膜覆盖，肝脏上有白色坏死点。

124. 该鸭群最有可能发生的疾病是（　　）
　　A. 鸭病毒性肝炎　　B. 禽流感　　C. 鸭传染性浆膜炎
　　D. 鸭瘟　　E. 小鹅瘟
125. 预防该病首先应采取的措施是（　　）

A. 投喂抗菌药物 B. 投喂微生态制剂 C. 投喂抗病毒药物
D. 净化 E. 接种疫苗

（126、127题共用以下题干）

260日龄蛋鸡群，产蛋下降，产软壳、薄壳蛋，蛋壳破损率增多；瘫痪、骨质变脆；血钙为1.5mmol/L，血清碱性磷酸酶升高。

126. 引起该鸡群发病的因素**不包括**（　　）
    A. 饲料中钙缺乏 B. 光照不足 C. 维生素D缺乏
    D. 维生素B缺乏 E. 运动不足

127. 该鸡群最可能发生的疾病是（　　）
    A. 维生素B_1缺乏症 B. 笼养蛋鸡疲劳综合征 C. 硒和维生素E缺乏症
    D. 纤维性骨营养不良 E. 肉鸡腹水综合征

（128、129题共用以下题干）

30日龄肉鸡群，羽毛蓬松，采食减少，畏寒，扎堆，精神委顿，严重腹泻，排出白色水样稀粪，部分病鸡在发病后2~3天死亡，5~7天到达死亡高峰，很快平息。

128. 对该病诊断具有示病意义病理变化是（　　）
    A. 心脏出血 B. 肝包炎 C. 心包炎 D. 肺出血 E. 花斑肾

129. 该病最可能的诊断是（　　）
    A. 传染性法氏囊病 B. 新城疫 C. 禽流感
    D. 大肠杆菌病 E. 沙门菌病

（130~132题共用以下题干）

100日龄鸡群，呼吸困难，流鼻液，一侧或两侧眼结膜潮红，眼睑和眶下窦肿胀；剖检见呼吸道黏膜充血、肿胀，鼻窦内有渗出物，其他脏器无异常。

130. 该病的病原可能是（　　）
    A. 副鸡嗜血杆菌 B. 禽流感病毒 C. 传染性喉气管炎病毒
    D. 传染性支气管炎病毒 E. 新城疫病毒

131. 该病最可能的诊断是（　　）
    A. 传染性鼻炎 B. 禽流感 C. 传染性喉气管炎
    D. 传染性支气管炎 E. 新城疫

132. 治疗该病应选用（　　）
    A. 抗生素 B. 高免血清 C. 抗病毒剂 D. 转移因子 E. 微生态制剂

（133、134题共用以下题干）

产蛋鸭群，病初采食量下降，部分鸭排草绿色稀便，1周后产蛋量锐减70%，同时出现砂壳蛋、畸形蛋。剖检见卵泡膜充血、出血；肝脏肿大有坏死灶。

133. 该病最可能的诊断是（　　）
    A. 呼肠孤病毒感染 B. 鸭病毒性肝炎 C. 鸭传染性浆膜炎
    D. 鸭坦布苏病毒病 E. 鸭大肠杆菌病

134. 该病的病原分类属于（　　）
    A. 副黏病毒科 B. 黄病毒科 C. 轮状病毒
    D. 微RNA病毒科 E. 疱疹病毒科

（135~137题共用以下题干）

150日龄蛋鸡群，接种过2次禽流感疫苗，突然发生腹泻，排绿色、黄绿色粪便，肉髯发绀，有观星姿势；剖检见肠道出血，腺胃黏膜水肿、乳头出血，肠黏膜有枣核状出血和坏死。

135. 该病最可能的诊断是（　　）
    A. 禽流感 B. 禽霍乱 C. 新城疫 D. 禽伤寒 E. 禽副伤寒

136. 该病常用的诊断方法是（　　）
    A. 琼脂平板培养 B. 血凝与血凝抑制试验 C. 生化试验
    D. 涂片染色镜检 E. 平板凝集试验

137. 使用该诊断方法是因为该病原具有（　　）
    A. 核蛋白 B. 血凝素-神经氨酸酶 C. 融合蛋白

D. 基质蛋白				E. 聚合酶
(138～140题共用以下题干)

夏季，2月龄鸡群，消瘦、贫血、皮肤瘙痒、粗糙，常出现红疹或形成小结节；检查体表，发现有点状的红色虫体，也见到个别爬行速度快、呈灰白色的虫体。

138. 首先可以排除的病原是（　　）
A. 林禽刺螨　　B. 鸡皮刺螨　　C. 鸡羽虱　　D. 鸡体虱　　E. 膝螨

139. 该病原可传播（　　）
A. 禽大肠杆菌病　　B. 禽霍乱　　C. 赖利绦虫病
D. 毛细线虫病　　E. 前殖吸虫病

140. 该病的治疗药物是（　　）
A. 溴氰菊酯　　B. 左旋咪唑　　C. 地克珠利　　D. 环丙氨嗪　　E. 泰妙菌素

(141～143题共用以下题干)

黄牛，5岁，反刍停止，食欲废绝，鼻镜干燥，体温38.6℃，左肷窝平坦，触诊坚硬，叩诊呈浊音，听诊瘤胃蠕动音减弱。该牛发病前饲喂了大量半干的甘薯蔓。

141. 该病最可能的诊断是（　　）
A. 真胃左方变位　B. 瓣胃阻塞　　C. 前胃弛缓　　D. 瘤胃臌气　　E. 瘤胃积食

142. 治疗该病的适宜措施是（　　）
A. 灌服硫酸镁、鱼石脂和石蜡油
B. 灌服硫糖铝、碳酸银和小苏打
C. 输注生理盐水、小苏打和阿托品
D. 输注复方氯化钠溶液、小苏打和东莨菪碱
E. 灌服硫酸钠、活性炭和胃蛋白酶

143. 【假设信息】若经药物治疗5天后，左肷部触诊仍坚硬，叩诊呈浊音，应采取的手术方法（　　）
A. 自左肷部做瘤胃切开术　　B. 自右肷部做瓣胃切开术
C. 自中线旁做瘤胃切开术　　D. 自中线旁做真胃固定术
E. 自右肷部做真胃固定术

(144～146题共用以下题干)

夏季，天气湿热，奶牛在运动场运动后突然精神沉郁，张口呼吸，倒地，鼻孔流出粉红色带小泡鼻液。听诊心音亢进，心率120次/分，体温42.5℃。触诊皮温明显增高。

144. 血液学检查最可能出现的是（　　）
A. 血小板减少　　B. 血液pH值升高　　C. 白细胞数减少
D. 红细胞数减少　　E. 红细胞压积升高

145. 中兽医治疗可选用（　　）
A. 青蒿鳖甲汤　　B. 茵陈四物汤　　C. 清暑香薷汤　　D. 茵陈术附汤　　E. 桂枝汤

146. 能缓解病情的措施是（　　）
A. 适度输血　　B. 增加光照　　C. 适度泻血　　D. 增加运动　　E. 限制饮水

(147～149题共用下列备选答案)

牛，早春在栎树林放牧6天后，出现精神沉郁，反刍减少、磨牙、后肢踢腹，粪便色黑且带有黏液，味腥臭；尿频尿液呈红色。

147. 病牛下颌、肉垂等部位易出现（　　）
A. 血肿　　B. 水肿　　C. 丘疹　　D. 炎性肿胀　　E. 疹块

148. 血清中可能升高的物质是（　　）
A. 酚类物质　　B. 生物碱　　C. 苦马豆素　　D. 黄酮类物质　　E. 氨类物质

149. 该病红尿的性质是（　　）
A. 血尿　　B. 血红蛋白尿　　C. 肌红蛋白尿
D. 卟啉尿　　E. 饲料色素性红尿

(150、151题共用以下题干)

奶牛场，11月2～15日间，1～3岁奶牛近1/2陆续发病，流涎呈牵缕状并带有泡沫，口

腔黏膜有蚕豆大的溃疡灶，食欲不振，产奶量下降，前肢跛行明显。

150. 对该牛群适宜的处理措施是（　　）
A. 扑杀，无害化处理　　　　　　B. 隔离治疗患病动物，禁止新进动物
C. 注射灭活疫苗　　　　　　　　D. 注射高免血清
E. 用碘伏清洗病灶，肌内注射青霉素

151. 【假设信息】若周边的羊和猪同时发病，最可能的诊断是（　　）
A. 口蹄疫　　　　　B. 水疱病　　　　　C. 蓝舌病
D. 传染性鼻气管炎　　E. 痘病

（152～154题共用以下题干）
高产奶牛，6岁。分娩后第2天出现精神沉郁。站立时后肢交替负重，后躯摇摆，继而卧地，四肢屈于躯干下，头向后弯向胸一侧，肢体末端冰凉。知觉丧失，针刺无反应，瞳孔散大、反射微弱。

152. 对该病有效的治疗措施是静脉注射（　　）
A. 10%葡萄糖酸钙　　　　B. 碳酸钙　　　　C. 5%碳酸氢钠
D. 10%氯化钠　　　　　　E. 林格式液

153. 血清生化检查显著降低的是（　　）
A. 钾　　　B. 钠　　　C. 钙　　　D. 氯　　　E. 锌

154. 对该病可进行治疗性诊断的方法是（　　）
A. 灌肠　　B. 洗胃　　C. 强心提神　　D. 乳房送风　　E. 灌服泻药

（155、156题共用以下题干）
山羊群发病，尤以羔羊最严重，表现为呼吸极度困难，体温升高；急性死亡，病死率高。剖检见大叶性肺炎，肺脓肿；肠道炎症明显。链霉素治疗有效。

155. 病变肺组织涂片瑞氏染色镜检可见病原呈（　　）
A. 多形性　　B. 小杆状　　C. 两极浓染的球杆状　　D. 球形链状排列
E. 两端钝圆的粗大杆状

156. 【假设信息】若链霉素不能治愈，剖检发现为大叶性肺炎，胸腔大量积液，遇空气后很快凝结成胶冻状，则最可能混合感染的病原是（　　）
A. 丝状支原体　　B. 溶血链球菌　　C. 金黄色葡萄球菌　　D. D型魏氏梭菌
E. 大肠杆菌

（157～159题共用以下题干）
南方初夏，绵羊群发病，发病率35%，体温40.5～41.5℃，呈稽留热型，流涎，口腔黏膜充血、发绀，严重病例口唇、齿龈、颊和舌黏膜糜烂，吞咽困难。部分病羊跛行。

157. 传播该病最主要的昆虫是（　　）
A. 蚤　　　B. 库蠓　　　C. 蚊　　　D. 虻　　　E. 螫蝇

158. 该病最可能的诊断是（　　）
A. 小反刍兽疫　　　　B. 羊痘　　　　C. 山羊病毒性关节炎-脑炎
D. 蓝舌病　　　　　　E. 巴氏杆菌病

159. 对该病诊断具有示病意义的病理变化是（　　）
A. 肺动脉基部明显出血斑　　　　B. 结膜炎和坏死性口炎
C. 结肠、直肠结合处线状出血　　D. 皱胃黏膜出现大小不等的结节
E. 心肌切面有淡黄色的斑点或条纹

（160～162题共用以下题干）
奶牛群，200头。近日部分出现精神沉郁，角膜混浊，厌食，消瘦，泌乳牛产奶减少。有5头4～5月龄犊牛死亡。剖检见腹腔积液，肝脏硬化，有肿块，胆囊扩张。调查怀疑饲料异常。

160. 降低该物质对动物机体危害的方法是在饲料中添加（　　）
A. 膳食纤维　　B. 白陶土　　C. 植物油　　D. 骨粉　　E. 干草

161. 与本病有关的天气因素是（　　）
A. 沙尘暴　　B. 干冷　　C. 湿热　　D. 干热　　E. 湿冷

162. 检测饲料，含量超标的主要是（　　）
   A. 除草剂　　　　　　　　B. 细菌毒素　　　　　　　　C. 霉菌毒素
   D. 有机磷农药　　　　　　E. 植物生长刺激剂

（163～165题共用以下题干）

某羊群，在草场放牧5个月后，表现食欲渐进性减退，体重减轻，极度消瘦、虚弱，可视黏膜苍白。羊毛脆而易断，易脱落。后期出现腹泻、流泪，痒感明显。尿液甲基丙二酸（MMA）含量显著升高。

163. 该病羊的贫血属于（　　）
   A. 小红细胞低色素性贫血　　　　B. 大红细胞低色素性贫血
   C. 正常红细胞低色素性贫血　　　D. 小红细胞正常色素性贫血
   E. 巨红细胞性贫血

164. 该病最可能的诊断是（　　）
   A. 硒缺乏症　　B. 锌缺乏症　　C. 碘缺乏症　　D. 铜缺乏症　　E. 钴缺乏症

165. 治疗该病的维生素是（　　）
   A. 维生素A　　B. 维生素K　　C. 维生素E　　D. 维生素D　　E. 维生素B_{12}

（166～168题共用以下题干）

猫偷食生肉数日后发病，表现发热，一侧肢体无力，运动障碍等神经症状。血常规检查白细胞总数升高、单核细胞升高。

166. 该病最可能的诊断是（　　）
   A. 葡萄球菌病　　　　　　B. 沙门菌病　　　　　　C. 李氏杆菌病
   D. 链球菌病　　　　　　　E. 大肠杆菌病

167. 治疗该病最有效的药物是（　　）
   A. 制霉菌素　　　　　　　B. 两性霉素B　　　　　　C. 盐霉素
   D. 伊维菌素　　　　　　　E. 青霉素

168. 在肉羊生产中，该病菌常来源于（　　）
   A. 饮水　　B. 玉米　　C. 饼粕饲料　　D. 青贮饲料　　E. 犬

（169～171题共用以下题干）

比特犬，2岁，体温40.3℃，精神沉郁，食欲废绝，可视黏膜黄染，尿呈黄褐色；血常规检查红细胞3.56×10^{12}个/L，白细胞7.50×10^{9}个/L，血红蛋白72g/L；血液涂片检查在病原寄生细胞中见有梨籽形虫体。

169. 治疗本病特效药是（　　）
   A. 咪唑苯脲　　B. 吡喹酮　　C. 伊曲康唑　　D. 多拉菌素　　E. 咪达唑仑

170. 该病主要传播媒介是（　　）
   A. 硬蜱　　B. 苍蝇　　C. 蚊　　D. 鼠　　E. 蟑螂

171. 该病原寄生的细胞是（　　）
   A. 红细胞　　B. 中性粒细胞　　C. T淋巴细胞　　D. B淋巴细胞　　E. 单核细胞

（172～174题共用以下题干）

波士顿梗幼犬，20日龄。饱食后1～2小时发生喷射状呕吐，呕吐物不含胆汁；钡餐造影观察胃排空时间延长。

172. 该病最可能的诊断是（　　）
   A. 肠梗阻　　B. 胃溃疡　　C. 贲门狭窄　　D. 幽门狭窄　　E. 十二指肠溃疡

173. 根治本病应采取（　　）
   A. 胃切开术　　B. 肠管截断术　　C. 肠管切开术　　D. 贲门肌切开术
   E. 幽门肌切开术

174. 保守治疗有效的药物是（　　）
   A. 胃复安　　B. 钙制剂　　C. 抗生素　　D. 干扰素　　E. 肾上腺素

（175～177题共用以下题干）

公犬，6岁。突然发病，频做排尿姿势，强力努责，但仅有少量尿液滴出。腹部触诊膀胱充盈、敏感。

175. 该病最可能的诊断是（   ）
    A. 肾结石   B. 输尿管结石   C. 尿道结石   D. 肾炎   E. 膀胱炎
176. 患犬的排尿异常属于（   ）
    A. 频尿   B. 多尿   C. 少尿   D. 尿失禁   E. 尿闭
177. 该犬尿液检查可能发现（   ）
    A. 尿糖阳性   B. 尿胆素原增多 C. 尿潜血阳性   D. 尿酮体阳性
    E. 尿胆红素阳性

（178、179题共用以下题干）
北京犬，9岁。发病1周，腰背僵直，触之敏感，呻吟，排粪排尿迟滞，两后肢运步不稳，行走困难。
178. 确诊该病需进行的检查是（   ）
    A. B超检查   B. X线检查   C. 血清生化检查
    D. 血常规检查   E. 尿常规检查
179. 首先可排除的疾病是（   ）
    A. 风湿病   B. 骨质增生   C. 破伤风
    D. 腰荐椎体骨折   E. 腰椎间盘突出

（180~182题共用以下题干）
博美犬，3岁，被萨摩犬咬伤。次日发现右腹壁出现局限性肿胀，触摸患处皮肤温热、柔软，按压肿物可变小。
180. 该病最可能的诊断是（   ）
    A. 淋巴外渗   B. 腹壁脓肿   C. 腹部囊肿   D. 气肿   E. 腹壁疝
181. 该病最佳治疗方法是（   ）
    A. 输液疗法   B. 外固定包扎   C. 穿刺疗法   D. 激素疗法   E. 手术疗法
182. 进一步诊断的首选方法是（   ）
    A. 血常规检查   B. 血清生化检查   C. X线检查
    D. 血气检测   E. 尿常规检查

（183~185题共用以下题干）
北京犬，6岁，被汽车撞伤。双后肢不能站立，痛觉反射消失，尾下垂，大小便失禁。
183. 导致该犬出现上述症状的主要原因是（   ）
    A. 腰部软组织损   B. 脊髓损伤   C. 马尾神经损伤
    D. 坐骨神经损伤   E. 荐神经损
184. 确诊病变部位的最佳方法是（   ）
    A. 血常规检查   B. 脑脊髓液检查   C. 核磁共振检查
    D. B超检查   E. 心电图检查
185. 治疗中**不宜**采用的方法是（   ）
    A. 针灸   B. 辅助运动   C. 镇痛消炎   D. 局部封闭   E. 手术

（186~188题共用以下题干）
患犬突然发病，体温39.6℃，心率127次/分，呼吸42次/分，间歇性痉挛抽搐，眼球震颤，瞳孔缩小，呕吐，流涎，排稀便，可视黏膜潮红。
186. 对该病具有诊断价值的血液生化检查结果是（   ）
    A. 胆碱酯酶活性升高   B. 胆碱酯酶活性下降
    C. 淀粉酶活性升高   D. 淀粉酶活性下降
    E. 胰酶活性升高
187. 该病可初步诊断为（   ）
    A. 亚硝酸盐中毒 B. 有机磷中毒   C. 有机氟中毒   D. 有机汞中毒
    E. 有机氯中毒
188. 治疗该病首选的药物是（   ）
    A. 碘解磷定   B. 二巯基丙醇   C. 二巯基丁二酸钠
    D. 乙酰胺   E. 钼酸铵

(189、190题共用以下题干)

一新生仔犬，初生时活泼健壮，采食母乳后逐渐出现精神沉郁、反应迟钝、喜卧的现象。皮肤及可视黏膜黄染，尿量少而黏稠，血液学检查红细胞数显著减少。

189. 导致此病发生的原因是（ ）
   A. 仔犬分娩过程中呛入了大量羊水   B. 仔犬体内发生了免疫溶血反应
   C. 仔犬肝损伤   D. 母犬乳汁中乳蛋白含量过低
   E. 母犬乳汁中乳糖含量过低

190. 该病最可能的诊断是（ ）
   A. 新生仔犬溶血病   B. 仔犬低血糖症   C. 仔犬出血性紫癜
   D. 仔犬孱弱   E. 仔犬低钙血症

(191、192题共用以下题干)

5龄蚕，食欲减退，眠起不齐，体呈锈色，出现胡椒蚕和不结茧蚕，丝腺有乳白色脓包状斑块。

191. 该蚕可能发生的是（ ）
   A. 家蚕质型多角体病   B. 家蚕微粒子病   C. 白僵病
   D. 变形虫病   E. 锥虫病

192. 确诊该病应采用的方法是（ ）
   A. 体表病原检查   B. 剖检中肠管壁   C. 剖检后肠管壁
   D. 剖检丝腺   E. 血液中多角体检测

(193～195题共用以下题干)

20日龄貂群发病，发病率达50%，病死率达80%，病貂食欲不振，腹泻，粪便呈水样，粉红色，病貂迅速脱水、虚弱；白细胞显著减少，部分衰竭死亡。

193. 该场水貂发生的疾病最可能是（ ）
   A. 大肠杆菌病   B. 水貂病毒性肠炎   C. 水貂阿留申病
   D. 狂犬病   E. 伪狂犬病

194. 该病的特征性病变部位是（ ）
   A. 心脏   B. 脾脏   C. 肺脏   D. 小肠   E. 大肠

195. 对该场未发病貂应采取的紧急措施是（ ）
   A. 抗生素治疗   B. 补充维生素   C. 消毒
   D. 注射弱毒疫苗   E. 注射灭活疫苗

(196、197题共用以下题干)

5龄家蚕，体色乳白，环节肿胀，狂躁爬行，皮破流脓而死。

196. 该病可能是（ ）
   A. 血液型脓病 B. 中肠型脓病 C. 病毒性软化病 D. 浓核病 E. 白僵病

197. 确诊该病时必须检测的成分是（ ）
   A. 血糖   B. 血液中核酸   C. 血液中多角体
   D. 肠液中多角体   E. 血清蛋白

(198～200题共用以下题干)

病马，证见粪便不通，肚腹胀满，回头观腹，不时起卧，食欲废绝，嗳气酸臭，色赤红，舌苔黄厚，脉沉有力。

198. 该病可辨证为（ ）
   A. 大肠湿热   B. 大肠冷痛   C. 肝脾不和   D. 食积大肠   E. 脾虚不运

199. 该病的治则是（ ）
   A. 清热利湿，行气止痛   B. 通便攻下，行气止痛
   C. 疏肝健脾，行气止痛   D. 温中散寒，行气止痛
   E. 益气健脾，行气止痛

200. 本病可选用的基础方剂是（ ）
   A. 大承气汤   B. 白头翁汤   C. 曲蘖散   D. 四君子汤   E. 桂心散

第一套 2022年执业兽医资格考试考点模拟测试题（一）
参考答案

基础科目（100分）（上午卷）

1. D	2. C	3. C	4. A	5. A	6. C	7. B	8. B	9. B	10. B
11. B	12. B	13. D	14. C	15. B	16. D	17. C	18. D	19. C	20. E
21. C	22. A	23. E	24. C	25. C	26. E	27. B	28. B	29. A	30. C
31. E	32. C	33. E	34. E	35. E	36. D	37. D	38. A	39. A	40. B
41. D	42. B	43. B	44. B	45. A	46. C	47. D	48. D	49. C	50. D
51. C	52. C	53. D	54. C	55. E	56. D	57. D	58. B	59. D	60. D
61. D	62. E	63. A	64. E	65. A	66. A	67. C	68. D	69. D	70. D
71. B	72. B	73. B	74. B	75. D	76. C	77. B	78. B	79. C	80. B
81. A	82. D	83. B	84. D	85. E	86. A	87. E	88. C	89. B	90. D
91. A	92. D	93. E	94. C	95. C	96. C	97. A	98. C	99. A	100. C

预防科目（100分）（上午卷）

101. D	102. A	103. D	104. B	105. C	106. B	107. E	108. D	109. D	110. C
111. D	112. D	113. D	114. B	115. D	116. D	117. E	118. B	119. B	120. E
121. E	122. E	123. C	124. D	125. A	126. D	127. D	128. C	129. B	130. A
131. B	132. E	133. C	134. A	135. B	136. B	137. D	138. C	139. C	140. D
141. B	142. C	143. D	144. A	145. A	146. A	147. C	148. C	149. D	150. C
151. D	152. E	153. E	154. E	155. B	156. C	157. D	158. D	159. C	160. E
161. D	162. C	163. D	164. C	165. B	166. C	167. B	168. A	169. A	170. C
171. A	172. D	173. B	174. B	175. B	176. D	177. C	178. A	179. C	180. D
181. D	182. E	183. B	184. C	185. B	186. E	187. B	188. D	189. A	190. C
191. B	192. C	193. A	194. B	195. B	196. C	197. C	198. C	199. A	200. B

临床科目（100分）（下午卷）

1. E	2. B	3. C	4. A	5. D	6. E	7. B	8. C	9. A	10. B
11. B	12. D	13. A	14. B	15. E	16. D	17. C	18. B	19. B	20. D
21. B	22. A	23. E	24. B	25. B	26. D	27. E	28. A	29. C	30. A
31. A	32. A	33. C	34. D	35. D	36. B	37. C	38. E	39. D	40. B
41. A	42. A	43. C	44. A	45. D	46. C	47. B	48. C	49. D	50. A
51. E	52. B	53. C	54. C	55. A	56. A	57. B	58. C	59. B	60. D
61. D	62. E	63. C	64. C	65. A	66. A	67. C	68. A	69. A	70. B
71. A	72. B	73. E	74. A	75. E	76. B	77. E	78. C	79. A	80. B
81. D	82. B	83. A	84. B	85. E	86. B	87. B	88. B	89. B	90. A
91. C	92. E	93. B	94. C	95. A	96. C	97. E	98. C	99. B	100. E

综合科目（100分）（下午卷）

101. A	102. D	103. B	104. B	105. E	106. D	107. A	108. C	109. D	110. E
111. B	112. B	113. C	114. D	115. A	116. A	117. C	118. E	119. A	120. C
121. A	122. A	123. C	124. D	125. E	126. D	127. C	128. E	129. C	130. A
131. A	132. A	133. D	134. B	135. C	136. B	137. C	138. E	139. B	140. A
141. E	142. A	143. A	144. E	145. C	146. C	147. B	148. A	149. C	150. B
151. A	152. A	153. C	154. C	155. C	156. A	157. D	158. C	159. A	160. B
161. C	162. C	163. E	164. E	165. C	166. C	167. C	168. D	169. A	170. A
171. A	172. D	173. E	174. E	175. D	176. E	177. C	178. B	179. C	180. E
181. E	182. C	183. B	184. C	185. B	186. B	187. C	188. A	189. B	190. A
191. B	192. D	193. B	194. D	195. D	196. A	197. C	198. D	199. B	200. A

第二套　2022年执业兽医资格考试考点模拟测试题（二）

基础科目（100分）（上午卷）

【A1 型题】
　　答题说明：每一道考试题下面有 A、B、C、D、E 五个备选答案，请从中选择一个最佳答案，并在答题卡上将相应题号的相应字母所属的方框涂黑。

1. **不属于**《中华人民共和国动物防疫法》规定管理的动物疫病是（　　）
　A. 马立克氏病　　　　B. 禽白血病　　　　C. 肉鸡腹水综合征
　D. 产蛋下降综合征　　E. 低致病性禽流感

2. 目前国务院兽医主管部确定实施强制免疫的动物疫病病种**不包括**（　　）
　A. 口蹄疫　　B. 猪瘟　　C. 奶牛结核病　　D. 高致病性禽流感
　E. 高致病性猪蓝耳病

3. 《中华人民共和国动物防疫法》规定的动物疫情报告法律制度的内容**不包括**（　　）
　A. 报告时机　　　　　　B. 报告的义务主体
　C. 接受报告的主体　　　D. 报告时采取的控制措施
　E. 兽医主管部门与同级卫生主管部门之间的相互通报

4. 根据《中华人民共和国动物防疫法》运载动物的车辆进行清洗、消毒的情形是（　　）
　A. 运输途中　　　　B. 启运前　　　　C. 卸载前
　D. 装载前　　　　　E. 进入屠宰场时

5. 申请《动物诊疗许可证》的条件**不包括**（　　）
　A. 有完善的管理制度
　B. 有与动物诊疗活动相适应的资金
　C. 有与动物诊疗活动相适应的执业兽医
　D. 有与动物诊疗活动相适应的兽医器械和设备
　E. 有与动物诊疗活动相适应并符合动物防疫条件的场所

6. 根据《中华人民共和国动物防疫法》，给予执业兽医暂停 6 个月以上 1 年以下动物诊疗活动行政处罚的违法行为**不包括**（　　）
　A. 不履行动物疫情报告义务的
　B. 使用不符合国家规定的兽药的
　C. 使用不符合国家规定的兽医器械的
　D. 不按要求参加动物疫病预防、控制和扑灭活动的
　E. 违反有关动物诊疗的操作技术规范，可能造成动物疫病传播的

7. 根据《动物防疫条件审查办法》，**不符合**饲养场动物防疫条件的是（　　）
　A. 厂区入口处设置消毒池　　　B. 生产区内养殖栋舍间距为 3 米
　C. 配备动物无害化处理设施设备　D. 生产区内分设清洁道和污染道
　E. 设置相对独立的引入动物隔离舍

8. 《动物检疫管理办法》规定，出售种用动物申报检疫的时限是离开产地前（　　）
　A. 3 天　　B. 5 天　　C. 7 天　　D. 10 天　　E. 15 天

9. 跨省引进的种兔到达输入地后，隔离期为（　　）
　A. 5 天　　B. 10 天　　C. 15 天　　D. 30 天　　E. 45 天

10. 可以发放兽医师执业证书的情形是（　　）
　A. 患有布鲁氏菌病的　　B. 间歇性精神病人　　C. 受过刑事处罚的
　D. 患有狂犬病的　　　　E. 被吊销兽医师执业证书不满两年的

11. 接受执业兽医上年度执业活动情况报告的主体是（　　）
　A. 省级人民政府兽医主管部门　　B. 省动物疫病预防控制机构
　C. 省动物卫生监督机构　　　　　D. 县级人民政府兽医主管部门
　E. 县动物卫生监督机构

12. 根据《动物诊疗机构管理办法》，**不符合**动物医院法定条件的是（　　）
    A. 有X光机　　B. 有手术台　　C. 有污水处理设备
    D. 距离畜禽养殖场150米　　E. 有3名取得执业兽医师资格证书的人员
13. 《重大动物疫情应急条例》规定，有权采集重大动物疫病病料的是（　　）
    A. 动物诊疗机构　　　　　　B. 动物防疫监督机构　　C. 动物疫苗生产企业
    D. 动物疫病研究机构　　　　E. 发生重大动物疫情的饲养场
14. 属于《一、二、三类动物疫病病种名录》规定的一类动物疫病是（　　）
    A. 车轮虫病　　　　　　　　B. 白斑综合征　　　　　C. 刺激隐核虫
    D. 鲷爱德华菌病　　　　　　E. 淡水鱼类细菌性败血症
15. **不符合**兽药经营企业规定条件是（　　）
    A. 有与所经营的兽药相适应的设备
    B. 有与所经营的兽药相适应的仓库设备
    C. 有与所经营的兽药相适应的营业场所
    D. 有与所经营的兽药相适应的质量管理机构或者人员
    E. 有与所经营的兽药相适应且经过资格认定的兽药技术人员
16. 发现与兽药使用有关的严重不良反应的法定报告义务主体**不包括**（　　）
    A. 兽药生产企业　　　　B. 兽药经营企业　　　　C. 兽药使用单位
    D. 兽药使用个人　　　　E. 开具处方的兽医人员
17. 可以向农业部指定的生产企业采购自用的国家强制免疫用生物制品的养殖场，应当具备条件**不包括**（　　）
    A. 必须是种畜禽养殖场　　　　B. 具有相应的兽医技术人员
    C. 具有相应的储藏条件　　　　D. 具有完善的使用核对管理制度
    E. 具有寄送的储藏保管管理制度
18. 兽药产品的内包装标签必须注明的事项**不包括**（　　）
    A. 兽药名称　　B. 生产批号　　C. 有效期　　D. 主要成分　　E. 生产日期
19. 农业部第278号公告规定，用于治疗牛病的兽用盐酸赛拉嗪注射液的停药期为（　　）
    A. 5日　　B. 6日　　C. 10日　　D. 14日　　E. 28日
20. 高致病性病原微生物是指（　　）
    A. 第一类和第二类病原微生物　　B. 第一类和第三类病原微生物
    C. 第二类和第三类病原微生物　　D. 第二类和第四类病原微生物
    E. 第三类和第四类病原微生物
21. 粗面内质网和滑面内质网在电镜下的主要区别是根据其表面是否附有（　　）
    A. 中心体　　　　B. 核糖体　　　　C. 溶酶体
    D. 微体　　　　　E. 高尔基复合体
22. 牛胸椎的椎弓和椎体围成（　　）
    A. 椎管　　B. 椎孔　　C. 椎间孔　　D. 横突孔　　E. 椎骨切迹
23. 牛股膝关节前方具有（　　）
    A. 3条膝直韧带　　　　B. 2条膝直韧带　　　　C. 1条膝直韧带
    D. 十字韧带　　　　　　E. 圆韧带
24. 草食家畜腹壁肌外面被覆的深筋膜含有大量的弹性纤维，称为（　　）
    A. 腹白膜　　B. 腹黄膜　　C. 腹横筋膜　　D. 腹膜壁层　　E. 腹膜脏层
25. 反刍动物的胃中，起化学消化作用的胃是（　　）
    A. 前胃　　B. 瘤胃　　C. 皱胃　　D. 瓣胃　　E. 网胃
26. 呼吸系统中，真正执行气体交换功能的器官是（　　）
    A. 鼻　　B. 咽　　C. 喉　　D. 肺　　E. 气管
27. 犬肾为（　　）
    A. 复肾　　　　　　B. 光滑多乳头肾　　　　C. 光滑单乳头肾
    D. 有沟单乳头肾　　E. 有沟多乳头肾
28. 只有前列腺而无精囊腺和尿道球腺的家畜是（　　）

A. 牛　　　　B. 犬　　　　C. 羊　　　　D. 马　　　　E. 猪
29. 马卵巢呈豆形，位于（　　）
    A. 第2～3腰椎横突腹侧　　　B. 第4～5腰椎横突腹侧
    C. 第6～7腰椎横突腹侧　　　D. 骨盆腔内
    E. 腹腔内，耻骨前缘前下方
30. 孕育胎儿的肌质器官是（　　）
    A. 卵巢　　B. 输卵管　　C. 子宫　　D. 阴道　　E. 阴道前庭和阴门
31. 心脏自身的营养动脉是（　　）
    A. 冠状动脉　　B. 升主动脉　　C. 胸廓内动脉　　D. 胸主动脉　　E. 降主动脉
32. 左心室血液流入（　　）
    A. 主动脉　　B. 肺动脉　　C. 肺静脉　　D. 前腔静脉　　E. 后腔静脉
33. 大多数家畜淋巴结的实质分为外周的皮质和中央的髓质，但皮质与髓质位置颠倒的是（　　）
    A. 猪　　　　B. 马　　　　C. 牛　　　　D. 羊　　　　E. 犬
34. 分布于视网膜上的感觉神经是（　　）
    A. 眼神经　　B. 视神经　　C. 外展神经　　D. 动眼神经　　E. 滑车神经
35. 眼球壁的3层结构纤维膜，血管膜和（　　）
    A. 蛛网膜　　B. 视网膜　　C. 硬膜　　D. 软膜　　E. 白膜
36. 具有结缔绒毛膜胎盘（绒毛叶胎盘）的动物是（　　）
    A. 马　　　　B. 牛　　　　C. 犬　　　　D. 猪　　　　E. 兔
37. 与组织液生成无关的因素是（　　）
    A. 毛细血管血压　　B. 血浆胶体渗透压　　C. 组织液胶体渗透压
    D. 组织液静水压　　E. 血浆晶体渗透压
38. 平静呼吸时，与吸气运动无关的是（　　）
    A. 膈肌　　B. 肺内容积减小　　C. 肋间外肌舒张
    D. 腹壁肌肉收缩　　E. 肺内压高于大气压
39. 瘤胃生态环境中少见的微生物是（　　）
    A. 厌氧细菌　　B. 需氧细菌　　C. 贫毛虫　　D. 全毛虫　　E. 真菌
40. 胆汁的组分中参与消化的主要成分是（　　）
    A. 内因子　　B. 卵磷脂　　C. 胆固醇　　D. 胆盐　　E. 胆色素
41. 动物严重呕吐或腹泻时，尿量减少的主要机制是（　　）
    A. 抗利尿激素分泌增加　　B. 血浆晶体渗透压降低
    C. 血浆胶体渗透压降低　　D. 入球小动脉舒张
    E. 肾小囊内压升高
42. 神经—骨骼肌接头后膜（终板膜）的胆碱能受体是（　　）
    A. α受体　　B. β受体　　C. M肥体　　D. N_1型受体　　E. N_2型受体
43. 属于含氮激素的是（　　）
    A. 甲状腺素、胰岛素、前列腺素　　B. 甲状旁腺激素、胰岛素、雌激素
    C. 降钙素、肾上腺素、雄激素　　D. 生长激素、去甲肾上腺素、孕激素
    E. 生长激素、胰岛素、肾上腺素
44. 垂体分泌的促性腺激素包括（　　）
    A. 促黑色激素与雄激素　　B. 促黑色激素与孕酮　　C. 促卵泡激素与促黄体生成素
    D. 促卵泡激素与催乳素　　E. 促黄体生成素与催产素
45. 属于盐皮质激素的是（　　）
    A. 降钙素　　B. 抗利尿激素　　C. 醛固酮　　D. 皮质醇　　E. 肾上腺素
46. 具有自发性排卵功能的动物是（　　）
    A. 猫　　　　B. 兔　　　　C. 骆驼　　　　D. 水貂　　　　E. 牛
47. 动物样品分析中，常用于沉淀蛋白质的试剂是（　　）
    A. 稀盐酸　　B. 尿素　　C. 巯基乙醇　　D. 三氯乙酸　　E. 胆酸盐

48. 动物小肠黏膜吸收葡萄糖和氨基酸时伴有同向转运的离子是（　　）
    A. 钠离子　　　B. 钾离子　　　C. 钙离子　　　D. 氯离子　　　E. 镁离子
49. 单胃动物胃蛋白酶的最适 pH 范围是（　　）
    A. 1.6～2.4　　B. 3.6～5.4　　C. 6.6～7.4　　D. 7.6～8.4　　E. 8.6～9.4
50. 可以在动物体内转变成葡萄糖和糖原的物质是（　　）
    A. 乳酸　　　　B. 乙酸　　　　C. 亮氨酸　　　D. 乙酰乙酸　　E. 赖氨酸
51. 真核细胞生物氧化的主要场所是（　　）
    A. 核糖体　　　　　　　B. 线粒体　　　　　　　C. 溶酶体
    D. 高尔基复合体　　　　E. 过氧化物酸体
52. 影响动物脂肪动员的关键酶是（　　）
    A. 激素敏感脂肪酶　　　B. 脂蛋白脂肪酶　　　　C. 磷酸甘油激酶
    D. 转脂酶基酶　　　　　E. 磷脂酶
53. 哺乳动物合成尿素的主要器官是（　　）
    A. 肝　　　　　B. 脑　　　　　C. 脾　　　　　D. 肾　　　　　E. 胰
54. 丙酸在反刍动物体内主要用于（　　）
    A. 合成丙氨酸　　　　　B. 异生葡萄糖　　　　　C. 运输蛋白质
    D. 转化胆固醇　　　　　E. 合成卵磷脂
55. 能够缓解高铁血红蛋白血症的维生素是（　　）
    A. 维生素 D　　B. 维生素 K　　C. 维生素 B_1　　D. 维生素 C　　E. 维生素 A
56. 肌肉组织中细丝的主要成分是（　　）
    A. 肌球蛋白　　B. 肌动蛋白　　C. 原肌球蛋白　D. 肌钙蛋白　　E. 肌红蛋白
57. 脂肪变性是指（　　）
    A. 组织内出现脂肪细胞　　　　B. 脂肪细胞内脂肪滴增多
    C. 脂肪组织中脂肪细胞增多　　D. 组织内脂滴增多或脂肪细胞增多
    E. 正常不见脂滴的细胞内出现脂滴，或胞浆内脂肪滴增多
58. 黄疸时引起全身皮肤黏膜发生黄染的是（　　）
    A. 胆红素　　　B. 脂褐素　　　C. 黑色素　　　D. 卟啉色素　　E. 含铁血黄素
59. 发生淤血的组织局部（　　）
    A. 温度升高，颜色鲜红　　　　B. 温度升高，颜色暗红
    C. 温度降低，颜色鲜红　　　　D. 温度降低，颜色暗红
    E. 温度不变，颜色暗红
60. 心瓣膜上形成的血栓，常见的类型是（　　）
    A. 白色血栓　　B. 混合血栓　　C. 红色血栓　　D. 透明血栓　　E. 败血性血栓
61. 构成肉芽组织的主要成分是毛细血管内皮细胞和（　　）
    A. 肌细胞　　　B. 多核巨细胞　C. 成纤维细胞　D. 上皮细胞　　E. 纤维细胞
62. 呼吸性碱中毒的特点是（　　）
    A. 血浆 $NaHCO_3$ 原发性增加　　B. 血浆 $NaHCO_3$ 原发性减少
    C. 血浆 H_2CO_3 含量原发性增加　D. 血浆 H_2CO_3 含量继发性增加
    E. 血浆 H_2CO_3 含量原发性减少
63. 动物亚硝酸盐中毒时，末梢血液呈（　　）
    A. 浅红色　　　B. 酱油色　　　C. 鲜红色　　　D. 樱桃红色　　E. 玫瑰红色
64. 应激时机体物质代谢改变的特点是（　　）
    A. 血糖升高　　　　　　B. 代谢率降低　　　　　C. 血中脂肪酸含量降低
    D. 血中酮体含量降低　　E. 血中游离氨基酸含量降低
65. 炎性渗出物中的纤维素是指（　　）
    A. 纤维组织　　B. 纤维蛋白　　C. 纤维细胞　　D. 纤维蛋白原　E. 纤维蛋白酶
66. 结核性肉芽肿病灶内的上皮样细胞来源于（　　）
    A. 淋巴细胞　　B. 浆细胞　　　C. 巨噬细胞　　D. 中性粒细胞　E. 嗜酸性粒细胞
67. 败血症是（　　）

A. 病畜血液内存在原虫　　　B. 病畜血液内存在病原菌
C. 病畜血液内存在病毒　　　D. 病畜血液内存在毒素
E. 病原体侵入血液，产生毒素引起的全身性严重病变

68. 良性肿瘤常见的生长方式是（　　）
    A. 浸润性生长/外生性生长　　B. 弥漫性生长/内生性生长
    C. 膨胀性生长/弥漫性生长　　D. 外生性生长/膨胀性生长
    E. 内生性生长/弥漫性生长

69. 牛副结核病时的肠炎属于（　　）
    A. 出血性肠炎　　B. 坏死性肠炎　　C. 增生性肠炎
    D. 慢性卡他性肠炎　　E. 纤维素性坏死性肠炎

70. 一般情况下，作用选择性低的药物，在治疗量时对畜禽的（　　）
    A. 毒性较少　　B. 副作用较多　　C. 副作用较少
    D. 不良反应较少　　E. 过敏反应较剧烈

71. 治疗犬脑部细菌感染应该首选（　　）
    A. 新霉素内服　　B. 庆大霉素内服　　C. 磺胺氯吡嗪内服
    D. 磺胺嘧啶内服　　E. 磺胺二甲嘧啶内服

72. 青霉素类抗生素的抗菌作用机理是控制细菌（　　）
    A. 叶酸的合成　　B. 蛋白质的合成　　C. 细胞壁的合成
    D. 细胞膜的合成　　E. DNA回旋酶的合成

73. 可用于饮水消毒的药物是（　　）
    A. 复合酚　　B. 戊二醛　　C. 含氯石灰　　D. 聚维酮碘　　E. 溴氯海因

74. 对创伤、手术等引起的剧烈疼痛有良好镇痛效果的药物是（　　）
    A. 地西泮　　B. 氯丙嗪　　C. 安乃近
    D. 哌替啶（杜冷丁）　　E. 对乙酰氨基酚（扑热息痛）

75. 猫禁用的解热镇痛抗炎药物是（　　）
    A. 安乃近　　B. 萘普生　　C. 安替比林
    D. 对乙酰氨基酚　　E. 氟尼新葡甲胺

76. 内服硫酸钠可用于治疗术（　　）
    A. 胃炎　　B. 肠炎　　C. 胃溃疡　　D. 胃肠鼓气　　E. 大肠便秘

77. 用于治疗动物充血性心力衰竭的药物是（　　）
    A. 樟脑　　B. 咖啡因　　C. 氨茶碱　　D. 肾上腺素　　E. 洋地黄毒苷

78. 马来酸氯苯钠敏抗过敏作用的机理是（　　）
    A. 激动 H_1 受体　　B. 阻断 H_1 受体　　C. 激动 H_2 受体
    D. 阻断 H_2 受体　　E. 激动 N_1 受体

【B1 型题】

答题说明：以下提供若干组考题，每组考题共用在考题前列出的 A、B、C、D、E 五个备选答案，请从中选择一个与问题最密切的答案，并在答题卡上将相应题号的相应字母所属的方框涂黑。某个备选答案可能被选择 1 次、多次或不被选择。

（79、80题共用下列备选答案）
A. 马　　B. 牛　　C. 猪　　D. 犬　　E. 兔

79. 升结肠形成圆锥状肠袢动物是（　　）
80. 升结肠形成圆盘状肠袢的动物是（　　）

（81、82题共用下列备选答案）
A. 鸣管　　B. 气囊　　C. 喉　　D. 肺　　E. 鸣泡

81. 鸡气管分叉处形成的特殊结构是（　　）
82. 鸭的发声器官是（　　）

（83～85题共用下列备选答案）
A. 铁和蛋白质　　　　　　　B. 锌和蛋白质
C. 维生素 B_{12}、丁酸和铜离子　　D. 维生素 B_{12}、叶酸和铜离子

E. 促红细胞生成素
83. 红细胞生成所需的原料主要是（　　）
84. 促进红细胞发育和成熟的物质主要是（　　）
85. 调节红细胞数量自稳态的物质主要是（　　）

（86、87题共用下列备选答案）
A. Na^+　　　B. K^+　　　C. Ca^{2+}　　　D. Mg^{2+}　　　E. Fe^{2+}
86. 分布于细胞外液的主要离子是（　　）
87. 分布于细胞内液的主要离子是（　　）

（88、89题共用下列备选答案）
A. 淋巴细胞　　　B. 中性粒细胞　　　C. 嗜酸性粒细胞
D. 嗜碱性粒细胞　　　E. 单核细胞
88. 鸡感染了新城疫病毒，临诊见有观星姿势，组织病理学观察见有非化脓性脑炎，脑血管周围有大量炎性细胞浸润，该病灶中渗出的主要炎性细胞种类为（　　）
89. 犊牛感染了化脓性棒状杆菌，剖检见肾脏有明显的化脓灶，组织病理学观察见病灶局部有大量的炎性细胞浸润，该病灶中渗出的主要炎性细胞种类为（　　）

（90、91题共用下列备选答案）
A. 尸冷　　　B. 尸体自溶　　　C. 尸僵　　　D. 尸斑　　　E. 尸体腐败
90. 动物死亡后，尸体在自身酶（如溶酶体酶等）的作用下被消化，其中以胃、肠和胰腺出现的变化最为明显，该动物尸体变化类型属于（　　）
91. 动物死亡后，可见尸体倒卧侧的皮肤出现青紫色淤血区，后期由于发生溶血，可使该部位染成污红色，该动物尸体变化类型属于（　　）

（92、93题共用下列备选答案）
A. 副作用　　　B. 毒性作用　　　C. 过敏反应　　　D. 二重感染　　　E. 后遗效应
92. 犬麻醉前使用阿托品时，可出现抑制腺体分泌、减轻心脏抑制、抑制胃肠平滑肌的作用，其中抑制胃肠平滑肌的作用属于（　　）
93. 猪长期使用乙酰甲喹后，引起肝、肾损害，此作用属于（　　）

（94、95题共用下列备选答案）
A. 地克珠利　　　B. 莫能菌素　　　C. 托曲珠利　　　D. 尼卡巴嗪　　　E. 氯羟吡啶
94. 通过干扰球虫细胞内钠、钾离子的正常渗透而产生杀虫作用的抗虫药是（　　）
95. 既能用于预防鸡球虫病，又能用作肉牛促生长使用的抗球虫药是（　　）

【A2型题】
答题说明：每一道考题是以一个小案例出现的，其下面都有A、B、C、D、E五个备选答案，请从中选择一个最佳答案，并在答题卡上将相应题号的相应字母所属的方框涂黑。
96. 鸡，35日龄，初步诊断为大肠杆菌病，用庆大霉素治疗3天，效果欠佳，经实验室确诊为大肠杆菌并发支原体感染，应加用的治疗药是（　　）
A. 杆菌肽　　　B. 土霉素　　　C. 头孢噻呋　　　D. 莫能菌素　　　E. 磺胺嘧啶
97. 奶牛出现瘤胃弛缓，用氨甲酰胆碱200毫克皮下注射，10分钟后出现不安，唾液分泌过多，诊断为氨甲酰胆碱中毒，有效解毒药是（　　）
A. 阿托品　　　B. 亚甲蓝　　　C. 解磷定　　　D. 新斯的明　　　E. 毛果芸香碱

【A3/A4型题】
答题说明：以下提供若干个案例，每个案例下设若干道考题。请根据案例所提供的信息，在每一道考试题下面的A、B、C、D、E五个备选答案中选择一个最佳答案，并在答题卡上将相应题号的相应字母所属的方框涂黑。

（98~100题共用以下题干）
某牛场成年牛突然发病，症见高热、呼吸困难，听诊有明显的啰音，叩诊有大面积浊音区，X射线检查可见肺部呈现大面积的渗出性阴影。死后剖检可见肺肿大，暗红色，质地坚实如肝脏，病变肺组织切块可沉入水底。
98. 该牛肺的病变为（　　）
A. 过敏性肺炎　　B. 小叶性肺炎　　C. 大叶性肺炎　　D. 真菌性肺炎　　E. 间质性肺炎

99. 该肺炎的变化处于（　　）
   A. 充血期　　B. 红色肝变期　　C. 灰色肝变期　　D. 水肿期　　E. 消散期
100. 如果病情进一步发展，该肺的病变会呈现（　　）
   A. 充血明显，肺泡内充满大量网状物
   B. 充血消失，肺泡内见少量网状物
   C. 充血消失，肺泡内充满大量网状物
   D. 水肿明显，肺泡内见少量均质红染物
   E. 出血明显，肺泡内充满大量网状物

预防科目（100分）（上午卷）

【A1型题】
答题说明：每一道考试题下面有A、B、C、D、E五个备选答案，请从中选择一个最佳答案，并在答题卡上将相应题号的相应字母所属的方框涂黑。

101. 在固体培养基上可生长成大而扁平、边缘呈卷发状菌落的细菌是（　　）
   A. 大肠杆菌　　B. 炭疽杆菌　　C. 金黄色葡萄球菌
   D. 多杀性巴氏杆菌　　E. 产单核细胞李氏杆菌
102. L型细菌与其原型菌相比，差异的结构是（　　）
   A. 核体　　B. 质粒　　C. 细胞膜　　D. 核糖体　　E. 细胞壁
103. 抗酸染色后呈红色的细菌是（　　）
   A. 大肠杆菌　　B. 猪链球菌　　C. 炭疽杆菌
   D. 结核分枝杆菌　　E. 多杀性巴氏杆菌
104. 细菌群体生长过程中，新繁殖的活菌数与死菌数大致平衡的生长过程期是（　　）
   A. 静止期　　B. 迟缓期　　C. 对数期　　D. 稳定期　　E. 衰亡期
105. 在液体培养基中静置培养后，液体表面形成菌膜的细菌是（　　）
   A. 大肠杆菌　　B. 猪链球菌　　C. 牛分枝杆菌
   D. 金黄色葡萄球菌　　E. 多杀性巴氏杆菌
106. **不含有内毒素的细菌是**（　　）
   A. 葡萄球菌　　B. 沙门氏菌　　C. 巴氏杆菌　　D. 变形杆菌　　E. 嗜血杆菌
107. 半固体培养基可用于检测细菌的（　　）
   A. 生长快慢　　B. 运动性　　C. 呼吸类型　　D. 菌落形态　　E. 血清型
108. 超高温马氏消毒法采用的温度是（　　）
   A. 160℃　　B. 132℃　　C. 121℃　　D. 100℃　　E. 72℃
109. 引起仔猪水肿病的病原是（　　）
   A. 大肠杆菌　　B. 副猪嗜血杆菌　　C. 猪伤寒沙门氏菌
   D. 多杀性巴氏杆菌　　E. 产单核细胞李氏杆菌
110. 病素养的增殖方式是（　　）
   A. 复制　　B. 芽殖　　C. 二分裂　　D. 减数分裂　　E. 孢子生殖
111. 可用于纯化病毒的试验是（　　）
   A. 空斑试验　　B. 凝集试验　　C. 耐酸性试验
   D. 免疫转印试验　　E. 血凝抑制试验
112. 可用于病毒血清型鉴定的方法是（　　）
   A. 中和试验　　B. 耐酸性试验　　C. 耐热性试验
   D. 乙醚敏感性试验　　E. 核酸酶敏感性试验
113. 禽流感病毒H亚型分型的物质基础是（　　）
   A. 核蛋白　　B. 磷蛋白　　C. 血凝素　　D. 基质蛋白　　E. 神经氨酸酶
114. 决定抗原特异性的物质基础是（　　）
   A. 分子质量　　B. 物理性状　　C. 化学成分
   D. 结构的复杂性　　E. 表面特殊的化学基团
115. 在机体黏膜免疫中发挥主要作用的抗体类型是（　　）

A. IgG B. IgM C. IgA D. IgD E. IgE

116. 禽类特有的免疫器官是（　　）
 A. 骨髓 B. 法氏囊 C. 胸腺 D. 扁桃体 E. 淋巴结

117. 具有免疫记忆功能的细胞是（　　）
 A. B细胞 B. 巨噬细胞 C. 肥大细胞 D. NK细胞 E. 中性粒细胞

118. 属于典型的细胞毒型（Ⅱ型）变态反应是（　　）
 A. 血清病 B. 结核菌素肉芽肿 C. 青霉素过敏反应
 D. 新生畜溶血性贫血 E. 自身免疫复合物病

119. 在母猪产前进行疫苗免疫可以有效保护仔猪，此方法对于仔猪来说属于（　　）
 A. 人工主动免疫 B. 人工被动免疫 C. 天然主动免疫
 D. 天然被动免疫 E. 非特异性免疫

120. 接种鸡痘疫苗最常用的方法是（　　）
 A. 滴鼻 B. 饮水 C. 气雾 D. 刺种 E. 点眼

121. 可用于检测抗体的方法是（　　）
 A. PCR技术 B. 空斑试验 C. 血凝试验
 D. 补体结合反应 E. 淋巴细胞增殖反应

122. 需颗粒性抗原参与的免疫血清学反应是（　　）
 A. 环状沉淀试验 B. 对流免疫电泳 C. 火箭免疫电泳
 D. 直接凝集反应 E. 补体结合反应

123. 某犬被同类咬伤后，从表现精神沉郁到刚出现攻击人畜、恐水症状之前的一段时间称为（　　）
 A. 潜伏期 B. 前驱期 C. 明显期 D. 转归期 E. 康复带毒期

124. 流行病学调查中，**不能**为疫情来源提供线索的是（　　）
 A. 养殖场规模 B. 近期是否从外地引种
 C. 近期免疫接种情况 D. 周边地区有无疫情
 E. 是否有外来人员参观

125. 直接影响初生仔猪接种活疫苗免疫效果的最主要因素是（　　）
 A. 饮料中氨基酸水平 B. 饲料中维生素含量 C. 饲料中微量元素含量
 D. 种公猪的免疫情况 E. 母源抗体水平

126. 决定漂白粉消毒效果的因素是（　　）
 A. 剂型 B. 有效氯含量 C. 使用时间 D. 储存容器 E. 环境温度

127. 公猪患乙型脑炎常出现的症状是（　　）
 A. 阴囊炎 B. 尿道炎 C. 尿道结石 D. 膀胱炎 E. 睾丸炎

128. 国家贸易中用于确诊牛羊布鲁氏菌病的方法是（　　）
 A. PCR B. 现场诊断 C. 玻片凝聚试验
 D. 试管凝集试验 E. 补体结合试验

129. 成年种鸡感染鸡白痢沙门氏菌后的病理损害部位多见于（　　）
 A. 生殖系统 B. 消化系统 C. 呼吸系统 D. 神经系统 E. 免疫系统

130. 送检病料用于分离口蹄疫病毒时，常在其中加入的保存液是（　　）
 A. 无菌蒸馏水 B. 70%乙醇 C. 50%甘油磷酸盐缓冲液
 D. 0.1%硫柳汞 E. 0.1%叠氮钠

131. 目前我国防控非洲猪瘟的主要措施是（　　）
 A. 环境消毒 B. 扑杀病猪 C. 免疫预防
 D. 使用抗病毒药物 E. 严格入境检疫

132. 副猪嗜血杆菌病最常见的病理变化是（　　）
 A. 出血性肠炎 B. 多发性浆膜炎 C. 肾小球肾炎
 D. 坏死性心肌炎 E. 非化脓性脑炎

133. 急性型猪痢疾严重病例的粪便颜色多为（　　）
 A. 白色 B. 灰色 C. 红色 D. 黄色 E. 黑色

134. 脑膜脑炎型牛传染性鼻气管炎主要发生于（　　）
    A. 泌乳期奶牛　　B. 干奶期奶牛　　C. 育成肉牛　　D. 犊牛　　E. 种公牛
135. 以食道黏膜糜烂并呈线状排列为病理特征的牛传染病是（　　）
    A. 口蹄疫　　　　B. 牛流行热　　　C. 牛出血性败血病
    D. 牛传染性鼻气管炎　　E. 牛病毒性腹泻
136. 山羊羊节炎-脑炎除了常见的脑脊髓炎型和关节炎型外，还有（　　）
    A. 眼炎型　　　　B. 流产型　　　　C. 胃肠炎型
    D. 生殖道炎型　　E. 间质性肺炎型
137. 从马传染性贫血发热期病马分离病原，宜采集的样品是（　　）
    A. 尿液　　B. 粪便　　C. 血液　　D. 唾液　　E. 鼻液
138. 鸡发生以呼吸困难、咳出带血黏液为特征的疾病多见于（　　）
    A. 新城疫　　　　　　B. 鸡败血支原体感染　　C. 鸡传染性喉气管炎
    D. 鸡传染性支气管炎　　E. 鸡传染性鼻炎
139. 分离鸡病毒性关节炎病毒，应采集病鸡的样品是（　　）
    A. 脑组织　　B. 法氏囊　　C. 肝脏　　D. 肺脏　　E. 肠内容物
140. 犬瘟热常呈现的发热特点是（　　）
    A. 不规则热　　B. 回归热　　C. 稽留热　　D. 双相热　　E. 波状热
141. 犬心肌炎型细小病毒病多发生于（　　）
    A. 1周龄内　　B. 1~2周龄　　C. 1~2月龄　　D. 3~4月龄　　E. 5~6月龄
142. 犬传染性肝炎病犬常见的体表变化是（　　）
    A. 皮下水肿　　B. 皮下脓肿　　C. 被毛脱落　　D. 皮肤溃疡　　E. 皮肤干裂
143. 蜜蜂美洲幼虫腐臭病出现症状的时间平均在卵孵化后的（　　）
    A. 9.5天　　B. 10.5天　　C. 11.5天　　D. 12.5天　　E. 13.5天
144. 猪带绦虫的终末宿主是（　　）
    A. 猪　　B. 猫　　C. 人　　D. 犬　　E. 鼠
145. 钩虫的主要感染途径是（　　）
    A. 经交配　　B. 经空气　　C. 经胎盘　　D. 经眼结膜　　E. 经皮肤
146. 确诊寄生虫病最可靠的方法是（　　）
    A. 临床症状观察　　B. 流行病学调查　　C. 病变观察
    D. 病原检查　　　　E. 血清学检验
147. 动物驱虫期间，最适宜的粪便处理方法是（　　）
    A. 深埋　　B. 生物热发酵　　C. 使用消毒剂　　D. 直接用作肥料　　E. 直接喂鱼
148. 细粒棘球绦虫的终末宿主是（　　）
    A. 犬　　B. 山羊　　C. 人　　D. 猪　　E. 绵羊
149. 人吃生鱼片和醉虾最可能感染的寄生虫是（　　）
    A. 华支睾吸虫　　B. 前后盘吸虫　　C. 肝片吸虫　　D. 胰阔盘吸虫
    E. 布氏姜片吸虫
150. 确诊羊疥螨病主要根据（　　）
    A. 血液嗜碱性粒细胞增加　　　　B. 血液涂片镜检见有虫体
    C. 皮肤病料镜检见大量虫卵　　　D. 血液嗜酸性粒细胞增加
    E. 时常擦痒，皮肤表面形成痂块，大面积脱毛
151. 可用于治疗牛泰勒虫病的药是（　　）
    A. 左旋咪唑　　B. 三氮脒　　C. 吡喹酮　　D. 阿维菌素　　E. 溴氰菊酯
152. 多头绦虫成虫寄生在犬、狼、狐狸的（　　）
    A. 肝脏　　B. 肺脏　　C. 大脑　　D. 大肠　　E. 小肠
153. 马媾疫的感染途径是（　　）
    A. 经口感染　　B. 经胎盘感染　　C. 经交配感染　　D. 经呼吸道感染
    E. 经节肢动物感染
154. 鸡感染火鸡组织滴虫的最易感染年龄是（　　）

A. 1~2周龄   B. 4~6周龄   C. 2~3月龄   D. 4~6月龄
E. 7月龄以上

155. 犬巴贝斯虫寄生于犬的（　　）
  A. 红细胞   B. 淋巴细胞   C. 巨噬细胞   D. 中性粒细胞   E. 浆细胞

156. 防控犬复孔绦虫病必须注意杀灭（　　）
  A. 蚤和虱   B. 疥螨   C. 伤口蛆   D. 蚊和蝇   E. 硬蜱

157. 犬恶丝虫成虫的主要寄生部位是（　　）
  A. 左心室   B. 左心房   C. 肺动脉   D. 气管   E. 胆管

158. 斯氏艾美耳球虫寄生于兔的（　　）
  A. 胃   B. 小肠   C. 大肠   D. 肾脏   E. 肝脏

159. 小蜂螨的生活史中无（　　）
  A. 成虫   B. 蛹   C. 若虫   D. 幼虫   E. 卵

160. 有机磷农药的靶器官是（　　）
  A. 瞳孔   B. 唾液腺   C. 骨骼肌   D. 平滑肌   E. 神经系统

161. 绝大多数的环境污染物对人群健康的影响是（　　）
  A. 高毒性的   B. 中等毒性的   C. 低毒性的   D. 微毒性的   E. 无毒性的

162. 大肠菌群的特性**不包括**（　　）
  A. 发酵乳糖   B. 产酸产气   C. 无芽孢   D. 革兰氏阳性
  E. 需氧和兼性厌氧

163. 属于互源性人畜共患病的是（　　）
  A. 棘球蚴病   B. 日本血吸虫病   C. 肉孢子虫病   D. 旋毛虫病
  E. 肝片吸虫病

164. 现行国家标准规定，水疱病病猪应进行（　　）
  A. 高温处理   B. 冷冻处理   C. 盐腌处理   D. 销毁处理   E. 产酸处理

165. **不能**用生物热消毒法处理病畜粪便的疫病是（　　）
  A. 口蹄疫   B. 猪瘟   C. 炭疽   D. 猪丹毒
  E. 布鲁氏菌病

166. 动物诊疗机构至少应有两个分区，其中之一必须是（　　）
  A. 动物手术区   B. 动物诊断区   C. 动物处置区   D. 动物疫病区
  E. 动物消毒区

【B1型题】
答题说明：以下提供若干组考题，每组考题共用在考题前列出的A、B、C、D、E五个备选答案，请从中选择一个与问题最密切的答案，并在答题卡上将相应题号的相应字母所属的方框涂黑。某个备选答案可能被选择1次、多次或不被选择。

（167~169题共用下列备选答案）
  A. 胸膜肺炎放线杆菌   B. 多杀性巴氏杆菌
  C. 牛支原体   D. 支气管败血波氏菌
  E. 牛分枝杆菌

167. 牛，呼吸急促，鼻孔流出血色泡沫液体；取鼻腔分泌物经瑞氏染色、镜检见两极着色的球杆菌。该病例最可能的病原是（　　）

168. 黄牛，初期干咳，后期湿咳，鼻孔流出黄色黏液，取鼻腔分泌物经抗酸染色、镜检见红色杆菌。该病例最可能的病原是（　　）

169. 奶牛，长时间干咳，取鼻腔拭子接种于10%的马血清马丁琼脂，37℃培养5天，可见"煎荷包蛋"状小菌落。该病例最可能的病原是（　　）

（170~172题共用下列备选答案）
  A. 犬细小病毒   B. 犬瘟热病毒   C. 狂犬病病毒   D. 犬传染性肝炎病毒
  E. 伪狂犬病病毒

170. 比格犬，腹泻，病初粪便呈黄色且带大量黏液，后期排出番茄汁样稀粪，自粪便中分离出一种能凝集猪红细胞的DNA病毒，该病例最可能的病原是（　　）

171. 牧羊犬，突然发病，表现为双相热型，腹泻，眼、鼻流出脓性分泌物。取鼻分泌物接种Vero细胞，分离到一种具有血凝活性的RNA病毒。该病例最可能的病原是（　　）

172. 贵宾犬，腹泻，头眼部出现水肿，经治疗好转，康复期出现"蓝眼"症状，取体温升高阶段的血液接种MDCK细胞，分离到一种具有血凝活性的DNA病毒。该病例最可能的病原是（　　）

(173~175题共用下列备选答案)

 A. 特异性识别与杀伤感染细胞　　B. 阻止病毒从黏膜入侵机体
 C. 中和病毒与调理作用　　　　　D. 广谱抗病毒作用
 E. 释放大量细胞因子

173. 在局部免疫中，分泌型IgA发挥抗病毒作用的方式是（　　）
174. 细胞毒性T细胞发挥抗病毒感染的方式是（　　）
175. 循环抗体阻断病毒通过血液扩散的方式是（　　）

(176~178题共用下列备选答案)

 A. 仔猪大肠杆菌病　　B. 仔猪沙门氏菌病　　C. 仔猪梭菌性肠炎
 D. 猪传染性胃肠炎　　E. 伪狂犬病

176. 某猪场12~15日龄仔猪发生腹泻，排出灰白色糊状粪便，有腥臭味，发病率35%，死亡率5%。尸体外表苍白、脱水、消瘦。剖检见肠黏膜有卡他性炎症。粪便接种麦康凯培养基长出红色菌落。该病最可能是（　　）

177. 某猪场2日龄仔猪腹泻，排出含组织碎片的红褐色稀粪，病猪脱水，死亡。剖检可见空肠呈暗红色，肠腔充满含血液的稀粪，肠系膜淋巴结呈鲜红色，该病最可能是（　　）

178. 某猪场部分断奶仔猪咳嗽，有时呕吐，有的仔猪共济失调、间歇发生四肢痉挛，有的猪顽固性腹泻，病猪脑组织接种家兔，家兔出现奇痒死亡，该病最可能是（　　）

(179~181题共用下列备选答案)

 A. 血液检查　　B. 尿液检查　　C. 粪便检查　　D. 皮屑检查
 E. 体表淋巴结穿刺检查

179. 夏末，一水牛体温升高，呈间歇热病牛逐渐消瘦、贫血，眼内有浆液性分泌物，四肢下部、前胸与腹下水肿，皮肤干裂，进一步诊断该病，首选的检查方法是（　　）

180. 成年猫出现消瘦、下痢、贫血和消化不良等症状，有喂生鱼史。用丙硫咪唑驱虫，精神与食欲好转。进一步诊断该病，首先的检查方法是（　　）

181. 夏季，某马群体温升高，呈间隙热，眼结膜、瞬膜上有黄豆大的出血斑，尿量减少，尿色深黄、黏稠。后期腋下、胸前水肿。检查马体，未发现硬蜱。进一步诊断该病，首选的检查方法是（　　）

(182~184题共用下列备选答案)

 A. 孔雀石绿　　B. 己烯雌酚　　C. 氯霉素　　D. 克伦特罗　　E. 呋喃唑酮

182. 一养牛户，为治疗奶牛乳房炎。将某种禁用药物注入奶牛乳房中治疗数日，使乳中大量残留该药物，可引起食用者骨髓造血机能受到抑制，发生再生障碍性贫血。牛奶中最可能残留的禁用药物是（　　）

183. 一养牛户为了促进肉牛的生长，长期给肉牛使用某种禁用药物，使牛肉中大量残留该药物，长期食用对食用者的生殖系统和生殖功能造成严重影响，并有可能引起癌变。牛肉中最可能残留的禁用药物是（　　）

184. 一养猪户，为增加瘦肉率，减少脂肪沉积，在饲料中非法添加某种禁用药物，造成猪肉中大量残留该药物，可引起食用者出现头痛、头晕、心悸、心律失常、呼吸困难、肌肉震颤和疼痛等中毒症状。猪肉中最可能残留的禁用药是（　　）

【A2型题】

 答题说明：每一道考题是以一个小案例出现的，其下面都有A、B、C、D、E五个备选答案，请从中选择一个最佳答案，并在答题卡上将相应题号的相应字母所属的方框涂黑。

185. 某鸡场产蛋鸡食欲减退，排黄色稀粪，肉髯肿胀呈青紫色。取病死鸡肝脏涂片，经美蓝染色可见两极浓染的球杆菌。该鸡群感染的病原可能是（　　）

 A. 李氏杆菌　　B. 大肠杆菌　　C. 沙门氏菌　　D. 巴氏杆菌　　E. 葡萄球菌

186. 某放牧绵羊，突然倒地死亡，天然孔流出带泡沫的暗红色血液。病死羊耳尖部血液涂片后美蓝染色，镜检可见有荚膜的竹节状大杆菌，该羊感染的病原可能是（　　）
    A. 诺维梭菌　　　　　B. 破伤风梭菌　　　　C. 蜡样芽孢杆菌
    D. 炭疽芽孢杆菌　　　E. 产气荚膜梭菌

187. 患鸡垂翅，渐进性消瘦，陆续死亡。死后剖检，脾脏和肝脏有肿瘤样结节，羽毛囊上皮超薄切片电镜观察，可见有囊膜的病毒粒子。引起该病的病原可能是（　　）
    A. 新城疫病毒　　　　B. 马立克氏病病毒　　　C. 传染性法氏囊病病毒
    D. 禽传染性支气管炎病毒　　E. 禽传染性喉气管炎病毒

188. 7日龄仔猪发病，病初呕吐，继而水样腹泻，粪便内含有未消化的凝乳块，病死率达90%，取病猪粪便经处理后电镜观察，可见表面具有花瓣状纤突的病毒，引起该病的病原可能是（　　）
    A. 猪水疱病病毒　　　B. 猪圆环病毒　　　　　C. 猪细小病毒
    D. 猪瘟病毒　　　　　E. 猪传染性胃肠炎病毒

189. 牧羊犬雌性，1岁。后躯麻痹，流涎，恐水，脑组织检查发现内基小体，此病可诊断为（　　）
    A. 狂犬病　　B. 犬瘟热　　C. 犬传染性肝炎　　D. 犬细小病毒　　E. 犬流感

190. 某成年公猪出现咳嗽，打喷嚏，流鼻涕等呼吸道症状，采食正常，随后出现面部泪斑。如分离病原应采集的样品是（　　）
    A. 鼻拭子　　B. 咽拭子　　C. 泪液　　D. 唾液　　E. 血液

191. 某6周龄鸡群冬季发病，病鸡频频摇头，打喷嚏，之后眼睑肿胀，病程长达一个月以上，剖检见鼻、气管和支气管有黏稠渗出物，气囊壁增厚和浑浊，内含干酪样物，该病可能是（　　）
    A. 禽霍乱　　　　　　B. 鸡新城疫　　　　　　C. 鸡败血支原体感染
    D. 鸡传染性支气管炎　E. 鸡传染性喉气管炎

192. 某猪群出现食欲废绝，高热稽留，呼吸困难，体表淋巴结肿大，皮肤发绀。孕猪出现流产，死胎。取病猪肝、肺、淋巴结独片染色镜检见香蕉形虫体，该寄生虫可能是（　　）
    A. 球虫病　　B. 鞭虫病　　C. 旋毛虫病　　D. 弓形虫病　　E. 蛔虫病

193. 某工地工人误食未煮熟的猪肉后，部分工人出现发热、肌肉疼痛、眼睑水肿等症状，个别患者死亡。对冰箱中剩余的猪肉进行检查，镜检发现肌肉内有梭形包囊，囊内有卷曲的虫体。对此类感染猪的屠宰检验方法是（　　）
    A. 淋巴结检查　　　　B. 血液检查　　　　　　C. 肌肉压片镜检
    D. 内脏检查　　　　　E. 皮肤检查

194. 夏季，某绵羊群放牧后出现食欲减退、体温升高、可视黏膜苍白等症状。剖位见肝脏肿大，出血，在肝胆管中发现扁平叶状虫体，该病可能是（　　）
    A. 绵羊球虫病　　　　B. 棘球蚴病　　　　　　C. 莫尼茨绦虫病
    D. 片形吸虫病　　　　E. 血矛线虫病

【A3/A4型题】

答题说明：以下提供若干个案例，每个案例下设若干道考题。请根据案例所提供的信息，在每一道考试题下面的A、B、C、D、E五个备选答案中选择一个最佳答案，并在答题卡上将相应题号的相应字母所属的方框涂黑。

(195~197题共用以下题干)
夏末秋初，某牛场个别牛突然发病，很快涉及全群。部分病牛体温正常，但四肢关节肿胀、疼痛，站立时后躯僵硬。少数牛卧地不起、瘫痪。现场调查发现该场卫生条件差，蚊虫滋生。

195. 该病可能是（　　）
    A. 口蹄疫　　　　　　B. 牛流行热　　　　　　C. 牛病毒性腹泻/黏膜病
    D. 牛李氏杆菌病　　　E. 牛传染性胸膜肺炎

196. 多数病牛高热，流泪，有泡沫样流涎，呼吸急促，该病型可能是（　　）
    A. 脑脊髓炎型　　B. 败血型　　C. 呼吸型　　D. 繁殖障碍型　　E. 水肿型

197. 如分离病原，应采取的样品是（　　）

A. 关节液　　　B. 红细胞　　　C. 白细胞　　　D. 血浆　　　E. 血清

（198～200题共用以下题干）

我国南方某放牧牛群食欲减退，体温升高，精神不振，腹泻便血，严重贫血，衰竭死亡。剖检见肝脏脾肿大，肝组织内有大量虫卵结节。

198. 该病的病原最可能是（　　）
 A. 肝片形吸虫　　　B. 矛形歧腔吸虫　　　C. 腔阔盘吸虫
 D. 日本分体吸虫　　　E. 大片形吸虫

199. 确该病常用的粪检方法是（　　）
 A. 饱和盐水漂浮法　　　B. 毛蚴孵化法　　　C. 直接涂片法
 D. 幼虫分离法　　　E. 离心沉淀法

200. 动物死后剖检，最可能检出成虫的部分是（　　）
 A. 胰脏　　　B. 颈静脉　　　C. 肺脏　　　D. 肾脏　　　E. 肠系膜静脉

临床科目（100分）（下午卷）

【A1型题】

答题说明：每一道考试题下面有A、B、C、D、E五个备选答案，请从中选择一个最佳答案，并在答题卡上将相应题号的相应字母所属的方框涂黑。

1. 浅触诊主要用于检查（　　）
 A. 肾脏大小　　　B. 体表温度　　　C. 肠内容物　　　D. 腹腔包块　　　E. 肝脏边缘

2. 检查浅表淋巴结活动性的基本方法是（　　）
 A. 视诊　　　B. 触诊　　　C. 叩诊　　　D. 听诊　　　E. 嗅诊

3. 叩诊时，引起心浊音区缩小的疾病是（　　）
 A. 心包积液　　　B. 心扩张　　　C. 心肥大　　　D. 肺气肿　　　E. 肺炎

4. 毕欧特氏呼吸的特点是（　　）
 A. 间断性呼气或吸气　　　B. 呼气和吸气均费力，时间延长
 C. 深大呼吸与暂停交替出现　　　D. 呼吸深大而慢，但无暂停
 E. 由浅到深再至浅，经暂停后复始

5. 过渡型中性粒细胞是指（　　）
 A. 原粒细胞　　　B. 中幼粒细胞　　　C. 杆状核粒细胞
 D. 3叶核粒细胞　　　E. 5叶核粒细胞

6. 动物血管内严重溶血时最易导致（　　）
 A. 高胆红素血症　　B. 血小板聚集　　C. 高蛋白血症　　D. 高脂血症　　E. 高钠血症

7. 健康草食动物尿液常呈（　　）
 A. 强碱性　　　B. 弱碱性　　　C. 强酸性　　　D. 弱酸性　　　E. 中性

8. 支气管肺炎的X线影征是（　　）
 A. 黑色阴影　　　B. 密度均匀的阴影　　　C. 大小不一的云絮状阴影
 D. 边缘整齐的大块状阴影　　　E. 整个肺野出现高密度阴影

9. 对动物做肝脏B超探查时，出现局限性液性暗区，其中有散在的光点或小光团，提示（　　）
 A. 肝结节　　　B. 肝硬化　　　C. 肝肿瘤　　　D. 肝脓肿　　　E. 肝坏死

10. 心电图中的T波反映（　　）
 A. 心房肌去极化　　　B. 心房肌复极化　　　C. 心室肌去极化
 D. 心室肌复极化　　　E. 窦房结激动

11. 由注册的执业兽医师和执业助理兽医师在诊疗活动中为患病动物开具的、作为患病动物处治凭证的医疗文书是（　　）
 A. 医嘱　　　B. 处方　　　C. 诊断建议书
 D. 病情通知书　　　E. 病危通知书

12. 血液中还原血红蛋白减少时，动物可视黏膜常表现为（　　）

A. 红色 B. 紫色 C. 黄色 D. 黄白色 E. 苍白色
13. 兽医临床上牛瓣胃穿刺的正确部位是（ ）
   A. 左侧第7肋间 B. 左侧第8肋间 C. 右侧第6肋间
   D. 右侧第7肋间 E. 右侧第8肋间
14. 治疗口炎常用的口腔清洗液为（ ）
   A. 双氧水 B. 生理盐水 C. 来苏儿
   D. 10%氯化钠溶液 E. 20%硫酸钠溶液
15. 牛瓣胃阻塞时其临床症状**不包括**（ ）
   A. 反刍缓慢 B. 轻度腹痛 C. 食欲减退
   D. 触诊左腹壁敏感 E. 瘤胃蠕动音减弱
16. 尿道发炎时，可用于清洗尿道的药物是（ ）
   A. 10%氯化钠溶液 B. 10%葡萄糖酸钙溶液
   C. 3%过氧化氢溶液 D. 2%戊二醛溶液
   E. 0.1%高锰酸钾溶液
17. 中暑的临床特征除体温急剧升高外，还有（ ）
   A. 多尿 B. 黄疸 C. 碱中毒 D. 发病缓慢 E. 心肺机能障碍
18. 预防奶牛骨软症。饲料中最适的钙磷比例为（ ）
   A. 1∶1 B. 1.5∶1 C. 2.5∶1 D. 1∶1.5 E. 1∶2
19. 母牛倒地不起综合征的病因**不包括**（ ）
   A. 骨折 B. 蛋白质缺乏 C. 神经损伤 D. 关节脱白 E. 矿物质代谢紊乱
20. **不能**对动物造成血液性、化学性、临诊或病理性改变等损害作用的最大剂量称为（ ）
   A. 半数致死量 B. 最高无毒剂量 C. 绝对致死量
   D. 最小致死量 E. 无作用剂量
21. 牛慢性蕨中毒的典型症状是（ ）
   A. 腹泻 B. 血尿 C. 皮下水肿 D. 共济失调 E. 黏膜发绀
22. 黄曲霉毒素经动物胃肠吸收后主要毒害的器官是（ ）
   A. 肝脏 B. 肾脏 C. 肺脏 D. 胰脏 E. 心脏
23. 引起牛黑斑病甘薯中毒的甘薯酮是（ ）
   A. 肝脏毒 B. 肺脏毒 C. 肾脏毒 D. 心脏毒 E. 脾脏毒
24. 猪食中毒的发作期应（ ）
   A. 大量饮水 B. 少量饮水 C. 禁止饮水 D. 多次饮水 E. 自由饮水
25. 肉鸡腹水综合征的特征是（ ）
   A. 肺动脉低压 B. 主动脉高压 C. 主动脉低压 D. 右心衰竭 E. 左心衰竭
26. 犬库兴氏综合征血液检查可见（ ）
   A. 中性粒细胞减少 B. 淋巴细胞减少 C. 单核细胞减少
   D. 淋巴细胞增多 E. 红细胞减少
27. 臀部深部脓肿的确诊方法是（ ）
   A. 视诊 B. 触诊 C. 叩诊 D. 听诊 E. 穿刺
28. 创伤一期愈合的临床特点是（ ）
   A. 创缘不整 B. 感染严重 C. 瘢痕组织多
   D. 炎症反应轻微 E. 愈合时间长
29. 机体多肌群或多关节发生疼痛的疾病是（ ）
   A. 骨关节炎 B. 腱鞘炎 C. 风湿病 D. 骨膜炎 E. 黏液囊炎
30. 因房水排泄受阻导致视力减退或丧失的眼病是（ ）
   A. 结膜炎 B. 角膜炎 C. 虹膜炎 D. 青光眼 E. 白内障
31. 风湿性肉芽肿中央的特征性病变是（ ）
   A. 浆细胞浸润 B. 淋巴细胞浸润 C. 风湿细胞浸润 D. 纤维素性坏死
   E. 中性粒细胞浸润
32. 检眼镜主要用于检查（ ）

A. 角膜　　　B. 虹膜　　　C. 玻璃体　　　D. 视网膜　　　E. 晶状体
33. 治疗犬、猫牙结石的最有效办法是（　　）
   A. 刷牙　　　B. 冲洗　　　C. 消炎　　　D. 拔牙　　　E. 刮除
34. 药物进入机体后的作用趋向有（　　）
   A. 浮沉迟数　　B. 升降沉浮　　C. 寒凉温热　　D. 寒热虚实　　E. 升降出入
35. 发汗解表、用于外感风寒表实证，与麻黄相须配伍的药物是（　　）
   A. 知母　　　B. 石膏　　　C. 薄荷　　　D. 桂枝　　　E. 杏仁
36. 五苓散的药物组成是（　　）
   A. 猪苓、茯苓、泽泻、生姜皮、桂枝
   B. 猪苓、茯苓、泽泻、白术、桂枝
   C. 猪苓、茯苓、大腹皮、白术、桂枝
   D. 猪苓、茯苓、泽泻、白术、陈皮
   E. 猪苓、桑白皮、泽泻、白术、桂枝
37. 治疗热结便秘，与大黄配伍的药物是（　　）
   A. 石膏　　　B. 秦皮　　　C. 石斛　　　D. 当归　　　E. 芒硝
38. 止咳平喘、润肠通便的药物是（　　）
   A. 砂仁　　　B. 杏仁　　　C. 桃仁　　　D. 火麻仁　　　E. 柏子仁
39. 暖身壮阳、温中祛寒的药物是（　　）
   A. 肉桂　　　B. 桂枝　　　C. 白头翁　　　D. 牡丹皮　　　E. 地骨皮
40. 具有收敛止血、消肿生肌的中药是（　　）
   A. 白及　　　B. 白果　　　C. 白芍　　　D. 白芷　　　E. 白前
41. 具有补血止血、滋阴润肺、安胎功效的药物是（　　）
   A. 当归　　　B. 白芷　　　C. 丹参　　　D. 阿胶　　　E. 白芍
42. 性腺激素主要包括（　　）
   A. GnRH、LH、FSH　　　B. OT、松弛素、PGs　　　C. P4、雌激素、雄激素
   D. eCG、hCG、GnRH　　　E. OT、PGs、LH
43. 属于季节性发情的动物是（　　）
   A. 奶牛　　　B. 黄牛　　　C. 绵羊　　　D. 猪　　　E. 兔
44. 经产奶牛，妊娠已280天，外阴部出现肿胀，尾根两侧臀部塌陷，乳房膨胀，乳汁呈滴状流出。该牛可能发生的是（　　）
   A. 临产征兆　　　B. 早产征兆　　　C. 胎儿浸溶征兆
   D. 急性乳腺炎　　　E. 慢性乳腺炎
45. 奶牛剖宫产术，子宫壁切口的缝合方法（　　）
   A. 浆膜肌层连续内翻缝合　　　B. 浆膜肌层间断外翻缝合
   C. 子宫壁全层连续内翻缝合　　　D. 子宫壁全层间断内翻缝合
   E. 全层水平纽扣缝合
46. 闭锁型犬子宫蓄脓的关键指征**不包括**（　　）
   A. 腹泻　　　B. 呕吐　　　C. 腹围增大　　　D. 血液白细胞数升高
   E. B超检查子宫影像有暗区
47. 某动物个体的性腺同时具有睾丸和卵巢组织，这种情况属于（　　）
   A. XXX综合征　　　B. XXY综合征　　　C. XX真两性畸形
   D. 雄性假两性畸形　　　E. 雌性假两性畸形
48. 公牛精囊腺炎综合征的常用诊断方法是（　　）
   A. 血常规检查　　B. 腹壁B超检查　　C. 直肠检查　　D. 尿常规检查　　E. 激素分析
49. 新生仔猪低糖血征**不会**出现的临床症状是（　　）
   A. 体温升高　　B. 体温下降　　C. 口流白沫　　D. 头颈后仰　　E. 四肢无力
50. 五脏之中，主藏血的是（　　）
   A. 肝　　　B. 肾　　　C. 脾　　　D. 心　　　E. 肺
51. 起于胸部、行于前肢内侧前缘、止于前肢末端的经脉是（　　）

A. 太阴肺经　　B. 太阴脾经　　C. 阳明大肠经　　D. 厥阴肝经　　E. 少阴肾经
52. 淡味常附于五味中的（　　）
　　A. 辛味　　B. 甘味　　C. 酸味　　D. 苦味　　E. 咸味
53. 发汗解表、宣肺平喘、主治外感风寒表实证的方剂是（　　）
　　A. 桂枝汤　　B. 麻黄汤　　C. 小柴胡汤　　D. 银翘散
　　E. 荆防败毒散
54. 白虎汤的药物组成除了石膏、甘草、粳米外，还有（　　）
　　A. 知母　　B. 栀子　　C. 芦根　　D. 黄连　　E. 黄柏
55. 用于治疗老龄患畜肠燥便秘的方剂是（　　）
　　A. 白头翁汤　　B. 大承气汤　　C. 当归苁蓉汤　　D. 曲蘖散　　E. 保和丸
56. 具有清热化痰、宽中散结作用的药物是（　　）
　　A. 黄芩　　B. 瓜蒌　　C. 麻黄　　D. 半夏　　E. 天南星
57. 具有温肾散寒、祛湿止痛作用的方剂是（　　）
　　A. 五苓散　　B. 八正散　　C. 茴香散　　D. 曲蘖散　　E. 郁金散
58. 共有活血祛瘀、养血安神作用的药物是（　　）
　　A. 沙参　　B. 丹参　　C. 党参　　D. 苦参　　E. 玄参
59. 具有补气升阳、托毒生肌作用的药物是（　　）
　　A. 党参　　B. 黄芪　　C. 白术　　D. 山药　　E. 甘草
60. 用于治疗肝火上炎、目炎肿痛的方剂是（　　）
　　A. 独活散　　B. 牡蛎散　　C. 决明散　　D. 巴戟散　　E. 茴香散

【B1 型题】
答题说明：以下提供若干组考题，每组考题共用在考题前列出的 A、B、C、D、E 五个备选答案，请从中选择一个与问题最密切的答案，并在答题卡上将相应题号的相应字母所属的方框涂黑。某个备选答案可能被选择 1 次、多次或不被选择。

（61、62题共用下列备选答案）
　　A. 水貂阿留申病　　B. 美洲幼虫腐臭病　　C. 白垩病
　　D. 马鼻疽　　E. 兔病毒性出血病
61. 可以通过胎盘传播的是（　　）
62. 在我国已经基本得到有效控制的是（　　）

（63、64题共用下列备选答案）
　　A. 鸡传染性喉气管炎　　B. 产蛋下降综合征　　C. 传染性支气管炎
　　D. 鸡马立克氏病　　E. 禽白血病
63. 成年产蛋鸡发病，表现为轻微的呼吸症状，伴随有产蛋下降，出现软壳蛋、畸形蛋、"鸽子蛋"以及蛋壳粗糙等，蛋的品质较差，蛋内容物中蛋白稀薄如水，剖检见输卵管呈节段不连续，卵泡充血、出血、变形的疾病是（　　）
64. 成年产蛋鸡突然无任何明显临床症状发病，主要表现为突然群体性产蛋下降，较正常下降幅度高达 50%，畸形蛋、沙皮蛋及软壳蛋逐渐增多，持续时间为 4~6 周的疾病是（　　）

（65~67题共用下列备选答案）
　　A. 干性坏疽　　B. 湿性坏疽　　C. 凝固性坏死
　　D. 液化性坏死　　E. 坏疽性溃疡
65. 藏獒犬，因打斗致使左侧肩脚部有一 5cm 长的开放性创伤，1 周后，该部位周围组织脱毛、浮肿；创面呈暗紫色、湿润，并覆有恶臭的红褐色分泌物，分泌物镜检有坏死杆菌，该犬所表现的病理特征属于（　　）
66. 家猫，1 个月前因难产实施剖宫产术，创口一直不愈合、表现为体温升高、厌食、创口裂口，皮下及肌肉组织肿胀坏死，创口见有大量脓性分泌液流出，该猫所表现的病理特性属于（　　）
67. 雄性博美犬，6 月龄，7 天前去势时用 5% 碘酊对术部做术前和术后皮肤消毒，现阴囊皮肤呈褐色、皮革样。该犬所表现的病理特征属于（　　）

(68、69题共用下列备选答案)
 A. 单纯间续缝合　　　B. 单纯连续缝合　　　C. 连续锁边缝合
 D. 库兴氏缝合　　　　E. 康乃尔氏缝合
68. 腊肠犬，直肠脱出4天，肠黏膜表面糜烂、坏死，决定做直肠切除术。直肠切除后浆膜肌层的缝合方法是（　　）
69. 北京犬，误食鱼钩，X线拍片见鱼钩位于胃内，决定施行胃切开术取出鱼钩。胃切开后浆膜肌层的缝合方法是（　　）

(70、71题共用下列备选答案)
 A. 隐性子宫内膜炎　　　　　　B. 慢性卡他性子宫内膜炎
 C. 慢性脓性子宫内膜炎　　　　D. 子宫积脓
 E. 子宫积液
70. 奶牛，产后5个月，发情正常。最近发现常从阴道中流出黏稠、混浊的液体，发情时更多，但无全身症状，冲洗子宫的回流液略混浊、似淘米水样。该牛最有可能发生的子宫疾病是（　　）
71. 奶牛，产后4个月，一直未见发情，从阴道中排出少量异常分泌物，但无全身症状，直肠检查感觉子宫体积明显增大、呈袋状，子宫壁增厚、有柔性的波动感；阴道检查见有少量灰黄色脓液。该牛最有可能发生的子宫疾病是（　　）

(72、73题共用下列备选答案)
 A. 黄连解毒汤　B. 龙胆泻肝汤　C. 麻杏甘石汤　D. 荆防败毒散　E. 独活散
72. 牛，突然发病，证见发热、喘急、咳嗽、口干渴、舌红、苔黄、脉数。治疗该病证适宜的方剂是（　　）
73. 突然发病，证见咳嗽、恶寒、被毛逆立、鼻流清涕、无汗、不喜饮水、尿清长、口淡而润、舌苔薄白、脉象浮紧。治疗该病证适宜的方剂是（　　）

【A2型题】
答题说明：每一道考题是以一个小案例出现的，其下面都有A、B、C、D、E五个备选答案，请从中选择一个最佳答案，并在答题卡上将相应题号的相应字母所属的方框涂黑。

74. 犬，4周龄，未免疫，体温40℃，呻吟，可视黏膜发绀，心杂音。心跳加快，心电图检查出现冠状T波。血液生化检查，活性升高的酶可能是（　　）
 A. 脂肪酶　　B. 碱性磷酸酶　　C. 胆碱酯酶　　D. 肌酸激酶　　E. γ-谷氨酰转移酶
75. 金毛犬，4岁，消瘦，反复呕吐，大便先干后稀。腹部平片未见异常，钡餐造影2小时后仅有少量进入空肠，X线正位片胃影左侧可见高中密度间隔条形影。右侧为欠均匀的高度密影。此病最可能是（　　）
 A. 胃内金属异物　　　　　B. 布片阻塞胃贲门　　　C. 石头阻塞胃幽门
 D. 骨头阻塞十二指肠　　　E. 塑料袋阻塞胃幽门
76. 牛，发热，精神沉郁，叩诊胸部敏感，听诊胸部有摩擦音，胸腔穿刺液含有大量纤维蛋白。该牛可诊断为（　　）
 A. 大叶性肺炎　B. 小叶性肺炎　C. 肺充血　D. 胸膜炎　E. 肺泡气肿
77. 某猪群，饲喂焖煮的菜叶后不久发病，临床表现为呼吸困难，心跳加快，全身发绀剖检见血液呈黑褐色，凝固不良。治疗该病的特效药物是（　　）
 A. 亚硝酸钠　　B. 硫代硫酸钠　　C. 阿托品　　D. 亚甲蓝　　E. 硫酸镁
78. 犬，骨折内固定手术后，创口周围严重肿胀，创口有多量分泌物流出，且流出不畅，触诊有捻发音。此时，首选的治疗措施是（　　）
 A. 清创术　　B. 扩创术　　C. 封闭疗法　　D. 温热疗法　　E. 制止渗出
79. 藏獒，2岁，颌下出现波动性肿胀、无热痛，穿刺液黏稠、透明。最佳的治疗方法是摘除（　　）
 A. 腮腺　　B. 颧腺　　C. 舌下腺　　D. 颌下腺　　E. 颌下腺+舌下腺
80. 雄性京巴犬，8岁，近日排尿不畅，排粪正常，在会阴部出现鹅蛋大肿胀，无热、无痛、无腹胀。该肿胀内容物最可能是（　　）

A. 结肠　　　B. 盲肠　　　C. 回肠　　　D. 卵巢　　　E. 前列腺

81. 奶牛，3岁，食欲废绝，右侧下腹部腹围增大明显，粪便量少、糊状、呈棕褐色、有恶臭味，并混有少量黏液和血丝。触诊皱胃区，感觉到有硬囊状物撞击手指。准备实施皱胃切开术，最佳切口是（　　）
    A. 左侧肋弓下斜切口　　　B. 右侧肋弓下斜切口　　　C. 左肷部前切口
    D. 右肷部前切口　　　E. 脐后腹中线切口

82. 母猪，妊娠已3个月，突然发现乳房膨大，阴唇肿胀，有清亮分泌物从阴道流出，提示情况可能发生的是（　　）
    A. 流产　　　B. 妊娠毒血症　　　C. 轻度乳腺炎　　　D. 乳房浮肿　　　E. 阴道炎

83. 奶牛分娩，持续努责1.5小时仍未产出胎儿。检查发现胎膜已经破裂，一前蹄露出阴门外，口鼻部位于阴道内，另一前肢腕关节屈曲，抵于耻骨前缘，胎儿尚活。处理该难产首选的方法是（　　）
    A. 直接矫正屈曲的腕关节
    B. 将头部推回子宫腔，矫正屈曲的腕关节
    C. 将露出的前肢推回子宫腔，矫正屈曲的腕关节
    D. 推回屈曲的肢体，向外牵拉头部和露出的前肢
    E. 截除屈曲的腕关节，再向外牵拉头部和露出的前肢

84. 马，耳鼻温热，泄泻，泻粪腥臭，尿短赤，口津干黏，口渴贪饮，口色红黄，舌苔黄腻，脉象滑数。该病可辨证为（　　）
    A. 食积大肠　　　B. 大肠冷泄　　　C. 大肠湿热　　　D. 大肠液亏　　　E. 寒湿困脾

85. 公牛，形寒肢冷，后肢水肿，尿清粪溏，阳痿不举，口色淡，脉沉无力，治疗宜选用的方法是（　　）
    A. 八正散　　　B. 牵正散　　　C. 秦艽散　　　D. 肾气丸　　　E. 六味地黄丸

【A3/A4型题】
答题说明：以下提供若干个案例，每个案例下设若干道考题。请根据案例所提供的信息，在每一道考试题下面的A、B、C、D、E五个备选答案中选择一个最佳答案，并在答题卡上将相应题号的相应字母所属的方框涂黑。

（86～88题共用以下题干）
奶牛，产后加喂多量精料，随后出现食欲废绝，运动失调。眼结膜充血发绀，中度脱水。瘤胃膨满，冲击式触诊可听到震荡音。排稀软酸臭粪便，尿少色浓，但体温正常。

86. 初步诊断是（　　）
    A. 瘤胃酸中毒　　B. 前胃迟缓　　C. 奶牛酮病　　D. 胃肠炎　　E. 生产瘫痪

87. 进一步诊断，最有意义的检测指标是（　　）
    A. 叩诊瘤胃　　　B. 听诊瘤胃蠕动　　　C. 观察反刍和嗳气
    D. 检查肠道和粪便　　　E. 测定瘤胃pH

88. 可能升高的血液指标是（　　）
    A. pH　　　B. HCO_3^-　　　C. CO_2结合力　　　D. 乳酸　　　E. 白细胞数

（89～91题共用以下题干）
黄牛，5岁，高温季节田间使役时，突然发病，呼吸困难，流泡沫状鼻液，黏膜发绀。体温40.8℃，呼吸60次/分钟，脉搏98次/分钟。肺部听诊湿啰音。X线影像显示肺野阴影加重，肺门血管纹理显著。

89. 该病可诊断为（　　）
    A. 胸膜炎　　　B. 喘鸣症　　　C. 支气管炎　　　D. 肺泡气肿　　　E. 肺充血与肺水肿

90. 肺部叩诊可能出现（　　）
    A. 清音　　　B. 浊音　　　C. 鼓音　　　D. 破壶音　　　E. 金属音

91. 血气分析最可能的异常是（　　）
    A. P_{O_2}正常，P_{CO_2}升高　　　B. P_{O_2}升高，P_{CO_2}升高
    C. P_{O_2}降低，P_{CO_2}降低　　　D. P_{O_2}升高，P_{CO_2}降低

E. P_{O_2}降低，P_{CO_2}升高

（92～94题共用以下题干）

北京犬，2周前因打斗致左眼羞明、流泪、黏液脓性分泌物增多，检查发现角膜中央有一凹陷、呈灰黄色浑浊，周边有新生的树枝状血管。

92. 该犬所患眼病是（　　）
    A. 角膜表层损伤　　　　B. 外伤性角膜炎　　　　C. 浅表性角膜炎
    D. 间质性角膜炎　　　　E. 溃疡性角膜炎

93. 有助于作出诊断的检查方法是（　　）
    A. 直接检眼镜检查　　　B. 手电筒检查　　　　　C. 间接检眼镜检查
    D. 荧光素染色　　　　　E. 微生物培养

94. 该病最佳治疗方法是（　　）
    A. 眼睑皮下注射　　　　B. 球结膜下注射　　　　C. 角膜损伤缝合
    D. 球结膜瓣覆盖　　　　E. 抗生素眼膏点眼

（95～97题共用以下题干）

母猪，产后4天，发现肠管从肛门脱出，长约10厘米，呈圆筒形，向下弯曲，黏膜水肿，淤血严重，部分黏膜破裂，但未见肠管坏死，脱出肠管与肛门之间没有间隙。

95. 该病的诊断是（　　）
    A. 脱肛　　　　　　　　B. 单纯性直肠脱　　　　C. 直肠套叠脱出
    D. 结肠套叠脱出　　　　E. 小肠套叠脱出

96. 治疗该病采用的最佳保定方法是（　　）
    A. 仰卧保定　　　　　　B. 侧卧保定　　　　　　C. 俯卧保定
    D. 前低后高保定　　　　E. 前高后低保定

97. 肠管整复后缝合肛门的方法是（　　）
    A. 螺旋缝合　　　　　　B. 荷包缝合　　　　　　C. 库兴氏缝合
    D. 伦勃特氏缝合　　　　E. 康乃尔氏缝合

（98～100题共用以下题干）

奶牛右后肢跗关节外侧创伤，从伤口流出透明的黏稠滑液和少量液，轻度跛行。

98. 正确治疗方法是（　　）
    A. 经伤口冲洗创腔　　　　　　B. 经关节腔穿刺冲洗创腔
    C. 手指探查创腔　　　　　　　D. 开放疗法
    E. 纱布条引流仅做肌层、皮下和皮肤缝合

99. 该创伤缝合的方法是（　　）
    A. 仅做肌层、皮下和皮肤缝合　　B. 仅缝合关节囊
    C. 仅做皮下和皮肤缝合　　　　　D. 全层间断缝合
    E. 全连续断缝合

100. 若从创口流出浓汁，正确的治疗方法是（　　）
    A. 清创后密闭缝合　　　　　　B. 清创后部分缝合
    C. 清创后包扎缝合　　　　　　D. 魏氏流膏纱布条引流
    E. 福尔马林酒精纱布条引流

综合科目（100分）（下午卷）

【A1型题】

答题说明：每一道考试题下面有A、B、C、D、E五个备选答案，请从中选择一个最佳答案，并在答题卡上将相应题号的相应字母所属的方框涂黑。

101. 与猪传染性胸膜肺炎流行病学相关的正确描述是（　　）
    A. 保育阶段猪多发　　　　　　B. 主要经污染饲料传播
    C. 主要经吸血昆虫传播　　　　D. 优势血清型为9型和15型
    E. 生长阶段和育肥阶段猪多发

102. 蓝舌病的传播媒介主要是（　　）

A. 蚤　　　　B. 蚊　　　　C. 蜱　　　　D. 库蠓　　　　E. 螨
103. 以腿肌和胸肌出血、腺胃和肌胃交界处条状出血为特征性病理变化的疾病是（　　）
　　A. 产蛋下降综合征　　　B. 传染性法氏囊病　　C. 鸡传染性支气管炎
　　D. 禽白血病　　　　　　E. 马立克氏病
104. 鸭瘟又称为（　　）
　　A. 鸭病毒性肝炎　　　　B. 鸭病毒性肠炎　　　C. 番鸭细小病毒病
　　D. 鸭浆膜炎　　　　　　E. 禽霍乱
105. 对兔病毒性出血病重症病例，适宜的处置办法是（　　）
　　A. 隔离治疗　　　　　　B. 预防继发感染　　　C. 紧急接种疫苗
　　D. 注射高免血清　　　　E. 扑杀、尸体无害化处理
106. 家蚕质型多角体病毒感染家蚕中肠的细胞为（　　）
　　A. 圆筒形细胞　B. 杯形细胞　C. 再生细胞　D. 颗粒细胞　E. 脂肪细胞
107. 猪球虫的感染途径是（　　）
　　A. 经口　　B. 经皮肤　　C. 经节肢动物　　D. 经胎盘　　E. 经呼吸道
108. 蛭形巨吻棘头虫的中间宿主是（　　）
　　A. 淡水螺　　B. 陆地螺　　C. 蚯蚓　　D. 金龟　　E. 剑水蚤
109. 捻转血矛线虫寄生于牛羊的（　　）
　　A. 真胃　　B. 瘤胃　　C. 结肠　　D. 盲肠　　E. 肺脏
110. 寄生于禽类肝脏胆管与胆囊内的寄生虫是（　　）
　　A. 前殖吸虫　B. 后睾吸虫　C. 异刺线虫　D. 鸡蛔虫　E. 鸡绦虫
111. 健康犬脉搏的变动范围是（　　）
　　A. 30～80 次/分　　　B. 40～90 次/分　　　C. 50～100 次/分
　　D. 60～110 次/分　　E. 70～120 次/分
112. 牛三尖瓣口的最佳听诊区在（　　）
　　A. 左侧第 3 肋间　　　B. 右侧第 3 肋间　　　C. 在侧第 4 肋间
　　D. 右侧第 4 肋间　　　E. 左侧第 5 肋间
113. 鸡维生素 B_1 缺乏时会出现"观星状"姿势，这种症状属于（　　）
　　A. 脊髓性失调　　　　　B. 前庭性失调　　　　C. 小脑性失调
　　D. 大脑性失调　　　　　E. 延脑性失调
114. 在 X 线片上开始显示犬胎儿颅骨和脊柱时，提示其妊娠至少达到了（　　）
　　A. 11 天　　B. 21 天　　C. 31 天　　D. 41 天　　E. 51 天
115. 犬后腹部超声检查显示横切面双叶形、纵切面卵圆形的等回声，间杂小回声光点，这个器官是（　　）
　　A. 前列腺　　B. 肾上腺　　C. 淋巴结　　D. 卵巢　　E. 胰腺
116. 引起牛创伤性心包炎的异物主要来自（　　）
　　A. 瓣胃　　B. 皱胃　　C. 网胃　　D. 胸腔　　E. 肺脏
117. 猪维生素 B_2 缺乏症的症状**不包括**（　　）
　　A. 结膜炎　　　　　　　B. 脂溢性皮炎　　　　C. 鬃毛脱落
　　D. 步态强拘　　　　　　E. 小红细胞低色素性贫血
118. 治疗禽骨骼短粗和腓肠肌腱脱落的药物是（　　）
　　A. 硫酸锰　　B. 硫酸钴　　C. 硫酸锌　　D. 硫酸铜　　E. 硫酸亚铁
119. 猫白血病的主要病原是（　　）
　　A. 病毒　　B. 霉菌　　C. 孢子菌　　D. 厌氧菌　　E. 需氧菌
120. 猪隐睾的常发部位位于（　　）
　　A. 腰区的肾后方　　　　B. 腰区的肾前方　　　C. 盆腔内的膀胱下
　　D. 腹股沟管内环处的皮下　　E. 腹股沟管外环处的皮下
121. 动物手术麻醉前用药的种类**不包括**（　　）
　　A. 抗生素　　B. 镇痛药　　C. 镇静药　　D. 肌松药　　E. 抗胆碱药
122. 妊娠中后期，由胎盘产生的孕酮发挥维持妊娠作用的动物是（　　）

A. 马　　　　B. 奶牛　　　　C. 黄牛　　　D. 绵羊　　　E. 山羊
123. 猫的妊娠期平均是（　　）
　　A. 45 天　　　B. 58 天　　　C. 62 天　　　D. 75 天　　　E. 90 天
124. 奶牛正常分娩时，胎儿的胎位是（　　）
　　A. 上位　　　B. 侧位　　　C. 下位　　　D. 正生　　　E. 倒生
125. 奶牛产后子宫复旧的时间一般为（　　）
　　A. 2～3 天　　B. 4～7 天　　C. 8～15 天　　D. 10～25 天　　E. 30～45 天
126. 奶牛难产，产道检查胎儿呈正生，判断胎儿是否死亡最常用的方法是（　　）
　　A. 观察胎儿的瞳孔孔反　　　　B. 测定胎儿的体温是否下降
　　C. 针刺前肢，观察有无疼痛反射　D. 手指伸入胎儿肛门内，检查有无胎粪
　　E. 手指伸入胎儿口腔，检查有无吞咽和舌回缩反应
127. 位于犬尾根与肛门之间的穴位是（　　）
　　A. 尾根　　　B. 尾本　　　C. 后海　　　D. 肾俞　　　E. 脾俞
128. 早针治疗马结症常用的穴位是（　　）
　　A. 抢风　　　B. 前三里　　C. 关元俞　　D. 后三里　　E. 邪气

【B1 型题】

　　答题说明：以下提供若干组考题，每组考题共用在考题前列出的 A、B、C、D、E 五个备选答案，请从中选择一个与问题最密切的答案，并在答题卡上将相应题号的相应字母所属的方框涂黑。某个备选答案可能被选择 1 次、多次或不被选择。

　　(129、130 题共用下列备选答案)
　　A. 牛传染性鼻气管炎　　B. 牛流行热　　　C. 牛传染性胸膜肺炎
　　D. 牛出血性败血病　　　E. 炭疽
129. 在我边境口岸隔离场检疫期间，发现部分引进牛体温升高达 40～42℃，干咳数日，弓形站立，头前伸，肘外展。病牛可见关节炎症状。病料在含 10% 马血清的马丁琼脂培养基上培养，长出的菌落光镜观察呈"煎蛋状"，中央有乳头状突起。该病最可能是（　　）
130. 某肉牛群发病。病初期体温 39.5～42℃，拒食、随后有脓性鼻漏，鼻黏膜高度充血，有溃疡，鼻镜有严重炎症。呼吸困难，呼气有臭味，时而咳嗽，剖检可见肺脏有片状化脓性肺炎。该病最可能是（　　）

　　(131、132 题共用下列备选答案)
　　A. 磷化锌中毒　　　　B. 硫脲类中毒　　　C. 香豆素类中毒
　　D. 毒鼠强中毒　　　　E. 尿素中毒
131. 猫，突然发病，精神不振，呼吸困难，肌肉震颤，食欲废绝，腹痛和腹泻，呕吐物有蒜臭味，粪便中混有血液，并在暗处有特殊的亮光。该病最可能是（　　）
132. 猫，突然发病，呕吐，皮肤发紫，尿血，粪便带血，呼吸困难。维生素 K 治疗能缓解病情。该病最可能是（　　）

　　(133、134 题共用下列备选答案)
　　A. 内侧关节囊缝合术　　B. 外侧关节囊缝合术　　C. 膝直中韧带截断术
　　D. 膝直内韧带截断术　　E. 膝直外韧带截断术
133. 贵妇犬，站立时患肢呈弓形，膝关节屈曲，趾尖向内，小腿向内旋转，行走时呈三脚跳样，可自行复位，易复发。治疗该病应采取（　　）
134. 犬，1 岁，时而表现跛行，有时呈三脚跳步样，患肢膝外翻，趾尖向外，小腿向外旋转，X 线检查可见股骨和胫骨有不同程度的扭曲畸形。治疗该病应采取（　　）

　　(135、136 题共用下列备选答案)
　　A. 阴囊部尿道造口术　　B. 会阴部尿道造口术　　C. 阴囊前尿道切开术
　　D. 膀胱切开术　　　　　E. 尿道逆行冲洗法
135. 公犬，5 岁，未绝育，排尿困难、尿淋漓有多日，但近日犬频频努责，无尿排出，腹围增大，膀胱充盈，X 线检查发现阴茎骨后部尿道有高密度阴影。手术治疗该病宜选择（　　）
136. 公猫，6 岁，精神沉郁，厌食，呕吐，不停行走，鸣叫，频频舔尿生殖器，尿淋漓，有时

排出红色尿液，龟头发现有多个小的结晶物。X线检查显示膀胱和尿道内有较高密度阴影。治疗该病宜选择（   ）

【A2型题】

答题说明：每一道考题是以一个小案例出现的，其下面都有A、B、C、D、E五个备选答案，请从中选择一个最佳答案，并在答题卡上将相应题号的相应字母所属的方框涂黑。

137. 某猪场刚断奶仔猪突然出现神经症状，眼睑及周围皮肤水肿。剖检病猪见胃壁和肠系膜明显水肿。该病可能是（   ）
　　A. 猪痢疾　　　　　　B. 仔猪低血糖症　　C. 仔猪副伤寒
　　D. 仔猪大肠杆菌病　　E. 仔猪营养性贫血

138. 某群保育猪体温升高，耳尖皮肤发紫，呼吸困难，剖检病猪肺脏见间质性肺炎。肺匀浆接种Marc145细胞后出现细胞病变。该病最可能是（   ）
　　A. 猪瘟　　　　　　　B. 猪支原体肺炎　　C. 猪伪狂犬病
　　D. 猪圆环病毒病　　　E. 猪繁殖与呼吸综合征

139. 某猪场部分初胎母猪发生流产、产死胎和木乃伊胎，其他性别和年龄猪无明显症状。可能的疾病是（   ）
　　A. 猪细小病毒病　　　B. 弓形虫病　　　　C. 猪布鲁氏菌病
　　D. 猪伪狂犬病　　　　E. 猪繁殖与呼吸综合征

140. 某种猪群遇寒潮，出现咳嗽和气喘等呼吸道症状，剖检病猪见双侧肺有对称性肉变。如需快速检测猪群中隐性感染猪，首选的方法是（   ）
　　A. 病原分离　　　　　B. ELISA　　　　　C. X线检查
　　D. 免疫荧光法　　　　E. 补体结合试验

141. 某鸭场5周龄鸭发病，呼吸困难，眼和鼻分泌物增多，共济失调、头颈震颤。剖检可见心包炎和肝周炎，其他典型病变可能还有（   ）
　　A. 肝肿瘤　　　　　　B. 肾肿大　　　　　C. 气囊炎
　　D. 心脏肿瘤　　　　　E. 食道黏膜条状出血

142. 某50日龄水貂群发病，病貂主要表现为体温升高、食欲不振、腹泻，白细胞计数为2×10^9个/L。发病率50%，病死率40%。剖检见小肠出血性肠炎。该病可能是（   ）
　　A. 犬瘟热　　　　　　B. 狂犬病　　　　　C. 伪狂犬病
　　D. 水貂病毒性肠炎　　E. 水貂阿留申病

143. 夏季，某5周龄雏鹅群出现精神委顿，排灰白色或暗红色带黏液的稀粪。剖检见小肠肿胀、黏膜出血、坏死，形成伪膜和肠芯。刮取肠黏膜镜检，见有大量圆形或椭圆形裂殖体。治疗该病应选择（   ）
　　A. 吡喹酮　　　　　　B. 伊维菌素　　　　C. 泰乐菌素
　　D. 二甲硝咪唑　　　　E. 磺胺间甲氧嘧啶

144. 某散养雏鸡群，出现消瘦、贫血、下痢等症状，个别发病死亡。剖检见腺胃肿大呈球状，黏膜显著肥厚，有菜花样溃疡灶，病灶中可见虫体寄生。该鸡群感染的是（   ）
　　A. 鸡蛔虫　　　　　　B. 美洲四棱线虫　　C. 鹅裂口线虫
　　D. 鸡异刺线虫　　　　E. 旋锐形线虫

145. 奶牛长期饲喂干玉米秸，反刍停止，喜卧，每次仅排少量粪便。体温38.4℃，脉搏85次/分，精神沉郁，眼窝凹陷，触诊瘤胃内容物坚实，拳压留痕，听诊瘤胃蠕动音消失。提示该病为（   ）
　　A. 瘤胃炎　　B. 瓣胃阻塞　　C. 瘤胃积食　　D. 瘤胃臌气　　E. 皱胃变位

146. 博美犬，2岁，有阵发性腹痛，每天呕吐次数不等，听诊肠鸣音亢进。可排除的疾病是（   ）
　　A. 肠痉挛　　B. 肠扭转　　　C. 肠套叠　　　D. 肠狭窄　　　E. 肠粘连

147. 公犬，2岁，发病1周，阴囊椭圆形肿大、表面光滑，触诊无压痛，但留压痕。最可能的临床诊断是（   ）
　　A. 睾丸炎　　B. 附睾炎　　　C. 阴囊疝　　　D. 阴囊水肿　　E. 睾丸肿瘤

148. 某散养户猪场，平均体重50千克的猪群，采食自配饲料。近期猪群表现兴奋不安、烦渴、黏膜潮红、转圈、甚至舔食尿液，呕吐，全身肌肉震颤，个别倒地后四肢呈游泳状划动，调查发现猪场供水严重不足。血液生化检查可能出现升高的是（　　）
   A. 钙　　　　B. 钠　　　　C. 铜　　　　D. 铁　　　　E. 磷
149. 奶牛，6岁，近期表现舔食泥土、墙壁、牛槽等，运步强拘，走路后躯摇摆，临床生化检查最可能发现（　　）
   A. 高血钙　　B. 高血镁　　C. 低血磷　　D. 低血氯　　E. 低血钾
150. 犬，9岁，少尿，尿液浓稠、黄如豆油状，尿中出现多量蛋白质及肾上皮细胞和透明管型。临床血液生化检值最可能见到（　　）
   A. 尿素氮升高　B. 胆固醇升高　C. 钠离子升高　D. 葡萄糖升高　E. 甘油三酯升高
151. 7月的一天，户外活动的犬突然表现精神沉郁，四肢无力，共济失调，体温41.5℃。血液检查，红细胞比容60%。该犬最可能出现（　　）
   A. 黄疸　　　B. 脱水　　　C. 血尿　　　D. 腹泻　　　E. 咳嗽
152. 猫，贪食，但少量进食后立即呕吐，机体逐渐消瘦，腹部触诊敏感。进一步检查首选的方法是（　　）
   A. X线检查　　　　　B. 血液生化检查　　　C. 血常规检查
   D. 粪便检查　　　　　E. 呕吐物检查
153. 某蛋鸡场，自配料中因重复添加了豆饼，出现产蛋量下降问题，剖检见内脏表面有白色沉积物。血液检查尿酸水平为30mg/L。该鸡群可能患有（　　）
   A. 痛风
   C. 笼养蛋鸡疲劳症
   E. 蛋鸡脂肪肝综合征
   B. 维生素A缺乏症
   D. 肉鸡腹水综合征
154. 某鸡群，30日龄，病鸡食欲下降，生长缓慢，贫血，应用氯化钴治疗有效。本病鸡群最可能缺乏的维生素是（　　）
   A. 维生素B_1　B. 维生素B_2　C. 维生素B_3　D. 维生素B_5　E. 维生素B_{12}
155. 放牧牛在误食喷洒农药的牧草后突然发病，主要表现为流涎、腹泻、腹痛、尿频、瞳孔缩小，胃肠蠕动音增强，治疗本病应使用的药物是（　　）
   A. 亚甲蓝和维生素C　　　　B. 亚硝酸钠和硫代硫酸钠
   C. 解磷定和阿托品　　　　　D. 乙酰胺和维生素K_3
   E. 苯妥英钠和葡萄糖酸钙
156. 犬，突然发病，精神沉郁，频繁呕吐和粪便在暗处有特殊的光亮，呕吐物有大蒜味，粪便中混有血液。本病最有可能是（　　）
   A. 安妥中毒　B. 杀鼠灵中毒　C. 有机磷中毒　D. 磷化锌中毒　E. 食盐中毒
157. 犬，被车冲撞后立即出现呼吸困难、精神沉郁，随后对犬站立位进行X线检查，提示胸膈三角区有等密度水平阴影。该病可能是（　　）
   A. 气胸　　　B. 血胸　　　C. 脓胸　　　D. 肺炎　　　E. 胸膜炎
158. 公山羊，4岁，体温39.5℃，精神沉郁，频做排尿姿势，未见尿液排出，尿道探诊有碰撞异物感。腹围增大，腹腔穿刺放出多量棕黄色液体。治疗本病应该采取的方法是（　　）
   A. 尿道插管、膀胱冲洗　　　B. 膀胱插管、尿道切开
   C. 膀胱修补、尿道切开　　　D. 腹腔冲洗、尿道切开
   E. 膀胱插管、腹腔冲洗
159. 赛马，奔跑时右后蹄蹬空，系关节处损伤，运步时系部直立，后方短步，蹄音低。该马跛行表现为（　　）
   A. 悬跛　　　B. 支跛　　　C. 鸡跛　　　D. 混合跛行　　E. 间歇跛行
160. 猫，股骨干骨折7天后仍见患部肿胀、有热痛反应，骨折端不稳定，患肢不能负重、体温38.7℃。该猫处于骨折愈合过程的（　　）
   A. 血肿机化演进期　　B. 原始骨痂形成期　　C. 骨痂塑性改造期
   D. 骨折二次愈合　　　E. 骨折不愈合
161. 马，赛后右后肢突然出现重度跛行，患肢前踏，不能负重，趾关节过度屈曲和下沉，趾

部极度倾斜，触诊跟腱弛缓有凹陷。术后患部固定应不少于（　　）
A. 3天　　　B. 6天　　　C. 12天　　　D. 15天　　　E. 28天

162. 犬，6岁，去年开始肩背部脱毛，绒毛较多而长毛很少；今年起荐背部脱毛，患部干、色深。此犬可能患有（　　）
A. 雄激素过盛　　　B. 甲状腺机能亢进症　　C. 甲状腺机能减退症
D. 肾上腺皮质机能亢进症　　E. 肾上腺皮质机能减退症

163. 牛，4岁，轻度跛行。右后肢趾间隙前部有一"舌状"突起并附有脓汁，周围皮肤红肿、破溃。该牛所患蹄病是（　　）
A. 腐蹄病　　B. 蹄叶炎　　C. 趾间皮炎　　D. 趾间皮肤增生　　E. 局限性蹄皮炎

164. 经产母猪，分娩时排出4个胎儿后停止努责，30分钟后仍无努责迹象。产道检查发现有一胎儿位于盆腔入口处，两蹄部和鼻端位于子宫颈处。该猪最可能发生的疾病是（　　）
A. 继发性子宫弛缓　　B. 原发性子宫弛缓　　C. 子宫颈狭窄
D. 骨盆腔狭窄　　　　E. 胎势异常

165. 奶牛，离预产期尚有数日。发现整个乳房体积增大，乳房皮肤发红、有光泽，无热无痛，指压留痕。该奶牛最可能发生的疾病是（　　）
A. 乳房浮肿　　B. 乳房血肿　　C. 乳房气肿　　D. 乳房坏疽　　E. 急性乳腺炎

【A3/A4型题】
答题说明：以下提供若干个案例，每个案例下设若干道考题。请根据案例所提供的信息，在每一道考试题下面的A、B、C、D、E五个备选答案中选择一个最佳答案，并在答题卡上将相应题号的相应字母所属的方框涂黑。

（166~168题共用以下题干）
某猪场哺乳猪和保育猪体温升高，耳部和臀部皮肤发紫且有出血点等，病情很快蔓延，部分迅速死亡，病死率达30%，剖检猪可见喉头和膀胱出血，脾脏边缘梗死，扁桃体有坏死灶。

166. 为防止该病在猪场内扩散，对未发病猪群采取的最适措施是（　　）
A. 环境消毒　　　B. 加强营养　　　C. 停止引种
D. 淘汰病猪　　　E. 全群紧急免疫接种

167. 进一步检查，发现部分新生仔猪出现先天性震颤，该病可能是（　　）
A. 猪瘟　　　B. 伪狂犬病　　　C. 乙型脑炎
D. 猪细小病毒病　　　E. 猪圆环病毒病

168. 快速确认该病扁桃体中病毒的方法是（　　）
A. 接种细胞　　　B. 血凝试验　　　C. 病料接种家兔
D. 病料接种小鼠　　　E. 免疫荧光试验

（169~171题共用以下题干）
某15日龄鸡群发病，呼吸困难，下痢，粪便呈黄绿色，提起时流出腥臭的液体，部分病鸡出现神经症状，剖检件腺胃乳头出血，腺胃与食道交汇处呈带状出血。

169. 该病最可能是（　　）
A. 禽霍乱　　　B. 新城疫　　　C. 传染性支气管炎
D. 传染性喉气管炎　　　E. 大肠杆菌病

170. 确诊该病最可靠的方法是（　　）
A. 细菌分离鉴定　　　B. 病毒分离鉴定　　　C. ELISA抗体检测
D. 病理组织学检查　　　E. 血凝实验

171. 对受威胁鸡群应采取的最有效的措施是（　　）
A. 加强饲养管理　　　B. 鸡舍消毒　　　C. 抗病毒药物预防
D. 疫苗紧急接种　　　E. 注射卵黄抗体

（172、173题共用以下题干）
某3~4月龄育肥猪群出现消瘦，异嗜，有的成为僵猪，剖检见小肠内有大量淡黄色、圆柱形、体长为15~30厘米的虫体，有的虫体尾端弯曲呈钩状。

172. 该猪群感染的是（　　）

A. 蛔虫 B. 棘头虫 C. 毛尾线虫 D. 食道口线虫 E. 毛细线虫
173. 该病原感染猪的主要途径是（　　）
A. 经口 B. 经皮肤 C. 经节肢动物 D. 经胎盘 E. 经呼吸道

（174、175题共用以下题干）

某70日龄散养鸡群，精神沉郁，食欲减退，排水样稀粪并有少量血液，2周内死亡率达30%以上。剖解小肠中段高度肿胀，肠壁充血、出血和坏死，从浆膜可见病灶区有小的白斑和红斑点。

174. 该病可能的病原是（　　）
A. 鸡异刺线虫 B. 毒害艾美尔球虫 C. 柔嫩艾美尔球虫
D. 卡氏住白细胞虫 E. 火鸡组织滴虫

175. 治疗该病的药物是（　　）
A. 吡喹酮 B. 阿苯达唑 C. 溴氰菊酯
D. 环丙沙星 E. 磺胺二甲氧嘧啶

（176~178题共用以下题干）

莎摩耶犬，3月龄，2日前突发呕吐、不食、少饮，昨日上午开始大便稀薄、下午血便。昨晚至今日上午呕吐7次，腹泻6次。体温38.9℃，血液检查：白细胞11.8×10^9 个/L，红细胞8.6×10^{12} 个/L，血红蛋白浓度179g/L，血小板241×10^9 个/L，二氧化碳结合力20mmol/L。

176. 血常规检查还发现该犬红细胞比容增至61.3%，其原因可能是（　　）
A. 脾血进入血液循环 B. 红细胞产生增加 C. 出血
D. 水肿 E. 脱水

177. 矫正该犬水、电解质、酸碱平衡紊乱，静脉输液最适宜的液体组方是（　　）
A. 10%葡萄糖，5%葡萄糖 B. 5%葡萄糖，5%碳酸氢钠
C. 10%葡萄糖，5%碳酸氢钠 D. 5%葡萄糖，5%葡萄糖氯化钠
E. 5%葡萄糖氯化钠，复方氯化钠

178. 判断体液平衡恢复的最佳血常规指标是（　　）
A. 红细胞比容 B. 白细胞总数 C. 红细胞总数
D. 血小板总数 E. 血红蛋白浓度

（179~181题共用以下题干）

雄性北京犬，6岁，一直饲喂自制犬食，近日屡做排尿动作，但无尿液排出。X线检查，膀胱内有大量蚕豆大颗粒状白色阴影，右肾区有大片白色阴影，阴茎骨后部有管状白色阴影。

179. 该病可诊断为（　　）
A. 肾炎 B. 尿石症 C. 尿道炎 D. 膀胱炎 E. 肾功能衰竭

180. 治疗本病时，禁用（　　）
A. 头孢曲松钠 B. 磺胺嘧啶钠 C. 乌洛托品 D. 青霉素 E. 呋喃嘧啶

181. 治疗该病的方法**不包括**（　　）
A. 膀胱切开术 B. 尿道切开术 C. 尿道再造术 D. 肾切除术 E. 输尿管疏通术

（182、183题共用以下题干）

妊娠母猪，精神沉郁，食欲未见异常，体温38.5℃，生长缓慢，皮肤粗糙，呈脂溢性皮炎，口唇发炎，继而共济失调，轻瘫，鬃毛脱落，流产、早产，所产仔猪孱弱、秃毛，皮炎，结膜炎。

182. 该病可诊断为（　　）
A. 维生素K缺乏症 B. 维生素B_1缺乏症 C. 维生素B_2缺乏症
D. 维生素B_6缺乏症 E. 维生素D缺乏症

183. 治疗该病首选的药物是（　　）
A. 烟酸 B. 硫胺素 C. 核黄素 D. 生物素 E. 钴胺素

（184~186题共用以下题干）

黄牛，1岁，眼部和耳部皮肤出现结节状与菜花状突起，并在面部、顶部、肩部和下唇部

逐渐增多，其表面无毛、凹凸不平，表面摩擦脱落后常见角化现象。
184. 此皮肤突起物为（　　）
　　A. 脓疹　　　B. 丘疹　　　C. 脓癣　　　D. 结节　　　E. 乳头状瘤
185. 本病的病原是（　　）
　　A. 病毒　　　B. 细菌　　　C. 真菌　　　D. 支原体　　　E. 衣原体
186. 本病适宜的治疗方法是（　　）
　　A. 手术摘除　　　B. 注射链霉素　　　C. 外用酮康唑乳膏
　　D. 口服特比萘芬　　　E. 注射林可霉素

（187～189题共用以下题干）
　　犬，由于纤维环破坏，髓核突出，压迫脊髓，临床上主要表现以疼痛、共济失调、肢体麻木、运动障碍为特征的疾病。
187. 该颈椎的易发部位为（　　）
　　A. 第1～2颈椎　　　B. 第2～4颈椎　　　C. 第4～5颈椎
　　D. 第5～6颈椎　　　E. 第6～7颈椎
188. 其胸腰部易发部位为（　　）
　　A. 第3胸椎～第5腰椎　　　B. 第3胸椎～第6腰椎
　　C. 第11胸椎～第3腰椎　　　D. 第8胸椎～第6腰椎
　　E. 第9胸椎～第6腰椎
189. 本病X线检查显示（　　）
　　A. 椎间隙正常　　　B. 椎间孔变大　　　C. 椎间隙变大无钙化
　　D. 椎间隙狭窄并钙化　　　E. 脊髓造影病变脊髓脊索弯粗

（190～192题共用以下题干）
　　奶牛，已妊娠7个月。近期发现精神沉郁，弓背，努责，阴门流出红褐色难闻的黏稠液体。阴道检查发现子宫颈口开张，阴道及子宫颈黏膜红肿。
190. 该牛最可能发生的疾病是（　　）
　　A. 胎儿干尸化　　B. 胎儿浸溶　　C. 子宫积脓　　D. 子宫内膜炎　　E. 胎盘脱落
191. 进行直肠检查，卵巢上可能（　　）
　　A. 既有妊娠黄体存在，又有卵泡发育
　　B. 有妊娠黄体存在，无卵泡发育
　　C. 无妊娠黄体存在，有卵泡发育
　　D. 无妊娠黄体存在，无卵泡发育
　　E. 有囊肿黄体
192. 最理想的处理方法是（　　）
　　A. 剖宫产　　　B. 注射黄体酮　　　C. 通过产道取出胎儿
　　D. 注射前列腺素　　　E. 注射催产素

（193、194题共用以下题干）
　　牛，突然发病，症见高热，气喘，呼吸喘粗，呼出气热，食欲废绝，口渴喜饮，粪便干燥，尿短赤，鼻液黄稠，口色鲜红，舌苔黄燥，脉象洪数。
193. 该病可辨证为（　　）
　　A. 痰喘　　　B. 寒喘　　　C. 热喘　　　D. 肺虚喘　　　E. 肾虚喘
194. 治疗该病症的首选方剂为（　　）
　　A. 二陈汤　　B. 麻杏甘石汤　　C. 止嗽散　　D. 补肺汤　　E. 蛤蚧散

（195～197题共用以下题干）
　　骡，精神沉郁，食欲减少，可视黏膜发黄，黄色晦暗，耳鼻末梢发凉，舌苔白腻，脉沉细无力。
195. 该病可辨证为（　　）
　　A. 阴黄　　　B. 阳黄　　　C. 胃寒　　　D. 肝阴虚　　　E. 肾阴虚
196. 治疗该病证的方剂为（　　）
　　A. 消黄散　　B. 桂心散　　C. 肾气丸　　D. 四逆汤　　E. 茵陈术附汤

197. 针灸治疗该病可选的穴位为（　　）
    A. 颈脉、胸堂　　B. 肝俞、脾俞　　C. 阴俞、肾堂　　D. 命门、百会　　E. 穿黄、黄水

（198～200题共用以下题干）

犬，3岁，排尿困难且疼痛不安，尿色鲜红，口色红，苔黄，脉数。

198. 该病可辨证为（　　）
    A. 热淋　　　　B. 血淋　　　　C. 膏淋　　　　D. 尿浊　　　　E. 尿闭
199. 该病症的治法为（　　）
    A. 清热利湿，凉血止血　　　　B. 清热利湿，化石通淋
    C. 清热利湿，分清化浊　　　　D. 清热降火，利湿通淋
    E. 益气升阳，化石通淋
200. 治疗该病症宜选用的基础方剂为（　　）
    A. 红花散　　B. 槐花散　　C. 四物汤　　D. 小蓟饮子　　E. 六味地黄汤

第二套　2022年执业兽医资格考试考点模拟测试题（二）
参考答案

基础科目（100分）（上午卷）

1. C	2. C	3. E	4. D	5. B	6. A	7. B	8. E	9. D	10. C
11. D	12. D	13. B	14. B	15. E	16. D	17. A	18. D	19. D	20. A
21. B	22. B	23. A	24. B	25. C	26. D	27. C	28. B	29. D	30. C
31. A	32. A	33. A	34. D	35. D	36. D	37. D	38. D	39. D	40. D
41. A	42. E	43. E	44. C	45. C	46. E	47. D	48. A	49. A	50. A
51. B	52. A	53. A	54. D	55. D	56. D	57. E	58. D	59. D	60. D
61. C	62. E	63. B	64. A	65. D	66. C	67. D	68. D	69. D	70. D
71. D	72. C	73. C	74. D	75. D	76. E	77. D	78. D	79. D	80. D
81. A	82. E	83. A	84. D	85. E	86. A	87. B	88. D	89. D	90. D
91. D	92. B	93. B	94. B	95. B	96. D	97. D	98. C	99. D	100. C

预防科目（100分）（上午卷）

101. B	102. E	103. D	104. D	105. C	106. A	107. B	108. B	109. A	110. A
111. A	112. A	113. C	114. E	115. D	116. D	117. D	118. D	119. D	120. D
121. C	122. D	123. B	124. A	125. E	126. D	127. E	128. C	129. A	130. C
131. E	132. B	133. C	134. D	135. E	136. D	137. D	138. C	139. E	140. D
141. E	142. D	143. D	144. D	145. D	146. D	147. D	148. D	149. D	150. C
151. B	152. E	153. C	154. B	155. A	156. A	157. C	158. C	159. B	160. C
161. B	162. D	163. B	164. D	165. C	166. D	167. C	168. D	169. C	170. A
171. D	172. D	173. D	174. A	175. D	176. D	177. C	178. D	179. D	180. C
181. D	182. C	183. D	184. D	185. D	186. D	187. B	188. D	189. D	190. A
191. C	192. D	193. C	194. D	195. D	196. C	197. C	198. D	199. D	200. E

临床科目（100分）（下午卷）

1. B	2. B	3. D	4. C	5. C	6. A	7. B	8. C	9. D	10. D
11. B	12. A	13. E	14. B	15. D	16. E	17. E	18. B	19. D	20. B
21. B	22. A	23. B	24. C	25. C	26. C	27. E	28. D	29. C	30. D

续表

31. D	32. D	33. E	34. B	35. D	36. B	37. E	38. B	39. A	40. A
41. D	42. C	43. C	44. A	45. A	46. A	47. C	48. C	49. A	50. A
51. A	52. B	53. B	54. A	55. C	56. C	57. C	58. C	59. B	60. C
61. A	62. D	63. C	64. B	65. D	66. D	67. A	68. A	69. D	70. B
71. D	72. C	73. D	74. D	75. E	76. D	77. D	78. B	79. E	80. E
81. B	82. A	83. B	84. C	85. D	86. A	87. E	88. D	89. E	90. B
91. E	92. C	93. D	94. E	95. C	96. B	97. B	98. B	99. B	100. D

综合科目（100分）（下午卷）

101. E	102. D	103. B	104. B	105. E	106. A	107. A	108. D	109. A	110. B
111. E	112. C	113. C	114. D	115. A	116. C	117. E	118. C	119. C	120. A
121. A	122. A	123. C	124. A	125. C	126. E	127. C	128. C	129. C	130. A
131. A	132. C	133. C	134. A	135. C	136. B	137. C	138. E	139. C	140. C
141. C	142. D	143. E	144. E	145. C	146. C	147. C	148. C	149. C	150. C
151. B	152. C	153. A	154. E	155. C	156. C	157. B	158. C	159. B	160. A
161. C	162. C	163. C	164. C	165. C	166. C	167. C	168. C	169. C	170. B
171. D	172. A	173. C	174. B	175. E	176. C	177. C	178. A	179. B	180. B
181. C	182. C	183. C	184. C	185. B	186. A	187. C	188. C	189. B	190. B
191. D	192. C	193. C	194. B	195. A	196. E	197. B	198. B	199. A	200. D

第三套　2022年执业兽医资格考试考点模拟测试题（三）

基础科目（100分）（上午卷）

【A1型题】

答题说明：每一道考试题下面有 A、B、C、D、E 五个备选答案，请从中选择一个最佳答案，并在答题卡上将相应题号的相应字母所属的方框涂黑。

1. 《中华人民共和国动物防疫法》将动物疫病分为（　　）
   A. 一类　　　B. 二类　　　C. 三类　　　D. 四类　　　E. 五类
2. 根据《中华人民共和国动物防疫法》，必须取得动物防疫条件合格证的场所**不包括**（　　）
   A. 动物饲养场
   B. 动物屠宰加工场所
   C. 动物隔离场所
   D. 经营动物、动物产品的集贸市场
   E. 动物和动物产品无害化处理场所
3. 根据《中华人民共和国动物防疫法》，下列关于动物疫病控制和扑灭的表述**不正确**的是（　　）
   A. 二、三类动物疫病呈爆发流行是，按照一类动物疫病处理
   B. 发生人畜共患传染病时，兽医主管部门应当组织对疫区易感染的人群进行监测
   C. 疫点、疫区和受威胁区的撤销和疫区封锁的解除，由原决定机关决定并宣布
   D. 发生三类动物疫病时，当地县级、乡级人民政府应当按照国务院兽医主管部门的规定组织防治和净化
   E. 为控制和扑灭动物疫病，动物卫生监督机构应当派人在当地依法设立的现有检查站执行监督检查任务
4. 根据《中华人民共和国动物防疫法》，下列关于动物和动物产品检疫的表述不正确的是（　　）
   A. 经铁路运输动物和动物产品的，托运人托运时应当提供检疫证明

B. 屠宰、经营、运输的动物，应当附有检疫证明
C. 经营的动物产品，应当附有检疫证明、检疫标志
D. 经检疫不合格的动物、动物产品，货主应当在动物卫生监督机构监督下处理，处理费用由国家承担
E. 动物卫生监督机构接到检疫申报后，应当及时指派官方兽医对动物、动物产品实施现场检疫

5. 根据《中华人民共和国动物防疫法》，从事动物诊疗活动的机构必须具备的法定条件**不包括**（　　）
   A. 有与动物诊疗活动相适应并符合动物防疫条件的场所
   B. 有与动物诊疗活动相适应的执业兽医
   C. 有与动物诊疗活动相适应的兽医器械和设备
   D. 有与动物诊疗活动相适应的管理人员
   E. 有完善的管理制度

6. 根据《中华人民共和国动物防疫法》，动物卫生监督机构执行监督检查任务时，无权采取的措施是（　　）
   A. 对动物、动物产品按照规定采样、留验和抽查
   B. 对染疫的动物进行隔离、查封、扣押和处理
   C. 对依法应当检疫而未经检疫的动物实施补检
   D. 查验检疫证明、检疫标志和畜禽标识
   E. 对阻碍监督检查的个人实施拘留等行政处罚措施

7. 《重大动物疫情应急条例》规定，有权公布重大动物疫情的主体是（　　）
   A. 国务院兽医主管部门
   B. 省、自治区、直辖市人民政府
   C. 省、自治区、直辖市人民政府兽医主管部门
   D. 县级人民政府兽医主管部门
   E. 县动物疫病预防控制机构

8. 根据《重大动物疫情应急条例》，下列对疫点采取的措施表述**不正确**的是（　　）
   A. 扑杀并销毁染疫动物
   B. 对易感动物紧急免疫接种
   C. 对病死动物、动物排泄物等进行无害化处理
   D. 对被污染的物品用具等进行严格消毒
   E. 销毁染疫的动物产品

9. 根据《执业兽医管理办法》，在动物饲养场注册的执业兽医**不符合**规定的行为是（　　）
   A. 拒绝使用劣兽药
   B. 将患有一类动物疫病动物的同群动物转移
   C. 指导兽医专业学生实习
   D. 制定本场动物驱虫方案
   E. 对动物疫病进行定期检测

10. 根据《动物诊疗机构管理办法》，**不符合**动物诊疗机构设立条件的是（　　）
    A. 有完善的卫生消毒管理制度
    B. 出入口与同一建筑的其他用户共用通道
    C. 有消毒设备
    D. 有完善的疫情报告制度
    E. 有3名以上取得执业兽医师资格证书的人员

11. 根据《动物诊疗机构管理办法》，动物诊疗机构下列**不符合**诊疗活动规定的行为是（　　）
    A. 在显著位置公示从业人员基本情况
    B. 按当地人民政府兽医主管部门的要求派执业兽医参加动物疫病扑灭活动
    C. 按规定处理医疗废弃物
    D. 对患有非洲猪瘟的动物进行治疗

E. 宠物用品经营区域与诊疗区域分别独立设置

12. 根据《兽医处方格式及应用规范》，下列表述**不正确**的是（　　）
    A. 执业兽医师应当遵循安全、有效和经济的原则开具兽医处方
    B. 兽医处方经执业兽医师签名或者签章后有效
    C. 动物主人必须在就诊的动物诊疗机构购买兽药
    D. 利用计算机开具处方的，应同时打印出纸质处方，并签名或盖章
    E. 兽医处方的有效期最长不得超过3天

13. 根据《兽医处方格式及应用规范》，下列关于兽医处方笺内容的表述**不正确**的是（　　）
    A. 前记部分包括兽医处方笺的开具日期
    B. 前记部分包括兽医处方笺的档案号
    C. 前记部分包括执业兽医师的注册号
    D. 正文部分包括初步诊断情况
    E. Rp 包括兽药名称、用量等内容

14. 属于一类动物疫病的是（　　）
    A. 弓形虫病　　B. 羊肠毒血症　　C. 梅迪-维斯纳病　D. 小反刍兽疫　　E. 布鲁菌病

15. 属于二类动物疫病的是（　　）
    A. 新城疫　　　B. 丝虫病　　　　C. 非洲猪瘟　　　D. 炭疽　　　　　E. 球虫病

16. 《病死及病害动物无害化处理技术规范》规定，采用高温法处理时，处理物或破碎产物的体积（长×宽×高）应小于或等于（　　）
    A. 125cm³（5cm×5cm×5cm）　　　B. 216cm³（6cm×6cm×6cm）
    C. 120cm³（4cm×5cm×6cm）　　　D. 64cm³（4cm×4cm×4cm）
    E. 60cm³（3cm×4cm×5cm）

17. 《病死及病害动物无害化处理技术规范》规定，采用湿化法处理时，送入高温高压容器的病死及病害动物的总质量不得超过容器总承受力的（　　）
    A. 1/2　　　　B. 2/3　　　　C. 3/4　　　　D. 4/5　　　　E. 5/6

18. 《兽药管理条例》规定，兽药经营企业变更企业名称的，到发证机关申请换发兽药经营许可证的时限是办理工商登记变更手续后（　　）
    A. 5个工作日　　　　　　　　　B. 7个工作日
    C. 10个工作日　　　　　　　　D. 15个工作日
    E. 20个工作日

19. 《兽药管理条例》规定，下列情形应当按照假兽药处理的是（　　）
    A. 成分含量不符合兽药国家标准的
    B. 不标明有效成分的
    C. 超过有效期的
    D. 所标明的适应证超过规定范围的
    E. 更改产品批号的

20. 根据《兽用处方药和非处方药管理办法》，执业兽医发现不适合按兽用非处方药管理的兽药应当报告，接受报告的法定主体是（　　）
    A. 该兽药的生产企业
    B. 该兽药的经营企业
    C. 执业兽医师所在的动物诊疗机构
    D. 当地兽医行业协会
    E. 当地兽医行政管理部门

21. 细胞质内属于膜性结构的细胞器是（　　）
    A. 中心粒　　B. 核糖体　　　C. 微丝　　　　D. 中间丝　　　E. 线粒体

22. 肩胛骨的冈上肌附着部称为（　　）
    A. 盂上结节　B. 冈结节　　　C. 关节盂　　　D. 冈上窝　　　E. 冈下窝

23. 家畜后肢关节活动性最小的关节是（　　）
    A. 荐髂关节　B. 髋关节　　　C. 膝关节　　　D. 跗关节　　　E. 趾关节

24. 荐骨翼与骨髂耳状关节面构成的关节称为（　　）
    A. 腰荐关节　　B. 髋关节　　C. 荐髂关节　　D. 耻骨联合　　E. 坐骨联合
25. 马小腿后脚部背外侧肌群中**不包括**（　　）
    A. 趾长伸肌　　B. 趾外侧伸肌　　C. 腓骨长肌　　D. 腓骨第三肌　　E. 胫骨前肌
26. 属于奇蹄的动物是（　　）
    A. 马　　B. 牛　　C. 羊　　D. 猪　　E. 驼
27. 能关闭喉口的软骨是（　　）
    A. 会厌软骨　　B. 甲状软骨　　C. 环状软骨　　D. 勺状软骨　　E. 剑状软骨
28. 属于有沟多乳头肾的动物是（　　）
    A. 猪　　B. 马　　C. 羊　　D. 牛　　E. 犬
29. 公猪精囊腺开口于（　　）
    A. 睾丸　　B. 尿道口　　C. 尿道球腺　　D. 前列腺　　E. 精阜
30. 卵巢上有排卵窝的家畜是（　　）
    A. 牛　　B. 马　　C. 羊　　D. 猪　　E. 犬
31. 腹腔动脉分出三个分支，即肝动脉、脾动脉和（　　）
    A. 胃左动脉　　B. 胃右动脉　　C. 肠系膜前动脉　　D. 肠系膜后动　　E. 肾动脉
32. 七岁犬的胸腺特征是（　　）
    A. 胸部和颈部的胸腺均发达
    B. 颈部胸腺发达，胸部胸腺退化
    C. 胸部胸腺发达
    D. 颈部胸部胸腺均退化
    E. 颈部胸腺发达
33. 甲状腺的侧叶和腺峡谷并为一整体，呈球形的动物是（　　）
    A. 马　　B. 牛　　C. 山羊　　D. 猪　　E. 犬
34. 眼球内容物包含（　　）
    A. 眼房水、晶状体、玻璃体
    B. 晶状体、玻璃体、视网膜
    C. 晶状体、玻璃体、虹膜
    D. 眼房水、虹膜、晶状体
    E. 眼房水、虹膜、视网膜
35. 鸡法氏囊是产生（　　）
    A. T淋巴细胞的初级淋巴器官
    B. T淋巴细胞的次级淋巴器官
    C. B淋巴细胞的初级淋巴器官
    D. B淋巴细胞的次级淋巴器官
    E. NK淋巴细胞的次级淋巴器官
36. 孵化48h时鸡胚卵黄囊覆盖卵黄的面积占（　　）
    A. 1/7　　B. 1/3　　C. 1/4　　D. 1/5　　E. 1/6
37. 细胞外液基本特点是（　　）
    A. 组成成分相对不恒定
    B. 组成数量相对不恒定
    C. 理化特性相对不恒定
    D. 组成成分和理化特质相对不恒定
    E. 组成成分和数量相对恒定
38. 能够阻滞神经末梢释放乙酰胆碱的是（　　）
    A. 黑寡妇蜘蛛毒　　B. 肉毒梭菌毒素　　C. 美洲箭毒　　D. α—银环蛇毒　　E. 有机磷毒药
39. 血浆晶体渗透压大小主要取决于（　　）
    A. 血小板数量　　B. 无机盐浓度　　C. 血浆蛋白浓度　　D. 白细胞数量　　E. 血细胞数量
40. 在一个心动周期中，心室的压力，容积与功能变化的顺序是（　　）
    A. 射血—>等容收缩—>充盈—>等容舒张
    B. 等容收缩—>射血—>等容舒张—>充盈
    C. 射血—>等压收缩—>充盈—>等压舒张
    D. 射血—>等容收缩—>充盈—>等压舒张
    E. 等容收缩—>充盈—>等容舒张—>射血
41. 对于肺扩张反射**不正确**的表述是（　　）
    A. 感受器位于细支气管和肺泡内　　B. 传入神经是迷走神经
    C. 中枢位于延髓　　D. 传出神经为运动神经

E. 效应器为呼吸肌
42. 铁在肠道内吸收的主要部位是（　　）
   A. 直肠　　　B. 盲肠　　　C. 十二指肠　　D. 回肠　　　E. 结肠
43. 促进胃液分泌的激素是（　　）
   A. 降钙素　　B. 甲状旁腺激素　C. 胃泌素　　D. 胆囊收缩素　E. 雌激素
44. 下列与动物静止能量代谢率**无关的**是（　　）
   A. 肌肉发达程度　B. 个体大小　C. 年龄　　　D. 性别　　　E. 生理状态
45. 原核生物和真核生物少数蛋白质中发现的第21种氨基酸是（　　）
   A. 甘氨酸　　B. 亮氨酸　　C. 硒代半胱氨酸　D. 异亮氨酸　E. 脯氨酸
46. 细胞膜上的寡糖链（　　）
   A. 均暴露在细胞膜的外表面　　　B. 结合在细胞膜的内表面
   C. 都结合在膜蛋白上　　　　　　D. 都结合在膜脂上
   E. 分布在细胞膜的两侧
47. 脂酰 CoA 从胞液转运进入线粒体，需要的载体是（　　）
   A. 肉碱　　　B. 苹果酸　　C. 柠檬酸　　D. 甘油—3—磷酸
   E. α—酮戊二酸
48. 尿素合成的循环是（　　）
   A. 三羧酸循环　B. 鸟氨酸循环　C. 柠檬酸—丙酮酸循环
   D. 乳酸循环　　E. 丙氨酸—葡萄糖循环
49. 遗传学的中心法则里，目前尚未发现（　　）
   A. DNA 复制　B. 基因转录　C. 反转录　　D. RNA 复制
   E. 蛋白质指导 RNA 合成
50. 原核生物蛋白质生物合成时，肽链延伸需要的能量分子是（　　）
   A. ATP　　　B. GTP　　　C. UTP　　　D. CTP　　　E. TTP
51. 黄疸是由于血液含有过多的（　　）
   A. 胆红素　　B. 胆绿素　　C. 血红素　　D. 胆色素　　E. 胆固醇
52. 下列属于疾病发生一般机制的是（　　）
   A. 损伤与抗损伤的斗争　　B. 因果转化　　　　C. 局部与整体
   D. 神经体液机制　　　　　E. 病程
53. 细胞内水分增多，胞体增大，胞浆内出现微细颗粒或大小不等的水泡称为（　　）
   A. 脂肪变性　B. 黏液样变性　C. 淀粉样变　D. 透明变性　E. 细胞肿胀
54. 在动物肺门淋巴结中常见的外源性色素沉着是（　　）
   A. 脂色素　　B. 含铁血黄素　C. 卟啉色素　D. 炭末　　　E. 黑色素
55. 少量出血可能危及生命的器官是（　　）
   A. 肠　　　　B. 肾　　　　C. 肺　　　　D. 胃　　　　E. 脑
56. 肉芽组织是一种幼稚结缔组织，其中富含（　　）
   A. 炎性细胞和胶原纤维　　　B. 新生毛细血管和成纤维细胞
   C. 网状纤维和胶原纤维　　　D. 胶原纤维和纤维细胞
   E. 成纤维细胞和纤维细胞
57. 失水多于失钠可引起（　　）
   A. 等渗性脱水　B. 低渗性脱水　C. 高渗性脱水　D. 水中毒　　E. 水肿
58. 可引起组织性缺氧的原因是（　　）
   A. 呼吸机能不全　B. 贫血　　C. 一氧化碳中毒　D. 氰化物中毒　E. 缺血
59. 发热期与无热期间隙时间较长，而且发热和无热期的出现时间大致相等。此热型为（　　）
   A. 回归热　　B. 间歇热　　C. 弛张热　　D. 稽留热　　E. 双向热
60. 在结核肉芽肿性炎症灶内的特异性细胞成分是（　　）
   A. 肥大细胞　B. 多核巨细胞　C. 淋巴细胞　D. 中性粒细胞　E. 嗜酸性粒细胞
61. 下列由细胞释放的炎症介质是（　　）

A. 激肽系统　　B. 补体系统　　C. 单核因子　　D. 凝血系统　　E. 纤溶系统
62. 犬细小病毒导致的心肌出血病变称为（　　）
    A. 心肌炎　　B. 心内膜炎　　C. 心包炎　　D. 绒毛心　　E. 虎斑心
63. 卡他性炎发生在（　　）
    A. 黏膜　　B. 腱膜　　C. 肌膜　　D. 筋膜　　E. 滑膜
64. 维生素E或硒缺乏可引起鸡小脑发生（　　）
    A. 非化脓性脑炎　B. 化脓性脑炎　C. 脑软化　D. 脑脊髓炎　E. 脑膜脑炎
65. 影响药物作用的主要因素**不包括**（　　）
    A. 种属差异　　B. 给药方案　　C. 饲养人员　　D. 病理因素　　E. 环境因素
66. 抑制细菌细胞壁合成而发挥杀菌作用的抗菌药物是（　　）
    A. 磺胺脒　　B. 金霉素　　C. 青霉素　　D. 两性霉素B　　E. 恩诺沙星
67. 牛麻醉前给予东莨菪碱的主要目的是（　　）
    A. 增加支气管分泌　　　　　　B. 减少支气管分泌
    C. 加强支气管收缩　　　　　　D. 增强胃肠蠕动
    E. 扩散瞳孔
68. 硫喷妥钠临床上主要用于（　　）
    A. 镇静　　B. 局部麻醉　　C. 诱导麻醉　　D. 镇痛　　E. 保定
69. 具有解热作用的药物是（　　）
    A. 地西泮　　B. 麻黄碱　　C. 安乃近　　D. 氟前列醇　　E. 氨茶碱
70. 松弛支气管平滑肌，具有平喘作用的药物是（　　）
    A. 呋塞米　　B. 酚磺乙胺　　C. 氨茶碱　　D. 硫酸镁　　E. 阿托品
71. 强心苷的药理作用是（　　）
    A. 正性肌力和平喘　　　　　　B. 负性心率和平喘
    C. 正性肌力和利尿　　　　　　D. 正性心率和利尿
    E. 利尿和平喘
72. 为了纠正氢氯噻嗪常见的不良反应，应补充（　　）
    A. 钙　　B. 磷　　C. 钾　　D. 铁　　E. 钠
73. 属于H1受体阻断药的是（　　）
    A. 阿托品　　B. 普萘洛尔　　C. 新斯的明　　D. 苯海拉明　　E. 肾上腺素
74. 用于氰化物中毒的特效解毒药是（　　）
    A. 维生素C　　B. 阿托品　　C. 士的宁　　D. 新斯的明　　E. 亚硝酸钠

【A2型题】
答题说明：每一道考试题下面有A、B、C、D、E五个备选答案，请从中选择一个最佳答案，并在答题卡上将相应题号的相应字母所属的方框涂黑。

75. 牛，5岁，确诊患有脑包虫病，手术摘除多头蚴包囊。其手术切口主要定位在（　　）
    A. 枕骨　　B. 额骨　　C. 颞骨　　D. 蝶骨　　E. 筛骨
76. 马，3岁，右耳歪斜，右上眼睑下垂；嘴歪，上、下唇下垂并向左侧歪斜，采食、饮水困难，牙齿咀嚼不灵活，被确诊为神经麻痹。该神经的神经根与脑联系的部位是（　　）
    A. 大脑　　B. 小脑　　C. 中脑　　D. 脑桥　　E. 延髓
77. 犬，6岁，肾脏远曲小管和集合管对水的重吸收减少1%，则尿量将增加（　　）
    A. 0.5倍　　B. 1倍　　C. 1.5倍　　D. 2倍　　E. 2.5倍
78. 奶牛，3岁，处于泌乳高峰期，调换饲料引起泌乳量大幅下降，最主要的原因是（　　）
    A. 乳糖合成下降　　　　　　B. 乳脂合成下降
    C. 乳蛋白合成下降　　　　　D. 乳中无机盐含量减少
    E. 乳中氨基酸含量下降
79. 犬，3岁，外出回来后，突然出现兴奋不安，眼睑、颜面肌肉痉挛，流涎，腹痛，腹泻。用解磷定和阿托品静脉注射后，症状缓解。犬体内（　　）
    A. 乙酰胆碱浓度升高　　　　　B. 乙酰胆碱浓度降低
    C. 胆碱浓度增加　　　　　　　D. 乙醇浓度增加

E. 胆碱酯酶活性升高

80. 冬季，某鸡场育雏舍用煤炭取暖，雏鸡出现呼吸困难、步态不稳。剖检发现血管和脏器内血液呈樱桃红色。血液生化检查见 HbCO 含量升高。患雏体内直接受影响的酶是（　　）
   A. 细胞色素 c 还原酶　　　　　　B. NADH-Q 氧化酶
   C. 琥珀酸-Q 氧化还原酶　　　　　D. 细胞色素 c 氧化酶
   E. NADH-Q 还原酶

81. 10 日龄鸡群发病，发病率达 100%，病鸡张口呼吸、咳嗽、出现呼吸啰音等症状，死亡率约 5%。主要病变为喉头和气管黏膜充血，气管和支气管内有黄白色黏稠的干酪样分泌物。该病可能是（　　）
   A. 新城疫　　　　　　　　　　　　B. 传染性法氏囊病
   C. 鸡传染性支气管炎　　　　　　　D. 鸡传染性喉气管炎
   E. 禽流感

82. 兔，2 岁，剖检可见肝脏表面和实质中有绿豆至豌豆大白色或黄白色结节；组织学检查见胆管上皮乳头状增生，上皮细胞由立方上皮变为柱状，上皮细胞浆内可见球虫寄生。该兔肝脏的病变为（　　）
   A. 纤维瘤　　B. 平滑肌瘤　　C. 纤维肉瘤　　D. 乳头状瘤　　E. 腺瘤

83. 奶牛，4 岁，乳房明显肿胀，变硬，发热，有痛感，体温 39.9℃，食欲减退，产奶量明显减少，奶汁变黄。选择全身治疗的最佳药物是（　　）
   A. 土霉素注射液　　　　　　　　　B. 硫酸庆大霉素可溶性粉
   C. 新霉素预混剂　　　　　　　　　D. 杆菌肽预混剂
   E. 黏菌素可溶性粉剂

84. 雏鸡群，1 日龄，在饲料中加入马度米星预防球虫病，饲料中添加的药物浓度是每 1000kg 饲料添加（　　）
   A. 1g　　　B. 2g　　　C. 3g　　　D. 5g　　　E. 10g

【B1 型题】
答题说明：以下提供若干组考题，每组考题共用在考题前列出的 A、B、C、D、E 五个备选答案，请从中选择一个与问题最密切的答案，并在答题卡上将相应题号的相应字母所属的方框涂黑。某个备选答案可能被选择一次、多次或不被选择。

(85~87 题共用下列备选答案)
   A. 马　　　B. 驴　　　C. 牛　　　D. 猪　　　E. 骡
85. 舌上具有舌圆枕的动物是（　　）
86. 舌下肉阜小，位于舌系带处的动物是（　　）
87. 上切齿缺失的动物是（　　）

(88~90 题共用下列备选答案)
   A. TSH　　B. OXT　　C. FSH　　D. LH　　E. PRL
88. 绵羊，2 岁，颈部增粗，局部肿大，经检查为甲状腺增生，该羊最可能出现异常的激素是（　　）
89. 山羊，3 岁，发情期迟迟不见排卵，经 B 超检查卵泡发育正常，该羊最可能出现异常的激素是（　　）
90. 绵羊，3 岁，雌性，产羔后胎衣不下，泌乳严重滞后，可用于治疗该病的是（　　）

(91~93 题共用下列备选答案)
   A. 甘油醛-3-磷酸脱氢酶　　　　　B. 葡萄糖-6-磷酸脱氢酶
   C. 丙酮酸脱氢酶复合物　　　　　　D. 6-磷酸葡萄糖脱氢酶
   E. 苹果酸脱氢酶
91. 糖酵解途径中，催化产生 NADH+H$^+$ 的酶是（　　）
92. 三羧酸循环中，催化产生 NADH+H$^+$ 的酶是（　　）
93. 丙酮酸氧化脱羧形成乙酰 CoA，催化产生 NADH+H$^+$ 的酶是（　　）

(94、95 题共用下列备选答案)
   A. 急性卡他性胃炎　　　　　　　　B. 出血性胃炎

C. 纤维性胃炎　　　　　　　　D. 化脓性胃炎
E. 坏死性胃炎

94. 胃黏膜肿胀，表面有大量黏稠液体。镜检见黏膜上皮较完整，轻度变性，黏膜表面见多量脱落的上皮细胞碎片，固有层水肿，散在嗜中性粒细胞。该胃的病变是（　　）
95. 胃黏膜表面被覆一层灰黄色假膜。镜检见黏膜上皮严重变性、坏死和脱落，表面附有粉色纤维蛋白样渗出物，其中混杂有多量炎性细胞。该胃病变为（　　）

（96、97题共用下列备选答案）
A. 10%福尔马林　B. 20%酒精　C. 50%酒精　D. 4%福尔马林　E. 80%酒精

96. 最常用的组织固定液是（　　）
97. 在养殖场剖检取材时，如果无甲醛，可选用的固定液是（　　）

（98~100题共用下列备选答案）
A. 甲紫　　　B. 苯扎溴铵　　C. 戊二醛　　D. 稀盐酸　　E. 鱼石脂软膏

98. 某猪场暴发非洲猪瘟，对猪舍过道进行喷洒消毒，首选的药物是（　　）
99. 奶牛，5岁，出现跛行，蹄趾间腐烂，把腐烂部分清理，冲洗干净后，局部治疗应选用的药物是（　　）
100. 牧羊犬，3岁，进行去势手术，对手术器械进行浸泡消毒，首选的药物是（　　）

预防科目（100分）（上午卷）

【A1型题】

答题说明：每一道考试题下面有A、B、C、D、E五个备选答案，请从中选择一个最佳答案，并在答题卡上将相应题号的相应字母所属的方框涂黑。

101. 构成革兰阴性菌内毒素的物质是（　　）
A. 肽聚糖　　B. 磷壁酸　　C. 脂多糖　　D. 外膜蛋白　　E. 核心多糖
102. 由致育因子（F质粒）编码产生的细菌特殊结构是（　　）
A. 荚膜　　B. 性菌毛　　C. 普通菌毛　　D. 鞭毛　　E. 芽孢
103. 基于细胞壁结构于化学组成差异建立的细菌染色方法是（　　）
A. 姬姆萨染色法　B. 美蓝染色法　C. 革兰氏染色法　D. 瑞氏染色法　E. 荚膜染色法
104. 由革兰氏阴性菌菌体裂解产生的物质是（　　）
A. 内毒素　　B. 外毒素　　C. 抗毒素　　D. 类毒素　　E. 黏附素
105. 属于细菌生化鉴定的方法是（　　）
A. 基因测序　　B. PCR　　C. VP实验　　D. 血凝试验　　E. 沉淀试验
106. 手术敷料常用的灭菌方法是（　　）
A. 电离辐射　　B. 流通蒸汽灭菌　C. 巴氏消毒　　D. 热空气灭菌　　E. 高压蒸汽灭菌
107. 大肠杆菌在麦康凯培养基上形成的菌落颜色是（　　）
A. 灰白色　　B. 蓝色　　C. 红色　　D. 黑色　　E. 黄色
108. 在病毒学上，CPE指的是（　　）
A. 细胞病变　　B. 细胞坏死　　C. 细胞凋亡　　D. 细胞自噬　　E. 细胞焦亡
109. 可用血凝抑制试验检测的病毒是（　　）
A. 新城疫病毒　　　　　　B. 鹅细小病毒　　　　　C. 禽白血病病毒
D. 传染性法氏囊病毒　　　E. 鸭甲型肝炎病毒
110. 非洲猪瘟病毒的基因组是（　　）
A. 双股DNA　　　　B. 单股DNA　　　　C. 双股RNA
D. 单链正股RNA　　E. 单链负股RNA
111. 导致幼猫小脑发育不全的病毒是（　　）
A. 狂犬病病毒　　　　B. 猫嵌杯病毒　　　　C. 猫白血病病毒
D. 猫冠状病毒　　　　E. 猫泛白细胞减少症病毒
112. 引起猪繁殖障碍的RNA病毒是（　　）
A. 非洲猪瘟病毒　B. 伪狂犬病毒　C. 猪细小病毒　D. 日本脑炎病毒　E. 猪圆环病毒

113. 下列免疫原性最强的物质是（　　）
    A. 多糖　　　B. 核酸　　　C. 蛋白质　　　D. 类脂　　　E. 脂多糖
114. 禽类卵黄中特有的抗体类型是（　　）
    A. IgM　　　B. IgG　　　C. IgA　　　D. IgY　　　E. IgE
115. 禽类特有的免疫器官是（　　）
    A. 脾脏　　　B. 淋巴结　　　C. 骨髓　　　D. 法氏囊
    E. 黏膜相关淋巴组织
116. 细胞免疫应答的主要效应细胞是（　　）
    A. 巨噬细胞　　　B. NK 细胞　　　C. B 细胞　　　D. T 细胞　　　E. 中性粒细胞
117. **不属于**细胞因子的是（　　）
    A. 干扰素　　　　　　　　B. 趋化因子　　　C. 主要组织相容性复合体
    D. 肿瘤坏死因子　　　　　E. 白细胞介素
118. 分泌抗体的细胞是（　　）
    A. 巨噬细胞　　　B. 浆细胞　　　C. 树突状细胞　　　D. T 细胞　　　E. NK 细胞
119. 机体再次免疫应答产生的主要抗体类型是（　　）
    A. IgM　　　B. IgG　　　C. IgA　　　D. IgD　　　E. IgE
120. 介导过敏反应的抗体类型是（　　）
    A. IgG　　　B. IgM　　　C. IgA　　　D. IgE　　　E. IgD
121. 正常组织和体液中存在的抗细菌物质是（　　）
    A. 脂多糖　　　B. 肠毒素　　　C. 干扰素　　　D. 乙型溶素　　　E. 溶血素
122. 需通过细胞免疫方式才可清除的细菌是（　　）
    A. 嗜血杆菌　　　B. 分枝杆菌　　　C. 大肠杆菌　　　D. 巴氏杆菌　　　E. 链球菌
123. 免疫血清学技术的原理主要基于抗原抗体反应的（　　）
    A. 疏水性　　　B. 阶段性　　　C. 特异性　　　D. 可逆性　　　E. 可变性
124. 属于垂直传播的是（　　）
    A. 空气传播　　　B. 土壤传播　　　C. 咬伤传播　　　D. 胎盘传播　　　E. 饮水传播
125. 基因检测属于（　　）
    A. 临床学诊断　　B. 流行病学诊断　　C. 病理学诊断　　D. 病原学诊断　　E. 免疫学诊断
126. 导致免疫接种失败的动物因素指（　　）
    A. 疫苗抗原性差　　　　　　B. 疫苗株与流行株血清型不符
    C. 母源抗体干扰　　　　　　D. 疫苗保存不当
    E. 疫苗稀释错误
127. 预防狂犬病的首选措施是对易感动物进行（　　）
    A. 扑杀　　　B. 环境消毒　　　C. 免疫接种　　　D. 隔离　　　E. 药物预防
128. 可传染给水牛的猪传染病是（　　）
    A. 猪蓝耳病　　　B. 猪瘟　　　C. 非洲猪瘟　　　D. 猪巴氏杆菌病　　　E. 猪水疱病
129. 新城疫病毒强化试验可用于诊断的动物传染病是（　　）
    A. 非洲猪瘟　　　　　　　　B. 猪瘟　　　　　　　　C. 猪伪狂犬病
    D. 猪繁殖与呼吸综合征　　　E. 猪细小病毒
130. 猪繁殖与呼吸综合征的主要病理变化是（　　）
    A. 纤维素性肺炎　　　　　　B. 纤维素性肝周炎
    C. 纤维素性心包炎　　　　　D. 纤维素性胸膜炎
    E. 弥漫性间质性肺炎
131. 急性牛传染性胸膜肺炎病例常见的临床症状是（　　）
    A. 可视黏膜苍白　　　　　　B. 双相热　　　　　　　C. 蹄部水疱
    D. 浆液性鼻液　　　　　　　E. 顽固性腹泻
132. 马流感的主要病理变化发生在（　　）
    A. 胃　　　B. 小肠　　　C. 大肠　　　D. 上呼吸道　　　E. 下呼吸道
133. 典型鸡新城疫的特征性病理变化是（　　）

A. 脚鳞出血　　B. 腺胃乳头出血　C. 脾脏出血　　D. 肾脏出血　　E. 肝脏出血

134. 小鹅瘟的特征性病理变是（　　）
　　A. 心冠脂肪散在多量出血点
　　B. 肝脏密集的坏死灶
　　C. 小肠纤维素性坏死性炎症
　　D. 肾脏尿酸盐沉积
　　E. 肺脏切面呈大理石样外观

135. 诊断犬瘟热常用的实验动物是（　　）
　　A. 小鼠　　　B. 豚鼠　　　C. 雪貂　　　D. 家兔　　　E. 仔猪

136. 母犬接种犬细小病毒疫苗的时机宜在产前（　　）
　　A. 1～2 周　B. 7～8 周　C. 3～4 周　D. 9～10 周　E. 5～6 周

137. 应用血凝和血凝抑制试验诊断兔病毒性出血症时可选用（　　）
　　A. 鸡红细胞　B. 兔红细胞　C. 豚鼠红细胞　D. 大鼠红细胞　E. 绵羊红细胞

138. 仔貂接种水貂病毒性肠炎疫苗的时间一般在（　　）
　　A. 1 周龄　B. 2～3 周龄　C. 4～5 周龄　D. 2～3 月龄　E. 4～5 月龄

139. 尚未见发生美洲幼虫腐臭病的蜜蜂是（　　）
　　A. 西班牙蜜蜂　B. 意大利蜜蜂　C. 印度蜜蜂　D. 中华蜜蜂　E. 秘鲁蜜蜂

140. 寄生虫成虫寄生的宿主是（　　）
　　A. 终末宿主　B. 中间宿主　C. 补充宿主　D. 贮藏宿主　E. 保虫宿主

141. 动物驱虫试验时驱净虫体的动物数/全部试验动物数×100%为（　　）
　　A. 虫卵减少率　B. 虫卵转阴率　C. 精计驱虫率　D. 粗计驱虫率　E. 驱净率

142. 细粒棘球绦虫寄生在终末宿主的（　　）
　　A. 大脑　　B. 肝脏　　C. 小肠　　D. 胃　　E. 大肠

143. 隐孢子虫卵囊含有的子孢子数为（　　）
　　A. 2　　　B. 4　　　C. 8　　　D. 12　　　E. 16

144. 软蜱发育过程中没有的阶段是（　　）
　　A. 虫卵　　B. 幼虫　　C. 若虫　　D. 蛹　　E. 成虫

145. 猪结肠小袋虫的主要临床症状是（　　）
　　A. 贫血　　B. 高热　　C. 水肿　　D. 呼吸困难　E. 腹泻

146. 点无卵黄腺绦虫孕卵节片中的虫卵被包裹在（　　）
　　A. 卵模内　B. 副子宫器内　C. 梨形器内　D. 孢子囊内　E. 卵囊内

147. 我国北方马的胃蝇成蝇活动时间主要在（　　）
　　A. 1～2 月　B. 3～4 月　C. 5～9 月　D. 10～11 月　E. 12 月

148. 动物小肠内容物沉淀集虫得到 2～7 毫米大小的虫体。镜下见虫体由头节和 3～4 片组成，头节上有个吸盘，顶突钩排成 2 行；孕节长度远大于宽度。该病原感染的宿主是（　　）
　　A. 牛　　　B. 羊　　　C. 猪　　　D. 猫　　　E. 犬

149. 狮弓蛔虫病的药物是（　　）
　　A. 双碘喹啉　B. 氯丙啉　　C. 双羟奈酸噻嘧啶
　　D. 硝氯酚　　E. 六氯对二甲苯

150. 确诊犬蚤病的依据是发现（　　）
　　A. 虫卵　　B. 幼虫　　C. 若虫　　D. 蛹　　E. 成虫

151. 兔的梨形艾美尔球虫的寄生部位是（　　）
　　A. 肝脏和脾脏　B. 肝脏和肺脏　C. 小肠和大肠　D. 胃和脾脏　E. 胃和肝脏

152. 蜜蜂孢子虫病的发病高峰是（　　）
　　A. 春季　　B. 夏季　　C. 秋季　　D. 冬季　　E. 全年

153. 属于环境要素分类的污染类型是（　　）
　　A. 生活污染　B. 土壤污染　C. 物理污染　D. 化学污染　E. 生物污染

154. 我国《生猪产地检疫规程》中规定的检疫对象**不包括**（　　）
　　A. 猪瘟　　B. 猪肺疫　　C. 猪丹毒　　D. 口蹄疫　　E. 猪流行性腹泻

155. 我国《生猪屠宰检疫规程》中规定的检疫对象是（   ）
    A. 猪肺疫   B. 伪狂犬病   C. 布鲁菌病   D. 猪细小病毒病   E. 猪圆环病毒病
156. 牛乳中**不属于**化学污染物的是（   ）
    A. 组胺   B. 六六六   C. 多氯联苯   D. 多环芳烃   E. 三聚氰胺
157. 动物诊疗机构的医疗废弃物处理过程**不包括**（   ）
    A. 收集   B. 运送   C. 贮存   D. 处置   E. 利用

【A2 型题】
    答题说明：每一道考试题下面有 A、B、C、D、E 五个备选答案，请从中选择一个最佳答案，并在答题卡上将相应题号的相应字母所属的方框涂黑。

158. 山羊，1 岁，体温 41℃，咳嗽，伴有浆液性鼻液，4 天后鼻液转为脓性并呈现铁锈色。病料接种培养基长出"荷包蛋"状菌落。该病最可能的病原是（   ）
    A. 钩端螺旋体   B. 牛羊亲衣原体
    C. 胸膜肺炎放线杆菌   D. 多杀性巴氏杆菌
    E. 丝状支原体

159. 猫，1 月龄，厌食，发热，腹胀，有大量腹水。腹水电镜观察见有囊膜及棒状纤突的球形病毒粒子。该病最可能的病原是（   ）
    A. 猫传染性腹膜炎病毒   B. 猫泛白细胞减少症病毒
    C. 猫疱疹病毒   D. 猫白血病病毒
    E. 猫免疫缺陷病毒

160. 孕羊，3 岁，流产，胎儿分泌物科兹洛夫染色，镜检见红色球杆菌。对该菌进一步鉴定的最适方法是（   ）
    A. 琼脂扩散试验   B. 凝集试验
    C. 对流电泳试验   D. 血凝试验
    E. E 玫瑰花环试验

161. 妊娠母猪，3 岁，发热，精神不振，流产，产死胎、木乃伊胎，其中死胎为主。该病最可能是（   ）
    A. 猪大肠杆菌病   B. 猪沙门氏菌病
    C. 猪伪狂犬病   D. 猪流行性腹泻
    E. 猪传染性胃肠炎

162. 育肥猪，6 月龄，突然发病，高热。剖检可见淋巴结、肾脏点状出血，脾脏充血、肿胀为原来的 6 倍，呈黑紫色。该病传播媒介可能是（   ）
    A. 蚊子   B. 库蚊   C. 蝇   D. 螨   E. 钝缘蜱

163. 育肥猪，6 周龄，呼吸困难，下痢，贫血，黄疸，消瘦，腹股沟淋巴结明显肿胀。剖检见全身淋巴结肿胀，肾脏肿大且皮质与髓质交界处出血，肺脏质地似橡皮。如果通过母体免疫为仔猪提供保护力，母猪接种疫苗的时间是（   ）
    A. 产前 1 个月   B. 产前 3 个月   C. 配种前 1 个月
    D. 配种后 1 个月   E. 配种后 2 个月

164. 雏鸭，厌食，昏睡、行动呆滞，全身抽搐、角弓反张。剖检见肝脏肿大、质脆、发黄，表面有大小不等出血斑点。该病诊断最可靠的方法是接种敏感雏鸭，其日龄应是（   ）
    A. 1~7 日龄   B. 8~12 日龄   C. 15~20 日龄   D. 20~25 日龄   E. 25~30 日龄

165. 猫，发热，咳嗽，流泪，眼鼻有浆液脓性分泌物，结膜炎、角膜炎，角膜出现树枝状溃疡，病原为疱疹病毒Ⅰ型。该猫所患疾病最可能是（   ）
    A. 猫瘟热   B. 猫白血病   C. 猫病毒性鼻气管炎
    D. 猫杯状病   E. 猫传染性腹膜炎

166. 仔猪，高热稽留，体表淋巴结肿大，腹下有瘀斑。组织图片瑞氏染色可见大量香蕉形速殖子。该病是（   ）
    A. 弓形虫病   B. 猪巴贝斯虫病
    C. 猪球虫病   D. 猪小袋纤毛虫病
    E. 姜片吸虫病

167. 南方散养猪，10月龄，食欲减退、下痢水肿、轻度黄疸，粪便检查见黄褐色小型虫卵，一端有卵盖和肩峰，另一端有小突起，内含毛蚴。导致猪感染该虫体的原因是（　　）
    A. 食入蚯蚓　　B. 食入野鼠　　C. 食入螺蛳　　D. 昆虫叮咬　　E. 食入淡水虾
168. 奶牛，6岁，高热稽留，体温41℃，血液稀薄，可视黏膜黄染，尿液红色，体表发现微小牛蜱。血涂片镜检见红细胞内有梨籽形虫体。治疗该病的药物是（　　）
    A. 阿苯达唑　　B. 伊维菌素　　C. 硫酸喹啉脲　　D. 三氯苯唑　　E. 氨丙啉
169. 母猪，3岁，皮肤和黏膜发黄，血尿，流产，见弱仔、死胎。确诊其是一种互源性人兽共患病，该病最可能是（　　）
    A. 狂犬病　　B. 结核病　　C. 猪丹毒　　D. 旋毛虫病　　E. 钩端螺旋体病
170. 雏鸡群，2周龄，精神萎靡，羽毛松乱，不愿走动，排糊状粪便，肛门周围污染粪便、发炎、疼痛，发出尖叫声，因呼吸困难及心力衰竭死亡。进行带鸡消毒时应当选择的消毒剂是（　　）
    A. 0.3%甲醛溶液　　　　　　　　B. 0.3%漂白粉液
    C. 0.3%氢氧化钠溶液　　　　　　D. 0.3%高锰酸钾溶液
    E. 0.3%次氯酸溶液

【A3/A4 型题】

答题说明：以下提供若干个案例，每个案例下设若干道考题，请根据案例所提供的信息，在每一道考题下面的 A、B、C、D、E 五个备选答案中选择一个最佳答案，并在答题卡上将相应题号的相应字母所属的方框涂黑。

（171、172 题共用以下题干）

肉牛，2岁，无明显全身反应，主要表现结膜充血、水肿并形成颗粒状灰色的坏死膜，角膜轻度浑浊但无溃疡，眼、鼻流出浆液性分泌物。

171. 该病最可能是（　　）
    A. 狂犬病　　　　　　B. 口蹄疫　　　　　　C. 牛传染性鼻气管炎
    D. 恶性卡他热　　　　E. 牛流行热
172. 诊断该病的实验室检测方法**不包括**（　　）
    A. 包涵体检查　　B. 病毒分离　　C. 聚合酶链反应　　D. 中和试验　　E. 变态反应

（173～175 题共用以下题干）

仔猪群，30日龄，常在墙角、饲槽等处摩擦，病变处皮肤增厚、龟裂，有血水流出。刮取皮屑镜检，见龟形虫体，有4对足，前两对足伸出体缘，后两对足不伸出体缘之外。

173. 该病是（　　）
    A. 虱感染　　B. 蜱感染　　C. 疥螨病　　D. 皮刺螨病　　E. 蚤感染
174. 治疗该病的药物是（　　）
    A. 伊维菌素　　B. 阿苯达唑　　C. 三氮咪　　D. 硝氯酚　　E. 硫酸喹啉脲
175. 病原寄生于猪的（　　）
    A. 皮肤表面　　B. 毛囊　　C. 皮下　　D. 表皮层内　　E. 皮脂腺内

【B1 型题】

答题说明：以下提供若干组考题，每组考题共用在考题前列出的 A、B、C、D、E 五个备选答案，请从中选择一个与问题最密切的答案，并在答题卡上将相应题号的相应字母所属的方框涂黑。某个备选答案可能被选择一次、多次或不被选择。

(176～178 题共用下列备选答案)
    A. 血琼脂培养基　　　　B. 含 NAD 培养基　　　　C. 伊红美蓝培养基
    D. 麦康凯培养基　　　　E. SS 培养基

176. 猪，4月龄，体温41℃，咽喉部肿胀，呼吸困难，口吐白沫，耳根及颈部出血性红斑。病料触片美蓝染色见典型两极着色的球杆菌。分离病原常用的培养基是（　　）
177. 仔猪，3月龄，体温41℃，呼吸困难，口、鼻流出带血的红色泡沫。耳、四肢皮肤发绀。病料涂片美蓝染色镜检见小球杆菌，具有多形性。分离病原常用的培养基是（　　）
178. 仔猪，2月龄，体温40.5℃，呼吸困难，关节肿胀，消瘦。病料涂片美蓝染色镜检见多为短杆状，也有球形、杆状或长丝状等多形性菌体。分离病原常用的培养基是（　　）

(179~181题共用下列备选答案)
A. 鸭瘟病毒　　　　　　　B. 番鸭细小病毒　　　　　C. 鸭坦布苏病毒
D. 鸭甲型肝炎病毒　　　　E. 减蛋综合征病毒

179. 蛋鸭，60周龄，流泪，眼睑水肿，头颈部肿大。剖检可见肝脏肿胀，食道和泄殖腔黏膜有黄色伪膜覆盖。病原检查为有囊膜、双股DNA的病毒。该病毒最可能的病原是（　　）

180. 蛋鸭，70周龄，产蛋急剧下降。剖检见肝脏肿胀发黄，卵泡变形、卵泡膜充血、出血。病原检查为有囊膜、单股RNA的病毒。该病最可能的病原是（　　）

181. 雏鸭，2周龄，角弓反张，突然死亡。剖检见肝脏肿胀，有大量出血点。病原检查为无囊膜、单股RNA的病毒。该病最可能的病原是（　　）

(182~185题共用下列备选答案)
A. 天然被动免疫　　　　　B. 人工被动免疫　　　　　C. 天然主动免疫
D. 人工主动免疫　　　　　E. 先天固有免疫

182. 猪场使用猪流行性腹泻灭活疫苗免疫母猪群，仔猪通过吸吮初乳获得抵抗流行性腹泻病毒感染的能力。仔猪获得免疫的方式是（　　）

183. 犬，体温升高，伴有腹泻，诊断为犬瘟热，注射抗犬瘟热病毒血清后症状缓解。该犬获得免疫力的方式是（　　）

184. 某鸡群感染减蛋综合征病毒后，经检测血清中含减蛋综合征病毒抗体。该鸡群获得免疫力的方式是（　　）

185. 某牛群免疫口蹄疫疫苗后，获得抵抗口蹄疫病毒感染的能力。该牛群获得免疫力的方式为（　　）

(186~188题共用下列备选答案)
A. 支气管肺炎　　　　　　B. 纤维素性胸膜肺炎　　　C. 大叶性肺炎
D. 间质性肺炎　　　　　　E. 干酪性肺炎

186. 猪，120日龄，食欲减退，体温升高，呼吸极度困难；剖检两侧肺呈紫红色；病原学检查见革兰阴性细菌；病料接种血平板，再挑取金黄色葡萄球菌划线培养，呈现"卫星生长"，并有β溶血现象。该病最有可能的病理变化是（　　）

187. 种猪，3岁，呼吸困难，食欲减退，体温升高，流产；所产仔猪出现呼吸困难，腹泻，后肢麻痹；部分仔猪耳部发紫和躯体末端皮肤发绀。该病最有可能的病理变化是（　　）

188. 仔猪，30日龄，食欲减退，呼吸困难，咳嗽，体温升高（呈弛张热），肺部听诊可听到湿性啰音，叩诊呈灶性浊音，其他无明显可见临床症状。该病最有可能的病理变化是（　　）

(189~191题共用下列备选答案)
A. 传染性法氏囊病　　　　B. 马立克病　　　　　　　C. 禽白血病
D. 鸡传染性支气管炎　　　E. 新城疫

189. 1月龄肉鸡群突然发病，第2天起出现死亡，5~7天达死亡高峰。剖检见腿肌和胸肌出血，法氏囊肿大、有胶冻样渗出物，腺胃和肌胃交界处出血。该病最可能是（　　）

190. 蛋鸡，60日龄，消瘦死亡，心、肝、脾等组织器官出现肿瘤，部分鸡失明，瞳孔呈同心环状，组织学检查见肿瘤组织有大小不一的淋巴细胞浸润。该病最可能是（　　）

191. 蛋鸡，50日龄，出现轻微呼吸道症状，少量死亡；剖检见肾脏苍白、肿大和小叶突出，肾小管和输尿管扩张，充满尿酸盐；组织学检查可见肾间质水肿，并有淋巴细胞、浆细胞和巨噬细胞浸润。该病最可能是（　　）

(192~194题共用下列备选答案)
A. 牛新蛔虫　　　　　　　B. 捻转血矛线虫
C. 哥伦比亚食道口线虫　　D. 牛仰口线虫
E. 指形长刺线虫

192. 犊牛，60日龄，消瘦，腹泻；剖检见小肠中出现粗壮、头端具有3片唇的线虫。该牛寄生的虫体是（　　）

193. 奶牛，4岁，贫血、消瘦、腹泻；剖检见皱胃中发现多量虫体；镜检见部分虫体有交合

伞，交合伞具有道"Y"形背肋。该牛寄生的虫体是（　　）

194. 奶牛，4岁，贫血、消瘦、腹泻；剖检在结肠的发现多量线状虫体，肠壁有大量绿豆大小结节；镜检见虫体头泡不甚膨大，颈乳突在颈沟的稍后方，其尖端突出于侧翼膜之外。该牛寄生的虫体是（　　）

（195～197题共用下列备选答案）
　　A. 柔嫩艾美尔球虫　　　　　B. 毒害艾美尔球虫　　　　　C. 巨型艾美尔球虫
　　D. 毒害艾美尔球虫　　　　　E. 和缓艾美尔球虫

195. 雏鸡群，3周龄，食欲减退，精神不振，血便，大量死亡。剖检见盲肠肿大，内含大量新鲜血液。刮取病变部位肠黏膜镜检，见有多量香蕉形虫体。该鸡群感染的虫体是（　　）

196. 育成鸡群，8周龄，食欲减退，精神不振，血便，大量死亡。剖检见小肠中1/3段高度肿胀，肠管显著充血、出血和坏死。刮取病变部位肠壁黏膜镜检见有多量香蕉形虫体。该鸡群感染的虫体是（　　）

197. 雏鸡群，3周龄，精神不振，下痢，饲料转化率明显下降。剖检见十二指肠黏膜变薄覆有横纹状白斑，呈梯状，肠道内含水样液体。刮取病变部位肠壁黏膜镜检，见有多量香蕉形虫体。该鸡群感染的虫体是（　　）

（198～200题共用下列备选答案）
　　A. 空肠弯曲菌食物中毒　　　　B. 链球菌食物中毒
　　C. 产气荚膜梭菌食物中毒　　　D. 大肠杆菌毒素食物中毒
　　E. 沙门菌食物中毒

198. 食用冷藏熟肉后，数人出现体温升高，40℃，全身肌肉酸痛，脐部和上腹部绞痛；腹泻，初为水样，继而黏液血便。从所食用的熟肉和病人的腹泻物中分离得到一株革兰阴性细菌，菌体呈两端渐细的弧形，具有多形性。该病最可能的诊断是（　　）

199. 夏末，一家3人食用猪头肉后，出现呕吐、腹泻症状，呕吐比腹泻严重，1人头晕、低热、乏力。从所食用的猪肉和病人的腹泻物中分离到一株革兰阳性菌，菌体呈球形或卵圆形，无芽孢。该病最可能的诊断是（　　）

200. 夏季，5人食用熟肉2h后，出现下腹部剧烈疼痛，腹泻，便中带有血液和黏液；3人便中有黏膜碎片，伴有呕吐；1人抽搐、昏迷。从所食用的熟肉和病人的腹泻物中分离到一株革兰阳性的大杆菌，有芽孢。该病最可能的诊断是（　　）

临床科目（100分）（下午卷）

【A1型题】
答题说明：每一道考试题下面有A、B、C、D、E五个备选答案，请从中选择一个最佳答案，并在答题卡上将相应题号的相应字母所属的方框涂黑。

1. 关于视诊检查，表述错误的是（　　）
　　A. 先群体后个体　　　　　B. 先静态后动态
　　C. 先整体后局部　　　　　D. 先保定后检查
　　E. 按一定顺序检查

2. 瘤胃蠕动的听诊音是（　　）
　　A. 夫夫音　　B. 流水音　　C. 钢管音　　D. 雷鸣音　　E. 捻发音

3. 能够引起脉搏频率减少的疾病是（　　）
　　A. 发热性疾病　B. 疼痛性疾病　C. 贫血　　D. 颅内压增高　E. 应激性疾病

4. 无股前淋巴结的动物是（　　）
　　A. 猪　　B. 马　　C. 牛　　D. 羊　　E. 犬

5. 引起心脏浊音区增大的疾病是（　　）
　　A. 肺水肿　　B. 肺萎缩　　C. 间质性肺气肿　D. 肺泡气肿　E. 胸膜炎

6. 腹下神经抑制，反射地引起（　　）
　　A. 腹直肌收缩　B. 逼尿肌弛缓　C. 括约肌收缩　D. 括约肌松弛　E. 腹横机松弛

7. **不属于**牛阴道损伤的临床症状是（　　）
　　A. 尾根高举　　B. 骚动不安　　C. 左肷窝隆起　D. 拱背　　E. 频频努责

8. 支配眼球运动的神经是（　　）
    A. 视神经　　B. 滑车神经　　C. 三叉神经　　D. 面神经　　E. 副神经
9. **不引起**血清氯离子降低的原因是（　　）
    A. 肾衰竭　　B. 心力衰竭　　C. 大量出汗　　D. 严重呕吐　　E. 严重腹泻
10. X线检查时，为了使得被检器官的内腔或周围形成密度差异，从而显示其影像，常常需要（　　）
    A. 注入造影剂　　　　　　　B. 空腹检查　　　　　　　C. 加大千伏（kV）
    D. 加大毫安（mA）　　　　E. 提高显影温度
11. 心电图检查采用的 aVL 是指加压单极（　　）
    A. 左前肢导联　　　　　　　B. 左后肢导联
    C. 右前肢导联　　　　　　　D. 右后肢导联
    E. 双后肢导联
12. 引起实质性黄疸的疾病是（　　）
    A. 胆管结石　　B. 胆囊结石　　C. 胆管狭窄　　D. 胆囊炎　　E. 肝炎
13. 食道阻塞的发病特征是（　　）
    A. 黏膜发绀　　B. 咀嚼障碍　　C. 精神沉郁　　D. 突然发生　　E. 口腔溃疡
14. 继发瘤胃臌气的疾病**不包括**（　　）
    A. 瘤胃酸中毒　　B. 瓣胃阻塞　　C. 食道阻塞　　D. 皱胃变位　　E. 创伤性网胃炎
15. 皱胃左方变位的首选疗法是（　　）
    A. 镇痛解痉　　B. 洗胃　　　　C. 接种健康牛瘤胃液
    D. 滚转法　　　E. 催吐
16. 犬胃扩张—扭转综合征的临床特征是（　　）
    A. 腹围增大　　B. 腹泻　　　　C. 血便　　　　D. 脾后移　　E. 脾肿大
17. 犬急性肝炎的实验室检查出现的变化是（　　）
    A. 天冬氨酸氨基转移酶活性升高　　　　B. 血浆白蛋白升高
    C. 血脂降低　　　　　　　　　　　　　D. ATP 增多
    E. 维生素 K 增加
18. 母犬的膀胱结石主要成分一般为（　　）
    A. 碳酸盐　　B. 尿酸盐　　C. 胱氨酸　　D. 硅酸盐　　E. 磷酸盐
19. **不引起**贫血的营养因素是（　　）
    A. 叶酸　　　B. 钴　　　　C. 铜　　　　D. 钙　　　　E. 维生素 B6
20. 公牛的尿道结石多发于（　　）
    A. 肾盂　　　B. 输尿管　　C. 膀胱　　　D. 乙状弯曲部　　E. 尿道的盆骨中部
21. 马肌红蛋白尿症最可能出现的症状的是（　　）
    A. 犬坐样姿势　　B. 共济失调　　C. 强直痉挛　　D. 血红蛋白尿　　E. 血尿
22. 在维生素 A 缺乏症的早期，**不易**表现夜盲症的动物是（　　）
    A. 犊牛　　　B. 仔猪　　　C. 幼犬　　　D. 羔羊　　　E. 马驹
23. 体内与有机磷农药化学结构相似的物质是（　　）
    A. 肾上腺素　　B. 乙酰胆碱　　C. 胆碱酯酶　　D. 细胞色素　　E. 磷酸腺苷
24. 关于腐败性感染表述**错误**的是（　　）
    A. 局部坏死，发生腐败性分解
    B. 内源性腐败性感染可见于肠管损伤时
    C. 初期创伤周围出现水肿和剧痛
    D. 病灶不用广泛切开
    E. 尽可能地切除坏死组织
25. 适用于初期缝合的创伤特征是（　　）
    A. 创伤严重污染　　　　　　B. 创伤已经感染　　　　　　C. 创伤尚未感染
    D. 创内异物尚未取出　　　　E. 创内出血尚未制止
26. 关于 I 度烧伤的**错误**表述是（　　）

A. 皮肤表皮层损伤　　　　B. 生发层健在　　　　C. 有再生能力
D. 真皮层大部损伤　　　　E. 伤部被毛烧焦

27. 青光眼的主要症状是（　　）
A. 眼内压升高　B. 眼房液浑浊　C. 晶状体浑浊　D. 角膜混浊　E. 泪液增多

28. **不**属于牙周炎症状的是（　　）
A. 牙龈红肿　B. 牙周袋增大　C. 牙周溢脓　D. 牙齿松动　E. 咀嚼不停

29. 犬前列腺增生的首选治疗方法是（　　）
A. 前列腺摘除术　B. 给予雌激素　C. 化疗放疗　D. 抗菌消炎　E. 去势术

30. **不**能促使马跛行症状典型化的方法是（　　）
A. 圆周运动　B. 乘挽运动　C. 软硬地运动　D. 上下坡运动　E. 起卧运动

31. 关于骨折修复延迟愈合表述**错误**的是（　　）
A. 骨折愈合速度比正常缓慢
B. 局部无肿痛及异常活动
C. 整复不良延迟愈合
D. 局部感染化脓延迟愈合
E. 局部血肿和神经损伤延迟愈合

32. 用酒精浸泡消毒器械的最适浓度是（　　）
A. 50%　　B. 60%　　C. 70%　　D. 90%　　E. 95%

33. 表面麻醉是（　　）利用麻醉药的渗透作用，使其透过黏膜而阻滞
A. 深在的神经末梢　　　　B. 浅在的神经末梢
C. 脊神经　　　　　　　　D. 中枢神经
E. 神经干

34. 为了防止呕吐，全身麻醉时采取的措施**错误**的是（　　）
A. 充分的禁食　　　　B. 减轻胃肠胀气　　　　C. 应用止吐药
D. 未将舌头拉出口腔　E. 将动物颈基部垫高

35. 关于压迫止血表述**错误**的是（　　）
A. 毛细血管渗血时，压迫片刻即可止血
B. 小血管出血时，压迫片刻即可止血
C. 大动脉出血时，压迫片刻即可止血
D. 必须是按压止血，不可擦拭
E. 用纱布压迫出血的部位

36. 关于缝合的基本原则，表述**错误**的是（　　）
A. 严格遵守无菌操作
B. 缝合前必须彻底止血
C. 缝合的创伤感染后不用拆除部分缝线
D. 缝合前必须彻底清除凝血块
E. 缝合前必须彻底清除异物

37. 牛断角术最常见的麻醉方法是（　　）
A. 局部浸润麻醉　B. 传导麻醉　C. 硬膜外麻醉　D. 表面麻醉　E. 全身麻醉

38. 可诱导产后乏情母牛发情的激素是（　　）
A. GnRH　　B. PRL　　C. LH　　D. OT　　E. P4

39. 光照对发情活动影响最敏感的动物是（　　）
A. 马　　B. 犬　　C. 骆驼　　D. 牛　　E. 猪

40. 受精过程中，与皮质反应**无关**的是（　　）
A. 完成第二次减数分裂
B. 透明带性质发生改变
C. 卵质膜表面微绒毛伸长
D. 卵质膜结构重组
E. 皮质颗粒排入卵周隙中

41. 对母畜分娩易产生不利影响的是（　　）
   A. 骨盆入口大而圆　　B. 荐坐韧带较宽　　C. 骨盆底较宽
   D. 坐骨结节较低　　E. 骨盆入口倾斜度小
42. **不属于**畜群损伤性和管理性流产原因的是（　　）
   A. 抢食　　B. 拥挤　　C. 喝冷水　　D. 使役过重　　E. 踢伤
43. 马、牛发生力性难产时，首选的助产手术是（　　）
   A. 牵引术　　B. 截胎术　　C. 矫正术　　D. 剖宫产术　　E. 药物助产术
44. 营养物质（阴）的必然要耗用能量（阳）的生理过程体现的阴阳关系是（　　）
   A. 阴消阳长　　B. 阳消阴长　　C. 阳损及阴　　D. 阴盛阳虚　　E. 阳盛阴虚
45. 心的生理功能是（　　）
   A. 主宣发　　B. 主运化　　C. 主纳气　　D. 主血脉　　E. 主疏泄
46. 主痛证的口色为（　　）
   A. 白色　　B. 赤色　　C. 青色　　D. 黄色　　E. 黑色
47. 具有起病急、病程短、病位浅特点的病症是（　　）
   A. 表证　　B. 里证　　C. 寒证　　D. 热证　　E. 虚证
48. 与贝母、瓜蒌相反的药物是（　　）
   A. 乌梅　　B. 乌头　　C. 乌药　　D. 乌梢蛇　　E. 何首乌
49. 味辛性凉、善于疏散上部风热的要药是（　　）
   A. 薄荷　　B. 麻黄　　C. 防风　　D. 紫苏　　E. 白芷
50. 具有消食健胃作用，尤以消化谷积见长的药物是（　　）
   A. 神曲　　B. 山楂　　C. 蜂蜜　　D. 大黄　　E. 芒硝
51. 平胃散的方药组成，除了厚朴、陈皮、甘草、生姜、大枣外，还有（　　）
   A. 茯苓　　B. 猪苓　　C. 泽泻　　D. 白术　　E. 苍术
52. 具有涩肠、敛肺作用的药物是（　　）
   A. 白术　　B. 苍术　　C. 诃子　　D. 桔梗　　E. 郁金
53. 治疗脾胃气虚首选的方剂是（　　）
   A. 四物汤　　B. 四逆汤　　C. 四君子汤　　D. 白头翁汤　　E. 大承气汤

【A2 型题】

答题说明：每一道考试题下面有 A、B、C、D、E 五个备选答案，请从中选择一个最佳答案，并在答题卡上将相应题号的相应字母所属的方框涂黑。

54. 猫，12 岁，突发尿量增多，不食，精神委顿，四肢无力，血清生化检查可见（　　）
   A. 钠升高　　B. 钾升高　　C. 氯升高　　D. 钾降低　　E. 钙降低
55. 德国牧羊犬，3 岁，训练后突发呼吸困难，结膜发绀，胸腹部 X 线侧位片可见肋弓前大面积圆形低密度影，后腔静脉狭窄；正位片可见膈后大面积横梨形低密度影，肠管后移。该犬的初步诊断是（　　）
   A. 肠套叠　　B. 肠梗阻　　C. 胃内异物　　D. 胃幽门阻塞　　E. 胃扩张—胃扭转
56. 犬，体重 5kg，治疗过程中突然出现异常，呼吸数 70 次/分，脉搏 140 次/分，眼结膜血管呈树枝状充盈，且发绀，胸部听诊呈广泛性啰音，该病最可能的病因是（　　）
   A. 静脉输液 0.9％生理盐水 1000ml
   B. 肌内注射庆大霉素 2ml
   C. 肌内注射地塞米松 1ml
   D. 静脉缓慢推注 25％葡萄糖注射液 10ml
   E. 静脉输液 5％葡萄糖注射液 100ml
57. 马，3 岁，异嗜，喜啃树皮，消化紊乱，跛行，拱背，有吐草团现象，鼻甲骨隆起，下颌间隙狭窄，尿液澄清、透明，同时还出现（　　）
   A. 骨组织软骨化　　B. 骨小梁增多　　C. 骨组织纤维化
   D. 骨基质钙化过度　　E. 骨质密度升高
58. 犬，4 岁，常规免疫，体温正常，饲喂商品犬粮；近月余食欲减退，消瘦，间歇性腹泻，粪便带血，黏膜黄染，贫血，血凝时间延长，血清 ALT 活性升高，为预防该病，应定期

监测犬粮中（　　）
A. 黄曲霉毒素水平　　B. 锌水平　　C. 维生素A含量
D. 硒含量　　E. 铜含量

59. 牛，4岁，眼部角膜表面有白色斑点，稍突出表面，逐渐变大形成疣状物；眼睑见乳头状瘤样肿块，表面破溃出血。该牛眼睑瘤样物很可能是（　　）
A. 纤维肉瘤　　B. 鳞状细胞癌　　C. 腺癌　　D. 纤维瘤　　E. 组织细胞瘤

60. 母猪，3岁，精神沉郁，食欲减退，肛门处见有圆球形、暗红色肿胀物，该疾病不会出现的症状是（　　）
A. 直肠黏膜水肿　　B. 直肠黏膜出血　　C. 频繁努责　　D. 饮欲　　E. 里急后重

61. 螺，3岁，因跌倒致左跗关节皮肤破裂，从伤口流出黏稠、透明、淡黄色液体，并混有少量血液。该病最可能的诊断是（　　）
A. 关节非透创　　B. 慢性脊髓炎　　C. 类风湿关节炎　　D. 关节透创　　E. 慢性肌炎

62. 白色比熊犬，3岁，初期在鼻梁，继而在肘关节与膝关节周围以上部位脱毛，呈对称性；皮肤色素沉着，无明显瘙痒症状，触摸皮温较低。该病实验室诊断应选择的项目是（　　）
A. 血清总蛋白＋ALT　　B. 血清总蛋白＋AST
C. 皮肤病理检查＋TT4　　D. 尿蛋白＋ALP
E. 血糖＋CK

63. 奶牛，3岁，发情配种后1个月未见返情，直检发现右侧子宫角略有增大。要确认是否妊娠，此时具有诊断价值的样本和检测项目分别是（　　）
A. 血液、E2　　B. 奶液、P4　　C. 血液、P4　　D. 血液、eCG　　E. 尿液、eCG

64. 奶牛，10岁，产后持续强烈努责，导致子宫脱出，悬吊于阴门之外，呈（　　）
A. 长囊状　　B. 圆球状　　C. 菜花状　　D. 肠管状　　E. 粗棒状

65. 同窝新生仔猪，8只，均于吮乳后10小时突然发病。表现震颤、畏寒，运步后躯摇摆，体温无显著变化，眼结膜和齿龈黄染。该窝仔猪所患的是（　　）
A. 新生仔畜低血糖症
B. 新生仔畜溶血性贫血病
C. 胎粪秘结
D. 仔猪营养不良形贫血病
E. 新生仔畜低血钙症

66. 马，证见无汗畏寒，皮毛紧乍，鼻涕清稀，轻度咳喘，口腔滑利，舌苔薄白，脉浮紧。治疗方中可选的药物是（　　）
A. 红花　　B. 菊花　　C. 金银花　　D. 旋覆花　　E. 密蒙花

67. 牛，贪吃饲料后发病。证见食欲废绝，反刍停止，嗳气酸臭，粪稀且有未消化的饲料，口色红，脉洪数。该病的治法是（　　）
A. 温中散寒，涩肠止泻　　B. 清热燥湿，解毒止痢
C. 消积导滞，调和脾胃　　D. 健脾化湿，利水消肿
E. 破气消胀，宽肠通便

【A3/A4型题】

答题说明：以下提供若干个案例，每个案例下设若干道考题，请根据案例所提供的信息，在每一道考题下面A、B、C、D、E五个备选答案中选择一个最佳答案，并在答题卡上将相应题号的相应字母所属的方框涂黑。

（68～70题共用以下题干）

犬，雌性，2岁，已免疫。主人家正值装修。患犬精神沉郁，食欲下降，频繁打喷嚏，大量流鼻液，摇头，摩擦鼻部。

68. 对患犬鼻液的最佳检查方法是（　　）
A. 生化检查　　B. 视诊＋显微镜检查　　C. 嗅诊
D. 嗅诊＋显微镜检查　　E. 视诊

69. 患犬初期流出无色透明、稀薄如水的鼻液性质可能是（　　）

A. 浆液性鼻液　　B. 黏液性鼻液　　C. 黏脓性鼻液　　D. 腐败性鼻液　　E. 血性鼻液
70. 治疗时，首先应采取的措施是（　　）
　　A. 保温　　B. 增加饮水　　C. 凡士林涂鼻镜　　D. 改变饲养环境　　E. 抗生素治疗

（71～73题共用以下题干）
　　母犬，4岁，营养状态良好，偷食油炸鸡后，剧烈呕吐，精神沉郁，食欲废绝，腹泻，呻吟，呈祈祷姿势，腹壁触诊高度敏感；血清学检查淀粉酶升高。
71. 该病最可能的诊断是（　　）
　　A. 胰腺炎　　B. 脑炎　　C. 肝炎　　D. 肠炎　　E. 胃肠炎
72. 确诊需进一步进行（　　）
　　A. 超声检查　　B. X线检查　　C. 脂肪酶检测
　　D. 碱性磷酸酶检测　　E. 内窥镜检查
73. 预防该病，不宜（　　）
　　A. 暴饮暴食　　B. 禁食　　C. 高脂饮食　　D. 低蛋白饮食　　E. 低盐饮食

（74～76题共用以下题干）
　　公猪，3月龄，去势手术后，阴囊切口愈合良好；该猪阴囊突然膨大，触诊柔软有弹性，无热无痛；听诊有肠蠕动音。
74. 该病最可能的诊断是（　　）
　　A. 会阴疝　　B. 腹壁疝　　C. 阴囊积水　　D. 腹股沟阴囊疝　　E. 肠套叠
75. 对该病应采取的措施是（　　）
　　A. 加强管理　　B. 手术治疗　　C. 绷带压迫　　D. 夹板固定　　E. 按压送回
76.【假设信息】若采取手术治疗，其缝合方法是（　　）
　　A. 结节缝合　　B. 单纯连续缝合　　C. 水平褥式缝合　　D. 垂直褥式缝合　　E. 荷包缝合

（77～79题共用以下题干）
　　马，前肢蹄底发生白线裂，表现轻度支跛。
77. 该病最不可能的病因是（　　）
　　A. 白线处切削过多　　B. 白线角质脆弱　　C. 钉伤
　　D. 蹄壁倾斜　　E. 蹄壁粗糙
78. 该病最多发生于（　　）
　　A. 马后蹄前壁　　B. 马前蹄侧壁　　C. 牛后蹄前壁　　D. 牛前蹄侧壁　　E. 骡后蹄前壁
79. 该病向深部发展最可能引起（　　）
　　A. 化脓性蹄真皮炎　　B. 冠骨骨折　　C. 系骨骨折
　　D. 系关节脱位　　E. 掌骨骨折

（80～82题共用以下题干）
　　奶牛，4岁，产后5天，精神沉郁，食欲减退，产奶量下降，体温40.2℃。从阴道内排出棕红色臭味分泌物，卧地时排出量较多。
80. 该病初步诊断是（　　）
　　A. 产后阴道炎　　B. 产后子宫内膜炎　　C. 慢性子宫内膜炎
　　D. 产后阴门炎　　E. 胎衣不下
81. 不属于该病发生诱因的是（　　）
　　A. 子宫迟缓　　B. 布鲁菌感染　　C. 胎衣不下　　D. 体表外伤　　E. 胎儿浸溶
82.【假设信息】若未及时治疗，体温升高至41℃，且连续几天不退，精神极度沉郁，全身症状明显。该病最可能的诊断是（　　）
　　A. 子宫蓄脓　　B. 慢性子宫内膜炎　　C. 产后败血症
　　D. 产后菌血症　　E. 生产瘫痪

【B1型题】
　　答题说明：以下提供若干组考题，每组考题共用在考题前列出的A、B、C、D、E五个备选答案，请从中选择一个与问题最密切的答案，并在答题卡上将相应题号的相应字母所属的方框涂黑。某个备选答案可能被选择一次、多次或不被选择。
（83～85题共用下列备选答案）

A. 圆块状　　　　B. 叠饼状　　　　C. 水样便　　　　D. 稠粥样　　　　E. 圆柱状
83. 马，4岁，常规免疫，体温38℃，头、耳灵活，目光明亮有神，行动敏捷，采食量未见异常，该动物粪便的形状是（　　）
84. 奶牛，3岁，常规免疫、驱虫。正值春季，饲喂新鲜青草，该动物粪便的形状是（　　）
85. 金毛犬，4岁，常规免疫驱虫，体温38.5℃，喂食犬粮和碎骨。该犬最可能的粪便形状是（　　）

（86~88题共用下列备选答案）
A. 维生素A缺乏症　　　　B. 维生素B_2缺乏症　　　　C. 维生素C缺乏症
D. 维生素D缺乏症　　　　E. 泛酸缺乏症

86. 猪，主要喂甜菜渣，病猪出现生长缓慢，食欲减退，腹泻，皮肤粗糙，运动障碍，呈痉挛性鹅步。母猪所产仔猪出现畸形。最可能的疾病是（　　）
87. 蛋鸡群，200日龄，在产蛋高峰期时，突然产蛋量下降，蛋白稀薄，孵化率低下，雏鸡呈现生长缓慢，腹泻，不能走路，趾爪向内弯曲。最可能的疾病是（　　）
88. 犊牛，3月龄，夜晚行走时易碰撞障碍物，眼角膜增厚，有云雾状形成，皮肤有麸皮样痂块，出现阵发性惊厥。最可能的疾病是（　　）

（89~91题共用下列备选答案）
A. 卡他性结膜炎　　　　B. 化脓性结膜炎　　　　C. 浅表性角膜炎
D. 深层角膜炎　　　　E. 溃疡性角膜炎

89. 使役公牛，3岁，结膜充血，角膜水肿，浅表性血管增生，增生部位浑浊，表面粗糙，且随病程延长而出现色素沉着。该眼病最可能诊断为（　　）
90. 使役公牛，4岁，角膜急性浑浊，深层和浅层血管增生，随病程延长，角膜出现瘢痕。该眼病最可能诊断为（　　）
91. 使役公牛，5岁，眼有黏性分泌物，荧光素检查角膜有不规则局限性浅表缺损，无血管生长。该眼病最可能诊断为（　　）

（92~94题共用下列备选答案）
A. 左肷部切口　　　　B. 右肷部切口　　　　C. 右侧肋弓下斜切口
D. 脐后腹中线切口　　　　E. 脐前腹中线切口

92. 拉布拉多犬，雄性，3岁，X线检查直肠内有较多高密度阴影，经灌肠治疗无效后决定手术治疗。该手术通路是（　　）
93. 奶牛，2岁，采食后反刍减少，呻吟，喜站少卧，步态拘谨，X线检查网胃内有短小棒状高密度阴影。对该牛施行剖腹探查的手术通路是（　　）
94. 斗牛犬，雌性，3岁，怀孕62天仍不见胎儿产出，X线检查见犬腹腔内有多只胎儿存在，胎儿头部直径大于母体骨盆直径。该手术通路是（　　）

（95~97题共用下列备选答案）
A. 子宫积液　　　　B. 子宫积脓　　　　C. 产后子宫内膜炎
D. 子宫颈炎　　　　E. 慢性子宫内膜炎

95. 奶牛，6岁，屡配不孕，体温升高，子宫内积有脓性液体，该病最可能继发的疾病是（　　）
96. 奶牛，阴道中有清亮、黏稠液体排出，尾根有结痂，直肠检查发现子宫体积明显增大，有波动感，两侧子宫角相似。该病最可能的诊断是（　　）
97. 奶牛，屡配不孕，但并无明显可见临床异常表现，发情周期基本正常，子宫冲洗液可见絮状物。该病最可能的诊断是（　　）

（98~100题共用下列备选答案）
A. 阴俞　　　　B. 肺俞　　　　C. 脾俞　　　　D. 肢俞　　　　E. 肾俞

98. 奶牛，4岁，临近生产，食欲减退，精神倦怠，卧地时可见阴门处有一红色翼状物突出，起立时恢复正常，口色淡白，脉细弱。针治宜选用的穴位是（　　）
99. 奶牛，4岁，临近生产，食欲减退，反刍减少，精神倦怠，行走无力，瘤胃蠕动缓慢，粪便稀软，其中夹杂有未消化的饲料，口色淡白，脉细弱。针治宜选用的穴位是（　　）
100. 奶牛，4岁，生产过后，食欲减退，精神倦怠，发热恶寒，鼻流清涕，偶见咳嗽，口色青

白，舌苔薄白，脉浮紧。针治宜选用的穴位是（　　）

综合科目（100分）（下午卷）

【A3/A4 型题】
答题说明：以下提供若干个案例，每个案例下设若干道考题，请根据案例所提供的信息，在每一道考题下面的 A、B、C、D、E 五个备选答案中选择一个最佳答案，并在答题卡上将相应题号的相应字母所属的方框涂黑。

（101～103 题共用以下题干）
夏季，某猪场，妊娠母猪群突发流产，体温 40.5℃ 以上；流产后体温、食欲恢复正常；部分母猪流产后从阴道流出红褐色液体；同场配种公猪可见一侧睾丸肿大。

101. 引发流产最可能的原因是（　　）
　　A. 热应激　　　　　　　　　B. 乙型脑炎病毒感染　　　　　C. 猪细小病毒感染
　　D. 伪狂犬病毒感染　　　　　E. 猪繁殖与呼吸综合征病毒感染

102. 具有临床诊断意义的流行病学特点是（　　）
　　A. 因发生于初产母猪　　　　B. 多发生于蚊虫滋生季节
　　C. 常与弓形虫的感染相关　　D. 仅发生于经产母猪
　　E. 猪是唯一的易感动物

103. 预防该病最有效的措施是（　　）
　　A. 防暑降温　　　　　　　　B. 种猪接种疫苗　　　　　　　C. 病猪隔离
　　D. 饲料添加抗生素　　　　　E. 灭鼠

（104～106 题共用以下题干）
育肥猪，3 月龄，口、鼻流白色泡沫，颈部发红肿胀，张口呼吸，常作犬坐姿势，急性死亡。剖检见颈部皮下呈胶冻状，肺脏水肿、出血。

104. 该病病原可能是（　　）
　　A. 巴氏杆菌　　B. 大肠杆菌　　C. 沙门菌　　D. 副猪嗜血杆菌　E. 支原体

105. 颈部肿胀的原因是（　　）
　　A. 激素性水肿　B. 神经性水肿　C. 淤血性水肿　D. 炎性水肿　E. 营养不良性水肿

106. 预防该病的措施是（　　）
　　A. 疫苗免疫　　B. 使用抗生素　C. 使用抗血清　D. 加强营养　　E. 禁猫

（107～109 题共用以下题干）
断奶仔猪群，30 日龄，突然倒地死亡，体温正常，眼睑水肿，有神经症状；剖检可见颈部皮下水肿、脑充血、水肿。

107. 该病最可能的诊断是（　　）
　　A. 猪水肿病　　　　　　　　B. 猪链球菌病　　　　　　　　C. 猪李斯特菌病
　　D. 猪伪狂犬病　　　　　　　E. 猪乙型脑炎

108. 该病特征性的病理变化是（　　）
　　A. 肝脏坏死点　　　　　　　B. 扁桃体溃疡　　　　　　　　C. 淋巴结肿大出血
　　D. 胃壁水肿　　　　　　　　E. 绒毛心

109. 下列关于该病描述不正确的是（　　）
　　A. 发病率不高，病死率高　　B. 是一种肠毒血症　　　　　　C. 病死猪脱水严重
　　D. 与饲料和饲养方法有关　　E. 有些病例无水肿变化

（110、111 题共用以下题干）
某个体养猪户，泔水煮后喂猪约半小时，猪突然发病，食欲旺盛者更为严重。表现为呼吸困难，全身发绀，肌肉震颤等症状，体温正常。

110. 该病最可能的诊断是（　　）
　　A. 食盐中毒　　B. 亚硝酸盐中毒　C. 铅中毒　　D. 汞中毒　　E. 败血症

111. 治疗该病的首选药物是（　　）
　　A. 亚硝酸钠　　　　　　　　B. 美蓝　　　　　　　　　　　C. 解磷定
　　D. 二巯基丙磺酸钠　　　　　E. 抗生素

(112~114题共用以下题干)

仔猪群，1月龄，眼结膜泛黄，头颈部水肿，排红棕色尿液，粪便干硬有腥臭味。发病初期体温升高，后期恢复正常。

112. 该病最可能的诊断是（ ）
   A. 钩端螺旋体病　　　　　B. 猪瘟　　　　　　　　C. 猪肺疫
   D. 副猪嗜血杆菌病　　　　E. 猪圆环病毒病

113. 实验室检查可能呈现的结果是（ ）
   A. 尿液血红蛋白试验阳性　　　B. 尿液含有大量尿酸盐
   C. 尿液硫酸铵盐析试验阳性　　D. 尿液荧光照射呈红色
   E. 尿液呈云雾状

114. 治疗该病的首选药物是（ ）
   A. 盐霉素　　B. 庆大霉素　　C. 青霉素G　　D. 莫能菌素　　E. 核黄素

(115~117题共用以下题干)

仔猪群，5月龄，突然发病，高热，呼吸困难，病程1~2天；死前口吐白色或血色泡沫。剖检见纤维素性出血性肺炎，胸腔内有纤维素性渗出物。

115. 该病最可能的诊断是（ ）
   A. 猪传染性胸膜肺炎　　　B. 副猪嗜血杆菌病　　　C. 猪流感
   D. 猪圆环病毒病　　　　　E. 猪支原体肺炎

116. 早期治疗的首选药物是（ ）
   A. 干扰素　　B. 氟苯尼考　　C. 泰妙菌素　　D. 盐霉素　　E. 莫能菌素

117. 预防该病最有效的方法是（ ）
   A. 免疫接种　　B. 使用抗生素　　C. 使用干扰素　　D. 使用抗血清　　E. 加强饲养管理

(118~120题共用以下题干)

仔猪群，2月龄，排黄色稀便，表面附有条状黏液。2天后粪便充满血液和黏液，恶臭，逐渐消瘦死亡，死亡前体温降至常温以下。

118. 该病最可能的诊断是（ ）
   A. 巴氏杆菌病　　　　　　B. 猪痢疾　　　　　　　C. 大肠杆菌病
   D. 猪传染性胃肠炎　　　　E. 猪流行性腹泻

119. 剖检的典型病变位于（ ）
   A. 胃　　　B. 脾　　　C. 肾　　　D. 小肠　　　E. 大肠

120. 用于该病快速检测的方法是（ ）
   A. 暗视野显微镜检查　　　B. 麦康凯琼脂分离　　　C. 空斑试验
   D. 血凝试验　　　　　　　E. 平板凝集试验

(121~123题共用以下题干)

晚春季节，以放养为主的3周龄雏鸭群，少数雏鸭绒毛卷曲，不愿走动，强迫走动时步态不稳，有的转圈，呈阵发性发作；最后倒地抽搐呈角弓反张死亡。病死鸭剖检未见肝肿大。

121. 该病最可能的诊断是（ ）
   A. 鸭瘟　　　　　　　　　B. 鸭病毒性肝炎　　　　C. 中暑
   D. 维生素B1缺乏症　　　　E. 维生素E缺乏症

122. 鸭群发生该病可能的原因是（ ）
   A. 采食大量的水生植物　　B. 采食大量的鱼虾
   C. 暴露阳光下时间太长　　D. 疫苗免疫失败
   E. 强毒株侵袭

123. 对发病雏鸭最宜采取的措施是（ ）
   A. 紧急接种鸭瘟弱毒疫苗
   B. 注射鸭病毒性肝炎高免卵黄抗体
   C. 加强鸭舍通风和降温
   D. 饲料中添加硫胺素
   E. 饲料中补充生育酚

（124～126题共用以下题干）

三黄鸡群，30日龄，夏季，地面平养，部分鸡精神委顿，排黄褐色稀便。剖检见两侧盲肠肿胀，充满血性分泌物，肝肿大，出现黄绿色下陷的坏死灶。

124. 该病最可能诊断是（　　）
　　A. 肝片吸虫病　B. 禽霍乱　　C. 球虫病　　D. 组织滴虫病　E. 马立克病
125. 该病的治疗药物是（　　）
　　A. 多西环素　　B. 马杜霉素　C. 阿苯达唑　D. 二甲硝咪唑　E. 氨丙啉
126. 可传播该病的寄生虫是（　　）
　　A. 鸡蛔虫　　　B. 鸡异刺线虫　C. 赖利绦虫　D. 羽虱　　　E. 膝螨

（127～129题共用以下题干）

秋季，2月龄鸭群，精神沉郁，水中游走无力，食欲减退，消瘦，贫血；剖检病死鸭见胆汁中有前尖后圆的柳叶状虫体，腹吸盘小于口吸盘，位于虫体的前1/5；睾丸分叶。

127. 该鸭群感染的寄生虫是（　　）
　　A. 双腔吸虫　　B. 肝片形吸虫　C. 次睾吸虫　D. 对体吸虫　E. 前殖吸虫
128. 该虫引起的病变主要发生在（　　）
　　A. 腺胃　　　　B. 小肠　　　　C. 盲肠　　　D. 肾脏　　　E. 肝脏
129. 该病的治疗药物是（　　）
　　A. 环磷酰胺　　B. 多西环素　　C. 甲硝唑　　D. 盐霉素　　E. 吡喹酮

（130～132题共用以下题干）

120日龄鸡群，呼吸困难，有湿性啰音，咳出带血黏液，有的病鸡死于窒息。病理组织学检查，在气管、喉头上皮细胞内见嗜酸性包涵体。发病率为70%，病死率为15%。

130. 该病最可能的诊断是（　　）
　　A. 新城疫　　　　　　　　　B. 马立克病　　　　　　　　C. 传染性喉气管炎
　　D. 传染性支气管炎　　　　　E. 禽流感
131. 该病的病原潜伏感染的主要部位是（　　）
　　A. 口腔　　　　B. 气管　　　　C. 肠道　　　D. 三叉神经节　E. 肝脏
132. 防治该病的最常用疫苗是（　　）
　　A. 弱毒疫苗　　B. 强毒疫苗　　C. 灭活疫苗　D. 基因缺失苗　E. 核酸疫苗

（133、134题共用以下题干）

肉鸡群，30日龄，精神沉郁，羽毛松乱，排水样稀粪，粪中带血，死亡率达15%。剖检见盲肠肿大2～3倍，肠腔内充满凝固的暗红色血块，盲肠黏膜上皮变厚、坏死、脱落。

133. 该病最可能的诊断是（　　）
　　A. 球虫病　　　B. 新城疫　　　C. 禽流感　　D. 鸡白痢　　E. 马立克病
134. 确诊该病的方法是（　　）
　　A. 刮取肠道病变处黏膜镜检　　B. 血清ELISA检测
　　C. 血清琼脂扩散试验　　　　　D. 血清生化鉴定
　　E. 全血平板凝集试验

（135～137题共用以下题干）

180日龄种鸡群，5%的鸡出现虚弱，消瘦，腹泻，羽毛囊出血。冠苍白、皱缩，腹部增大。剖检见多组织大小不一的肿瘤。脾脏肿瘤呈大理石状。

135. 该病最可能的诊断是（　　）
　　A. 白血病　　　　　　　　　　B. 马立克病
　　C. 网状内皮组织增殖病　　　　D. 鸡传染性贫血
　　E. 传染性法氏囊病
136. 分离该病原常选用的冰料**不包括**（　　）
　　A. 血浆　　　　B. 血清　　　C. 刚产蛋的蛋清　D. 肿瘤病灶　E. 刚产蛋的蛋黄
137. 防治该病最有效的措施是（　　）
　　A. 弱毒疫苗免疫接种　　　　　B. 灭活疫苗免疫接种
　　C. 药物治疗　　　　　　　　　D. 种群净化

E. 种群消毒

（138~140题共用以下题干）

商品鸡群，50日龄，流泪，呼吸困难，叫声沙哑。发病后期死亡的鸡头部肿胀、肉冠、肉髯出血、坏死、发绀，头颈震颤，胫部鳞片出血。剖检见多器官出血、坏死，尤其是肌胃、腺胃。

138. 该病最可能的诊断是（　　）
　　A. 高致病性禽流感　　　　　B. 新城疫　　　　　　　　C. 禽霍乱
　　D. 传染性喉气管炎　　　　　E. 禽脑脊髓炎

139. 诊断该病最常用的血清学方法是（　　）
　　A. IFA试验　　　　　　　　B. 血凝和血凝抑制试验　　C. 全血平板凝集试验
　　D. 琼脂扩散试验　　　　　　E. 血清中和试验

140. 防治该病最有效的措施是（　　）
　　A. 接种疫苗　　B. 注射干扰素　　C. 饲喂抗生素　　D. 注射高免血清　E. 加强消毒

（141~143题共用以下题干）

犊牛，8月龄，发热，厌食，腹泻，流鼻液，脱水。剖检见整个消化道黏膜出现糜烂或溃疡，特别是食道黏膜出现线状排列的溃疡。怀孕母牛流产或产弱犊。

141. 该病最可能的诊断是（　　）
　　A. 牛流行热　　　　　　　　B. 口蹄疫　　　　　　　　C. 牛恶性卡他热
　　D. 牛传染性鼻气管炎　　　　E. 牛病毒性腹泻/黏膜病

142. 与该病病原有抗原性交叉的病毒是（　　）
　　A. 犬瘟热病毒　　B. 猪瘟病毒　　C. 新城疫病毒　　D. 马传贫病毒　　E. 鸭肝炎病毒

143. 除牛外，还可能成为该病传染源的动物是（　　）
　　A. 鸡　　　　　B. 猪　　　　　C. 马　　　　　D. 犬　　　　　E. 鸭

（144~146题共用以下题干）

奶牛，6岁，体温39.0℃，食欲减退，心率98次/min，呼吸35次/min，眼结膜苍白；粪便稀软，呈棕黑色，直肠检查粪便有油腻感；产奶量下降，体重减轻。

144. 进一步检查，最可能出现的是（　　）
　　A. 触诊右侧真胃区无反应
　　B. 触诊右侧真胃区敏感
　　C. 右侧腹部听叩诊有鼓音
　　D. 右侧腹部听叩诊有钢管音
　　E. 右侧真胃穿刺有大量气体

145. 适宜的治疗方法是（　　）
　　A. 实施真胃固定术
　　B. 口服氟苯尼考与土霉素
　　C. 静注10%葡萄糖溶液与地塞米松
　　D. 口服西咪替丁与维生素K
　　E. 注射阿莫西林与地塞米松

146. 【假设信息】粪便潜血试验呈阳性，该病最可能的诊断是（　　）
　　A. 真胃溃疡　　B. 真胃变位　　C. 结肠炎　　D. 酮病　　E. 贫血

（147、148题共用以下题干）

牛，5岁，分娩后2周，食欲减退，兴奋不安，前胃弛缓，产奶量减少，渐进性消瘦，呼出气有烂苹果味。

147. 该病最可能的诊断是（　　）
　　A. 生产瘫痪　　B. 酮病　　C. 真胃变位　　D. 前胃弛缓　　E. 创伤性网胃炎

148. 该病在放牧牛中的发生率远低于舍饲牛，原因是干草在瘤胃中能产生更多的（　　）
　　A. 甲酸　　　　B. 乙酸　　　　C. 丙酸　　　　D. 丁酸　　　　E. 戊酸

（149~151题共用以下题干）

初冬，牛群出现跛行病例，发病牛数量迅速增加。病牛口、舌、鼻、蹄部黏膜和皮肤上出现蚕豆大小的水疱；孕牛流产。附近猪群亦发病，以蹄部皮肤水疱病变为主。

149. 该病最可能的诊断是（　　）
    A. 牛痘　　　　　　　　　B. 牛病毒性腹泻/黏膜病　　　C. 大肠杆菌病
    D. 坏死杆菌病　　　　　　E. 口蹄疫

150. 该病特征性病理变化是（　　）
    A. 大红肾　　B. 珍珠病　　C. 大红脾　　D. 红肠子　　E. 虎斑心

151. 采集送检样本的常用保存液是（　　）
    A. 生理盐水　　　　　　　B. pH7.6 的 PBS 液　　　　　C. pH6.8 的 PBS 液
    D. pH7.6 的甘油缓冲液　　E. pH6.8 的甘油缓冲液

（152~154 题共用以下题干）
7 月份，某牛场出生两周后的犊牛普遍发病，体温升高，拒食，卧地，排灰黄色混有黏液和血丝的稀粪。采集病料进行培养，在麦康凯琼脂上形成无色菌落。

152. 该病最可能的诊断是（　　）
    A. 大肠杆菌病　B. 沙门菌病　C. 巴氏杆菌病　D. 结核病　E. 弯曲菌病

153. 该病病原的特点是（　　）
    A. 革兰阳性杆菌、无芽孢、无荚膜
    B. 革兰阴性杆菌、无芽孢、无荚膜
    C. 革兰阴性杆菌、有芽孢、有荚膜
    D. 革兰阴性杆菌、无芽孢、有荚膜
    E. 革兰阳性杆菌、有芽孢、有荚膜

154. 人类感染该病的临床症状最常见的是（　　）
    A. 关节炎型　B. 肺炎型　C. 胃肠炎型　D. 肾炎型　E. 肝炎型

（155、156 题共用以下题干）
羔羊群，3 日龄，腹泻，粪便土黄色，状如面糊。病羔虚弱，脱水。剖检见心内膜出血点，回肠内充满血色内容物，外观如红肠子。

155. 该病最可能的诊断是（　　）
    A. 大肠杆菌病　B. 巴氏杆菌病　C. 弯曲菌病　D. 羔羊痢疾　E. 链球菌病

156. 预防该病最有效的措施是（　　）
    A. 免疫母羊　B. 免疫羔羊　C. 注射抗生素　D. 注射干扰素　E. 加强管理

（157~159 题共用以下题干）
山羊，2 岁，体温 41℃以上，流脓性鼻液，咳嗽，呼吸困难，水样腹泻。发病率和病死率均高。剖检见口鼻黏膜糜烂坏死，结肠近端和直肠黏膜有斑马纹样出血。

157. 该病最可能的诊断是（　　）
    A. 蓝舌病　B. 山羊痘　C. 小反刍兽疫　D. 羊肠毒血症　E. 坏死杆菌病

158. 该病病原属于（　　）
    A. 正黏病毒　B. 副黏病毒　C. 弹性病毒　D. 朊病毒　E. 革兰阴性杆菌

159. 防控该病的正确方法是（　　）
    A. 抗病毒药物预防　　　　B. 免疫调节剂预防　　　　C. 隔离治疗
    D. 扑杀患病羊　　　　　　E. 扑杀疫点内所有易感动物

（160~162 题共用以下题干）
初夏，南方某绵羊群发病，以 1 岁左右多发。病羊精神沉郁，体温 41℃左右，流涎，口腔黏膜充血、发绀，呈青紫色，重症病例口腔、唇、齿龈和舌黏膜糜烂。部分病羊发生蹄叶炎。

160. 该病最可能的诊断是（　　）
    A. 小反刍兽疫　B. 蓝舌病　C. 羊痘　D. 羊口疮　E. 巴氏杆菌病

161. 该病最易感的动物种类是（　　）
    A. 山羊　　B. 绵羊　　C. 奶牛　　D. 黄牛　　E. 水牛

162. 病早期，病羊血常规检查最可能出现的结果是（　　）
    A. 白细胞总数增加　　　　B. 白细胞总数减少　　　　C. 红细胞总数增加

D. 嗜酸性细胞总数增加　　　　　E. 血红蛋白含量升高

（163～165题共用以下题干）

妊娠母羊群零星发病，主要表现为怀孕3～4月发生流产，阴道持续排出黏液或脓液。取病料染色镜检，可见革兰阴性球杆菌，姬姆萨染色呈紫色。

163. 该病最可能的诊断是（　　）
　　A. 衣原体病　　B. 大肠杆菌病　　C. 沙门菌病　　D. 布鲁菌病　　E. 弯曲菌病
164. 公畜感染该病原后，常发生的是（　　）
　　A. 肺炎　　　　B. 胃肠炎　　　　C. 肝炎　　　　D. 睾丸炎　　　E. 鼻气管炎
165. 现场检测该病的常用方法是（　　）
　　A. 对流免疫电泳　　　　　　　　B. 虎红平板凝集试验
　　C. 酶联免疫吸附试验　　　　　　D. 聚合酶链反应　　　　　　E. 实验动物接种

（166、167题共用以下题干）

家养犬，主人喂食巧克力后，表现不安、烦渴、呕吐，并有腹胀和腹泻；隔天排尿增多，肌肉震颤，共济失调，兴奋不安；检查体温40.6℃，心率150次/min，心律不齐，呼吸48次/min。

166. 治疗该犬首先要采取的措施是给予（　　）
　　A. 兴奋剂　　　B. 止泻剂　　　C. 镇静剂　　　D. 强心剂　　　E. 利尿剂
167. 病情缓解后**不宜**采取的措施是（　　）
　　A. 诱导呕吐　　　　　　　B. 调节体温　　　　　　　C. 内服吸附剂
　　D. 兴奋中枢神经　　　　　E. 纠正酸碱和电解质异常

（168～170题共用以下题干）

猫，3岁，饮食欲废绝，流涎，呕吐，消瘦，抽搐；四肢无力，不愿活动；皮肤松弛，缺乏弹性。B超检查肝脏肿大，表面有凸起；腹腔内有腹水。

168. 该猫可视黏膜颜色可能是（　　）
　　A. 淡红色　　　B. 深红色　　　C. 淡白色　　　D. 淡黄色　　　E. 淡紫色
169. 该病的血液生化检查结果最可能会出现（　　）
　　A. 肌酸激酶活性升高
　　B. α-淀粉酶活性升高
　　C. 尿酸浓度升高
　　D. 丙氨酸氨基转移酶活性升高
　　E. 肌酐浓度升高
170. 有助于确诊本病的检查方法是（　　）
　　A. 胃导管探诊　　B. 内窥镜检查　　C. 肝脏穿刺检查　　D. 心电图检查　　E. 血气分析

（171～173题共用以下题干）

拉布拉多犬，5岁；被轿车撞伤，右后肢悬垂，不能负重；视诊股部和膝关节肿胀，触诊敏感。

171. 该病应首先进行的检查项目是（　　）
　　A. B超　　　　B. X线　　　　C. 粪便　　　　D. 尿常规　　　E. 血常规
172. 【假设信息】若为股骨干长斜骨折，最佳治疗方案是（　　）
　　A. 髓内针＋钢丝内固定　　　　B. 单纯夹板外固定　　　　C. 卷轴绷带外固定
　　D. 石膏绷带外固定　　　　　　E. 髓内针内固定
173. 【假设信息】若为髌骨外方脱位，其手术切口应选在（　　）
　　A. 胫骨嵴外侧方　　　　　B. 膝直韧带上方　　　　　C. 外侧滑车嵴外方
　　D. 内侧滑车嵴内方　　　　E. 内侧滑车嵴外方

（174～176题共用以下题干）

德国牧羊犬，8月龄，发病1周，左后肢跛行，行走后躯摇摆，跑步两后肢合拢呈"兔跳"步态；被动运动髋关节疼痛。

174. 该病最可能的诊断是（　　）
　　A. 髋关节发育不良　　　　　　B. 股骨头坏死　　　　　　C. 圆韧带断裂

D. 股骨颈骨折　　　　　　　　　　　E. 骨盆骨折
175. 进行 X 线检查时正确的保定方法是（　　）
    A. 仰卧保定，两后肢屈曲、外展　　　　B. 俯卧保定，两后肢屈曲、外展
    C. 俯卧保定，两后肢向后拉直、外旋　　D. 仰卧保定，两后肢向后拉直、内旋
    E. 侧卧保定，患肢在下，健肢在上，向后拉直
176. 该病进一步发展可导致（　　）
    A. 全骨炎　　B. 骨肿瘤　　C. 滑膜炎　　D. 骨软骨炎　　E. 退行性关节病
    （177~179 题共用以下题干）
    牧羊犬，6 岁，髋关节发育不良，长期服用阿司匹林；精神沉郁，眼球凹陷，频繁呕吐，呕吐物中带血；触诊腹壁紧张，前腹部敏感。
177. 该病最可能的诊断是（　　）
    A. 胃炎　　B. 肝炎　　C. 食道炎　　D. 胆囊炎　　E. 胰腺炎
178. 确诊该病的检查项目是（　　）
    A. B 超　　B. X 线　　C. 内窥镜　　D. 血清生化　　E. 病原分离
179. 该犬持续性呕吐可导致（　　）
    A. 血钾升高　　B. 血钾降低　　C. 血磷升高　　D. 血磷降低　　E. 血钠降低
    （180~182 题共用以下题干）
    博美犬，不久前产仔犬 5 只；检查体温 40.5℃，突发呼吸急促，流涎，步态不稳，难以站立；血清钙浓度 1.5mmol/L。
180. 该病最可能的诊断是（　　）
    A. 中暑　　B. 肺水肿　　C. 急性肺炎　　D. 脑膜脑炎　　E. 产后低钙血症
181. 与该病发生**无关**的因素是（　　）
    A. 日粮中钙缺乏　　　　　　B. 日粮中锌缺乏
    C. 日粮中维生素 D 缺乏　　　D. 多胎吸收大量母体钙
    E. 血钙随泌乳大量流失
182. 治疗该病的首选药物是（　　）
    A. 安乃近　　B. 硫酸镁　　C. 氨苄西林　　D. 葡萄糖酸钙　　E. 肾上腺皮质激素
    （183~185 题共用以下题干）
    病犬，证见发热，口渴贪饮，腹痛不安，泻痢腥臭，粪中混有脓血，尿液短赤，口腔干燥，口色红黄，苔厚腻，脉滑数。
183. 该病可辨证为（　　）
    A. 大肠湿热　　B. 膀胱湿热　　C. 肝胆湿热　　D. 热入阳明　　E. 热结肠道
184. 该病的治法是（　　）
    A. 清热解毒，燥湿止泻　　　B. 清热利湿，活血止痛
    C. 清热燥湿，疏肝利胆　　　D. 清气泄热，生津止渴
    E. 攻下通便，滋阴清热
185. 治疗该病首选的方剂是（　　）
    A. 郁金散　　B. 八正散　　C. 茵陈蒿汤　　D. 白虎汤　　E. 增液承气汤
    （186、187 题共用以下题干）
    贵宾犬，雄性；8 岁；躯干对称性脱毛，皮肤变薄、松弛且色素过度沉着；多饮、多尿、多食，腹围增大，运动不耐受；睾丸萎缩，阴囊皮肤变黑。血液生化胆固醇与碱性磷酸酶均升高，尿比重低于正常范围。
186. 该病最可能的诊断是（　　）
    A. 肾上腺皮质机能减退症　　B. 肾上腺皮质机能亢进
    C. 甲状旁腺机能亢进　　　　D. 甲状旁腺机能减退
    E. 左-埃二氏综合征
187. 该病**不适宜**的诊断方法是（　　）
    A. 腹部超声诊断　　　　　　B. 脑部磁共振检查

C. ACTH 刺激试验　　　　　　　　　D. 地塞米松抑制试验
E. 泌尿系统阳性造影

（188~190 题共用以下题干）

中华田园犬，雄性，3 岁，体重 10kg；已输液 2 天，共计 1300ml，无尿；呼吸急促，呕吐；血 清生化检查肌酐、尿素氮、磷酸盐增高，血钾浓度 9.0mmol/L；B 超检查见双肾被膜光滑，体积增大，皮质与髓质结构清晰，肾盂未见明显积液，膀胱轻度充盈，腹腔内未见积液。

188. 该犬最可能的诊断是有（　　）
A. 急性肾功能衰竭　　　　　　　　　B. 慢性肾功能衰竭
C. 输尿管异位症　　　　　　　　　　D. 膀胱破裂　　　　　　　　　E. 糖尿病

189. 该病犬心电图特征最可能是（　　）
A. P 波消失　　　　　　　　B. QRS 波群变窄　　　　　　　C. P—R 间期缩短
D. T 波基底变宽　　　　　　E. T 波低

190. 治疗该病**不宜**采用的方法是（　　）
A. 利尿　　　　　　　　　　　B. 静滴 25% 葡萄糖，加胰岛素
C. 静滴 10% 葡萄糖酸钙　　　 D. 静滴复方氯化钠　　　　　E. 腹膜透析

（191~193 题共用以下题干）

马，体温 40.5℃，发病 5d，精神沉郁，呼吸急促，脉搏数增加，流大量鼻液，肺部叩诊有大片浊音区。X 线检查肺有大片均匀致密影。

191. 患马流出特征性鼻液的颜色是（　　）
A. 无色　　　　B. 白色　　　　C. 黄色　　　　D. 绿色　　　　E. 铁锈色

192. 患马流出特征性鼻液性质属于（　　）
A. 浆液性鼻液　B. 黏液性鼻液　C. 黏脓性鼻液　D. 腐败性鼻液　E. 血性鼻液

193. 临床可做出的初步诊断是（　　）
A. 小叶性肺炎　　　　　　　　B. 大叶性肺炎　　　　　　　　C. 吸入性肺炎
D. 慢性阻塞性肺病　　　　　　E. 胸腔积液

（194、195 题共用以下题干）

马，4 岁，精神沉郁，食欲减退，体温升高，后肢全蹄冠呈圆枕状肿胀，热痛反应明显，患肢重度支跛。

194. 该病最可能的诊断是（　　）
A. 蹄冠蜂窝织炎　　　　　　　B. 蹄叶炎　　　　　　　　　　C. 蹄叉腐烂
D. 蹄底白线裂　　　　　　　　E. 蹄关节脱位

195. 与该病发生**无关**的因素是（　　）
A. 蹄冠表皮外伤　　　　　　　B. 附近组织化脓坏死
C. 蹄冠长时间在粪尿中浸泡　　D. 坏死杆菌浸入
E. 舍中过于干爽，软草过多

（196~198 题共用以下题干）

病马，证见食欲废绝，耳鼻发凉，肠鸣如雷，泻粪如水，尿清长，前蹄刨地，后肢踢腹，不时起卧、滚转，口色青黄，口津滑利，舌苔白滑，脉象沉迟。

196. 该病的病因可能是（　　）
A. 过饥暴食　　B. 热结肠道　　C. 脾气虚弱　　D. 内伤阴冷　　E. 粪结肠道

197. 该病可辨证为（　　）
A. 大肠湿热　　B. 大肠冷泻　　C. 食积大肠　　D. 大肠液亏　　E. 脾虚不运

198. 该病的治则为（　　）
A. 益气健脾，消积导滞　　　　B. 泻下通便，行气止痛
C. 润肠通便，和胃止痛　　　　D. 温中散寒，渗湿利水
E. 清热利湿，调和气血

（199、200 题共用以下题干）

蜜蜂繁殖季节，部分刚出房幼蜂肢体、翅残缺不全，检查巢脾脾面，发现封盖房房盖有针

孔大小的穿孔。
199. 该病的病原是（　　）
　　A. 蜂螨　　　　B. 原虫　　　　C. 细菌　　　　D. 真菌　　　　E. 病毒
200. 防治该病应选用（　　）
　　A. 柠檬酸　　　B. 酒石酸　　　C. 水杨酸　　　D. 甲酸　　　　E. 乙酸

第三套　2022年执业兽医资格考试考点模拟测试题（三）
参考答案

基础科目（100分）（上午卷）

1. C	2. D	3. B	4. D	5. D	6. E	7. A	8. B	9. B	10. B
11. D	12. C	13. C	14. D	15. D	16. A	17. D	18. E	19. D	20. E
21. E	22. D	23. A	24. C	25. C	26. A	27. A	28. D	29. E	30. B
31. A	32. D	33. D	34. A	35. C	36. A	37. E	38. B	39. B	40. B
41. A	42. C	43. C	44. E	45. C	46. A	47. A	48. B	49. E	50. B
51. A	52. A	53. E	54. D	55. B	56. B	57. C	58. D	59. A	60. B
61. C	62. A	63. A	64. C	65. C	66. C	67. B	68. C	69. C	70. C
71. C	72. C	73. D	74. E	75. D	76. D	77. B	78. A	79. A	80. D
81. D	82. D	83. D	84. D	85. C	86. D	87. C	88. A	89. D	90. D
91. A	92. E	93. C	94. A	95. D	96. A	97. E	98. C	99. E	100. B

预防科目（100分）（上午卷）

101. C	102. B	103. C	104. A	105. C	106. E	107. C	108. A	109. A	110. A
111. E	112. D	113. C	114. D	115. D	116. D	117. C	118. B	119. B	120. D
121. D	122. C	123. C	124. D	125. D	126. C	127. C	128. C	129. B	130. E
131. D	132. D	133. B	134. C	135. C	136. D	137. A	138. C	139. D	140. A
141. E	142. C	143. C	144. B	145. E	146. B	147. C	148. E	149. C	150. E
151. C	152. A	153. B	154. E	155. A	156. A	157. E	158. E	159. A	160. B
161. C	162. E	163. C	164. A	165. D	166. A	167. E	168. C	169. E	170. E
171. C	172. E	173. C	174. A	175. D	176. A	177. B	178. B	179. A	180. C
181. D	182. B	183. B	184. E	185. D	186. B	187. D	188. E	189. A	190. B
191. D	192. A	193. B	194. C	195. A	196. C	197. D	198. E	199. B	200. C

临床科目（100分）（下午卷）

1. D	2. D	3. D	4. E	5. B	6. D	7. C	8. B	9. B	10. A
11. A	12. E	13. D	14. A	15. D	16. A	17. A	18. E	19. D	20. D
21. A	22. B	23. B	24. D	25. C	26. D	27. A	28. E	29. E	30. E
31. B	32. C	33. C	34. D	35. C	36. C	37. B	38. C	39. A	40. A
41. E	42. C	43. A	44. B	45. D	46. C	47. A	48. B	49. A	50. A
51. E	52. C	53. C	54. D	55. E	56. A	57. C	58. A	59. B	60. D
61. D	62. C	63. C	64. A	65. B	66. D	67. A	68. B	69. C	70. D
71. A	72. C	73. C	74. D	75. B	76. C	77. E	78. B	79. A	80. B
81. D	82. C	83. A	84. B	85. E	86. E	87. B	88. B	89. C	90. D
91. E	92. D	93. A	94. B	95. B	96. A	97. E	98. A	99. C	100. B

综合科目（100分）（下午卷）

101. B	102. B	103. B	104. A	105. D	106. A	107. A	108. D	109. C	110. B
111. B	112. A	113. A	114. C	115. A	116. B	117. A	118. B	119. E	120. A
121. D	122. B	123. D	124. D	125. D	126. B	127. C	128. E	129. E	130. C
131. D	132. A	133. A	134. A	135. A	136. E	137. D	138. A	139. B	140. A
141. E	142. B	143. B	144. B	145. D	146. A	147. D	148. C	149. E	150. E
151. D	152. B	153. B	154. C	155. D	156. A	157. C	158. D	159. D	160. B
161. B	162. B	163. D	164. D	165. B	166. C	167. D	168. D	169. D	170. C
171. B	172. A	173. D	174. A	175. D	176. E	177. A	178. C	179. B	180. E
181. B	182. D	183. A	184. A	185. A	186. B	187. E	188. D	189. A	190. A
191. E	192. E	193. B	194. A	195. E	196. D	197. B	198. D	199. A	200. D

第三章　2022年执业兽医资格考试考前真题自测

第一套　2022年执业兽医资格考试考前真题自测（一）

基础科目（100分）（上午卷）

【A1型题】

答题说明：每一道考试题下面有 A、B、C、D、E 五个备选答案，请从中选择一个最佳答案，并在答题卡上将相应题号的相应字母所属的方框涂黑。

1. 《中华人民共和国动物防疫法》的立法目的（　　）
   A. 加强对动物防疫活动的管理
   B. 预防、控制和扑灭动物疫病
   C. 促进养殖业发展，保护人体健康
   D. 维护公共卫生
   E. 以上都是

2. 《中华人民共和国动物防疫法》规定国家对动物疫病防治方针是（　　）
   A. 以治促防　　B. 防治并重　　C. 预防为主　　D. 治重于防　　E. 防检结合

3. 国家对动物疫病实行（　　），逐步建立无规定动物疫病区。
   A. 直接管理　　B. 间接管理　　C. 省区管理　　D. 区域化管理　　E. 地方化管理

4. 发生一类动物疫病时，应当采取下列控制和扑灭措施（　　）
   A. 划定疫点、疫区、受威胁区　　B. 发布封锁令
   C. 隔离、扑杀、销毁、消毒、无害化处理、紧急免疫接种等强制性措施，迅速扑灭疫病
   D. 在封锁期间，禁止染疫、疑似染疫和易感染的动物、动物产品流出疫区
   E. 以上都是

5. 对经强制免疫的动物未按照国务院兽医主管部门规定建立免疫档案、加施畜禽标识的，进行处罚依照的法律是（　　）
   A. 《中华人民共和国动物防疫法》B. 《动物诊疗机构管理办法》
   C. 《动物检疫管理办法》　　　　D. 《中华人民共和国畜牧法》
   E. 《重大动物疫情应急管理条例》

6. 参加展览、演出和比赛的动物未附有检疫证明的，由动物卫生监督机构责令改正，处（　　）以上（　　）以下罚款。
   A. 1000元；3000元　　B. 1500元；3000元　　C. 2000元；5000元
   D. 1000元；5000元　　E. 1000元；10000元

7. 执业助理兽医师**不得**从事的执业活动是（　　）
   A. 对动物疾病开具处方
   B. 对诊疗器械进行消毒
   C. 在执业兽医师的指导下协助开展动物疾病的预防
   D. 在执业兽医师的指导下协助开展动物疾病的诊断
   E. 在执业兽医师的指导下协助开展动物疾病的治疗

8. 属于《动物诊疗机构管理办法》调整的动物诊疗活动是（　　）
   A. 经营性的动物绝育手术　　　B. 经营性的动物人工授精
   C. 非经营性的动物疾病预防　　D. 非经营性的动物疾病诊断
   E. 非经营性的动物疾病治疗

9. 发放《动物诊疗许可证》的机关是（　　）
   A. 省级动物卫生机构　　　　　B. 县级动物卫生机构
   C. 县级人民政府　　　　　　　D. 县级人民政府兽医主管部门
   E. 地市级动物卫生监督机构

10. 《重大动物疫情应急条例》规定，疫情的认定权限为（　　）
    A. 国家参考实验室　　　　　　B. 动物疫病研究机构
    C. 省级动物卫生监督机构　　　D. 省级动物疫病预防控制机构
    E. 省级人民政府兽医主管部门

11. 不符合《重大动物疫情应急条例》规定的控制、扑灭重大动物疫病应急措施的是（　　）
    A. 扑杀染疫的动物
    B. 销毁疫区内染疫的动物产品
    C. 将疫点易感动物转移至安全地带
    D. 在疫点内被污染的动物圈舍进行消毒
    E. 对受威胁区的易感动物实施紧急免疫接种

12. 属于一类动物疫病的是（　　）
    A. 炭疽　　　　　B. 牛白血病　　　C. 牛结核病
    D. 牛海绵状脑病　E. 牛出血性白血病

13. 属于人畜共患的病是（　　）
    A. 伪狂犬病　　　B. 副结核病　　　C. 放线菌病
    D. 魏氏梭菌病　　E. 猪支原体肺炎

14. 不属于劣兽药的是（　　）
    A. 被污染的　　　　B. 更改有效期　　C. 不表明有效期的
    D. 不表明有效成分的　E. 兽药所含成分含量不符合兽药国家标准

15. 《兽药经营质量管理规范》规定，兽药经营企业经营的特殊兽药不包括（　　）
    A. 麻醉药品　B. 精神药品　C. 毒性药品　D. 反射性药品　E. 助消化药品

16. 可以销售非国家强制免疫用生物制品的单位为（　　）
    A. 养殖场　　　　　　　　　　B. 兽药检验机构　　　C. 兽医行政管理部
    D. 动物卫生监督机构　　　　　E. 兽医生物制品生产企业

17. 兽医生物制品说明书必须注明的内容不包括（　　）
    A. 兽用标识　B. 兽药名称　C. 接种对象　D. 药理作用　E. 批准文号

18. 负责核准兽用安纳咖注射液定点经销单位的机关是（　　）
    A. 省级畜牧兽医管理部门　　　B. 县级畜牧兽医管理部门
    C. 省级动物卫生机构　　　　　D. 县级动物卫生机构
    E. 地市级畜牧兽医管理部门

19. 兽医硫酸新霉素可溶性粉用于治疗鸡病停药期为（　　）
    A. 3日　　B. 5日　　C. 7日　　D. 14日　　E. 28日

20. 不属于第三类病原微生物的特性是（　　）
    A. 传播风险有限
    B. 能够引起人类或者动物疾病
    C. 能够引起人类或者动物严重疾病
    D. 一般情况下，对人、动物或环境不构成严重危害
    E. 实验室感染后很少引起严重疾病，并且具备有效治疗和预防措施

21. 正中矢状面将畜体分为（　　）
    A. 上下相等的两半　B. 左右相等的两半　C. 前后相等的两半
    D. 水平相等的两半　E. 周长相等的两半

22. 牛的肋骨数目是（　　）
    A. 18 对　　B. 15 对　　C. 14 对　　D. 13 对　　E. 12 对
23. 髋关节具有副韧带的家畜是（　　）
    A. 猪　　B. 马　　C. 犬　　D. 羊　　E. 牛
24. 牛腹腔侧壁肌由内向外依次为（　　）
    A. 肠肌、腹横肌、腹斜肌　　B. 腹直肌、腹横肌、腹斜肌
    C. 腹直肌、腹斜肌、腹横肌　　D. 腹外斜肌、腹内斜肌、腹横肌
    E. 腹横肌、腹内斜肌、腹外斜肌
25. 肉蹄是指（　　）
    A. 悬蹄　　B. 蹄表皮　　C. 蹄真皮　　D. 蹄白线　　E. 蹄皮下组织
26. **不属于**消化腺的是（　　）
    A. 肝　　B. 胰　　C. 肠腺　　D. 舌下腺　　E. 舌扁桃体
27. 网胃位于（　　）
    A. 脐部　　B. 腰部　　C. 左季肋部
    D. 右季肋部　　E. 季肋部的正中矢状面上
28. 犬胃黏膜的特征之一是（　　）
    A. 胃黏膜只有腺部
    B. 胃黏膜只有无腺部
    C. 胃黏膜分腺部和无腺部，腺部大而无腺部小
    D. 胃黏膜分腺部和无腺部，腺部大而无腺部大
    E. 胃黏膜分腺部和无腺部，腺部和无腺部的大小相当
29. 膀胱的黏膜上皮是（　　）
    A. 变移上皮　　B. 复层柱状上皮　　C. 单层柱状上皮
    D. 单层立方上皮　　E. 假复层柱状纤毛上皮
30. 前腔静脉和后腔静脉的血液汇入（　　）
    A. 左心房　　B. 右心房　　C. 左心室　　D. 右心室　　E. 冠状窦
31. 位于阔筋膜张肌前缘膝褶中的淋巴结是（　　）
    A. 国淋巴结　　B. 髂下淋巴结　　C. 髂内侧淋巴结
    D. 腹股沟浅淋巴结　　E. 腹股沟深淋巴结
32. 滑车神经的纤维成分性质属于（　　）
    A. 感觉神经　　B. 运动神经　　C. 混合神经　　D. 交感神经　　E. 副交感神经
33. 位于左、右肾前内侧的内分泌腺是（　　）
    A. 垂体　　B. 松果体　　C. 肾上腺　　D. 甲状腺　　E. 甲状旁腺
34. 中耳的功能是（　　）
    A. 收集声波　　B. 传导声波　　C. 压缩声波
    D. 听觉感受器的所在地　　E. 位置感受器的所在地
35. 家禽的泌尿系统特殊，因为（　　）
    A. 肾脏发达　　B. 肾脏退化　　C. 两肾合并　　D. 膀胱发达　　E. 缺乏膀胱
36. 胎儿和母体进行交换的特殊结构是（　　）
    A. 卵巢　　B. 胎盘　　C. 子宫颈　　D. 输卵巢　　E. 子宫角
37. 神经调节的基本方式是（　　）
    A. 反射　　B. 肌紧张　　C. 皮层活动　　D. 突触传递　　E. 感觉的传导
38. 细胞产生兴奋后，可以接受阈下刺激而引起的第二次兴奋的阶段是（　　）
    A. 超长期　　B. 低长期　　C. 绝对不应期　　D. 相对不应期　　E. 有效不应期
39. **不属于**白细胞特性的是（　　）
    A. 趋化性　　B. 变性运动　　C. 吞噬作用　　D. 渗透特性　　E. 血细胞渗出
40. 心率加快时（　　）
    A. 心动周期持续时间不变　　B. 心动周期持续时间延长
    C. 舒张期不变、收缩期缩短　　D. 收缩期不变、舒张期缩短

E. 收缩期和舒张期均缩短，但前者缩短较后者明显
41. 肾脏重吸收原尿中葡萄糖的主要部位是（　　）
   A. 集合管　　　　　　B. 近球小管　　　　　C. 远球小管
   D. 髓袢升支细段　　　E. 髓袢降支细段
42. 在气温接近或是超过体温时，马属动物最有效的散热方式是（　　）
   A. 传导　　　B. 对流　　　C. 辐射　　　D. 蒸发　　　E. 热喘
43. 决定尿液浓缩和稀释的重要因素是（　　）
   A. 肾小球血流量　　　　B. 肾小球过滤量　　　　C. 肾小球囊液渗透压
   D. 肾小球滤过分数　　　E. 远曲小管和集合管对水的通透性
44. 属于肾上腺素能受体的是（　　）
   A. M受体和N受体　　　B. M受体和β受体　　　C. A受体和α受体
   D. N受体和β受体　　　E. α受体和β受体
45. 属于糖皮质激素的是（　　）
   A. 胰岛素　　B. 醛固酮　　C. 皮质醇　　D. 肾上腺素　　E. 胰高血糖素
46. 松果腺分泌的主要激素是（　　）
   A. 松弛素　　B. 褪黑素　　C. 降钙素　　D. 抑制素　　E. 促黑激素
47. 要将蛋白质和其所含有的盐分分开可选用（　　）
   A. 透析技术　　　　　B. 离心技术　　　　　C. 盐析技术
   D. 电泳技术　　　　　E. 分子杂交技术
48. 生物膜的功能越复杂，其组成中含量越多的是（　　）
   A. 磷脂　　　B. 糖脂　　　C. 寡糖　　　D. 胆固醇　　　E. 蛋白质
49. 可以近似反应酶与底物结合能力的参数是（　　）
   A. 初速度　　B. 比活力　　C. 转换数　　D. 最大速度　　E. 米氏常数
50. 反自动物体内葡萄糖的重要来源是（　　）
   A. 淀粉的消化吸收　　　B. 纤维素的消化吸收　　　C. 消化道微生物产生
   D. 在体内有丙酸转化　　E. 在体内有脂肪转化
51. 生物体内被称之为"通用能量货币"的物质是（　　）
   A. ADP　　　B. ATP　　　C. GTP　　　D. CTP　　　E. UTP
52. 长链脂肪酸合成过程中脂酸基的载体只要是（　　）
   A. CoA　　　　　　B. ACP　　　　　　C. 肉碱
   D. 硫辛酸　　　　　E. 脂肪酸结合蛋白
53. 氨基酸脱去氨基后产生（　　）
   A. 尿素和水　　　　B. 氨和α-酮酸　　　　C. 胺和α-酮酸
   D. 胺和二氧化碳　　E. 二氧化碳、胺和水
54. 可为氨基酸的再合成提供"碳骨架"的是（　　）
   A. 尿素　　　B. 尿酸　　　C. α-酮酸　　　D. 二氧化碳　　　E. 一碳基团
55. 携带脂酰COA通过线粒体内膜的载体是（　　）
   A. 载脂蛋白　　B. 脂蛋白　　C. 清蛋白　　D. ACP　　E. 肉毒碱
56. 灵长类体内嘌呤代谢的最终产物是（　　）
   A. 尿素　　　B. 乳清酸　　　C. 尿囊素　　　D. 尿酸　　　E. β-氨基酸
57. 属于生物性质致病因素的是（　　）
   A. 病毒　　　B. 蛇毒　　　C. 紫外线　　　D. 芥子气　　　E. 电磁辐射
58. 与细胞水肿发生**无关**的是（　　）
   A. 细胞内线粒体受损　　　　B. 脂肪酸的氧化
   C. 细胞膜的钠-钾泵功能障碍　D. 三羧酸循环障碍
   E. ATP生成减少而致细胞能量供应不足
59. 关于坏死的结局**错误**的描述是（　　）
   A. 反应性炎症　　　B. 化生　　　C. 腐离脱落
   D. 溶解吸收　　　　E. 机化、组织包囊与钙化

60. 与肾转移性钙化发生有关的因素是（　　）
    A. 甲状腺机能亢进　　　B. 甲状腺机能衰退　　　C. 甲状旁腺机能亢进
    D. 甲状旁腺机能衰退　　E. 维生素D减少
61. 肺淤血的常见原因是（　　）
    A. 右心衰竭　B. 左心衰竭　C. 肝功能衰竭　D. 肾功能衰竭　E. 脾功能衰竭
62. 红色梗死常发生于（　　）
    A. 心脏　　B. 大脑　　C. 肾脏　　D. 肝脏　　E. 肺脏
63. 休克早期微循环的特征是（　　）
    A. 灌少于流　B. 灌多于流　C. 多灌少流　D. 多灌多流　E. 不灌不流
64. **不属于**适应性反应的是（　　）
    A. 萎缩　　B. 坏死　　C. 增生　　D. 化生　　E. 肥大
65. 与炎性渗出有关的因素是（　　）
    A. 血管壁通透性增高　　B. 血管壁通透性下降　　C. 血浆胶体渗透压升高
    D. 组织内晶体渗透压下降　　E. 组织内晶体渗透压增加
66. 发生于猫膜的渗出性炎称（　　）
    A. 伪膜性炎　B. 浆液性炎　C. 化脓性炎　D. 卡他性炎　E. 固膜性炎
67. 来源于间叶组织的恶性肿瘤称为（　　）
    A. 肉瘤　　B. 肝癌　　C. 腺癌　　D. 畸形瘤　　E. 恶性混合瘤
68. 肝硬化时，肝脏变硬的主要原因是（　　）
    A. 大量假小叶形成　　B. 肝脏出血、水肿　　C. 大量炎性细胞浸润
    D. 肝细胞大量坏死消亡　　E. 间质结缔组织大量增生
69. 急性肾功能不全时，钾钠代谢的特点是（　　）
    A. 高钾低钠血症　　B. 高钾高钠血症　　C. 低钾低钠血症
    D. 低钾高钠血症　　E. 血液钾钠正常
70. 药物的首过效应主要发生在（　　）
    A. 内服给药后　　B. 皮下注射给药后　　C. 静脉注射给药后
    D. 肌内注射给药后　　E. 呼吸道吸入给药后
71. 药物的不良反应**不包括**（　　）
    A. 副作用　B. 毒性作用　C. 拮抗作用　D. 过敏反应　E. 特异质反应
72. 对替米考星不敏感的病原生物是（　　）
    A. 支原体　　B. 巴氏杆菌　　C. 大肠杆菌
    D. 金黄色葡萄球菌　　E. 胸膜肺炎放线菌
73. 酰胺醇类抗生素的抗菌作用机理是抑制细菌（　　）
    A. 叶酸的合成　　B. 核酸的合成　　C. 蛋白质的合成
    D. 细胞壁的合成　　E. DNA回旋酶的合成
74. 对炭疽芽孢无效的消毒药是（　　）
    A. 含氯石灰　B. 过氧乙酸　C. 苯扎溴铵　D. 溴氯海因　E. 氢氧化钠
75. 具有解热、镇痛和抗炎作用的药物是（　　）
    A. 安乃近　B. 异丙嗪　C. 杜冷丁　D. 水合氯醛　E. 地塞米松
76. 治疗仔猪缺铁性贫血的药物是（　　）
    A. 叶酸　B. 维生素K　C. 维生素B_{12}　D. 酚磺乙胺　E. 右旋糖酐铁
77. 西咪替丁能阻断（　　）
    A. M受体　B. H_1受体　C. H_2受体　D. N_2受体　E. N_1受体
78. 亚甲蓝适用于解救动物的（　　）
    A. 铜中毒　　B. 氰化物中毒　　C. 有机氟中毒
    D. 有机磷中毒　　E. 亚硝酸盐中毒

【B1型题】
答题说明：以下提供若干组考题，每组考题共用在考题前列出的A、B、C、D、E五个备选答案，请从中选择一个与问题最密切的答案，并在答题卡上将相应题号的相应字母所属的方

框涂黑。某个备选答案可能被选择1次、多次或不被选择。

（79、80题共用下列备选答案）
　　A. 隔细胞　　　　　　　B. 尘细胞　　　　　　C. Ⅰ型肺泡细胞
　　D. Ⅱ型肺泡细胞　　　　E. Ⅲ型肺泡细胞
79. 能分泌肺泡表面活性物质的细胞是（　　）
80. 位于相邻的肺泡之间，具有吞噬功能的细胞是（　　）

（81、82题共用下列备选答案）
　　A. 卵丘　　　B. 基膜　　　C. 透明带　　　D. 放射冠　　　E. 卵泡（内、外）膜
81. 位于初级卵母细胞和颗粒细胞之间的一层嗜酸性、折光强的膜状结构称（　　）
82. 紧靠卵母细胞核的一层颗粒细胞增高呈柱状，呈放射状排列，称（　　）

（83～85题共用下列备选答案）
　　A. 气胸　　　B. 呼气末　　　C. 吸气末　　　D. 平静呼吸　　　E. 用力呼吸
83. 胸膜腔内负压最大发生在（　　）
84. 胸膜腔内负压最小发生在（　　）
85. 引起胸膜腔负压消失的情况是（　　）

（86、87题共用下列备选答案）
　　A. 钠　　　B. 钾　　　C. 磷　　　D. 钙　　　E. 碳
86. 对维持细胞内液的渗透压、酸碱平衡以及神经肌肉兴奋性都有重要作用的元素是（　　）
87. 大部分存在于骨骼中，并且又是核酸的组成成分，还积极参与细胞中物质代谢的元素是（　　）

（88、89题共用下列备选答案）
　　A. 单核细胞　　　　　B. 淋巴细胞　　　　　C. 中性粒细胞
　　D. 嗜酸性粒细胞　　　E. 嗜碱性粒细胞
88. 化脓灶内的炎性细胞是（　　）
89. 寄生虫病灶内常见的炎性细胞是（　　）

（90、91题共用下列备选答案）
　　A. 大白肾　　　B. 大红肾　　　C. 皱缩肾　　　D. 白斑肾　　　E. 蚤咬肾
90. 膜性肾小球肾炎初期的眼观病变呈（　　）
91. 间质性肾炎后期的眼观病变呈（　　）

（92、93题共用下列备选答案）
　　A. 衣原体感染　　　　B. 支原体感染　　　　C. 结核杆菌感染
　　D. 犬组织胞浆菌病　　E. 猪密螺旋体性痢疾
92. 链霉素适用于治疗（　　）
93. 乙酰甲喹适用于治疗（　　）

（94、95题共用下列备选答案）
　　A. 异氟醚　　　B. 氯胺酮　　　C. 赛拉嗪　　　D. 硫喷妥钠　　　E. 琥珀胆碱
94. 能作为骨骼肌松弛药使用的药物是（　　）
95. 能通过吸入进行诱导麻醉的药物是（　　）

【A2型题】
　　答题说明：每一道考题是以一个小案例出现的，其下面都有A、B、C、D、E五个备选答案，请从中选择一个最佳答案，并在答题卡上将相应题号的相应字母所属的方框涂黑。

96. 5月龄公猪，因怀疑患巴氏杆菌性肺炎，用头孢肌注3天，疗效欠佳，经实验室诊断为支原体肺炎混合感染巴氏杆菌，进一步治疗应加用的药物是（　　）
　　A. 庆大霉素　　B. 乙酰甲喹　　C. 氟苯尼考　　D. 泰乐菌素
　　E. 磺胺对甲氧嘧啶

97. 一群4周龄左右的后备蛋鸡，因怀疑患大肠杆菌病，用新霉素混饮治疗3天，疗效欠佳，经实验室诊断为鸡慢性呼吸道病混合感染大肠杆菌，进一步治疗应加用的药物是（　　）
　　A. 红霉素　　B. 甲砜霉素　　C. 阿莫西林　　D. 氟苯尼考　　E. 磺胺喹啉

【A3/A4 型题】

答题说明：以下提供若干个案例，每个案例下设若干道考题。请根据案例所提供的信息，在每一道考试题下面的 A、B、C、D、E 五个备选答案中选择一个最佳答案，并在答题卡上将相应题号的相应字母所属的方框涂黑。

（98～100题共用以下题干）

一群雏鸡发病，表现为贫血，运动障碍，姿势异常，腹下浮肿呈紫色，有的雏鸡突然死亡，对饲料分析发现其中维生素E含量过低。

98. 病理剖检，该病鸡脑部病变主要发生的部位是（　　）
　　A. 大脑　　　　B. 小脑　　　　C. 延脑　　　　D. 中脑　　　　E. 间脑
99. 病鸡脑组织病理组织学检查，其病灶的主要病变为（　　）
　　A. 神经元变性　B. 化脓性脑炎　C. 凝固性坏死　D. 液化性坏死
　　E. 非化脓性脑炎
100. 引发病鸡脑组织损伤的主要机制是，致病因子降低了雏鸡的（　　）
　　A. 免疫功能　　B. 抗应激能力　C. 抗氧化能力　D. 脑组织的再生能力
　　E. 单核巨噬细胞的吞噬功能

预防科目（100分）（上午卷）

【A1 型题】

答题说明：每一道考试题下面有 A、B、C、D、E 五个备选答案，请从中选择一个最佳答案，并在答题卡上将相应题号的相应字母所属的方框涂黑。

101. 维持细菌固有形态的结构是（　　）
　　A. S层　　　　B. 拟核　　　　C. 细胞壁　　　D. 细胞膜　　　E. 细胞质
102. 具有抗吞噬作用的细菌结构是（　　）
　　A. 质粒　　　　B. 荚膜　　　　C. 鞭毛　　　　D. 菌毛　　　　E. 芽孢
103. 细菌群体生物特性最典型的生长时期是（　　）
　　A. 潜伏期　　　B. 迟缓期　　　C. 对数期　　　D. 稳定期　　　E. 死亡期
104. 当细菌死亡裂解后才能游离出来的物质是（　　）
　　A. 色素　　　　B. 内毒素　　　C. 外毒素　　　D. 链激酶　　　E. 抗生素
105. 大肠杆菌在麦康凯琼脂上生长可形成红色菌落，其原因是它分解（　　）
　　A. 乳糖　　　　B. 蔗糖　　　　C. 葡萄糖　　　D. 麦芽糖　　　E. 甘露醇
106. 引起猪肺疫的病原是（　　）
　　A. 大肠杆菌　　　　　　　B. 副猪嗜血杆菌　　　　C. 多杀性巴氏杆菌
　　D. 沙门氏菌　　　　　　　E. 葡萄球菌
107. 高压蒸汽灭菌的温度是（　　）
　　A. 150℃　　　B. 121℃　　　C. 100℃　　　D. 80℃　　　E. 72℃
108. 紫外线杀菌的原理是（　　）
　　A. 破坏细菌细胞壁的黏肽　　　　B. 菌体蛋白质变性凝固
　　C. 破坏细菌DNA　　　　　　　　D. 与细菌核蛋白结合
　　E. 改变细菌的渗透压
109. 禽霍乱的病原是（　　）
　　A. 大肠杆菌　　B. 巴氏杆菌　　C. 钩端螺旋体　D. 支原体　　　E. 链球菌
110. 猪水肿的病因是（　　）
　　A. 大肠杆菌　　　　　　　B. 沙门氏菌　　　　　　C. 支原体
　　D. 金黄色葡萄球菌　　　　E. 产气荚膜梭菌
111. 病毒在细胞内增殖后，细胞病变的表现不包括下面哪一项（　　）
　　A. 细胞圆缩　　B. 肿大　　　　C. 形成合胞体　D. 细胞贴壁　　E. 空泡
112. 用鸡胚培养病毒是常用的接送方法**不包括**哪一项（　　）
　　A. 绒毛尿囊膜　B. 羊膜　　　　C. 脑内　　　　D. 绒毛尿囊腔　E. 气室
113. 下列哪一项**不是**常用病毒滴度测试的技术（　　）

A. 空斑试验　　B. 终点稀释法　　C. 荧光斑点试验　　D. 比浊法　　E. 转化试验
114. 在回盲瓣处形成纽扣状溃疡的疾病病原是（　　）
　　A. 非洲猪瘟　　　　　　B. 猪肺疫　　　　　　C. 猪丹毒
　　D. 猪瘟　　　　　　　　E. 猪圆环病毒病
115. 猪圆环病毒的病原是（　　）
　　A. 圆环病毒　　　　　　B. 圆环病毒1型　　　C. 圆环病毒2型
　　D. 圆环病毒3型　　　　E. 圆环病毒4型
116. 在血液中含量最高的Ig是（　　）
　　A. IgM　　　B. IgA　　　C. IgD　　　D. IgG　　　E. IgE
117. 直接产生抗体的细胞是（　　）
　　A. 巨噬细胞　　B. 红细胞　　C. NK细胞　　D. T细胞　　E. 浆细胞
118. 在白细胞间起免疫调节作用的细胞因子称为（　　）
　　A. 白细胞介素　　　　　B. 干扰素　　　　　　C. 肿瘤坏死因子
　　D. 集落刺激因子　　　　E. 血小板生成素
119. 干扰素能非特异地抑制下列哪种微生物的复制（　　）
　　A. 细菌　　　B. 病毒　　　C. 真菌　　　D. 支原体　　　E. 放线菌
120. 外源性抗原在抗原递呈细胞内消化降解的部位是（　　）
　　A. 蛋白酶体　　B. 吞噬溶酶体　　C. 内质网　　D. 高尔基体　　E. 线粒体
121. 再次免疫应答能迅速产生抗体是因为机体内存在（　　）
　　A. 活化的巨噬细胞　　　B. 效应T细胞　　　　C. ADCC效应细胞
　　D. 树突状细胞　　　　　E. 记忆细胞
122. 下列哪一项**不是**临床上常见的Ⅱ型变态反应性疾病（　　）
　　A. 输血反应　　　　　　B. 血清病　　　　　　C. 新生畜溶血性贫血
　　D. 自身免疫溶血性贫血　E. 传染病
123. 能与肥大细胞结合的Ig是（　　）
　　A. IgA　　　B. IgD　　　C. IgE　　　D. IgM　　　E. IgG
124. 下列哪一项**不是**参与机体获得性免疫应答的核心细胞和辅佐细胞（　　）
　　A. T淋巴细胞　　B. B淋巴细胞　　C. 巨噬细胞　　D. 树突状细胞　　E. 红细胞
125. 确诊禽流感最可靠的方法是（　　）
　　A. ELISA　　　　　　　B. RT-PCR　　　　　　C. 电镜观察
　　D. 平板凝集　　　　　　E. 病毒分离鉴定
126. 鸡白痢检疫常用的方法是（　　）
　　A. 中和试验　　　　　　B. 平板凝集试验　　　C. 试管凝集试验
　　D. 补体结合试验　　　　E. 琼脂扩散试验
127. 诊断牛结核病常用的方法是（　　）
　　A. ELISA　　　　　　　B. PCR诊断　　　　　C. 细菌分离鉴定
　　D. 皮内变态反应法　　　E. IFN-r体外释放法
128. 仔猪黄痢多发于（　　）
　　A. 1～3日龄　　B. 7～10日龄　　C. 11～15日龄　　D. 16～25日龄　　E. 1月龄
129. 奶牛副结核病的潜伏期通常是（　　）
　　A. 1～2天　　B. 5～6天　　C. 1～2周　　D. 1～2月　　E. 6～12月
130. 用免疫接种法预防猪细小病毒病，母猪的免疫时间是（　　）
　　A. 配种前　　　　　　　B. 发情前　　　　　　C. 妊娠后45天
　　D. 妊娠后60天　　　　　E. 妊娠后90天
131. 猪支原体肺炎的流行病学特点是（　　）
　　A. 主要通过胎盘传播　　　　B. 主要通过精液传播
　　C. 主要通过消化道传播　　　D. 主要通过呼吸道传播
　　E. 外来品种比地方品种更易感
132. 仔猪断奶衰竭综合征的特征性病理变化是（　　）

A. 脾脏梗死但不肿大　　　　　　B. 淋巴结肿大 2～5 倍
C. 肺双侧对称性肉变　　　　　　D. 纤维素坏死性心肌炎
E. 增生性和坏死性肺炎

133. 用于分离副猪嗜血杆菌的培养基是（　　）
A. SS 琼脂　　　　　B. 马丁琼脂　　　　　C. 巧克力琼脂
D. 鲜血琼脂　　　　　E. 三糖铁斜面培养基

134. 非疫区羊群一旦发生蓝舌病，应采取的防控措施是（　　）
A. 环境消毒　　　　　B. 治疗发病羊　　　　C. 扑杀发病羊群
D. 隔离发病羊群　　　E. 紧急免疫接种

135. 牛流行热的重要传播媒介是（　　）
A. 蚤　　　B. 蜱　　　C. 虱　　　D. 蜻　　　E. 蚊

136. 分离牛病毒性腹泻病毒常用的实验动物是（　　）
A. 幼犬　　B. 雏鸭　　C. 乳兔　　D. 雏鸡　　E. 雏鸽

137. 病原体可在鸡胚内干扰 NDV-B1 株血凝素的产生，其引起的疾病是（　　）
A. 新城疫　　　　　　B. 禽流感　　　　　　C. 马立克氏病
D. 鸡传染性支气管炎　E. 传染性喉气管炎

138. 通过琼脂扩散试验检测羽髓中病毒抗原可作出诊断的疾病是（　　）
A. 新城疫　　　　　　B. 禽流感　　　　　　C. 禽白血病
D. 马立克氏病　　　　E. 传染性法氏囊病

139. 鸭瘟俗称（　　）
A. "大头瘟"　　　　　B. "小脑炎"　　　　　C. "大劈叉"
D. "大肝病"　　　　　E. "大脖子病"

140. 犬首次接种犬瘟热疫苗的时间一般在（　　）
A. 半月龄　　B. 1 月龄　　C. 2 月龄　　D. 3 月龄　　E. 4 月龄

141. 犬首次接种犬传染病肝炎疫苗的时间一般是（　　）
A. 1 月龄　　B. 2 月龄　　C. 3 月龄　　D. 4 月龄　　E. 配种前

142. 预防猫泛白细胞减少症的首选措施是（　　）
A. 免疫接种　　　　　B. 减少应激　　　　　C. 加强营养
D. 抗生素预防　　　　E. 注射高免血清

143. 白僵菌增殖方式是（　　）
A. 营养菌丝—节孢子—分生孢子
B. 气生菌丝—分生孢子
C. 营养菌生—分生孢子—气生菌丝
D. 分生孢子—营养菌丝—气生菌丝
E. 营养菌丝—芽生孢子—节孢子—营养菌丝

144. 动物感染寄生虫后，引起消瘦，营养不良的主要原因是（　　）
A. 免疫损伤　　　　　B. 继发感染　　　　　C. 机械性损伤
D. 掠夺宿主营养　　　E. 虫体毒素作用

145. 预防马巴贝斯虫病采取的主要措施是（　　）
A. 消毒畜舍　　　　　B. 除蜱灭蜱　　　　　C. 加强饲料清理
D. 改善饲草卫生　　　E. 加强粪便清理

146. 寄生虫病最常见的实验室诊断方法是（　　）
A. 抗体检测　　　　　B. 抗原检测　　　　　C. PCR 检测
D. 病原学检查　　　　E. 血常规化验

147. 弓形虫的终末宿主是（　　）
A. 犬　　　B. 猫　　　C. 马　　　D. 牛　　　E. 鸡

148. 赖利绦虫终末宿主是（　　）
A. 猪-马　　B. 牛-羊　　C. 犬-猫　　D. 兔-貂　　E. 鸡-火鸡

149. 对绵羊致病力强的球虫是（　　）

A. 邱氏艾美耳球虫 B. 柔嫩艾美耳球虫 C. 斯氏艾美耳球虫
D. 阿氏艾美耳球虫 E. 毒害艾美耳球虫

150. 犬新孢子虫在牛群中的传播途径主要是（ ）
   A. 空气传播 B. 接触传播 C. 媒介传播 D. 垂直传播 E. 人工授精

151. 检查隐孢子虫的最佳染色方法是（ ）
   A. 美蓝染色法 B. 瑞氏染色法 C. 姬姆萨染色法
   D. 革兰氏染色法 E. 齐-尼氏染色法

152. 引起仔猪皮肤局部出现红斑、丘疹和浮肿的寄生虫是（ ）
   A. 旋毛虫 B. 猪蛔虫 C. 猪囊虫
   D. 猪球虫 E. 兰氏类圆线虫

153. 诊断疥螨病，通常采取的病料组织是（ ）
   A. 皮肤表面 B. 病变皮肤毛囊 C. 毛囊内容物或皮脂腺
   D. 病变交界的脂腺组织 E. 病变皮肤的中央痂皮

154. 日本分体吸虫侵入人和牛、羊等终末宿主皮肤的发育阶段是（ ）
   A. 虫卵 B. 毛蚴 C. 胞蚴 D. 尾蚴 E. 童虫

155. 胎儿三毛滴虫寄生虫在牛的（ ）
   A. 肝脏 B. 肺脏 C. 血液 D. 消化道 E. 生殖道

156. 生前诊断犬心丝虫病时，血液中检查到的是（ ）
   A. 虫卵 B. 毛蚴 C. 雄虫 D. 雌虫 E. 微丝蚴

157. 马副蛔虫成虫寄生于马属动物的（ ）
   A. 胃 B. 小肠 C. 大肠 D. 胸腔 E. 腹腔

158. 鸡住白细胞虫病的特征性症状是（ ）
   A. 鸡冠与肉髯发绀，排大量血便 B. 发生痉挛与昏迷，排大量血便
   C. 死前口流鲜血，鸡冠苍白 D. 有黏液性鼻液发出
   E. 口与鼻中流出混有泡沫的黏液，冠髯发绀

159. 剖检蜜蜂马氏管变形虫病的病蜂，可见其中肠颜色为（ ）
   A. 黑色 B. 浅黄色 C. 深黄色 D. 灰白色 E. 红褐色

160. 在一定时间内，生态系统的结构和功能的状态一般是（ ）
   A. 不稳定 B. 非常稳定 C. 相当稳定
   D. 相对静止 E. 非常不稳定

161. 地方性克汀病的病原主体主要是缺乏（ ）
   A. 硒 B. 碘 C. 锌 D. 钴 E. 钼

162. 抗微生物药物残留对人体健康的主要影响**不包括**（ ）
   A. 具有毒性作用 B. 导致菌群失调 C. 细菌耐药性增加
   D. 引起心血管疾病 E. 引起变态（过敏）反应

163. 肉毒梭菌毒素食物中毒的特性为（ ）
   A. 腹痛 B. 腹泻 C. 呕吐 D. 发热 E. 肌肉麻痹

164. 常用于染疫皮张的无害化处理方法是（ ）
   A. 化制 B. 高温高压 C. 化学消毒
   D. 煮沸消毒 E. 紫外线照射

165. 根据现行国家标准，对高致病性禽流感病鸡应作（ ）
   A. 产酸处理 B. 冷冻处理 C. 高温处理 D. 盐腌处理 E. 销毁处理

166. 动物治疗结构至少有两个分区，其中之一必须是（ ）
   A. 动物手术区 B. 动物诊疗区 C. 动物处理区
   D. 动物疫病区 E. 动物消毒区

【B1 型题】
答题说明：以下提供若干组考题，每组考题共用在考题前列出的 A、B、C、D、E 五个备选答案，请从中选择一个与问题最密切的答案，并在答题卡上将相应题号的相应字母所属的方框涂黑。某个备选答案可能被选择 1 次、多次或不被选择。

(167~169题共选备选答案)
 A. 大肠杆菌　　　　　　B. 产生荚膜杆菌　　　C. 多杀性巴氏杆菌
 D. 鸡白痢沙门氏菌　　　E. 鸡伤寒沙门氏菌

167. 某鸡场雏鸡严重腹泻，粪便带血。取病死鸡小肠黏膜接种麦康凯琼脂，长出红色菌落。该病最可能的病原是（　　）

168. 某鸡场7日龄鸡雏鸡排白色糊状粪便。取粪便接种远藤麦康凯琼脂，均长出无色透明的小菌落。该病最可能的病原是（　　）

169. 某鸡场成年鸡排黄色稀粪。取粪便接种麦康凯琼脂，长出无色菌落；接种三糖铁琼脂，培养基底部呈黑色。该病最可能的病原是（　　）

(170~172题共选备选答案)
 A. 朊病毒　　　　　　　B. 蓝舌病病毒　　　　C. 绵羊痘病毒
 D. 伪狂犬病病毒　　　　E. 小反刍兽病毒

170. 山羊，高热稽留，口、鼻流黏液性分泌物。取该分泌物接种Vero细胞，6天后出现多核细胞病变。该病例最可能的病原是（　　）

171. 绵羊，体温41℃，眼周围、唇、鼻、四肢、乳房等处出现痘疹。取病料电镜观察，可见卵圆形或砖形病毒粒子。该病例最可能的病原是（　　）

172. 绵羊，体温41℃，口唇肿胀糜烂，舌部青紫色，跛行。取该病羊全血、经裂解后接种鸡胚分离到的病原能凝集绵羊及人O型血细胞。该病例可能的病原是（　　）

(173~175题共选备选答案)
 A. 骨髓　　　B. 胸腺　　　C. 法氏囊　　　D. 扁桃体　　　E. 哈德氏腺

173. 某鸡场，采用滴鼻点眼法对7日龄鸡接种。新城疫Ⅳ疫苗，以刺激机体免疫器官产出局部黏膜免疫。该免疫器官是（　　）

174. 某鸡场，3周龄鸡羽毛蓬松，排水样粪便。剖检可见腿肌、胸肌出血；此外还发现某免疫器官呈紫葡萄状。该免疫器官是（　　）

175. 某猪场，2月龄高热稽留，可见回盲瓣"纽扣状"溃疡。剖检病死猪，对同群发病猪活体进行病原学检测时应采集的免疫器官是（　　）

(176~178题共选备选答案)
 A. 猪瘟　　　　　　　　B. 猪乙型脑炎　　　　C. 猪伪狂犬
 D. 猪细小病毒　　　　　E. 猪繁殖与呼吸综合征

176. 初胎母猪出现流产，木乃伊胎和死胎，但不表现出其他临床症状。经过母猪无异常表现。该病可能是（　　）

177. 母猪群出现发热，妊娠后期流产，产死胎等症状，用猪肺泡巨噬细胞可分离出一种RNA病毒。该病可能是（　　）

178. 某猪群部分母猪出现流产，部分仔猪出生后不久出现败血症等现象，死亡率30%，剖检可见病猪喉头出血，肾脏表面有大小不一的出血斑，脾脏梗死。该病可能是（　　）

(179~181题共用备用选答案)
 A. 肝片形吸虫　　　　　B. 莫尼茨绦虫　　　　C. 胎生网尾线虫
 D. 粗纹食道口线虫　　　E. 羊仰口线虫

179. 一绵羊群在春季出现消瘦、严重贫血、颌下和胸腹下水肿等临床症状，剖检可见胆管显著增粗，其中有多量柳叶状虫体。可能感染的寄生虫是（　　）

180. 某羊出现渐进性消瘦、腹泻和便秘交替等临床症状。剖检可在结肠腔内发现多量15mm左右的乳白色线纹虫体，并在肠壁内有多量结节病变。可能感染的寄生虫是（　　）

181. 某牛发生以咳嗽、呼吸困难、消瘦为主要症状的疾病。采用幼虫分离法在新鲜粪便中检测到多量一期幼虫。幼虫头端较粗，有一扣状突出。可能感染的寄生虫是（　　）

(182~184题共用下列备选答案)
 A. 醛和酮　　　　　　　B. 多环芳烃　　　　　C. 多氯联苯
 D. 亚硝酸盐　　　　　　E. 胺类化合物

182. 肉品发生腐败变质时，由于蛋白质分解，会产生气味不良且对人体健康有不良影响的物质。这种有害的物质最可能是（　　）

183. 熏肉、羊肉串等肉类在熏、烤过程中，因与明火和烟接触，温度高，会产生对人具有致癌作用的物质。这种有害的物质最可能是（　　）
184. 为了使肉制品成色良好，加工中添加一种护色剂。但添加过量或混合不均匀时，食入较多的该物质可引起食用者出现全身皮肤、黏膜紫绀等缺氧症状。肉品中这种有害物质最可能是（　　）

【A2 型题】
答题说明：每一道考题是以一个小案例出现的，其下面都有 A、B、C、D、E 五个备选答案，请从中选择一个最佳答案，并在答题卡上将相应题号的相应字母所属的方框涂黑。

185. 某猪场，7 日龄猪严重腹泻，粪便恶臭带有血液、黏液，取结肠黏液制成压滴标本片，暗视野显微镜下可见多个具有蛇样运动、2~4 个弯曲的微生物。该主群感染的病原可能是（　　）
　　A. 霍乱弧菌　　　　　B. 沙门氏菌　　　　　C. 鼠咬热螺菌
　　D. 猪痢短螺旋菌　　　E. 产气荚膜杆菌

186. 某牛场饲养员协助助产一奶牛后，出现低热、全身乏力、关节头痛等症状。采集分泌物涂片镜检，可见革兰氏阴性、柯兹洛夫斯基鉴别染色为红色的球杆菌。该病原可能是（　　）
　　A. 支原体　　B. 螺旋体　　C. 分枝杆菌　　D. 布鲁氏菌　　E. 巴氏杆菌

187. 某鸡场，3 周龄鸡出现水样腹泻。剖检病死鸡可见肾脏肿大出血，呈"花斑肾"接种鸡胚可导致胚体卷缩矮小。引起该病的病原可能是（　　）
　　A. 新城疫病毒　　　　B. 马立克氏病病毒　　C. 传染性支气管炎病毒
　　D. 传染性法氏囊病病毒　E. 传染性喉气管炎病毒

188. 10 月龄牛，体温 41℃，口腔黏膜溃烂，伴有严重腹泻，取该病料接种牛胎肾细胞原，电镜观察可见其有囊膜的球形粒子。该牛感染的病原可能是（　　）
　　A. 朊病毒　　　　　　　B. 牛暂时热病毒　　　C. 小反刍兽疫病毒
　　D. 牛病毒性腹泻病毒　　E. 牛传染性鼻气管炎病毒

189. 某母猪群发热，流产，产死胎部分仔猪耳部皮肤变蓝，同场的保育猪发热症状，分离病毒可使用的细胞是（　　）
　　A. Vero 细胞　　　　　B. PK-15 细胞　　　　C. BHK-21 细胞
　　D. Marc-145 细胞　　　E. 鸡胚成纤维细胞

190. 初冬，某群奶牛发病，体温升高，大量流泪，有脓性鼻漏，鼻黏膜、鼻镜高度充血，犊牛发病，口吐白沫，共济失调，阵发性痉挛，角弓反张，病程 4~5 天。该病为（　　）
　　A. 牛流行热　　　　　B. 牛黏膜病　　　　　C. 牛出血性败血病
　　D. 胸膜肺炎　　　　　E. 牛传染性鼻气管炎

191. 某 23 周龄的种鸡群陆续发病，发病率约为 5%，死亡率为 1%。鸡群消瘦、虚弱、产蛋率下降。剖检见肝、脾、肾、卵巢和法氏囊均有肿瘤结节。该病可能是（　　）
　　A. 禽白血病　　　　　B. 禽结核病　　　　　C. 鸡传染性贫血
　　D. 传染性法氏囊病　　E. 鸡大肠杆菌病

192. 西北地区，某牛出现消瘦，衰弱，有轻度咳嗽等症状。死后剖检可见肝脏边缘中有鸡蛋大小囊状虫体，囊内有小囊。该病最有可能是（　　）
　　A. 链尾蚴病　　　　　B. 棘球蚴病　　　　　C. 牛囊尾蚴病
　　D. 脑多头蚴病　　　　E. 细颈囊尾蚴病

193. 某放牧羊群发生以渐进性消瘦、贫血、回旋运动等神经症状为主的疾病。粪便检查发现有白色节片。该病可能为（　　）
　　A. 球虫病　　　　　　B. 片形吸虫病　　　　C. 莫尼茨绦虫病
　　D. 捻转血矛线虫病　　E. 日本分体吸虫病

194. 夏季，30 日龄雏鸡陆续发病死亡，剖检病死鸡可见一侧或两侧盲肠肿胀，外观似香肠，肠腔有干酪样肠芯。肝脏肿大，表面有呈淡黄色或淡绿色的坏死病灶，病灶中央稍凹陷，边缘稍隆起，该鸡群可能发生的疾病是（　　）
　　A. 毛滴虫病　　　　　B. 鸡球虫病　　　　　C. 禽白血病
　　D. 马利克氏病　　　　E. 组织滴虫病

【A3/A4 型题】
答题说明：以下提供若干个案例，每个案例下设若干道考题。请根据案例所提供的信息，在每一道考试题下面的 A、B、C、D、E 五个备选答案中选择一个最佳答案，并在答题卡上将相应题号的相应字母所属的方框涂黑。

(195～197题共用以下题干)

夏季，某鸡场500只蛋鸡突然发病，病鸡表现呼吸困难，鸡冠髯发绀呈黑紫色、剧烈腹泻等症状。剖检后可见皮下组织、腹部和肠系膜有大小不等出血点，心外膜、心冠脂肪有出血点，肝脏肿大，表面分布针尖大小坏死点。

195. 该病可能是（　　）
  A. 新城疫　　　　　　B. 禽流感　　　　　　C. 禽霍乱
  D. 鸡白痢　　　　　　E. 禽大肠杆菌病
196. 用于实验室病原学检查的病料是（　　）
  A. 肝脏　　　B. 肺脏　　　C. 肾脏　　　D. 脑组织　　　E. 法氏囊
197. 预防本病最有效的措施是（　　）
  A. 环境消毒　　B. 疫苗接种　　C. 药物预防　　D. 通风换气　　E. 防暑降温

(198～200题共用以下题干)

某个体养殖户饲养的成年猪表现营养不良、贫血、生长迟缓、逐渐消瘦等症状。剖检心肌、咬肌、四肢肌肉等部位有黄豆大小半透明的囊泡状虫体。

198. 该病可能是（　　）
  A. 弓形虫病　　　　　B. 猪球虫病　　　　　C. 猪囊尾蚴病
  D. 姜片吸虫病　　　　E. 细颈囊尾蚴病
199. 对该病的感染来源是（　　）
  A. 犬　　　　　　　　B. 猫　　　　　　　　C. 昆虫
  D. 牛羊　　　　　　　E. 猪带条虫病人
200. 对该病有一定效果的药物是（　　）
  A. 青霉素　　B. 盐霉素　　C. 吡喹酮　　D. 左旋咪唑　　E. 磺胺嘧啶

临床科目（100分）（下午卷）

【A1型题】

答题说明：每一道考试题下面有 A、B、C、D、E 五个备选答案，请从中选择一个最佳答案，并在答题卡上将相应题号的相应字母所属的方框涂黑。

1. 眼结合膜出现树枝状充血的病因是（　　）
  A. 角膜炎　　　　　　B. 坏死　　　　　　　C. 营养不良
  D. 供氧不足　　　　　E. 血液循环障碍
2. 马心搏动最明显的部位是左侧（　　）
  A. 第3肋间胸廓下1/3　　　　B. 第4肋间胸廓下1/3
  C. 第5肋间胸廓下1/3　　　　D. 第6肋间胸廓下1/3
  E. 第7肋间胸廓下1/3
3. 仔猪，2月龄，突然出现血液从一侧鼻孔呈鲜红色、点滴状流出，出血来源于（　　）
  A. 肺泡　　　　　　　B. 小支气管　　　　　C. 大支气管
  D. 气管　　　　　　　E. 鼻腔
4. **不属于**卵巢机能减退的症状是（　　）
  A. 长期不发情　　　　B. 发情周期延长　　　C. 出现发情症候并排卵
  D. 出现发情症候但不排卵　E. 发情的外表征象不明显
5. 血小板减少且分布异常见于（　　）
  A. 骨折　　　　　　　B. 肝炎　　　　　　　C. 胰腺炎
  D. 白血病　　　　　　E. 支气管肺炎
6. 细胞外液中的主要阳离子是（　　）
  A. K离子　　　　　　B. 钠离子　　　　　　C. 钙离子
  D. 镁离子　　　　　　E. 高价铁离子
7. 代谢产物形成肌酐的物质是（　　）

A. 脂肪　　　　B. 糖类　　　　C. 谷氨酸　　　　D. 肌酸　　　　E. 维生素
8. 犬胸部侧位 X 线片，心脏影像的前上部和前下部分别是（　　）
A. 右心房和右心室　　　　B. 左心房和左心室　　　　C. 右心室和左心室
D. 左心房和右心室　　　　E. 右心室和左心房
9. 对超声物理性质描述正确的是（　　）
A. 频率越高，透入深度越大　　　　B. 频率越高，穿透力越低
C. 频率越低，分辨力越高　　　　D. 频率越高，显现力越低
E. 频率越低，衰减越显著
10. 犬右胸最后的肋骨后方，靠近第一腰椎处向腹侧作 B 超纵切面扫查时，见豆状实质性回声。其后部光滑的弧形回声光带下出现较大的液性暗区，提示（　　）
A. 肾盂积水　　B. 心包积液　　C. 肝囊肿　　D. 肝脓肿　　E. 肾脓肿
11. 在心电图检查中，如果引导电极面向心电向量的方向，则记录为（　　）
A. 电变化为正，波形向上　　　　B. 电变化为正，波形向下
C. 电变化为负，波形向上　　　　D. 电变化为负，波形向下
E. 基线
12. 最容易发生脱水的疾病是（　　）
A. 胰腺炎　　B. 尿道炎　　C. 脉管炎　　D. 胆管炎　　E. 淋巴管炎
13. 牛皱胃穿刺的正确部位是（　　）
A. 左侧第 8 肋间肋弓下方　　　　B. 右侧第 8 肋间肋弓下方
C. 左侧第 10 肋间肋弓下方　　　　D. 右侧第 10 肋间肋弓下方
E. 右侧第 12 肋间肋弓下方
14. 牛急性瘤胃臌气导致极度呼吸困难时首先要采取的措施是（　　）
A. 强心　　B. 兴奋呼吸　　C. 穿刺放气　　D. 镇静　　E. 输氧
15. 肾炎的治疗原则除了消除病因、消炎利尿和对症治疗外，还包括（　　）
A. 抑制免疫　　　　B. 增强免疫　　　　C. 使用磺胺药
D. 大量补液　　　　E. 补充电解质
16. 马热射病时，**不宜**采取的治疗措施是（　　）
A. 牵遛运动　　　　B. 冷水浇洒全身　　　　C. 使用碳酸氢钠
D. 使用氯丙嗪　　　　E. 使用地塞米松
17. 控制蛋鸡脂肪肝综合征，应有限考虑降低饲料中的营养素是（　　）
A. 常量元素　　B. 碳水化合物　　C. 维生素　　D. 蛋白质　　E. 微量元素
18. 牛发生骨软骨病时，血清生化检测可能降低的指标是（　　）
A. 镁　　　　　　　　B. 铜　　　　　　　　C. 无机磷
D. 钙　　　　　　　　E. 碱性磷酸酶
19. 牛产后血红蛋白尿病的主要临床病理学变化是（　　）
A. 高磷酸盐血症　　　　B. 低磷酸盐血症　　　　C. 高钾血症
D. 低钾血症　　　　　　E. 低钠血症
20. 鸭群发生皮下紫斑，缺乏的维生素是（　　）
A. 维生素 E　　B. 维生素 B_1　　C. 维生素 K_3　　D. 维生素 D_3　　E. 维生素 A
21. 羔羊摆（晃）腰病的主要致病原因是日粮中缺乏（　　）
A. 碘　　B. 铜　　C. 钼　　D. 硒　　E. 锌
22. 猪亚硝酸盐中毒的特效解毒药是（　　）
A. 硫代硫酸钠　　B. 碳酸氢钠　　C. 葡萄糖　　D. 甲苯胺蓝　　E. 阿托品
23. 防止饲料中黄曲霉生长的有效方法是（　　）
A. 酸处理　　　　B. 使用丙酸钠　　　　C. 使用氯化钾
D. 使用硫酸亚铁　　E. 使用硫酸锌
24. 猪食盐中毒时，临床上常出现（　　）
A. 颅内压降低　　B. 腹内压降低　　C. 颅内压升高
D. 腹内压升高　　E. 颅内压不变

25. 犬有机氟中毒的特效解毒药是（　　）
　　A. 苯巴比妥　　　　　　B. 抗坏血酸　　　　　　C. 解磷定
　　D. 乙酰胺　　　　　　　E. 硫代硫酸钠
26. 动物受到应激原刺激后可引起（　　）
　　A. 免疫力升高　　　　　B. 血糖升高
　　C. 超氧化物歧化酶活性升高　　　D. 谷胱甘肽过氧化物酶活性升高
　　E. 过氧化氢酶活性升高
27. 治疗动物皮下厌氧菌感染的方法是（　　）
　　A. 冷敷　　　B. 热敷　　　C. 切开后缝合　　　D. 红外线照射　　　E. 切开排液
28. 新鲜创的特点是损伤时间短，创内存有（　　）
　　A. 浓汁　　　B. 血凝块　　　C. 肉芽组织　　　D. 痂皮组织　　　E. 坏死组织
29. 一级冻伤主要特征是受伤组织发生（　　）
　　A. 湿性坏疽　　　　　　B. 干性坏疽　　　　　　C. 水式溃疡
　　D. 弥漫性水肿　　　　　E. 疼痛性水肿
30. 手术切除恶性肿瘤的正确做法是（　　）
　　A. 可以随意翻动肿瘤　　　B. 禁止损伤健康组织　　C. 手术在健康组织内进行
　　D. 禁止使用高频电刀　　　E. 仅摘除肿瘤组织
31. 治疗厌气性感染冲洗的首选药物是（　　）
　　A. 新洁尔灭　　B. 生理盐水　　C. 3%过氧化氢　　D. 碘甘油　　E. 碳酸氢钠
32. 马发生上颌窦炎和蓄脓的主要原因是（　　）
　　A. 马腺疫　　　　　　　B. 马鼻疽　　　　　　　C. 牙齿疾病
　　D. 鼻腔疾病　　　　　　E. 放射线菌病
33. 犬龋齿常发部位是（　　）
　　A. 上门齿　　　　　　　B. 下门齿　　　　　　　C. 上犬齿
　　D. 下犬齿　　　　　　　E. 第一上白齿齿冠
34. 腹股沟内容物中**不可能**出现的是（　　）
　　A. 左肾　　　B. 膀胱　　　C. 子宫　　　D. 大肠　　　E. 小肠
35. 肛门囊炎形成排泄瘘的时钟钟点位置通常是（　　）
　　A. 3点和9点　B. 4点和8点　C. 5点和7点　D. 2点和10点　E. 1点和11点
36. 跛行种类可分为（　　）
　　A. 悬跛、支跛　　　　　　　　　B. 悬跛、支跛、混合跛行
　　C. 悬跛、支跛、混合跛行、畸跛　　D. 悬跛、支跛、混合跛行、间歇跛
　　E. 悬跛、支跛、混合跛行、特殊跛行
37. 小型犬因滑车沟变浅造成的髌骨脱位治疗方法可采取（　　）
　　A. 滑车成形术　　　　　B. 胫骨移位术　　　　　C. 石膏绷带固定
　　D. 张力绷带固定　　　　E. 股骨胫骨截断术
38. 骨科专用手术器械**不包括**（　　）
　　A. 骨凿　　　B. 骨锉　　　C. 线锯　　　D. 石膏锯　　　E. 骨膜起子
39. **不属于**吸入麻醉剂的是（　　）
　　A. 氟烷　　　B. 异氟醚　　C. 安氟醚　　D. 氧化亚氮　　E. 一氧化碳
40. 犬膀胱切开术的切口缝合宜采用（　　）
　　A. 一层内翻缝合（浆膜肌层、黏膜）
　　B. 一层内翻缝合（浆膜肌层、黏膜下）
　　C. 两层内翻缝合（浆膜肌层、黏膜肌层）
　　D. 两层内翻缝合（浆膜肌层、黏膜、黏膜肌层）
　　E. 两层内翻缝合（浆膜肌层、黏膜下、黏膜肌层）
41. 犬股骨头切除术是指切除（　　）
　　A. 股骨头　　　　　　　B. 股骨头和大转子　　　C. 股骨头和股骨膜
　　D. 股骨头、股骨膜和转子　　　E. 股骨头、胫骨膜和大转子

42. 胚胎移植技术中，对供体动物进行超数排卵处理，必须配合治疗的药物是（ ）
    A. 孕酮和雌二醇　　　　B. 雌激素和催产素　　C. 松弛素和催产素
    D. 催产素和褪黑素　　　E. 促卵泡素和促黄体素
43. 催产素主要在体内的合成部位是（ ）
    A. 性腺　　　B. 子宫内膜　　C. 垂体前叶　　D. 垂体后叶　　E. 丘脑下部
44. 属于诱导排卵的动物是（ ）
    A. 牛　　　　B. 猪　　　　C. 马　　　　D. 犬　　　　E. 兔
45. 猪新鲜精液液态保存的适宜温度为（ ）
    A. 0～4℃　　B. 5～9℃　　C. 10～14℃　　D. 15～20℃　　E. 21～25℃
46. 由胚泡产生的抗溶血因子发生作用后使母体产生妊娠识别的动物是（ ）
    A. 马　　　　B. 猪　　　　C. 牛　　　　D. 犬　　　　E. 猫
47. 妊娠中后期，卵巢上黄体开始退化的动物是（ ）
    A. 奶牛　　　B. 山羊　　　C. 猪　　　　D. 马　　　　E. 牦牛
48. 采用孕酮含量测定法对牛进行早期妊娠，诊断的最早时间，一般是在妊娠后（ ）
    A. 14 天　　B. 24 天　　C. 25 天　　D. 45 天　　E. 60 天
49. 马产后子宫复原所需时间一般为（ ）
    A. 1～4 天　B. 5～7 天　C. 12～14 天　D. 20～24 天　E. 30～34 天
50. 五脏之中，开窍于耳的是（ ）
    A. 心　　　　B. 肝　　　　C. 肺　　　　D. 脾　　　　E. 肾
51. 沉脉的主证是（ ）
    A. 表证　　　B. 里证　　　C. 热证　　　D. 寒证　　　E. 虚证
52. 甘味药的主要是（ ）
    A. 泻下、软坚　　　　B. 滋补、和中　　　　C. 行气、行血
    D. 收敛、固涩　　　　E. 清热、燥湿
53. 具有发汗、解表作用的药物是（ ）
    A. 麻黄　　　B. 桂枝　　　C. 薄荷　　　D. 桑叶　　　E. 柴胡
54. 白头翁汤的药物组成除了白头翁、黄连、黄柏外，还有（ ）
    A. 黄芩　　　B. 大黄　　　C. 秦皮　　　D. 桂花　　　E. 栀子
55. 具有软坚泻下作用的药物是（ ）
    A. 桔梗　　　B. 杏仁　　　C. 泽泻　　　D. 芒硝　　　E. 麝香
56. 具有润肺下气、止咳化痰的药物是（ ）
    A. 天麻　　　B. 赤芍　　　C. 麦芽　　　D. 款冬花　　E. 浮小麦
57. 最有可能与遗传性无关的公畜不育性疾病是（ ）
    A. 隐睾　　　B. 睾丸炎　　C. 睾丸发育不全　D. 性欲缺乏　E. 阳痿
58. 与新生仔猪发生窒息无关的原因是（ ）
    A. 分娩时产出期延长　　B. 胎盘分离过早　　　C. 胎囊破裂过晚
    D. 分娩前母畜发生贫血　E. 倒生
59. 中兽医学的基本特点是（ ）
    A. 阴阳学说　　　　　　B. 五行学说　　　　　C. 整体观念、辨证论治
    D. 脏腑学说　　　　　　E. 经络学说
60. 黄芪与茯苓配伍用于利水消肿属于配伍七情中的（ ）
    A. 相须　　　B. 相使　　　C. 相畏　　　D. 相反　　　E. 相恶
61. 中兽医学术体系的基本特点是（ ）
    A. 整体观念、辨证论治　　　B. 补其不足、泄其有余
    C. 春夏养阳、秋冬养阴　　　D. 表里同治
    E. 阴阳平衡
62. 药物禁忌十八反中，与乌头相反的是（ ）
    A. 芫花　　　B. 细辛　　　C. 白蔹　　　D. 甘遂　　　E. 芍药
63. 大承气汤的组成为（ ）

A. 大黄、芒硝、厚朴
B. 大黄、芒硝、枳实、甘草
C. 黄连、大黄、厚朴、枳实
D. 大黄、芒硝、厚朴、枳实
E. 大黄、芒硝、麦冬、枳实

64. 治疗后产生淤血疼痛，常与桃仁相须为用的药物是（　　）
A. 川芎　　　　B. 丹参　　　　C. 红花　　　　D. 赤芍　　　　E. 乳香

65. 牡蛎散的功效是（　　）
A. 固表敛汗　　B. 补肾填精　　C. 益气固表　　D. 滋阴补肾　　E. 涩肠止泻

66. 具有补气升阳、固表止汗、托毒生肌、利水退肿作用的药物是（　　）
A. 党参　　　　B. 黄芪　　　　C. 甘草　　　　D. 山药　　　　E. 白术

67. 具有清肝明目、润肠通便作用的药物是（　　）
A. 石决明　　　B. 决明子　　　C. 天麻　　　　D. 山药　　　　E. 杏仁

【B1 型题】

答题说明：以下提供若干组考题，每组考题共用在考题前列出的 A、B、C、D、E 五个备选答案，请从中选择一个与问题最密切的答案，并在答题卡上将相应题号的相应字母所属的方框涂黑。某个备选答案可能被选择 1 次、多次或不被选择。

（68～69 题共用下列备选答案）
A. 血常规　　　　　　　　　　　B. 血清丙氨酸氨基转移酶
C. 血清 α-淀粉酶　　　　　　　 D. 血清尿素氮　　　　　　E. ALP

68. 半岁犬，患细小病毒病。呕吐，连续 2 天拉番茄样粪便，黏膜苍白，最佳检查项目是（　　）

69. 母犬，8 岁，近期精神沉郁，食欲差，偶有呕吐，粪便稀软、色淡且臭味大，就诊时黏膜呈现轻度黄疸，最佳检查项目是（　　）

（70、71 题共用下列备选答案）
A. P 波　　　　　　B. Q-T 间期　　　　　C. T 波
D. P-Q 间期　　　　E. QRS 波

70. 代表左、右心房肌去极化过程的是（　　）

71. 代表心室肌去极化和复极化全部过程的是（　　）

（72～73 题共用下列备选答案）
A. 颈部　　　B. 鬐甲部　　　C. 胸段脊柱上　　　D. 系部　　　E. 掌区

72. 马属动物前肢单绳提举保定时，将绳的一端拴在（　　）

73. 将前肢拉起时，游离端应绕过（　　）

（74～76 题共用下列备选答案）
A. 站立保定　　B. 左侧卧保定　　C. 右侧卧保定　　D. 颈圈保定　　E. 仰卧保定

74. 马，5 岁，上呼吸道急性炎性水肿，致使呼吸受阻，有窒息危险，需紧急进行器官切开术，其保定方法是（　　）

75. 牛，3 岁，偷食大量新鲜苜蓿，导致瘤胃泡沫性膨气，需进行瘤胃切开术，其常用的保定方法是（　　）

76. 德国黑背，警犬，2 岁，饱食后急速奔跑、跳跃，突然出现腹痛，腹围增大，诊断为胃扩张-胃扭转，需进行胃切开手术，其保定方法是（　　）

【A2 型题】

答题说明：每一道考题是以一个小案例出现的，其下面都有 A、B、C、D、E 五个备选答案，请从中选择一个最佳答案，并在答题卡上将相应题号的相应字母所属的方框涂黑。

77. 犬，3 月龄，购回 1 月余，对主人的呼唤无反应，饮食欲正常。该犬首先需要检查的脑神经是（　　）
A. 视神经　　　　　　B. 听神经　　　　　　C. 三叉神经
D. 舌咽神经　　　　　E. 动眼神经

78. 有一母牛，产后 3 天，体温升高达 41℃，食欲减退，从阴道流出污红色恶臭液体，尾部被

毛被污染。该病最可能是（   ）
   A. 产褥热   B. 胎衣不下   C. 子宫脱   D. 阴门损伤   E. 阴道炎
79. 犬，3岁，雄性，尿频、尿痛，后段血尿。X线拍片检查现实膀胱中有多个高密度影。该病最可能的诊断是（   ）
   A. 膀胱破裂   B. 膀胱出血   C. 膀胱炎   D. 膀胱结石   E. 膀胱麻痹
80. 奶牛，产后30天发病，食欲差，不喜食饼柏类饲料。尿量减少呈浅黄色，易形成泡沫，尿和乳汁均有烂苹果气味。该牛采食的饲料组成可能是（   ）
   A. 高蛋白，高脂肪和高碳水化合物
   B. 高蛋白，高脂肪和低碳水化合物
   C. 低蛋白，低脂肪和高碳水化合物
   D. 低蛋白，高脂肪和高碳水化合物
   E. 高蛋白，低脂肪和高碳水化合物
81. 猫，右腹侧壁皮下有一局限性肿胀，皮肤呈暗紫色，触诊有波动感，稍温热，穿刺液呈鲜红色。该肿胀可能是（   ）
   A. 血肿   B. 脓   C. 水肿   D. 肿瘤   E. 淋巴外渗
82. 犬，7岁，雄性，近日在肛门旁出现无热、无痛、界限明显、柔软肿胀物，大小便不畅。该病最可能的诊断是（   ）
   A. 会阴部肿瘤   B. 会阴疝   C. 淋巴外渗
   D. 肛周蜂窝织炎   E. 肛门腺炎
83. 经产母牛，表现持续而强烈的发情行为，体重减轻。直肠检查发现卵巢为圆形，有突出于表面的直径约2.5cm的结构，触诊该突起感觉壁薄。2周后复查，症状同前。该牛可能发生的疾病是（   ）
   A. 卵泡囊肿   B. 黄体囊肿   C. 卵巢萎缩
   D. 卵泡交替发育   E. 卵巢机能不全
84. 成年犬，外耳道瘙痒，被毛黄色，皮肤湿红。此犬最可能是（   ）
   A. 脓癣   B. 蠕形螨病   C. 念珠菌病
   D. 马拉色菌病   E. 犬小孢子菌病
85. 奶牛，已妊娠245天，近日出现烦躁不安，乳房肿大等症状。临床检查心率90次/分钟，呼吸30次/分钟，阴唇稍肿，阴门有清亮黏液流出。治疗该病首选的药物是（   ）
   A. 雌激素   B. 垂体后叶素   C. 孕酮   D. 前列腺素   E. 促卵泡素
86. 奶牛，极度消瘦，努责时阴门流出红褐色难闻的黏稠液体，其中偶尔有小骨片。主诉，配种后已经确诊怀孕，但已过预产期半月。该病最可能的论断是（   ）
   A. 阴道脱出   B. 隐性流产   C. 胎儿浸溶
   D. 胎儿干尸化   E. 排除不足月胎儿
87. 一羊场相继发病，羞明、流泪、眼睑肿胀、疼痛、角膜浑浊甚至穿孔。该场疾病最可能是（   ）
   A. 角膜损伤   B. 传染性角膜结膜炎   C. 传染性胸膜肺炎
   D. 羊快疫   E. 维生素A中毒
88. 一牛场陆续发生母牛流产、关节炎，公牛睾丸炎为主的疾病。母牛流产后常发生胎衣不下。该牛场最可能发生了（   ）
   A. 炭疽   B. 乙型脑炎   C. 布氏杆菌病   D. 巴氏杆菌病   E. 结核病

【A3/A4型题】
答题说明：以下提供若干个案例，每个案例下设若干道考题。请根据案例所提供的信息，在每一道考试题下面的A、B、C、D、E五个备选答案中选择一个最佳答案，并在答题卡上将相应题号的相应字母所属的方框涂黑。

（89~91题共用以下题干）
犬，车祸后大小便失禁，两后肢不能站立，针刺前肢敏感，两后肢无反应，肛门反射消失。
89. 进一步确诊采用（   ）

    A. 关节镜检查　　B. X线检查　　C. 直肠检查　　D. B超检查　　E. 肢体触诊
90. 最可能的损伤部位是（　　）
    A. 头部　　B. 颈部　　C. 胸部　　D. 腰荐部　　E. 尾部
91. 导致大小便失禁的原因是（　　）
    A. 膀胱破裂　　B. 直肠破裂　　C. 脊髓损伤　　D. 髋骨骨折　　E. 坐骨骨折

（92～94题共用以下题干）
    马，食欲绝废，体温40℃，胸式呼吸；回顾腹部，拱腰屈背，四肢集腹下，卧下很快起立，强拉则细步轻移；腹围下方沉坠；肠音减弱，触压腹壁不安。
92. 本病最可能的诊断是（　　）
    A. 急性支气管炎　　B. 肝炎　　C. 大叶性肺炎　　D. 支气管肺炎　　E. 腹膜炎
93. 病马的直肠触诊表现为（　　）
    A. 腹膜粗糙且敏感　　B. 腹膜光滑　　C. 腹膜不敏感
    D. 腹膜僵硬　　E. 具结节
94. 病马的血常规检查最可能出现（　　）
    A. 白细胞总数增多　　B. 白细胞总数减少　　C. 白细胞总数正常
    D. 红细胞总数增多　　E. 红细胞总数减少

（95～98题共用以下题干）
    奶牛，5岁，精神沉郁，鼻镜干燥，食欲废绝，反刍停止，痛苦呻吟，腹围增大，常呈排粪姿势，排少量混有血丝粪便。瘤胃内容物充满，瘤胃蠕动音减弱。右腹部皱胃区局限性隆起，在右侧肷窝部听诊，同时用手指轻叩右侧倒数第一、二肋骨，有钢管音。
95. 本病最可能的诊断是（　　）
    A. 瓣胃阻塞　　B. 皱胃变位　　C. 皱胃阻塞
    D. 瘤胃膨气　　E. 前胃迟缓
96. 若手术治疗本病，宜采用的保定方法是（　　）
    A. 站立保定　　B. 左侧卧保定　　C. 右侧卧保定
    D. 仰卧保定　　E. 抬高后驱半侧卧保定
97. 本病麻醉常采用的药物是（　　）
    A. 硫喷妥钠　　B. 静松灵　　C. 水合氯醛
    D. 氯胺酮　　E. 戊巴比妥钠
98. 本病常采用的术部是（　　）
    A. 右侧肋弓斜切口　　B. 腹中线切口　　C. 左肷部中切口
    D. 左肷部前切口　　E. 右肷部中切口

（99～100题共用以下题干）
    奶牛，3岁，两前肢跛行，尤以在硬地上为甚。站立时弓背，两后肢前伸达于腹下。体温升高，脉搏加快，肌肉震颤、出汗。蹄冠皮肤发红、增温，指动脉亢进。
99. 该病最可能是（　　）
    A. 腐蹄病　　B. 局限性蹄皮炎　　C. 蹄叶炎　　D. 指间皮炎　　E. 指间蜂窝织炎
100. 治疗该病时宜选用的药物是（　　）
    A. 盐酸氯丙嗪　　B. 甲硝唑　　C. 恩诺沙星
    D. 头孢噻肟　　E. 抗组胺制剂

综合科目（100分）（下午卷）

【A1型题】
    答题说明：每一道考试题下面有A、B、C、D、E五个备选答案，请从中选择一个最佳答案，并在答题卡上将相应题号的相应字母所属的方框涂黑。

101. 猪瘟的特征性病理变化是脾脏出现（　　）
    A. 肿大　　B. 萎缩　　C. 梗死
    D. 出血　　E. 坏死性
102. 牛病毒性腹泻黏膜病最可能出现的症状是（　　）

A. 流涎增多 B. 呼吸困难 C. 头颈部水肿
D. 四肢关节肿胀 E. 体表淋巴结肿大
103. 当前可通过气雾免疫预防的疾病是（ ）
A. 新城疫 B. 马立克氏病 C. 产蛋下降综合征
D. 鸡传染性喉气管炎 E. 传染性法氏囊病
104. 产蛋下降综合征的主要传播途径是（ ）
A. 鸡虱 B. 蚊子 C. 空气
D. 羽毛 E. 经蛋传播
105. 可用血凝抑制试验诊断的水貂疾病是（ ）
A. 狂犬病 B. 大肠杆菌 C. 水貂阿留申病
D. 水貂病毒性肠炎 E. 水貂伪狂犬病
106. 蜜蜂白垩病的诱发因素是（ ）
A. 高温、高湿 B. 高温、低湿 C. 低温、高湿
D. 低温、低湿 E. 温度多变、潮湿
107. 蜜蜂欧洲幼虫腐臭病最易发生于蜂群的（ ）
A. 越夏期 B. 繁殖高峰期 C. 采集期
D. 采集后恢复期 E. 越冬期
108. 适用巴氏消毒法进行消毒的是（ ）
A. 培养基 B. 生理盐水 C. 玻璃器皿 D. 手术器械 E. 牛奶
109. 乙醇消毒常用的浓度为（ ）
A. 100% B. 95% C. 85% D. 75% E. 65%
110. 猪冠尾线虫的主要感染途径是（ ）
A. 经口和皮肤 B. 经生殖道 C. 经呼吸道 D. 经吸血昆虫 E. 经胎盘
111. 猪炭疽特征性病变不包括（ ）
A. 脾脏变性、肿大和出血 B. 血凝不良
C. 天然孔流出黑色血液 D. 纤维素性胸膜炎
E. 皮下、肌肉、浆膜下结缔组织水肿
112. 常用于诊断猪水泡病的实验动物是（ ）
A. 家兔 B. 犬 C. 大鼠 D. 小鼠 E. 豚鼠
113. 人畜粪便不经处理直接排入鱼塘可传播的寄生虫病是（ ）
A. 疥螨病 B. 猪囊尾蚴病 C. 旋毛虫病
D. 巴贝斯虫病 E. 华支睾吸虫病
114. 经常发生疥螨的养殖场，控制发病的最有效措施是（ ）
A. 加强通风 B. 药物预防 C. 通风干燥 D. 控制温度 E. 勤换垫料
115. 倒牛是最常使用（ ）
A. 单绳倒牛法 B. 双绳倒牛法 C. 三条绳倒牛法
D. 四条绳倒牛法 E. 五条绳倒牛法
116. 笼养蛋鸡疲劳综合征的病因**不包括**（ ）
A. 缺乏运动 B. 维生素D缺乏 C. 维生素C缺乏
D. 饲料中钙缺乏 E. 钙磷比例不当
117. 犬维生素A缺乏时可引起（ ）
A. 干眼病 B. 蓝眼病 C. 白内障 D. 青光眼 E. 虹膜炎
118. 反刍动物氢氰酸中毒的病因是（ ）
A. 偷食了大量谷物 B. 偷食了大量面粉 C. 偷食了大量干草
D. 突然饲喂过量精饲料 E. 采食了大量青菜
119. 家兔和欧洲野兔最为易感，呈季节性发生，在蚊子大量滋生的季节是发病高峰季节，还有周期性趋向，每8～10年流行一次的是（ ）
A. 兔巴氏杆菌病 B. 坏死杆菌病 C. 兔腹泻杆菌病
D. 兔肝片吸虫病 E. 兔黏液瘤病

120. 属慢性消耗性、超敏感性和自身免疫损伤性疾病，特征为终生性持续性病毒血症、淋巴细胞增生、丙种球蛋白异常、肾小球肾炎、血管炎和肝炎的是（　　）
  A. 水貂阿留申病　　　　B. 水貂病毒病肠炎　　　C. 水貂黄肝病
  D. 巴氏杆菌病　　　　　E. 仔貂脓包症

121. **不能**用于防止蜜蜂白垩病的措施是（　　）
  A. 降低蜂箱内的湿度　　　　　B. 用0.5%的高锰酸钾喷雾进行成年蜂体表消毒
  C. 使用抗真菌药物　　　　　　D. 食用植物提取成分用于抗真菌
  E. 摆蜂场地应高、燥、排水、通风良好

122. 解剖蜜蜂中肠颜色由蜜黄色变位灰白色，中肠外表环纹消失，失去弹性，极易破裂，蜜蜂可能感染了（　　）
  A. 狄斯蜂螨病　　　　　B. 小蜂螨病　　　　　C. 蒲螨病
  D. 蜜蜂马氏管变形虫病　　E. 蜜蜂孢子虫病

123. 某散放育肥猪经常供地采食蔬菜根茎及各种昆虫，11月龄时出现食欲减退，经常刨地、匍匐爬行，不停哼哼和腹痛症状，下痢，粪便带血。经1月后，日益消瘦和贫血，生长发育迟缓。采取粪便进行水洗沉淀法检出长椭圆形、深褐色、两端稍尖、含有一幼虫、大约有100μm的虫卵。该猪可能感染的病原是（　　）
  A. 猪蛔虫　　　　　B. 蛭形巨吻棘头虫　　　C. 肠胃食道口线虫
  D. 布氏姜片吸虫　　E. 华支睾吸虫

124. 小母猪，4月龄，子宫脱出于直肠同时脱出；乳腺增大，乳头潮红，子宫扩大，增重相对增快，发病率高，死亡率低；发情周期紊乱，青春期前呈发情征兆。最可能诊断是（　　）
  A. 栎树叶中毒　　　　　B. 蕨中毒　　　　　C. 黄曲霉毒素中毒
  D. 玉米赤霉烯酮中毒　　E. 氢氰酸中毒

125. 刚生产的一窝仔猪中，其中一头全身松软，卧地不起，反射消失，黏膜苍白；呼吸不明显，仅有微弱心跳，呈假死状态，则最有可能出现的情况是（　　）
  A. 早产　　　　　B. 孱弱　　　　　C. 窒息
  D. 新生仔猪溶血性病　　E. 新生仔猪低糖血症

126. 猪，产后血虚受寒，恶露不行，肚腹疼痛。治疗宜选用的方剂为（　　）
  A. 槐花散　　B. 秦艽散　　C. 红花散　　D. 生化汤　　E. 通乳散

127. 犬腰背风湿病针刺的穴位是（　　）
  A. 天门　　B. 大椎　　C. 百会　　D. 前三里　　E. 后三里

128. 治疗马热喘适宜的方剂为（　　）
  A. 麻黄汤　　　　　B. 养心汤　　　　　C. 补肺汤
  D. 补肾汤　　　　　E. 麻杏石甘汤

129. 放牧犊牛群入秋后，相继出现食欲不振、贫血、消瘦症状，并有顽固性下痢，粪便发黑，有时带有血液，犊牛生长缓慢。采用左旋咪唑驱除后，在粪便中检出大量头部向背侧弯曲、口囊大呈漏斗状、长15～25mm长的虫体。该犊牛可能感染的病原是（　　）
  A. 犊牛新蛔虫　　　B. 牛羊口线虫　　　C. 食道口线虫
  D. 捻转血矛线虫　　E. 球虫

130. 一群8月龄山羊，在梅雨季节，相继精神不振、食欲减退、渴欲增加，被毛粗乱，可视黏膜苍白，腹泻，粪便中常杂有血液、黏膜和脱落的上皮，粪恶臭。采用丙硫咪唑治疗无效，后采用氨丙啉混入饮料投喂后，病情得到控制。该山羊可能感染的病原是（　　）
  A. 曲子宫条虫　　　B. 羊仰口线虫　　　C. 前后盘吸虫
  D. 捻转血矛线虫　　E. 球虫

131. 羊，7岁，初干咳、短咳、痛咳，后为长咳、湿咳，鼻孔流黏脓性鼻液，肺泡呼吸音增强，呈干、湿啰音，人工诱咳阳性，最可能的诊断是（　　）
  A. 急性支气管炎　　B. 慢性支气管炎　　C. 肺水肿
  D. 支气管炎　　　　E. 格鲁布性肺炎

132. 羊，7岁，沉郁，步态强拘，食欲减退或废绝；触摸肾区，肾肿大有疼痛感；具排尿姿

势，轻度血尿、细菌尿、脓尿等。最可能的诊断是（   ）
A. 肾结石　　　B. 输尿管结石　　C. 膀胱结石　　D. 尿道结石　　E. 急性肾炎

【B1 型题】
答题说明：以下提供若干组考题，每组考题共用在考题前列出的 A、B、C、D、E 五个备选答案。请从中选择一个与问题关系最密切的答案，并在答题卡上将相应题号的相应字母所属的方框涂黑。某个备选答案可能被选择 1 次、多次或不被选择。

（133、134题共用下列备选答案）
A. 腐蹄病　　　　　　B. 蹄叶炎　　　　　　C. 局限性蹄皮炎
D. 指（趾）间皮炎　　E. 指（趾）间皮肤增生

133. 奶牛，4岁，轻度跛行，左前肢蹄球部相邻的皮肤充血肿胀，增厚，指尖隙有渗出物，呈腐败臭味，压诊患部有痛感，该奶牛最可能患的蹄病是（   ）

134. 奶牛，5岁，长期饲喂精料体温40℃，重度跛行，患牛站立弓腰，四肢收与一起，行走步态紧张，经常卧地不起。蹄冠处皮肤发红、增温，蹄壁叩击敏感，蹄底角质变黄，该牛最可能患的蹄病是（   ）

（135、136题共用下列备选答案）
A. 切断股外侧直肌和股二头肌的杠眼
B. 切开大转子、大转子的骨切线与股骨长轴呈 45℃
C. 皮肤切口自髂骨体绕过大转子前方两指处至股骨中部
D. 分别向股内侧牵引股外直肌和股二头肌，显露股骨干
E. 分别向前后牵引骨外直肌和股二头肌，显露股骨干

135. 德国牧羊犬，3岁，自高楼上跳下，左后腿免体重，三肢跳跃式运步。X线检查显示间股骨头位于脱臼的上方，该病的手术通路是（   ）

136. 犬，2岁，电动车撞倒后，左后腿屈曲，免负体重，X线检查显示，股骨干中部处骨折，该病的手术通路是（   ）

【A2 型题】
答题说明：每一道考题是以一个小案例出现的，其下面都有 A、B、C、D、E 五个备选答案，请从中选择一个最佳答案，并在答题卡上将相应题号的相应字母所属的方框涂黑。

137. 夏季，某种猪场发生不同胎次妊娠母猪流产。产死胎和木乃伊，公猪发现睾丸一侧性肿大，分离的病原能凝集红细胞。该病可能是（   ）
A. 猪瘟　　　　　　B. 猪乙型脑炎　　　　C. 猪伪狂犬病
D. 猪细小病毒病　　E. 猪繁殖与呼吸综合征

138. 夏季，某种猪场4月龄猪突然死亡，腹部和四肢，末端等处皮肤有紫红色出血斑点，剖检可见胸腔有黄色积液，心冠状构和内膜有出血点，脾脏肿大、暗红色、质脆。从血液中分离出溶血性细菌，该病可能是（   ）
A. 猪副伤寒　　　　B. 大肠杆菌　　　　　C. 猪链球菌病
D. 猪李氏杆菌病　　E. 猪副嗜血杆菌病

139. 某猪场猪体温升高，舌、唇、齿眼和鼻血上出现水疱和糜烂，蹄叉、部位红肿，随后出现水疱和糜烂，仔猪心脏呈"虎斑心"病变，死亡率达50%。该病可能是（   ）
A. 猪水疱性疹　　B. 口蹄疫　　　　C. 猪水泡病
D. 猪脑心肌炎　　E. 猪水泡性炎

140. 某猪场，3～4日龄仔猪群在1月突然出现呕吐，水样腹泻含未消化的凝乳块，病死母猪泌乳下降，但无其他临床症状。用于荧光抗体染色检查最适宜的组织是（   ）
A. 胃　　　B. 十二指肠　　C. 结肠　　D. 盲肠　　E. 直肠

141. 某4周龄鸡群呼吸困难，病鸡鼻、器官和支气管有黏稠渗出物、气囊膜变厚和浑浊并伴有纤维素性渗出物。其病程可长达1个月以上，病鸡后期眼睑肿胀。该病可能是（   ）
A. 沙门氏菌病　　　　B. 大肠杆菌病　　　　C. 鸡毒支原体感染
D. 鸡传染性喉气管炎　E. 禽霍乱

142. 蜜蜂封盖大幼虫死亡，挑取黑褐色虫尸，虫尸具黏性、能拉出细丝，如用四环素治疗，适宜的给药方法是（   ）

A. 混入花粉饲喂　　　B. 溶入水中饲喂　　　C. 混入蜂蜜饲喂
D. 拌入糖浆饲喂　　　E. 药粉直接散入蜂箱

143. 夏季，某放养的雏鸡群出现食欲减退，在水中游走无力、精神委顿，逐渐消瘦等症状，采用沉淀法检查粪便，发现大量虫卵，虫卵呈椭圆形、有卵盖，内含一批有纤毛的幼虫，该鸡群最有可能感染的是（　）
A. 鸭球虫　　B. 膜壳绦虫　　C. 四棱线虫　　D. 后睾吸虫　　E. 鸭棘头虫

144. 某散养鸡群，生长发育不良，精神委顿，食欲减退，便秘或下痢，有时见血便，镜检见有大量虫卵。虫卵呈长椭圆形、卵壳厚，光滑，内含一个胚细胞，对该鸡群应用的药物是（　）
A. 丙硫咪唑　　　　B. 地克珠利　　　C. 氯硝柳胺
D. 二甲硝咪唑　　　E. 三氯苯达唑

145. 牛群在夏季放牧过程中，突然陆续出现兴奋不安，第三眼睑突出，倒地，口吐白沫，有抽搐的表现。此时，兽医首先需要（　）
A. 检查腹围　　　　B. 检查反射活动　　C. 检查神经机能
D. 调查牧草情况　　E. 调查病虫，迅速抢救

146. 3月龄牛，连续数日体温42.1~42.5℃。反复咳嗽，呼吸困难。胸部叩诊出现大片浊音区。该牛最可能患的疾病是（　）
A. 肺结核　　　　　B. 支气管炎　　　　C. 大叶性肺炎
D. 小叶性肺炎　　　E. 肺充血和肺水肿

147. 猪，采食腐烂的小白菜1小时后出现精神沉郁、口吐白沫、部分惊厥死亡等症状。病猪的可视黏膜颜色最可能是（　）
A. 粉红　　B. 潮红　　C. 蓝紫　　D. 深色　　E. 苍白

148. 9岁北京犬，精神高度沉郁，每天呕吐次数，可视黏膜黄染。临床生化检验可出现（　）
A. 高血钠　　B. 高血糖　　C. 高血磷　　D. 高胆红素　　E. 高胆固醇

149. 3月龄贵宾犬，腹式呼吸，运动不耐受。胸部X线片，可见肺清晰，心影增大而模糊，且夹杂少量低密度斑影。该犬最可能患的疾病是（　）
A. 心脏肥大　　　　B. 房间隔缺损　　　C. 先天性心包痛
D. 二尖瓣闭锁不全　E. 三尖瓣闭锁不全

150. 5岁松狮犬，22kg，体温37℃，心跳98次/分，脉搏细微，运动不耐受。胸部侧位片可见心影增大且后下部膨出。胸部腹背位片"时钟表面"定位心脏的3~5点处膨出。该犬最可能患的疾病是（　）
A. 心丝虫病　　　　B. 房间隔缺损　　　C. 二尖瓣闭锁不全
D. 三尖瓣闭锁不全　E. 主动脉瓣闭锁不全

151. 猪，长期采食含有酱渣的饲料。身体震颤，不断咀嚼，口渴，口角挂少量白色泡沫，该病猪最可能的表现是（　）
A. 兴奋　　B. 沉郁　　C. 昏睡　　D. 昏迷　　E. 正常

152. 乳牛，食欲减少，口腔干臭，鼻镜干燥，反刍停止。肠蠕动音减弱，排粪停止。两后肢交替踏地或踢腹，该牛所患的疾病是（　）
A. 肠炎　　B. 口炎　　C. 酮病　　D. 肠便秘　　E. 前胃弛缓

153. 某鸡场7日龄仔鸡，出现单侧或双侧跗关节以下扭转，向外屈曲，多关节肿大，变形，长骨和胫骨短粗，腓肠肌腱脱出，可能的疾病是（　）
A. 锰缺乏症　　　　B. 锌缺乏症　　　　C. 胆碱缺乏症
D. 盐酸缺乏症　　　E. 维生素D缺乏症

154. 南方某鸭场，7月份陆续发病，病鸭食欲废绝，腹泻，可视黏膜黄染，步态不稳，角弓反张，剖检见肝肿大，广泛性出血和坏死，病死率达87%。该病可能是（　）
A. T-2毒素中毒　　　B. F-2毒素中毒　　C. 黄曲霉毒素中毒
D. 青霉毒素类中毒　　E. 杂色曲霉素中毒

155. 8岁雌性犬，多尿，烦渴，腹部下垂，躯体两侧对称性脱毛，食欲亢进，肌肉无力萎缩，

嗜睡。该犬最有可能患的疾病是（　　）
   A. 糖尿病　　　　　　B. 阿狄森氏病　　　　C. 库兴氏综合征
   D. 甲状腺机能亢进　　E. 甲状旁腺机能亢进

156. 3岁雌性犬，精神沉郁，虚弱，食欲减退，周期性呕吐、腹泻，体重减轻，多尿，烦渴，实验室检查发现，呈现低钠血症和高钾血症。该犬最有可能患的疾病是（　　）
   A. 糖尿病　　　　　　B. 阿狄森氏病　　　　C. 库兴氏综合征
   D. 甲状腺机能亢进　　E. 甲状旁腺机能亢进

157. 赛马，长途奔跑突遇雨水浇淋后，表现背腰僵硬、运步缓慢。触诊其腰背部敏感，体温升高，治疗该病首选的药物是（　　）
   A. 水杨酸钠　　B. 乌洛托品　　C. 水合氯醛　　D. 碳酸氢钠　　E. 磺胺嘧啶

158. 犬，两眼角膜逐渐突出，并呈现轻度均匀性浑浊，瞳孔散大，视力减退，暗光下患眼呈绿色。确诊本病应检查的项目是（　　）
   A. 肉眼视诊　　　　　B. 检眼镜检查　　　　C. 眼内压测定
   D. 荧光素染色　　　　E. 微生物培养

159. 犬，5岁，雌性，近来肛门右侧出现拳头大小的肿胀，皮肤紧张，质地柔软，界限清楚，按压患部有尿液流出，肿胀随之变小，该病可能是（　　）
   A. 脓肿　　　B. 挫伤　　　C. 血肿　　　D. 会阴疝　　　E. 淋巴外渗

160. 犬，近日排便困难，里急后重；咬尾、舔肛，肛门周围红肿，但皮肤完整，白细胞数增高，该病可能是（　　）
   A. 锁肛　　　B. 肛囊炎　　C. 肛周炎　　D. 肛周瘘　　E. 咬尾症

161. 羊，左侧腕关节肿大，有热痛反应和波动感，X线检查未见关节骨有异常，该病不宜采用的治疗方法为（　　）
   A. 外敷2%醋酸铅　　　　　　B. 肌内注射抗生素
   C. 关节内注射碘　　　　　　D. 静脉注射10%氯化钙溶液
   E. 静脉注射10%水杨酸钠溶液

162. 公牛，配种后，髋关节变形，隆起，他动运动时，可听到捻发音。站立时，患肢外展，运步强拘，患肢拖曳而行，该牛可能发生了（　　）
   A. 髋关节内方位脱位　　B. 髋关节外方位脱位　　C. 膝关节内方位脱位
   D. 膝关节外方位脱位　　E. 髋关节后方脱位

163. 成年马，行走中突然出现右侧大腿、小腿强直，向后伸展，膝关节和跗关节均不能屈曲，膝关节处触诊，膝内直韧带高度紧张，手术治疗后本病的皮肤切口部位在（　　）
   A. 膝关内侧韧带处纵向切开
   B. 胫骨脊处，膝中直韧带的外侧缘
   C. 胫骨脊稍上方，膝中直韧带的内侧缘
   D. 胫骨脊稍下方，膝中直韧带的外侧缘
   E. 胫骨脊处，膝中直韧带与外直韧带之间

164. 奶牛分娩，持续努责1小时，两前蹄露出阴门外，口鼻部位于阴道内，额部朝向母体的左侧，下颌部朝向母体的右侧，此时的处理方法是（　　）
   A. 缓慢、轮流水平牵拉胎儿的两前肢
   B. 快速、交叉向下牵拉胎儿的两前肢
   C. 截除头部分别拉出胎儿的头与前两肢
   D. 术者手臂深入胎头下方、自产道左侧向上矫正抬头
   E. 术者手臂深入胎头上方，自产道左侧下压胎儿

165. 母猪，妊娠已115天，第三胎，分娩启动后持续努责20分钟不见胎儿排出，阴道检查发现阴道柔软而有弹性，子宫颈管轮廓明显，胎儿鼻端和两前蹄位于子宫颈管中，出现这种现象的主要原因是（　　）
   A. 孕酮分泌不足　　B. 雌激素分泌不足　　C. 雌激素分泌过多
   D. 前列腺分泌不足　　E. 前列腺分泌过多

【A3/A4 型题】

答题说明：以下提供若干个案例，每个案例下设若干道考题。请根据案例所提供的信息，在每一道考试题下面的 A、B、C、D、E 五个备选答案中选择一个最佳答案，并在答题卡上将相应题号的相应字母所属的方框涂黑。

(166～168 题共用以下题干)

某 4 周龄鸡群发病，2 天内波及全群，死亡率迅速上升，病鸡羽毛松乱，扎堆，排出白色鸡粪，严重脱水，病死鸡胸肌和腿肌有条纹状或斑点状出血，肾脏有尿酸盐沉积。

166. 该病最可能是（　　）
　　A. 禽流感　　　　　　　B. 新城疫　　　　　　C. 传染性法氏囊病
　　D. 鸡传染性支气管炎　　E. 鸡传染性喉气管炎

167. 快速检测病原的实验室常用方法是（　　）
　　A. 免疫组化发　　　　　B. 琼脂扩散实验　　　C. 病毒分离鉴定
　　D. 病毒中和试验　　　　E. 易感鸡接种实验

168. 预防该病最有效的措施是（　　）
　　A. 净化种鸡群　　　　　B. 注射卵黄抗体　　　C. 疫苗免疫接种
　　D. 提高饲料维生素含量　E. 调整饲料蛋白质含量

(169～171 题共用以下题干)

某育肥猪群出现咳嗽，打喷嚏，腹式呼吸等，病猪消瘦，取鼻和气管分泌物作常规菌群分离，结果为阴性。

169. 进一步对无明显临床症状的猪作 X 线检查，可见肺部视野内有云絮状密影，该病可能是（　　）
　　A. 猪瘟　　　　　　　　B. 猪弓形虫病　　　　C. 猪支原体肺炎
　　D. 猪多发性浆膜炎与关节炎　　E. 猪传染性胸膜肺炎

170. 预防和治疗该病无效的药物是（　　）
　　A. 土霉素　　B. 青霉素　　C. 喹诺酮　　D. 替米考量　　E. 泰乐菌素

171. 诊断该病耗时最长的方法是（　　）
　　A. PCR　　　　　　　　B. ELISA　　　　　　C. 病原分离
　　D. 荧光抗体实验　　　　E. 间接血凝实验

(172、173 题共用以下题干)

南方某猪场，猪皮肤出现丘疹，食欲不振，贫血，消瘦，个别猪后肢无力，尿液带有白色絮状物和脓液，虫卵呈长椭圆形，较大，灰白色，内含多个胚细胞。

172. 该猪场流行的是（　　）
　　A. 猪蛔虫病　　　　　　B. 旋毛虫病　　　　　C. 毛尾线虫病
　　D. 冠尾线虫病　　　　　E. 食道口线虫病

173. 常用确诊该病的方法是（　　）
　　A. 粪便漂浮法　　　　　B. 尿液沉淀法　　　　C. 粪便沉淀法
　　D. 皮屑检查法　　　　　E. 血液涂片检查法

(174、175 题共用以下题干)

某产蛋鸡群，进入冬季后产蛋量下降，消瘦，贫血，皮肤时而出现小的红疹，夜间鸡只不安静，早晨喂鸡时发现鸡笼、食槽、水槽、蛋槽的缝隙中及脱落的羽毛上有大量细小的红色虫体。

174. 该鸡群最可能感染的病原是（　　）
　　A. 膝螨　　B. 鸡羽虱　　C. 鸡体虱　　D. 禽冠虱　　E. 鸡皮刺螨

175. 首选的治疗药物是（　　）
　　A. 磺胺嘧啶　　B. 丙硫咪唑　　C. 氯硝柳胺　　D. 癸氧喹酯　　E. 溴氰菊酯

(176～178 题共用以下题干)

3 岁母猫，近日精神沉郁，脉搏强硬，食欲减退，偶有体温升高，腰部拱起，步态拘谨，不愿行走，触压腹部可感知肾脏肿大且疼痛明显。

176. 如作尿沉渣检查，可能出现的异常物质是（　　）

A. 碳酸钙结晶　　　　　　　B. 磷酸钙结晶　　　　　　C. 草酸钙结晶
　　D. 硫酸钙结晶　　　　　　　E. 尿酸结晶
177. 该猫如排尿异常，最可能的临床表现是（　　）
　　A. 尿频、尿量增多　　　　　B. 尿频、尿量减少
　　C. 频尿、尿量未见异常　　　D. 排尿次数未见异常、尿量增多
　　E. 排尿次数未见异常、尿量未见异常
178. 如作尿液化学实验检查，最可能出现异常的指标是（　　）
　　A. pH值　　B. 肌酐　　C. 酮体　　D. 蛋白质　　E. 葡萄糖
（179～181题共用以下题干）
　　某猪场断奶仔猪，饲喂自配料，生长较快的猪发生运动障碍、顽固性腹泻、心率快、心律不齐、眼睑明显水肿等症状，部检骨骼肌色淡，呈煮肉状。
179. 该猪场仔猪场所患疾病可能是（　　）
　　A. 硒缺乏症　　B. 碘缺乏症　　C. 锌缺乏症　　D. 铜缺乏症　　E. 铁缺乏症
180. 剖检还可见到的病理变化是（　　）
　　A. 血液凝固不良　　　B. 桑葚心　　　　C. 甲状腺肿
　　D. 管状骨弯曲　　　　E. 皮肤角化不全
181. 治疗该病首选的药物是（　　）
　　A. 碘化钾　　B. 亚硒酸钠　　C. 葡萄糖　　D. 甘氨酸铜　　E. 硫酸亚铁
（182、183题共用以下题干）
　　一牛群，春季在林区放牧10多天后，出现前胃弛缓、腹痛、排粪减少，粪便呈念珠状，肉垂水肿，尿量减少等症状，体温无变化。
182. 牛可能采食的植物是（　　）
　　A. 栎树叶　　B. 蕨　　C. 萱草　　D. 疯草　　E. 银合欢
183. 尿液检查首选的项目是（　　）
　　A. 葡萄糖　　B. pH　　C. 蛋白质　　D. 酮体　　E. 胆红素
（184～186题共用以下题干）
　　波斯猫，4月龄，从头部开始掉毛，逐渐延续到背部和四肢，呈现局部无毛的症状，涂擦红霉素软膏7天无效。
184. 此猫患有的疾病是（　　）
　　A. 猫癣　　　　　　　B. 脓癣　　　　　C. 脓皮症
　　D. 跳蚤叮咬性皮炎　　E. 过敏性皮炎
185. 治疗本病宜口服（　　）
　　A. 甲硝唑片　　　　　B. 病毒唑片　　　C. 多黏菌素片
　　D. 特比萘芬片　　　　E. 强力霉素片
186. 本病的疗程一般是（　　）
　　A. 1～7天　　B. 7～14天　　C. 14～28天　　D. 28～42天　　E. 100天以上
（187～189题共用以下题干）
　　奶牛，5岁，精神沉郁，体温升高，左前蹄悬空离地面，触诊悬肢的蹄部有热痛，举肢检查发现患部有多个小孔，溃疡面渗出少量恶臭液体。
187. 该牛最可能患的疾病是（　　）
　　A. 蹄叶炎　　B. 腐蹄病　　C. 蹄皮炎　　D. 蹄叉腐烂　　E. 指（趾）间皮炎
188. 引起本病的主要病原是（　　）
　　A. 链球菌　　　　　　B. 大肠杆菌　　　C. 沙门氏菌
　　D. 铜绿假单胞菌　　　E. 坏死杆菌
189. 对病灶清扩创后，宜灌注的药物是（　　）
　　A. 5%碘酊　　B. 3%硼酸　　C. 70%酒精　　D. 0.9%盐水　　E. 0.1%新洁尔灭
（190～192题共用以下题干）
　　奶牛，3岁，发情表现正常，食欲体温正常，但常从阴道中排除一些浑浊黏液，发情时排出量较多，屡配不孕，冲洗子宫的回流液像淘米水。

190. 该牛最可能患的疾病是（　　）
   A. 子宫积液　　　　　　　　B. 隐性子宫内膜炎
   C. 慢性农性子宫肉膜炎　　　D. 慢性卡他性脓性子宫内膜炎
   E. 慢性卡他性子宫内膜炎
191. 对该牛冲洗子宫时，首先冲洗液是（　　）
   A. 5%氯化钠溶液　　　B. 3%葡萄糖溶液　　　C. 0.9%氯化钠溶液
   D. 0.05%苯扎溴铵溶液　　E. 0.01%高锰酸钾溶液
192. 促进子宫收缩及子宫内炎性物排出，可注射（　　）
   A. 雌激素和催产素　　　B. 黄体酮和雌激素　　　C. 人绒毛膜促性腺激素
   D. 马绒毛膜促性腺激素　　E. 促黄体素和促卵泡素
（193、194题共用以下题干）
牛，腹泻，证见消瘦，鼻寒耳冷，毛焦欣吊，四肢浮肿，粪中带水，粪渣粗大，舌面无苔，脉象迟缓。
193. 该病症可辨证为（　　）
   A. 寒泻　　B. 热泻　　C. 食伤泻　　D. 脾虚泻　　E. 肾虚泻
194. 该病症的治疗为（　　）
   A. 温中止泻　　B. 解热止泻　　C. 消食止泻　　D. 健脾止泻　　E. 补肾止泻
（195～197题共用以下题干）
公犬，5岁，突然出现排尿困难，尿滴沥，疼痛拱腰，尿中带血，尿色浑浊。
195. 该病症可辨证为（　　）
   A. 热淋　　B. 血淋　　C. 砂淋　　D. 膏淋　　E. 尿淋
196. 该病症的治法为（　　）
   A. 清热利湿，降火通淋　　B. 清热利湿，分清化浊
   C. 清热利湿，消石通淋　　D. 清热利湿，凉血止血
   E. 清热利湿，利尿通淋
197. 该病症适宜的方剂是（　　）
   A. 八正散　　B. 五苓散　　C. 小蓟饮子　　D. 萆解分清饮　　E. 归脾汤
（198～200题共用以下题干）
北京犬，2岁，体表发热，咳声小爽，声音宏大，鼻流黏涕，呼出气热，口渴喜饮，舌苔薄黄，口色短津，脉象浮数。
198. 根据中兽医辨证论治，该病属于（　　）
   A. 风寒咳嗽　　B. 风热咳嗽　　C. 肺火咳嗽　　D. 肺阴虚咳嗽　　E. 肺阳虚咳嗽
199. 根据中兽医辨证论治，该病可采用的治疗方法是（　　）
   A. 祛风散寒，止咳平喘　　B. 清肺止咳　　C. 疏风散热，止咳平喘
   D. 润肺止咳　　E. 健脾化痰止咳
200. 根据中兽医辨证论治，该病首选方剂（　　）
   A. 银翘散　　B. 荆防败毒散　　C. 清肺散　　D. 止嗽散　　E. 清燥救肺散

第一套　2022年执业兽医资格考试考前真题自测（一）
参考答案

基础科目（100分）（上午卷）

1. E	2. C	3. D	4. E	5. D	6. A	7. A	8. A	9. D	10. E
11. C	12. D	13. C	14. A	15. E	16. E	17. D	18. A	19. B	20. C
21. B	22. D	23. B	24. E	25. C	26. E	27. E	28. A	29. A	30. B
31. E	32. B	33. C	34. B	35. E	36. B	37. B	38. E	39. E	40. B
41. B	42. D	43. E	44. E	45. C	46. B	47. A	48. E	49. E	50. D
51. B	52. B	53. E	54. C	55. E	56. D	57. A	58. B	59. B	60. C

61. B	62. E	63. A	64. B	65. A	66. D	67. A	68. E	69. A	70. A
71. C	72. C	73. C	74. D	75. A	76. E	77. C	78. E	79. D	80. B
81. C	82. D	83. C	84. B	85. A	86. A	87. D	88. C	89. D	90. A
91. C	92. C	93. E	94. E	95. A	96. D	97. A	98. B	99. D	100. C

预防科目（100分）（上午卷）

101. C	102. B	103. C	104. B	105. A	106. C	107. B	108. C	109. B	110. A
111. D	112. E	113. D	114. D	115. C	116. D	117. E	118. A	119. B	120. B
121. E	122. B	123. C	124. E	125. E	126. B	127. D	128. A	129. E	130. A
131. D	132. B	133. C	134. C	135. E	136. C	137. D	138. D	139. A	140. C
141. B	142. A	143. B	144. D	145. B	146. D	147. B	148. E	149. D	150. D
151. E	152. E	153. D	154. E	155. E	156. E	157. B	158. C	159. D	160. C
161. B	162. D	163. E	164. C	165. B	166. E	167. A	168. D	169. E	170. E
171. C	172. B	173. E	174. C	175. D	176. D	177. B	178. E	179. D	180. D
181. C	182. E	183. B	184. D	185. B	186. D	187. D	188. D	189. D	190. E
191. A	192. B	193. C	194. E	195. C	196. A	197. D	198. C	199. D	200. C

临床科目（100分）（下午卷）

1. A	2. C	3. A	4. C	5. D	6. B	7. D	8. A	9. B	10. C
11. A	12. A	13. D	14. C	15. B	16. A	17. C	18. C	19. B	20. B
21. B	22. D	23. B	24. C	25. D	26. B	27. E	28. B	29. E	30. C
31. C	32. C	33. E	34. B	35. D	36. B	37. A	38. D	39. E	40. D
41. C	42. E	43. E	44. E	45. D	46. C	47. D	48. B	49. C	50. E
51. B	52. B	53. A	54. C	55. D	56. D	57. B	58. E	59. C	60. B
61. A	62. C	63. D	64. C	65. A	66. D	67. C	68. A	69. B	70. A
71. B	72. D	73. B	74. A	75. A	76. E	77. B	78. B	79. D	80. B
81. C	82. B	83. A	84. D	85. D	86. C	87. B	88. C	89. B	90. D
91. C	92. E	93. A	94. B	95. C	96. C	97. B	98. A	99. C	100. E

综合科目（100分）（下午卷）

101. C	102. A	103. A	104. E	105. D	106. E	107. B	108. E	109. D	110. A
111. D	112. E	113. E	114. E	115. A	116. C	117. A	118. E	119. E	120. A
121. C	122. E	123. B	124. D	125. D	126. D	127. C	128. E	129. B	130. E
131. A	132. E	133. D	134. B	135. A	136. C	137. D	138. C	139. D	140. B
141. C	142. D	143. D	144. A	145. D	146. E	147. C	148. D	149. C	150. A
151. A	152. D	153. A	154. C	155. C	156. B	157. C	158. C	159. D	160. C
161. C	162. A	163. C	164. D	165. B	166. D	167. B	168. C	169. D	170. B
171. C	172. D	173. B	174. B	175. E	176. E	177. B	178. D	179. A	180. B
181. B	182. A	183. C	184. A	185. D	186. D	187. B	188. E	189. A	190. E
191. D	192. A	193. D	194. D	195. B	196. D	197. C	198. B	199. C	200. A

第二套　2022年执业兽医资格考试考前真题自测（二）

基础科目（100分）（上午卷）

【A1型题】

答题说明：每一道考试题下面有A、B、C、D、E五个备选答案，请从中选择一个最佳答案，并在答题卡上将相应题号的相应字母所属的方框涂黑。

1. 能增加血小板数量的药物（　　）
   A. 氨甲环酸　　B. 维生素K　　C. 氨甲苯酸　　D. 安特诺新　　E. 酚磺乙胺
2. 持续高热，但昼夜温差超过1℃以上的热型，称为（　　）
   A. 弛张热　　B. 消耗热　　C. 稽留热　　D. 间歇热　　E. 回归热
3. 根据《执业兽医管理办法》，下列应当回收、注销兽医执业证书或助理兽医执业证书的情形是（　　）
   A. 不使用病例且拒不改正的　　B. 违法使用兽药的
   C. 出让、出租、出借兽医师执业证书或助理兽医执业证书的
   D. 伪造诊断结果，出具虚假证明文件
   E. 使用伪造、变造的兽医执业证书或助理兽医执业证书的
4. 暂时贮存尿液的器官是（　　）
   A. 雌性尿道　　B. 雄性尿道　　C. 膀胱　　D. 输尿管　　E. 肾
5. 适合治疗急性少尿症肾衰竭的药物是（　　）
   A. 甘露醇　　B. 氨茶碱　　C. 氯苯那敏　　D. 右旋糖酐　　E. 螺内酯
6. 根据《中华人民共和国动物防疫法》，动物疫病预防控制机构承担的职能**不包括**（　　）
   A. 动物疫病监测　　　　B. 动物疫病诊断　　　　C. 动物疫病检测
   D. 动物和动物产品检疫　　E. 动物疫病流行病学调查
7. 以动物为主的人兽共患病是（　　）
   A. 结核病　　B. 旋毛虫病　　C. 钩端螺旋体病　　D. 炭疽　　E. 日本血吸虫病
8. 能抑制环氧化酶和脂加氧酶产生抗炎镇痛作用的药物是（　　）
   A. 安乃近　　B. 氨基比林　　C. 甲芬那酸　　D. 替泊沙林　　E. 扑热息痛
9. 二巯丙磺钠适合解救（　　）
   A. 氢氰酸中毒　　B. 汞中毒　　C. 钙中毒　　D. 马拉硫磷中毒　　E. 硒中毒
10. 正常情况下，原尿中**不含有**（　　）
    A. 高分子量蛋白质　　　　B. Na^+　　　　C. Ca^{2+}
    D. 葡萄糖　　　　E. K^+
11. 根据《病原微生物实验室生物安全管理条例》，下列关于动物病原微生物实验活动管理的表述**不正确**的是（　　）
    A. 在同一个实验室的同一个独立安全区域内，可以同时从事两种高致病性病原微生物的相关实验活动
    B. 从事高致病性病原微生物相关实验活动，应当有2名以上的工作人员共同进行
    C. 实验室从事高致病性病原微生物相关实验活动的实验档案保存期，不得少于20年
    D. 进入从事高致病性病原微生物相关实验活动的实验室的工作人员，应当经实验室负责人批准
    E. 实验室的设立单位应当定期对实验室设施、设备、材料等进行检查、维护和更新
12. 糖的分解代谢为脂肪酸合成提供的原料之一是（　　）
    A. NADP+　　B. 乙酰CoA　　C. NAD+　　D. FAD　　E. 乳酸
13. 暂时贮存尿液的器官是（　　）
    A. 雌性尿道　　B. 雄性尿道　　C. 膀胱　　D. 输尿管　　E. 肾
14. 属于液化性坏死的是（　　）
    A. 肺干酪样坏死　　　　B. 子宫气性坏疽　　　　C. 肾贫血性梗死

D. 脑软化　　　　　　　　　　　E. 心肌蜡样坏死
15. 副交感神经节前神经元的胞体位于（　　）
　　A. 脑干和腰段脊髓　　　　　B. 脑干和胸段脊髓　　　　　C. 颈段和荐段脊髓
　　D. 颈段和腰段脊髓　　　　　E. 脑干和荐段脊髓
16. 可用于蛋白质分子质量测定的方法是（　　）
　　A. 脂酸纤维薄膜电泳　　　　B. 葡萄糖凝胶电泳　　　　　C. 琼脂糖凝胶电泳
　　D. SDS-聚丙烯酰胺凝胶电泳　E. 等电聚焦电泳
17. 属于M-受体激动剂的药物是（　　）
　　A. 氨甲酰胆碱　B. 肾上腺素　C. 多巴胺　　D. 阿托品　　E. 克伦特罗
18. 关节中分泌滑液的部位是（　　）
　　A. 韧带　　　　B. 黏液囊　　C. 滑膜层　　D. 纤维层　　E. 关节软骨
19. 属于一类动物疫病的是（　　）
　　A. 大肠杆菌病　B. 附红细胞体病　C. 猪水泡病　D. 狂犬病　E. 伪狂犬病
20. 能抑制胆碱酯酶活性的药物是（　　）
　　A. 阿托品　　　B. 肾上腺素　C. 毛果芸香碱　D. 氨甲酰胆碱　E. 新斯的明
21. 阈电位的绝对值（　　）
　　A. 小于静息电位　　　　　　B. 等于静息电位　　　　　　C. 大于静息电位
　　D. 等于零　　　　　　　　　E. 等于超极化值
22. 转移性钙化（　　）
　　A. 对机体不利　　　　　　　B. 钙化的组织功能无变化　　C. 对机体有利有弊
　　D. 对机体有利　　　　　　　E. 钙盐沉着在病理产物中
23. 根据《病原微生物实验室生物安全管理条例》，下列**不符合**高致病性病原微生物样本运输管理规定的表述是（　　）
　　A. 样本的容器应当符合防破损、耐高压等要求　　B. 样本的容器应当印有规定的生物危险标识
　　C. 样本的容器应当密封　　　　　　　　　　　　D. 应当由不少于2人的专人护送
　　E. 可以通过城市铁路运输
24. 禁与碱性药物配伍使用的药物是（　　）
　　A. 人工盐　　　B. 胰淀粉酶　C. 胃蛋白酶　D. 胰脂肪酶　E. 胰蛋白酶
25. 急性猪瘟引起的败血症典型病理变化是（　　）
　　A. 无溶血　　　　　　　　　B. 肝肾明显淤血肿大　　　　C. 尸僵完全
　　D. 脾脏显著肿大　　　　　　E. 血液凝固不良
26. 能抑制细菌、螺旋体、支原体和衣原体的抗菌药物是（　　）
　　A. 土霉素　　　B. 庆大霉素　C. 沃尼妙林　D. 头孢噻呋　E. 乙酰甲喹
27. 由血液量减少所引起的缺氧属于（　　）
　　A. 低动力性缺氧　　　　　　B. 血液性缺氧　　　　　　　C. 低张性缺氧
　　D. 组织性缺氧　　　　　　　E. 组织中毒性缺氧
28. 水中毒又称为（　　）
　　A. 稀释性高钠血症　　　　　B. 低容量性高钠血症　　　　C. 高容量性低钠血症
　　D. 低容量性低钠血症　　　　E. 高容量性高钠血症
29. 发生萎缩的细胞（　　）
　　A. 功能无变化　B. 形态不可恢复　C. 功能丧失　D. 功能降低　E. 代谢停止
30. 围成关节腔的结构是关节囊滑膜层和（　　）
　　A. 关节盘　　　B. 韧带　　　C. 关节软骨　D. 关节囊纤维层　E. 关节唇
31. 通常认为合成大多数急性期蛋白的细胞是（　　）
　　A. 肾小管上皮细胞　　　　　B. 心肌细胞　　　　　　　　C. 肾上腺束状带细胞
　　D. 神经细胞　　　　　　　　E. 肝细胞
32. 可用于鉴定细菌血清型的方法是（　　）
　　A. 生化试验　　B. 药物敏感性试验　　　　　　　　　　C. 玻片凝集试验
　　D. 血凝试验　　E. 串珠反应试验

33. 糖代谢中可产生还原性辅酶 NADPH＋H⁺ 的代谢途径是（   ）
    A. 糖异生途径   B. 磷酸戊糖途径   C. 糖酵解   D. 三羧酸循环   E. 乳酸循环
34. 根据《病死及病害动物无害化处理技术规范》，**不得**采用深埋法进行无害化处理的是（   ）
    A. 牛瘟病死动物   B. 炭疽病死动物   C. 猪瘟病死动物
    D. 非洲猪瘟病死动物   E. 牛恶性卡他热病死动物
35. 动物因脊髓损伤而瘫痪，反射弧中受损的是（   ）
    A. 传出神经   B. 效应器   C. 感受器   D. 神经中枢   E. 传入神经
36. NADH 呼吸链**不包括**的是（   ）
    A. 复合物Ⅰ   B. 复合物Ⅳ   C. 复合物Ⅲ   D. CoQ   E. 复合物Ⅱ
37. 根据《执业兽医管理办法》，下列关于执业兽医活动管理的表述**不正确**的是（   ）
    A. 执业助理兽医师在执业兽医师指导下，可以出具处方、填写诊断书、出具有证明文件
    B. 执业兽医师未经亲自诊断，不得开具处方药
    C. 执业兽医变更受聘的动物诊疗机构，应重新办理注册或者备案手续
    D. 执业兽医应按照操作技术规范从事动物诊疗活动
    E. 执业兽医应当按照国家有关规定合理用药
38. 维生素 E 缺乏引起雏鸡脑软化的病因属于（   ）
    A. 物理性因素   B. 环境因素   C. 化学性因素
    D. 血液循环障碍   E. 生物性因素
39. 通过脱羧基作用形成 γ-氨基丁酸的氨基酸是（   ）
    A. 脯氨酸   B. 谷氨酸   C. 丙氨酸   D. 天冬氨酸   E. 赖氨酸
40. 根据《中华人民共和国动物防疫法》，有权认定重大动物疫情的主体是（   ）
    A. 设区的市级人民政府兽医主管部门   B. 县级人民政府兽医主管部门
    C. 省级人民政府兽医主管部门   D. 省动物卫生监督机构
    E. 省动物疫病预防控制机构
41. 骨盆是指由下列哪些骨以及两侧的荐结节阔韧带共同围成的结构？（   ）
    A. 髂骨、坐骨、耻骨   B. 髋骨、荐骨、尾椎
    C. 髂骨、坐骨、耻骨、荐骨   D. 髂骨、坐骨、荐骨、尾椎
    E. 髂骨、坐骨、耻骨、尾椎
42. 形似蝌蚪，分头、颈和尾三部分的生殖细胞是（   ）
    A. 次级精母细胞   B. 初级精母细胞   C. 精子细胞   D. 支持细胞   E. 精子
43. 高动力型休克的特点是（   ）
    A. 高排高灌   B. 低排高阻   C. 高排高阻   D. 低排低阻   E. 高排低阻
44. 具有造血功能的结构是（   ）
    A. 骨内膜   B. 骨外膜   C. 骨板   D. 红骨髓   E. 黄骨髓
45. 根据《兽用处方药品种目录（第三批）》，下列**不属于**兽用处方药的是（   ）
    A. 金霉素预混剂   B. 甘露醇注射液   C. 吉他霉素预混剂
    D. 戈那瑞林注射液   E. 注射用马波沙星
46. 反刍动物体内糖异生的主要原料是（   ）
    A. 甘油   B. 丙酸   C. 乳酸   D. 丙酮   E. 丙酮酸
47. 促进乳腺腺泡发育的主要激素是（   ）
    A. 睾酮   B. 孕酮   C. 胸腺   D. 甲状旁腺激素   E. 松弛素
48. 胎牛房中隔上的裂孔称为（   ）
    A. 脐孔   B. 卵圆孔   C. 颏孔   D. 腔静脉孔   E. 主动脉裂孔
49. 对微循环血流起"总闸门"作用的结构是（   ）
    A. 动静脉吻合   B. 毛细血管后微动脉   C. 微动脉
    D. 真毛细血管   E. 毛细血管前微动脉
50. 牛羊子宫阜位于（   ）
    A. 子宫角和子宫体黏膜   B. 子宫体和子宫颈黏膜   C. 子宫颈黏膜
    D. 子宫体和子宫角黏膜   E. 子宫角和子宫颈黏膜

51. 在中枢神经系统内，具抑制性作用的氨基酸是（   ）
   A. 谷氨酸　　　　　　　　　　B. 亮氨酸　　　　　　　　　　C. 天冬氨酸
   D. 丙氨酸　　　　　　　　　　E. 甘氨酸
52. 成年鸡分泌淀粉酶的器官是（   ）
   A. 肌胃　　　　　　　　　　　B. 肝脏　　　　　　　　　　　C. 胰腺
   D. 腺胃　　　　　　　　　　　E. 嗉囊
53. 肺的呼吸部**不包括**（   ）
   A. 终末细支气管　　　　　　　B. 肺泡管　　　　　　　　　　C. 肺泡
   D. 呼吸性细支气管　　　　　　E. 肺泡囊
54. 根据《动物检疫管理办法》，下列关于动物检疫申报的表述**不正确**的是（   ）
   A. 不允许采用电话方式申报　　B. 屠宰动物的，应当提前6小时申报
   C. 出售、运输乳用动物和种用动物的，应当在离开产地前，提前15天申报
   D. 合法捕获野生动物的，应当在捕获后3天内申报
   E. 申报检疫应当提交检疫申报单
55. 根据《动物诊疗机构管理办法》，**不符合**诊疗许可相关规定的表述是（   ）
   A. 动物诊所可以从事动物胸腔手术　　B. 动物诊疗机构应当使用规范的名称
   C. 动物诊疗机构变更从业地点的，应当重新办理动物诊疗许可手续
   D. 取得动物诊疗许可证的机构，方可从事动物诊疗活动
   E. 动物诊疗机构设立分支机构的，应当另行办理动物诊疗许可证
56. 分布于肾组织内的内分泌细胞群是（   ）
   A. 肾小球　　　　　　　　　　B. 肾小囊　　　　　　　　　　C. 肾小体
   D. 球旁复合体　　　　　　　　E. 肾小管
57. 除慢性中毒以外，无机毒物的致病特点之一是（   ）
   A. 与毒物性质无关　　　　　　B. 与机体整体无关　　　　　　C. 对组织无选择性
   D. 与毒物剂量有关　　　　　　E. 潜伏期长
58. 调节血钙浓度的激素是（   ）
   A. 促甲状腺激素　　　　　　　B. 促甲状腺释放激素　　　　　C. 甲状旁腺激素
   D. 三碘甲状腺原氨酸　　　　　E. 甲状腺激素
59. 《兽用处方药和非处方药管理办法》规定，兽药经营者应当单独建立兽用处方药的购销记录，该记录的保存期至少为（   ）
   A. 九个月　　B. 三个月　　C. 六个月　　D. 一年　　E. 两年
60. 具有蹄叉的动物是（   ）
   A. 猪　　　B. 马　　　C. 牛　　　D. 羊　　　E. 犬
61. 关于缩血管神经纤维的描述，正确的是（   ）
   A. 平时无紧张性活动　　　　　B. 均来自副交感神经
   C. 都属于交感神经纤维　　　　D. 兴奋时使被支配的器官血流量增加
   E. 节后纤维释放的递质为乙酰胆碱
62. 根据《中华人民共和国动物防疫法》，动物疫病预防控制机构承担的职能**不包括**（   ）
   A. 动物疾病监测　　　　　　　B. 动物疾病诊断　　　　　　　C. 动物疾病检测
   D. 动物和动物产品检疫　　　　E. 动物疫病流行病学调查
63. 维生素D可用于治疗（   ）
   A. 白肌病　　　　　　　　　　B. 佝偻病　　　　　　　　　　C. 甲状腺机能减退症
   D. 角膜软化症　　　　　　　　E. 干眼症
64. 根据《禁止在饲料中和动物饮水中使用的药物品种目录》，禁止在动物饲料和动物饮水中使用的药物**不包括**（   ）
   A. 盐酸大观霉素可溶性粉　　　B. 盐酸异丙嗪　　　　　　　　C. 苯巴比妥
   D. （盐酸）氯丙嗪　　　　　　E. 安定（地西泮）
65. 属于二类动物疫病的是（   ）
   A. 禽结核病　　　　　　　　　B. 禽传染性脑脊髓炎　　　　　C. 高致病性禽流感

D. 禽白血病　　　　　　　　　　E. 鸡病毒性关节炎

66. 治疗指数是指（　　）
    A. LD_{95}/ED_{50}　　　　B. LD_{95}/ED_5　　　　C. LD_{10}/ED_{90}
    D. LD_{50}/ED_{50}　　　　E. LD_{50}/ED_{95}

67. 核酸中核苷酸的连接方式是（　　）
    A. 糖苷键　　　　　　　　B. 糖肽键　　　　　　　　C. 肽键
    D. 3',5'-磷酸二酯键　　　　E. 二硫键

68. 根据《兽药管理条例》，下列情形中属于劣兽药的是（　　）
    A. 兽药所含成分的种类与兽药国家标准不符的　　B. 以非兽药冒充兽药的
    C. 被污染的　　　　　　　　　　　　　　　　　D. 变质的
    E. 成分含量不符合兽药国家标准的

69. 以非典型性间质性肺炎病变为特征的肺腺瘤病为（　　）
    A. 猪弓形虫性肺炎　　　　B. 马气喘病肺炎　　　　C. 猪支原体性肺炎
    D. 牛进行性肺炎　　　　　E. 绵羊慢性进行性肺炎

70. 既无输入淋巴管，又无输出淋巴管的外周淋巴器官是（　　）
    A. 扁桃体　　　　　　　　B. 法氏囊　　　　　　　　C. 血淋巴结
    D. 胸腺　　　　　　　　　E. 淋巴结

71. 根据《重大动物疫情应急条例》，下列关于应急预备队的表述正确的是（　　）
    A. 由县级以上地方人民政府兽医主管部门成立应急预备队
    B. 应急预备队应当定期进行技术培训和应急演练
    C. 应急预备队必须有公安机关的工作人员参加
    D. 应急预备队必须有社会上具备一定专业知识的人员参加
    E. 应急预备队必须有养殖场（户）人员参加

72. 根据《动物检疫管理办法》，出售供继续饲养的动物，**不符合**《动物检疫合格证明》出具条件的是（　　）
    A. 未按规定进行强制免疫　　　　B. 来自未发生相关动物疫情的饲养场（户）
    C. 临床检查健康　　　　　　　　D. 按规定需要进行实验室疫病检测的，检测结果符合要求
    E. 畜禽标识符合规定

【A2 型题】
答题说明：每一道考试题下面有 A、B、C、D、E 五个备选答案，请从中选择一个最佳答案，并在答题卡上将相应题号的相应字母所属的方框涂黑。

73. 某猪场，部分猪发生支原体引起的猪肺炎，前期已经使用过抑制蛋白质合成的抗菌药物，为了减少耐药性的产生，这次首选的药物是（　　）
    A. 二甲氧苄啶　　　　　　B. 氟苯尼考　　　　　　C. 恩诺沙星
    D. 磺胺间甲氧嘧啶　　　　E. 乙酰甲喹

74. 某猪群，采食后 30min 出现不安，站立不稳，有些猪倒地而死。剖检见血液呈酱油色。给病猪注射亚甲蓝后好转，配合使用可明显增强疗效的维生素是（　　）
    A. 维生素 A　　　　　　　B. 维生素 B_6　　　　　C. 维生素 C
    D. 维生素 B_1　　　　　　E. 维生素 D

75. 一病犬，临床检测肝功能指标升高，尸体剖检见肝表面散在灰白色小斑点；镜检可见肝实质中散在大小不一的坏死灶，汇管区有大量淋巴细胞浸润。该犬的肝脏病变为（　　）
    A. 寄生虫性肝炎　　　　　B. 中毒性肝炎　　　　　C. 出血性肝炎
    D. 化脓性肝炎　　　　　　E. 变质性肝炎

76. 一奶牛，患瘤胃积食，拟进行瘤胃切开术，需对术野消毒，首选的药物是（　　）
    A. 碘酊　　　　　　　　　B. 溴氯海因　　　　　　C. 含氯石灰
    D. 氢氧化钠　　　　　　　E. 戊二醛

77. 犬患有脊髓损伤，其临床症状轻瘫，膀胱膨胀，肛门括约肌松弛，前肢反射功能正常，后肢反射和肌紧张丧失。脊髓损伤的部位在（　　）
    A. 颈髓　　　　　　　　　B. 尾髓　　　　　　　　C. 腰荐髓

D. 延髓　　　　　　　　　　　E. 胸髓

78. 牛，食欲减退或废绝，反刍缓慢或停止，精神沉郁，拱背站立，站立时常采取前高后低的姿势，触诊敏感，初步判为金属异物损伤，被损伤的器官最可能是（　　）
   A. 盲肠　　　　　　　B. 皱胃　　　　　　　C. 瘤胃
   D. 瓣胃　　　　　　　E. 网胃

79. 3月龄病死猪，剖检见肠黏膜潮红、肿胀，被覆有多量的黏液，镜检见黏膜上皮细胞变性、坏死、脱落，杯状细胞数量增多且黏液分泌亢进，炎性细胞浸润。此病为（　　）
   A. 纤维素性肠炎　　　　　B. 急性卡他性肠炎　　　　C. 出血性肠炎
   D. 纤维素性坏死性肠炎　　E. 慢性增生性肠炎

80. 某羊场，部分羊出现消瘦、腹泻、贫血，被毛干燥、无弹性，运动失调等症状，经分析发现饲料中钼酸盐严重超标，该羊缺乏的微量元素可能是（　　）
   A. 铁　　　　B. 铜　　　　C. 锌　　　　D. 锰　　　　E. 镉

81. 奶牛，2岁，精神沉郁，体温40℃，白细胞计数15×10^{-9}个/L，中性粒细胞的百分比为48%。该牛可能发生（　　）
   A. 细菌感染　　　　　B. 蠕虫感染　　　　　C. 病毒感染
   D. 消化不良　　　　　E. 贫血

82. 泌乳期奶牛，4岁，舍饲且以粗饲料为主。欲提高其产奶量和乳蛋白含量，最有效的措施是每日添加（　　）
   A. 青饲料10kg　　　　　B. 羟甲基尿素30g　　　　C. 干草5kg
   D. 青饲料10kg，羟甲基尿素30g　　E. 精饲料2kg，羟甲基尿素30g

【B1型题】
答题说明：以下提供若干组考题，每组考题共用在考题前列出的A、B、C、D、E五个备选答案，请从中选择一个与问题最密切的答案，并在答题卡上将相应题号的相应字母所属的方框涂黑。某个备选答案可能被选择一次、多次或不被选择。

（83～85题共用下列备选答案）
   A. 12L　　　B. 18L　　　C. 24L　　　D. 30L　　　E. 42L

83. 某马的潮气量为6L，补吸气量、补呼气量、余气量均为12L，则肺活量为（　　）
84. 某马的潮气量为6L，补吸气量、补呼气量、余气量均为12L，则功能余气量为（　　）
85. 某马的潮气量为6L，补吸气量、补呼气量、余气量均为12L，则深吸气量为（　　）

（86、87题共用下列备选答案）
   A. 恶性卡他热　　　　　B. 牛蝇蛆病　　　　　C. 口蹄疫
   D. 痘病　　　　　　　　E. 牛瘟

86. 成年牛感染常呈良性经过，尸体剖检见口腔和蹄部皮肤及前胃黏膜分布有大量水泡。该病最可能的诊断是（　　）
87. 犊牛感染呈恶性经过，尸体剖检见典型的"虎斑心"。该病最可能的诊断是（　　）

（88、89题共用下列备选答案）
   A. 乳头状瘤　　B. 腺瘤　　C. 腺癌　　D. 鳞状细胞癌　　E. 纤维肉瘤

88. 病犬口腔黏膜局部增厚；镜检见瘤组织已侵入至黏膜下，但分化程度较高细胞排列呈团块状，偶然见有角化状。该增厚部位可能是（　　）
89. 病犬肠道有一分叶状肿块，与周围界限清晰；镜检见肿块组织结构与生长部位组织相似，瘤细胞排列成管状。该肿块可能是（　　）

（90～92题共用下列备选答案）
   A. 阿苯达唑　　B. 左旋咪唑　　C. 吡喹酮　　D. 伊维菌素　　E. 环丙氨嗪

90. 对犬线虫、绦虫和吸虫均有效的药物是（　　）
91. 对猪蛔虫和疥螨均有效的药物是（　　）
92. 治疗耕牛血吸虫病有特效的药物是（　　）

（93～95题共用下列备选答案）
   A. 鸣管　　B. 声带　　C. 鼻腺　　D. 眶下窦　　E. 鸣骨

93. 家禽的发声器官是（　　）

94. 位于气管分叉处顶部的楔形小骨为（　　）
95. 家禽的喉腔无（　　）
（96～98题共用下列备选答案）
　　A. ACP　　　B. CoA　　　C. 肉碱　　　D. FH　　　E. 生物素
96. 脂肪酸合成过程中酰基的载体是（　　）
97. 脂肪酸分解过程中酰基的载体是（　　）
98. 脂酰CoA从细胞质转移到线粒体的载体是（　　）
（99、100题共用下列备选答案）
　　A. 牛　　　B. 猪　　　C. 兔　　　D. 马　　　E. 鸡
99. 浆膜丝虫引起的心包炎见于（　　）
100. 创伤性网胃-心包炎见于（　　）

预防科目（100分）（上午卷）

【A1型题】
答题说明：每一道考试题下面有A、B、C、D、E五个备选答案，请从中选择一个最佳答案，并在答题卡上将相应题号的相应字母所属的方框涂黑。

101. 初次免疫抗原递呈能力最强的细胞是（　　）
　　A. 自然杀伤细胞　　　B. T细胞　　　C. 肥大细胞
　　D. B细胞　　　E. 树突状细胞
102. 大裸头绦虫虫卵在中间宿主体内发育为（　　）
　　A. 囊尾蚴　　　B. 原头蚴　　　C. 链尾蚴　　　D. 似囊尾蚴　　　E. 实尾蚴
103. 细菌体外培养过程中对抗菌药物最为敏感的时期是（　　）
　　A. 稳定期　　　B. 衰亡期　　　C. 迟缓期　　　D. 静止期　　　E. 对数期
104. 环形泰勒虫的传播媒介是（　　）
　　A. 长角血蜱　　　B. 森林革蜱　　　C. 血红扇头蜱
　　D. 全沟硬蜱　　　E. 残缘璃眼蜱
105. 2个单体分子聚合而成并存在于分泌液中抗体是（　　）
　　A. IgD　　　B. sIgA　　　C. IgE　　　D. IgG　　　E. IgM
106. 属于媒介传播性人兽共患病的是（　　）
　　A. 旋毛虫病　　　B. 弓形虫病　　　C. 猪囊尾蚴病　　　D. 棘球蚴病　　　E. 利什曼原虫病
107. 检查绵羊痘丘疹组织中原生小体时常用的染色方法是（　　）
　　A. 美蓝染色　　　B. 革兰染色　　　C. 嗜酸性染色
　　D. 莫洛佐夫镀银染色　　　E. 墨汁染色
108. 属于动物中枢免疫器官的是（　　）
　　A. 脾脏　　　B. 肝脏　　　C. 肠黏膜　　　D. 淋巴结　　　E. 胸腺
109. 鸡传染性喉气管炎的严重病例表现为（　　）
　　A. 鼻孔流出血液　　　B. 流出带血鼻液　　　C. 排出带血稀便
　　D. 排出白色稀便　　　E. 咳出带血黏液
110. 欧洲幼虫腐臭病危害最严重的是（　　）
　　A. 欧洲蜜蜂　　　B. 意大利蜜蜂　　　C. 小蜜蜂　　　D. 印度蜜蜂　　　E. 中华蜜蜂
111. 寄生虫在发育过程中需要两个中间宿主，后一个中间宿主有时被称为（　　）
　　A. 补充宿主　　　B. 贮藏宿主　　　C. 保虫宿主　　　D. 超寄生宿主　　　E. 带虫宿主
112. 常用于血清过滤菌的滤膜孔径是（　　）
　　A. $0.45\mu m$　　　B. $2.00\mu m$　　　C. $1.20\mu m$　　　D. $1.50\mu m$　　　E. $0.90\mu m$
113. 新鲜的布氏姜片吸虫为（　　）
　　A. 淡绿色　　　B. 肉红色　　　C. 橙黄色　　　D. 黑棕色　　　E. 灰白色
114. 仅适用于抗原定性检测的方法是（　　）
　　A. 火箭免疫电泳　　　B. 间接ELISA　　　C. 试管凝集试验
　　D. 玻片凝集试验　　　E. 放射免疫技术

115. 犬复孔绦虫孕节内子宫分为许多（　　）
    A. 虫卵　　　　B. 组织囊　　　C. 孢子囊　　　D. 包囊　　　　E. 卵袋
116. 小蜂螨的发育**不包括**（　　）
    A. 成虫　　　　B. 蛹　　　　　C. 卵　　　　　D. 若虫　　　　E. 幼虫
117. 能直接杀伤病毒感染细胞的效应细胞是（　　）
    A. 肥大细胞　　　　　　　　　　B. 成纤维细胞　　　　　　　　　C. 细胞毒性T细胞
    D. 浆细胞　　　　　　　　　　　E. B细胞
118. 慢性型貂阿留申病的主要临床症状为（　　）
    A. 慢性关节炎　　　　　　　　　B. 进行性消瘦　　　　　　　　　C. 浆液性鼻液
    D. 慢性渗出性皮炎　　　　　　　E. 呼吸困难
119. 机体感染病毒后最先出现的抗体是（　　）
    A. IgM　　　　B. IgA　　　　C. IgE　　　　D. IgD　　　　E. IgG
120. 患病动物的粪便与新鲜生石灰混合后掩埋的深度至少为（　　）
    A. 1m　　　　　B. 0.5m　　　　C. 4m　　　　　D. 2m　　　　　E. 3m
121. 禽流感的核酸类型是（　　）
    A. 双股DMA　　　　　　　　　　B. 双股RNA　　　　　　　　　　C. 单股正链RNA
    D. 单股DMA　　　　　　　　　　E. 分节段负链RNA
122. 具有"三致"作用药物是（　　）
    A. 呋喃唑酮　　B. 头孢氨苄　　C. 林可霉素　　D. 黏菌素　　　E. 吉他霉素
123. 按照国家疫病监测计划，对奶牛的监测**不包括**（　　）
    A. 牛传染性鼻气管炎　　　　　　B. 结核病　　　　　　　　　　　C. 口蹄疫
    D. 炭疽　　　　　　　　　　　　E. 布鲁菌病
124. 鸡异刺线虫的寄生部位是（　　）
    A. 肌胃　　　　B. 腔上囊　　　C. 直肠　　　　D. 小肠　　　　E. 盲肠
125. 难以培养的细菌，可采用的病原检测方法是（　　）
    A. 动物试验　　B. PCR　　　　C. 生化试验　　D. 血凝试验　　E. 培养特性检查
126. 猪带绦虫寄生于终末宿主的（　　）
    A. 大脑　　　　B. 小肠　　　　C. 胃　　　　　D. 大肠　　　　E. 肝脏
127. 半固体培养基常用于判定细菌的（　　）
    A. 鞭毛形成能力　　　　　　　　B. 荚膜形成能力　　　　　　　　C. 菌毛形成能力
    D. 菌落特征　　　　　　　　　　E. 芽孢形成能力
128. 对动物具有良好免疫原性的物质是（　　）
    A. 脂质　　　　B. 青霉素　　　C. 蛋白质　　　D. 多糖　　　　E. 寡核苷酸
129. 用皮肤变态反应诊断牛结核病的原理基于（　　）
    A. 速发型变态反应　　　　　　　B. Ⅰ型变态反应　　　　　　　　C. Ⅲ型变态反应
    D. Ⅱ型变态反应　　　　　　　　E. Ⅳ型变态反应
130. 圈舍地面和用具消毒时，氢氧化钠的常用浓度是（　　）
    A. 0.1%～0.2%　B. 15%～20%　　C. 5%～10%　　D. 1%～2%　　　E. 25%～30%
131. 影响动物传染病流行的自然因素**不包括**（　　）
    A. 地理位置　　B. 地形地貌　　C. 植被　　　　D. 科技　　　　E. 季节
132. 典型小反刍兽疫常见的特征性病理变化是（　　）
    A. 食道有线状出血　　　　　　　B. 空肠有点状出血
    C. 结肠和直肠结合处有线状或斑马条纹样出血
    D. 回肠有枣核状出血　　　　　　E. 十二指肠有线状出血
133. 禽流感病毒分离鉴定时首先应测定分离病毒的（　　）
    A. 致病性　　　　　　　　　　　B. 血凝性　　　　　　　　　　　C. 颅内接种致病指数
    D. 静脉内接种致病指数　　　　　E. 半数致死量
134. 以下诊断动物传染病的实验室方法中，均为血清学试验的是（　　）
    A. 中和试验和凝集试验　　　　　B. 核酸探针和荧光抗体试验

C. 中和试验和核酸探针　　　　　　D. PCR和补体结合试验
E. 免疫酶技术和PCR

135. 猪瘟病毒能一过性地在绵羊、山羊和黄牛体内增殖并可存活（　　）
    A. 1周　　　B. 8～10周　　　C. 5～6周　　　D. 2～4周　　　E. 11～13周

136. 副结合杆菌感染后主要存在于（　　）
    A. 肺脏　　　B. 脾脏　　　C. 血液　　　D. 肠绒毛　　　E. 肝脏

137. 用于检测炭疽杆菌的Ascoli试验属于（　　）
    A. 沉淀反应　　　B. 免疫标记技术　　　C. 免疫印迹技术
    D. 凝集反应　　　E. 补体结合反应

138. 某湖中鱼类体内有机氯浓度为0.1mg/kg，食鱼鸟为10mg/kg，这种现象为（　　）
    A. 生物协同　　　B. 生物积累　　　C. 生物浓缩　　　D. 生物放大　　　E. 生物相加

139. PCR鉴定的病毒成分是（　　）
    A. 磷脂　　　B. 核酸　　　C. 固醇　　　D. 蛋白质　　　E. 多糖

140. 鸭坦布苏病毒病的病料接种鸭胚的日龄多在（　　）
    A. 7d　　　B. 11d　　　C. 5d　　　D. 15d　　　E. 3d

141. 急性型非洲猪瘟在发病后期最可能发生（　　）
    A. 融合性支气管炎　　　　　　B. 出血性角膜炎　　　　　　C. 出血性肠炎
    D. 化脓性关节炎　　　　　　　E. 化脓性脑炎

142. 细菌外毒素的化学成分是（　　）
    A. 蛋白质　　　B. 磷脂　　　C. 类脂　　　D. 多糖　　　E. 核酸

143. 纯化细菌应接种固体培养基以获得（　　）
    A. 菌苔　　　B. 菌环　　　C. 菌落　　　D. 菌膜　　　E. 菌体

144. 可用HA-HI试验检测的病毒是（　　）
    A. 鸭瘟病毒　　　　　　B. 鸡贫血病毒　　　　　　C. 传染性法氏囊病病毒
    D. 马立克病病毒　　　　E. 减蛋综合征病毒

145. 消化道黏膜抗病毒免疫的主要抗体是（　　）
    A. sIgA　　　B. IgD　　　C. IgE　　　D. IgM　　　E. IgG

146. 负责抗原递呈能力的细胞表面分子是（　　）
    A. CD_4分子　　　B. CD_8分子　　　C. BCR分子　　　D. MHC分子　　　E. TCR分子

147. 在犬恶丝虫病的流行区，常用的预防药物是（　　）
    A. 氨丙啉　　　B. 甲硝唑　　　C. 三氮脒　　　D. 吡喹酮　　　E. 乙胺嗪

148. 剖检贝氏隐孢子虫感染的病鸡，病原检查可采集的病料是（　　）
    A. 皮肤　　　B. 膀胱被膜　　　C. 肝包膜　　　D. 呼吸道黏膜　　　E. 阴道黏膜

149. 可区分口蹄疫病毒和疫苗免疫的间接ELISA检测的是动物血清中的（　　）
    A. 1D抗体　　　B. VP1抗体　　　C. 3ABC抗体　　　D. VP3抗体　　　E. VP2抗体

150. 可产生颗粒酶的细胞是（　　）
    A. B细胞　　　B. 辅助性T细胞　　C. 红细胞　　　D. 肥大细胞　　　E. 细胞毒性T细胞

151. 可产生脂溶性色素的细菌是（　　）
    A. 布氏杆菌　　　　　　B. 金黄色葡萄球菌　　　　　　C. 猪链球菌
    D. 沙门菌　　　　　　　E. 大肠杆菌

152. **不感染**口蹄疫病毒的动物是（　　）
    A. 绵羊　　　B. 马　　　C. 猪　　　D. 牛　　　E. 山羊

153. 兔的中型艾美尔球虫卵囊含有的孢子囊数为（　　）
    A. 10个　　　B. 4个　　　C. 2个　　　D. 6个　　　E. 8个

154. 马传染性贫血最主要的传播媒介是（　　）
    A. 虱　　　B. 蝇　　　C. 虻　　　D. 螨　　　E. 蜱

155. 多头带绦虫的终末宿主是（　　）
    A. 猪　　　B. 犬　　　C. 羊　　　D. 鸡　　　E. 牛

156. 对狂犬病病犬做病理检查，能在细胞浆内见嗜酸性包涵体的是（　　）

A. 肌细胞　　B. 肝细胞　　C. 脑神经细胞　　D. 脾细胞　　E. 肾细胞

157. 病毒复制过程中可直接作为 mRNA 的核酸类型是（　　）
 A. 单股 DMA　　B. 双股 DMA　　C. 单股正链 RNA
 D. 单股负链 RNA　　E. 双股 RNA

158. 犬，5周龄，虚弱，呻吟，黏膜发绀，呼吸困难，剖检见左侧房室松弛，心肌上有灰色条纹和出血斑。组织切片见心肌细胞内有核内包涵体。该病的病原分离常用（　　）
 A. BHK 细胞　　B. PK 细胞　　C. Hela 细胞　　D. Vero 细胞　　E. MDCK 细胞

159. 3人聚餐后数小时相继出现急性肠胃炎症状。病初恶心、头痛、头晕，继而出现呕吐、寒战、面色苍白、全身无力、腹痛、腹泻，体温升高（38～40℃）。腹泻以黄色或黄绿色水样便为主，恶臭。从病人腹泻物及食用过的熟肉中检出了同一血清型病原菌。该病最可能的病原是（　　）
 A. 肉毒梭菌　　B. 沙门菌　　C. 葡萄球菌　　D. 李斯特菌　　E. 副溶血性弧菌

160. 我国研制的猪瘟兔化弱毒苗的优点是（　　）
 A. 易制造　　B. 无毒力　　C. 免疫原性好　　D. 免疫时间长　　E. 保存时间长

161. 母猪，厌食，早产，产木乃伊胎。采集接种 Marc-145 细胞，分离出单股 RNA 病毒。该病原最可能是（　　）
 A. 伪狂犬病病毒　　B. 猪圆环病毒　　C. 非洲猪瘟病毒
 D. 猪繁殖与呼吸综合征病毒　　E. 猪细小病毒

162. 奶牛，2岁，干咳，起卧、运动时咳嗽加剧。剖检可见肺脏和淋巴结有增生性炎症。该病最可能是（　　）
 A. 牛病毒性腹泻-黏膜病　　B. 牛巴氏杆菌病　　C. 牛结核病
 D. 牛肺疫　　E. 牛传染性鼻气管炎

163. 仔猪，消瘦、贫血，剖检见盲肠内有多量虫体，形似鞭子，细长的头部深埋在肠黏膜内。该病最可能的诊断是（　　）
 A. 毛尾线虫病　　B. 食道口线虫病　　C. 类圆线虫病　　D. 棘头虫病　　E. 蛔虫病

164. 牛，消瘦，剖检见肝脏硬化，切面有大量虫卵结节，在肠系膜静脉和门静脉内可找到雌雄合抱的虫体。该病的诊断是（　　）
 A. 华支睾吸虫病　　B. 前后盘吸虫病　　C. 肝片吸虫病
 D. 日本分体吸虫病　　E. 歧腔吸虫病

165. 犬，3月龄，体温呈双相热，咳嗽，眼睑肿胀，呈化脓性结膜炎。后期足垫表皮过度增生、角化。预防该病应接种的疫苗是（　　）
 A. 犬细小病毒病疫苗　　B. 犬瘟热疫苗　　C. 犬传染性肝炎疫苗
 D. 狂犬病疫苗　　E. 犬副流感疫苗

166. 急性猪链球菌病在临床和剖解上主要表现为（　　）
 A. 关节炎　　B. 神经症状　　C. 下颌脓肿
 D. 病程长　　E. 败血症及纤维素渗出

167. 一蛋鸡群，13周龄，部分鸡发病，初期精神委顿，步态不稳，随后不能行走，呈劈叉姿势，体重减少，严重者死亡。剖检见肝、脾有明显的大小不等的肿瘤。该病的最主要传播媒介是（　　）
 A. 饮水　　B. 饲料　　C. 种蛋　　D. 空气　　E. 用具

168. 羔羊，腹泻，粪便带血，很快死亡。剖检见回肠黏膜充血，内容物呈血色。病原检查为革兰阳性杆菌，接种牛乳培养出现"暴烈发酵"。该病原最可能是（　　）
 A. 布鲁菌　　B. 炭疽杆菌　　C. 大肠杆菌　　D. 产气荚膜梭菌　　E. 巴氏杆菌

（169～171题共用以下题干）
妊娠4个月的初产羊出现流产。流产前精神一食欲下降、口渴，阴道流出黄色黏液，部分病羊出现乳腺炎和关节炎。同场种公羊出现睾丸炎和附睾炎。

169. 该病最可能是（　　）
 A. 结核病　　B. 小反刍兽疫　　C. 布鲁菌病　　D. 破伤风　　E. 口蹄疫

170. 若该病由动物传至人，对人群致病性最强的病原来自（　　）

A. 鸡　　　　　B. 羊　　　　　C. 牛　　　　　D. 猪　　　　　E. 鸭
171. 我国羊群预防该病主要使用（　　）
　　A. CE培养物　　　　　　B. S2菌苗　　　　　　C. 卡介苗
　　D. 羊三联四防疫苗　　　E. K88、K99基因工程疫苗

（172～174题共用以下题干）
　　马，鬃部盖有浅黄色脂肪样柔软痂皮，容易剥离。刮取皮屑显微镜检查，见长椭圆形微小虫体，口器圆锥形，均伸出体缘之外。
172. 该病原是（　　）
　　A. 痒螨　　　　B. 蜱　　　　C. 虱　　　　D. 蚤　　　　E. 疥螨
173. 该病原寄生部位是（　　）
　　A. 体表　　　　B. 皮脂腺　　　C. 皮下　　　D. 真皮层　　　E. 毛囊
174. 治疗该病的药物是（　　）
　　A. 伊维菌素　　B. 吡喹酮　　C. 硝氯酚　　D. 三氮脒　　E. 氯硝柳胺

【B1型题】
（175～177题共用下列备选答案）
　　A. 螺　　　　B. 蜱　　　　C. 蚂蚁　　　　D. 蝇　　　　E. 蚊
175. 鸡群，5周龄，消化不良，食欲减退，腹泻，消瘦。剖检小肠发现虫体，长约25cm，镜检见头节较小，有吸盘和顶突。顶突上有1～3行小钩；吸盘卵圆形，上有小钩。该虫体的中间宿主是（　　）
176. 鸡群，5周龄，食欲减退，消化不良，腹泻，消瘦。剖检小肠发现虫体，长约25cm，镜检见头节较小，有吸盘和顶突。顶突上有两行小钩；吸盘呈圆形，上有小钩。该虫体的中间宿主是（　　）
177. 鸡群，5周龄，食欲减退，消化不良，腹泻，消瘦。剖检小肠发现虫体，长约4cm，镜检见头节宽而厚，形似轮状，吸盘无小钩。该虫体的中间宿主是（　　）

（178～180题共用下列备选答案）
　　A. 蓝舌病病毒　　　　　B. 口蹄疫病毒　　　　　C. 小反刍兽疫病毒
　　D. 伪狂犬病病毒　　　　E. 传染性脓疱病病毒
178. 绵羊，发热，流涎，腹泻。剖检见皱胃糜烂出血，直肠黏膜有线状出血，淋巴结肿大，脾脏坏死。病料接种Vero细胞，分离出有囊膜的RNA病毒。该病最可能的病原是（　　）
179. 绵羊，流涎，口唇水肿，舌部发绀。剖检见消化道黏膜有出血点，脾脏肿大，病料接种鸡胚，分离出能凝集绵羊红细胞的病毒。该病最可能的病原是（　　）
180. 绵羊，流涎，蹄部、乳房皮肤有水泡。剖检见肠黏膜出血，心肌表面有灰白色条纹。病料接种BHK21细胞，分离出无囊膜的单股RNA病毒。该病最可能的病原是（　　）

（181～183题共用下列备选答案）
　　A. 肝片吸虫　　B. 阔盘吸虫　　C. 东毕吸虫　　D. 分体吸虫　　E. 前后盘吸虫
181. 放牧羊群，消瘦、腹泻、贫血、颌下水肿。粪便检查，见有多量较大虫卵，呈椭圆形，淡灰色，卵黄细胞不充满整个虫卵。该病的病原是（　　）
182. 放牧羊群，消瘦、贫血、颌下水肿。粪便镜检，见多量黄棕色、小型椭圆形虫卵，两侧稍不对称，具卵盖，内含一个椭圆形毛蚴。该病的病原是（　　）
183. 放牧羊群，消瘦、贫血、腹下水肿。粪便水洗沉淀法检查，见有无卵盖虫卵，两端各有一个附属物，一端较尖，一端较钝圆。该病的病原是（　　）

（184～186题共用下列备选答案）
　　A. 炭疽　　　　　　　　B. 猪丹毒　　　　　　　C. 猪肺疫
　　D. 猪支原体肺炎　　　　E. 高致病性猪蓝耳病
184. 猪屠宰检疫发现，肺脏有不同程度肝变区，切面间质增宽，有形状不一的坏死灶，呈大理石样外观；肺胸膜有浆液性纤维素性炎症，胸腔有纤维素性积液；局部淋巴结肿大，切面多汁，有出血点。该病最可能的诊断是（　　）
185. 猪屠宰检疫发现，肺的尖叶、心叶、膈叶前半部呈肉样红色，无弹性，病变与周围组织界限明显，左右肺病变对称，支气管淋巴结肿大、多汁，呈黄白色。该病最可能的诊断是（　　）

186. 猪屠宰检疫发现，肺脏肿大、间质增宽；肺叶有肉样实变，切面呈鲜红色；肾脏呈土黄色，表面有少量大小不等的出血点；淋巴结水肿；肠道有出血点和出血斑。该病最可能的诊断是（　　）

（187～189题共用下列备选答案）

A. B型诺维梭菌　　　　　　B. 腐败梭菌　　　　　　C. B型产气荚膜梭菌
D. C型产气荚膜梭菌　　　　E. D型产气荚膜梭菌

187. 3～7日龄羊群，精神沉郁，腹泻，粪恶臭，稀薄如水。后期血便。多数病羊1～2天内死亡。剖检见尸体脱水严重，皱胃内存在未消化的凝乳块，小肠黏膜充血发红，可见1～2mm的溃疡。分离出革兰阳性杆菌。该病的病原最有可能是（　　）

188. 5～10月龄羊群，膘情良好，突然发病。倒地，四肢强烈划动，急性死亡。心包积液，心内膜、外膜出血，肾脏软化似脑髓样。分离出革兰阳性杆菌。该病的病原最有可能是（　　）

189. 羊群，膘情良好，有的突然发病，卧地，痉挛，数小时内死亡。剖检见体腔积液，皱胃黏膜出血，十二指肠和空肠黏膜充血，病羊肝被膜触片镜检见革兰阳性杆菌，有的呈无关节的长丝状。该病的病原最有可能是（　　）

（190～192题共用下列备选答案）

A. 天然被动免疫　　　　　　B. 人工被动免疫　　　　　C. 天然主动免疫
D. 人工主动免疫　　　　　　E. 先天固有免疫

190. 某羊群接种小反刍兽疫疫苗后，获得抵抗小反刍兽病毒感染的能力。该羊群获得免疫力的方式为（　　）

191. 某鸡群发病，紧急注射法氏囊病毒卵黄抗体后病情得到控制。该鸡群获得免疫力的方式为（　　）

192. 某犬感染细小病毒后，获得抵抗该病毒再感染的能力。该犬获得免疫力的方式是（　　）

（193、194题共用下列备选答案）

A. 全群扑杀、无害化处理　　B. 注射干扰素　　　　　　C. 注射青霉素
D. 扑杀病鸡　　　　　　　　E. 口服磺胺类药物

193. 肉鸡，70日龄，突然发病，排黄绿色稀粪，头部肿胀，5天内死亡率90%。脚鳞发绀，腺胃乳头、胰腺、小肠、胸肌、腿肌出血，肾脏肿大。该病的正确处理措施是（　　）

194. 冬季，某90日龄鸡群发病，传播迅速。表现浆液性鼻漏，眼睑肿胀，化脓性结膜炎，呼吸困难，剖检见鼻窦和眶下窦有黄色干酪样凝块，气管卡他性炎症。该病的有效处理措施是（　　）

（195～197题共用下列备选答案）

A. 猪链球菌　　　　　　　　B. 副猪嗜血杆菌　　　　　C. 猪丹毒杆菌
D. 葡萄球菌　　　　　　　　E. 多杀性巴氏杆菌

195. 2月龄猪，体温41℃，颈部红肿。剖检见颈部皮下出血、水肿，肺水肿、充血。病料触片，瑞氏染色见两极着色的球杆菌。该病原最可能是（　　）

196. 2月龄猪，体温41℃，体表有菱形疹块。剖检见肠黏膜出血，肾脏肿大。病原检查为革兰氏阳性细杆菌。该病原最可能是（　　）

197. 2月龄猪，体温41℃，耳尖、腹下、四肢皮肤有出血点。剖检见心肌有出血点，心包内有大量纤维蛋白渗出，肺有纤维素性出血性炎。病原检查为革兰阳性的球状细菌。该病原最可能是（　　）

（198～200题共用下列备选答案）

A. 注射庆大霉素　　　　　　B. 免疫接种　　　　　　　C. 隔离淘汰发病猪
D. 注射青霉素　　　　　　　E. 注射干扰素

198. 某猪场，7日龄仔猪发热、呕吐、腹泻、呼吸困难，呈腹式呼吸，发抖，共济失调，倒地，四肢划动。病死率80%，剖检见脑膜充血、出血。病料接种家兔出现奇痒症状。控制该病最好的方法是（　　）

199. 夏季，5周龄猪群，发热，厌食，共济失调，角弓反张，呼吸困难。剖检见脑脊膜、淋巴结及肺充血，组织变化为嗜中性粒细胞浸润。从死亡猪的实质器官中分离出β型溶血性细菌。治疗该病的有效方法是（　　）

200. 部分断乳仔猪突然发病，肌肉震颤，倒地，四肢泳动；病程短促，病死率可达90%，剖检见胃壁黏膜水肿，心包和胸腔、腹腔积液。治疗该病的有效方法是（　　）

临床科目（100分）（下午卷）

1. 该创面组成结构示意图中标注"3"所指的是（　　）

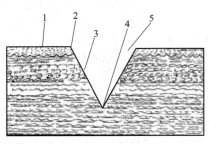

  A. 创壁 B. 创底 C. 创缘 D. 创腔 E. 创围

2. 与马比较，牛跛行诊断的特有方式是（　　）
  A. 运步视诊 B. 伫立视诊 C. 躺卧视诊
  D. 问诊 E. 外周神经麻醉诊断

3. 用温热性药物治疗具有热象病症的治疗属于（　　）
  A. 异治 B. 正治 C. 反治 D. 同治 E. 治标

4. 具有补火壮阳、温中祛寒功能的药物是（　　）
  A. 独活 B. 肉桂 C. 羌活 D. 陈皮 E. 香附

5. 具有行气止痛、健脾、安胎功能的药物是（　　）
  A. 杜仲 B. 黄芩 C. 杏仁 D. 桃仁 E. 砂仁

6. 止咳平喘药中，外用可杀虫灭虱的药物是（　　）
  A. 杏仁 B. 紫菀 C. 百部 D. 冬花 E. 白果

7. 可用于局部预防性止血的药物是（　　）
  A. 安络血 B. 对羧基苯胺 C. 止血敏 D. 维生素K_3 E. 盐酸肾上腺素

8. X线如图所示。最可能的诊断是（　　）

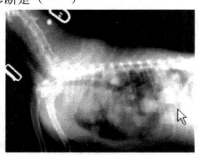

  A. 肺肿瘤 B. 大叶性肺炎 C. 肺气肿 D. 胸腔积液 E. 异物性肺炎

9. 由于营养缺乏或过剩导致的不育属于（　　）
  A. 衰老性不育 B. 繁殖技术性不育 C. 环境气候性不育
  D. 管理利用性不育 E. 先天性不育

10. 最急性型瘤胃酸中毒**不表现**（　　）
  A. 双目失明 B. 体温降低 C. 重度脱水
  D. 瘤胃罪pH小于5 E. 瘤胃内纤毛虫数增多

11. 具有散风祛湿、消肿排脓、通窍止痛功能的药物是（　　）
  A. 石膏 B. 白芷 C. 薄荷 D. 柴胡 E. 蝉蜕

12. 犬脾脏超声检查部位是（　　）
  A. 左侧9～10肋间 B. 右侧9～10肋间 C. 左侧11～12肋间

D. 右侧 11～12 肋间　　　　　　　E. 左侧 7～8 肋间
13. 肺部各区域均可听到支气管呼吸音的健康动物是（　　）
    A. 犬　　　　B. 猪　　　　C. 羊　　　　D. 牛　　　　E. 马
14. 治疗青光眼的手术**不包括**（　　）
    A. 巩膜打孔结膜覆盖滤过术　　B. 小梁切除术　　　　C. 晶状体摘除术
    D. 睫状体冷凝术　　　　　　　E. 虹膜周边切除术
15. 牛创伤性心包炎的心电图特征是（　　）
    A. 窦性心动过速　　　　　　　B. 高电压波型　　　　C. QRS综合波正常
    D. 窦性心动过缓　　　　　　　E. T波正常
16. 浸润麻醉的方式**不包括**（　　）
    A. 神经干周围注射　　　　　　B. 菱形注射　　　　　C. 扇形注射
    D. 直线注射　　　　　　　　　E. 病灶基部注射
17. 隐性乳腺炎诊断的主要依据是（　　）
    A. 乳汁含血液　　　　　　　　B. 体细胞计数　　　　C. 乳汁中可见絮状物
    D. 乳房出现红、肿、热、痛　　E. 乳上淋巴结肿胀
18. 治疗肠变位的原则**不包括**（　　）
    A. 补液　　　B. 镇痛　　　C. 减压　　　D. 利尿　　　E. 强心
19. 一般而言，发情持续时间较长且发情症状明显的动物是（　　）
    A. 山羊　　　B. 绵羊　　　C. 黄牛　　　D. 猪　　　　E. 奶牛
20. 病犬不排尿，触诊膀胱增大、不敏感，按压有尿液排出，提示（　　）
    A. 膀胱麻痹　　B. 膀胱破裂　　C. 括约肌痉挛　　D. 膀胱炎　　E. 膀胱结石
21. 犬食道硫酸钡造影 X 线片提示（　　）

    A. 食道憩室　　B. 食道阻塞　　C. 食道扩张　　D. 食道狭窄　　E. 食道肿瘤
22. 马胎衣排出的正常时间是（　　）
    A. 3.5～4h　　B. 1.6～2h　　C. 5min～1.5h　　D. 2.5～5h　　E. 4.5～5h
23. 奶牛酮病的引发因素**不包括**（　　）
    A. 日粮营养不平衡　　　　　　B. 产前过度肥胖　　　C. 低泌乳量
    D. 饲料碳水化合物不足　　　　E. 高泌乳量
24. 预防锌缺乏的最佳钙锌比例是（　　）
    A. 1∶100　　B. 1∶1　　C. 10∶1　　D. 100∶1　　E. 1∶10
25. 下列补钾方式**不正确**的是（　　）
    A. 静脉内推注氯化钾　　　　　　　　B. 使用呋塞米后，静脉内滴注氯化钾
    C. 长期使用地塞米松后，静脉内滴注氯化钾　　D. 口服氯化钾
    E. 10%氯化钾稀释后静脉内滴注
26. 皮肤颜色呈现苍白黄染的现象见于（　　）
    A. 出血性贫血　　　　　　　　B. 再生障碍性贫血　　C. 溶血性贫血
    D. 亚硝酸盐中毒　　　　　　　E. 一氧化碳中毒
27. 健康动物肺区边缘的正常叩诊音是（　　）
    A. 清音　　　B. 半浊音　　C. 浊音　　　D. 鼓音　　　E. 过清音
28. 目前兽医临床上常用的吸入麻醉药为（　　）

A. 氧化亚氮　　B. 氟烷　　　　C. 乙醚　　　　D. 异氟醚　　　E. 甲氧氟烷

29. 犬肝脏的触诊检查常用（　　）
    A. 双手触诊法　　　　　　B. 浅部触诊法　　　　　　C. 切入式触诊法
    D. 深压触诊法　　　　　　E. 冲击触诊法

30. 家畜病毒性脑膜脑炎的血常规检查结果是（　　）
    A. 淋巴细胞数正常　　　　B. 白细胞总数升高　　　　C. 嗜碱性粒细胞数升高
    D. 白细胞总数降低　　　　E. 嗜酸性粒细胞数升高

31. 动物仰卧、后肢保持松弛，叩诊锤叩击跟腱，正常表现为（　　）
    A. 跗关节屈曲、球关节屈曲　　B. 跗关节伸展、球关节伸展
    C. 跗关节屈曲、球关节伸展　　D. 跗关节伸展、球关节屈曲
    E. 跗关节不动、球关节屈曲

32. 图中所示犬Ⅱ导联心电图，箭头指示的波是（　　）

    A. S波　　　B. Q波　　　C. T波　　　D. R波　　　E. P波

33. 易发蜂窝织炎的组织器官是（　　）
    A. 骨皮质　　　　　　　　B. 皮肤　　　　　　　　　C. 内脏器官
    D. 肌肉组织　　　　　　　E. 皮下疏松结缔组织

34. 发生蜂窝织炎时最常见的化脓性病原菌是（　　）
    A. 肺炎球菌　　B. 棒状杆菌　　C. 李斯特菌　　D. 溶血性链球菌　　E. 破伤风杆菌

35. 具有泻热导滞、通便、利水功能的药物是（　　）
    A. 大青叶　　　B. 枇杷叶　　　C. 艾叶　　　　D. 番泻叶　　　E. 荷叶

36. 阴道脱出较少见于（　　）
    A. 猪　　　　　B. 马　　　　　C. 绵羊　　　　D. 山羊　　　　E. 奶牛

37. 六淫中，具有重浊、趋下特性的病邪是（　　）
    A. 风　　　　　B. 暑　　　　　C. 湿　　　　　D. 寒　　　　　E. 燥

38. 治疗结膜炎的原则**不**包括（　　）
    A. 手术疗法　　B. 遮挡光线　　C. 除去病因　　D. 对症治疗　　E. 清洗患眼

39. 健康牛瘤胃蠕动次数（次/分）为（　　）
    A. 7～9　　　　B. 4～6　　　　C. 1～3　　　　D. 10～12　　　E. <1

40. 家禽关节型痛风**不**包括（　　）
    A. 关节周围有尿酸盐沉积　　B. 关节周围肿胀　　C. 血液尿酸浓度升高
    D. 肾肿大　　　　　　　　　E. 血液尿酸浓度降低

41. 清热泻火作用强大，兼能外用治疗湿疹、烫伤的药物是（　　）
    A. 知母　　　　B. 石膏　　　　C. 芦根　　　　D. 夏枯草　　　E. 栀子

42. 用于手术器械和用品的消毒方法**不**包括（　　）
    A. 煮沸灭菌法　　　　　　　B. 紫外线照射法　　　　　C. 高压蒸汽灭菌法
    D. 流通蒸汽灭菌法　　　　　E. 碘酊浸泡法

43. 棉子饼中毒的常见临床症状**不**包括（　　）
    A. 心功能障碍　　B. 视力障碍　　C. 呼吸困难　　D. 被毛褪色　　E. 尿结石

44. 猪精子在生殖道内维持受精能力的最长时间是（　　）

  A. 73～96h   B. 8～11h   C. 24～72h   D. 12～23h   E. 97～120h

45. 升浮药具有的功能包括（　　）
  A. 利尿   B. 熄风   C. 通便   D. 潜阳   E. 祛风

46. 属于低血容量性休克的是（　　）
  A. 中毒性休克   B. 心源性休克   C. 过敏性休克
  D. 感染性休克   E. 失血性休克

47. 祛风湿药中，可作为后肢痹痛的引经药物是（　　）
  A. 羌活   B. 威灵仙   C. 独活   D. 木瓜   E. 秦艽

48. 牛羊T-2毒素中毒最可能出现的症状是（　　）
  A. 便秘   B. 饮欲增强   C. 体温偏高   D. 体温降低   E. 食欲增强

49. 急性尿道损伤的典型症状是（　　）
  A. 尿中带血   B. 尿闭   C. 体温升高   D. 阴囊肿大   E. 前列腺肿大

50. 诊断猫泌尿系统综合征的方法**不包括**（　　）
  A. 放射造影检查   B. 心电图检查   C. X线检查
  D. 导尿管探诊   E. B型超声检查

51. 骨折的特有症状是（　　）
  A. 肿胀   B. 异常活动   C. 体温升高   D. 出血   E. 疼痛

52. 牛，6岁，创伤性网胃心包炎需做经肋骨截除术的开胸手术，不必要分割的组织是（　　）
  A. 皮肤   B. 胸膜   C. 肋间肌   D. 胸深肌   E. 肋骨骨膜

53. 犬，8岁，双侧视力障碍，检查发现双侧瞳孔发白。对该病应采取的治疗手术是（　　）
  A. 瞬膜切除术   B. 晶体置换术   C. 角膜移植术
  D. 虹膜周边切除术   E. 虹膜打孔术

54. 奶牛，直肠检查诊断为卵巢机能减退，治疗该病的首选药物是（　　）
  A. OT   B. LH   C. PGF2α   D. E2   E. FSH

55. 奶牛5岁，产后1周开始出现红尿，尿液暗红色，可视黏膜和皮肤苍白黄染，体温、呼吸与食欲无明显异常。该病的发病原因最可能是（　　）
  A. 日粮钙不足   B. 维生素D缺乏   C. 维生素K缺乏
  D. 日粮磷不足   E. 尿路感染

56. 某动物，因偷配怀孕90余天，用前列腺素类似物处理后，未发现其出现阴门肿胀、腹痛等流产症状，该动物最可能是（　　）
  A. 黄牛   B. 绵羊   C. 山羊   D. 猪   E. 奶牛

57. 泰迪犬，8岁，饮食不规律，喜暴饮暴食，突发腹痛、腹胀、呕吐，发热，血清淀粉酶超过正常值5倍。该病最可能的诊断是（　　）
  A. 肠梗死   B. 急性肝炎   C. 胃肠炎   D. 胆囊炎   E. 急性胰腺炎

58. 奶牛2岁，精神沉郁，消瘦，皮肤弹性降低，可视黏膜黄染，下腹部膨大，冲击式触诊有液体震荡音。为确定疾病性质，适宜的穿刺部位是（　　）
  A. 右肷部   B. 右侧6～7肋间   C. 剑状软骨突起后缘
  D. 脐-膝关节连线中点   E. 左肷部

59. 犬，10岁，采食障碍，咀嚼异常，发病6天后症状减轻并逐渐消失，以后齿根部骨质增生，形成骨赘。该病的诊断最可能为（　　）
  A. 非化脓性齿槽骨膜炎   B. 牙周炎   C. 化脓性齿槽骨膜炎
  D. 齿髓炎   E. 牙龈炎

60. 母猪，怀孕后期腹泻，近期卧地或排便后在肛门出现香肠样肿物，色红，部分黏膜外翻，站立后不能回缩。在采用手术治疗前对其进行清洗，适宜的药物是（　　）
  A. 5%戊二醛溶液   B. 1%明矾溶液   C. 5%碘酊溶液
  D. 2%硫酸铜溶液   E. 75%酒精溶液

61. 驴，7岁，难产。检查发现胎儿下位、纵向、双侧肩部前置，且胎儿死亡。对该驴首选的助产方式是（　　）
  A. 矫正术   B. 翻转母体   C. 截胎术   D. 牵引术   E. 剖宫产术

62. 驴，6岁，突然发病，站立时后肢强直呈向后伸直肢势，膝关节、跗关节完全伸直而不能屈曲；运动时以蹄尖着地拖曳前进，同时患肢高度外展，他动时患肢不能屈曲。该病最可能的诊断是（　　）
　　A. 跗关节炎　　　　　　　　B. 髌骨内方脱位　　　　　　C. 髌骨上方脱位
　　D. 膝关节炎　　　　　　　　E. 髌骨外方脱位

63. 马，排尿困难，疼痛不安，尿中带血，尿色鲜红，口色红，舌苔黄，脉数。治疗该病宜选用的方剂是（　　）
　　A. 小蓟饮子　　B. 分清饮　　C. 六味地黄丸　　D. 补中益气汤　　E. 八正散

64. 阿拉伯马，12岁，跛行，不愿运动，两后蹄踵负重，步态紧张。蹄壁增温、敏感。X线检显示，蹄骨背侧缘与蹄壁背侧缘不平行，彼此之间出现夹角，蹄骨转位。该病最可能的诊断是（　　）
　　A. 骨关节病　　B. 蹄叶炎　　C. 腐蹄病　　D. 趾间蜂窝织炎　　E. 蹄关节脱位

65. 警用德国牧羊犬，8岁，雄性，免疫驱虫正常。大强度训练时突然倒地、可视黏膜发绀、心跳停止。死前的心电图变化：除Q波异常外，S-T段与T段的变化最可能是（　　）
　　A. S-T段升高，T波倒置　　　　B. S-T段降低，T波升高　　　　C. S-T段降低，T波正常
　　D. S-T段降低，T波倒置　　　　E. S-T段正常，T波倒置

66. 牛，异物呛肺后，症见发热咳嗽，痰黄臭、有脓血，口干舌红，苔黄腻，脉滑数。治疗方法中可选用的药物是（　　）
　　A. 郁李仁　　B. 酸枣仁　　C. 柏子仁　　D. 冬瓜仁　　E. 火麻仁

67. 犬，5岁，体温40.5℃，呈明显的腹式呼吸，常取坐姿。胸腔穿刺见多量淡黄色、浑浊的液体，其中蛋白质含量和中性粒细胞数升高。治疗该病**不宜**采用（　　）
　　A. 抗菌消炎　　B. 强心利尿　　C. 解热镇痛　　D. 大量补液　　E. 穿刺放液

（68～70题共用以下题干）
某奶牛场，近日有多头泌乳奶牛跛行，且日渐严重，体温升高，食欲减退，系部球节屈曲，以蹄尖着地，趾间隙及冠部肿胀，并有小裂口，恶臭气味。

68. 该奶牛所患的蹄病是（　　）
　　A. 蹄底挫伤　　B. 蹄裂　　C. 腐蹄病　　D. 蹄叶炎　　E. 趾间皮炎

69. 该病的主要病因是（　　）
　　A. 营养不良　　B. 营养过剩　　C. 运动不足　　D. 细菌感染　　E. 运动过多

70. 治疗该病的主要原则是（　　）
　　A. 改善饮食　　B. 抗菌消炎　　C. 装蹄绷带　　D. 加强运动　　E. 合理修蹄

（71～73题共用以下题干）
奶牛，6岁，怀孕285天，分娩预兆明显，持续努责未见胎儿露出，检查发现两侧阴唇不对称，产道向前逐渐狭窄，只能容纳一手臂进入子宫，其他未发现异常。

71. 对该病的诊断是（　　）
　　A. 子宫捻转　　B. 骨盆狭窄　　C. 阴门狭窄　　D. 阴道狭窄　　E. 子宫颈狭窄

72. 对该病最有效的处理方法是（　　）
　　A. 牵引术　　　　　　　　　B. 阴门切开术　　　　　　　C. 骨盆切开术
　　D. 产道扩张术　　　　　　　E. 翻转母体术

73. 与该病发生有关的因素是（　　）
　　A. 首次妊娠　　　　　　　　B. 急剧翻滚　　　　　　　　C. 骨盆骨折
　　D. 运动不足　　　　　　　　E. 产道发育不良

（74～76题共用以下题干）
圣伯纳犬，1岁，50kg。喜卧，俯卧时后肢常后伸，起立困难。运动后病情加重，后肢跛行，后躯摇摆。臀部被毛粗乱、大腿肌肉萎缩，他动运动疼痛明显。X线片显示股骨头与臼的间隙增大。

74. 该病最可能的诊断是（　　）
　　A. 髋关节挫伤　　　　　　　B. 髋关节扭伤　　　　　　　C. 髋关节脱位
　　D. 髋关节发育不良　　　　　E. 髋关节创伤

75. X线检查时其重点投照方位是（　　）

A. 左侧位　　　B. 斜位　　　　C. 右侧位　　　D. 背腹位　　　E. 腹背位
76. 与该病发生有关的最密切因素是（　　）
　　A. 骨盆软组织化学松弛作用　　　B. 肌肉强度缺乏　　　　C. 遗传
　　D. 肥胖　　　　　　　　　　　　E. 内收肌张力过大
（77～79题共用以下题干）
　　博美犬，雌性，4岁。近日精神状态、饮食欲及排粪排尿均无异常，偶有不明原因腹痛，触诊腹部紧张，拒绝触摸；仰卧时，左侧最后乳腺外侧见有一个3.0cm×4.5cm的肿物，触诊柔软，有压痛。
77. 该病最可能的诊断是（　　）
　　A. 乳腺炎　　　B. 腹壁脓肿　　C. 腹股沟疝　　D. 乳腺肿瘤　　E. 腹壁疝
78. 该病发生的原因可能是（　　）
　　A. 血管破裂　　B. 细菌感染　　C. 组织增生　　D. 腹压增高　　E. 淋巴管破裂
79. 治疗该病的有效方法是（　　）
　　A. 抗菌消炎　　B. 促进吸收　　C. 制止渗出　　D. 疝修补术　　E. 切除肿物
（80～82题共用以下题干）
　　奶牛，5岁，体温40.0℃，精神沉郁，消瘦，拱背站立，排粪时不敢努责，站立时常取前高后低姿势，不愿走下坡路。
80. 该病最可能的诊断是（　　）
　　A. 真胃积食　　　　　　　　　　B. 瘤胃积食　　　　　　C. 瘤胃酸中毒
　　D. 瓣胃阻塞　　　　　　　　　　E. 创伤性网胃腹膜炎
81. 对该患牛进行血液学检查，最可能升高的是（　　）
　　A. 嗜碱性粒细胞数　　　　　　　B. 红细胞数　　　　　　C. 中性粒细胞数
　　D. 嗜酸性粒细胞数　　　　　　　E. 淋巴细胞数
82. 该病的典型症状通常是（　　）
　　A. 黄疸　　　　　　　　　　　　B. 呼吸困难　　　　　　C. 迷走神经性消化不良
　　D. 水肿　　　　　　　　　　　　E. 共济失调
（83～85题共用以下题干）
　　猪，4岁，妊娠后期，两后肢站立不稳，交替负重，喜卧，无受伤史；神经反应性基本正常，X线侧位片未见明显异常。
83. 该病最可能的诊断是（　　）
　　A. 产后截瘫　　　　　　　　　　B. 腰荐椎间盘脱位　　　C. 坐骨神经麻痹
　　D. 孕畜截瘫　　　　　　　　　　E. 生产瘫痪
84. 对该病的治疗方法是（　　）
　　A. 口服泼尼松　　　　　　　　　B. 静脉注射葡萄糖　　　C. 手术治疗
　　D. 静脉注射葡萄糖酸钙　　　　　E. 皮下注射硝酸士的宁
85. 该病的发病原因可排除（　　）
　　A. 饲料单一　　B. 维生素缺乏　C. 营养不良　　D. 钙磷缺乏　　E. 神经损伤
（86～88题共用下列备选答案）
　　A. 晚幼中性粒细胞　　　　　　　B. 杆状核中性粒细胞　　C. 分叶核中性粒细胞
　　D. 淋巴细胞　　　　　　　　　　E. 单核细胞
86. 犬，血液学检查，细胞大小约为红细胞2倍；细胞浆呈粉红色，其中有粉红色微细颗粒，细胞核呈马蹄形或腊肠形，染色呈淡紫蓝色，核染色质细致。该类细胞是（　　）
87. 猫，血液学检查，细胞浆呈蓝色或粉红色，其中含有红色或蓝色颗粒。细胞核呈椭圆形，紫红色，染色质细致。该类细胞是（　　）
88. 猫，血液学检查，细胞浆少、呈天蓝色，其中有少量嗜天青颗粒；细胞核呈圆形，核染色质细致。该类细胞是（　　）
（89～91题共用下列备选答案）
　　A. 角膜炎　　　B. 结膜炎　　　C. 虹膜炎　　　D. 视网膜炎　　E. 青光眼
89. 混血马，8岁，骑乘后次日发现该马左眼半闭、流泪，角膜浑浊，结膜呈粉红色。该马病

的诊断是（　　）
90. 金毛犬，2岁，两天前主人自行在家中用硫黄皂给犬清洗体表，次日右眼羞明流泪、眼睑轻度肿胀，结膜潮红、充血，虹膜纹理清晰可见。该犬病的诊断是（　　）
91. 黄牛，4岁，体温40.5℃，厌食、流涎、跛行；两眼羞明流泪，轻度肿胀，角膜及眼前房液浑浊，瞳孔缩小，虹膜纹理不清。该牛病的诊断是（　　）

（92~94题共用下列备选答案）
　　A. 食盐中毒　　B. 硒中毒　　C. 无机氟化物中毒　　D. 铜中毒　　E. 钼中毒
92. 牛，1岁，食欲减退，烦渴，大量饮水，腹泻，视力障碍，皮下水肿，多尿，惊厥。该病最可能的诊断是（　　）
93. 山羊群，2~3岁，更换饲料后许多羊剧烈腹痛，惨叫，体温正常或偏低，频频排出水样粪便，结膜苍白，尿淡红色。该病最可能的诊断是（　　）
94. 牛，4岁，背腰僵硬，跛行，颌骨、掌骨呈现对称性肥厚，牙面见有黄褐色斑，同群及周围放牧牛多见类似病例。该病最可能的诊断是（　　）

（95~97题共用下列备选答案）
　　A. 胃切开术　　　　　　B. 肠侧壁切开术　　　　　　C. 脾脏摘除术
　　D. 膈修补术　　　　　　E. 肠管切除术
95. 普通家猫，雌性，12岁。长期腹胀，排粪困难；腹后部触诊，发现结肠及直肠内有多量坚硬结粪蓄积，反复灌肠仍未能软化排出。对该猫的治疗措施是（　　）
96. 拉布拉多犬，7岁，呕吐、腹泻一周余，排暗黑色稀便，后经剖腹探查术发现空肠后段套叠，套叠处肠管呈暗紫色，相应的肠系膜血管无搏动。对该犬的治疗措施是（　　）
97. 泰迪犬，2岁，突遇车祸，检查后未见体表明显外伤，驻立时全身震颤，呼吸急促，可视黏膜苍白，腹部触诊敏感，B超检查脾脏结构紊乱不清。对该犬的治疗措施是（　　）

（98~100题共用下列备选答案）
　　A. 大肠俞　　B. 曲池　　C. 肩井　　D. 山根　　E. 肾堂
98. 犬，证见高热，粪便干小，难下，腹痛，尿短赤，口津干燥，口色深红，苔黄厚，脉沉有力。针治宜选用的穴位是（　　）
99. 犬，暑月炎天发病。证见高热，精神沉郁，气促喘粗，粪干尿少，口渴贪饮，舌红，脉象洪数。针治宜选用的穴位是（　　）
100. 犬，证见发热，精神沉郁，食欲减退，口渴多饮，泻粪腥臭，尿短赤，口色赤红，舌苔黄腻，脉象洪数。针治宜选用的穴位是（　　）

综合科目（100分）（下午卷）

（101~103题共用以下题干）
　　巴哥犬，雄性，8岁，体重9.5kg，左眼球向外突出，指压有坚硬感，眼前房变深；瞳孔散大，对光反射消失；虹膜纹理清晰可见，晶状体透明。
101. 该病最可能的诊断是（　　）
　　A. 结膜炎　　B. 白内障　　C. 角膜炎　　D. 青光眼　　E. 外伤
102. 确诊该病的检查方法首选（　　）
　　A. 眼压计检查　　　　　B. 检眼镜检查　　C. 眼底照相机检查
　　D. 裂隙灯检查　　　　　E. 角膜镜检查
103. 治疗该病**不宜**采用的药物是（　　）
　　A. 甘露醇　　B. 地塞米松　　C. 乙酰唑胺　　D. 肾上腺素　　E. 毛果芸香碱

（104~107题共用以下题干）
　　炎热夏天，1周龄犊牛大量饮水，1日后出现眼睑水肿，精神沉郁，共济失调，呼吸困难，从口鼻流出血红色泡沫状液体，排出暗红色尿液及水样粪便。
104. 该病最可能的诊断是（　　）
　　A. 水中毒　　B. 肾炎　　C. 肺炎　　D. 尿道炎　　E. 结膜炎
105. 该病排出的暗红色尿液属于（　　）
　　A. 睾丸出血　　B. 肾出血　　C. 血红蛋白尿　　D. 尿道出血　　E. 膀胱出血

106. 该病犊出现中枢神经机能和呼吸机能障碍的原因是（　　）
　　A. 脑部感染　　　　　　　　B. 肺部感染　　　　　　　　C. 肺泡破裂
　　D. 细菌毒素中毒　　　　　　E. 脑水肿和肺水肿
107. 治疗该犊牛最有效的方法是（　　）
　　A. 静注2%葡萄糖　　　　　B. 给予非甾体类抗炎药　　C. 肌注或静注大量抗生素
　　D. 给予解热镇痛剂　　　　　E. 静注5%氯化钠和25%甘露醇

（108～110题共用以下题干）
　　牛群误入即将成熟的亚麻（胡麻）地并大量采食，很快出现呼吸喘促、流涎及瘤胃胀气等症状，全身抽搐，有两头牛当场倒地，死亡。病牛可视黏膜初期呈樱桃红色，呼吸停止后变为青紫色。病死牛剖检，见血液凝固不良。
108. 该病最可能的诊断是（　　）
　　A. 氢氰酸中毒　　　　　　　B. 双香豆素中毒　　　　　C. 有机磷中毒
　　D. 亚硝酸盐中毒　　　　　　E. 有机氯中毒
109. 该病的致病毒物是（　　）
　　A. 霉菌毒素　　　　　　　　B. 不饱和挥发性脂肪酸　　C. 杂醇油
　　D. 氰苷　　　　　　　　　　E. 硝酸盐
110. 该病的特效解毒药是（　　）
　　A. 亚硝酸钠　　B. 钙剂　　C. 中枢兴奋剂　　D. 镇静剂　　E. 维生素A

（111、112题共用以下题干）
　　英国短毛猫，雌性，已绝育，8岁，体重7kg，体态肥硕；食欲废绝，偶尔呕吐，精神沉郁，虚弱无力，运步摇摆；听诊心率加快，呼吸急促；采血检查，血清浑浊呈牛奶样。
111. 该病最可能的诊断是（　　）
　　A. 高钠血症　　B. 低磷血症　　C. 低钙血症　　D. 高血脂症　　E. 高钾血症
112. 确诊该病的检查项目是（　　）
　　A. 尿沉渣检查　　　　　　　B. 血液生化检查　　　　　C. X线检查
　　D. 血常规检查　　　　　　　E. 尿常规检查

（113～115题共用以下题干）
　　某屠宰场，生猪体温正常，未见明显的临床症状；宰后检查发现，个别猪舌部有黄豆大小的囊状结节。
113. 该病最可能的诊断是（　　）
　　A. 似囊尾蚴病　　　　　　　B. 棘球蚴病　　　　　　　C. 猪囊尾蚴病
　　D. 弓形虫病　　　　　　　　E. 细颈囊尾蚴病
114. 该病呈现的囊状结节还常见于（　　）
　　A. 肌肉　　B. 肠黏膜　　C. 肺脏　　D. 淋巴结　　E. 皮肤
115. 该病原的终末宿主是（　　）
　　A. 牛　　　B. 羊　　　C. 犬　　　D. 人　　　E. 猪

（116、117题共用以下题干）
　　某养殖场，白羽肉鸡发病，表现生长缓慢、反应迟钝、呼吸困难、体温正常；腹部膨大，触诊有波动感。剖检见心脏肥大，肾肿大出血，肺呈弥漫性充血。
116. 该病最可能的诊断是（　　）
　　A. 食盐中毒　　　　　　　　B. 衣原体病　　　　　　　C. 维生素A缺乏症
　　D. 新城疫　　　　　　　　　E. 肉鸡腹水综合征
117. 该病的主要病理变化是（　　）
　　A. 右心肥大　　　　　　　　B. 左心缩小　　　　　　　C. 左心肥大
　　D. 心冠脂肪出血　　　　　　E. 左心房扩张

（118～120题共用以下题干）
　　罗威纳犬，雄性，3岁，饱食后半小时，腹围快速增大，口吐白沫，呼吸困难，腹痛不安，触诊腹部膨胀，有震水音，听诊心率快而弱。
118.【假设信息】根据临床症状，首先排除的疾病是（　　）

A. 急性胃扩张　　　　　　　B. 食物中毒　　　　　　　C. 胃扩张-扭转综合征
D. 肠梗阻　　　　　　　　　E. 肠痉挛

119. 右侧位 X 线检查，胃部出现大面积低密度阴影，在阴影中上部横有一中密度折痕，幽门向前背侧移位，脾脏向右移位。正确的治疗方法是（　　）
A. 灌肠、洗胃　　　　　　　B. 实施胃切开术　　　　　C. 注射阿托品
D. 实施胃固定术　　　　　　E. 静注 20% 甘露醇

120.【假设信息】若胃导管探查顺利插入，腹胀迅速减轻，且症状得到缓解，病犬逐渐康复。该病的诊断是（　　）
A. 食道狭窄　　　　　　　　B. 急性胃扩张　　　　　　C. 肠梗阻
D. 食道阻塞　　　　　　　　E. 胃扩张-扭转综合征

（121～123 题共用以下题干）

赛马，7 岁，雄性，近 1 个多月来在右前肢肘头部逐渐形成一隆起，无热无痛，初期较软，后期变硬，轻度跛行，其余未见异常。

121. 该隆起最可能的诊断是（　　）
A. 黏液囊炎　　B. 肿瘤　　C. 淋巴外渗　　D. 脓肿　　E. 血肿

122. 姑息疗法时，患部穿刺放液后宜注入（　　）
A. 氯丙嗪＋普鲁卡因　　　　B. 利多卡因＋氯丙嗪　　　C. 自家血＋可的松
D. 普鲁卡因＋自家血　　　　E. 可的松＋普鲁卡因

123. 手术治疗时皮肤切口的最佳位置应在隆起部的（　　）
A. 正上方　　B. 正下方　　C. 正前方　　D. 正后方　　E. 后外侧

（124、125 题共用以下题干）

马，5 岁，采食大量大麦后发病，食欲废绝，精神沉郁，眼结膜发绀，嗳气，腹痛。在左侧肋骨后方可摸到脾后缘。

124. 该病最可能的诊断是（　　）
A. 骨盆曲阻塞　　　　　　　B. 盲肠膨气　　　　　　　C. 急性胃扩张
D. 肠痉挛　　　　　　　　　E. 盲肠变位

125. 该马可能发生（　　）
A. 呼吸性碱中毒　　　　　　B. 呼吸性酸中毒　　　　　C. 代谢性碱中毒
D. 代谢性酸中毒　　　　　　E. 混合性酸中毒

（126～128 题共用以下题干）

某养鸭场雏鸭发病，眼周围羽毛黏结形成"眼圈"，拉黄白色或绿色稀粪，病鸭脚软无力，不愿走动，俯卧，特征病理变化是广泛性纤维素性渗出性炎症。

126. 该病的病原是（　　）
A. 禽副黏病毒　　　　　　　B. 鸭疫里氏杆菌　　　　　C. 巴氏杆菌
D. 沙门菌　　　　　　　　　E. 禽细小病毒

127. 确诊该病的主要依据是（　　）
A. 病原分离鉴定　　　　　　B. 染色镜检　　　　　　　C. 琼脂扩散试验
D. 间接血凝试验　　　　　　E. 玻板凝集试验

128. 该病对雏鸭危害最严重的周龄是（　　）
A. <1 周龄　　B. 2～3 周龄　　C. 6～7 周龄　　D. 8～9 周龄　　E. 4～5 周龄

（129～131 题共用以下题干）

某种猪场，猪群体温、食欲正常；初产母猪相继出现流产、产死胎、弱胎、木乃伊胎；经产母猪未见异常。

129. 该病最可能的诊断是（　　）
A. 猪细小病毒病　　　　　　B. 猪肺疫　　　　　　　　C. 猪繁殖与呼吸综合征
D. 猪瘟　　　　　　　　　　E. 猪丹毒

130. 取死胎检查，确诊该病的实验室检查方法是（　　）
A. 剖检观察　　　　　　　　B. 组织病理学观察　　　　C. PCR
D. 血液涂片镜检　　　　　　E. 细菌分离鉴定

131. 该病的主要预防措施是（　　）
　　A. 灭鼠　　　B. 圈舍保温　　C. 注射疫苗　　D. 环境消毒　　E. 注射抗生素

（132～134题共用以下题干）

雪纳瑞犬，3岁，近1周内逐渐出现共济失调，神态烦躁，对外界刺激敏感，进而全身抽搐、痉挛、身体虚弱无力，心动过速；抽搐期间一过性体温升高。

132. 该病最可能的诊断是（　　）
　　A. 脊髓炎　　　　　　　B. 甲状旁腺机能减退症　　　　C. 脑膜脑炎
　　D. 低血糖　　　　　　　E. 甲状旁腺机能亢进症

133. 确诊该病应做的血清检测项目是（　　）
　　A. GH　　　B. T3/T4　　C. ACTH　　D. FSH　　E. PTH

134. 治疗该病的首选药物是（　　）
　　A. 甲状旁腺激素　　　　B. 可的松　　　　　　　　C. 胰岛素
　　D. 左旋甲状腺素　　　　E. 磷酸二氢钠

（135～137题共用以下题干）

公水牛，长期饲喂添加棉子饼的精料，近期频频出现拱腰、举尾并有排尿动作，但未见尿液排出或仅排出少量尿液。直肠检查，膀胱充盈。

135. 该病最可能的诊断是（　　）
　　A. 尿道结石　　B. 尿道炎　　C. 肾衰竭　　D. 急性肾炎　　E. 心力衰竭

136. 该病发生的病理机制是（　　）
　　A. 心肌炎症　　　　　　B. 血管通透性增加　　　　C. 变态反应
　　D. 维生素A缺乏　　　　E. 尿路上皮细胞变性

137. 该水牛还易继发（　　）
　　A. 心包积液　　　　　　B. 酮血症　　　　　　　C. 甲状腺机能减退
　　D. 甲状腺机能亢进　　　E. 夜盲症

（138～140题共用以下题干）

绵羊，头部脱毛，皮肤增厚、局部出现小结节，有液体渗出，形成痂皮。取健康与病变交界处皮屑镜检，见有多量如图所示虫体。

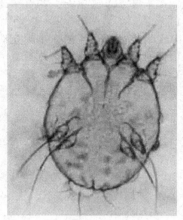

138. 该病的病原是（　　）
　　A. 虱　　　B. 疥螨　　C. 硬蜱　　D. 痒螨　　E. 软蜱

139. 防治该病的药物是（　　）
　　A. 吡喹酮　　B. 伊维菌素　　C. 莫能菌素　　D. 左旋咪唑　　E. 阿苯达唑

140. 该病的传播方式是（　　）
　　A. 交配　　B. 昆虫叮咬　　C. 直接接触　　D. 消化道　　E. 胎盘

（141～143题共用以下题干）

猪，6月龄，叫声嘶哑，咀嚼障碍。横纹肌组织切片染色后见下图所示虫体。

141. 该病最可能的诊断是（　　）
　　A. 弓形虫病　　　　　　B. 捻转血矛线虫病　　　　C. 肉孢子虫病
　　D. 旋毛虫病　　　　　　E. 毛尾线虫病
142. 成虫的寄生部位是（　　）
　　A. 心脏　　　B. 肠道　　　C. 肝脏　　　D. 脾脏　　　E. 肺脏
143. 该病的有效预防措施是（　　）
　　A. 环境卫生　　B. 灭蚊　　C. 灭蜱　　D. 消毒　　E. 灭鼠
（144～146题共用以下题干）
　　奶牛，10～15日龄，体温突然升高，数小时后开始腹泻，粪便呈水样、灰白色，混有血丝和未消化的凝乳块，有酸臭味。
144. 确诊该病的检查项目应首选（　　）
　　A. 粪便蛔虫虫卵检查　　　B. 粪便片形吸虫虫卵检查　　C. 瘤胃纤毛虫检查
　　D. 尿液检查　　　　　　　E. 细菌学检查
145. 治疗该病应选用的药物是（　　）
　　A. 氨苄西林　　B. 林可霉素　　C. 阿苯达唑　　D. 吡喹酮　　E. 杆菌肽
146. 该病最可能出现的病理变化是（　　）
　　A. 肾坏死　　　　　　　B. 脾梗死　　　　　　C. 皱胃充血、水肿
　　D. 肝肿大、黄染　　　　E. 心肌肥大、苍白
（147～149题共用以下题干）
　　8月，牛群中少数牛在病初出现眼睑痉挛，流泪，结膜充血；后期有脓性分泌物，角膜混浊，严重者角膜溃烂、穿孔，且很快有更多牛出现相似症状。
147. 该牛群发生的疾病最可能是（　　）
　　A. 传染性鼻气管炎　　　B. 传染性角膜结膜炎　　　C. 维生素B_1缺乏症
　　D. 牛吸吮线虫病　　　　E. 青光眼
148. 该病的诱因**不**包括（　　）
　　A. 发情　　　B. 灰尘　　　C. 刮风　　　D. 家蝇　　　E. 强光
149. 治疗该病宜采用（　　）
　　A. 用1%甲醛溶液洗眼　　B. 口服阿苯达唑　　C. 用2%碘酊洗眼
　　D. 用3%硼酸水洗眼　　　E. 肌注伊维菌素
（150～152题共用以下题干）
　　25日龄AA肉鸡群，发病率为90%，病死率为20%，拉绿稀粪，食欲废绝；剖检见肺脏、肝脏出血，肌胃、肠道有大量积血，胸肌、腿肌、心肌、肝和脾上有突出于组织表面的白色小结节。
150. 该病最可能的诊断是（　　）
　　A. 组织滴虫病　　B. 禽流感　　C. 球虫病　　D. 新城疫　　E. 住白细胞虫病
151. 诊断该病常采集的病料是（　　）
　　A. 嗉囊液　　B. 血液　　C. 粪便　　D. 唾液　　E. 羽毛囊
152. 治疗该病应选用的药物是（　　）
　　A. 红霉素　　B. 氟苯尼考　　C. 阿莫西林　　D. 磺胺喹噁啉　　E. 链霉素

(153、154题共用以下题干)
某猪场，部分母猪屡配不孕，妊娠母猪有流产、早产现象；仔猪表现顽固性腹泻，并见有皮下水肿、黄疸，部分1月龄左右的仔猪有急性猝死现象，剖检可见"桑葚心"特点。

153. 该病最可能的诊断是（　　）
   A. 维生素B_1缺乏症　　　　B. 铜中毒　　　　　　　　C. 铅中毒
   D. 维生素E和硒缺乏症　　　E. 硒中毒

154. 治疗该病的有效措施是（　　）
   A. 肌注维生素E＋亚硒酸钠　B. 口服硫酸镁　　　　　　C. 静注葡萄糖酸钙
   D. 肌注维生素B_1　　　　E. 口服维生素A

(155～157题共用以下题干)
某蛋鸭群突然发病，发病率为80%，病死率为70%，体温达43℃，畏光流泪，眼睑水肿；剖检见食管黏膜点状出血、条状坏死，肠道有环状出血带。

155. 该病最可能的诊断是（　　）
   A. 禽流感　　　　　　　　　B. 鸭病毒性肝炎　　　　　C. 坦布苏病毒感染
   D. 鸭瘟　　　　　　　　　　E. 圆环病毒感染

156. 诊断该病常用的血清学方法是（　　）
   A. ELISA　　　　　　　　　B. 鸡胚干扰试验　　　　　C. 凝集试验
   D. 血凝试验　　　　　　　　E. 血凝抑制试验

157. 该病的主要预防措施是（　　）
   A. 注射高免血清　　　　　　B. 接种弱毒疫苗　　　　　C. 扑杀全群
   D. 减少鸭群密度　　　　　　E. 减少应激

(158～160题共用以下题干)
绵羊，妊娠138天，离群呆立，视力下降，反应淡漠，2天后出现衰竭、卧地不起；后期发生昏迷，呼出气体有烂苹果味。

158. 确诊该病的方法首选（　　）
   A. 鼻液检查　　　　　　　　B. 血液生化检查　　　　　C. 阴道检查
   D. 血常规检查　　　　　　　E. 直肠检查

159. 病羊典型的剖检变化是（　　）
   A. 肾脏变小、变硬　　　　　B. 肝脏肿大呈土黄色　　　C. 肾上腺变小、变硬
   D. 肺脏肿大、出血　　　　　E. 心冠脂肪出血、心包积液

160. 该病的特征性表现**不包括**（　　）
   A. 高血脂　　B. 酮尿症　　C. 酮血症　　D. 高血糖　　E. 低血糖

(161～163题共用以下题干)
京巴犬，雄性，1岁，体重3.5kg，体温37.5℃，精神沉郁，不耐运动，眼结膜发绀，湿性咳嗽，呼吸困难，肺部听诊有啰音，未见全身浮肿，血常规检查无异常。

161. 该病发生的器官系统是（　　）
   A. 生殖系统　B. 心血管系统　C. 泌尿系统　D. 消化系统　E. 神经系统

162. 治疗该病**不宜**采用的方法是（　　）
   A. 限制食盐摄入　B. 输血　　C. 输氧　　D. 强心　　E. 利尿

163. 确诊该病的检查方法首选（　　）
   A. 脑电图检查　　　　　　　B. X线检查　　　　　　　C. 气管镜检查
   D. 胃镜检查　　　　　　　　E. 心脏超声检查

(164～166题共用以下题干)
3月龄鸡生长发育，精神萎靡，羽毛松乱，鸡冠和可视黏膜苍白，消化机能障碍，下痢便秘交替；剖检见肠管内有乳白色、绿豆芽形虫体。

164. 该病最可能的诊断是（　　）
   A. 住白细胞虫病　　　　　　B. 鸡球虫病　　　　　　　C. 棘口吸虫病
   D. 鸡蛔虫病　　　　　　　　E. 组织滴虫病

165. 该病的活体诊断方法是（　　）

A. 血液生化检查　　　　　B. 粪便检查幼虫　　　　　C. ELISA
D. 血液涂片检查　　　　　E. 粪便检查虫卵
166. 防控该病可用的药物是（　　）
A. 阿苯达唑　B. 磺胺嘧啶　C. 右旋糖酐铁　D. 恩诺沙星　E. 青霉素

(167、168题共用以下题干)
马，发病月余，证见精神倦怠，眼干，视力减退，四肢震颤，蹄甲干枯，口色淡白，脉弦细。
167. 该病可辨证为（　　）
A. 肺阴虚　　B. 肝血虚　　C. 胃阴虚　　D. 心血虚　　E. 肾阴虚
168. 治疗该病的方剂首选（　　）
A. 八珍汤　　B. 六味地黄汤　C. 养胃汤　　D. 百合固金汤　E. 归脾汤

(169~171题共用以下题干)
2月龄猪，体温、精神、食欲正常，近期部分猪表现打喷嚏，颜面部变形，眼角有泪斑。
169. 该病最可能的诊断是（　　）
A. 猪肺疫　　　　　　　　B. 副猪嗜血杆菌病　　　　C. 猪传染性胸膜肺炎
D. 猪传染性萎缩性鼻炎　　E. 猪支原体肺炎
170. 病猪鼻拭子纯培养物染色镜检见有鞭毛的革兰阴性球杆菌，该菌最可能是（　　）
A. 副猪嗜血杆菌　　　　　B. 沙门菌　　　　　　　　C. 放线杆菌
D. 丹毒杆菌　　　　　　　E. 波氏杆菌
171. 该病的预防措施**不包括**（　　）
A. 全群扑杀　　　　　　　B. 药物防控　　　　　　　C. 改善饲养管理
D. 免疫接种　　　　　　　E. 淘汰阳性猪

(172~174题共用以下题干)
泰迪犬，雌性，3岁，突然发病，右后肢小腿内旋，跗关节屈曲；右后肢可以拉直，恢复运步，但运动后不久再次出现上述现象；膝关节处微疼痛，敏感，但无明显肿胀。
172. 该病最可能的诊断是（　　）
A. 髌骨内方脱位　　　　　B. 膝关节炎　　　　C. 膝关节前十字韧带断裂
D. 膝关节后十字韧带断裂　E. 髌骨上方脱位
173. 手术治疗该病的常用麻醉方法是（　　）
A. 全身麻醉　B. 浸润麻醉　C. 传导麻醉　D. 诱导麻醉　E. 表面麻醉
174. 治疗该病的手术通路位于（　　）
A. 内侧滑车嵴　　　　　　B. 膝直韧带上方　　　　　C. 胫骨嵴内侧方
D. 胫骨嵴下方　　　　　　E. 外侧滑车嵴

(175~177题共用以下题干)
某猪场，断奶仔猪发病，表现发热、咳嗽、呼吸困难、关节肿大、跛行；病死率约35%；剖检可见胸腔、腹腔等多处浆膜面有纤维素性渗出物。
175. 该病最可能的诊断是（　　）
A. 猪肺疫　　　　　　　　B. 猪传染性胸膜肺炎　　　C. 副猪嗜血杆菌病
D. 猪支原体肺炎　　　　　E. 猪丹毒
176. 该病的病原特征是（　　）
A. 厌氧性　　　　　　　　B. 典型的"卫星生长"现象　C. 革兰阳性
D. 无荚膜　　　　　　　　E. 仅有一个血清型
177. 该病常见的病理变化**不包括**（　　）
A. 心包炎　B. 疣状心内膜炎　C. 腹膜炎　　D. 关节炎　　E. 胸膜炎

(178~180题共用以下题干)
5日龄仔猪，呕吐，相继出现黄色水样便，内含白色乳凝块；数日内蔓延全群，日龄越小病死率越高。
178. 该病最可能的诊断是（　　）
A. 猪传染性胃肠炎　　　　B. 猪梭菌性肠炎　　　　　C. 猪瘟
D. 猪痢疾　　　　　　　　E. 仔猪白痢

179. 严重病例常见的出血部位是（ ）
    A. 脑膜　　　　B. 肺心叶　　　C. 肾脏　　　　D. 肝脏　　　　E. 胃底部
180. 确诊该病的常用方法是（ ）
    A. gE-ELISA　　B. 血涂片检查　C. 细菌分离　　D. RT-PCR　　　E. 肠毒素试验

（181、182题共用以下题干）
美短猫，雌性，5月龄，体重3.0kg，突发抽搐，肌肉震颤，腹痛，呕吐物伴有蒜臭味，且在暗室观察可见发光。

181. 该猫最可能的中毒是（ ）
    A. 磷化锌中毒　　　　　　　B. 杀鼠灵中毒　　　　　　　C. 毒鼠强中毒
    D. 安妥中毒　　　　　　　　E. 敌鼠钠中毒
182. 该毒物进入消化道后，促进毒性作用发挥的是（ ）
    A. 胃酸　　　　B. 脂肪酶　　　C. 胃蛋白酶　　D. 胰蛋白酶　　E. 胆汁

（183～185题共用以下题干）
法国斗牛犬，雌性，2岁，努责频繁、剧烈，外阴肿胀，胎膜与胎水部分逸出，烦躁不安，呼吸急促；已经持续5h；产道检查发现硬产道通畅，子宫颈口开张完全，内壁水肿，在耻骨前缘可触及胎儿头顶部。

183. 引起该犬难产最可能的原因是（ ）
    A. 子宫弛缓　　B. 骨盆狭窄　　C. 胎儿过大　　D. 产力不足　　E. 子宫捻转
184. 判定胎儿是否死亡的最佳方法是（ ）
    A. 内窥镜检查　B. B超检查　　C. 腹部触诊　　D. 生殖道触诊　E. X线检查
185. 治疗该病的首选方法是（ ）
    A. 截胎术　　　B. 矫正术　　　C. 剖宫产术　　D. 外阴切开术　E. 牵引术

（186～188题共用以下题干）
德国牧羊警犬，野外训练半月后，有多只犬发病，尿液呈深红色至酱油色，逐渐消瘦，精神沉郁，喜卧，运动后喘息，间歇性发热，体温40～41℃，可视黏膜苍白、黄染；在病犬耳郭、颈部发现多个蜱虫。

186. 该病最可能的诊断是（ ）
    A. 洋葱中毒　　B. 巴贝斯虫病　C. 弓形虫病　　D. 膀胱炎　　　E. 肾炎
187. 确诊该病的检查方法是（ ）
    A. B超检查　　　　　　　　　B. 血涂片镜检　　　　　　　C. 血液生化检查
    D. 尿常规检查　　　　　　　　E. 血常规检查
188. 该病红尿类型属于（ ）
    A. 药物性红尿　B. 肌红蛋白尿　C. 血尿　　　　D. 血红蛋白尿　E. 卟啉尿

（189～191题共用以下题干）
2018年5月某猪场50日龄左右仔猪突然发病，体温42℃左右，不食，精神沉郁喜卧，全身皮肤特别是耳部皮肤发红，2～3天后呈紫色，呼吸困难，粪便基本正常，抗生素治疗效果差，死亡率达60%。

189. 该病可能是（ ）
    A. 猪瘟　　　　B. 猪高热病　　C. 猪丹毒　　　D. 猪肺疫　　　E. 猪链球菌病
190. 剖解病变可能有（ ）
    A. 脾脏边缘有出血性梗死　　　B. 肺充血出血　　　　　　　C. 肺间质增宽
    D. 肾脏肿大有出血点　　　　　E. 胸腹腔渗出液增多，有白色纤维素渗出
191. 临床治疗常用药物是（ ）
    A. 地米　　　　B. 安乃近　　　C. 抗生素　　　D. 磺胺类　　　E. 干扰素等

（192～194题共用以下题干）
3月龄犊牛，近日反刍次数减少，食欲下降，喜食青草，不食精料，拉糊状黏腻稀粪，粪便检查有潜血，但未见明显全身症状。触诊右侧肋弓后缘与膝关节水平线交点处有轻度敏感。

192. 该病最可能的诊断是（ ）
    A. 网胃炎　　　B. 皱胃阻塞　　C. 前胃弛缓　　D. 皱胃变位　　E. 皱胃溃疡

193. 与该病发生直接相关的因素是（   ）
    A. 犊牛开饲过迟   B. 精料摄入过多   C. 青绿多汁饲料摄入过多
    D. 豆粕摄入不足   E. 采食母乳不足
194. 治疗该病的主要原则是（   ）
    A. 恢复胃动力、消除积食   B. 手术治疗   C. 促进积滞、防止酸中毒
    D. 清理胃肠、消炎止痛   E. 纳胃止泻、促进反刍

（195~197题共用以下题干）

20日龄黄羽肉种鸡，突然发病，张口呼吸、咳嗽、呼吸啰音，2日内波及全群，食欲废绝、扎堆。剖检见支气管有纤维素性分泌物，呈干酪样；肾脏肿大，尿酸盐沉积。

195. 该病最可能的诊断是（   ）
    A. 新城疫   B. 禽流感   C. 传染性法氏囊病
    D. 鸡毒支原体感染   E. 传染性支气管炎
196. 该病用干扰试验诊断时，鸡胚50以上的血凝效价应低于（   ）
    A. 1∶50   B. 1∶30   C. 1∶10   D. 1∶40   E. 1∶20
197. 目前对该病的防制措施是（   ）免疫
    A. 1次灭活疫苗   B. 1次弱毒疫苗+1次灭活疫苗
    C. 1次弱毒疫苗   D. 2次弱毒疫苗
    E. 2次弱毒疫苗+1次灭活疫苗

（198~200题共用以下题干）

6月龄蛋鸡突然发病，下痢、败血症、病死率高，剖检见全身黏膜、浆膜点状出血，出血性肠炎及肝脏有坏死点，但脾脏无明显变化。

198. 该病最可能的诊断是（   ）
    A. 禽霍乱   B. 鸡白痢   C. 大肠杆菌病   D. 传染性鼻炎   E. 禽伤寒
199. 对该病原的正确描述是（   ）
    A. 形成芽孢   B. 两极浓染   C. 球形   D. 革兰阳性   E. 有鞭毛
200. 治疗该病的有效药物是（   ）
    A. 酮康唑   B. 吡喹酮   C. 左旋咪唑   D. 两性霉素   E. 恩诺沙星

第二套　2022年执业兽医资格考试真题考前自测（二）

参考答案

基础科目（100分）（上午卷）

1. E	2. A	3. C	4. C	5. A	6. D	7. D	8. D	9. B	10. A
11. A	12. B	13. C	14. D	15. E	16. D	17. A	18. C	19. C	20. E
21. A	22. A	23. E	24. C	25. B	26. A	27. A	28. C	29. D	30. C
31. E	32. C	33. B	34. B	35. D	36. E	37. A	38. B	39. B	40. C
41. B	42. E	43. E	44. D	45. B	46. B	47. B	48. B	49. C	50. A
51. E	52. C	53. A	54. A	55. A	56. D	57. D	58. C	59. E	60. B
61. C	62. D	63. B	64. C	65. D	66. C	67. C	68. E	69. C	70. C
71. B	72. A	73. C	74. C	75. D	76. A	77. C	78. C	79. B	80. B
81. A	82. B	83. C	84. C	85. B	86. C	87. C	88. B	89. B	90. C
91. D	92. C	93. C	94. C	95. B	96. B	97. C	98. C	99. B	100. A

预防科目（100分）（上午卷）

101. E	102. D	103. E	104. E	105. B	106. E	107. D	108. B	109. E	100. E
111. A	112. A	113. B	114. D	115. E	116. B	117. C	118. B	119. A	120. D
121. E	122. A	123. A	124. E	125. D	126. E	127. A	128. C	129. D	130. D
131. D	132. C	133. B	134. B	135. D	136. D	137. D	138. D	139. D	140. B
141. C	142. A	143. B	144. B	145. A	146. B	147. E	148. E	149. C	150. E
151. B	152. B	153. B	154. C	155. B	156. C	157. C	158. E	159. B	160. C

									续表
161. D	162. C	163. A	164. D	165. B	166. E	167. D	168. D	169. C	170. B
171. B	172. A	173. A	174. A	175. C	176. C	177. D	178. C	179. A	180. B
181. E	182. B	183. C	184. C	185. D	186. E	187. C	188. E	189. B	190. D
191. B	192. C	193. A	194. C	195. E	196. C	197. A	198. B	199. D	200. B

临床科目（100分）（下午卷）

1. A	2. C	3. C	4. B	5. E	6. C	7. E	8. A	9. D	10. E
11. B	12. C	13. A	14. C	15. A	16. A	17. B	18. D	19. D	20. A
21. B	22. C	23. C	24. D	25. A	26. C	27. B	28. D	29. C	30. D
31. D	32. E	33. E	34. D	35. D	36. B	37. C	38. A	39. C	40. E
41. B	42. E	43. D	44. D	45. E	46. E	47. C	48. D	49. A	50. E
51. B	52. C	53. B	54. E	55. D	56. B	57. E	58. D	59. A	60. E
61. C	62. C	63. A	64. E	65. A	66. D	67. D	68. D	69. B	70. A
71. A	72. E	73. B	74. D	75. E	76. C	77. C	78. D	79. D	80. E
81. C	82. C	83. D	84. D	85. E	86. B	87. A	88. E	89. A	90. B
91. C	92. A	93. D	94. C	95. B	96. E	97. C	98. A	99. D	100. A

综合科目（100分）（下午卷）

101. D	102. A	103. D	104. A	105. C	106. C	107. E	108. A	109. D	110. A
111. D	112. B	113. C	114. A	115. D	116. E	117. A	118. E	119. D	120. B
121. A	122. E	123. B	124. C	125. C	126. B	127. C	128. B	129. A	130. C
131. C	132. B	133. E	134. A	135. A	136. E	137. E	138. B	139. B	140. C
141. D	142. B	143. E	144. E	145. A	146. C	147. B	148. A	149. D	150. E
151. B	152. D	153. D	154. A	155. D	156. A	157. B	158. A	159. B	160. D
161. B	162. B	163. E	164. D	165. E	166. A	167. B	168. A	169. D	170. E
171. A	172. A	173. A	174. E	175. C	176. B	177. B	178. A	179. E	180. D
181. A	182. A	183. C	184. B	185. C	186. B	187. B	188. B	189. B	190. B
191. E	192. E	193. B	194. D	195. E	196. E	197. D	198. A	199. B	200. E

附　　录

附录一　执业兽医资格考试简介

全国执业兽医资格考试是对兽医从业人员的一种准入考试。目的是评价兽医从业人员是否具备执业所必需的专业知识、技能水平和职业道德。实行执业兽医资格考试制度，是世界上多数国家和地区的通行做法，也是我国兽医制度与国际通行做法接轨的要求。开展执业兽医资格考试，既是全面贯彻落实有关政策法律的重要举措，更是深化兽医管理体制改革、推进新型兽医制度建设的一件大事，它与执业医师、司法考试、注册会计师等考试一样是由国家统一组织的考试，不同于以往任何一次兽医方面的考试。

我国《动物防疫法》和《国务院关于推进兽医管理体制改革的若干意见》对推行执业兽医资格考试制度都做出明确规定，提出具体要求。通过执业兽医资格考试，将建立完善官方兽医制度。目前在编在岗的执法人员，经过考试考核后可转为官方兽医，而新进入动物卫生监督机构的人员，则要求取得执业兽医资格，并开始在兽医人员进行兽医诊疗、处方开具等方面要求取得执业兽医资格证书。

全国执业兽医资格考试报名时间为每年6~7月，考试时间为10月。2009年是首次执业兽医资格全国性统一考试，农业部在吉林、河南、广西、重庆、宁夏5个省（区、市）开展考试试点工作。自2010年起开始全国性统一考试。由全国执业兽医资格考试委员会确定成绩分数线，分数合格者颁发执业兽医师证书（达到高合格线）和执业助理兽医师证书（达到低合格线）。

报名条件：符合下列条件之一的，可以报名参加执业兽医资格考试：（1）具有国务院教育行政部门认可的兽医、畜牧兽医、中兽医（民族兽医）和水产养殖专业大学专科以上学历的人员；（2）在2009年1月1日前，不具有兽医、畜牧兽医、中兽医（民族兽医）和水产养殖专业大学专科及以上学历，但具有兽医师以上专业技术职称的人员；（3）2014年兽医、畜牧兽医、中兽医（民族兽医）和水产养殖专业应届大学专科及以上毕业生。

报名方式、时间与地点：采取考生网上报名和现场确认的方式进行，考生登录中国兽医协会网（www.cvma.org.cn）进行报名。

有关全国执业兽医资格考试具体事务，可查阅每年4~5月份农业部官方网站上由全国执业兽医资格考试委员会发布的《全国执业兽医资格考试委员会公告》（例如2014年度考试公告为第10号，2014年4月9日），公告中对报名条件；报名方式、时间地点；报名材料；缴费标准；准考证打印以及考试内容科目等均有较详细规定，考生还应关注所在省市畜牧兽医（农业）管理部门的有关通知。

查询每年度考试成绩，可在该年度12月份至下年度1月份期间查阅农业部官方网站上由全国执业兽医资格考试委员会发布的《全国执业兽医资格考试委员会公告》（例如2012年度考试公告为第9号，2012年12月13日），公告内容包括成绩公布与查询、合格分数线及执业兽医资格证书颁发等事项。

附录二 执业兽医资格考试题型及比例分配

全国执业兽医资格考试实行全国统一命题。兽医全科类考试命题范围以全国执业兽医资格考试委员会发布的每年度《全国执业兽医资格考试大纲（兽医全科类）》为准。

执业兽医资格考试兽医全科共400分，考试全天历时5小时，其中上午卷2.5小时：基础科目100分，预防科目100分；下午卷2.5小时：临床科目100分，综合科目100分。所有考题涉及的动物包括：牛、羊、马、猪、禽、犬、猫及其他经济动物（兔、马、貂、蜂、蚕等）。

各科目题型比例分配见下表：

时间	科目	学科	题量所占比例
上午卷 2.5小时	基础科目 100分	解剖学、组织胚胎学	20%
		生理学	13%
		生物化学	12%
		药理学	15%
		病理学	20%
		兽医法律法规及执业道德	20%
	预防科目 100分	微生物学及免疫学	35%
		传染病学	30%
		寄生虫病学	25%
		兽医公共卫生学	10%
下午卷 2.5小时	临床科目 100分	兽医临床诊断学	20%
		兽医内科学	20%
		兽医外科及外科手术学	30%
		兽医产科学	15%
		中兽医学	15%
	综合科目 100分	猪疾病	20%
		牛羊疾病	25%
		鸡疾病	20%
		犬猫疾病	30%
		其他动物疾病	5%

执业兽医资格考试5种考试题型：

（1）A1型题：每道考题下面有A、B、C、D、E五个备选答案，请从中选择一个最佳答案。

（2）A2型题：每道考题以一个小病例出现的，其下面都有A、B、C、D、E五个备选答案。

（3）A3型题：每个案例下设若干道考题。请根据案例所提供的信息在每一考题下面的A、B、C、D、E五个备选答案中选择一个最佳答案。

（4）A4型题：每个案例下设若干道考题。请根据案例所提供的信息，提出假设信息，在每一考题下面的A、B、C、D、E五个备选答案中选择一个最佳答案。

（5）B1型题：以下提供若干病例，每组病例公用在考题前列出的A、B、C、D、E五个备选答案，请从中选择一个与问题关系密切的答案。

附录三 执业兽医资格考试管理办法（农业部 第2537号）

为完善执业兽医资格考试制度，规范执业兽医资格考试工作，按照《中华人民共和国动物防疫法》和《执业兽医管理办法》的规定，我部结合当前执业兽医资格考试实际情况，对《执业兽医资格考试管理暂行办法》进行了修订，形成了《执业兽医资格考试管理办法》，现予发布，自2017年7月1日起施行。

特此公告

附件：执业兽医资格考试管理办法

农业部
2017 年 6 月 12 日

执业兽医资格考试管理办法

第一章 总　　则

第一条　为规范执业兽医资格考试管理，根据《中华人民共和国动物防疫法》和《执业兽医管理办法》，制定本办法。

第二条　本办法所称执业兽医资格考试，是指评价申请执业兽医资格人员是否具备执业所必需的知识和技能的考试。执业兽医资格考试由农业部组织，全国统一大纲、统一命题、统一考试。

第三条　执业兽医资格考试类别分为兽医全科类和水生动物类，内容包括兽医综合知识和临床技能两部分。执业兽医资格考试的具体内容和实施方案由全国执业兽医资格考试委员会确定。

第二章　组织管理

第四条　农业部设立的全国执业兽医资格考试委员会负责审定考试科目、考试大纲，确定考试试卷、考试合格标准。

农业部执业兽医管理办公室承担考试委员会的日常工作，负责拟定考试政策，监督、指导和协调各项考试管理工作，提出考试合格标准建议等。

第五条　中国动物疫病预防控制中心在全国执业兽医资格考试委员会领导下，具体负责执业兽医资格考试技术性工作。具体职责是：

（一）拟订考试大纲、试卷蓝图，开展命题、组卷相关工作；
（二）建设、管理执业兽医资格考试信息管理系统和考试题库；
（三）承担制卷、发送试卷、回收答题卡、阅卷评分等考务工作；
（四）统计分析考试试题、成绩等相关信息；
（五）指导考区和考点的考务工作；
（六）遴选和培训命题专家，培训临床技能现场考试主考官；
（七）向全国执业兽医资格考试委员会报告考试工作；
（八）承办全国执业兽医资格考试委员会交办的其他工作。

第六条　以每个省、自治区、直辖市行政区划为单位作为考区，省级兽医主管部门成立考区执业兽医资格考试领导小组，负责本行政区域内执业兽医资格考试管理工作。领导小组组长由省级兽医主管部门负责人担任。

考区领导小组具体职责是：

（一）指导、监督和检查本考区执业兽医资格考试工作；
（二）制定本考区执业兽医资格考试考务管理规定；
（三）确定考点，并报全国执业兽医资格考试委员会备案；
（四）协调公安、保密、信息等相关部门做好考试保障工作；
（五）向全国执业兽医资格考试委员会报告考试工作。

考区领导小组下设办公室，具体负责组织考试报名、提出考点设置建议、考试资料收发、考试信息管理系统操作、考试组织实施、考生违纪行为报告、考试工作人员的选聘和培训等技术性工作。

第七条　考点应当设在设区的市级人民政府所在地。设区的市级兽医主管部门成立考点执业兽医资格考试领导小组，负责本行政区域内执业兽医资格考试管理工作。领导小组组长由设区的市级兽医主管部门负责人担任。

考点领导小组具体职责是：

（一）指导、监督和检查本考点执业兽医资格考试工作；
（二）制定本考点执业兽医资格考试考务管理细则；
（三）按照考场设置标准确定具体考场；
（四）协调公安、保密、信息等相关部门做好考试的保障工作；

（五）向考区领导小组报告考试工作。

考点领导小组下设办公室，具体负责组织考试报名、提出考场设置建议、考试资料收发、考试信息管理系统操作、考试组织实施、考生违纪行为报告、考试工作人员的选聘和培训等技术性工作。

第八条 考区领导小组可以委托专业考试机构具体承担本考区执业兽医资格考试考务工作。将考务工作委托专业考试机构承担的，应当签订委托协议，明确双方的权利和义务，并对其进行指导和监督。

第九条 中国动物疫病预防控制中心以及考区、考点领导小组办公室应当有计划地逐级培训考试工作人员。

第十条 全国执业兽医资格考试委员会以及考区、考点领导小组应当在考试期间组织对考区、考点的考务工作进行巡视，并对考场和考生考纪进行监督检查。

第三章 命题组卷

第十一条 执业兽医资格考试命题专家经中国动物疫病预防控制中心遴选，由全国执业兽医资格考试委员会聘任。每个学科的命题专家不得少于两人，每个考试类别审卷专家不得多于三人。

第十二条 命题专家应当符合以下条件：

（一）具有良好的职业道德和较高的业务素质；

（二）具有本科（含本科）以上学历，在本学科或专业领域工作十年以上，取得高级专业技术职称或者具有同等专业水平；

（三）身体健康，有精力和时间承担命题工作；

（四）全国执业兽医资格考试委员会规定的其他条件。

第十三条 命题应当以全国执业兽医资格考试委员会公布的考试大纲为依据。

第十四条 组卷应当以全国执业兽医资格考试委员会批准的试卷蓝图为依据。

第四章 考试报名

第十五条 执业兽医资格考试原则上每年举行一次，具体考试时间、类别、方式由全国执业兽医资格考试委员会确定，并在考试举行四个月前向社会公布。

第十六条 具有国务院教育行政部门认可的兽医、畜牧兽医、中兽医（民族兽医）和水产养殖、水生动物医学专业大学专科以上学历的人员，可以参加执业兽医资格考试。

2009年1月1日前不具有前款规定大学专科以上学历，但已取得兽医师以上专业技术职称，经县级以上地方人民政府兽医主管部门考核合格的，可以参加执业兽医资格考试。

第十七条 全国执业兽医资格考试委员会以及考区、考点领导小组应当及时向社会发布考试信息。

第十八条 执业兽医资格考试采取网络报名的方式。参加执业兽医资格考试的，应当在全国执业兽医资格考试委员会以及考区领导小组公告规定的时间内报名。

因不可抗力因素无法进行网络报名的，应当逐级上报全国执业兽医资格考试委员会同意后，由考区领导小组组织现场报名。

第十九条 考生凭《全国执业兽医资格考试准考证》和有效身份证件参加考试。报名和参加考试时使用的有效身份证件应当一致。

第五章 兽医综合知识考试

第二十条 兽医综合知识考试包括基础、预防、临床和综合应用四个科目。

第二十一条 兽医综合知识考试试题（含副题）、试题双向细目表、标准答案和评分标准，启用前应当保密，使用后应当按规定销毁。

第二十二条 兽医综合知识考试试卷、答题卡由中国动物疫病预防控制中心组织制作。

第二十三条 考区、考点领导小组办公室应当在考试结束后按照要求回收、送达试卷和答题卡。

第六章 临床技能考试

第二十四条 临床技能考试试题（含副题）、试题双向细目表、标准答案和评分标准，启用前应当保密，使用后应当按规定销毁。

第二十五条　临床技能考试包括计算机辅助考试和现场考试两种形式，每次临床技能考试所采用的形式由全国执业兽医资格考试委员会确定。

第二十六条　临床技能现场考试由临床技能现场考试机构具体实施。临床技能现场考试机构的设立标准由全国执业兽医资格考试委员会确定。

临床技能现场考试机构由考区领导小组遴选和审定，报全国执业兽医资格考试委员会备案。

第二十七条　临床技能现场考试机构应当设立若干临床技能现场考试小组，每个考试小组由三名以上单数考官组成，其中一名为主考官。

第二十八条　考官由考区领导小组聘任。考官应当符合以下条件：

（一）取得执业兽医师资格；

（二）连续从事兽医临床工作五年以上；

（三）考区领导小组规定的其他条件。

第二十九条　临床技能现场考试小组进行测评时由考试小组的全体考官记录测评笔录。测评结束后，由主考官签署考试结果，并经全体考官签名。

第三十条　临床技能现场考试结束后，测评笔录、考试结果及其他资料应当上交至考区领导小组办公室。

第七章　成绩发布

第三十一条　执业兽医资格考试合格标准由全国执业兽医资格考试委员会确定，并向社会公告。

第三十二条　参加执业兽医资格考试的，按照全国执业兽医资格考试委员会公告的时间和方式查询考试成绩。不符合报名条件的，考试成绩无效。

第三十三条　考试成绩合格的，可以申请执业兽医资格。申请和授予的具体办法由各省、自治区、直辖市兽医主管部门规定。

第八章　附　　则

第三十四条　考试工作人员，是指参与执业兽医资格考试考务管理、评阅卷和考试服务工作的人员。

第三十五条　执业兽医资格考试保密管理和违纪行为处理办法由农业部另行规定。

第三十六条　本办法由农业部负责解释。

第三十七条　本办法自2017年7月1日起施行。《执业兽医资格考试管理暂行办法》（农业部公告第1145号）同时废止。

附录四　港澳台居民参加全国执业兽医资格考试及执业管理规定
（农业部　第2539号）

第一条　为规范香港、澳门特别行政区居民中的中国公民和台湾居民（以下简称港澳台居民）参加全国执业兽医资格考试及执业管理，根据《〈内地与香港（澳门）关于建立更紧密经贸关系的安排〉服务贸易协议》要求和中央有关精神，以及《中华人民共和国动物防疫法》《执业兽医管理办法》，制定本规定。

第二条　港澳台居民参加全国执业兽医资格考试，其报名时间、报考程序、考试科目、考试内容、考试方式、考试时间、考试纪律、合格标准，适用《执业兽医管理办法》和有关全国执业兽医资格考试的统一规定。

第三条　具有完全民事行为能力，且符合下列条件的港澳台居民，可以申请参加全国执业兽医资格考试：

（一）具有国务院教育行政部门认可的大学专科以上学历；

（二）所学专业符合《执业兽医管理办法》和农业部公布的报考专业目录规定。

第四条　港澳台居民可在内地（大陆）任一考区报名参加全国执业兽医资格考试，考试缴费标准、缴费方式与报考地的内地（大陆）考生一致。

第五条 港澳台居民提交的有效身份证件，应当符合下列条件之一：
（一）香港、澳门居民提交香港、澳门居民身份证和港澳居民来往内地通行证；
（二）台湾居民提交在台湾地区居住的有效身份证明和台湾居民来往大陆通行证。
第六条 港澳台居民提交的有效学历证书，应当符合下列条件之一：
（一）取得内地（大陆）高等院校学历证书的，可以直接提交；
（二）取得香港、澳门、台湾地区或国外高等院校学历证书的，须同时提交由教育部留学服务中心出具的国（境）外学历学位认证书。
第七条 港澳台居民参加全国执业兽医资格考试成绩合格的，应当按照所在考区省级兽医主管部门考试公告要求，在规定时间内提出执业兽医资格授予申请。经审核合格的，由省级兽医主管部门颁发执业兽医资格证书。
第八条 取得执业兽医资格证书的港澳台居民，可以申请在内地（大陆）执业。
第九条 申请在内地（大陆）执业的港澳台居民，应当按照《执业兽医管理办法》和国家有关规定，向注册机关申请执业注册、备案。
第十条 港澳台居民取得执业兽医资格并经注册、备案后在内地（大陆）执业，应当遵守并履行《中华人民共和国动物防疫法》等国家相关法律法规规定义务。
第十一条 港澳台居民取得执业兽医资格并经注册、备案后在内地（大陆）执业的，按照国家法律法规和《执业兽医管理办法》规定管理。
第十二条 本规定自公布之日起施行，《香港和澳门特别行政区居民参加全国执业兽医资格考试实施细则（试行）》（农业部公告第2257号）同时废止。

附录五 2022年全国执业兽医资格考试报考公告（农医考公告第27号）

依据《中华人民共和国动物防疫法》等有关规定，现就2022年全国执业兽医资格考试有关事项公告如下。

一、考试类别

兽医全科类、水生动物类。

二、报考条件

1. 符合兽医全科类考试报考专业目录（附件1）且大学专科以上学历或全日制高校在读人员，可以报名参加兽医全科类考试。
2. 符合水生动物类考试报考专业目录（附件2）且大学专科以上学历或全日制高校在读人员，可以报名参加水生动物类考试。
3. 在2009年1月1日前具有兽医师以上专业技术职称的人员，可以报名参加兽医全科类考试。
4. 依法备案（登记）时间在2011年前（含2011年）的乡村兽医，可以报名参加兽医全科类或水生动物类考试。

三、报考方式与时间

全国执业兽医资格考试分为基础、预防、临床和综合应用4门科目，报考人员可以选择报考全部4门科目，也可以选择报考部分科目（1~3门）。报考采取网上报名、网上确认形式，报考人员应认真阅读《2022年全国执业兽医资格考试考生指导手册》（可在全国执业兽医资格考试网上信息平台上查阅），获取详细操作流程。

1. 网上报名

网上报名时间为5月31日—6月13日。报考人员登录中国兽医网（www.cadc.net.cn）全国执业兽医资格考试网上信息平台，按照网上报名要求和流程进行报名。报考人员应如实准确填报报名信息，确认所学专业符合报考要求，并对信息真实性作出承诺。如有不符，责任自负。逾期未报名、确认的人员，视为自愿放弃报考资格。

（1）凭学历报考的人员。填报信息时应选择与本人毕业证书一致的专业、毕业院校、毕业时间，填写毕业证书号。其中：学历信息在中国高等教育学生信息网（以下简称"学信网"）无法查询的，如在网上报名截止前已通过学信网进行学历认证，并取得了全国高等学校学生信息咨询与就业指导中心出具的《中国高等教育学历认证报告》，报名时应上传认证报告电子照片或 PDF 版；如未通过学历认证取得《中国高等教育学历认证报告》，报名时应上传毕业证书（毕业证明书）电子照片。取得国（境）外学历的，应在填报信息时选择与本人毕业证书一致的专业、毕业院校、毕业时间，并上传认证书的电子照片或电子版认证书。

（2）全日制高校在校生。报名前应登录学信网"学信档案"栏目获取本人《教育部学籍在线验证报告》。报名时按照验证报告内容填报院校、学历层次、专业、入学时间、学制，并同时上传验证报告 PDF 版。

（3）凭职称报考的人员。填报信息时应选择与本人职称证书一致的专业技术职称层级及职称取得时间，并同时上传职称证书全部内页的电子照片。

（4）乡村兽医。报名时系统将根据有效身份证件号码，核对报考人员在全国兽医队伍信息管理系统中是否备案（登记）、备案（登记）年限是否符合报考要求。如系统查询结果为未备案（登记）或备案（登记）年限不符合报考要求，视为报名不通过。

2. 网上确认

报考人员可于 8 月 2 日后登录全国执业兽医资格考试网上信息平台查询网上预审结果。预审不通过人员可于 8 月 2—4 日按提示要求重新上传相关证明材料。

四、考试缴费标准及方式

报考人员可于 8 月 13 日后登录全国执业兽医资格考试网上信息平台查询审核结果，审核通过的人员可进行考试缴费。考试收费标准和具体缴费时间、方式由各考区发布。逾期未缴费的，视为自愿放弃报考资格。

五、准考证打印

报考人员可于 9 月 13—25 日登录全国执业兽医资格考试网上信息平台自行打印准考证。

六、考试方式

具体安排为：

基础科目：上午 8：30—9：30；

预防科目：上午 11：00—12：00；

临床科目：下午 2：00—3：00；

综合应用科目：下午 4：30—5：30。

考试方式为闭卷、计算机考试。试题、答题要求和答题界面均在计算机显示屏上显示，考生应当使用计算机鼠标在计算机答题界面上直接作答。5 月 31 日后全国执业兽医资格考试网上信息平台将发布计算机考试操作软件和演示视频，考生可提前了解熟悉计算机考试答题界面、作答方式等。

七、考试内容

考试范围以全国执业兽医资格考试委员会发布的《全国执业兽医资格考试要点（兽医全科类）（2021 版）》、《全国执业兽医资格考试要点（水生动物类）（2021 版）》为准。每门科目 100 道题，每道题 1 分。

1. 兽医全科类考试

基础科目：兽医法律法规和职业道德，动物解剖学、组织学与胚胎学，动物生理学，动物生物化学，动物病理学，兽医药理学。

预防科目：兽医微生物学与免疫学，兽医传染病学，兽医寄生虫学，兽医公共卫生学。

临床科目：兽医临床诊断学，兽医内科学，兽医外科与手术学，兽医产科学，中兽医学。

综合应用科目：猪、禽、牛、羊、犬、猫以及其他动物疾病的临床诊断和治疗。

2. 水生动物类考试

基础科目：兽医法律法规和职业道德，水生动物解剖学、组织及胚胎学，水生动物生理学，动物生物化学，鱼类药理学。

预防科目：水生动物免疫学，水生动物微生物学，水生动物寄生虫学，水产公共卫生学。

临床科目：水产药物学，水生动物病理学，水生动物疾病学。

综合应用科目：饲料与营养学，养殖水环境生态学，水产养殖学。

八、考试合格成绩认定

报考部分科目的，60分为单科合格分数线，单科合格成绩3年内有效。3个连续年度内全部科目成绩合格的，视为考试通过。

一次性报考全部4门科目的，考试合格总分数线由全国执业兽医资格考试委员会在考试结束后公布。如4门科目总分未达到考试合格总分数线，但单门科目达到60分的，视为单科成绩合格。单科合格成绩予以保留，3年内有效。

九、资格申请和授予

全国执业兽医资格考试通过的人员，应按照各考区公告要求，在规定时间内提出执业兽医资格授予申请。经审核合格的，由报考所在地省级人民政府农业农村部门颁发执业兽医资格证书。考试通过的全日制高校在校生，须在取得兽医相关专业大学专科以上学历后方可申请执业兽医资格。

十、证书补发

往年获证人员因证书遗失、破损等原因申请补发证书的，应选择原资格授予省（自治区、直辖市）的任意考点作为申请地。证书每年补发一次，考生可登录全国执业兽医资格考试网上信息平台进行申请，申请时间为10月30日至12月31日，逾期不予补发。申请完成后，申请人应按各地公告要求在规定时间内携带本人有效身份证件至指定地点领取证书。

十一、其他事项

1. 香港、澳门特别行政区的中国公民和台湾居民报名参加全国执业兽医资格考试有关事宜，按照《港澳台居民参加全国执业兽医资格考试及执业管理规定》执行。
2. 2022年继续在西藏自治区进行C类执业兽医资格证书试点工作。
3. 考生可依据考试要点进行复习、备考。农业农村部不举办考前培训班，也不委托任何单位开展考前培训辅导。

全国执业兽医资格考试委员会
2021年5月13日

2022年执业兽医考试报考专业目录（兽医全科）

一、研究生学科专业（40个）

序号	专业名称	序号	专业名称
1	传染病学与预防兽医学	21	兽医病理学
2	动物检疫与动物源食品安全	22	兽医产科学
3	动物解剖学、组织学与胚胎学	23	兽医公共卫生
4	动物免疫学	24	兽医公共卫生学
5	动物生理学、动物生物化学	25	兽医公共卫生与食品安全
6	动物生物化学与分子生物学	26	兽医寄生虫学与寄生虫病学
7	动物生物化学与分子遗传学	27	兽医临床诊断学
8	动物生物技术	28	兽医内科学
9	动物药学	29	兽医生物工程
10	动物医学工程	30	兽医生物技术
11	动物医学生物学	31	兽医生物信息学
12	基础兽医学	32	兽医生物医学
13	临床兽医学	33	兽医外科学
14	禽病学	34	兽医微生物学与免疫学
15	人兽共患病学	35	兽医学
16	人兽共患病与公共卫生	36	兽医药理学与毒理学
17	人兽共患疫病学	37	兽医药学
18	实验动物兽医学	38	预防兽医学
19	兽药学	39	中兽药学
20	兽医	40	中兽医学

二、本科专业（14个）

序号	专业名称	序号	专业名称
1	畜牧兽医	8	动物医学
2	畜牧兽医与管理	9	动植物检疫
3	动物防疫与检疫	10	兽医
4	动物检疫与食品检验	11	兽医公共卫生
5	动物科学与动物医学	12	中兽医
6	动物生物技术	13	中兽医学
7	动物药学	14	宠物医疗

三、专科专业（26个）

序号	专业名称	序号	专业名称
1	草食动物生产与疫病防制	14	动物医学
2	宠物临床诊疗技术	15	动物医学检验
3	宠物养护与疫病防治	16	动物医学检验技术
4	宠物药学	17	动物医药
5	宠物医疗与保健	18	动植物检疫
6	宠物医学	19	兽药生产与营销
7	宠物医疗技术	20	兽药制药技术
8	畜牧兽医	21	兽医
9	畜牧兽医与管理	22	兽医公共卫生
10	动物防疫与检疫	23	兽医医药
11	动物科学与动物医学	24	养禽与禽病防治
12	动物性食品卫生检疫	25	猪生产与疾病防制
13	动物药学	26	中兽医

附录六 《中华人民共和国动物防疫法》（2021年新修订版）

《中华人民共和国动物防疫法》

已由中华人民共和国第十三届全国人民代表大会常务委员会第二十五次会议于 2021 年 1 月 22 日修订通过，现予公布，自 2021 年 5 月 1 日起实施

2021 年 1 月 22 日

目 录

第一章　总则
第二章　动物疫病的预防
第三章　动物疫情的报告、通报和公布
第四章　动物疫病的控制
第五章　动物和动物产品的检疫
第六章　病死动物和病害动物产品的无害化处理
第七章　动物诊疗
第八章　兽医管理
第九章　监督管理
第十章　保障措施
第十一章　法律责任
第十二章　附则

第一章 总 则

第一条 为了加强对动物防疫活动的管理，预防、控制、净化、消灭动物疫病，促进养殖

业发展，防控人畜共患传染病，保障公共卫生安全和人体健康，制定本法。

第二条 本法适用于在中华人民共和国领域内的动物防疫及其监督管理活动。进出境动物、动物产品的检疫，适用《中华人民共和国进出境动植物检疫法》。

第三条 本法所称动物，是指家畜家禽和人工饲养、捕获的其他动物。

本法所称动物产品，是指动物的肉、生皮、原毛、绒、脏器、脂、血液、精液、卵、胚胎、骨、蹄、头、角、筋以及可能传播动物疫病的奶、蛋等。

本法所称动物疫病，是指动物传染病，包括寄生虫病。

本法所称动物防疫，是指动物疫病的预防、控制、诊疗、净化、消灭和动物、动物产品的检疫，以及病死动物、病害动物产品的无害化处理。

第四条 根据动物疫病对养殖业生产和人体健康的危害程度，本法规定的动物疫病分为下列三类：

（一）一类疫病，是指口蹄疫、非洲猪瘟、高致病性禽流感等对人、动物构成特别严重危害，可能造成重大经济损失和社会影响，需要采取紧急、严厉的强制预防、控制等措施的；

（二）二类疫病，是指狂犬病、布鲁氏菌病、草鱼出血病等对人、动物构成严重危害，可能造成较大经济损失和社会影响，需要采取严格预防、控制等措施的；

（三）三类疫病，是指大肠杆菌病、禽结核病、鳖腮腺炎病等常见多发，对人、动物构成危害，可能造成一定程度的经济损失和社会影响，需要及时预防、控制的。

前款一、二、三类动物疫病具体病种名录由国务院农业农村主管部门制定并公布。国务院农业农村主管部门应当根据动物疫病发生、流行情况和危害程度，及时增加、减少或者调整一、二、三类动物疫病具体病种并予以公布。

人畜共患传染病名录由国务院农业农村主管部门会同国务院卫生健康、野生动物保护等主管部门制定并公布。

第五条 动物防疫实行预防为主，预防与控制、净化、消灭相结合的方针。

第六条 国家鼓励社会力量参与动物防疫工作。各级人民政府采取措施，支持单位和个人参与动物防疫的宣传教育、疫情报告、志愿服务和捐赠等活动。

第七条 从事动物饲养、屠宰、经营、隔离、运输以及动物产品生产、经营、加工、贮藏等活动的单位和个人，依照本法和国务院农业农村主管部门的规定，做好免疫、消毒、检测、隔离、净化、消灭、无害化处理等动物防疫工作，承担动物防疫相关责任。

第八条 县级以上人民政府对动物防疫工作实行统一领导，采取有效措施稳定基层机构队伍，加强动物防疫队伍建设，建立健全动物防疫体系，制定并组织实施动物疫病防治规划。

乡级人民政府、街道办事处组织群众做好本辖区的动物疫病预防与控制工作，村民委员会、居民委员会予以协助。

第九条 国务院农业农村主管部门主管全国的动物防疫工作。

县级以上地方人民政府农业农村主管部门主管本行政区域的动物防疫工作。

县级以上人民政府其他有关部门在各自职责范围内做好动物防疫工作。

军队动物卫生监督职能部门负责军队现役动物和饲养自用动物的防疫工作。

第十条 县级以上人民政府卫生健康主管部门和本级人民政府农业农村、野生动物保护等主管部门应当建立人畜共患传染病防治的协作机制。

国务院农业农村主管部门和海关总署等部门应当建立防止境外动物疫病输入的协作机制。

第十一条 县级以上地方人民政府的动物卫生监督机构依照本法规定，负责动物、动物产品的检疫工作。

第十二条 县级以上人民政府按照国务院的规定，根据统筹规划、合理布局、综合设置的原则建立动物疫病预防控制机构。

动物疫病预防控制机构承担动物疫病的监测、检测、诊断、流行病学调查、疫情报告以及其他预防、控制等技术工作；承担动物疫病净化、消灭的技术工作。

第十三条 国家鼓励和支持开展动物疫病的科学研究以及国际合作与交流，推广先进适用的科学研究成果，提高动物疫病防治的科学技术水平。

各级人民政府和有关部门、新闻媒体，应当加强对动物防疫法律法规和动物防疫知识的宣传。

第十四条　对在动物防疫工作、相关科学研究、动物疫情扑灭中做出贡献的单位和个人，各级人民政府和有关部门按照国家有关规定给予表彰、奖励。

有关单位应当依法为动物防疫人员缴纳工伤保险费。对因参与动物防疫工作致病、致残、死亡的人员，按照国家有关规定给予补助或者抚恤。

第二章　动物疫病的预防

第十五条　国家建立动物疫病风险评估制度。

国务院农业农村主管部门根据国内外动物疫情以及保护养殖业生产和人体健康的需要，及时会同国务院卫生健康等有关部门对动物疫病进行风险评估，并制定、公布动物疫病预防、控制、净化、消灭措施和技术规范。

省、自治区、直辖市人民政府农业农村主管部门会同本级人民政府卫生健康等有关部门开展本行政区域的动物疫病风险评估，并落实动物疫病预防、控制、净化、消灭措施。

第十六条　国家对严重危害养殖业生产和人体健康的动物疫病实施强制免疫。

国务院农业农村主管部门确定强制免疫的动物疫病病种和区域。

省、自治区、直辖市人民政府农业农村主管部门制定本行政区域的强制免疫计划；根据本行政区域动物疫病流行情况增加实施强制免疫的动物疫病病种和区域，报本级人民政府批准后执行，并报国务院农业农村主管部门备案。

第十七条　饲养动物的单位和个人应当履行动物疫病强制免疫义务，按照强制免疫计划和技术规范，对动物实施免疫接种，并按照国家有关规定建立免疫档案、加施畜禽标识，保证可追溯。

实施强制免疫接种的动物未达到免疫质量要求，实施补充免疫接种后仍不符合免疫质量要求的，有关单位和个人应当按照国家有关规定处理。

于预防接种的疫苗应当符合国家质量标准。

第十八条　县级以上地方人民政府农业农村主管部门负责组织实施动物疫病强制免疫计划，并对饲养动物的单位和个人履行强制免疫义务的情况进行监督检查。

乡级人民政府、街道办事处组织本辖区饲养动物的单位和个人做好强制免疫，协助做好监督检查；村民委员会、居民委员会协助做好相关工作。

县级以上地方人民政府农业农村主管部门应当定期对本行政区域的强制免疫计划实施情况和效果进行评估，并向社会公布评估结果。

第十九条　国家实行动物疫病监测和疫情预警制度。

县级以上人民政府建立健全动物疫病监测网络，加强动物疫病监测。

国务院农业农村主管部门会同国务院有关部门制定国家动物疫病监测计划。省、自治区、直辖市人民政府农业农村主管部门根据国家动物疫病监测计划，制定本行政区域的动物疫病监测计划。

动物疫病预防控制机构按照国务院农业农村主管部门的规定和动物疫病监测计划，对动物疫病的发生、流行等情况进行监测；从事动物饲养、屠宰、经营、隔离、运输以及动物产品生产、经营、加工、贮藏、无害化处理等活动的单位和个人不得拒绝或者阻碍。

国务院农业农村主管部门和省、自治区、直辖市人民政府农业农村主管部门根据对动物疫病发生、流行趋势的预测，及时发出动物疫情预警。地方各级人民政府接到动物疫情预警后，应当及时采取预防、控制措施。

第二十条　陆路边境省、自治区人民政府根据动物疫病防控需要，合理设置动物疫病监测站点，健全监测工作机制，防范境外动物疫病传入。

科技、海关等部门按照本法和有关法律法规的规定做好动物疫病监测预警工作，并定期与农业农村主管部门互通情况，紧急情况及时通报。

县级以上人民政府应当完善野生动物疫源疫病监测体系和工作机制，根据需要合理布局监测站点；野生动物保护、农业农村主管部门按照职责分工做好野生动物疫源疫病监测等工作，并定期互通情况，紧急情况及时通报。

第二十一条　国家支持地方建立无规定动物疫病区，鼓励动物饲养场建设无规定动物疫病生物安全隔离区。对符合国务院农业农村主管部门规定标准的无规定动物疫病区和无规定动物疫病生物安全隔离区，国务院农业农村主管部门验收合格予以公布，并对其维持情况进行监督检查。

省、自治区、直辖市人民政府制定并组织实施本行政区域的无规定动物疫病区建设方案。国务院农业农村主管部门指导跨省、自治区、直辖市无规定动物疫病区建设。

国务院农业农村主管部门根据行政区划、养殖屠宰产业布局、风险评估情况等对动物疫病实施分区防控，可以采取禁止或者限制特定动物、动物产品跨区域调运等措施。

第二十二条 国务院农业农村主管部门制定并组织实施动物疫病净化、消灭规划。

县级以上地方人民政府根据动物疫病净化、消灭规划，制定并组织实施本行政区域的动物疫病净化、消灭计划。

动物疫病预防控制机构按照动物疫病净化、消灭规划、计划，开展动物疫病净化技术指导、培训，对动物疫病净化效果进行监测、评估。

国家推进动物疫病净化，鼓励和支持饲养动物的单位和个人开展动物疫病净化。饲养动物的单位和个人达到国务院农业农村主管部门规定的净化标准的，由省级以上人民政府农业农村主管部门予以公布。

第二十三条 种用、乳用动物应当符合国务院农业农村主管部门规定的健康标准。

饲养种用、乳用动物的单位和个人，应当按照国务院农业农村主管部门的要求，定期开展动物疫病检测；检测不合格的，应当按照国家有关规定处理。

第二十四条 动物饲养场和隔离场所、动物屠宰加工场所以及动物和动物产品无害化处理场所，应当符合下列动物防疫条件：

（一）场所的位置与居民生活区、生活饮用水水源地、学校、医院等公共场所的距离符合国务院农业农村主管部门的规定；

（二）生产经营区域封闭隔离，工程设计和有关流程符合动物防疫要求；

（三）有与其规模相适应的污水、污物处理设施，病死动物、病害动物产品无害化处理设施设备或者冷藏冷冻设施设备，以及清洗消毒设施设备；

（四）有与其规模相适应的执业兽医或者动物防疫技术人员；

（五）有完善的隔离消毒、购销台账、日常巡查等动物防疫制度；

（六）具备国务院农业农村主管部门规定的其他动物防疫条件。

动物和动物产品无害化处理场所除应当符合前款规定的条件外，还应当具有病原检测设备、检测能力和符合动物防疫要求的专用运输车辆。

第二十五条 国家实行动物防疫条件审查制度。

开办动物饲养场和隔离场所、动物屠宰加工场所以及动物和动物产品无害化处理场所，应当向县级以上地方人民政府农业农村主管部门提出申请，并附具相关材料。受理申请的农业农村主管部门应当依照本法和《中华人民共和国行政许可法》的规定进行审查。经审查合格的，发给动物防疫条件合格证；不合格的，应当通知申请人并说明理由。

动物防疫条件合格证应当载明申请人的名称（姓名）、场（厂）址、动物（动物产品）种类等事项。

第二十六条 经营动物、动物产品的集贸市场应当具备国务院农业农村主管部门规定的动物防疫条件，并接受农业农村主管部门的监督检查。具体办法由国务院农业农村主管部门制定。

县级以上地方人民政府应当根据本地情况，决定在城市特定区域禁止家畜家禽活体交易。

第二十七条 动物、动物产品的运载工具、垫料、包装物、容器等应当符合国务院农业农村主管部门规定的动物防疫要求。

染疫动物及其排泄物、染疫动物产品，运载工具中的动物排泄物以及垫料、包装物、容器等被污染的物品，应当按照国家有关规定处理，不得随意处置。

第二十八条 采集、保存、运输动物病料或者病原微生物以及从事病原微生物研究、教学、检测、诊断等活动，应当遵守国家有关病原微生物实验室管理的规定。

第二十九条 禁止屠宰、经营、运输下列动物和生产、经营、加工、贮藏、运输下列动物产品：

（一）封锁疫区内与所发生动物疫病有关的；

（二）疫区内易感染的；
（三）依法应当检疫而未经检疫或者检疫不合格的；
（四）染疫或者疑似染疫的；
（五）病死或者死因不明的；
（六）其他不符合国务院农业农村主管部门有关动物防疫规定的。

因实施集中无害化处理需要暂存、运输动物和动物产品并按照规定采取防疫措施的，不适用前款规定。

第三十条 单位和个人饲养犬只，应当按照规定定期免疫接种狂犬病疫苗，凭动物诊疗机构出具的免疫证明向所在地养犬登记机关申请登记。

携带犬只出户的，应当按照规定佩戴犬牌并采取系犬绳等措施，防止犬只伤人、疫病传播。

街道办事处、乡级人民政府组织协调居民委员会、村民委员会，做好本辖区流浪犬、猫的控制和处置，防止疫病传播。

县级人民政府和乡级人民政府、街道办事处应当结合本地实际，做好农村地区饲养犬只的防疫管理工作。

饲养犬只防疫管理的具体办法，由省、自治区、直辖市制定。

第三章 动物疫情的报告、通报和公布

第三十一条 从事动物疫病监测、检测、检验检疫、研究、诊疗以及动物饲养、屠宰、经营、隔离、运输等活动的单位和个人，发现动物染疫或者疑似染疫的，应当立即向所在地农业农村主管部门或者动物疫病预防控制机构报告，并迅速采取隔离等控制措施，防止动物疫情扩散。其他单位和个人发现动物染疫或者疑似染疫的，应当及时报告。

接到动物疫情报告的单位，应当及时采取临时隔离控制等必要措施，防止延误防控时机，并及时按照国家规定的程序上报。

第三十二条 动物疫情由县级以上人民政府农业农村主管部门认定；其中重大动物疫情由省、自治区、直辖市人民政府农业农村主管部门认定，必要时报国务院农业农村主管部门认定。

本法所称重大动物疫情，是指一、二、三类动物疫病突然发生，迅速传播，给养殖业生产安全造成严重威胁、危害，以及可能对公众身体健康与生命安全造成危害的情形。在重大动物疫情报告期间，必要时，所在地县级以上地方人民政府可以作出封锁决定并采取扑杀、销毁等措施。

第三十三条 国家实行动物疫情通报制度。

国务院农业农村主管部门应当及时向国务院卫生健康等有关部门和军队有关部门以及省、自治区、直辖市人民政府农业农村主管部门通报重大动物疫情的发生和处置情况。

海关发现进出境动物和动物产品染疫或者疑似染疫的，应当及时处置并向农业农村主管部门通报。

县级以上地方人民政府野生动物保护主管部门发现野生动物染疫或者疑似染疫的，应当及时处置并向本级人民政府农业农村主管部门通报。

国务院农业农村主管部门应当依照我国缔结或者参加的条约、协定，及时向有关国际组织或者贸易方通报重大动物疫情的发生和处置情况。

第三十四条 发生人畜共患传染病疫情时，县级以上人民政府农业农村主管部门与本级人民政府卫生健康、野生动物保护等主管部门应当及时相互通报。

发生人畜共患传染病时，卫生健康主管部门应当对疫区易感染的人群进行监测，并应当依照《中华人民共和国传染病防治法》的规定及时公布疫情，采取相应的预防、控制措施。

第三十五条 患有人畜共患传染病的人员不得直接从事动物疫病监测、检测、检验检疫、诊疗以及易感染动物的饲养、屠宰、经营、隔离、运输等活动。

第三十六条 国务院农业农村主管部门向社会及时公布全国动物疫情，也可以根据需要授权省、自治区、直辖市人民政府农业农村主管部门公布本行政区域的动物疫情。其他单位和个人不得发布动物疫情。

第三十七条 任何单位和个人不得瞒报、谎报、迟报、漏报动物疫情，不得授意他人瞒报、谎报、迟报动物疫情，不得阻碍他人报告动物疫情。

第四章 动物疫病的控制

第三十八条 发生一类动物疫病时，应当采取下列控制措施：

（一）所在地县级以上地方人民政府农业农村主管部门应当立即派人到现场，划定疫点、疫区、受威胁区，调查疫源，及时报请本级人民政府对疫区实行封锁。疫区范围涉及两个以上行政区域的，由有关行政区域共同的上一级人民政府对疫区实行封锁，或者由各有关行政区域的上一级人民政府共同对疫区实行封锁。必要时，上级人民政府可以责成下级人民政府对疫区实行封锁；

（二）县级以上地方人民政府应当立即组织有关部门和单位采取封锁、隔离、扑杀、销毁、消毒、无害化处理、紧急免疫接种等强制性措施；

（三）在封锁期间，禁止染疫、疑似染疫和易感染的动物、动物产品流出疫区，禁止非疫区的易感染动物进入疫区，并根据需要对出入疫区的人员、运输工具及有关物品采取消毒和其他限制性措施。

第三十九条 发生二类动物疫病时，应当采取下列控制措施：

（一）所在地县级以上地方人民政府农业农村主管部门应当划定疫点、疫区、受威胁区；

（二）县级以上地方人民政府根据需要组织有关部门和单位采取隔离、扑杀、销毁、消毒、无害化处理、紧急免疫接种、限制易感染的动物和动物产品及有关物品出入等措施。

第四十条 疫点、疫区、受威胁区的撤销和疫区封锁的解除，按照国务院农业农村主管部门规定的标准和程序评估后，由原决定机关决定并宣布。

第四十一条 发生三类动物疫病时，所在地县级、乡级人民政府应当按照国务院农业农村主管部门的规定组织防治。

第四十二条 二、三类动物疫病呈暴发性流行时，按照一类动物疫病处理。

第四十三条 疫区内有关单位和个人，应当遵守县级以上人民政府及其农业农村主管部门依法作出的有关控制动物疫病的规定。

任何单位和个人不得藏匿、转移、盗掘已被依法隔离、封存、处理的动物和动物产品。

第四十四条 发生动物疫情时，航空、铁路、道路、水路运输企业应当优先组织运送防疫人员和物资。

第四十五条 国务院农业农村主管部门根据动物疫病的性质、特点和可能造成的社会危害，制定国家重大动物疫情应急预案报国务院批准，并按照不同动物疫病病种、流行特点和危害程度，分别制定实施方案。

县级以上地方人民政府根据上级重大动物疫情应急预案和本地区的实际情况，制定本行政区域的重大动物疫情应急预案，报上一级人民政府农业农村主管部门备案，并抄送上一级人民政府应急管理部门。县级以上地方人民政府农业农村主管部门按照不同动物疫病病种、流行特点和危害程度，分别制定实施方案。

重大动物疫情应急预案和实施方案根据疫情状况及时调整。

第四十六条 发生重大动物疫情时，国务院农业农村主管部门负责划定动物疫病风险区，禁止或者限制特定动物、动物产品由高风险区向低风险区调运。

第四十七条 发生重大动物疫情时，依照法律和国务院的规定以及应急预案采取应急处置措施

第五章 动物和动物产品的检疫

第四十八条 动物卫生监督机构依照本法和国务院农业农村主管部门的规定对动物、动物产品实施检疫。

动物卫生监督机构的官方兽医具体实施动物、动物产品检疫。

第四十九条 屠宰、出售或者运输动物以及出售或者运输动物产品前，货主应当按照国务院农业农村主管部门的规定向所在地动物卫生监督机构申报检疫。

动物卫生监督机构接到检疫申报后，应当及时指派官方兽医对动物、动物产品实施检疫；

检疫合格的，出具检疫证明、加施检疫标志。实施检疫的官方兽医应当在检疫证明、检疫标志上签字或者盖章，并对检疫结论负责。

动物饲养场、屠宰企业的执业兽医或者动物防疫技术人员，应当协助官方兽医实施检疫。

第五十条 因科研、药用、展示等特殊情形需要非食用性利用的野生动物，应当按照国家有关规定报动物卫生监督机构检疫，检疫合格的，方可利用。

人工捕获的野生动物，应当按照国家有关规定报捕获地动物卫生监督机构检疫，检疫合格的，方可饲养、经营和运输。

国务院农业农村主管部门会同国务院野生动物保护主管部门制定野生动物检疫办法。

第五十一条 屠宰、经营、运输的动物，以及用于科研、展示、演出和比赛等非食用性利用的动物，应当附有检疫证明；经营和运输的动物产品，应当附有检疫证明、检疫标志。

第五十二条 经航空、铁路、道路、水路运输动物和动物产品的，托运人托运时应当提供检疫证明；没有检疫证明的，承运人不得承运。

进出口动物和动物产品，承运人凭进口报关单证或者海关签发的检疫单证运递。

从事动物运输的单位、个人以及车辆，应当向所在地县级人民政府农业农村主管部门备案，妥善保存行程路线和托运人提供的动物名称、检疫证明编号、数量等信息。具体办法由国务院农业农村主管部门制定。

运载工具在装载前和卸载后应当及时清洗、消毒。

第五十三条 省、自治区、直辖市人民政府确定并公布道路运输的动物进入本行政区域的指定通道，设置引导标志。跨省、自治区、直辖市通过道路运输动物的，应当经省、自治区、直辖市人民政府设立的指定通道入省境或者过省境。

第五十四条 输入到无规定动物疫病区的动物、动物产品，货主应当按照国务院农业农村主管部门的规定向无规定动物疫病区所在地动物卫生监督机构申报检疫，经检疫合格的，方可进入。

第五十五条 跨省、自治区、直辖市引进的种用、乳用动物到达输入地后，货主应当按照国务院农业农村主管部门的规定对引进的种用、乳用动物进行隔离观察。

第五十六条 经检疫不合格的动物、动物产品，货主应当在农业农村主管部门的监督下按照国家有关规定处理，处理费用由货主承担。

第六章 病死动物和病害动物产品的无害化处理

第五十七条 从事动物饲养、屠宰、经营、隔离以及动物产品生产、经营、加工、贮藏等活动的单位和个人，应当按照国家有关规定做好病死动物、病害动物产品的无害化处理，或者委托动物和动物产品无害化处理场所处理。

从事动物、动物产品运输的单位和个人，应当配合做好病死动物和病害动物产品的无害化处理，不得在途中擅自弃置和处理有关动物和动物产品。

任何单位和个人不得买卖、加工、随意弃置病死动物和病害动物产品。

动物和动物产品无害化处理管理办法由国务院农业农村、野生动物保护主管部门按照职责制定。

第五十八条 在江河、湖泊、水库等水域发现的死亡畜禽，由所在地县级人民政府组织收集、处理并溯源。

在城市公共场所和乡村发现的死亡畜禽，由所在地街道办事处、乡级人民政府组织收集、处理并溯源。

在野外环境发现的死亡野生动物，由所在地野生动物保护主管部门收集、处理。

第五十九条 省、自治区、直辖市人民政府制定动物和动物产品集中无害化处理场所建设规划，建立政府主导、市场运作的无害化处理机制。

第六十条 各级财政对病死动物无害化处理提供补助。具体补助标准和办法由县级以上人民政府财政部门会同本级人民政府农业农村、野生动物保护等有关部门制定。

第七章 动物诊疗

第六十一条 从事动物诊疗活动的机构，应当具备下列条件：

（一）有与动物诊疗活动相适应并符合动物防疫条件的场所；
（二）有与动物诊疗活动相适应的执业兽医；
（三）有与动物诊疗活动相适应的兽医器械和设备；
（四）有完善的管理制度。

动物诊疗机构包括动物医院、动物诊所以及其他提供动物诊疗服务的机构。

第六十二条 从事动物诊疗活动的机构，应当向县级以上地方人民政府农业农村主管部门申请动物诊疗许可证。受理申请的农业农村主管部门应当依照本法和《中华人民共和国行政许可法》的规定进行审查。经审查合格的，发给动物诊疗许可证；不合格的，应当通知申请人并说明理由。

第六十三条 动物诊疗许可证应当载明诊疗机构名称、诊疗活动范围、从业地点和法定代表人（负责人）等事项。

动物诊疗许可证载明事项变更的，应当申请变更或者换发动物诊疗许可证。

第六十四条 动物诊疗机构应当按照国务院农业农村主管部门的规定，做好诊疗活动中的卫生安全防护、消毒、隔离和诊疗废弃物处置等工作。

第六十五条 从事动物诊疗活动，应当遵守有关动物诊疗的操作技术规范，使用符合规定的兽药和兽医器械。

兽药和兽医器械的管理办法由国务院规定。

第八章 兽医管理

第六十六条 国家实行官方兽医任命制度。

官方兽医应当具备国务院农业农村主管部门规定的条件，由省、自治区、直辖市人民政府农业农村主管部门按照程序确认，由所在地县级以上人民政府农业农村主管部门任命。具体办法由国务院农业农村主管部门制定。

海关的官方兽医应当具备规定的条件，由海关总署任命。具体办法由海关总署会同国务院农业农村主管部门制定。

第六十七条 官方兽医依法履行动物、动物产品检疫职责，任何单位和个人不得拒绝或者阻碍。

第六十八条 县级以上人民政府农业农村主管部门制定官方兽医培训计划，提供培训条件，定期对官方兽医进行培训和考核。

第六十九条 国家实行执业兽医资格考试制度。具有兽医相关专业大学专科以上学历的人员或者符合条件的乡村兽医，通过执业兽医资格考试的，由省、自治区、直辖市人民政府农业农村主管部门颁发执业兽医资格证书；从事动物诊疗等经营活动的，还应当向所在地县级人民政府农业农村主管部门备案。

执业兽医资格考试办法由国务院农业农村主管部门商国务院人力资源主管部门制定。

第七十条 执业兽医开具兽医处方应当亲自诊断，并对诊断结论负责。

国家鼓励执业兽医接受继续教育。执业兽医所在机构应当支持执业兽医参加继续教育。

第七十一条 乡村兽医可以在乡村从事动物诊疗活动。具体管理办法由国务院农业农村主管部门制定。

第七十二条 执业兽医、乡村兽医应当按照所在地人民政府和农业农村主管部门的要求，参加动物疫病预防、控制和动物疫情扑灭等活动。

第七十三条 兽医行业协会提供兽医信息、技术、培训等服务，维护成员合法权益，按照章程建立健全行业规范和奖惩机制，加强行业自律，推动行业诚信建设，宣传动物防疫和兽医知识。

第九章 监督管理

第七十四条 县级以上地方人民政府农业农村主管部门依照本法规定，对动物饲养、屠宰、经营、隔离、运输以及动物产品生产、经营、加工、贮藏、运输等活动中的动物防疫实施监督管理。

第七十五条 为控制动物疫病，县级人民政府农业农村主管部门应当派人在所在地依法设立的现有检查站执行监督检查任务；必要时，经省、自治区、直辖市人民政府批准，可以设立临时性的动物防疫检查站，执行监督检查任务。

第七十六条 县级以上地方人民政府农业农村主管部门执行监督检查任务，可以采取下列措施，有关单位和个人不得拒绝或者阻碍：

（一）对动物、动物产品按照规定采样、留验、抽检；

（二）对染疫或者疑似染疫的动物、动物产品及相关物品进行隔离、查封、扣押和处理；

（三）对依法应当检疫而未经检疫的动物和动物产品，具备补检条件的实施补检，不具备补检条件的予以收缴销毁；

（四）查验检疫证明、检疫标志和畜禽标识；

（五）进入有关场所调查取证，查阅、复制与动物防疫有关的资料。

县级以上地方人民政府农业农村主管部门根据动物疫病预防、控制需要，经所在地县级以上地方人民政府批准，可以在车站、港口、机场等相关场所派驻官方兽医或者工作人员。

第七十七条 执法人员执行动物防疫监督检查任务，应当出示行政执法证件，佩戴统一标志。

县级以上人民政府农业农村主管部门及其工作人员不得从事与动物防疫有关的经营性活动，进行监督检查不得收取任何费用。

第七十八条 禁止转让、伪造或者变造检疫证明、检疫标志或者畜禽标识。

禁止持有、使用伪造或者变造的检疫证明、检疫标志或者畜禽标识。

检疫证明、检疫标志的管理办法由国务院农业农村主管部门制定。

第十章 保障措施

第七十九条 县级以上人民政府应当将动物防疫工作纳入本级国民经济和社会发展规划及年度计划。

第八十条 国家鼓励和支持动物防疫领域新技术、新设备、新产品等科学技术研究开发。

第八十一条 县级人民政府应当为动物卫生监督机构配备与动物、动物产品检疫工作相适应的官方兽医，保障检疫工作条件。

县级人民政府农业农村主管部门可以根据动物防疫工作需要，向乡、镇或者特定区域派驻兽医机构或者工作人员。

第八十二条 国家鼓励和支持执业兽医、乡村兽医和动物诊疗机构开展动物防疫和疫病诊疗活动；鼓励养殖企业、兽药及饲料生产企业组建动物防疫服务团队，提供防疫服务。地方人民政府组织村级防疫员参加动物疫病防治工作的，应当保障村级防疫员合理劳务报酬。

第八十三条 县级以上人民政府按照本级政府职责，将动物疫病的监测、预防、控制、净化、消灭，动物、动物产品的检疫和病死动物的无害化处理，以及监督管理所需经费纳入本级预算。

第八十四条 县级以上人民政府应当储备动物疫情应急处置所需的防疫物资。

第八十五条 对在动物疫病预防、控制、净化、消灭过程中强制扑杀的动物、销毁的动物产品和相关物品，县级以上人民政府给予补偿。具体补偿标准和办法由国务院财政部门会同有关部门制定。

第八十六条 对从事动物疫病预防、检疫、监督检查、现场处理疫情以及在工作中接触动物疫病病原体的人员，有关单位按照国家规定，采取有效的卫生防护、医疗保健措施，给予畜牧兽医医疗卫生津贴等相关待遇。

第十一章 法律责任

第八十七条 地方各级人民政府及其工作人员未依照本法规定履行职责的，对直接负责的主管人员和其他直接责任人员依法给予处分。

第八十八条 县级以上人民政府农业农村主管部门及其工作人员违反本法规定，有下列行为之一的，由本级人民政府责令改正，通报批评；对直接负责的主管人员和其他直接责任人员依法给予处分

（一）未及时采取预防、控制、扑灭等措施的；

（二）对不符合条件的颁发动物防疫条件合格证、动物诊疗许可证，或者对符合条件的拒不颁发动物防疫条件合格证、动物诊疗许可证的；
（三）从事与动物防疫有关的经营性活动，或者违法收取费用的；
（四）其他未依照本法规定履行职责的行为。

第八十九条　动物卫生监督机构及其工作人员违反本法规定，有下列行为之一的，由本级人民政府或者农业农村主管部门责令改正，通报批评；对直接负责的主管人员和其他直接责任人员依法给予处分：
（一）对未经检疫或者检疫不合格的动物、动物产品出具检疫证明、加施检疫标志，或者对检疫合格的动物、动物产品拒不出具检疫证明、加施检疫标志的；
（二）对附有检疫证明、检疫标志的动物、动物产品重复检疫的；
（三）从事与动物防疫有关的经营性活动，或者违法收取费用的；
（四）其他未依照本法规定履行职责的行为。

第九十条　动物疫病预防控制机构及其工作人员违反本法规定，有下列行为之一的，由本级人民政府或者农业农村主管部门责令改正，通报批评；对直接负责的主管人员和其他直接责任人员依法给予处分：
（一）未履行动物疫病监测、检测、评估职责或者伪造监测、检测、评估结果的；
（二）发生动物疫情时未及时进行诊断、调查的；
（三）接到染疫或者疑似染疫报告后，未及时按照国家规定采取措施、上报的；
（四）其他未依照本法规定履行职责的行为。

第九十一条　地方各级人民政府、有关部门及其工作人员瞒报、谎报、迟报、漏报或者授意他人瞒报、谎报、迟报动物疫情，或者阻碍他人报告动物疫情的，由上级人民政府或者有关部门责令改正，通报批评；对直接负责的主管人员和其他直接责任人员依法给予处分。

第九十二条　违反本法规定，有下列行为之一的，由县级以上地方人民政府农业农村主管部门责令限期改正，可以处一千元以下罚款；逾期不改正的，处一千元以上五千元以下罚款，由县级以上地方人民政府农业农村主管部门委托动物诊疗机构、无害化处理场所等代为处理，所需费用由违法行为人承担：
（一）对饲养的动物未按照动物疫病强制免疫计划或者免疫技术规范实施免疫接种的；
（二）对饲养的种用、乳用动物未按照国务院农业农村主管部门的要求定期开展疫病检测，或者经检测不合格而未按照规定处理的；
（三）对饲养的犬只未按照规定定期进行狂犬病免疫接种的；
（四）动物、动物产品的运载工具在装载前和卸载后未按照规定及时清洗、消毒的。

第九十三条　违反本法规定，对经强制免疫的动物未按照规定建立免疫档案，或者未按照规定加施畜禽标识的，依照《中华人民共和国畜牧法》的有关规定处罚。

第九十四条　违反本法规定，动物、动物产品的运载工具、垫料、包装物、容器等不符合国务院农业农村主管部门规定的动物防疫要求的，由县级以上地方人民政府农业农村主管部门责令改正，可以处五千元以下罚款；情节严重的，处五千元以上五万元以下罚款。

第九十五条　违反本法规定，对染疫动物及其排泄物、染疫动物产品或者被染疫动物、动物产品污染的运载工具、垫料、包装物、容器等未按照规定处置的，由县级以上地方人民政府农业农村主管部门责令限期处理；逾期不处理的，由县级以上地方人民政府农业农村主管部门委托有关单位代为处理，所需费用由违法行为人承担，处五千元以上五万元以下罚款。
造成环境污染或者生态破坏的，依照环境保护有关法律法规进行处罚。

第九十六条　违反本法规定，患有人畜共患传染病的人员，直接从事动物疫病监测、检测、检验检疫，动物诊疗以及易感染动物的饲养、屠宰、经营、隔离、运输等活动的，由县级以上地方人民政府农业农村或者野生动物保护主管部门责令改正；拒不改正的，处一千元以上一万元以下罚款；情节严重的，处一万元以上五万元以下罚款。

第九十七条　违反本法第二十九条规定，屠宰、经营、运输动物或者生产、经营、加工、贮藏、运输动物产品的，由县级以上地方人民政府农业农村主管部门责令改正、采取补救措施，没收违法所得、动物和动物产品，并处同类检疫合格动物、动物产品货值金额十五倍以上三十倍以下罚款；同类检疫合格动物、动物产品货值金额不足一万元的，并处五万元以上十五万元以下罚款；其中依法应当检疫而未检疫的，依照本法第一百条的规定处罚。

前款规定的违法行为人及其法定代表人（负责人）、直接负责的主管人员和其他直接责任人员，自处罚决定作出之日起五年内不得从事相关活动；构成犯罪的，终身不得从事屠宰、经营、运输动物或者生产、经营、加工、贮藏、运输动物产品等相关活动。

第九十八条 违反本法规定，有下列行为之一的，由县级以上地方人民政府农业农村主管部门责令改正，处三千元以上三万元以下罚款；情节严重的，责令停业整顿，并处三万元以上十万元以下罚款：

（一）开办动物饲养场和隔离场所、动物屠宰加工场所以及动物和动物产品无害化处理场所，未取得动物防疫条件合格证的；

（二）经营动物、动物产品的集贸市场不具备国务院农业农村主管部门规定的防疫条件的；

（三）未经备案从事动物运输的；

（四）未按照规定保存行程路线和托运人提供的动物名称、检疫证明编号、数量等信息的；

（五）未经检疫合格，向无规定动物疫病区输入动物、动物产品的；

（六）跨省、自治区、直辖市引进种用、乳用动物到达输入地后未按照规定进行隔离观察的；

（七）未按照规定处理或者随意弃置病死动物、病害动物产品的；

（八）饲养种用、乳用动物的单位和个人，未按照国务院农业农村主管部门的要求定期开展动物疫病检测的。

第九十九条 动物饲养场和隔离场所、动物屠宰加工场所以及动物和动物产品无害化处理场所，生产经营条件发生变化，不再符合本法第二十四条规定的动物防疫条件继续从事相关活动的，由县级以上地方人民政府农业农村主管部门给予警告，责令限期改正；逾期仍达不到规定条件的，吊销动物防疫条件合格证，并通报市场监督管理部门依法处理。

第一百条 违反本法规定，屠宰、经营、运输的动物未附有检疫证明，经营和运输的动物产品未附有检疫证明、检疫标志的，由县级以上地方人民政府农业农村主管部门责令改正，处同类检疫合格动物、动物产品货值金额一倍以下罚款；对货主以外的承运人处运输费用三倍以上五倍以下罚款，情节严重的，处五倍以上十倍以下罚款。

违反本法规定，用于科研、展示、演出和比赛等非食用性利用的动物未附有检疫证明的，由县级以上地方人民政府农业农村主管部门责令改正，处三千元以上一万元以下罚款。

第一百零一条 违反本法规定，将禁止或者限制调运的特定动物、动物产品由动物疫病高风险区调入低风险区的，由县级以上地方人民政府农业农村主管部门没收运输费用、违法运输的动物和动物产品，并处运输费用一倍以上五倍以下罚款。

第一百零二条 违反本法规定，通过道路跨省、自治区、直辖市运输动物，未经省、自治区、直辖市人民政府设立的指定通道入省境或者过省境的，由县级以上地方人民政府农业农村主管部门对运输人处五千元以上一万元以下罚款；情节严重的，处一万元以上五万元以下罚款。

第一百零三条 违反本法规定，转让、伪造或者变造检疫证明、检疫标志或者畜禽标识的，由县级以上地方人民政府农业农村主管部门没收违法所得和检疫证明、检疫标志、畜禽标识，并处五千元以上五万元以下罚款。

持有、使用伪造或者变造的检疫证明、检疫标志或者畜禽标识的，由县级以上人民政府农业农村主管部门没收检疫证明、检疫标志、畜禽标识和对应的动物、动物产品，并处三千元以上三万元以下罚款。

第一百零四条 违反本法规定，有下列行为之一的，由县级以上地方人民政府农业农村主管部门责令改正，处三千元以上三万元以下罚款：

（一）擅自发布动物疫情的；

（二）不遵守县级以上人民政府及其农业农村主管部门依法作出的有关控制动物疫病规定的；

（三）藏匿、转移、盗掘已被依法隔离、封存、处理的动物和动物产品的。

第一百零五条 违反本法规定，未取得动物诊疗许可证从事动物诊疗活动的，由县级以上地方人民政府农业农村主管部门责令停止诊疗活动，没收违法所得，并处违法所得一倍以上三倍以下罚款；违法所得不足三万元的，并处三千元以上三万元以下罚款。

动物诊疗机构违反本法规定，未按照规定实施卫生安全防护、消毒、隔离和处置诊疗废弃物的，由县级以上地方人民政府农业农村主管部门责令改正，处一千元以上一万元以下罚款；造成动物疫病扩散的，处一万元以上五万元以下罚款；情节严重的，吊销动物诊疗许可证。

第一百零六条 违反本法规定，未经执业兽医备案从事经营性动物诊疗活动的，由县级以上地方人民政府农业农村主管部门责令停止动物诊疗活动，没收违法所得，并处三千元以上三万元以下罚款；对其所在的动物诊疗机构处一万元以上五万元以下罚款。

执业兽医有下列行为之一的，由县级以上地方人民政府农业农村主管部门给予警告，责令暂停六个月以上一年以下动物诊疗活动；情节严重的，吊销执业兽医资格证书：

（一）违反有关动物诊疗的操作技术规范，造成或者可能造成动物疫病传播、流行的；

（二）使用不符合规定的兽药和兽医器械的；

（三）未按照当地人民政府或者农业农村主管部门要求参加动物疫病预防、控制和动物疫情扑灭活动的。

第一百零七条 违反本法规定，生产经营兽医器械，产品质量不符合要求的，由县级以上地方人民政府农业农村主管部门责令限期整改；情节严重的，责令停业整顿，并处二万元以上十万元以下罚款。

第一百零八条 违反本法规定，从事动物疫病研究、诊疗和动物饲养、屠宰、经营、隔离、运输，以及动物产品生产、经营、加工、贮藏、无害化处理等活动的单位和个人，有下列行为之一的，由县级以上地方人民政府农业农村主管部门责令改正，可以处一万元以下罚款；拒不改正的，处一万元以上五万元以下罚款，并可以责令停业整顿：

（一）发现动物染疫、疑似染疫未报告，或者未采取隔离等控制措施的；

（二）不如实提供与动物防疫有关的资料的；

（三）拒绝或者阻碍农业农村主管部门进行监督检查的；

（四）拒绝或者阻碍动物疫病预防控制机构进行动物疫病监测、检测、评估的；

（五）拒绝或者阻碍官方兽医依法履行职责的。

第一百零九条 违反本法规定，造成人畜共患传染病传播、流行的，依法从重给予处分、处罚。

违反本法规定，构成违反治安管理行为的，依法给予治安管理处罚；构成犯罪的，依法追究刑事责任。

违反本法规定，给他人人身、财产造成损害的，依法承担民事责任。

第十二章 附则

第一百一十条 本法下列用语的含义：

（一）无规定动物疫病区，是指具有天然屏障或者采取人工措施，在一定期限内没有发生规定的一种或者几种动物疫病，并经验收合格的区域；

（二）无规定动物疫病生物安全隔离区，是指处于同一生物安全管理体系下，在一定期限内没有发生规定的一种或者几种动物疫病的若干动物饲养场及其辅助生产场所构成的，并经验收合格的特定小型区域；

（三）病死动物，是指染疫死亡、因病死亡、死因不明或者经检验检疫可能危害人体或者动物健康的死亡动物；

（四）病害动物产品，是指来源于病死动物的产品，或者经检验检疫可能危害人体或者动物健康的动物产品。

第一百一十一条 境外无规定动物疫病区和无规定动物疫病生物安全隔离区的无疫等效性评估，参照本法有关规定执行。

第一百一十二条 实验动物防疫有特殊要求的，按照实验动物管理的有关规定执行。

第一百一十三条 本法自2021年5月1日起施行。